Handbibliothek für Bauingenieure

Ein Hand- und Nachschlagebuch für Studium und Praxis

Begründet von Robert Otzen

Der neuzeitliche Straßenbau

Von

Erwin Neumann

Vierte neubearbeitete Auflage

Springer-Verlag Berlin Heidelberg GmbH

1959

Der neuzeitliche Straßenbau

Aufgaben und Technik

Von

Erwin Neumann

Dr.-Ing. Dr.-Ing. E. h.

Professor an der Technischen Hochschule Stuttgart

unter Mitarbeit von

F. Freising - Göppingen · R. Jelinek - München · K. Keil - Dresden · H. H. Kress - Tübingen · K. W. Ostwald - Köln · W. Reichelt - Bonn · T. Rosin - Kassel E. Vordermeier - Stuttgart

Vierte neubearbeitete Auflage

Mit 508 Abbildungen

Springer-Verlag Berlin Heidelberg GmbH

1959

Ursprünglich erschienen bei Springer-Verlag OHG., Berlin/Göttingen/Heidelberg 1959
Softcover reprint of the hardcover 4th edition 1959

ISBN 978-3-662-27659-4 ISBN 978-3-662-29149-8 (eBook)
DOI 10.1007/978-3-662-29149-8

Vorwort zur vierten Auflage

Seit dem Erscheinen der dritten Auflage des „Neuzeitlichen Straßenbaues" im Jahre 1951 hat die Technik des Straßenbaues beachtliche Fortschritte gemacht, die sich sowohl auf die Straßengeometrie unter Berücksichtigung der Fahrdynamik, d. h. die Linienführung, Querschnittsgestaltung und Ausbildung der Krümmungen, als auch auf den konstruktiven Straßenbau erstrecken. In diesem muß besonders auf die Bestrebungen hingewiesen werden, die sich mit der Verfestigung des Untergrundes und dem Aufbau der Tragschichten beschäftigen. Auch was die Bemessung der Decken, ihre Wahl und ihre Ausführung nach technischen und wirtschaftlichen Gesichtspunkten betrifft, sind viele neue Erkenntnisse zu verzeichnen.

Bei dem Umfang aller Gebiete und der Bedeutung der Straßentunnel war es geboten, wenn der Charakter des Buches gewahrt werden sollte, diejenigen Sachverständigen zur Mitarbeit zu gewinnen, die in den letzten zehn Jahren Wesentliches zur Entwicklung des neuzeitlichen Straßenbaues beigetragen haben. Diese vierte Auflage ist daher eine Gemeinschaftsarbeit, zu der sich erfreulicherweise alle die Herren bereit erklärt haben, an die ich mich mit der Bitte um Mitarbeit gewandt hatte. Da jeder von ihnen zeitgerecht seinen Beitrag verfaßt hat, ist es gelungen, im Zeitraum von drei Jahren die vierte Auflage fertigzustellen.

Ich schulde allen meinen Mitarbeitern großen Dank, da sie es mir ermöglicht haben, noch eine vierte Auflage erscheinen zu lassen. Wenn auch diese Herren im Text an den Abschnitten genannt werden, welche von Ihnen stammen, so ziemt es sich wohl, daß ich sie hier in alphabetischer Reihenfolge aufführe:

Dr.-Ing. F. FREISING, Architekt und beratender Ingenieur, Göppingen.

Dr.-Ing. R. JELINEK, Professor und Direktor des Institutes für Grundbau und Bodenmechanik an der Technischen Hochschule München.

Dr.-Ing. K. KEIL, Professor für Ingenieurgeologie und Geotechnik an der Hochschule für Verkehrswesen in Dresden.

Dr.-Ing. H. H. KRESS VDI. DAI, beratender Ingenieur, Tübingen.

Dipl.-Ing. K. W. OSTWALD, Köln-Zollstock.

Dipl.-Ing. W. REICHELT, Bonn.

Dr.-Ing. T. ROSIN, Baurat, Kassel.

Dipl.-Ing. E. VORDERMEIER, Leiter der Abteilung für Teer- und Bitumenbaustoffe der amtlichen Forschungs- und Materialprüfungsanstalt für das Bauwesen an der Technischen Hochschule Stuttgart.

Auf einigen Sondergebieten haben mir außerdem folgende Herren weitere Beiträge überlassen: Prof. Dr. H. MALLISON†, Essen, Prof. Dr.-Ing. habil. F. PÖPEL und Prof. Dr.-Ing. G. WEIL, beide in Stuttgart.

Allen diesen Herren für ihre wertvolle Mitarbeit zu danken, ist mir eine besondere Pflicht. Auch die Bauindustrie und vor allem die Industrie der Baumaschinen haben mich mit ihren Erfahrungen und mit der Überlassung der Unterlagen ihrer neuesten Erzeugnisse so unterstützt, daß ich hoffe, daß es mir gelungen ist, in der vierten Auflage einen guten Querschnitt über den hohen Leistungsstand dieser Industrien zu geben.

Wenn auch viele Aufgaben und Fragen auf dem Gebiete des Straßenbaus und seiner Grenzgebiete noch der Lösung harren, so konnten doch im letzten Jahrzehnt eine Anzahl grundlegender Erkenntnisse gewonnen werden, die ihren Niederschlag in Anweisungen, Merkblättern, Normen und Richtlinien gefunden haben. Auf diese ist im Text stets hingewiesen und ihr Inhalt kurz erläutert. Es wird angenommen, daß sie bei der Lösung von Einzelaufgaben vom Fachmann herangezogen werden. Im wesentlichen handelt es sich hier um die Erlasse des *Bundesverkehrsministeriums* und die Veröffentlichungen der *Forschungsgesellschaft für das Straßenwesen* in Köln. Aber auch die *Vereinigung Schweizerischer Straßenfachmänner* in Zürich hat mir gestattet, die Normen der SNV mit zu erwähnen. Vom ausländischen Schrifttum ist einiges aus den Veröffentlichungen in den VStA, England, Holland, Frankreich, Schweden und Österreich übernommen.

Erwähnen muß ich noch, daß mir bei der Schlußbearbeitung der neuen Auflage Herr Regierungsbaumeister W. LUTZ in Stuttgart wertvolle Hilfe geleistet hat. Er hat nicht nur die Korrektur durchgesehen, sondern auch den Inhalt durch eigene Beiträge ergänzt. Hierfür bin ich ihm zu besonderen Dank verpflichtet.

Aber auch dem Verlag möchte ich meinen besten Dank ausdrücken, daß er wieder große Mühe aufgewandt hat, die vierte Auflage in der guten Ausstattung erscheinen zu lassen, die alle seine Druckwerke auszeichnet.

Stuttgart, im September 1959

E. Neumann

Inhaltsverzeichnis

Abkürzungen siehe folgende Seite

Abkürzungen

AASHO	American Association State Highway Officials
AB	Autobahn
ABB	Anweisung für den Bau von Betonfahrbahndecken (Autobahnen)
A.S.T.M.	American Society for Testing Materials
B 29	Bundesstraße 29
BAB	Bundesautobahnen
BAST	Bundesanstalt für Straßenbau, Köln
Baurab TG 43	Bauanweisung für Reichsautobahnen, Trassierungsgrundsätze
BBA	Bauanweisung Bundesautobahnen
BPR	Bureau of Public Roads
BRD	Bundesrepublik Deutschland
BVM(BMV)	Bundesverkehrsministerium
D. Str. V.	Deutscher Straßenbauverband
F. G.	Forschungsgesellschaft für das Straßenwesen, Köln
FStrG	Bundesfernstraßengesetz vom 6. 8. 1953
H. f. E. B.	Handbuch für Eisenbeton Berlin, Verlag Wilhelm Ernst und Sohn
HLB	Hinweise für die Anordnung und Ausführung von senkrechten Leiteinrichtungen
HMB	Hinweise für die Anordnung und Ausführung von Fahrbahnmarkierungen auf Bundesfernstraßen
HRa	Highway Research abstracts
HRB	Highway Research Board
I. Str. K.	Internationale Straßenkongresse, Berichte
Mitt. F. G.	Mitteilungen der Forschungsgesellschaft für das Straßenwesen
PR	Public Roads
PRA	Public Roads Association
RAL	Vorläufige Richtlinien für den Ausbau der Landstraßen 1937/1942
RAL	Richtlinien für die Anlage von Landstraßen — Q 1956
RAST	Richtlinien für die Anlage von Stadtstraßen 1953
RRL	British Road Research Laboratory, Department of Scientific and Industrial Research London
SNV	Schweizerische Normenvereinigung
StVO	Straßenverkehrsordnung
Str. V. Stgt	Straßenbauversuchsanstalt Stuttgart
StVZO	Straßenverkehrs-Zulassungs-Ordnung
TVE	Technische Vorschriften für die Ausführung von Erdarbeiten im Straßenbau
TVbit	Technische Vorschriften und Richtlinien für den Bau bituminöser Fahrbahndecken
VfT	Mitteilungen der Verkaufsvereinigung für Teererzeugnisse, Essen
VOB	Verdingungsordnung für Bauleistungen
VStA	Vereinigte Staaten von Amerika
Z. f AT	Zentrale für Asphalt und Teerforschung
ZTVE — StB 59	Zusätzliche Technische Vorschriften und Richtlinien für Erdarbeiten im Straßenbau

Die im Text erwähnten Merkblätter, Richtlinien und Technischen Vorschriften, die von der Forschungsgesellschaft für das Straßenwesen, Köln, Deutscher Ring 17, herausgegeben werden, können von ihr bezogen werden.

Über den neuesten Stand der Straßenbautechnik in der BRD unterrichtet die Lose-Blatt-Sammlung „Straßenbau von A bis Z“, Sammlung amtlicher Bestimmungen und technischer Richtlinien für Planung, Bau und Unterhaltung von Autobahnen, Landstraßen und städt. Straßen.

Die im Text erwähnten Normen der Schweizerischen Normenvereinigung werden von der Vereinigung der Schweizerischen Straßenfachmänner (VSS), Seefeldstraße 9, Zürich 8, herausgegeben und können von dort bezogen werden.

Die Aufgabe

Die Straßen vermitteln den Verkehr der Menschen in und zwischen den Siedlungen und den Austausch von Gütern. Sie haben zudem auch die Aufgabe, den Zugang zu dem landwirtschaftlich genutzten Gelände — den Weiden, Wiesen, Äckern —, den Waldungen und Erholungsgebieten, zu den Bahnhöfen und Häfen zu schaffen. Den Straßen in den Ortschaften und Städten fällt die Aufgabe zu, die Wohngebiete zu erschließen und den innerstädtischen Verkehr zu vermitteln. Auf allen Straßen bewegt sich also ein Anliegerverkehr und ein Durchgangsverkehr. Die Verkehrsmittel, die sich auf den Land- und Stadtstraßen bewegen, sind sehr verschiedenartig, daher auch die Anforderungen unterschiedlich, die sie an die Straßen stellen.

Da alle technischen Einrichtungen Bedürfnisse befriedigen — in diesem Falle die Ortsveränderung von Menschen und Gütern erleichtern sollen, die aber unter Benutzung sehr verschiedener Mittel vor sich geht —, werden an die meisten Straßen Anforderungen gestellt, die ganz verschiedener Art sind, so daß die auf ihnen zugelassenen ungleichartigen Verkehrsmittel sich z. T. gegenseitig behindern. Vor allen Dingen sind es die besonderen Eigenschaften der Selbstfahrer — Kraftfahrzeuge (Kfz) —, die im Vergleich zu dem früheren Spannverkehr durch das höhere Gewicht, das angetriebene Rad anstelle des gezogenen und durch die wesentlich höhere Fahrgeschwindigkeit gekennzeichnet sind.

Aber diese Merkmale beschreiben den tatsächlichen Zustand nur angenähert. Die in den letzten Jahren durchgeführten Untersuchungen am Kraftfahrzeug haben gezeigt, daß die großen lebendigen Kräfte, die vom Wagenmotor ausgehen und durch die Antriebsräder auf die Straße übertragen werden, weiterhin die großen Massenkräfte, die besonders im Lastkraftwagen aufgespeichert sind, und außerdem das Kräftespiel zufolge äußerer Einwirkungen auf den Lauf des Wagens, wie Luftwiderstand, Wind, Fahrbahnunebenheiten, Fahrt durch Krümmungen und Zustand der Oberfläche einen Kraftschluß zwischen Rad und Fahrbahn erfordern, den man anfangs nicht genügend beachtet hat, der aber unter allen Bedingungen vorhanden sein muß, um die Sicherheit im Verkehr zu gewährleisten. Alle bei der Fahrt eines Kraftfahrzeugs auftretenden Kräfte können nur aufgenommen werden, wenn die Fahrbahn so gebaut ist, daß sie die ihr zugemuteten Lasten ohne Verformung tragen kann, daß ihre Oberfläche eben und so griffig ist, daß der gewünschte Kraftschluß bei jeder Witterung vorhanden und daß sie jeder weiteren Art der Beanspruchung gewachsen ist.

Der Straßenbau ist daher im Verlaufe eines halben Jahrhunderts vor ganz neue Aufgaben gestellt worden, die nur mit außergewöhnlichen Mitteln gemeistert werden können. Er beruht zwar auf einer in Jahrhunderten ausgebildeten Technik, ist aber im Laufe der letzten 50 Jahre durch das Studium der Fahrdynamik des Kraftfahrzeugs, durch wissenschaftliche Durchdringung der Stoffkunde und durch Einführung von Maschinen für die Herstellung und Unterhaltung in seinem Leistungsstand auf eine beachtliche Höhe gebracht und weitgehend ingenieurtechnisch durchgebildet worden. Konnte die größere Beanspruchung der Straße durch technische Mittel ausgeglichen werden, die in der Verbreiterung der Fahrbahn, Verbesserung der Linienführung und Herstellung einer mehr widerstandsfähigen Befestigung bestehen, so werden die Schwierigkeiten, die sich aus der Mischung der Verkehrsmittel ergeben, nur durch eine scharfe Trennung zu lösen sein, in der Weise, daß bestimmte Straßen nur für Kraftfahrzeuge zugelassen sind und sie so angelegt werden, daß jede Fahrrichtung eine eigene getrennte Bahn hat und alle anderen Verkehrswege straßenfrei gekreuzt werden. Diese Aufgabe erfüllen die Autobahnen, die dem Straßenbau und der Landschaft ein ganz neues Gepräge gegeben haben. Die Form der Autobahn, als die dem Kraftfahrzeug gemäße Straße, wie sie in Deutschland gebaut worden ist, hat jetzt auch in anderen Ländern und Erdteilen Fuß gefaßt und Nachahmung gefunden.

In der Verkehrswirtschaft ist durch den Anstieg der individuellen Verkehrsbedienung und durch die Luftfahrt eine Strukturwandlung eingetreten, die auch noch dadurch gekennzeichnet ist, daß der Eisenbahnverkehr nur noch langsam zunimmt, dabei ertraglos ist und der öffentliche und Nahverkehr trotz höherem Einsatz und trotz Anwachsen der Städte die Neigung zeigt, nicht mehr zuzunehmen, während gleichzeitig der Kraftverkehr für Personen und Güter sprunghaft steigt. Einer solchen Entwicklung mit dem Straßenbau nachzukommen, bereitet große Schwierigkeiten und stellt sehr ernste Fragen, denn die Straße ist ein starrer Körper, der Verkehr beweglich. Eine einmal mit hohem Aufwand gebaute Straße soll üblicherweise eine lange Lebensdauer haben, die ihr durch eine fortlaufende, aber in den Grenzen bleibende Unterhaltung gesichert wird. Der Verkehr dagegen ist in Bewegung, nicht nur in dem Sinne, daß er auf der Straße selbst nicht an feste Bahnen gebunden ist, weil er langsam oder schnell fahren, überholen und halten kann, sondern auch in dem Sinne, daß die im Zeitpunkt des Baues der Straße üblichen Verkehrsmittel bei den Fortschritten der Technik schon in kurzer Zeit durch neue ersetzt werden, die andere Abmessungen haben, mit größerer Geschwindigkeit fahren, größere Wendekreise haben und mehr laden können. Es ist daher eine unerfreuliche Erscheinung, daß eine einmal nach allen Regeln der Technik gebaute Straße, die anfangs allen Bedürfnissen genügt hat, schon nach wenigen Jahren unzulänglich wird und daß das in sie gesteckte Kapital bereits abgeschrieben werden müßte. Wenn man in der Wirtschaft von lang- und kurzlebigen Anlagen spricht, so würde bei dem heutigen Stande der Dinge die Straße als kurzlebig anzusehen sein, für die Allgemeinheit eine verhängnisvolle Entwicklung.

Es kann daher nicht ausbleiben, daß auch gefordert werden muß, daß auf einzelnen Straßen der Verkehr sich ihrem Zustande anpaßt. Abgesehen von den Autobahnen, den Umgehungsstraßen und den Hochstraßen in den Städten hat sich Zahl und Länge der Verkehrsstraßen in Stadt und Land kaum vermehrt, obwohl ein immer zunehmender Verkehr von ihnen Besitz ergriffen hat. Der Straßenbau selbst konnte nur die Straßen verbreitern, die Zahl der Fahrspuren vermehren, meist aber nur in unzulänglicher Weise, so daß der Verkehr sich so verdichtet hat, daß er nur noch durch eine sehr streng gehandhabte Ordnung aufrecht erhalten werden kann.

Die Volkswirtschaftslehre, in der das Verkehrswesen eine besondere Rolle spielt, glaubt in der Geschichte Europas drei Epochen im Straßenbau feststellen zu können. Die erste führt bis in die Mitte des 17. Jahrhunderts, bei der der Straßenbau noch sehr im argen liegt. Die zweite erstreckt sich auf die 2. Hälfte des 17. und 1. Hälfte des 18. Jahrhunderts — die Zeit des Merkantilismus. Sie brachte die Förderung der Verkehrsbelange durch den Staat. Eine systematische Behandlung des Wegebaues setzt ein, aber noch mit unzureichenden technischen Mitteln. Die dritte Epoche wird als das klassische Zeitalter des Landstraßenbaues bezeichnet. Frankreich, seit dem 16. Jahrhundert der größte Militärstaat Europas, betreibt einen großzügigen Straßenbau. Zu jener Zeit wird die Ecole des ponts et chaussées in Paris gegründet. Aber auch der Aufstieg Deutschlands wird durch den in Preußen beginnenden planmäßigen Straßenbau zur Vereinigung der weit auseinanderliegenden Teile der Monarchie bereits angedeutet. Im Jahre 1830 hatte Preußen bereits 7500 km Kunststraßen. Zu jener Zeit konnte GOETHE zu ECKERMANN sagen: „Mir ist nicht bange, daß Deutschland nicht eins werde, unsere guten Chausseen und künftigen Eisenbahnen werden schon das ihrige tun."

Eine Geschichtsbetrachtung, die, wie Max Maria VON WEBER sagt, die Geschichte des Menschengeschlechtes nicht mehr als Folge von Handlungen der brutalen Gewalt, sondern als eine Reihe von Konsequenzen der guten Taten des Menschengeistes zu schildern haben wird, kann ihre Erzählungen aus allen Bereichen menschlicher Tätigkeit wie an einem unzerreißbaren Faden an die Geschichte des Verkehrs knüpfen, da durch diesen erst der Mensch zum Kulturwesen wird. Eine solche Geschichtsbetrachtung, die wir heute mit Geopolitik bezeichnen, weist nach, daß politische Zerrissenheit der Staaten und Völker an dem mangelhaften Zustand der Verkehrswege erkannt werden kann.

Wirtschaftlicher Aufstieg ist ohne Straßenverkehr nicht mehr denkbar. Beide setzen aber ein geordnetes Staatswesen und eine weitsichtige Staatsverwaltung voraus, die ihm die Wege ebnen. Es ist aber eine durchaus einseitige Anschauungsweise, die Benutzung des Kraftfahrzeugs nur vom Standpunkt der Wirtschaftlichkeit und des Ertrages zu betrachten. Denn schon längst sprechen andere Einflüsse psychologischer Art mit. Der in den Arbeitsprozeß eingespannte Mensch ist nicht mehr Herr seiner selbst, er hat mit 1000 anderen täglich mehrmals im öffentlichen Verkehrsmittel den vorgeschriebenen Weg zur vorgeschriebenen Zeit zur und von seiner Arbeitsstätte zurückzulegen. In seiner Tätigkeit ist jeder Schritt und jede Handreichung geregelt. Die aus der Rationalisierung und Automatisierung der Arbeit sich ergebenden Abhängigkeiten finden wir nicht nur bei den Handarbeitern, sondern bis weit in die Kreise der Angestellten, Kopfarbeiter und freien Berufe hinein, auch als anonyme Entpersönlichung gekennzeichnet. Es ist ein natürlich zu erklärender Vorgang, daß der in seinem Recht auf Selbstbestimmung eingeschränkte Mensch nach einer Möglichkeit sucht, sich in irgendeiner Weise frei zu machen und auch einmal einem anderen Individuum seinen Willen aufzuzwingen, und den Reiz seines technischen Machtgefühles auszukosten. Hierzu bietet ihm der Kraftwagen das geeignete Mittel. Der Mensch, der sonst nur Objekt ist, kann sich hier ausnahmsweise als Subjekt fühlen und am Gashebel seinen eigenen Willen durchsetzen. Damit ist es auch zu erklären, wenn der Anteil der Arbeitnehmer an der Zulassung fabrikneuer Personenkraftwagen von 5,7% im Jahre 1950 auf 26% im Jahre 1955 gestiegen ist. Diese Kreise wollen das Kraftfahrzeug nicht nur im Berufsverkehr benutzen, sondern gleichermaßen zur Erholung und Entspannung.

Im Bereich des Straßenbaues selbst muß aber eine gewisse Wirtschaftlichkeit angestrebt werden. Wenn bisher der Grundsatz galt, daß die Wirtschaftlichkeit einer Straße darin besteht, daß ihre Anlagekosten, die Unterhaltungs- und die Beförderungskosten auf ihr einen Mindestwert erreichen müssen (s. S. 66), so wird jetzt auch der Verlust an Menschenleben und an Gütern, der durch Unfälle auf den Straßen verursacht wird, mit eingerechnet. Man hat ausgerechnet, daß in Deutschland allein durch Betriebsunfälle ein Verlust von 600 Millionen DM im Jahre entsteht und daß die Verluste an Gesundheit und Menschenleben auf 2 Milliarden geschätzt werden müssen. Es ist kein Zweifel, daß — gesamtwirtschaftlich gesehen — eine Straße, die so angelegt ist, daß sie nur eine geringe Unfallhäufigkeit hat, die unter dem Durchschnitt aller anderen Straßen bleibt, auch wenn ihr Bau besonders teuer gewesen ist, als wirtschaftlich zu gelten hat[1].

Wenn die Straßen das Verkehrsbedürfnis befriedigen sollen, werden sie sich nach dem Verkehr, den Beförderungsmitteln und den Beanspruchungen zu richten haben, denen sie unterworfen sind. Da aber Ordnung im Verkehr herrschen muß, ist es notwendig, Vorschriften zu erlassen, wie die Fahrzeuge beschaffen sein müssen mit Rücksicht auf die Sicherheit im Verkehr und auf die Widerstandsfähigkeit der Straßen. Das hat schon zu der Zeit gegolten, als die Straßen nur vom Spannverkehr benutzt wurden, ist aber die vordringliche Forderung, nachdem das Kraftfahrzeug Besitz von der Straße ergriffen hat.

1. Die Straßenverkehrsmittel

1.1 Spannfahrzeuge

Die Spannfahrzeuge, die im städtischen Verkehr nur noch beschränkt benutzt werden, dagegen in der Landwirtschaft noch Bedeutung haben, auch wenn die tierische Zugkraft immer mehr durch die Zugmaschine ersetzt ist, haben sich in den letzten 150 Jahren in ihren Abmessungen und Bauweise nicht geändert. Nur der Stahlreifen wird allmählich durch die nachgiebige Bereifung ersetzt, wodurch die aufzuwendende Zugkraft auf die Hälfte bis ein Drittel ermäßigt und die Straßenzerstörung erheblich gemildert wird. Über das Spannfuhrwerk sollen daher nur die notwendigsten Angaben hinsichtlich der Abmessungen und Gewichte gemacht werden.

Die Wagen sind ein- und zweiachsig. Bei diesen erfolgt die Lenkung durch Drehung der Vorderachse um einen durch Achse, Langbaum und Drehschemel gehenden lotrechten Bolzen (Abb. 1). Die Länge des Fahrzeuges, der Abstand der Achsen und die Größe des Einschlagwinkels, den die Vorderachse zuläßt, bestimmen die Abmessungen und Anlage der Krümmungen. Um sehr langen Fahrzeugen, die Langholz oder lange Leitern befördern, das Durchfahren auch kleinerer Krümmungen zu ermöglichen, erhalten sie auch eine Lenkung der Hinterachse (Schwiggachse, S. 106), so daß die Räder der Vorder- und Hinterachse spuren können. Der übliche Einschlagwinkel der Vorderachse beträgt 30 ··· 40°. Bei Fahrzeugen zur Beförderung von Personen und Rollgütern schlagen die Vorderräder auch unter den Wagenkasten, so daß sie auf der Stelle wenden können. Die Tabelle 1 gibt die Abmessungen einiger gebräuchlicher Fahrzeuge.

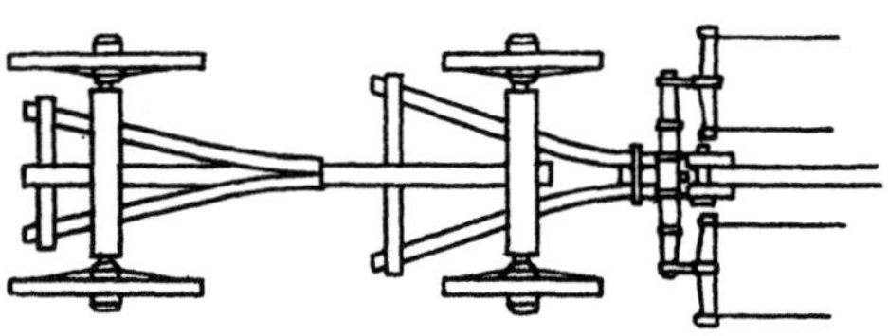

Abb. 1. Spannfahrzeug

Spurweite: Sie ist für Spannfuhrwerke in den einzelnen Ländern geregelt worden, in Preußen durch das Gesetz vom Jahre 1839 auf 1,52 m als Höchstmaß festgelegt. Die Standsicherheit erfordert besonders bei hohen Wagen eine breite Spur. Personenwagen und solche für Leichtverkehr haben kleinere Spur, 1,35 und 1,125 m. Abweichungen in der Spur sind günstig für die Fahrbahnen, da

[1] Nach dem USA National Safety Council sollen die durchschnittlichen Kosten für Unfälle betragen: Nur mit Sachschaden 814 $, mit verletzten Personen 5350 $, mit getöteten Personen 97728 $. Professor Dr.-Ing. SCHLUMS gibt folgende Kosten an: Für einen Toten 87500 DM, für einen Verletzten 660 DM, Sachschaden 160 DM [*1*], [*2*]*.

* Die in eckigen Klammern kursiv gesetzten Ziffern verweisen auf das Schrifttumsverzeichnis S 629.

sie durch Spurfahren stark abgenützt würden. Aus der Spurweite hat sich mit Rücksicht auf die Zugkraft der Pferde und das richtige Verhältnis von Wagengewicht zu Nutzlast eine Regelform für landwirtschaftliche Wagen und solche für andere Massengüter und Frachtverkehr entwickelt, die in ihren Abmessungen nur noch aus den örtlichen Gegebenheiten heraus — Flachland, Hügel oder Gebirge — voneinander abweichen.

Tabelle 1

Fahrzeugart	Länge ohne Deichsel m	Breite über alles m	Größter Achsstand m	Nutzlast kg	Eigengewicht kg
Spannfahrzeuge					
Personenfuhrwerk . .	2,5—4,0	1,5—2,0	1,5—2,25	—	600—1000
Lastfuhrwerk	2,5—6,0	1,7—2,0	2,0—4,0	5000	1000—1500
Langholzwagen . . .	20—30	—2,20	$^2/_3$ Stammlänge	—10000	800—1200
Möbelwagen	5 —9,0	—2,50	2,0—4,0	—6000	2000—2500
Ernte- und Heuwagen.	5,0—6,5	2,5—3,8 (d. Ladg.)	3,5—5,2	—3500	800—1200 800—1200
Pritschenwagen, zweispännig	4,5	2,0	2,75	7500	1000

Felgenbreite: Die Radfelge überträgt die Wagenlast auf die Straße. Ihre Breite richtet sich daher nach der Tragfähigkeit der Straße und dem Wagengewicht. Sie ist in allen Staaten zur Schonung der Straßen gesetzlich geregelt. Für die üblichen schwersten Fuhrwerke, z. B. in Norddeutschland mit 10 cm (4″) breiten Felgen ist die Höchstbelastung eines Rades mit 1250 kg festgelegt, wozu noch das Eigengewicht des Wagens — rd. 1000 kg — hinzukommt, im ganzen 1500 kg. Nach §36 der Straßenverkehrszulassungsordnung (StVZO.) vom 29. März 1956 sind eiserne Reifen mit einem Auflagedruck bis zu 125 kg je cm Reifenbreite zugelassen:

a) für Zugmaschinen in land- und forstwirtschaftlichen Betrieben,

b) für Arbeitsmaschinen, deren Höchstgeschwindigkeit 8 km je Stunde nicht übersteigt, ...,

c) hinter Zugmaschinen mit einer Geschwindigkeit bis zu 8 km je Stunde:

für Möbelwagen, ...,

für land- und forstwirtschaftliche Arbeitsgeräte und für Fahrzeuge zur Beförderung von land- und forstwirtschaftlichen Bedarfsgütern und Erzeugnissen.

Die Berührung zwischen Rad und Straße erfolgt auch bei dem Stahlreifen nicht in einer Mantellinie des zylinderförmigen Reifens, sondern wegen Formänderung des Reifens und Nachgiebigkeit der Straßendecke in einer Fläche. Es entsteht ein Berührungsbogen. Eine nachgiebige Fahrbahn wird sich unter der Felge eindrücken und damit eine Lastenverteilung entstehen, die der Tragfähigkeit des Belages entspricht. Nach den Beziehungen der Abb. 2 verhält sich

$$u : \frac{l}{2} = \frac{l}{2} : (D - u).$$

$$\frac{l}{2} = \sqrt{u D - u^2}.$$

Da u^2 gegen D sehr klein ist und da bei der Flachheit des Bogens $\frac{l}{2} = a$ gesetzt werden kann, wird

$$a = \sqrt{u D} \qquad (1)$$

Bei gleicher Einsenkung und gleicher Tragfähigkeit des Straßenbelages verhalten sich also die Berührungsbogen wie die Wurzeln der Raddurchmesser.

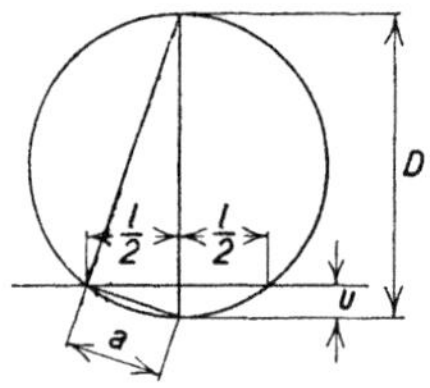

Abb. 2. Beziehung zwischen dem Berührungsbogen und dem Raddurchmesser

Der II.I. Str.K. hat daher für die zulässige Belastung für den Zentimeter Felgenbreite die Formel vorgeschlagen:

$$P = c\sqrt{D} \text{ Durchmesser in m}$$

$$c = 150.$$

Bei Durchmessern über 1 m würde p über 150 kg, bei solchen unter 1 m unter 150 kg liegen. P verteilt sich aber nicht gleichmäßig über die Berührungsbogenlänge $l = 2a$, sondern wird in der Mitte der Eindrückung die größte Beanspruchung $p = p_{max}$ und an den Enden die Druckbeanspruchung $p = 0$ bewirken. Nimmt man als Form des Druckdiagramms eine Parabel an, so ist die Belastung P als deren Flächeninhalt:

$$P = \frac{2}{3}\, l p$$

Für den Wert p werde die aus dem Gleisbau bekannte Bettungsziffer C eingeführt, das ist diejenige Belastung, unter der sich die Fahrbahn um 1 cm zusammendrückt (kg/cm³). Bei u cm Einsenktiefe würde die Gleichung den Wert annehmen

$$P = \frac{2}{3}\, l u C$$

$$= \frac{4}{3}\, a u C \quad \text{mit Gl. 1}$$

$$= \frac{4}{3}\, C \sqrt{u^3 D}$$

$$p_{max} = u C$$

$$p_{max} = \sqrt[3]{\frac{9 P^2 C}{16 D}}\,. \tag{2}$$

Für den Lastwagen mit 150 kg Belastung auf den Zentimeter Felgenbreite, 100 cm Raddurchmesser und verschiedene Bettungsziffern ergeben sich dann die folgenden Drücke:

1. Erdbahn	$C = 2$ kg/cm³ $p = 6{,}22$ kg/cm²;
2. Kiesbahn	$C = 4$ kg/cm³ $p = 8$ kg/cm²;
3. Frisch beschotterte Steinschlagbahn	$C = 8$ kg/cm³ $p = 10$ kg/cm²;
4. Festgefahrene Schotterdecke nach Dr.-Ing. Blosz [3]	$C = \sim 30$ kg/cm³ $p = 15{,}6$ kg/cm²;
5. Betondecke nach Dr.-Ing. Blosz [3]	$C = \sim 120$ kg/cm³ $p = 25$ kg/cm²

Auf der nachgiebigen Steinschlagdecke drücken sich die Reifen auf eine größere Bogenlänge in die Decke. Bei den starren Belägen, z. B. Beton, vor allem auch auf Steinpflaster, ist mit einem solchen Vorgang nicht zu rechnen. Bei abgefahrenen eisernen Reifen wird die Berührungsbreite auf starren Decken wesentlich geringer sein und in der Regel höchstens einige Zentimeter betragen. Dann aber wird die Bodenpressung, z. B. bei Beton für die höchste Radlast

$P = 1500$ kg verteilt auf 2 cm Felgenbreite, $C = 120$, $p = 72{,}4$ kg/cm². Diese starke Beanspruchung durch Stahlreifen erklärt die starke Abnutzung der Betonstraße. Beim Stahlreifen ist der Flächendruck abhängig von der Deckenart. Untersuchungen von BENDEL über physikalische und dynamische Eigenschaften des Untergrundes von Straßen, Flugplätzen und Straßenbahnen geben dieselben Werte an, für chemisch verfestigte Erdstraßen 80 ··· 120 kg/cm³.

1.2 Selbstfahrer

1.21 Fahrrad

Das Fahrrad ist das erste Massenverkehrsmittel als Selbstfahrer. Es hat eine große Verbreitung gefunden und beherrscht in einzelnen Ländern mit ebenem Gelände das Straßenbild. In den Niederlanden, Schweiz, Dänemark, Belgien, Deutschland kommen auf zwei bis drei Einwohner ein Fahrrad. Das Ziel, durch bessere Ausgestaltung des Nahverkehrs — erhöhte Leistung und Fahrpreisverbilligung — das Fahrrad aus den Straßen zu verdrängen, ist nicht erreicht worden. Es hat seinen Platz im Berufs- und vor allem im Ausflugsverkehr behauptet. Da die Radfahrer den übrigen Verkehr stören und erheblich zu den Straßengefahren beitragen, wird angestrebt, die Radfahrer von den Verkehrsstraßen fernzuhalten und auf eigene Wege zu verweisen (s. S. 95).

1.22 Motorrad

Vom leichten mit Hilfsmotor angetriebenen Fahrrad bis zum schwersten Kraftrad gibt es eine ganze Reihe von Zwischenstufen, die, je nach dem Zweck, den sie erfüllen sollen, benutzt werden. Nach der Verordnung über das Kraftwesen vom 5. Dezember 1925 werden mit Krafträdern solche Kraftfahrzeuge bezeichnet, die auf nicht mehr als drei Rädern laufen und nicht mehr als 200 kg Gewicht im betriebsfähigen Zustande haben. Bezüglich des Einflusses auf die Straßen wird man das leichte Kraftrad mehr dem Fahrrad zurechnen, das schwere dagegen dem leichten Personenkraftwagen gleichsetzen müssen. Das Kraftrad bietet aber den Vorteil, daß es auch auf Wegen fahren kann, die für einen vierrädrigen Kraftwagen unbenutzbar sind.

Da sich in Deutschland der Lebensstandard erhöht und die Kraftfahrzeuge billiger geworden sind, nimmt die Zahl der Motorräder ab, wie die Statistik erkennen läßt (Tabelle 2) [*4*].

Tabelle 2

	Motorfahrräder	Motorräder (100 ··· 250 ccm)	Motorroller	Summe
1953	36133	333092	71210	440435
1954	9079	259579	120578	389236
1955	4886	165663	134159	304705

Nur die Zahl der Motorroller hat zugenommen. Ein großer Teil der in Deutschland erzeugten Motorräder sind ausgeführt worden.

1.221 Kleinkrafträder und Fahrräder mit Hilfsmotor

Als Kleinkrafträder gelten Krafträder mit einem Hubraum von nicht mehr als 50 ccm.

Fahrräder mit Hilfsmotor sind Fahrzeuge, die hinsichtlich der Gebrauchsfähigkeit die üblichen Merkmale von Fahrrädern aufweisen, jedoch zusätzlich als Antriebsmaschine einen Verbrennungsmotor mit einem Hubraum von nicht mehr als 50 ccm besitzen (§ 67a StVZO).

1.23 Personen- und Lastkraftwagen

1.231 Allgemeines

Wenn man bei der Aufgabe, die hier der Straßenbau lösen soll, von dem Bedürfnis ausgeht, wird man die Art und den Umfang des Verkehrs festlegen müssen, weil sich danach der Ausbau der Straßen wird richten müssen. Dieser Verkehrsumfang ist zuerst an der Zahl der Kraftfahrzeuge zu erkennen, die die Straßen benützen, und an dem Verhältnis, wie im Laufe der Jahre die Zahl der Kraftfahrzeuge zugenommen hat. Das kann aus der Abb. 3 entnommen werden, in der der jeweilige Bestand am Ende des Jahres für Personenkraftwagen, Kraftomnibus, Lastkraftwagen, Zugmaschinen und Krafträder für die Jahre 1951 ··· 1957 eingetragen ist.

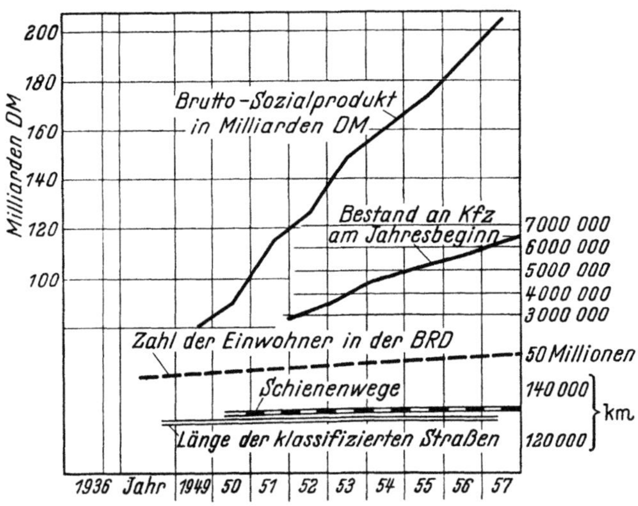

Abb. 3. Die Zunahme des Bestandes an Kraftfahrzeugen im Vergleich mit dem Anwachsen des Bruttosozialproduktes, der Zahl der Einwohner in der BRD und dem Bestand an Schienenwegen und Länge der klassifizierten Straßen

Mitaufgenommen in dieses Schaubild sind der Anstieg des Sozialproduktes und der Bestand an Schienenwegen und Straßen. Aus dieser Gegenüberstellung ist abzulesen, daß zwischen der Zunahme des Bestandes an Kraftfahrzeugen und dem Stand der Straßen das schon erwähnte Mißverhältnis besteht, daß diese sich nicht vermehrt haben (S. 2). Allerdings kann die Länge der Straßen nicht mehr allein als Maßstab genommen werden, weil darin nicht zum Ausdruck kommt, daß durch Ausbau, Verbreiterung und Verbesserung der Straßen den Verkehrsanforderungen wenigstens in einem gewissen Umfange genügt worden ist. Aus den Schaulinien Abb. 3 ist außerdem zu entnehmen, daß zwischen dem Anstieg des Sozialproduktes und der Zunahme der Kraftfahrzeuge eine Beziehung besteht.

Um für die Belastung des Straßennetzes durch Fahrzeuge einen Näherungswert zu gewinnen, hat man die Zahl der Kraftfahrzeuge auf die km-Länge des Straßennetzes verteilt und dies mit dem Ausdruck Belegungsziffer bezeichnet. Die folgende Übersicht soll das erläutern [5]:

Bestand in der Deutschen Bundesrepublik 1955

an Autobahnen und klassifizierten Landstraßen	. .	131531 km
Straßen in den Gemeinden	rd.	120000 km
	Summe	251531 km

Autobahn und klassifizierte Landstraßen bezogen auf den Personenkraftwagen-Bestand.

Belegungsziffer für 1 km . . . . = 16,8,
für alle Straßen und alle Kraftfahrzeuge = 23,2.

Für England werden für 1953 die entsprechenden Werte zu 18,3 und 6,35 angegeben.

Die Straßendichte (in km für 1000 km² und für 100000 Einwohner) für 13 europäische Länder kann aus der Abb. 4 entnommen werden. I = Italien, Nl = Niederlande, B = Belgien, Dk = Dänemark, Ch = Schweiz, GB = Großbritannien, F = Frankreich, D = Deutsche Bundesrepublik, P = Portugal, E = Spanien, S = Schweden, SF = Finnland, N = Norwegen.

In diesen Gegenüberstellungen kommt nicht zum Ausdruck, ob ein Unterschied zwischen den Ländern im Grad der Ausnutzung — ihre tkm Leistung —

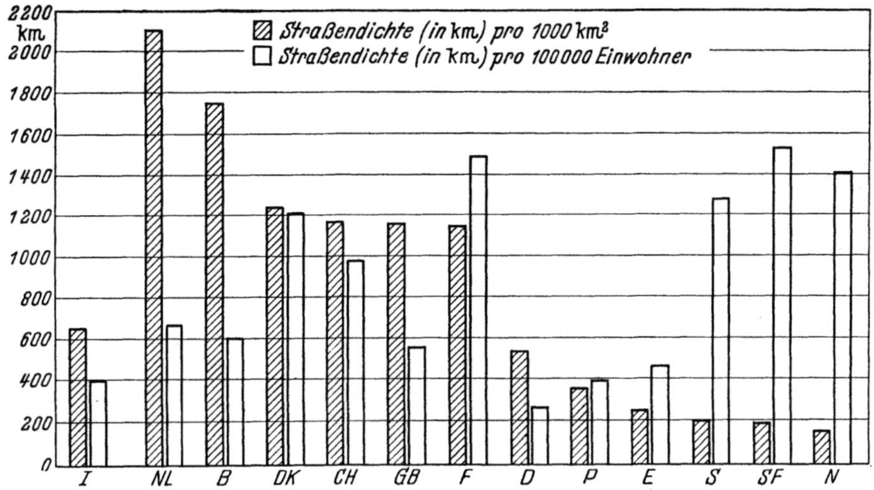

Abb. 4. Die Straßendichte bezogen auf 1000 km² und für 100000 Einwohner von 13 europäischen Ländern

der Kraftfahrzeuge besteht. Denn erst wenn diese bekannt ist und in die Betrachtung eingeführt wird, würde sich ein zutreffendes Bild über die Inanspruchnahme des Straßennetzes ergeben. Diese könnte in gewissem Umfang aus dem Verbrauch an Betriebsstoff ermittelt werden. Auch setzt diese Betrachtungsweise voraus, was nicht zutrifft, daß alle Kraftfahrzeuge über alle Straßen gleichmäßig verteilt sind.

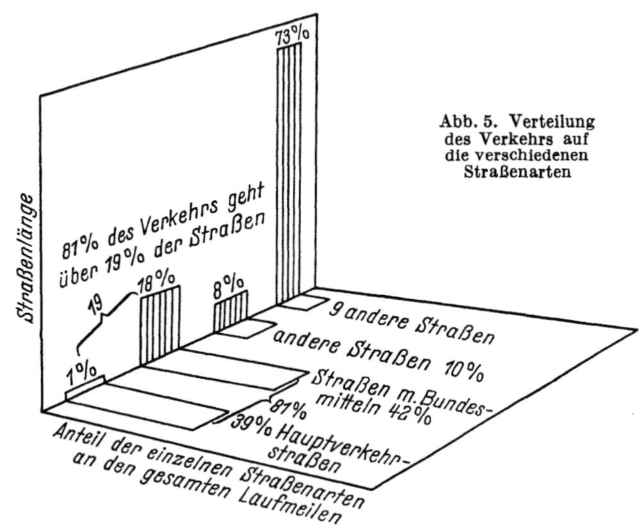

Abb. 5. Verteilung des Verkehrs auf die verschiedenen Straßenarten

Das Gegenteil ist der Fall, wie die Verkehrszählungen und Verkehrsschätzungen in den VStA zeigen, daß 18% aller Straßen gemessen an ihrer Länge 42% des Verkehrs bewältigen, während weitere 39% des Verkehres über die Hauptschlagadern der Städte rollen, die nur 1% der Straßenlänge ausmachen, so daß 19% der Straßen 81% des gesamten Verkehres aufzunehmen haben (Abb. 5). Ähnlich werden die Verhältnisse in anderen Ländern sein.

Wenn die Zahl der Personenkraftwagen überwiegt und daraus irrtümlicherweise ein Maß für die Anforderungen an den Straßenbau gestellt wird, so gilt das nur, soweit die Fahrgeschwindigkeit betrachtet wird. Dagegen belasten im Vergleich zum Personenkraftwagen-Verkehr die Lastkraftwagen und Omnibusse, wenn auch ihr Anteil am Gesamtverkehr wesentlich geringer ist, die Straßen ganz besonders und dieser Inanspruchnnahme kann nur mit besonderen technischen Maßnahmen genügt werden. Über den Anteil der Lastkraftwagen an der Beförderungsleistung der Güter im Vergleich zu anderen Verkehrsmitteln gibt die folgende Zusammenstellung Auskunft:

Verkehrsleistung aller Verkehrsmittel in t und in tkm in der BRD und in den VStA für 1955

	Leistung in Milliarden t				Leistung in Milliarden tkm			
	Bundesrepublik	%	VStA	%	Bundesrepublik	%	VStA	%
Lastkraftwagen . . .	0,56	58	8,3	74,8	16,79	16	122	11
Eisenbahn	0,282	29	1,5	13,5	58,06	56,3	569	49
Wasserstraßen	0,124	13	0,6	5,4	28,52	27,7	345	31
Rohrleitungen	—		0,7	6,3	—	—	110	9

1.232 Verbrauch an Betriebsstoff

Die Zahl der Fahrzeuge ist aber an sich nicht ausschlaggebend zur Beurteilung, in welchem Umfang sich die Motorisierung entwickelt hat und das Beförderungswesen beherrscht, sondern erst aus der Verkehrsleistung kann man das abschätzen. Hierfür liegen, was den Verkehr an Personenkraftwagen anbelangt, keine Unterlagen vor. Während die Verkehrsleistungen des Güterkraftverkehrs bekannt sind. Einen Überblick über die Leistungen des gesamten Kraftfahrzeugverkehrs gewährt aber der Verbrauch an Treibstoff und aus seiner Zunahme kann man auf die Entwicklung der Motorisierung schließen [*5*].

Tabelle 3. *Zunahme des Verbrauches an Treibstoff*

	Benzin	Dieselöl
Deutsches Reich 1935 in t	1600000	
Deutsche Bundesrepublik 1950	726469	668174
„ „ 1951	1350000	950000
„ „ 1952	1750000	988000
„ „ 1954	2250000	1825000
„ „ 1955	2579000	2124000
„ „ 1956	2997000	2336000
„ „ 1957	3352000	2376000
„ „ 1958	3989400	3900000

Der Verbrauch an Treibstoff hängt stark von der Wirtschaftslage ab. Selbst bei Zunahme des Bestandes an Kraftfahrzeugen kann der Verbrauch zurückgehen, falls die Kraftfahrzeuge wegen des Darniederliegens der Wirtschaft nicht mehr voll ausgenutzt werden. Ein solcher Vorgang ist 1930 im Deutschen Reich, aber auch in den VStA beobachtet worden. Wenn die Beförderungsleistung am Treibstoffverbrauch gemessen werden kann, ist damit auch ein Hinweis auf die Inanspruchnahme der Straßen gegeben. Wenn die Absicht besteht, den Kraftfahrzeugverkehr für die Aufwendungen im Straßenbau heranzuziehen, bietet die Besteuerung des Treibstoffes einen geeigneten Weg dazu. Dieser ist daher auch beschritten und in sehr vielen Ländern eine Steuer auf den Treibstoff eingeführt worden.

1.24 Bauart und Wirkungsweise des Kraftfahrzeugs

1.241 Die Abmessungen der Kraftfahrzeuge

Wenn die Straße dem Verkehr dienen soll, müssen die Verkehrsmittel und Verkehrsträger aufeinander abgestimmt werden. In allen Ländern hat man daher Gesetze und Verordnungen erlassen, wie das Kraftfahrzeug beschaffen sein muß, sowohl für die Raumausnutzung als auch mit Bezug auf das von ihm auf die Straße ausgeübte Gewicht. Bei den Personenkraftwagen findet man sehr verschiedene Wagenarten, die sich ganz nach den Wünschen der Benutzer hinsichtlich Preis, Unterhaltungskosten, Treibstoffverbrauch, Bequemlichkeit und Aussehen richten. Die Lastkraftwagenformen entsprechen mehr den Anforderungen der Wirtschaft, die sich auf Ladefähigkeit und Beförderungskosten erstrecken. Es gibt aber auch zahlreiche Spezialfahrzeuge, wie z. B. bei der Feuerwehr, Müllabfuhr, für die Ausnahmen zugelassen sind. Das gleiche gilt auch für die Omnibusse der Personenbeförderung. In der Güterbeförderung wird der Sattelschlepper an Bedeutung gewinnen.

Die Wirtschaft hat das Bestreben, große Verkehrseinheiten zu benutzen, weil dann die eigentlichen Beförderungskosten niedrig gehalten werden können. Im Eisenbahnwesen, in der See- und Binnenschiffahrt und in der Luftfahrt kann diese Entwicklung nach immer größeren Einheiten eindeutig verfolgt werden. Auch der technische Fortschritt im Fahrzeugbau hat das Ziel, die Ladefähigkeit der Kraftfahrzeuge und ihrer Anhänger zu erhöhen, wobei aber der Zustand der Straßen und ihrer Kunstbauten bisher Grenzen gesetzt hat, die in Gesetzen und Verordnungen zum Ausdruck kommen.

Da der Kraftfahrzeugverkehr an den Landesgrenzen schon längst nicht mehr halt gemacht hat, haben die europäischen Länder schon sehr früh Verbindungen aufgenommen, um durch gleichmäßigen Ausbau der Landstraßen einen ungehinderten Verkehr für Personenkraftwagen und Lastkraftwagen die Wege zu ebnen. Das begann mit der Gründung des „Ständigen Verbandes der internationalen Straßenkongresse“ auf seiner ersten Tagung in Paris im Jahre 1908. Inzwischen sind 10 solcher Kongresse abgehalten worden, auf denen die Fortschritte im Straßenbau behandelt und Anregungen für die weitere Entwicklung des Straßenbaues gegeben worden sind.

Nach dem Zusammentritt der Vereinten Nationen hat sich in Genf eine UN-Wirtschaftskommission für Europa gebildet, die einen Binnenverkehrsausschuß eingesetzt hat, mit einem Unterausschuß „Straßenverkehr“, Arbeitsgemeinschaft „Straßen“, der zuerst den Entwurf für ein Netz von Durchgangsstraßen für den internationalen Verkehr in Europa ausgearbeitet hat [*6*]. Dieses Netz erstreckt sich über die folgenden Staaten: Frankreich, Belgien, die Niederlande, Dänemark, Norwegen, Schweden, Finnland, die Schweiz, Italien, Österreich, Polen, die Tschechoslowakei, Griechenland und Großbritannien. Außerdem sind die Autobahnen und Bundesstraßen mit einbezogen worden. Neben diesem Entwurf wurden auch technische Richtlinien für die Ausbildung der im Netz aufgenommenen Straßen aufgestellt. Gleichzeitig hat eine Arbeitsgemeinschaft „Verkehrsbedingungen“ Höchstgrenzen für die zulässigen Abmessungen und Gewichte der auf diesen Straßen für den internationalen Durchgangsverkehr zuzulassenden Fahrzeuge ausgearbeitet. Danach sollen zukünftig in zwei Ausbaustufen folgende Höchstgrenzen für die Abmessungen der Fahrzeuge vorgesehen werden:

Tabelle 4. *Vorschlag der UN-Wirtschaftskommission für Abmessungen der Kraftfahrzeuge*

Höchstzulässige Abmessungen der Fahrzeuge	für den ersten Ausbau	für die zukünftige Gestaltung
Breite der Fahrzeuge	2,5 m	2,5 m
Höhe der Fahrzeuge	3,5 m	4,0 m
Länge der Fahrzeuge mit 2 Achsen	10,0 m	11,0 m
Länge der Fahrzeuge mit 3 oder mehr Achsen	11,0 m	12,0 m
Länge der Sattelschlepper	14,0 m	14,0 m
Länge der Fahrzeuge mit 1 Anhänger	18,0 m	20,0 m
Länge der Fahrzeuge mit mehr als 1 Anhänger	22,0 m	24,0 m

Diese Vorschläge haben keineswegs allgemeine Zustimmung gefunden, weil in den meisten Ländern gegenwärtig sich die Straßen noch nicht in einem solchen Zustand befinden, daß sie Kraftfahrzeuge und Lastzüge von solchen Abmessungen aufnehmen können. Für die Bundesrepublik gelten gegenwärtig die folgenden Vorschriften der Straßenverkehrs-Zulassungs-Ordnung — StVZO — in der Fassung vom 29. März 1956:

§ 32 Abmessungen von Fahrzeugen und Zügen (Auszug)

(1) Bei Kraftfahrzeugen und Anhängern beträgt die

1. höchstzulässige Gesamtbreite über alles — ausgenommen bei land- und forstwirtschaftlichen Arbeitsgeräten und bei Schneeräumgeräten — . . . . 2,50 m
   bei Anhängern hinter Krafträdern . . . . 1,00 m
2. höchstzulässige Gesamthöhe über alles (vgl. Abb. 6) . . . . 4,00 m
3. höchstzulässige Gesamtlänge über alles
   a) bei Einzelfahrzeugen . . . . 10,00 m
      jedoch bei Kraftomnibussen . . . . 12,00 m
   b) bei Sattelkraftfahrzeugen . . . . 13,00 m
   c) bei Kraftomnibussen, die als Gelenkfahrzeuge ausgebildet sind (Kraftfahrzeuge, die durch ein Gelenk unterteilt sind, bei denen der angelenkte Teil jedoch kein selbständiges Fahrzeug darstellt) . . . . 15,00 m
   d) bei Zügen (unter Beachtung der Vorschriften zu Buchstabe a)
      1. allgemein . . . . 14,00 m
      2. aus Kraftfahrzeugen mit Anhängern als land- und forstwirtschaftliche Arbeitsgeräte, hinter Straßenwalzen und Straßenbaumaschinen u. a. . . 18,00 m

Dieser § 32 tritt in Kraft: am 1. Januar 1958 für erstmals in den Verkehr kommende Fahrzeuge, jedoch Absatz 1 Nr. 3 Buchstabe b und d bei Sattelkraftfahrzeugen und Zügen, bei denen nur eines der miteinander verbundenen Fahrzeuge ab 1. Januar 1958 erstmals in den Verkehr kommt, erst am 1. Juli 1960,

Abs. 1 am 1. Juli 1960 für alle anderen Fahrzeuge,

Abs. 2 nach näherer Bestimmung durch den Bundesminister für Verkehr für am 1. Januar 1958 bereits im Verkehr befindliche Kraftfahrzeuge und Züge.

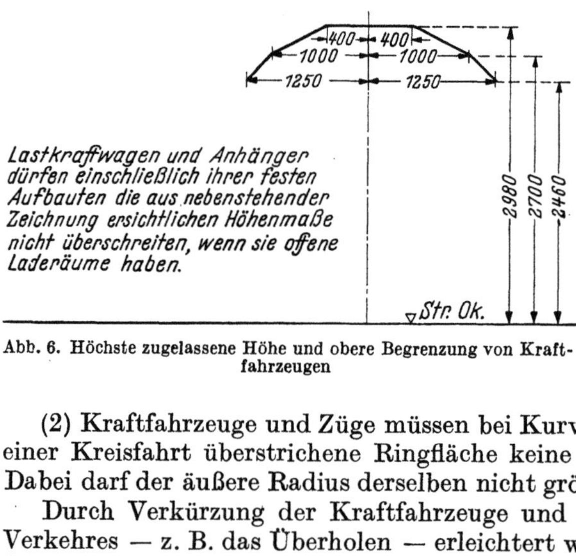

Abb. 6. Höchste zugelassene Höhe und obere Begrenzung von Kraftfahrzeugen

(2) Kraftfahrzeuge und Züge müssen bei Kurvenfahrt so spuren, daß die bei einer Kreisfahrt überstrichene Ringfläche keine größere Breite als 5,5 m hat. Dabei darf der äußere Radius derselben nicht größer als 12 m sein (vgl. S. 102).

Durch Verkürzung der Kraftfahrzeuge und Lastzüge soll der Ablauf des Verkehres — z. B. das Überholen — erleichtert werden. Dann müssen aber, um dieselbe Beförderungsleistung wie bisher zu erreichen, mehr Wagen und Lastzüge eingestellt werden, so daß die vermehrte Zahl der zwar schnelleren, aber bezüglich des Verhältnisses zwischen Eigengewicht und Nutzlast ungünstiger ausgelasteten Kraftfahrzeuges den Verkehr verdichtet und die Straßenabnutzung verstärkt. Diese Nachteile können nur dadurch ausgeglichen werden, daß möglichst kurze Kraftfahrzeuge, z. B. durch Einbau von Unterflurmotoren, in Dienst gestellt werden, deren Ladefläche ungefähr die gleiche bleibt.

Die Landwirtschaft benutzt eine große Anzahl von Geräten, die sich auf den Straßen bewegen, die entsprechend ihrem Verwendungszweck größere Breiten aufweisen als sonst für Kraftfahrzeuge zugelassen sind, z. B. Düngerstreu-, Sämaschinen, Mähdrescher u. a. m. Ihnen ist die Benutzung der Straßen gestattet, obwohl sie den Verkehr stark behindern. Wenn sie auch nur zur Zeit der Bestellung oder Ernte auf den Straßen erscheinen, so werden sie von den verkehrsreichen Straßen ferngehalten, indem neben diesen besondere Wege für den landwirtschaftlichen Verkehr vorgesehen werden. Die Länge der Fahrzeuge wird die Abmessungen der Krümmungen beeinflussen. Das Fahrzeug mit der größten Länge, das besonders in waldreichen Gegenden benutzt wird, ist der Langholzwagen, jetzt meist als Motorfahrzeug, dessen hintere Achse schwenkbar ist, so daß das Fahrzeug spuren und auch durch scharfe Krümmungen fahren kann (Abb. 7).

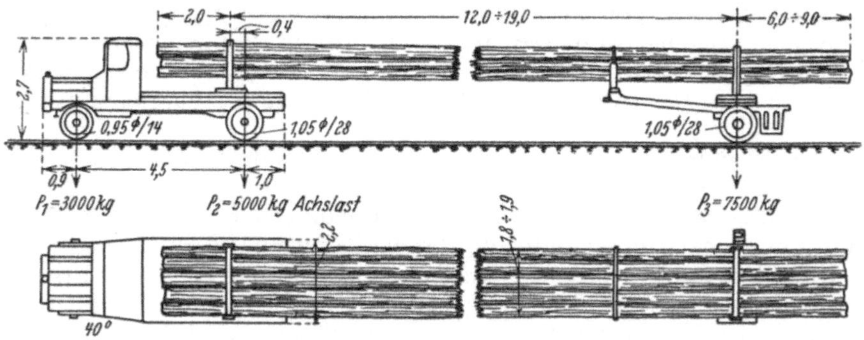

Abb. 7. Kraftfahrzeug für Beförderung von Langholz mit schwenkbarer Hinterachse

1.242 Achslast und Gesamtgewicht, Laufrollenlast von Gleiskettenfahrzeugen

Die schon erwähnte Arbeitsgemeinschaft der UN-Wirtschaftskommission in Genf „Verkehrsbedingungen" hat den folgenden Vorschlag für die Gewichte der Kraftfahrzeuge gemacht:

Tabelle 5. *Vorschlag der UN-Wirtschaftskommission für höchstzulässige Gewichte*

Höchstzulässige Gewichte der Fahrzeuge	für den ersten Ausbau	für die zukünftige Gestaltung
Meistbelastete Achse	10 t	13 t
Fahrzeuge mit 2 Achsen	15 t	19 t
Fahrzeuge mit 3 Achsen	20 t	26 t
Fahrzeuge mit 4 Achsen oder mehr	22 t	26 t
Sattelschlepper	20 t	35 t
Fahrzeugzüge	32 t	40 t

In der BRD gilt der § 34 der StVZO:

(1) Die Achslast ist die Gesamtlast, die von den Rädern einer Achse auf die Fahrbahn übertragen wird. Als Doppelachse gelten zwei Achsen mit einem Abstand von mindestens 1 m und weniger als 2 m voneinander.

(2) Die zulässige Achslast ist die Achslast, die unter Berücksichtigung der Werkstoffbeanspruchung und der in Absatz 3 festgelegten Höchstwerte nicht überschritten werden darf. Das zulässige Gesamtgewicht ist das Gewicht, das unter Berücksichtigung der Werkstoffbeanspruchung, der zulässigen Achslasten und der in Absatz 3 festgelegten Höchstwerte nicht überschritten werden darf.

(3) Bei Kraftfahrzeugen und Anhängern mit Luftreifen oder den in § 36.3 StVZO für zulässig erklärten Gummireifen dürfen die zulässige Achslast und das zulässige Gesamtgewicht folgende Werte nicht übersteigen:

je Einzelachse	8 t
jedoch bei Kraftomnibusen	10 t
je Doppelachse	12 t
je Fahrzeug mit zwei Achsen	12 t
jedoch bei Kraftomnibussen	16 t
je Fahrzeug mit drei oder mehr Achsen	18 t
je Kraftomnibus, der als Gelenkfahrzeug ausgebildet ist	20 t
je Sattelkraftfahrzeug	24 t
je Zug	24 t

Dem Vorteil, daß die Kraftfahrzeuge mit Doppelachse schwerer beladen werden können, stehen die Nachteile gegenüber, daß das Gewicht des Triebwerkes und damit das Leergewicht erhöht und bei begrenztem Gesamtgewicht die Nutzlast entsprechend ermäßigt wird. Die Herstellungskosten sind höher und die Fahrzeuge mit Doppelachsen zeigen im Vergleich zu den Einzelachsen einen stärkeren Reifenverschleiß. Das läßt auf eine höhere Abnutzung der Fahrbahnoberfläche schließen.

Sind Fahrzeuge mit anderen Reifen versehen, so darf die Achslast höchstens 4 t betragen.

Eine Übersicht über die Gewichtsbeschränkungen für Lastkraftwagen in den VStA gibt einen Hinweis dafür, daß bei der Festsetzung der Wagengewichte — ausgedrückt in der zugelassenen Achslast — Rücksicht auf die Wirtschaftsstruktur des Gebietes, in dem die Straßen liegen, genommen werden muß. Denn 31 Staaten lassen nur 8,2 t zu, in zwei Staaten darf die Achslast 10 t betragen und in sieben Staaten ist sie auf 10,2 t begrenzt. Diese neun zuletzt genannten Staaten liegen aber im Osten in den Gebieten mit viel Industrie, vor allem Schwerindustrie.

Im Jahre 1939 war im Deutschen Reich eine Achslast von 9 t bei einem Gesamtgewicht des zweiachsigen Fahrzeuges von 14 t zugelassen. Nach einer kurzen Übergangsregelung vom Jahre 1950 sollte nach der Verordnung zur Änderung der StVZO am 25. 11. 1951 bei einem Gesamtgewicht des zweiachsigen Kraftfahrzeuges von 16 t das Gewicht der Einzelachse 10 t nicht überschreiten. Bei dreiachsigen Kraftfahrzeugen war ein Gesamtgewicht von 24 t zugelassen.

Aus der starken Zerstörung der Straßen in den letzten Jahren glaubte man folgern zu müssen, daß eine solche Achsbelastung zu hoch war und die Straßen sie nicht tragen konnten. Durch die erwähnte Verordnung vom 29. März 1956 sind dann die Gewichte wieder heruntergesetzt worden. Zum Vergleich sollen in Tabelle 6 Angaben darüber gemacht werden, welche Achsgewichte in anderen Ländern zugelassen sind.

Tabelle 6

	Höchste Achslast t	Fahrzeuge mit 2 Achsen t	Fahrzeuge mit 3 Achsen t	Sattelschlepper t	Triebwagen mit Anhänger t
Belgien	13	19	26	28	32
Frankreich	13	19	26	35	35
Italien	10	—	18	—	36
Luxemburg	13	19	26	35	40
Niederlande	8	20	26	28	44
Schweiz	10,4	13	13	18	20
England	9,14	14,26	24,39	20,32	32,51

Die Vermutung, daß die Zunahme der Unterhaltungskosten der deutschen Straßen durch die Beanspruchung mit Lastkraftwagen von 10 t Achslast und

Lastzügen von 32 t Gewicht verursacht worden ist, wird nicht allgemein anerkannt [7]. Auf der Versuchsstraße der B 36 bei Lahr, die vom BVM angelegt und von dem Verband der deutschen Automobilindustrie mit Zügen von 24 t und 32 t mehrere Monate befahren worden ist, konnte nicht beobachtet werden, daß die schweren Lastzüge die Straße stärker beansprucht hätten als die leichten.

1.243 Bereifung und Laufflächen

Höhere Achsdrücke und Gewichte der Kraftfahrzeuge konnten im Vergleich zu den Anfangszeiten des motorisierten Verkehres nur zugelassen werden, weil die nachgiebigen Reifen fortlaufend verbessert worden sind und vor allem auch die Lastkraftwagen Luftbereifung erhalten haben; weil damit die Straßendecken vor den schwersten Angriffen geschützt werden, wie durch Versuche auf der Versuchsstraße des Deutschen Straßenbauverbandes bei Braunschweig und in den Forschungsinstituten für Kraftfahrwesen nachgewiesen worden war, konnten die Achsdrücke unbedenklich vermehrt werden.

Die Abmessungen der Reifen und ihre höchste Tragfähigkeit sowie der zulässige Luftinnendruck sind durch DIN 7803 bis 7805 festgelegt.

Überträgt ein federnder Reifen eine Radlast P kg bei einem Innendruck des Luftschlauches = 2,5 atü, so müßte die Berührfläche, auch Aufstandsfläche (Latschfläche) genannt, $F = \frac{P}{2{,}5}$ cm² sein.

Da aber der Reifen durch Gewebeeinlagen zugunsten einer geringeren Abnutzung und längeren Lebensdauer ausgesteift ist, so wird seine Nachgiebigkeit dadurch vermindert und der Einheitsdruck (kg/cm²) bei entsprechender Verringerung der Berührfläche wird größer. Ihre Größe kann durch Abdrücken der Reifenfläche unter der Belastung P auf der Fahrbahn gemessen werden.

Die Berührflächen nehmen deshalb auch nicht mit der Steigerung der Last gleichmäßig zu und damit auch nicht der Einheitsflächendruck, sondern je nach der Reifenart, seiner zulässigen Tragfähigkeit und seinem Luftinnendruck ungleichmäßig.

Aus dem an sich geringen Flächendruck, der nicht erheblich über dem Reifeninnendruck liegt, ist zu folgern, daß der auf die Fahrbahn ausgeübte mittlere Flächendruck p_m kg/cm² nur gering ist. Aber dieser Druck verteilt sich nicht gleichmäßig über die ganze Aufstandsfläche. Beim Vollgummireifen nimmt der Druck von der Außenkante der Berührfläche, an der er die Größe 0 hat, bis zur Mitte auf $p_{\max} = 1{,}5\ p_m$ zu [8].

Weil der nachgiebige Reifen die Last auf die Straße überträgt, wirkt der Druck des Rades nicht als Einzellast auf einen Punkt, sondern er verteilt sich auf eine Fläche, deren Größe sich nach dem Innendruck des Luftreifens richtet. Mit Zunahme des Raddruckes vergrößert sich bei gleichem Innendruck die Latschfläche (Aufstandsfläche). Man nimmt daher auch an, daß die Latschfläche 0,9 des Raddruckes beträgt.

Nach § 35 StVZO muß bei Sattelkraftfahrzeugen, Lastkraftwagen und Kraftomnibussen sowie bei Lastkraftwagen- und Kraftomnibuszügen eine Motorleistung von mindestens 6 PS/t des zulässigen Gesamtgewichtes vorhanden sein. Das gilt nicht für die mit elektrischer Energie angetriebenen Fahrzeuge. Mit dieser Vorschrift soll erreicht werden, daß die Fahrgeschwindigkeiten solcher Fahrzeuge bei voller Last auch auf Steigungen nicht zu weit absinken.

Bei hoher Fahrgeschwindigkeit werden durch die Umfangskräfte Masseteile des Reifens an den Rand geworfen, so daß der wirksame Halbmesser sich vergrößert. Nach Untersuchungen am Prüfstand ist die Zunahme des Rechnungshalbmessers, der dem senkrechten Abstand zwischen Mitte der Radachse und der Fahrbahn entspricht, bei niedrigem Reifendruck größer als bei hohem. Damit verringert sich aber auch die Aufstandsfläche und die Einheitsbelastung nimmt zu (Abb. 8) [9]. Zufolge dieses unterschiedlichen Verhaltens des Reifens mit niedrigem Innendruck bei hoher Fahrgeschwindigkeit wird der Rollwiderstand (s. S. 49) größer als bei dem mit hohem Innendruck. Das hat für den erstgenannten Reifen den Nachteil, daß er sich bei hohen Geschwindigkeiten stärker erwärmt und demgemäß abnutzt.

Die Oberfläche der Luftreifen erhält Einkerbungen und Querrillen, auch Feinprofilierung genannt, die eine bessere Haftung des Reifens auf der Fahrbahn bewirken sollen, weil dadurch leicht- oder zähflüssige Stoffe, die zwischen Radreifen und Straßenoberfläche lagern — sogenannte *Zwischenmittel* — und die als Schmiermittel wirken können, in die Reifenrillen gequetscht werden, so daß eine unmittelbare Berührung zwischen Fahrbahn und Reifen eintritt (s. S. 45). Das in die *Rille* eingedrückte *Schmiermittel* wird beim *Ablösen* des

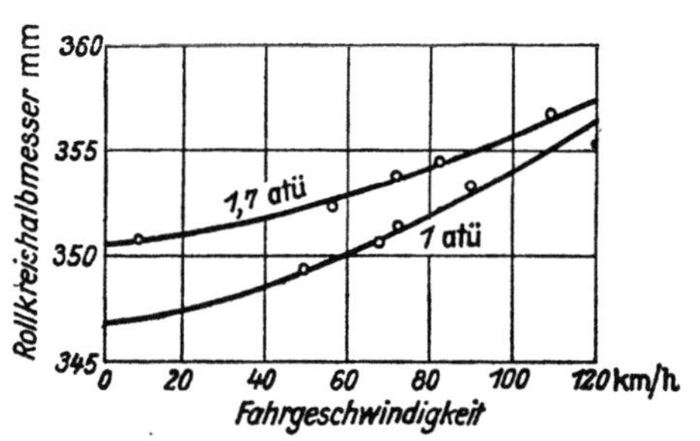

Abb. 8. Abhängigkeit des Rollkreishalbmessers von der Fahrgeschwindigkeit und dem Reifeninnendruck

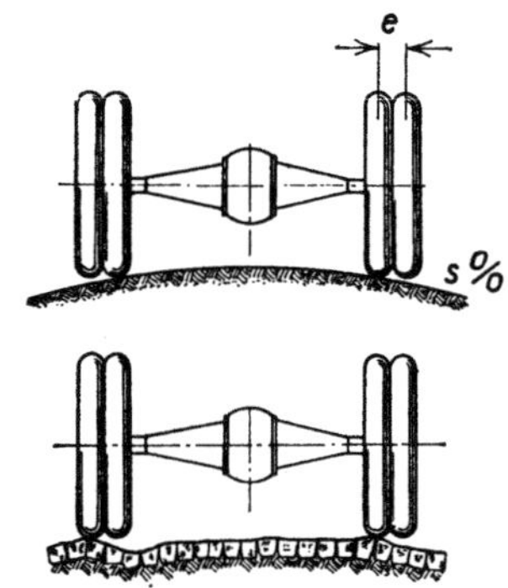

Abb. 9. Lastverteilung bei Doppelreifen auf gewölbter und auf unebener Fahrbahn

Reifens von der Bahn durch die *Fliehkraft* fortgeschleudert. Diese Wirkung wird bestätigt durch das Aussehen der nassen oder *glibbrigen Fahrbahn*, auf der sich das *Reifenprofil abzeichnet*. Abgefahrene Reifen, die keine Profilierung mehr besitzen, sind daher nicht mehr genügend fahrsicher und sollten neu nachprofiliert werden, wenn noch genügend Gummiauflage vorhanden ist, oder ausgemustert werden. Die Reifenfabriken schreiben vor, daß für eine bestimmte Geschwindigkeit und Tragfähigkeit der Luftdruck eine vorgeschriebene Höhe haben muß. Dann ist auch der Rollwiderstand am geringsten. Die wirtschaftliche Betriebsführung des Kraftwagens verlangt daher, genau den vorgeschriebenen Luftdruck einzuhalten und ihn, entsprechend den Lasten und Fahrgeschwindigkeiten, fortlaufend zu regeln.

Bei Lastkraftwagen, deren Triebräder Doppelreifen erhalten, wird von den beiden Reifen, zufolge der Straßenwölbung, der innere stärker beansprucht als der äußere. Die Lastverteilung auf beide Reifen ist daher ungleichmäßig. Der ungünstigste Fall ist der, daß der Wagen in Straßenmitte führt, dann steht das Rad auf einer geneigten Fläche (Abb. 9). Infolgedessen wird der innere Reifen stärker zusammengepreßt als der äußere. Das Maß der verschiedenen Gewichtsverteilung hängt von der Querneigung der Fahrbahn ab. Für einen Abstand e der beiden zusammengehörenden Reifenmitten und ein Quergefälle q in % ist der Höhenunterschied $\frac{e \cdot q}{100}$. Die Eindrucktiefe des äußeren Reifens sei zu a angenommen, dann ist die Eindrucktiefe des inneren Reifens $a + \frac{e \cdot q}{100}$. Da die Eindrucktiefen, wie schon erwähnt, mit der Belastung nicht gleichmäßig wachsen, wird der *innere* Reifen stets einen *höheren Druck* übertragen. Diese ungleiche Belastung ist ebenso nachteilig für die Reifen wie für die Straße. Die Reifenfabriken schreiben daher vor, daß der Luftdruck des inneren Reifens 0,3 atü unter dem der Tragfähigkeit entsprechenden bleiben muß. Zwischen den beiden Reifen muß ein Mindestabstand von 20 mm sein, damit die beiden Reifen sich an den Innenkanten durch die Wulstbildung bei der Abplattung auf der Fahrbahn nicht reiben. Bei Schneeketten muß der Abstand auf 40···44 mm vergrößert werden. Infolge der Verschiedenheit der Belastung werden die Reifen auch verschieden zusammengedrückt und ihre Durchmesser dadurch ungleich. Am Umfang der beiden Reifen wirken daher Geschwindigkeiten von verschiedener Größe, die ein Radieren der Fahrbahn verursachen. Durch die Ermäßigung des Luftdruckes im inneren Reifen um 0,3 atü soll erreicht werden, daß die Rolldurchmesser trotz der ungleichen Belastung möglichst gleich groß sind und die Reifen gleichförmig beansprucht werden. Die ungleichmäßige Abnutzung der Reifen kann dadurch etwas ausgeglichen werden, daß der innere und äußere von Zeit zu Zeit vertauscht werden.

1.244 Fahrgeschwindigkeit

Obwohl die Möglichkeit mit hohen Geschwindigkeiten zu fahren, die besondere Eigenschaft des Kraftfahrzeuges ist, so sind ihr doch praktisch Grenzen gesetzt. Eine großzügige Freigabe der Geschwindigkeit, um dem Autofahrer die volle Ausnutzung seines Wagens zu gestatten, ist bisher im öffentlichen Verkehr in keinem Lande möglich gewesen. Je dichter der Verkehr auf den Straßen ist, desto mehr fällt die Geschwindigkeit ab, mit der der Kraftfahrer fahren kann, wenn der Verkehr nicht gestört oder gefährdet und die Verkehrsleistung voll ausgenutzt werden soll. Die Sicherheit des Verkehrs erfordert daher, daß der Kraftfahrer sich mit der Geschwindigkeit der jeweiligen Verkehrslage anpaßt. Wollte man den Straßen solche Abmessungen geben, daß auch bei Spitzenbelastung die höchste Geschwindigkeit ausgefahren wird, würden die Straßen unverhältnismäßig große Breiten erhalten.

Höchstgeschwindigkeitsgrenzen zahlenmäßig festzusetzen ist nur dann sinnvoll, wenn dadurch Unfälle vermieden werden können. Die Fahrgeschwindigkeit trägt nicht allein die Schuld an Unfällen. Unter Umständen kann durch ein schnelles Fahren auch ein Unfall vermieden werden. Einen flüssigen Verkehr zu erhalten ist für die Sicherheit genauso wichtig wie die Regelung der Geschwindigkeit. Indessen besteht kein Zweifel, daß eine niedrige Geschwindigkeit theoretisch bessere Aussichten Gefahren abzuwenden bietet als eine hohe.

Die StVO schreibt vor:

Grundregel für das Verhalten im Straßenverkehr:

§ 1. Jeder Teilnehmer im öffentlichen Straßenverkehr hat sich so zu verhalten, daß kein anderer gefährdet, geschädigt oder mehr als nach den Umständen unvermeidbar behindert oder belästigt wird.

Wenn auch der Grundsatz gilt, dem Kraftfahrer die Fahrgeschwindigkeit zuzugestehen, die sein Wagen hergibt, und die Teilnehmer am Straßenverkehr dieses Recht mit Nachdruck fordern, haben doch die Ordnung im Verkehr und die Erfahrungen, die man aus den Verkehrsunfällen infolge Mißbrauchs der Geschwindigkeit hat machen müssen, verlangt, daß unter bestimmten Umständen die Geschwindigkeit, die höchstens gefahren werden darf, geregelt wird, wie aus § 9 der StVO zu ersehen ist:

1. Der Fahrzeugführer hat die Fahrgeschwindigkeit so einzurichten, daß er jederzeit in der Lage ist, seinen Verpflichtungen im Verkehr Genüge zu leisten, und daß er das Fahrzeug nötigenfalls rechtzeitig anhalten kann. Das gilt besonders an unübersichtlichen Stellen und an höhengleichen Bahnübergängen.

Die technische Grenze liegt für den Personenkraftwagen gegenwärtig bei 200 km/h. Diese Geschwindigkeit ist aber wesentlich höher als diejenige, für die

die Klasse 1 der deutschen Autobahnen ausgebaut ist — 160 km/h. Bei solchen Geschwindigkeiten ist aber die Sicherheit nicht mehr gewährleistet, da der Kraftschluß zwischen Fahrbahn und Reifen selten so hoch ist, als zur Kräfteaufnahme in der Krümmung und bei Seitenwind selbst bei griffiger Fahrbahn zur Verfügung stehen müßte (s. S. 37). Diese Gefahrenquelle kann durch Maßnahmen an der Straße nicht ausgeschaltet werden, weil solche Seitenwinde bei Austritt aus Waldstrecken oder aus Unterführungen unerwartet auftreten können.

Daß solche Fahrgeschwindigkeiten bereits schon über die menschlichen Fähigkeiten hinausgehen, haben die Erfahrungen auf der ersten Autobahn in den VStA Harrisburg—Pittsburgh, die für $V = 112$ km/h ausgebaut ist, erkennen lassen. Die Unfallhäufigkeit, bezogen auf 1 Million Wagenmeilen, hatte 1950 eine Höhe erreicht, die bisher nur auf den Landstraßen festgestellt worden ist, so daß damit die Sicherheit auf der Autobahn nicht mehr höher ist als auf der Landstraße.

Als Ursache für die meisten Unfälle wird die einschläfernde Monotonie des Fahrens auf einer Straße, die frei von physikalischen Zufällen ist, angegeben. Aber die Mehrzahl der Unfälle, die mit Verlust an Leben und Gut verbunden waren, wird auf die Geschwindigkeiten zurückgeführt, die über die Fähigkeit der Fahrer hinausgegangen sind, ihren Wagen in der Hand zu behalten. Denn sie verlieren bei sehr hohen Geschwindigkeiten die Einschätzung der Entfernungen und es fehlt ihnen an Kontrollen. Dagegen konnte in keiner Weise etwa die Bauart der Straße als Ursache für die Unfälle verantwortlich gemacht werden.

Man muß annehmen, daß bei Geschwindigkeiten für Lastkraftwagen mit mehr als 80 km/h das Risiko darin beruht, daß eine Überlegungssekunde eingeschaltet werden muß und der Fahrer in einen Fahrrausch gerät, wobei er dann außer acht läßt, zwischen den Fahrzeugen genügend Abstand zu halten. Infolgedessen hat man jetzt auf der Autobahn Harrisburg—Pittsburgh für den Personenkraftwagen nur 95 km/h und für den Lastkraftwagen 72 km/h zugelassen. Daraus muß man entnehmen, daß die vernünftige Grenze der Ausbaugeschwindigkeit für Autobahnen bei höchstens 120 km/h liegt, unter der der Verkehr bleiben muß, wenn eine Höchstleistung erzielt werden soll.

Außerhalb geschlossener Ortschaften gibt es für Personenkraftwagen, Motorräder und Kombinationskraftwagen, sofern diese Fahrzeuge ohne Anhänger gefahren werden, keine Geschwindigkeitsbegrenzung. Für die übrigen Fahrzeuge sind seit 1. 9. 1957 in § 9 StVO folgende Höchstgeschwindigkeiten in der Bundesrepublik vorgeschrieben:

Tabelle 7. *Zugelassene Fahrgeschwindigkeiten*

	Autobahn	Straßen
Personenkraftwagen und Kombi mit Anhänger	80	80
Krafträder mit Anhänger	60	60
Kraftomnibusse		
ohne Anhänger oder mit Gebäckanhänger	80	80
mit Anhänger (außer Gebäckanhänger)	60	60
Lastkraftwagen mit zulässigem Gesamtgewicht		
bis zu 7,5 Tonnen, ohne Anhänger	80	80
über 7,5 Tonnen ohne oder mit Anhänger	80	60
Zugmaschinen mit zulässigem Gesamtgewicht bis zu		
7,5 Tonnen (ohne Anhänger)	80	80
über 7,5 Tonnen ohne Anhänger	80	60
mit einem Anhänger	80	60
mit zwei Anhängern	60	60
Sattelkraftfahrzeuge mit zulässigem Gesamtgewicht bis zu		
7,5 Tonnen	80	80
über 7,5 Tonnen	80	60
selbstfahrende Arbeitsmaschinen mit zulässigem Gesamtgewicht bis zu 7,5 Tonnen ohne Anhänger	80	80
über 7,5 Tonnen ohne Anhänger	80	60
mit Anhänger	60	60

Da der Luftwiderstand mit dem Quadrate der Geschwindigkeit wächst (s. S. 51), überwiegt bei hohen Geschwindigkeiten der Kraftaufwand für seine Überwindung. Das führt zu hohem Verbrauch an Treibstoff. Wenn dieser auch durch die windschlüpfige Form des Wagens ermäßigt werden kann, so darf man mit Rücksicht darauf, daß der Bremsweg nicht zu lang wird, nicht zu weit gehen. Wenn auch der Fortschritt nicht durch behördliche Maßnahmen gehemmt werden soll, so setzt doch die Sicherheit des Verkehres und eine wirtschaftliche Fahrweise, um den Treibstoff gut auszunutzen und den Reifenverschleiß gering zu halten, der Fahrgeschwindigkeit Grenzen, die auch vom Zustand der Straßen wesentlich beeinflußt werden. Darum ist es Aufgabe, den Straßenbau so zu gestalten, daß er hohen Ansprüchen genügt. Hierbei werden aber die Straßen je nach ihrer Verkehrsbedeutung zu unterscheiden sein und Straßen mit großem Verkehr für eine höhere Fahrgeschwindigkeit ausgebaut werden müssen als Straßen untergeordneten Grades. Man hat daher den Ausdruck „Ausbaugeschwindigkeit“ geprägt, das ist die höchste gleichbleibende Fahrgeschwindigkeit, die auf der betreffenden Straße unter Beachtung der Sicherheitsbedingungen — Kraftschluß, Sichtweite, Krümmungshalbmesser u. a. m. — bei günstiger Ausnutzung der Motorleistung des regelmäßig auf der

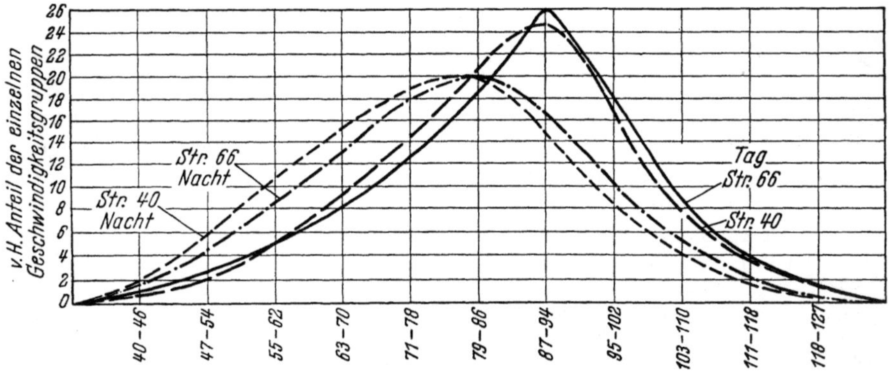

Abb. 10. Kennzeichen des Anteiles der Geschwindigkeitsgruppen, wie sie sich nach den Beobachtungen über die Tagesstunden verteilen (Ordinaten: Anteile, Abszissen: Geschwindigkeiten) für Straße 40 und 60 VStA bei Tage und bei Nacht (Traffic Engineering Handbook 1950)

Straße verkehrenden Kraftfahrzeuges gefahrlos eingehalten werden kann. Die unter diesen Voraussetzungen geltenden Geschwindigkeiten in der Bundesrepublik sind zuvor angegeben (S. 18).

Nach der Ausbaugeschwindigkeit richten sich die Größe der Halbmesser in Krümmungen und die Gestaltung der Krümmungen, die Ausrundung der Kuppen und alle die Vorkehrungen, die erforderlich sind, um auf und längs der Bahn dem Fahrer eine so ausreichende Sicht zu geben, daß er möglichst ohne Ermäßigung seiner Geschwindigkeit alle Signale erkennen und die Fahrtanweisungen befolgen kann, oder bei plötzlich auftretenden Hindernissen eine so große Bremsstrecke vorfindet, daß er aus der Höchstgeschwindigkeit abbremsen kann.

Aus Gründen der Sicherheit wird daher jeweils eine durch die Umstände — Straßenlage, Oberflächenbeschaffenheit, Verkehr und Witterung — gegebene Geschwindigkeit einzuhalten sein, die im Ermessen des Fahrers liegt.

Damit aus den tatsächlich gefahrenen Geschwindigkeiten die Ausbaugeschwindigkeiten abgeleitet werden können, werden jene im Verkehr mit selbsttätigen Meßgeräten beobachtet und ermittelt. Die Ergebnisse werden in einem Koordinatennetz eingetragen, wie Schaubild Abb. 10 zeigt. Bildet man aus ihnen eine Summenkurve, so hat diese die Form der Abb. 11. Sie enthält:

Die mittlere Geschwindigkeit als arithmetisches Mittel einer Reihe von Geschwindigkeiten km/h.

Die Geschwindigkeit, die bei 85% der Summenkurve liegt; in diesem Falle übersteigen 15% diesen Wert.

Die Geschwindigkeit, die am häufigsten gefahren wird.

Die mittlere Geschwindigkeit, d. h. die, unter der 50% und über der 50% der gemessenen liegen.

Stufenweise Zunahme der Geschwindigkeit, d. i. der größte Anteil in v. H. der Beobachtungen.

Auf diese Weise kann man die Beobachtung der Fahrgeschwindigkeit systematisch auswerten und mit der Straße in Beziehung bringen. Soweit eine Straße von Fahrzeugen ganz verschiedener Art benutzt wird, die sich auch mit verschiedenen Geschwindigkeiten bewegen, werden sich diese gegenseitig behindern und wird sich daraus eine Verkehrsgeschwindigkeit ergeben. Da diese von dem am langsamsten fahrenden Wagen bestimmt wird, z. B. von Spannfahrzeugen, sollen diese auf besondere Wege verwiesen werden, für langsam fahrende Lastkraftwagen werden auf Steigungen besondere Kriechspuren vorgesehen.

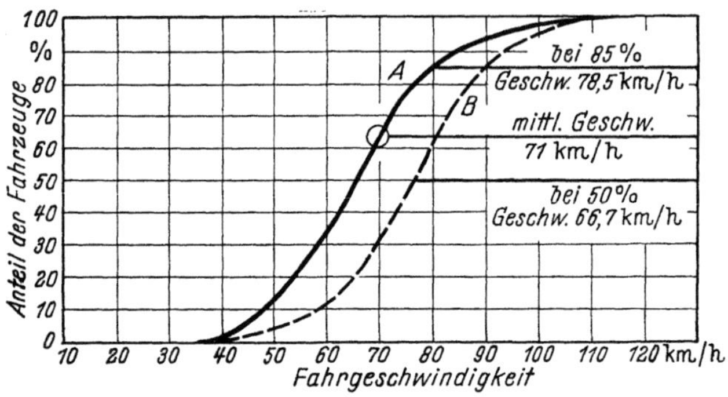

Abb. 11. Summenlinie der gezählten Fahrzeuge aufgetragen nach dem Anteil ihrer Fahrgeschwindigkeit

Zwischen Ausbaugeschwindigkeit und Verkehrsgeschwindigkeit bestehen nach RAL—Q 1956 etwa die folgenden Beziehungen:

Ausbaugeschwindigkeit km/h	Verkehrsgeschwindigkeit km/h
40	36
50	44
60	52
70	58
80	64
90	69
100	73
110	77
120	80

Erfahrungsgemäß kann man für den Personenkraftwagen, der nicht so empfindlich gegenüber Steigungen ist, auf Bundesstraßen mit Reisegeschwindigkeiten von 52 km/h rechnen. Nach Beobachtungen in den VStA hat bei dieser Geschwindigkeit die Straße die höchste Leistung [*10*]. Auf Straßen in Deutschland, der Schweiz, Frankreich und Spanien hat der Verfasser Reisegeschwindigkeiten von 55 km/h bei günstigem Treibstoffverbrauch festgestellt. Dabei lag die Spitzengeschwindigkeit niemals über 80 km/h. Auf Autobahnen ist eine Reisegeschwindigkeit von 80 km/h leicht zu erreichen. Daher wird als Verhältnis der Reisegeschwindigkeit auf Bundesstraßen zu der auf Autobahnen 52/80 nach PIRATH angegeben [*11*].

Daraus können die Vorsprungszonen errechnet werden, die entstehen, wenn durch ein Gebiet eine Autobahn gelegt wird und durch Anschlüsse an geeigneten Stellen der bisher auf die Bundesstraße angewiesene Verkehr die Autobahn benutzen kann. Wie solche Werte durch Vergleichsfahrten gefunden und ausgewertet worden sind, haben W. OSTWALD und K. W. OSTWALD bekanntgegeben [*12*]. In welcher Weise die Leistungsfähigkeit der Fahrbahnen von der Fahrgeschwindigkeit abhängt, wird im nächsten Abschnitt behandelt.

1.245 Schätzung der Verkehrsmengen nach Zahl und Gewicht

Da sich der Verkehr aus Personenkraftwagen und Lastkraftwagen zusammensetzt, muß aus den Ansätzen für Personenkraftwagen und Lastkraftwagen ein gewogenes Mittel errechnet werden, das aber nicht das gleiche für ein großes Netz sein kann, sondern auf Grund von Verkehrszählungen für die einzelnen Linien geschätzt werden muß. In England soll die Leistungsfähigkeit von Straßen in Personenkraftwagen-Einheiten ausgedrückt werden unter Verwendung der folgenden Vervielfältigungszahlen:

Fahrräder	0,5
Motorräder, Personenkraftwagen, Lieferwagen bis 1,5 t Mehrgewicht	1
Lastkraftwagen über 1,5 t, Omnibusse . . .	3

Als höchste Leistungsfähigkeit einer zweispurigen Fahrbahn wird angenommen Personenkraftwagen-Einheiten je 16 Stunden im Tag

bis zu	4500
Dreispurig (Überholungsspur) . .	4500 ··· 9000
Geteilte zweispurige Richtungsfahrbahnen	9000 ··· 25000
Geteilte dreispurige Richtungsfahrbahnen	25000

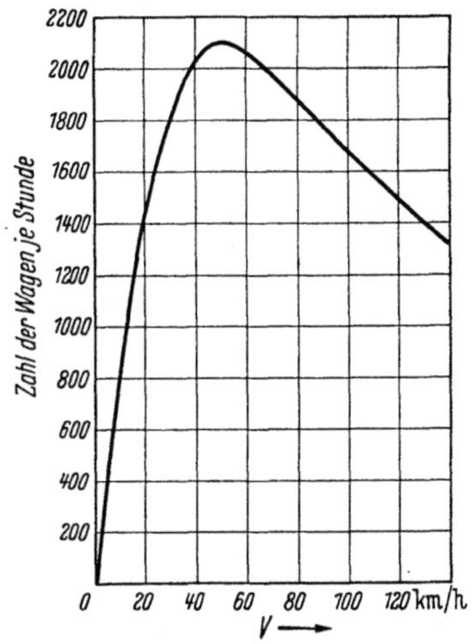

Abb. 12. Die Leistungsfähigkeit einer Verkehrsspur: Wagen/h bei verschiedenen Geschwindigkeiten nach der Formel $C = \frac{V \cdot 1000}{p}$, p = Abstand der Wagen, der sich zusammensetzt aus der Strecke $\frac{V}{3{,}6} \cdot t_a$, die in der Zeit der Überlegung und Bremsbetätigung zurückgelegt wird (z. B. eine sek.), der Bremsstrecke (Gl. 9), der Wagenlänge und einem Sicherheitszuschlag von 5 m.

Die Verkehrszunahme, bezogen auf das Jahr 1954, soll bis zu 75% angenommen werden.

Nach RAL — Q 1956 hat man die folgenden Personenkraftwagen-Einheiten zugrunde gelegt:

1 Kraftrad	0,5	Personenkraftwagen-Einheiten
Personenkraftwagen	1	,,
Schwerer Lastkraftwagen (zwillingsbereift oder Lastkraftwagenzug)	2	,,
1 Lastkraftwagenzug	3,5	,,

Der theoretischen Entwurfsleistungsfähigkeit (Abb. 12) stehen die sogenannte mögliche Leistungsfähigkeit, die sich aus den Fahrbahn- und Verkehrsbedingungen, wie sie im Einzelfall vorliegen, ergibt, und die sogenannte grundlegende Leistungsfähigkeit gegenüber, die nur für ausgezeichnete Fahr- und Verkehrsbedingungen gilt. Aus der praktischen Leistungsfähigkeit nach FEUCHTINGER kann man folgende Vergleichswerte ableiten:

Zweispurige Landstraße . .	450 ··· 9000	Personenkraftwagen-Einheiten/Tag
Halbseitige Autobahn . .	540 ··· 10800	,,
Vollautobahn	1000 ··· 40000	,,

Steigungsstrecken vermindern die Verkehrsmengen. Der Beiwert für Steigungsstrecken gibt an, welchen Einfluß die Längsneigung einer Straße bei der Bewertung der Auswirkungen des Lastkraftwagenverkehrs hat:

für ebenes Gelände $n = 1$
für bewegtes Gelände $n = 2$

Für Längsneigungen über 3% nimmt n in der Regel einen Wert = 2 an, der sowohl mit der Neigung wie mit der Länge der Steigungsstrecke anwächst (RAL — Q 1956, Tafel 2).

1.3 Fahrzeug und Fahrbahn

Am Berührungspunkt von Rad und Fahrbahn werden das Achsgewicht und die Antriebs- und Bremskräfte sowie die seitlichen Führungskräfte durch den Reifen, die durch den Kraftschlußbeiwert begrenzt sind, auf die Straße übertragen. An dieser Stelle trifft die Technik des Kraftwagenkonstrukteurs mit der des Straßenbauingenieurs zusammen. Dieser muß die Straße so widerstandsfähig herstellen, daß die lotrechten und waagerechten Kräfte, die vom Kraftfahrzeug ausgehen, von dem Straßenkörper aufgenommen werden können; jener hat den Wagen so zu gestalten, daß das Kraftfahrzeug nicht mehr von der Straße beansprucht, als diese ihm anbieten kann, und daß es straßenschonend ausgebildet wird.

1.31 Kraftübertragung zwischen Reifen und Fahrbahn

In erster Linie wird der Straßenkörper durch das Gewicht des Kraftfahrzeuges beansprucht, das in seiner statischen Höhe durch die Bestimmungen der StVZO begrenzt ist (S. 14). Infolge von Unebenheiten der Fahrbahn werden Stöße im Kraftfahrzeug erzeugt — Massenkräfte —, die den statischen Druck erhöhen. Die Größe dieser Zusatzkräfte wird auf S. 63 behandelt. Sie ist beeinflußt von der Größe und Form der Unebenheit, der Fahrgeschwindigkeit und der Art der nachgiebigen Zwischenglieder, wie Federn, Schwingachsen und nachgiebiger Bereifung.

1.32 Rollen, Schlüpfen, Gleiten

Damit das angetriebene Rad den Kraftwagen in Fahrt setzen und halten kann, muß am Berührpunkt zwischen Rad und Fahrbahn ein Widerstand in entgegengesetzter Richtung hervorgerufen werden. Die vom Motor geleistete Arbeit wird an der Berührstelle zwischen Straße und Triebrad aufgezehrt, sobald

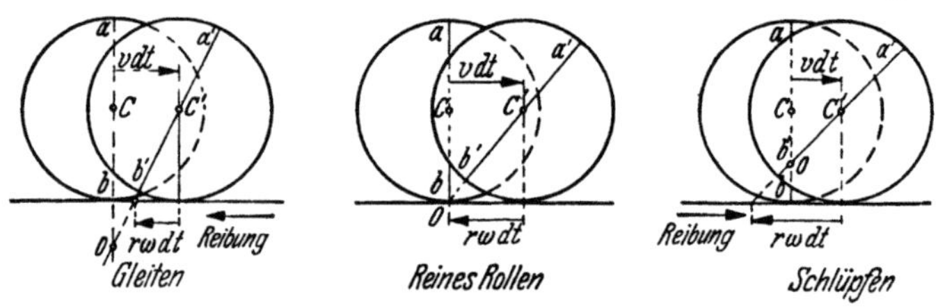

Abb. 13. Rollen — Schlüpfen — Gleiten

Bewegung entsteht. Diese Kraft setzt sich zusammen aus der Normalkraft N und dem Haftbeiwert μ_0, der auch als Beiwert der Reibung der Ruhe bezeichnet wird. Denn beim Abrollen bleiben die Berührungspunkte zwischen Radumfang und Bahn zueinander in Ruhe, sie erleiden keine gegenseitige Verschiebung (Abb. 13).

$$v = \omega \cdot r,$$

v = Fahrgeschwindigkeit,

ω = Winkelgeschwindigkeit, die sich aus der Umdrehungszahl n des Rades in der Minute errechnet.

$$\omega = \frac{2\pi n}{60} \text{ sek.}^{-1},$$

r = Halbmesser des Rades.

Der Haftbeiwert μ_0 ist der Quotient aus der größten übertragbaren Umfangskraft U_H in Radebene und der Kraft N senkrecht zur Fahrbahn.

$$\mu_0 = \frac{U_H}{N}.$$

Kraftschluß ist ein übergeordneter Begriff für die Kraftübertragung zwischen Reifen und Fahrbahn. Außer der Reibung im engeren Sinne zwischen Reifen und Fahrbahn sind weitere Kräfte, wie z. B. die durch die Profilierung des Reifens erzeugten wirksam und der Kraftschlußbeiwert ist das Verhältnis der wirklichen Umfangskraft U_H zur Normalkraft N (Achsgewicht), der ein Grenzwert ist je nach dem Bewegungszustand des Reifens zur Fahrbahn als Haft-, Gleit- oder Seitenkraftbeiwert.

Der Fall des reinen Abrollens wird im allgemeinen nicht eintreten. Denn infolge Formänderung der Fahrbahn durch die Radlast des Stahlreifens, vor allem aber durch die Formänderung des nachgiebigen Luftreifens, entsteht eine Verformung mit jeder Kraftübertragung. Das Rad dreht sich mit einer anderen Winkelgeschwindigkeit, als es der tatsächlichen Fahrgeschwindigkeit und dem unverformten Halbmesser r entsprechen würde. Das angetriebene Rad eilt dabei der Fahrgeschwindigkeit vor, während das gezogene und das gebremste Rad nacheilen. Dieser Vorgang wird mit Kriechen bezeichnet. Werden höhere Umfangskräfte übertragen und die Grenzen des Haftbeiwertes μ zwischen Reifen und Fahrbahn überschritten, so beginnt das Rad zu gleiten. Bei dem angetriebenen Rad, das voreilt, ist

$$v < \omega r.$$

Der Umfang des Rades legt einen größeren Weg zurück als der Wagen selbst, ein Vorgang, der auch mit Schlüpfen (Verformungsschlupf) bezeichnet wird.

Das Maß des Voreilens (Durchdrehschlupf) wird ausgedrückt durch die Beziehung:

$$\alpha\% = \frac{\omega \cdot r - v}{\omega r} \cdot 100.$$

Wenn $v = 0$ ist, liegt der Grenzfall vor, daß sich das Rad auf der Stelle dreht oder mahlt,

$$\alpha = 100\%.$$

Das Gleiten beim gebremsten Rad geht in der Weise vor sich, daß der vom Rad zurückgelegte Weg kleiner ist als die Fahrgeschwindigkeit, wobei das Rad nacheilt. Er ist

$$v > \omega \cdot r.$$

Das Maß des Nacheilens, auch Gleitschlupf genannt, ist dann

$$\beta\% = \frac{v - \omega r}{v} \cdot 100.$$

Diese Bewegung macht das gebremste und gezogene Rad. Im Grenzfall, der beim Bremsen auftritt, ist für $r \cdot \omega = 0$ $\beta = 100\%$, das Rad ist blockiert. Die Bewegungsenergie des Motors, der abgestellt ist, fällt aus, aber die Massenkräfte üben einen Bewegungsvorgang aus, der allmählich durch den Luftwiderstand und die an der Fahrbahn geleistete Bremsarbeit verzehrt wird. Der Beiwert des jetzt auftretenden Gleitwiderstandes sei μ_g. Beim Schlüpfen durch Antrieb wird die Zahl der Umdrehungen vergrößert auf:

$$u_1 = \frac{l}{2r\pi \cdot \left(1 - \frac{\alpha}{100}\right)},$$

beim Gleiten durch Bremsen herabgemindert auf:

$$u_2 = \frac{l \cdot \left(1 - \frac{\beta}{100}\right)}{2r\pi},$$

l = Fahrstrecke.

Hierbei ist zu beachten, daß das Voreilen auf die Umfangsgeschwindigkeit, das Nacheilen auf die Fahrgeschwindigkeit bezogen wird.

Außer dem Gleitwiderstand in Richtung der Bewegung, der das Bremsen eines Fahrzeuges ermöglicht, wirkt noch ein Gleitwiderstand dem seitlichen Abweichen des Rades aus der Spur senkrecht zur Fahrtrichtung entgegen, der besonders in Krümmungen zur Aufnahme der Fliehkräfte in Anspruch genommen wird (s. S. 37).

Wenn der Reifen eine Seitenführungskraft überträgt, rollt das Rad nicht in seiner Ebene weiter, sondern bewegt sich unter einem Winkel, dem sogenannten Schräglaufwinkel (vgl. S. 36).

Während bei dem Gleiten des Reifens zufolge der Blockierung und bei dem Mahlen eindeutige Bewegungsvorgänge vorliegen, ist das beim Abrollen nicht der Fall. Denn hier handelt es sich um das Auftreten eines Haft- und eines Gleitwiderstandes an den verschiedenen Flächenelementen des Reifens, hervorgerufen durch die Formänderungen. Der Vorgang kann so betrachtet werden, daß auf die Dauer der Berührung zwischen Fahrbahn und Reifen für ein Flächenteilchen Haftwiderstand gilt, andere anschließende Teile sich in verschiedener Richtung zur Fahrbahn bewegen, wobei Gleitwiderstand erzeugt wird. Da, wie später noch nachgewiesen wird, der Beiwert des Gleitwiderstandes mit der Fahrgeschwindigkeit abnimmt, während der Beiwert des reinen Haftwiderstandes als Reibung der Ruhe davon unabhängig ist, so steht auch der Reibungsbeiwert in Beziehung zur Fahrgeschwindigkeit.

Für die Sicherheit des Straßenverkehrs und für die Beurteilung des Gebrauchswertes einer Straßenbefestigung kommen den Beiwerten der Haftreibung und der Gleitreibung eine große Bedeutung zu. Beide werden vor allem von der Art der Straßenbefestigung und ihrem Zustand, ob sie trocken, naß oder mit Glibber bedeckt ist, andererseits aber auch von der Beschaffenheit des Reifens beeinflußt.

In allen zivilisierten Ländern mit Kraftverkehr hat man sich seit vielen Jahren bemüht, die Zusammenhänge zwischen diesen Werten und dem Kraftschluß aufzuklären. Dabei ist man aber verschiedene Wege gegangen. Beim I.V.Str.K. in Paris besteht ein besonderer Ausschuß, der sich mit der Haft- und Gleitreibung beschäftigt (*franz. glissance, engl. slipperness*).

1.321 Die Bedeutung der Haft- und Gleitreibungsbeiwerte — des Kraftschlusses — für die Sicherheit des Verkehrs

In erster Linie wird vom Verhalten des Fahrers der unfallfreie Ablauf des Verkehrs abhängen. Eine Untersuchung der Häufigkeit der Unfälle ergibt, daß diejenigen überwiegen, die auf das Versagen des Kraftfahrzeugführers und auf Mängel am Fahrzeug beruhen, und diejenigen, die mit der Beschaffenheit der Straße in Verbindung stehen, im Verhältnis gering sind. Das kann aus der Tabelle 8, die die Art der Unfälle für die Jahre 1950 bis 1955 aufschlüsselt, ersehen werden.

Tabelle 8. *Aufschlüsselung der Straßenverkehrsunfälle*

	1950	1951	1952	1955
Gesamtzahl der Unfälle	182695	319828	365532	567586
Unfälle auf 1000 Kraftfahrzeuge	127	128	130	110
Unfälle innerhalb geschlossener Ortsteile	148931	245215	187931	442952
Unfälle außerhalb	33764	65726	177601	124634
Ursachen an den Straßen:				
Glätte oder Schlüpfrigkeit der Fahrbahn	12916	18408	32926	93665
Schlechter Zustand der Straßenoberfläche	1367	2528	2963	6023
Sonstige Mängel der Straße	1875	3069	3441	13107
	16158	24005	39360	112795

Ab 1. 1. 1953 ist ein einheitliches statistisches Meldeblatt für die Deutsche Bundesrepublik eingeführt worden, in dem die Liste der Ursachen gegenüber der der vorausliegenden Zeit noch weiter unterteilt ist und in dem Ziffer 15 noch unterschieden wird nach

Glätte oder Schlüpfrigkeit der Fahrbahn
durch Regen,
durch Schnee und Eis,
durch ausgeflossenes Öl und Dung.

Im Mittel kann man annehmen, daß etwa 20% der Unfälle auf das Konto der Straße entfallen, von denen etwa 80···85% Glätte oder Schlüpfrigkeit der Fahrbahn die Ursache sind [*13*]. Allerdings beruhen diese Angaben in der amtlichen Statistik auf der subjektiven Beurteilung des Polizeibeamten, der den Unfall zu untersuchen hat. Es ist anzunehmen, daß der technische Sachverständige viele Ursachen anders bewerten wird. Außerdem wird in der Mehrzahl der Fälle Straßenglätte nicht die alleinige Ursache des Unfalles sein, sondern in Verbindung mit solchen, die in anderen Mängeln der Straße, solchen des Fahrzeuges, z. B. ungenügend profilierte Reifen und schlechte Bremsen, oder im Verhalten des Fahrzeugführers zu suchen sind. Wenn auch die große Unbekannte bei den Verkehrsunfällen immer das Verhalten des Fahrers sein wird, fällt doch dem Straßenbauingenieur die Aufgabe zu, die Oberfläche der Verkehrswege so sicher wie nur irgend möglich herzurichten, um die Zahl der Unfälle einzuschränken, d. h. für alle Witterungsverhältnisse einen wirkungsvollen Kraftschluß zwischen Fahrbahn und Reifen zu gewährleisten. Straße und Fahrbahn sollen so angelegt sein, daß der Fahrer seine volle Aufmerksamkeit ganz dem Verkehrsfluß widmen kann, ohne auf die Beschaffenheit der Fahrbahn achten zu müssen, damit er das Gefühl hat, daß er bei Lenkmaßnahmen und vor allem beim Bremsen, sich auf den Zustand der Straße verlassen kann. Das ist aber nur der Fall, wenn die Belagoberfläche eben und griffig ist und dem Fahrer günstige Sichtverhältnisse bei Tag und Nacht geboten werden.

1.322 Griffigkeit

An dieser Stelle soll hinsichtlich der Beziehungen zwischen Fahrbahn und Reifen nur die Griffigkeit der Fahrbahn behandelt werden. Darunter versteht man die Eigenschaft der Reibpaarung Fahrbahn-Reifen, die neben dem Gewicht den Kraftschluß mitbestimmt. Als Maß kann z. B. ein Kraftschlußbeiwert dienen, der unter vereinbarten Bedingungen ermittelt werden muß. Den Kraftschlußbeiwert meßtechnisch festzustellen, ist für die Sicherheit des Verkehrs von großer Bedeutung.

Griffigkeit muß von Rauheit unterschieden werden, über die auf S. 45 Angaben gemacht werden.

Der Gegensatz zur Griffigkeit (auch als Widerstand gegen Gleiten bezeichnet), ist die Schlüpfrigkeit, die durch die Beschaffenheit der Fahrbahn oder der Reifen oder beider gemeinsam entstehen kann. Die Griffigkeit des Reifens wird durch eine Feinprofilierung verbessert, die darin besteht, daß nachträglich Querrillen eingefräst werden.

Griffigkeit ist die umfassendere Eigenschaft, denn sie beruht auf einer Anzahl wenig veränderlicher Deckeneigenschaften, z. B. Rauheit, Widerstand des Belages gegen Verformung, Ebenheit und durch Adhäsion bewirkte Kräfteaufnahme und einer Anzahl veränderlicher Eigenschaften, z. B. Einfluß der Witterung und Verschmutzung, für die es an Zahlenunterlagen fehlt. Man ist auf Gefühl und Augenschein angewiesen, so daß die Griffigkeit technisch schwer erfaßbar ist.

Durch Messen von Reibungsbeiwerten versucht man einen Wert für die Griffigkeit eines Belages zu gewinnen.

1.33 Messung des Beiwertes des Haft- und Gleitwiderstandes

Auf verschiedenen Wegen hat man versucht, den Kraftschlußbeiwert zu erfassen.

1.331 Bremsversuche

In die Straße, deren Oberfläche nach ihrem Widerstand gegen Gleiten, d. h. deren Kraftschluß gemessen werden soll, wird mit einer bestimmten Geschwindigkeit eingefahren. Bei Beginn der Bremsung wird, wenn das Rad noch rollt und nicht blockiert ist, zur genauen Messung der Bremsstrecke aus einer Pistole eine Kalkladung auf die Fahrbahn geschossen als Anfangspunkt der Bremsstrecke, deren Ende die Stelle ist, an der das Kraftfahrzeug zum Stillstand kommt. Aus der Gleichung für die Bremsstrecke wird der Beiwert errechnet (s. S. 53 Gl. 9)

$$b_r = \frac{V^2}{2g \cdot 3{,}6^2\,(\mu \pm s/100)},$$

$$\mu = \frac{V^2}{b_r\, 2g \cdot 3{,}6^2} \mp s/100.$$

V km/h
g Erdbeschleunigung m/sek.^{2}
$+s$ Steigung (m/m)
$-s$ Gefälle
μ der gesuchte Reibungsbeiwert.

Aber diese aus Bremsversuchen mit Fahrzeugen errechneten Reibungsbeiwerte haben zur Voraussetzung, daß bei Betätigung der Bremse die Reibung zwischen Rad und Fahrbahn auch voll ausgenutzt ist und Bremstrommelmoment und Reifenreibungsmoment müssen einander gleich sein, was nicht nachzuweisen ist. Die aus Bremsversuchen mit Fahrzeugen errechneten Beiwerte sind nicht ohne weiteres Kennzeichen für die äußerst mögliche Griffigkeit zwischen Reifen und Fahrbahn. Besseren Einblick gewähren die Versuche mit Fahrzeugen, an denen alle Kräfte und Bewegungen gemessen werden, in der Form von Schleppversuchen.

1.332 Verwendung von Schlepprädern

Eine Betrachtung der Form der bisher angewendeten Reibungsmesser weist darauf hin, daß ein Schlepprad, das an einen Zugwagen angehängt ist, als Mittel zur Kraftschlußmessung den Vorzug verdient, da es die geringste Zugkraft erfordert, während bei den Messungen mit geschleppten Achsen oder ganzen

Fahrzeugen die Zugkraft sehr groß wird und dann nur bei niedrigen Geschwindigkeiten gemessen werden kann. Das ist insofern nachteilig, als nach den bisherigen Erfahrungen der Kraftschluß bei höheren Geschwindigkeiten abnimmt.

Die Vorrichtung besteht in einem Fahrgestell mit einem Rad, das einen üblichen Luftreifen hat, belastet ist und an einem Zugwagen angehängt wird. Das Rad wird von dort gebremst. Die Bremsbacken werden bei gleichbleibender Fahrgeschwindigkeit langsam angezogen, bis das Rad blockiert ist. Der Bremsdruck wird mit einem Preßzylinder und Kraftmesser nach der Form des „PRONYschen Zaum" selbsttätig aufgetragen. Aus der Bremskraft P (kg) am bekannten Hebelarm l, dem Halbmesser des Rades (r) und dem Raddruck N (kg) wird aus der Momentengleichung μ_r errechnet (Abb. 14)

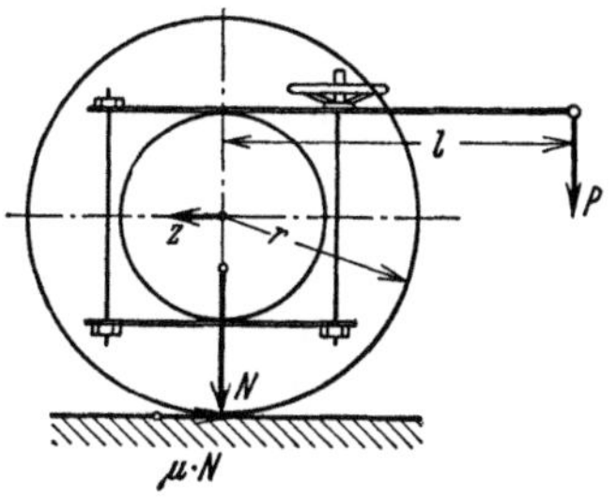

Abb. 14. Messung der Haftreibung der Straßendecke mit dem Bremsrad

$$\mu_r = \frac{P \cdot l}{N \cdot r}. \tag{3}$$

Man kann auch durch Zwischenschalten eines Zugkraftmessers am Wagen die beim Bremsen entstehende zusätzliche Zugkraft Z (kg) messen und erhält dann μ_r aus der Gleichung

$$N \mu_r = Z.$$

1.332.1 Deutschland

In Deutschland sind solche Messungen der Reibungsbeiwerte von Professor Dr.-Ing. WEIL (Forschungs- und Materialprüfungsanstalt für das Bauwesen der Technischen Hochschule Stuttgart) und GÖLZ (Technische Hochschule Darmstadt) vorgenommen worden [*14*, *15*]. Aus den Erfahrungen dieser Untersuchungen an der Straßenoberfläche, die man, vom heutigen Standpunkt betrachtet, nur als Tastversuche werten kann und die auch zu keinem eindeutigen Ergebnis geführt haben, hat dann das Forschungsinstitut für Kraftfahrwesen und Fahrzeugmotoren an der Technischen Hochschule Stuttgart (Professor Dr.-Ing. RIEKERT) ein neues Gerät entwickelt [*16*, *17*].

Es besteht auch aus einem Schlepprad, mit einem Continentalreifen 6,4 × 13R 1,5 atü des Typs SKS und hat 350 kg Achslast. Wenn die Bremse betätigt wird, können sowohl die Zugkraft wie der Bremsdruck und auch bei Schrägstellung des Rades der Seitkraftbeiwert ermittelt werden. Das Schlepprad unterscheidet sich von den bisher angewendeten darin, daß es sich um eine vertikale und eine horizontale Achse frei bewegen kann und das beim Bremsen auftretende Moment, das das Normalgewicht entlastet, so aufgenommen wird, daß die Normalkraft, wie schon erwähnt, konstant bleibt (Abb. 15). Die mit dem Gerät durchgeführten Messungen haben aber ergeben, daß, wie schon zuvor behandelt, die Feststellung der Beiwerte am genauesten aus dem Bremsdruck ermittelt wird. Das Stuttgarter Gerät wird am Rahmenende eines 3,5-t-Lastkraftwagens angebracht. Auf dem Wagen fährt ein Bremser mit, der auf Anweisung eines neben dem Fahrer sitzenden Beobachters die Bremsen unter Einschaltung einer elektrisch gesteuerten Luftdruckeinrichtung allmählich so weit anzieht, bis das Schlepprad für etwa 1 sek. blockiert ist; der Lastwagen fährt dabei mit gleichmäßiger Geschwindigkeit. Vor den Messungen werden die Meßspuren mit 3,5 l Wasser in der sek. bei 30 km/h Geschwindigkeit vorgenäßt.

Die Messungen auf Straßen der Deckenstatistik haben erkennen lassen, daß der Gleitbeiwert für 60 km/h Meßgeschwindigkeit zur Kennzeichnung der

Griffigkeit als maßgebend angesehen werden kann. Die Einstufung von Decken nach diesen Werten ist gleich der Einstufung, die aus den Mittelwerten für die Geschwindigkeit von 40, 60 und 80 km/h erhalten wird.

Die Strecke, deren Kraftschlußbeiwert μ ermittelt werden soll, wird mit der gewählten konstanten Geschwindigkeit befahren und dabei werden etwa

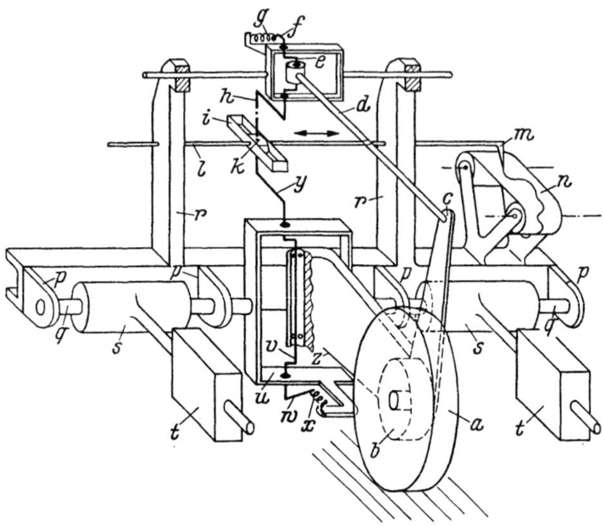

Abb. 15. Aufbau des Reibungsmessers nach RIEKERT. Schlepprad (*a*) am Schwenkarm (*z*) ist lotrecht drehbar um die Exzenterwelle (*y*) und über den Rahmen (*u*) horizontal um die Welle (*q*)

a Schlepprad,
b Bremstrommel,
c Bremsarm,
d Druckstange,
e Kurbelwelle,
f Kurbelarm,
g Meßfeder,
h Stirnkurbel,
i Kurbelschleife,
k Gleitstein,
l Schreibstange,
m Schreibstift,
n Papierstreifen,
p Lagerböcke,
q Welle,
r Konsolen,
s Hülsen,
t Gewichte,
u Rahmen,
v Exzenterwelle,
w Kurbelarm,
x Meßfeder,
y Exzenterwelle,
z Schwenkarm

10 Bremsungen vorgenommen. Das Diagramm hat eine Form, wie sie Abb. 16 zeigt. Die Bremskraft, die der Haftreibung entspricht, steigt mit der Zeit linear bis zu einem Höchstwert an; mit dem Eintreten der Blockierung fällt sie dann ab und verläuft ziemlich geradlinig weiter. Eine obere Zackenlinie gibt die Zeitmarkierung, die untere die Radumdrehungsmarkierung wieder (in der Abb. 16

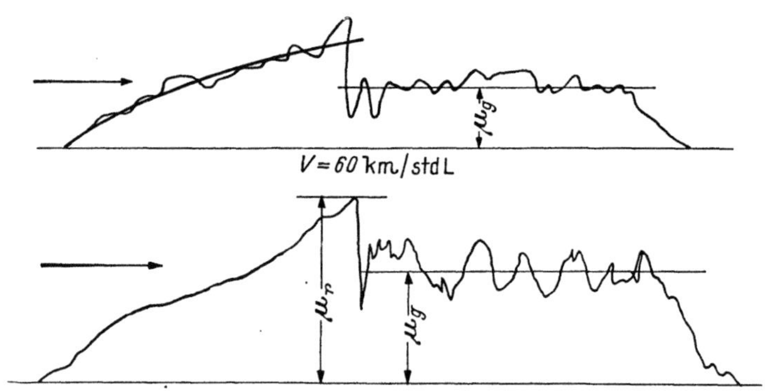

Abb. 16. Bremsdiagramm

nicht enthalten). Aus der Anzahl der Radkontaktmarken in der Zeiteinheit vor und während der Bremsung kann der Schlupf errechnet werden.

Da bei diesem Meßverfahren durch das Bremsen nicht die Fahrgeschwindigkeit verringert, sondern nur die Umlaufzahl des Schlepprades vermindert wird, treten während der gesamten Bremsdauer größere Schlupfwerte auf als bei der üblichen Bremsung, wodurch eine größere Reibungs-Wärmemenge an der Berührstelle von Rad und Fahrbahn erzeugt wird, die sich wiederum umgekehrt auf Reifen und Fahrbahnbefestigung — auf diese besonders dann, wenn sie Bitumen oder Teer als Bindemittel hat — und damit auch auf die Messung auswirken. Diese und verschiedene andere Erscheinungen, wie z. B. die gegen Ende des Rollvorganges beim Messen störende Trägheitskraft, haben erkennen lassen, daß die Ergebnisse der Messungen des Haftreibungsbeiwertes unsicher sind, die Messungen des Gleitreibungsbeiwertes dagegen zuverlässiger; denn dieser wird als Mittelwert für 1 s erhalten, ohne daß Massenkräfte einen störenden Einfluß ausüben. Da beim Bremsen eines Kraftwagens, besonders bei der Gefahrenbremsung, in der Regel der Gleitreibungsbeiwert in Anspruch genommen wird, genügt es, für den vorliegenden Zweck nur diesen zu bestimmen. Das gilt besonders dann, wenn es sich um bituminöse Beläge handelt, bei denen das Bindemittel durch die Reibungswärme erweicht und dadurch der Gleitbeiwert herabgesetzt wird.

1.332.2 Einfluß auf die Ergebnisse der Messung des Gleitreibungsbeiwertes

Während man bei früheren, mit anderen Geräten vorgenommenen Versuchen fand, daß die Größe des Gleitbeiwertes mit der Fahrgeschwindigkeit abnimmt, zeigten die Messungen mit dem Gerät nach RIEKERT, daß dies in dem Bereich bis 40 km/h nur für die nasse Straße gilt.

Allerdings wurden die früheren Messungen mit anderen Verfahren bei Geschwindigkeiten bis zu 140 km/h vorgenommen. Daß nasse Straßen einen geringeren Kraftschluß aufweisen, haben alle früheren Untersuchungen bestätigt; nur ist die Abnahme des Kraftschlusses bei den verschiedenen Belägen nicht die gleiche; die Unterschiede sind bei Belägen, die schon lange liegen, größer als bei neuen.

1.332.3 Gemessen wird auf nassen Fahrbahnen

Die ersten Forschungsarbeiten auf diesem Gebiete haben sehr bald gezeigt, daß auf trockenen Fahrbahnen ein günstiger Kraftschluß bei allen Befestigungsarten vorhanden ist, der den Kraftfahrzeugen gestattet, ihre Bremsmomente voll auszunutzen. Er soll nach dem Bericht zum X.I.Str.K. Istambul 1955 $> 0{,}7$ sein. Dagegen fallen bei nassen Fahrbahnen die Haft- und Gleitbeiwerte stark ab. Die Schlüpfrigkeit auf nassen Belägen ist ein Reibungsvorgang zwischen zwei Oberflächen mit einem dazwischenliegenden Flüssigkeitsfilm (Zwischenmittel). Bei der Reibung eines Reifens auf nasser Straße hängt der Beiwert μ von den Grenzflächenkräften Wasser/Gummi und Wasser/Fahrbahndecke ab. Für die Haft- und Gleitsicherheit eines Belages sind demnach die gleichen Einflüsse maßgebend wie für die Gleitsicherheit der Reifen. Die Fahrsicherheit eines Kraftfahrzeuges hängt also von der schwächeren der beiden Bindungen Gummi/Wasser und Wasser/Belag ab. Hier kommt nur der letztgenannte in Frage, so daß auf nassen Fahrbahnen die Beiwerte zu messen allein praktische Bedeutung hat.

Deshalb hat es auch nur Zweck, solche Ergebnisse über Messungen auf Fahrbahnbelägen zu bringen, die auf nassen Belägen gefunden sind, um die veränderlichen Deckeneigenschaften möglichst auszuschalten.

Die Stärke des Wasserfilmes wird den Kraftschlußbeiwert beeinflussen. In der Bewertung dieser Umstände begegnet man zwei Ansichten. Nach der einen soll der Fahrbahnbelag so stark abgespritzt (z.B. mit 1 Ltr/qm) und mit einer Kehrmaschine gereinigt werden, daß möglichst alle Schmutzstoffe beseitigt sind und nur auf einer sauberen, mit einem geschlossenen Wasserfilm bedeckten Fläche gemessen wird. So wird bei dem Stradographen (s. S. 38) verfahren.

Nach der anderen Auffassung wird die Stärke des Wasserfilmes möglichst so begrenzt, daß er dem jeweiligen Vorgang auf der Straße entspricht. Das bedeutet, daß auch auf einer leicht angefeuchteten Fahrbahn gemessen wird, deren Oberfläche sich etwa in dem Zustand befindet, wie er sich bei Beginn eines Regens einstellt, weil ein solcher bisher als der mit dem schlechtesten Kraftschluß gefunden worden ist. Nach dem Bericht zum X.I.Str.K. Istambul 1955 soll der niedrigste Beiwert bei einem Film von 0,06 Ltr/m² = 0,06 mm Dicke zu beobachten sein.

Das britische RRL hat bei seinen Messungen mit der Schleppachse bei hohen Geschwindigkeiten einen Wasserfilm von 0,15 mm aufgespritzt und diesen in Zeitabständen mit einer Wassermenge von 0,05 mm erneuert (s. S. 31) [*18*].

Der Gleitbeiwert hängt von der aufgebrachten Wassermenge, d. h. von der theoretischen Dicke des Wasserfilms auf der Straße ab. Dies gilt aber nicht für alle Straßendecken, da anzunehmen ist, daß auf rauhen Decken der Wasserfilm dicker sein muß als auf glatten. Notwendig ist, daß unmittelbar vor der Messung die Straße vom Meßfahrzeug aus genäßt und dadurch eine immer gleiche Annässung erreicht wird. Gleitreibungsbeiwerte von Decken, die mit Zementbeton, Asphaltbeton oder Gußasphalt befestigt waren und die auf Veranlassung des BVM durch die FG. mit dem Stuttgarter Gerät geprüft worden sind, werden bei den einzelnen Deckenarten angegeben.

1.332.4 Holland

Die Zugkraft wird bei einem in Holland eingeführten Meßgerät mit einem Fahrgestell, an dem ein Schleppradangebracht ist, gemessen und unmittelbar beim Bremsen durch einen Zugkraftmesser aufgenommen [*19*].

$Z = \mu N$. An dem an den Zugwagen angehängten Gestänge ist das Rad beweglich aufgehängt. Der beim Bremsen entstehende Widerstand wird auf den hydraulischen Zugkraftmesser übertragen und aufgezeichnet (Abb. 17).

Das Moment am Berührungspunkt des Rades mit der Fahrbahn ist

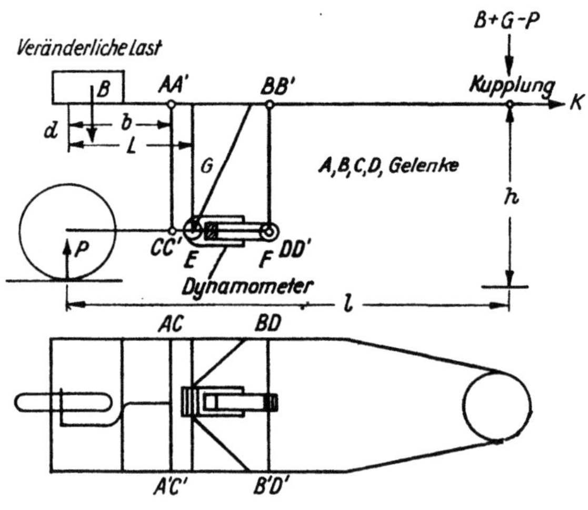

Abb. 17. Messung der Haftreibung durch Bremsrad und Zugkraftmesser

$$K \cdot h + B \cdot b + GL - (G + B - P)\, l = 0$$

$$\frac{P}{K} = \frac{1}{\mu} = \frac{1}{K} \cdot \left(G \frac{l - L}{l} + B \frac{l - b}{l}\right) - \frac{h}{l}.$$

B ist die jeweilige Auflast,
P das Gewicht des Meßrades mit Fassung = 470 kg,
G Gewicht des unbelasteten Anhängers = 664 kg,
K die Reibungskraft,
$\mu = \frac{K}{P}$ Beiwert der Reibung.

Die Fahrbahn wird aus einem Wassertank vor dem Schleppradangenäßt. Die Menge des Sprengwassers kann dabei verändert werden: Leichte Sprühung bis starke Besprengung. Die Ergebnisse sind in einem Schaubild (Abb. 18) wiedergegeben, die bei Geschwindigkeiten von 20, 40, 60 und 80 km/h erzielt worden sind.

1.332.5 Schweiz

In der Schweiz wird ein solches Schleppradschon seit vielen Jahren benutzt, bei dem das Bremsmoment nicht auf dem Fahrzeugrahmen aufgenommen, sondern mit einer außermittig beanspruchten Zugstange Z über die Ankoppelungsstelle auf den Zugwagen übertragen wird in der Weise, daß die durch Bremsen entstehende Verformung auf eine Glasplatte geritzt wird. Daraus errechnet man die Zugkraft (Abb. 19); s. Diss. SCHINDLER [*20*].

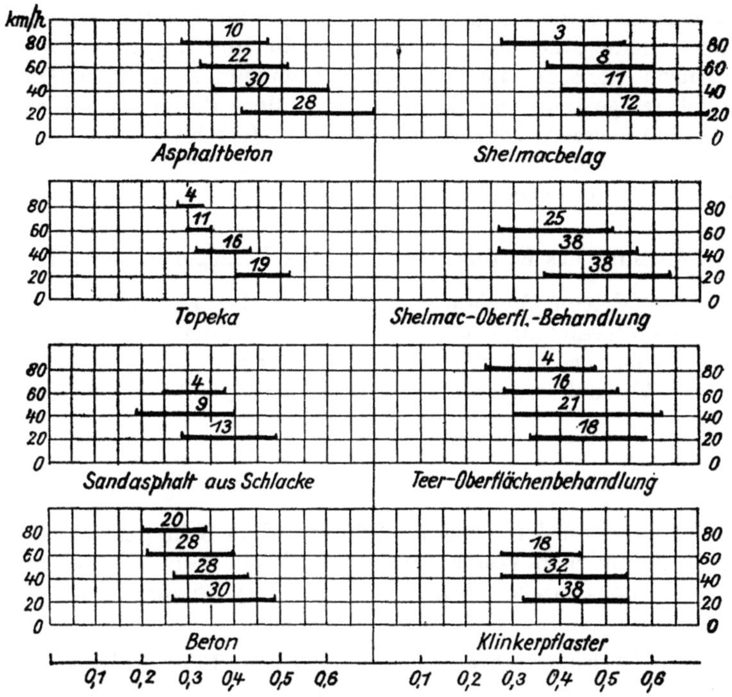

Abb. 18. Reibungsbeiwerte für verschiedene Decken bei verschiedenen Fahrgeschwindigkeiten, Zahlen über den waagerechten Linien geben die Anzahl der Versuche an

1.332.6 England

Da auch im Flugwesen beim Landen und Starten bei zugleich hohen Geschwindigkeiten (bis zu 160 km/h) die Höhe des Reibungsbeiwertes von Bedeutung ist, wurde vom RRL ein Gerät auch für solche Messungen ausgebildet. Es besteht aus einem sehr leicht gebauten Schlepprad, das an einen Personenkraftwagen angehängt und von dort aus auch gebremst wird. Mit Rücksicht auf die hohen Geschwindigkeiten ist die Schleppachse von geringem Gewicht und so ausgebildet, daß sie möglichst ohne viele Umänderungen an jeden Wagen angehängt werden kann und auch die Stabilität des Zugwagens bei hohen Geschwindigkeiten nicht beeinträchtigt wird. Der Reifen hat die Abmessungen 16×4, weil solche auch bei Flugzeugen benutzt werden, und ist mit 145 kg belastet. Die beiden an je einem Ausleger angebrachten Belastungsgewichte sind in Beziehung zu dem ungefederten Gewicht des Rades und Reifens gesetzt und haben Gummipuffer. Ihre Bewegung wird durch einen hydraulischen Stoßdämpfer möglichst weit abgefedert. Durch eine schnellwirkende Vakuum-Servobremse sollen bei den höchsten Geschwindigkeiten keine Bremsschwunderscheinungen oder Überhitzungen auftreten [*21*].

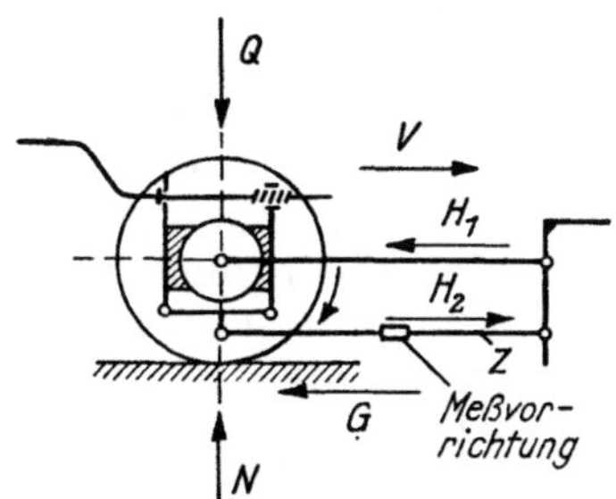

Abb. 19. Bremsrad nach SCHINDLER

Zwei Schwierigkeiten waren noch zu überwinden. Die eine bestand darin, zu erreichen, daß der Meßwagen beim Bremsen nicht ausschwingt. Diese wurde dadurch überwunden, daß bei Betätigung der Bremse auch eine Klammer anspringt, die das Schlepprad um seinen Aufhängepunkt am Zugwagen festhält. Als zweite Schwierigkeit mußte die Gefahr betrachtet werden, daß der Anhänger bei sehr hohen Geschwindigkeiten den Zugwagen aus der Bahn wirft. Durch das angewendete kleine Rad, das geringe Gewicht und die zuvor erwähnte Verriegelung durch die Klammer hat man das verhindern können. Durch weitere Versuche soll festgestellt werden, ob auch größere Räder im Schlepp gefahrlos benutzt werden können. Die höchste erreichte Geschwindigkeit von 160 km/h wird sich wohl kaum steigern lassen. Ergebnisse der Messungen sind im Abschnitt 1.337 (S. 34) mitgeteilt.

1.333 Messung des Kraftschlusses aus der Verzögerung beim Bremsen

Nach einem dritten Verfahren kann auch der Kraftschluß aus der Verzögerung, die ein Kraftfahrzeug während des Bremsens erhält, ermittelt werden. In diesem Falle ist der Beiwert das Verhältnis der gemessenen Verzögerung (b) — bei der beim Versuch eingehaltenen Geschwindigkeit — zur Erdbeschleunigung (g)

$$\mu = \frac{b}{g}. \tag{4}$$

Nach Versuchen in den VStA sind die mit dem Schlepprad und die mit der Verzögerung gefundenen Werte annähernd gleich, während die beim Auslaufversuch gemessenen etwa 25% höher sind (Highway Research Board Bulletin 37).

1.334 Zweirädrige Schleppachse nach Iowa State College, VStA

Eine zweirädrige Schleppachse, die so ausgebildet war, daß sowohl der Gleitbeiwert wie auch der Seitenkraftbeiwert (s. S. 37) durch entsprechende Umstellung gemessen werden konnten bei Geschwindigkeiten von 5 bis 60 km/h, hat MOYER, Iowa State College, VStA, benutzt (Charakteristische Eigenschaften des Gleitens auf den Straßenoberflächen, Dez. 1933).

1.335 Einfluß von Unebenheiten auf den Kraftschluß

Die Straßenhaftung der Räder bestimmt den Grad der Fahrsicherheit. Sie ist zweifellos am besten, wenn der Druck, den die Reifen auf die Fahrbahn ausüben, möglichst gleich bleibt. Jede Verminderung der auf sie übertragbaren Antriebs-, Brems- und Seitenführungskräfte ruft Schwankungen im Aufstandsdruck hervor, die so groß sind, daß der Reifen sie nicht schluckt. Auftretende Schwingungen können die Radlast erhöhen, aber auch vermindern. In diesem Falle ist der für das Bremsmoment errechnete Beiwert und damit auch die Straßenhaftigkeit unsicher (Gl. 3). Die Störung wird vom Grad der Welligkeit der Fahrbahn abhängen (s. S. 46). Nach englischen Erfahrungen soll er keinen großen Einfluß haben, weil die Änderungen sich auf die Länge des Gleitweges verteilen und sehr schnell erfolgen, somit einen Durchschnitt ergeben, der brauchbare Werte hat.

1.336 Gerät nach Leroux

Um jederzeit und an jedem Ort den Widerstand eines Fahrbahnbelages gegen Gleiten messen zu können, sollte es ein Gerät geben, das so einfach und handlich ist, daß der Straßenmeister es mit sich führen und mit dem er sofort messen kann, ob der Belag schlüpfrig ist oder nicht. Unter verschiedenen Vorschlägen, die für ein solches Gerät gemacht worden sind, hat der Rauheitsmesser von LEROUX eine gewisse Beachtung gefunden (Abb. 20).

Er besteht aus einem eisernen Gestell, das mit 3 Stellschrauben waagerecht und in einer genau vorgeschriebenen Höhe auf den zu untersuchenden Fahrbahnbelag gestellt wird und in dem ein Pendel (1) von 1,6 kg Gewicht aufgehängt ist. Am äußeren Ende des Pendels ist ein nach beiden Seiten überstehender Querstab (2) befestigt, an dessen unterem Ende mit einem Drehpunkt ein Bügel (3) angebracht ist. Eine am Pendelarm befestigte Zugfeder (4) hält den Bügel, der auf der anderen Seite an dem oberen Ende des Querstabes eingehängt ist. Auf dem Bügel liegt ein Gummistreifen (5), 3 cm breit und 1 cm dick, der beim Auslösen und Durchschlagen des Pendels auf der zu messenden Unterlage (6) mit einem Druck von 4 kg gleitet. Der Gummi soll dem eines nichtprofilierten Reifens entsprechen.

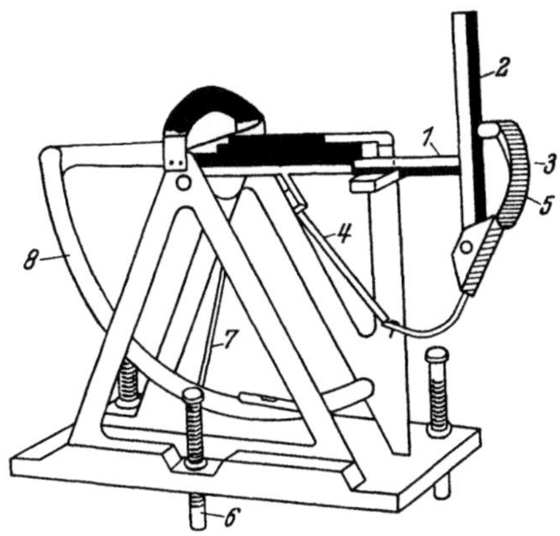

Abb. 20. Reibungsmesser nach LEROUX
1 Pendel, *2* Querstab, *3* Bügel, *4* Zugfeder, *5* Gummistutzen, *6* Unterlage, *7* Schleppzeiger, *8* Viertelkreis

Der Abstand vom Schwerpunkt der Masse in der Achse des Pendels ist 25 cm. Der Druck von 4 kg wird auf eine Fläche von 2,5 cm² ausgeübt, so daß ein bezogener Druck von 1,6 kg/cm² entsteht, der dem mittleren Innendruck eines Personenkraftwagen-Reifens entspricht. Die Griffigkeit des Belages wird durch die Arbeit gekennzeichnet, die verbraucht wird, wenn das Pendel über den ebenen Belag schwingt. Denn infolge der Reibung im Pendelgelenk, die aber vernachlässigt werden kann, und des Widerstandes, den der Gummi auf der Unterlage erleidet, erreicht das Pendel nicht mehr den Ausschlag, den es bei der Lage vor der Auslösung hatte. Allerdings erleidet der Bügel beim Auftreffen auf der Unterlage einen Stoß, der nicht gemessen werden kann.

Wenn T die Tangentialkraft während des Reibungsvorganges auf einer Länge D ist, gilt für die verbrauchte Energie die Gleichung

$$T \cdot D = m \cdot (H - h),$$

H = Höhenlage des Pendels vor der Auslösung,
h = Höhenlage des Pendels nach dem Versuch.
m = Masse.

Wenn P der Druck auf die Fahrbahn ist, erhält man den Reibungsbeiwert

$$K = \frac{T}{P} = \frac{m(H - h)}{P \cdot D}.$$

Am Drehpunkt des Pendels ist im rechten Winkel zu ihm ein Schleppzeiger (7) angebracht, der auf einem Viertelkreis (8) anzeigt, wie weit das Pendel durchgeschlagen ist. Auf diesem Viertelkreis gibt die Ziffer 0 die äußerste Grenze an, wenn keine Reibung stattgefunden hat ($H - h = 0$). Der Punkt 100 entspricht dem Anschlag, wenn die Kraft vollständig aufgezehrt worden ist. Beim Durchschlagen des Pendels wird also ein Wert, der zwischen 0 und 100 liegt, abgelesen. Da die Geschwindigkeit des Pendeldurchschlages etwa 11 km/h ist, andererseits die niedrigen Gleitreibungsbeiwerte bei hohen Fahrgeschwindigkeiten anfallen, wäre das LEROUX-Gerät nur dann brauchbar, wenn seine Ablesungen einer Meßgeschwindigkeit von etwa 40···80 km/h entsprechen würden.

Bei bituminösen Bindemitteln wird ein Wert $K = 15 \cdots 40$ abgelesen, glatte und polierte Beläge selbst mit Gesteinseinlagerungen geben $K > 40$, während an bituminösen Decken mit Anrauhsplitt $70 \cdots 100$ gemessen werden.

LEROUX hat die Bezeichnung

$$K_s = \frac{e}{E}$$

E = Energieverbrauch am LEROUX-Pendel auf trockener Fahrbahn,
e = Energieverbrauch am LEROUX-Pendel an derselben Stelle in nassem Zustand

zur Kennzeichnung der Griffigkeit als sogenannten Sicherheitsfaktor eingeführt. Mit dem Quotient $\frac{\text{Messung naß}}{\text{Messung trocken}}$ sollen alle anderen Randbedingungen außer der Nässe (z. B. Temperatur, Gummisorte usw.) ausgeschieden werden. Bei dem Wert $K_s = 0{,}7$ kann auf nasser Fahrbahn die gleiche Sicherheit, d. h. Widerstand gegen Gleiten angenommen werden, wenn die für die trockene Fahrbahn übliche Fahrgeschwindigkeit um 20 km/h herabgesetzt wird. Auf Grund von Untersuchungen über Unfälle auf nasser Fahrbahn sollen bei einem Wert $K_s = 0{,}7$ Unfälle, verursacht durch Rutschen, nur eintreten, wenn Mängel am Fahrzeug vorhanden waren oder der Fahrer sich nicht richtig verhalten hat.

Mit den in Holland verwendeten LEROUX-Geräten sollen sich reproduzierbare Werte der Griffigkeit am abgebremsten, aber nicht blockierten Schlepprad ergeben haben.

1.337 Einige Ergebnisse der Messungen des Gleitbeiwertes

Einflüsse außerhalb der Fahrbahn. Wie schon erläutert, ist der Kraftschluß von den Bindungen Gummi/Wasser und Wasser/Belag abhängig (S. 29). Die erste Beziehung betrifft den Reifenkonstrukteur, der sich mit der Verschiedenartigkeit der Grenzflächenkräfte von Gummi und Wasser zu beschäftigen hat. Auch die Profilierung des Reifens, die bisher nur nach praktischen Erfahrungen vorgenommen wird, gehört zu seinem Aufgabenkreis. Alle Messungen des Kraftschlusses stehen daher auch in Beziehung zur Profilierung des Meßreifens. Um diesen Einfluß auszuschalten und die Meßergebnisse mehr vergleichbar zu machen, soll ein gängiger unprofilierter Reifen benutzt werden. Das ist insofern vertretbar, als solche Reifen auf trockener Fahrbahn einen guten, auf angenäßter einen schlechteren Kraftschluß haben als die profilierten. Man hat daher vorgeschlagen, einen unprofilierten Reifen in den Meßgeräten zu verwenden. Die gefundenen Beiwerte liegen dann an der unteren Grenze. Bei englischen Versuchen wird ein Reifen aus weichem Gummi benutzt, der eine Härte nach der Dunlop-Härteskala 63 ± 2° hat [*16*].

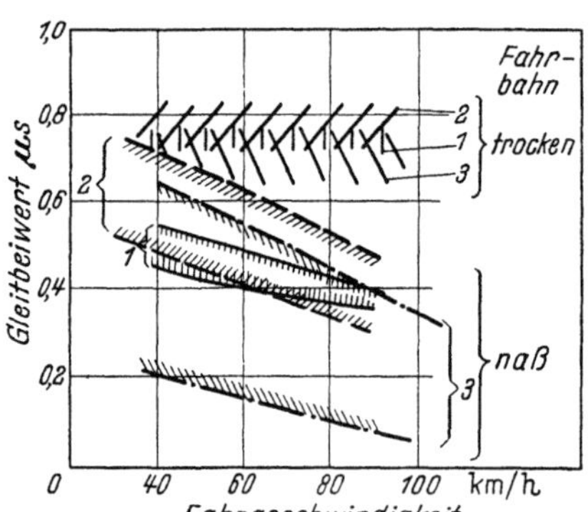

Abb. 21. Gleitbeiwert (Bremskraftbeiwert) bei verschiedenen Geschwindigkeiten
1 Zementbetondecke, *2* Asphaltbetondecke, *3* sonstige bituminöse Decken nach GAUSS

Weitere Vereinbarungen, um vergleichbare Ergebnisse zu erzielen, sind über Bauart, Werkstoff des Reifens, Reifendruck, Belastung und Fahrgeschwindigkeit zu treffen.

1.337.1 Beziehung zur Fahrgeschwindigkeit

Um ihren Einfluß auf den Gleitbeiwert zu kennzeichnen, werden Kraftschlußbeiwerte in Abb. 21 wiedergegeben, die mit dem Stuttgarter Gerät für Geschwindigkeiten zwischen 40 und 100 km/h gemessen worden sind [*16*, *22*].

Die Abnahme des Reibungsbeiwertes mit der Geschwindigkeit ist auch bei den Versuchen des britischen RRL mit dem Schlepprad (s. S. 31) bestätigt worden (Abb. 22) bei Geschwindigkeiten bis zu 160 km/h. Zu diesen Versuchen ist noch

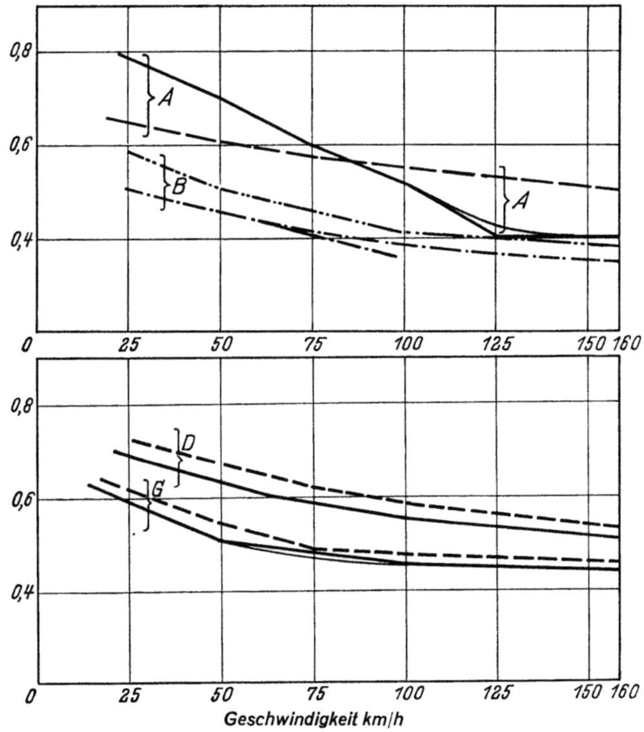

Abb. 22. Reibungsbeiwerte am blockierten Rad, gemessen auf nassen Oberflächen von Start- und Landebahnen britischer Flugplätze

——— glatter Reifen,
— — — Reifen mit einfacher Profilierung

A Bituminöser Splittmakadam mit Fertiger verlegt, einheitliche und sehr rauhe Oberfläche

B Bituminöser Makadam mit Kiesel mehr rauh als für Start- und Landebahnen üblich

—·—·— Reifen mit einfacher Profilierung
—··—·· Reifen glatt

D Mit Fertiger verlegte Betondecke

G Betondecke mit Oberflächenbehandlung, außergewöhnlich veränderlich, teilweise sehr glatt. Die Versuchsgeschwindigkeit war durch unterschiedliche Oberflächenbeschaffenheit begrenzt

zu bemerken, daß in diesen Fällen der Reifen des Schlepprades sehr stark verschleißt und daß z. B. für jede Messung bei 160 km/h ein neuer Reifen aufgezogen werden muß.

1.337.2 Griffigkeit von Flugplatzbefestigungen

Hier wird man zwischen den Start- und Landebahnen und den Rollbahnen unterscheiden müssen. Für die erstgenannten Bahnen spielen der Fahrwiderstand, der beim Starten möglichst gering sein soll, und der Kraftschluß beim Landen, der möglichst hoch sein soll, eine ausschlaggebende Rolle. Beiden Anforderungen kann derselbe Belag nur in begrenztem Grade entsprechen. Da die Bremsverzögerung mit Rücksicht auf die Flugzeuginsassen 5 m/sek.^{2} nicht überschreiten soll, würde ein Kraftschlußbeiwert von mindestens 0,6 (s. S. 32 Gl. 4) vorhanden sein müssen, der auf trockenen Belägen angenommen werden kann, aber auf nassen kaum vorhanden sein wird. Für Düsenflugzeuge kann die Bremsverzögerung sogar 7 m/sek.^{2} überschreiten, so daß ein Reibungsbeiwert von etwa 0,8 vorhanden sein müßte [*23*]. Die Rollbahnen erhalten die im Straßenbau üblichen Befestigungen.

1.337.3 Reibungskennziffer nach Zipkes RKZ

Als Maß für die Leistungsfähigkeit eines Straßenbelages kann das Verhältnis zwischen dem Beiwert der Haft- und dem der gleitenden Reibung angesehen werden: μ_r/μ_g. Beide Vorgänge stellen die äußersten Belastungsfälle des Belages dar und kennzeichnen seine Griffigkeit. Da die bisherigen Schätzungen über die Abnahme von μ_g gegen μ_r unsicher waren, sind unter Verwendung der Meßvorrichtung von SCHINDLER (s. S. 31) beide gemessen worden unter besonderer Berücksichtigung des Umstandes, daß die beim Bremsen entstehende Wärme auf den Reifengummi wie auf die bituminösen Bindemittel des Straßenbelages verflüssigend wirkt, wodurch der Gleitbeiwert erheblich ermäßigt wird. Die entstehenden Temperaturen mußten gemessen werden. Dies geschah durch Thermoelemente, die in die Reifen eingebaut worden waren.

Ein Straßenbelag, der unter den sehr verschiedenen Einflüssen, vor allem Witterung, ein Verhältnis μ_r zu μ_g aufweist, das gleich bleibt und möglichst hoch liegt, muß als besonders günstig angesehen werden. Dieser Wert, von ZIPKES als Reibungskennziffer (RKZ.) bezeichnet, ist für Asphaltbeton zu 0,84 bis 0,67 gemessen worden [*24*, *25*].

1.34 Kreis des Kraftschlußbeiwertes (Reibungskreis)

Der größte Wert, den die Reibung aufnehmen kann, ist

$$R = \mu \cdot N .$$

Diese Reibung tritt in der Richtung auf, in der die Bewegungsenergie ausgeübt wird, bei einem vorwärts angetriebenen Rad in der Radlängsachse. In Abb. 23 ist der Reibungskreis für den theoretischen Berührungspunkt B mit dem Halbmesser $\varrho = \mu \cdot N$ gezeichnet, weil die Reibung auch in jeder Richtung in diesem Kreise auftreten kann.

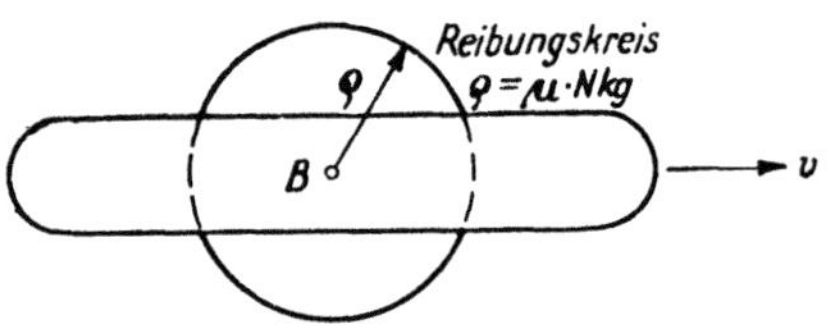

Abb. 23. Reibungskreis

1.341 Kraftschluß und Zwangslauf

Mit dem ausreichenden Kraftschluß zwischen Reifen und Fahrbahn ist noch keineswegs der Zwangslauf gewährleistet. Auch wenn der Kraftschlußbeiwert groß genug ist, um auch Stützkraft gegen seitliche äußere Kräfte abzugeben, muß noch berücksichtigt werden, daß der Luftreifen des Kraftfahrzeuges gegenüber Seitenkräften federnd nachgiebig ist, so daß nach Modellversuchen das auf der Bahn gerade geführte Rad schon bei kleiner Seitenkraft seitlich ausweicht. Der im Fahrzeug verwendete federnde Reifen hat beim Abrollen längs der Fahrbahn keine feste Seitenführung und weicht mit zunehmenden Seitendruck aus.

Ein bodenstabiles Fahrzeug wird bei Geschwindigkeiten, bei denen die Luftkräfte beginnen, sich der Größe der Radführungskräfte zu nähern, was schon bei üblichen Geschwindigkeiten und in erhöhtem Maße bei stärkerem Wind der Fall ist, durch die Seitenkomponente der Luftkraft weggedreht. Bei den jetzt gebräuchlichen Fahrzeugen greift die Luftkraft weit vor dem Schwerpunkt in der Nähe der Vorderachse an. Wenn bei einer Schrägstellung auch eine zurückdrehende Seitenkraft vorhanden ist von etwa gleicher Größe, so kann sie das Fahrzeug nicht zurückdrehen, weil die Luftkraft den längeren Hebelarm hat. Greift sowohl die Störkraft als auch die Seitenführungskraft hinter dem Schwerpunkt an, so kann die Vergrößerung der Geschwindigkeit die Stabilität nicht gefährden. Die Fahrtrichtungshaltung ist unabhängig von Störungen, z. B. Seitenwind. Die gerade geführten Hinterräder können Seitenkräfte nur dadurch aufnehmen, daß sie und damit das ganze Fahrzeug einen der augenblicklichen Seitenkraft entsprechenden Winkel zur Fahrtrichtung einnehmen (Schräglaufwinkel). Beim Durchgang durch die Nullage aber schwimmt das Fahrzeug. Das gibt bei Seitenwind oder auch durch ein schnell vorbeifahrendes Fahrzeug erhöhte Fahrunsicherheit. Erst nach Überschreiten des Schwimmwinkels durch Lenkeingriffe treten die für den starren Reifen geltenden Beziehungen zwischen Gesamthaftung, Seitenführung, Antrieb oder Bremsung auf. Daraus folgt, daß das Fahrzeug sich im Bereiche des Schwimmwinkels und bei schlüpfriger Fahrbahn oder bei einer Größe der Antriebs- oder Bremskraft, die der Gesamtreibungskraft an der Fahrbahn nahe kommt, auch außerhalb des Schwimmwinkels an der Grenze der Führung befindet, was mit Gefahr des Nichtausfahrens der gewollten Bahn und des Schleuderns verbunden ist [*26*]. Etwas übertrieben ausgedrückt, kann man sagen, daß der Schwerpunkt des Fahrzeuges in der waagerechten Ebene eine Wellenlinie läuft, die allerdings auf der Fahrbahn wegen der Nachgiebigkeit der weichen Reifen selbst nicht erkennbar ist.

Das Einhalten einer bestimmten Fahrbahn liegt daher nicht immer in der Macht des Fahrers; und aus diesem Grunde muß die Fahrspur mit genügend Spielraum verbunden sein, da ein Zwangslauf des Fahrzeuges genau niemals eingehalten werden kann.

Auf diese Erscheinung ist es auch zurückzuführen, wenn bei schmäleren Fahrbahnen und dementsprechend geringerem Spielraum für die Fahrspur die Leistungsfähigkeit der Straßen sehr erheblich absinkt.

1.342 Seitenkraftbeiwert

Aus 1.341 ergibt sich, daß Reibung nicht nur beim Bremsen und Beschleunigen, sondern auch beim Spurhalten und bei der Fahrt durch Krümmungen in Anspruch genommen wird. Von dem insgesamt zur Verfügung stehenden Beiwert wird ein Anteil hierfür aufgebracht, der auch als Seitenkraftbeiwert bezeichnet wird, der der Quotient aus der größten Seitenführungskraft S und der Normalkraft N ist. Der Höchstwert stellt sich je nach Beschaffenheit von Reifen und Fahrbahn ungefähr bei Schräglaufwinkeln zwischen 8 und 20° ein.

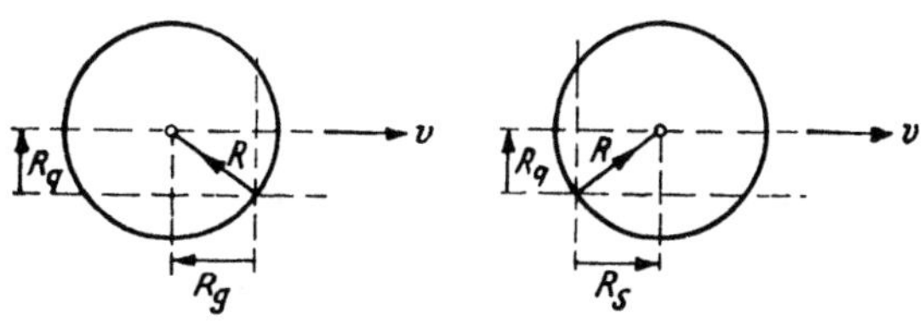

Abb. 24. Verminderung des Kraftschlußbeiwertes in Fahrtrichtung beim Einwirken von Seitenkräften

Der Seitenkraftbeiwert wird vor allem in drei Fällen in Anspruch genommen:

1. Bei Fahrt auf einer quergeneigten Fahrbahn muß die Seitenkomponente der vom Rad übertragenen Umfangskraft R von einer quergerichteten Reibungskomponente R_q aufgenommen werden. Es wird also ein Teil der Haftreibung in dieser Richtung aufgezehrt, und für die Fahrtrichtung steht bei latentem Gleiten nur noch der Betrag R_g zur Verfügung, bei latentem Schlüpfen R_s in entgegengesetzter Richtung (Abb. 24).

Ist aber die Haftreibung in der Fahrtrichtung überschritten und tritt tatsächliches Gleiten (Blockierung beim Bremsen) oder Schlüpfen ein, ist also μ des Reibungskreises durch $\mu_1 = \mu$ in der Fahrtrichtung voll aufgezehrt, dann ist in der Querrichtung keine Reibung mehr vorhanden, also $\mu_2 = 0$, so daß die Querbeschleunigung unbehindert eintreten kann. Das Rad rutscht quer zur Straßenachse ab.

Da N ein Festwert ist, wird es von der Größe von μ abhängen, ob solche Vorgänge eintreten.

2. Der zweite Fall ist der nach diesen Gesetzen zu betrachtende Kraftschluß bei der Fahrt durch eine Krümmung, wenn Fliehkräfte aufgenommen werden müssen; er wird auf S. 126 behandelt werden.

3. Der dritte Fall betrifft die Wirkung des Seitenwindes auf das Fahrzeug in der Fahrt. Wenn durch den Motorantrieb (z. B. Beschleunigung) die volle Haftreibung aufgezehrt ist und der Wagen z. B. beim Austritt aus einem Einschnitt von Seitenwind erfaßt wird, dann wird er aus der Bahn geworfen, weil für die Aufnahme dieser von der Seite kommenden äußeren Kraft es an Stützkraft an der Fahrbahn fehlt.

Solange das Rad rollt, wird nur bei sehr hohen Geschwindigkeiten die Haftreibung bis zum höchsten zulässigen Wert ausgenutzt, so daß ein Restbetrag zur Aufnahme der Seitenkräfte vorhanden ist. AUBERLEN hat aus den angenommenen Windstärken 7 und 5 ··· 6 für verschiedene Kraftfahrzeugarten die Seitenkräfte S und daraus die notwendigen zusätzlichen Querreibungsbeiwerte μ_s ermittelt [*27*]:

Kraftfahrzeugart	S kg bei Windkraft		μ_s für	
	40 kg/qm	25 kg/qm	40 kg/qm	25 kg/qm
Omnibus	720	450	0,103	0,0643
Lastkraftwagen	960	600	0,119	0,0741
Personenkraftwagen, groß	240	150	0,142	0,088
Personenkraftwagen, klein	125	78	0,26	0,16

Der Reibungsbeiwert μ_1, der nicht überschritten werden darf, ergibt sich aus dem Reibungskreis

$$\mu = \sqrt{\mu_1^2 + \mu_2^2} \qquad \text{zu} \qquad \mu_1 = \sqrt{\mu^2 - \mu_2^2}, \tag{5}$$

μ_1 = Reibungsbeiwert in Fahrtrichtung,
μ_2 = Reibungsbeiwert senkrecht zur Fahrtrichtung (einschließlich μ_s).

Dieses Reibungsgesetz gilt nur für feste Körper. Da die Luftreifen aber elastisch sind, bleibt noch ungeklärt, ob man dieses Gesetz auch auf die Beziehungen zwischen Gummireifen und Fahrbahnoberfläche übertragen darf. Auf die im Abschnitt „Kraftschluß und Zwangslauf", S. 36, angestellten Überlegungen sei hier verwiesen.

Der Seitenkraftbeiwert ist ein reiner Gleitbeiwert, weil in beiden Fällen im Gegensatz zur Haftreibung ein grundsätzlich veränderter Zustand der Berührungsflächen — Erwärmung des Bindemittels im Belag und im Reifen, Erwärmung mit Abschliff wegen des geänderten Bewegungsablaufes — entsteht.

1.342.1 Messung des Seitenkraftbeiwertes

1.342.11 Frankreich. Diesen Seitenkraftbeiwert kann man mit einem Gerät messen, das aus einem unter einem Winkel von 15 ··· 20° zur Fahrtrichtung schräg gestellten Rad besteht. Bei der Fahrt geradeaus wird eine Seitenkraft bewirkt, die die Radebene in die Richtung der Wagenlängsachse durch die Reibung zurückzuschwenken sucht (Abb. 25) [*22*, *28*]. Statt eines Rades können auch zwei symmetrisch zueinandergestellt werden, die bei der Fahrt geradeaus einen Seitendruck ausüben, der an einem Dynamometer gemessen wird. Nach diesem Verfahren hat man in Frankreich den Widerstand gegen Gleiten von verschiedenen Belägen gemessen (Stradograph). Die Abb. 26 gibt das in Paris verwendete Gerät wieder.

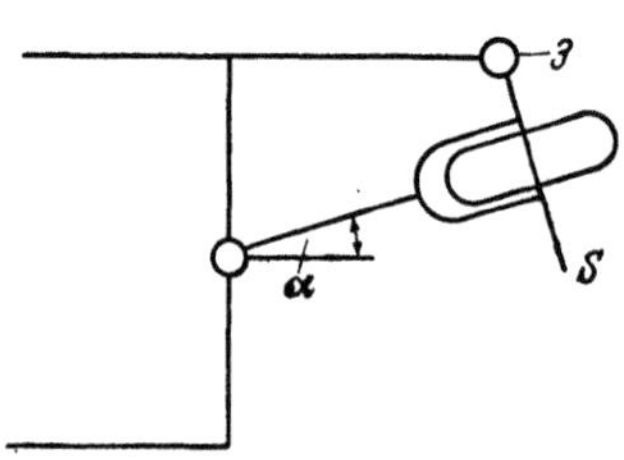

Abb. 25. Seitenkraftmessung
S Seitenführungskraft, Fahrtrichtung nach links, *3* Meßgerät

Man mißt, nachdem der Wagen eine bestimmte Geschwindigkeit, z. B. 50 km/h erreicht hat und dann abgebremst wird, bis er zum Stillstand kommt. Je glatter die Fahrbahn ist, desto kleiner ist die Kraft, die die beiden Räder in die Fahrtrichtung zurückdrücken will. Der Stradograph hat zwei schräggestellte Räder, die nicht geschleppt werden, sondern zwischen den beiden Achsen des Wagens unter Flur angebracht sind, weil dadurch der durch das Bremsmoment entstehende Bahndruck wenig verringert wird. Mit Gewichten und Kraftumlenkungen kann auch eine Seitenkraft vorgeschrieben und der sich einstellende Winkel gemessen werden.

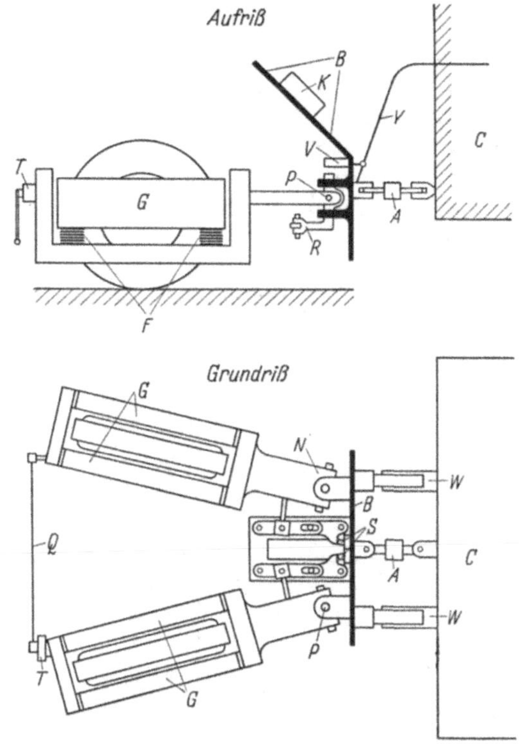

Abb. 26. Stradograph zur Seitenkraftmessung

1.342.12 England. Vom Britischen Road Research Laboratory (RRL) in Hammondsworth sind gleiche Versuche unter Verwendung eines Motorrades (MR) mit Beiwagen auf Verkehrsstraßen durchgeführt. Das Beiwagenrad ist in einem Winkel von 18° gegen die Längsachse des Kraftrades gestellt und so beweglich gelagert, daß der Fahrbahnseitendruck es in die Fahrtrichtung drehen kann. Der Winkel von 18° ist auf Grund besonderer Voruntersuchungen gewählt worden. Erst bei einer Winkelstellung von mehr als 6° bei Stampfasphalt, 15° bei Beton und etwa 20° bei trockenem Asphaltbeton wurde der Höchstreibungsbeiwert ermittelt. Demnach hätte das Beiwagenrad mindestens in dieser Neigung angeordnet werden müssen. Aber da bei einem so starken Ausschlag die Maschine nur schwer zu beherrschen und die Sicherheit gefährdet war, wurde der Winkel von 18° gewählt [*29*] (Abb. 27).

Gemessen wird bei diesen Versuchen der *Bahndruck* des Seitenwagenrades und die *Kraft*, die bei der Fahrt das mit 18° Ausschlag stehende Rad in die Fahrebene zu drehen sucht, bei 8, 16, 24, 32 und 40 km/h. Diese beiden Kräfte werden mit Öldynamometern gemessen, die ihre Bewegung auf ein Gestänge übertragen, das die Mittelkraft aus beiden auf eine Walze überträgt, auf der auch zugleich der Zeitverlauf in halben Sekunden und die Fahrgeschwindigkeit

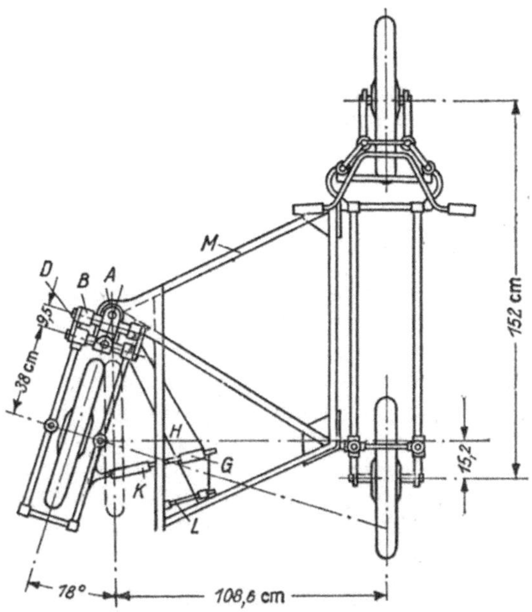

Abb. 27. Motorrad mit schräggestelltem Seitenrad zur Messung des Seitenkraftbeiwertes

aufgezeichnet werden. Der englische Bericht spricht von Messungen von Eigenschaften (non skid properties), die die größere oder geringere Schlüpfrigkeit der Beläge kennzeichnen sollen, und bezeichnet die gemessenen Werte als Seitenkraftbeiwerte (sideway force coefficients). Sie unterscheiden sich nicht wesentlich von denjenigen, die durch Bremsversuche mit derselben Einrichtung gewonnen worden sind.

1.342.13 Deutschland. Auch mit dem Stuttgarter Gerät ist der Seitenkraftbeiwert gemessen worden, denn das verwendete Schlepprad kann um eine lotrechte Achse geschwenkt werden (Abb. 15), aber nicht auf der Straße, sondern auf der Rolltrommel im Kraftfahrtechnischen Institut.

1.342.14 Andere Länder. Mit dem schon erwähnten Meßgerät des Iowa State College von MOYER wird der Anhänger unter 15° schräg gestellt und mit einem Zugkraftmesser gemessen (s. S. 32).

Nach den amerikanischen Richtlinien der AASHO (1954) über die Beziehungen zwischen Geschwindigkeit und Seitenreibung bei der Kurvenfahrt an Knotenpunkten nimmt der Seitenreibungsbeiwert mit der Geschwindigkeit etwa so ab, daß bei 40 km/h mit 0,2, bei 60 km/h mit 0,16 und bei 120 km/h nur mit 0,12 gerechnet werden kann.

Das dänische Wegebaulaboratorium verwendet eine Schleppachse als Prüfeinrichtung, die vorn am Zugwagen aufgehängt ist, um den Bahndruck durch das Bremsmoment möglichst klein zu halten. Außerdem kann das freilaufende Rad unter einem Winkel zur Fahrtrichtung bewegt werden. Die „Seitenkraft“-Messung erfordert eine Zugkraft in Fahrtrichtung, die kleiner als die Hälfte derjenigen des gebremsten geradgeführten Rades ist. Für die Schrägstellung gibt es einen „kritischen“ Winkel, bis zu welchem die Seitenkraft zunimmt. Der „kritische“ Winkel ist 15 bis 20°. Je rauher die Straße und je kleiner die Geschwindigkeit, um so größer wird dieser Winkel.

Die Seitenkraft und die Belastung des Rades wird gemessen, der Quotient gibt den Seitenkraftbeiwert. Der Verlauf der Seitenkraftbeiwerte und der Bremskraftbeiwerte über der Geschwindigkeit ist durch 2 Kurven als ganz gleichartig dargestellt.

1.343 Beurteilung der Messungen des Bremskraftbeiwertes und des Seitenkraftbeiwertes mit der Schleppachse

Das Institut für Kraftfahrwesen und Flugzeugmotoren an der Technischen Hochschule Stuttgart (S. 28) ist auf Grund seiner Versuche zu der Auffassung gekommen, daß die Schräglaufmessung nur den einen entscheidenden Vorteil hat, daß an Stelle einer punktweisen Messung bei der Bremsung mit ihrer umständlichen Auswertung die Meßwerte über lange Strecken fortlaufend von einem Schreibgerät aufgezeichnet werden können. Abweichende Ergebnisse und Schwankungen in den Beiwerten für gleichartige Beläge lassen eine Übertragung der Grenzwerte der Schräglaufmessung auf andere Verhältnisse bis jetzt als unsicher erscheinen. Der Grenzwert der Seitenführungskraft stellt für sich allein nur sehr bedingt ein Maß für die Gefährlichkeit dar und entspricht nicht der zulässigen Fliehkraft in Krümmungen, weil er großen Schräglaufwinkeln zugeordnet ist, die vom Fahrer meist nicht mehr beherrscht werden, und weil das Verhalten des Fahrzeuges auch von seinen Eigenschaften abhängt. Für den Beginn des Schleuderns und die Reaktion des Fahrers ist der Verlauf der Seitenführungskraft bei kleinen Schräglaufwinkeln vielleicht entscheidender. Eine Übereinstimmung von Seitenkraftbeiwert und Gleitbeiwert hat sich noch nicht feststellen lassen [*22*].

Dagegen hat der Bremskraftbeiwert — Gleitbeiwert — eine unmittelbare Bedeutung und entspricht dem Verhältnis der größten erzielbaren Verzögerung zur Erdbeschleunigung. Er ist wenig abhängig von der Radlast, Reifengröße, also unempfindlicher gegen Meßeinflüsse als der Seitenkraftbeiwert. Damit besteht die Aussicht, daß man mit kleineren Meßrädern und Lasten bei höheren Geschwindigkeiten messen kann, für die man noch kaum zuverlässige Kraftschlußbeiwerte kennt.

Wenn ein Kraftfahrzeug durch eine Krümmung fährt, wirkt entgegen der Fahrtrichtung auf das rollende Rad Haftreibung, die immer größer ist als die Gleitreibung. Zur Aufnahme der Fliehkräfte wird dann der Seitenkraftbeiwert in Anspruch genommen. Beide zusammen dürfen nicht überschritten werden, wenn das Kraftfahrzeug nicht aus der Kurve getragen werden soll. Diese Gefahr ist aber nicht sehr groß, sie wird es erst, wenn in der Krümmung gebremst wird, weil dann anstelle des Haftreibungsbeiwertes der Gleitreibungsbeiwert einsetzt und die Sicherheit dann von der Größe des Seitenkraftbeiwertes abhängt.

Wenn auch bei dem gegenwärtigen Stande der Messungen des Kraftschlusses, wie schon zuvor erwähnt, es noch nicht möglich ist, sie zu verallgemeinern, noch weniger danach zu entscheiden, welche Beläge mehr, welche weniger rutschfest sind, so soll doch über Seitenkraftmessungen vergleichender Art berichtet werden. Sie sind den Veröffentlichungen des IX. I.Str.K. Lissabon 1951 entnommen [*30*].

Tabelle 9

Art des Belages		I	II	III	IV
Kleinpflaster	1	0,31	0,29	0,32	0,29
	2	0,32	0,38	0,38	0,39
	3	0,36	—	0,36	0,34
	4	0,41	0,41	0,44	0,44
	5	0,37	—	0,28	0,29
	6	0,33	0,29	0,30	0,27
	7	0,34	0,30	0,34	0,28
Rauhüberzüge	8	0,63	0,72	0,74	0,75
	9	0,62	0,63	0,69	0,70
	10	0,47	0,27	0,45	0,55
	11	0,50	0,49	0,41	0,51
Asphaltbeton	12	0,67	0,68	0,69	0,69
	13	0,70	0,75	0,79	0,77
	14	0,51	—	0,53	0,52
	15	0,79	—	0,73	0,71
	16	0,56	0,59	0,62	0,65
Gußasphalt	17	0,16	—	0,18	0,12
	18	0,16	—	0,20	0,16
Zementbeton	19	0,33	0,29	0,28	0,27
	20	0,27	0,22	0,14	0,20
	21	0,36	—	0,40	0,39
	22	0,23	—	0,17	0,18
	23	0,18	—	0,10	0,10
	24	0,24	—	0,24	0,27
Versuch auf der Autobahn de L'Ouest					
Kleinpflaster	25	0,43	0,35	0,32	0,33
Zementbeton	26			0,49	
„	27			0,74	
„	28			0,78	
Asphaltbeton	29			0,75	

Verwendete Meßgeräte:

I. Tapley Meter
II. Cambridge Recording Accelerometer
III. Sideway Force Coefficient

} englische Messung bei Geschwindigkeit von 48 km/h

IV. Gerät der Stadt Paris, Messung bei 30 km/h.

Alle Beläge waren angenäßt.

Die Tabelle 9 enthält eine Auswahl aus über 100 Messungen, die auf Straßen der Stadt Paris mit 3 englischen (s. S. 39) und dem Gerät der Stadt Paris (s. S. 38) zur gleichen Zeit auf angenäßten Straßen ausgeführt worden sind bei zum Teil 30 und zum Teil 48 km/h. Diese Gegenüberstellung läßt erkennen, daß die Werte für die einzelnen Beläge, obwohl mit 4 verschiedenen Geräten gemessen, gut übereinstimmen. Der niedrige Gleitbeiwert für Kleinpflaster Nr. 1 ··· 7 entspricht etwa dem, der auch in Deutschland bei Messungen durch Bremsversuche mit der Schleppachse gefunden worden ist und der bestätigt, daß Kleinpflaster rutschgefährlich ist, besonders wenn es schon viele Jahre liegt (s. S. 376).

Auch die Werte beim Zementbeton (Ziffer 21, 22, 23 und 24) sind niedrig, was darauf zurückgeführt werden muß, daß auf diesen Decken sich mit der Zeit eine geschlossene Schmierschicht aus Tropföl, Gummiabrieb, Staub u. a. m. gebildet hat, die bewirkt, daß der Belag eine so schwarze Farbe annimmt, daß er bei flüchtiger Betrachtung den Eindruck einer Schwarzdecke macht. Nach der französischen Auffassung soll der Beiwert mit dem Lebensalter der Betondecken abnehmen und in Beziehungen zum Korngrößenaufbau des Beton, Glätte der Zuschläge und dem geringeren oder größeren Gehalt an Mörtel in der Oberfläche stehen.

Der Beton der Ziffern 27 und 28 hatte erst ein Alter von wenigen Wochen, war also noch nicht viel befahren worden.

Wenn auch die Erfahrung gelehrt hat, daß auf nassen Straßen der Widerstand gegen Rutschen herabgesetzt ist und deshalb auch nur bei Regen oder auf

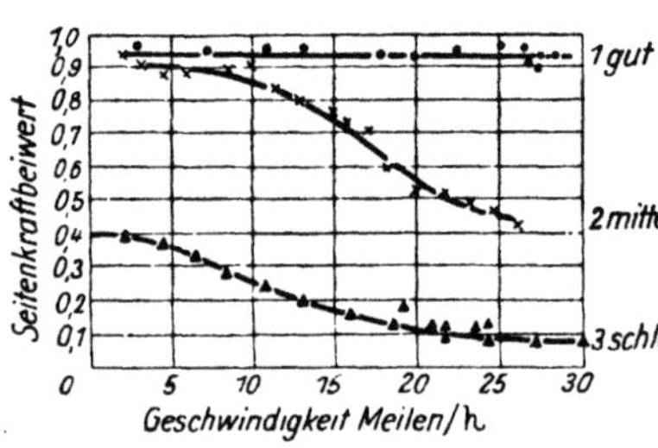

Abb. 28. Seitenkraftbeiwert gemessen auf drei angenäßten Teermakadamdecken als Gradmesser für die Güte der Fahrbahnen

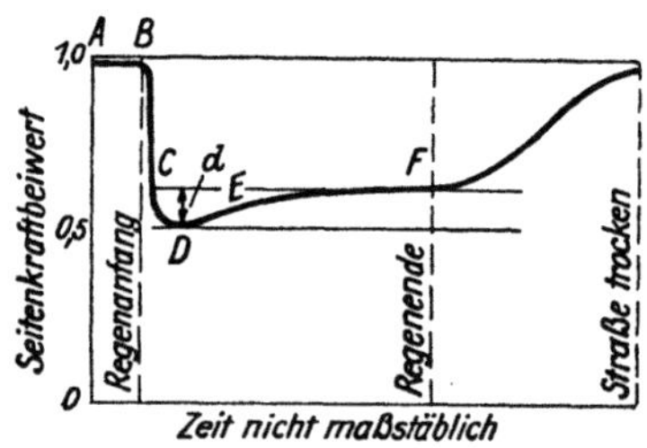

Abb. 29. Abnahme des Seitenkraftbeiwertes auf einer Asphaltdecke bei Beginn des Regens und später

angenäßten Oberflächen der Kraftschluß gemessen wird, so ist der Grad der Abnahme durchaus verschieden. Untersuchungen des Seitenkraftbeiwertes mit dem englischen MR (s. S. 39) auf nassem Teermakadam haben ergeben, daß bei hohen Geschwindigkeiten ein Belag keine Abnahme des Kraftschlusses zeigte, der infolgedessen als gut bezeichnet werden kann, bei einem zweiten ist er von 0,9 auf 0,4 gesunken, ein Zustand, der als mittelmäßig beurteilt wird, auf einem dritten bis auf 0,1, der als sehr schlecht bezeichnet werden muß (Abb. 28).

Außerdem hat sich gezeigt, daß der Seitenkraftbeiwert bei Regenbeginn stark abnimmt, dann aber bis gegen Ende langsam wieder ansteigt, wie die Abb. 29 erkennen läßt.

Der Wert *d* (Abb. 29), also die stärkste Verminderung der Reibung, hängt von den Witterungsverhältnissen vor dem Regenfall ab. Nach langer Trockenheit steigt der Wert *d* erheblich (fällt demnach der Reibungswert), während nach einer Anzahl kurz hintereinander niedergehender Regen *d* mit jedem Regen immer kleiner wird.

Als eigentliche Vergleichsgrundlage kann nur die Strecke *E*—*F* angesehen werden. Bisweilen fällt aber diese Strecke sehr kurz aus, bisweilen schwankt sie stark, selbst bei Versuchen, die in kurzen Abständen vorgenommen sind. Unterschiede zeigen sich auch, je nachdem, ob die Nässe durch künstliche Besprengung oder Regen erzeugt worden ist. Im ersten Falle sinkt der Seitenkraftbeiwert stets stärker als im zweiten. Bei Bitumenbelägen ist auch ein jahreszeitlicher Einfluß beobachtet worden, und zwar fallen die Werte im Sommer wesentlich stärker als im Winter, ohne daß man äußerlich irgendwelche Veränderungen beobachten konnte.

Bei künstlicher Annässung der Straße wird es von der Wassermenge abhängen, die aufgebracht ist, unter welchem Zustand nach der Abb. 29 die Messung vorgenommen wird.

1.344 Anforderungen an die Mindestgröße der Griffigkeit der Fahrbahnbeläge

Hierfür sind bisher in keinem Land Vorschriften erlassen. Es werden aber an den Widerstand gegen Schlüpfrigkeit insofern bestimmte Anforderungen vorausgesetzt, als vorgeschrieben ist, welche Mindestverzögerungen mit den Bremsen, mit denen das Kraftfahrzeug versehen ist, erreicht werden müssen. Nach StVZO § 41 Abs. 2 muß mit einer mittleren Verzögerung von mindestens 2,5 m/sek.² gebremst werden können (Betriebsbremse). Für Kraftfahrzeuge, die eine höhere Geschwindigkeit als 20 km/h nicht überschreiten können, genügt eine mittlere Verzögerung von 1,5 m/sek.². Der Ausdruck „mittlere Verzögerung" muß noch erklärt werden.

Der Bremsvorgang setzt sich aus 3 Teilen zusammen:

aus t_a Ansprechdauer,
t_s Schwelldauer,
t_b Vollbremsdauer.

Die mittlere Verzögerung b_m m/sek.² errechnet sich aus der Ausgangsgeschwindigkeit v_0, den 3 obengenannten Werten und b_v (Vollverzögerungswert) [*31*] (s. S. 32)

$$b_m = \frac{v_0 b_v}{v_0 + 2\, b_v \cdot \left(t_a + \frac{t_s}{2}\right) - \frac{b_v^2\, t_s^2}{12\, v_0}} \tag{6}$$

oder angenähert:

$$b_m = \frac{v_0 \cdot b_v}{v_0 + 2 \cdot b_v \cdot \left(t_a + \frac{t_s}{2}\right)}.$$

Um diese mittlere Verzögerung zu erzielen, müssen je nach der Bauart der Bremsen wesentlich höhere Vollverzögerungswerte erreicht werden, da die Bremsen erst nach einer gewissen Zeit, die bei Druckluftbremsen unter Umständen mehr als eine halbe Sekunde betragen kann, voll wirken. Die Vollverzögerung muß bei Öldruckbremsen mit reiner Fußbetätigung, also ohne irgendwelche Servokräfte, sei es Druckluft, Saugluft oder dergleichen, erfahrungsgemäß etwa

$$\frac{2{,}5}{0{,}85} = 3\ \text{m/sek.}^2,$$

bei Druckluftbremsen

$$\frac{2{,}5}{0{,}7} = 3{,}6\ \text{m/sek.}^2$$

betragen, damit die obengenannten gesetzlichen Voraussetzungen erfüllt sind[1]. Nach Gl. (4) können diese Verzögerungen nur erreicht werden, wenn der Kraftschlußbeiwert über 0,3 ··· 0,36 liegt.

---

[1] Diese Angaben verdanke ich Herrn Oberbaurat Schmidt von der Daimler-Benz AG.

Wenn man berücksichtigt, daß noch ein Teil des Kraftschlußbeiwertes vorhanden sein muß, um den Wagen in der Spur zu halten, also Seitenkräfte aufzunehmen, ist es verständlich, wenn Kraftschlußbeiwerte von mindestens 0,42 verlangt werden. Dem entsprechen jetzt auch die Vorschriften, die von verschiedenen Ländern als mittlere Bremsverzögerungen für vollbelastete Fahrzeuge auf ebener trockener Straße durch die mit gewöhnlicher Kraft betätigten Bremsen erlassen worden sind (Tabelle 10).

Tabelle 10. *Gesetzliche Vorschriften verschiedener Länder über die Höhe der Mindestverzögerungen*

Land	Fahrzeug	Mindestverzögerung Betriebsbremse m/sek.²	Mindestverzögerung Feststellbremse m/sek.²	Prüfung bei km/h	Bemerkungen
BRD	Personenkraftwagen	2,5	1,5		
Niederlande	Personenkraftwagen, Lastkraftwagen, Lastzüge Omnibusse	3,86 4,25	1	40···60	
Österreich	Personenkraftwagen, Lastkraftwagen, Omnibusse Lastzüge	4 3,5	2,5	30···50	Betriebsbremse muß Vierradbremse sein
Schweiz	Einzelfahrzeug bis 3,5 t über 3,5 t Lastzüge	5 4 3	3 2,5 2	40···50 30···40	
Vereinigte Staaten Nordamerika	sämtliche Kraftfahrzeuge und Lastzüge	4,27		32	Betriebsbremse muß auf alle Räder wirken

Nach einem Bericht im Bulletin des I.V.Str.K., Nr. 148 soll bei Nässe eine Fahrbahn bei 48 km/h Fahrgeschwindigkeit einen Seitenkraftbeiwert = 0,6 haben. Das würde einen hohen Grad von Sicherheit abgeben. Aber vom wirtschaftlichen Standpunkt betrachtet (vgl. S. 45) wird man für Straßen mit geringem Verkehr auch einen niedrigeren Beiwert zulassen müssen. In Mailand hat man für nasse Fahrbahn bei 50 km/h die untere Grenze des Gleitreibungsbeiwertes auf 0,45 festgesetzt.

Wenn man die Straßen in vier Kategorien einteilt, sollten die folgenden Reibungsbeiwerte mindestens vorhanden sein (Tabelle 11).

Tabelle 11. *Mindestwerte der Haftreibung für verschiedene Straßenklassen bei einer Fahrgeschwindigkeit von 48 km/h nach* GILES

Straßenklasse	Verkehrsbeanspruchung und Bedeutung	Seitenkraftbeiwert bei 48 km/h Fahrgeschwindigkeit
A	Platz mit Kreisverkehr, Krümmungen $R \leq 150$ m ohne Beschränkung der Fahrgeschwindigkeit Gefälle mehr als 5% und auf mehr als 90 m Länge In der Nähe von Lichtsignalen auf Strecken ohne Geschwindigkeitsbeschränkung	über 0,6
B	Straßen, die nicht unter A und C fallen	über 0,5
C	Gerade Straßen mit schwachen Gefällen oder Krümmungen ohne Kreuzungen, in denen keine besonderen Gefahrenstellen sind	über 0,4
D	Straßen, die keine besondere Gefahren aufweisen, weil der Verkehr mit geringen Geschwindigkeiten schwach ist	zulässig unter 0,4

Aus dieser Betrachtung ergibt sich die Notwendigkeit solche Messungen vorzunehmen und der Wert, Unterlagen über die Höhe des Kraftschlußbeiwertes von *Fahrbahndecken* zu sammeln. Wenn auch noch keine Ergebnisse vorliegen, die übertragbar sind, sondern alle Werte für den Kraftschluß nur für den einzelnen Vorgang und die Vorbedingungen gelten, unter denen sie nach dem zuvor behandelten Verfahren gemessen worden sind, so betrachten viele Straßenbauingenieure den Arbeitsaufwand für Kraftschlußmessungen von dem Standpunkt, daß sie dadurch von Zeit zu Zeit einen Einblick erhalten, wie der Kraftschluß auf ihren Straßen sich ändert, um dadurch aufmerksam gemacht zu werden, wann ein Belag durch Glätte gefährlich wird und welche Vorkehrungen zu treffen sind, z. B. Aufstellung von Warnungstafeln oder Umbau der Straße.

Vor allem wird es möglich sein, wenn reichlich Erkenntnisse gesammelt und statistisch ausgewertet sind, an dem mit Sicherheit bekannt gewordenen Widerstand gegen Gleiten den *Gebrauchswert* eines Belages zu beurteilen. Dieser wird bei der Feststellung, wie er hinsichtlich seiner Wirtschaftlichkeit zu bewerten ist, ausschlaggebend sein, da von ihm die Sicherheit des Verkehrs abhängt, und ob dieser Belag überhaupt sich praktisch bewährt hat.

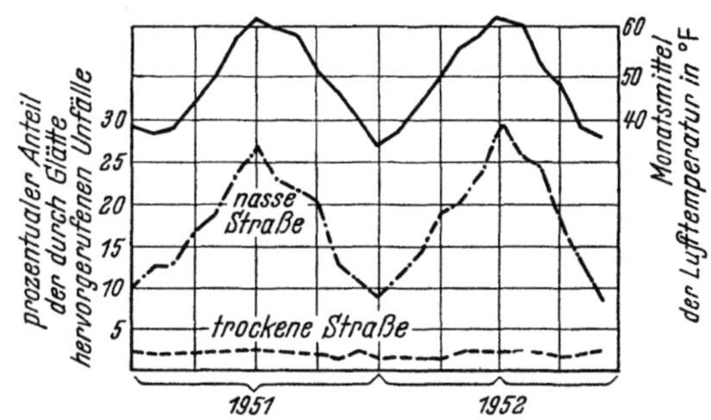

Abb. 30. Prozentualer Anteil der durch Glätte hervorgerufenen Unfälle auf trockener und nasser Fahrbahn im Sommer, obere Schaulinie Monatsmittel der Lufttemperatur

Die Beobachtungen über Griffigkeit der Beläge im Vergleich zu ihrer Oberflächenbeschaffenheit werden im Abschnitt Rauheit (s. unten) behandelt. Auffällig ist noch eine Feststellung des britischen RRL, daß der Kraftschluß bituminöser Beläge bei Nässe im Sommer geringer sein muß als im Winter. Denn ein Vergleich der Zahl der Unfälle im Sommer und im Winter mit den mittleren Monatstemperaturen zeigt für beide Schaulinien (Abb. 30) eine Parallelität mit Spitzen im Sommer [*21*].

1.345 Rauheit

Bei der Bedeutung, die dem Haft- und Gleitbeiwert zur Sicherung des Verkehrs zukommt, ist versucht worden, zu klären, welche Eigenschaften ein Fahrbahnbelag haben muß, um bei allen Witterungsverhältnissen griffig zu sein, und durch welche Maßnahmen das gefördert werden kann.

1.345.1 Begriffsbestimmung

Die naheliegende ursprüngliche Annahme, daß eine „rauhe" Oberfläche größere Haftreibung aufweist als eine glatte, ist nur begrenzt zutreffend. Das hängt auch davon ab, was unter dem Begriff „rauh" zu verstehen ist. Rauheit ist eine geometrische Eigenschaft, an Stelle einer ebenen Fläche weist eine rauhe Fahrbahn große und kleine Spitzen und Höcker auf, zwischen denen sich zusammenhängende Rillen befinden, d. h. Unebenheiten sehr kleinen Ausmaßes vor allem im Vergleich zu der Reifenberühr-, Aufstandsfläche. Da die ganze Radlast auf eine beschränkte Anzahl von Spitzen übertragen wird, wirkt auf sie eine größere bezogene Belastung kg/cm², als wenn die Berührfläche des Reifens sich gleichmäßig auf eine ebene Fläche verteilt, sie kann nach englischen Angaben bis zu 560 kg/cm² betragen [*21*].

Der Reifen verzahnt sich gewissermaßen in der Fahrbahn. Durch die große Einheitsbelastung kann Nässe oder Straßenschlamm auf dem Belag weggedrückt und dadurch ihre Schmierwirkung aufgehoben werden. Das ist aber ein Sonderfall. Wenn das Rad mit großer Geschwindigkeit über eine so rauh gestaltete Oberfläche rollt, ist die Einwirkungszeit zu kurz, als daß der zudem durch die Fliehkraft am Rande sich hartlaufende Reifen die Formänderung vollzieht. Er springt von Spitze zu Spitze, ohne richtig zu haften. Solche Rauheit ist demnach nur bedingt geeignet, einen ausreichenden Kraftschluß zu erzeugen. In dieser Form wird man Fahrbahnen in Steigungen ausbilden, die mit geringer Fahrgeschwindigkeit befahren werden. Die Unebenheiten bilden in diesem Falle eine Abstützung gegen die abwärts gerichtete Teilkraft der Schwere; sie nehmen die Schubkräfte auf. Steile Straßen erhalten daher Groß- oder Kleinpflaster mit schmalen Steinen, also vielen Fugen senkrecht zur Straßenachse, Betonbeläge, in deren Oberfläche Querriefen eingearbeitet oder Bitumen- und Teerdecken, die mit einem groben Splitt abgedeckt werden (vgl. Tabelle 9, Nr. 8 ··· 11, S. 41). Bei Straßen mit Spannverkehr ist dies die einzige Möglichkeit, um den Zugtieren einen Halt zu bieten.

Es muß scharf zwischen *Rauheit* und *Unebenheit* unterschieden werden, dadurch gekennzeichnet, daß Flächen rauh sind, bei denen die Abweichungen von der ebenen geometrischen Fläche so gering sind, daß sie vom Reifen geschluckt werden. Wenn diese aber so ausgedehnt sind, daß sie beim Überfahren Zusatzbelastungen zum statischen Raddruck bewirken, die mit der Fahrgeschwindigkeit zunehmen, muß man sie als Unebenheiten bezeichnen. Denn solche Zusatzkräfte sollen bei rauhen Oberflächen nicht auftreten. Daraus ergibt sich, daß zur Messung der Unebenheiten ganz andere Vorrichtungen angewendet werden müssen als die zum Messen der Griffigkeit, wie sie auf S. 26ff. beschrieben sind.

Um die beiden Begriffe „Rauheit und Unebenheit" klarer abzugrenzen, bieten die drei DIN-Normen 4760 ··· 4762 eine Möglichkeit, indem sie auf eine geometrische Oberfläche bezogen werden. Das ist die „Begrenzung" des ideal gedachten technischen „Körpers", der bei einem Straßenbelag durch die völlig ebene oder unter Umständen auch windschiefe Oberfläche gebildet wird, die sich durch die zum Abfluß des Wassers notwendige Form ergibt. Das ist die Solloberfläche, die vorgeschrieben ist, aber im Bereiche des Straßenbaues wohl kaum erreicht wird [*32*]. Der bei der Ausführung entstandenen technischen Oberfläche steht die „Istoberfläche" gegenüber, die man sich aus der geometrischen Oberfläche durch Überlagerung mehrerer Flächen entstanden denken muß, deren Gestalt herstellungsbedingt ist und die sich durch ihre Ordnungszahl unterscheiden. *Grobgestalt* ist die Form der Oberfläche eines technischen Körpers als Ganzes geometrisch betrachtet makrogeometrisch. *Feingestalt* ist die Form im Ausschnitt mikrogeometrisch. Hier werden gleich zwei Unterschiede gemacht, die gut auf den Straßenbau passen, obwohl die drei DIN für den Maschinenbau zugeschnitten sind, „Welligkeit" und „Rauheit". Welligkeit sind nach den DIN die in der Feingestalt feststellbaren, abgerundeten Erhebungen der Istoberfläche, deren Abstand mindestens das Zwanzigfache ihrer Höhe beträgt. Die Welligkeit kann daher nur an größeren Ausschnitten der Istoberfläche ermittelt werden. Unterschieden wird nach DIN 4761 zwischen einer narbigen und rilligen Oberfläche. Beide Formen kommen im Straßenbau vor.

Der im Straßenbau eingeführte Begriff „Rauheit" wird nach der DIN beschrieben als „die in der Feingestalt" feststellbaren (meist scharfkantigen) Erhebungen der Istoberfläche, deren Abstand bis etwa das Zwanzigfache ihrer Höhe beträgt. Sie wird in erster Linie vom Tastsinn empfunden. Das hat man im Straßenbau durch Ausbildung von Geräten mit Tasthebeln versucht, die die Rauheit aufnehmen und auf ein Blatt übertragen (Gerät der Straßenbauversuchsanstalt der Technischen Hochschule Darmstadt). Aber solche Betrachtungen scheinen das Wesen der Rauheit in dem Sinne, daß sie einen guten Kraftschluß bewirkt, nicht zu erfassen, wie Untersuchungen, die mit einem dem LEROUX-Gerät ähnlichen im britischen RRL vorgenommen sind, ergeben haben (s. S. 33).

Wenn es auch von der Gummisorte und dem Reifeninnendruck abhängt, wie tief eine Erhebung der Decke in den Reifenmantel eindringt, so haben Modellversuche ergeben, daß dieser Wert etwa bei 2 mm liegt. Ein im Belag genügend verankertes Korn würde also etwa 5 mm groß sein müssen. Solche Versuche haben weiterhin ergeben, daß in nassem Zustand geometrisch ähnliche scharfkantige Körner verschiedener Höhe dem Belag die gleiche Griffigkeit erteilen, wenn sie sich in der Anzahl je Flächeneinheit der Oberfläche umgekehrt wie die Quadrate der Höhen verhalten. In diesem Falle scheint noch genügend Spielraum vorhanden zu sein, um den Wasserfilm beiseite zu drücken.

Erfahrungsgemäß haben sandpapierartige Oberflächen eine gute Kraftschluß-Feinstruktur. Das soll auch für die Straßenbaugesteine gelten. Grobkörnige Granite verhalten sich ungünstiger als feinkörnige. Da Basalt und Kalkstein schnell vom Verkehr poliert werden, verlieren sie bald ihre Rauheit und Kleinpflaster aus Basalt gilt als verkehrsgefährlich.

Um die Rauheit meßtechnisch erfassen und Vergleiche anstellen zu können, hat man Gefügeabdrücke von der Fahrbahnoberfläche genommen, um die vom Reifen berührten Teile zu erkennen. Das sind die Kuppen und Spitzen, auf die der Reifen mit p kg/mm² gedrückt wird, die man auch als die den Reifen tragende Fläche bezeichnen kann. Das Verhältnis der tragenden Fläche (Tr) zur Fläche des Bezugsbereiches (B_b) soll *Traganteil* genannt werden: $t_a = 100 \frac{Tr}{B_b}$. Bei einer Makrostruktur wird dieses Verhältnis immer im Vergleich zur Mikrostruktur klein sein, weil mit der Zunahme der Vertiefungen der Abstand der Kuppen oder Spitzen größer werden wird.

Eine ähnliche Beziehung soll nach Untersuchungen des britischen RRL auch zwischen der Musterung des Gummireifens und der Berührfläche bestehen. Wenn man den Abdruck eines Reifens auf einer glatten Oberfläche abnimmt, soll die Wirksamkeit der Musterung zunehmen nach dem Verhältnis

$$\frac{\text{Umfang der Berührfläche}}{\sqrt{\text{Fläche der Berührpunkte}}}.$$

1.345.2 Beurteilung der Rauheit aus Abdrücken

1.345.21 Abdrücke mit Hilfe von Druckerschwärze. Abdrücke entstehen, wenn man Druckerschwärze auf eine begrenzte Fläche der Fahrbahn aufträgt, einen Bogen Papier darauflegt und eine Gummiwalze von der Härte eines Luftreifens darüberrollen läßt. Auf dem Papier ist dann die Berührfläche der Spitzen und Grate schwarz abgezeichnet, das ist der Traganteil, während die weißen Flächen die Täler sind. Dieses von dem britischen RRL benutzte Verfahren hat nicht befriedigt; statt dessen werden die Belagoberflächen jetzt fotografiert. Um aber von den jeweiligen Beleuchtungsverhältnissen unabhängig zu sein, wird im Schutze eines lichtdichten Kastens von etwa 60 cm Höhe mit einer Kleinbildkamera die Fahrbahn bei Blitzlicht aufgenommen. Auf diese Weise dürfte es möglich sein, die Struktur des Belages und bei Wiederholungen auf derselben Stelle die Veränderungen im Laufe der Zeit auch in Beziehung zu gleichzeitigen Messungen der Griffigkeit festzuhalten.

1.345.22 Messung der Rauheit mit dem Sandverfahren. Hierbei wird das Gewicht von Normensand bestimmt, das von den Rauhtiefen einer Straßenoberfläche von 500 qcm aufgenommen wird, nachdem mit einem Lineal aller Sand abgestrichen worden ist, der über den höchsten Erhebungen gelegen hat. Der verbliebene Sand wird mit einem Staubsauger abgesaugt in einen Beutel, dessen Gewicht geteilt durch die Fläche die mittlere Gefügetiefe angibt. Je rauher die Oberfläche ist, um so größer ist der Sandverbrauch. Ein Vergleich der Untersuchungsergebnisse mit den Gleitbeiwerten von Belägen zeigt, daß der Sandverbrauch im allgemeinen mit der Griffigkeit ansteigt. Eine Decke mit hohem Sandverbrauch ist nur dann wenig griffig, wenn bei großer Rauhtiefe die Berührfläche zwischen Reifen und Fahrbahn gering ist.

1.345.23 Abguß- und Abdruckverfahren mit plastischen Massen. Als Abgußmittel ist eine Mischung von Schwefelblüte mit Graphit im Verhältnis 10 : 1 vorgeschlagen worden. Beide Stoffe haben die gleiche Wichte. Sie werden bei 110 ··· 120° auf die Straßenoberfläche aufgegossen. Von dem so entstehenden Abguß, der ein Negativ ist, können beliebig viele Profilabgüsse gewonnen werden, die sich auch bearbeiten lassen. Auch bei diesem Verfahren könnte man einen Mangel darin erblicken, daß nicht nur die Flächen erfaßt werden, die mit dem Reifen in Berührung kommen, weil dieser sich nur etwa 2 mm in die Unebenheit eindrückt. Bei hohen Geschwindigkeiten vermutlich sogar noch weniger [*33*].

Dieser Nachteil der oben erwähnten Verfahren wird vermieden, wenn man eine Aluminiumfolie auf die Straßenoberfläche legt, darauf eine Gummiplatte aus Reifengummi, über die man das Rad eines Kraftwagens hinwegrollen läßt. Durch den Druck verformt sich die Folie und gibt eine Prägung der Straßenoberfläche wieder, aber nur in dem Maße, wie der Reifengummi mit der Straße in Berührung gekommen ist. Die Aluminiumfolie wird mit einem Kunststoffharz hintergossen, das schnell erhärtet, so daß an dem dadurch entstehenden Abdruck der Traganteil festgestellt werden kann.

1.346 Glatteis

Auf S. 25 waren Angaben darüber gemacht, daß ein beachtlicher Teil der Verkehrsunfälle auf Straßenglätte zurückzuführen ist, verursacht durch Regen, Schnee, Eis oder Verschmutzung. Daraus hatte man zuerst gefolgert, daß die Griffigkeit von Fahrbahnbelägen nur nach Annässung gemessen werden soll (s. S. 29). Besonders ist aber der Verkehr durch Schnee- und Eisglätte gefährdet. Zu untersuchen ist daher, was hier im Straßenbau geschehen kann, um die Gefahr einzuschränken, wenn der Belag jede Griffigkeit verliert.

Winterglätte auf den Belägen wird durch verschiedene Vorgänge verursacht; sie kann sich auf allen Belagarten bilden. Glatteis ist nach zwei Entstehungsursachen zu unterscheiden. Wenn nach dem Frost über dem Erdboden die Lufttemperatur schon über 0° steigt, herrschen im Erdboden noch Temperaturen unter dem Gefrierpunkt. Dieser Temperaturwechsel wird im Winter sehr häufig durch einen Vorstoß feuchtwarmer Meeresluftmassen ausgelöst, die Regenfall bringen. Durch das Auftreffen des Regens bildet sich auf der noch frostigen Straßenoberfläche eine spiegelglatte Eisdecke von 1 ··· 2 mm Dicke. Diese Glatteisdecken sind besonders gefährlich, weil sie sehr plötzlich auftreten und sich innerhalb weniger Stunden über großen zusammenhängenden Landstrichen bilden.

Die Temperaturträgheit des Erdbodens wird manchmal auch noch durch eine flache Kaltlufthaut gefördert, die dicht über dem Erdboden lagert und an diesem buchstäblich haften bleibt. Da die von der Frostperiode zurückgebliebene Kaltluft schwerer ist als die darüber hinstreichende Warmluft, kann sie vor allem bei windschwachen Wetterlagen nur schwer von ihr weggeräumt werden. Es ist also noch einige Zeit nach dem Wetterumschlag vor allem in den Morgenstunden mit Glatteis zu rechnen, z. B. wenn die relative Feuchtigkeit der Luft nahe dem Sättigungspunkt liegt.

Auch im umgekehrten Fall, wenn mildere Witterungsperioden durch einen frischen Kaltluftvorstoß unterbrochen werden, muß man mit Bildung von Glatteis rechnen. Ihre Ursache ist der sogenannte unterkühlte Regen. Wasser kann nämlich unter den Gefrierpunkt abkühlen, solange es vollkommen erschütterungsfrei ist. Aber beim Auftreffen auf den Erdboden wird sofort in dem unterkühlten Wassertröpfchen der Gefrierprozeß ausgelöst. Solche Glatteisdecken bilden sich noch plötzlicher, haben aber eine geringere Lebensdauer und treten seltener auf [*34*].

Daneben gibt es aber noch Straßenstrecken, die ganz besonders unter Glatteis leiden. Es sind das Straßen an feuchten Hängen oder an Stellen, an denen sich Kaltluftseen bilden, oder die von Nebeln aus Seitentälern getroffen werden. Das Gefährliche hierbei ist, daß auf ihnen das Glatteis plötzlich entsteht, während die Nachbarschaft noch eisfrei ist.

Glatteis tritt auch ein, wenn eine nach Süden liegende Straße von der Sonne bestrahlt wird und eine sehr dünne daraufliegende Schneedecke schmilzt, dann aber plötzlich die Sonne verschwindet und kalte, über die Straße streichende Winde das getaute Wasser wieder gefrieren lassen, ehe es abfließen konnte. Der Straßenbau wird diesen Gefahren nur ausweichen können durch eine Linienführung, die solchen Stellen aus dem Wege geht, die allerdings in den meisten Fällen sich erst nach dem Bau der Straße als gefährlich herausstellen.

Zu beachten ist, daß verschiedene Straßenbaustoffe sich gegen Glatteisbildung unterschiedlich verhalten, begründet in ihrer Wärmestrahlungszahl, Wärmeleitzahl und Wärmeübergangszahl (Stoffwärme). Beton hat eine größere Leitfähigkeit als Asphalt. Die Schwarzdecken nehmen mehr Wärme auf, geben sie aber auch rascher ab, so daß sie in der Nacht bei wolkenlosem Himmel schneller abkühlen als Beton. Erfahrungsgemäß sind aber Betondecken stärker der Bildung von Glatteis ausgesetzt als Asphaltdecken.

Größere Gefahren im Verkehr können nur durch einen beweglichen und wirksamen Winterdienst verhindert werden, um so schnell als möglich den Kraftschlußbeiwert, der bei Glatteis bis auf Null sinken kann, durch Zerstören der Eisschicht (Salz) und Streuen von Splitt zweckmäßiger Körnung auf die notwendige Höhe zu bringen.

1.35 Rollwiderstand

Der Rollwiderstand W_r entsteht durch Formänderungsarbeit an Rad und Fahrbahn. Er ist abhängig von Baustoff, Größe und Zustand des Reifens, bei Luftreifen insbesondere auch vom Reifeninnendruck und der Wandsteifigkeit, ferner von der Belastung, von der Radanordnung, von der Art der Fahrbahndecke und ihrem Zustand und von der Fahrgeschwindigkeit. Steigender Raddruck und steigende Fahrgeschwindigkeit vergrößern den Rollwiderstand im allgemeinen mehr als proportional. Bei Kurvenfahrt entsteht durch Querschlupf ein verhältnismäßig geringer, den Rollwiderstand erhöhender Krümmungswiderstand. Eine formelmäßig genaue Erfassung des Rollwiderstandes als Funktion aller Einflußgrößen, zu denen auch Bauart, Laufflächenform und Schwingungen des Reifens, Vorspur, Radsturz, Zwillingsreifen usw. gehören, ist praktisch jedoch nicht möglich (Abb. 31).

Da zur Überwindung des Rollwiderstandes Zugkraft aufgewandt werden muß, ist die technische Aufgabe, Fahrbahnbeläge zu schaffen, bei deren Befahren an sich wenig Rollwiderstand auftritt, während andererseits die nötige Kraftschlüssigkeit vorhanden sein muß. Bei dem gezogenen Rad kann z. B. ein Belag, der nur geringen Rollwiderstand hat, so wenigHaftreibung besitzen, daß er dem

Zugtier nicht genügend Widerstand vor allem in Steigungen an den Hufen bietet, um selbst geringe Lasten fortzubewegen.

Für angenäherte Fahrwiderstandsberechnungen genügt es, den Rollwiderstand W_r anzusetzen mit

$$W_r = w_r \cdot G,$$

wo w_r der dimensionslose Rollwiderstandsbeiwert ist und als unbenannte Zahl in kg/kg oder in kg/t angegeben wird.

Da diese Gleichung derjenigen zur Berechnung der Reibungskraft aus Druck und Reibungsbeiwert entspricht, wird W_r auch Rollreibungswiderstand und w_r Rollreibungsbeiwert genannt. Mit dem Haftreibungsbeiwert μ_h und dem Gleitreibungsbeiwert μ_g (s. S. 28) hat w_r nichts zu tun; μ_h ist neben ihm vorhanden.

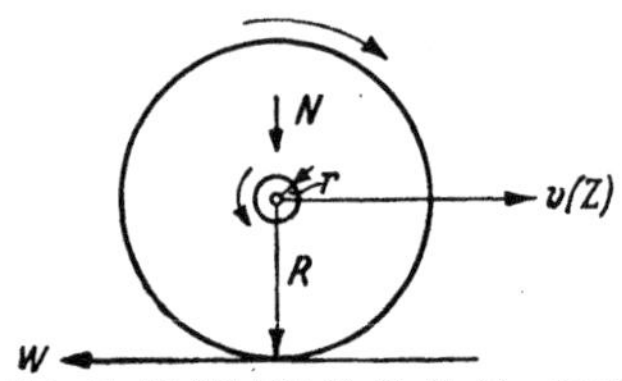

Abb. 31. Kräftebild für Rollwiderstand

Angenähert können die Mittelwerte w_r der Tabelle 12 den Berechnungen des Rollwiderstandes zugrunde gelegt werden.

Die großen Werte für den Rollwiderstand auf Erdwegen, losem Sand und Schotter und auf anderen plastischen Unterlagen (z. B. auch bei der Fahrt durch frischen Schnee und Wasseransammlungen) erklären sich aus der nicht zurückgewinnbaren großen Formänderungsarbeit beim Zusammen- oder Wegdrücken dieser Bodenarten, wobei die Räder Gleise (Spurrinnen) in den Boden einschneiden und ihn längs Flächen berühren. Luftgummireifen ermäßigen den Fahrwiderstand der Ackerwagen um ein Drittel bis zur Hälfte.

Tabelle 12

Deckenart	w kg/t
Erdwege, loser Sand	150
gute Kiesdecke	30
Steinpflaster	15···30
Steinschlagstraße frisch geschüttet	160
gut	30
Beton	13
Bituminöse Beläge Asphalttränkmakadem	30
Teermakadam	25
Teerbeton	20
Asphaltbeton	13
Beton mit 1 cm Asphaltbelag	22,5

Beim Luftreifen fällt der Rollwiderstand und damit der Leistungsbedarf um so mehr ins Gewicht, je höher die erreichbare Fahrgeschwindigkeit und je geringer die übrigen Fahrwiderstände — z. B. der Luftwiderstand (s. S. 51) bei strömungsgünstigen Wagenaufbauten — sind. Er kann aber selbst bei bester Fahrbahndecke nicht auf den geringen Rollwiderstand von Schienenfahrzeugen — bei Hauptbahnen etwa 1 kg/t, bei Straßenbahnen höchstens 6 kg/t einschl. Lagerreibung — gesenkt werden, weil die Reifenwalkarkeit mit zunehmender Geschwindigkeit erheblich steigt und die Reibung in der Reifenwand in Wärme umgesetzt wird. Durch Erhöhung des Innendrucks kann zwar die Reifenwand versteift und die Abplattung des Reifens an der Berührungsstelle mit der Fahrbahn verringert werden, so daß Rollwiderstand und Erwärmung sinken, aber dann vermindert sich auch die Polsterwirkung des Reifens, die mit der Wagenfederung abgestimmt sein muß.

Bei der Fahrt auf der Straße üben die Außentemperatur, die Feuchtigkeit und die durch die Fahrgeschwindigkeit bewirkte Kühlung Einfluß auf die Temperatur des Reifens und seinen Innendruck aus. Ein Wechsel dieser Zustände sowie auch der Fahrbahnart kann demnach auch den Rollwiderstand ändern, nur auf den Autobahnen können bei gleichmäßiger Fahrgeschwindigkeit Temperatur und Innendruck des Reifens sich mit der Zeit auf einen Beharrungszustand einstellen.

Da das Abrollen mit Haften und Gleiten verbunden ist, ist mit Schlupf zu rechnen, der bei Lauf- und Triebrädern verschieden und an sich nur gering ist. Bei starkem Schlupf leidet aber die Fahrsicherheit. Nachprüfungen auf der Autobahn haben dann erkennen lassen, daß für die praktisch fahrbaren Geschwindigkeiten und die dafür erforderlichen Reifendrücke der Rollwiderstand linear abhängt von der Geschwindigkeit

$$w = c_0 + c_1 \cdot v.$$

Hierbei muß der Beiwert c_0 als der unvermeidbare Laufunruhewiderstand bezeichnet werden, der vornehmlich auf die Rauheit der Fahrbahnoberfläche zurückzuführen ist und auch als Schutz gegen Schleudern notwendig ist, während der Beiwert c_1 als vermeidbar zu betrachten ist. Er wird durch die Unebenheiten der Fahrbahn verursacht, die z. B. bei Betondecken der Autobahn, auf der die Versuche durchgeführt sind, in den Stößen an den Fugen beruhen. Die Größe der Werte c_0 und c_1 können ganz allgemein nicht angegeben werden, denn sie hängen von der Art des Wagens und Bereifung ab. Für den Volkswagen ist bei $V = 100/\text{h}$ kp d. h. $v = 28$ m/sek.

$$W = G \cdot c_1 \cdot v = 850 \cdot 0{,}15 \cdot 10^{-3} \cdot v = 3{,}54 \text{ kg}$$

Zugkraft ermittelt, woraus sich ein Mehrverbrauch an Treibstoff bei zwei Personen zu 0,514 l auf 100 km und bei vier Personen zu 0,605 l auf 100 km errechnet (s. S. 170) [*35*].

1.36 Luftwiderstand

Bei der Fahrt eines Wagens übt die dabei durchfahrene Luftmasse einen Gegendruck auf die Stirnwand aus, deren Größe abhängig ist von dem von der Luft getroffenen Querschnitt F des Wagens. Die aus ihrer Ruhelage gebrachten Luftmassen streifen an den Flächen des Wagens entlang, erzeugen dort Reibungskräfte und schließen sich hinter dem Wagen, wobei ein Sog entsteht. Die Größe des Luftwiderstandes errechnet sich nach der Formel

$$W = \frac{\varrho}{2} \cdot c_W v^2 F.$$

v = Luftgeschwindigkeit bei Windstille gleich der Fahrgeschwindigkeit m/sek.,
ϱ = Massendichte der Luft,
c_W = der dem Fahrzeug zugehörende Luftwiderstandsbeiwert.

Wenn statt v m/sek. V km/h eingesetzt wird und die Festwerte zusammengefaßt werden, nimmt die Formel die in der Fahrdynamik eingeführte Form an

$$W = 0{,}5\, c_W F \cdot \left(\frac{V}{10}\right)^2 \text{kg/m}^2. \tag{7}$$

Der Wert c_W kann durch die Bauart des Fahrzeuges beeinflußt werden, indem der Wagenkörper strömungsgünstig ausgebildet wird. Der übliche Wert von c_W liegt etwa bei 0,5 (Personenkraftwagen), Lastkraftwagen und Omnibusse haben 0,8 ··· 1,8, er kann aber bis auf 0,2 ermäßigt werden, wodurch der Kraftaufwand zur Bewegung des Wagens erheblich herabgesetzt wird.

Werden von der gesamten Motorleistung die besonders ermittelten Widerstandswerte: die Schlupfleistung, Roll- und Walkwiderstände, Lüfterwiderstand der Räder und die inneren Triebwerkswiderstände abgezogen, so erhält man den Wert des Luftwiderstandes. Er wirkt mit bei der Bremsung des Wagens. Bei guter windschlüpfiger Form fällt die Bremsstrecke länger aus.

1.37 Beschleunigte und verzögerte Bewegung

Wenn ein stehender Kraftwagen in Fahrt gesetzt werden soll, springt der Motor mit einer Drehzahl an, die selbst im niedrigsten Gang einer Fahrgeschwindigkeit entspricht, die der Wagen erst nach Durchlaufen einer längeren Strecke erreicht. Selbst wenn die Kuppelung nachgiebig eingeschaltet wird, findet anfangs kein vollkommenes Abrollen am Boden statt — das Rad schlüpft — und den Umfangskräften, die vom Reifen auf die Fahrbahn übertragen werden und die ihn beschleunigen, entsprechen Reibungswiderstände, die von dem Reibungs- bzw. Kraftschlußbeiwert abhängen. Da bei der Beschleunigung das Rad schlüpft, so tritt der Reibungswiderstand von der Art und Größe, wie er für die Haftreibung der Ruhe angenommen wird, nicht auf. Die Reibungskraft hängt vom Rollwiderstand und einem Reibungsbeiwert ab, von dem anzunehmen ist, daß er mit zunehmender Gleitgeschwindigkeit abnimmt. Werden die Umfangskräfte zufolge eines nicht ausreichenden Beiwertes nicht aufgenommen, so dreht das Rad durch.

Derselbe Vorgang spielt sich ab, wenn bei einem in Fahrt befindlichen Wagen der Motor zur Erhöhung der Fahrgeschwindigkeit auf einen höheren Gang umgeschaltet wird, und dadurch die Geschwindigkeit v_1 auf der Strecke l auf v_2 gebracht werden soll ($v_2 > v_1$). Dann errechnet sich die zu leistende Arbeit

$$K_b \cdot l = \frac{Q}{2g}(v_2^2 - v_1^2). \tag{8}$$

K_b ist die Schubkraft, die auf der Strecke l auf die Fahrbahn ausgeübt wird, und die sich zusammensetzt aus dem Raddruck und dem Beiwert der gleitenden Reibung. Je kürzer diese Strecke ist, desto größer ist K_b. Demnach wird die Fahrbahn durch Wagen mit hohem Anzugsmoment, bei denen die volle gleitende Reibung zur Anwendung kommt, besonders stark beansprucht. Bei Steigungen findet an hohlen Gefällbrechpunkten, bei denen ein niederer Gang eingeschaltet werden muß, eine merkbare Abnutzung der Fahrbahn statt. Wenn die Räder beim Sprung über ein Hindernis die Berührung mit der Fahrbahn verlieren, fällt für kurze Zeit der Widerstand der Fahrbahn fort, die Triebräder erhalten infolgedessen eine Beschleunigung. Wenn sie wieder auf die Fahrbahn aufsetzen, haben sie eine Umdrehungsgeschwindigkeit, die größer ist als die Wagengeschwindigkeit. Sie werden dem Wagen nur eine geringe Beschleunigung erteilen können, der größte Teil der Energie wird durch Reibungsarbeit an der Fahrbahn vernichtet werden. Die Räder werden stark auf der Decke schleifen.

Bei der Bremsung muß die Bewegungsenergie des Wagens auf die Bremsstrecke b_r vernichtet werden. Bei einem Beiwert gleich 1 würde die höchste Bremsverzögerung sich zu 9,81 m/sek.² ergeben (Gl. 4). Da aber mit so hohen Kraftschlußbeiwerten nicht gerechnet werden kann, wird die Bremsverzögerung geringer ausfallen. Die im Verlauf der Bremsung erzielte Verzögerung hat über den ganzen Bremsweg nicht die gleiche Größe, sondern bei höheren Anfangsgeschwindigkeiten ist sie geringer und nimmt mit der Abnahme der Geschwindigkeit zu. Ausgegangen wird von einer mittleren Verzögerung b_m m/sek.², die für Allradbremsung auf trockener griffiger Fahrbahn in Abhängigkeit vom Zustand der Bremsen angenommen werden kann zu (s. S. 43):

= 6 m/sek.² bei tadellosem Bremszustand,
= 5 „ „ gutem „
= 4 „ „ mäßigem „
= 3 „ „ schlechtem „

Je größer die Bremsverzögerung ist, desto nachteiliger wirkt sie sich auf Fahrzeug und Ladung aus. Im üblichen Fahrbetrieb soll nicht über 3 m/sek.²

hinausgegangen werden. Nur bei Notbremsung kann eine höhere Bremsverzögerung notwendig sein, vorausgesetzt, daß die Bremsen auch in Ordnung sind. Aus der Arbeitsgleichung ergibt sich die Länge der Bremsstrecke

$$b_r = \frac{V^2}{2g \cdot 3{,}6^2 (\mu \pm s/_{100})} \tag{9}$$

$+ s$ Steigung, $- s$ Gefälle.

Dieser Wert hat besondere Bedeutung für die Gestaltung der Straßenanlage und wird oft angewendet werden.

Der Ungleichartigkeit des Widerstandes bei der Bremsung, der mit der Abnahme der Fahrgeschwindigkeit zunimmt, wird nach amerikanischen Erfahrungen in der Weise genügt, daß in der Formel für den Bremsweg der Exponent der Fahrgeschwindigkeit V auf 2,2 erhöht wird:

$$b_r = \frac{V^{2,2}}{2g \cdot 3{,}6^{2,2} (\mu \pm s/_{100})}. \tag{10}$$

Wie schon auf S. 26ff. ausführlich behandelt, treten beim Bremsen eine ganze Anzahl von verwickelten Arbeitsvorgängen auf, die sich, wenn der Luftwiderstand nicht berücksichtigt wird, erstrecken auf: Arbeit des Gleit- und Rollwiderstandes zwischen Reifen und Fahrbahn, Formänderungsarbeit, die in Wärme umgesetzt wird, Bremswiderstandsarbeit, die in den Bremstrommeln und -belägen gleichfalls in Wärme umgesetzt wird. Auch bei der Vernichtung der Getriebewiderstandsarbeit und der Luftwiderstände sowie Lüfterwiderstandsarbeit der sich drehenden Räder entstehen Wärmevorgänge, die aber nicht von großem Einfluß sind und vernachlässigt werden können. Die einfache Arbeitsgleichung

$$G \mu b_r = \frac{m v^2}{2}$$

setzt ein Blockieren der Räder voraus, μ ist dann der mittlere Gleitreibungsbeiwert und die Gleitwiderstandsarbeit wird in Wärme umgesetzt.

Bei einem richtigen Abbremsen rollen die Reifen weiter (mit Kriechen, s. S. 23) und die Arbeitsaufteilung setzt sich zusammen [*35*]:

Rollwiderstandsarbeit + Formänderungsarbeit, die sich im Reifen und an der Straße in Wärme umsetzen, + Bremswiderstandsarbeit, die in Bremstrommeln und Belägen in Wärme umgesetzt wird.

Die Fahrbahn sowohl wie die Reifen werden am geringsten bei dem Bremsen mit Abrollen der Räder beansprucht, der Anteil der Energie, der in Wärme umgesetzt wird, ist am geringsten. Am stärksten wird die Fahrbahn bei der harten Bremsung mit Blockieren der Räder mitgenommen.

1.38 Unebenheit, ihre Entstehung und ihr Einfluß

Von Dipl.-Ing. **K. W. Ostwald**
Köln-Zollstock

1.381 Entstehen der Unebenheiten

Bei der Bewegung eines Kraftfahrzeuges über die Fahrbahn ändern sich infolge der Fahrbahnunebenheit und der Achsfederung sowohl die Belastung der Fahrbahn als auch die Federauflage am Fahrgestell. Da es sich als unmöglich erwiesen hat, völlig ebenflächige Fahrbahnen herzustellen, ist man genötigt, kleine Unebenheiten zuzulassen, wenn auch die Bautechnik sich bemüht, auch diese möglichst auszuschalten. Solche Fahrbahnen, bei denen die Grenzmaße nicht überschritten sind — Angaben darüber werden bei den einzelnen Belagarten gemacht —, wird man als gut bezeichnen können. Kennt man die

Zunahme der Vertikalkräfte, hervorgerufen durch die Unebenheiten — auch als Stoßziffer bezeichnet —, kann man sie für die Berechnung der Decken nach den Gesetzen der Festigkeitslehre, wie auf S. 295 behandelt wird, mit den nötigen Sicherheitszuschlägen zugrunde legen.

Bei schon bestehenden Straßen, bei denen meistens die Unebenheiten die zulässigen Grenzen überschreiten, erhöht sich die Stoßziffer und die Vertikalkräfte nehmen einen höheren Wert an, so daß weitere Verformungen erzeugt werden, d. h. daß die Unebenheiten mit der Zeit sich vergrößern. Durch diese Häufung der Beanspruchungen werden die Decken schnell in Verfall geraten, d. h. jede Decke, deren Oberfläche nicht als gut bezeichnet werden kann, würde auch dann, wenn sie nach den allgemeinen Regeln eine ausreichende Tragfähigkeit besitzt, durch ihre Unebenheiten gefährdet sein. Das hat die Erfahrung hinreichend bestätigt. Bei solchen Decken wird man gut tun, sie möglichst schnell zu beseitigen, weil sie den Verkehr gefährden und zu einer starken Abnutzung der Kraftfahrzeuge beitragen.

Durch Unebenheiten wird aber auch die Sicherheit des Verkehrs beeinträchtigt. Denn die Straßenhaftung der Räder bestimmt den Grad der Fahrsicherheit. Sie ist zweifellos am besten, wenn der Druck, den die Räder auf die Fahrbahn ausüben, möglichst gleich bleibt. Wenn die Schwankungen in dem Aufstanddruck so groß sind, daß der Reifen sie nicht schluckt, sondern Schwingungen entstehen, der Reifen sogar springt, und damit die Straßenhaftung sich vermindert oder sogar ganz aufhört, dann ist der für das Bremsmoment angesetzte Kraftschluß nicht mehr vorhanden. Demnach vermindert jede Unebenheit auf der Straße die übertragenen Antriebs-, Brems- und Seitenführungskräfte und verringert die Fahrsicherheit.

Der Straßenbauingenieur wird davon ausgehen müssen, bei der Berechnung und Bemessung der Fahrbahntafeln die Stoßziffern anzunehmen, die für die höchste Radlast (s. S. 14) auf guten Fahrbahnen ermittelt sind. Es wird Sache des Kraftfahrzeug-Konstrukteurs sein, durch Reifen mit günstigen Federkennungen, Anwendungen von Stoßdämpfern und Federung das Kraftfahrzeug mit straßenschonenden Eigenschaften auszustatten. Durch Forschungsarbeiten an den kraftfahrtechnischen Instituten der Technischen Hochschulen versucht man auf sehr verschiedenen Wegen, die Stoßziffern zu ermitteln (s. S. 61).

Wenn die starke Unebenheit der Fahrbahn die dynamischen Rad- und Federlasten erhöht, muß man Verfahren haben, um die Unebenheiten der Fahrbahn zu messen, damit man rechtzeitig erkennen kann, wie durch diese Zusatzlasten die vorhandene Decke beansprucht wird. Eine rechtzeitige Beseitigung der Unebenheiten könnte sie dann vor der Zerstörung retten.

Mit solchen Geräten würde man zuerst feststellen, ob die Vorschriften, die für die Herstellung der Decken gelten, erfüllt sind. Aber selbst bei solchen Decken muß man damit rechnen, daß nicht erkannte Mängel beim Bau, ungenügende Vorbereitung des Untergrundes, unvorherzusehende Ereignisse, z. B. Witterungseinflüsse und Alterserscheinungen, nach einiger Zeit bewirken, daß die Unebenheiten sich verstärken. Dann gelten aber die Annahmen über die dynamische Zusatzlast, mit denen gerechnet worden ist, nicht mehr; sie werden überschritten. Damit man diesen Zustand rechtzeitig erkennt, müssen die Decken in Zeitabständen daraufhin untersucht werden, ob ihre Unebenheit sich vergrößert hat.

Durch die Unebenheiten werden Fahrzeug, Insassen und Ladung erschüttert, ein Vorgang, der die Sicherheit des Kraftfahrzeugs gefährdet, besonders wenn die Stöße das Kraftfahrzeug in Schwingungen versetzen, die die Eigenschwingungen aufschaukeln. Je ebener eine Fahrbahn ist, desto sicherer läuft der Verkehr auf ihr ab, werden die Kraftfahrzeuge, ihre Ladung und ihre Insassen geschont, an Treibstoff gespart (s. S. 51) und die Insassen der Kraftfahrzeuge sich behaglich fühlen, die Fahrt für sie eine Annehmlichkeit sein.

Das Maß der Ebenheit einer Fahrbahndecke kann daher auch als ein sinnfälliges Merkmal ihre Güte sein. Um eine vollkommene Straße zu erhalten, soll man danach streben, sie möglichst eben zu machen.

1.382 Geräte zur Messung der Unebenheiten

Die einfachste Meßvorrichtung besteht aus einer steifen Latte von 4 m Länge und einem Meßkeil, mit dem die Vertiefungen gemessen werden. In den Abnahmebedingungen der ABB C. I sind die zulässigen Abweichungen angegeben, die sich mit Überschneidung der aneinander gelegten Meßlatten ergeben.

1.382.1 Meßbrücken

Derartige Meßbrücken werden zweckmäßig in solche mit feststehender Basis und solche mit beweglicher Basis unterteilt. Wird entlang des Meßbalkens ein Tastrad geführt, das das Straßenoberflächenprofil abtastet, so spricht man von einem „Profilographen". Bekannt sind die von KÖHLER-FUESS und DENNERT und PAPE, von BOUTET, ARRAS und von GÖLZ. Auch der Stuttgarter Wellenmesser, der aus einer 2,50 m langen Eisenschiene besteht, die in der Mitte ein Tasträdchen trägt, das über eine Hebelübersetzung mit Zeiger auf einer Skala in verzehnfachtem Maßstab die Mulden und Buckel der Straße anzeigt, gehört zu diesen Geräten.

Von den Meßbrücken mit beweglicher Basis ist zuerst der Planograf von KOHLER zu nennen, der auch von der Bundesstraßenverwaltung als Abnahmemeßgerät für Neubaustrecken eingesetzt wird (Abb. 32). Es ist eine

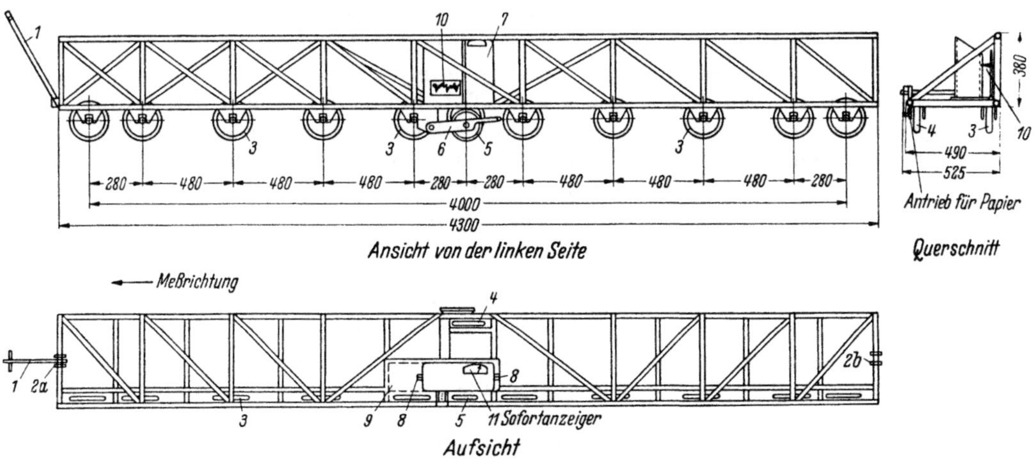

Abb. 32. Planograf von KOHLER

1 Deichsel, *2a* u. *2b* Halterungen für die Deichsel, *3* Laufräder, *4* Stützrad, *5* Meßrad, *6* Hebelarm, *7* Trommel, *8* Stellring, *9* Metallplatte, *10* Schreibeinrichtung

von Hand bewegte Meßbrücke von 4 m Länge, die sich auf 10 Tragräder stützt. Das Tastrad mißt jeweils die Abweichung der Straßenoberfläche gegenüber einer aufgelegten 4 m-Latte im Mittelpunkt der Meßbrücke. Es ruht auf 10 in einer Geraden liegenden Laufrädern, deren Unterkante die Bezugsgerade des Richtscheites ersetzt. Die Meßergebnisse stimmen mit den bei sorgfältigem Messen mit Richtscheit und Meßkeil gefundenen Werten gut überein bei einer Streuung von $\pm 5\%$. Die Ebenheitsprüfung mit diesem Gerät geht schneller vor sich und ist zuverlässiger als die Richtscheitmessung. Es wird bei der Messung an einer Deichsel (1) über die Straße gezogen. Es zeigt die Unebenheiten am Ort an und liefert einen Schrieb, von dem die Abweichungen vom Sollprofil abgelesen werden können.

Die wichtigsten Teile sind der Rohrrahmen mit Deichsel, die vorn und hinten aufgehängt werden kann, die 10 Laufräder (3), das Stützrad (4) und das Meßrad (5). Der aus Stahlrohren zusammengeschweißte Rohrrahmen hat als Raumfachwerk von dreieckigem Querschnitt eine große Steifigkeit. Der Abstand zwischen der ersten und der letzten Radachse beträgt 4 m und entspricht damit der Länge des vorgeschriebenen Richtscheites. Das Stützrad (4) in der Mitte des Wagens liegt außerhalb der Spur der 10 Laufräder und stützt das Gerät ab. Es dient gleichzeitig als Antriebsrad für das Abrollen des Schreibpapieres. In der Spur der Laufräder ist in der Mitte des Gerätes das Meßrad (5) von 15 cm Durchmesser an einem 20 cm langen Hebelarm (6) gegenüber dem Meßwagen so drehbar gelagert, daß es sich aufwärts und abwärts bewegen kann.

Damit die 10 Laufräder die Bezugsgrade des Richtscheites ersetzen, müssen sie so eingestellt sein, daß ihre Unterkanten auf einer Geraden liegen. Bei einer ebenen Fahrbahn stehen dann sämtliche Laufräder auf und das Meßrad führt keine Auf- und Abwärtsbewegungen aus. Bei unebener Fahrbahn heben sich einige Laufräder ab, das rollende Meßrad bewegt sich entsprechend den Unebenheiten auf- und abwärts.

Die Schreibeinrichtung (10), die diese Bewegungen aufnimmt, befindet sich in der Mitte des Meßwagens über dem Tastrad. Der Höhenmaßstab des aufgezeichneten Schriebes ist 1 : 1, sein Längenmaßstab 1 : 400, 1 cm Schrieblänge entspricht also 4 m Straßenlänge. Die Schreibeinrichtung besteht im wesentlichen aus den Teilen, die die Bewegungen des Meßrades übertragen, dem Unebenheits-, dem Null-Linienschreiber und den Toleranzschreibern, den Vorrichtungen für das Abrollen des Papiers und dem Rahmen.

Das Gerät besitzt einen Meßbereich von 0 bis 40 mm.

Um schnell feststellen zu können, ob und in welchem Maß das Tastrad von der von den Laufradunterkanten bestimmten Bezugsgeraden nach unten abgewichen ist, wird gleichzeitig eine Null-Linie und eine Toleranzlinie aufgezeichnet. Der Nullinienschreiber und die beiden Toleranzschreiber sind auf eine gemeinsame und durch zwei Vertikalstangen fest mit dem Rahmen der Schreibeinrichtung verbundenen Platte geschraubt.

Für die Bedienung des Einheitsprüfgerätes genügen 2 Mann. Der eine ist mit der Arbeitsweise des Gerätes vertraut, kann die Einstellungen vornehmen und die Messungen leiten und überwachen, der zweite zieht den Wagen. Vor dem Meßbeginn wird das bisher am Rohrrahmen aufgehängte Tastrad auf die Fahrbahn gesetzt und eingeschaltet. Das Gerät wird etwa mit Schrittgeschwindigkeit längs der Meßlinie vorwärts gezogen. Durch Anhalten in bestimmten Entfernungen und Anheben um einige cm zeichnet der Schreibstift einen vertikalen Strich, der den Schrieb unterteilt. Dadurch können Stellen mit unzulässigen Abweichungen von der Ebenflächigkeit erkannt und auf der Straße markiert werden.

An weiteren Meßbrücken mit beweglicher Basis wurden bekannt: Galloway, Bumpometer, Pavement rater, Hill surface tester, Planometer, Profilometer, Odometer, Meßanhänger Wehner und der in Frankreich eingeführte *Viagraph*. Er hat eine Länge von 10 m und ruht auf 16 Räderpaaren mit Tragrad-Ausgleich, damit seine Fahrzeugbasis sich möglichst auf der „Soll-Ebene" der Fahrbahn bewegt. Die Konstruktion des Viagraphen zeigt besonders deutlich das Bestreben, der „Soll-Ebene" als Bezugslinie nahezukommen, da diese die Grundlage aller derartigen Meßgeräte ist [*36*], [*37*], [*38*].

Eine andere Lösung der Meßaufgabe ist mit dem Stuttgarter Profilograph angestrebt, der in der Hauptsache aus einem Basisrohr und einer Tast- und Schreibeinrichtung besteht, die auf dem Rohr verschoben wird (Abb. 33). Das Basisrohr (Stahlrohr von 100 mm ∅) ruht auf den beiden Stützen S_1 und S_2. Seine Länge beträgt 4900 mm, der Abstand der Stützen 4800 mm. Auf dem Rohr ist die verschiebbare Tast- und Schreibeinrichtung (Meßschlitten) gelagert; die durch Unebenheiten der Fahrbahn erzeugten Vertikalbewegungen des Rädchens R und seines Stahlgestänges werden über ein einstellbares Getriebe auf eine Schreibstange G übertragen. An dieser befindet sich eine Schreibfeder, die das Diagramm auf eine Folie schreibt, die auf die Schreibtrommel T aufgezogen ist. Die Trommel dreht sich bei einer Verschiebung des Schlittens von A zur Straßenmitte (vgl. Abb.) um etwa 340°. Die Drehung besorgt ein Getriebe, dessen Antrieb in eine Zugstange eingreift, die am Basisrohr angebracht ist. Um einen

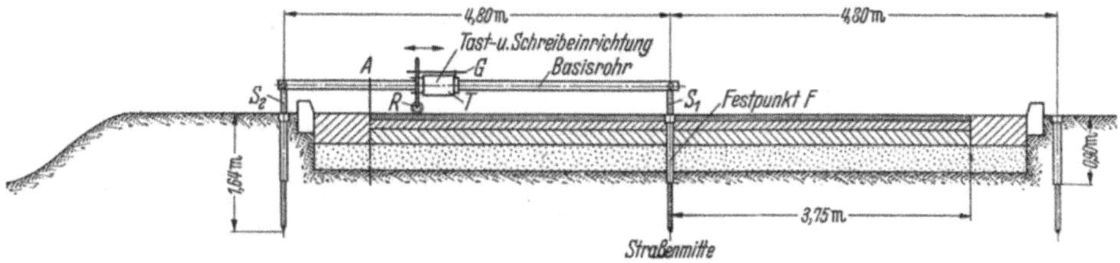

Abb. 33. Stuttgarter Profilograph mit Basisrohr, Tast- und Schreibeinrichtung

Straßenquerschnitt zu messen, muß das Gerät einmal umgesetzt werden. Die Stützen S_1 und S_2 weisen an ihrem unteren Teil kugelige Enden auf, die in Messingpfannen der Festpunkte F eingesetzt werden können. Diese Festpunkte bestehen aus einem Meßstab, der in den gewachsenen Untergrund der Straße eingerammt ist und oben die Pfanne trägt. Ein Schutzrohr, das bis in die Tiefe des gewachsenen Untergrundes reicht, umgibt den Meßstab, ohne ihn zu berühren. Es soll Bewegungen im Straßenunterbau vom Meßstab fernhalten.

Das Basisrohr mit seinen Stützen ist ein starres System. Die Form des Querprofils wird damit auf die Verbindungslinie der Messingpfannen der Meßstäbe bezogen. Damit keine Höhenveränderungen der Meßstäbe Fehler in die Aufzeichnung bringen, müssen die Festpunkte laufend durch Feinnivellement überwacht werden, die auf eine Genauigkeit von $\pm 0{,}1$ mm geprüft werden. Die Meßgenauigkeit des Stuttgarter Profilographen selbst beträgt $\pm 0{,}1$ mm.

Eine Meßbrücke mit sehr empfindlicher Anzeige der Unebenheiten ist für die Versuchsstraße — WASHO Test in den VStA — angewendet worden. Sie besteht aus einem doppelwandigen Gitterträger, der sich über die ganze Fahrbahn spannt und an den Enden auf je einem Pfosten ruht, der etwa 2 m tief in den Boden gerammt ist. In der Mitte hat die Brücke eine einstellbare Mittelstütze. Die Pfosten bleiben für die Kontrollmessungen. Die Unterkante der Brücke paßt sich mit einem lichten Abstand von 0,3 m dem Fahrbahnprofil an. Eine von einem Motor angetriebene Laufkatze bewegt sich auf den Untergurten über die Fahrbahn. Sie hat eine Tastrolle, die an einem Scherengitter hängt und auf den Boden gedrückt wird. Die lotrechte Verschiebung des Fahrwerkes wird auf einen sehr empfindlichen Differentialtransformator übertragen, so daß an jeder Stelle genau die Höhe der Fahrbahnoberfläche zur Bezugslinie gemessen wird. Die Primärwicklung des Differentialtransformators wird mit Strom beschickt. In der Sekundärwicklung wird die lotrechte Bewegung der Tastrolle auf einen Kern übertragen, durch den die Voltzahl sich verändert, die durch einen Verstärker auf einen Oszillographen geleitet wird [*39*].

1.382.2 Dynamische Meßverfahren (Schwingungsmesser)

Das vorerwähnte Ziel, ein Meßgerät zu haben, das möglichst die „Soll-Ebene" als Bezugslinie einhält, steuern auch die dynamischen Meßverfahren oder Schwingungsmesser an. Fährt ein Körper großer Trägheit auf der Fahrbahn mit Normalgeschwindigkeit, z. B. ein schwerer Kraftwagen, dessen gute

Fahrzeugfederung und Stoßdämpfer den Fahrzeugkörper in solcher Ruhe halten, daß er sich auf der „Soll-Ebene“ als Bezugslinie bewegt, so werden die Schwingungen der Fahrzeugfedern ein Abbild der Unebenheiten der Fahrbahnoberfläche geben, wenn die Federausschläge, d. h. die gegenseitige Bewegung von gefedertem und ungefedertem Fahrzeugteil gemessen werden.

1.382.3 Federwegmeßverfahren nach Ostwald

Bei dem Federwegmeßverfahren von OSTWALD ist ein Teleskop zwischen den geferderten und den ungeferderten Fahrzeugteilen geschaltet, das an den Achsköpfen der nicht angetriebenen Vorderräder des Meßwagens einerseits und an den zugehörigen Kotflügelträgern des Fahrzeugkörpers andererseits befestigt ist.

Bei diesem Teleskop, das aus einer Isolierstoffhülse besteht, in welche in Zentimeterabständen von der Nullage Kugelkontakte eingelassen sind, werden je nach Stärke der Unebenheiten eine oder mehrere Kontaktstufen von dem Teleskop-Metallstab geschaltet, der an jedem Vorderachskopf angeschlossen ist (Abb. 34). Die Unebenheiten werden auf einen Wachsregistrierstreifen übertragen (Abb. 35). Abschnitt a ist ein Ausschnitt aus einer Aufnahme der Unebenheiten auf einer frisch instandgesetzten Schwarzdecke der Bundesautobahn. Abschnitt b gibt die Ausschläge wieder, die auf einer Strecke von 1 km auf einem Brückenanschluß gemessen worden sind und Unebenheiten von 3 und 4 cm aufweisen. Abschnitt c ist ein Ausschnitt aus einem Meßstreifen, der die Unebenheiten einer Betondecke wiedergibt, die etwa ein Alter von 20 Jahren hat. Dieses Schaubild läßt deutlich erkennen, wie groß die Unterschiede der Unebenheiten auf verschiedenen Belägen sind.

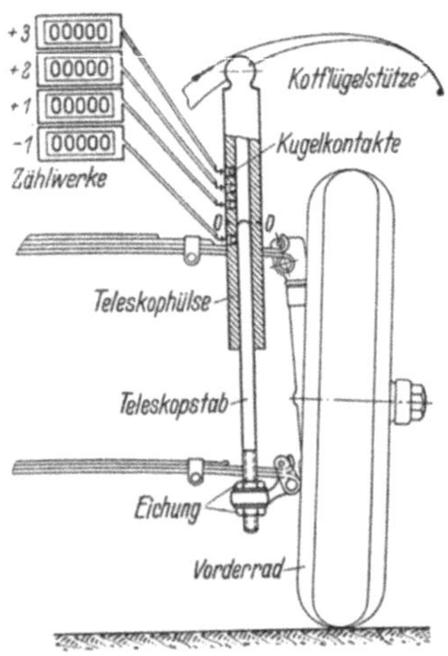

Abb. 34. Federwegmeßverfahren mittels Teleskop nach OSTWALD

Um die Ortung der Unebenheiten zu erleichtern, wird von dem Mitfahrer von Hand zusätzlich die Lage der Kilometersteine in den Wachsstreifen eingeritzt. Diese Markierung hat für den Straßenmeister den Wert, daß er mit einer Meßbandkopie genau die Stellen auffinden kann, die wegen ihrer großen Unebenheit zu beanstanden sind.

Zu jedem Zählwerk sind Kontroll-Lampen angebracht, so daß der Verlauf der Unebenheiten auch als Lichtstufenbewegung überwacht werden kann. An einem derartigen Teleskopmeßwagen sind also insgesamt 2 Teleskope mit 8 Zählwerken und 8 Kontroll-Lampen vorhanden. Das Aufleuchten der Kontroll-Lampen gestattet außerdem, daß der Mitfahrer besonders große Unebenheiten auf der Wachsmatrize kennzeichnen kann.

Der Wachsregistrierstreifen, der die Unebenheiten wie in der Abb. 35 wiedergegeben aufzeichnet, läuft wegeabhängig im Maßstab 1 : 25000 oder 1 : 10000 je nach Wunsch der Straßenbauverwaltung. Außerdem werden die Federausschläge von + 1, + 2, + 3 und + 4 cm mit zugeordneten elektrischen Zählwerken gezählt. Wenn man die Summen der vier Unebenheitsgrößen 1, 2, 3, und 4 cm zeichnerisch für eine Strecke z. B. fünf Kilometer aufträgt, wie in der Abb. 35 unten geschehen, erhält man ein weiteres anschauliches Bild über den Zustand einer Straße, soweit ihre Ebenheit beurteilt werden soll. Voraussetzung für dieses Meßverfahren ist, daß es reproduzierbar ist, d. h. daß man mit dem gleichen Meßwagen unter gleichen Bedingungen z. B. Fahrgeschwindigkeit auf dem gleichen Streckenabschnitt auch das gleiche Ergebnis mit 98% Genauigkeit erhält. Diese Bedingung erfüllt das Teleskopmeßverfahren, da es eine ausreichende Ansprechschwelle hat und außerdem mit der Aufnahme der Ausschläge eine genaue Ortung der gemessenen Unebenheiten ermöglicht wird.

Dem eingangs Gesagten über die Notwendigkeit, einen Fahrzeugkörper mit hinreichender trägheitsreicher Masse zu verwenden, wird dadurch genügt, daß ein Mercedes Personenkraftwagen 300 als Meßwagen dient, der schwerste und am besten gefederte Wagen in Deutschland. Abb. 36 zeigt die Einbauform.

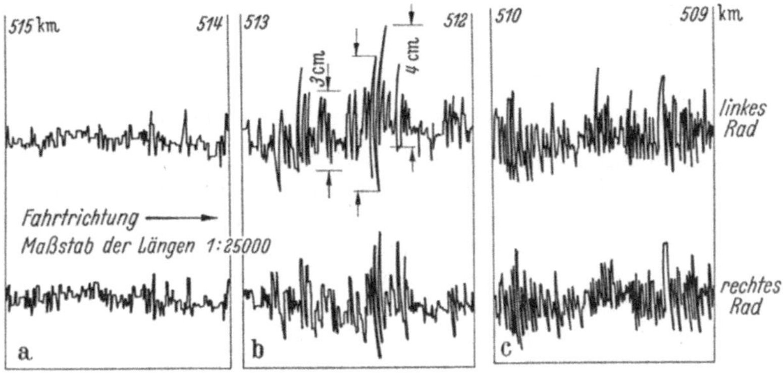

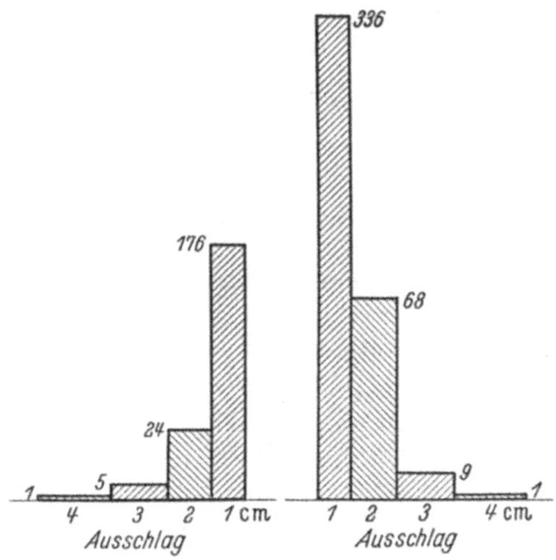

Abb. 35. Ausschnitt aus einer Ebenheitsmessung einer Bundesautobahn-Strecke mit dem Fahrbahnprüfschreiber von OSTWALD

Ausschnitt *a* frisch instandgesetzte Schwarzdecke,

Ausschnitt *b* Brückenanschluß,

Ausschnitt *c* Betondecke zwanzig Jahre alt je 1 km Länge

Balkendarstellung der Summe der Unebenheiten von je 1, 2, 3 und 4 cm innerhalb einer Zone von je 5 km Streckenlänge (Fahrbahnprüfschreiber)

Links gute Fahrbahn, rechts unebene Fahrbahn

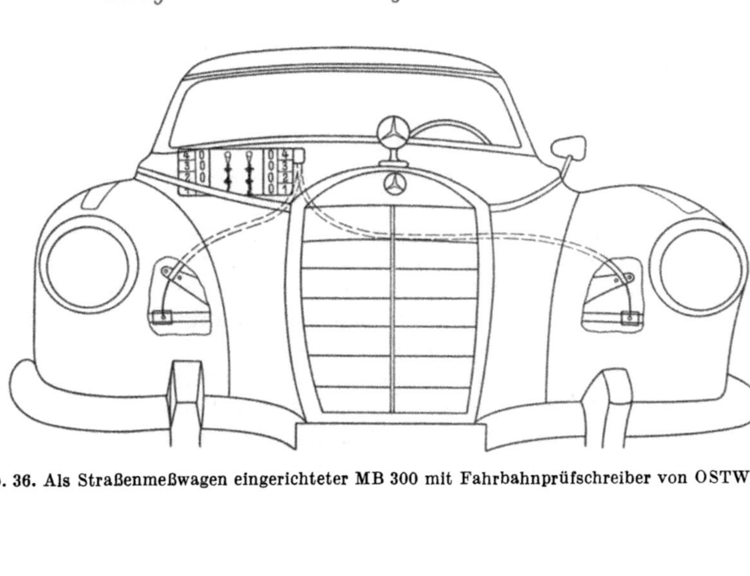

Abb. 36. Als Straßenmeßwagen eingerichteter MB 300 mit Fahrbahnprüfschreiber von OSTWALD

Als Weiterentwicklung des Teleskopverfahrens wurden die Kontaktleiter — mit gleichen Kontaktabständen — aus Staub und Nässe der Kotflügelsphäre herausgenommen und in das Wageninnere verlegt. Die Achsenbewegungen werden durch besondere Übertragungszüge übermittelt. Sie ermöglichen zusätzlich, den gesamten Verlauf der Federwegbilder „auf einem Registrierstreifen" aufzunehmen, der somit infolge der trägheitsreichen Masse des Fahrzeuges ein getreues Abbild der Fahrbahn gibt.

Mit diesem Fahrbahnprüfschreiber, der schon bald nach dem Beginn des Baues der deutschen Autobahnen erprobt worden ist, hat das BVM 1957 das gesamte Netz der Bundesautobahnen auf allen vier Fahrbahnen aufnehmen lassen.

1.382.4 Stöpselverfahren nach Koch

Dieses Meßverfahren geht von der Überlegung aus, daß im fahrenden Kraftwagen auf unebener Fahrbahn die auf die Insassen noch wirkenden Erschütterungen gemessen werden sollen, die bekanntlich bei kleinen schlechtgefederten Fahrzeugen beträchtlich sein können. Nach Professor Dr.-Ing. KOCH vom Kurt-RISCH-Institut der Technischen Hochschule Hannover ist auf dem Sitzpolster des Wagens „eine Gewichtsplatte mit Rückenanlehnung" angebracht, auf der ein Schwingungsmesser nach WAAS befestigt ist.

Die Auswertung bei dem Verfahren KOCH erfolgt in der Weise, daß „Zeit-Kennzahlen" ermittelt werden, die jeweils derjenigen Beschleunigung entsprechen, die innerhalb einer Zeitspanne von 12 sek. 6mal erreicht oder überschritten wird. Nach KOCH werden somit nur solche Schwingungen registriert, die am Ende der Schwingungskette: Reifen-Rad-Achsenfederung-Fahrzeugkörper-Sitzpolster übrig bleiben. Infolge der vielen auf die Schwingungskette einwirkenden Einflüsse brachten mehrmalige Befahrungen desselben Abschnittes noch keine befriedigende Reproduzierbarkeit. Im Grundsätzlichen besitzt dieses Verfahren nach KOCH jedoch viel Überzeugendes — auch im Zusammenhang mit der Einwirkung von Schwingungen auf den menschlichen Organismus.

1.382.5 Maihak-Viameter

Zu den dynamischen Verfahren gehört auch das „*Maihak-Viameter*", ein „Anzeigegerät", das die Relativbewegungen zwischen Fahrzeugachse und Fahrzeugkörper über Zahnstangen und Zahnradvorgelege oder über Rolle und Seil anzeigt (VStA und England). In einem Bericht über das MAIHAK-Viameter wird bemängelt: „Es ist ein Nachteil, daß aus der Messung nicht zu ersehen ist, wie sich die Unebenheiten in ihrer Größe und Zahl auf die Strecke verteilen. Die Straße kann also zunächst sehr uneben und später gut oder auf der ganzen Strecke mäßig sein."

1.382.6 Roughometer

Diese kritischen Bemerkungen gelten genauso für das aus den VStA stammende „Roughometer", das von der Bayrischen Straßenbauverwaltung nachgebaut wurde und aus einer *einrädrigen* Schleppachse besteht (Abb. 37), deren seitliche Kippmomente vom Zugwagen aufgefangen werden müssen und deren Vertikalschwingungen ebenfalls von denen des Zugwagens über die Deichsel überlagert werden. Genau wie beim MAIHAK-Viameter werden beim Roughometer die Schwingungen des Einrades gegenüber seinem U-Rahmen über Seil auf eine Trommel übertragen, die ein Zählwerk steuert, das auf einen Hub von 1 Zoll (25,4 mm) eingestellt ist. Die Bewegungen werden auf ein Blatt übertragen, das mit 5 cm, 25 cm und 125 cm/sek. Geschwindigkeit abläuft, also nicht mit der jeweiligen Fahrgeschwindigkeit. Bei 25 cm/sek. Geschwindigkeit sollen die besten Ergebnisse erzielt worden sein. Auf dem Blatt wird auch die Zahl der

Radumdrehungen aufgetragen. Die Höhe der Ausschläge ist auf 2,5 cm begrenzt, entsprechend 5 cm tatsächlicher Messung nach oben und unten. Die Meßfahrt wird mit einer Geschwindigkeit = 32,6 km/h ausgeführt. Die Meßeinrichtungen setzen sich also aus den folgenden zusammen:

1. Zählwerk der Radumdrehungen,
2. Zählwerk der Unebenheiten,
3. Zählwerk zur Summierung der Unebenheiten,
4. Oszillograph mit den erforderlichen elektrischen Batterien.

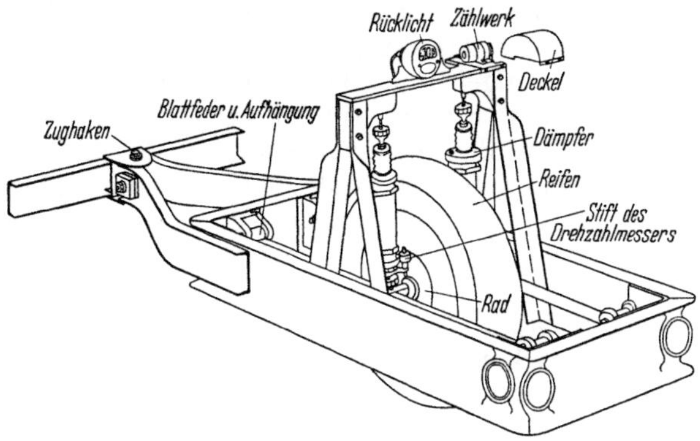

Abb. 37. Roughometer (VStA)

Verfahren, die die Unebenheitengröße summieren, können nicht befriedigen, weil eine nur geringe Zahl sehr großer Unebenheiten, die dem Wagen einen starken Stoß geben, die gleiche Summe der Unebenheiten ergeben können, wie eine größere Zahl geringer Unebenheiten. Dieser Unterschied kann auch auf das Kraftfahrzeng in ganz unterschiedlicher Weise mehr oder weniger nachteilig sein. Für den Personenkraftwagen gilt, daß eine einmalige oder nur wenige Male hintereinander vorkommende Erschütterung keine so große Wirkung auf den Insassen ausübt, wie eine dauernde, sich gleichmäßig wiederholende, z. B. bei Welligkeit und Betonfugen. Die Empfindlichkeit der Menschen für einen Einzelstoß ist geringer als bei einer Wellenstraße gleicher Unebenheitsform und -größe. Beim Messen mit dem Roughometer erhält man dafür kein eindeutiges Bild über die Unebenheit und auch keinen Hinweis auf ihren Einfluß durch Kraftfahrzeug-Ladung und Insassen. Auch ist eine Ortung der Unebenheiten nicht möglich.

Die Summe der Unebenheiten soll nach Ansicht des amerikanischen HRB höchstens betragen:

Bei neuem Beton .	60,5 cm f. d. km	Teppichbeläge neu .	124 ··· 192 cm f. d. km
bei altem Beton . .	bis 90 „ „ „ „	alt .	161 ··· 250 „ „ „ „
bei Asphalt	71 ··· 98 „ „ „ „	bei Stadtstraßen . .	100 ··· 500 „ „ „ „

Der Wert solcher Messungen kann höchstens darin gesehen werden, daß nachgeprüft werden kann, wenn eine Fahrbahn einmal abgetastet ist, ob sie unter dem Verkehr sich verschlechtert hat und wann sie etwa verkehrsgefährlich wird [*40*].

1.383 Verfahren zur Ermittlung der Stoßziffer

Will man die Spannungen in einer Fahrbahndecke berechnen, muß man nicht nur die Last, gegeben durch die höchste zugelassene Radlast (s. S. 14), sondern auch ihre Überhöhung infolge der Unebenheiten kennen, weil die statische Last im Rhythmus der Unebenheiten vermehrt oder vermindert wird. Um die durch die dynamischen Vorgänge zweifellos entstehende Überhöhung der Radlast zahlenmäßig zu erfassen, sind 5 Meßverfahren unabhängig voneinander angewendet worden:

1. ESSERS: Messung der Beschleunigung von Achsen und Aufbau.
2. KOESSLER: Messung des Abstandes einer Sonde vom Boden bei Veränderungen der Eindrückung der Reifen.
3. BODE: Verbiegung der Achse als Maß für die auf den Boden einwirkenden Kräfte.
4. SVENSON: Verformung der Felge als Maß für die auf die Straße einwirkenden Kräfte.
5. ENDRES: Messung der Ausbauchung des Reifens bei Veränderung der Abplattung, die nur bei Personenkraftwagen möglich ist.

1.383.1 Bestimmung der dynamischen Radkräfte durch Beschleunigungsmesser am Fahrzeug

Für diese Messung wird ein elektrisches Verfahren angewendet, damit die Registrier- und Beobachtungsgeräte von der Meßstelle selbst getrennt sind. Die Meßapparatur besteht im wesentlichen aus zwei gleichen Beschleunigungsmeßeinrichtungen mit Trägerfrequenzverstärkern und einem Dreischleifenoszillographen. Sie sind auf der Achse des Lastkraftwagens und auf dem Aufbau befestigt. Bei den Versuchen auf der Straße ist ein Wegmarkengeber an der Vorderachse befestigt, bestehend aus einem Magneten und einer Spule. Beim Überfahren eines als Wegmarke auf der Straße stehenden Drahtbügels wird in der Spule eine Spannung induziert, die von der Oszillographenschleife als Zacke auf dem Registrierstreifen wiedergegeben wird, damit zwischen dem zeitabhängigen Papiervorschub und der Meßstrecke eine Beziehung hergestellt wird. Aus Zeitmarken auf dem Registrierstreifen kann die Fahrgeschwindigkeit errechnet werden [*41*].

Mit dem Gerät werden Beschleunigungskurven aufgezeichnet, die, um einen einheitlichen Kraftmaßstab zu erhalten, noch umgezeichnet werden und die

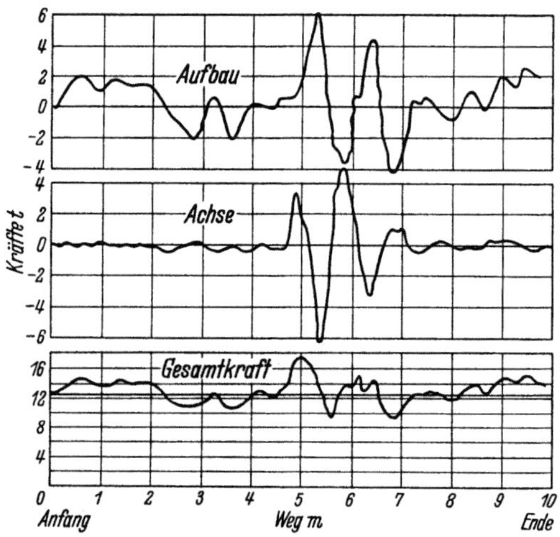

Abb. 38. Kräfteverteilung von Aufbau, Achse und Gesamtkraft auf Fahrbahn nach Verfahren von ESSERS beim Fahren über ein Hindernis

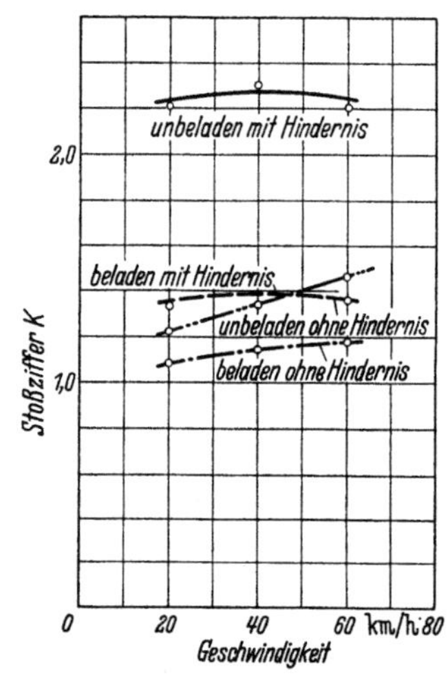

Abb. 39. Stoßziffern für beladenen und unbeladenen Lastkraftwagen nach Verfahren mit Beschleunigungsmessern von ESSERS

Form der Abb. 38 haben. Sie zeigt die Ergebnisse einer Meßfahrt beim Überfahren eines Hindernisses von 35 mm Höhe. Die untere Kurve stellt die Gesamtkraft dar, die auf die Fahrbahn wirkt und die sich zusammensetzt aus den Teilkräften, die von den ungefederten Massen der Achse und von den gefederten Massen des Aufbaues herrühren. Die Stoßziffern für beladenen und unbeladenen Lastkraftwagen können aus der Abb. 39 entnommen werden.

Bei Fahrt auf einer sonst als gut bezeichneten Autobahn wirken die Fugen in der Betondecke wie Hindernisse, die beachtliche zusätzliche Radlasten hervorrufen.

1.383.2 Kondensator-Verfahren nach Mühlfeld

Zu den dynamischen Verfahren zählt ferner das Verfahren MÜHLFELD (Institut Prof. Dr.-Ing. KOESSLER) das eine auf einem einachsigen Anhänger montierte Kondensatorplatte benützt. Das Verfahren geht davon aus, daß die Kapazität eines Kondensators sich mit dem Abstand der Kondensatorplatten verändert. Die eine Konhensatorplatte ist zwischen den beiden Rädern des

Einachs-Anhängers montiert und über Leitungen mit dem im Zugwagen untergebrachten Kapazitätsmesser verbunden. Die andere „Kondensatorplatte" stellt die überfahrene Fahrbahnoberfläche dar. Die Unebenheiten der Fahrbahn wirken sich somit als Kapazitätsänderungen aus, die nach einem von MÜHLFELD entwickelten Verstärker auch in zeitabhängig bewegten Diagrammstreifen festgehalten werden können. Obwohl der MÜHLFELD-Anhänger mit besonders weicher Federung bersehen ist, gilt hier das im Abschnitt 1.384 Behandelte über die Koppelung von Zugwagen-Schwingungen und des Anhängerrahmens. MÜHLFELD ist jedoch einen Schritt weitergegangen, indem er den störenden Einfluß der gekoppelten Schwingungen von Zugwagen und Anhängerrahmen durch elektrische Aussiebung auszuschalten versucht. Sobald jedoch breitseitig auftretende Höcker und Mulden der Fahrbahnoberfläche in das Wirkungsbereich der Kondensatorplatte zugleich hineinfallen, so kann das die kapazitive Auswirkung aufheben. Die Feuchtigkeit der überfahrenen Strecke und auch unterschiedlicher Feuchtigkeitsgehalt der Luft haben einen bedeutenden Einfluß auf jede Kapazitätsmessung.

1.384 Wahrscheinliche Größe der Stoßziffer

Aus den Ergebnissen der verschiedenen Verfahren, die sich mit der Bestimmung der Stoßziffer befaßt haben, kann man bisher nur entnehmen, daß diese etwa zwischen 1,4 bis 2 liegt. Es darf aber nicht übersehen werden, daß die Untersuchungen über die dynamischen Beanspruchungen von Betonfahrbahnplatten erkennen lassen, daß der Widerstand gegen Verformung mit der Verformungsgeschwindigkeit größer wird, d. h. ein mit großer Geschwindigkeit über eine Platte rollendes Lastkraftwagenrad die Platte geringer als eine ruhende Last beansprucht. Die Verkehrslasten wirken sich um so weniger schädlich aus, je schneller sie über eine Platte rollen. Der Rückgang der Verformung der Platte im Vergleich zu der unter ruhender Last ist schon bei geringer Fahrgeschwindigkeit erheblich.

Je kürzer die Belastungsdauer ist, um so kleiner ist die Verformung zu erwarten. Die hohe innere Reibung des Untergrundes setzt der Verformung einen Widerstand entgegen, der um so größer wird, je rascher die Verformung auftritt. Durch die verringerte Verformung bleiben die Biegungsspannungen kleiner und die Raddrücke werden zum größten Teil als Druckkräfte unmittelbar auf den Untergrund übertragen.

Das gilt auch für Unebenheiten in der Fahrbahn, denn die Messungen sind vorgenommen worden, wenn das Rad ein 35 mm hohes Hindernis überfahren hat. Auch bei den flexiblen Decken wird der Stoß z. T. verschluckt. Nach amerikanischen Versuchen werden bei Asphaltbelägen 75% der Stoßwirkung abgefangen und nur 25% reflektiert, während bei Beton wegen seiner federnden Eigenschaften sich das umgekehrte Verhältnis ergeben hat und 75% der Stoßwirkung an das Fahrzeug abgegeben werden. Das ist auch der Grund, warum für Flugplätze immer mehr bituminöse Beläge angewendet werden (s. S. 547).

1.385 Sind Anhänger für die Messung von Unebenheiten brauchbar?

Da unsere Straßen fast nur von Kraftfahrzeugen befahren werden, die vier oder sechs Räder mit Luftreifen haben, wird man nachprüfen müssen, ob es unter diesen Verhältnissen richtig ist, die Griffigkeit (s. S. 25) und die Unebenheit mit ein- oder zweirädrigen Anhängern zu messen. Da es sich hierbei um Aufgaben handelt, Erkenntnisse zu gewinnen, die für die Sicherheit des Verkehrs von größter Bedeutung sind, muß es doch als wesensfremd bezeichnet werden, ein- oder zweirädrige Anhänger anstelle von Kraftfahrzeugen zu benutzen, die als typische Vertreter im Straßenverkehr zu betrachten sind. Ein solches Verfahren ist schon deshalb abwegig, weil das Schwingungsverhalten, die Straßenlage und die Schlingerbewegungen eines geschleppten Fahrzeuges niemals gleich denen eines selbständig fahrenden Wagens sein können. Das haben bereits ausgedehnte Untersuchungen im Institut für Kraftfahrwesen der Technischen Hochschule Stuttgart bewiesen[1]. In Übereinstimmung mit diesen Untersuchungen zeigen die Schlingerbewegungen eines Einachsanhängers, daß diesem durch bekannte Kopplungswirkungen mit dem Zugwagen auch artfremde Vertikalbewegungen aufgezwungen werden, so daß die Vertikalbewegungen des Anhängers ein doppelt unnatürliches und verzerrtes Bild gegenüber den Vertikalbewegungen fast aller übrigen Straßenbenutzer ergeben.

Um diesem Nachteil zu entgehen, ist es verständlich, daß bei dem französischen Stradograph (s. S. 38) und einem hier nicht beschriebenem englischen Gerät zur Seitenkraftmessung das Meßrad in einen vierrädrigen Kraftwagen eingebaut ist. Auch die Versuchseinrichtung von Professor Dr. ESSERS, Aachen, die ursprünglich einen Meßanhänger mit zwei Rädern hatte, ist jetzt auf einem Lastkraftwagen angebracht worden (s. oben).

1.386 Der Zusammenhang von Griffigkeit, Ebenheit und dynamischen Beanspruchungen der Straßenoberfläche

Bisher sind alle Fragen, die sich auf die Griffigkeit, Ebenheit und die Inanspruchnahme der Straßenoberfläche durch die dynamischen Zusatzkräfte beziehen, getrennt voneinander behandelt worden. Bei den Messungen und ihren Auswertungen haben sich aber zunehmend Zusammenhänge zwischen ihnen ergeben. Man wird also von der Ansicht ausgehen müssen, daß bei der Fahrt eines Kraftfahrzeuges Beziehungen untereinander und gegenseitige Beeinflussung bestehen. Es ergeben sich die folgenden Zusammenhänge.

Bei bestimmten Beiwerten des Kraftschlusses in Verbindung mit bestimmten Frequenzen und Amplituden der unebenen Fahrbahnoberfläche wird bei bestimmten Reifen- und Wagenfeder-Kennungen, Achs- und Fahrzeug-Gewichts-Verlagerungen, Stoßdämpfungseinflüssen u. a. m. je ein Fahrzeugrad kurze Zeit in der Luft bleiben, so daß die auf die Fahrbahn ausgeübten Horizontalkräfte auch in seitlicher Richtung = 0 werden. Entsprechend sind — vom Fahrzeug aus gesehen — auch seine „Radführungskräfte“ in diesem Zustand = 0, d. h. das Rad springt vom Boden ab und Spurführungs-, Treib- und Bremskräfte können nicht mehr übertragen werden. GAUSS hat für verschiedene Fahrzeuge die Grenzhöhen, Erhebungen und Mulden ermittelt, bei denen das Rad gerade mit der Fahrbahn in Berührung bleibt. Daraus ist berechnet, welche Unebenheitshöhe bei einer bestimmten Wellenlänge und bestimmten Fahrgeschwindigkeit nicht überschritten werden darf. Umgekehrt werden im Zeitpunkt der vertikalen dynamischen Druckspitzen auch die horizontalen Kraftspitzen ein Maximum sein einschließlich der seitlichen Komponente als Radführungskraft. Stimmt bei wellenförmiger Straßenunebenheit die „Wellenlänge“ mit der Eigenschwingungszahl und der Fahrgeschwindigkeit des Fahrzeugs als „Erregerfrequenz“ überein, so tritt „Resonanz“ auf, bei der die oben erwähnten Minima und Maxima der Radführungskräfte bzw. Fahrbahnhorizontalkräfte periodisch wechseln.

Um den geschilderten Zusammenhängen eine neue meßtechnische Grundlage zu geben, wurde von OSTWALD neuerdings eine Zusatzeinrichtung für seinen Straßenmeßwagen entwickelt, bei der eine Vorrichtung an den Reifen verlegt ist, die sowohl lotrecht wie waagerecht den Kraftverlauf zwischen Fahr-

[1] Prof. KAMM: „Das Kraftfahrzeug“.

bahn und Fahrzeug zu messen gestattet. Bei dem „Doppel-Tastrad-System“ nach OSTWALD kann die Querdehnung des Reifens fortlaufend und zugleich mit dem Federweg-Diagramm aufgezeichnet werden. Es ist dies eine Fortentwicklung der Einrichtung von BOMHARD mittels Tastköpfen, die am Reifen anliegen [*42*]. Die Querdehnung für Vertikalkräfte wird gemessen. Ein um das Meßrad gelegter Rahmen mit Ritzfilmgeräten trägt die Tastköpfe. Nach OSTWALD überträgt ein Doppel-Tastradsystem die Querdehnung des Reifens auf die Bandaufnahme ohne Stützrahmen und zeichnet sowohl den lotrechten wie den waagerechten Kraftverlauf unmittelbar auf. Für Horizontalkraftmessung wird dabei die mit Kennlinie bestimmte seitliche Auswölbung des Reifens benutzt. Mit diesem neuen Gerät werden somit auch Griffigkeitsmessungen möglich sein, die bestimmte Einflüsse der Unebenheit und der dynamischen Gewichtsverlagerung von Fahrzeugkörper und Achsen mit einschließen. Umgekehrt wird mit diesem Verfahren auch der Fahrzeug-Konstrukteur Meßwerte erhalten, die zu künftigen Fahrzeugkonstruktionen, die auf die Straße „abgestimmt“ sind, hinführen mit dem Ziel: *Erhöhte Sicherheit im Straßenverkehr!*

2. Linienführung

2.1 Wirtschaftliche Linienführung

Eine Straße hat einen wirtschaftlichen Wert, wenn durch ihren Bau die Lebenshaltung der Bevölkerung wesentlich gesteigert und verbilligt wird und sie ein Gebiet erschließt, das einer höheren Nutzung zugeführt werden kann, wenn die Straße die Leistung von Industrie und Landwirtschaft günstig beeinflußt. Es ist aber schwer, darüber eindeutige Vorstellungen zu gewinnen und gültige Voraussagen zu treffen. Das ist Aufgabe der Landesplanung, in der der Ausbau des Straßennetzes eine ausschlaggebende Rolle spielt.

In Ländern, die schon von früher her ein gutes Straßennetz besitzen, bestand der Straßenbau in erster Linie im Ausbau der vorhandenen Straßen, seltener in der Schaffung neuer Straßenlinien. Erst wenn der Straßenverkehr so zugenommen hat, daß die Straße nicht mehr ausreicht, ist ernsthaft zu überlegen, ob es nicht zweckmäßig ist, die Landstraße mit ihrem gemischten Verkehr durch eine besondere Kraftverkehrsstraße — Autobahn zu ersetzen. In solchem Falle wird die Bauwürdigkeit einer solchen Verbesserung zu untersuchen sein.

Nach Ansicht der schweizerischen Straßenfachmänner hat die Belastung einer Straße mit mehr als 5000 Kraftfahrzeugen für den Tag im Jahresdurchschnitt die Grenze einer Landstraße erreicht und eine Autobahn wäre gerechtfertigt. Ähnlichen Auffassungen begegnet man in England und den Niederlanden. Dann ist die Aufgabe gestellt, die Linie einer Straße oder Autobahn so zu führen, daß sie gleich den Verkehr verschiedener Straßenzüge bei sich bündelt.

Die Vorteile können darin bestehen, daß auf der Autobahn mit höherer Geschwindigkeit bei gleichem oder geringerem Treibstoffverbrauch das Ziel vom Ausgangspunkt in kürzerer Zeit oder unter teilweiser Benutzung von Landstraße und Autobahn der gleiche Vorteil erreicht wird. Ob das der Fall ist, ergibt sich aus Berechnungen, die auf der Angabe im Abschnitt 1.245 beruhen, daß das Verhältnis der Reisegeschwindigkeit auf der Bundesstraße zur Autobahn ist wie 52 : 80.

In einem größeren Wirtschaftsgebiet, von dem aus man ein bestimmtes Ziel (Klein- oder Großstadt, Flughafen u. a. m.) bei Benutzung einer Autobahn schnell erreicht und somit Zeit gewinnt, ergeben sich die schon genannten Vorsprungszonen (s. S. 20). Da das Kraftfahrzeug ein Flächenverkehrsmittel ist, muß also eine Autobahn zu beiden Seiten Streifen haben, die ihr Einflußgebiet sind, das sich etwa mit den Vorsprungszonen deckt. Je breiter dieser Streifen ist, desto größer ist der Wert dieser Verkehrslinie.

Bieten sich bei dem Entwurf einer Straße mehrere Lösungen, so liegt es nahe, zu untersuchen, welche Linie die wirtschaftlichste ist, d. h. bei welcher Linie mit dem geringsten Aufwand an Baukosten die günstigste Verkehrsleistung erhalten wird. Zu diesem Zwecke werden die Jahreskosten ermittelt, die für jede der im Vergleich stehenden Linien entstehen.

2.11 Ermittlung der Jahreskosten und des Gegenwartwertes von Straßen

Wenn mit K die Neubaukosten für eine Straße bezeichnet, mit U die jährlichen Unterhaltungskosten, die in Prozenten p der Neubaukosten ausgedrückt werden und für jedes Jahr gleich hoch sein sollen, obwohl sie mit dem Lebensalter der Straße zuzunehmen pflegen, z = der übliche Zinsfuß in $^0/_0$, $q = 1 + \frac{z}{100}$, t = die Anzahl der Jahre, auf die sich die Tilgung erstrecken soll, n = die voraussichtliche Lebensdauer in Jahren, m = die Zahl der Jahre bis zur weiteren Erneuerung sind, dann gilt für die Jahreskosten die Formel

$$\text{Jahreskosten} = \frac{K \cdot z}{100} + K_1 \left[\frac{q-1}{q^n - 1} + \frac{q-1}{q^{m-n} - q^n - q^m + 1}\right] + U + T.$$

In ihr sind noch die Beförderungskosten mit dem Wert T berücksichtigt, der voraussichtlich auf diesem Straßenteil entstehen wird. Er muß geschätzt werden.

Der Gegenwartswert G, auch Ablösungskapital genannt, wird gelegentlich ermittelt, wenn die Straße von einem Baulastträger auf einen anderen übergeht. Er beträgt

a) für erstmaligen Bau, laufende Unterhaltung und Erneuerung jeweils nach n Jahren:

$$G = K + \frac{K}{q^n - 1} + U \cdot \frac{100}{z} = K\left[\frac{q^n}{q^n - 1} + \frac{p}{z}\right]; \tag{11}$$

b) unmittelbar nach einem Neubau nur für die laufende Unterhaltung und Erneuerung in Zeitabständen:

$$G = K\left[\frac{1}{q^n - 1} + \frac{p}{z}\right]; \tag{12}$$

c) für die laufende Unterhaltung und Erneuerung in Zeitabständen unter Berücksichtigung, daß zur Zeit der Ablösung noch eine Lebensdauer von m Jahren zu erwarten ist:

$$G = K\left[\frac{q^{n-m}}{q^n - 1} + \frac{p}{z}\right]. \tag{13}$$

Man könnte die Aufgabe so fassen, den Nutzen von Straßenbauten vom Standpunkt des Baulastträgers zu ermitteln und ihn mit dem Nutzen des Straßenbenutzers zu vergleichen. Die Aufstellung der Bilanz des Baulastträgers ist verhältnismäßig einfach. Der zahlenmäßige Nutzen für den Straßenbenutzer muß sehr gründlich untersucht werden. Man muß ausgehen von dem zu erwartenden Verkehr, den zu schätzen schwierig ist. Wenn die Bilanz des Straßenbenutzers eine jährliche Ersparnis aufweist, die erheblich höher ist als der jährliche Aufwand für die Verzinsung und Tilgung des für die Straße oder den Verkehrsweg aufgewendeten Kapitals einschl. der Unterhaltungskosten, kann eine Straße als ertragreich in volkswirtschaftlichem Sinne betrachtet werden.

2.2 Technische Linienführung

Um eine neue Straße zu entwerfen und zu bauen, braucht man Planunterlagen, die in Ländern, die bereits vermessen sind, zur Verfügung stehen, vielfach sogar in solchem Maßstabe, daß besondere Aufnahmen nicht notwendig sind. In unerschlossenen Gebieten müssen aber solche Geländepläne erst beschafft werden. Hierzu bedient man sich der fotogrammetrischen Aufnahmen aus der Luft. Die Länder in Westeuropa verfügen bereits über ein engmaschiges Landstraßennetz, so daß die Planungsarbeit meist in der Verbesserung und Ergänzung der vorhandenen Wege besteht. Nur der Bau von Autobahnen und Hochgebirgsstraßen ist Anlaß, auf den Grundlagen der Fahrdynamik unter Beachtung psychologischer Eigenschaften der Benutzer neue Linien auszulegen und sie den landschaftlichen Gegebenheiten anzupassen.

Wenn auch bei diesen Anlagen großzügig vorgegangen werden muß, um der Bedeutung der Aufgabe gerecht zu werden, so darf doch nicht übersehen werden, daß Straßenbau technische Kleinarbeit ist und viele der im letzten Jahrhundert gewonnenen Erfahrungen, das als Zeitalter des klassischen Straßenbaues bezeichnet werden kann, nicht abgewertet worden sind, sondern auch bei solchen durch die Größe des Maßstabes gekennzeichneten Bauten eingehalten werden müssen. Dazu gehört auch, daß mehrere Vergleichslinien ausgearbeitet werden und daß straßenverkehrstechnisch nachgeprüft wird, welche Linie die zweckmäßigste und wirtschaftlichste ist, wie sie den Raum am günstigsten erschließt und an die Städte so herangeführt wird, daß die Zubringerstraßen möglichst kurz ausfallen. Die hierzu erforderlichen fahrdynamischen Untersuchungen werden im Abschnitt Fahrdynamik S. 164ff. behandelt.

Viele Straßen aus dem Beginn des 20. Jahrhunderts sind dadurch gekennzeichnet, daß sie tiefe Einschnitte und hohe Dämme aufweisen, daß sie das Gelände rücksichtslos durchschneiden und durch Böschungsformen, die nicht im Einklang mit der natürlichen Neigung des Geländes stehen, abstoßend wirken, sowohl auf den Straßenbenutzer wie auf den Beschauer außerhalb, und damit als Verunstaltung empfunden werden. Viele andere technische Anlagen stören gleichfalls durch die Härte ihrer Formen.

Gleichzeitig werden die biologischen Grundlagen des betroffenen Geländes vernichtet, z. B. durch Bodenauswaschung. Durch diese Eingriffe wird die belebte Natur aus dem Gleichgewicht gebracht: Der Boden, die Luft, das Wasser, Licht und Wärme, Klima, Pflanzen und Tier werden in ihren Lebensgrundlagen und ihrem Zusammenspiel gestört, das natürliche Antlitz entstellt. Man spricht von einer Versteppung. Erscheinungen, die auch der Straßenbenutzer als Störung empfindet.

Gebietet also die Rücksicht auf die Umgebung einen naturnahen Straßenbau, so kann er darüber hinaus der Anlaß sein, ein vernachlässigtes und zurückgebliebenes Gebiet, begünstigt durch die neue Verkehrslage, in Pflege zu nehmen und durch Meliorationen, Bepflanzungen und Aufforstungen Neuland zu gewinnen. Je nach der Örtlichkeit, Klima und Besiedlungsform werden die Maßnahmen zu treffen sein, die solchen Zielen dienen. Man wird aber nicht umhin können, eine bestimmte Rangordnung einzuhalten.

2.21 Zwangspunkte

Wenn auch die Linienführung der Straße das Spiegelbild der Landschaft sein soll, das sie sogar belebt, und der Entwerfer einer Straße von vornherein das räumliche Bild vor Augen haben soll, so wird er auf der anderen Seite an *Zwangspunkte* gebunden sein, die sich aus den örtlichen Verhältnissen ergeben und über die er sich nicht ohne weiteres wird hinwegsetzen können. Solche Zwangspunkte sind:

1. die geologischen Erkundungen des Bodens, ob tragfähiger oder frostgefährdeter Untergrund vorliegt, oder ob Gebirgsschichten, die ungünstig einfallen oder streichen, rutschgefährlichen Hängen, Schutthalden oder Lehnen aus dem Wege gegangen werden muß. Moore und Gebiete mit hohem Grundwasserstand sollen gemieden werden, vor allem auch landwirtschaftlich hochwertige Flächen, die dräniert sind oder bewässert werden. Das gilt z. B. bei Anlage von Straßentunnel (s. S. 590).

2. Topografisch gesehen pflegen im bewegten Gelände Sättel und Täler mit Wasserläufen die Lage der Straße zu bestimmen.

3. Zugunsten einer geringen Unterhaltung sollten die südlichen Hänge und trockene Lagen bevorzugt werden. Für Brückenbauwerke muß die günstige Lage vor allem für die Gründung der Widerlager und Pfeiler aufgesucht werden. Gefahren, die aus Murgängen, Schneeverwehungen, Lawinen oder Steinschlag zu erwarten sind, muß soweit als möglich durch die Lage der Linie aus dem Wege gegangen werden.

4. Ganz besonders sind es die Grundeigentumsverhältnisse, die Bebauung, aber auch Grundwasserversorgungsgebiete (Schutzzonen), die die Straßenführung erschweren.

5. Jede Straße erfordert einen hohen Aufwand an Baustoffen. Daher müssen besondere Baustoffgewinnungsstellen und Steinbrüche erschlossen werden, die günstig zur Linie selbst liegen, möglichst so, daß die Baustoffe talwärts auf kürzestem Wege angeliefert werden können. Bei der Anlage der Steinbrüche ist das Landschaftsbild zu schonen; das gleiche gilt von Abraum- und Aussetzkippen, deren Einfügung in die Landschaft und Begrünung besonderer Maßnahmen bedarf.

Es wird empfohlen, die am Reißbrett gefundene Linie sobald als möglich in das Gelände zu übertragen und dort nachzuprüfen, ob alle Anforderungen hinsichtlich der technischen Führung und an das Zusammenspiel mit der Umgebung erfüllt sind. Die Lösung wird immer im Ausgleich der manchmal sich widersprechenden Wünsche gefunden werden können. Die Mittel, die zur Ausgestaltung des Straßenkörpers und seiner Einbindung in die Landschaft angewendet werden können, werden im Abschnitt 3.1 und 3.2 behandelt.

2.22 Linie im Aufriß

Bei der Linienführung im Aufriß ist bei allen Straßengattungen von den zulässigen Steigungen auszugehen.

Man unterscheidet folgende Steigungsarten:

a) Maßgebende Steigung, bei der das Höchstgewicht der auf dieser Straße zu fördernden Last ohne Vorspann und ohne Überlastung der Zugtiere befördert werden kann. Bei Berücksichtigung der Kraftfahrzeuge würden darunter Steigungen zu verstehen sein, die sich aus dem Betriebsdiagramm des Motors als Grenzsteigungen ergeben (s. S. 169).

b) Schädliche Steigungen, auf denen die zu a) genannte Höchstlast nicht mehr befördert werden kann; schädliche Neigungen, wenn der Wagen bei der Talfahrt gebremst werden muß. Wenn indessen das Grenzgefälle gleich dem oder flacher als das Bremsgefälle ist, dann ist die Steigung unschädlich, weil durch Einlegen von Gegensteigungen in diesem Falle kein Mehraufwand an mechanischer Arbeit entsteht.

c) Verlorene Steigungen, bei denen durch eine Gefällstrecke in der Steigungsrichtung eine einmal gewonnene Höhe wieder aufgegeben wird, und bei der Talfahrt gebremst werden muß, so daß Bewegungsenergie verlorengeht. Erhöhung der Betriebskosten.

Diese für die Spannfahrzeuge geltende Beurteilung der Steigungsarten hat für das Kraftfahrzeug keine Bedeutung, weil dieses jede Steigung ausgelastet nehmen kann. Für Kraftwagen ist die Begriffsbestimmung allgemeiner zu fassen.

Für sie gilt als verlorene Steigung die von der maßgebenden abweichende, die mit einer Erhöhung der mechanischen Arbeit oder mit einer Fahrzeitverlängerung, d. h. Vermehrung der Betriebskosten, verbunden ist.

Wo Spann- und Kraftfahrzeugverkehr nebeneinander bestehen, muß sich die Steigung nach dem Spannverkehr richten. Es wird nur anzustreben sein, solche Steigungen zu bevorzugen, die für das Spannfahrzeug noch zugelassen werden können, die zugleich aber dem Kraftfahrzeug gestatten, mit vollbelastetem Motor zu fahren.

2.221 Wahl der Steigungen

Wenn auch die Kraftwagen sehr erhebliche Steigungen nehmen können und zur Überwindung einer gegebenen Höhe die steilste Steigung die wirtschaftlichste ist, weil sie mit niedriger Fahrgeschwindigkeit befahren wird, bei der der Kraftaufwand für die Überwindung des Luftwiderstandes geringer ist als auf einer flachen Steigung, die mit höherer Geschwindigkeit befahren wird, so werden übermäßig steile Steigungen nicht zugelassen werden dürfen. Denn die Fahrt auf steilen Steigungen setzt eine genügende Griffigkeit der Fahrbahn unter allen Witterungsverhältnissen voraus, sowohl für die Bergfahrt, aber ganz besonders für die Talfahrt. Bei der Talfahrt werden die Bremsen sehr stark beansprucht und das ganze Fahrwerk des Wagens mitgenommen, besonders, wenn die Motorbremsung nicht mehr ausreicht. Starke Steigungen, die nur in einem niedrigen Gang befahren werden können, sollen dem Lastkraftwagen nicht zugemutet werden, weil die Fahrer nichts so sehr fürchten als Berge, bei denen bei der Auf- und Abfahrt sie nur noch schleichen können. Wenn auch der Personenkraftwagen weniger von starken Steigungen berührt wird, so wirken sich bei ihm die langen Gebirgsstrecken ungünstig aus, auf denen die Kühler anfangen zu kochen.

Die größte zulässige Steigung kann aus der Zugkraft abgeleitet werden:

Z (kg) $= W$ (Σ der Fahrwiderstände),
Q $=$ Gewicht der Zugkraft (Pferde) in t,
G $=$ Gewicht des Wagens mit Nutzlast in t,
w $=$ kg/t (s. S. 50),

$$s_{\max}\,(\%) = \frac{Z - Gw}{10\,(Q + G)}. \tag{14}$$

Auf kurzen Steigungen bis etwa 600 m Länge kann man den doppelten Wert der Zugkraft annehmen.

Mit Rücksicht auf die Leistungsfähigkeit des Spannverkehrs sind die folgenden Steigungen einzuhalten:

Nach den Normalien 1938 der schweizerischen Bergstraßen:

Haupt- und wichtige Straßen	von 8%
ausnahmsweise	„ 10%
Nebenstraßen	„ 10%
ausnahmsweise auf kurze Strecken .	„ 12%
Flachland	„ 2,5%
Hügelland	„ 6%
Gebirge	„ 8%

Wo eine gleichförmige Längsneigung auf größeren Strecken vorgesehen werden kann, soll sie sich nach den RAL[1] 1937, 1942 nach der Ausbaugeschwindigkeit richten. Mit Rücksicht auf die Erwärmung im Motor bei Steigungsarbeit sollte die Steigung auf je 500 m Höhe um 0,5% verringert und mit Rücksicht auf die Wärmespeicherung beim Bremsen das Gefälle in Fahrtrichtung allmählich abnehmen. Dann müssen aber beide Fahrtrichtungen getrennt geführt werden. Ein Beispiel über die Beziehungen zwischen Geschwindig-

[1] Vorläufige Richtlinien für den Ausbau der Landstraßen RAL 1937, 4. Aufl.

keit und Gefälle der Straße für einen Personenkraftwagen gibt Abb. 40. Für die Talfahrt kann die Geschwindigkeit um 25% höher angenommen werden. Für Lastkraftwagen und Omnibusse gilt, daß die Geschwindigkeit des vollausgelasteten Lastkraftwagens auf starken Steigungen ganz erheblich abfällt (s. S. 172). Solche Langsamstrecken sind eine Belastung und Zeitverlust. Die Talfahrt mit schweren Lastkraftwagen auf langen Gefällsstrecken nötigt zu langsamer Fahrt und kräftiger Bremsung. Das Versagen der Bremsen führt zu folgenschweren Unfällen. Diese Nachteile können nur durch flachere Steigungen behoben werden.

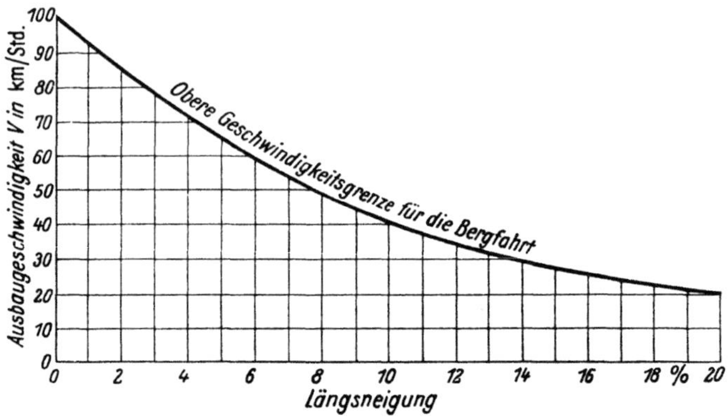

Abb. 40. Verkehrsgeschwindigkeit eines Personenkraftwagens in Steigungen

Der Straßenbauingenieur wird durch richtige Auswahl der Steigung den Besonderheiten in der Motorleistung zu entsprechen haben. Angaben darüber folgen noch (s. S. 169).

Paßt sich die Linienführung einer Straße dem welligen Gelände an und schließt sich Kuppe an Wanne, so werden solche Straßen als bergig bezeichnet. Der Straßenzug setzt sich also aus einer Anzahl von Steigungen und Gefällen zusammen. Summiert man die Gefälle und bringt sie in ein Verhältnis zu einer Längeneinheit, z. B. 100 km, so wird dieser Wert als „*spezifische Bergigkeit*" bezeichnet. Er kann zur Beurteilung und zum Vergleich von Straßenlinien herangezogen werden. Die Linie mit der größeren Bergigkeit wird nur dann als eine ungünstige zu betrachten sein, wenn bei dem Befahren mit Lastkraftwagen auf ihr viel Schaltarbeit geleistet werden muß. Soweit die Steigungen ohne Herunterschalten auf einen niederen Gang mit vollausgelastetem Motor und die Gefälle ohne Abbremsen befahren werden können, ist die Linienführung betrieblich günstig. Sind die Wellen indessen kurz und folgen sie dicht aufeinander, so flattert das Straßenbild, eine Erscheinung, die der Insasse als lästig empfindet und die vermieden werden soll.

Im Hochgebirge werden stärkere Steigungen nicht zu vermeiden sein. So hat die Gaisbergstraße bei Salzburg im unteren Teil bis 8%, im oberen bis 12,7% Steigung, die Großglocknerstraße zwischen 10 und 12% [*43*], 13% wird wohl als die höchste zulässige Neigung angesehen, wenn die mittlere 10% beträgt. Der Nürburgring hat eine Prüfungsstrecke von 27% auf 150 m Länge.

Die bei den deutschen Bundesautobahnen anfangs zugelassenen Steigungen von 6 bis 7% haben sich besonders, wenn es sich um längere Strecken handelt, sehr nachteilig erwiesen, so daß die höchst zulässige Steigung auf 4% festgesetzt ist. Das gilt auch für die Autobahnen in Österreich (s. S. 193).

Für Städte gelten gleichfalls die oben angegebenen Grenzen. Unter Berücksichtigung der örtlichen Verhältnisse ist in Stuttgart für Verkehrsstraßen 6% festgesetzt worden, mit der ausdrücklichen Begründung, daß bei dem starken Anteil des Kraftwagens im städtischen Verkehr solche Steigungen unbedenklich sind.

Bei Brückenrampen in Städten und dort, wo noch viel Fuhrwerkverkehr besteht, sollte die Steigung 3% nicht überschreiten.

Schädliche Steigungen machen dem Kraftwagen nichts aus; wenn sie nicht zu lang sind, kann er sie unter Abfall der Fahrgeschwindigkeit ohne Schaltung durch Ausnutzung eines Teiles der kinetischen Energie überwinden. Kommt der Wagen mit der Geschwindigkeit V_I km/h am Fuß der Rampe mit der Steigung $s/_{100} = \frac{h}{L}$ an und soll nach h_x m noch die Geschwindigkeit V_{II} haben, so ist die Arbeitsleistung

$$G h_x = mg \cdot h_x = \frac{m\,(V_I^2 - V_{II}^2)}{2 \cdot 3{,}6^2},$$

$$h_x = \frac{V_I^2 - V_{II}^2}{2g \cdot 3{,}6^2}. \tag{15}$$

Aus dem Fahrdiagramm S. 169 ist zu entnehmen, bis auf welche Geschwindigkeit V_{II} die Fahrt ohne Umschaltung abfallen kann, daraus ergibt sich h_x und dann auch die Länge der höheren Steigung $l_x = \frac{100 \cdot h_x}{s}$.

2.222 Aufsuchen der Linie im Lageplan

Ist für einen Straßenentwurf die maßgebende Steigung auf Grund der Ausbaugeschwindigkeit oder anderer durch den Verkehr gebotener Rücksichten festgelegt, erfolgt ihr Entwurf nach Lage und Höhe im Gelände vorerst unter Benutzung geeigneter Karten mit Höhenschichtenlinien. Gegeben ist der Höhenunterschied der beiden Orte, die durch die Straße verbunden werden sollen $= H$ in Meter und die maßgebende Steigung s_m %. Dann ergibt sich rechnungsmäßig die Länge der Straße zu

$$L = \frac{H \cdot 100}{s_m} \text{ m}. \tag{16}$$

Ist diese Strecke L länger als die geradlinige Verbindung beider Orte, so muß die Linie am Hang entwickelt werden. Das geschieht durch die *Nullinie*. Sie wird gefunden, indem die Straßenachse von Schichtlinie zu Schichtlinie mit Zirkelschlag in dem Abstand $l = \frac{h \cdot 100}{s_m}$ festgelegt wird, wenn h der Höhenunterschied der Schichtenlinien ist. Es kann so aufwärts vom Aufstiegspunkt oder abwärts vom Endpunkt verfahren werden. Der hierdurch entstandene Vieleckzug paßt sich vollkommen dem Gelände an (Abb. 42). Zum mindesten liegt die Straßenachse an den Schnittpunkten der Nullinie mit den Höhenschichtenlinien im Gelände, ob auch zwischen den Höhenschichtenlinien, hängt von der Geländeform ab. Wenn die Schichtenlinien untereinander verschieden große Abstände haben, wird die Nullinie im Grundriß zickzackförmig. Will man die Nullinie strecken, kann man eine oder mehrere Schichtenlinien überschlagen, wenn man mit dem doppelten oder mehrfachen Zirkelschlag die zweite oder weitere erreicht. Sind die Schichtenlinien so weit auseinandergezogen, daß ihr Abstand größer als l wird, muß die Steigung auf die Querneigung des Geländes ermäßigt werden, dann schneidet die Nullinie die Schichtenlinien unter 90°. Sind die Höhenschichtenlinien erhaben, d. h. das Gelände aufgewölbt, so schneidet die Linie ein, sind sie nach oben hohl, bei muldenförmiger Oberflächenbeschaffenheit, so liegt sie über dem Gelände. Je geringer der Höhenabstand der Schichtenlinien in Metern in den Planunterlagen ist, desto genauer schmiegt sich die Nulllinie an die Geländeform an. Im Vieleckzug der Nullinie müssen die Ecken durch Ausrundungen ersetzt werden. Da die Tangenten stets länger sind als die zugehörenden Bögen, verkürzt sich die Linie um ein Maß, das von der Zahl der eingelegten Bögen, ihrem Zentriwinkel und ihrer Halbmessergröße abhängt und von sonstigen Maßnahmen, die dazu dienen, die Linie zügiger zu gestalten, um den Verkehr auf ihr zu erleichtern. Je zügiger und gestreckter die Nullinie ausgerichtet wird, desto mehr wird sie im Vergleich zur ursprünglichen verkürzt, um so mehr fällt sie durch Einschnitte oder Aufträge aus der Geländefläche heraus. Wieweit man in jedem Falle zu gehen hat, hängt von dem Verkehrswert der Straße ab. Wo große Ausbaugeschwindigkeiten verlangt werden, ist eine möglichst gestreckte Linienführung mit großen Halbmessern und guten Sichtweiten gegeben. Bei Straßen untergeordneter Bedeutung ist eine engere Anpassung an das Gelände mit vielen und geringeren Halbmessern zugelassen. Wieweit auch Rücksicht hierbei auf die Schonung des Landschaftsbildes genommen werden muß, wird von Fall zu Fall entschieden, indem die wirtschaftlichen, d. h. die Bau-, Unterhaltungs- und Betriebskosten gegen die Anforderung der Landschaftsgestaltung abgestimmt werden (s. S. 225).

Unter Umständen kann die stark bewegte Form des Geländes bewirken, daß die ursprünglich angenommene Ausbaugeschwindigkeit ermäßigt werden muß, um sich besser dem Gelände anzupassen. Auf jeden Fall wird durch die Verkürzung der Linie die ursprünglich angenommene maßgebende Steigung erhöht.

Die Steigung s_m wird nicht immer durchzuhalten sein, sie muß in scharfen Bögen, in den in Abständen anzulegenden Ruhestrecken für Spannverkehr und bei größeren Kunstbauten vermindert werden. Aus H wird $H + \Sigma h$, wo h die einzelne Steigungsermäßigung bedeutet.

$$s_{\text{mittel}} = s_{\max} \cdot \frac{H}{H + \Sigma h}.$$

Im Vieleckzug der Nullinie müssen die Ecken ausgerundet werden. Da die Tangenten stets länger sind als die zugehörenden Bogen, verkürzt sich die Linie. Aus L wird L' — Länge der ausgerundeten und ausgerichteten Straßenachse $L' < L$.

Soll s_{mittel} und damit die maßgebende Steigung s_m eingehalten werden, wird eine flachere s'_m anzuwenden sein.

$$s'_m L = s_{\text{mittel}} \cdot L' \qquad s'_m = \frac{H \cdot \dfrac{H}{H + \Sigma h}}{L \dfrac{L}{L'}} = \frac{H}{L} \cdot \alpha.$$

Da das Maß x der Verkürzung sowohl von der Oberflächengestalt des Geländes, ob sie mehr gleichmäßig oder mehr bewegt ist, abhängt, als auch von der Ausrichtung der Nullinie, ob sie mehr gestreckt ist oder sich anschmiegt, so ist die Verkürzung x, aus der sich der *Gradientenbeiwert* α ergibt, als Mittelwert nach der Tabelle 13 zu schätzen [*44*]:

Tabelle 13. *Verkürzung x der Achse in %*

Oberflächenbeschaffenheit des Hanges	Linie gestreckt	halbsteif	angepaßt
eben	4	2	1
wellig	8	4	2
sehr bewegt	12	6	3

Mit dem gewählten x wird

$$s'_m\,\% = s_{\text{mittel}} \frac{L \cdot (1 - 0{,}01\,x)}{L} \cdot 100$$

$$\approx \frac{s_{\text{mittel}}}{1 + 0{,}01\,x} \cdot 100$$

$$= s_{\max} \frac{H}{(H + \Sigma h)\,(1 + 0{,}01\,x)} \cdot 100 = \frac{H}{L} \cdot \alpha \cdot 100$$

x Werte aus der Tabelle.

Auf diesen Betrag wäre in jedem Falle die maßgebende Steigung s_m zu ermäßigen, damit sie in der endgültigen Straßenachse nicht überschritten wird.

Das Steilerwerden der maßgebenden Steigung infolge Verkürzung der Linie hat zur Folge, daß, je mehr sich die endgültige Linie von ihrem Ausgangspunkt entfernt, sie sich um so mehr von dem Gelände ablöst. Ist von unten nach oben abgezirkelt worden, hebt sie sich aus dem Gelände heraus, ist von oben nach unten gearbeitet worden, drückt sie sich in das Gelände hinein. Dem kann durch zwei Maßnahmen begegnet werden. Die erste ist, daß die ursprüngliche Nullinie durch eine zweite, nunmehr ausgerichtete ersetzt wird, die um den Ausgangspunkt so weit geschwenkt wird, daß sie sich wieder mit dem Gelände deckt. Der andere Weg besteht darin, daß die erste Linie möglichst in ihrer ursprünglichen Lage belassen wird, aber innerhalb kurzer Abschnitte die tatsächliche Steigung aus dem Höhenunterschied eines oberen und unteren Zwangspunktes und der gemessenen Strecke errechnet wird. Diese Zwangspunkte sind im wesentlichen Schnittpunkte der Nullinie mit den Höhenschichtenlinien, die beim Ausrichten der Linie gegenüber dem ersten Entwurf keine Änderung erfahren haben und an ihrer ursprünglichen Lage belassen worden sind (Abb. 41).

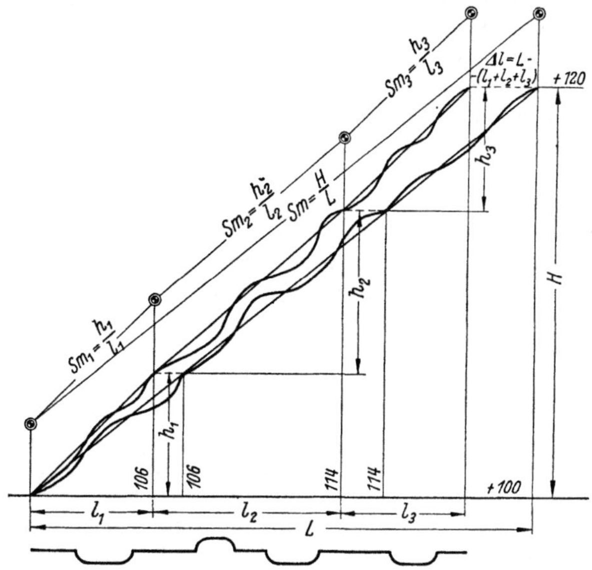

Abb. 41. Ermittlung der wirklichen Steigung nach dem Ausrichten des Längsgefälles

Die Unterschiede in der Linienführung soll Abb. 42 erkennen lassen. Die dünne Linie stellt eine Landstraße II. Ordnung dar, die bei einer Steigung von

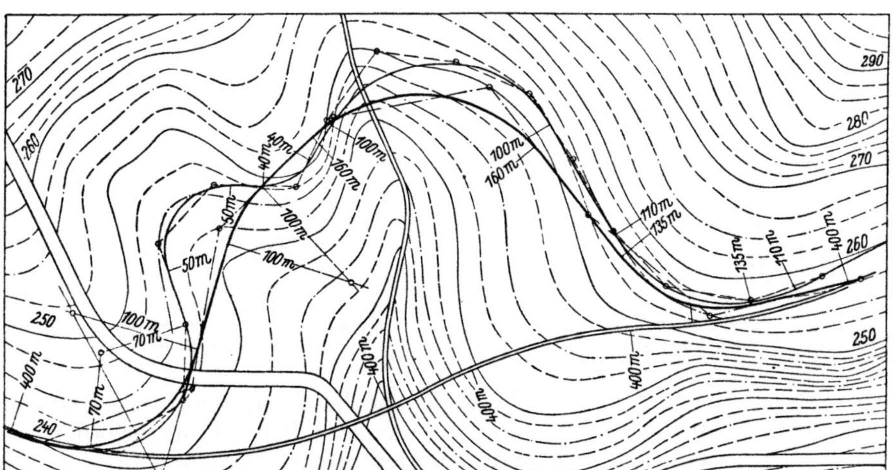

Abb. 42. Aufsuchen der Linie im Lageplan mit der Nullinie für eine Landstraße II. O. (dünne Linie), Bundesstraße (dicke Linie), Autobahn (Doppellinie) Maßstab 1:6000

2% und kleinstem Halbmesser von 40 m, die dickere Linie eine Bundesstraße mit 2% und 100 m Halbmesser, die doppelte Linie eine Autobahn, die in demselben Gelände die gleiche Höhe bei einem Mindesthalbmesser von 400 m überwindet. Ihre Steigung beträgt zufolge der gestreckten Führung 2,63%.

Bei diesem Vergleich handelt es sich nur um die Linienführung im Aufriß bei gegebener Steigung mit dem Ziel, den Straßenkörper dem Gelände anzupassen. Auffällt, daß bei der Landstraße II. Ordnung sich S-Kurve an S-Kurve reiht, so daß nur mit geringer Geschwindigkeit gefahren werden kann schon mit Rücksicht auch auf die ungenügende Übersicht. Wenn die Verhältnisse für die Bundesstraße günstiger liegen, so weist doch diese Erkenntnis darauf hin, daß die Linie im Aufriß nicht ohne den Grundriß behandelt werden kann. Es müssen verschiedene Anforderungen gegeneinander abgewogen werden.

Zu den Zwangspunkten, die zuvor aufgeführt worden sind, kommen noch weitere besonders bei dem Entwurf von Steigen und Bergstraßen.

Solche Zwangspunkte können auch die Mittelpunkte von Wendeplatten, Bauwerke u. a. m. sein. Je nachdem, ob in den einzelnen Abschnitten durch viele Krümmungen mit großem Halbmesser und zügige Gestaltung stark von der Nullinie abgewichen oder durch starke Geländeanpassung ihre Lage beibehalten ist, weicht die tatsächliche Steigung von der Ausgangssteigung mehr oder weniger ab, ausgedrückt durch den Gradientenbeiwert.

Bei der hier vorgeschlagenen Aufteilung der Linie ist die Steigung keine stetige mehr, sondern gebrochen, aber die Unterschiede sind außerordentlich gering, so daß sie äußerlich nicht in Erscheinung treten, und der Verkehr sie überhaupt nicht empfindet. Dieses Verfahren dient nur dem Ziel, Ungenauigkeiten in den Gefällangaben, die beim Abstecken im Gelände zu verhängnisvollen Fehlern führen, auszuschließen.

Ergeben sich besonders bei gestreckter Linienführung starke Bodenbewegungen mit großen Förderweiten, so können diese vermieden werden, indem die ursprünglich gleichmäßig geneigte Linie an solchen Stellen aus flacheren und steileren Ästen zusammengesetzt wird, um sich dem Gelände anzupassen.

Wenn in den Steilstrecken die maßgebende Steigung überschritten wird, so ist das unbedenklich, wenn diese Strecken nicht länger als 600 m sind (s. S. 69).

2.223 Ausrundung der Gefällwechsel

Der Übergang von einer Steigung in eine andere (Gefällbruch) kann verschiedene Formen haben. Bei dem einfachen Wechsel verlaufen die Neigungen in der gleichen Richtung, nur das Neigungsverhältnis ändert sich (Abb. 43a, er-

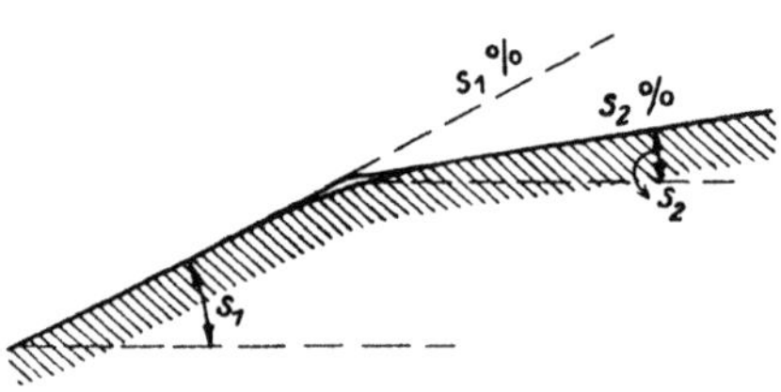

Abb. 43a. Ausrundung für Gefällbrechpunkt (erhabene Form)

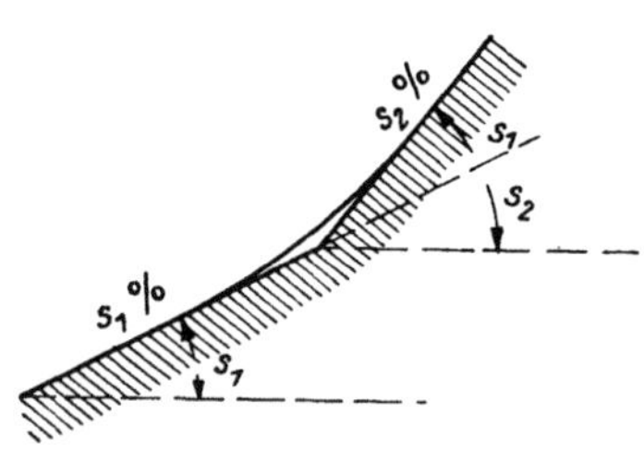

Abb. 43b. Ausrundung für Gefällbrechpunkt (hohle Form)

habene Form, Abb. 43b, hohle Form). In beiden Fällen muß ein Übergang durch eine Ausrundung erfolgen. Eine besondere Behandlung erfordern die Wechsel, bei denen die Neigungen entgegengesetzte Richtung haben, d. h. eine Steigung in ein Gefälle oder umgekehrt übergeht. Gewölbt als Kuppe (Abb. 44a) oder hohl als Wanne (Abb. 44b). In allen Fällen muß ein Übergang für eine störungsfreie Fahrt geschaffen werden, indem die Gefällwechsel ausgerundet werden, so daß die Fahrzeuge allmählich von der einen Steigung in die andere überführt werden, möglichst so, daß bei dem Durchfahren der Bögen entstehende Fliehkräfte keine unzulässige Belastung oder Beschleunigung im Fahr-

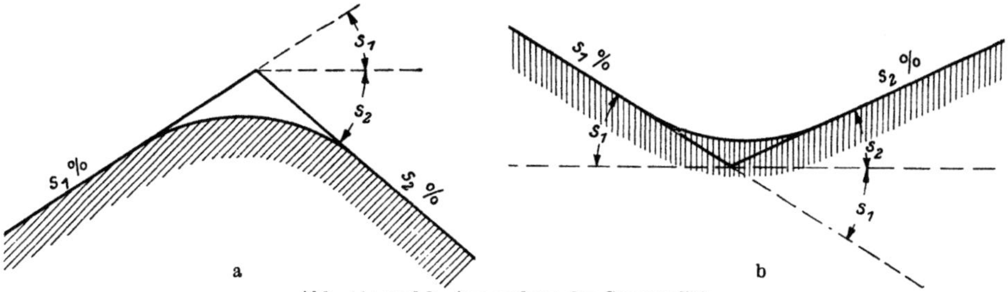

Abb. 44a und b. Ausrundung der Gegengefälle.
a) Kuppe, b) Wanne

zeug hervorrufen. Je größer der Ausrundungshalbmesser ist, desto geschmeidiger vollzieht sich der Richtungswechsel.

Der kleinste aus dynamischen Gründen erforderliche Ausrundungshalbmesser ergibt sich bei der noch nicht als unangenehm empfundenen vertikalen Beschleunigung von 0,5 m/sek.² [*45*] zu

$$H \geqq \frac{V^2}{3{,}6^2 \cdot 0{,}5} \geqq 0{,}15\ V^2. \qquad (17)$$

Damit erhält man bei einer Ausbaugeschwindigkeit von z. B. 100 km/h

$$H_{\min} = 1500\ \mathrm{m}.$$

Die Größe der Ausrundungshalbmesser H bei den Kuppen wird noch durch eine weitere Forderung für die Verkehrssicherheit bestimmt. Denn bei der Fahrt über eine Kuppe ist dem Fahrer der vor ihm liegende absteigende Ast seiner Fahrspur durch die Kuppe verdeckt. Die Aufgabe ist daher gestellt, die Kuppe so flach auszurunden, daß der Fahrer ein ausreichendes Stück so weit übersieht, daß er einem Hindernis ausweichen oder rechtzeitig vor ihm bremsen kann. Diese Möglichkeit ist gegeben, wenn der Sehstrahl vom Auge eines Fahrers, das $f = 1{,}20$ m über der Fahrbahn liegt, bis zu einem $h = 0{,}2$ m hohen Hindernis in der Fahrlinie des Wagens den Kuppenscheitel höchstens berührt, und wenn er eine Länge hat, die der Bremsstrecke entspricht, zuzüglich der Fahrstrecke, die in der Überlegungssekunde zurückgelegt wird. Auszugehen ist daher bei der Lösung dieser Aufgabe von der Ausbaugeschwindigkeit und der für sie geltenden Bremsstrecke nach Gl. (9)

$$b_r = \frac{V}{3{,}6} + \frac{V^2}{3{,}6^2 \cdot 2\,g\,(\mu \pm s/100)}.$$

Bei Berücksichtigung der Fliehkraft, die den Wagen vom Boden abheben will, wird g vermindert um den Betrag $\frac{v^2}{H}$ auf $g - \frac{v^2}{H}$ und die Gleichung nimmt die Form an:

$$b_r = \frac{V}{3{,}6} + \frac{V^2}{3{,}6^2 \cdot 2\left(g - \frac{v^2}{H}\right) \cdot (\mu \pm s/_{100})}$$

In diesem Falle muß mit größeren Sichtweiten gerechnet werden.

Der Kraftschlußbeiwert ist nach AUBERLEN [*46*] nach der Formel von MICHELFELDER, die auf dem Versuchswege gefunden ist, berechnet aus der Verzögerung

$$p = 0{,}334\ \sqrt[3]{900 - v^2}\ \mathrm{m/sek.}^2. \qquad (18)$$

Diese Formel gilt nur für Geschwindigkeiten < 100 km/h. Aus ihr wird der Kraftschlußbeiwert nach der Gleichung (4) ermittelt (s. S. 32). Befindet sich der Wagen in der Steigung, so wird dadurch die Bremsung unterstützt und der Bremsweg verkürzt, $s/100$ ist daher mit dem Pluszeichen, im Gefälle mit dem Minuszeichen einzusetzen. Für s ist in die Formel für b_r (9) immer der ungünstigere der Werte s_1 und s_2 einzusetzen, also s_2 im Fall der Abb. 43a für Fahrtrichtung nach links und s_1 im Fall der Abb. 44a für Fahrtrichtung nach rechts, wenn in diesem Fall $s_1 < s_2$ ist.

Die Berechnung des Ausrundungshalbmessers der Kuppe muß sich auf drei Fälle erstrecken:

1. Der erforderliche Halbmesser H wird aus der geometrischen Beziehung der Abb. 45 bestimmt:

$$b_r = \sqrt{2fH} + \sqrt{2hH} = l_r \text{ in Abb. 45},$$

$$H = \frac{b_r^2}{2(f + 2 \cdot \sqrt{fh} + h)} \tag{19}$$

mit den angenommenen Werten $f = 1{,}2$ m, $h = 0{,}2$ m $H = 0{,}21\, b_r^2$ angenähert, indem Glieder von sehr kleinem Wert fortgelassen sind.

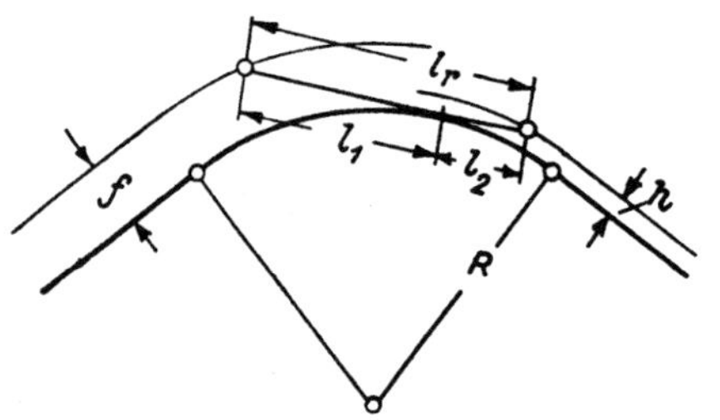

Abb. 45. Ermittlung des Halbmessers H der Kuppenausrundung, Fahrzeug und Hindernis sind auf dem Ausrundungsbogen

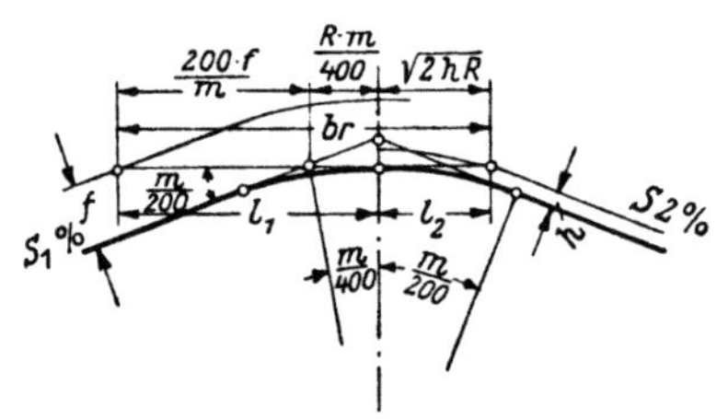

Abb. 46. Ermittlung des Halbmessers der Kuppenausrundung, Fahrzeug ist auf der Tangente, das Hindernis auf dem Bogen

Dieser Lösung liegt die Annahme zugrunde, daß das Auge des Fahrers und das Hindernis noch auf dem Ausrundungsbogen liegen. Das wird nicht immer zutreffen, vielmehr sind zwei weitere Fälle noch zu berücksichtigen:

2. Das Fahrzeug befindet sich in der Tangente und das Hindernis liegt im Bogen.

Die Bremsstrecke b_r setzt sich aus den beiden Strecken l_1 und l_2 zusammen, nach Abb. 46 ist [46]

$$l_1 = \frac{200\, f}{m} + \frac{H m}{400} \qquad m = s_1 - s_2$$

(wenn s_2 entgegengesetzt ist wie s_1, muß $-s_2$ eingesetzt werden),

$$l_2 = \sqrt{2\, hH} \qquad \text{wie im Falle 1,}$$

$$l_1 = b_r - l_2,$$

$$H = \frac{400}{m} \cdot \left(l_1 - \frac{200\, f}{m}\right),$$

$$H = \frac{l_2^2}{2h}.$$

Aus diesen Gleichungen wird l_2 berechnet:

$$l_2 + \frac{400 \cdot h}{m} = \pm \sqrt{\left(\frac{400\, h}{m}\right)^2 + \frac{400\, h\, 2}{m}\left(b_r - \frac{200\, f}{m}\right)}$$

$$= \frac{400\, h}{m}\sqrt{1 - \frac{f}{h} + \frac{m\, b_r}{200\, h}}.$$

Der Grenzfall für Fall 1 und Fall 2 ist vorhanden, wenn gleichgesetzt werden:

Fall 1 $$b_r = \sqrt{2fH} + \sqrt{2hH};$$

Fall 2 $$b_r = \frac{Hm}{200} + \sqrt{2hH},$$

$$H = 2f\frac{40000}{m^2} = \frac{96000}{m^2}. \qquad (20)$$

3. Das Fahrzeug und das Hindernis [$h = 0{,}2$ m] befinden sich außerhalb des Ausrundungsbogens auf den Tangenten. In diesem Falle kann nach Abb. 47 gesetzt werden

$$b_r = \frac{2Hm}{400} + \frac{200f}{m} + \frac{200h}{m},$$

$$H = \frac{200}{m}\left[b_r - \frac{200}{m}(f+h)\right]. \qquad (21)$$

Grenzfall zwischen Fall 2 und Fall 3

$$l_2 = \sqrt{2Hh} = \frac{m}{200}H,$$

$$H = 2h\frac{40000}{m^2} = \frac{16000}{m^2}. \qquad (22)$$

Fall 1 gibt stets einen größeren Halbmesser als Fall 2 und dieser einen größeren als Fall 3.

Ist $H_1 = 0{,}21\,b_r^2 < 96000/\text{m}^2$, aber $> 16000/\text{m}^2$, so ist nicht H_1 maßgebend, sondern H_2 aus den Formeln für Fall 2.

Ergeben sich für H_1 und H_2 Werte, die kleiner als $16000/\text{m}^2$ sind, so ist H_3 aus der Formel für Fall 3 maßgebend.

Eine gewisse Erleichterung bietet die zeichnerische Behandlung der Beziehungen zwischen Geschwindigkeit V km/h, der sich daraus ergebenden Bremsstrecke, des Straßengefälles, der Größe des Gefällbruches und des daraus sich ergebenden Ausrundungshalbmessers H (Abb. 48). In der Gleichung nach Fall 1 wird der Ausrundungshalbmesser ohne Rücksicht auf den Zentriwinkel des Gefällbruches berechnet, während in den anderen beiden Fällen der Ausrundungshalbmesser vom Gefällbruch abhängig ist. Anstatt der oben bei der Bestimmung des Ausrundungshalbmessers für Kuppen beachteten Bedingung der RAL 1942, nach der vor einem 0,2 m hohen Hindernis angehalten werden müsse und danach die Bremsstrecke berechnet wird, stellt man im Ausland die weitergehende Forderung, daß zwei einander entgegenkommende Fahrzeuge noch rechtzeitig müssen anhalten können. Nach dem französischen Vorbild sind dann — auf die Bezeichnungen in Abb. 45 bis 47 und $f = 1{,}20$ m umgestellt — folgende drei Fälle zu unterscheiden und H ist nach dem jeweils in Betracht kommenden Fall zu berechnen [*47*]:

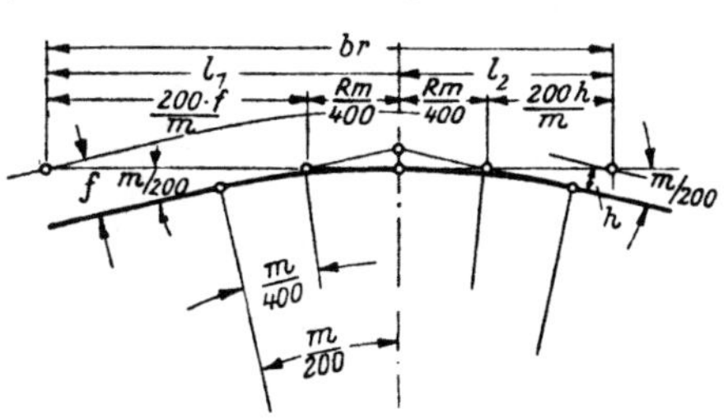

Abb. 47. Ermittlung des Halbmessers H der Kuppenausrundung, Fahrzeug und Hindernis auf der Tangente

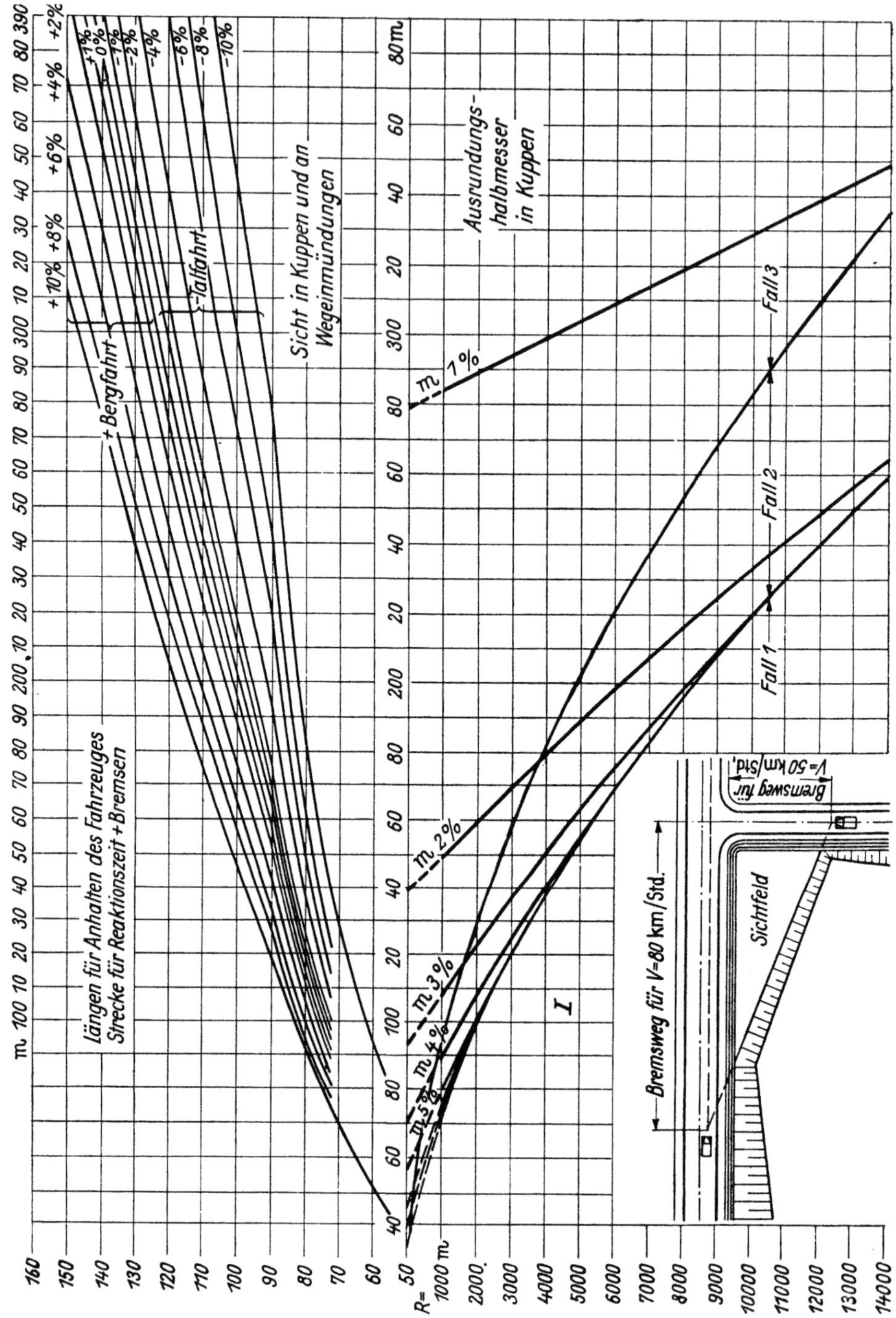

Abb. 48. Schaulinien zur Ermittlung des Halbmessers *H* für die Ausrundung der Kuppen mit Bezug auf die Fahrgeschwindigkeit, Steigung und Gefälle und einen angenommenen Kraftschlußbeiwert bei der Bremsung. Die Schaulinie kann auch benutzt werden, um das Sichtfeld an Straßenecken zu ermitteln (links unten)

1) $m/200 \gtrless 1{,}20/b_r$ d. h. $m \gtrless 240/b_r$, dann erfordert die Rücksicht auf genügende Sichtweite *keinen* Ausrundungsbogen und für $H_{\min}$ ist nur die Gleichung (17) maßgebend.

Ist z. B. $b_r = 150$ m, so entfällt ein Ausrundungsbogen zur Schaffung ausreichender Sicht, wenn die Neigungsänderung $m \leqq \frac{240}{150} \leqq 1{,}6\%$ ist.

2) $m/200 \geqq 1{,}20\,(b_r/2)$ d. h. $m \geqq 480/b_r$, dann befinden sich beide Fahrzeuge auf dem Ausrundungsbogen mit 1,2 m Pfeilhöhe über der $2b_r$ langen Sehne und man erhält

$$H = \frac{b_r^2}{2 \cdot 1{,}20} = 0{,}42\, b_r^2. \tag{23}$$

3) m liegt zwischen $240/b_r$ und $480/b_r$ dann wird

$$H = \frac{400}{m}\left(b_r - \frac{240}{m}\right). \tag{24}$$

Eine Bestimmung von H nach diesen Gleichungen kommt nur in Frage für Straßen mit Gegenverkehr, während die aus der Bedingung des Anhaltens vor einem 0,2 m hohen Hindernis etwa halb so großen Ausrundungshalbmesser ergebenden Formeln für Einbahnstraßen, d. h. für Straßen mit getrennten Fahrbahnen für jede Richtung, z. B. für Autobahnen angewendet werden können.

2.224 Festlegung der Ausrundungshalbmesser für Wannen

Für Landstraßen soll nach der RAL der Ausrundungshalbmesser nicht unter 1000 m betragen. Im Stadtstraßenbau bestehen aus der Sicht des Städtebaues keine Bedenken gegen Wannen, weil sich auf der hohl geformten Straße die entfernteren Dinge von den näheren ablösen, in welcher Straßenrichtung man auch schauen mag. Das Bild einer Wanne wirkt stattlicher und reicher, die Perspektive fördert diesen Eindruck, der Verkehr läßt sich besser übersehen.

Im Stadtstraßenbau muß man sich der Wannen bedienen bei Einmündung von Straßen, die nicht in einer Ebene liegen. Da hier die Entwicklungsmöglichkeiten beschränkt sind und z. B. von der Breite der Fahrbahnen abhängen, kann man selten Halbmesser über 500 m anwenden, meist wird man sich mit 250 m begnügen müssen (Abb. 135 a und b, S. 156).

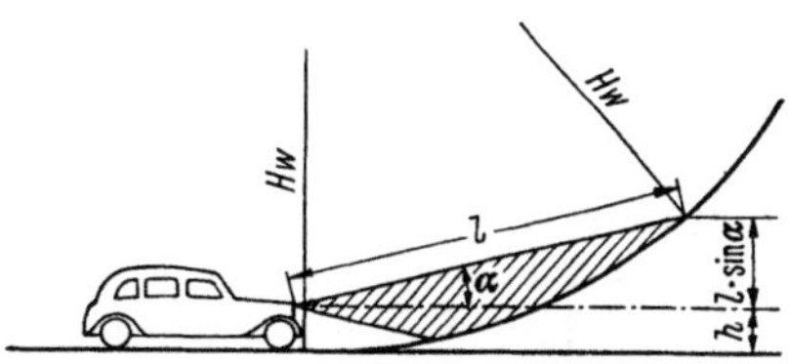

Abb. 49. Ermittlung des Halbmessers der Wannenausrundung mit Rücksicht auf die Sichtweite bei Nacht

In Wannen und Senken muß die Sichtweite l bei Nacht einer Strecke entsprechen, die in der Überlegungssekunde und in dem Bremsweg zurückgelegt wird. Unter der Annahme: Wagen am Beginn der Wanne, Scheinwerfer h_1 über der Fahrbahn und Lichtstreuung α^0 nach oben wird nach Abb. 49 der erforderliche Ausrundungshalbmesser näherungsweise

$$H_w \approx \frac{l^2}{2 \cdot (h_1 + l \cdot \sin \alpha)}$$

hieraus mit Mittelwert $h_1 = 0{,}76$ m und $\alpha = 1°$

$$H_w \approx \frac{l^2}{1{,}52 + 0{,}035\, l}.$$

Ist z. B. $V = 85$ km/h, $m = 4 + 3$, so wird nach Formeln 9 und 18 oder Schaubild bzw. Tafel IV der RAL 1942 $l = 160$ m, damit

$$H_w = \frac{25\,600}{1{,}52 + 5{,}60} = 3600 \text{ m und Wannenlänge } L_w = 3600\,\frac{7}{100} = 252 \text{ m}.$$

Der in der RAL 1942 empfohlene Mindestwert $H_w = 1000$ m für Wannen reicht demnach meistens nicht aus [*48*].

Wenn die Wanne unter einer Unterführung liegt, werden die Sichtverhältnisse von der Durchfahrtshöhe bestimmt. Wenn diese (C) gegeben ist, ebenso die Gefälle der Rampen (s_1 und s_2), h die Höhe des Auges des Kraftfahrers und h_1 des Hindernisses und S die Bremsstrecke einschließlich der Überlegungssekunde, dann sind wieder zwei Fälle denkbar. Die Strecke S liegt auf den Tangenten, dann ist (Abb. 50)

$$L = 2S - \frac{8}{s_1 - s_2}\left(C - \frac{h + h_1}{2}\right).$$

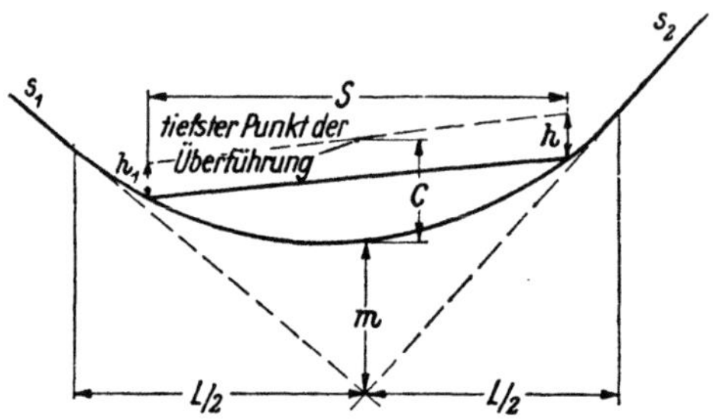

Abb. 50. Ermittlung der Wannenausrundung für gegebene Durchfahrthöhe unter Brücke, Fahrzeug auf der Tangente

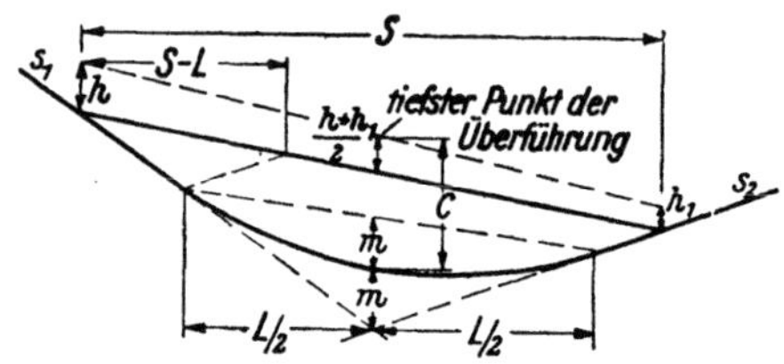

Abb. 51. Dasselbe wie Abb. 50, Fahrzeug auf Ausrundungsbogen

Wenn $S < L$ ist, S also auf dem Ausrundungsbogen liegt, wird L (Abb. 51)

$$L = \frac{S^2(s_1 - s_2)}{8\left(C - \frac{h + h_1}{2}\right)}.$$

Der Ausrundungshalbmesser wird aus L und C errechnet:

$$H = \frac{(L/2)^2}{2C}.$$

Bei der Wannenausrundung ist aber noch zu beachten, daß hier die Fliehkraft im entgegengesetzten Sinn wirkt wie bei dem Buckel. Die Federn erhalten eine Zusatzlast, die bis zu 20% der statischen gehen kann und von den Federn und Stoßdämpfern aufgenommen wird. Diese Zusatzlast wird aber auch auf die Straße übertragen, weil sie die vom Reifen ausgeübte bezogene Belastung erhöht, soweit dieser nicht seine Aufstandsfläche dabei vergrößert. Das könnte zu besonderer Abnutzung der Fahrbahn führen.

Diese Fliehkraft macht sich aber auch für die Wageninsassen bemerkbar in psychologischer und physiologischer Hinsicht und erzeugt Unbehagen.

Die Fliehkraft errechnet sich aus $\frac{v^2}{H} = 0{,}1\,\mathrm{g} = 1\,\mathrm{m/sek.}^2$ oder rund $v^2 = H$. Nach PIRATH liegt dieser Wert noch im Reiche des Behagens (0,1 g m/sek.²) [*45*], während im Abschnitt 2.213 0,5 m/sek.² sicherheitshalber angenommen ist.

Wenn Kuppe auf Wanne folgt, kann zwischen beiden eine Gerade gelegt werden. Man kann aber auch hier Ausrundungsbögen, die einen stufenweisen Übergang schaffen, einlegen. Besonders ist aber vorzugehen, wenn die Aufrißlinie im Grundriß nicht in einer Geraden liegt. Dann entsteht eine Raumkurve, die eine ganz besondere Behandlung verlangt (s. S. 222). Die Straße als Raumgebilde bedarf daher einer sehr sorgfältigen Behandlung. Das gilt aber nur im Bereich des jeweilig Überschaubaren.

2.225 Festlegung des Ausrundungsbogens durch Rechnung und Zeichnung

Ist der Halbmesser für die Ausrundung der Kuppen H_k oder der Wannen H_w berechnet, so kann der Ausrundungsbogen im überhöhten Längsprofil, in dem der Kreisbogen jetzt als Ellipsenbogen erscheint, dargestellt werden, wie Abb. 52 zeigt.

Mit $\alpha \approx \tan \alpha = \frac{s_1}{100}$

und $-\beta \approx -\tan \beta = \frac{-s_2}{100}$

wird auf beiden Seiten die wahre Länge der geneigten Tangenten

$$t = H \cdot \frac{s_1 - (-s_2)}{2 \cdot 100} = \frac{H}{2} \cdot \frac{s_1 + s_2}{100}.$$

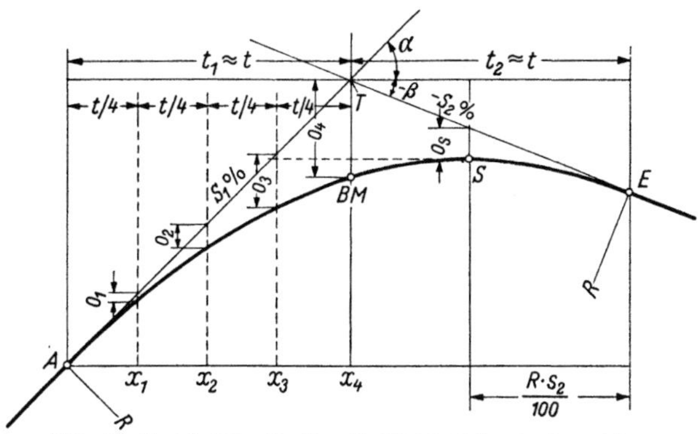

Abb. 52. Berechnung der Koordinaten von Ausrundungsbögen (im Text ist bei vertikalen Bogen H für R gesetzt)

Die für genaue Absteckung erforderlichen Längen sind $t_1 = t \cdot \cos\alpha$ und $t_2 = t \cdot \cos\beta$. Die natürlichen Werte von cos (s/100) finden sich z. B. in [*49*], jedoch können t_1 und t_2 genau genug aus $t_{1\,(2)} = t - \frac{t}{2} (s_{1\,(2)}/100)^2$ entsprechend der Cosinusreihe berechnet werden.

Die Ordinate o_4 der Kreisbogenmitte BM ist genügend genau

$$o_4 = \frac{t^2}{2H} \text{ oder } = \frac{t}{4} \cdot \frac{s_1 + s_2}{100},$$

da der flache Ausrundungskreis als quadratische Parabel angesehen werden kann, deren — hier in A oder E gedachter — Scheitel den Krümmungshalbmesser H hat.

Zwischenordinaten verhalten sich wie die Quadrate ihrer Abstände von E oder A; es gehört also zu

$$x_1 = \frac{t_1}{4} \approx \frac{t}{4} \text{ die Ordinate } o_1 = \frac{1}{16} o_4$$

$$x_2 = \frac{t_1}{2} \approx \frac{t}{2} \text{ die Ordinate } o_2 = \frac{1}{4} o_4$$

$$x_3 = \frac{3}{4} t_1 \approx \frac{3}{4} t \text{ die Ordinate } o_3 = \frac{9}{16} o_4.$$

In allen Fällen, in denen eine Steigung in ein Gefälle (Abb. 44a, 52) oder ein Gefälle in eine Steigung (Abb. 44b) übergeht, muß man auch die Lage und Höhe des Scheitels S der Ausrundung kennen, da dieser bei Kuppen die Tiefe des Einschnittes und bei Wannen die Lage der Entwässerung sowie unter Brücken die Durchfahrtshöhe bestimmt. Die Entfernung des Scheitels S von A oder E beträgt als Bogenlänge beim Mittelpunktswinkel $\widehat{\alpha} \approx \frac{s_1}{100}$ oder $\widehat{\beta} \approx \frac{s_2}{100}$: $\overline{AS} = \frac{H \cdot s_1}{100}$ oder $\overline{ES} = \frac{H \cdot s_2}{100}$.

Die Scheitelordinate o_S ergibt sich als Zwischenordinate, wenn S näher an E als an A liegt, zu

$$o_s = o_4 \frac{\overline{ES}^2}{t^2}.$$

Für die Absteckung werden die Höhen von Punkten des Ausrundungsbogens wie die übrigen Höhenpunkte auf *NN* bezogen und die Höhenzahlen in das Längenprofil eingetragen.

Wenn es nur darauf ankommt, einzelne Punkte festzulegen, führt auch ein sehr einfaches zeichnerisches Verfahren zum Ziel, bei dem der Bogen durch Sehnen ersetzt wird und die Richtung jeder Sehne um den gleichen Winkel wie der vorhergehende sich ändert. Zu diesem Zwecke wird die Projektion der beiden Tangenten, deren Länge durch den gewählten Halbmesser festgelegt ist, in eine Anzahl ungerader gleich großer Abschnitte geteilt. Die Zahl der Abschnitte wird so groß gewählt, daß der Neigungsunterschied der Sehne bei Hauptstraßen um nicht mehr als

$$\frac{s_1 \pm s_2}{Z} \leqq 2{,}5 \text{ v. T.}, \qquad \text{bei Nebenstraßen } \frac{s_1 \pm s_2}{Z} \leqq 5 \text{ v. T.}$$

sich ändert (Abb. 53).

Aus der rechnerischen Ermittlung über die Ausrundung der Gefällwechsel und aus der Abb. 48 ergeben sich die Mindestgrößen der Halbmesser. Erwünscht

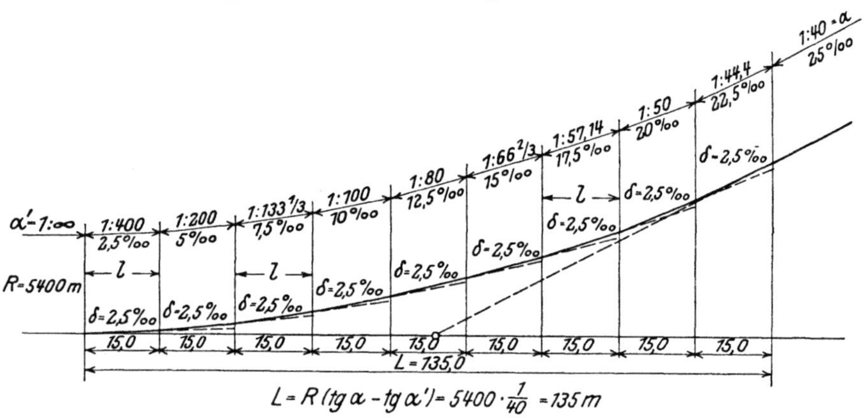

Abb. 53. Formung des Ausrundungsbogens mit Sehnen (Maßstab verzerrt)

ist, daß diese darüber hinaus noch größer gewählt werden. Die für Autobahnen erforderlichen Ausrundungshalbmesser werden auf S. 191 behandelt.

Für die Verhältnisse in Stadtstraßen und im Stadtstraßenbau muß man davon ausgehen, daß mit geringeren Geschwindigkeiten gefahren wird, die bis auf 50 km/h beschränkt sein können. Infolgedessen werden die Halbmesser von Ausrundungsbogen wesentlich kleiner ausfallen, wenn überhaupt Buckel (Kuppen) in der Linienführung der Straßen zugelassen werden, obwohl sie das Stadt- und Straßenbild verunstalten. Bei langen geraden Straßen kann unter Umständen ein schwacher Visierbruch z. B. an Straßenkreuzungen im Auge des weit vorausschauenden Fahrers sich angenehm bemerkbar machen.

2.226 Ausrundung der Kuppen und Wannen mit kubischen Parabeln

Die Ausrundung durch einen Kreisbogen (s. S. 74ff.) hat den Nachteil, daß die vertikale Fliehkraft beim Übergang von der Geraden in den Ausrundungsbogen unvermittelt einsetzt und deshalb, verstärkt durch die Federschwingungen, Entlastungen in Kuppen und beim Zurückschwingen auch in Wannen eintreten können, die den Kraftschluß zwischen Rädern und Fahrbahn vermindern, so daß Seitenkräfte gefährlich werden. Aus dynamischen Gründen empfehlen sich daher vertikale Übergangsbögen, die gegenüber der Wahl eines flacheren Kreisbogens auch ästhetische, Sicht verbessernde und Erdarbeit sparende Vorteile bieten. Dabei kann wegen der geringen vertikalen Richtungsänderung anstelle der Klothoide stets die kubische Parabel je nach Gelände auf 3 Arten verwendet werden.

I. Anordnung einer einzigen kubischen Parabel, die mit ihrem flachen Teil (H $=\infty$) an die eine Gradiente und mit ihrem gekrümmten Teil ($H \geqq H_{\min}$) an die andere (kürzere) Gradiente anschließt. Es ist dabei stets $t_l = {}^2/_3\, L$ und $t_k = {}^1/_3\, L$.

II. Anordnung von 2 kubischen Parabeln, die ohne Zwischenkreis mit $H_{\min}$ im Scheitel ineinander übergehen. Das Verhältnis der beiden Tangentenlängen kann dabei schwanken zwischen 1:1 bei gleichen symmetrischen kubischen Parabeln (siehe Beispiel zu Fall II und Kurve II in Abb. 54) und 1:2, wenn die eine kubische Parabel entfällt (siehe Fall I und Kurve I in Abb. 54).

III. Verwendung von zwei kurzen in der Regel symmetrischen kubischen Parabeln als Übergangsbögen zum Ausrundungskreis oder zu der ihn ersetzenden quadratischen Parabel mit $H = H_{\min}$. Dabei wird der Kreisbogen in Kuppen um das geringe Einrückmaß $\varDelta H$ gesenkt, in Wannen gehoben. Kurve III in Abb. 54 zeigt den Ausrundungskreis ohne Übergangsbögen.

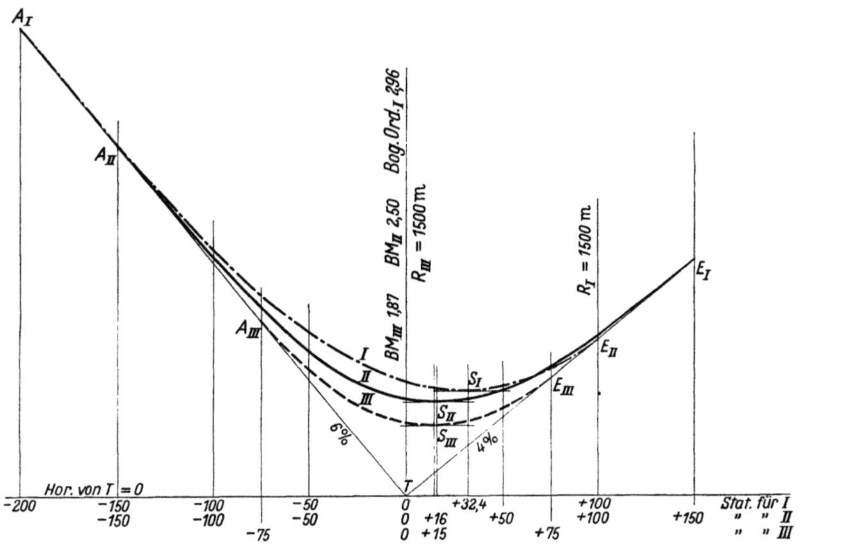

Abb. 54. Maßstab der Längen 1 : 4000, der Höhen 1 : 200. Vertikale Ausrundung mit kubischen Parabeln, Kurve I von A_I bis E_I, Kurve II von A_{II} bis E_{II} (in der Abb. sind E_I und E_{II} zu vertauschen), Kreis III von A_{III} bis E_{III}

Beispiel zu I. Wanne mit $-s_1 = -6\%$, $s_2 = 4\%$, $m = s_1 - s_2 = 10\%$ $H_{\min} = 1500$ m (siehe Abb. 54, Kurve I).

Die ganze Länge L ergibt sich daraus, daß die Ableitung y' der Gleichung $y \approx \dfrac{x^3}{6HL}$ für $x = L$ gleich der Richtungsänderung $\tan\alpha = \dfrac{10}{100}$ im Tangentenschnittpunkt T sein muß, also aus $y' \approx \dfrac{x^2}{2HL} = \dfrac{L}{2\cdot 1500} = \dfrac{1}{10}$ folgt $L = 300$ m in der Projektion auf s_1 und genügend genau auch auf die Waagerechte.

Anfang A_I liegt ${}^2/_3 \cdot 300 = 200$ m, Ende E_I ${}^1/_3 \cdot 300 = 100$ m von T entfernt.

Die Entfernung x_S des tiefsten Punktes S_I von A_I folgt aus

$$y' = \frac{x_S^2}{2\cdot 1500\cdot 300} = \frac{6}{100} \qquad x_S = 100\,\sqrt{5{,}4} = 232{,}4\,\text{m}.$$

Die Höhen von S_I und weiteren Zwischenpunkten über T (Horizont $\pm$ 0) wurden in der tabellarischen Berechnung durch Addition der Spalten 3 und 4 erhalten.

Station in bezug auf T	x von A_I an m	Höhe der Tangentenpunkte auf s_1 über bzw. unter T in m	$y = \frac{x^3}{6 \cdot 15 \cdot 3 \cdot 100^2}$ m	Höhe der Kurvenpunkte über T in m
0 − 200	0	$0{,}06 \cdot 200 = 12{,}00$	0	+12,00
0 − 150	50	$0{,}06 \cdot 150 = 9{,}00$	$\frac{0{,}37}{8} = 0{,}05$	+ 9,05
0 − 100	100	$0{,}06 \cdot 100 = 6{,}00$	0,37	+ 6,37
0 − 50	150 (BM_I)	$0{,}06 \cdot 50 = 3{,}00$	1,25	+ 4,25
0 ± 0	200 (T)	$\pm$ 0	$8 \cdot 0{,}37 = 2{,}96$	+ 2,96
0 + 32,4	232,4 (S_I)	$-0{,}06 \cdot 32{,}4 = -1{,}94$	4,63	+ 2,69
0 + 100	300 (E_I)	$-0{,}06 \cdot 100 = -6{,}00$	$8 \cdot 1{,}25 = 10$	+ 4,0

Beispiel zu II. Wie bei dem Beispiel zu I ist gegeben: Wanne mit $m = 10\%$, $H_{\min} = 1500$ m (siehe Abb. 54 Kurve II). Gewählt werden zwei gleiche, symmetrisch zu T liegende kubische Parabeln, die in A_{II} und E_{II} beginnen und in BM_{II} zusammenstoßen. Die Tangentenlängen $A_{II}T$ und $E_{II}T$ ergeben sich zu: $L = 2 \cdot H_{\min} \tan \frac{\alpha}{2} = 2 \cdot 1500 \cdot \frac{0{,}06 + 0{,}04}{2} = 150$ m. E_{II} liegt (0,06—0,04) $\cdot\, 150 = 3{,}00$ m tiefer als A_{II}.

Der tiefste Punkt S_{II} liegt näher an E_{II} als an A_{II}, seine Abszisse $x_{S_{II}}$ wird deshalb von E_{II} aus auf der zweiten kubischen Parabel bestimmt aus $y' = \frac{x_{S_{II}}^2}{2 \cdot 1500 \cdot 150} = \frac{4}{100}$ zu $x_{S_{II}} = \sqrt{18000} = 134$ m. Seine Höhe und die Höhen anderer Zwischenpunkte werden wie in dem Beispiel zu I tabellarisch berechnet, wobei sich in bezug auf den Tangentenschnittpunkt T ($\pm$ 0,0) folgende Koordinaten von Einzelpunkten auf Kurve II ergeben:
(−150; 9,00), (−100; 6,09), (−50; 3,74), (0; 2,50), (+16; 2,42), (+50; 2,74), (+100; 4,09) und (+150; 6,00). In der Praxis wird man Stationen, die enger aneinander liegen, wählen müssen.

In Abb. 54 ist als Kurve III auch die kreisförmige Ausrundung mit $H_{\min}$ eingetragen. Sie hat nur die halbe Länge der kubischen Parabeln I und II, geht näher an T vorbei, ist aber fahrdynamisch ungünstiger und erlaubt bei Nacht nur Sicht auf die rechnungsmäßige Minimalsichtweite (siehe S. 79).

2.23 Linienführung im Grundriß

2.231 Allgemeine Grundlagen

Die möglichst enge Anpassungd er Nullinie an das Gelände wie auf S. 71ff. vorgeschlagen, hat den Vorteil, daß die Kosten für die Erdarbeiten gering sind und ein Bodenausgleich bei der Herstellung des Straßenkörpers leicht auszuführen ist, hat aber den Nachteil in bewegtem Gelände, daß das nur unter Anwendung vieler Krümmungen mit meist geringem Halbmesser zu erreichen ist, daß dann auch die Sicht schlecht ist und die Straße nur mit geringer Geschwindigkeit befahren werden kann. Soll aber eine bestimmte Ausbaugeschwindigkeit dem Entwurf zugrunde gelegt werden, so wird man nicht nur von einer maßgebenden Steigung bei der Linienführung im Aufriß auszugehen haben, sondern, wie auch schon auf S. 68 angedeutet, wird sich die Linienführung im Grundriß an Grundlagen halten müssen.

Anstelle einer starren Linie, die sich aus Geraden und Bögen zusammensetzt, muß eine zügige und stetige treten. Wenn auch die Gerade die kürzeste Verbindung zwischen zwei Punkten ist, muß abgesehen davon, daß schon durch Zwangspunkte, wie sie bereits auf S. 68 genannt sind, von ihr abgewichen werden muß, beachtet werden, daß wichtige fahrtechnische und psychologische Gründe gegen gerade Strecken auf größere Länge sprechen. Die Straße ist ein Körper, der in das Gelände eingefügt werden muß und auf dem sich ein Verkehr abwickelt, der dynamischen Gesetzen gehorcht und der von Menschen gelenkt wird, die physisch und psychisch beeinflußbar sind.

Der erste Grundsatz, der hier zu beachten ist, heißt Stetigkeit des Linienflusses, dadurch gekennzeichnet, daß sich möglichst unter Vermeidung von Zwischengeraden die Linie aus einer fortlaufenden Reihe von Krümmungen zusammensetzt, soweit die Geländeverhältnisse das zulassen und sie nicht durch Zwangspunkte eingeengt wird. Wenn Geraden sich nicht vermeiden lassen, sollen sie nicht über 3 ··· 4 km lang sein und mindestens in kurzen Abständen durch Knicke von etwa 30′ gebrochen werden. Denn der Kraftfahrer, der auf einer langen Geraden sein Ziel in großer Ferne sieht, wird verführt, die Geschwindigkeit immer mehr zu steigern. Da es ihm an Ablenkung und Abwechslung fehlt, schläfert ihn auch das Geräusch des Motors ein, die Aufmerksamkeit nimmt ab und die Unfallgefahr steigt. Das gilt besonders für die Autobahnen.

Wenn dagegen sich die Linie abwechselnd aus Rechts- und Linksbögen zusammensetzt, sind damit die folgenden Vorteile verbunden: Ausreichende Sicht zur Überholung, weil der zum Überholen ansetzende Fahrer die Strecke besser übersehen kann.

Wegen der einseitigen Querneigung in den Krümmungen besteht eine gute Entwässerung der Fahrbahn.

Da, wie schon auf S. 36 erwähnt ist, das auf einer Geraden rollende Fahrzeug sich im Schwimmwinkel befindet und des Schräglaufwinkels bedarf, um in der Spur gehalten zu werden, nimmt in einer Krümmung wegen des Einschlages der Vorderräder die Seitensteifigkeit zu, so daß es auch wegen des günstigen Quergefälles nicht nötig ist, durch Lenkeingriffe das Kraftfahrzeug in der Fahrtrichtung zu halten (Freihandgeschwindigkeit). Damit wäre man dem Ziel der Zwangsläufigkeit sehr nahe gekommen. Die schon erwähnte bessere Übersicht bei S-Krümmungen gestattet dem Fahrer, das Bild der Straße auf größere Entfernung zu überschauen und sich auf einen bestimmten Fahrablauf einzustellen. Damit ist zugleich auch ein Wechsel im Landschaftsbild verbunden, der den Fahrer vor dem Eindösen bewahrt.

Voraussetzung ist, daß die Krümmung genügend übersichtlich ist, was aber nur dann der Fall ist, wenn der Halbmesser genügend groß ist. Diesem Umstand wird eine Regel im amerikanischen Straßenbau für den zulässigen Halbmesser gerecht, die von der Größe des Zentriwinkels, bezogen auf 100′ = 30,5 m Bogenlänge ausgeht. Der Krümmungsgrad D soll 6° nicht übersteigen. Wenn R der Halbmesser ist, ergibt die Umrechnung:

$$30{,}5 = \frac{R\pi D}{180}$$

$$R = \frac{30{,}5 \cdot 180}{\pi D}$$

$$= \frac{1750}{D}, \quad [\text{für } D = 6°]\ R = 292\ \text{m}.$$

Das gibt allerdings sehr große Halbmesser, so daß man genötigt ist, für gebirgiges Gelände $D = 10°$ d. h. $R = 175$ m zuzulassen. Über die Autobahn Harrisburg—Pittsburgh wird angegeben, daß die Krümmungsgrade bei 8 Krümmungen zwischen $D = 4$ und 8° betragen haben. Bei den übrigen 138 Krümmungen auf der ganzen Strecke von 258 km lag er unter 4°.

Die Bezugslinie ist die Mittelachse, bei unsymmetrischem Querschnitt wird sich empfehlen, die Achse = Mittellinie der Fahrbahn als Bezugslinie anzuwenden. Auf diese sollen sich alle Angaben, vor allem auch, was die Höhenlage anbetrifft, beziehen und an ihr als Null-Linie wird die Länge der Straße festgelegt.

2.232 Der Straßenquerschnitt

Er besteht in der Regel aus den Fahrspuren, ihren Trennstreifen, Leitstreifen, Seitenstreifen und Randstreifen, auch Bermen und Bankette genannt, die alle in der gleichen Ebene liegen. Ihre Anwendung, Anordnung und Abmessungen werden danach bestimmt, welche Verkehrsbedeutung die Straße hat, Landstraße, Autobahn oder Stadtstraße, ob sie dem langsamen oder schnellen, leichten oder schweren Verkehr dienen soll. Außerdem werden noch weitere Flächen für die Unterbringung der Leiteinrichtungen, der Verkehrszeichen, der Entwässerungsanlagen und der Bepflanzung von Fall zu Fall vorzusehen sein.

2.232.1 Maße der Breiten der verschiedenen Spuren

2.232.11 Gehbahnen. In Gebieten dichter Siedlung mit kleinbäuerlichem Einschlag werden noch viele Wege zu Fuß zurückgelegt, besonders wenn in gebirgigen Gegenden das Fahrrad nicht benutzt werden kann. Hier kann man daher auf Gehbahnen nicht verzichten. Auf Landstraßen I. Ordnung und den Bundesstraßen werden Gehbahnen nicht mehr am Platze sein, wenigstens nicht außerhalb der bebauten Ortslage.

Spurbreiten. Eine Gehbahn, die Raum für zwei sich begegnende Menschen bieten soll, braucht mindestens 1,5 m Breite, wenn jede Bewegungsspur zu 0,75 m bemessen wird. Dieses Maß gilt auch für städtische Wohnstraßen. Für jede weitere Spur wird eine Bewegungsbreite von 0,75 m zugeschlagen. Soweit die Abmessung der Gehbahnen sich aus anderen Bedürfnissen heraus ergibt, wird sie auf S. 101 behandelt werden.

2.232.12 Radwege.

Fahrrad	= 0,6 m
Bewegungsspielraum	= 0,4 m
Bewegungsbreite	= 1,0 m
Sicherheitsraum	= 0,5 m
	= 1,5 m

Bei hochgeführter Begrenzung an einer Seite sind 0,25 m zuzuschlagen. Folgende Mindestgrundmaße ergeben sich daraus:

Einspurig . . .	1 ··· 1,75 m
Zweispurig . . .	2 ··· 2,75 m
Dreispurig . . .	3 ··· 3,75 m

Bei dem hohen Anteil der Mopeds an den Verkehrsmitteln müssen auch für dieses Grundmaße festgelegt werden:

Einspurig . .	1,5 ··· 2 m
Zweispurig . .	2,75 ··· 3,25 m
Dreispurig . .	4 ··· 4,5 m

Wenn es die Örtlichkeit gestattet, sollte man die großen Breiten wählen, soweit es der zu erwartende Verkehr fordert. Die Radfahrstreifen oder -wege sollten für die Benutzung mit Mopeds bemessen werden, dann wäre eine Breite von 2 m als Mindestbahn für je eine Richtung anzusetzen. Die Führung der Radwege in Beziehung zu anderen Verkehrsarten wird auf S. 95 behandelt.

2.232.13 Verkehrsraum für Moped.

Bewegungsbreite einspurig . . .	1,0 m
Sicherheitsraum 2 × 0,25 m. . .	0,5 m
Seitenstreifen.	1,25 m
Zweispurig	2,50 m

2.232.14 Fahrbahnen. Für Landstraßen bestand in Preußen die Zirkularverfügung des Preußischen Handelsministeriums vom 17. Mai 1871, nach der die besteinte Fahrbahn der Chausseen 5,6 m Breite und 5 m bei Vorhandensein eines Sommerweges haben sollte. In den anderen deutschen Ländern hatten die Landstraßen noch geringere Breiten. Daraus ist es zu erklären, wenn 1956 nur 19,3% der Bundesstraßen eine Breite von 6,5 m und mehr aufweisen und 93,6% = rd. 20000 km noch auf eine Breite von 7 ··· 7,5 m umgebaut werden müssen [*50*], von denen 7500 km noch unter 5,5 m breit sind.

Die größten Anforderungen an den Straßenquerschnitt stellen die Fahrbahnen. Wenn nach der StVZO § 32 Fahrzeuge bis zu 2,5 m Breite zugelassen sind (S. 12), leitet sich davon die Breite der Verkehrsspur ab, indem zu der Fahrzeugbreite noch ein Bewegungsspiel und ein Sicherheitsraum zusammengefaßt als Spielraum zugeschlagen werden müssen. Der Abstand, der vom Rand der befestigten Fahrbahn eingehalten werden muß, und der Spielraum zwischen sich begegnenden oder überholenden Fahrzeugen werden um so größer sein, je höher die Geschwindigkeit ist.

Schon auf S. 36 ist erläutert, daß das Kraftfahrzeug zur Aufnahme der Seitenkräfte in einem Schräglaufwinkel fahren muß, so daß sein Schwerpunkt auf die waagerechte Ebene bezogen eine Schlingerbewegung macht und dauernd durch Lenkeingriffe in der Richtung gehalten werden muß. Diese Ausschläge können in rhythmische und solche unterschieden werden, die plötzlich verursacht und als Ablenkung bezeichnet werden, verursacht z. B. durch Unebenheiten der Fahrbahn, Ausweichen bei Schlaglöchern, Einwirkung von Seitenkräften u. a. m. Sie werden durch das Gegeneinschlagen des Fahrers am Steuer aufgefangen, aber erst nach Ablauf der Überlegungssekunde. Daraus ergibt sich, daß, je höher die Fahrgeschwindigkeit ist, desto größer auch der Pendelausschlag in der Überlegungssekunde sein muß. Wenn also Begegnungen gefahrlos ablaufen sollen, muß der Spielraum, den ein Kraftfahrzeug beansprucht, mit der Fahrgeschwindigkeit zunehmen. Andererseits ist bei gegebenen Straßenbreiten aus dem gleichen Grunde die höchste Fahrgeschwindigkeit bei Begegnungen begrenzt. Gerade mit Rücksicht auf solche Schlingerbewegungen und Einflüsse von Seitenkräften ist die Tab. 14 aufgestellt worden über die Beziehungen zwischen Fahrbahnbreite und höchster Fahrgeschwindigkeit [*51*].

Tabelle 14. *Geschwindigkeiten bei Begegnungen*

		Fahrbahnbreite m 5,0	6,0	6,5	7,0
	Wagenbreite	Geschwindigkeit km/h			
Nach österreichischer Polizeiverordnung	2 Personenkraftwagen = 2 × 1,80 m	35	80	92	105
	2 Lastkraftwagen = 2 × 2,30 m	10	35	60	77
Nach Verhältnissen in den VStA	2 Personenkraftwagen = 2 × 1,98	18	65	80	95
	2 Lastkraftwagen = 2 × 2,50		15	45	72

Mit Bezug auf die Erläuterungen, die auf S. 19 gegeben sind, wird also von der Ausbaugeschwindigkeit ausgegangen. Sie wird nach der Verkehrsart gestaffelt, indem zwischen „leichtem Verkehr — L —, schwerem Verkehr — S — und schwerem und schnellem Verkehr — SS —“ unterschieden wird. Beim L-Verkehr geht man von einer Wagenbreite von 2 m aus und nimmt an, daß ein Begegnen oder Überholen von Fahrzeugen mit einer Summe der Fahrzeugbreiten von mehr als 4 m nur in Ausnahmefällen auftritt. Dem S- und SS-Verkehr wird das Regelfahrzeug von 2,5 m zugrunde gelegt und SS-Verkehr ist durch Geschwindigkeiten über 100 km/h gekennzeichnet.

Jede Fahrbahn hat mindestens 2 Hauptfahrspuren. Seitlich können sich Stand-, Kriech-, Verzögerungs- und Beschleunigungsspuren anschließen, die als Nebenfahrspuren bezeichnet werden. Fahrbahnen, die abschnittsweise neben den Landstraßen für den Ortsverkehr bestimmt sind, heißen Nebenfahrbahnen. Unter Bezug auf RAL-Q 1956 [*51*] sind bei den Regelquerschnitten die folgenden Fahrbahnbreiten vorgesehen:

Straßentyp	L	(Verkehrsspur Typ L_2) . . .	5,50 m
„	S	(„ „ S_2) . . .	6,50 m
„		(„ „ S_4) . . .	7,50 m
„	SS	(„ „ S_4) . . .	7,50 m

Vierspurige Fahrbahnen:

Straßentyp S (Verkehrsspur Typ S_2) . . . 13,50 m,

die sich zusammensetzen aus 2 Spuren je 6,5 m und einem Leitstreifen 0,5 m, der auch zum Anbringen von Fahrbahnmarkierungen dienen kann. Daraus ergeben sich je nach der Ausbaugeschwindigkeit, ob es sich um Ortsdurchfahrten oder Brückenfahrbahnen handelt, zahlreiche Breiten und Einteilungen, deren Auswahl dem Ermessen des Bauherrn obliegt.

Von Bedeutung ist für die Planung, welche Kronenbreite die Straße in Anspruch nimmt, weil damit der Grunderwerb bestimmt ist. Regelquerschnitte sind vorgesehen bei Landstraßen mit zweispuriger Fahrbahn, Kronenbreiten von 9,0 m, 10,5 m (Abb. 55) und 11,5 m.

Landstraßen mit zweispuriger Fahrbahn und Standspuren Regelquerschnitte mit 13, 14 (Abb. 56), 16, 17 und 19 m.

Regelquerschnitt einer Landstraße mit vierspuriger geteilter Fahrbahn RQ 28,5 m (Abb. 57). Bei Ausbaugeschwindigkeiten von 100 km/h und mehr ist ein kreuzungsfreier Ausbau mit Knotenpunkten in zwei Ebenen vorzusehen.

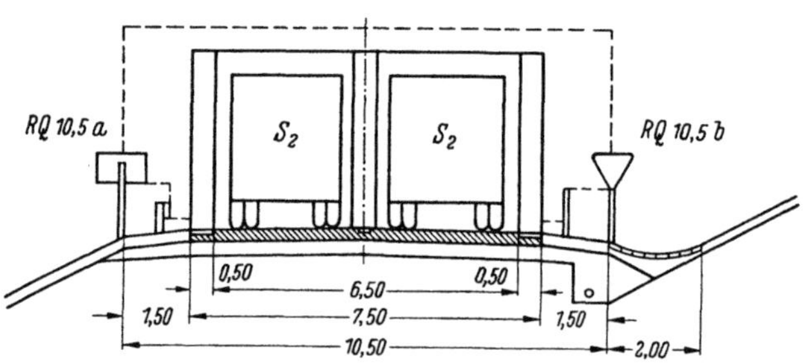

Abb. 55. Querschnitt einer Landstraße von 10,5 m Kronenbreite nach RAL – Q 1955

In den Abbildungen 55, 56 und 57 bedeutet *a* die Gestalt am Damm, *b* am Einschnitt.

2.232.15 Leistungsfähigkeit. Maßgebend für die Breite einer Fahrbahn und die Zahl ihrer Fahrspuren ist die Verkehrsbelastung in der Stunde des stärksten Verkehrs — Verkehrsspitze. Diese ist etwa 10% des gesamten Tagesverkehrs. Sie steht auch in Abhängigkeit von der Fahrgeschwindigkeit. Theoretisch ergibt sich die Leistungsfähigkeit einer Straße ohne Unterbrechung nach der Regel

$$L \text{ (Anzahl der Wagen/h)} = \frac{V \text{ (km/h)} \cdot 1000}{a}.$$

Der Kehrwert der Gleichung gibt an, in welchem Zeitabstand in Sekunden an einem Punkt der Straße die Wagen durchfahren $= \frac{3600}{L}$. a setzt sich zusammen aus der Strecke, die in der Überlegungssekunde zurückgelegt wird $= \frac{V}{3600}$, der Bremsstrecke und der Wagenlänge mit einem Sicherheitszuschlag. Da in der Gleichung für die Bremsstrecke (Gl. 9) V in der 2. Potenz erscheint, muß die Schaulinie im Koordinatensystem, in dem die Zahl der Fahrzeuge als Ordinate

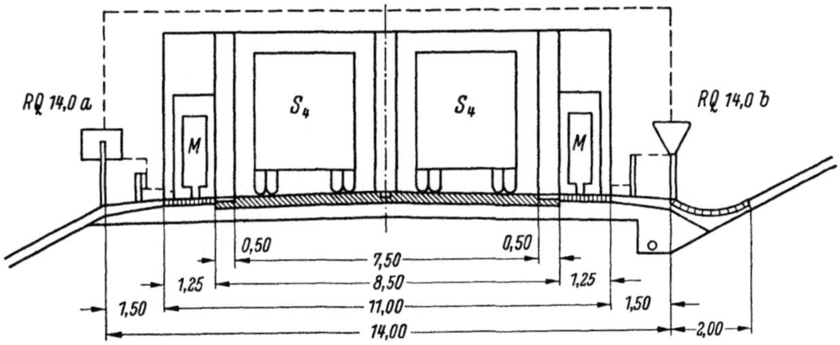

Abb. 56. Querschnitt einer Landstraße von 14 m Kronenbreite mit Randstreifen auf beiden Seiten nach RAL – Q 1956

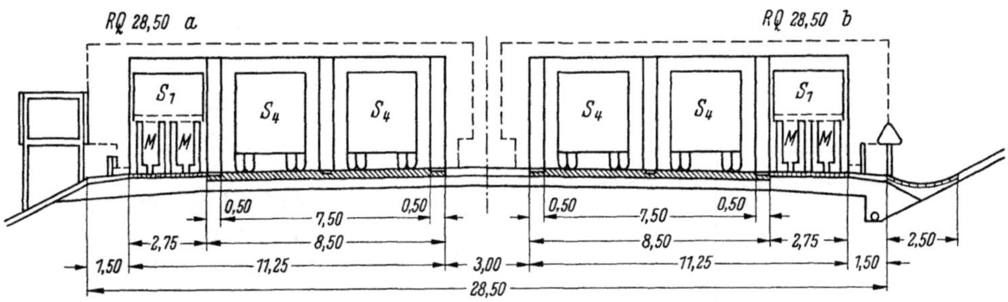

Abb. 57. Querschnitt einer Landstraße von 28,5 m Kronenbreite mit Randstreifen nach RAL – Q 1956

und die Fahrgeschwindigkeit als Abszisse angenommen sind, ein Maximum haben (Abb. 12, s. S. 21). Verschiedene Schaulinien ergeben sich, je nachdem in der Gleichung für die Bremsstrecke der Kraftschlußbeiwert μ angenommen wird. Auf Grund von Verkehrsbeobachtungen und ihrer zeichnerischen Auswertung hat man gefunden, daß angenähert $a = 12 + \frac{V^2}{210}$ eingesetzt werden kann. Die Gleichung für L nimmt dann die Form an $L = \frac{V \cdot 1000}{12 + \frac{V^2}{210}}$.

Die Spitzenleistung wird erreicht, wenn alle Kraftfahrzeuge mit gleicher Geschwindigkeit und in gleichem Abstand fahren. Das gilt für Personenkraftwagen und Lastkraftwagen auf horizontaler Strecke. In diesem Falle kann die Leistungsfähigkeit über das Maximum der Abb. 12 2050 Wagen hinausgehen, wie z. B. in Los Angeles 2250 Personenkraftwagen gezählt worden sind. Sehr eingehende Untersuchungen über die Verkehrsmengen und die Leistungsfähigkeit von Straßen unter verschiedenen Bedingungen enthält die RAL Q 1956, auf die hiermit verwiesen sei.

Bei einem so geregelten Verkehrsfluß, bei dem nicht überholt wird, haben alle Fahrspuren in der gleichen Richtung die gleiche Leistung, und die frühere Annahme, daß mit der Zahl der Fahrspuren die gesamte Leistung in einem gewissen Verhältnis abnimmt, trifft nicht mehr zu. Bei geringerer Verkehrsdichte kann mit höherer Geschwindigkeit gefahren werden. Die Häufigkeit der hierbei auftretenden Geschwindigkeiten kann aus der Abb. 11 (S. 20) abgelesen werden. Wenn die Zahl der Fahrzeuge im Jahresmittel an einem Tage 5000 Wagen überschreitet, soll nach Auffassung der schweizerischen Straßenfachmänner bereits der Übergang zu einer Autobahn gegeben sein.

Bei städtischen Hochstraßen ohne Kreuzungen mit mehreren Fahrspuren kann man für jede mit einer höchsten Leistungsfähigkeit von 1500 Wagen/h rechnen bei einer Geschwindigkeit, die zwischen 48 und 64 km/h liegt. Als wirtschaftlichste Geschwindigkeit auch hinsichtlich des Treibstoffverbrauches ist 55 km/h ermittelt worden. Sobald aber der Verkehr gemischt ist, z. B. mit Lastkraftwagen, und die Straße in der Steigung liegt, fällt die Leistungsfähigkeit erheblich ab (Angaben darüber s. RAL — Q 1956).

2.232.16 Straßenbahnen. Auf den Fahrbahnen der Straßen wickelt sich ein freizügiger und freibeweglicher Verkehr ab, der in keiner Weise an die Einhaltung bestimmter Spuren gebunden ist und bei richtiger Fahrdisziplin sogar gewisse Vorteile bietet, weil Hemmnisse oder Sperrungen umfahren werden, schnelle sich an langsamen Fahrzeugen vorbeibewegen können und der Straßenraum dadurch völlig ausgenutzt wird. Vorteile, die es dem Autobus ermöglichen, verhältnismäßig große Reisegeschwindigkeiten auch in Stadtstraßen zu entwickeln.

Von diesem Standpunkte aus gesehen ist die an feste Gleise gebundene Straßenbahn als Fremdkörper in der Straße verkehrshemmend. Die Straßenbahn, ein öffentliches Verkehrsmittel von hoher Leistungsfähigkeit und Wirtschaftlichkeit, kann aber in Städten nicht entbehrt werden und ist in dichtbesiedelten Räumen ein wertvolles Mittel zur Auflockerung der Wohnweise. Auf ihre Anforderungen bei der Gestaltung der Straßen muß daher im Stadtbereich und in der Nähe der Städte Rücksicht genommen werden. Den Raumbedarf bestimmen die Abmessungen der Verkehrsmittel:

Wagenbreite . . 2,20 m, angestrebt werden 2,50 m;

Gleismittenabstand . . . 2,60 m, angestrebt werden 3,00 m.

Gesamtbreite der Doppelgleisanlage 5,60 ··· 6,00 m (Abb. 58).

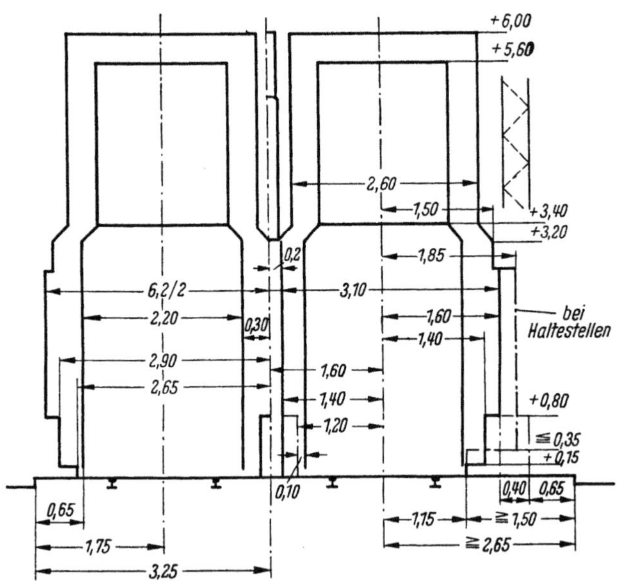

Abb. 58. Straßenbahnanlagen in der Geraden, linke Hälfte auf besonderem Bahnkörper, rechte Hälfte mit Mittelmasten, Seitenmasten und Maßen an der Haltestelle

Nur in Straßen mit geringem Verkehr kann der Verkehrsstreifen der Straßenbahn vom übrigen Verkehr mit benutzt werden. Bei starkem Verkehr wird auch der übrige Verkehr durch die Bahnanlage behindert und die Leistungsfähigkeit der Straße um 20% verringert.

Vor allem wird auch der fließende Verkehr an den Haltestellen der Straßenbahn aufgehalten. Allen diesen Übelständen hilft in gewissem Maße die Verlegung der Straßenbahn in einen eigenen Bahnkörper ab, der die folgenden Vorteile bietet.

1. Vom Gesichtspunkt des Straßenverkehrs.

Er braucht keine Rücksicht mehr auf die Straßenbahn zu nehmen. Das gilt auch für Haltestellen, wenn der Straßenbahnkörper so breit angelegt ist, daß die Fahrgäste auf besonderen Schutzinseln Platz finden, was die Regel ist. Wenn er in der Straßenmitte liegt, trennt er die beiden Richtungen und trägt zur Sicherung des Verkehrs bei.

2. Vom Standpunkte der Straßenbahn.

a) Keine Verkehrshemmungen durch den übrigen Verkehr.

b) Erhöhung der Fahr- und Reisegeschwindigkeit und damit der Leistungsfähigkeit.

c) Ersparnisse an Betriebs- und Bahnunterhaltungskosten.

d) Herabminderung der Anlagekosten.

e) Ermäßigung der Geräusche und Erschütterungen.

Der Nachteil besteht darin, daß ein besonderer Bahnkörper eine größere Breite beansprucht. Die Maße sind die folgenden:

Zu dem lichten Maß von 5,60 m muß beiderseits noch ein Spielraum zugeschlagen werden, weil unmittelbar an der Bordschwelle der Wagenkasten von andern Fahrzeugen hineinragen kann (Abb. 58). Schutzmaß 0,65 m [*52*].

Breite ohne Maste und ohne Haltestelleninseln auf freier Strecke	6,20 m	Maste beiderseitig	7,60 m
Maste einseitig	7,00 „	mit beiderseitig liegenden Haltestellenflächen (RASt.)	8,50 „
mit Mittelmast	7,10 „	mit Mittelmast	8,90 „

Die ausnutzbare Breite der Bahnsteigfläche beträgt in diesem Falle 1,5 m. In engen Straßen mußte dieses Maß bis auf 1,0 m ermäßigt werden. Bei 3,00 m Gleisabstand erhält der besondere Bahnkörper 8,60 m Breite.

Wenn die Straßenbahn als verkehrshemmend angesehen wird, müßte sie überhaupt aus den Straßen beseitigt und durch den Autobus ersetzt werden. Wenn das in den VStA. in großem Umfange durchgeführt worden ist, so ist das auf viele dort gegebenen Umstände zurückzuführen. Die Nachahmung in Europa ist nur teilweise begründet gewesen, wie z. B. in der Innenstadt von Rom wegen der engen und winkeligen Straßen. An anderen Stellen hat es sich als nachteilig erwiesen. Für europäische Verhältnisse ist eher eine Lösung durch den Omnibus mit Oberleitung in solchen Fällen gegeben.

Bei langen Überlandstrecken gehört die Straßenbahn gänzlich abgetrennt außerhalb der Baufluchtlinien auf eigenen Bahnkörper.

2.233 Einteilung der Wege, Landstraßen und Stadtstraßen

2.233.1 Ländliche Wege

Sie werden in erster Linie für die Zwecke der Land und Forstwirtschaft gebaut. Die Landwirtschaft ist ihrer ganzen Betriebsart nach ein Transportgewerbe wider Willen; sie verlangt daher zugunsten der Verbesserung ihrer wirtschaftlichen Betriebsführung ein gutes Wegenetz. Darum wird dieses jetzt in den Fortschritt des Straßenbaues mit einbezogen werden müssen. Nach den Richtlinien der FG für Entwurf, Bau und Unterhaltung ländlicher Wege unterscheidet man: Ortsverbindungswege, Hauptwirtschaftswege mit und ohne Holzabfuhr, Wirtschaftswege. Baulastträger ist Gemeinde und Landwirtschaft. Die Forstverwaltung unterteilt nach Hauptforstwegen und Holzabfuhrwegen. Da auf ihnen jetzt auch Schlepper und Lastkraftwagen fahren, muß den Anforderungen solcher Verkehrsmittel genügt werden, in erster Linie hinsichtlich ihrer Breite. Dem entsprechen die Abb. 59, die für jede der drei Wegearten einen Regelquerschnitt wiedergeben.

Im Hügel- und Bergland werden solche Breiten nicht möglich sein, sie werden daher um je einen halben bis 1 m eingeschränkt. Der Wert solcher Richtlinien liegt darin, daß bei Feldbereinigungen, mit denen stets eine Verbesserung und Ausbau des Wegenetzes verbunden sind, Grundmaße für eine leistungsfähige Anlage vorliegen.

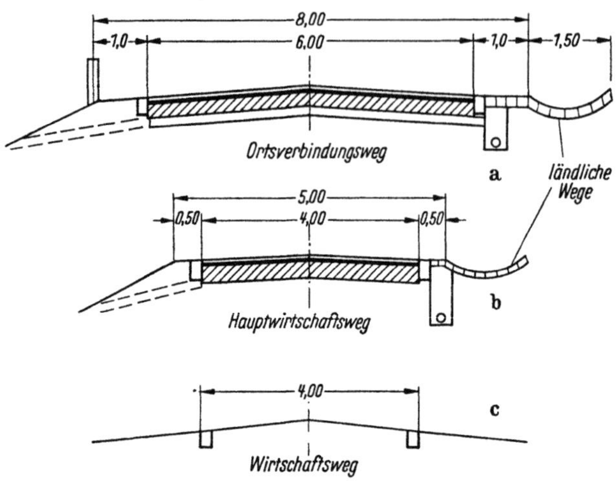

Abb. 59a—c. Querschnitte für ländliche Wege

In Gebieten der Streusiedlung und Aussiedlung werden solche Wege nicht nur für die Flur, sondern auch für den Anschluß der Betriebe an das Wegenetz Bedeutung haben, und den Absatz der Erzeugnisse erleichtern. Der Ausbau solcher Wege „von der Farm zum Markt" ist eine Lebensfrage.

Man sollte auch kein Bedenken haben, solche Wege einspurig anzulegen mit Ausweichstellen. Bei der Kultivierung der Zuiderseepolder in Holland hat man das gemacht.

2.233.2 Landstraßen

Allgemein gilt der Grundsatz, den schnellen Verkehr in jeder Richtung in die Fahrbahnmitte zu legen und nach den Rändern die Verkehrsarten nach ihrer Geschwindigkeit abzustufen, sobald mehr als 2 Verkehrsspuren vorgesehen werden sollen. Fahrbahnen mit 3 Spuren, bei denen die mittlere als Überholungsspur für beide Richtungen gedacht war, haben sich nicht bewährt, sondern als verkehrsgefährlich erwiesen, so daß der Sprung von der zweispurigen zur vierspurigen Fahrbahn zwangläufig ist. Die Sicherheit des Verkehrs erfordert, daß dann auch gleich die beiden Richtungen durch einen Mittelstreifen getrennt werden.

2.233.21 Nebenanlagen. Hierzu gehören die Leitstreifen, die bei Land-, Bundesstraßen und Autobahnen jetzt verlangt werden. Sie grenzen auf beiden Seiten den befestigten Teil von den unbefestigten Randstreifen ab, um die Fahrbahnränder deutlich hervorzuheben und dem Kraftfahrzeug zu gestatten, die befestigte Fahrbahn in ihrer vollen Breite auszunutzen. Abgeirrte Kraftfahrzeuge werden durch die Leitstreifen gefahrlos auf die befestigte Fahrbahn zurückgeleitet. Der befestigte Leitstreifen dient ferner dazu, für den Bau die Höhenlage und den Rand des Fahrbahnbelages genau festzulegen und zu bewirken, daß er gleichmäßig bei nachgiebigen Massen verdichtet und sich auch gleichmäßig abnutzt, wenn — wie schon erwähnt — der Verkehr ihn in voller Breite befahren kann. Wesentlich ist, daß die Farbe des befestigten Leitstreifens sich von der der Decke unterscheidet, indem er heller als dieser ist. Er muß beiderseits gut zu erkennen, scharfkantig abgegrenzt sein und so zur optischen Führung dienen.

Bei Straßen mit leichtem Verkehr — Type L — soll der befestigte Randstreifen 0,25 m, bei solchen mit schwerem — Type S — 0,5 m und — SS — 0,75 m breit sein. Er soll die gleiche Querneigung haben, in der die Fahrbahn liegt, und das Wasser mit ableiten. Sein Unterbau und seine Befestigung richten sich nach dem der Fahrbahn. Beides wird bei den Belagerten näher behandelt.

An den befestigten Leitstreifen schließt sich der unbefestigte Randstreifen an, auch Schulter, Berme und Bankett genannt. Für die Ausbildung des befestigten Leitstreifens wird auf das Merkblatt der Forschungsgesellschaft für das Straßenwesen vom Jahre 1955 hingewiesen.

Hochbordsteine als Abschluß sind gefährlich und teuer, darum werden sie im Landstraßenbau nicht angewendet. Um bei schlechten Sichtverhältnissen den Fahrer darauf aufmerksam zu machen, daß er von der Fahrbahn abgeirrt ist, hat man am Rand eine Reihe gekuppter Pflastersteine gesetzt, die den Wagen in Laufunruhe versetzen. Um die Eintönigkeit des Fahrens zu unterbrechen und um zu verhindern, daß der Fahrer in eine Autobahnhypnose gerät, hat man nach dem gleichen Prinzip einen Sonderbelag in die Fahrbahn eingelegt, der so gerippt ist, daß der Reifen bei einer bestimmten Geschwindigkeit einen Wimmerton erzeugt, der den Fahrer aufschrecken soll.

Trennbord und Trennstreifen werden mehr als bisher zur Regelung und Sicherung des Verkehrs im Straßenbau durch Trennung verschiedener Teile der Verkehrsfläche benutzt. Ihre Form und Maße werden von der Straßenart abhängen, auf der sie angewendet werden. Im nordamerikanischen Straßenbau unterscheidet man für diesen Fall 5 Straßengruppen [*53*].

1. Landstraßen mit Trennstreifen,
2. Hauptstraßen durch Wohngebiete oder Vororte,
3. Hauptstraßen durch Geschäftsgebiete oder Sammeltangenten,
4. Straßen auf langen Viadukten und Hochstraßen,
5. Schnellverkehrsstraßen,

und sucht je nach den Anforderungen jeder Gruppe den Trennstreifen auszugestalten. In jedem Falle ist zu entscheiden, in welchen Abständen die Streifen unterbrochen werden müssen, nicht nur bei Querstraßen, sondern auch dort, wo diese fehlen, um einen Übergang zwischen den beiden Richtungen zu ermöglichen. Der Trennstreifen kann aber auch dazu dienen, bei Querstraßen mit geringem Verkehr die Durchfahrt abzuriegeln und den störenden Linksabbiegeverkehr zu unterbinden.

Die Abmessung und Gestalt des Leitstreifens werden sich nach der verfügbaren Breite der Straße richten. Oft wird er erst in Verbindung mit einer notwendig gewordenen Straßenverbreiterung mit eingebaut und kann dann nur aus einer schmalen Betonschwelle bestehen (Abb. 60). Wenn diese zwar beide

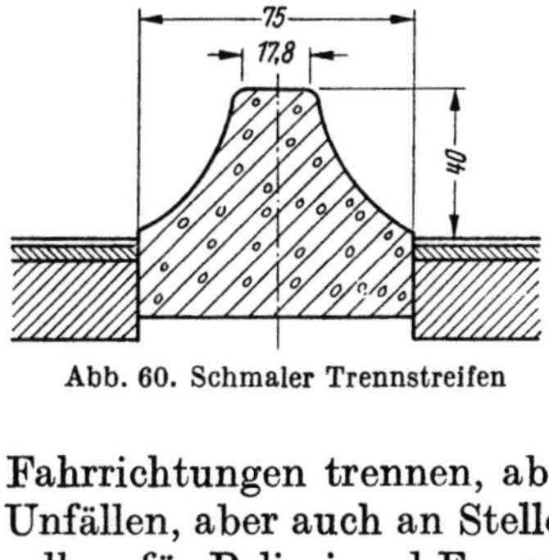

Abb. 60. Schmaler Trennstreifen

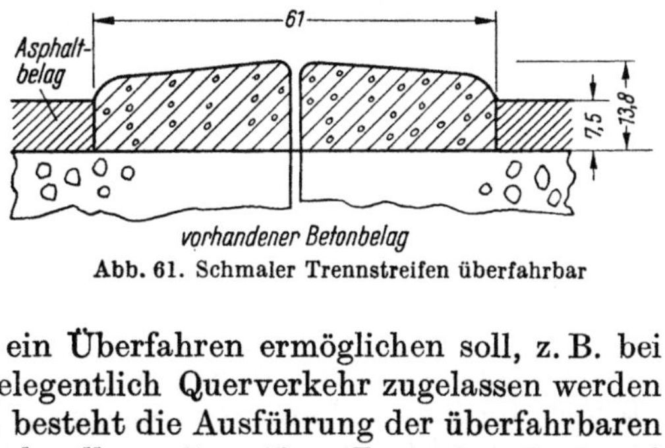

Abb. 61. Schmaler Trennstreifen überfahrbar

Fahrrichtungen trennen, aber auch ein Überfahren ermöglichen soll, z. B. bei Unfällen, aber auch an Stellen, wo gelegentlich Querverkehr zugelassen werden soll — für Polizei und Feuerwehr —, besteht die Ausführung der überfahrbaren Borde (Flachborde) aus zwei Betonschwellen mit weißem Zement gerippt und mit Leuchtfarben versehen (Abb. 61). Bei solchen niedrigen Schwellen können sich Schmutz und Schnee nicht so leicht ansammeln und die Kraftfahrzeuge werden nur einen geringen Abstand von ihnen halten. Kleine Unterschiede in der

Form sind auch vorhanden, je nachdem der Fahrbahnbelag aus Asphalt oder Beton besteht.

Kann eine große Breite ausgenutzt werden, wird das auch für den Trennstreifen zum Vorteil sein, und man wird ihn so breit machen, daß er mit Rasen oder Pflanzen versehen werden und Beleuchtungsmaste aufnehmen kann (Abb. 62). Außerhalb der Bebauung, vor allem auf Überlandstraßen, werden breite Rasenstreifen verwendet, bei den Bundesautobahnen sind diese mindestens 4 m breit. Randschwelle am Trennstreifen der Bundesstraße 27 — Umgehungsstraße Stuttgart–Ludwigsburg — zeigt Abb. 63 [*54*].

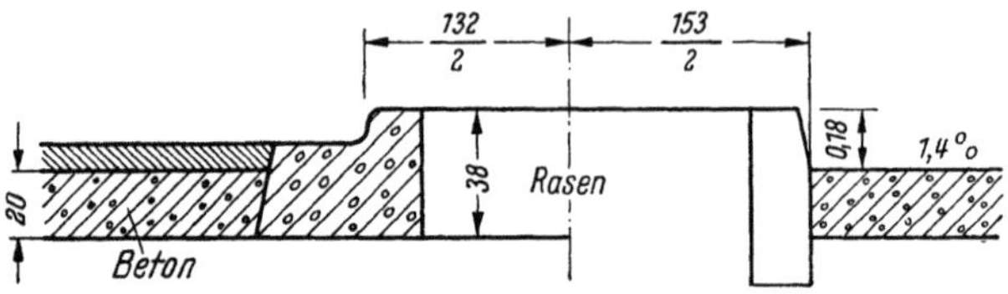

Abb. 62. Breiter Mittelstreifen mit Bordsteinen

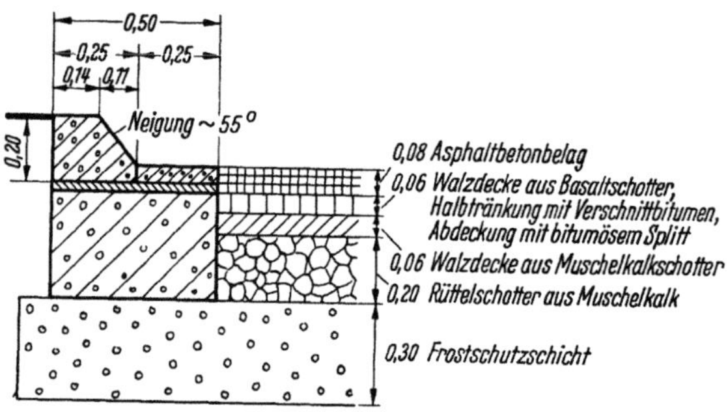

Abb. 63. Randschwellen am Mittelstreifen, Bundesstraße 27 bei Ludwigsburg

Besondere Formen werden Trennstreifen bei Brückenbauwerken mit Rücksicht auf den knappen Raum und die Konstruktionsart der Tragwerke erhalten: Mittelschwelle für eine Stahlbrücke (Abb. 64). Auf Stahlbetonbrücken wird die Schwelle auf der durchgehenden Fahrbahnplatte aufgesetzt. Bei den Brücken der Bundesautobahnen hat jede Richtung in einzelnen Fällen einen eigenen Überbau, so daß es möglich ist, auch bei den Brücken den Abstand von 4 m einzuhalten. In anderen Fällen sind aber auch Trennstreifen von 1 ··· 5 m Breite angelegt. Die Trennstreifen zwischen Fahrbahn und Seitenwegen sollen, wenn sie zwischen Hauptfahrspur und Seitenweg liegen, möglichst 3 m breit sein, um sie abschnittsweise als Standspur nutzen zu können (RAL — Q 1956. 3.265).

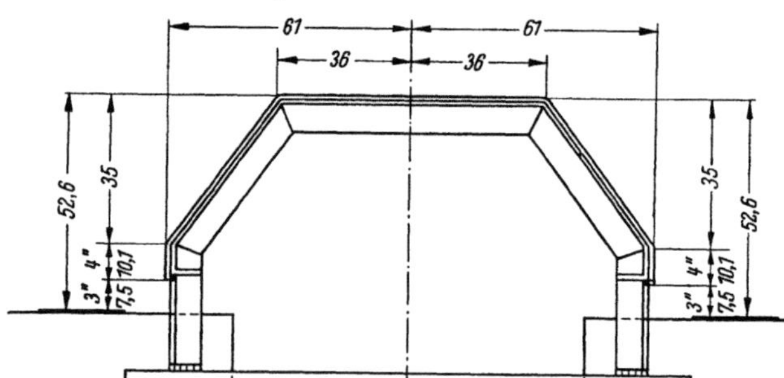

Abb. 64. Trennstreifen in der Mitte einer Stahlbrücke

Trennung der beiden Fahrrichtungen durch Schutzstreifen hat den Nachteil, daß damit die höchste Verkehrsmenge, die in einer Richtung die Straße benutzen kann, begrenzt ist. Auf Ausfallstraßen und im städtischen Verkehr gibt es aber sehr starke Spitzen in einer Richtung, während der Gegenverkehr nur unbedeutend ist. In einem solchen Falle kann man zu gewissen Tagesstunden bei einer vierspurigen Fahrbahn *ohne* Trennung der Richtungen drei Spuren für die stark belastete befahren lassen. Solche vierspurigen Fahrbahnen sind verkehrsgefährlich. Einwandfreier läßt sich der Verkehr verteilen, wenn bei sechs Fahrbahnen je zwei zu einem Streifen zusammengefaßt und die drei Spuren durch Schutzinseln voneinander getrennt werden. Dann kann der mittlere Streifen mit zwei Fahrspuren einmal für die eine, dann für die andere Richtung je nach den Anforderungen des Verkehrs freigegeben werden.

In Zeiten gleichmäßig verteilten Verkehrs würden die äußeren Streifen und je eine Fahrspur in der mittleren Zone benutzt werden. Die wechselnde Inanspruchnahme im Laufe eines Tages kann durch Lichtsignale (rot oder grün) geregelt werden. Eine solche Verkehrsverteilung ließe sich aber selbsttätig vornehmen, wenn die Streifen, die die jeweilige Verkehrstrennung andeuten sollen und in breiten Bordschwellen bestehen, aus Gründen der Raum- und Kostenersparnis beweglich angeordnet werden. Eine solche Einrichtung ist mit versenkbaren Schwellen auf einer achtspurigen Ausfallstraße in Chicago auf 3,6 km Länge getroffen worden. Zwischen je zwei Fahrspuren ist eine 48,3 cm breite Schwelle versenkbar eingebaut, im ganzen also drei Schwellen, die hydraulisch angehoben und auf Fahrbahnhöhe gesenkt werden. Die Schwellen ruhen in Kanälen auf Stühlen mit hydraulischen Pressen und werden von einem Ende beginnend in Abschnitten gehoben, wobei die Geschwindigkeit der sich fortpflanzenden Hebung oder Senkung 32 km/h beträgt.

Trennstreifen kommt noch eine besondere Bedeutung zu, wenn es sich darum handelt, in den *Krümmungen* die beiden Fahrrichtungen auseinander zu halten, um zu verhindern, daß sie geschnitten werden, oder daß Kraftfahrzeuge, die aus ihrer Richtung aus irgendeinem Anlaß abirren, in die Gegenfahrbahn geraten. Auf Seite 145 wird das noch durch Vorschläge erläutert.

Zu den festen Bauteilen zur Begrenzung der Fahrspuren, die zusammen mit der Fahrbahndecke und der Entwässerung den Straßenkörper bilden und die vornehmlich im Stadtstraßenbau einen ununterbrochenen Bestandteil der Straße ausmachen, kommen dann noch die Leiteinrichtungen als Fahrbahnmarkierungen (HMB) [*55*] in der Ebene der Fahrbahn und die senkrechten Leiteinrichtungen, die in erster Linie für die Landstraßen gelten und die schon in den RAL 1937/42 aufgeführt sind (HLB) [*56*].

Als Ergänzung zu dem Abschnitt über Trennstreifen und Trennborde wären aus den HLB nur die Maße für die Flach- und Steilborde und die Leitplanken zu erwähnen. Die hochsichtbaren Borde haben Einkerbungen, die mit Leuchtfarben angestrichen oder mit Rückstrahlern versehen werden.

Radfahrbahnen. Ist der Raum begrenzt, werden nur Radfahrstreifen angelegt, die höhengleich mit der Fahrbahn liegen, von der sie sich durch die Art der Befestigung und die Farbe unterscheiden oder durch einen Trennungsstrich besonders gekennzeichnet werden. Für Radwege kann die Befestigung sonst eine leichte sein, die Hauptsache ist, daß sie griffig, eben und gut entwässert ist. Dagegen müssen die neben den Fahrbahnen liegenden Leitstreifen so tragfähig wie diese ausgebildet werden, weil sie im Notfall auch schwere Belastungen werden aushalten müssen. Den Radfahrern ist polizeilich vorgeschrieben, sie zu benutzen.

Da das Fahrrad und die anderen Verkehrsmittel, vor allem der Kraftwagen, eine ständige gegenseitige Gefahr bilden, sollen die Radwege für sich geführt werden. Wenn auch auf dem Lande das Rad ein wichtiges Beförderungsmittel zwischen Hof und Acker geworden ist, so genügt die Landstraße diesem Verkehrsbedürfnis, wenn Fußweg oder Berme zur Mitbenutzung zugelassen werden. Die Ballungen in den Industriegebieten verlangen aber, daß für den Radverkehr eigene Streifen angelegt werden und bei allen Straßenentwürfen muß geprüft werden, wie dem genügt werden kann. Größere Umwege sollten indessen vermieden und der Anschluß an die Verkehrsknotenpunkte stets gewahrt werden [*57*].

Wenn der Radverkehr andere Verkehrsspuren kreuzen muß, entstehen Gefahrpunkte erster Ordnung. Darum sollen solche Kreuzungen mit den anderen Straßenkreuzungen zusammengelegt oder Unterführungen gebaut werden.

Abseits der Straßen werden die Radwege besonders für den Erholungs- und Ausflugsverkehr angelegt, daß ihre Benutzung durch die Umgebung, durch Ausblicke und abwechslungsreiche Gestaltung zur Entspannung des Fahrers beiträgt. Wer für die Unterhaltung dieser Radwege aufkommt, ist eine noch ungelöste Frage.

Steigungen sollten flach gehalten werden, besonders wenn sie lang sind. Neigungen von 5% im Hügelland und 4% im Flachland können nicht überschritten werden. Auf längere Strecken muß die Steigung auf 3% beschränkt bleiben. Dann kann noch eine Fahrgeschwindigkeit von 10 km/h eingehalten werden.

2.234 Stadtstraßen

Bei den Stadtstraßen ist zwischen denjenigen zu unterscheiden, die in erster Linie dem Anbau dienen, und solchen, die zugleich einen geringeren oder größeren Verkehr aufzunehmen haben. Danach regelt sich ihre Breite, Einteilung und Anlage. Jedes Haus muß einen Zugang an eine öffentliche Straße haben. An Straßen und Wegen darf nur gebaut werden, wenn sie in ihrer Breite und Befestigung den Vorschriften des Bebauungsplanes und denen der Sicherheitspolizei entsprechen. Es werden also an die Beschaffenheit der städtischen Straßen gewisse Mindestanforderungen gestellt. Nach geltendem Recht haben die Anlieger bei Neuanlage von Straßen und Plätzen auf Grund der festgestellten Bebauungspläne und der erlassenen Ortsbausatzungen das Gelände für die öffentlichen Straßen freizulegen und unentgeltlich abzutreten. Die Kosten der ersten Anlage, Beleuchtung und Entwässerung haben sie ganz oder zum Teil zu tragen, sobald die Grundstücke bebaut werden. Die Grundeigentümer werden diese Anliegerleistungen auf den Preis des ihnen verbliebenen Baulandes schlagen, so daß der Preis des Rohlandes dadurch erhöht wird. Das hat zur Folge, wenn das Gelände überhaupt der Bebauung zugeführt werden soll, eine entsprechende Ausnutzung des reinen Baulandes sowohl in der Fläche wie in der Höhe zuzulassen. Die Höhe der Anliegerleistung ist daher von Einfluß auf die Bauweise, und die Kosten der Erschließung haben eine wirtschaftliche Grenze.

Wohnstraßen und Wohnwege (Anliegerstraßen). Zwischen den städtischen Körperschaften, die durch Bebauungsplan und Bauordnung die Ausnutzung des Baulandes bestimmen und das Gelände erschließen, und den Grundeigentümern entstehen dadurch Gegensätze, wenn das Bauland durch die Erschließung über Gebühr belastet wird, so daß eine Rente nur herausgewirtschaftet werden kann, wenn die Bauordnung eine ausreichende Ausnutzung zuläßt.

Andererseits stellen aber Belichtung und Besonnung der Häuser entsprechend dem jeweiligen Bedürfnis Anforderungen, die nur durch Einhalten eines genügenden Abstandes der Hausfronten voneinander an der Straße und im Blockinnern zu erfüllen sind und eine lockere Bauweise verlangen. Diese Verflechtung zwischen den Anforderungen einer gesunden Wohnweise, der Verkehrsleistung und der Wirtschaftlichkeit nötigt, in der Gestaltung der städtischen Straßen ganz besonders Maß zu halten, indem man ihre Breite und Befestigung entsprechend den Baustaffeln der Bauordnung abstuft. Daher werden die städtischen Straßen in Siedlungs- oder Wohnwege, Wohnstraßen und Verkehrsstraßen unterschieden, die unter sich weiter abgestuft sein können. Der Abstand der Baufronten sollte 12 m niemals unterschreiten. Dabei anfallende Straßenflächen, die der Verkehr nicht oder vorerst nicht beansprucht, werden als Grünstreifen — am besten als Vorgärten vor den Baufronten — angelegt, die aber auch nur wirken und in ihrem Bestand erhalten werden können, wenn sie genügend breit sind, nicht unter 3 m. Das Preußische Fluchtliniengesetz unterscheidet Baufluchtlinien und Straßenfluchtlinien, diese begrenzen die Straßenfläche zwischen den Vorgärten.

In dem Bestreben, die Erschließungskosten der Siedlungen niedrig zu halten, wurden einspurige Straßen von 3 m Fahrbahnbreite angewendet, die in beiden Richtungen befahren werden oder, als Stichstraßen angelegt, am Ende einen Wendeplatz haben in den Abmessungen 12 × 16 m. Ihre Länge soll 60 m nicht überschreiten. Aber in diesem Falle ist Sparsamkeit unangebracht. Im Zeitalter des Kraftwagens sind einspurige Straßen, die nur in einer Richtung befahren werden, also Einbahnstraßen, bei denen die Blöcke umfahren werden, unzweckmäßig, weil an den Straßenkreuzungen größere Fahrzeuge, wie Wagen der Müllabfuhr oder Feuerwehr, nicht einschwenken können. Hierzu sind Fahrbahnen von mindestens 4,5 m notwendig, wie auf S. 159 nachgewiesen wird. Fahrdämme von Siedlungswegen sollten daher mindestens 4,5 m breit angelegt werden [*58*].

Ersparnisse im Straßenbau können in der Weise vorgenommen werden, daß bei Wohnwegen beide Gehbahnen fortfallen.

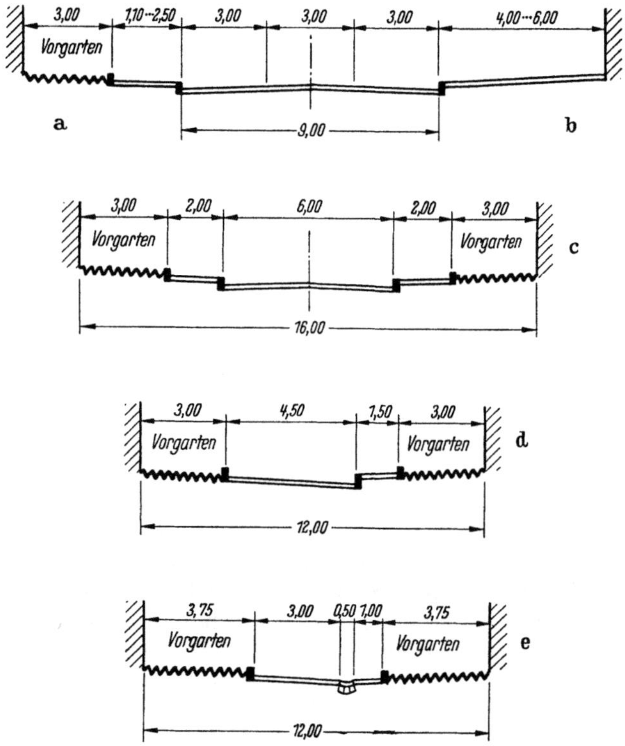

Abb. 65

Von Einfluß auf die Anlage der Straßen sind aber auch die Anforderungen, die die Versorgungsleitungen stellen.

Vorschläge für eine Anpassung der Wohnstraßen vom einfachen Siedlungsweg bis zur Sammelstraße entsprechend der an ihren Baufluchten zugelassenen Baustaffeln bringen die Abb. 65 a bis e. Je höher die Bebauung, desto breiter muß die Straße sein. Als günstiges Verhältnis der Haushöhe zur Straßenbreite wird 1 : 1,5 empfohlen.

2.234.1 Besonnung. Lage zur Himmelsrichtung und Breite der Straßen

Ihre Breite ist aber auch abhängig von den Anforderungen, die die Wohnräume an Belichtung und Besonnung stellen [*59*], von der Lage der Straße zur Himmelsrichtung. Das gilt besonders für die geschlossene Bauweise und für den Einzelreihenbau. Man geht in diesem Falle davon aus, daß der Abstand der Häuser so groß ist, daß das unterste Wohngeschoß in der Zeit des Sonnentiefstandes genügend besonnt wird. Geschoßgrundriß und das Verhältnis $n = b/h$ bei zwei gegenüberliegenden Hauszeilen sind hierbei maßgebend. n ist abhängig von der geographischen Breite φ, b Abstand der beiderseitigen Baufluchten, h lotrechter Abstand der Fenstermitte von der Traufkante des gegenüberliegenden Hauses (Abb. 66a). n soll so gewählt werden, daß jeder Wohnraum auch im untersten Geschoß ausreichend besonnt wird. Hierbei wird ein Mindestbetrag der solaren Wärmemenge verlangt, die in der sonnenarmen Jahreszeit (Winter) an einem bestimmten Stichtag durch 1 qm Fensterfläche in den Wohnraum wirklich eingestrahlt wird (q_w in kcal/m^2) unter Berücksichtigung einer wahrscheinlichen Sonnenscheindauer nach örtlichen Bewölkungsverhältnissen. Verluste durch Glas und Mauerstärke müssen mit einbezogen werden. Als Stichtag mit Rücksicht auf die durchschnittlichen Bewölkungsverhältnisse und die wirkliche Sonnenscheindauer gilt für die Bundesrepublik der 7. Februar

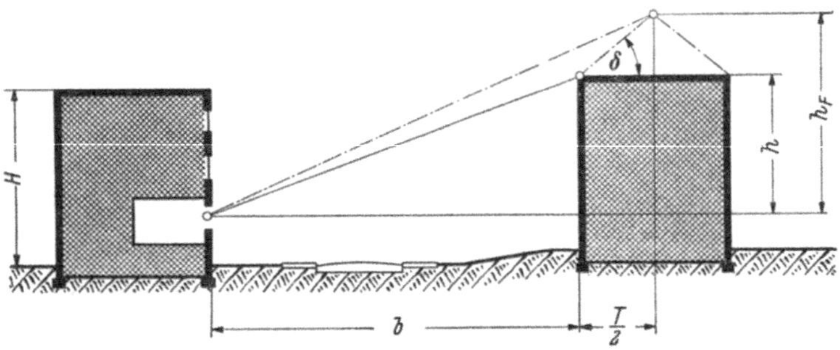

Abb. 66a. Verhältnis der Höhe h — Abstand der Fenster im Untergeschoß zum Abstand der Gebäude b als Erläuterung zu Abb. 66b

von Freiburg bis Hamburg. Diese Beziehungen sind für Freiburg ($\varphi = 48°$) im Süden, Bonn ($\varphi = 50{,}75°$) und Hamburg ($\varphi = 53{,}5°$) ermittelt und aus den 3 Schaubildern (Abb. 66b) kann man den Wert von n ablesen, der eingehalten werden muß, wenn bei einer gegebenen Himmelsrichtung der Straße und Bebauungsart günstige Besonnung geschaffen werden soll.

Gegeben sei eine Straße in der Richtung NW—SO. Erwünscht ist, daß am Stichtag (7. Februar) im Erdgeschoß für $\varphi = 48°$ die nach SW gerichteten Hausfront noch 300 kgkal auf einen qm Fensterfläche erhält. In diesem Falle müßte das Abstandsverhältnis $n = 2$ sein, d. h. bei einer viergeschossigen Bauweise mit $h = 12$ m müßte die Straße 24 m breit sein.

2.234.2 Verkehrsstraßen

Die Landstraßen, die von außen kommen, müssen, je mehr sie sich dem bebauten Stadtrand nähern, einen sehr schnell anwachsenden Verkehr aufnehmen. Damit solche Straßen uneingeschränkt dem Durchgangsverkehr zur Verfügung stehen und dieser nicht durch Ortsverkehr, Querverkehr und parkende Fahrzeuge gestört wird, sollen sie vom Anbau freibleiben. Diese Straßen werden nach einer amerikanischen Begriffsbestimmung als *Expressways* bezeichnet, die den Charakter einer Verkehrsschlagader für Durchgangsverkehr mit voller oder teilweiser Beschränkung des Anbaues haben. Dem Ortsverkehr dienen besondere Fahrdämme auf beiden Seiten (Ortsfahrbahnen); einmündende Straßen werden dann abgeschnitten oder nur Rechtseinbiege-Verkehr zugelassen. Man könnte die Expreßwege mit den Zubringern zu den Autobahnen oder Schnellwegen nach deutschem Muster vergleichen.

Das deutsche Wegerecht trägt diesen Anforderungen Rechnung, indem im *Bundesfernstraßengesetz* (FStrG vom 6. 8. 1953) vorgeschrieben ist:

Abb. 66b. Regeldiagramme, aus denen für eine bestimmte Lage paralleler Hauszeilen zur Himmelsrichtung das Verhältnis n des Hausabstandes b (Straßenbreite) zur Haushöhe h (Abb. 66a) über dem Meßpunkt abgelesen werden kann, wenn am Stichtag — 7. Februar — ein bestimmtes Maß an Sonnenwärme q_w in das Meßfenster eingestrahlt werden soll, oben $\varphi = 48°$, Lage von Freiburg, Mitte $\varphi = 50{,}75°$ Lage von Bonn, unten $\varphi = 53{,}5_0$ Lage von Hamburg

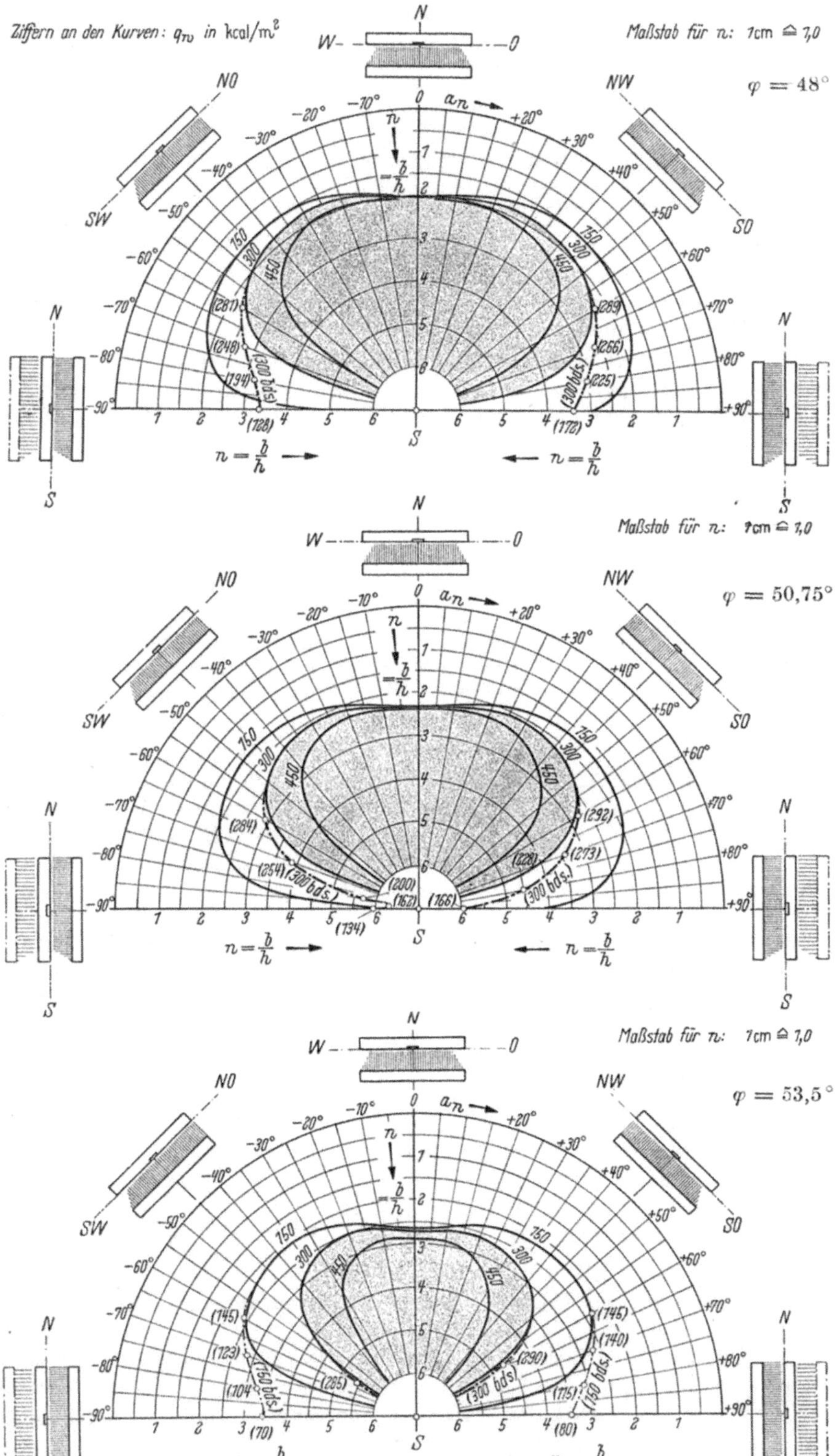

Abb. 66 b (Bildunterschrift s. Seite 98 unten)

Außerhalb der bebauten Ortslage kann die Bebauung beschränkt werden. Die Tiefe der freizuhaltenden Geländestreifen soll betragen:

bei Autobahnen	100 m,
bei Bundesstraßen	40 m

von der äußeren Kante der befestigten Fahrbahn.

Bei Landstraßen I. Ordnung	25 m,
bei Landstraßen II. Ordnung	18 m,

gemessen von der Straßenachse (Verordnung).

Solche Straßen stellen den Übergang von der Landstraße zur Stadtstraße dar und werden auch als zwischengemeindliche Verkehrsstraßen bezeichnet. Durch besondere Ortsfahrbahnen (Anliegerstraßen) soll das Baugebiet längs einer solchen Ausfallstraße zugänglich gemacht werden.

Auf ihnen wird man eine Ausbaugeschwindigkeit bis zu 80 km/h annehmen müssen. Sie dienen dem Durchgangsverkehr, der aber, je größer die Stadt ist, um so mehr hinter dem Ziel- und Quellverkehr zurücktritt. Bei Städten mit etwa 500000 Einwohnern wird er kaum mehr als 15% des Gesamtverkehrs betragen. Nach amerikanischen Erfahrungen bleibt er bei Städten unter 50000 Einw. unter 23% und bei solchen unter 25000···5000 beträgt er etwa 35%. Die Notwendigkeit für Großstädte, den Durchgangsverkehr über Umgehungsstraßen umzuleiten, ist stets vorhanden. Nur sollten diese nicht zu weit vom Weichbild der Stadt abbleiben. Mittleren und kleinen Städten wird man Umgehungsstraßen dann geben müssen, wenn der Ortskern zu eng bebaut ist und der Durchgangsverkehr sich um viele Ecken durchwinden muß. Auch solche Umgehungsstraßen müssen anbaufrei bleiben. Die *Expreßwege*, als *Stadtschnellstraßen* oder Stadtverkehrsanlage bezeichnet, sollen möglichst dicht an den Stadtkern herangeführt werden, eine schwierige Aufgabe, weil meistens Gebäude abgebrochen, Bewohner verlagert, Versorgungsanlagen umgelegt und andere Veränderungen an der Stadtanlage vorgenommen werden müssen. Dazu gehört auch, daß bei Großstädten noch einmal eine Innenumfahrung um den Stadtkern gelegt wird,

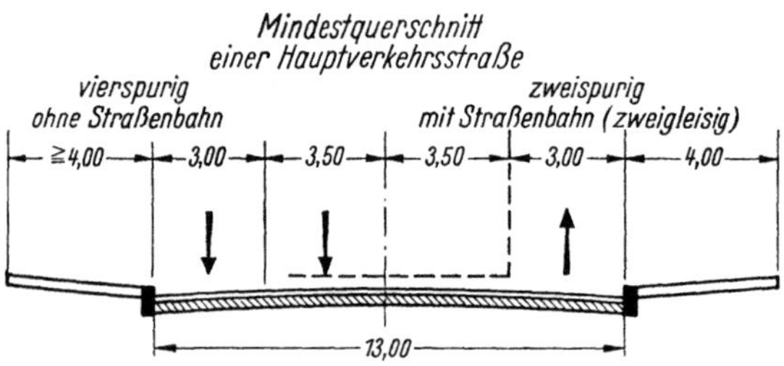

Abb. 67. Mindestquerschnitt einer Hauptverkehrsstraße

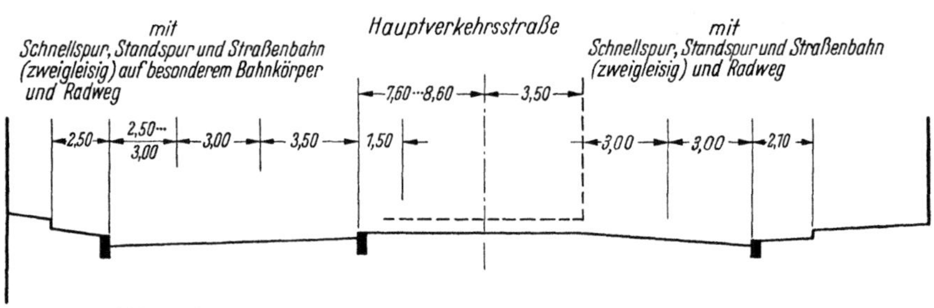

Abb. 68. Hauptverkehrsstraße, links Straßenbahn auf besonderem Bahnkörper

um die Stadtmitte zu entlasten. An dieser Stelle sollte reichlich Gelegenheit zum Parken für Personenkraftwagen vorgesehen werden, weil es nicht ausbleiben wird, daß viele Geschäftsstraßen für den Wagenverkehr gesperrt werden müssen. Güterverkehr wird nur nachts zugelassen.

Die Grundmaße für einen Mindestquerschnitt einer Hauptverkehrsstraße ohne und mit Straßenbahn können aus der Abb. 67 und die für eine Hauptverkehrsstraße mit Schnellspur und Straßenbahn auf eigenem Bahnkörper (s. S. 90) aus Abb. 68 entnommen werden.

In Verkehrsstraßen ist die Breite der Gehwege nicht mehr allein von der Verkehrsstärke der Fußgänger, sondern auch von dem Raum abhängig, den die unterirdischen Versorgungsanlagen verlangen, — U-Raum genannt. Denn für diese kann nur Fläche, die in der öffentlichen Hand ist, d. h. der Raum unter der Straße, in Anspruch genommen werden. Aber selbst bei breiten Gehwegen ballen sich die Anlagen, die, wenn irgend möglich unter dem Gehweg angebracht

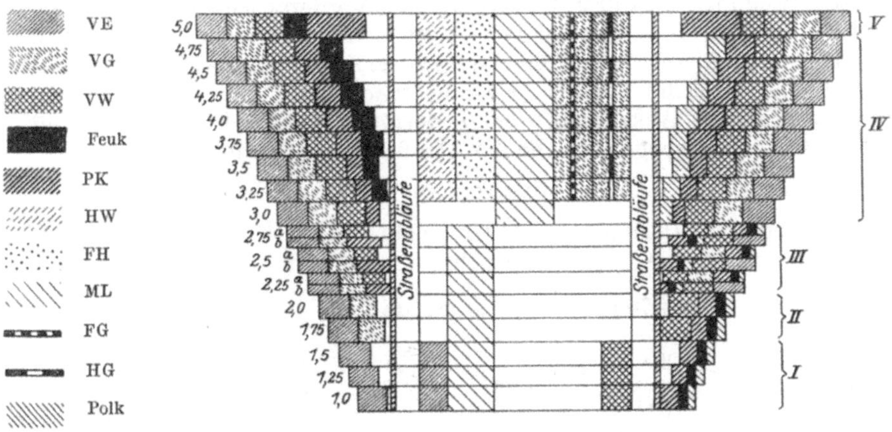

Abb. 69. Einordnung von Versorgungsleitungen in den Gehbahnen (DIN 1998) entsprechend ihrer Breite

VE	Stromleitungen	FH	Fernheizleitungen[1]
VG	Gasleitungen für die Hausversorgung	ML	Mischwasserleitungen
VW	Wasserleitung für die Hausversorgung	FG	Ferngasleitung
Feuk	Kabel für die Feuerwehr	HG	Hauptspeiseleitung für Gas
PK	Postkabel und Postkabelkanalanlagen	Polk	Kabel für Polizei
HW	Hauptspeiseleitung für Wasser		

werden sollen, so zusammen, daß nur durch eine genaue Ordnung die U-Räume am zweckmäßigsten ausgenutzt werden können, wobei auf die Sicherheit der einzelnen Anlagen, ihre Tiefenlage und auf ihren Abstand untereinander, der für Aufgrabungen erforderlich ist, Rücksicht genommen werden muß. Durch die DIN 1998[1] ist die wünschenswerte Gruppierung der Anlagen je nach Breite der Gehwege festgelegt, die möglichst eingehalten werden soll (Abb. 69). Bei Stadtstraßen, die auf ein hohes Alter zurückblicken, sind die Leitungen meist noch ungeregelt verteilt. Wenn auch bei den Tiefbauverwaltungen Pläne darüber geführt werden, empfiehlt es sich bei Umlegungen und Bauarbeiten, vorher durch Querschlitze die Lage der einzelnen Leitungen genau zu ermitteln, um Sach- oder Personenschäden zu vermeiden.

Die Entwässerungsleitungen, die früher soweit als möglich in die Gehwege verlegt wurden, müssen jetzt in der Fahrbahn untergebracht werden. Da sie die größte Tiefenlage und Einsteigschächte haben, beeinträchtigen sie dort die anderen Leitungen weniger, zumal auch die Anschlußleitungen tief liegen. Da in Wohnstraßen die Zahl der Leitungen sich verringert, in schmalen nicht vor jeder Baufront Gas- und Wasserleitungen erforderlich sind, so nimmt auch der erforderliche Raum ab. Indessen sind Mindestbreiten einzuhalten, die sich aus der Zahl der Leitungen ableiten.

---

[1] Wiedergabe erfolgt mit Genehmigung des Deutschen Normenausschusses. Verbindlich ist die jeweils neueste Ausgabe des Normenblattes im DIN-Format A 4, das durch die Beuth-Vertrieb GmbH., Berlin W 15 oder Köln, zu beziehen ist.

2.3 Ausbildung der Krümmungen

2.31 Der Lauf des Wagens durch eine Krümmung

Damit ein zwei- oder mehrachsiger Wagen durch eine Krümmung fahren kann, müssen die parallel zueinander liegenden Achsen sich gegeneinander verschieben, daß sie einen Winkel bilden und ihre Verlängerungen sich in einem Punkte schneiden, der als Krümmungsmittelpunkt anzusehen ist und der in den Kreismittelpunkt rückt, wenn die Einfahrt in den Kreisbogen vollendet ist. Diese Bewegung wird durch Einschlagen der Vorderachse allein oder auch beider Achsen bewirkt. Je größer der Winkel ist, den die Lenkeinrichtung des Wagens zuläßt, desto kleiner wird der Halbmesser, eine Eigenschaft, die auch mit Wendigkeit bezeichnet wird. Allerdings wächst mit kleiner werdendem Halbmesser auch das Ausscheren der Hinterräder nach der Bogeninnenseite und damit die im Kreisbogen notwendige Straßenbreite (Verbreiterung).

Mindesthalbmesser — Wendekreis.

Der geringste Halbmesser R_i der Krümmung, den ein Wagen durchfahren kann, hängt von dem größten Einschlagwinkel α und dem Achsstand a ab. Aus den Maßen der Abb. 70 ist zu entnehmen, daß $R_{i_{\min}} = a \cdot \operatorname{ctg} \alpha - \frac{b}{2}$ ist. (26)

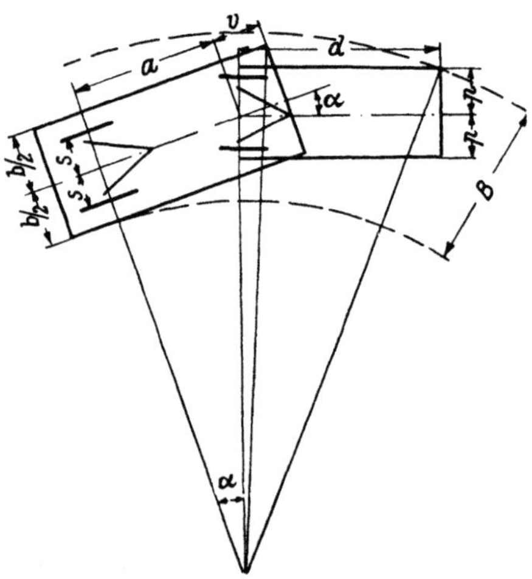

Abb. 70. Fahrbahnverbreiterung in der Krümmung für Spannfuhrwerk

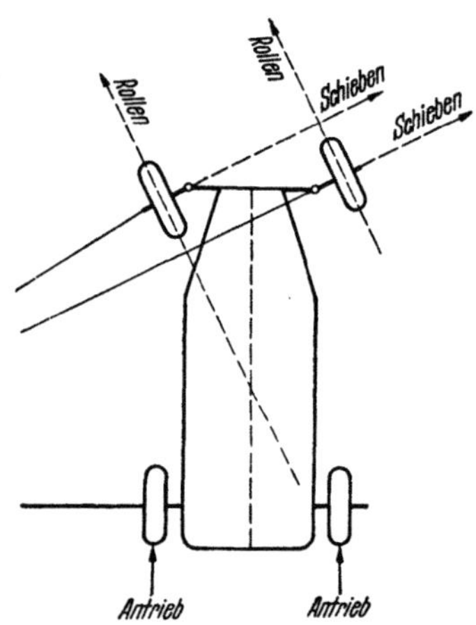

Abb. 71

Bei Kraftwagen wird nicht die Vorderachse gedreht, sondern die Vorderräder sind an Achsschenkeln befestigt, die vom Steuerrad so gedreht werden, daß die Verlängerung ihrer Achsen sich im Drehpunkt des Wagens treffen (Abb. 71). Dieser liegt auf der Verlängerung der Hinterachse und ist zugleich der Mittelpunkt des dem jeweiligen Einschlag entsprechenden Kreisbogens.

2.32 Wendekreisdurchmesser

Der Wendekreisdurchmesser eines Wagentyps wird von der Fabrik für die äußere vordere Fahrzeugkante angegeben. Er beträgt bei

Personenkraftwagen . .	9···15 m
Omnibus, 2achsig . . .	~21 m
Omnibus, 3achsig . . .	~25 m
Lastkraftwagen	~20 m

Nach StVZO § 32 darf der Wendekreis-Durchmesser nicht größer als 24 m sein.

2.33 Verbreiterung

Beim normalen Durchfahren einer Krümmung beschreiben die Hinterräder eine andere Bahn als die Vorderräder, die Schleppkurve genannt wird. Deshalb wird eine größere Breite der Fahrbahn gegenüber der Geraden in Anspruch genommen. Die Verbreiterung hängt ab vom Halbmesser der Krümmung, der Breite des Wagens, dem Achsstand und bei Lastzügen von der Zahl der Achsen, die nicht spuren. Nach der Abb. 70 ist:

$$R_a = \frac{a}{\sin\alpha} + \frac{b}{2} \tag{27}$$

und die Fahrspurbreite:

$$B = R_a - R_i = a \cdot \operatorname{tg}\frac{\alpha}{2} + b.$$

Auf einer zweispurigen Fahrbahn würde zwar der außen fahrende Wagen einen Fahrraum in Anspruch nehmen, der etwas geringer ist als der des inneren Wagens, weil der Halbmesser größer ist und deshalb mit einem kleineren Einschlagwinkel gefahren werden kann. Er soll aber dem inneren gleichgesetzt werden. Außerdem muß noch ein Spielraum zwischen den beiden Wagen und auch an den Außenseiten von je $= c$ hinzugefügt werden, so daß die gesamte Fahrbahnbreite wird

$$B' = 2B + 3c.$$

Die Bemessung der Verbreiterung hängt von der Bauart des Fahrzeuges ab und von der Größe des Halbmessers. Auf Landstraßen und Autobahnen werden Wendekreishalbmesser niemals angewendet. Nur nach diesem und der aus ihm sich ergebenden Verbreiterung richten sich die Formen der Einmündungen von Straßen, besonders bei Stadtstraßen, die Einfahrten in Grundstücke und Garagen, Autobahnhöfe, in Fabrikgebäude, bei öffentlichen Waagen, Omnibushaltestellen, Tankstellen, Güterumschlagstellen und Parkplätzen, d. h. bei den Betriebsanlagen des Kraftfahrwesens. Bei Garagen, Parkplätzen und Tankstellen für Personenkraftwagen werden die Abmessungen dieser Wagen maßgebend sein, auch für kleinere Lieferwagen bis 1,5 t Tragfähigkeit und kleine Omnibusse bis zu 5,6 m Länge genügen dieselben Grundmaße. Bei allen anderen Anlagen werden die Maße der größten Lastkraftwagen oder Omnibusse, die an den betreffenden Stellen verkehren werden, zugrunde zu legen sein.

2.331 Schleppkurve

Wenn nach der StVZO § 32 die Länge eines Zuges miteinander verbundener Fahrzeuge 14 m erreichen darf, so bedeutet das, daß dieser Zug aus einem Triebwagen und einem Anhänger zusammengesetzt sein kann. Für solche Verkehrsmittel müssen die Fahrbahnverbreiterungen bei den jeweiligen Halbmessern ermittelt werden, eine Aufgabe, die rechnerisch und durch Fahrversuche gelöst werden kann.

2.332 Verbreiterung für Lastkraftwagen mit einem Anhänger

Wenn der Triebwagen aus der Geraden in die Krümmung läuft, wird die Zugkraft auf den Anhänger nicht mehr in der Richtung der Längsachse des Triebwagens ausgeübt, sondern die Zugrichtung bildet einen Winkel mit ihr.

Der Anhänger spurt nicht mehr mit dem Vorderwagen, er schert aus. Seine Spurabweichung wird um so größer, je größer der Winkel zwischen Zugrichtung und Anhängerlängsachse ist und je länger die Kurve ist, auf der er wirkt. Wenn die Vorderräder des Triebwagens parallel zum Fahrbahnrand in einen Kreis einfahren, durchlaufen die Hinterräder und die des Anhängers Schleppkurven, die asymptotisch in engere Kreise übergehen.

Angenähert kann die Verbreiterung nach Abb. 72 berechnet werden. R_a und R_i sind auf die Wagenlängsachse bezogen, B_0 ist die Fahrspurbreite in der Geraden. Für die Innenspur ist:

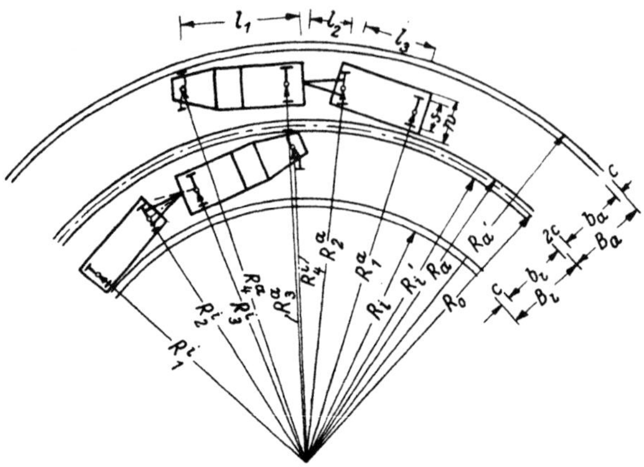

Abb. 72. Fahrbahnverbreiterung für zwei sich begegnende Lastkraftwagen mit je einem Anhänger

$$R_1^i = \sqrt{(R_4^i)^2 - \Sigma l^2},$$
$$R_4^i = R_o - \left(c + \frac{w}{2}\right),$$
$$R_i = R_1^i - \left(c + \frac{w}{2}\right),$$
$$R_4^a = \sqrt{(R_1^a)^2 + \Sigma l^2},$$
$$R_1^a = R_o + \left(c + \frac{w}{2}\right),$$
$$R_a = R_4^a + \left(c + \frac{w}{2}\right),$$
$$B_i = R_o - R_i,$$
$$B_a = R_a' - R_o.$$

Die gesamte Verbreiterung wird

$$\Delta B_i = B_i - B_o, \qquad \Delta B_a = B_a - B_o.$$

Ein Fehler liegt hier in der Annahme des Abstandes von Hinterachse des Vorderwagens und Vorderachse des folgenden Wagens als die Gerade, obwohl Überhang und Deichsel den $\sphericalangle\,\beta$ bilden. Sind Überhang und Deichsel gleich lang, dann spurt der Anhänger und es gelten die Gleichungen:

$$R_i = \sqrt{(l_1 \cdot \operatorname{ctg} \alpha)^2 - l_3^2},$$
$$R_a = \frac{l_1}{\sin \alpha} + \frac{w}{2},$$
$$B = R_a - R_i.$$

Um die Begegnung von zwei Lastzügen nach Abb. 73 von je 2,5 m Breite zu ermöglichen, muß eine 6 oder 7 m breite Fahrbahn mit $c = 0{,}75$ m für die Halbmesser von 40 bis 120 m nach den Angaben der Abb. 74 verbreitert werden. Für Lastzüge, Omnibus und Personenkraftwagen hat die SNV die Tabelle 15 herausgegeben, die unabhängig von der Fahrbahnbreite ist, weil angenommen wird, daß die Sicherheitsabstände zwischen den Fahrzeugen und gegen die Fahrbahnränder in der Krümmung gleichgroß wie in der Geraden sein sollen.

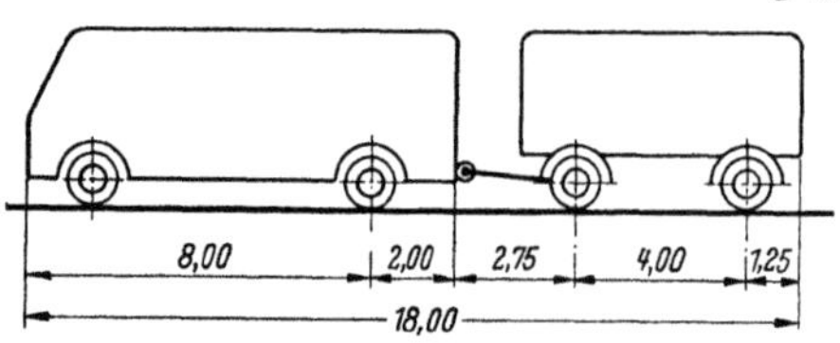

Abb. 73. Lastzug nach den SNV

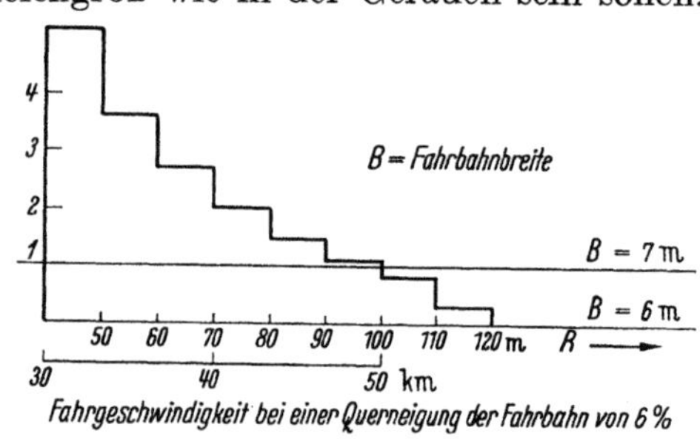

Abb. 74. Maße der Verbreiterung (in m) in der Krümmung für zwei Lastkraftwagen

Tabelle 15. *Verbreiterung der Fahrspur in cm*

Radius R in m	30	40	50	60	70	80	90	100	120	140	160	180	200	225	250
1 Lastenzug	140	105	84	70	60	53	47	42	35	30	26	23	21	19	17
1 Gesellschaftswagen .	106	80	64	53	46	40	35	32	27	23	20	18	16	14	13
1 Personenwagen . . .	42	31	25	21	18	16	14	13	11	9	8	7	6	5	5

2.333 Verbreiterung für Sattelkraftfahrzeuge

Da in Zukunft diesem Beförderungsmittel besondere Bedeutung zukommt, ist es angebracht, auch für ihn die Verbreiterung anzugeben, die bei der Fahrt durch Krümmungen vorhanden sein muß. Die folgenden Vorteile soll die Benutzung von Sattelkraftfahrzeugen bieten:

Bei gleicher Inanspruchnahme von Verkehrsraum ist die Ladefläche eines Sattelkraftfahrzeuges größer als die eines Zuges.

Die Kurvenläufigkeit kann durch geeignete Mittel der von Zügen gleicher Länge gleichwertig gemacht werden.

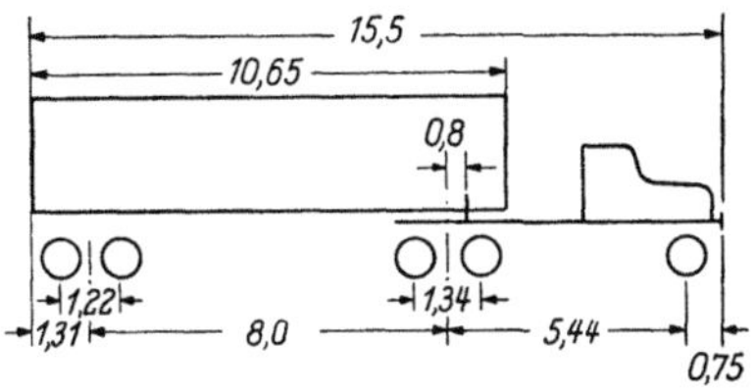

Abb. 75. Sattelkraftfahrzeug nach Abmessungen in den VStA (HRB Bulletin 72)

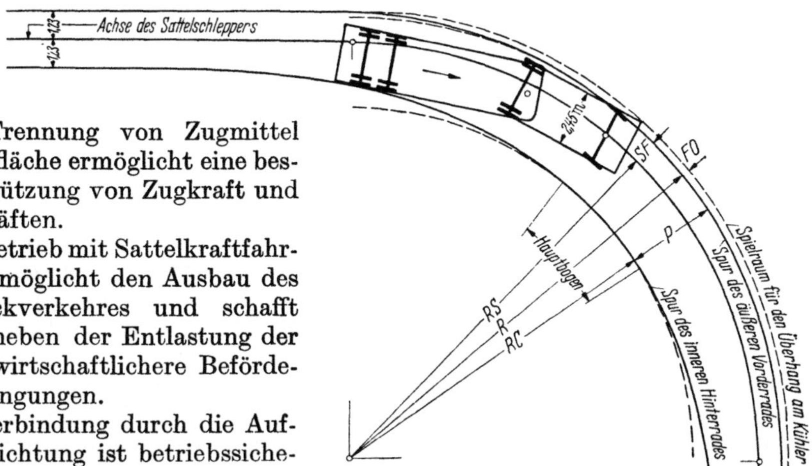

Abb. 76. Fahrt des Sattel-Kraftfahrzeugs durch eine Krümmung zur Ermittlung der Verbreiterung

Die Trennung von Zugmittel und Ladefläche ermöglicht eine bessere Ausnützung von Zugkraft und Arbeitskräften.

Der Betrieb mit Sattelkraftfahrzeugen ermöglicht den Ausbau des Huckepackverkehres und schafft dadurch neben der Entlastung der Straßen wirtschaftlichere Beförderungsbedingungen.

Die Verbindung durch die Aufsattelvorrichtung ist betriebssicherer als die übliche Anhängerkupplung.

Die Treibachse des Sattelkraftfahrzeuges ist immer nach dem Zustand der Beladung belastet, während bei einem leeren Lastkraftwagen die Belastung der Treibachse nicht immer ausreicht, um einen beladenen Anhänger sicher bremsen zu können.

Die Bemessung der Bremsen ermöglicht ein besseres Bremsverhalten gegenüber Zügen.

Zugrunde gelegt ist ein Fahrzeug mit aufgesatteltem Wagen (Abb. 75) mit einer Gesamtlänge von 15,5 m. Bei R = Halbmesser der Krümmung ergeben sich nach einer Berechnung des HRB [*60*] nach der Abb. 76 die folgenden Maße:

Tabelle 16

RS	*RC*	*R*	*P*	*Ü*	*SF*
15,2	12	16,5	4,5	0,36	1,2
18,3	15,4	19,5	4,1	0,3	1,2
24,5	22	25,6	3,65	0,28	1,2
30,5	28,5	31,5	3,4	0,18	1,2
46	44	47	3,00	0,12	1,2
61	59	62,5	2,92	0,09	1,2
105	103,5	106	2,68	0,06	1,2
153	151	154	2,63	0,06	1,2

RS Halbmesser der Krümmungsachse
RC Halbmesser des inneren Fahrbahnrandes
R Halbmesser des äußeren Fahrbahnrandes
P Verbreiterte Fahrbahn
Ü Überhang an der Front
SF Abstand der Fahrspur des äußeren Vorderrades von der Mitte Vorderachse

Diese Verbreiterungen werden mit denen für Lastkraftwagen mit Anhänger abzustimmen sein.

2.334 Verbreiterung für Langholzwagen und ähnliche Fahrzeuge

Damit lange Fahrzeuge mit großem Achsabstand Krümmungen durchfahren können, wird auch die Hinterachse gedreht. Die Fahrkurve der Hinterachse paßt sich mehr dem Lauf der Vorderachse an. Mit solcher Einrichtung sind die Langholzwagen als Spannfahrzeug und als Kraftwagen ausgerüstet (Abb. 7). Die geringsten Halbmesser werden von der Größe der Einschlagwinkel abhängig sein, die etwa 35°...40° betragen. Zu unterscheiden ist zwischen der Abmessung der Fahrbahn, auf der die Räder geführt werden, und der Zone außerhalb der Fahrbahn, die von den über die Hinterachse hinausragenden Stammenden bestrichen werden. Diese dürfen, wenn die Krümmung im Anschnitt liegt, über die Straßenkrone hinausragen, etwa bis zur Mitte des Straßengrabens, während auf dem Damm ein Spielraum von 40 cm zwischen den Stammenden und dem Geländer oder den Abweissteinen vorhanden sein soll. An der Innenseite der Krümmung muß Spielraum belassen werden, daß die Stämme, falls sie über den Innenrand der Fahrbahn hinaustreten, dort nicht Einbauten berühren.

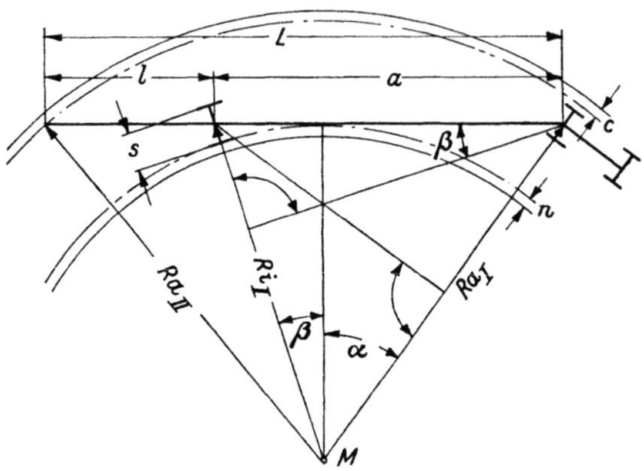

Abb. 77. Verbreiterung der Krümmung für Langholzwagen

Haben Vorder- und Hinterachse den gleichen Einschlagwinkel, dann spuren die Räder und es wird nur eine Fahrbahnbreite entsprechend der Spurbreite des Fahrzeuges beansprucht. Derart schmale Fahrdämme kommen nur für die Holzabfuhrwege in der Forstwirtschaft in Frage, auf denen sonst kein Verkehr stattfindet. Nach Abb. 77 ist

$$R_{i_I} = \frac{a \cdot \cos\alpha}{\sin(\alpha + \beta)}, \tag{28}$$

$$R_{a_I} = \frac{a \cdot \cos\beta}{\sin(\alpha + \beta)}. \tag{29}$$

Zu beiden Werten wird man noch einen Zuschlag von 0,5 m machen müssen, da die Räder nicht auf dem Rande der Fahrbahn fahren können.

$$B = R_{a_I} - R_{i_I} + 1{,}0\,\text{m} + s.$$

Auf Landstraßen, die schon für den übrigen Verkehr eine bestimmte Fahrbahnbreite haben, die mindestens zwei Spuren aufweist, z. B. 6 m, zu der noch die Verbreiterung hinzutritt, wird man zulassen können, daß der Langholzwagen die ganze Straßenbreite einnimmt, indem für die Gegenfahrrichtung vorübergehend der Verkehr gesperrt wird. In diesem Falle läuft das äußere Vorderrad an der Außenkante, das innere Hinterrad an der Innenkante entlang. Die Hinterachse beschreibt dann wieder eine Schleppkurve, infolgedessen ist der Schwiggwinkel β geringer als der Einschlagwinkel der Vorderachse. Die Grenze wäre der Fall, daß die Hinterachse überhaupt nicht geschwiggt wird; in diesem Fall wird $\beta = o$.

R_i und R_a würden erfüllt sein durch die Beziehungen für das Fuhrwerk mit fester Hinterachse nach Gl. (26) und (27).

Reicht die Breite der Fahrbahn für diesen Krümmungsverlauf nicht aus, so muß die Hinterachse auch geschwiggt werden. Sollen der geringste Außenhalbmesser und der geringste Innenhalbmesser errechnet werden, so gelten die Gleichungen, in die die Größtwerte von $\sphericalangle\,\alpha$ und $\sphericalangle\,\beta$ einzusetzen sind, für ein Langholzauto (Abb. 7, S. 13) nach Abb. 78. Erbreiterung liegt in der Innenspur.

$$R_{i_{II}} = a\,\frac{\cos\alpha\cdot\cos\beta}{\sin(\alpha+\beta)}, \tag{30}$$

$$R_{a_{II}} = \sqrt{\frac{a^2\cdot\cos^2\alpha}{\sin^2(\alpha+\beta)} + \frac{a\cdot\cos\alpha}{\sin(\alpha+\beta)}\cdot 2\cdot l\cdot\sin\beta + l^2}\,.$$

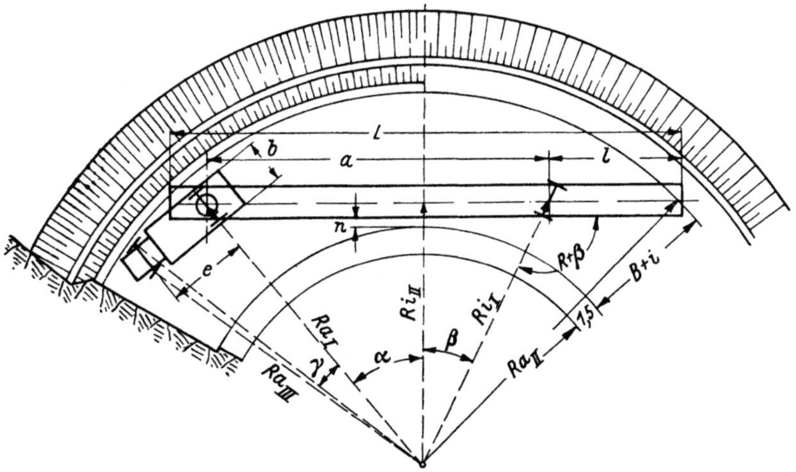

Abb. 78. Gestalt einer Krümmung, die von einem Langholzwagen befahren werden kann

Bei dem Kraftfahrzeug entspricht in dieser Berechnung der Einschlagwinkel der Vorderräder dem Drehwinkel des Drehschemels, auf dem die Stämme gelagert sind.

Nach der „Vorläufigen Anweisung für die Durchführung der Bauarbeiten an den Autobahnen“ Nr. 8 soll die Fahrbahnverbreiterung in zweispurig befahrenen Krümmungen folgende Maße erhalten (Tabelle 17).

Tabelle 17

R in m	i in m
20 ··· 24	4,0
25 ··· 29	3,0
30 ··· 39	2,5
40 ··· 59	2,0
60 ··· 99	1,5
100 ··· 199	1,0
200 ··· 299	0,5

Diese Erbreiterungen gelten für die Anschluß-, Abzweig- und Kreuzungsstellen der Bundesautobahnen. Bei diesen selbst, die weit größere Halbmesser erhalten, kann von Erbreiterungen abgesehen werden.

Um einer zu starken Verflachung der Schleppkurve entgegenzuwirken, ist das Mittel anwendbar, vor Einfahrt in die Krümmung in die entgegengesetzte Richtung auszuschwenken, wenn die Fahrbahn genügend Breite bietet. Dies ist die einzige Möglichkeit, um in Gebäude, Garagen und Parkplätze einzufahren, vorausgesetzt, daß die Fahrbahn die nötige Breite hat. Hierbei werden S-Kurven gefahren.

Mit dem Ausscheren nach links ist aber eine Behinderung oder Gefährdung des Durchgangsverkehrs verbunden. Deshalb ist in dem Merkblatt für die Anordnung von Tankstellen an öffentlichen Straßen (1950) vorgeschrieben, daß bei Landstraßen, um ein leichtes Ein- und Ausfahren zu und von der Tankstelle zu erreichen, die Zu- und Abfahrten nicht steiler als 30° zur Straßenachse angeordnet werden dürfen [*61*]. Bei anbaufreien Straßen (Bundesstraßen außerhalb

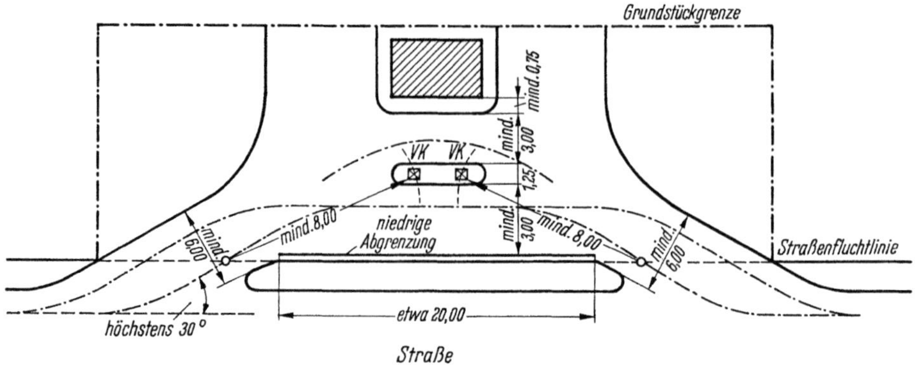

Abb. 79. Ein- und Ausfahrt einer Tankstelle an einer Landstraße mit Säulen für VK

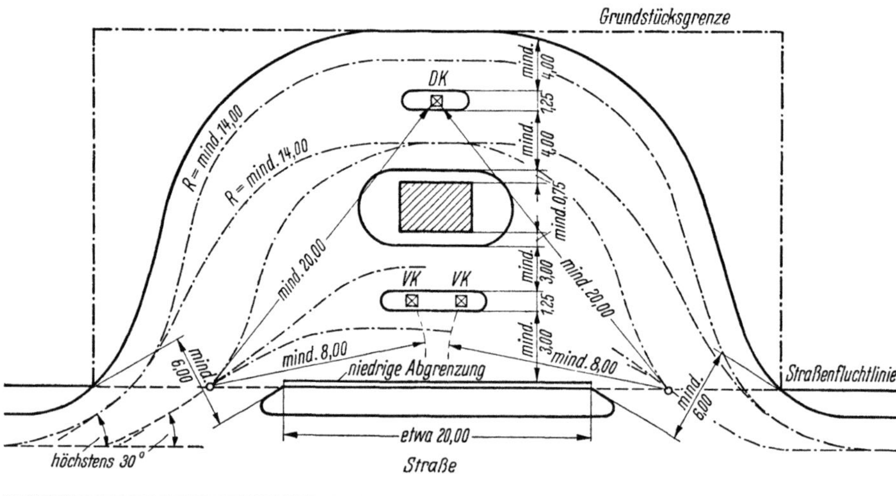

Abb. 80. Wie Abb. 79 mit Säule für DK

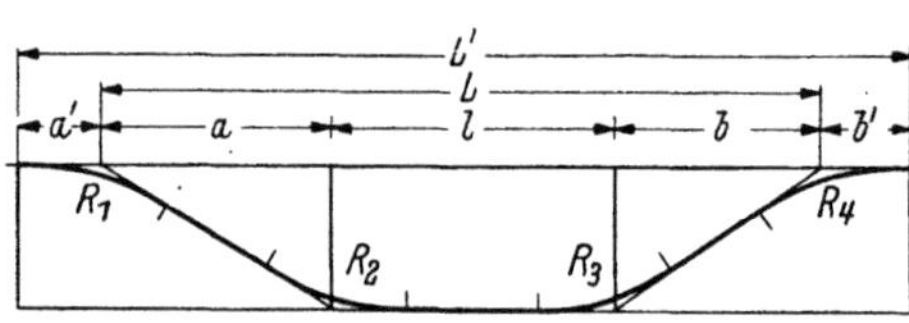

Abb. 81. Haltebucht für einen Omnibus

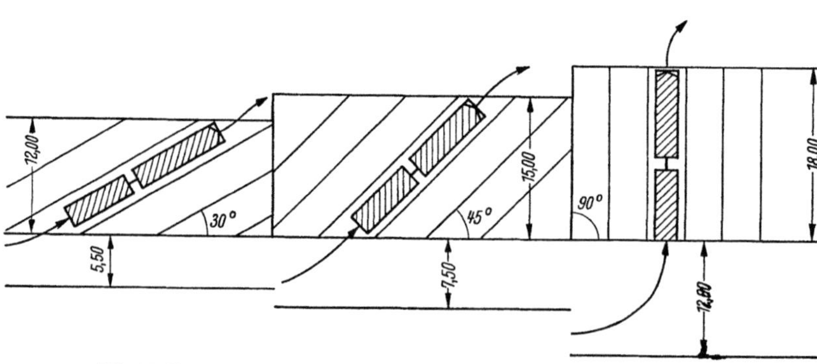

Abb. 82. Breite der Zufahrtsstraßen für Aufstellwinkel von 30°, 45° und 90°

des Baugebietes, Umgehungsstraßen, Stadtschnellstraßen und solchen Straßen, die nur dem Kraftverkehr dienen) ist anzustreben, die Zu- und Abfahrten nicht steiler als 10° zur Straßenachse anzulegen. Bei der Abfahrt kann auch eine Neigung bis zu 30° gewählt werden, wenn die örtlichen Verhältnisse es erfordern.

Im Stadtgebiet sind die Fahrdämme meist breiter als die der Landstraßen, auch muß Rücksicht auf den Gehwegverkehr genommen werden. Infolgedessen

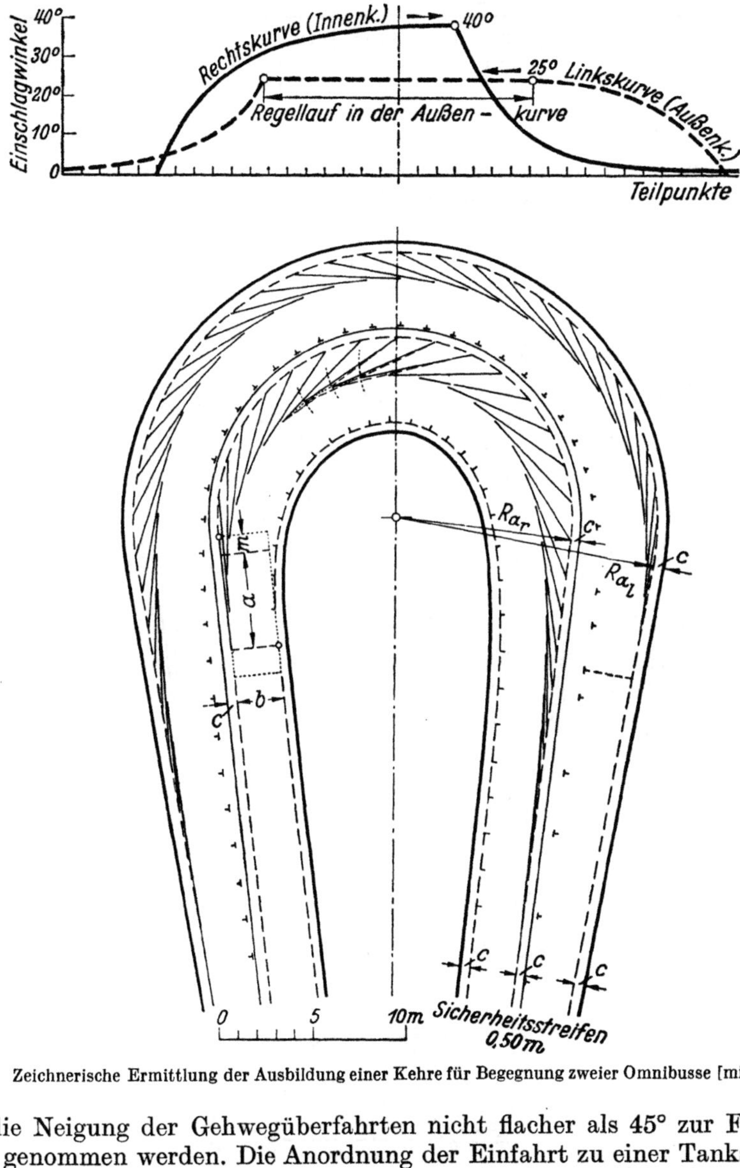

Abb. 83. Zeichnerische Ermittlung der Ausbildung einer Kehre für Begegnung zweier Omnibusse [mit Traktorien]

darf die Neigung der Gehwegüberfahrten nicht flacher als 45° zur Fahrbahnkante genommen werden. Die Anordnung der Einfahrt zu einer Tankstelle nur für Vergaserkraftstoff (VK) an einer Landstraße ist aus Abb. 79 und die für VK und Dieselkraftstoff (DK) aus der Abb. 80 zu entnehmen.

Auch bei Omnibushaltestellen müssen die Abrundungshalbmesser den Schleppkurven angepaßt werden, deren Form auch mit der Fahrgeschwindigkeit in Beziehung steht. Für die Anordnung der Haltebuchten ist maßgebend die Maßskizze Abb. 81 und für die einzelnen Werte die Tabelle 18. Diese Vorschläge und Richtlinien für die Bemessungselemente konnten nur durch Fahrversuche mit gebräuchlichen Kraftfahrzeugen ermittelt werden [62]. Sie können sich mit der Änderung der Kraftfahrzeuge selbst auch ändern.

Tabelle 18. *Grundmaße der Omnibushaltestellen in Abhängigkeit von der Bemessungsgeschwindigkeit und der Betriebsart*

Betriebsart	V_B = 30 km/h		V_B = 40 km/h		V_B = 60 km/h	
	l a b	L	l a b	L	l a b	L
Einzelwagen	13 16 15	44 m	13 17 15	45 m	13 25 15	53 m
Zug	20 16 15	51 m	20 17 15	52 m	20 25 15	60 m
2 Einzelwagen	28 16 15	59 m	28 17 15	60 m	28 25 15	68 m

Tiefe der Haltebucht 3 m.

Für Parkplätze von Lastkraftwagen, z. B. auf Güterumschlagstellen oder Raststätten, müssen die Breiten der Zu- und Abfahrtsstraßen bei Schräg-

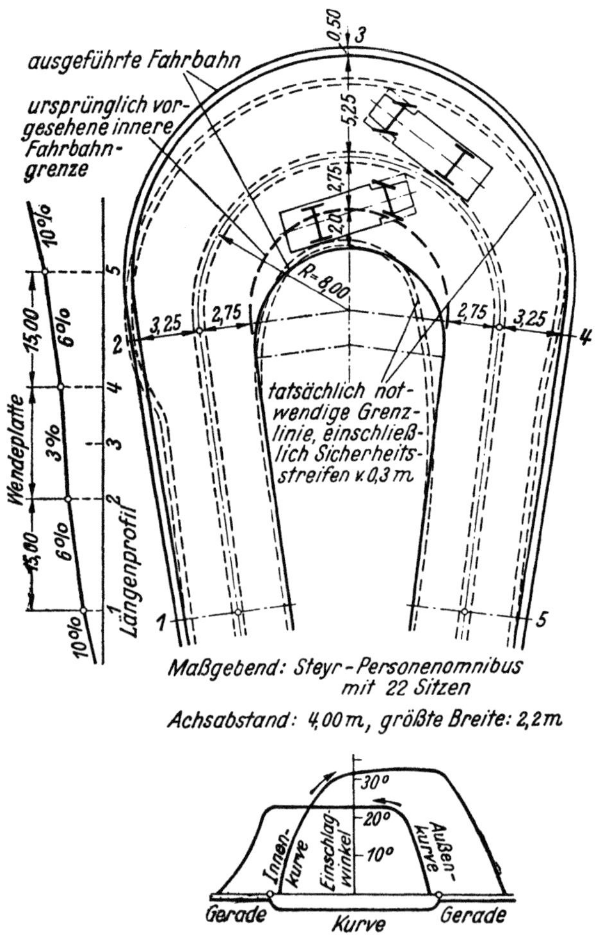

Abb. 84. Nachprüfung der ersten Ausführung der Kehren der Glocknerstraße für die Begegnung von zwei Steyr-Omnibussen

aufstellung dem Aufstellwinkel angepaßt werden. Je steiler der Winkel ist, um so breiter muß die Zu- und Abfahrtsstraße sein. Bei gedrungenen Raumverhältnissen kann ein steiler Aufstellwinkel zweckmäßig sein, bei langgestreckten ein flacher. Die Breiten der Zu- und Abfahrtsstraßen sind für die drei Aufstellwinkel von 30°, 45°, 90° für den früheren Lastzug von 18 m Länge nach

Abb. 82 zu bemessen. Die Breite der Parkspur soll aus betrieblichen Gründen — Spielraum zwischen 2 Wagenzügen — 4 m nicht unterschreiten.

Spannfuhrwerke und *langsam*fahrende Kraftwagen können mit den Vorderrädern ohne weiteres Fahrlinien folgen, die sich aus Geraden und Kreisen zusammensetzen, weshalb früher eine Fahrbahnverbreiterung im Kreisbogen und entsprechende Übergänge in die kreisförmigen Straßenränder genügten. Nach dem Näherungsverfahren von HALTER [*63*] können diese Übergangslinien als Schleppkurven zeichnerisch ermittelt werden (Traktorien). Nach diesem Verfahren sind für eine Kehre die Fahrbahnverbreiterungen für die Begegnung zweier Omnibusse entworfen (Abb. 83) und die Regelform der Kehren der Glocknerstraße im ersten Ausbau danach nachgeprüft worden, ob ihre Abmessungen für die Begegnung zweier Steyr-Personenomnibusse mit 22 Sitzen genügten. Wie Abb. 84 erkennen läßt, müßten die Fahrbahnränder, insbesondere der Innenrand anders geführt werden, wenn die gezeichnete kreisförmige Straßenachse mit ihren anschließenden Tangenten als Trennlinie angesehen wird.

2.34 Übergangsbögen für schnellfahrende Fahrzeuge

Von Baurat **Dr.-Ing. T. Rosin**

Kassel

Übergangsbögen zwischen der Gerade und dem Kreisbogen oder zwischen zwei Kreisbogenstücken erweisen sich aus folgenden Überlegungen als notwendig:

a) der Fahrer soll in der Lage sein, Spur, d. h. parallel dem Fahrbahnrand zu fahren, ohne die Geschwindigkeit unter die im Kreisbogen zulässige drosseln zu müssen;

b) ausreichend Platz für die Anlage der Rampe (vgl. 2.345) muß vorhanden sein, die weder in der Geraden noch im Kreis liegen soll;

c) fahrdynamisch soll die auf Fahrer und Fahrzeug einwirkende Fliehkraft nur allmählich zu- und abnehmen, um den Querruck (vgl. 2.344.2) in erträglichen Grenzen zu halten.

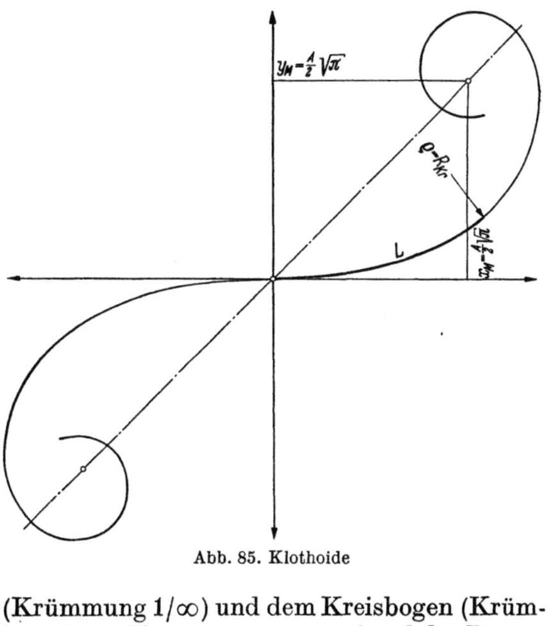

Abb. 85. Klothoide

Während HALTER [*63*] empfahl, Form und Länge des Übergangsbogens empirisch zu ermitteln, griff ÖRLEY [*64*] den Gedanken wieder auf, als Übergang zwischen der Geraden (Krümmung $1/\infty$) und dem Kreisbogen (Krümmung $1/R$) eine Kurve einzuschalten, deren Krümmung proportional der Bogenlänge wächst. Die *Klothoide* (Cornusche Spirale, Spinnlinie, Bogenradioide) erfüllt diese Forderung (Abb. 85). Tabellenwerke [*65*]; [*66*] und Kurvenlineale erleichtern ihre Anwendung. Die bisher verwendeten Näherungskurven, wie Vorbogen mit doppeltem Halbmesser, kubische Parabel, haben heute an Bedeutung verloren; doch soll (vgl. S. 116 und S. 120) auch ihre Anwendung als Ersatz für die Klothoide gezeigt werden.

Um einen Übergangsbogen zwischen Tangente und Kreisbogen mit Halbmesser R einlegen zu können, muß zwischen beiden ein. im Verhältnis zu R kleiner, sich rechnerisch oder aus Tafeln ergebender Abstand ΔR geschaffen werden (Abb. 86). Dies geschieht mathematisch genau entweder dadurch, daß der Kreismittelpunkt M auf der Winkelhalbierenden des Mittelpunktwinkels φ vom Bogen weg um den Betrag $\Delta R/\cos(\varphi/2)$ verschoben wird, oder dadurch, daß M beibehalten und R um ΔR vermindert wird. Praktisch beläßt man M und denkt sich den Ursprungskreis mit dem Halbmesser $R + \Delta R$ beschrieben, so daß der Anschlußkreis den runden Halbmesser R behält. Das Maß ΔR erscheint auf dem Lot von M auf die Anschlußtangente als ihr Abstand vom rückwärts verlängerten Anschlußkreis. Der Fußpunkt dieses Lotes hat vom Schnittpunkt der Endtangenten des Gesamtbogens die Entfernung $(R + \Delta R)\tan(\varphi/2)$ (vgl. Abb. 89 S. 114); auf der anderen Seite des Lotes liegt Punkt KlA im Abstand $X_M \approx X/2$.

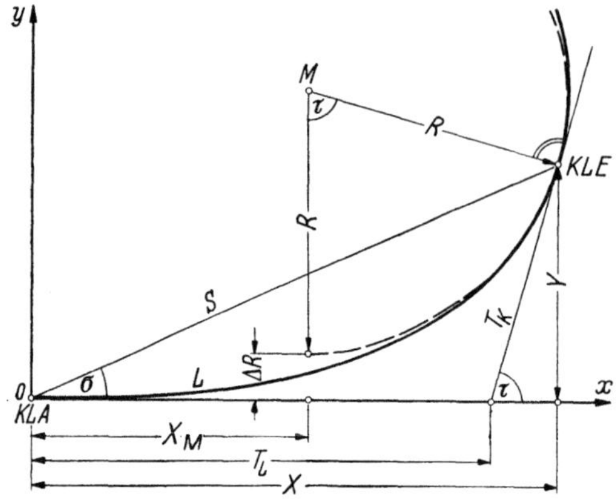

Abb. 86

2.341 Natürliche Gleichung der Klothoide, Reihen für ihre rechtwinkligen Koordinaten und ihre Tangentenabrückung

Gemäß der Ausgangsbedingung, Krümmung $K = \frac{1}{R}$ proportional der Bogenlänge L wachsend, erhält man die sogenannte natürliche Gleichung zwischen den Elementen R und L der Klothoide:

$$\frac{1}{R} = \text{const} \cdot L = \frac{1}{A^2} L \text{ (dimensionengerecht)}$$

oder

$$R \cdot L = R_0 \cdot L_0 = A^2$$

(R_0 und L_0 = Bestimmungsgrößen des Punktes „Klothoidenende“).

Ferner gilt für jede Kurve $d\tau = \frac{dL}{R}$ (Abb. 87), also für die Klothoide

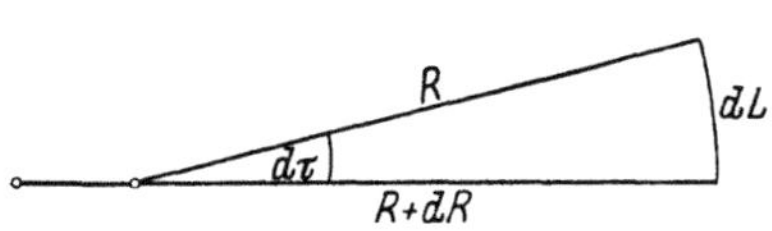

Abb. 87

mit $\frac{1}{R} = \frac{L}{A^2}$ $\quad d\tau = \frac{L}{A^2}\,dL$ (31)

integriert τ $\quad \tau = \frac{L^2}{2A^2}$

d.h. $\quad \tau = \frac{L}{2R}$ (32)

oder unter Beibehalten von A $\quad L = A \cdot \sqrt{2\tau}$. (33)

Damit kann L durch τ ausgedrückt werden und man erhält aus (31):

$$d\tau = \frac{\sqrt{2\tau}}{A}\,dL$$

oder

$$dL = \frac{A}{\sqrt{2}}\,\frac{d\tau}{\sqrt{\tau}}.$$

Mit $dX = \cos\tau .\, dL$ und $dY = \sin\tau .\, dL$ (s. Abb. 88) ergeben sich für die rechtwinkligen Koordinaten der Klothoide die FRESNELschen Integrale

$$X = \frac{A}{\sqrt{2}} \int_0^\tau \frac{\cos\tau}{\sqrt{\tau}}\, d\tau$$

oder auch $$X = \int_0^L \cos\frac{L^2}{2A^2}\, dL,$$

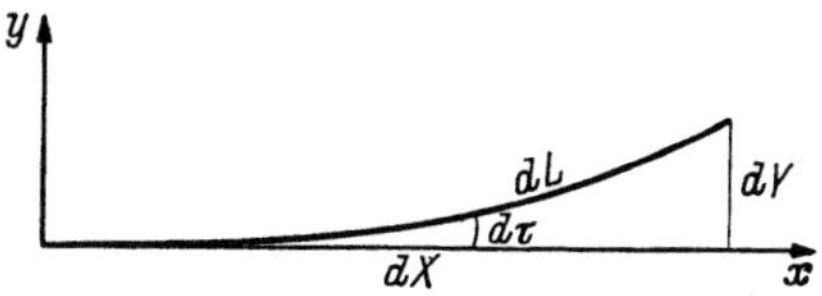

Abb. 88

$$Y = \frac{A}{\sqrt{2}} \int_0^\tau \frac{\sin\tau}{\sqrt{\tau}}\, d\tau \quad \text{oder auch} \quad Y = \int_0^L \sin\frac{L^2}{2A^2}\, dL.$$

Nach Reihenentwicklung ergibt die Integration:

$$X = A\sqrt{2\tau}\left(1 - \frac{\tau^2}{10} + \frac{\tau^4}{216} - + \cdots\right)$$

oder auch $$X = L - \frac{L^5}{40A^4} + \frac{L^9}{3456A^8} - + \cdots$$

$$Y = A\sqrt{2\tau}\left(\frac{\tau}{3} - \frac{\tau^3}{42} + \frac{\tau^5}{1320} - + \cdots\right)$$

oder auch $$Y = \frac{L^3}{6A^2} - \frac{L^7}{336A^6} + \frac{L^{11}}{42240A^{10}} - + \cdots \qquad (34)$$

Für die Tangentenabrückung ΔR der Klothoide mit Länge L_0, dem Endhalbmesser R_0 und Endpunkt (X_0, Y_0) erhält man:

$$\Delta R = Y_0 - R_0(1 - \cos\tau) \qquad \text{oder} \qquad \Delta R = Y_0 - R_0\left(1 - \cos\frac{L_0^2}{2A^2}\right),$$

daraus mit der Reihe für Y_0, mit $R_0 = \frac{A^2}{L_0}$ und mit der Reihe für $\cos\frac{L_0^2}{2A^2}$:

$$\Delta R = \frac{L_0^3}{4\cdot 6A^2} - \frac{L_0^7}{8\cdot 336A^6} + \frac{L_0^{11}}{12\cdot 42240A^{10}} - + \cdots$$
$$= \frac{L_0^2}{24R_0} - \frac{L_0^4}{2688R_0^3} + \frac{L_0^6}{506880R_0^5} - + \cdots$$

2.341.1 Verwendungsmöglichkeiten der Klothoide

Als Übergangsbogen von der *Geraden zum Kreisbogen mit Halbmesser R* schneidet man aus der Spirale ein Stück heraus, beginnend an der Nullstelle $\left(K = \frac{1}{\infty} = 0\right)$ bis zur Krümmung $K = \frac{1}{R_0}$. Jenseits des verbleibenden Kreisstückes führt dann ein gleicher oder ähnlicher Übergangsbogen wieder auf eine tangierende Gerade (Abb. 89).

Nur selten wird man gezwungen sein, das Kreisbogenstück (Hauptbogen) zu einem Punkt zusammenschrumpfen zu lassen, wenn der Zentriwinkel sehr klein ist. Dann entsteht die „*Scheitelklothoide*" (Abb. 90), die fahrtechnisch bedenklich ist. Die RAL 1942 forderten bereits einen Mindestöffnungswinkel

$$\min\widehat{\varphi} = \sqrt{\frac{32\Delta R}{R}} = 5{,}65\sqrt{\frac{\Delta R}{R}}.$$

Da $\Delta R \approx \frac{L^2}{24\,R}$ (ähnlich wie bei der kubischen Parabel) ist, wird mit $R = \frac{L}{2\tau}$ Gl. (32) (s. S. 112)

$$\Delta R = \frac{L^2}{24\,R} = \frac{\tau \cdot L}{12}$$

und

$$\min \hat{\varphi} = 5{,}65 \sqrt{\frac{\tau L}{12} \cdot \frac{2\tau}{L}} = 2{,}3\,\tau\,, \tag{35}$$

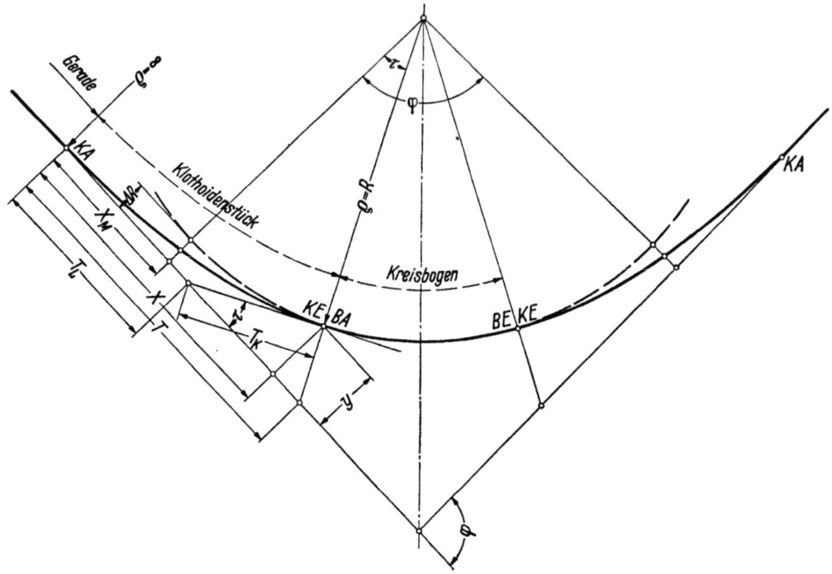

Abb. 89. Die Klothoide als Übergangsbogen von der Geraden zum Kreis
$KE = \ddot{U}E$, bzw. $\ddot{U}E_2$

d. h. es verbleibt zwischen den Punkten $\ddot{U}E_1$ und $\ddot{U}E_2$ noch ein Restkreisbogen von $\alpha_{kr} = \varphi - 2\tau = 0{,}3\,\tau$ entsprechend einem Längenverhältnis Klothoide : Kreis : Klothoide wie $2R\tau : 0{,}3R\tau : 2R\tau = 1 : 0{,}15 : 1$.

Die neuen Schweizer Vorschriften [67] schränken im Normblatt SNV 40177a die Verwendung von Scheitelklothoiden stark ein, da der Fahrer die Scheitelzone und damit den Wechsel in der Drehrichtung des Lenkrades nicht eindeutig erkennen kann (Abb. 91).

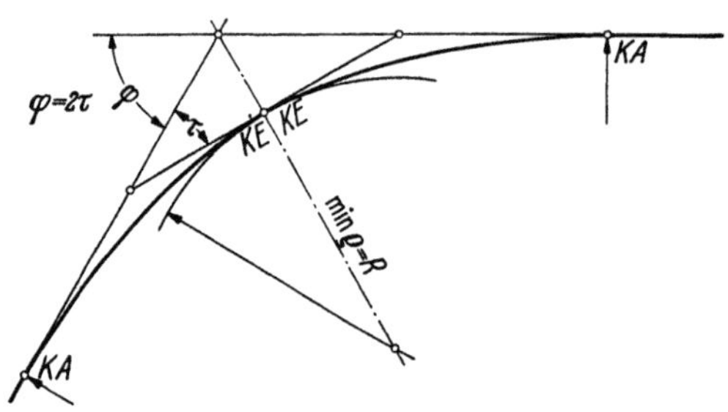

Abb. 90. Scheitelklothoide

Bei allen Maßnahmen, die dem Kraftfahrzeug-Fahrer durch äußere Einflüsse aufgezwungen werden, ist ihm die schon auf Seite 18 erwähnte Überlegungszeit = höchstens 1 Sekunde zuzubilligen, ehe er in den Lauf des Wagens eingreift. Diese spielt auch eine Rolle bei der Fahrt durch den Bogen, z. B. wenn das Kraftfahrzeug noch im Bogen weiterläuft, ehe der Fahrer die neue Richtung des Übergangsbogens hat einschlagen können. Das würde bei der Scheitelklothoide bedeuten, daß für die Zeit von 1 sek. der Lenkwinkel am Ende des ersten Abschnittes beibehalten wird, ehe in den entgegengesetzten eingefahren werden kann.

Für 1 sek. ergibt sich die notwendige Länge des Zwischenkreises zu $L_{kr} = \frac{V}{3{,}6} = 0{,}28\,V$. Wenn $L_{\ddot{u}} \approx V$ ist, wird $L_{kr} \approx 0{,}3\,L_{\ddot{u}}$. Ein Längenverhältnis $L_{\ddot{u}} : L_{kr} : L_{\ddot{u}}$

1 : 0,33 : 1 scheint angemessen zu sein, weil die Überlegungszeit sich dann auf 1,2 sek. verlängert. Selbstverständlich kann der Kreisbogen auch länger sein. Bei der Scheitelklothoide (1 : 0 : 1) ist es auch unmöglich, die Überhöhungsrampen der Fahrbahnränder (s. S. 139) bzw. den dort entstehenden Brechpunkt auszurunden. Die der Kraftwagenfahrt angepaßten Übergangsbögen haben außerdem den Vorteil, daß sie das ästhetische Bild und die Sicht verbessern.

Die „*Eilinie*" (Abb. 92), die aus dem Kreisbogen R_1, einem Klothoidenstück mit $K_a = \frac{1}{R_1}$, $K_e = \frac{1}{R_2}$ und dem Anschlußkreisbogen R_2 besteht, ist ein wertvolles Hilfsmittel, den Linienzug flüssig zu gestalten und ihn in Sonderfällen an die örtlich gegebenen Zwangspunkte anzupassen. Vermessungstechnisch

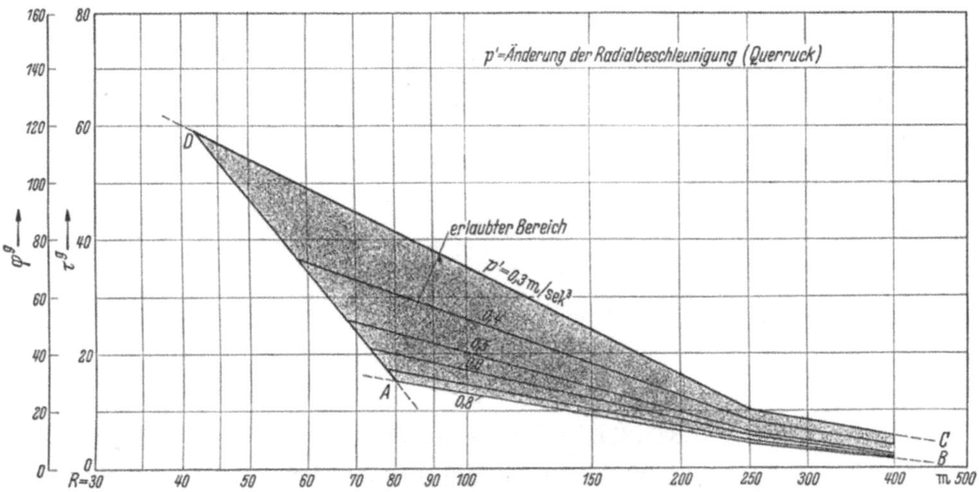

Abb. 91. Anwendungsbereich von Scheitelklothoiden nach den Vorschriften der Schweizerischen Normenvereinigung

läßt sie sich allerdings genau wie die Korbklothoide nur nach Transformation der Koordinatensysteme einrechnen. Beispiele findet man im neuesten Fachschrifttum [*68*].

Als „*Korbklothoide*" (Abb. 93) bezeichnet man eine Kurve aus zwei oder drei Klothoidenästen verschiedenen Parameters, die an den Stoßstellen den gleichen Krümmungsradius aufweisen. Mit ihr können näherungsweise Übergangsbögen mit beliebiger Form der Krümmungslinie entworfen und abgesteckt werden, z. B. die bei $R < 200$ m zweckmäßigen Bremskurven [*113*].

Den Übergang in die Gegenkrümmung vermittelt die „*Wendelinie*" (Wendeklothoide, S-Linie) (Abb. 94). An den Kreisbogen mit auslaufendem Übergangsbogen schließt an der Nullstelle die Einlaufklothoide mit nachfolgendem Kreis der Gegenkrümmung an. Die in den RAL 1942 geforderte Zwischengerade entfällt hier; sie schrumpft auf einen Punkt zusammen in der Nullstelle. Sie wurde in älteren Vorschriften für notwendig gehalten, um den Satteldachquerschnitt zwischen den Pultdachquerschnitten (s. S. 139) auszubilden. Heute gilt sie als fahrdynamisch falsch. So schreibt SCHRAMM [*68*]: „Kurze Gerade zwischen Gegenbögen sind möglichst zu vermeiden. Entgegenstehende Vorschriften beruhen auf einer Verkennung der fahrdynamischen Verhältnisse und sind als überholt anzusehen." Richtig ist, daß beim Durchfahren einer Wendelinie — im Gegensatz zur Scheitelklothoide — der Drehsinn des Lenkrades an der Nahtstelle der Klothoide nicht wechselt. Ein der Überlegungszeit entsprechender Weg kommt hier nicht in Betracht.

Für das Trassieren, die Aufstellung des Entwurfes im Grundriß, haben sich Klothoidenlineale, hergestellt von Gebr. WICHMANN, als sehr nützlich erwiesen. Sie sind für runde Parameter für den Maßstab 1 : 1000 geschaffen, können aber nach einfacher Umrechnung bei beliebigen Maßstäben Verwendung finden.

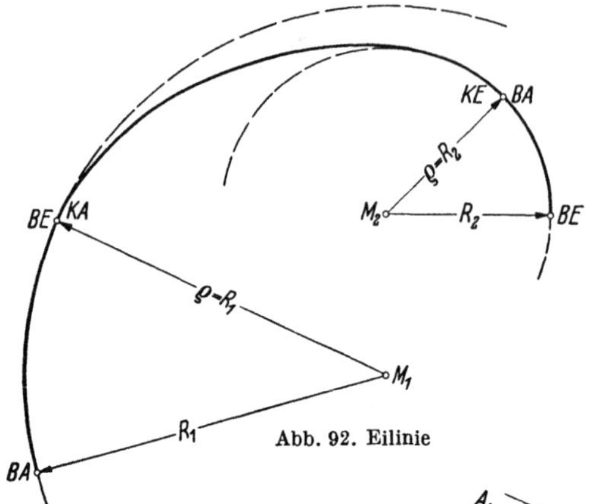

Abb. 92. Eilinie

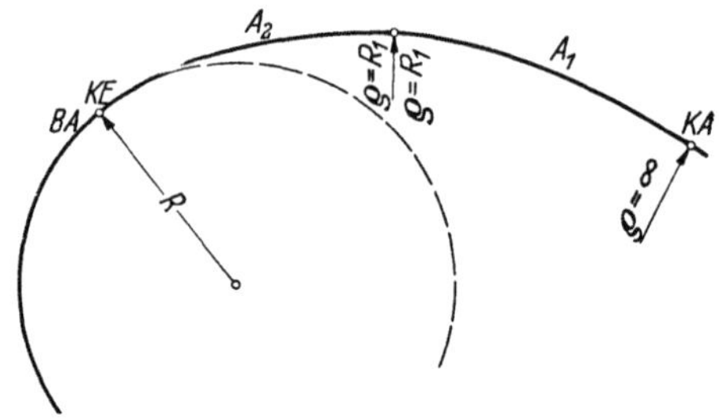

Abb. 93. Korbklothoide

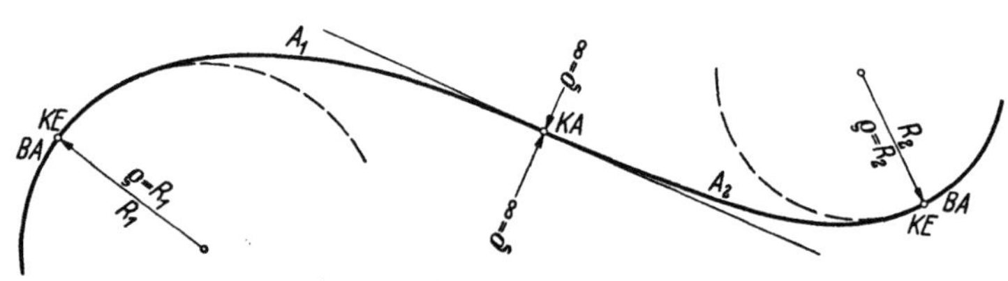

Abb. 94. Wendelinie

2.341.2 Die kubische Parabel

Auch sie folgt in ihrem flachen Anfangsbereich der Proportionalität von Bogenlänge und Krümmung und kann deshalb als Näherungskurve der Klothoide dienen. Die Grenze, bis zu der noch Proportionalität, also näherungsweise $R \cdot L = C$, unterstellt werden kann, darf im Straßenbau da gesehen werden, wo an der Nahtstelle von *ÜB* und Kreis ein Krümmungssprung von nicht mehr als 10% auftritt. Dies ist der Fall, wenn $L \gtreqless \frac{R}{2}$ oder $\hat{\tau} \gtreqless 0{,}25 \triangleq$ rd. 16^g ist [*69, 70*] (Abb. 95).

Zwar könnte die kubische Parabel mathematisch genau bis zu ihrem Scheitel, der bei $\tau =$ rd. $24° =$ rd. 27^g oder bei $L = 0{,}68\,R$ liegt, verwendet werden, doch müßte dann ihr eigenes Krümmungsgesetz berücksichtigt werden, nach dem die Krümmung nicht linear mit der Bogen- bzw. Abszissenlänge wächst, sondern nach einem „einfach geschwungenen Krümmungsbild" mit abnehmender Steigung. C ist dann nicht mehr das Produkt von R und L, sondern müßte umständlich ermittelt oder aus Tafeln, z. B. [*71*] entnommen werden. Diese Anwendungsart der kubischen Parabel ist in den RASt 1944/1953 [*58*] gezeigt; dort sind die passenden Konstanten $c = 6\,C$ für die jeweilige Ausdehnung der kubischen Parabel angegeben; sie liegen um so mehr unter dem Wert 6 RL, je größer der Ablenkwinkel und damit auch L ist. ΔR wird erheblich kleiner als bei der Klothoide (bei τ max $= 27^g$ rd. $^1/_7\ Y_{KP_b}$ statt $^1/_4\ Y_{Kl}$), auch rückt *ÜA* bei τ max $= 27^g$ auf $0{,}4\,L$ (statt $0{,}5\,L$) an den ursprünglichen Kreisbogenanfang heran; in *ÜE* ergibt sich R genau und die kubische Parabel schmiegt sich in ihrer Scheitelgegend besonders gut an den Hauptkreis an. Ihre Ordinaten, also die Werte der Tafel III der Kurventabellen [*71*], werden jedoch erheblich größer als die der Klothoide, deren lineare Krümmungszunahme möglichst erhalten bleiben sollte.

Es genügt daher, die Berechnung der kubischen Parabel auf die oben erwähnte Grenzlänge $L < \frac{R}{2}$ zu beschränken und die Gl. $Y = \frac{L^3}{6\,R\,L_0}$ zu benützen. Diese entspricht der Gleichung der Klothoide mit $R L_0 = A^2$ (S.112) unter Beschränkung auf das 1. Glied und Gleichsetzung von L und X. Sie ergibt für *ÜE* mit $L = L_0$

$$Y_e = Y_0 = \frac{L_0^3}{6\,L_0\,R} = \frac{L_0^2}{6\,R}. \tag{36}$$

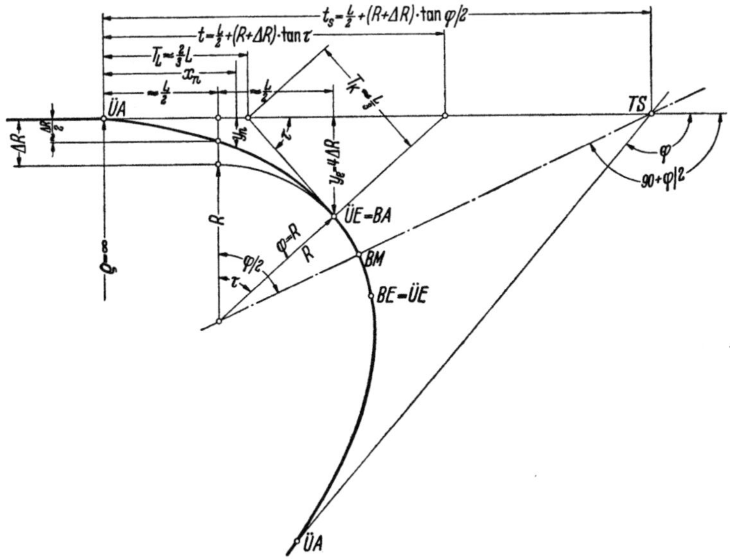

Abb. 95. Kubische Parabel ($R = R_0$)

Die Tangenten-Abrückung am ursprünglichen Bogenanfang, der genähert bei $\frac{L_0}{2}$ liegt, beträgt fast genau $\Delta R = \frac{Y_0}{4} = \frac{L_0^2}{24\,R}$

$$\tan\tau = \frac{d\,Y}{d\,X} \approx \frac{d\,Y}{d\,L} \approx \frac{L^2}{2\,R L_0}, \text{ damit für } L = L_0:$$

$$\tan\tau \cong \hat{\tau} = \frac{L_0}{2\,R}. \tag{37}$$

Die Ordinaten Y von Zwischenpunkten der kubischen Parabel verhalten sich wie die Kuben der Abszissen L, also $\frac{Y}{Y_0} = \frac{L^3}{L_0^3}$ oder $Y = \left(\frac{L}{L_0}\right)^3 \cdot Y_0$; ist z. B. $L = {}^1/_3 L_0$, so wird $Y = ({}^1/_3)^3\,Y_0 = {}^1/_{27}\,Y_0$.

Bei der in [*68*] angegebenen Mindestlänge des *ÜB* $L = 5{,}4\sqrt{R}$ erhält man, wenn die kubische Parabel nur bis $L = 0{,}5\,R$ angewandt wird, aus $5{,}4\sqrt{R} = 0{,}5\,R$, $R = \left(\frac{5{,}4}{0{,}5}\right)^2 = 116^{\text{m}}$ als Mindesthalbmesser, bei dem die obigen Näherungsformeln noch gelten.

Nach dem Verfahren von Helmert [*73*] läßt sich zum Zweck des Ersatzes der Klothoide durch die kubische Parabel der Anwendungsbereich der kubischen Parabel unter Benützung der obigen Formeln auf $L \leqq 4 \cdot 0{,}5\,R = 2\,R$ d. h. $\hat{\tau}_{\max} = 1 \mathrel{\hat=} 63^{\text{g}}$ erweitern, indem man die Ordinaten je zur Hälfte des *ÜB* von der Tangente und vom rückwärts verlängerten Hauptkreis rechtwinklig zu diesem absteckt (Abb. 96). Beim Winkelbildverfahren wird in der Regel die Absteckung in dieser Weise vorgenommen.

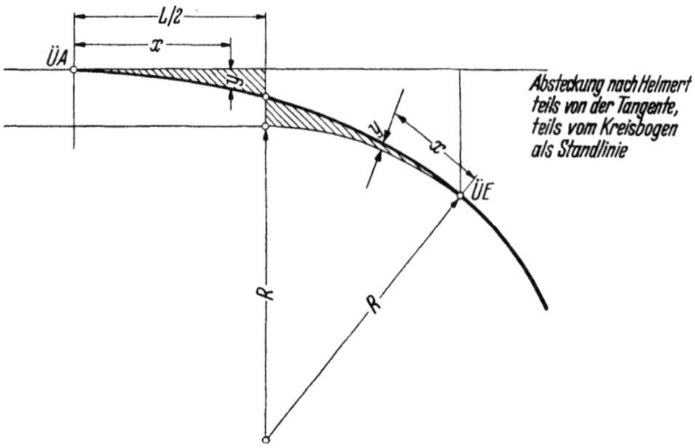

Abb. 96. Die kubische Parabel mit größerem Zentriwinkel

2.341.3 Das Winkelbildverfahren

Es ist unumstritten von Bedeutung für den Eisenbahnbau, bei dem man von einer gekrümmten Standlinie aus — in diesem Falle dem Gleis — eine verbesserte Linie abzustekken hat. Auch im Straßenbau kann es von Nutzen sein. Bestehende, aber nicht recht befriedigende Linienzüge lassen sich mit ihm sowohl im Grundriß als im Gradientenschnitt ausbügeln und verbessern. Auch eine Freihandkurve kann man mit diesem Verfahren zwecks Absteckung in mathematisch bestimmbare Form einkleiden. In einer Schriftenfolge des BVM [74] ist es erläutert und mit Beispielen unterbaut.

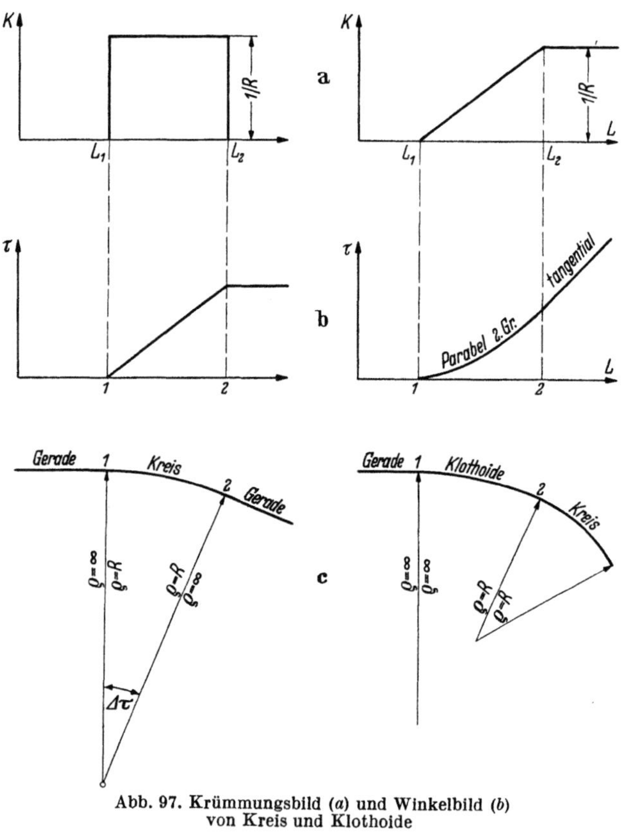

Abb. 97. Krümmungsbild (*a*) und Winkelbild (*b*) von Kreis und Klothoide

Nach Abb. 87 ist

$$d\tau = dL/R = \frac{1}{R} \cdot dL = K \cdot dL$$

$$\hat{\tau} = \int K\,dL = KL + c\,,$$

d. h. die Richtungsänderung einer Kurve ist zu ermitteln aus der Summierung der K-Flächen. Diese Summenlinie, bei der man als Abszisse die Bogenlänge, als Ordinate den zugehörigen Richtungsänderungswinkel im Bogenmaß abträgt, stellt das Richtungs- oder „Winkelbild" der Kurve dar. Das Krümmungsbild eines Kreises ist eine Parallele zur Abszissenachse und deshalb ist das Winkelbild eine steigende oder fallende Gerade; Krümmungsbild der Klothoide ist eine steigende oder fallende Gerade, deshalb ist ihr Winkelbild eine quadratische Parabel (Abb. 97).

Mit den Näherungen, die bereits für die kubische Parabel galten:

$$\tan\tau \approx \hat{\tau}; \qquad dL \approx dX,$$

errechnet sich, da $dy/dx = \tan\tau \approx \hat{\tau}$.

$$y = \int \hat{\tau}\, dx \approx \int \hat{\tau}\, dL,$$

d. h. die Summenlinie des Winkelbildes führt auf die Kurve selbst, sofern diese genügend flach ist, um die genannten Näherungen zu rechtfertigen. Da dies, von der Tangente als Bezugslinie aus gesehen, nur in begrenztem Bereich der Fall ist, wählt man als Standlinie eine der gesuchten Kurve nahekommende, auch gekrümmte Linie, in der Regel den ursprünglichen Kreisbogen oder einen Vorbogen mit doppeltem Halbmesser. Die Linie der rechtwinklig zur Standlinie gemessenen „Verschiebungswerte" e kann als Summenlinie der Differenzwerte der Winkelbilder von Standlinie und gesuchtem $\ddot{U}$-Bogen gedeutet werden, denn es ist

$$de = \tan(\tau_2 - \tau_1)\cdot dL_1 = (\hat{\tau}_2 - \hat{\tau}_1)\cdot dL_1 \text{ und}$$

$$e = \int (\hat{\tau}_2 - \hat{\tau}_1)\cdot dL_1$$

(vgl. Abb. 98).

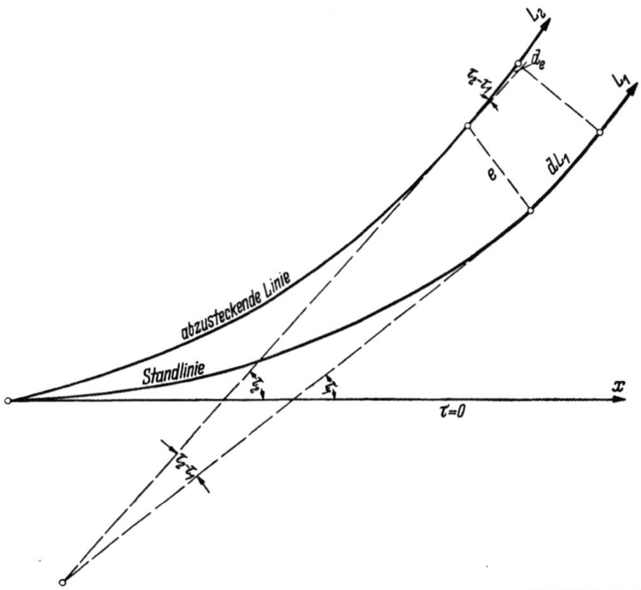

Abb. 98. Absteckung von einer gekrümmten Standlinie aus nach HUNGER [72]

Winkelbilder und Verschiebungslinie als Summenlinien der K- bzw. $\hat{\tau}$-Flächen ermittelt man zweckmäßig durch graphische Integration. Da das Winkelbild der Klothoide eine quadratische Parabel ist, muß sich die Verschiebungslinie für die Klothoidenpunkte von der Kreisbogenstandlinie aus als kubische Parabel abbilden. Praktisch führt demnach das Winkelbildverfahren wieder auf die kubische Parabel als Näherungsfunktion der Klothoide, allerdings ist ihr Anwendungsbereich, da als Standlinie die Tangente nur bis $L/2$, der Hilfskreis ab $L/2$ bis L verwendet wird, bis auf $L_{\text{grenz}} \leqq 2R$ bzw. $\hat{\tau}_{\text{grenz}} \leqq 1 \leqq 63^g$ erweitert. Für weitergehende Ansprüche wählt man als Standlinie eine Linie, bestehend aus Tangente, Vorbogen mit $R_v = 2R$, Hauptbogen R. Hiermit lassen sich Übergangsbogen mit $L \leqq 11R$ abstecken, sofern man wieder einen Halbmessersprung von 10% als tragbar ansieht.

Die Schärfe der Krümmung kann man im Winkelbild aus seiner Steigung erkennen. So sei das Winkelbild eines Kreisbogens mit $\varrho = R_1$ oder $\frac{1}{\varrho} = \frac{1}{R_1}$ z. B. eine Gerade mit der Steigung 1 : 1; die Gerade 1 : 2 entspricht dann dem Kreis mit der Krümmung $\frac{1}{\varrho} = \frac{1}{2R_1}$, d. h. mit dem Halbmesser $\varrho = 2R_1$. Man wählt den Winkelwertmaßstab nicht beliebig, sondern legt für einen runden Halbmesser, der nahe den vorkommenden R-Werten liegt, die Steigung 1 : 1 fest. Damit sind alle sonstigen vorkommenden Radien durch die Neigung ihrer

Winkelbilder festgelegt. Diese „Halbmesserrose“ (Abb. 99) erleichtert die nachfolgende graphische Integration.

Das Winkelbild der Klothoide läßt sich als quadratische Parabel aus umhüllenden Tangenten leicht konstruieren, sofern Länge und Anschlußradius bekannt sind. Links- oder Rechtskurven sind durch steigende oder fallende Winkelbilder gekennzeichnet.

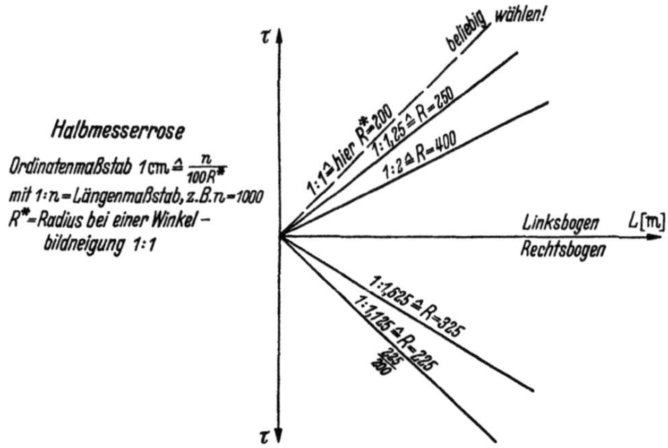

Abb. 99. Auftragung des Winkelbildes mit Hilfe der Halbmesserrose

2.341.4 Ersatz des Übergangsbogens durch Kreisvorbogen

Ersatz des Übergangsbogens durch einen Kreisvorbogen mit (meist) doppeltem Halbmesser: In Abb. 100 sind oben die Krümmungs- und die Winkelbilder eines Kreises, einer vorgeschalteten Klothoide und eines Kreisvorbogens mit $\varrho = 2R$ dargestellt. Im Punkt „C“ haben die drei Kurven die gleiche Richtungsänderung. Es gilt nun, den Vorbogen so anzusetzen, daß sich die Differenzflächen der Winkelbilder voll ausgleichen, da in diesem Falle auch die Verschiebungen gegenüber dem Kreis die gleichen sind. Der Kreisvorbogen darf daher, gemessen von den Ansatzpunkten der Klothoide $ÜA$ und $ÜE$, erst hinter bzw. vor dem Maß „b“ ansetzen. Die Parabelfläche muß gleich der Summe der geradlinig begrenzten Flächenteile sein. $\widehat{ABCA} = EFBCE = EFHE + FBGF + FGCHF$ [74]

$$\frac{1}{3} \cdot 2\,(a+b)\,(a+b) = 2\,\frac{a^2}{2} + \frac{b^2}{2} + ab.$$

Die quadratische Gleichung $b^2 + 2ab - 2a^2 = 0$ erbringt als Lösung $b = a\sqrt{3} - a = 0{,}732\,a$. Dieser Wert ist als „Klothoidenübergriff“ in die RAL 1942 übernommen.

Die zeichnerische Summierung der Teilflächen bringt eine Verschiebungslinie mit positiven und negativen Ordinaten (von der Geraden und vom Kreis aus abzutragen). Um diese Einrückmaße „e“ weicht der Vorbogen von der Klothoide ab (Abb. 100). Das größte Abweichmaß $e_{max} = 0{,}06\,\Delta R$ zeigt, daß bei den üblichen flachen Klothoiden auf die Verbesserung des Linienzuges bei Anwendung des Vorbogens verzichtet werden kann. Optisch bedingte lange Übergangsbögen mit großem Öffnungswinkel und entsprechend großer Tangentenabrückung ΔR erfahren aber zweckmäßig eine Korrektur gemäß den e-Werten der Abb. 100.

Die Tangentenabrückung des Vorbogens gegenüber dem Ursprungskreis muß wegen der Flächengleichheit der Teilflächen auch gleich der Unterschiedsfläche zwischen Klothoiden- und Kreiswinkelbild sein.

$$\Delta R = \Delta F = ABCA - DBCD,$$

$$\Delta R = \frac{1}{3} \cdot L \cdot \frac{L}{2R} - \frac{L}{2} \cdot \frac{L}{2R} \cdot \frac{1}{2} = \frac{L^2}{24R} \quad \text{wie bei der kub. Parabel,}$$

oder auch mit $L = 2(a + b) = 2(a + 0{,}732a) = 3{,}464a = 2\sqrt{3a}$

$$\Delta R = \frac{3{,}464^2 \cdot a^2}{24R} = \frac{a^2}{2R}$$

bzw. bei bekanntem ΔR wird $a = \sqrt{2R\Delta R}$.

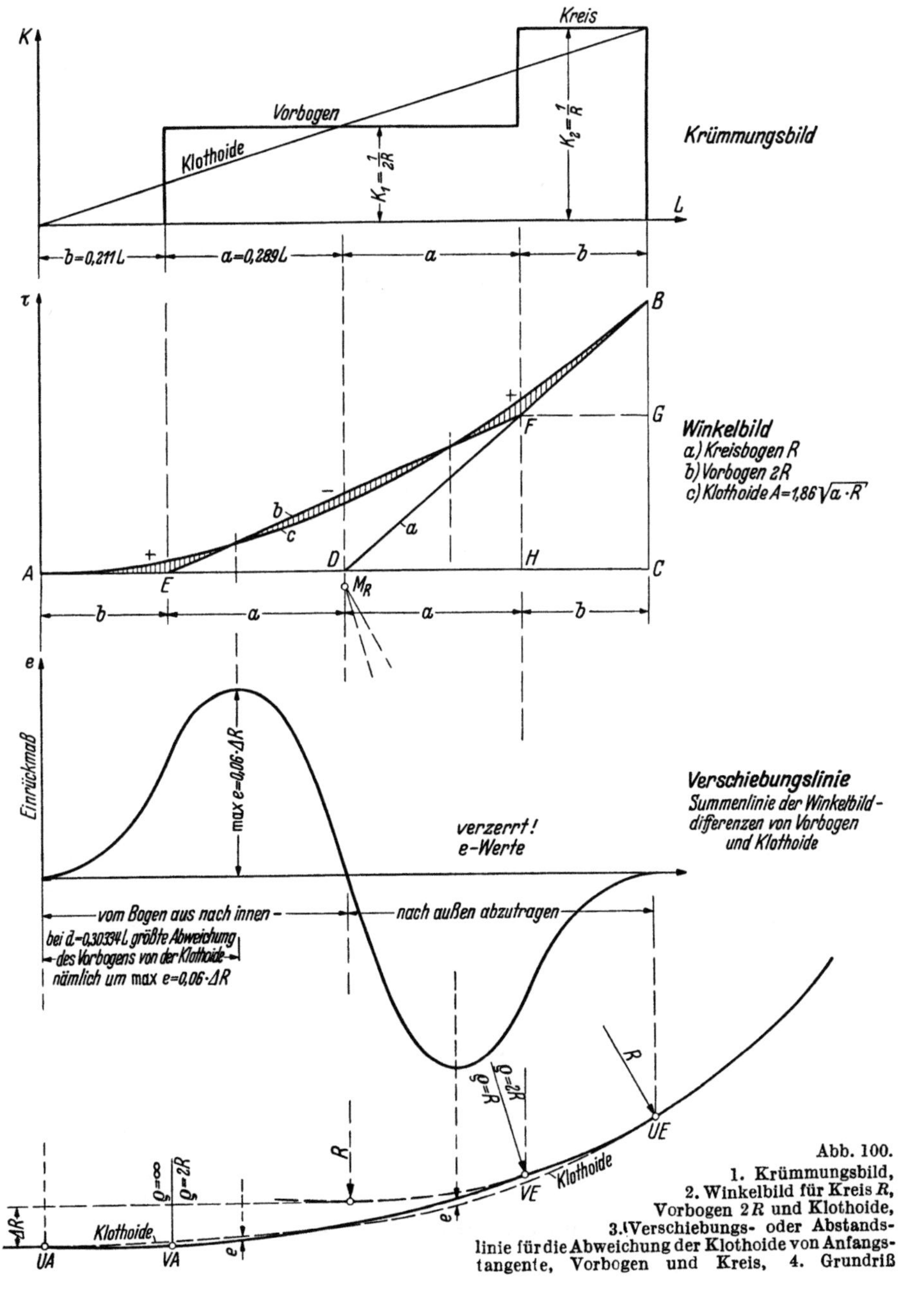

Abb. 100.
1. Krümmungsbild,
2. Winkelbild für Kreis R, Vorbogen $2R$ und Klothoide,
3. Verschiebungs- oder Abstandslinie für die Abweichung der Klothoide von Anfangstangente, Vorbogen und Kreis, 4. Grundriß

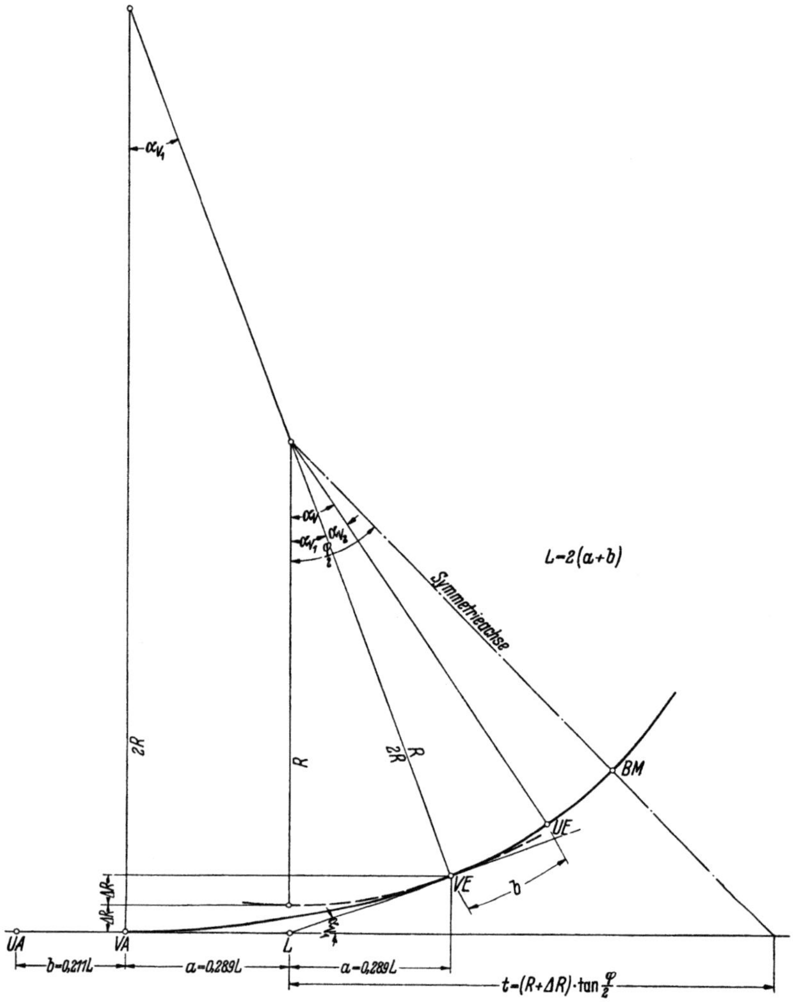

Abb. 101. Vorbogen mit $R_v = 2\,R$ als Übergangsbogen

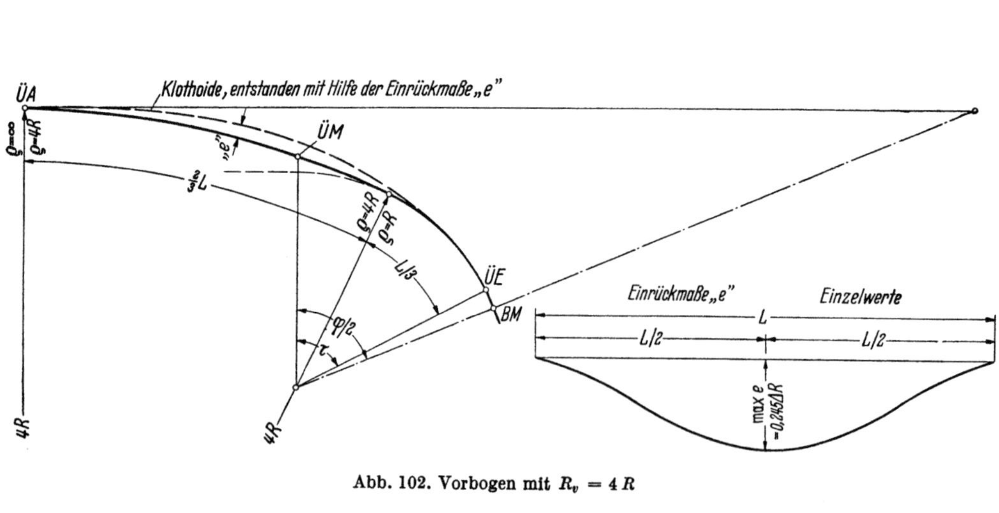

Abb. 102. Vorbogen mit $R_v = 4\,R$

Dies ist genähert der Wert, der sich aus der geometrischen Beziehung der Abb. 101 ableiten läßt. Es ist

$$a^2 = R^2 - (R - \Delta R)^2 \quad \text{und} \quad a = \sqrt{2 R \Delta R - \Delta R^2}.$$

Das Zusatzglied ΔR^2 in der Wurzel kann man meist vernachlässigen.

Um das halbe Vorbogenlängenmaß „a" ermitteln zu können, empfiehlt die RAL 1937/42, eine Tangentenabrückung $\Delta R = \frac{q^3}{1557}$ anzusetzen. Für eine maximale Querneigung von $q = 6\%$ errechnet sich ΔR zu 0,14 m, was i. a. viel zu geringe Übergangsbogenlängen erbringt. Es ist wohl überhaupt unzweckmäßig, das Maß „a" und damit L auf dem Umweg über das aus q hergeleitete Absteckmaß ΔR festzulegen. Besser bestimmt man die zweckmäßige Länge L des Übergangsbogens aus den Forderungen der Fahrdynamik (s. S. 164ff.) und legt den Wert „a" alsdann fest

aus $\quad a = \frac{L}{3{,}464} = 0{,}289\, L$

und $\quad b = 0{,}732 a = 0{,}2113\, L.$

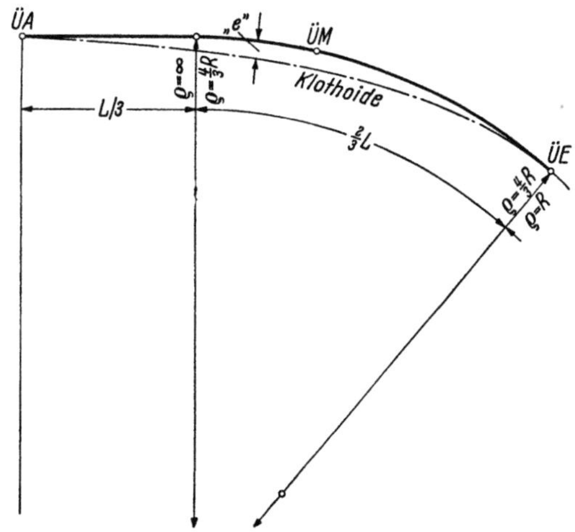

Abb. 103. Vorbogen mit $R_v = 4/3\, R$

Beim Vorbogenverfahren mit $R_v = 2R$ ist der Vorbogen $L_v = 2a$ gegenüber der Klothoide auf beiden Seiten um je $0{,}2113\, L$ verkürzt, d. h. er liegt symmetrisch zu Mitte Übergangsbogen.

Man kann auch andere Vorbogenhalbmesser verwenden, sowohl mit einem Vorbogen $R_v = 4R$ auf die Länge $L_v = \frac{2}{3} L$ als auch mit $R_v = \frac{4}{3} R$ auf die Länge $L_v = \frac{2}{3} L$ kann man eine Übergangskurve gewinnen, die der Klothoide nahekommt (Abb. 102, 103). Die Verschiebungswerte „e" der beiden letztgenannten Verfahren sind nur nach außen bzw. nur nach innen abzutragen; sie sind etwas größer als beim Verfahren mit doppeltem Halbmesser.

2.341.5 Weitere Formen des Übergangsbogens

2.341.51 Lemniskate. Die Lemniskate wurde 1930 im Ruhrgebiet angewandt [*75*]. Im benützbaren Teil deckt sie sich fast mit der Klothoide.

2.341.52 Lenkradkurve. In dem Bestreben, den Übergangsbogen noch flüssiger zu gestalten, haben OSTWALD und BRAUER [*76*] eine Übergangskurve mit S-förmig geschwungener K-Linie entwickelt. Diese „Lenkradkurve" beruht auf der Annahme, daß die Winkelgeschwindigkeit bei der Drehung des Lenkrades nicht konstant ist, sondern geradlinig anwächst und abnimmt. Die K-Linie setzt sich hierbei aus zwei symmetrischen quadratischen Parabeln zusammen, die der Gleichung $K = \frac{2}{R \cdot L^2} \cdot x^2$ je bis $x = L/2$ folgen (Abb. 104).

2.341.53 Winkelfunktionen. Auch Winkelfunktionen sind zur Ausbildung einer knickfreien K-Linie herangezogen worden. AUBERLEN [*27*] legt eine K-Linie zugrunde, die der Gleichung $K = \frac{1}{2R}\left[1 + \sin\left(\frac{\pi \cdot x}{L} - \frac{\pi}{2}\right)\right]$ folgt

(K-Linie ähnlich Abb. 104). DITTRICH [77] gelangt über die *hav*-Funktion[1] zu ähnlichen Ergebnissen.

2.341.54 Stauchkurve. Die sogenannte „Stauchkurve" oder „Bremskurve" berücksichtigt mit einer K-Linie nach Abb. 105 eine Ermäßigung der Ausbaugeschwindigkeit V_a während der Fahrt im Übergangsbogen entsprechend dem Anschlußradius R, wenn dieser nur die Endgeschwindigkeit V_e zuläßt.

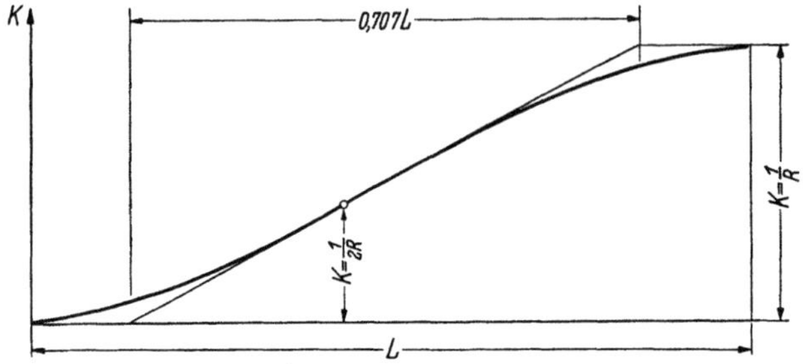

Abb. 104. Lenkradkurve

2.341.55 Stauchklothoide. „Stauchklothoiden" sind Klothoiden höheren Grades, z. B. von der Form $R \cdot L^2 = A^3$ oder $R \cdot L^3 = A^4$, näherungsweise ersetzbar durch Parabeln 4. oder 5. Grades. Sie lassen sich am besten über das Winkelbildverfahren darstellen oder werden als Korbklothoiden gestaltet, insbesondere wenn kleine Halbmesser eine erhebliche Geschwindigkeitsermäßigung fordern [74]; [78].

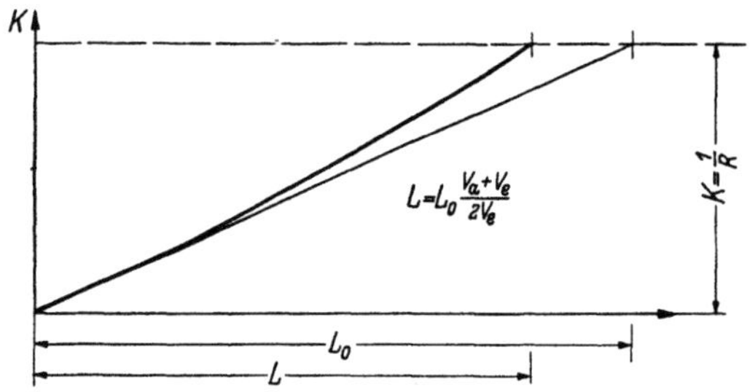

Abb. 105. Stauchkurve

Welche Form des Übergangsbogens gewählt wird, muß letztlich dem entwerfenden Ingenieur überlassen bleiben. SCHRAMM [68] mißt mit Recht dem Versuch, eine verfeinerte Lösung des Übergangsbogens zu finden, keine praktische Bedeutung bei. HANKER (TH Wien) hat den klassischen Satz geprägt: „Es lohnt sich nicht, für oder wider eine besondere Linie zu streiten — sie haben *alle* Platz auf der großen Straßenbreite" [79].

2.342 Beispiele

Anschluß eines Kreisbogens $R = 325$ m an eine Gerade unter Zwischenschaltung eines Übergangsbogens auf dreierlei Weise:

2.342.1 Klothoide

Als Klothoide: Gewählt $L = 5{,}4\sqrt{R} = 5{,}4 \cdot \sqrt{325} = rd\ 100$ m.

$$\hat{\tau} = \frac{L}{2R} = \frac{100}{2 \cdot 325} = 0{,}1538 \triangleq \tau^g = 63{,}66 \cdot 0{,}1535 = 9{,}79^g,$$

$$\Delta R = \frac{L^2}{24R} - \frac{L^4}{2688R^3} = 1{,}281 - 0{,}001 = 1{,}28\,\text{m},$$

$$A = \sqrt{L \cdot R} = \sqrt{100 \cdot 325} = 180{,}28\ \text{m},$$

$$x = \sqrt{2\tau}\left(1 - \frac{\tau^2}{10} + \frac{\tau^4}{216}\right) = \sqrt{2 \cdot 0{,}1538}\left(1 - \frac{0{,}1538^2}{10}\right) = 0{,}553,$$

[1] Die goniometrische Funktion *hav* x wird nach angelsächsischem Gebrauch angewendet: *hav* $x = \frac{1 - \cos x}{2}$ = half the versine of x.

$$X = A \cdot x = 180{,}28 \cdot 0{,}553 = 99{,}76 \text{ m},$$

$$y = \sqrt{2\tau}\left(\frac{\tau}{3} - \frac{\tau^3}{42}\right) = \sqrt{2 \cdot 0{,}1538}\ (0{,}0513 - 0{,}0001) = 0{,}0284,$$

$$Y = A \cdot y = 180{,}28 \cdot 0{,}0284 = 5{,}12 \text{ m},$$

$$X_M = X - R \cdot \sin\tau = 99{,}76 - 325 \cdot 0{,}1532 = 49{,}96 \text{ m},$$

$$Y_n \approx \frac{L_n^3}{6A^2} \text{ z. B. } Y_{20} = \frac{20^3}{6 \cdot 325 \cdot 100} = 0{,}04 \text{ m} \quad \text{(s. Gl. 34)},$$

$$X_n \approx L_n.$$

Die Absteckmaße werden in der Regel und genauer den Absteckfafeln mit rundem A entnommen [*65, 66*].

2.342.2 Vorbogen

Als Vorbogen mit doppeltem Halbmesser:
Gewählt L wie vor zu *rd* 100 m:

$$a = \frac{L}{3{,}464} = 28{,}9 \text{ m}; \qquad b = 0732a = 21{,}1 \text{ m},$$

$$\Delta R = \frac{a^2}{2R} = \frac{28{,}9^2}{2 \cdot 325} = 1{,}28 \text{ m},$$

$$\hat{\alpha}_v = \frac{2a}{2R} = \frac{28{,}9}{325} = 0{,}0887 \triangleq \alpha_v^g = 63{,}66 \cdot 0{,}0887 = 5{,}65^g.$$

2.342.3 Kubische Parabel

Als kubische Parabel mit $C = RL$:

$$Y_0 = \frac{L^2}{6R} = 5{,}13 \text{ m bei } X_0 \approx L = 100 \text{ m}.$$

$$\Delta R = \frac{Y_0}{4} = 1{,}28 \text{ m}.$$

Tangentenlängen: $T_l = \frac{2}{3} L = 66{,}67$ m; $T_k = \frac{L}{3} = 33{,}33$ m.

Ordinaten Y_n z. B. in den Zehntelpunkten:

X_n [m]	ξ	ξ^3	$Y_n = Y_0 \xi^3$ [m]
10	0,1	0,001	0,005
20	0,2	0,008	0,040
30	0,3	0,027	0,138
⋮	·		⋮
80	0,8	0,512	2,620
90	0,9	0,729	3,73
100	1,0	1,0	5,13

Beim Vergleich der Endordinaten (rund 5,12 m bei der Klothoide und rund 5,13 m bei der kubischen Parabel) in diesem Beispiel, das wegen der Kleinheit des Winkels τ fast keinen Unterschied erkennen läßt, ist zu beachten, daß der Wert 5,13 m zur *Abszisse* 100 m, der Wert 5,12 m aber zur *Bogenlänge* 100 m gehört, der die Abszisse 99,76 m entspricht. Hätte man die Endordinate der kubischen Parabel auch zur Abszisse 99,76 berechnet, so hätte sich der Wert von rund 5,09 m ergeben und damit gezeigt, daß die kubische Parabel mit der Konstanten $C = A^2 = R \cdot L_0$ tatsächlich etwas unter der Klothoide verläuft, wie es theoretisch sein muß.

2.343 Halbmesser und Querneigung

2.343.1 Berechnungsgang

In der Krümmung wirkt auf das Fahrzeug in seinem Schwerpunkt radial und waagerecht die Fliehkraft $F = \frac{G}{g} \cdot \frac{v^2}{R}$. Wird sie zu groß, so liegen zwei Möglichkeiten vor: Entweder Kippen um den Berührungspunkt der äußeren Räder mit der Fahrbahn oder Schleudern nach außen. Beiden Gefahren kann bis zu einem gewissen Grad dadurch begegnet werden, daß in der Krümmung die Fahrbahn außen höher als innen (überhöht) angelegt wird, also mit einseitiger Querneigung von $q\% = 100 \tan \alpha$. Dem Herausschleudern wirkt außerdem eine möglichst hohe Seitenführungskraft $\mu_2 \cdot G$ (S. 37) entgegen. Sind q und der Seitenreibungsbeiwert μ_2 gegeben, so kann man den Größtwert von v bei einem bestimmten Halbmesser R oder den Kleinstwert von R bei der Ausbaugeschwindigkeit $v = \frac{V}{3{,}6}$ ermitteln, indem man sowohl den Grenzfall des Kippens als auch den des Schleuderns betrachtet.

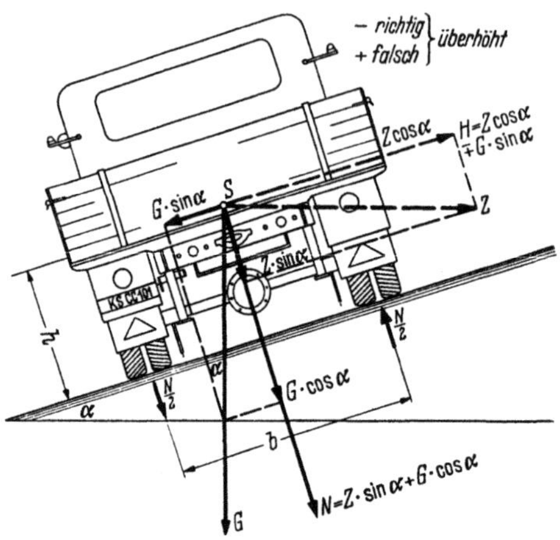

Abb. 106. Die Kräfte am Fahrzeug in der Krümmung $Z = F =$ Fliehkraft

2.343.2 Kippen

Zur Vermeidung des *Kippens* muß sein (Abb. 106)

$$\pm F \cos\alpha \cdot h - F \sin\alpha \cdot b/2 \leqq G \cos\alpha \cdot b/2 \pm G \sin\alpha \cdot h,$$

$\pm \frac{v^2}{gR} (h \cos\alpha - b/2 \sin\alpha) \leqq b/2 \cos\alpha \pm h \sin\alpha$ oder mit $\sin\alpha \approx \tan\alpha = \frac{q}{100}$ $\cos\alpha \approx 1$,

$$\frac{v^2}{R} \leqq g \frac{b/2 \pm hq/100}{h \mp b/2 \cdot q/100}.$$

Hieraus

$$v_{\max} = \sqrt{\frac{Rg(b/2 \pm h \cdot q/100)}{h \mp bq/200}}, \tag{39}$$

bzw.

$$R_{\min} = \frac{v^2 (h \mp bq/200)}{g(b/2 \pm hq/100)}, \tag{40}$$

wobei die oberen Vorzeichen für richtige Überhöhung (pos. q), die unteren Vorzeichen für falsche Überhöhung (neg. q) gelten.

Im Fall $q = 0$ wird $v_{\max} = \sqrt{\frac{bgR}{2h}}$ und $R_{\min} = \frac{2hv^2}{bg}$.

2.343.3 Schleudern

Zur Vermeidung des *Schleuderns* muß sein (Abb. 106)

$$F \cos\alpha \mp G \sin\alpha \leqq \mu_2 (G \cos\alpha \pm F \sin\alpha),$$

$$F \mp G \tan\alpha \leqq \mu_2 G \pm \mu_2 F \tan\alpha,$$

$$\frac{v^2}{R} \mp \frac{v^2}{R} \frac{\mu_2 q}{100} \leqq \pm \frac{gq}{100} + \mu_2 g.$$

Hieraus
$$v_{\max} = \sqrt{\frac{Rg\,(\mu_2 \pm q/100)}{1 \mp \mu_2\, q/100}}\,, \tag{41}$$

bzw.
$$R_{\min} = \frac{v^2\,(1 \mp \mu_2\, q/100)}{g\,(\mu_2 \pm q/100)} \tag{42}$$

oder, da $\mu_2 q/100$ vernachlässigt werden kann, genügend genau
$$v_{\max} = \sqrt{g\,R\,(\mu_2 \pm q/100)}\,, \tag{43}$$

bzw.
$$R_{\min} = \frac{v^2}{g\,(\mu_2 \pm q/100)}\,. \tag{44}$$

Bei $q = 0$ wird
$$v_{\max} = \sqrt{g \cdot \mu_2\, R}\,, \tag{45}$$

$$R_{\min} = \frac{v^2}{g\,\mu_2}\,, \tag{46}$$

bei $\mu_2 = 0$ wird
$$v_{\max} = \sqrt{g \cdot q/100\,R}\,, \tag{47}$$

$$R_{\min} = \frac{v^2}{g\,q/100}\,. \tag{48}$$

Die Gl. (47) ergibt die ideale oder Freihandgeschwindigkeit, bei der die gesamte Fliehkraft durch Überhöhung aufgefangen ist und die Resultierende von G und F durch die Spurmitte geht, also die linken und rechten Räder gleich stark, aber stärker als in der Geraden belastet sind.

Gl. (47) nach q aufgelöst gibt
$$q/100 = \frac{v^2}{g\,R} = \frac{V^2}{3{,}6^2 \cdot 9{,}81\,R} = \frac{V^2}{127\,R} \tag{49}$$

$$q\% = \frac{V^2}{1{,}27\,R}\,.$$

2.343.4 Folgerungen

Bei Personenkraftwagen mit ihren kleinen h tritt die Gefahr des Kippens stets hinter der des Schleuderns zurück, dagegen nicht bei Dreiradfahrzeugen, beladenen Lastkraftwagen und insbesondere bei beladenen Anhängern, bei denen nicht nur der Schwerpunkt hoch liegt, sondern sich in Krümmungen auch die Spurweite b der Vorderachse auf $b \cdot \cos\beta$ vermindert, wenn der Drehschemel um einen $\sphericalangle\,\beta$ eingeschlagen ist. Dies zu berücksichtigen, ist Sache der Fahrer. Für die Kurvendimensionierung genügt daher der Nachweis der Sicherheit gegen Schleudern gemäß den Gln. (43 und 44).

2.343.5 Bemessungsformeln für Kreisbögen

Eine nicht ausgeglichene Fliehbeschleunigung $p = \mu_2 g > 1{,}5$ m/sek.^{2} wird unangenehm empfunden, ergibt erhöhten Krümmungswiderstand und stärkere Reifenabnutzung; ihre Vermeidung liegt daher in derselben Richtung wie die aus Sicherheitsgründen (Fahrbahnzustand, Rollsplitt, Seitenwind, großes μ_1) erforderliche Beschränkung des zulässigen μ_2 auf $0{,}12 \cdots 0{,}15$. Da ferner q den Wert von $6 \cdots 7\%$ nicht überschreiten soll, kann zur Vereinfachung $\mu_{2\max} = \frac{2q}{100}$ gesetzt werden. Aus den Gln. (43) und (44) folgt dann

$$v_{\max} = \sqrt{g\,R \cdot 3q/100}\,, \tag{50}$$

$$R_{\min} = \frac{v^2}{g \cdot 3q/100} \tag{51}$$

und
$$q\% = \frac{100\,v^2}{3g\,R} = \frac{V^2}{3 \cdot 1{,}27\,R} = \frac{V^2}{3{,}81\,R} = 0{,}262\,\frac{V^2}{R}\,. \tag{52}$$

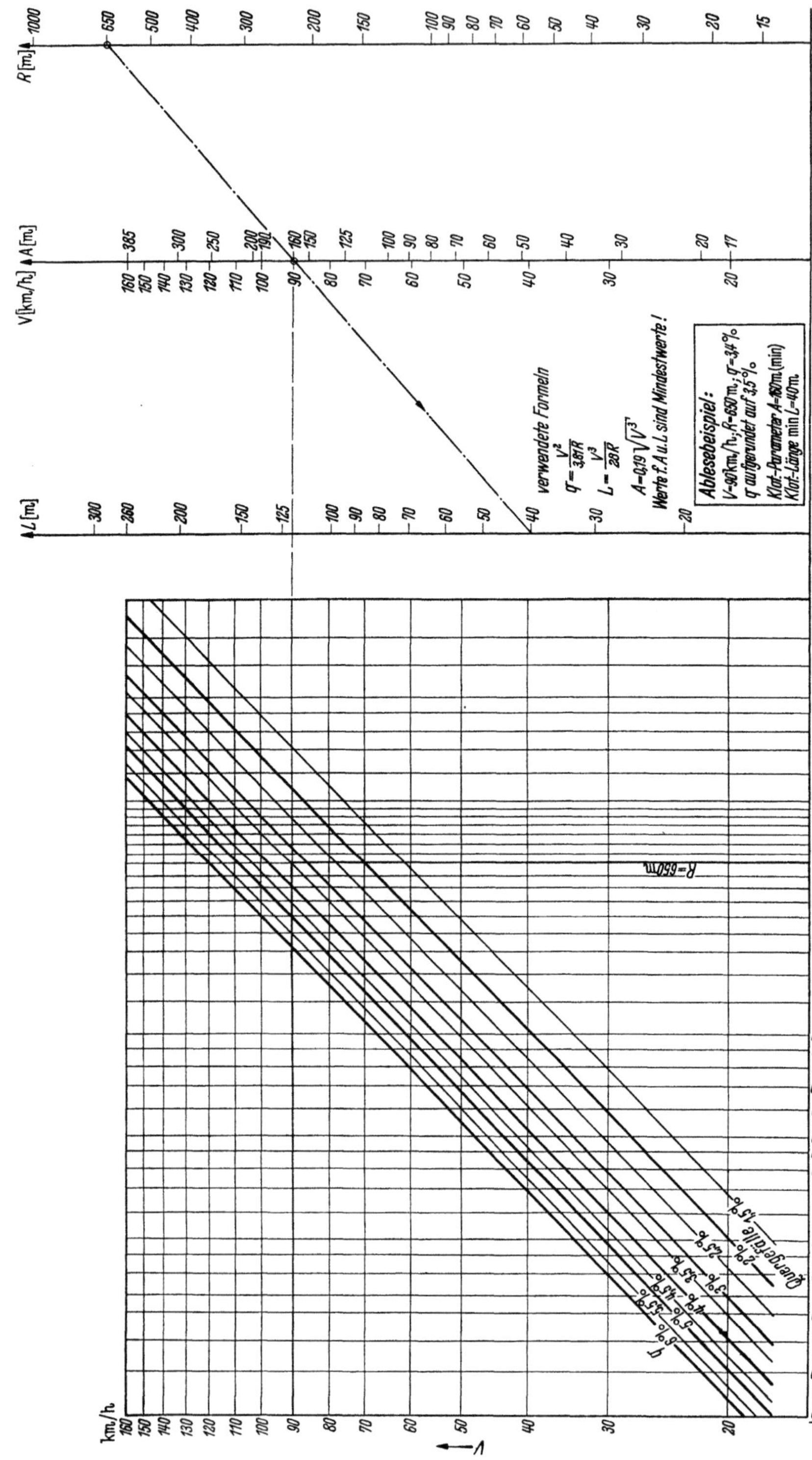

Abb. 107. Die Abhängigkeit von Ausbaugeschwindigkeit, Krümmungshalbmesser und Quergefälle, Klothoidenparameter und -länge

Aus diesen Gleichungen, die nicht mehr 4, sondern nur noch 3 Veränderliche (V, R und q) enthalten, kann jeweils die 3. Größe ermittelt werden, wenn die beiden anderen gegeben sind, und zwar entweder rechnerisch oder aus dem Nomogramm in Abb. 107. Die Annahme $\mu_2 = 2q/100$ — also Anteil der Seitenreibung = doppeltem Querneigungsanteil — ist auch dem schweizerischen Normblatt SNV 40190 zugrunde gelegt, während in den RAL 42 auf Tafel I $\mu_2 = q/100$ und in der BAURAB TG 43 [*80*] $\mu_2 = 2{,}5q/100$ angesetzt war, was zu den Formeln $q_{max} = 0{,}393 \frac{V^2}{R}$ bzw. $q_{max} = 0{,}225 \frac{V^2}{R}$ mit den entsprechenden Umkehrungen führte. Aus der hier empfohlenen Formel (52) erhält man mit

$$q_{max} = 6\% \text{ (s. RAL-Q 56)},$$

$$V_{max} = \sqrt{6 \cdot 3{,}81} \cdot \sqrt{R} = 4{,}78\sqrt{R}, \tag{53}$$

$$R_{min} = \frac{V^2}{6 \cdot 3{,}81} = \frac{V^2}{22{,}86} \text{ (Abb. 107)}. \tag{54}$$

Gl. (53) ergibt die Geschwindigkeit $V_{erm.}$, auf die die Ausbaugeschwindigkeit zu ermäßigen ist, wenn ausnahmsweise R kleiner als R_{min} nach Gl. (54) gewählt werden muß

Bei großen Halbmessern wird man damit rechnen müssen, daß mit größerem V gefahren wird, als für V_a angenommen ist. Auch hat man darüber Überlegungen angestellt, ob man in solchen Fällen $^2/_3$ der Fliehkraft der Seitenreibung zuweisen soll. Damit soll nicht die Allgemeingültigkeit des Nomogrammes Abb. 107 eingeschränkt werden, sondern nur auf Ableitungen hingewiesen werden, die sich im amerikanischen Schrifttum befinden, ohne sie hiermit empfehlen zu wollen [*81*].

Für Halbmesser R_z, die zwischen $R = \infty$ und $R = R_{min}$ liegen, kann die erforderliche Querneigung q_z auf verschiedene Weise ermittelt werden. Die Richtlinien der AASHO geben für die Zuordnung der Querneigungen zu Halbmessern $> R_{min}$, d. h. zu Krümmungen $< 1/R_{min}$ 4 Methoden an.

Die einfachste und gebräuchlichste Methode I ist die, bei der die Querneigung und damit auch der in Anspruch genommene Seitenreibungsbeiwert μ_2 linear mit der Krümmung bis q_{max} für $1/R_{min}$ zunimmt. Man erhält dann q_z aus der Proportion

$$q_z : q_{max} = 1/R_z : 1/R_{min} = R_{min} : R_z \tag{55}$$

oder unmittelbar aus dem Nomogramm (Abb. 107) oder Schaubild 108.

Methode II ordnet $q_{max}\%$ auch denjenigen Halbmessern $R > R_{min}$ zu, bei denen die Ausbaugeschwindigkeit V_a noch positive Seitenreibungsführungskraft erfordert. Der Grenzhalbmesser R_{grenz}, bei dem noch q_{max} ausgeführt wird, beträgt

$$R_{grenz} = \frac{V_a^2}{1{,}27\, q_{max}} = 3\, R_{min}, \tag{56}$$

$q_z\%$ ergibt sich dann für R_z-Werte, die zwischen ∞ und R_{grenz} liegen, zu

$$q_z = q_{max} \cdot \frac{R_{grenz}}{R_z} = 3\, q_{max} \cdot \frac{R_{min}}{R_z}. \tag{57}$$

Die beiden anderen amerikanischen Methoden ergeben q_z-Werte, die zwischen den nach den Methoden I und II ermittelten liegen.

Beispiel: $V_a = 80$ km/h, $q_{max} = 6\%$ (s. Abb. 108).

Methode I: Nach Gl. (54) wird $R_{\min} = \dfrac{6400}{6 \cdot 3{,}81} = 280$ m.

Für $R_z > R_{\min}$, z. B. für $R_z = 4 \cdot 280 = 1120$ m wird nach Gl. (55)

$$q_z = q_{\max} \cdot \frac{R_{\min}}{R_z} = 6 \cdot \frac{280}{4 \cdot 280} = 1{,}5\%.$$

Methode II: Nach Gl. (56) wird $R_{\text{grenz}} = 3 \cdot 280 = 840$ m.

Für $R_z > R_{\text{grenz}}$, z. B. für $R_z = 4 \cdot 280 = 1120$ m wie bei I wird dann nach Gl. (57)

$$q_z = 3\, q_{\max} \cdot \frac{R_{\min}}{R_z} = 3 \cdot 1{,}5 = 4{,}5\%.$$

Nach Methode II, die berücksichtigt, daß in flachen Krümmungen (im Beispiel bei $R > 280$ m) häufig schneller als mit V_a gefahren wird, werden bei Fahrt mit V_a in Krümmungen vom Halbmesser $R = \infty$ bis R_{grenz} (im Beispiel bis 840 m) überhaupt keine Seitenführungskräfte in Anspruch genommen, jedoch bei Fahrt mit $V < V_a$ negative, was im Winter wegen Rutschgefahr nach innen nachteilig sein kann.

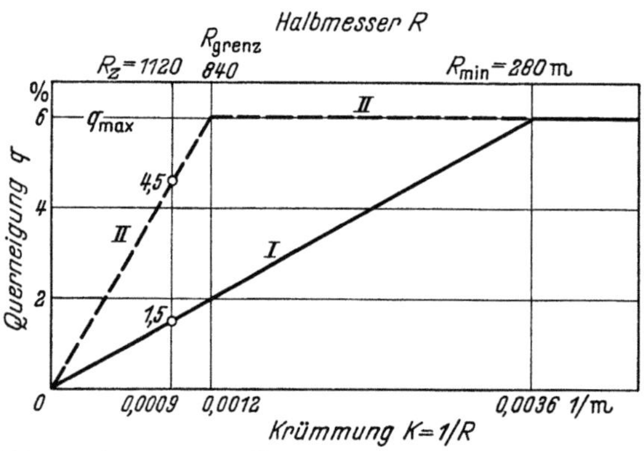

Abb. 108. Zuordnung von Kreisbogenhalbmesser und Querneigung bei V_a = 80 km/h

2.343.6 Einfluß von Seitenkräften

Die hier in Betracht kommende Komponente μ_2 steht bei Seitenwind oder Schlingerkräften nicht voll zur Verfügung. AUBERLEN [*27*] rechnet zur Sicherung der Seitenführung bei Wind unter ungünstigen Bedingungen (große Windangriffsfläche eines Kleinwagens bei geringem Gewicht) μ_s = rund 0,2. Nimmt man nach § 41 der StVZO eine mittlere Bremsverzögerung $b_v = 2{,}5$ m/sek.^{2} an, so wäre bei $q = 6\%$ ohne Ausnützung der Seitenführungskraft unter Berücksichtigung der Ausführungen S. 38 und 43 (Gl. 5)

$$\mu_{\text{ges}} = \sqrt{0{,}3^2 + 0{,}2^2} = 0{,}36$$

und mit den Rechnungsannahmen der RAL 37/42

$$\mu_{\text{ges}} = \sqrt{0{,}3^2 + (0{,}2 + 0{,}06)^2} = 0{,}39\,.$$

Würde die Fliehkraft, wie die schweizerischen Normen [*67*] annehmen, zu einem Drittel durch Überhöhung der Fahrbahn aufgenommen, während $^2/_3$ auf den Kraftschluß gelegt werden, so wird

$$\mu_{\text{ges}} = \sqrt{0{,}3^2 + (0{,}2 + 0{,}12)^2} = 0{,}437\,.$$

In den VStA wird angenommen, daß für Geschwindigkeiten zwischen etwa 40 und 100 km/h der Seitenkraftbeiwert μ_2 zwischen 0,16 und 0,12 beträgt [*81*]. Der Gesamtbeiwert erhöht sich hier.

Bedenkt man, daß ein besonnener Kraftfahrer in der Krümmung wohl nie voll bremsen wird, daß weiterhin in der BAURAB TG 43 der Bemessungsfall „Bremsen in der Krümmung“ ausdrücklich nicht beachtet worden ist, dann erscheint die Annahme einer Aufteilung der Fliehkraft zu $^1/_3$ auf die Überhöhung zu $^2/_3$ auf den Kraftschluß als angebracht. Die Seitenführungskraft nimmt dann bei $\max q = 6\%$ und $\mu_2 = 0{,}12$ nur 0,23 in Anspruch. Das ist weniger als bei der RAL 1937/42 bei voller Ausnutzung der damals zugelassenen Überhöhung von $\max q = 15\%$. Im folgenden Abschnitt wird nachgewiesen, daß die auftretende Radialbeschleunigung ebenfalls in tragbaren Grenzen bleibt.

2.344 Radialbeschleunigung und Querruck

2.344.1 Die Fliehkraft

Die Fliehkraft kann als Produkt von Masse und Fliehbeschleunigung aufgefaßt werden. Letztere errechnet sich zu

$$p = \frac{v^2}{R} = \frac{V^2}{13\,R} \tag{58}$$

oder, falls eine positive Querneigung $q\%$ einen Teil der Fliehkraft übernimmt:

$$p = \frac{V^2}{13\,R} - g\,q/100. \tag{59}$$

Der Wert p bringt zum Ausdruck, wie groß die in der Krümmung auf Fahrzeug, Insassen und Beladung einwirkende Fliehkraft ist. SCHRAMM [*68*] hält in Übereinstimmung mit Tafel I der RAL 1942 einen Größtwert von $p = 1{,}5$ m/sek.² für tragbar. Auf diesen Wert kommt man, wenn man die Hangabtriebskraft für ein in der Krümmung bei $q = 15\%$ haltendes Fahrzeug betrachtet. Sie beträgt

$$H = G \sin\alpha \approx G \tan\alpha = G \cdot q/100 = 0{,}15 G = 0{,}15\, m \cdot g$$

andererseits $\qquad H = m \cdot p \qquad$ somit $\quad p \approx 1{,}5$ m/sek.².

Ein Fahrgast mit 80 kg Eigengewicht wäre bei $p = 1{,}5$ m/sek.² einer Seitenkraft $Z = 12$ kg ausgesetzt, was noch zumutbar ist. Nach dem schweizerischen Normblatt SNV 40190 entspricht dem dortigen Größtwert der Querneigung $\max q = 7\%$ eine Radialbeschleunigung $p = 1{,}4$ m/sek.². Die zuvor getroffene Annahme einer Aufteilung der Fliehkraft auf $^1/_3$ und $^2/_3$ würde bei $\max q = 6\%$ eine Radialbeschleunigung $= 1{,}2$ m/sek.² bewirken, entsprechend $\mu_2 = 0{,}12$. BAURAB TG 43 läßt sogar ein $\mu_2 = 0{,}2$ zu (dort als f bezeichnet).

In erster Linie ist das Fahrgefühl jedoch weniger abhängig von der Fliehkraft selbst als von der Änderung der Seitenkraft je Zeiteinheit. Die erste Ableitung der Radialbeschleunigung nach der Zeit $p' = p/t$ [m/sek.³] wird als Querruck bezeichnet. Er tritt zwangsläufig in jedem Übergangsbogen auf, also dort, wo die Krümmung und damit auch die Fliehkraft zu- oder abnehmen.

Beim unmittelbaren Übergang von der Geraden in die Kreiskrümmung müßte der Querruck sogar unendlich groß werden. Daß er praktisch stets endliche Werte annimmt, ist der Elastizität des Wagens und der Tatsache zuzuschreiben, daß ein Übergangsbogen gefahren wird, gleichgültig, ob der Straßenbau ihn geplant hat oder nicht. Es stellt sich die Frage, ein wie großer Querruck zugemutet werden darf. Das schweizerische Normenblatt SNV 40177a gibt als obere Grenze $\max p' = 0{,}8$ m/sek.³ an, stellt allerdings nur $p' = 0{,}5$ m/sek.³ in Rechnung. MELCHIOR [*82*] hat festgestellt, daß ein Querruck unterhalb $p' = 0{,}3$ m/sek.³ vom Menschen nicht wahrgenommen wird. SCHRAMM [*68*] hält einen Bemessungswert $p' = 0{,}4$ m/sek.³ für angebracht in Übereinstimmung mit BAURAB TG. Dieser Wert soll daher auch den folgenden Ausführungen zugrunde gelegt werden.

2.344.2 Die Länge des Übergangsbogens

Bei dem bisher angewendeten Vorbogenverfahren ergaben sich meist fahrdynamisch unbefriedigende Lösungen, da die geringen Tangentenabrückungen der Tafel 1 RAL 42 auch zu entsprechend kurzen Gesamtlängen führten (s. S. 123). Die folgenden Überlegungen geben Hinweise für die notwendige Länge des Übergangsbogens:

a) Der Übergangsbogen soll mindestens so lang sein, daß die Steigung der Überhöhungsrampe (Anstieg des äußeren Fahrbahnrandes gegenüber der Gradiente) einen Höchstwert nicht überschreitet;

b) der Querruck soll innerhalb der Grenzen bleiben, die zuvor angegeben sind;

c) das Quergefälle in der Anrampung soll sich, wenn man die Ausbaugeschwindigkeit zugrunde legt, um höchstens 3% je Sekunde ändern.

d) das Lenkrad soll langsam und nicht überstürzt gedreht werden.

Zu a)

Wie später (s. S. 137) ausgeführt, soll das sekundäre Längsgefälle Δi, das ist das Gefälle des äußeren Fahrbahnrandes, bezogen auf die in die Horizontale ausgelegte Gradiente in der Straßenachse, einen Höchstwert $\Delta i = 0{,}5\%$ nicht übersteigen. Länge L der Verwindungsstrecke wird:

1. in der einfachen Krümmung bei Verwindung um die Achse: $L = \frac{q - q_d}{2\Delta i} B$ (Abb. 109);

2. in der einfachen Krümmung bei Verwindung um den Innenrand: $L = \frac{q - q_d}{\Delta i} B$ (Abb. 110);

3. in der Wendelinie, wenn Längsgefälle schwach: $L = \frac{q + q_d}{2\Delta i} B$ (Abb. 111);

4. in der Wendelinie, wenn Längsgefälle ausreichend: $L = \frac{q}{2\Delta i} B$ (Abb. 112).

Die Übergangsbogenlänge wächst hiernach proportional der Fahrbahnbreite. Bei den breiteren Straßenquerschnitten RQ 14, entsprechend einer befestigten Fahrbahnbreite $B = 8{,}5$ m (Abb. 56 S. 89), ergibt sich bei $q_d = 2\%$, $q = 6\%$, $\Delta i = 0{,}6\%$ $L = 56$ m im Falle zu drei.

Zu b)

Hier wird die notwendige Länge des Übergangsbogens aus der Forderung bestimmt, daß die sekundliche Zunahme der nicht durch die einseitige Querneigung q ausgeglichenen Radialbeschleunigung p, also der sogenannte Querruck $k = p'$, ein bestimmtes Maß, z. B. 0,4 m/sek.³ nicht überschreiten soll, wenn das Kraftfahrzeug mit der für Halbmesser R höchstzulässigen Fahrgeschwindigkeit $v = \frac{V}{3{,}6}$ fährt (V in km/h, v in m/sek.).

Die Länge des Übergangsbogens muß also betragen:

$$L = t \cdot v, \text{ wobei } \quad t = \frac{p}{p'}$$

und $p = \mu_2 \cdot g = \frac{2\,q}{100} \cdot g$ ist. Damit wird

$$L = \frac{2\,q \cdot g}{100\,p'} \cdot \frac{V}{3{,}6};$$

hieraus mit Gl. (52)

$$L = \frac{2 \cdot V^2 \cdot g \cdot V}{3 \cdot 3{,}6^2 \cdot g \cdot R \cdot p' \cdot 3{,}6} = \frac{V^3}{70 p' R}$$

und mit $p' = 0{,}4$
$$L = \frac{V^3}{28\,R} \tag{60}$$

oder
$$R\,L = A^2 = \frac{V^3}{28}; \tag{61}$$

$$A = \sqrt{0{,}358\;V^3} = 0{,}19\,\sqrt{V^3} = \sqrt{1{,}7\;v^3}.$$

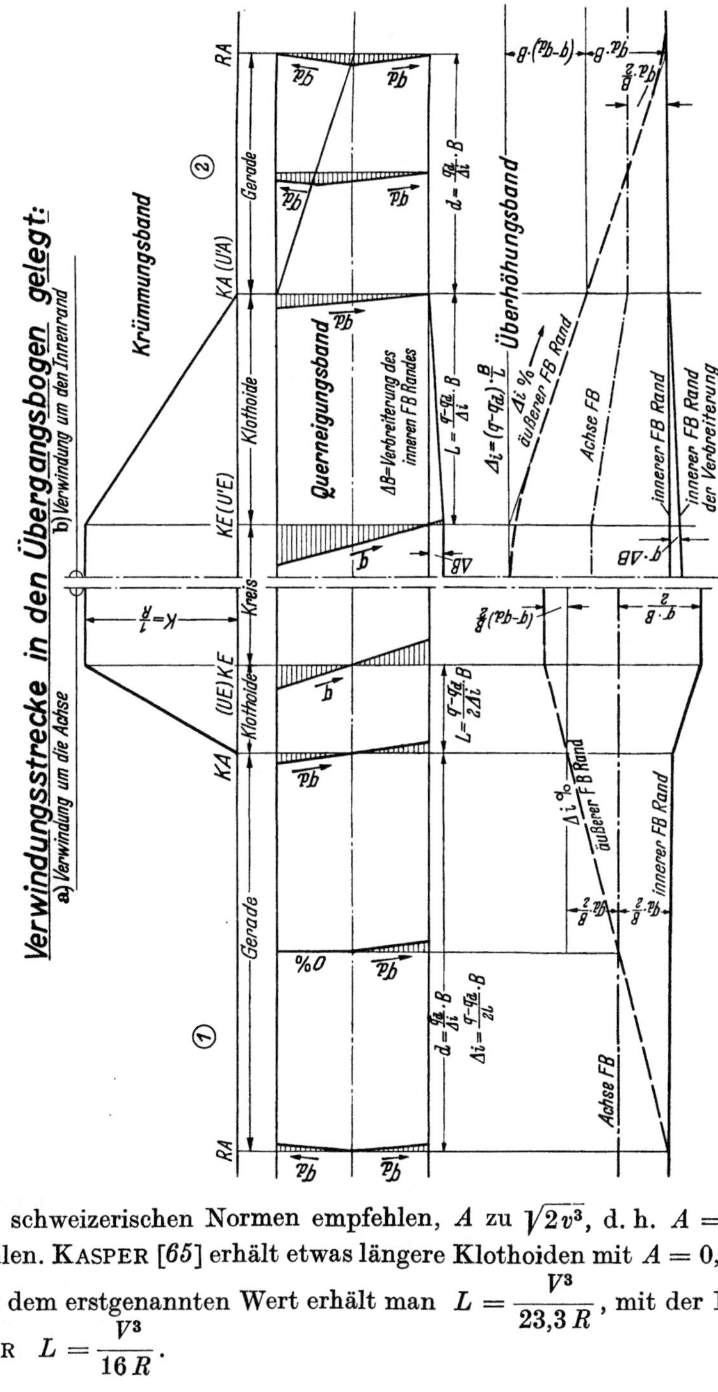

Abb. 109 Abb. 110

Anrampung in der einfachen Krümmung

Die schweizerischen Normen empfehlen, A zu $\sqrt{2v^3}$, d. h. $A = 0{,}207\,\sqrt{V^3}$ zu wählen. Kasper [65] erhält etwas längere Klothoiden mit $A = 0{,}25\,\sqrt{V^3}$.

Mit dem erstgenannten Wert erhält man $L = \frac{V^3}{23{,}3\,R}$, mit der Formel von Kasper $L = \frac{V^3}{16\,R}$.

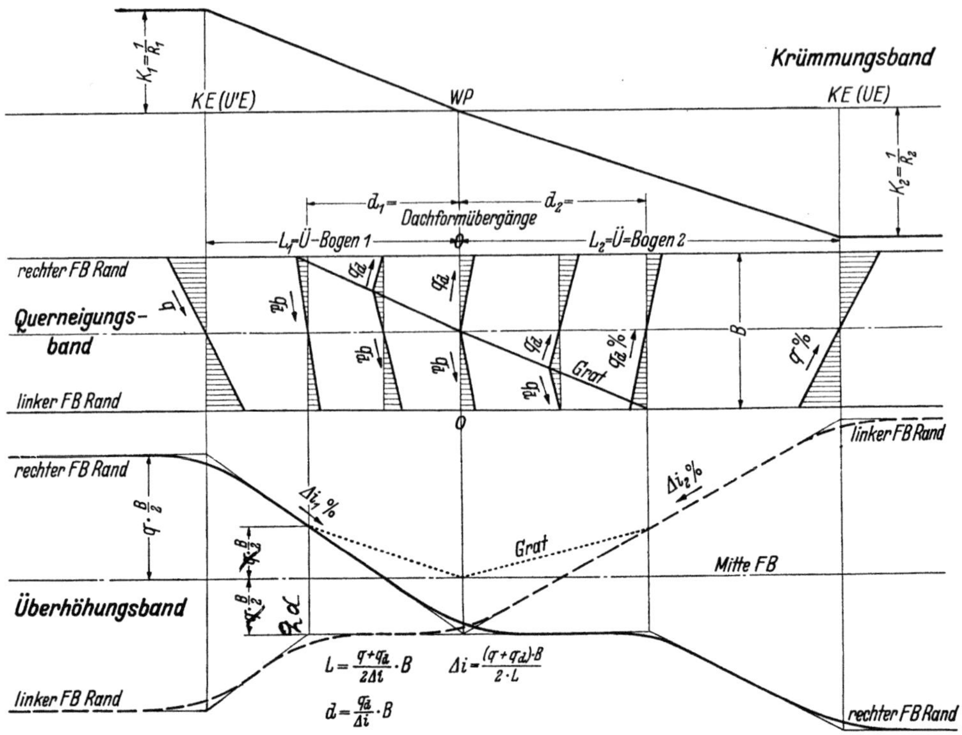

Abb. 111. Gestaltung des Quergefälles (Anrampung) in der Wendelinie bei schwachem Längsgefälle

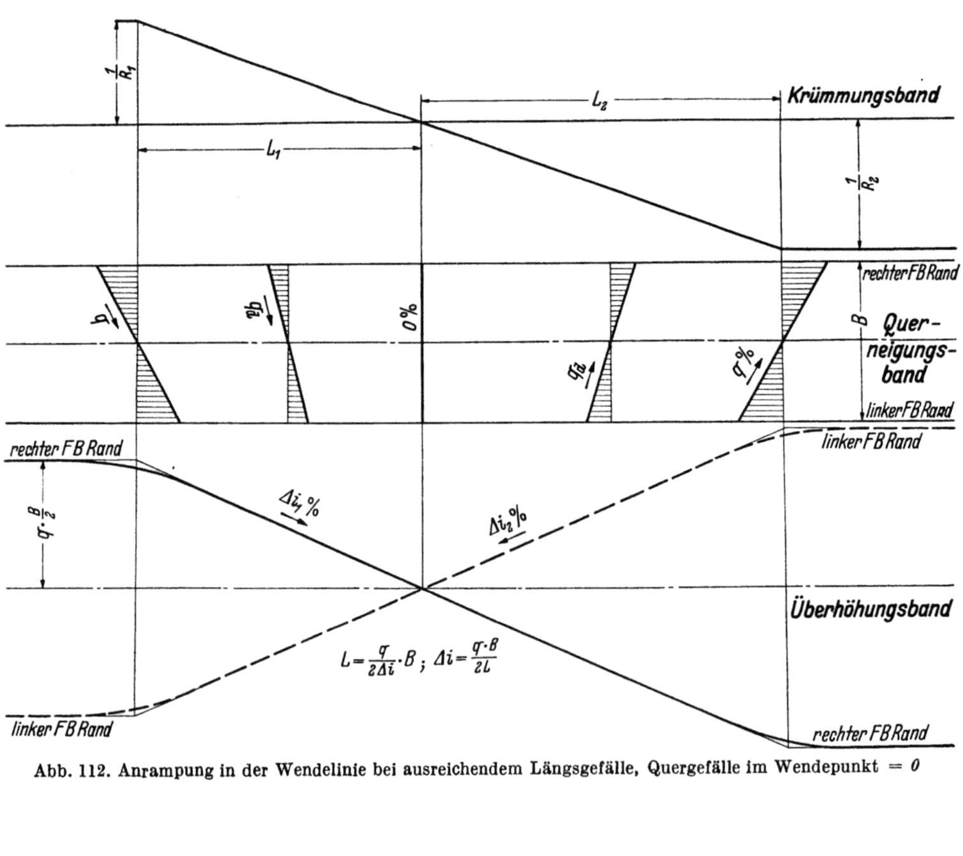

Abb. 112. Anrampung in der Wendelinie bei ausreichendem Längsgefälle, Quergefälle im Wendepunkt = *0*

Gl. (60) ist dem Nomogramm in Abb. 107 zugrunde gelegt. Sie hat nur Gültigkeit, solange die Krümmung noch mit der Ausbaugeschwindigkeit V befahren werden kann. Dies ist nach Gl. 53 bzw. 54 der Fall, wenn $R \geqq \frac{V^2}{6 \cdot 3{,}81}$ oder $V \leqq 4{,}78\sqrt{R}$ ist.

Ist R kleiner bzw. V größer, als nach dieser Formel zulässig ist, so ist V auf $V_{erm} = 4{,}78\sqrt{R}$ zu ermäßigen und unter den getroffenen Annahmen ($q_{max} = 6\%$, $\mu_2 = 0{,}12$) mit diesem reduzierten Wert weiter zu rechnen. Dabei ist vorausgesetzt, daß V bereits bei ÜA gedrosselt ist. Da dies aber meistens nicht zutreffen wird, empfiehlt es sich, wenn möglich, über die sich aus Gl. (60) ergebende Mindestlänge von L hinauszugehen. Ob man dabei auch die Form der reinen Klothoide verlassen und die sogenannte Stauchkurve (s. S. 124) verwenden soll, ist noch nicht endgültig entschieden. Für den Grenzfall, daß bei festgelegtem R die Ausbaugeschwindigkeit gerade noch beibehalten werden kann Gl. (53), läßt sich V eliminieren, so daß (Gl. 60)

$$L = \frac{(4{,}78\sqrt{R})^3}{28\,R} = 3{,}9\sqrt{R} \tag{62}$$

wird.

Im Schrifttum [*65, 66* u. a.] wird als angemessene Länge des Übergangsbogens bei kleinen Halbmessern zuweilen $L = 5\sqrt{R}$ bis $L = 6\sqrt{R}$ empfohlen, die auch nicht wesentlich überschritten werden soll, damit der Vorteil der Kreisbogenfahrt mit konstantem Einschlagwinkel nicht verloren geht. Ist $R_{vor.} > R_{min}$ nach Gl. (54), so sind diese einfachen Gleichungen nicht mehr anwendbar, da L bedeutend größer würde als fahrdynamisch erforderlich.

Zu c)

Das Fahrzeug legt in jeder Sekunde den Weg $s = v = \frac{V}{3{,}6}$ (m) zurück. Aus Proportion ergibt sich:

nach Abb. 109, 110 $L = \frac{q - q_d}{3} \cdot \frac{V}{3{,}6} = \frac{q - q_d}{10{,}8} \cdot V;$

nach Abb. 112 $L = \frac{q}{10{,}8} V;$ nach Abb. 111 $L = \frac{q + q_d}{10{,}8} \cdot V.$

Mit $V = 80$ km/h, $q_d = 2\%$, $q = 6\%$ erhält man nach der letzten Gleichung $L = 60$ m.

Die schweizerischen Normen empfehlen auch, die Klothoidenlänge als Übergang zum Kreis nicht wesentlich größer zu wählen, als es den aufgezeigten Gesetzen der Fahrdynamik entspricht. Man will dadurch den Fahrer davon abhalten, bei allzu zügiger Linienführung mit überhöhter Geschwindigkeit in den Kreisbogen einzufahren. Dieser Ansicht ist entgegenzuhalten, daß dann die Gerade überhaupt aus der Linienführung verschwinden müßte, da in ihr die Geschwindigkeit beliebig gesteigert werden kann. Mit Rücksicht auf den Überholvorgang und die erforderlichen langen Sichtwege hat die Gerade oder der übergroße Halbmesser auch in der modernen Linienführung wieder Bedeutung. Bei autobahnähnlichen Richtungsfahrbahnen entfällt diese Überlegung. Der Ingenieur wird im übrigen, bedingt durch die örtlichen Gegebenheiten, wie Grundstücksgrenzen, Baulichkeiten, Untergrundverhältnisse, einen Ausgleich schaffen und gegebenenfalls die Übergangsbogenlängen kürzer halten müssen, als nach den vorstehenden Überlegungen erwünscht ist [*83*].

Halbmesser über 1000 m bei Landstraßen bzw. über 3000 m bei Autobahnen bedürfen nach SNV 40170a fahrdynamisch keines Übergangsbogens mehr. Aus ästethischen Gründen und wegen der optischen Verkürzung wird man zweckmäßig auch in jenen Fällen noch einen allmählichen Krümmungsübergang vorsehen (vgl. S. 222) und $Lü : L_{Kr} : Lü = 1:1:1$ annehmen.

2.345 Querneigung und Verwindungsstrecke

Der satteldachförmige Regelquerschnitt der geraden Strecke ist in der Krümmung in den einseitig geneigten überhöhten Pultdachquerschnitt zu überführen. Der Übergang der Quergefälle soll gleitend und unmerklich erfolgen, so daß das Fahrzeug keine schwingenden und wippenden Bewegungen ausführt; ferner soll das Oberflächenwasser ungehindert abfließen können.

2.345.1 Die Rampe zur einfachen Krümmung

Die Anrampungsstrecke besteht aus dem „Dachformübergang“ und der „Verwindungsstrecke“. Der Dachformübergang vermittelt den Übergang vom Satteldachquerschnitt der geraden Strecke in den einseitig geneigten Pultdachquerschnitt. Beide Querschnitte haben das Regelgefälle q_d, welches gemäß RAL— Q 56 entsprechend dem Belag zu wählen ist. Innerhalb der Verwindungsstrecke wird die Fahrbahntafel auf die überhöhte Querneigung q gebracht, die der Ausbaugeschwindigkeit V und der Schärfe der Krümmung entspricht.

Lage der Rampe in bezug auf den Übergangsbogen:

Grundsätzlich soll zu Beginn des Hauptbogens (Punkt ÜE), also dort, wo die Fliehkraft ihren Größtwert erreicht, auch die zugehörige Querneigung q voll vorhanden sein. Damit ist das Ende der Rampe festgelegt. Hinsichtlich der Lage des Rampenanfangs sind die folgenden Annahmen üblich:

Fall 1: Übergangsbogenanfang (ÜA) fällt zusammen mit dem Beginn der Verwindungsstrecke, d. h. der gesamte Dachübergang liegt vor dem Übergangsbogen in der Geraden. Diese Lage findet sich in den RAL 1937/42, vermutlich bedingt durch die dort angegebenen kurzen Vorbogenlängen. Auch die schweizerischen Vorschriften [*67*] sehen, soweit nicht Fall 2 in Betracht kommt, diese Variante vor, und zwar bei kurzen, gedrungenen Klothoiden.

Die Lage der Rampe nach Fall 1 zeigen Abb. 109, 110 und 113a.

Wie schon SCHUNCK [*84*] nachgewiesen hat, ist diese Anordnung im Hinblick auf die fahrdynamischen Gegebenheiten wenig günstig. Das die Bogenaußenseite benutzende Fahrzeug unterliegt im Satteldachquerschnitt zunächst einer Seitenkraft, die vom Krümmungsmittelpunkt fort gerichtet ist, nämlich der Hangabtriebskraft H der Fahrbahnquerneigung. Im Bereich des Dachübergangs nimmt sie bis auf Null ab, um im Punkte ÜA die gleiche Größe, diesmal aber nach innen gerichtet, zu erreichen. Während der folgenden Fahrt durch den Übergangsbogen (Verwindungsstrecke) wächst die nach außen gerichtete Fliehkraft stärker als die nach innen gerichtete Hangabtriebskraft H, so daß nach baldiger Umkehr der Richtung der verbleibenden Seitenkraft bei ÜE der auswärts gerichtete Anteil $Z - H$ zur Wirkung kommt. Das Fahrzeug unterliegt somit beim Durchfahren der Außenrampe einer quer gerichteten Pendelbewegung (Abb. 113a, Spiegelbild).

Die Fahrt durch die Innenrampe wird der Fahrer weniger störend empfinden, da hier das Seitenkraftdiagramm nur einen Nullpunkt aufweist (Abb. 113a).

Fall 2: ÜA liegt in der Mitte des Dachüberganges. Der Seitenkraftwechsel ist bereits gegenüber Fall 1 erheblich gedämpft, wie Abb. 113b zeigt. Diese Lösung wurde beim Bau der ersten Autobahnen gewählt. Sie ist in den schweizerischen Normen angegeben, wenn der zu kurze Übergangsbogen die Ausführung nach Fall 3 nicht gestattet.

Fall 3: ÜA fällt mit dem Anfang des Dachüberganges zusammen, d. h. die gesamte Rampe liegt nunmehr im Bereich der Klothoide. Die Seitenkräfte der

Außenrampe unterliegen keinem Richtungswechsel mehr, da die abnehmende Hangabtriebskraft und die zunehmende Fliehkraft sich gegensinnig überlagern; im gesamten Bereich der Rampe wirkt ausschließlich eine auswärts drückende Kraft (Abb. 113c, Spiegelbild). Fahrdynamisch ist diese Lösung anzustreben.

Die schweizerischen Vorschriften schreiben sie bei zügigen Klothoiden vor. Auch die Autobahnvorschriften BAURAB TG 1943 [*80*] sehen sie für die Außenfahrbahn vor. (Vergleiche dortselbst Tafel VII.) Für die Bogeninnenseite gilt bei Fall 2 und 3 hinsichtlich der Verteilung der Seitenkräfte das zu Fall 1 Gesagte.

Zur Beurteilung der Frage, wie weich der Übergang des Quergefälles in der Rampe gestaltet wurde, dient die Nachprüfung am „sekundären Längsgefälle" (Anrampungsmaß) Δi (%). Hierunter versteht man die zusätzliche Steigung des Fahrbahnrandes, gerechnet für eine Spur, bezogen auf die horizontal ausgelegte Gradiente in der Fahrbahnachse bzw. in der Trennlinie der Verkehrsrichtungen. Das schweizerische Normenblatt SNV 40195a empfiehlt als oberen Grenzwert 0,8%; für die Autobahnen legt BAURAB TG 43 0,5% als Größtwert fest, den SCHLUMS empfiehlt [*85*] und der auch in den VStA üblich ist. Nach den alten RAL 42 sollte im Dachformübergang $\Delta i > 0{,}6\%$ sein. Allerdings wird man die genannten Grenzen nicht engherzig auslegen dürfen, zumindest muß man die Verkehrsbedeutung des Straßenzuges mit berücksichtigen. Manche Verwaltungen lassen daher, falls die Klothoiden aus örtlich zwingenden Gründen zu kurz sind, ein Anrampungsmaß bis 1% zu.

Innerhalb der Verwindungsstrecke sind die Fahrbahnränder gegenläufig. Der Querschnitt wird zu diesem Zweck entweder um die Fahrbahnachse oder um den Fahrbahninnenrand gedreht. Bei der erstgenannten Lösung hebt man den Außenrand um das gleiche Maß an, wie man den Innenrand senkt. Bei schwachem Längsgefälle d.h. nahezu waagerechter Gradiente liegt hierbei jeweils ein Fahrbahnrand in gegenläufigem Gefälle, was sich optisch besonders ungünstig im Bereich der Gradientenausrundungen bemerkbar macht. Die RAL 42 schrieben aus diesem Grunde die Verwindung zwingend um den Innenrand vor. Dieser soll unverändert weitergeführt werden. Der Innenrand übernimmt im Punkte ÜA die Aufgabe der Fahrbahnachse und ist damit Höhenbezugslinie. Im Höhenplan (Längenschnitt) erscheint demgemäß ein Ordinatensprung $h = q_d \cdot B/200$. Ferner entspricht die stationierte Mittellinie nicht mehr der abgewickelten Gradiente, da der Innenrand um $L = \widehat{\varphi} \cdot B/2$ kürzer ist. Hinsichtlich der zeichnerischen Darstellung vgl. REE 1936 [*86*]. Die Verwindung um den *Innenrand* hat den Vorteil, daß dieser stetig durchläuft, also keine Mulde bilden kann. Der Außenrand steigt um so stärker an; eine Mulde wird man bei schwachem Längsgefälle auch hier in Kauf nehmen müssen. Wenn es gelingt, die sekundäre Längsneigung Δi kleiner als das Gradientengefälle zu halten, wird man gegenläufiges Gefälle des äußeren Fahrbahnrandes vermeiden können.

Beide Möglichkeiten — Verwindung um die Achse oder um den Innenrand — werden heute je nach der Lage in Betracht gezogen. In den VStA wird um die Achse gedreht, sofern die Gradiente steiler als 2% ist; für schwächere Längsgefälle entscheidet man sich dort für die Verwindung um den inneren Rand. Die Schweizer Normen lassen sowohl die Mittellinie als auch den Innenrand als Drehachse zu. Die Autobahn verwindet in der einfachen Krümmung um den Innenrand, und zwar um Innenkante Leitstreifen.

2.345.2 Ausbildung des Dachformüberganges

Im *Fall* 1 (Abb. 109) hebt man die Querneigung der äußeren Fahrbahnhälfte gleichmäßig an, bis sie in der Ebene der inneren Fahrbahnhälfte liegt (Beginn der Verwindungsstrecke). Hierbei läßt es sich nicht vermeiden, daß in der Mitte des Dachüberganges das Quergefälle Null ist. Ist nun das Längsgefälle schwach,

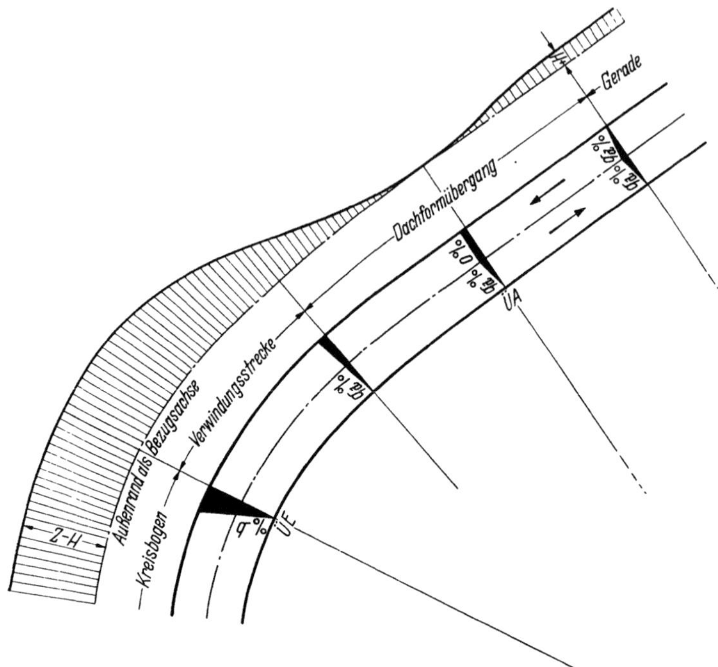

Abb. 113b. Dachübergang zur Hälfte im Übergangsbogen

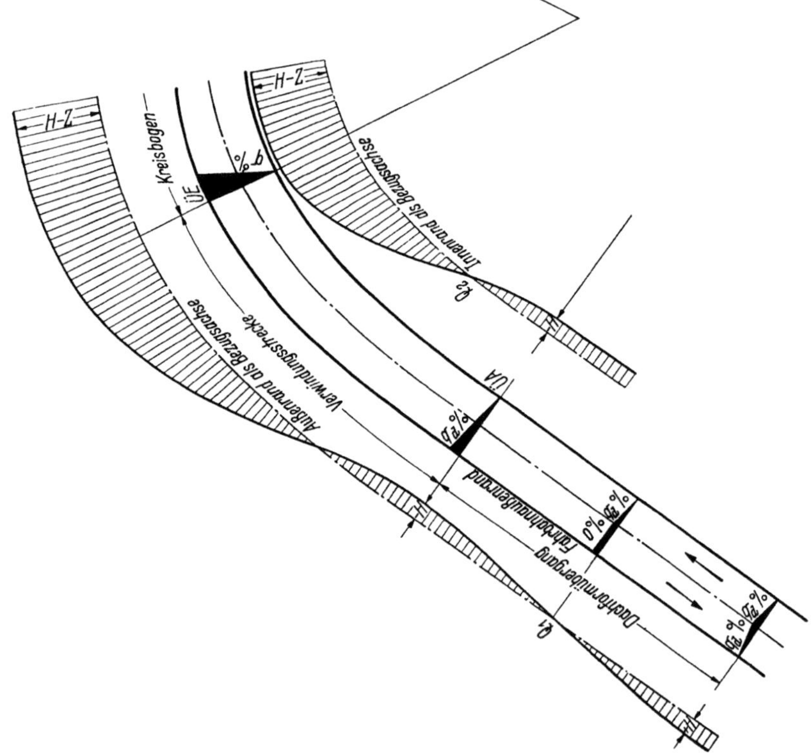

Abb. 113a. Dachübergang außerhalb des Übergangbogens

so ist die Entwässerung der Fahrbahntafel in diesem Bereich nicht mehr gewährleistet. Für die Autobahnen wird aus diesem Grunde gefordert, daß Querneigungen unter 0,5% nur bei Längsneigungen über 0,5% vorzusehen sind, was u. U. einer Verlegung der Gradiente oder der Linie im Lageplan gleichkommt. *Fall* 2 ist in dieser Hinsicht günstiger. Man führt dort den Grat des Satteldaches geradlinig auf die Länge des Dachüberganges zum äußeren Rand ② und erreicht dadurch, daß in jedem Schnitt das Mindestquergefälle erhalten bleibt (Abb. 110). Allerdings kann der Fahrbahngrat stören, da die 4 Räder nicht mehr auf einer Ebene stehen. Man wird in diesem Falle den Dachübergang nicht zu kurz halten dürfen, will man Seitenschwingungen des Fahrzeuges vermeiden. Fall 2, in den RAL 37/42 noch zwingend vorgeschrieben, wird auch heute bei schwachem Längsgefälle von vielen Straßenbauverwaltungen angewendet.

Der in den RAL 37/42 vorgesehene Fall einer kurzen Zwischengeraden zwischen zwei gleichgerichteten Krümmungen ist nach heutiger Auffassung abzulehnen. Vielmehr sind die beiden Kreisbögen mittels eines Klothoidenteilstückes als Eilinie auszubilden. Innerhalb dieses Verbindungsstückes wird die Querneigung stetig von q_1 beim Kreisbogen R_1 auf q_2 beim Kreisbogen R_2 gebracht. Man wird hier wohl stets um die Achse drehen (Verfahren der Niedersächsischen Straßenbauverwaltung).

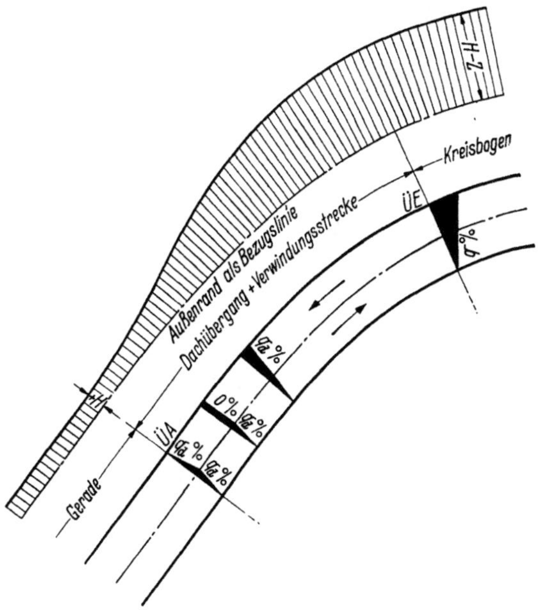

Abb. 113c. Gesamte Rampe im Übergangsbogen

2.345.3 Die Rampe in der Wendelinie

Hier ist die Drehung der Fahrbahntafel um die Achse zur Regel geworden. Auch die BAURAB TG 43, die für die Autobahnen in der einfachen Krümmung zwingend die Verwindung um den Innenrand vorschreibt, teilt für die Wendelinie die gleiche Auffassung. Die Ausbildung eines Dachquerschnittes im Wendepunkt, nach RAL 42 noch die Regel, hat man bei ausreichendem Längsgefälle zugunsten des Mittelquerschnittes mit Quergefälle Null aufgegeben (Abb. 112). Die Schweizer Vorschriften verlangen sogar diese Lösung zwingend. Bestehen bleibt das Problem der mangelnden Entwässerung bei schwachem Längsgefälle.

Die Hessische Straßenbauverwaltung legt daher bei schwachem Längsgefälle einen Sattelquerschnitt in den Wendepunkt (Abb. 111, Querschnitt 0) und überführt den Grat entsprechend der stetigen Rampensteigung.

Ist eine kurze Zwischengerade, die an sich unerwünscht ist, nicht zu vermeiden, so wird trotzdem die Rampe so geführt, als ob die Gegenklothoiden einen gemeinsamen Nullpunkt hätten. Der Nullpunkt der Rampe liegt aber nicht genau in der Mitte zwischen den Klothoidenanfängen, sondern etwas in Richtung der schärferen Krümmung verschoben. Er läßt sich leicht aus Proportionen errechnen. Die Gegenklothoiden sollten, wenn immer möglich, den gleichen Parameter erhalten, während die Anschlußklothoiden zu der Geraden hin einen anderen A-Wert haben können.

Unbedenklich ist es, dem Dachübergang eine andere Rampenneigung zu geben als der Verwindungsstrecke. So kann man z. B. die Verwindungsstrecke zwischen ÜA und ÜE legen, den Dachübergang aber nur so lang halten, wie es einem kleinsten sekundären Längsgefälle, z. B. $\Delta i = 0{,}6\%$ für die Entwässerung entspricht.

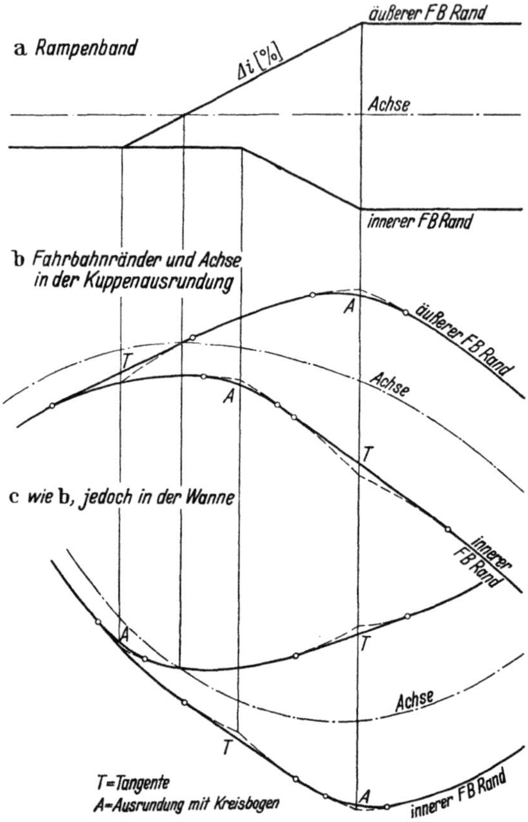

Abb. 114. Ausrundung der Knickpunkte in den Anrampungen

Die Knickpunkte der Rampenlinie sollen mit Halbmessern ausgerundet werden in der Größenordnung der Gradientenausrundung (Abschnitt 2.224, 2.225 und 2.226).

Befindet sich die Rampe im Bereich des Ausrundungsbogens einer Kuppe oder Wanne, so ergeben sich Wellen im Fahrbahnrand trotz der in der Rampendarstellung einwandfreien Ausrundung der Brechpunkte. Vergleiche Tafel V der Baurab TG 43. Man erkennt dies leicht bei der höhengerechten, wenn auch verzerrten Auftragung der Abwicklung der Fahrbahnränder. Werden in dieser Darstellung die Brechpunkte tangential abgeglichen, so wird auch die optische Wirkung befriedigend bleiben (Abb. 114).

Das sekundäre Längsgefälle errechnet sich aus Proportion je nach Lage der Rampe zum Übergangsbogen. Allgemein ist

$$\Delta i = c \cdot \frac{B}{L},$$

B = Breite der befestigten Fahrbahn einschließlich der Leitstreifen, z. B. beim Regelquerschnitt *RQ* 11,5 $B = 7{,}50 + 2 \cdot 0{,}50 = 8{,}50$ m,

L = Übergangsbogenlänge ($\widehat{\text{ÜA ÜE}}$),

c = Beiwert, je nach Situation, z. B. nach
Abb. 109 (Verwindung um die Achse) $c = (q - q_d)/2$,
Abb. 110 (Verwindung um den Innenrand $c = (q - q_d)$.

In der Wendelinie nach Abb. 111 $c = (q + q_d)/2$,
in der Wendelinie nach Abb. 112 $c = q/2$.

Das Erdplanum, das nach ZTVE—StB 59, 3.162 [*87*] mit mindestens 4% Quergefälle auszubilden ist, muß die Verwindung der Fahrbahn in der Wendelinie mitmachen. Hier gelten selbstverständlich die Grenzwerte der Rampensteigungen nicht mehr. Man wird im Gegenteil danach trachten, den Gefällübergang möglichst kurz zu halten, um das in die Frostschutzschicht eingesickerte Tageswasser rasch abführen zu können. Je 10 m beidseits des Wendepunkts dürften angemessen sein, um die 4%ige Linksüberhöhung in eine gleich große Rechtsüberhöhung umzuwandeln. Das Planum selbst darf nach RAL—Q 56 außerhalb der befestigten Fahrbahn verstärktes Quergefälle bis 6% haben.

Die Standspur hat grundsätzlich Gefälle zur Böschung bzw. zur Entwässerungsmulde hin. Ist nun in der Linkskurve die Fahrbahn einwärts geneigt, so entsteht am äußeren Fahrbahnrand zwischen Fahr- und Standspur ein Grat, der die auffahrenden Fahrzeuge nicht gefährden darf. Die Summe der gegengerichteten Querneigungen soll gemäß RAL—Q 56 8% nicht übersteigen. Diese Forderung kann dazu führen, daß bei 3% Standspurquerneigung die Überhöhung der Fahrbahn von 6% auf 5% ermäßigt werden muß.

2.35 Übersicht in Krümmungen

Die Fläche an der Innenseite einer Krümmung muß so viel freie Sicht gewähren, daß ein Kraftfahrzeug vor einem Hindernis, das mindestens 0,2 m über die Fahrbahn ragt, rechtzeitig halten oder daß von 2 sich begegnenden Kraftfahrzeugen, das eine, das verkehrswidrig die Krümmung schneiden will, noch rechtzeitig nach rechts ausschwenken kann. Von diesen beiden Fällen muß der ungünstigste ermittelt werden, der dann bei dem Entwurf zu berücksichtigen ist. Für beide Fälle ist zu der eigentlichen Strecke noch diejenige hinzuzufügen, die in 1 Sekunde von dem Kraftfahrzeug zurückgelegt wird, in der der Fahrer die neue Lage erkennt und sich auf sie einstellt, der sogenannten Überlegungssekunde. Daraus ergeben sich Sichtweiten, die bestimmen, wie weit die Fläche an der Innenseite der Krümmung freigelegt werden muß. Diese Sichtlängen sollen unter bestimmten Annahmen berechnet werden.

1. Fall: Die Länge der Sichtweite steht in Beziehung zu dem Kraftschlußbeiwert der Bremsstrecke, der nach Gl. (18 und 4) auch von der Geschwindigkeit abhängt. Legt man diesen Wert zugrunde, ergeben sich für die niedrigeren Geschwindigkeiten größere Kraftschlußbeiwerte und damit kürzere Sichtweiten. Da gerade an den Krümmungen mit kleinem Halbmesser, die mit geringen Geschwindigkeiten befahren werden, die Freilegung der Sichtweite meist mit größeren Schwierigkeiten verbunden ist, wird bei diesen Annahmen ein gewisser Ausgleich zwischen den Anforderungen an die Sicherheit des Verkehrs und den bautechnischen Möglichkeiten geschaffen. Der Kraftschlußbeiwert μ nach Gl. (18) ist für die verschiedenen Geschwindigkeiten aus Tabelle 19, Zeile 1, zu entnehmen:

Tabelle 19

V km/h	20	30	40	50	60	70	80	90
μ	0,34	0,325	0,318	0,308	0,296	0,28	0,257	0,228
μ_1	0,325	0,310	0,302	0,291	0,279	0,262	0,237	0,200

Die Werte μ gelten für die gerade Strecke. Wenn in der Krümmung ganz oder teilweise gebremst wird, stehen diese Werte nicht voll zur Verfügung, sie müssen noch um den Anteil ermäßigt werden, der für die radiale Stützkraft μ_2 benötigt wird. Bei einer üblichen Überhöhung im Hauptbogen von 6% sollen nach S. 129 $^2/_3$ der Fliehkraft durch den Kraftschluß übernommen werden. Das würde $\mu_2 =$ rd. 0,1 entsprechen. Für die Bremsung kann man daher mit einem Beiwert rechnen:

$$\mu_1 = \sqrt{\mu^2 - \mu_2^2} \qquad \text{s. Zeile 2 in der Tabelle 19}$$

und erhält als erforderlichen Sichtweg nach Gl. 9

$$L = \frac{V}{3{,}6} + \frac{V^2}{2g \cdot 3{,}6^2\,(\mu_1 \mp s)} = v + \frac{v^2}{2g\,(\mu_1 \mp s)}$$

Das gesuchte Mindest-Sichtmaß c (s. Abb. 117) ist der Abstand zwischen Fahrlinie und Sichtbegrenzung. Er beträgt als Pfeilhöhe über der der Sichtweite entsprechenden Sehne des kreisförmigen Sichtweges L

$c = \frac{(L/_2)^2}{2\,(R_i + 1{,}5)}$. Bei größeren Halbmessern kann für $R_i + 1{,}5$ der Achshalbmesser R gesetzt werden.

Beispiel: Das Kraftfahrzeug fährt mit 90 km/h bei einem Gefälle von 4% und $R = 400$ m (Quergefälle 6%) und soll rechtzeitig vor dem Hindernis halten.

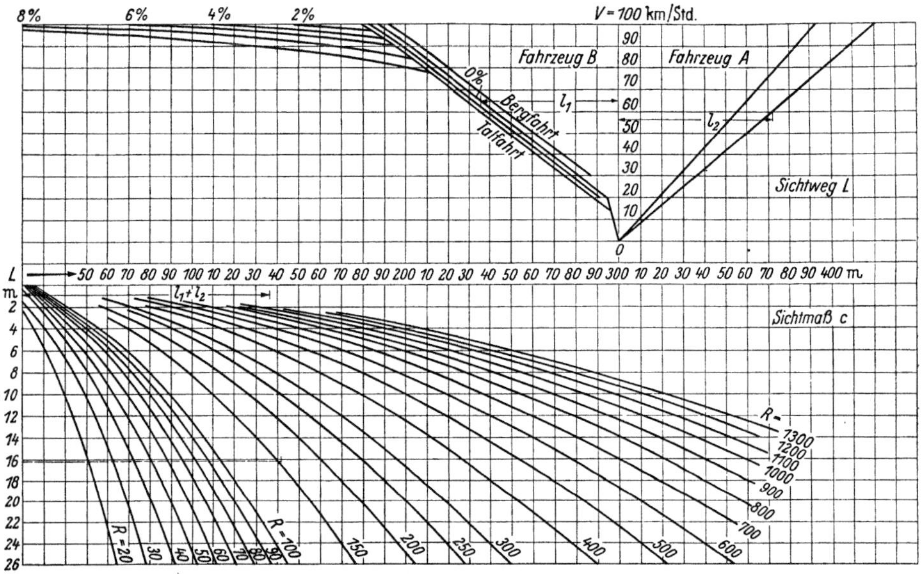

Abb. 115. Schaulinien zur Ermittlung der Sichtweite in Krümmungen, die notwendig ist, damit ein Wagen vor einem Hindernis von 0,2 m Höhe zum Stehen kommt, oder zwei sich begegnende Wagen, von denen der eine verkehrswidrig auf der falschen Fahrbahn fährt, sich ausweichen können. Aus der Sichtweite wird das Sichtmaß aus den Kurven für die Halbmesser R abgegriffen

$$\text{Es wird } L = 25 + \frac{625}{2 \cdot 9{,}81\,(0{,}20 - 0{,}04)} = 224 \text{ m}, \quad c = \frac{112^2}{2 \cdot 400} = 15{,}7 \text{ m.}$$

Diese Werte können auch aus den Schaulinien der Abb. 115 entnommen werden, und zwar L in der oberen Hälfte der Abbildung für 90 km/h als Strecke zwischen dem äußersten Strahl rechts und der 4%-Linie links für Talfahrt, ferner c in der unteren Hälfte als Ordinate der Abszisse L bis zur Kurve $R = 400$.

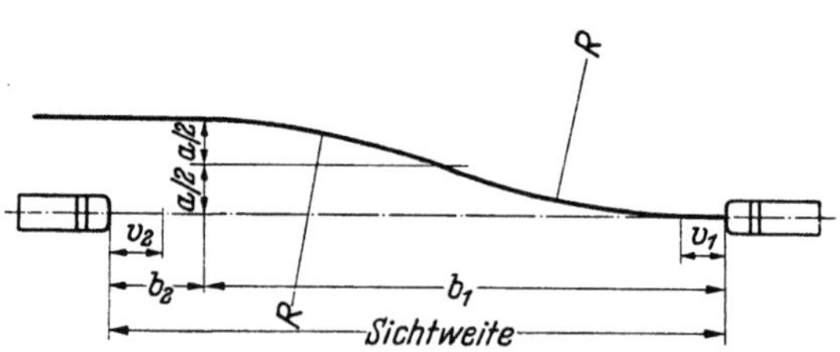

Abb. 116. Ermittlung der Sichtweite, die notwendig ist, damit zwei sich begegnende Wagen ausweichen können

2. Fall: Wenn angenommen wird, daß das Kraftfahrzeug, das auf der falschen Seite fährt, noch rechtzeitig in die a im Achsabstand a (Abb. 116) verlaufende Spur einschwenken soll, während das entgegenkommende seine Fahrgeschwindigkeit ermäßigt, muß das

erste eine S-förmige Krümmung durchfahren, deren Halbmesser nicht gering sein darf, damit es nicht schleudert. Die Größe des Halbmessers wird mit der Fahrgeschwindigkeit anwachsen müssen. Die Ausweichstrecke des mit $v_1 = V_1/3{,}6$ falsch fahrenden Fahrzeuges (Abb. 116 rechts) setzt sich aus den beiden Kreisbögen zusammen, deren Längensumme b_1 sich nach Abb. 116 aus der seitlichen Verziehung a und den der Geschwindigkeit v_1 entsprechenden Halbmessern R ergibt. Dieses R ist zu unterscheiden von dem R der Straßenkrümmung.

Es ist $b_1 = 1 \cdot v_1 + 2\sqrt{\frac{a}{2} \cdot 2 \cdot R - \frac{a^2}{4}} \approx v_1 + 2\sqrt{a\,R}$ oder für $a = 3{,}0$ m,

$$b_1 = v_1 + 2\sqrt{3{,}0}\,\sqrt{R}\,.$$

Als Beziehung zwischen R und v_1 für die Fahrbahn ohne Überhöhung (Gl. 45, S. 127) soll $R = v_1^2$ gewählt werden[1], d. h. $V = 3{,}6 \cdot \sqrt{R}$. Bedenklich ist die Annahme, daß der Wagen eine S-Kurve fährt und ohne Übergang aus einer Krümmung in die andere eingefahren wird. Nur bei sehr flachen Bögen wird das möglich sein.

Damit wird der Anteil des rechten Fahrzeuges am Sichtweg L

$$l_2 = b_1 = v_1 + 2\sqrt{3{,}0} \cdot v_1 \quad \text{und die benötigte Zeit}$$

$$t_1 = \frac{v_1 + 2 \cdot 1{,}73\, v_1}{v_1} = 4{,}5 \text{ sek.}$$

Diese 4,5 sek. stehen auch dem Fahrer des entgegenkommenden Fahrzeuges (Abb. 116 links) für die Ermäßigung seiner Geschwindigkeit v_2 zur Verfügung. Nach Ablauf der Überlegungssekunde bremst er 3,5 sek. lang mit der Verzögerung (Gl. 4) $g\,(\mu_1 \mp s/100)$. Der Bremsweg b_r in diesen 3,5 sek. ist

$b_r = 3{,}5 \cdot \frac{v_2 + v_2'}{2}$. Hierbei ist v_2' die Endgeschwindigkeit, die beträgt

$$v_2' = v_2 - 3{,}5\, g \cdot \left(\mu_1 \mp \frac{s}{100}\right),$$

also ist

$$b_r = 3{,}5 v_2 - 6{,}125 g \cdot \left(\mu_1 \mp \frac{s}{100}\right).$$

Gefälle der Straße $= \frac{s}{100}$.

Das Vorzeichen — muß bei Talfahrt,
„ „ + „ „ Bergfahrt eingesetzt werden.

Zu der eigentlichen Bremsstrecke ist noch die in der Überlegungssekunde zurückgelegte Weglänge hinzuzufügen und der Anteil der Sichtweglänge wird

$$b_2 = 4{,}5\, v_2 - 6{,}125\, g \left(\mu_1 \mp \frac{s}{100}\right).$$

$L = b_1 + b_2$ (Abb. 116) kann auch aus der oberen Hälfte der Abb. 115 abgegriffen werden als Summe von l_2 und l_1; l_2 entspricht b_1 und l_1 b_2. Die Schaulinien sind nach den obigen Formeln berechnet.

Die Strecke zwischen den beiden von Punkt 0 ausgehenden nach rechts verlaufenden Strahlen wird vom Fahrzeug (rechts) in der Überlegungssekunde, die Strecke zwischen der Lotrechten durch 0 und dem zweiten Strahl, die mit l_2 bezeichnet ist, wird also stets in $1 + 3{,}5 = 4{,}5$ sek. durchfahren.

Die Strecke l_1 links von der Lotrechten durch 0 stellt den Weg des Fahrzeuges (links) in der Überlegungssekunde und 3,5 sek. Bremszeit dar.

[1] Zur Berechnung des Ausbiegeweges und des dabei anzuwenden Halbmessers bei Überholung wird in den VStA angenommen, daß $R = V^{1,5}$ ist.

Beispiel zum Fall 2: Angenommen sei, daß beide Fahrzeuge durch eine waagerechte Krümmung vom Halbmesser 150 m mit je 60 km/h fahren.

Aus den Schaulinien Abb. 115 greift man die Strecke $L = l_1 + l_2 \approx 140$ m ab. Zu diesem Wert wird in der unteren Hälfte der Abb. 115 das Sichtmaß c mit rd. 16 m für $R = 150$ m abgelesen.

Kommt man beim Ablesen in der oberen Hälfte der Abb. 115 über die schräge Grenzlinie (Berg—Talfahrt) nach links hinaus, so ist das Anhalten des bergab fahrenden Fahrzeuges vor dem Hindernis allein maßgebend für das Sichtmaß c (vgl. das erste Beispiel).

Bei großen Halbmessern und kleinen Zentriwinkeln wird die Verbindungslinie der Endpunkte der Sichtweite L in der inneren Fahrspur höchstens den Innenrand berühren. Das ist anzustreben.

Zu jeder Sichtweite, die innerhalb der Krümmung liegt, gehört auch ein entsprechender Zentriwinkel. Bei kleineren Zentriwinkeln fallen die Endpunkte des Sichtweges L auf die Übergangsbögen oder die Tangenten.

Wenn das Sichtmaß c größer ist, als der Abstand der Mitte der inneren Fahrspur vom inneren Straßenrand, muß die Böschung entsprechend freigelegt werden. Die Begrenzungslinie der Freilegung von Krümmungsbeginn bis -ende wird gefunden, indem der Sichtweg L von $ÜA$ beginnend auf der 1,5 m vom

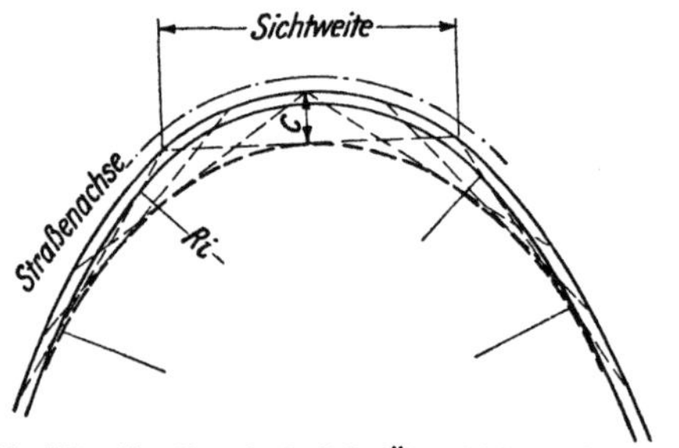

Abb. 117. Um die erforderliche Übersicht zu erhalten, muß die Innenfläche frei gelegt werden. Die Sichtweiten bestimmen das Maß c für Ri.

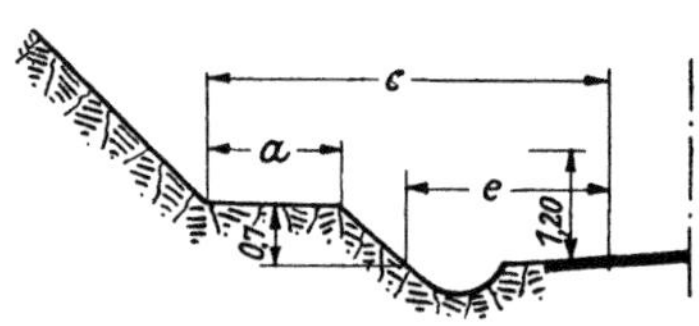

Abb. 118. Abgrabung an der Innenseite der Krümmung, um die erforderliche Übersicht zu erhalten

inneren Fahrbahnrand angenommenen Achse der Fahrlinie beliebig oft bis zum Ende der Krümmung aufgetragen wird. Die eingetragenen Sehnen sind die Sichtlinien, die nach Abb. 117 die freizulegende Fläche begrenzen.

Darf ein bestimmtes Maß c nicht überschritten werden, weil Baulichkeiten, Stützmauern, Brückenwiderlager oder andere die Sicht verdeckende Hindernisse nicht beseitigt werden können, kann der Halbmesser aus den Schaulinien der Abb. 115 entnommen werden, der höchstens angewendet werden kann. Gegeben sind das Sichtmaß c und die Sichtweite L.

Es ist nicht erforderlich, in Einschnitten und Berglehnen die Berme bis auf die Höhe der Straßenkrone freizulegen, denn das Auge des Fahrers liegt etwa 1,2 m über der Straßenkrone. Die Oberfläche der Berme kann daher etwa 0,7 m höher liegen als der innere Straßenrand (Abb. 117). Die Breite der Berme ist dann $a = c - e - 1{,}0$ m (Böschungsneigung 1 : 1,5). Für Aufwuchs, der die Sicht behindern kann, sind noch 0,2 m zuzuschlagen. Bei Krümmungen im Gefälle werden die Sehstrahlen nach Abb. 116 auch im Aufriß gezeichnet werden müssen, um die Durchdringung mit dem Erdkörper und die Sichtberme festzulegen.

2.36 Wendeplatten und Kehren

Wenn aus den fahrdynamischen Grundlagen genaue Vorschriften für die Form der Krümmungen im Grundriß abgeleitet werden können, so bereitet ihre Gestaltung in fahrgesetzlicher Form — kinematisch, dynamisch und geodätisch einige Schwierigkeiten, die mit geringen Halbmessern und großen Ablenkwinkeln wachsen und sich bei den Kehren und Wendeplatten besonders bemerkbar machen. Wenn bei der Entwicklung der Linien am Hang die Null-Linie die Richtung mit einem starken Ablenkwinkel, der bis zu fast 180° betragen kann, wechselt, entstehen solche Wendeplatten. Da der zweiachsige Wagen sich nicht um einen Punkt drehen kann, sondern mindestens einen Wendekreis beschreiben muß, über dessen Größe Angaben auf S. 102 gemacht sind — maßgebend ist der Wendekreis des Lastkraftwagens oder des Langholzwagens —, so beansprucht die Richtungsänderung eine erhebliche Fläche zur Entwicklung der Wendeplatte. Es muß also am Hang eine Stelle gesucht werden, deren Gefälle möglichst flach ist, so daß keine umfangreichen Kunstbauten zu Hilfe genommen werden müssen. Mit der Wendeplatte ist eine Verlängerung der Null-Linie verbunden, die dazu ausgenutzt werden kann, die Steigung der Straße innerhalb der Krümmung zu ermäßigen. Die damit gegebene Verminderung des Steigungswiderstandes steht dann zur Überwindung des Krümmungswiderstandes, mit dem man bei der Fahrt durch eine enge Wendeplatte rechnen muß, zur Verfügung, so daß, ohne daß man herunterschalten muß, die Fahrgeschwindigkeit beibehalten werden kann.

Bei den Personenkraftwagen wird das möglich sein, weil sie einen günstigen Schaltbereich haben. Schwieriger liegt der Fall bei den Lastkraftwagen. Bei ihnen muß die Ermäßigung der Steigung in ein richtiges Verhältnis zur Steigung gesetzt werden. Unterlagen dafür können aus dem Betriebsdiagramm für den Lastkraftwagen entnommen werden, der üblicherweise auf der Straße verkehren wird (s. S. 169).

Wenn bei geringem Halbmesser eine große Überhöhung angewendet werden muß, ergeben sich manche Gefahren in der Krümmung, z. B. daß bei glatter Fahrbahn und niedriger Fahrgeschwindigkeit keine genügende Stützkraft vorhanden ist, um zu verhindern, daß der Wagen nach innen abrutscht. Auch verleitet die Wendeplatte zum Schneiden. Auf Gebirgsstrecken mit starken Steigungen wird nur mit geringer Geschwindigkeit gefahren. Aber selbst dann reicht bei den kleinen Halbmessern, die man hier nur anwenden kann, die übliche Querneigung nicht aus und in den Kehren der Gebirgsstraßen müssen sehr starke Quergefälle angewendet werden, z. B. am Klausenpaß 14%, Stilfser Joch 16%, Sustenpaß bei $R = 17$ m 12%.

Um den Gefahren zu begegnen, daß die Kraftfahrzeuge, die auf der äußeren Spur der Krümmung fahren, abgleiten oder sich quer stellen und sogar in die

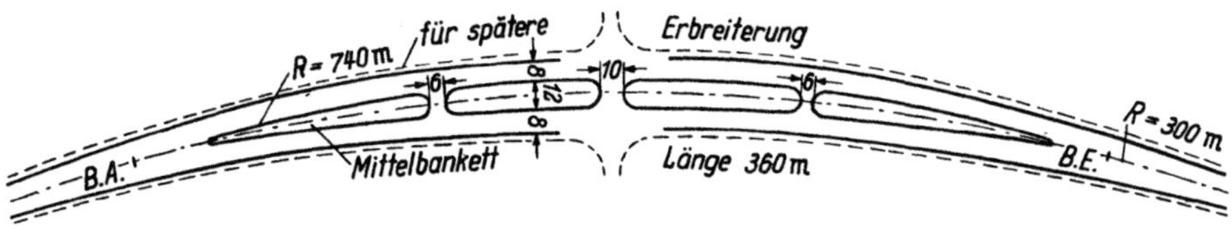

Abb. 119. Autobahn Washington D. C. nach Mount Vernon, Krümmung mit Trennstreifen in der Achse

Gegenfahrbahn geraten, ist vorgeschlagen worden, in der Krümmung zur Sicherung des Verkehrs Trennstreifen einzubauen, wie sie schon für Verkehrsstraßen im Abschnitt 2.232.23 beschrieben sind (S. 92).

Auf der Autobahn von Washington D. C. nach Mount Vernon, der Grabstätte von Washington, hat man auch bei großen Halbmessern solche Trennstreifen angewendet, die zugleich verkehrsregelnd wirken. Sie sind gärtnerisch ausgestaltet (Abb. 119).

Als der Bau der Gebirgsstraßen wieder aufgenommen wurde, machte Professor FINDEIS in Wien einen Vorschlag, wie eine Straßenkehre mit solchen

Trennstreifen ausgestaltet werden soll. Gerade bei ihnen mit den stärksten Überhöhungen bestehen besondere Gefahren. Er begründete seinen Vorschlag (Abb. 120) folgendermaßen: Den Anforderungen der Berg- und Talfahrt mit dem

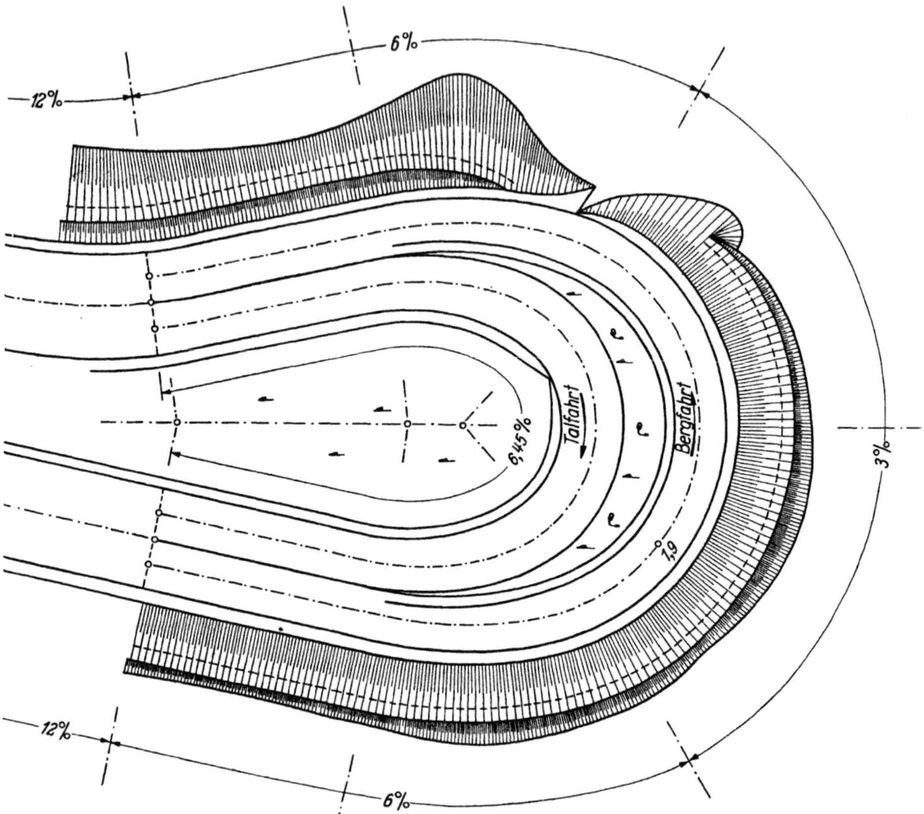

Abb. 120. Ausbildung einer Kehre mit Trennstreifen in der Achse nach FINDEIS

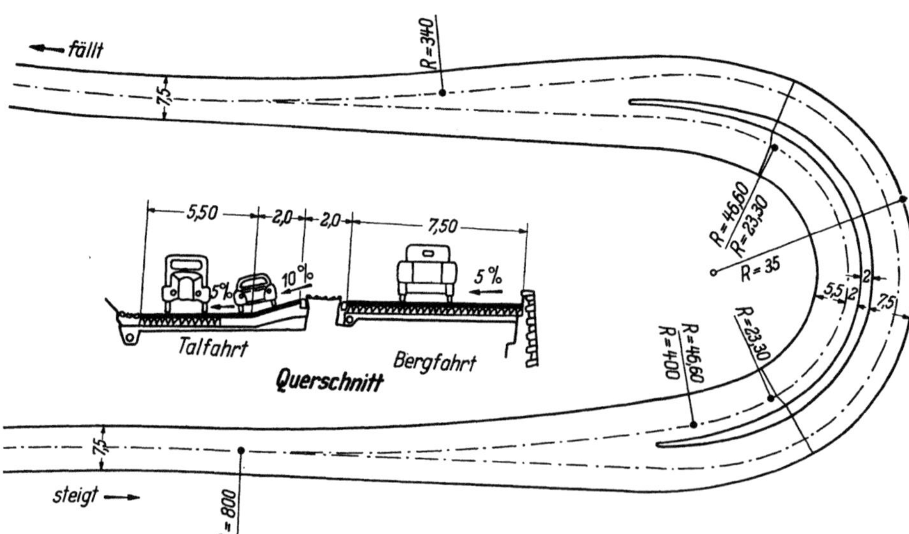

Abb. 121. Kehre mit Trennstreifen in der Achse, ausgeführt auf der Straße von Jenbach zum Achensee (Tirol)

Kraftfahrzeug kann auf einer zweispurigen Fahrbahn nicht ausreichend genügt werden. Ein weites Ausholen der Außenfahrbahn, wenn ein Trennstreifen eingelegt wird, ermäßigt die Steigung. Das ist erwünscht, weil bei der Bergfahrt dadurch die Lenkung erleichtert und der Krümmungswiderstand ermäßigt wird.

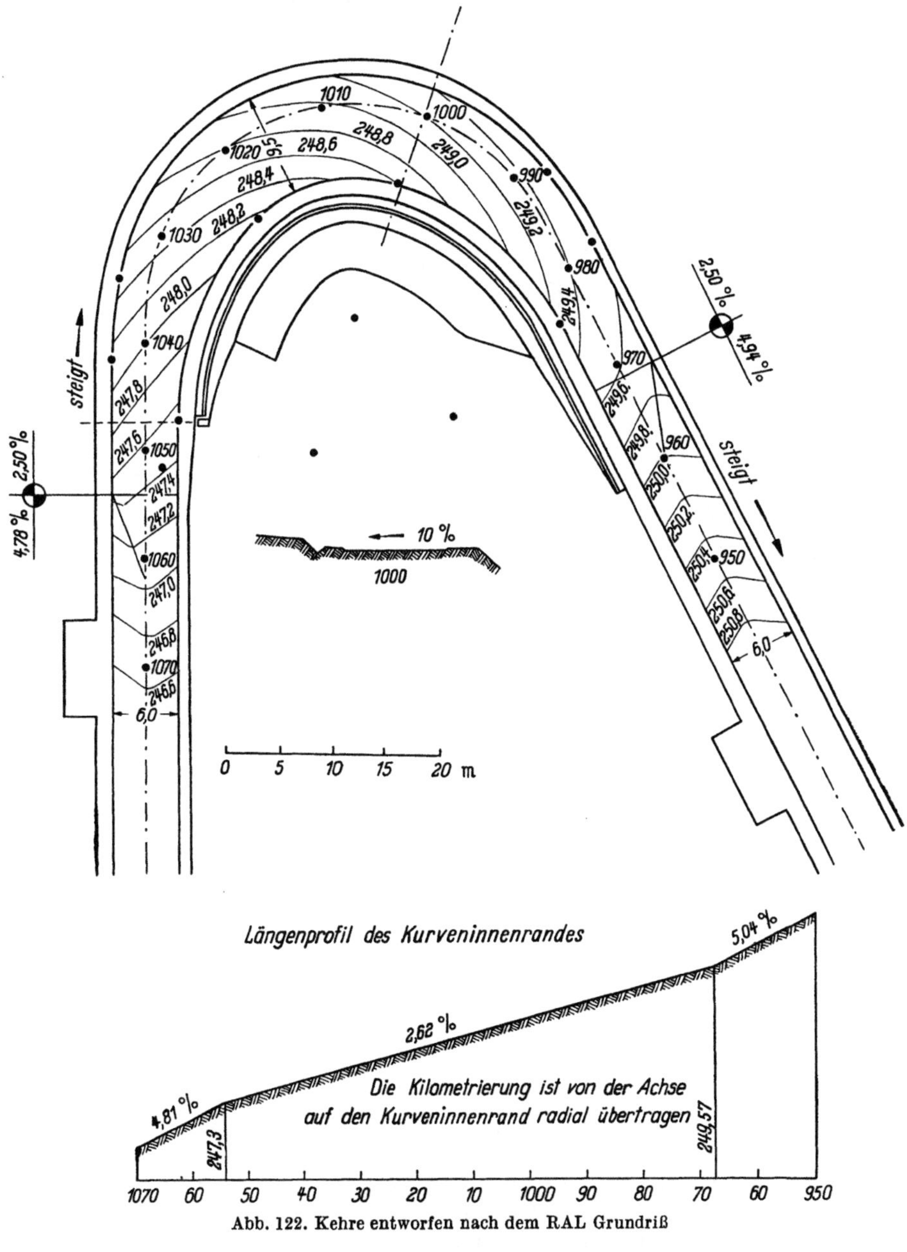

Abb. 122. Kehre entworfen nach dem RAL Grundriß

Bei der Talfahrt liegen die entgegengesetzten Verhältnisse vor, da beim Bremsen mit dem Motor in der Gefällermäßigung, die, wie erwähnt, in der Kurve vorgenommen wird, dieser leicht absterben kann, wenn nicht rechtzeitig auf einen anderen Gang umgeschaltet und Gas gegeben wird. Da die Sicht auf entgegenkommende Fahrzeuge in der Kehre nur beschränkt hergestellt werden kann, fürchtet sowohl der Bergfahrende wie auch der ihm entgegenkommende

Talfahrer die Begegnung und sie werden unsicher. Der Trennstreifen nach der Abb. 120 nimmt ihnen diese Unsicherheit.

Eine Kehre mit Trennstreifen ist jetzt auf der Straße im Inntal von Jenbach zum Achensee angelegt worden (Abb. 121). Eine Kehre, die nach den deutschen Richtlinien für den Ausbau der Landstraßen (RAL 1942) ohne und mit Trennstreifen entworfen ist, zeigen die Abb. 122 und 123. Ein Gefahrenpunkt, besonders bei Nacht, ist die Spitze des Trennstreifens, der so ausgebildet werden müßte, daß er ein von seiner eigentlichen Fahrbahn abgekommenes Kraftfahrzeug in die richtige Richtung ablenkt. (Leitpfosten mit Reflexzeichen HLB.)

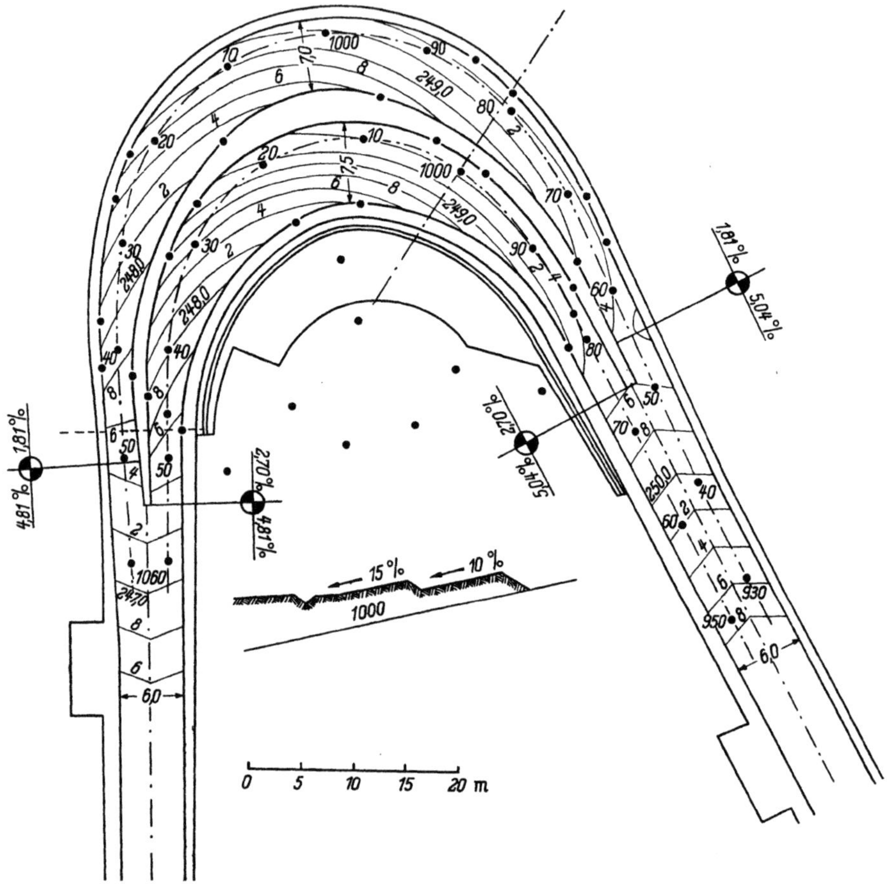

Abb. 123. Dieselbe Kehre mit Trennstreifen in der Achse

Bei Wendeplatten werden wie bei allen anderen Krümmungen Übergangsbögen und Verbreiterungen angewendet. Bei den beschränkten Raumverhältnissen sind die Übergänge vom dachförmigen zum einseitigen Quergefälle stark verwunden. Damit die Fahrbahn eine einigermaßen stetige geodätische Form erhält, wird empfohlen, in dem Entwurf die Höhenschichtlinien in Abständen von 5 cm, höchstens 10 cm einzutragen und etwaige Unebenheiten auszugleichen (vgl. Abb. 122 und 123) [*88*].

Für die Sicherung und das Sichtbarmachen der Krümmungen auf ihrer Außenseite sind mannigfache Vorschläge gemacht worden (HLB-Leitplanken). Als zweckmäßig hat sich der DAV-Zaun („Dansk-Auto-Vaern“) erwiesen, der bereits in vielen Ländern eingeführt worden ist. Er besteht aus zusammenhängenden glatten bewehrten Betonbalken mit gewölbter Oberfläche, deren weithin sichtbare weiße konvexe Seite der Fahrbahn zugewandt ist. Die Balken sind in der Regel 2 m lang und 35 cm breit und werden 12···15 cm über der Straße an armierten Betonpfosten befestigt. Die ganze Straßensäumung ist somit rd. 50 cm hoch. Obschon sie für jeden Fahrer bei Tag und bei Nacht auf weite Distanz gut sichtbar ist und eine Leitschiene darstellt, paßt sie sich dennoch gut in das Landschaftsbild ein. Für besonders enge Kurven, Verkehrsinseln

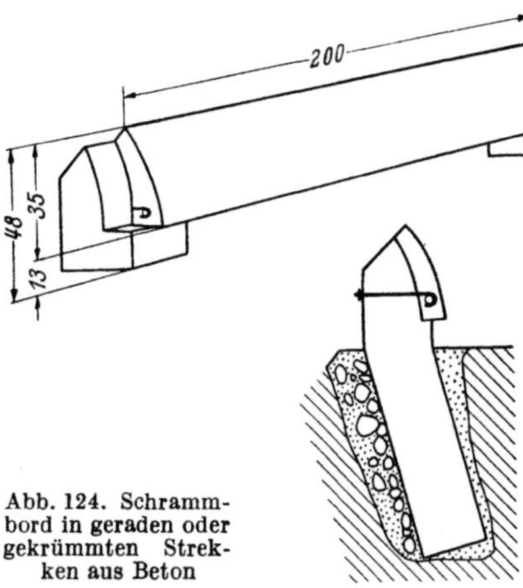

Abb. 124. Schrammbord in geraden oder gekrümmten Strecken aus Beton

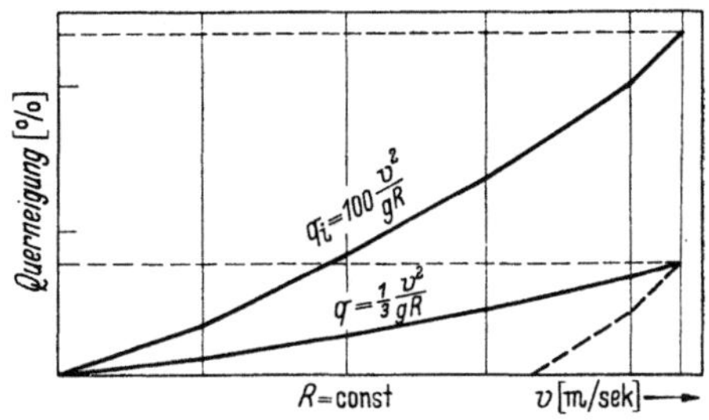

Abb. 125. Querneigung für verschiedene Geschwindigkeiten v bei gegebenem Halbmesser R. Zweidrittel der Fliehkraft wird durch die Seitenreibung aufgenommen

usw. werden kürzere Zaunstücke geliefert. Die Betonplatten für die DAV-Sicherheitszäune werden in noch nassem Zustand ausgeschalt und mit Weißzement überzogen. Dieser Überzug verschafft den DAV-Zäunen ihre gute Sichtbarkeit (Abb. 124). Oft werden die Platten übrigens schwarz-weiß bemalt und oben mit einem durchgehenden reflektierenden Streifen versehen, wodurch eine bei allen Beleuchtungs- und Witterungsverhältnissen stark auffallende Markierung entsteht. Diese Leitplanken ertragen sehr starke Schläge und sind nur schwer zu beschädigen. Die starken, im Boden verankerten Betonpfeiler verleihen ihnen eine große Standfestigkeit und wirken federnd.

2.37 Ausbildung gekrümmter Stadtstraßen

2.371 Quergefälle

Wenn auch gekrümmte Straßen in den heutigen Stadtbauplänen seltener zu finden sind, weil der Verkehr verlangt, daß die Straßen geradlinig geführt werden und sie auf Abschlüsse und Blickpunkte gerichtet sind, um wirkungsvolle Städtebilder zu geben, werden sich Straßenkrümmungen nicht vermeiden lassen. Auch für sie besteht die Notwendigkeit, die Fahrbahn zu verbreitern, wenn $R \leqq 60$ m ist, und zu überhöhen, weil auf ihnen, soweit sie Verkehrsstraßen sind, mit 50···60 km/h gefahren wird. Das gilt besonders für Kreisplätze, die umfahren werden, — Verteilerkreise. Bei Stadtstraßen kann man damit rechnen, daß die Fahrbahnen auch bei ungünstiger Witterung einen ausreichenden Kraftschluß bieten [*58*], weil sie eine gute Entwässerung haben, laufend gereinigt und bei Glatteis gestreut werden. Deshalb kann ein größerer Teil der Fliehkraft auf den Kraftschluß übernommen werden als bei Landstraßen. Man kommt daher mit geringer Querneigung aus.

Die Querneigung wird man deshalb nicht zu groß nehmen dürfen, weil sonst bei breiten Straßen die Höhenunterschiede zwischen den gegenüberliegenden Baufronten zu groß werden. Das erschwert die Bebauung und gewährt keinen schönen Anblick. Es wird möglich sein, in Stadtstraßen mehr als zwei Drittel durch den Kraftschluß aufzunehmen (s. S. 129).

Die obere Schaulinie der Abb. 125 gibt an, wie stark die Querneigung sein müßte, wenn sie die ganze Fliehkraft übernehmen sollte, die darunter liegende, wenn ein Drittel der Fliehkraft auf die Querneigung und zwei Drittel auf den Kraftschluß entfallen, die gestrichelte (zur oberen parallele), wenn die bei der höchstzulässigen Querneigung verbleibende Seitenkraft auch bei kleineren Ge-

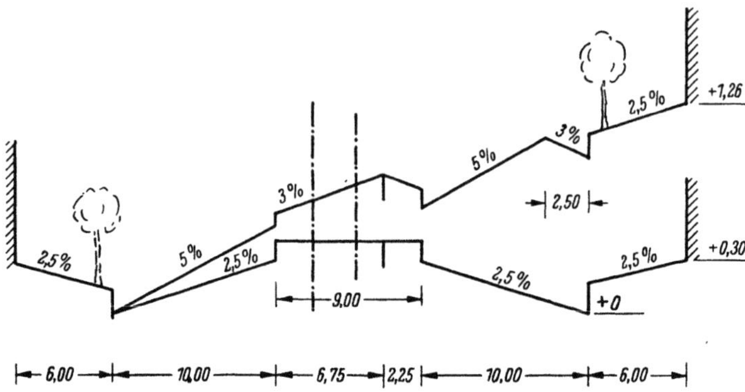

Abb. 126. Städtische Verkehrsstraße in der Krümmung, größte Querneigung 5%. Höhen zehnfach überhöht

schwindigkeiten und negativen Querneigungen zugelassen wird. $q_{max} = 5\%$ und $\mu = 0{,}2$ (s. S. 129) ergeben bei $R = 30$ m (s. Abb. 127) $V_{max} = 3{,}6 \sqrt{9{,}81\ (0{,}2 + 0{,}05)}\ \sqrt{30} = 31$ km/h oder für $V = 50$ km/h $R_{min} = (50/3{,}6)^2/9{,}81\ (0{,}2 + 0{,}05) = 77$ m. Verteilerkreise mit $D <$ rd. 150 m können danach nur mit $V < 50$ km/h durchfahren werden.

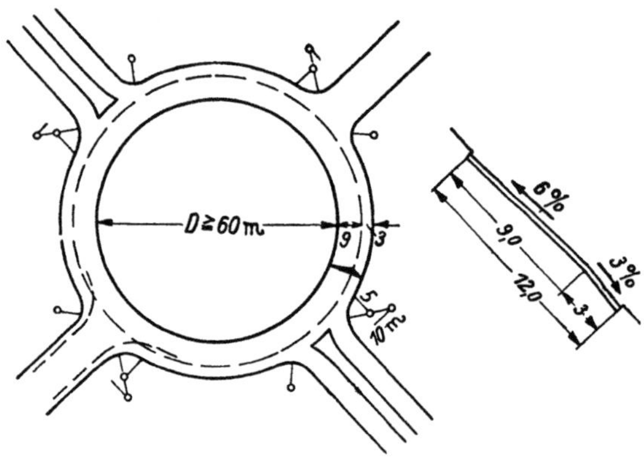

Abb. 127. Verteilerkreis. Querneigung der Fahrbahn 9 m Breite nach innen, Standspur 3 m nach außen

Bei einer sehr breiten städtischen Verkehrsstraße in einer Kurve, die mit der höchsten Querneigung von 5% angelegt werden muß, würde die Bauflucht am äußeren Rand gegenüber der am inneren, wie Abb. 126 erkennen läßt, sich bereits um 0,96 m erheben.

Bei breiten Fahrdämmen mit einseitigem Quergefälle sammeln sich bei Regen erhebliche Wassermengen in der Rinne am inneren Fahrbahnrand die den Verkehr behindern können. Die Einzugsfläche kann man in der Weise verringern, daß am Außenrand der Fahrbahn, wenn dort eine Standspur vorgesehen ist, einen Streifen bis zu 2,5 m Breite ein entgegengesetztes Quergefälle gibt, so daß diese Fläche zusammen mit der des Gehweges in die äußere Rinne entwässert (s. Abb. 126). Das gilt auch für den *Verteilerkreis*. Der Vorteil für den Verkehr ist, daß das vom Gehweg abfließende Wasser nicht über die ganze Fahrbahn flutet, sondern in der äußeren Rinne abgefangen wird, und daß die Kraftfahrzeuge bei der Einfahrt in den Verteilerkreis beim Rechtseinbiegen auf eine kurze Strecke eine Fahrbahnneigung vorfinden, die eine der Fliehkraft entgegenwirkende Querneigung hat, ehe sie in die nach innen geneigte übergehen (Abb. 126, 127). Das gewährt einen schmiegsamen Übergang beim Einbiegen nach rechts und Übergehen in die Umfahrt nach links.

2.372 Verteilerkreis

Für die Gestaltung des Verteilerkreises gelten die folgenden Regeln. Sie müssen einen großen Durchmesser erhalten, wenn die Fahrzeuge mit der Geschwindigkeit, wie sie der Stadtverkehr verlangt, fahren sollen, und er muß um so größer sein, je mehr Straßen einmünden, weil zwischen den einzelnen einmündenden Straßen reichlich Ausgleichstrecken zum Ein- und Ausfädeln vorhanden sein müssen. Die folgenden Abmessungen werden anzustreben sein:

1. Ausbaugeschwindigkeit km/h	25	30	40	48	64
2. Durchmesser der Mittelinsel m					
a) nach den Richtlinien der AASHO (American Association of State Highway Officials	45	45	45	75	116
b) nach RAL—Q 56	90	120	200	300	550
c) nach den Normalien der Schweizer Straßenfachmänner	53	75	130	200	360

Diesen Maßen liegen die folgenden Kraftschlußbeiwerte zugrunde:

Zu a) 0,5 ··· 0,3; zu b) 0,06; zu c) vgl. Abb. 107 (S. 128).

3. Kleinste Einfädelungslängen nach den Richtlinien der AASHO m	45	45	45	54	72

Die Fahrdammbreite wird zu der Anzahl der einmündenden Straßen und ihrer Fahrdammbreiten in Beziehung stehen. Die Richtlinien der AASHO geben an:

Anzahl der einmündenden Straßen	Gesamtbreite aller einmündenden Straßen mit geringster Zahl der Fahrspuren	Gesamtbreite aller einmündenden Straßen mit Höchstzahl der Fahrspuren	Fahrbahnbreite im Rundverkehr in m
3	6	12	7,20 ··· 10,80
4	8	14	7,20 ··· 10,80
5	10	16	9,00 ··· 14,40
6	12	18	9,00 ··· 14,40

2.38 Längs- und Quergefälle

Jede Straße, die verkehrssicher sein soll, muß Längs- und Quergefälle erhalten, damit das Niederschlagswasser so schnell und so gründlich als möglich abgeführt werden kann, weil nasse Fahrbahnen einen schlechten Kraftschluß haben (s. S. 29). Die Beziehungen zwischen der Linienführung der Straße und ihrem Längsgefälle sind auf S. 69 festgelegt. Abgesehen von der Grenze für das Höchstgefälle, die sich aus der Straßenart, dem Gelände und der Verkehrsbedeutung der Straße ergibt, besteht eine solche auch für die Fahreigenschaften der Befestigung, auf die bei den einzelnen Belagarten hingewiesen werden wird.

Bei Stadtstraßen ist noch zu beachten, daß große Steigungen die Bebauung an den Baufluchten und die Gestalt der Gebäude im Auf- und Grundriß ungünstig beeinflussen und auch gewisse Anforderungen an das Straßenbild gestellt werden, so daß möglichst flache Neigungen bevorzugt werden sollten.

2.381 Mindestgefälle

Jede Straße, vor allem die Landstraßen, sollen ein Gefälle von mindestens $5^0/_{00}$ erhalten. Bei sehr steilen Straßen, vor allem im Gebirge, in denen besonders starke Niederschläge auftreten, stürzt das Wasser im spitzen Winkel zur Achse flutartig herab, gefährdet den Verkehr und wäscht den Straßenkörper aus. Anstelle der Querrinnen, die man früher in kurzen Abständen einlegte, die aber für den Kraftfahrzeug-Verkehr eine große Gefahr bedeuten, sollte der Fahrdamm in Abständen ausgemauerte Schlitze erhalten, die mit Eisenrosten abgedeckt sind. In ihnen können sich auch starke Wasserströme sammeln und in die Seitengräben ablaufen.

2.382 Quergefälle

Das Quergefälle kann satteldachförmig von der Fahrdammkrone, die meistens auch die Straßenachse ist, nach der Rinne abfallen oder parabelförmig ausgebildet sein. Die letztere Form ist früher üblich gewesen, weil die Hinterräder der Pferdewagen einen Sturz haben und die gewölbte Form sich der geneigten Stellung der Räder am besten anpaßt. Auf ebenen Straßenflächen würden die Wagenräder nur auf der Kante fahren und die Decke stark abnützen. Bei einem parabelförmigen Quergefälle nimmt die Neigung von der Mitte nach der Rinne stark zu; das ist für die Wasserabführung günstig. Für den Kraftwagenverkehr aber ist eine starke Querneigung ungünstig, und besonders bei doppeltbereiften Rädern (S. 16), werden die beiden zusammenliegenden Reifen unterschiedlich belastet. Der Kraftwagenverkehr verlangt daher ebene und nicht gewölbte Querschnitte. Dementsprechend werden die Fahrdämme jetzt auch dachförmig angelegt und nur in der Dammkrone auf etwa 1 ··· 2 m Breite ausgerundet. Je ebener eine Decke ist, je weniger Widerstand ihre Oberfläche dem Wasserabfluß entgegensetzt, desto flacher kann das Quergefälle sein. Da bei Straßen im Gefälle das Wasser nicht normal zur Straßenachse abläuft, sondern sich den Weg des größten Gefälles sucht, so kann bei starkem Längsgefälle das Quergefälle, gemessen in der Linie normal zur Straßenachse, flacher angelegt werden. Für dieses größte Gefälle ist die Bezeichnung „Schrägneigung“ (Schräggefälle) geprägt worden. Das größte Gefälle steht in Beziehung zum Längs- und Quergefälle.

Die höchste Schrägneigung errechnet sich, wenn das Längsgefälle der Fahrdammkrone und der Rinne das gleiche ist (s %) und das Quergefälle für den Fahrdamm q % ist nach Abb. 128 zu

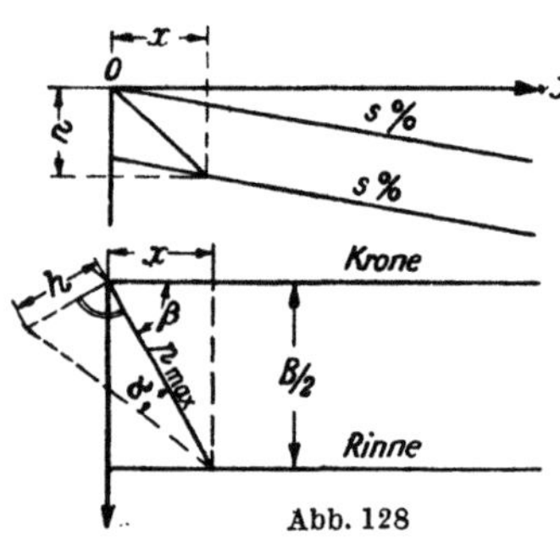

Abb. 128

$$\operatorname{tg} \alpha = \frac{\frac{B}{2} \cdot q + x \cdot s}{\sqrt{\frac{B^2}{4} + x^2}}.$$

Das Maximum entsteht für $x = \frac{B \cdot s}{2\,q}$,

$p_{\max}$ wird $= \sqrt{s^2 + q^2}$.

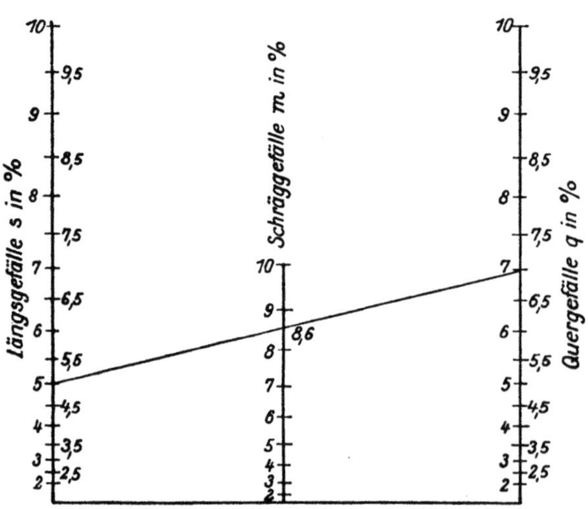

Abb. 129 a. Schaulinie zur Ablesung des Schräggefälles aus dem Längs- und Quergefälle. s = 5%, q = 7% ergeben $p_{\max}$ = 8,6%

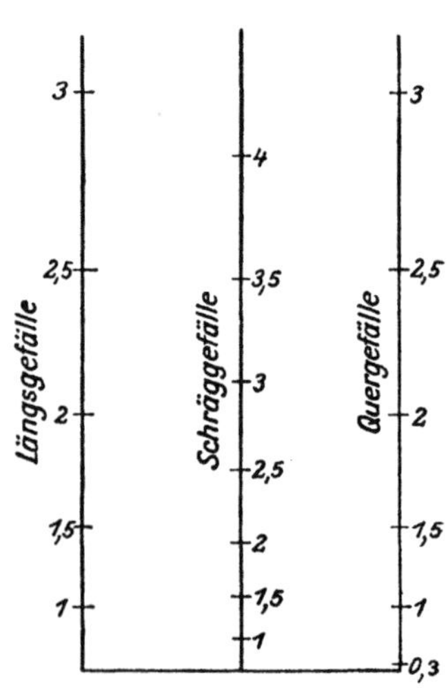

Abb. 129 b. Wie Abb. 128 für städtische Straßen

Die Beziehungen zwischen Längs-, Quergefälle und Schrägneigung können aus den beiden Nomogrammen abgelesen werden (Abb. 129a und b). Nomogramm Abb. 129b dient vornehmlich für städtische Straßen.

Für die Richtung des Höchstgefälles im Grundriß gilt die Gleichung

$$\operatorname{tg}\beta = \frac{B}{2x} = \frac{q}{s}.$$

Der Ermittlung der höchsten Schrägneigung kommt bei der Gestaltung der Querneigung in Krümmungen besondere Bedeutung zu, wie im Abschnitt 2.345 ausgeführt ist. Für Bundesautobahnen sollen die Schrägneigungen 4,5% nicht übersteigen. Bei einem Längsgefälle der Krone, das gleich dem höchsten Quergefälle für die betreffende Belagsart ist, würde rechnerisch ein Quergefälle nicht mehr erforderlich sein, weil das Wasser in der Richtung der Straßenachse abläuft. Um eine Überschwemmung am Fuß der Gefällstrecke zu verhindern, muß auch auf solchen Strecken ein Quergefälle von 1% vorhanden sein. Die Abhängigkeit des Quergefälles vom Längsgefälle kann aus der Abb. 130 abgelesen werden. Die Kurven gelten jeweils für bestimmte Deckenarten, z. B. für Asphalt-, Zementbetondecken, Steinpflaster und Schotter. Die beiden oberen Linien sind den schweizerischen Straßenbaunormen TSNV 40191 entnommen und beziehen sich auf die Gefälle in Krümmungen a) für reinen Auto-, b) für gemischten Verkehr.

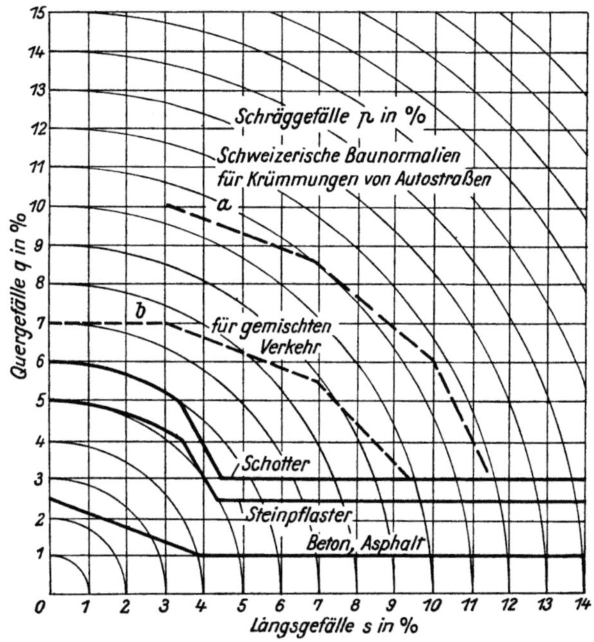

Abb. 130. Beziehung zwischen Längs- und Quergefälle mit Rücksicht auf die Straßenart (Autostraße), Verkehrsart und Deckenart

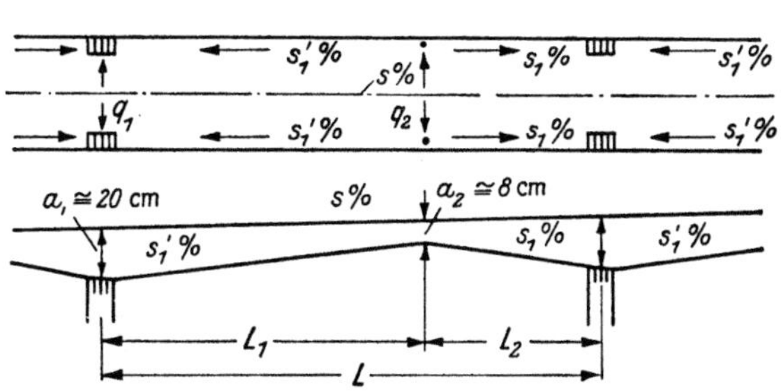

Abb. 131. Ausbildung des Rinnengefälles bei einem Längsgefälle $s < 0{,}4\%$. Die Fahrdammflächen sind windschief

Die Deckenbefestigungen der Stadtstraßen sind nahezu undurchlässig, so daß auf ihnen der gesamte Niederschlag, abgesehen von der nur zeitweilig auftretenden Verdunstung, abfließt. Daher muß für leistungsfähige Entwässerungsanlagen gesorgt werden. Aber auch die Straßenflächen müssen sehr sorgfältig durchgebildet werden. Bei Straßenkreuzungen, beim Vorhandensein von Straßenbahngleisen, Schutzinseln u. a. m. muß der Regulierungsplan, der die Höhen der Dammkrone, der Rinne, der Gehbahnen mit den vorhandenen Gefällangaben enthält, sehr eingehend durchgearbeitet werden. Das Längsgefälle der Rinne darf nicht flacher als 4‰ (ausnahmsweise 3‰) sein. Ist kein Längsgefälle oder nur sehr flaches vorhanden, dann erhält die Rinne stärkeres Gefälle zu Tiefpunkten, wo sich die Straßeneinläufe befinden, hinter denen ein kurzes Gegengefälle eingelegt wird. Der Unterschied zwischen der Steigung der Fahrbahnkrone und der Rinne muß dann durch verschiedene Neigung des Quergefälles ausgeglichen werden, das nach DIN 1991 bei Asphaltstraßen an dem Brechpunkt der Rinne $q_2 = 1:55$ (1,8%) (Abb. 131), am Regeneinlauf $q_1 = 1:35$ (2,86%) betragen soll. An jedem Gefällbrechpunkt ist ein unmerklicher Knick und bei jedem Straßeneinlauf eine Mulde in der Fahrbahnfläche. Bei der Fahrt über die Rücken und durch die Mulden kann ein schnellfahrender Kraftwagen in Schwingungen geraten. Eine horizontale Lage der Stadtstraßen ist daher ungünstig und möglichst zu vermeiden. Auch wird bei breiten Fahrdämmen der Höhenunterschied (Auftritt) zwischen Fahrbahnrinne und Bordkante des Gehwegs, die parallel mit der Dammkrone geführt wird, dann zu groß. Der geringst zulässige Auftritt an der Bordkante soll 8 cm und höchstens 20 cm betragen. Mit den Bezeichnungen der Abb. 131 ergibt sich die Lage des Knickpunktes des Rinnengefälles aus dem Verhältnis

$$\frac{L_1}{L_2} = \frac{s_1 + s}{s_1 - s},$$

wenn $s_1' = s_1$ ist.

Das Gefälle der Rinne hat dann eine sägeförmige Form. Der Abstand der Rinnenschächte beträgt

$$L = B \cdot (q_1 - q_2) \frac{s_1}{s_1^2 - s^2}.$$

B = Fahrbahnbreite.

Geht man von der Auftrittshöhe a aus und nimmt man an:

$$a_1 = 0{,}2 \text{ m}, a_2 = 0{,}08 \text{ m}, \Delta a = a_1 - a_2 = 12 \text{ cm}$$

dann wird
$$L = \frac{2 \Delta a \cdot s_1}{s_1^2 - s^2}.$$

Bei breiten Fahrbahnen und waagerechter Lage der Straße ist ein Ausweg in der Weise möglich, daß der dem Schnellverkehr zugewiesene mittlere Fahrbahnstreifen eine gleichmäßige Querneigung erhält, an die sich dann die windschiefe anschließt für den Fahrstreifen, der den langsamen Verkehr aufnimmt (Abb. 132). Auf die volle Breite läßt sich eine ebene Fahrbahn durchführen, wenn die Rinne hinter die Bordkante gelegt wird, die in kurzen Abständen mit Einlauföffnungen versehen wird, durch die das Wasch- oder Niederschlagswasser der verdeckten Rinne zugeführt wird, und die das Wasser zu Tiefpunkten führt, wo sich aufnahmefähige Schächte befinden. Bei genügender Breite der Rinne hat sie ein starkes Speichervermögen und bewirkt, daß auch bei starkem Schlagregen sich Wasser nicht an der Bordstein der Fahrbahnen aufstaut, sondern alles Wasser sofort abgeführt wird. Bordstein und Rinne können zu trogartigen Baukörpern vereinigt werden, die fabrikmäßig hergestellt und fertig versetzt werden (Abb. 133) (Baulänge 1 m, Fugen mit Falzen wie DIN 1201 — Betonrohre —). Diese keineswegs aufwendige Bauweise, die die Kosten der Bordschwelle erspart, bringt noch den wesentlichen Vorteil mit sich, daß Anstauungen in der offenen

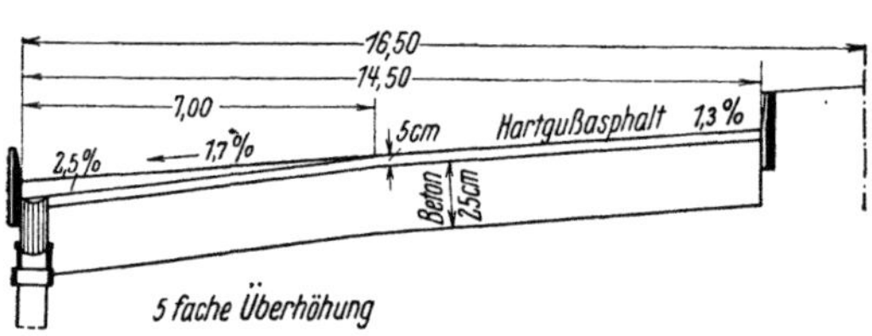

Abb. 132. Ausbildung der Quergefälle bei sehr breiten Fahrdämmen und geringem Längsgefälle (< 0,4%). Die Überholspur hat eine ebene, die Spur für den langsamen Verkehr eine windschiefe Querneigung

Rinne vermieden werden und demzufolge die Fahrbahndecke, besonders wenn sie aus Walz- oder Gußasphalt besteht, die an der Bordkante nicht so stark verdichtet werden, weil es an Verkehr fehlt, gesund erhalten bleibt und keine Unterhaltungskosten erfordert. Um die Rinne für das Wasser recht aufnahmefähig zu gestalten und ihr ein gutes Abflußvermögen zu geben, wird der Streifen

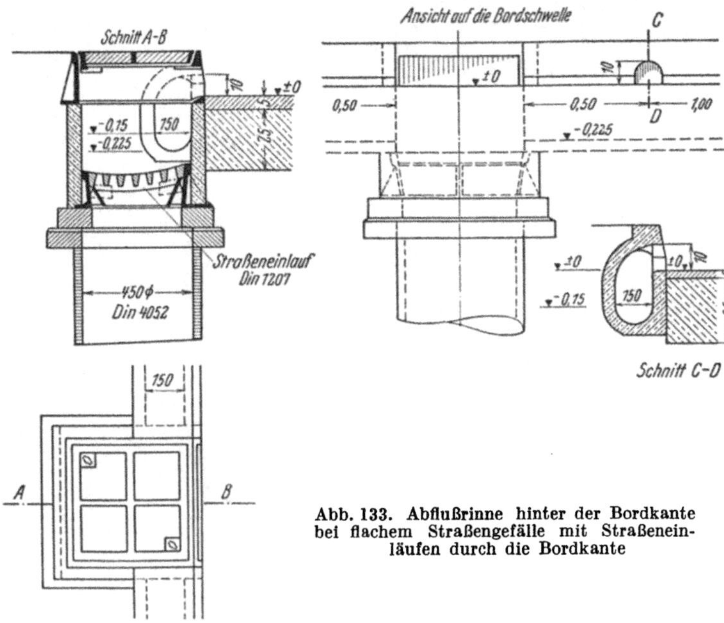

Abb. 133. Abflußrinne hinter der Bordkante bei flachem Straßengefälle mit Straßeneinläufen durch die Bordkante

an der Bordkante auf etwa $B/8$ (B = Fahrbahnbreite) in ein noch stärkeres Quergefälle gelegt. Diese Ausführung mag bei Steinschlagstraßen, die eine ausgepflasterte Rinne erhalten, oder bei Groß- und Kleinpflaster ohne größere Schwierigkeiten durchführbar sein. Dagegen bei Straßen, die gewalzt oder mit Straßenfertigern bearbeitet werden, bietet ein solch gebrochenes Quergefälle allerhand Erschwernisse. Bei einer ausgesprochenen Standspur wäre die starke Querneigung zwar unbedenklich, dagegen würde sie, wenn sie zur Fahrspur gehört, für Kraftfahrzeuge störend, wenn nicht sogar gefährlich sein. Straßeneinläufe nach dieser Art sind beim Neubau der Jahnstraße in Stuttgart angewendet worden. Bereitet die richtige Anlage der Quergefälle auch bei Straßen mit Längsgefälle keine Schwierigkeiten, so erfordert die Zusammenführung mehrerer Straßen eine sehr eingehende Durcharbeitung, besonders wenn sie in Gefällen liegen, weil bei der Einmündung Wannen oder Buckel auszurunden sind und die Durchdringungen der Fahrdämme zu geodätischen Formen führt, die besondere technische Maßnahmen und Vorkehrungen verlangen, um für Verkehr und Wasserabfluß günstige Formen zu schaffen. Die einzige Möglichkeit, zwanglos eine Nebenstraße in eine andere, die im Gefälle liegt, einzuführen, besteht darin, den satteldachförmigen Querschnitt der eingeführten Straße in einen einseitigen pultdachförmigen umzuändern, der im gleichen Sinne fällt, wie das Längs-

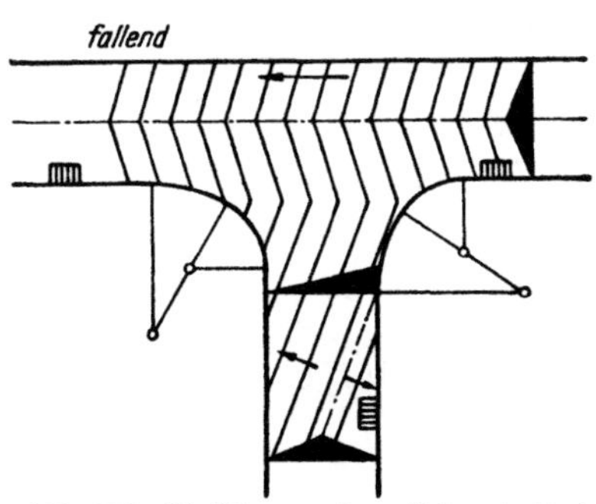

Abb. 134. Einführung einer Nebenstraße in eine Hauptstraße, die im Gefälle liegt, die Fahrbahnkrone wird abgeknickt

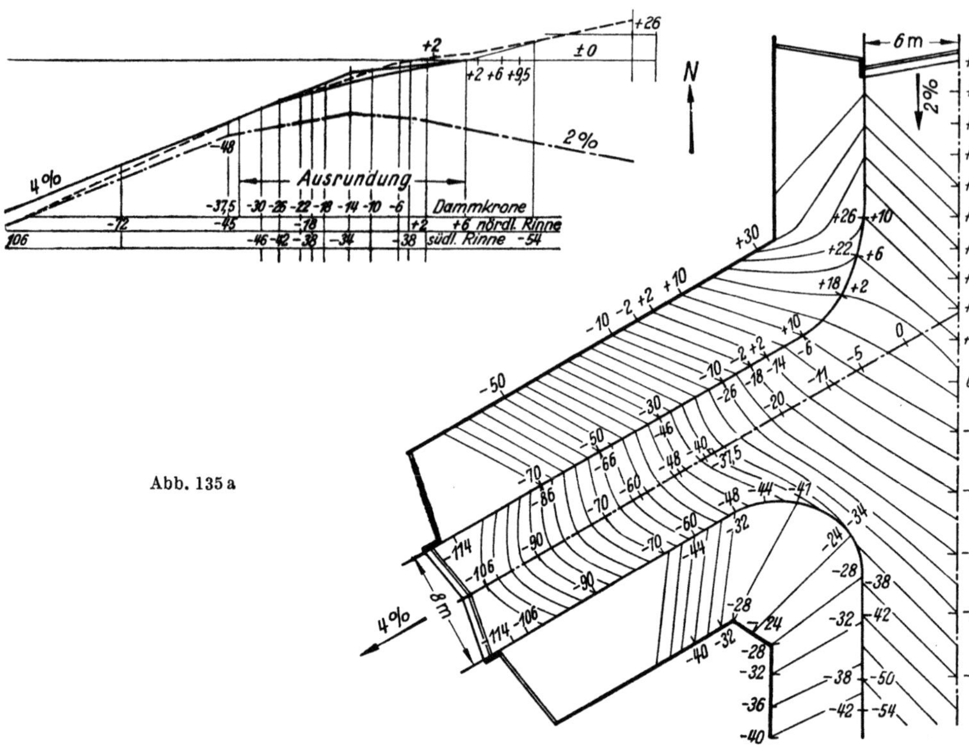

Abb. 135 a

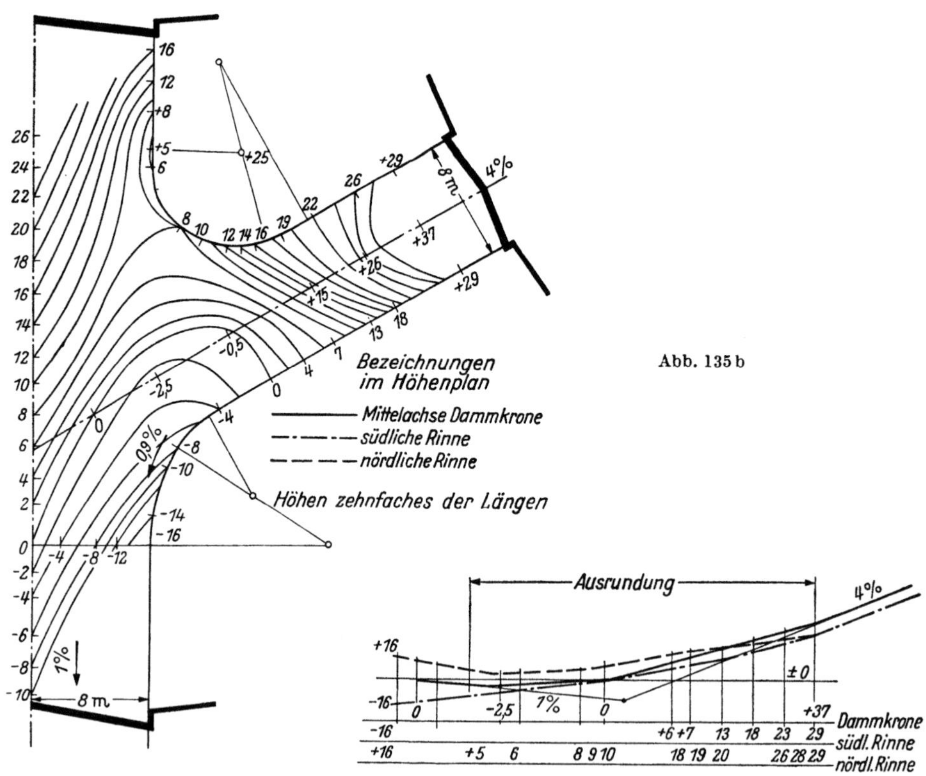

Abb. 135 b

Abb. 135 a und 135 b. Gestaltung des Fahrbahn- und Rinnengefälles bei der Verbindung zweier parallellaufenden Hauptstraßen, die in verschiedener Höhe liegen, durch eine Nebenstraße mit Gefälle (4%) mit Ausrundung der Wannen und Kuppen

gefälle der Hauptstraße, indem die Dammkrone der einmündenden Straße aus der Fahrbahnmitte nach der Richtung abgebogen wird, in der die andere steigt (Abb. 134). Diese Fälle seien an zwei Beispielen erläutert. Zwei Verkehrsstraßen in verschiedener Höhe werden von einer Straße, die in die untere unter 60°, in die obere unter 70° einmündet, verbunden, die untere hat 1%, die obere 2% Gefälle. Die Beispiele Abb. 135a und 135b sind gekennzeichnet für die Erschließung von Hängen, auf denen die Hauptstraßen in Richtung Höhenschichtenlinien laufen und durch Straßen miteinander verbunden werden, die im spitzen Winkel geführt werden müssen, damit ihre Steigung in den Grenzen bleibt. Die Ausrundung ist in Abb. 135b als Wanne, in Abb. 135a als Kuppe nach den Richtlinien im Abschnitt 2.223 gestaltet. Der Ausrundungshalbmesser ist zu $H_v = 500$ m angenommen. Da im Bebauungsplan nur die Straßenhöhen in der Straßenachse gegeben werden, muß das Längsgefälle der Verbindungsstraße mit Rücksicht auf die Ausrundung oben und unten berechnet werden (Abb. 136). Hierbei wird angenommen, daß die Achse der Verbindungsstraße die Fahrbahnen der beiden Parallelstraßen auf $B/4$ (B = Fahrdammbreite) durchdringt, und daß die Tangentenberührpunkte der Ausrundungshalbmesser im Schnittpunkt der

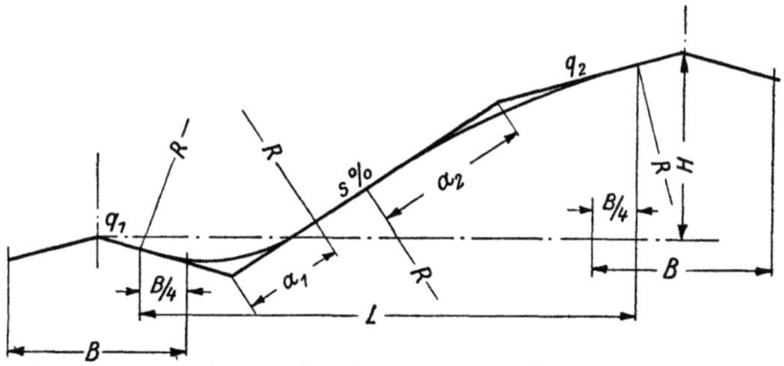

Abb. 136. Ermittlung des Gefälles der Nebenstraße zwischen zwei Hauptstraßen mit der Ausrundung der Wannen und Kuppen

Achse mit den Fahrbahnen liegen. Wenn H der Höhenunterschied zwischen den Tangentenberührpunkten oben und unten ist und L die Entfernung beider Punkte in der Projektion, R der Ausrundungshalbmesser und q die Schrägneigung der Fahrbahnen oben und unten in der Achse der Nebenstraße, dann wird die Steigung der Verbindungsstraße

$$s = \frac{1}{2H_v} \cdot \left(L \pm \sqrt{L^2 - 4H_v \cdot \left[H + q\left(H_v q + \frac{B_1}{4} - \frac{B_2}{4}\right)\right]}\right). \qquad (63)$$

Für $B_1 = B_2$ $\qquad s = \frac{1}{2H_v}\left(L \pm \sqrt{L^2 - 4H_vH - 4H_v^2q^2}\right).$

Bei der Durchbildung solcher Straßenzusammenführungen entstehen verwundene Flächen, deren Form am besten dadurch veranschaulicht wird, daß in die Fahrdämme Höhenschichtenlinien von 2 oder 5 cm Abstand eingezeichnet werden, an deren Lage zueinander erkannt werden kann, ob das Gefälle ausreichend, zu stark oder zu flach ist, ob unerwünschte Buckel oder Wassersäcke entstanden sind, die durch Veränderungen der Gefälle beseitigt werden müssen, und wie durch Formung an den Höhenschichtenlinien Härten, d. h. zu starke Verwindungen in der Gefällslage bereinigt werden können. Um die Gefälle leicht ablesen zu können, bedient man sich eines Gefällmessers, der im Maßstabe der Zeichnung hergestellt ist (Abb. 137).

Die Fahrdammausläufe der Verbindungsstraße werden die Fahrdämme der Hauptstraße durchdringen und dadurch am Fuß ein Grat und am Kopf eine Senke entstehen. Diese wird sich besonders unangenehm nicht nur für den Verkehr, sondern auch für den Anblick bemerkbar machen. Um daher den Übergang aus dem Quergefälle des oberen Fahrdammes in das Längsgefälle der Verbindungsstraße möglichst auszugleichen, muß jenes recht flach gestaltet werden und der Tangentenberührungspunkt der Kuppenausrundung hinter die Flucht der Bordkante gelegt werden.

Wenn das Längsgefälle der Verbindungsstraße zu unvermittelt an das Quergefälle der Hauptstraße anschließt, hat das auch ungünstige Rückwirkungen auf die Gefälle der Gehbahnen, die dem Längsgefälle folgend schon vor der Flucht der Baufronten sich senken und damit für den längsgerichteten Verkehr gefährlich werden. Denn ein kritischer Punkt an solchen Straßeneinmündungen ist die Gehbahnfläche unmittelbar an der Ecke des Baublocks, von deren Höhenlage das Quergefälle der Gehbahn nach der Hauptstraße und nach der Nebenstraße abhängt; das gilt besonders für die Abb. 135 a bei fallender Nebenstraße. Ein Ausgleich kann hier nur in der Weise erfolgen, daß größere Unterschiede in den Auftrittshöhen der Bordkante angewendet werden: Geringe Auftrittshöhe (8 cm) und flaches Quergefälle auf der einen Seite und großer Auftritt (20 cm) am Straßeneinlauf in der anderen Richtung bewirken, daß das Gefälle des Gehweges nicht über 3,5% hinausgeht.

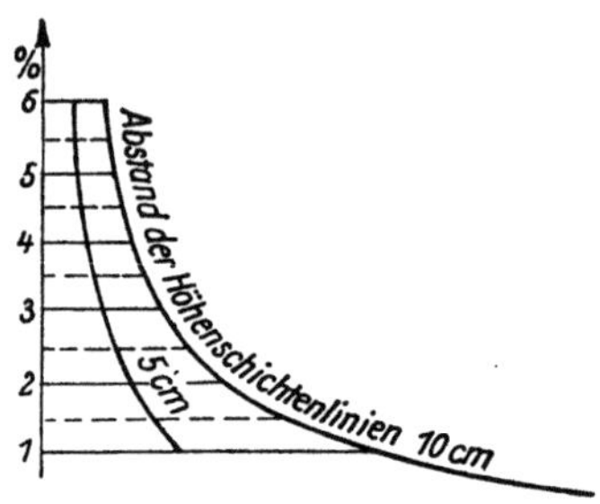

Abb. 137. Gefällmesser im Maßstab der Zeichnung, der Abstand der Höhenschichtenlinien parallel zur Abszissenachse eingetragen gestattet an der Ordinatenachse das Quergefälle abzulesen

2.383 Ausrundung der Bordsteinecken durch Übergangsbögen

Wenn die Wagen ihre rechte Fahrspur auf der Fahrbahn einhalten sollen, damit die Fahrbahnbreite gut ausgenutzt und der Verkehr flüssig gehalten wird, müssen Vorkehrungen getroffen werden, daß an den Einmündungen und Kreuzungen von Straßen die Wagen beim Übergang von der Ausfahrt- in die Einfahrtstraße einschwenken können, ohne vorher nach links ausholen zu müssen, d. h. es muß ein so abgerundeter Bordstein an der Ecke vorhanden sein, daß diese Bewegung zwangslos vor sich gehen kann. Angenommen sei, daß die rechten Räder etwa einen Abstand von 15 cm von dem Bordstein der Ausfahrtstraße halten, und daß andererseits vermieden werden soll, daß beim Einschwenken in die Einfahrtstraße die vordere linke äußerste Ecke des Wagens — Kotflügel — über die Fahrbahnmitte hinausragt. Dieser Anforderung würde ungefähr eine Ausrundung der Bordkante an der Ecke genügen, wenn ihr Halbmesser von dem Wendekreishalbmesser des längsten Kraftfahrzeuges ausgeht, das auf den Straßen verkehrt, z. B. ein Omnibus oder ein Lastzug.

So große Ausrundungen sind aber nicht erwünscht, weil dann die Fußgänger an den Übergängen lange Fahrbahnstreifen zu überqueren haben, auf denen sie gefährdet sind, und weil eine Beschränkung der Gehwegfläche an der Ecke den Nachteil hat, daß es an Platz fehlt, um die dort notwendigen Schächte der Versorgungsanlagen unterzubringen. Der geringste Halbmesser wird beim Einbiegen nach rechts gefahren, für das Einbiegen nach links steht bei zweispurigen Fahrbahnen, wie jetzt die Regel ist, Raum für einen größeren Halbmesser zur Verfügung. Wird mit einem Kreisbogen die Ecke ausgerundet, so kann theoretisch betrachtet der Kurvenlauf des Wagens erst beginnen, wenn die Hinterachse am Kreisbogenanfang steht, damit sie ihre Schleppkurve fahren kann (Abb. 138). Die Spitze eines Wagens mit großem Achsstand, Sattelkraftfahrzeuges oder Lastzuges würde deshalb weit in die Fahrbahn der Einfahrtstraße hineinragen und sie versperren, auch weil der Fahrer selbst bei geringer Fahrgeschwindigkeit nicht in der Lage ist, plötzlich den größten Lenkeinschlag auszuführen.

Um dies zu vermeiden, muß der Fahrer die Vorderräder schon einschlagen können, bevor die Hinterachse am Kreisbogenanfang ist. Da aber nach der Abb. 71 (S. 102) die Hinterräder nicht mit den Vorderrädern spuren, sondern eine Schleppkurve fahren, muß der Lenkgeometrie entsprechend an der Ausfahrtstraße vor dem Kreisbogenanfang ein Übergangsbogen angelegt werden. Dann kann der eigentliche Ausrundungskreis einen kleineren Halbmesser (R) erhalten.

Ein Übergangsbogen als Vorbogen mit $2R$ erfüllt diese Bedingung, wie an einem Beispiel (Abb. 138) nachgewiesen werden kann.

Gewählt ist ein Omnibus mit einem Achsstand von 4,8 m. Ein solcher Unterbau wird auch für Lastkraftwagen und für die Feuerwehrfahrzeuge benutzt. Bei einem vollen Kreislauf mit dem kleinsten Halbmesser — Einschlagwinkel etwa 40° — beansprucht die Spurabweichung $3{,}8 - 2{,}1 = 1{,}7$ m nach innen. Wird ein Übergangsbogen in der Form angelegt, daß der Kurvenlauf der Hinterräder beginnen kann, wenn die Mitte des Achsstandes am Kreisbogenanfang steht, kann man für diesen Fall die Tangentenabrückung ΔR berechnen. Nach Seite 123 ist die halbe Vorbogenlänge

$$a = \sqrt{2R\,\Delta R - \Delta R^2}$$

Hieraus ergibt sich

$$\Delta R = R - \sqrt{R^2 - a^2}\,.$$

a möge gleich der Hälfte des Achsstandes des Omnibus sein, also $a = 4{,}8/2 = 2{,}4$ m. Für diesen Fall wird mit $R = 6$ m $\Delta R = 0{,}5$ m.

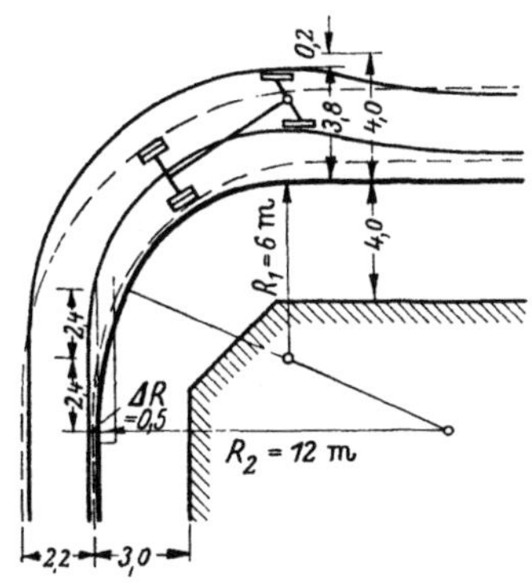

Abb. 138. Ausrundung der Ecke mit einem Übergangsbogen $2R$ nach Fahrspuren

Die Richtigkeit und Zweckmäßigkeit dieser Form des Übergangsbogens sind dadurch bestätigt, daß, wie aus Abb. 138 zu entnehmen, die Spur des rechten Hinterrades (Schleppkurve) sich an die Ausrundung des Bordsteines anschmiegt und sich dabei genau mit der Fahrspur deckt, die SCHWANTER durch praktische Fahrversuche bei 15 km/h ermittelt hat [*89*].

ΔR für Ausrundungsbögen mit den Halbmessern 5 m, 6 m und 7 m sind aus der Tabelle 20 zu entnehmen.

Tabelle 20

R m	ΔR m
5	0,61
6	0,50
7	0,42

Bei den hier angenommenen kleinen Kreisbögen ragt die vordere linke Fahrzeugecke in der Einfahrtstraße etwas über die Verkehrsspur hinaus. Die Vorderräder fahren eine S-Kurve. Aus dem Verlauf der Kurven der Abb. 138 kann man entnehmen, wie breit die Fahrbahn der Einfahrtstraße sein muß, wenn die Mitte der Fahrbahn nicht überschritten werden soll. In dem vorliegenden Falle müßte die Fahrbahn 8 m breit gemacht werden.

In den RAST [*58*] wird vorgeschlagen, die Ausrundung an Straßenecken und Kreuzungen mit Korbbögen vorzunehmen, die aus drei Halbmessern unsymmetrisch zusammengesetzt sind im Verhältnis 8 : 5 : 3 auf je 30° Zentriwinkel. Der große Halbmesser ist der des Vorbogenbeginnes. Die sich daraus ergebenden Ausrundungen weichen nur unbedeutend von der hier vorgeschlagenen Form ab. Da die Ausführung umständlich ist, ist es wohl zu erklären, wenn sie wenig angewendet wird. Besser erscheint beiderseitige Anordnung von je 1 Vorbogen.

2.384 Fahrspurkunde

Schon auf der S. 102 ist darauf hingewiesen, daß bei Einfahrten zu Parkplätzen, Garagen, Höfen, Waagen und Vorfahrten bei Gebäuden es sich empfiehlt, vorher die Fahrspuren der Fahrzeuge festzustellen, die voraussichtlich dort verkehren werden und danach die Fahrspuren zu gestalten. Ist die Aufgabe gestellt, vorhandene Plätze, Kreuzungen und andere Verkehrsflächen den Verkehrsvorgängen entsprechend aufzuteilen, verschafft man sich vorher ein Bild über die vorherrschenden Fahrspuren, in dem man einen Schneefall abwartet und die Spuren aufmißt. Man kann das Gleiche auch erreichen, wenn man die Zufahrtstraßen annäßt, weil dann die Räder auf den Fahrflächen des trockenen Platzes Fahrspuren hinterlassen. Auch die Verkehrsdichte einzelner Richtungen kann an ihnen abgeschätzt werden. Auch die Tropfölspuren lassen die Hauptverkehrsrichtungen erkennen, z. B. wie in Krümmungen die Übergangsbögen gefahren werden. Die Fahrspurkunde gibt daher wertvolle Fingerzeige für die Gestaltung vor allem der Knotenpunkte. Sie ist unbedingt notwendig, wenn an Knotenpunkten die verschiedenen Verkehrsrichtungen kanalisiert werden sollen, damit jede in die ihr vorgeschriebene Bahn zwangsläufig geführt wird [*60*].

2.385 Straßenkreuzungen

Ganz besondere Aufgaben stellt die Durchbildung von Straßenkreuzungen, vornehmlich, wenn auch hier die Straßen im Gefälle liegen und außerdem noch mit Straßenbahngleisen versehen sind, auf die Rücksicht zu nehmen ist, weil sie möglichst gestreckt durchgeführt werden müssen und nur flache Quergefälle zulassen. Ein Teil der Gestaltungsaufgabe, die hier vorliegt, ist schon auf S. 156 vorweggenommen. An dieser Stelle soll nur im einzelnen erläutert werden, auf welche Besonderheiten in der Ausbildung der Gefälle dabei zu achten ist, z. B. wie auch vermittels der Höhenschichtenlinien von 5 zu 5 cm die richtige Anordnung der Gefällsverhältnisse und der Entwässerung der Fahrbahnflächen nach geprüft werden kann (Abb. 139). Die richtige Lage der Regeneinfallschächte ist hierbei leicht zu finden. Da das Wasser senkrecht zu den Höhenschichtlinien abfließt, ist ohne weiteres zu erkennen, wohin es in größeren Massen zusammenfließt, wo also Schächte unbedingt eingebaut werden müssen. Bei der Ausarbeitung solcher Pläne ist vor allem auch darauf zu sehen, daß die Bauausführung möglich ist und alle notwendigen Maße und Höhen hierfür gegeben werden. Für solche Fälle muß die Entwurfsbearbeitung so gründlich wie nur irgend möglich sein, damit die Gefälle aller Flächen, die befahren oder begangen werden, derart sind, daß die notwendigen Quergefälle nicht unter-, aber auch nicht überschritten werden, eindeutig festliegen und aus der Zeichnung entnommen werden können.

2.386 Gefälle der Gehbahnen

Wenn schon angebaute Straßen, bei denen die Eingänge zu den Häusern und Geschäften, Toreinfahrten festliegen, umgebaut werden müssen, bereitet die Anpassung der Gefälle der Gehwege und Fahrbahnen an die schon vorhandenen, nur schwer zu ändernden Höhen besondere Schwierigkeiten. In solchem Falle muß von der Höhenlage an der Baufront ausgegangen und nunmehr durch Wahl geeigneter Gehweggefälle und Wechsel der Auftrittshöhen an den Bordkanten versucht werden, bei der gegebenen Höhenlage der Dammkronen, die meist bei solchen Regulierungsarbeiten höher gelegt werden, weil die Straßenlängsgefälle abgeflacht oder bei Neubau von Brücken die Rampen erhöht werden, Gefälle für die Fahrbahnen herauszuholen, die nicht zu steil sind. Bei tiefer Lage der Baufronten im Vergleich zu den Dammhöhen können Einschüttungen und Lichtschächte bisweilen vermieden werden, wenn der Gehweg zur Baufront entwässert und eine Kniffrinne erhält und die Fahrbahn ein einseitiges Quergefälle. Solche Kniffrinnen sind reiner Notbehelf, sie verlangen einen besonderen Entwässerungsschacht. Trotzdem sind sie der Anlaß für Unfälle besonders bei Glatteis und daher nur ausnahmsweise zugelassen. Im Beispiel (Abb. 139) hat die südliche Bau-

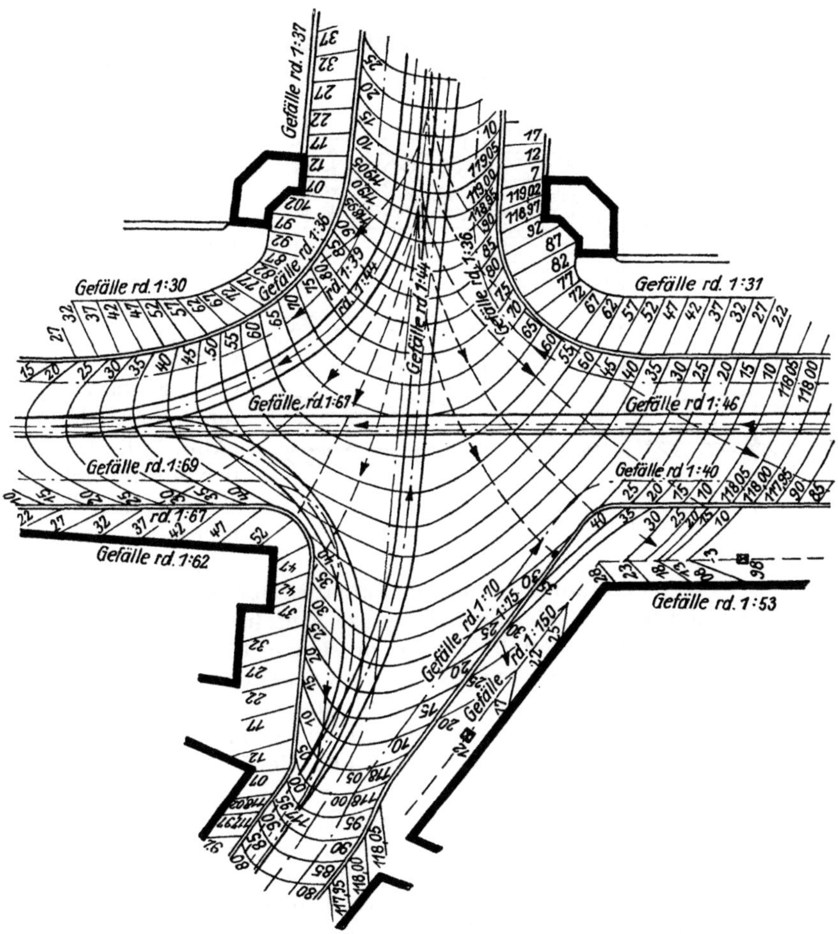

Abb. 139. Gestaltung der Fahr- und Gehbahngefälle einer Straßenkreuzung an einer Brückenrampe mit Straßenbahn

blockecke eine tiefe Lage, deren Einschüttung nur dadurch vermieden ist, daß die Fahrbahn der Ost-West-Straße ein einseitiges Gefälle nach S erhalten hat und der Gehweg vor der tiefliegenden Ecke mit einer Kniffrinne versehen worden ist.

Die Sicherheit des Verkehrs der Fußgänger wird in zwei Richtungen hin zu betrachten sein, einmal für den, der in gerader Richtung die Verbindungsstrecke kreuzt und für den, der in diese einschwenkt. Es wird anzustreben sein, daß in beiden Fällen die Schräggefälle der Gehbahnen möglichst in keinem zu großen Winkel zu jeder der beiden Gehrichtungen verlaufen. Denn bei schlüpfriger oder glatter Oberfläche bilden solche Schräggefälle Rutschflächen, weil dem Fußgänger die nötige Seitenabstützung fehlt; das gilt besonders für den einschwenkenden Fußgänger, der seine Gehgeschwindigkeit abbremst und beim Umschwenken einer Abstützung am Boden gegen die Fliehkraft bedarf. Es besteht die Gefahr, daß der Kraftschlußbeiwert zur Aufnahme solcher Seitenkraft nicht ausreicht, weil er schon in der Gehrichtung voll verbraucht ist.

Gefahrstellen dieser Art entstehen auch bei Einfahrten zu Grundstücken oder Garagen, die über die Gehwege hinweggeführt werden. Bei ihnen läuft die Bordkante durch, die Fahrzeuge müssen über sie hinwegfahren. Der übliche Auftritt an der Bordkante von 12⋯20 cm ist für die Überfahrt zu hoch, sie muß gesenkt, ebenso das Gefälle des Gehweges und die Befestigung den hohen Radlasten angepaßt werden. Bei einer Auftrittshöhe von 6 cm wird das Auffahren, selbst wenn die Bordkante abgerundet ist, unter spitzem Winkel nicht möglich sein. Der Wagen muß eine Richtung haben, die nicht unter 90° betragen darf, schon mit Rücksicht auf die Schleppkurve der Hinterachse (s. S. 102). Solche Einfahrt verlangt sehr breite Fahrbahnen (Abb. 140). Die Senkung der Bordschwelle hat eine Verstärkung des Quergefälles des Gehweges zur Folge. Der Übergang vom üblichen Gehwegquergefälle zu dem der Einfahrtspur muß entweder sehr allmählich vollzogen werden oder aber die ganze Einfahrt wird gesenkt, so daß in der Gehbahn eine Mulde entsteht, für die mit einem Gefälle von höchstens 5% der Übergang zur üblichen Gehweghöhenlage vermittelt wird. Eine Ausbildung nach Abb. 140 wird am ehesten allen Anforderungen gerecht, unter der Voraussetzung, daß die Toreinfahrt von vornherein tief genug gelegt worden ist, ein Fall, der nur eintreten wird, wenn Straße und Gebäude gleichzeitig angelegt werden [*90*].

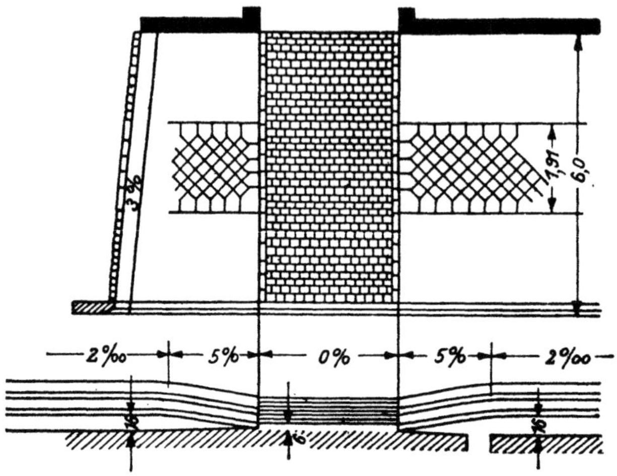

Abb. 140. Gestaltung einer Gehbahn mit Hauseinfahrt im Grundriß und Aufriß

Bei Einfahrten zu Garagen, die mit ihrer Rampe nach dem Gebäude fallen, soweit sie im Vorgarten liegt (Kellerrampe), darf eine Senkung der Gehbahn nach der Vorgartenflucht, um die Auffahrtsrampe flacher zu gestalten, in keinem Fall zugelassen werden. Eine solche Forderung würde den Anforderungen der Sicherheit auf den öffentlichen Verkehrsflächen widersprechen und nach § 15 der Reichsgaragen-Ordnung abzulehnen sein.

2.387 Plätze

Ganz neue Aufgaben stellen im Städtebau die großflächigen Plätze hinsichtlich Pflasterung und Entwässerung, z. B. auch als Parkplätze. An dieser Stelle sollen nur die Gefällverhältnisse zum Abführen des Niederschlagwassers behandelt werden, das mit den Abmessungen des Platzes stark anwächst und dessen Bewältigung in Verbindung mit einer ästhetisch befriedigenden Ausbildung der Platzfläche nicht ganz leicht ist. Zwei Möglichkeiten bestehen, entweder den Platzmittelpunkt hochzulegen, damit das Wasser von der Mitte nach den Seiten abläuft, weil dort die Straßeneinläufe und die Entwässerungsleitungen liegen, oder umgekehrt die Platzmitte tiefzulegen und das Niederschlagswasser dorthin zu führen. Die erste Form wäre für die Entwässerung die einfachste, wird aber wegen der Verunstaltung des Platzbildes bei großen

Flächen abgelehnt. Denn es gilt als anerkannter Grundsatz, daß der Platz in der Mitte tief liegen muß, weil diese Form ihn größer macht, die Bildwirkung der Platzwände für den Beschauer erhöht und die Übersicht verbessert. Dann muß

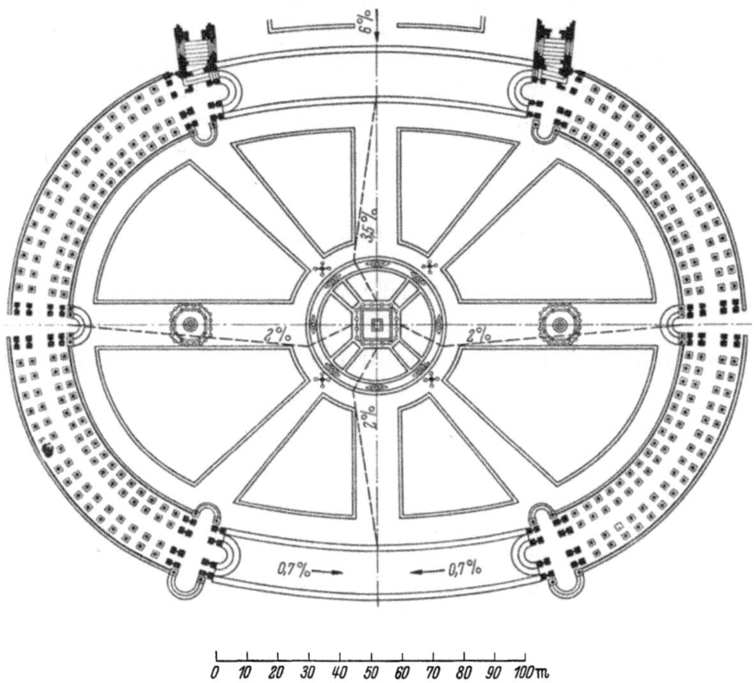

Abb. 141. Grundriß des Platzes vor dem Dom von St. Peter mit der Säulenhalle von Bernini. Die Platzfläche fällt mit 2% und 3,5% nach einer Rinne dort, wo die Kandelaber stehen, in deren Sockel die Einlaufschächte für das Regenwasser angelegt sind

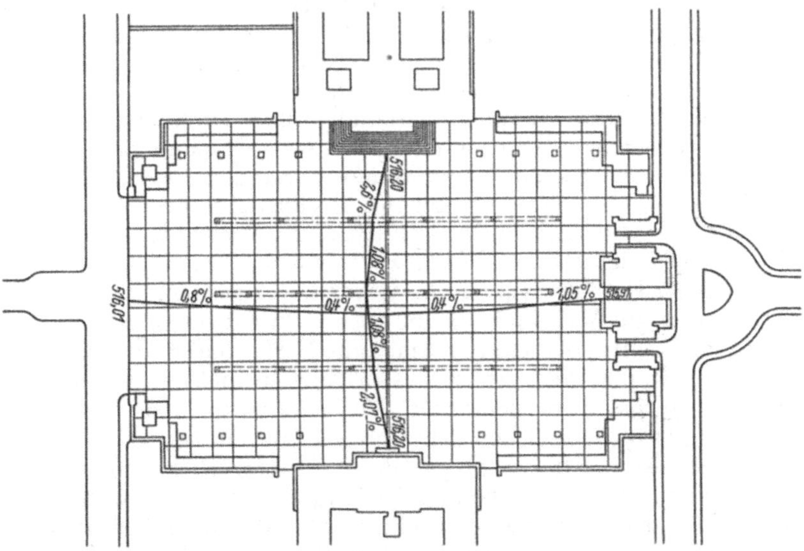

Abb. 142. Der königliche Platz in München, der mit Granitplatten ausgelegt ist, mit Angabe der Rinnengefälle und Entwässerungsschächte

der Platz aber in der Mitte einen Blickpunkt haben, z. B. einen Brunnen oder ein Denkmal, wie das Mittelalter, die Renaissance, das Barock ihre Plätze ausgebildet haben. Daß bei Plätzen mit großen Abmessungen die Gefälle für die

Entwässerung sorgfältig behandelt werden müssen, beweist der Platz vor der Peterskirche in Rom (Abb. 141). Wenn die Platzmitten bei Versammlungsplätzen freibleiben müssen, kann die Entwässerung nur so gelöst werden, soweit der Platz nicht ein starkes Quergefälle oder Längsgefälle hat und dadurch das Wasser in einer Richtung abgeführt werden kann, daß er in der Längsrichtung in mehrere gleichlaufende Rinnen und Rücken aufgeteilt wird, wobei die Rinnen zur Schaffung von Tiefpunkten mit Einfallschächten noch gebrochen werden. Diese Form ist bei großen Plätzen angewendet worden, z. B. in München, Königlicher Platz (Abb. 142), Lustgarten Berlin [*91*].

2.4 Die Fahrdynamik als Hilfsmittel der Trassierung

Von Dipl.-Ing. **W. Reichelt**
Bonn

2.41 Aufgabe und Grundlagen der fahrdynamischen Untersuchungsverfahren

Im Abschnitt 2 auf S. 65 ist schon darauf hingewiesen, daß in der Regel das Gelände im Planungsbereich einer Straße mehrere Möglichkeiten für die Ausbildung einer Linie bietet. Selten wird diese durch Zwangspunkte derart eingeengt sein, daß alle Überlegungen für verschiedene Linienführungen ausscheiden. Es handelt sich dann darum, welche Linie als die technisch und wirtschaftlich vorteilhafteste vorgeschlagen und in den Einzelheiten baureif durchgearbeitet werden soll. Der Vergleich der für jede Linie aufgestellten Lage- und Höhenpläne genügt aber nicht. Die Linie mit der größten Scheitelhöhe oder mit der stärksten Steigung muß keineswegs die ungünstigste sein. Auch ein Vergleich der Baukosten kann zu Irrtümern führen, weil die im Bau billigste Linie volkswirtschaftlich durchaus nicht immer die günstigste ist. Die Beförderungskosten für eine geschätzte Verkehrsmenge können auf dieser Linie wesentlich höher sein. Es ist daher eine betriebswirtschaftliche Untersuchung vorzunehmen, auf welcher der Wahllinien die Beförderungskosten am geringsten sind. Mit Vermutungen sollte man sich nicht begnügen. Erst Zahlenwerte geben eine zuverlässige Unterlage für einen Vergleich (s. S. 189).

Wären die Wahllinien wirklich vorhanden und befahrbar, so könnte man auf ihnen Versuchsfahrten machen und erhielte als Ergebnis für jede Linie eine Darstellung des beobachteten Fahrtverlaufes durch gemessene Zahlenwerte der Geschwindigkeiten, der Fahrzeit und des Brennstoffverbrauches. Das gleiche läßt sich mit den Hilfsmitteln der Fahrdynamik erreichen, wenn von der geplanten Strecke lediglich der Vorentwurf mit den wichtigsten Gradientenangaben vorliegt. Die fahrdynamische Gradientenuntersuchung ist im Grunde nichts anderes als eine Meßfahrt über die noch nicht gebaute Strecke.

Die Grundgedanken der Fahrdynamik, die Verfahren für die Ermittlung der Geschwindigkeiten und des Verbrauches an Fahrzeit und Brennstoff sowie deren Anwendung bei den verschiedensten Verkehrswegen und Fahrzeugen hat Wilhelm Müller in zahlreichen Schriften ausführlich behandelt [*45*, *92*, *93*]. Besondere Bedeutung hat das Δt-Verfahren. Es ermöglicht eine anschauliche, der Wirklichkeit gut entsprechende Ermittlung des Fahrtablaufes mit allen Einzelheiten, ist leicht zu erlernen und mit den gewohnten Arbeitsmitteln des Planungsingenieurs durchzuführen. Im Abschnitt 2.42 wird es näher beschrieben. W. Müller hat es in seinem Buch „Erdbau ...“ [*93*] auf den Seiten *148* bis *180* in einer für die Anwendung bei der Straßenplanung besonders geeigneten Form dargestellt.

Das Fahrzeug, dessen Geschwindigkeiten und Verbrauchswerte bei der fahrdynamischen Streckenuntersuchung zu ermitteln sind, muß sorgfältig ausgewählt werden; denn es soll ja bei der Bewertung der Linien ähnliche Dienste leisten wie etwa ein Maßstab beim Prüfen von Streckenlängen. Vor allem soll es bereits auf geringe Steigungen und auf Steigungsunterschiede deutlich ansprechen. Besonders geeignet ist der schwere, voll beladene Lastzug, wenn seine Tonnenleistung (maximale Motorleistung/Gesamtgewicht) etwa 4,5 bis 6 PS/t beträgt (StVZO § 35) und sein Motorwagen mit einem hinreichend fein abgestuften Schaltgetriebe ausgerüstet ist. Bei starkem Verkehr ist der schwere Lastzug oft die einzige Fahrzeugart, deren Fahrtablauf von den übrigen Verkehrsteilnehmern nicht behindert wird, sondern sich nach dem Gradientenverlauf richtet. Wirtschaftlich fallen Fahrzeitverluste und erhöhter Brennstoffverbrauch beim schweren Lastverkehr stärker ins Gewicht als bei den anderen Verkehrsarten.

Leichtere und schnellere Fahrzeuge — beispielsweise ein Personenkraftwagen, Omnibus oder leichterer Lastkraftwagen — werden zur vergleichenden fahrdynamischen Gradientenuntersuchung nur heranzuziehen sein, wenn es besondere Umstände erfordern und wenn zu erwarten ist, daß die Entwurfsstrecke unter einem sehr starken, nach Ausmaß und Fahrzeugmischung hinreichend bekannten Verkehr liegen wird. Die Ergebnisse aus der Streckenuntersuchung für die kennzeichnenden Einzelfahrzeuge können dann als Grundlagen einer vollständigen Verkehrsuntersuchung zur Ermittlung der *Leistungsfähigkeit* verwendet werden, bei der auch berücksichtigt wird, wie die langsameren Fahrzeuge den Fahrtablauf der schnelleren behindern. Solche umfassenden Verkehrsuntersuchungen sind bei der Planung städtischer Straßen häufiger nötig als bei Fernstraßen.

2.411 Fahrkraft und Streckenkraft

2.411.1 Gleichförmige und ungleichförmige Fahrt

Das Fahrzeug bringt an den treibenden Rädern die Fahrkraft P_z [kg] auf. Positive Werte von P_z werden als Zugkräfte, negative als Bremskräfte bezeichnet. Den Zugkräften wirken die Widerstände W [kg] entgegen. W_l ist der Luftwiderstand (vgl. Abschnitt 1.36), W_0 der Rollwiderstand und W_s der Steigungswiderstand (vgl. Abschnitt 1.35). W_s kann das Vorzeichen wechseln. Bei negativen Zahlenwerten wirkt diese Kraft antreibend auf das Fahrzeug ein und wird Gefällkraft genannt.

Für die Bewegung des Fahrzeuges ist die dynamische Grundgleichung

$$P_z - W_l - W_0 - W_s \,[\text{kg}] = P = Mb \tag{64}$$

maßgebend. $b = dv/dt$ [m/sek²] ist die Beschleunigung, die der Fahrzeugmasse M durch die Resultierende P aller auf das Fahrzeug einwirkenden Kräfte erteilt wird.

Die *gleichförmige* Fahrt mit konstanter Geschwindigkeit stellt sich ein, wenn P — und damit auch b — zu Null wird. Die Zugkraft des Fahrzeugs muß dann der Summe der Widerstände gleich sein. Beim bremsenden Fahrzeug ist eine Gefällkraft erforderlich, die den Luftwiderstand, den Rollwiderstand und die Bremskraft ausgleicht.

Der Fahrzustand wird *ungleichförmig*, sobald eine positive oder negative Restkraft P auf das Fahrzeug einwirkt. Es wird beschleunigt, wenn die Zugkraft größer als die Widerstände ist oder die Gefällkraft die Summe aller bremsenden Kräfte überwiegt. Ergibt sich eine negative Resultierende P und damit ein negativer Wert für b, weil beispielsweise die Widerstände insgesamt größer als die verfügbare Zugkraft sind, so wird die Fahrt verzögert.

Die Fahrkräfte P_z und der Luftwiderstand W_l sind von der Geschwindigkeit $v = dl/dt$ abhängig. W_0 hängt teils von der Geschwindigkeit, teils von der

Beschaffenheit der Fahrbahndecke ab, wird aber in der Regel mit konstanten Zahlenwerten angesetzt. W_s ist eine Funktion der Streckenlänge l. Wie diese Kräfte zweckmäßig darzustellen sind, wird in den beiden nächsten Abschnitten näher erläutert.

Die Grundgleichung ist eine Differentialgleichung 2. Ordnung; denn es ist $b = d^2l/dt^2$. Ihre Integration liefert die gesuchten Zahlenwerte der Fahrzeit und der Geschwindigkeiten. Mit Hilfe des Δt-Verfahrens läßt sie sich schrittweise auf graphischem Wege integrieren. Dabei werden die Differentiale durch endliche Differenzen ersetzt, dt beispielsweise durch den kleinen, endlichen Zeitschritt Δt.

2.411.2 Die Streckenkraftlinie

Nach Abb. 143 ist der Steigungswiderstand

$$W_s = 1000\ G \cdot \sin\alpha \quad [\text{kg}], \tag{65}$$

wenn das Fahrzeuggesamtgewicht G in Tonnen eingesetzt wird. Der Steigungswinkel α ist fast immer so klein, daß Gl. (65) auch in der Form

$$W_s = 1000\,G \cdot \operatorname{tg}\alpha = 10\,G \cdot s$$

mit hinreichender Genauigkeit gilt. s [%] ist die Steigung.

Im Δt-Verfahren werden nicht die absoluten, sondern die auf 1 t des Fahrzeuggewichtes G wirkenden Kräfte verwendet. Den reduzierten Steigungswiderstand

$$w_s = \frac{W_s}{G} = 10s \qquad [\text{kg/t}] \tag{66}$$

nennt man *Streckenkraft*. Es entspricht demnach die Steigung $s = 1\%$ hinreichend genau der Streckenkraft $w_s = 10$ kg/t (Abschnitt 1.35).[1]

Aus diesem Zusammenhang ergibt sich eine sehr einfache Darstellung der Streckenkraft, die als *Streckenkraftlinie* bezeichnet wird. Man gewinnt sie im Höhenplan als Differentialkurve der Gradiente, indem man die Steigungen $s = 100\,dh/dl$ als Ordinaten im Maßstab 1 cm ≙ 1 %[2] über der Streckenlänge l aufträgt. An der Teilung der Ordinatenachse werden jedoch nicht die Steigungsprozente, sondern nach Gl. (66) die entsprechenden Werte der Streckenkraft in kg/t angegeben. Für die Abszissen l [km oder m] wähle man den Maßstab 1:10000.

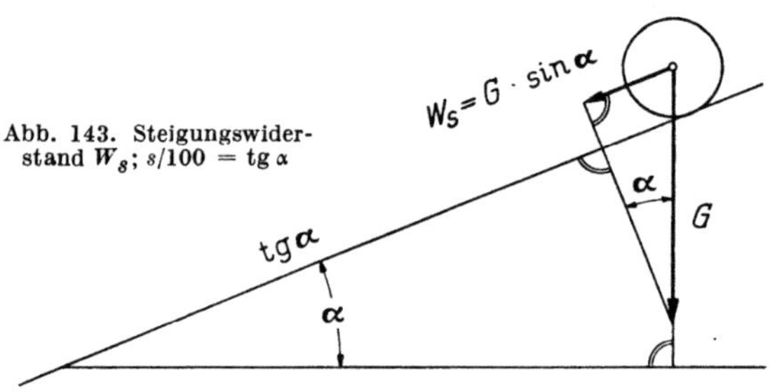

Abb. 143. Steigungswiderstand W_s; $s/100 = \operatorname{tg}\alpha$

In den Abschnitten konstanter Längsneigung s verläuft die Streckenkraftlinie zur Abszissenachse parallel. Es empfiehlt sich, diese Stücke der Linie zuerst aufzutragen (Abb. 144). Die Endpunkte benachbarter Teilstücke dürfen dann im Bereich des zwischengeschalteten kreisförmigen Ausrundungsbogens geradlinig verbunden werden. W. MÜLLER, der die Streckenkraftlinie eingeführt hat, weist a. O. [*93*] auf Seite *172* ausführlich nach, daß diese außerordentlich einfache Konstruktion durchaus zulässig ist. Die zur Ausrundung verwendeten Kreisbogenstücke sind in Wirklichkeit stets so flach, daß man sie sich durch Parabelbögen ersetzt denken kann, deren 1. Ableitung eine Gerade ist. Der An-

[1] Nach der Bezeichnungsart, die im Abschnitt 2.223 eingeführt worden ist, wäre hier zu setzen: $s/100 = 1/100$ entspricht $w_s = 10$ kg/t.

[2] Oder 1 cm ≙ 1/100, vgl. Fußnote 1.

stieg dieser Geraden gegen die Längsachse beträgt bei den empfohlenen Ordinaten- und Abszissenmaßstäben

$$\operatorname{tg} \gamma = \frac{10000}{H_v}. \tag{67}$$

Eine Wanne mit dem vertikalen Ausrundungsradius $H_v = 10000$ m erscheint demnach in der Streckenkraftlinie als Gerade, die mit der l-Achse den Winkel $\gamma = 45°$ einschließt. Bei Kuppen ist H_v mit negativem Vorzeichen einzusetzen.

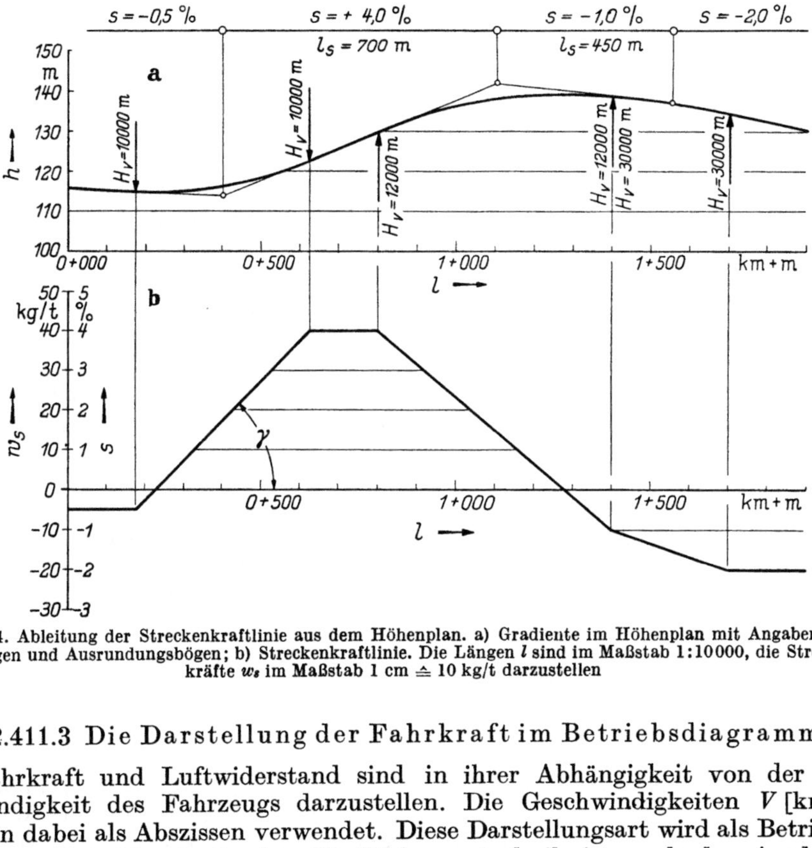

Abb. 144. Ableitung der Streckenkraftlinie aus dem Höhenplan. a) Gradiente im Höhenplan mit Angaben über Steigungen und Ausrundungsbögen; b) Streckenkraftlinie. Die Längen l sind im Maßstab 1:10000, die Streckenkräfte w_s im Maßstab 1 cm ≙ 10 kg/t darzustellen

2.411.3 Die Darstellung der Fahrkraft im Betriebsdiagramm

Fahrkraft und Luftwiderstand sind in ihrer Abhängigkeit von der Geschwindigkeit des Fahrzeugs darzustellen. Die Geschwindigkeiten V [km/h] werden dabei als Abszissen verwendet. Diese Darstellungsart wird als Betriebsdiagramm bezeichnet. In der Kraftfahrzeugtechnik ist auch der Ausdruck Fahrzustandsdiagramm gebräuchlich [*94*].

Vom Herstellerwerk des Kraftfahrzeuges, das der fahrdynamischen Streckenuntersuchung zugrunde gelegt werden soll, kann man für die Berechnung der Fahrkräfte und Geschwindigkeiten in der Regel folgende Unterlagen erhalten:

1. Kurven der Dauerleistung N [PS] oder des Drehmoments Md [mkg] für den treibenden und den im Gefälle angetriebenen (geschleppten) Motor, aufgetragen über der Drehzahl n [U/min];
2. Angaben über die Untersetzungen u_1 im Schaltgetriebe und über die Hinterachsuntersetzung u_2 (u_1 wird häufig mit i, u_2 mit J bezeichnet);
3. Angaben über die Reifengröße der Triebräder und den beim Fahren wirksamen (dynamischen) Reifendurchmesser D_{dyn} [m];
4. Eigengewicht des Fahrzeugs und zulässiges Gesamtgewicht oder Lastzuggewicht G [t];
5. Querschnittsmaße des Fahrzeugs und Beiwert c_w für die Berechnung des Luftwiderstandes.

Auch in den Typenbüchern[1] findet man viele dieser Angaben. Leistung und Drehmoment sind jedoch nur mit einzelnen Zahlenwerten angegeben, die allenfalls eine behelfsmäßige Fahrkraftdarstellung ermöglichen.

Dem Drehzahlbereich des Motors entspricht infolge der wechselnden Untersetzung u_1 in jedem Getriebegang eine andere Geschwindigkeit. Der Zusammenhang zwischen der Drehzahl n [U/min] und der *Fahrgeschwindigkeit* V [km/h] ist durch die Gleichung

$$V = \frac{0{,}06 \cdot \pi \cdot D_{\text{dyn}}}{u_1 \cdot u_2} \cdot n = E \cdot n \qquad [\text{km/h}] \tag{68}$$

gegeben. E ist im Gangbereich konstant. Soll das Betriebsdiagramm mit Angaben für die Ermittlung des Brennstoffverbrauches versehen werden, so setzt man für n nicht beliebige runde Zahlenwerte ein, sondern bestimmt sie nach Abb. 147 und Abschnitt 2.412 (S. 170).

Die obere Grenzgeschwindigkeit eines jeden Ganges, die bei der gebräuchlichen Fahrweise nur überschritten wird, sobald der nächsthöhere Gang eingeschaltet ist, heißt Schaltgrenze oder Schaltgeschwindigkeit V_s [km/h]. Sie wird nicht aus der maximalen Drehzahl berechnet, sondern liegt etwa an der Stelle $n = 0{,}9\, n_{\max}$ [*93*; *S. 153*]. Im schnellsten Gang ist V_s die in der Regel einzuhaltende Höchstgeschwindigkeit des Fahrzeugs.

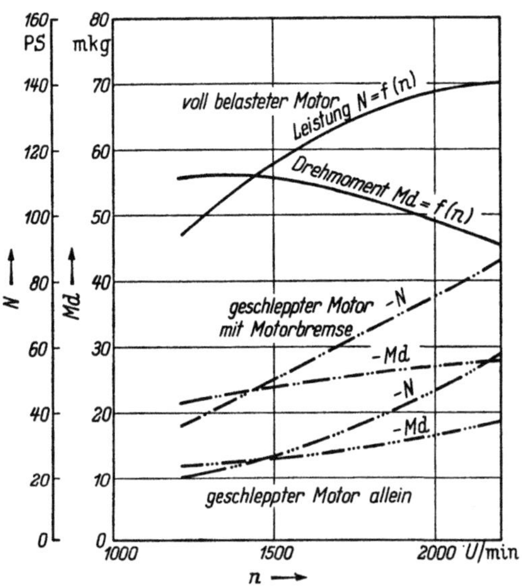

Abb. 145. Motordiagramm

Der Maßstab für das Auftragen der Abszissen V ergibt sich aus der Ableitung des Δt-Verfahrens und wird auf S. 175 angegeben. In vielen Fällen darf man 1 cm ≙ 1 km/h setzen.

Die *Zugkräfte* lassen sich aus der Gleichung

$$P_z = \eta \cdot \frac{270\, N}{V} \qquad [\text{kg}] \tag{69}$$

errechnen. Der Dauerleistungskurve (Abb. 145) entnimmt man die Werte N [PS] für die gleichen Drehzahlen n, die zur Ermittlung der Geschwindigkeiten V nach Gl. (68) verwendet wurden. η ist der Wirkungsgrad der Kraftübertragung von der Motorwelle zum Triebrad. Im schnellsten Getriebegang kann er mit etwa 0,9 angesetzt werden. Er nimmt ab, wenn mehr Zahnräder in Eingriff gelangen. Meistens genügt es, $\eta = 0{,}88$ in allen Gängen zu verwenden.

Wenn statt der Leistungskennlinie die Drehmomentenkurve als Grundlage für die Zugkraftberechnung dienen soll, benutzt man die Gleichung

$$P_z = \frac{2 \cdot \eta \cdot Md \cdot u_1 \cdot u_2}{D_{\text{dyn}}} \qquad [\text{kg}]. \tag{70}$$

Für Umrechnungen ist gelegentlich die Beziehung

$$N\,[\text{PS}] = Md\,[\text{mkg}] \cdot \frac{n}{716{,}2} \tag{71}$$

zwischen Leistung und Drehmoment von Nutzen.

[1] Autotypenbuch, das der VDA (Verband der Automobilindustrie) in Frankfurt a. M. herausgibt; Bosch, Kraftfahrtechnisches Taschenbuch.

Aus der Schleppleistung oder dem Schleppmoment kann die *Eigenbremskraft* des Motors, der bei abgestellter Brennstoffzufuhr von den Triebrädern des ausrollenden oder im Gefälle fahrenden Wagens angetrieben wird, ebenfalls mit Hilfe der Gln. (69) oder (70) berechnet werden. Der Wirkungsgrad η darf dann allerdings nicht mehr im Zähler verwendet werden, sondern muß im Nenner stehen. Wenn man auf der sicheren Seite bleiben und einer Überschätzung der Bremswirkung vorbeugen will, läßt man ihn besser unberücksichtigt.

Die Bremskraft des Motors kann erheblich verstärkt werden, wenn das Fahrzeug mit einer besonderen *Motorbremse* ausgerüstet ist. Bei den Auspuffbremsen bewirkt eine verstellbare Drosselklappe in der Auspuffleitung, daß der geschleppte Motor gegen den Druck im mehr oder weniger dicht verschlossenem Auspuffrohr arbeiten muß. Bei einer anderen Bremsenart wird die Nockenwelle, die die Ventile steuert, so verstellt, daß der Motor als Kompressor arbeitet. Diese ver-

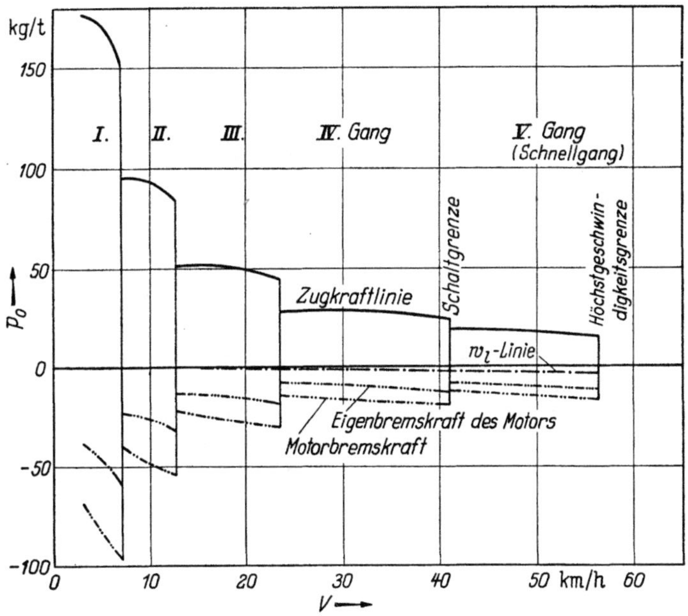

Abb. 146. Grundform des Betriebsdiagrammes

stärkte *Motorbremskraft* ist in der gleichen Weise zu berechnen wie die Eigenbremskraft des Motors.

Die Zugkräfte sind um den *Luftwiderstand* (s. Abschnitt 1.36)

$$W_l = 0{,}5 \cdot c_w \cdot F \left(\frac{V}{10}\right)^2 \quad [\mathrm{kg}] \tag{7}$$

zu vermindern. Bei den heute gebräuchlichen Formen der Personenkraftwagen trifft meistens der Luftwiderstandsbeiwert $c_w = 0{,}4$ zu. Für den einzeln fahrenden Lastkraftwagen wird man in der Regel $c_w = 0{,}9$ wählen, für den Lastzug mit einem Anhänger $c_w = 1{,}15$. Wenn die Querschnittsfläche F [m²] nicht genau bekannt ist, darf sie auf das 0,9fache bis 1,0fache des Produktes aus Spurweite und Fahrzeughöhe geschätzt werden.

Fahrkräfte und Luftwiderstand müssen noch auf die Einheit 1 t des Fahrzeuggewichtes G bezogen werden, ehe sie zum Auftrag der *Fahrkraftlinien* verwendet werden können. Es wäre sonst nicht möglich, sie unmittelbar mit den

Streckenkräften zu vergleichen, wie es das $\varDelta t$-Verfahren verlangt. Die Ordinaten der Fahrkraftlinien berechnet man aus der Gleichung

$$p_0 = \frac{P_z - W_l}{G} = p_z - w_l \quad [\mathrm{kg/t}] \tag{72}$$

und trägt sie wie die Ordinaten der Streckenkraftlinien im Maßstab 1 cm ≙ 10 kg/t auf. Die Zahlenwerte für P_z, die sich bei der Berechnung der Motorbremskräfte ergeben haben, sind mit negativem Vorzeichen in die Gl. (72) einzusetzen. Abb. 146 ist die nicht maßstäbliche Skizze eines einfachen Betriebsdiagrammes für einen Lastzug. Sie soll die Lage und die kennzeichnende Stufenform der Fahrkraftlinien zeigen. Auch die flache Kurve des Luftwiderstandes w_l [kg/t] wurde eingetragen. Während die Zugkraft in jedem Gang mit wachsender Drehzahl im allgemeinen abnimmt, wird die Motorbremskraft um so größer, je höher die Drehzahl steigt.

2.412 Der Brennstoffverbrauch

Die Zugkraftlinie des Betriebsdiagrammes gilt für einen Betriebszustand des Motors, den man als volle Motorbelastung oder Vollast bezeichnet. Dabei wird dem Motor so viel Brennstoff zugeführt, daß er seine größte Dauerleistung abgibt. Diesen Brennstoffaufwand geben die Motorenhersteller in der Regel durch eine Kurve an, die den spezifischen Verbrauch b_s [g/(PS · h)] über der Drehzahl n darstellt (Abb. 147 a).

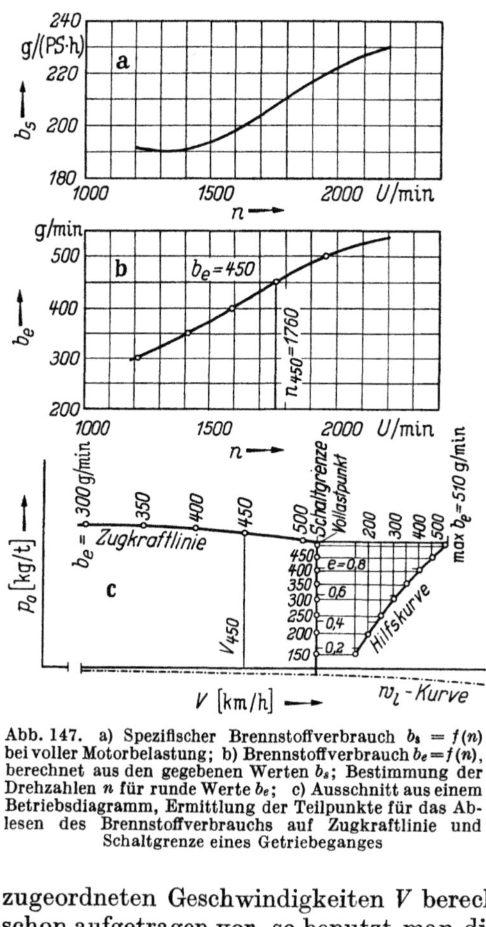

Abb. 147. a) Spezifischer Brennstoffverbrauch $b_s = f(n)$ bei voller Motorbelastung; b) Brennstoffverbrauch $b_e = f(n)$, berechnet aus den gegebenen Werten b_s; Bestimmung der Drehzahlen n für runde Werte b_e; c) Ausschnitt aus einem Betriebsdiagramm, Ermittlung der Teilpunkte für das Ablesen des Brennstoffverbrauchs auf Zugkraftlinie und Schaltgrenze eines Getriebeganges

Aus dem Betriebsdiagramm soll für jeden Teilabschnitt der Fahrt unmittelbar abzulesen sein, welche Brennstoffmenge in der Zeiteinheit verbraucht wird. Die Ordinaten der gegebenen Kurve $b_s = f(n)$ werden zunächst nach der Formel

$$b_e = \frac{b_s \cdot N}{60} \quad [\mathrm{g/min}] \tag{73}$$

umgerechnet und zum Auftragen der Kurve des zeitlichen Brennstoffverbrauches $b_e = f(n)$ verwendet (Abb. 147 b). N ist für die jeweilige Abszisse n aus der Leistungskurve zu entnehmen. Dann wählt man eine genügend dichte Folge runder b_e-Werte, beispielsweise die Folge 300 350 400 ... g/min, zeichnet die entsprechenden Punkte auf der b_e-Kurve ein und liest die zugehörigen Drehzahlen ab. Nach Gl. (68) können nunmehr die in jedem Gang zugeordneten Geschwindigkeiten V berechnet werden. Liegt die Zugkraftlinie schon aufgetragen vor, so benutzt man diese Abszissen V, um ihr eine Teilung für das Ablesen des Brennstoffverbrauchs b_e zu geben.

Im ganzen ist der Arbeitsaufwand für die Herstellung des vollständigen Betriebsdiagrammes aber geringer, wenn man die Drehzahlen n für die runden b_e-Werte gleich zu Anfang ermittelt und sie bereits für die Berechnung der Zugkraftlinie nach den Gln. (68), (69) und (72) verwendet. Mit Ausnahme der Schaltgrenzen sind dann alle Punkte der Zugkraftlinie, die man mit Hilfe der so errechneten Abszissen V und Ordinaten p_0 aufträgt, zugleich Teilpunkte für das Ablesen des zeitlichen Brennstoffverbrauches b_e. Sie werden durch Striche oder Nullkreise hervorgehoben und mit dem jeweiligen runden b_e-Wert beziffert (Abb. 147c).

Eine entsprechende Teilung soll auch die Schaltgrenze eines jeden Ganges erhalten. Dafür sind Angaben über den Brennstoffverbrauch bei Teilbelastung des Motors nötig, die man vom Herstellerwerk nicht immer erhalten kann. In solchen Fällen verwendet man Drosselfaktoren, die W. MÜLLER für einen 6-Zylinder-Dieselmotor angegeben hat [*93; S. 157*].

Man teilt die Schaltgrenze zwischen Zugkraftlinie (Vollastpunkt) und Luftwiderstandslinie zunächst in 5 gleiche Teile (Abb. 147c). Die Ordinaten der Zwischenpunkte stellen die Zugkräfte für die runden Teillastfaktoren $e = 0{,}8$; 0,6; 0,4 und 0,2 dar. Am Vollastpunkt wird seitwärts der nach Gl. (73) aus b_s errechnete Brennstoffverbrauch $\max b_e$ [g/min] abgetragen, an den Zwischenpunkten der gedrosselte Verbrauch

$$b_e = e \cdot d \cdot \max b_e \qquad [\text{g/min}]. \tag{74}$$

Teillastfaktor e:	0,8	0,6	0,4	0,2
Drosselwert e · d:	0,8	0,62	0,46	0,32

Dadurch entsteht eine Hilfskurve, auf der die Punkte für runde Teilverbrauchswerte b_e in der gleichen, gegebenenfalls erweiterten Folge angegeben werden, die für die Teilung der Zugkraftlinie gewählt wurde. Ihre Fußpunkte auf der Schaltgrenze sind die gesuchten Teilpunkte für das Ablesen des Brennstoffverbrauchs. Sie werden in derselben Weise gekennzeichnet und beziffert wie die Teilpunkte auf der Zugkraftlinie.

Im allgemeinen genügt die b_e-Teilung auf den Zugkraftlinienstücken und Schaltgrenzen durchaus. Selbst wenn gelegentlich in anderen als den Grenzgeschwindigkeiten V_s mit Teilbelastung des Motors gefahren werden muß, lohnt es sich kaum, das Betriebsdiagramm mit weiteren Hilfsmitteln für die Ermittlung des Brennstoffverbrauches auszustatten. In solchen Einzelfällen kann man den Verbrauch $\max b_e$ für Vollast an der Teilung der Zugkraftlinie ablesen und den gesuchten Teillastverbrauch b_e nach Gl. (74) leicht finden.

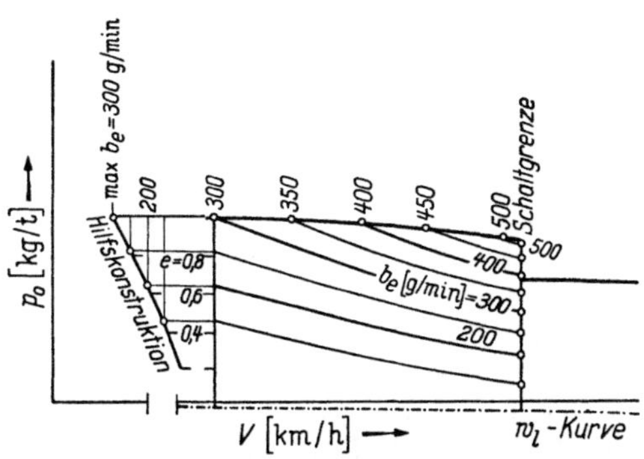

Abb. 148. Ausschnitt aus einem Betriebsdiagramm, Feld eines Getriebeganges mit Kurven für das Ablesen des Brennstoffverbrauchs b_e[g/min]

Wenn dagegen Strecken zu untersuchen sind, auf denen das Fahrzeug häufig oder überwiegend mit niedrigeren Geschwindigkeiten fahren muß, als sie der Gradientenverlauf zulassen würde (beispielsweise in Ortsdurchfahrten und engen Kurven oder bei Behinderung durch langsamere Verkehrsteilnehmer), so empfiehlt es sich, in das Diagrammfeld zwischen Zugkraftlinie, Schaltgrenze und Luftwiderstandslinie eine Schar von Kurven gleicher runder Werte b_e einzutragen. Man gelangt zu dieser vollständigen Darstellung des Brennstoffverbrauchs (Abb. 148), wenn man zwischen den Schaltgrenzen in das Feld unter der Zugkraftlinie einige senkrechte Linien einzeichnet, darauf in der gleichen Weise wie bei der Teilung der Schaltgrenze die Teilpunkte für die ausgewählten runden b_e-Werte ermittelt und die gleichbezifferten Punkte durch Kurven verbindet.

Genauer und etwas einfacher lassen sich die Ablesekurven für den zeitlichen Brennstoffverbrauch nur aus einer Darstellung des mittleren effektiven Zylinderdruckes p_e [kg/cm²] über der Drehzahl n ermittelt, die als Motorschichtendiagramm oder Kennfeld bezeichnet wird. Der spezifische Brennstoffverbrauch b_s ist darin durch eine Schar von ringförmigen Kurven angegeben. Außerdem enthält das Schichtendiagramm Hyperbeln gleicher Leistung, so daß die b_s-Kurven mit Hilfe der Gleichung (73) leicht in b_e-Kurven umgewandelt werden können. Ihre Ordinaten lassen sich nach der Gleichung

$$p_z = \frac{6{,}36 \cdot \eta \cdot H \cdot u_1 \cdot u_2}{D_{\text{dyn}} \cdot T \cdot G} \cdot p_e \qquad [\text{kg/t}] \tag{75}$$

für die Übernahme in das Betriebsdiagramm umrechnen. H [dm³] ist der Gesamthubraum des Motors, T seine Taktzahl. Da der Faktor von p_e im Bereich eines jeden Ganges konstant ist, können die Kurvenpunkte auch graphisch — beispielsweise mit dem Reduktionszirkel — übertragen werden.

2.42 Das Δt-Verfahren

2.421 Die Darstellung der gleichförmigen Fahrt im Betriebsdiagramm

Sobald das Betriebsdiagramm mit den Fahrkraftlinien versehen und mit einer Teilung oder Kurvenschar für das Ablesen des Brennstoffverbrauchs b_e ausgerüstet ist, kann es zur Ermittlung der Geschwindigkeiten und der Verbrauchswerte in Abschnitten gleichförmiger Fahrt verwendet werden. Diese Aufgabe tritt nicht nur als Teil der Untersuchung durchtrassierter Streckenabschnitte auf, sondern ist häufig bereits bei den Vorüberlegungen zur Gradientenwahl zu lösen. Für den Entwurfsbearbeiter ist es meistens von Wert, frühzeitig zu erfahren, mit welcher Geschwindigkeit und mit welchem Aufwand an Fahrzeit und Brennstoff irgendein längerer Steigungsabschnitt befahren werden kann.

In der Grundgleichung (64), die in die Form

$$p = \frac{M}{G} \cdot b = m \cdot b = p_o - w_o - w_s \qquad [\text{kg/t}] \tag{76}$$

übergeht, weil alle Kräfte auf die Gewichtseinheit 1 t bezogen wurden, muß bei gleichförmiger Fahrt die Restkraft p [kg/t] $= 0$ sein. Fahrkraft und Luftwiderstand sind im Betriebsdiagramm durch die Ordinaten $p_o = p_z - w_l$ der Zugkraftlinie gegeben. Die Streckenkraft w_s überträgt man aus der Streckenkraftlinie oder — wenn vorerst nur der Zahlenwert der Steigung gegeben ist — mit Hilfe des Maßstabes 1 cm $\triangleq$ 1% ins Betriebsdiagramm. Vorher muß dort jedoch der *Rollwiderstand* w_0 [kg/t] eingetragen werden.

Der Rollwiderstand und seine Abhängigkeit von der Beschaffenheit der Fahrbahndecke, der Fahrgeschwindigkeit und dem Reifendruck ist auf S. 49 ausführlich behandelt. Die Ergebnisse von HAHN und anderen Autoren, die vor allem Angaben über die Abhängigkeit des Rollwiderstandes vom Reifendruck und von der Geschwindigkeit machen, hat KOTHER [*35*] verglichen und ausgewertet. Gelegentlich empfiehlt es sich, die Abhängigkeit des Rollwiderstandes von der Geschwindigkeit in vereinfachter Form, beispielsweise mit konstanten w_0-Werten in 3 Geschwindigkeitsbereichen, zu berücksichtigen. Ist vorauszusehen, daß Fahrgeschwindigkeiten von mehr als 30 km/h überwiegen werden, so darf man auf die Abstufung der w_0-Werte verzichten und durchweg mit dem Regelwert $w_0 = 10$ kg/t arbeiten, der für neue Autobahn- und Fernstraßendecken gilt und sich vor allem für die Untersuchung von Wahlentwürfen eignet.

Im Betriebsdiagramm wird der Rollwiderstand von der V-Achse aus nach oben abgesetzt und so von der Zugkraft graphisch subtrahiert. Bei der Verwendung eines konstanten Wertes w_0 entsteht dann parallel zur V-Achse eine neue Bezugslinie (w_0-Linie), von der die Streckenkraft bei Steigung nach oben und bei Gefälle nach unten abzutragen ist. Um die *Geschwindigkeit* zu ermitteln, in der das Fahrzeug einen längeren Abschnitt konstanter Steigung nach der Anpassung der Zugkraft an die Widerstände gleichförmig befahren kann, nimmt man die Strecke, die dem Steigungswiderstand entspricht, in den Stechzirkel und paßt sie zwischen w_0-Linie und Zugkraftkurve ein (Abb. 149). Der obere

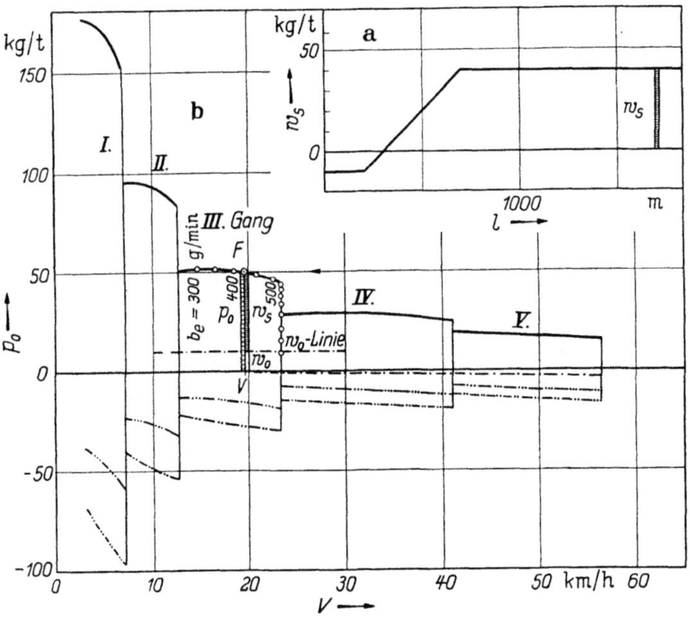

Abb. 149. Ermittlung der Geschwindigkeit bei gleichförmiger Fahrt auf Strecken konstanter Steigung.
a) Streckenkraftlinie; b) Betriebsdiagramm

Streckenendpunkt F auf der Zugkraftlinie ist die Darstellung der gleichförmigen Fahrt im Betriebsdiagramm. Er wird im folgenden gelegentlich als *Fahrtpunkt* bezeichnet. Seine Abszisse ist die gesuchte Beharrungsgeschwindigkeit.

Der Fahrtpunkt F kann auch zwischen die Zugkraftlinien zweier Gänge fallen und soll dann auf die Schaltgrenze des niedrigeren Ganges gelegt werden. In diesem Falle befährt das Fahrzeug die Steigungsstrecke mit Teilbelastung des Motors in der jeweiligen Schaltgeschwindigkeit V_s. Mit Höchstgeschwindigkeit wird gefahren, wenn F niedriger als die Zugkraftlinie des schnellsten Ganges liegt. Andere Lagen des Fahrtpunktes im Diagrammfeld unterhalb der Zugkraftlinie sind möglich, wenn infolge einer Fahrtbehinderung mit herabgesetzter Geschwindigkeit gefahren werden muß.

Ist die Länge l [m] des gleichförmig zu durchfahrenden Streckenabschnittes bekannt, so kann die *Fahrzeit*

$$t = \frac{0{,}06 \cdot l}{V} \quad \text{[min]} \tag{77}$$

berechnet werden. Am Fahrtpunkt F läßt sich der zeitliche Brennstoffverbrauch b_e [g/min] mit Hilfe der Teilung auf der Zugkraftlinie oder Schaltgrenze ablesen. Damit findet man für den Streckenabschnitt den absoluten *Brennstoffverbrauch*

$$b_a = t \cdot b_e \quad [\text{g}]. \tag{78}$$

2.422 Die Konstruktion des ungleichförmigen Fahrtablaufs im Betriebsdiagramm

2.422.1 Ableitung des zeichnerischen Verfahrens, Zeitschritt und Zeitdreieck

Das Fahrzeug möge in einer konstant ansteigenden Strecke den Punkt P_{n-1} mit der Geschwindigkeit V_{n-1} erreicht haben. Dieser Punkt sei in der Streckenkraftlinie (Abb. 150a) angegeben. Für die weitere Untersuchung trägt man nun die im Steigungsabschnitt herrschende Streckenkraft w_s bei V_{n-1} oberhalb der w_0-Linie in das Betriebsdiagramm ein (Abb. 150b). Beim Vergleich mit der dort vorhandenen Fahrkraft p_0 wird sich im allgemeinen ergeben, daß eine positive oder negative Restkraft p übrig bleibt, die das Fahrzeug im folgenden Fahrtabschnitt beschleunigt oder verzögert. Im Beispiel der Abb. 150b bleibt die Summe der Widerstände kleiner als die verfügbare Zugkraft. p ist restliche Zugkraft und damit nach der Grundgleichung (64) positiv. Das Fahrzeug wird in diesem Falle beschleunigt.

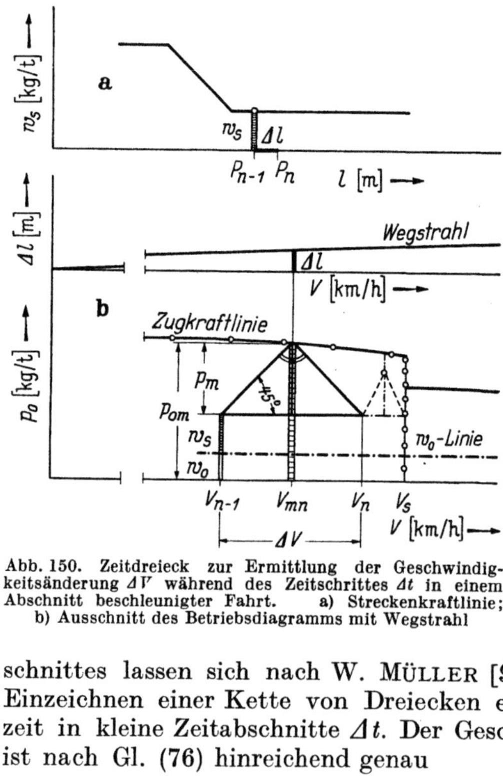

Abb. 150. Zeitdreieck zur Ermittlung der Geschwindigkeitsänderung ΔV während des Zeitschrittes Δt in einem Abschnitt beschleunigter Fahrt. a) Streckenkraftlinie; b) Ausschnitt des Betriebsdiagramms mit Wegstrahl

Die anwachsenden Geschwindigkeiten des folgenden Fahrtabschnittes lassen sich nach W. MÜLLER [*93*] im Betriebsdiagramm durch das Einzeichnen einer Kette von Dreiecken ermitteln. Man unterteilt die Fahrzeit in kleine Zeitabschnitte Δt. Der Geschwindigkeitszuwachs im Zeitschritt ist nach Gl. (76) hinreichend genau

$$\Delta v = b \cdot \Delta t = \frac{p}{m} \cdot \Delta t \quad [\text{m/sek}]. \tag{79}$$

Die Gewichtseinheit 1 t des Fahrzeuges hat die Masse

$$m = \frac{1000\,\varrho}{g}.$$

$g = 9{,}81$ m/sek² ist die Erdbeschleunigung. Der *Massenfaktor* ϱ wird eingeführt, um den Einfluß der rotierenden Fahrzeugteile auf den Beschleunigungsvorgang zu erfassen. Ein Teil der Restzugkraft p muß nämlich aufgewendet werden, um die Winkelgeschwindigkeit der Räder und Triebwerksteile zu erhöhen. Er kommt der Beschleunigung in Fahrtrichtung nicht zugute. Der Massenfaktor ist immer größer als 1. Es wird also gleichsam eine größere Masse als die des Fahrzeugs beschleunigt. Je stärker die Getriebeuntersetzung u_1 ist, um so schneller drehen sich die Triebwerksteile im Vergleich zu den Rädern und um so größer wird der Massenfaktor. GOLDBECK [*95*] teilt auf *S. 12* (Zahlentafel *6*) für die 4 Gänge eines Personenkraftwagens und eines Lastkraftwagens die folgenden, von LOWAG [*96*] angegebenen Werte ϱ mit:

Gang	I	II	III	IV
Personenkraftwagen	2,7	1,54	1,20	1,11
Lastkraftwagen	2,56	1,46	1,20	1,09

Für Lastzüge (Motorwagen mit einem Anhänger) erhält man im allgemeinen etwas niedrigere Werte. Neuere, an die Ermittlungen von KAMM und SCHMID [*97*] angelehnte Berechnungen ergaben für den schnellsten Gang den Massenfaktor $\varrho = 1{,}06$. Die Verschiedenheit des Massenfaktors in den einzelnen Getriebegängen braucht man nur bei besonders genauen Untersuchungen der Beschleunigungs- und Verzögerungsvorgänge im Bereich der niedrigen Geschwindigkeiten zu berücksichtigen. Der Fahrzeitgewinn durch die geringere Verzögerung in Fahrtrichtung wird jedoch meistens durch die längere Dauer einer anschließenden Beschleunigung wieder weitgehend ausgeglichen. Im allgemeinen wird der größte Teil der ungleichförmigen Fahrt in den höheren Gängen abgewickelt. Bei der üblichen Streckenuntersuchung begeht man deshalb keinen merklichen Fehler, wenn man den Massenfaktor des schnellsten Ganges als Einheitswert für das ganze Betriebsdiagramm verwendet.

Nach der Einführung des Massenfaktors und der Umrechnungsfaktoren, die erforderlich sind, um V in km/h und t in min einsetzen zu können, geht Gl. (79) in die Form

$$\Delta V = p \frac{3{,}6 \cdot 60 \cdot g \cdot \Delta t}{1000 \varrho} = p \frac{2{,}12 \cdot \Delta t}{\varrho} \quad [\text{km/h}] \tag{80}$$

über. Als Regelwert für den Zeitschritt eignet sich bei Kraftfahrzeugen besonders der Wert $\Delta t = 0{,}10$ min. Damit wird

$$\Delta V = p \frac{0{,}212}{\varrho}.$$

Ebenso wie die Streckenkraft wird für die Dauer des Zeitschrittes auch die Restkraft p als konstant angesehen und genügend genau mit dem Wert p_m berücksichtigt, der sich für die mittlere Geschwindigkeit

$$V_{mn} = V_{n-1} + \frac{\Delta V}{2}$$

des Zeitschrittes im Betriebsdiagramm ablesen ließe. p_m erscheint dann als Höhe eines gleichschenkligen Dreiecks, dessen Grundseite das $0{,}212/\varrho$-fache von p_m ist. Es wird als *Zeitdreieck* bezeichnet.

Durch die *Wahl des Abszissenmaßstabes* läßt sich erreichen, daß das Zeitdreieck gleichschenklig-rechtwinklig wird und mit dem handelsüblichen 45°-Dreieck leicht ins Betriebsdiagramm eingezeichnet werden kann. Der Maßstab für die Dreieckshöhe p_m ist mit 1 cm $\triangleq$ 10 kg/t bereits festgelegt. Für $p_m = 10$ kg/t muß die abszissenparallele Grundseite 2 cm $\triangleq$ $2{,}12/\varrho$ lang werden. Die Geschwindigkeitsteilung der Abszissenachse ist demnach im Maßstab

$$1\,\text{cm} \triangleq \frac{1{,}06}{\varrho}\ \text{km/h}$$

oder

$$1\,\text{km/h} \triangleq (0{,}944 \cdot \varrho)\,\text{cm}$$

vorzunehmen. Betriebsdiagramme für Lastzüge können, wenn man den vorgeschlagenen Einheitsmassenfaktor $\varrho = 1{,}06$ verwendet, mit dem einfachen

Abszissenmaßstab 1 cm ≙ 1 km/h aufgetragen werden, der bereits auf Seite 168 empfohlen wurde.

Das Einzeichnen der Zeitdreiecke ist die Grundkonstruktion des Δt-Verfahrens. Sobald die Streckenkraft w_s ins Betriebsdiagramm übertragen ist, kennt man die Lage der Grundseite. Mit der Geschwindigkeit V_{n-1} am Anfang des Zeitschrittes ist auch einer der beiden Grundseitenendpunkte gegeben. Hier trägt man die erste Kathete unter 45° Neigung gegen die Grundseite an. Als Schnittpunkt mit der Fahrkraftlinie — im Beispiel der Abb. 150b ist es die Zugkraftlinie für Vollast — findet man die Spitze des Zeitdreiecks. Nunmehr läßt sich die zweite Kathete einzeichnen. Ihr Endpunkt auf der Grundseite ergibt die gesuchte Geschwindigkeit V_n am Ende des Zeitschrittes, die bei der Fortsetzung der Untersuchung als Anfangsgeschwindigkeit des folgenden Zeitschrittes zu verwenden wäre.

Um den *Brennstoffverbrauch* b_a [g] im Zeitschritt zu ermitteln, liest man an der Spitze des Zeitdreiecks zunächst den Wert b_e [g/min] ab und findet nach Gl. (78)

$$\Delta b_a = 0{,}10 \cdot b_e \quad [\mathrm{g}].$$

Die *Wegstrecke* Δl [m], die im Zeitintervall Δt zurückgelegt wird, kann nach Gl. (77) berechnet werden:

$$\Delta l = \frac{V}{0{,}06} \cdot \Delta t \quad [\mathrm{m}]. \tag{81}$$

In der Streckenkraftlinie (Abb. 150a) findet man damit den Punkt P_n, den das Fahrzeug am Ende des Zeitschritts erreicht. Wesentlich einfacher ist die graphische Ermittlung. Dazu wird das Betriebsdiagramm durch einen *Wegstrahl* ergänzt, an dem die Strecke Δl für die Abszisse V_{mn} der Zeitdreieckspitze mit dem Stechzirkel abgegriffen und dann in die Streckenkraftlinie übertragen werden kann (Abb. 150a und b). Für den Regelzeitschritt $\Delta t = 0{,}10$ min ist

$$\Delta l = \frac{V}{0{,}6}$$

die Gleichung des Wegstrahls. Zum Einzeichnen ins Betriebsdiagramm genügt die Ordinate eines Punktes. Für $V = 60$ km/h beispielsweise ist $\Delta l = 100$ m ≙ 1 cm. Die graphische Addition zahlreicher kleiner Strecken in der Abb. 150a bleibt allerdings immer eine Gefahr für die Genauigkeit. Bei sehr empfindlichen Vergleichsuntersuchungen ist deshalb die rechnerische Ermittlung nach Gl. (81) trotz des größeren Zeitaufwandes mehr zu empfehlen.

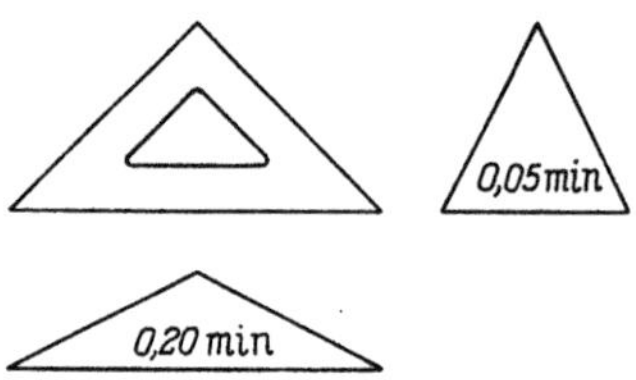

Abb. 151. Normaldreieck für den Zeitschritt $\Delta t = 0{,}10$ min und Sonderdreiecke für halbe und doppelte Zeitschritte

Bei sehr kleinen Restkräften p wird das Zeichnen der Regelzeitdreiecke mühsam und manchmal ungenau. In solchen Fällen ist es ratsam, den Zeitschritt auf $\Delta t = 0{,}20$ min zu vergrößern. Kleinere Zeitschritte, z. B. $\Delta t = 0{,}05$ min, sind bei sehr großen Werten p besonders in den niedrigen Gängen vorteilhaft. Wer häufig größere fahrdynamische Untersuchungen durchzuführen hat, sollte außer dem 45°-Dreieck gleichschenklige *Sonderdreiecke* verwenden (Abb. 151), die sich aus Zelluloid oder Pappe leicht herstellen lassen. Für $\Delta t = 0{,}20$ min ist die Grundseite des Sonderdreiecks 4mal so lang wie die Höhe, für $\Delta t = 0{,}05$ min sind Höhe und Grundseitenlänge gleich. Bei der Anwendung der Sonderdreiecke ist zu beachten, daß für die Ermittlung des Brennstoffverbrauchs b_a der abgelesene Wert b_e nicht mit 0,10, sondern mit dem jeweiligen Δt multipliziert werden muß, und daß man für das Abgreifen der Wegintervalle Δl besondere, nach Gl. (81) zu berechnende Wegstrahlen benötigt.

Gelegentlich liegt die Endgeschwindigkeit des Zeitschrittes bereits fest. Im Beispiel der Abb. 150b könnte verlangt sein, daß die beschleunigte Fahrt vorerst an der Schaltgrenze V_s des dargestellten Ganges endet. Will man Teilbelastung des Motors zulassen und damit von der Regelfahrweise abweichen, so kann man beispielsweise das Sonderdreieck für $\Delta t = 0{,}05$ min mit seiner Grundseite zwischen V_n und V_s einpassen (gestrichelt in Abb. 150b). Ohne die Kurven für das Ablesen des Wertes b_e (nach Abb. 148) an der unterhalb der Zugkraftlinie liegenden Dreieckspitze ist dann allerdings die Ermittlung des Brennstoffverbrauches etwas unsicher oder mühsam. Wenn man die volle Motorbelastung beibehalten will, mißt man die Grundseite $\overline{V_n V_s} = \overline{\Delta V}$ und auf ihrem Mittellot bis zur Zugkraftlinie die Strecke $\overline{p_m}$ in mm aus und berechnet

$$\Delta t = 0{,}05 \frac{\overline{\Delta V}}{\overline{p_m}}. \tag{82}$$

b_e ist in diesem Falle auf der Zugkraftlinie abzulesen.

2.422.2 Erläuterung der Arbeitsweise

Um zu zeigen, wie sich der Fahrtablauf beim Δt-Verfahren in recht anschaulicher Weise aus Fahrtpunkten und Zeitdreiecken zusammenhängend konstruieren läßt, wird in Abb. 152 das Anfangsstück einer Strecke untersucht.

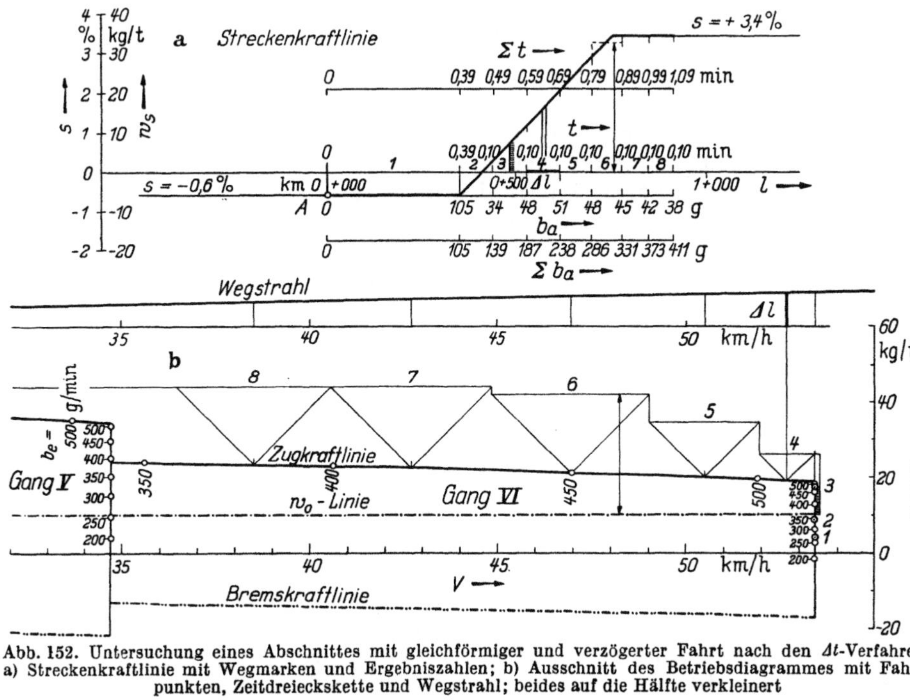

Abb. 152. Untersuchung eines Abschnittes mit gleichförmiger und verzögerter Fahrt nach den Δt-Verfahren. a) Streckenkraftlinie mit Wegmarken und Ergebniszahlen; b) Ausschnitt des Betriebsdiagrammes mit Fahrtpunkten, Zeitdreieckskette und Wegstrahl; beides auf die Hälfte verkleinert

Der Abschnitt, in dem die Untersuchung beim Punkt A (km 0 + 000) beginnen soll, ist eine Flachstrecke von 0,6% Gefälle. Zum folgenden, mit 3,4% aufsteigenden Streckenteil leitet eine Wanne über, die mit $H_v = 10\,000$ m ausgerundet ist und 350 m hinter A beginnt. Abb. 152a ist die Streckenkraftlinie.

Die Untersuchung wird für einen beladenen Lastzug durchgeführt. Ein Ausschnitt seines Betriebsdiagramms ist in Abb. 152b dargestellt. Den Anfangspunkt A wird er in seiner Höchstgeschwindigkeit $V_s = 53{,}4$ km/h erreichen, wenn er nicht kurz davor einen Steigungsabschnitt befahren hat und noch beschleunigen muß. In einem solchen Fall, der hier außer Betracht bleiben möge, wäre die Untersuchung vor dem Punkt A am Ende des letzten gleichförmigen Fahrtabschnittes zu beginnen.

Bis zum Wannenanfang behält der Lastzug die Höchstgeschwindigkeit bei. Dieser Abschnitt gleichförmiger Fahrt wird im Betriebsdiagramm auf der senkrechten Grenzlinie des schnellsten Ganges VI durch den Fahrtpunkt 1 dargestellt. Für den Rollwiderstand soll der Regelwert $w_0 = 10$ kg/t verwendet werden (S. 173). Man zeichnet damit vor Beginn der Untersuchung die w_0-Linie ins Betriebsdiagramm ein. Die Lage des Fahrtpunktes auf der Grenzlinie findet man durch Absetzen des Gefälles 0,6% $\triangleq$ 6 mm von der w_0-Linie aus nach unten.

Die Fahrzeit für den Teilabschnitt 1 ist aus der gegebenen Teilstreckenlänge $l = 350$ m und der Höchstgeschwindigkeit $V_s = 53{,}4$ km/h nach Gl. (77) zu berechnen. Das Ergebnis

$$t = \frac{0{,}06 \cdot 350}{53{,}4} = 0{,}39 \text{ min}$$

wird am Teilstreckenendpunkt neben der Achse der Streckenkraftlinie in Abb. 152a angeschrieben. Den zeitlichen Brennstoffverbrauch $b_e = 270$ g/min liest man für den Fahrtpunkt 1 an der Teilung der Höchstgeschwindigkeitsgrenze ab und berechnet nach Gl. (78)

$$b_a = 0{,}39 \cdot 270 = 105 \text{ g}.$$

Auch diese Zahl wird am Teilstreckenendpunkt vermerkt, jedoch auf der anderen Seite der Achse.

Bei der Weiterfahrt kann anfangs noch die Höchstgeschwindigkeit gehalten werden. Im eigentlichen Sinne gleichförmig ist die Fahrt jedoch nicht mehr; denn im Ausrundungsbogen ändert sich die Längsneigung, und die Fahrkraft muß der Streckenkraft laufend angepaßt werden. Bei der Untersuchung geht man von jetzt ab in Zeitschritten vor. Für die Fahrtabschnitte 2 und 3 wird jeweils das Regelintervall $\Delta t = 0{,}10$ min als Fahrzeit festgelegt. Den zugehörigen Weg Δl greift man am Wegstrahl ab und findet damit auf der Wegachse der Streckenkraftlinie die Endpunkte der Teilabschnitte 2 und 3. Zur Ermittlung des Brennstoffverbrauches müssen aus der Streckenkraftlinie für beide Teilabschnitte die mittleren Streckenkräfte w_{sm} abgegriffen und ins Betriebsdiagramm übertragen werden. So erhält man die Fahrtpunkte 2 und 3 auf der Höchstgeschwindigkeitsgrenze. Als Beispiel ist in den Abb. 152a und b für den Teilabschnitt 3 die übertragene Strecke durch einen schraffierten Saum bezeichnet worden. An den Fahrtpunkten liest man die Werte $b_e = 340$ und 480 g/min ab und erhält nach Gl. (78) $b_a = 34$ und 48 g.

Der Fahrtpunkt 3 liegt schon recht nahe am Vollastpunkt der Höchstgeschwindigkeitsgrenze. Es ist daher zu erwarten, daß die Widerstände bereits im folgenden Teilabschnitt 4 die vorhandene Zugkraft übersteigen werden und daß der Rest der Wanne verzögert durchfahren wird. Der gleichfalls im Zeitintervall $\Delta t = 0{,}10$ min zurückzulegende Fahrtabschnitt 4 erscheint im Betriebsdiagramm als Zeitdreieck, dessen Grundseite oberhalb der Zugkraftlinie des Ganges VI liegt und das mit seiner Spitze bis zu dieser Zugkraftlinie herunterreicht.

Um die Lage der Grundseite zu finden, muß die mittlere Streckenkraft im Zeitschritt 4 geschätzt werden. Die Zunahme der Streckenkraft während der Fahrzeit 0,10 min wird nahezu ebenso groß wie im vorangegangenen Zeitschritt sein. Man kann deshalb den Abstand zwischen den Fahrtpunkten 2 und 3 benutzen, um zunächst freihändig die Grundseite und die Spitze des Zeitdreiecks 4 im Betriebsdiagramm zu skizzieren. Am Wegstrahl greift man über dieser Spitze — also für die mutmaßliche mittlere Geschwindigkeit V_m im Zeitschritt — die Strecke Δl ab und trägt die Hälfte davon auf der Achse der Streckenkraftlinie vom Endpunkt des Abschnittes 3 aus in Fahrtrichtung vor. Die Ordinate an dieser Stelle ist hinreichend genau die mittlere Streckenkraft im Zeitschritt 4. Sie wird zum endgültigen Einzeichnen des Zeitdreiecks ins Betriebsdiagramm verwendet und ist in der Abb. 152 durch eine Doppellinie hervorgehoben. Bei einiger Übung wird man auf das Vorskizzieren des Zeitdreiecks fast immer verzichten können und die mittlere Geschwindigkeit im Zeitschritt nach Augenmaß abschätzen. Die Genauigkeit ist dadurch kaum gefährdet; denn selbst merkliche Abweichungen vom endgültigen Mittelwert V_m haben nur verhältnismäßig geringe, meist innerhalb der Fehlergrenzen der graphischen Übertragung liegende Differenzen in den Längenintervallen Δl zur Folge. Für den Brennstoffverbrauch wird an der Dreieckspitze der Hilfswert $b_e = 510$ g/min abgelesen und am Endpunkt der Fahrtstrecke 4 in Abb. 152a der Wert $b_a = 51$ g angeschrieben.

In der gleichen Weise ist der folgende Fahrtabschnitt 5 zu untersuchen. Im Teilabschnitt 6 endet der Ausrundungsbogen. Um hier den mittleren Steigungswiderstand zu finden, wird diesmal nicht zunächst die halbe, sondern gleich die ganze überschlägig abgegriffene Strecke Δl auf der Wegachse der Streckenkraftlinie vorgetragen. Innerhalb dieses Wegintervalles hat die Streckenkraftlinie am Ausrundungsende einen Knick. Man bestimmt in solchen Fällen die mittlere Ordinate der Streckenkraft dadurch, daß man den Flächenstreifen zwischen Streckenkraftlinie und Abszissenachse nach Augenmaß in ein flächengleiches Rechteck verwandelt.

Auf dem weiteren, konstant mit 3,4% ansteigenden Streckenteil wird noch so lange verzögert gefahren, bis sich das Gleichgewicht der Kräfte einstellt. Mit der konstanten Streckenkraft $w_s = 34$ kg/t $\triangleq$ 3,4 cm läßt sich ins Betriebsdiagramm die abszissenparallele Linie einzeichnen, auf der die Grundseiten aller weiteren Zeitdreiecke liegen. Für die Fahrtabschnitte 7 und 8 sind in Abb. 152b die Zeitdreiecke und in Abb. 152a die zugehörigen Teilstrecken Δl sowie die Zahlenwerte b_a des Brennstoffverbrauchs noch angegeben worden.

Bei der Fortsetzung dieser Streckenuntersuchung würde als Teilabschnitt 9 das Herunterschalten auf den kleineren Gang V folgen. Wie die Schaltungen im Δt-Verfahren zu berücksichtigen sind, wird auf S. 180 behandelt. Wenn in der beschriebenen Weise die ganze Strecke untersucht ist, summiert man die Einzelwerte, die man für Fahrzeit und Brennstoffverbrauch erhalten hat. Will man nicht nur die Endsummen wissen, sondern den Fahrtverlauf durch Kurven der Geschwindigkeit, der Fahrzeit und des Brennstoffverbrauchs vollständig darstellen (Abb. 156), so schreibt man an der Wegachse der Streckenkraftlinie neben den Einzelwerten noch deren laufende Summen Σb_a nieder (Abb. 152a).

2.43 Der Vergleich fahrdynamisch untersuchter Wahllinien

2.431 Fahrweise und Fahrregeln

Fahrdynamische Untersuchungen bestehender Verkehrswege können zum Aufstellen von Fahrplänen, zur Ermittlung von Beschleunigungsstrecken oder Bremswegen und zu ähnlichen Zwecken dienen. Häufiger ist der Fall, daß geplante Straßen fahrdynamisch zu untersuchen sind, um sie zu vergleichen. Man will wissen, welche von mehreren Wahllinien mit dem geringsten Aufwand an Fahrzeit und Treibstoff befahren werden kann oder welchen Vorteil eine neue Strecke gegenüber einem bestehenden Straßenzug bietet. Oft soll auch ermittelt werden, wie sich Unterschiede in der Gradientenform auf die Fahrgeschwindigkeit auswirken, eine Aufgabe, auf die schon auf S. 69, 164 hingewiesen ist. In allen Fällen muß das Untersuchungsverfahren so angewendet werden, daß sich vergleichbare, von Zufälligkeiten freie Zahlenwerte ergeben. Die Erläuterungen, die im vorigen Abschnitt zur Anwendung des Δt-Verfahrens gegeben wurden, reichen für diesen Zweck nicht immer aus.

Die Art, wie der Fahrer über die Zugkräfte und Bremskräfte verfügt, wird als *Fahrweise* bezeichnet. Sie muß sorgfältig ausgewählt und eindeutig festgelegt sein, wenn sie der vergleichenden fahrdynamischen Streckenuntersuchung zugrunde gelegt werden soll. Keineswegs darf man die Fahrweise während der Untersuchung willkürlich ändern. Im übrigen soll die Fahrweise wirtschaftlich sein. Wenn dieser Grundsatz beachtet wird, erhält man nicht nur vergleichbare, sondern auch in der Größenordnung richtige und der Wirklichkeit entsprechende Ergebniszahlen.

Aus der Fahrweise lassen sich *Fahrregeln*[1] ableiten. Sie ergänzen die früher mitgeteilten Anwendungsregeln für das Δt-Verfahren, gelten aber durchaus auch für andere, beispielsweise rechnerische Untersuchungsmethoden. Eine wichtige, grundlegende Fahrregel ist bereits bei der Konstruktion der Fahrtpunkte und Zeitdreiecke in der Abb. 152 beachtet worden. Sie beruht auf einer Fahrweise, die vor allem bei schweren, mit Dieselmotoren ausgerüsteten Lastfahrzeugen zu beobachten ist. Sie gilt für das Befahren hindernisfreier Strecken, auf denen der Fahrtablauf nur von der Streckenkraft und der verfügbaren Zugkraft abhängt, und läßt sich folgendermaßen beschreiben: In jedem Gang wird mit voll belastetem Motor gefahren, solange die Drehzahl kleiner als $n = 0{,}9 \cdot n_{\max}$ ist, die Geschwindigkeit also unterhalb der Schaltgrenze liegt. Würde sich durch Überschuß an Zugkraft eine höhere Geschwindigkeit erreichen lassen, so verharrt das Fahrzeug bei Teilbelastung des Motors in der Schaltgeschwindigkeit, bis gegebenenfalls der nächsthöhere Gang eingeschaltet werden kann.

Beim Wechsel des Getriebeganges wird die Kraftübertragung zwischen Motor und Triebrädern für kurze Zeit unterbrochen. Während dieser *Schaltzeit* ist im Getriebe ein Zahnradpaar zu trennen und ein anderes in Eingriff zu bringen. Dabei muß die Drehzahl des Antriebszahnrades derjenigen des getriebenen Zahnrades angepaßt werden. Beim Abwärtsschalten vom höheren zum niedrigeren Gang ist ein Beschleunigen des Antriebsrades durch Zwischengasgeben erforderlich; denn der Motor läuft im neuen Gang zunächst mit größerer Drehzahl.

Es empfiehlt sich, den Schaltvorgang bei fahrdynamischen Untersuchungen zu berücksichtigen. Die Änderung der Geschwindigkeit kann auf stark geneigten Strecken erheblich sein. Trotzdem ist es nicht nötig, den Zeitbedarf für das Abwärts- oder Aufwärtsschalten unterschiedlich anzusetzen. W. MÜLLER [*93*] hat als einheitliche Schaltzeit $t_s = 1$ sek angenommen. Vorgeschlagen wird die Verwendung des Wertes $t_s = 0{,}02$ min.

Da während dieser Schaltzeit weder eine treibende noch eine bremsende Motorkraft an den Rädern wirksam wird, ist im Betriebsdiagramm die Luftwiderstandslinie als Fahrkraftlinie zu verwenden. Bei der Ermittlung der Geschwindigkeitsänderung nach dem Δt-Verfahren könnte man ein Sonderdreieck für den Zeitschritt $\Delta t = 0{,}02$ min verwenden, dessen Spitze auf die Luftwiderstandslinie zu legen wäre.

Einfacher ist die Verwendung eines *Schaltstrahles*, den man vorher ins Betriebsdiagramm einzeichnet. Während des Schaltzeitschrittes $t_s = 0{,}02$ min ist die Restkraft mit $p = -(w_s + w_o + w_l)$ [kg/t] und der Massenfaktor hin-

[1] Mit diesem Gegenstand befaßt sich eine vom Bundesverkehrsministerium veranlaßte Forschungsarbeit, die beim Autobahnbauamt Nürnberg durchgeführt wurde und demnächst im Druck erscheint.

reichend genau mit dem Wert $\varrho = 1{,}06$ anzusetzen. Nach Gl. (80) wird dann die Geschwindigkeitsänderung beim Schalten

$$\Delta V = -0{,}04\,(w_s + w_o + w_l)\,[\mathrm{km/h}].$$

In den Betriebsdiagrammen von Lastzügen ist der Luftwiderstand meistens so gering, daß man ihn nach MÜLLER [*93*] außer Betracht lassen kann. Man wählt dann den Koordinatenursprung als Anfangspunkt des Schaltstrahles. Für einen weiteren, zum Einzeichnen des Strahles benötigten Punkt berechnet man beispielsweise zur runden Ordinate $\overline{p}_o = w_s + w_o = 100$ kg/t die Abszisse $\overline{V} = -4{,}0$ km/h (Abb. 153). Zwischen dem Schaltstrahl und der Ordinatenachse läßt sich für jede Streckenkraft w_s die zugehörige Geschwindigkeits-

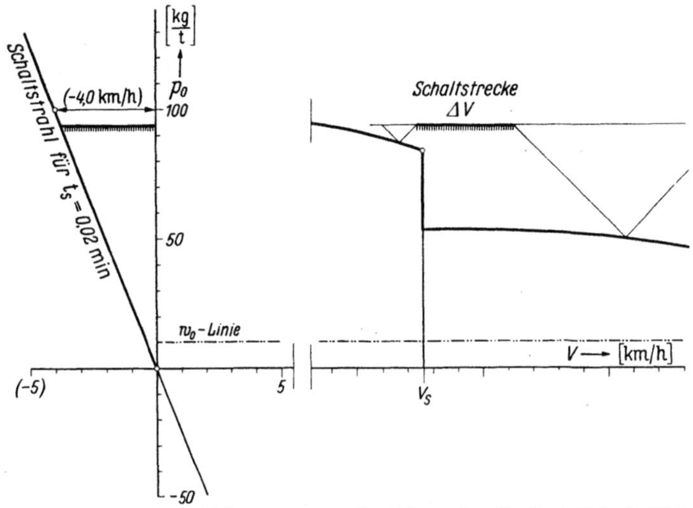

Abb. 153. Abwärtsschalten in einer Steigungsstrecke. Ermittlung des Geschwindigkeitsabfalls ΔV mit Hilfe des Schaltstrahles für die Schaltzeit $t_s = 0{,}02$ min

änderung in der Schaltzeit als waagerechte Strecke ΔV abgreifen und in die Kette der Zeitdreiecke einfügen. Die oberhalb des Nullpunktes abgegriffenen Strecken ΔV bedeuten einen Geschwindigkeitsabfall.

Treten in den oberen Gängen größere Luftwiderstandswerte w_l auf, die nicht unberücksichtigt bleiben sollen, so empfiehlt es sich, außer der Ordinatenachse auch die Schaltgrenzen als vertikale Bezugslinien zu verwenden und durch ihre Schnittpunkte mit der w_l-Kurve weitere Schaltstrahlen zu legen. Diese Maßnahme ist vor allem in Betriebsdiagrammen von Personenkraftwagen zweckmäßig.

Die Wegstrecke, die das Fahrzeug während der Schaltzeit $t_s = 0{,}02$ min zurücklegt, beträgt nach Gl. (81)

$$\Delta l = \frac{V}{3}\,[\mathrm{m}].$$

V [km/h] ist hier die mittlere Geschwindigkeit im Schaltintervall. Für die graphische Ermittlung der Wegstrecke Δl verwende man einen besonderen *Schaltwegstrahl*, der in gleicher Weise wie der auf S. 176 beschriebene Wegstrahl der Abb. 150, jedoch für $t_s = 0{,}02$ min, vorher im Betriebsdiagramm aufgetragen wird.

Wenn man bei der fahrdynamischen Untersuchung die Grundregel einhält und beim Schalten darauf achtet, daß im Betriebsdiagramm die Strecke ΔV stets etwa die gleiche Lage zur Schaltgrenze hat, so stellt sich ein ganz bestimmter

Fahrtablauf ein, der bei gegebenem Rollwiderstand nur vom Zusammenwirken der Zugkraft und der Streckenkraft abhängt. Es gibt aber auf manchen Strecken Teilstücke, die sich nicht nach der Grundregel untersuchen lassen, weil irgendein Hindernis zum Einhalten einer herabgesetzten Geschwindigkeit zwingt. Solche Abschnitte, die die Fahrt behindern, können enge Ortsdurchfahrten, scharfe Kurven oder lange und steile Gefällstrecken sein. Da die Untersuchung auch in diesen Fällen vergleichbare Ergebnisse liefern soll, wird darauf aufmerksam gemacht, daß man bei der Wahl der ermäßigten Geschwindigkeit von einheitlichen Gesichtspunkten ausgehen muß. Das gleiche gilt auch gegebenenfalls für das Abbremsen vor der Strecke langsamer Fahrt und für das Beschleunigen danach.

Die beschränkte Geschwindigkeit im eigentlichen Behinderungsabschnitt wird man, wenn irgend möglich, mit einem konstanten Durchschnittswert ansetzen. Die Fahrkraft ist der jeweils vorhandenen Streckenkraft durch Teilbelastung des Motors, Unterbrechung der Brennstoffzufuhr oder Betätigung der Bremsen so anzupassen, daß keine Restkraft übrig bleibt. Bei Ortsdurchfahrten wähle man je nach der Art und der Anzahl der Engpässe für Lastzüge Geschwindigkeiten zwischen 25 und 40 km/h. Wie weit die Geschwindigkeit in scharfen Kurven der freien Strecke herabgesetzt werden muß, läßt sich aus Abb. 107 auf S. 128 ermitteln. Bei der Planung neuer Straßen oder Autobahnen ist meistens ein anderer Behinderungsfall zu berücksichtigen: die Beschränkung der Geschwindigkeit auf langen und steilen Gefällstrecken.

Mit den heute gebräuchlichen Reibungsbremsen der Lastfahrzeuge lassen sich bei Dauerbetätigung nur sehr geringe, für das Befahren längerer Gefällstrecken meist unzureichende Bremskräfte erzeugen. Bei den erforderlichen größeren Bremskräften fließt den Bremstrommeln in der Zeiteinheit mehr Reibungswärme zu, als sie an die Außenluft abgeben können. Die Wärmespeicherfähigkeit der Bremstrommeln ist verhältnismäßig klein [*101*, *102*]. Die Folge ist eine ständig wachsende Temperatur an den Bremsen. Übermäßige Aufheizung führt leicht zum völligen Versagen der Bremsen und war schon oft die Ursache schwerer Unfälle. Die Lastzugfahrer sind deshalb bei langen Gefällfahrten im Gebrauch der Reibungsbremsen sehr zurückhaltend. Sie bedienen sich weitgehend der Eigenbremskraft des Motors, die durch die Dauer der Talfahrt nicht beeinträchtigt wird. Außerdem schalten sie gegebenenfalls die Motorbremse ein, die ja entwickelt wurde, um den Lastzügen eine sichere Dauerbremsung zu ermöglichen.

Die Motorbremskraft läßt sich aber — auch wenn sie durch eine Motorbremse erhöht wird — stärkeren Gefällen nur durch Herunterschalten auf niedrigere Gänge anpassen. Da die Motorbremskraft mit der Drehzahl wächst, erreicht sie in jedem Gang an der Schaltgrenze ihren größten ausnutzbaren Wert (Abb. 146 und 154). Als Talfahrtgeschwindigkeiten werden demnach ausschließlich die Schaltgeschwindigkeiten zu wählen sein. Steht eine Motorbremse zur Verfügung, so kann bei gleichem Gefälle in der Regel eine Schaltgeschwindigkeit benutzt werden, die um einen oder um zwei Gänge höher liegt als die Geschwindigkeit, bei der die Eigenbremskraft des Motors allein ausreichen würde. Die Motorbremse ermöglicht somit ein schnelleres Befahren der Gefällstrecken [*98*, *99*, *100*].

Auf die Mitwirkung der Reibungsbremsen wird man allerdings nur bei außergewöhnlich langen und steilen Gefällstrecken ganz verzichten. Es sind schon Hilfsmittel entwickelt worden, die es gestatten, bei der Ermittlung der Talfahrtgeschwindigkeit auch die zulässige Dauerbelastbarkeit der Reibungsbremsen zu berücksichtigen, die von der Länge und der Neigung der Gefällstrecke abhängt. In der vorgesehenen Veröffentlichung der Forschungsarbeit (vgl. Fußnote auf S. 180) sind darüber ausführliche Angaben zu finden.

2.432 Die Abgrenzung vergleichbarer Streckenabschnitte

Wahllinien, die man zu Vergleichszwecken fahrdynamisch untersuchen will, müssen an ihren beiden Enden richtig zusammengeführt und in die anschließenden Streckenteile eingeleitet werden. Schon beim Trassieren achte man darauf, daß die Wahllinien stets von einem gemeinsamen Anfangspunkt ausgehen und bis zu einem gemeinsamen Endpunkt durchlaufen. Auch ihre Gradienten sollen an diesen Grenzpunkten knickfrei in die Nachbarabschnitte übergehen. Man darf die Linien nicht vorzeitig enden lassen, nur weil sie beispielsweise nahe beieinander liegen oder im Grundriß zusammenfallen. Der Vergleich solcher unvollständigen Wahllinien ist ungenau und manchmal irreführend.

Die fahrdynamische Untersuchung ist mindestens über die vollen, im allgemeinen verschiedenen Längen der Wahllinien zwischen Anfangs- und Endpunkt zu erstrecken und für beide Fahrtrichtungen durchzuführen. Oft muß sie aber noch jenseits des jeweiligen Endpunktes im gemeinsamen Streckenteil fortgesetzt werden. Dies wird nötig, wenn sich am Endpunkt unterschiedliche Geschwindigkeiten ergeben. Bevor nicht ein Punkt erreicht ist, an dem die Geschwindigkeiten wenigstens annähernd die gleichen sind, darf die Untersuchung nicht abgebrochen werden. Wer diesen Grundsatz außer acht läßt, kann beim Vergleich der Fahrzeiten und des Brennstoffverbrauchs leicht zu falschen Schlüssen kommen. Eine Geschwindigkeitsdifferenz am Endpunkt könnte beispielsweise bewirken, daß nach dem Durchfahren der einen Wahllinie noch beschleunigt werden müßte, während auf der anderen schon die Höchstgeschwindigkeit erreicht und anschließend beizubehalten wäre. Diese unterschiedliche Wirkung der Wahllinien auf den Fahrtablauf dürfte nicht unberücksichtigt bleiben.

Wie man als Vorbereitung zur fahrdynamischen Untersuchung die Wahllinien zweckmäßig abgrenzt, kann an den Höhenplänen im oberen Teil der Abb. 156 erläutert werden. Dort sind die Gradienten zweier Wahllinien dargestellt, deren Untersuchung im folgenden als zusammenfassendes Beispiel mit graphisch dargestellten Ergebnissen behandelt werden soll. Bei der Fahrt in der Richtung von A nach B — das ist im Sinne der Kilometrierung die Hinfahrt — wird der Endpunkt B, an dem die Wahllinien sich wieder vereinigen, sicherlich auf beiden Linien in der Höchstgeschwindigkeit erreicht werden. Die Gefällstrecke vor dem Punkt B ist in beiden Fällen hierfür lang genug. Bei der Rückfahrt dagegen kann man den Verzweigungspunkt (A) kaum als Endpunkt verwenden. Er liegt bei km 16,4 auf der einen Wahllinie am Anfang, auf der anderen in der Mitte einer flach mit 1,35% Neigung ansteigenden Strecke. Daß er in beiden Fällen mit der gleichen Geschwindigkeit durchfahren wird, ist nicht zu erwarten. Man wird den Endpunkt der Vergleichsstrecken deshalb in den gemeinsamen Streckenteil vorrücken, am besten bis zum Punkt A knapp vor km 15,0. Dort liegt er für die Rückfahrt hinter einem Gefällabschnitt, der für das Beschleunigen des Fahrzeuges auf die Höchstgeschwindigkeit ausreichen dürfte. Seine genaue Lage ist hier so gewählt, daß die Untersuchung der Hinfahrt einfach wird: Der Punkt A liegt im Wannenbogen in 0,5% Steigung. Bis zu dieser Steigung kann der Lastzug, dessen Betriebsdiagramm zur Untersuchung benutzt wird (Abb. 154), die Höchstgeschwindigkeit halten. Bei weiterer Zunahme der Steigung sinkt die Geschwindigkeit ab. Es ist demnach bei der Hinfahrt als erstes ein Abschnitt verzögerter Fahrt zu untersuchen, der bei A in einfacher Weise mit der Höchstgeschwindigkeit beginnt.

2.433 Die Untersuchung der Wahllinien

Den Gradienten der beiden Wahllinien einer Autobahn zwischen A und B in Abb. 156 fehlen jene deutlich unterscheidenden Merkmale, die sonst oft wenigstens vermuten lassen, welche Linie für den Verkehr die günstigere sein wird. Die Wahllinie 2 ist zwar um ein geringes Maß kürzer als die Linie 1. Sie hat aber etwas mehr verlorene Höhe. In der größeren Länge der 4%-Rampe wird man sogleich einen Nachteil der Wahllinie 2 erkennen. Dem steht jedoch ausgleichend eine längere Flachstrecke im Anfangsteil zwischen km 15 und 18 gegenüber. Ohne fahrdynamisch ermittelte Vergleichszahlen für die Geschwindigkeiten und den Aufwand an Fahrzeit und Brennstoff würde man hier nicht zum Ziel kommen.

2.433.1 Erläuterungen zum verwendeten Betriebsdiagramm

Für die fahrdynamische Untersuchung der beiden Wahllinien wird das Betriebsdiagramm eines Lastzuges von 30,7 t Gesamtgewicht benutzt. Die Leistungs- und Drehmomentenkurven für den 140 PS-Motor seines Maschinenwagens sind in der Abb. 145 dargestellt. Daraus wurden nach den Formeln, die auf S. 168 angegeben sind, die Fahrkraftlinien des Betriebsdiagramms (Abb. 154, S. 187) berechnet. Die Verschiedenheit des Massenfaktors in den einzelnen Getriebegängen (S. 175) ist in der Geschwindigkeitsteilung der Abszissenachse berücksichtigt. Getriebeuntersetzungen, Massenfaktoren und weitere Angaben, die bei der Berechnung zu verwenden waren, sind bei Abb. 154 zu finden.

Das Betriebsdiagramm ist in Abb. 154 gebrauchsfertig dargestellt. Hinzugefügt sind die Wegstrahlen für den Schaltzeitschritt $t_s = 0{,}02$ min und die Zeitschritte $\Delta t = 0{,}10$ min und 0,20 min sowie der Schaltstrahl, dessen oberer Teil umgeklappt wurde, um Platz zu sparen. Weggelassen wurde lediglich der Bereich der niedrigsten Gänge, die insbesondere bei der Untersuchung neuer Straßen oder Autobahnen selten benötigt werden. Der Leser kann die Abb. 154, die das Diagramm im Maßstab 1 : 2,5 wiedergibt, behelfsmäßig für die Untersuchung eigener Entwürfe verwenden, wenn er eine entsprechend verkleinerte Streckenkraftlinie benutzt (Ordinatenmaßstab 1 cm $\mathrel{\hat{=}}$ 25 kg/t $\mathrel{\hat{=}}$ 2,5%). Wer für die Abszissen den bequemeren Längenmaßstab 1 : 10000 beibehalten will, muß die Ordinaten Δl der Wegstrahlen in Abb. 154 auf das 2,5fache vergrößern.

Für die vergleichende Gradientenuntersuchung beim Trassieren ist das gewählte Betriebsdiagramm besonders geeignet. Das Getriebe des Motorwagens hat 4 Normalgänge und einen Schnellgang, der zu jedem der Normalgänge hinzugeschaltet werden kann. Der Wagen verfügt damit in Wirklichkeit über 8 Gänge. Außerdem gehören die Teilstücke der Zugkraftlinie, die in den einzelnen Gängen aufzutragen sind, durchweg zum oberen Drehzahlbereich und fallen dort mit wachsender Drehzahl deutlich ab. Dadurch ergibt sich eine fein abgestufte Zugkraftlinie, die im ganzen recht nahe an der erwünschten Zugkrafthyperbel verläuft. Vorteilhaft für die Beurteilung von Gradienten ist vor allem, daß das Fahrzeug auch auf kleine Steigungsänderungen in der Regel durch eine Änderung der Geschwindigkeit anspricht und nicht nur — wie bei gröber abgestuften Zugkraftlinien — durch eine Änderung des Brennstoffverbrauchs.

Mit dem Betriebsdiagramm in Abb. 154 lassen sich auch einige einfache Aufgaben lösen, die noch keine Anwendung des Δt-Verfahrens erfordern: Manchmal will man beispielsweise ermitteln, welche Steigung der Lastzug in einer bestimmten Geschwindigkeit gleichförmig befahren könnte, wenn sein Gesamtgewicht kleiner oder größer als $G = 30{,}7$ t wäre. Man rechnet dann die Zugkraftordinate $p_o = w_s + w_o$, die aus Abb. 154 für die gegebene Geschwindigkeit V abgegriffen wird, nach der Formel

$$p_{o1} = \frac{G}{G_1}\, p_o = w_{s1} + w_o \;[\mathrm{kg/t}] \tag{83}$$

um. G_1 ist das geänderte Lastzuggewicht und w_{s1} der Steigungswiderstand, der der gesuchten Steigung entspricht. Für $G_1 = 20$ t, $V = 30$ km/h und $w_o = 10$ kg/t würde man hier $p_o = 34$ kg/t ablesen, nach Gl. (83) $p_{o1} = 52$ kg/t berechnen und damit $w_{s1} = 52 - 10 = 42$ kg/t $\triangleq$ 4,2% erhalten. Wenn bei solchen Aufgaben die Geschwindigkeit gesucht ist, paßt man nach S. 173, Abb. 149, den umgerechneten Steigungswiderstand w_{s1} in Abb. 154 zwischen w_o-Linie und Zugkraftlinie ein.

2.433.2 Hinweise zur Anwendung des Untersuchungsverfahrens

Von der eigentlichen Untersuchung der Wahllinien 1 und 2 sind in das Betriebsdiagramm (Abb. 154) zwei kennzeichnende kurze Teilstücke eingetragen worden.

Die *Hinfahrt* von *A* nach *B* ist auf beiden Wahllinien vorwiegend eine Talfahrt. Bei der Wahllinie 1 ist der konstant mit 4% Neigung fallende Hauptteil der Abstiegstrecke 1025 m lang. Im Wahlentwurf 2 hat die Strecke des stärksten Gefälles (gleichfalls $s = -4\%$) zwischen den Ausrundungsbögen eine Länge von 2440 m. Als Hinweis für die Wahl der Talfahrtgeschwindigkeit möge hier die Mitteilung genügen, daß für den gegebenen Lastzug eine Strecke von 4% Gefälle etwa 2000 m lang sein darf, wenn sie noch in der Höchstgeschwindigkeit zu befahren sein soll. Auf der Wahllinie 2 muß vor dem Eintritt in die konstant geneigte Strecke abgebremst werden, bis die Schaltgeschwindigkeit des niedrigeren Ganges IV erreicht ist. Der Abschnitt der gleichförmigen Talfahrt mit dieser Geschwindigkeit wird im Betriebsdiagramm (Abb. 154) durch den Fahrtpunkt *a* dargestellt. Zum Beschleunigen nach der Talfahrt genügt hier anfangs das Lösen der Bremsen. Im Betriebsdiagramm wird also zunächst die Eigenbremskraftlinie des Motors als Fahrkraftlinie benutzt (gestrichelte Zeitdreiecke *b* und *c* in Abb. 154). Danach muß Gas gegeben werden; denn das Fahrzeug ist schon so weit in den Wannenbogen vorgerückt, daß die Gefällkraft zum weiteren Beschleunigen nicht mehr ausreicht. Die Spitzen der Beschleunigungsdreiecke (*d* und *e*) sind jetzt auf die Zugkraftlinie zu legen.

Für die Untersuchung der Wahllinien in der *Gegenrichtung* *B A* muß man die Blätter, auf denen die Streckenkraftlinien gezeichnet sind, um 180° drehen. Der Wahllinienendpunkt *B*, an dem die Rückfahrt beginnt, liegt dann links, so daß die Längenintervalle Δl in der gewohnten Weise von links nach rechts aufgereiht werden können. Vor allem erscheinen die Gefällabschnitte der Hinfahrt, die ja für die Rückfahrt zu Steigungsstrecken werden, nach dem Umdrehen der Streckenkraftlinie in richtiger Lage oberhalb der Längenachse.

Als zweites Beispiel wird in den Abb. 154 und 155 gezeigt, wie man einen längeren, vorwiegend ungleichförmig durchfahrenen Streckenabschnitt untersucht. Für diesen Zweck wurde der Anfangsteil der Rückfahrt auf der Wahllinie 2 gewählt. Abb. 155 zeigt das Endstück der Streckenkraftlinie (vgl. Abb. 156) bereits in gedrehter Lage. Der untersuchte Abschnitt beginnt am nunmehr links liegenden Endpunkt *B* in 2,9% Steigung, umfaßt die kurze Gradientenstufe von 1,5% Gegenneigung und endet im anschließenden, mit 4% aufsteigenden Streckenteil dort, wo das Fahrzeug die Beharrungsgeschwindigkeit erreicht.

Zunächst muß überlegt werden, mit welcher Geschwindigkeit der Lastzug bei der Rückfahrt den Punkt *B* durchfährt (s. S. 183). Maßgebend ist der Gradientenverlauf im gemeinsamen Streckenteil davor. In der Abb. 156 ist er zwar nicht mehr dargestellt. Er soll aber wie die Endstücke der Wahllinien eine Längsneigung von 2,9% haben. Außerdem soll die Länge der konstant geneigten gemeinsamen Strecke so lang sein, daß sich dort die Beharrungsgeschwindigkeit einstellt, ehe der Punkt *B* erreicht wird. Wäre der Gradientenverlauf ein anderer, so müßte die Geschwindigkeit bei *B* durch eine Voruntersuchung ermittelt werden.

Der erste Teilabschnitt der Rückfahrt reicht von B bis zum Kuppenanfang bei km 22,245. Er wird gleichförmig in der Schaltgeschwindigkeit $V_s =$ 23,4 km/h des III. Normalganges durchfahren. Im Betriebsdiagramm (Abb. 154) erscheint er als Fahrtpunkt 1. Wie Fahrzeit und Brennstoffverbrauch ermittelt werden, ist aus S. 178 und Abb. 152 bekannt.

Im Anfangsteil der Kuppe wird die Geschwindigkeit während des Zeitschrittes 2 ($\varDelta t = 0{,}20$ min) noch beibehalten, um mit ausreichendem Zugkraftüberschuß in den höheren Gang IIIs zu gelangen. Die Schaltung selbst besteht hier lediglich im Hinzuschalten des Schnellganges. Sie erfordert so wenig Zeit, daß ein Geschwindigkeitsabfall nicht berücksichtigt zu werden braucht. Das ist im gewählten Betriebsdiagramm nur beim Wechsel des Normalganges notwendig, beispielsweise im Zeitschritt 7 bei der nächsten Schaltung vom Gang IIIs auf den Normalgang IV.

Am Ende der Beschleunigung über den Geschwindigkeitsbereich des Ganges IIIs wurde ein Sonderzeitschritt 6 eingefügt, um vor der Schaltung genau auf die Schaltgrenze ($V_s = 32{,}1$ km/h) zu gelangen. Nach S. 177, Gl. (82), ergab sich aus Grundseitenlänge und Höhe

$$\varDelta t = 0{,}05 \cdot \frac{7}{15} \approx 0{,}02 \text{ min}$$

und damit nach Gl. (78)

$$b_a = 0{,}02 \cdot 510 \approx 10 \text{ g}.$$

Nach dem Schritt 6 wird sogleich geschaltet.

Im obersten Gang IVs geht die Beschleunigung in eine Verzögerung über. Der Lastzug fährt dort bereits im Wannenbogen am Ende der Gradientenstufe. Die Höchstgeschwindigkeit erreicht er nicht mehr ganz. Beim Kreuzen der Zugkraftlinie (hier zwischen den Zeitschritten 14 und 15) vermeide man die Verwendung zu kleiner Zeitdreiecke. Für den Schritt 15 ist deshalb das Doppelintervall $\varDelta t = 0{,}20$ min gewählt worden. Die Grundseite dieses ersten Verzögerungsdreiecks liegt bereits genügend hoch über der Zugkraftlinie.

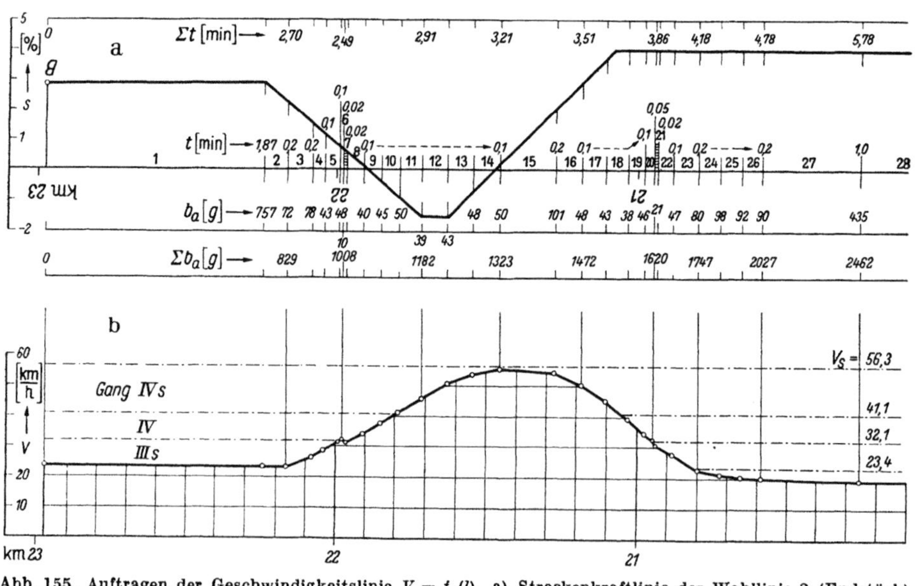

Abb. 155. Auftragen der Geschwindigkeitslinie $V = f(l)$. a) Streckenkraftlinie der Wahllinie 2 (Endstück), für die Untersuchung der Rückfahrt BA um 180° gedreht; b) Geschwindigkeitslinie

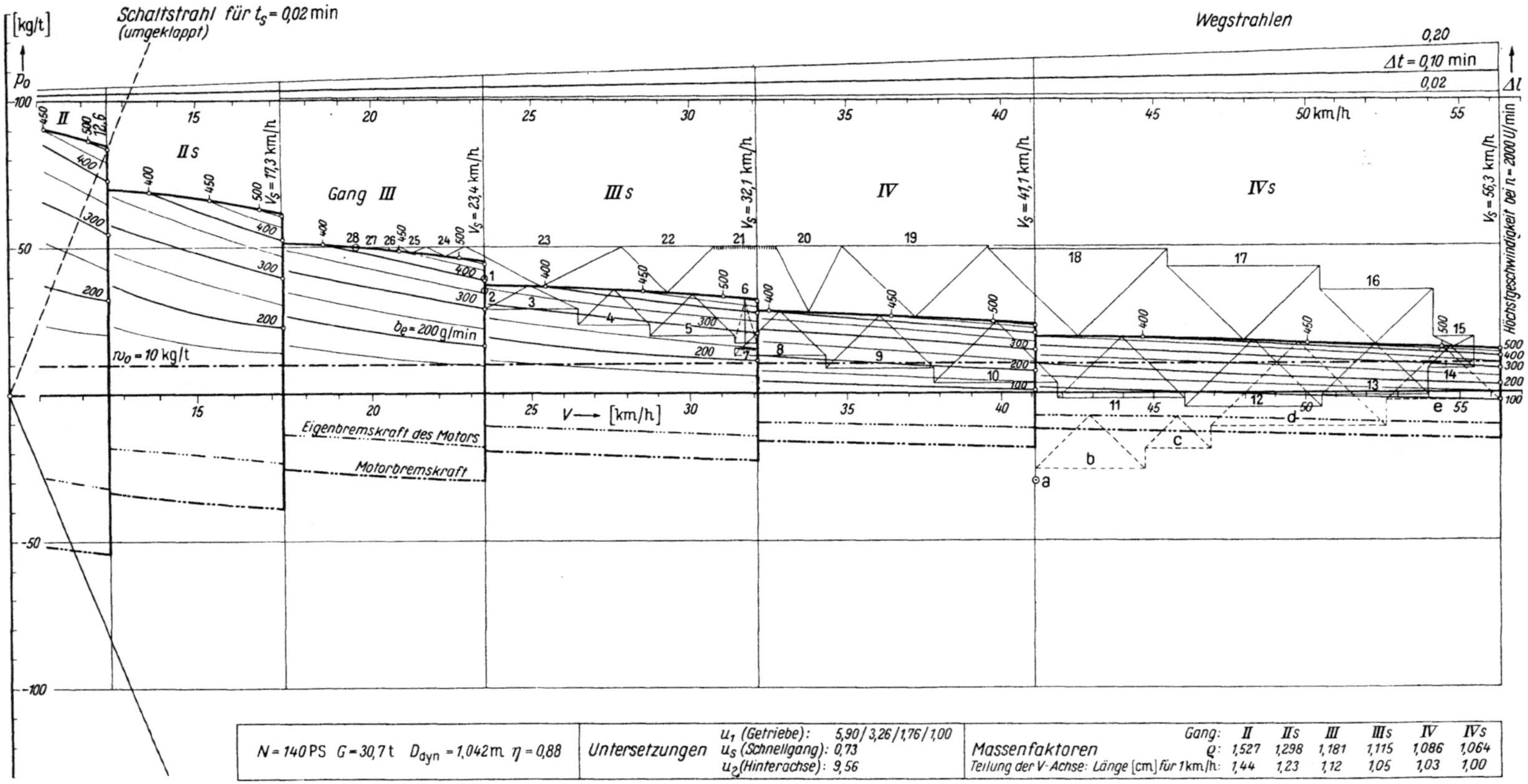

Abb. 154. Betriebsdiagramm eines Lastzuges mit Beispielen aus der Untersuchung der Wahllinie 2 (Abb. 156) nach dem Δt – Verfahren. Ordinatenmaßstab im Original: 1 cm ≙ 10 kg/t; Maßstäbe der Abszissenteilung rechts in der Tabelle. Das Betriebsdiagramm ist in der Abbildung auf 4/10 verkleinert. Es kann bei entsprechend verkleinerter Streckenkraftlinie unmittelbar für einfache Untersuchungen verwendet werden

Der Fahrtpunkt 28, der die gleichförmige Fahrt auf dem Reststück der mit 4% aufsteigenden Rampe darstellt, liegt auf der Zugkraftlinie des Ganges III bei V = 19,5 km/h. Die Zeitdreiecke werden im letzten Teil des Verzögerungsabschnittes bei der Annäherung an diesen Punkt immer kleiner. Sie lassen sich am Ende gar nicht mehr einzeichnen. Man bricht deshalb die Dreieckskette rechtzeitig vor dem Fahrtpunkt ab und überbrückt das fehlende Stück durch eine Fahrzeitberechnung nach Gl. (82). Hier ergibt sich

$$t = 0{,}05 \cdot \frac{10}{0{,}5} = 1{,}00 \text{ min}.$$

2.434 Die Darstellung der Ergebnisse

Für den Vergleich zweier Wahllinien nach dem fahrdynamisch ermittelten Aufwand an Fahrzeit und Brennstoff mag in manchen Fällen eine Zahlenübersicht genügen. Die unterschiedlichen Wirkungen der Gradienten auf die Geschwindigkeiten lassen sich kaum durch Zahlen allein vergleichen. Es ist fast immer nötig, den Geschwindigkeitsverlauf graphisch darzustellen.

Man benutzt dazu am besten das Blatt, auf dem die Streckenkraftlinie mit den bezifferten Grenzmarken der Längenintervalle gezeichnet ist (Abb. 155). Als Abszissen der Geschwindigkeitslinie verwendet man wie bei der Streckenkraftlinie die Längen im Maßstab 1 : 10000. Für die Ordinaten V ist der Maßstab 1 cm ≙ 10 km/h zu empfehlen. Bei der verkleinerten Wiedergabe in Abb. 155b erscheinen sie im Maßstab 1 cm ≙ 25 km/h. Zum Auftragen von Punkten der Geschwindigkeitslinie werden die Abszissen der Grenzmarken verwendet. Als Ordinate ist jeweils die Endgeschwindigkeit des Zeitschrittes aufzutragen, zu dem das Längenintervall vor der Grenzmarke gehört. Man liest demnach im Betriebsdiagramm (Abb. 154) die Geschwindigkeit stets am Ende der Grundseite des Zeitdreiecks ab. Die so gewonnenen Punkte dürfen geradlinig verbunden werden. In Abb. 155b sind die Schaltgrenzen strichpunktiert angegeben, damit leicht zu erkennen ist, welche Getriebegänge benutzt werden.

Die gemeinsame Darstellung von Steigung und Geschwindigkeit in der Abb. 155 ist recht aufschlußreich. Allein das deutlich erkennbare Nacheilen des Geschwindigkeitsmaximums hinter dem Steigungsminimum zeigt schon, wie wichtig es ist, die Dynamik des Fahrvorganges im Untersuchungsverfahren zu erfassen. Weiterhin läßt sich hier im einzelnen beobachten, wie eine Gradientenstufe mit Gegengefälle auf den Fahrtablauf einwirkt: Den größten Teil der Kuppe, das kurze konstante Gefälle $s = -1{,}5\%$ und das Anfangsstück der Wanne bis über ihren Tiefpunkt hinaus kann das Fahrzeug benutzen, um Anlaufschwung für das Überwinden der folgenden Steigungsstrecke zu holen. Am Wannenende, also am Beginn der vollen Steigung $s = +4{,}0\%$, fährt es noch immer im schnellsten Gang. Erst etwa nach weiteren 400 m ist der Anlaufschwung im wesentlichen verbraucht. Das Kriechen mit niedriger Geschwindigkeit, das jeder Fernfahrer scheut, läßt sich nur im Restteil der Aufstiegsrampe nicht vermeiden. Nach dem Vorschlag von LORENZ [*104*] bemüht man sich heute, lange Aufstiege durch solche Gefällstufen zu unterbrechen und damit die Kriechstrecken zu verkürzen. Wenn dabei die restlichen Aufstiegsteile nicht wesentlich steiler als die ursprüngliche, durchlaufende Steigungsstrecke ausgeführt werden müssen, läßt sich fahrdynamisch in der Regel ein Vorteil des unterbrochenen Aufstiegs nachweisen. Für die Talfahrt bieten die Stufen außerdem erhöhte Sicherheit.

In der Abb. 156 sind die Ergebnisse der Untersuchung vollständig und vergleichbar dargestellt. Die Geschwindigkeiten wurden im Mittelteil nach Wahllinien und Fahrtrichtungen getrennt aufgetragen. Die Geschwindigkeitslinie für die Rückfahrt BA war aus der Abb. 155b seitenverkehrt zu übernehmen, weil in der Abb. 156 der Wahllinienendpunkt B stets rechts liegt.

Wie im unteren Teil dieser Abbildung die Kurven für den Verbrauch an Fahrzeit und Brennstoff aufgetragen wurden, braucht nicht näher erläutert zu werden. Da die Kurven ziemlich gestreckt verlaufen, verwendet man nur wenige Zwischenwerte der Fahrzeit- und Brennstoffsummen. In Abb. 155 sind an den Summenleitern die nicht benötigten Werte weggelassen.

2.44 Die vergleichende Beurteilung der Wahllinien

Für den Vergleich der Wahllinien nach dem Aufwand an *Fahrzeit* und *Brennstoff* addiert man die Zahlen, die sich für Hinfahrt und Rückfahrt ergeben haben, getrennt für jede Linie und dividiert sie durch 2. Erst der Vergleich dieser Mittel ergibt, welche Linie die günstigere ist. In der folgenden Tabelle stehen die Mittelwerte in der dritten Zeile. Die Wahllinie 2 mit der längeren Steilstrecke ist danach etwas ungünstiger als die Linie 1. Der schwere Lastverkehr hätte auf der Linie 2 mit einem Mehrverbrauch an Zeit und Treibstoff von ungefähr 5% zu rechnen.

	Fahrzeit t [min]		Brennstoffverbrauch b_a [kg]	
	Wahllinie 1	Wahllinie 2	Wahllinie 1	Wahllinie 2
Hinfahrt A—B	8,70	9,76	1,25	1,64
Rückfahrt B—A	15,52	15,80	6,54	6,51
Mittelwert aus Hin- und Rückfahrt	12,11	12,78	3,90	4,08
(in %):	(100,0)	(105,5)	(100,0)	(104,6)

Auch beim Vergleich der *Geschwindigkeiten* erweist sich die Wahllinie 1 als vorteilhafter. Wenn in einem Abschnitt die Geschwindigkeit unter den Grenzwert 20 km/h absinkt — das ist etwas mehr als ein Drittel der Höchstgeschwindigkeit —, so kann man sie als Kriechstrecke ansehen. Auf der Wahllinie 1 ist die Kriechstrecke mit etwa 1 km Länge nur halb so lang wie auf der Linie 2. Dagegen kann bei der Rückfahrt BA auf der Wahllinie 2 eine um 500 m längere Strecke im schnellsten Gang IVs befahren werden. Dieser Vorteil der Linie 2 geht aber bei der talwärts gerichteten Hinfahrt wieder verloren; denn auf der langen Abstiegsrampe wird der IV. Normalgang benutzt. Bei der Fahrt in beiden Richtungen kann der Lastzug auf der Wahllinie 1 insgesamt 11,27 km, auf der Linie 2 nur 9,26 km im schnellsten Gang zurücklegen.

Aus den Ergebniskurven in der Abb. 156 kann abgelesen werden, wie einzelne Teile der Gradienten auf die Geschwindigkeiten und den Verbrauch wirken. Solche Betrachtungen lassen erkennen, welche Ursachen beispielsweise ein ungünstiges Untersuchungsergebnis hat. Sie zeigen auch, wo man versuchen soll, durch Maßnahmen der Trassierung den Geschwindigkeitsverlauf zu verbessern oder den Verbrauch zu senken.

Die Gradientenstufen am unteren Ende der Wahllinien sind verschieden geformt. Die Stufe der Linie 1 ist lang und hat mit $s = +0{,}6\%$ nur eine geringe Gegensteigung. Im Wahlentwurf 2 wurde sie kürzer und steiler gehalten ($s = +1{,}5\%$). Bei der Bergfahrt BA reichen beide Stufen aus, um nahezu auf die Höchstgeschwindigkeit zu kommen. Trotzdem ist die Stufe der Linie 1 im Vorteil; denn dort können 1150 m Streckenlänge im schnellsten Gang durchfahren werden, während es auf der Linie 2 nur 730 m sind. Auch bei der Talfahrt ist die flachere Stufe der Linie 1 etwas günstiger. Die steilere Gegenneigung der anderen Stufe verursacht bereits ein leichtes Absinken der Geschwindigkeit.

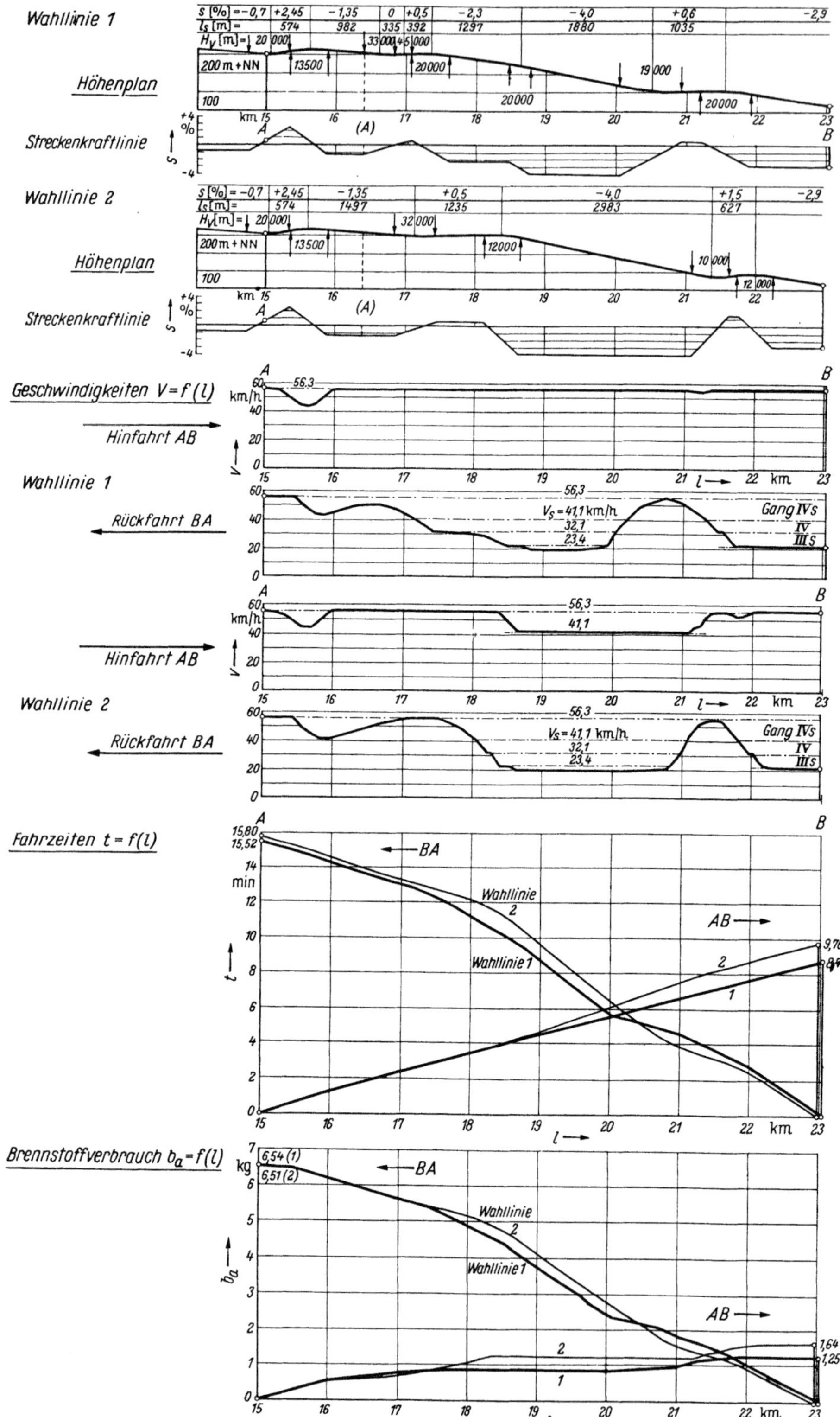

Abb. 156. Höhenpläne zweier Wahllinien für eine Autobahn mit graphisch dargestellten Ergebnissen der fahrdynamischen Untersuchung

Daß im oberen Teil der Abstiegsrampe bei der Wahllinie 1 die Steigung auf 2,3% ermäßigt werden konnte, hat sich auf den Verlauf der Geschwindigkeitslinie günstig ausgewirkt. Bei den Verbrauchswerten ist ein entsprechender Vorteil jedoch nicht zu beobachten. Die Fahrzeitkurven für die Bergfahrt *B A* zeigen, daß der Vorsprung, den das Fahrzeug bei km 20 am Ende der Stufe auf der Linie 1 erzielt hat, in der flacheren oberen Steigungsstrecke zum großen Teil wieder verlorengeht. Der Vorteil im Brennstoffverbrauch wird auf dieser Strecke völlig aufgezehrt. Das Einschalten flacherer Steigungen in Aufstiegsstrecken ist nicht in jedem Fall ein Mittel zur Verbesserung der Ergebnisse.

Für die Rückfahrt *B A* ist die flache Gefällstrecke der Wahllinie 2, die oberhalb des Aufstiegs bei km 18 liegt und 0,5% Längsneigung hat, durchaus günstig. Bei der Hinfahrt jedoch entsteht dort ein erheblicher Mehrverbrauch an Brennstoff, der sich bis zum Linienende nicht mehr verringert.

Das Δt-Verfahren ist für die Untersuchung des vorliegenden Beispiels besonders geeignet, weil es auf die wenig ausgeprägten Unterschiede in den Gradienten der beiden Wahllinien mit genügender Empfindlichkeit anspricht. Da die Strecken verhältnismäßig kurz sind, bleibt der Arbeitsaufwand in erträglichen Grenzen. Bei großen Streckenlängen ist es besser, mit einem abgekürzten Verfahren zu arbeiten. Wenn es zulässig ist, die Gradienten etwas zu vereinfachen, kann man mit Vorteil das von W. MÜLLER [*105*] entwickelte rechnerische Untersuchungsverfahren anwenden. Ein weiteres, auch für genauere Ermittlungen geeignetes Verfahren hat VERHASSELT [*106*] angegeben. Als Trassierungshilfsmittel, das ohne merkliche Einschränkung der Genauigkeit bei der Untersuchung längerer Wahllinien die Aufgabe des Δt-Verfahrens übernehmen soll, ist im Rahmen der vom Bundesverkehrsministerium gestellten Forschungsaufgabe[1] ein Netztafelverfahren entwickelt worden, dessen Veröffentlichung bevorsteht.

2.5 Die Autobahnen

2.51 Die Entwurfsklassen

Für die deutschen Autobahnen sind vier Entwurfsklassen aufgestellt, die den Unterschieden der Geländeverhältnisse angepaßt sind, weil die Ausbaugeschwindigkeiten vermindert werden, je höher die Straße in die Berge steigt. Daraus ergeben sich dann auch geringere Mindesthalbmesser für die Krümmungen und für die Ausrundung, so daß den Schwierigkeiten der Linienführung in gebirgigem Gelände entsprechend die Grundformen in den Anforderungen erleichtert werden (Baurab TG. 1943).

Tabelle 21. *Trassierungsgrenzwerte für die Entwurfsklassen 1 bis 4*

	Klasse 1 Flachland V_1 = 160 km/h*	Klasse 2 Hügelland V_2 = 140 km/h*	Klasse 3 Bergland V_3 = 120 km/h*	Klasse 4 Hochgebirge V_4 = 100 km/h*
Krümmungshalbmesser $R \geqq$ . .	2000 m (1000)**	1200 m (600)**	800 m (400)**	500 m (250)**
Kuppenausrundung $R_k \geqq$ . . .	20000 m	12000 m	8000 m	8000 m (5000)**
Wannenausrundung $R_w \geqq$ . . .	10000 m	8000 m	6000 m	6000 m (4000)**
Zulässige Steigung $p \leqq$	4%	4%	4%	4,5%
Sichtlänge $L \geqq$	300 m	250 m	200 m	150 m

* Berechnungsgeschwindigkeit.
** Klammerwerte werden in Ausnahmefällen zugelassen.

[1] Siehe Fußnote auf S. 180.

Da es sich um Mindestwerte handelt, wird es Aufgabe einer überlegenen Gestaltung sein, soweit als möglich über sie hinauszugehen. Wenn für jede Klasse die Ausbaugeschwindigkeit maßgebend ist, muß der Bahnbenutzer aus den Geländeformen erkennen, in welchem Bereich er sich befindet und mit welcher Geschwindigkeit er fahren kann.

Längs der Bundesautobahn dürfen Hochbauten jeder Art in einer Entfernung bis zu 40 m, gemessen vom äußeren Rand der befestigten Fahrbahn, nicht errichtet werden. Auf einer Entfernung bis zu 100 m dürfen Genehmigungen für Bauten nur mit Zustimmung der obersten Landstraßenbehörde erteilt werden (FStrG § 9 vgl. S. 100). Diese Baubeschränkungen gelten nur für die freie Strecke.

2.52 Technische Linienführung

2.521 Querschnitt der Bundesautobahnen und anderer Autobahnen

Da die Bundesautobahnen Fernstraßen für den starken Verkehr mit schnellen und schweren Kraftfahrzeugen sind, gelten für sie die Maße SS von Seite 88 mit getrennten Fahrbahnen für jede Richtung. Gegenüber dem Regelquerschnitt der ersten Autobahnen mit einer Kronenbreite von 26,5 m ist derjenige, der jetzt nach der BBA — Q 1955 gilt, 30 m breit, weil die Standspur von 2,25 auf 2,50 m, die Randstreifen am Mittelstreifen von 0,5 auf 0,75 m verbreitert worden sind, zwischen Fahrbahn und Standspur noch ein Leitstreifen von je 0,75 m eingefügt ist und der Rasenstreifen (Schulter) auf 1,5 m vergrößert ist (Abb. 157).

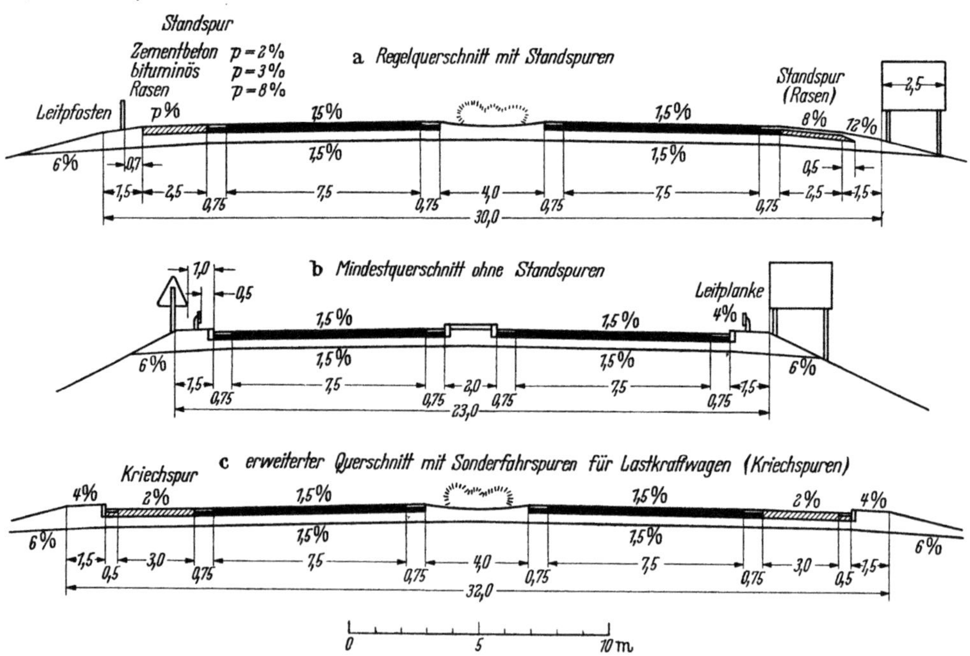

Abb. 157. Regelquerschnitte der BAB nach BBA — Q 1955

Wenn die örtlichen Verhältnisse eine Einschränkung verlangen, müssen die beiden Standspuren fortfallen, und der Mittelstreifen kann auf 2 m verringert werden. Dann ermäßigt sich die Kronenbreite auf 23 m. Ein Sonderfall ist dann gegeben, wenn in starken Steigungen oder Gefällen für die schweren Lastkraftwagen außerhalb der Fahrbahnen Kriechspuren vorzusehen sind, damit der übrige Verkehr nicht durch den langsamen der Lastkraftwagen aufgehalten wird, wenn nicht überhaupt in Zukunft alle Autobahnen dreispurig angelegt werden. Wo dies vorgesehen ist, wird der Mittelstreifen gleich 12 m breit gemacht.

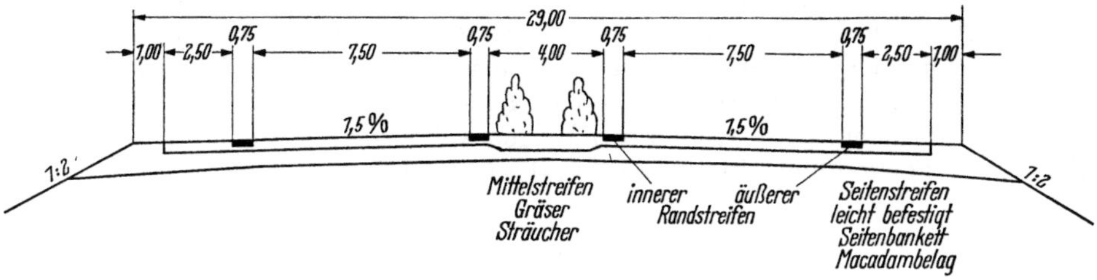

Abb. 158. Querschnitt der Autobahn Salzburg – Wien

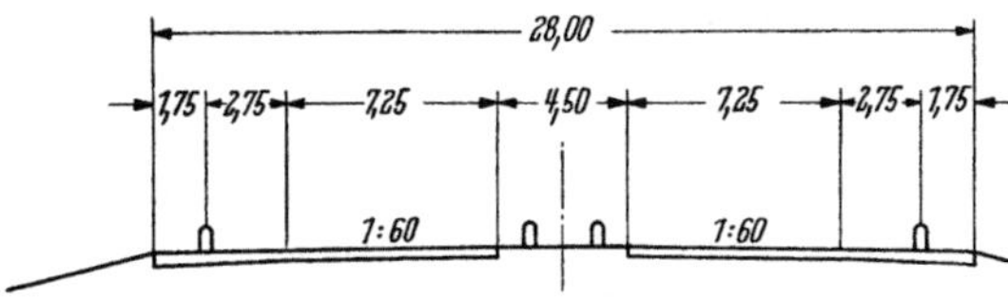

Abb. 159. Querschnitt der Autobahn in den Niederlanden

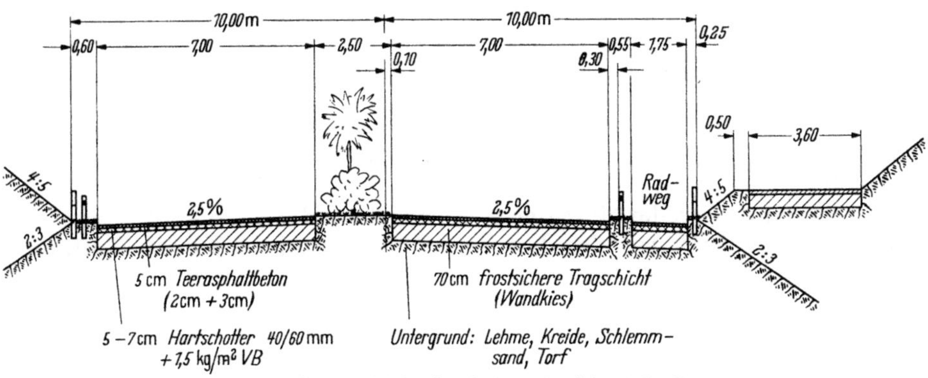

Abb. 160. Querschnitt der Autobahn in der Schweiz bei Luzern

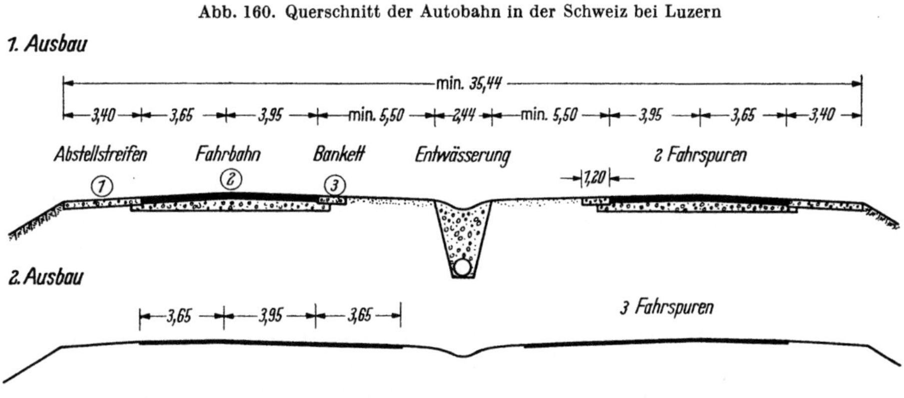

Abb. 161. Üblicher Querschnitt einer Autobahn (Turnpike) in den VStA

Der Querschnitt der Autobahn Salzburg – Wien (Abb. 158) entspricht fast ganz dem deutschen mit der Ausnahme, daß die unbefestigten Rasenstreifen nur 1 m breit sind und die Kronenbreite daher nur 29 m beträgt [*107*]. Auch der Autobahn-Querschnitt in den Niederlanden weicht nur unbedeutend von dem deutschen ab. Durch Verringerung der Leitstreifen erhält die Kronenbreite 28 m (Abb. 159) [*108*].

Die erste Autobahn in der Schweiz bei Luzern hat einen Querschnitt erhalten, den Abb. 160 wiedergibt [*109*]. Wie aus der Abb. 161 zu entnehmen ist, unterscheiden sich auch die Autobahnen in den VStA nicht wesentlich von den europäischen. In der Nähe von Städten oder anderen Verkehrsknoten erhalten sie allerdings meist 3 oder 4 Fahrspuren auf jeder Richtungsbahn. Wegen ihrer Breite ($\geqq$ 35,4 m) entwässern sie sowohl nach den Seiten wie nach der Mitte. Die Mulde in dem Mittelstreifen soll Wagen auffangen, die nach links von der Fahrbahn abgekommen sind, ehe sie in die Gegenfahrbahn geraten.

2.522 Linienführung im Grundriß

Die zügige Form der Linie wird mehr durch die Anwendung großer Halbmesser als langer Geraden in Erscheinung treten. Ein dem Gelände angepaßter Richtungswechsel ist sogar erwünscht und soll mit möglichst großen Bögen vorgenommen werden (s. S. 85). Übergangsbögen haben sich nicht nur fahrtechnisch, sondern aus Gründen einer für das Auge befriedigenden Gestaltung auch für sehr große Halbmesser als notwendig erwiesen, weil die perspektivische Verkürzung, wenn kein Übergangsbogen vorhanden ist, im Auge des Fahrers am Ansatz von Tangente und Bogen den Wechsel viel schärfer zum Ausdruck bringt, als der Lageplan vermuten läßt, so daß auch der Fahrer dadurch ungünstig beeinflußt wird. Die aus diesem Anlaß angewendeten Übergangsbögen sollen im Gegensatz zu den fahrtechnisch bedingten „ästhetische Übergangsbögen" genannt werden.

Übergangsbögen, die nach der Klothoide (s. S. 111) ausgebildet werden, sind bis zu Halbmessern von 3000 m anzuwenden, darüber hinaus empfohlen [*104*].

Werden lange Geraden durch eine Schlängelung der Linie ersetzt, was anzustreben ist, so verlängert sich diese gegenüber dem Abstand in der Luftlinie. Man nennt das Verhältnis

$$K = \frac{\text{wirkliche Streckenlänge}}{\text{Luftlinie}}$$

Kurvigkeit. Sie schwankt zwischen 1 und 1,2. Wenn sich herausstellt, daß auf Strecken mit einem niedrigen K die Häufigkeit der Unfälle höher ist als bei solchen mit höherem K, dann ist damit bewiesen, daß lange Geraden die Verkehrsgefahr vermehren.

2.522.1 Querneigung in der Krümmung

Alle Krümmungen werden überhöht, Mindestmaß $q = 1{,}5\%$, Höchstmaß $q = 6\%$ (BBA—Q 1955). Bei langen Übergangsbögen ist der Fliehbeschleunigungsanstieg sehr gering, die Fahrt durch die Krümmung daher frei von jeder unangenehmen Einwirkung. In den Entwurfsklassen 3 und 4 werden bei den Mindesthalbmessern höhere Kraftschlußbeiwerte bis zu 0,25 für die Seitenführungskraft in Anspruch genommen, darum sind die Fahrbahnen dieser Krümmungen mit besonders griffigen Decken zu versehen.

Wenn bei sehr großen Halbmessern Übergangsbogen nicht nötig sind, wird die Anrampung in die Tangente verlegt. Auf jeden Fall muß die volle Querneigung bei Beginn des Hauptbogens erreicht sein. Das Steigungsverhältnis richtet sich nach dem Maß der Überhöhung und der Länge des Übergangsbogens.

Bei der inneren Fahrbahn, die bereits schon im Sinne der Überhöhung geneigt ist, verläuft die Anrampung zwanglos. Bei der Drehung sind je nach der Drehpunktswahl zwei Grenzfälle möglich, entweder sind die beiden Querschnitte sägeförmig gestaffelt (Abb. 162a und b) oder liegen in einer Ebene (c). Die erste Anordnung kommt bereits einer Staffelung der beiden Fahrbahnen gleich, die noch besonders behandelt wird. Für die Gestalt der Krümmung — Länge des Übergangbogens und Form der Anrampung — sind maßgebend die Regeln, die auf S. 136 gegeben sind. Wenn die Form der Querneigung des Geländes darauf hinweist, sind zwischen diesen beiden Grenzfällen viele andere möglich und zur Ersparnis an Erdarbeiten, zur Verbesserung der Entwässerung und des Aussehens zu empfehlen[1].

a

b

c

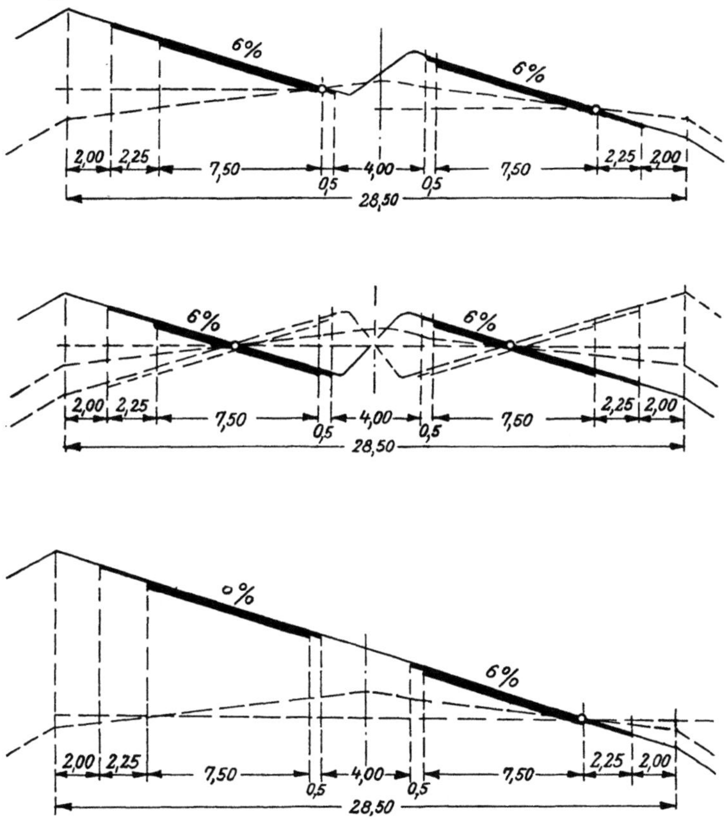

Abb. 162. Drehpunktslage für die Neigung der Fahrbahn in der Krümmung. Der Querschnitt entspricht den Maßen der ersten Reichsautobahnen

Bei waagerechter Lage der Achse ist in dem Bereich der Anrampung, der in der Nähe des Durchganges durch den waagerechten Querschnitt liegt, kein genügendes Quergefälle zur Entwässerung vorhanden. Darum soll angestrebt werden, daß auf der Strecke, deren Querneigung $< 0{,}5\%$ ist, ein Mindestlängsgefälle von $0{,}5\%$ vorhanden ist. Das wird in der Regel der Fall sein, denn die Achse wird meist geneigt sein (s. S. 137).

Der Sonderfall (Abb. 162b), daß die Drehung um die Mittelachse jeder Fahrbahn vorgenommen wird, ist die Regel, wenn es sich um den Übergang zwischen zwei Gegenkrümmungen handelt. Dadurch werden die Anrampungen in die Übergangsbögen hineingelegt und damit entfällt die Zwischengerade zwischen den beiden Gegenkrümmungen, s. Abb. 112. Besondere Beachtung ist den Fällen zu widmen, wenn Krümmungen oder Teile von ihnen mit Kuppen und Wannen im Aufriß der Linie zusammenfallen. Auf Unstetig-

[1] Vorläufige Anweisung für die Durchführung der Bauarbeiten an den Reichsautobahnen. Nr. 7 Staffelung der Fahrbahnen.

keiten in Form von Wellen, die dabei entstehen, wenn sich die Ausrundung mit der gleichmäßig ansteigenden Anrampung überschneidet, ist schon im Abschnitt 2.345.3 (S. 140) hingewiesen. In solchen Fällen ist auch die Anrampung der Ausrundung (in der Wanne oder Kuppe) anzuschmiegen, eine Maßnahme, die nur auf zeichnerischem Wege zu lösen ist, indem das Längsprofil der anzurampenden bogenäußeren Fahrbahnkante in möglichst überhöhtem Maßstabe aufgetragen wird und die sich etwa zeigenden Unstetigkeiten ausgeglichen werden. Der Verwindungsanstieg ist dann ungleichmäßig.

Bei großen Unterschieden zwischen den Abmessungen der Halbmesser sind bei ihrem Zusammentreffen Übergangsbögen nach der Klothoidenform vorzusehen, die sich aus fahrtechnischen (S. 115) und aus Gründen des Aussehens empfehlen (Abschnitt 3.1, S. 216). Größere Abweichungen im Halbmesser bedingen auch Unterschiede in der Querneigung, die durch Anrampungen auszugleichen sind, die in die Übergangsbögen verlegt werden. Wo diese nicht vorhanden sind, verteilt sich die Anrampung auf die anschließenden Kreisbögen. In der Regel werden aber Korbbögen, die so geringe Unterschiede im Halbmesser haben, daß von Übergangsbögen abgesehen werden kann, auch mit einer gleichmäßigen Überhöhung auskommen. Wenn der Unterschied in der Querneigung nicht mehr als 1,5% beträgt, werden beide Bögen mit einem Mittelwert überhöht.

2.522.2 Sichtfreilegung in Krümmungen

Da die Fahrbahnen der Autobahnen nur in einer Richtung befahren werden, kann für die Sichtweite im Grundriß nur die Bremsstrecke maßgebend sein, die nach den Angaben auf S. 142 zu berechnen ist. Als Kraftschlußbeiwerte können die auf S. 141 angegebenen benutzt werden.

Die Länge der Bremsstrecke wird in die Mitte der rechten Fahrspur als Bogenlänge hineingelegt, genau nach Abb. 117 (S. 144). Die Verbindungslinie der Endpunkte begrenzt als Sehne die Sichtberme nach außen. Bei großen Halbmessern ist das Sichtmaß C so gering, daß die Sehne aus dem Straßenplanum nicht herausfällt. Wenn der Abstand der inneren Fahrlinie vom Böschungsfuß zu $C = 6$ m angenommen wird, gilt das bei den für die vier Entwurfsklassen verlangten Sichtweiten (Tabelle 21, S. 191), wenn die Halbmesser

in Klasse 1 $R > 1800$ m	in Klasse 3 $R > 800$ m
„ „ 2 $R > 1200$ „	„ „ 4 $R > 500$ „

sind.

2.523 Linienführung im Aufriß

Die ungünstigen Erfahrungen an den Steilstrecken der ersten Autobahnlinien bis zu 7% und mehr haben dazu geführt, die Steigungen zu ermäßigen (Tab. 21, S. 191) und ihre Länge zu begrenzen, d. h. längere Steigungen (> 1,5 km Länge) durch flacher geneigte Erholungsstrecken, die nur 1 ··· 1,5% geneigt und mindestens 400 m lang sind, zu unterbrechen. Demnach können höchstens durch eine Steigung an Höhe gewonnen werden, wenn 4% nicht überschritten werden sollen, 60 m. Dann muß eine Erholungsstrecke eingelegt werden. Diese Anweisung, die im ersten Augenblick als eine Erschwernis in der Auslegung der Linie erscheint, wird indessen leicht durchzuführen sein. Vor allem bieten die Bauwerke, wie Brücken und Dämme, eine günstige Gelegenheit, die flachen Unterbrechungen einzuschalten. Solche Strecken sollen mit Rastplätzen verbunden werden, an denen auch Kühlwasser ergänzt werden kann.

2.523.1 Neigungswechsel

Die Mindesthalbmesser zur Ausrundung der Kuppen berücksichtigen die genügende Sichtweite und bei den Wannen die fahrtechnischen Vorgänge beim

Durchfahren hohlgekrümmter Linien (Zusammendrücken der Federn). Die Grenzwerte sollten indessen nur ausnahmsweise angewendet werden, weil die Zügigkeit der Linie mit größerem Halbmesser sehr verbessert werden kann.

Im Aufriß besteht kein Bedenken, die Bögen von Kuppen und Wannen ohne Zwischengeraden aneinanderzulegen. Für die Übergangsbögen gelten die Ausführungen in den Abschnitten 2.223 ··· 2.226. Die in Tabelle 21 angegebenen Kuppenausrundungen entsprechen der Ausbaugeschwindigkeit. Zwischenwerte lassen sich aus der Abb. 163 entnehmen. Sie sind berechnet nach der Formel für die Bremsstrecke (Gl. 9, S. 53)

$$b_r = \frac{v^2}{2g\,(\mu \pm s/100)} + v$$

und S. 76 $$H = \frac{b_r^2}{2\,(f + 2 \cdot \sqrt{f \cdot h} + h)}.$$

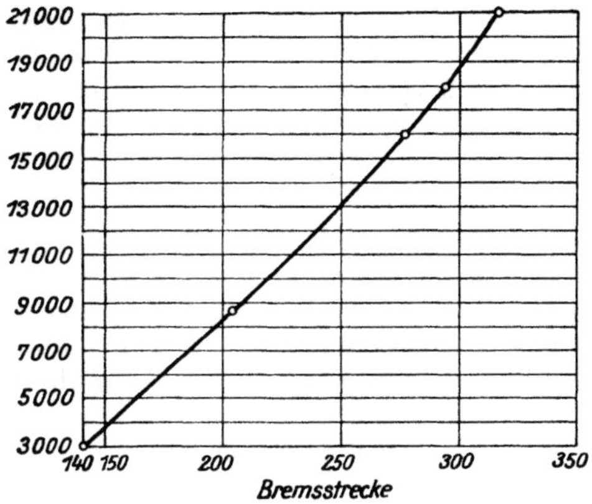

Abb. 163. Halbmesser H für die Ausrundung der Kuppen bei gegebener Bremsstrecke

Für μ ist der Wert 0,252 angenommen. In der vorläufigen Anweisung für die Durchführung der Bauarbeiten bei den Autobahnen Nr. 3 Trassierungsgrundsätze ist mit Werten $\mu = 0{,}40$ in Entwurfsgruppe 1, $\mu = 0{,}45$ in Entwurfsgruppe 2 und $\mu = 0{,}50$ in Entwurfsgruppe 3 gerechnet.

2.523.2 Staffelung der Fahrbahnen

Unter Staffelung der Fahrbahnen wird die Anordnung der beiden Richtungsfahrbahnen in verschiedener Höhenlage verstanden.

Bei einer Gesamtbreite des Straßenplanums (S. 192, Abb. 157) von 30 m würde ein Hang schon bei geringer Querneigung, auch wenn die Achse im Gelände liegt, stark angeschnitten und Aufträge von erheblichem Ausmaß und umfangreiche Erdbewegungen im Querausgleich ergeben.

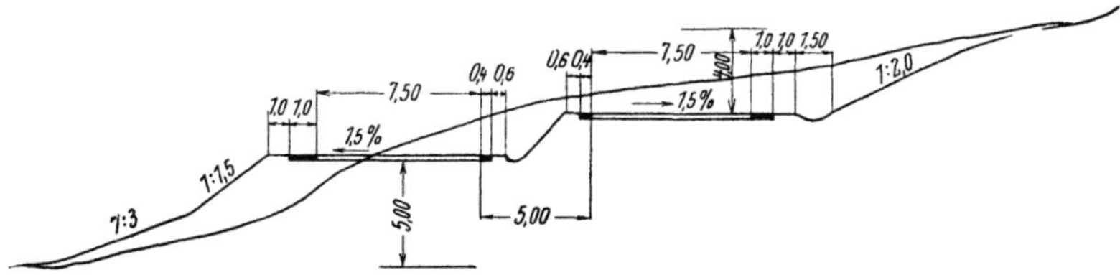

Abb. 164. Querschnitt durch eine gestaffelte Reichsautobahn mit ausgerundeten Böschungen

Die Wirtschaftlichkeit, die Sicherheit des Straßenkörpers besonders in rutschgefährlichem Boden und das Einpassen der Bahn im Gelände lassen es angezeigt sein, die beiden Fahrbahnen in verschiedene Höhen zu legen, die bergseitige über die talseitige. Für den Verkehr bringt das noch den Vorteil, daß die Blendwirkung der Scheinwerfer, die jetzt in verschiedener Höhe liegen, verringert und der Ausblick von der inneren Fahrbahn durch die äußere nicht behindert wird. Stütz- und Futtermauern erfordern geringe Abmessungen. Anordnung einer gestaffelten Fahrbahn gibt Abb. 164 für eine Geländequerneigung von rd. 26%.

Der Höhenunterschied der beiden bogeninneren Fahrbahnkanten wird als *Staffelmaß* bezeichnet. Es ist um so größer, je stärker der Hang geneigt ist.

Da bei der Staffelung sich die Höhen und Abstände der beiden Fahrbahnen verschieben, müssen Übergänge hergestellt werden, die sich am leichtesten und am wenigsten auffällig vornehmen lassen, wenn im Aufriß und Grundriß die Staffelung nicht aus einer Geraden, sondern aus Krümmungen entwickelt wird, weil dann am ehesten scharfe Gegenkrümmungen vermieden werden.

Diese Forderung wird sich leicht erfüllen lassen, weil Staffelung nur in bewegtem Gelände in Frage kommt, in dem eine gewundene Linienführung mit Steigungen oder Gefällen sich von selbst ergibt. Krümmungen, aus denen sich die Staffelung dann entwickeln läßt, indem im Aufriß die Fahrbahnen gegeneinander überhöht werden, sind zwanglos vorhanden.

An steilen Hängen wird der lotrechte Abstand der gestaffelten Fahrbahnen groß sein. Dann können die beiden Fahrbahnen unter Verzicht auf den mittleren Grünstreifen zusammengerückt werden und an Stelle einer platzbeanspruchenden Böschung wird die obere Fahrbahn durch eine Stützmauer abgefangen. Wenn ausnahmsweise die Fahrbahnen aus einer Geraden gestaffelt werden müssen, soll die bergseitige angehoben werden, die talseitige durchlaufen. Ein anderes Beispiel ist die Staffelung der Autobahn bei Luzern (Abb. 165).

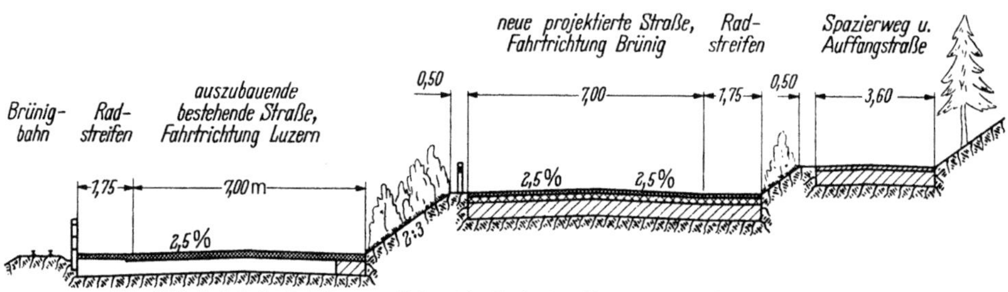

Abb. 165. Autobahn bei Luzern (Schweiz), die beiden Richtungsfahrbahnen sind gestaffelt

In sehr steilem Gelände kommt die getrennte Linienführung für die beiden Fahrbahnen in Frage, daß die eine in einem Tal, die andere in einem anderen geführt wird, daß also Abstieg und Aufstieg getrennt werden, z. B. auch an einander gegenüberliegenden Hängen.

Wenn das Gelände sehr eng ist, können die beiden Fahrbahnen übereinander gelegt werden. Die obere Fahrbahn liegt als Hochstraße auf einem Brückentragwerk. Diese Anordnung ist für Autobahnen und Hochstraßen in Städten schon vorgeschlagen und in Boston (VStA) auch ausgeführt worden.

Schrägneigungen. Für Autobahnen wird die Schrägneigung, die sich aus Längs- und Quergefälle ergibt, auf 7% festgelegt (s. S. 152). Sobald sie überschritten wird, ist zu versuchen, durch Verflachung der Steigung oder Wahl größerer Halbmesser zur Ermäßigung des Quergefälles die Schrägneigung in diese Grenze zu bringen.

Die Regelform muß für die Staffelung noch an verschiedenen Stellen abgeändert werden, z. B. hinsichtlich der Entwässerung. Auszugehen ist von einer lichten Fahrbahnweite (LFW.) von 9 m, die sich zusammensetzt aus der eigentlichen Fahrbahn von 7,50 m und je zwei befestigten Randstreifen von 0,75 m. Soweit nicht das Quergefälle durch die Größe der Krümmung vorgeschrieben ist, sollen beide Fahrbahnen nach der Talseite entwässern. Das Quergefälle soll indessen nach der Bergseite hin gerichtet sein an steilen Hängen, hohen Böschungen und dort, wo mit Glatteisbildung zu rechnen ist, damit abgleitende Wagen gegen den Hang und nicht gegen die Talböschung abkommen.

Das Niederschlagswasser von den Hängen, Böschungen und der innenliegenden Fahrbahn wird in Gräben, Mulden oder Spitzgräben aufgenommen, die an der Bergseite an den befestigten Randstreifen von 0,75 m Breite anschließen. In ihnen kann sich auch Boden infolge Böschungsauswaschung ablagern, damit er nicht die Fahrbahn verschlammt. Da unsicher ist, ob die Entwässerung ausreicht, und das auch von der Unterhaltung abhängt, muß in der Regel ein gepflasterter Spitzgraben angewendet werden, aus dem das Wasser in Abständen durch Einlaufschächte und Dolen abgeführt wird, die sich nach der Größe des Einzugsgebietes richten. Da die Beläge der Fahrbahnen völlig undurchlässig sind, demnach mit einem hohen Abflußbeiwert gerechnet werden muß, der nahe bei 1 liegt, und gestaffelte Fahrbahnen sich in den höheren Lagen befinden, in denen starke Regen anfallen, so muß für eine schnelle Abführung durch Einfallschächte gesorgt werden. Auf einen Schacht sollen nicht mehr als 600 qm Einzugsgebiet entfallen (s. S. 294).

2.524 Gebote für die richtige Linienführung

Zu der Aufgabe, eine wirtschaftlich und technisch vollkommene Linienführung zu schaffen, gehört noch das Bestreben, die Straßen- und Autobahnen nicht nur als technisches, sondern auch als Kunstwerk zu behandeln, indem man versucht, für die geometrische Anordnung im Grund- und Aufriß Gesetzmäßigkeiten aufzufinden, daraus Richtlinien abzuleiten, die die *innere* Harmonie der Bahn für den Benützer begründen, und für die formvollendete Einpassung der Bahn in die umgebende Landschaft Gesichts- und Anhaltspunkte zu gewinnen, die auch den Beschauer durch die *äußere* Harmonie des Bauwerkes beeindrucken. Alle Überlegungen und vor allem die Beobachtungen an den fertigen Strecken haben erkennen lassen, daß vor allem das *Gesetz der Stetigkeit* waltet, dem man alle Maßnahmen anzupassen hat. Diese Stetigkeit ist schon gegeben aus den Forderungen, die die Fahrdynamik stellt, daß Geschwindigkeitswechsel möglichst vermieden werden. Psychologisch wird jede Unstetigkeit in der Straßenanlage wie auch in der Fahrweise als Schock empfunden, der Unsicherheit erregt. Wenn man dieses Gesetz auf die geometrische Anordnung übertragen will, werden die folgenden *10 Gebote* zu beachten sein [*110*]:

1. Höhen- und Lageplan müssen miteinander abgestimmt werden, weil die Autobahn ein räumliches Gebilde ist. Jedes Abweichen von der Stetigkeit des Linienflusses im Grund- und Aufriß macht sich durch die perspektivische Verkürzung in gesteigerter Form bemerkbar, stört das Bild der Strecke und beeinflußt den Fahrer ungünstig. Übereinstimmung der Wendepunkte im Lageplan zu denen im Höheplan ist anzustreben (s. S. 220).

2. Kurze Bogenlängen zwischen langen Geraden machen sich als unschöne Knicke bemerkbar. Bei Richtungsänderungen sollen die Winkel nicht zu klein sein. Das Verhältnis zwischen dem Zentriwinkel und Halbmesser soll aber ein solches sein, daß eine gute Übersicht in der Krümmung gegeben ist (s. S. 141).

3. Die Gerade ist kein wesentlicher Bestandteil der Linie. Vor allem sollen lange Geraden vermieden werden, es sei denn, daß sie auf Blickpunkte ausgerichtet werden. Diese dürfen aber nicht im Zielpunkt der Straße selbst stehen, weil sie dann den Fahrer verleiten, seine Geschwindigkeit immer mehr zu erhöhen. Sie sollen über dem Horizont liegen, z. B. Türme oder Bergspitzen. Im flachen Gelände ist die Schlängelung weniger angebracht. Lange Geraden im Grundriß sollen auch im Aufriß nicht waagerecht oder gerade gelegt, sondern hohl geknickt werden, wenn das Gelände dazu geeignet ist (Regel aus dem Städtebau).

4. Bei Linienführung im Waldgelände sind Ein- und Austritt in Krümmung zu legen.

5. In bewegtem Gelände soll die Linienführung sich diesem anschmiegen.

6. Zwischen langen Krümmungen sollen keine kurzen Geraden liegen. Bei Gegenkrümmungen unmittelbarer Anschluß der Übergangsbögen aneinander (vgl. Abb. 111 und 112, S. 134). Korbbögen sind zuzulassen, aber statt einer Geraden ist zwischen zwei gleichgerichtete Krümmungen eine Ausgleichkrümmung zu legen.

7. Übergangsbögen sind auch bei großen Halbmessern zu empfehlen mit großen Längen, um die Unstetigkeit, die in der perspektivischen Verkürzung stark zum Ausdruck kommt, zu beseitigen.

8. Die Verbreiterung des Mittelstreifens zur Belebung der Bahn kommt besonders in Krümmungen in Frage. Eine Mulde fängt Wagen auf, die aus der Fahrbahn gekommen sind (s. S. 194).

9. Die Ausrundung der Kuppen und Wannen darf nicht zu klein genommen werden, da zu kleine Wannenausrundungen sich als Knicke abzeichnen und schlechte Sicht bei Nacht ergeben. Wechsel von Kuppen und Wannen in zu geringem Abstand bewirkt Flattern

der Bahn. Das gilt besonders in Krümmungen. Höhenbewegung so stetig als möglich. Auch bei Kuppen mit großer Ausrundung wird der Fahrer unsicher werden, wenn er erst wenig Meter vor dem Scheitel sehen kann, wie die Straße weiter verläuft. Kuppen sollten daher in eine Krümmung gelegt werden und die Außenränder bepflanzt, damit das Auge über den Scheitel hinweg einen Halt findet. Dabei entsteht eine Raumkurve, die nach den auf S. 222 gegebenen Regeln ausgebildet werden soll. Kurze Zwischengeraden zwischen gleichgerichteten Bögen auch im Aufriß möglichst vermeiden. Korbbögen sind zugelassen. Bei Kuppen wird eine waagerechte Zwischengerade angebracht sein, wenn Bahn auf dem Damm liegt.

10. Da die Erfahrung an den ersten Autobahnen gelehrt hat, daß sie günstige Vorsprungszonen (S. 20, 65) nur dann bieten, wenn sie nicht zu weit von den Siedlungsschwerpunkten abbleiben, sollten auch bei hohen Grunderwerbskosten die Autobahnen nahe an die Städte gelegt werden.

2.53 Ausbildung der Anschlußstellen, Abzweigstellen und Knotenpunkte der Autobahnen

2.531 Form des Abbiegens und Einmündens

Bei Autobahnen sind plangleiche Kreuzungen nicht zugelassen, es herrscht Richtungsverkehr, dem die Ab- und Zufahrten und die Übergänge von einer zu einer anderen Richtung so angepaßt werden müssen, daß die Leistungsfähigkeit der Bahn dadurch nicht beeinträchtigt wird. Grundsätzlich geschieht das in der Weise, daß bei dem üblichen Rechtsverkehr ein Abbiegen nur *nach* rechts und ein Einmünden nur von rechts zugelassen wird (Abb. 166). Die Abzweig-

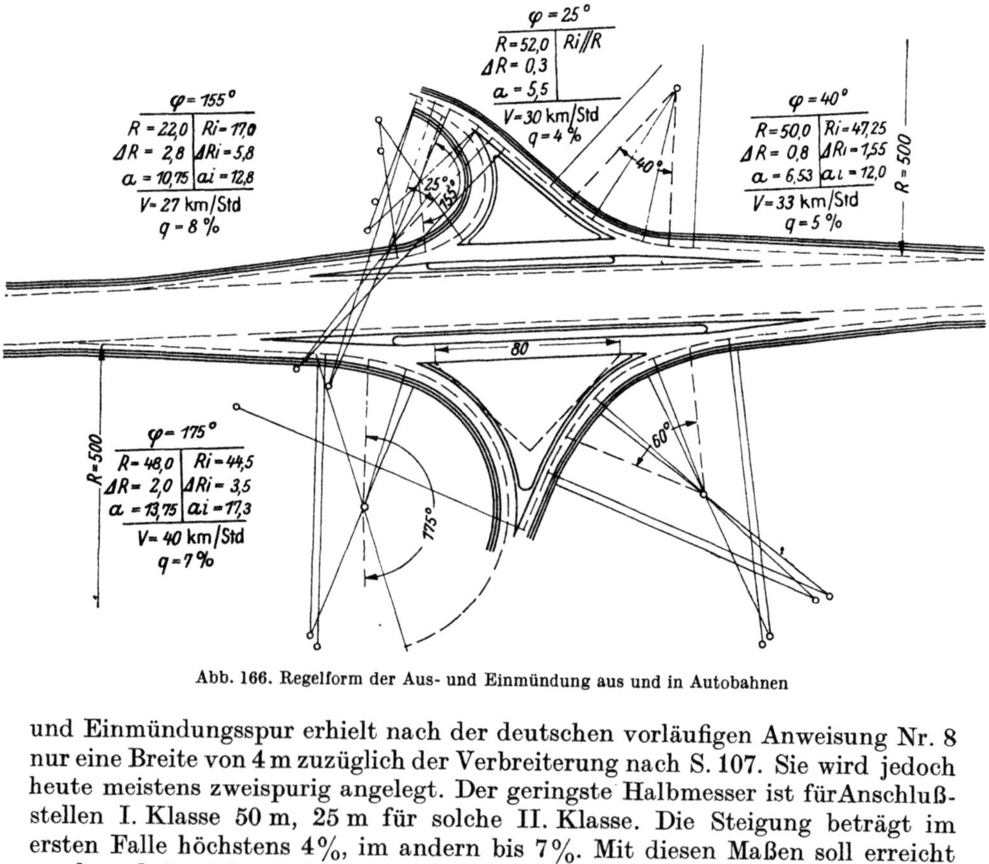

Abb. 166. Regelform der Aus- und Einmündung aus und in Autobahnen

und Einmündungsspur erhielt nach der deutschen vorläufigen Anweisung Nr. 8 nur eine Breite von 4 m zuzüglich der Verbreiterung nach S. 107. Sie wird jedoch heute meistens zweispurig angelegt. Der geringste Halbmesser ist für Anschlußstellen I. Klasse 50 m, 25 m für solche II. Klasse. Die Steigung beträgt im ersten Falle höchstens 4%, im andern bis 7%. Mit diesen Maßen soll erreicht werden, daß solche Anlagen möglichst gedrungen ausfallen und nicht zuviel Fläche beanspruchen. Da Krümmungen mit solchen Halbmessern nur mit verminderter Geschwindigkeit befahren werden können, müssen neben der durchgehenden Autobahn Verzögerungs- oder Beschleunigungsspuren angelegt werden, damit sich die aus- oder einbiegenden Wagen auf die veränderte Geschwindigkeit einstellen können, ohne den anderen Verkehr aufzuhalten und zu gefährden. Nach der genannten Anweisung wurde die abzweigende Spur ganz spitz (Winkel $5° = 6^g$ ausgerundet mit $R = 500$ m) aus der Fahrspur abgelenkt, entsprechend dem erforderlichen Brems- oder Beschleunigungsweg auf etwa 100 m Länge dicht neben der Autobahn in gleicher Höhe weitergeführt und dann mit einem Übergangsbogen — einfacher Klothoide — an den gewählten Hauptkreis der Abzweigung angeschlossen. Zwischen Abzweigung und Autobahn liegt ein am Trennungspunkt spitz zulaufender Grünstreifen, der an der Einmündungsseite der Anschlußstelle soweit als möglich vorgezogen wird, damit ein vorzeitiges Befahren der Autobahn ausgeschlossen ist. Die Ausfahrt- und die Einfahrtspur sind auf derselben Autobahnseite unter sich verbunden, damit ein Wagen, der irrtümlich ausgeschert ist, wieder gefahrlos auf die Bahn zurückgelangen kann, ohne bis zum Fuß der Anschlußstelle abfahren und dort wenden zu müssen. Auch wird durch diese dritte Fahrspur eine Möglichkeit zum Parken und Tanken geschaffen.

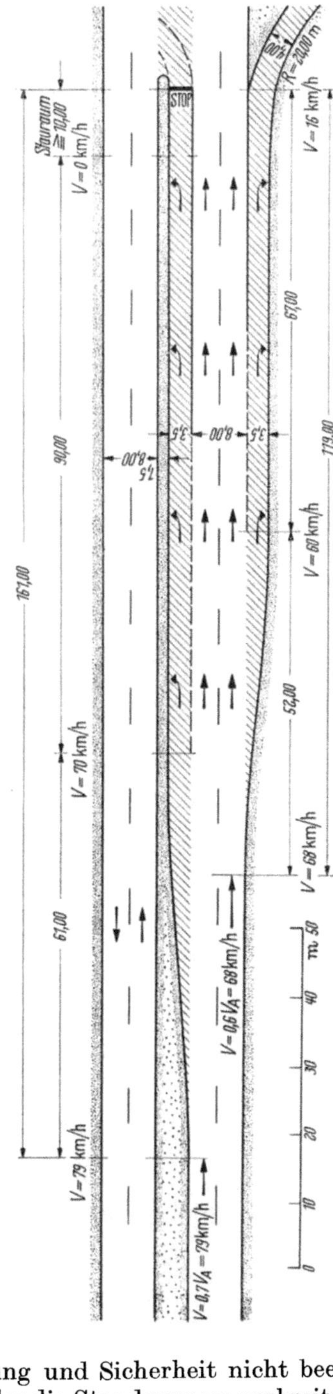

Abb. 167. Verzögerungsstrecken für die Ausfahrt sowohl nach rechts wie nach links bei einer autobahnähnlichen Schnellverkehrsstraße nach Prof. FEUCHTINGER

Damit der Kraftfahrer an solchen Stellen stets die gleiche Anordnung vorfindet und keine Überraschung erlebt, die ihn unsicher machen, bildet man die Übergänge möglichst gleichartig aus. In jüngster Zeit wurden verschiedenartige Verbesserungen der Ausfädelungs- und Einfädelungsstrecken vorgeschlagen und auch schon ausgeführt. Die Verzögerungsspuren sollen wie folgt verbessert werden:

1. Professor FEUCHTINGER [*111*] schlägt in Anlehnung an die amerikanischen Richtlinien AASHO (1954) Fahrstreifen von 3,5 m Breite vor, die rechts parallel zur geraden oder gekrümmten Autobahn liegen und auf denen nach Durchfahren einer Überleitungsstrecke entsprechend einer Ausscherzeit von 3 sek. ohne Gas und Bremsung aus einer Geschwindigkeit, die das 0,6fache der Autobahngeschwindigkeit sein soll, mit einer mittleren Verzögerung von 2,5 bis 3 m/sek.² auf die Ausbaugeschwindigkeit der Anschlußstelle abgebremst wird. Weil die Autobahn mit voller Geschwindigkeit verlassen werden kann, wird der Streckenverkehr in keiner Weise behindert und damit die Leistung und Sicherheit nicht beeinträchtigt (Abb. 167). Da nur der Randstreifen oder die Standspur zu verbreitern ist, erfordert diese Form eine geringere Geländefläche als die bisher übliche

schräg verlaufende Spur nach Abb. 166, wenn auf die oben erwähnte Verbindungsstrecke zwischen Ein- und Ausfahrt verzichtet wird.

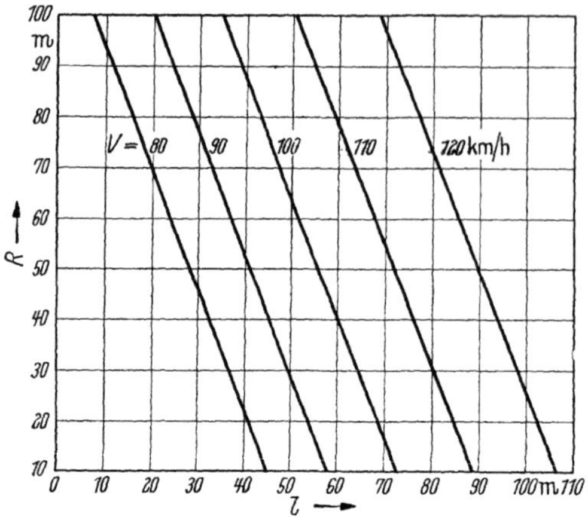

Abb. 168. Schaulinien für die Länge der Verzögerungsstrecke bei verschiedenen Fahrgeschwindigkeiten und Anschlußhalbmessern nach Dr.-Ing. SCHRAMM

2. Dr.-Ing. SCHRAMM [112] empfiehlt anstatt der parallel zur Autobahn — meistens gerade — verlaufenden Verzögerungsspur einen Verzögerungsbogen von dynamisch begründeter Form und Länge, für den meistens die einfache Klothoide von der Länge $L = \frac{V^2}{130} - \frac{R}{2,37}$ ausreicht, wenn eine mittlere Verzögerung von 2,45 m/sek.² zugrunde gelegt wird.

Aus einem beigegebenen Schaubild (Abb. 168) können die Längen unmittelbar entnommen werden. Diese Gestaltung nach Abb. 169 ergibt zwar gegenüber der Schrägspur auch einen flüssigeren Verkehr — auf der Autobahn und in der Abzweigung — und geringeren Geländebedarf, hat aber auch keine dritte Fahrspur und, worauf Professor FEUCHTINGER [111] hinweist, folgende Nachteile:

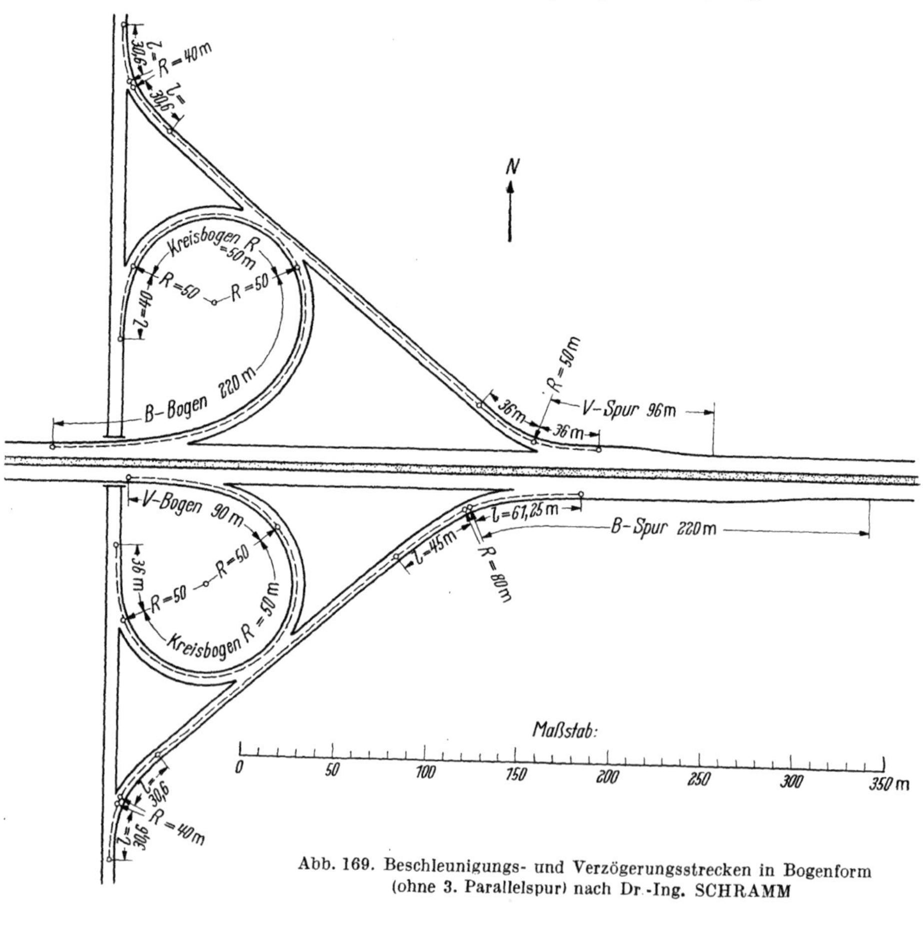

Abb. 169. Beschleunigungs- und Verzögerungsstrecken in Bogenform (ohne 3. Parallelspur) nach Dr.-Ing. SCHRAMM

a) bei Nacht und Nebel ist ohne gute Fahrbahnmarkierung schlecht erkennbar, daß der zunächst unmerklich von der Fahrbahn abweichende Fahrbahnrand in eine Abzweigung führt,

b) die ständig schärfer werdende Krümmung, die eine entsprechende Drehung des Lenkrads bis zum kaum wahrnehmbaren Beginn des hier niemals wegzulassenden Hauptkreisstücks erfordert, birgt die Gefahr des Hinausgetragenwerdens in die Gegenfahrbahn in sich.

3. Dr. Ing. Blaschke [*113*] hat festgestellt, daß auf der Fläche der bisherigen unter 6^g abzweigenden Schrägspur mit anschließendem Übergangsbogen und Hauptkreis in Wirklichkeit die von ihm berechnete, durch eine zweiteilige Korbklothoide ersetzbare Bremskurve gefahren wird, und empfiehlt ihre Ausführung im Anschluß an eine Ausfädelungsstrecke, die als zusätzliche Fahrspur von etwa 200 m Länge — ähnlich wie bei 1. — durch eine knickfreie langgestreckte Verziehung des Fahrbahnrandes gewonnen werden könne. Der Bremskurve selbst liegt eine konstante mittlere Verzögerung von 1,5 m/sek.^{2} auf die Hälfte der an ihrem Beginn vorhandenen Geschwindigkeit und eine linear zunehmende Radialbeschleunigung bei Längen von 130 ··· 200 m zugrunde. Entwurf und Ausführung der Korbklothoide werden durch der Arbeit beigegebene Tabellen für Endhalbmesser von $R = 50$ bis $R = 200$ m erleichtert. Die geringe Bremsverzögerung von 1,5 m/sek.^{2} ist aus vielen Beobachtungen abgeleitet; die von Feuchtinger und Schramm angenommene von 2,5 ··· 3 m/sek.^{2} ist zu hoch.

Welches die zweckmäßigste und möglichst einheitlich einzuführende Gestalt der Verzögerungsspur ist, wird die Erfahrung lehren. Auf den Autobahnen in den VStA besitzen solche Verzögerungsspuren etwa 320 m Länge.

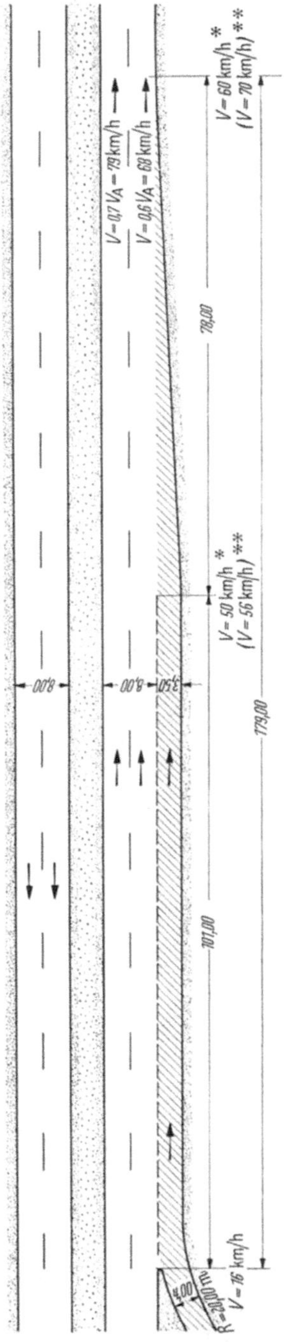

Abb. 170. Beschleunigungsspuren für die Einfahrt auf eine Autobahn nach Prof. Feuchtinger

Bei Schnellverkehrswegen, die noch Kreuzungen in Straßenfläche haben, gelten diese Ausführungen für die Ausfahrt nach rechts in gleichem Maße. Nur für die nach links abbiegenden Kraftfahrzeuge muß eine andere Lösung angewendet werden, weil in diesem Falle die Geschwindigkeit bis auf Null ermäßigt werden muß. Man geht dabei von der Ausbaugeschwindigkeit der betreffenden Straße aus, die aber nicht in voller Höhe, sondern nach den Beobachtungen in den VStA nur zu $^7/_{10}$ anzusetzen ist. Als Beispiel für eine deutsche Ausführung sei der Ruhrschnellweg, der für eine Geschwindigkeit von 112 km/h ausgebaut worden ist, benannt, für den also eine Geschwindigkeit von rd. 80 km/h angenommen ist (Abb. 167). Der Verzögerungsvorgang für das Abbiegen nach links wird in zwei Zeiträume aufgeteilt. Der erste, der auf 3 sek. bemessen ist, umfaßt das Wegnehmen der Gaszufuhr bis zum Beginn des Bremsens; in ihm werden etwa 61 m zurückgelegt. Im zweiten Zeitraum wird bis zum Halten gebremst. Die Verzögerungsstrecke wird dann bei Annahme einer mittleren Bremsverzögerung von 2,5 ··· 3 m/sek.² und mit einem Zuschlag für einen haltenden Wagen rd. 100 m lang. Sie hat die Form der Abb. 167 oben. Liegt die Linie im Gefälle, so müssen sich die Abfahrtstrecken verlängern. Man rechnet für je 1% Gefälle 1,5% Verlängerung des für die Horizontale ermittelten Wertes.

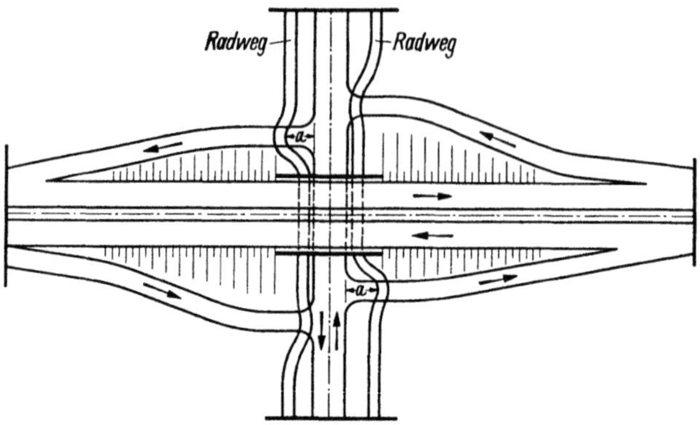

Abb. 171. Zu- und Abfahrten an Anschlußstellen der Autobahnen in den Niederlanden mit Parallelrampen

Die *Beschleunigungsspuren* müssen nach den Vorbildern der VStA 1,5fach so lang werden wie die Verzögerungsspuren, weil die Kraftfahrzeuge nicht so stark beschleunigen wie sie bremsen können. Nach dem Vorschlag von FEUCHTINGER erhält die Beschleunigungsspur die Form der Abb. 170. Wenn nach Abb. 169 über Beschleunigungsbögen eingefahren werden soll, muß die Frage gestellt werden, ob das ohne eine dazwischengelegte Gerade überhaupt möglich ist, und ob die theoretische Annahme, daß das Kraftfahrzeug sich mit 0,7 V in die durchgehende Fahrbahn einfädeln kann, sich

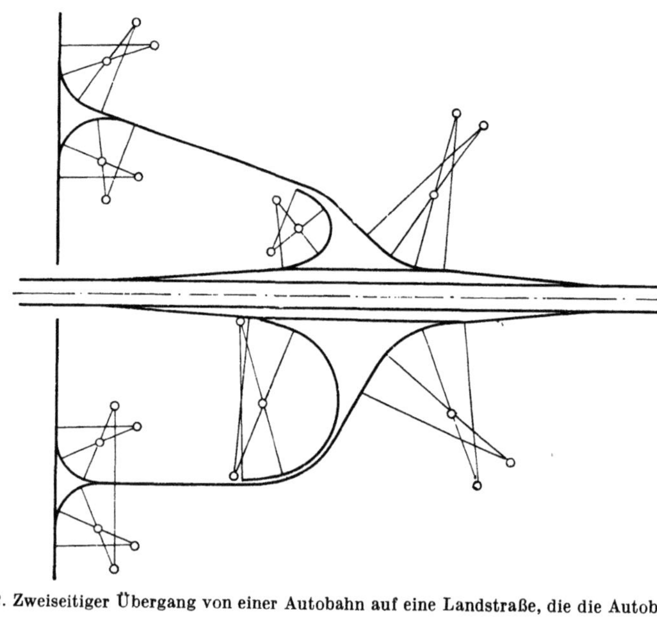

Abb. 172. Zweiseitiger Übergang von einer Autobahn auf eine Landstraße, die die Autobahn kreuzt

mit den Verkehrsvorgängen an den Autobahnauffahrten vereinbaren läßt. Das wird dem Kraftfahrzeug nur bei geringem Verkehr gelingen. Schon bei einer mittleren Verkehrsbelastung wird der Wagen, der einfädeln will, die Vorgänge von seiner Beschleunigungsspur aus beobachten und die Gelegenheit abpassen müssen, bis er eine Lücke zum Einreihen findet. Das setzt aber voraus, daß das Kraftfahrzeug eine geringe Geschwindigkeit hat, aus der jederzeit gehalten oder beschleunigt werden kann. Bei dichtem Verkehr wird gar keine Gelegenheit sein, sich etwa mit 0,7 V einzureihen. Man wird halten müssen. In dem Entwurf für die Auffahrt an der Autobahn Basel—Liestal ist an dieser Stelle sogar ein Stoppzeichen aufgestellt [*114*].

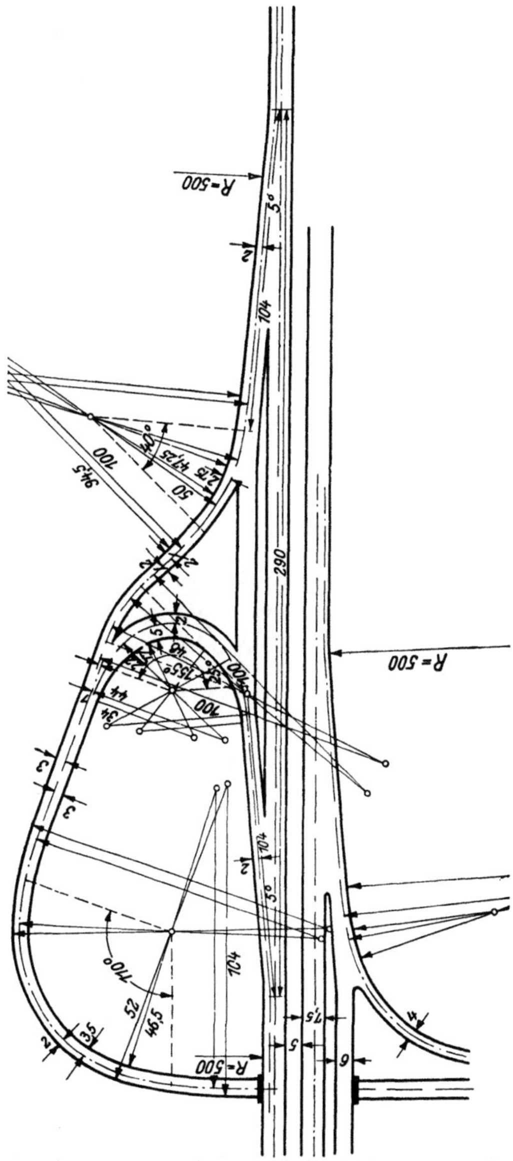

Abb. 173. Übergang von der Autobahn auf Landstraße, wenn keine Kreuzung vorliegt, in Trompetenform. Der Übergang von links ist in der Zeichnung fortgelassen

Nach solchen Überlegungen erscheint es nutzlos, die Beschleunigungsstrecken so lang zu machen, daß am Ende 0,7 V erreicht wird. Die Beschleunigungsstrecken werden jeweils um 1% für 1% Steigung verkürzt.

An den Autobahnab- und -Zufahrten hat man also die Wahl, für die Verzögerungs- und Beschleunigungsstrecken schräge Geraden, Parallelrampen oder Bögen anzuwenden. Man wird von Fall zu Fall zu entscheiden haben, welche Form je nach Örtlichkeit und Verkehrslage anzuwenden ist.

Daß man auch in anderer Form die Ab- und Auffahrten zu den Autobahnen gestalten kann, zeigt das Beispiel der Autobahnen in den Niederlanden, bei denen diese Anschlüsse Parallelrampen sind, die viel weniger Raum beanspruchen (Abb. 171).

2.532 Anschlußstellen

Wenn auch die Autobahnen den Durchgangsverkehr auf weite Strecken fördern sollen, so werden sie den Anforderungen des Autos als Flächenverkehrsmittel nur gerecht werden, wenn sie ihm den Zu- und Abgang an recht vielen Stellen ermöglichen dadurch, daß ausreichend Anschlußstellen an das übrige Straßennetz hergestellt werden. Gegenwärtig liegen diese im Abstand von etwa 5—20 km, im Mittel 8 km, in der Nähe größerer Siedlungsdichte in geringerem Abstand, auf dem flachen Lande in größerem. Bundesstraßen und Landstraßen I. Ordnung, die von den Autobahnen gekreuzt werden oder diese berühren, erhalten in der Regel einen Anschluß, als zweiseitigen nach Abb. 172, bei dem die beiden Anschlußrampen zu beiden Seiten der Autobahn gelegt werden, oder einseitig als Trompetenlösung (Abb. 173), wenn die Landstraße die Autobahn nicht kreuzt, bei der zusätzlich noch ein Übergang von links vorgesehen und auf der Landstraße eine Plankreuzung zugelassen ist. Nur ausnahmsweise, wenn auch die Landstraße aus zwei getrennten Fahrbahnen besteht und eine Kreuzung damit ausgeschlossen ist, muß die gleiche Anordnung der Abb. 172 auch auf die andere Seite der Straße gelegt, also die Anschlußstelle zweiseitig ausgebildet werden.

Wenn mehr als eine Straße anzuschließen sind, eignet sich der Verteilerkreis, der mehrere Straßen aus verschiedenen Richtungen zusammenfaßt und unter

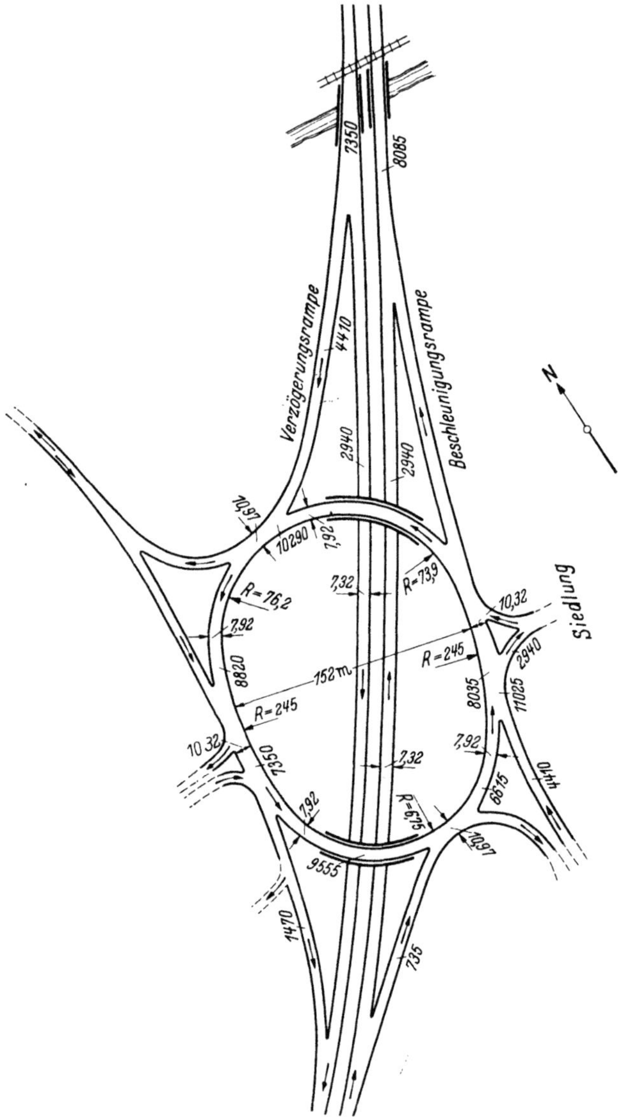

Abb. 174. Verteilerkreis um mehrere Straßen an eine Autobahn anzuschließen. Die angeschriebenen Zahlen geben gezählte Wagen an, die aber keine Höchstwerte sind

dem die Autobahn durchgeführt oder über dem sie hinweggeführt wird. Die Abb. 174 zeigt das Beispiel eines solchen Verteilerkreises, der ein Wohnsiedlungsgebiet in den VStA an eine Autobahn anschließt. Die Zahlen geben die Belastung der einzelnen Punkte an, sind aber keine Höchstwerte.

2.533 Abzweigstellen

Für die Gabelung einer Autobahn in zwei Linien sind zwei Lösungen vorgeschlagen, die eine in Trompetenform nach Abb. 175 mit der Ergänzung, daß die beiden Fahrtrichtungen streng getrennt bleiben und auch die Übergangsfahrlinien große Halbmesser haben, die andere in Dreiecksform (Abb. 176). In diesem Falle bleiben die Straßenkörper auf der ganzen Strecke doppelspurig.

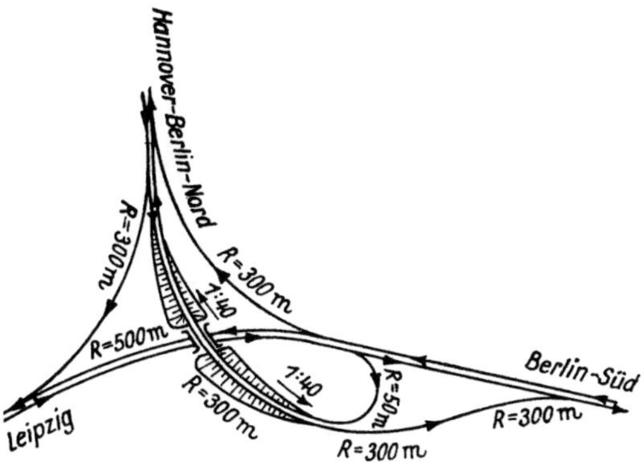

Abb. 175. Gabelung einer Autobahn in Trompetenform

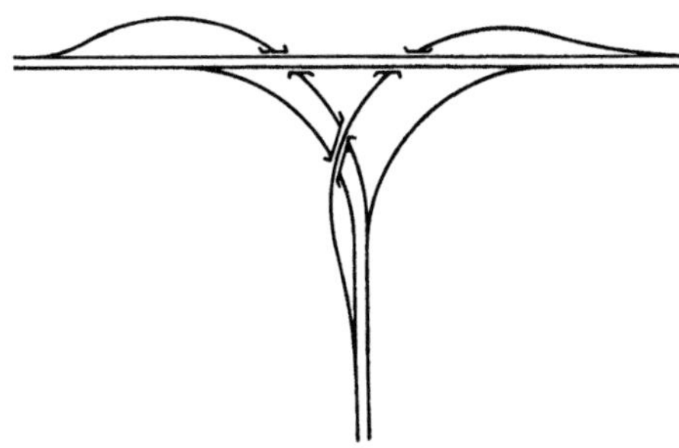

Abb. 176. Abzweigung einer Autobahn von einer anderen in Dreiecksform

Die Trompete hat nur ein Kreuzungsbauwerk, die Dreieckform dagegen drei. Bei der Dreiecklösung werden die im Gefälle liegenden Übergangsfahrlinien sehr lang, so daß viel Gelände in Anspruch genommen wird, auch gilt das Dreieck als wenig übersichtlich, während die Halbmesser wesentlich größer sind als bei der Trompete. Mit einer größeren Verkehrsleistung wäre zu rechnen, wenn die Geschwindigkeit auf der Übergangsstrecke eingehalten werden könnte. Voraussetzung ist eine bestimmte Fahrdisziplin, indem auf der rechten Fahrspur nur die nach rechts ausscherenden Wagen fahren. Wenn die Strecke selbst so stark belastet ist, daß auch auf der Überholungsspur geschlossen gefahren wird, ergeben sich Schwierigkeiten, falls auch aus dieser Spur noch Wagen nach rechts abbiegen wollen. Das trifft für den Fall zu, daß mehr als die Hälfte des Verkehrsstromes abzweigen will. Auf der Einfahrtsseite ist mit einer Stauung zu rechnen, wenn die Durchgangsspur selbst stark belastet ist, weil dann die Wagen, die sich einfädeln wollen, sämtlich erst in die äußere Spur einschwenken müssen, ehe sie in die Überholungsspur übergehen können, d. h. die auch beim Übergang auf zwei Spuren verteilten Wagen müssen sich in eine einordnen, ein Vorgang, der zu Aufenthalten nötigt und zurückstauen wird. Vermutlich werden die Wagen auf der Durchgangsstrecke in die Überholungsspur drängen, um rechts Luft zu machen, wenn sie die von rechts kommenden Kolonnen rechtzeitig erkennen sollten. Dieses Einschwenken bedingt aber Ermäßigung der Geschwindigkeit und muß den Verkehrsfluß drosseln.

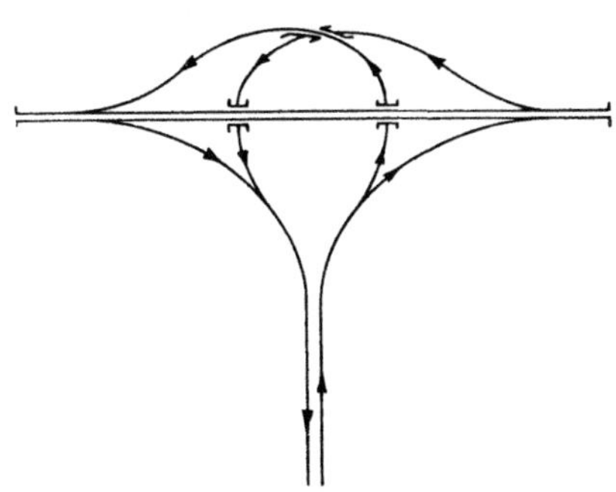

Abb. 177.
Abzweigung einer Autobahn in Birnenform

Die Dreiecklösung verlangt daher ein hohes Maß von gegenseitiger Anpassung, wenn ihre Leistung durch die Vorgänge an den Trenn- und Vereinigungspunkten nicht beeinträchtigt werden soll. Mit ungehindertem Verkehrsfluß wird bei einer Belastung, die die Hälfte der Leistungsfähigkeit übersteigt, nicht zu rechnen sein. Diese Form hat sich am Dreieck Heidelberg—Mannheim nicht bewährt.

Als dritte Abzweigform ist die Birnenlösung vorgeschlagen (Abb. 177). Sie nimmt als Autobahn viel Raum in Anspruch und ist durch die Örtlichkeit bedingt, z. B. wenn die Stammstrecke eine Kuppe durchschneidet, dann lassen sich die Ausschwenkungen auf den Hängen gut entwickeln.

Abb. 178. Anschlußstelle eines Zubringers an eine Schnellverkehrsstraße in Birnenform

Eine sehr leistungsfähige Anlage einer Abzweigung in Birnenform ist in Neuyork bei der Triboroughbrücke geschaffen worden (Abb. 178), mit einem Zubringer, der sich zwischen die Übergangsfahrlinien legt und die Verbindung mit dem tiefgelegenen Parkgelände herstellt. Da es sich um eine städtische Anlage handelt, ist die Ausbaugeschwindigkeit geringer als auf Autobahnen und daher die ganze Anlage gedrungen ausgefallen.

In diesem Falle kommt man mit 2 Unter- oder Überführungsbauwerken aus, je nachdem, ob die Spuren des Eckverkehrs unter- oder überführt werden: Abb. 179 ist ein Vorschlag für Anschluß einer städtischen Hochstraße an eine Hauptverkehrsstraße (Stuttgart). In dieser Weise ist auch der Anschluß der italienischen Autobahn an die Straße nach Venedig bei Maestre ausgebildet [*115*]. Da auf solchen Strecken mit Geschwindigkeiten <60 km/h gefahren wird, können die bogenförmigen Abfahrtsrampen kleine Halbmesser erhalten. Die Anlagen fallen gedrungener aus und können sich den beschränkten Verhältnissen in der Stadt gut anpassen. Die Abb. 179 hat nur zwei Bauwerke.

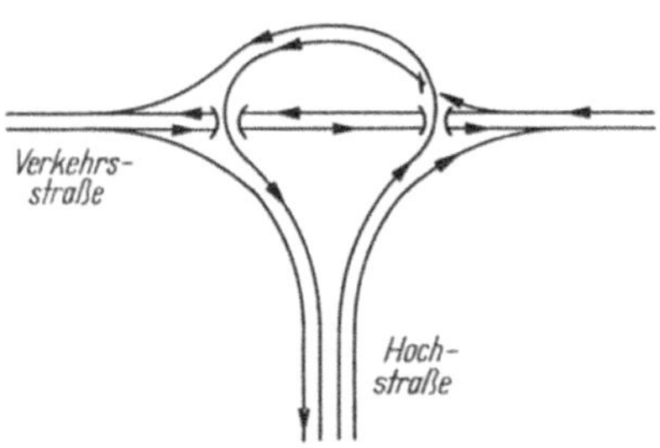

Abb. 179. Beispiel des Überganges von einer Hochstraße auf eine städtische Verkehrsstraße

2.534 Kreuzungsstellen (Knotenpunkte)

Für Kreuzungen von Autobahnen, die auch als Knotenpunkte bezeichnet werden, sind verschiedene Lösungen vorgeschlagen [*116*].

2.534.1 Kleeblatt

Bei dieser Kreuzung von zwei Autobahnen (Abb. 180) findet der Rechtsverkehr große Halbmesser ($R = 100$ m) und geringe Gefälle vor, kann also von der dritten Spur mit großer Geschwindigkeit abzweigen. Er löst sich auch leicht von dem mit ihm aus dem Trennungspunkt abzweigenden Linkseckverkehr, der aber eine Verzögerungsspur benötigt, weil er nach rechts in eine Krümmung abschwenken muß, deren Halbmesser kaum mehr als 50 m betragen kann (s. S. 200). Nach der Netztafel Abb. 168 müßte bei $V_a = 90$ km/h ihre Länge für $R = 50$ m 40 m und bei $R = 25$ m 52 m betragen. Strecken von dieser Länge lassen sich als dritte Außenfahrbahn unterbringen. Auf dieser wird der Linkseckverkehr aber, ehe er die Trudelung ausführen kann, gekreuzt von dem von der anderen Autobahn ausgescherten Linkseckverkehr, der dieselbe Spur jetzt als Beschleunigungsspur benutzen will, um sich nach links in die Hauptfahrbahn einfädeln. Diese Fahrbahn ist daher zugleich Verzögerungs- und Beschleunigungsspur. An den beiden mit *1* bezeichneten Stellen entstehen schleifende Kreuzungen, die unbedenklich sind, solange der Verkehr nicht sehr groß ist.

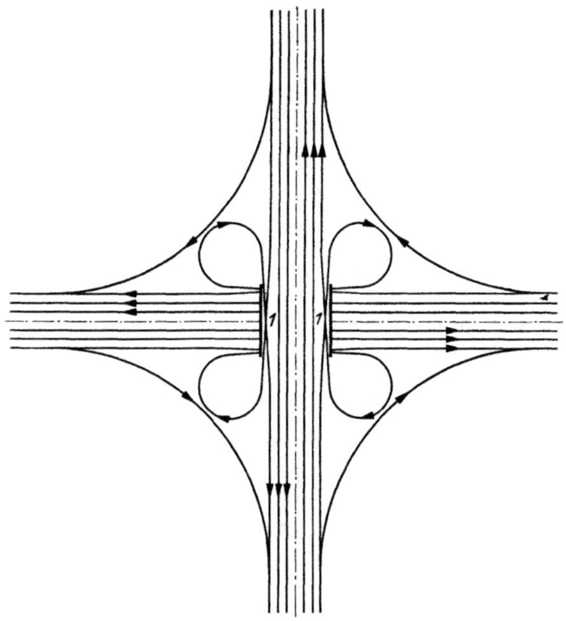

Abb. 180. Kreuzung zweier Autobahnen mit Übergängen in Form des Kleeblattes

Der nach links gerichtete Eckverkehr muß eine volle Trudelung nach rechts machen, um 270°. Das kann den Fahrer verwirren. Er verliert den Blick für die Richtung. Außerdem hat dieser Eckverkehr noch mit zwei anderen nach links abbiegenden Strömen schleifende Kreuzungen. Bei starkem Verkehr muß das Stauungen geben. Hier liegt die kritische Stelle von Kleeblattkreuzungen.

Das Kleeblatt gilt als praktische Lösung, soweit der Linksverkehr kein größeres Ausmaß annimmt. Nur ein einziges Kreuzungsbauwerk ist notwendig.

2.534.2 Verteilerkreis

Bei dieser schon in Abb. 127 und 174 behandelten Form stehen dem Rechtsverkehr Übergangsspuren mit großem Halbmesser zur Verfügung wie beim Kleeblatt (Abb. 181). Der Linkseckverkehr schert zusammen mit dem Rechtseckverkehr am Trennungspunkt (*1*) aus, schwenkt dann nach links ab. Es gibt bei *7* eine Kreuzung, die aber unter größerem Winkel aus einer besonderen Spur sich entwickelt und daher als eine Plankreuzung angesprochen werden muß. An dieser Stelle häufen sich zudem vier Drosselpunkte. Diese Lösung hat im ganzen 24 Drosselpunkte neben den vier genannten Kreuzungen. Der Rechtseckverkehr wird zudem von dem Linkseckverkehr auf derselben Fahrbahn begleitet (Begleitverkehr), wodurch sich Reibungen ergeben, indem beide aus der Autobahn nur in einer Spur ausscheren und in eine Spur einfädeln können. Auf den Übergangsfahrlinien muß vorher aus einer zweispurigen in eine einspurige Fahrbahn umgeschaltet werden. So einfach die Lösung im Grundriß sich vorstellt, so verzwickt ist sie im Aufriß, weil beide Zweige, aus denen der Kreisquadrant sich zusammensetzt, gegenläufiges Gefälle

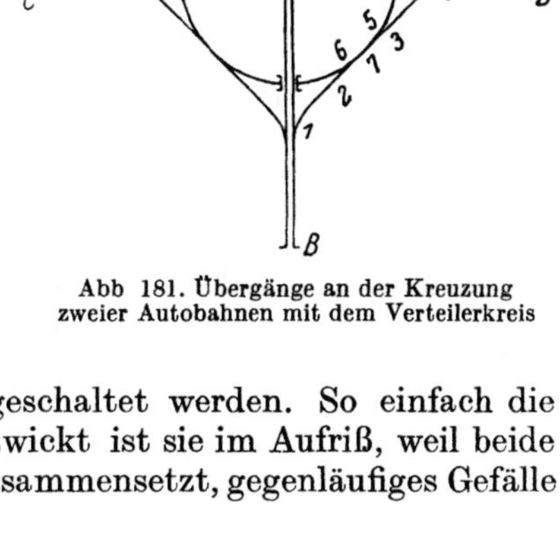

Abb 181. Übergänge an der Kreuzung zweier Autobahnen mit dem Verteilerkreis

haben, das wiederum ein anderes ist als das der Übergangslinie des Rechtseckverkehrs. Der Linkseckverkehr hat weite Wege zurückzulegen, bei allerdings größerem Halbmesser ($R = 100$ m). Der Verteilerkreis muß aus den vorerwähnten Gründen als weniger leistungsfähig als das Kleeblatt angesehen werden. Außerdem hat er fünf Unter- oder Überführungsbauwerke; die gesamte Anlage gilt als wenig übersichtlich. Umkehr ist möglich. Der Knotenpunkt nimmt etwa den gleichen Raum ein wie das Kleeblatt.

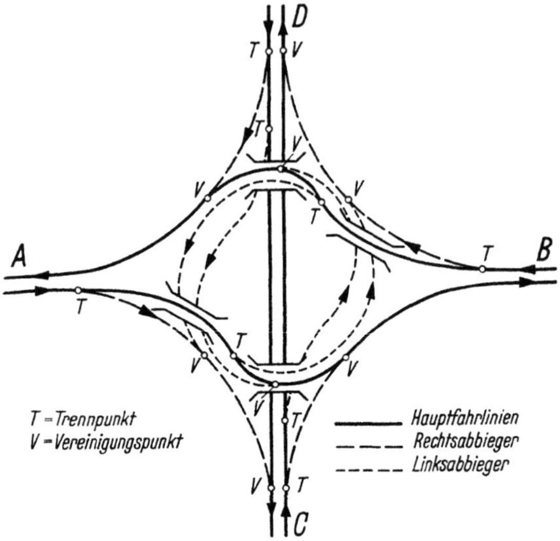

Abb. 182. Kreuzung zweier Autobahnen. Übergang der einen auf die andere in Form der Turbine

2.534.3 Turbinenlösung

Wenn bei einer Kreuzung die eine Richtung nur geringen Verkehr hat, bildet man einen Verteilerkreis aus mit Unterführungen des Linksabbiegeverkehrs. Diese Form wird auch als Turbinenlösung bezeichnet (Abb. 182). In diesem Falle ist die Richtung $A-B$ die mit dem geringen Verkehr.

2.534.4 Einzelheiten der Kreuzung in Turbinenform

Die Kreuzung in Turbinenform kann vielseitig ausgestaltet werden, z. B. nach Abb. 183[1]. Der nach links abbiegende Verkehr tritt bei Punkt *1* in den Dreiviertelkreis an der Innenseite und geht über einen Halbkreis auf die Außenseite über (Punkt 2). Auf dieser Strecke wird er von einer anderen Fahrbahn begleitet, auf der sich der Verkehr in derselben Richtung bewegt. Hinter Punkt 1 bleibt die Fahrbahn zuerst auf der ursprünglichen Höhe. Erst nachdem sie die andere Autobahn überschritten hat (Punkt 4), senkt sie sich, um unter der oben liegenden Autobahn, aus der die Kraftfahrzeuge vorher ausgeschert sind, zu fahren und sich dann in die Abzweigrichtung (Ost-West-Autobahn nach Abb. 183) einzufädeln (Punkt 3). Das gilt für alle vier Richtungen in der gleichen Form.

Der Linkseckverkehr muß am Anfang seine Geschwindigkeit ermäßigen, weil er gleich eine scharfe S-Kurve zu durchfahren hat. Eine Verzögerungsspur muß also vorgesehen werden, für welche Raum vor den Trennpunkten vorhanden ist. Die Vorteile dieser Kreuzungsform sind:

1. Der nach rechts ausscherende Abbiegeverkehr wird völlig überschneidungsfrei geführt.
2. Die abbiegenden Kraftfahrzeuge finden eine übersichtliche und zwangsläufige Bahn vor, vereinfachter Trennungspunkt: erst rechts, dann links abbiegen.
3. Möglichkeit des Einbaues in vorhandene Verteilerkreise durch Zusatz der S-Kurven.
4. Betrieblich günstiger im Hinblick auf Geschwindigkeit und etwa entstehenden Rückstau wäre es, die S-Kurve erst am Ende der Linksabbiegefahrbahn unterzubringen (Abb. 184).

Bei der Turbinenlösung können an den Punkten × schleifende Kreuzungen zugelassen werden, damit solche Kraftfahrzeuge, die aus Versehen ausgeschert sind, wieder in ihre frühere Richtung zurückkehren und andere eine Wendung von 360° fahren können.

---

[1] Nach einem Vorschlag des Prof. Dr.-Sc. S. M. Breuning, Edmonton, Alberta, Canada.

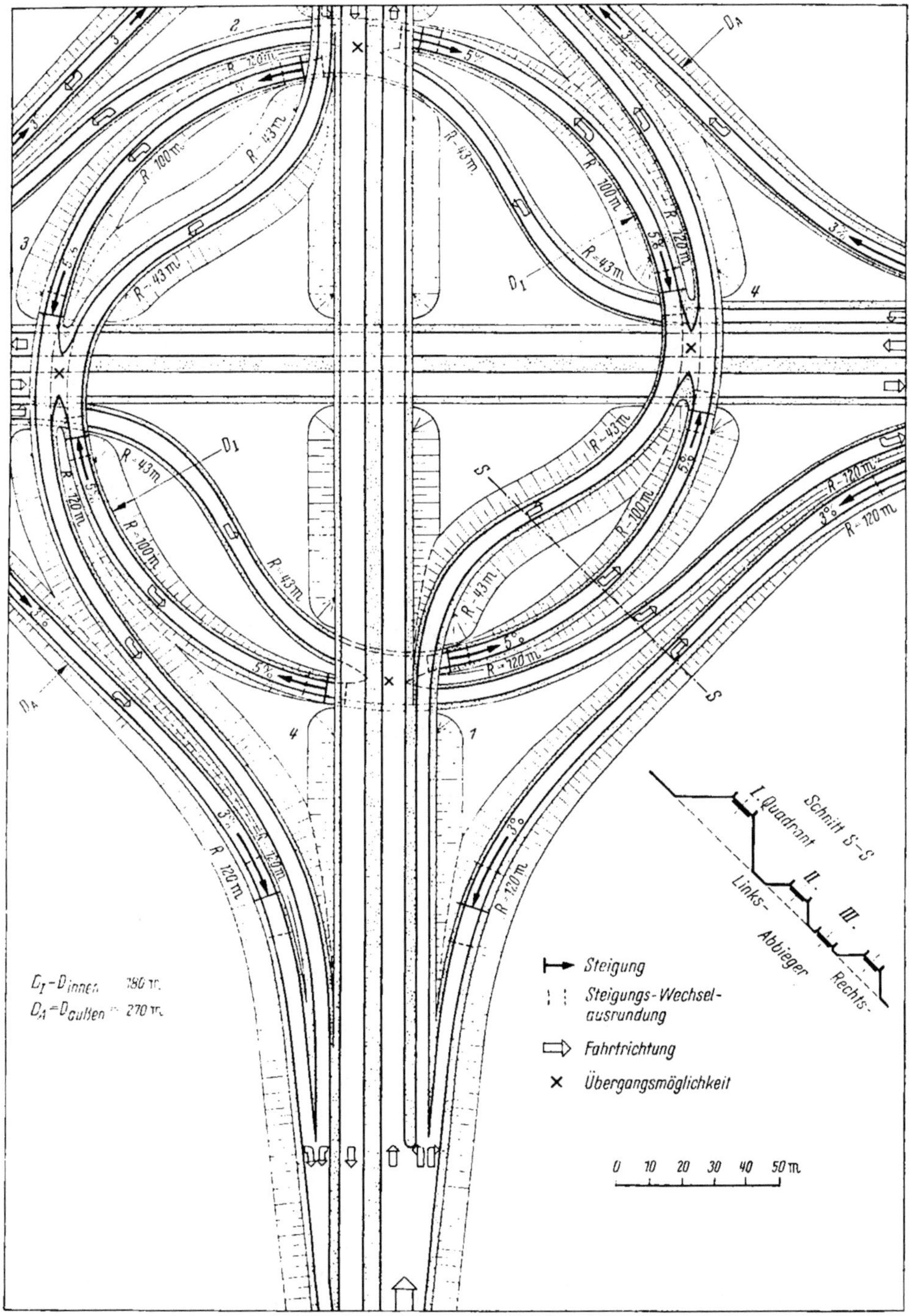

Abb. 183. Vorschlag für die Ausbildung der Kreuzung zweier Autobahnen mit Übergängen unter Einschaltung von Verzögerungs- und Beschleunigungsspuren, ausgeführt am Halstad Street Traffic Underchange (Knotenpunkt) Chicago

Bei all diesen Möglichkeiten der Verkehrsführung an Kreuzungen ist außer den schon berücksichtigten Verzögerungs- und Beschleunigungsspuren und dem Bestreben, die Halbmesser im Kreisverkehr möglichst groß zu halten, noch darauf zu sehen, daß die Neigungen bei den Über- oder Unterführungen nicht zu steil werden und die Übersicht gewahrt wird. Bei der Turbinenlösung ist das der Fall. Wie aus dem Lageplan der Abb. 183 und dem Schnitt S—S zu ersehen ist, können die Höhenunterschiede der nebeneinander herlaufenden Fahrbahnen mit Böschungen ausgeglichen werden.

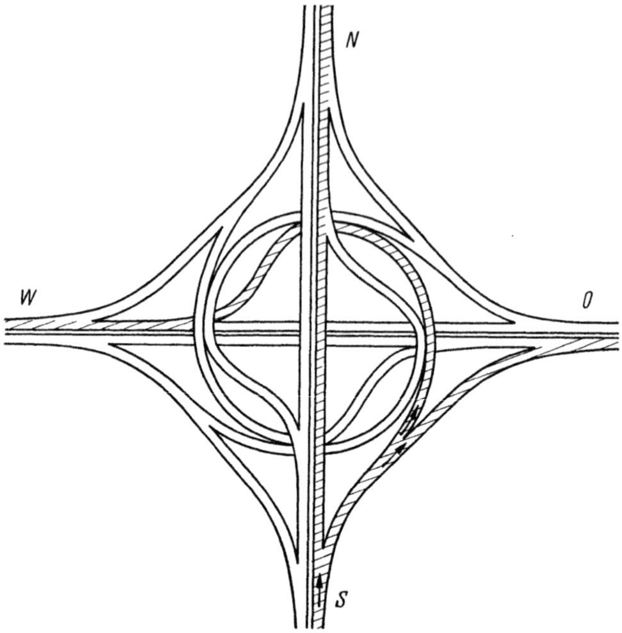

Abb. 184. Vorschlag für die Ausbildung der Kreuzung zweier Autobahnen wie Abb. 182 mit dem Unterschied, daß die S-Kurve der Übergangsspur vor dem Vereinigungspunkt liegt

Die Flächeninanspruchnahme ist geringer als bei einem Kleeblatt, obwohl die Halbmesser größer sind, ausgenommen die kurzen S-Kurven, die jedoch mit geringerer Geschwindigkeit befahren werden können, ohne die Flüssigkeit des Verkehrs zu stören.

2.534.5 Linienlösung

Bei der Entscheidung für einen der gebrachten Vorschläge werden die gegebenen Verkehrsrichtungen und die Geländeverhältnisse eine Rolle spielen, sie würde leichter fallen, wenn man jeweils im voraus wüßte, mit welcher Art von Verkehr beim Übergang — Eckverkehr — am Knotenpunkt man zu rechnen hat. Darüber werden Schätzungen nur möglich sein unter Berücksichtigung der vorhandenen Verkehrsschwerpunkte an den beiden Bahnstrecken. Da die behandelten Formen symmetrisch angelegt sind und eine gleichmäßige Verteilung des Verkehrs zur Voraussetzung haben, so ergeben sich abweichende Knotenpunktsformen, wenn der Eckverkehr größer ist und für gewisse Zeiten an die Aufnahmefähigkeit der Geradeausstrecken heranreicht. An symmetrischen Anlagen müssen sich dann Stauungen ergeben. In solchem Falle kommen Sonderlösungen in Frage, z. B. wenn sich die beiden Autobahnen nicht unter einem annähernd rechten, sondern unter einem spitzen Winkel kreuzen,

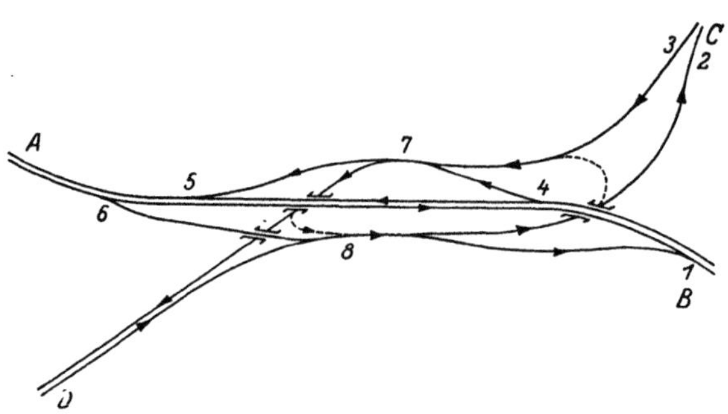

Abb. 185. Autobahnkreuzung. Linienlösung

wenn außerdem der Verkehr in den beiden durchgehenden Fahrrichtungen gleich groß mit dem Eckverkehr im stumpfen Winkel zu erwarten ist; für diesen Fall ist die Linienlösung entwickelt (Abb. 185). Bei ihr findet der Verkehr von *A* nach *B* die günstigste Führung, er hat nur vier Drosselpunkte (zwei Trennungspunkte und zwei Vereinigungspunkte). Der Verkehr von *C* nach *D*, von *A* nach *D* und *C* nach *B* wird geringer eingeschätzt. Denn die zwei schleifenden Kreuzungen bei Punkt 7 und 8 beeinträchtigen die Leistung, besonders weil an dieser Stelle der Fahrer sich zu entscheiden hat, welchen Weg er einschlagen muß, eine Aufgabe für einen ortsfremden Fahrer, die unter Umständen Überlegung erfordert, auch wenn die nötigen Hinweise angebracht sind, die am besten auf den Fahrspuren selbst angeschrieben werden. Der Eckverkehr von *A* nach *D* und umgekehrt kann durch eine einzige Schleife bewirkt werden, von 8 nach 7 punktiert, die für beide Verkehrsrichtungen benützt werden kann. Diese und ein Übergang von 7 nach 8 (punktiert), würden in jeder Richtung das Umkehren ermöglichen, ohne daß weitere Bauwerke notwendig sind.

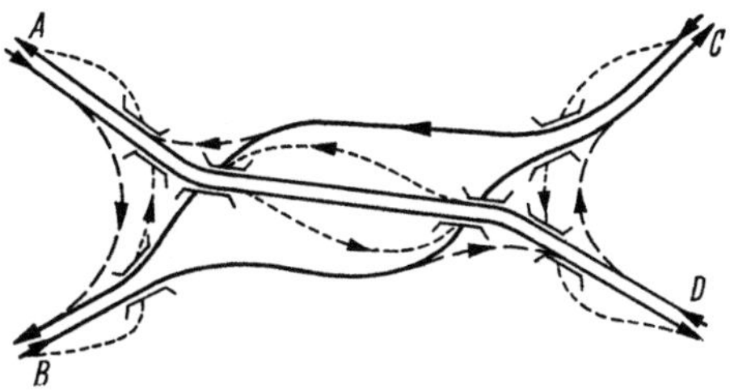

Abb. 186. Autobahnkreuzung in voller Linienlösung wie Abb. 185 aber mit Übergang von *A* nach *B*

Wenn der Verkehr in allen Richtungen ziemlich gleichmäßig ist, muß die Linienlösung noch weitere Übergänge erhalten. Dann nimmt sie die volle Form der Abb. 186 an. In diesem Falle werden 6 Bauwerke notwendig.

In den VStA werden die Knotenpunkte freier entwickelt, allerdings meist in der Nähe der Städte, also für den Stadtverkehr [*117*]. Es hat sich dann aber um Verschlingungen mehrerer Straßen, auch Hochstraßen, gehandelt, siehe nächsten Abschnitt, auf denen mit hoher Geschwindigkeit gefahren wird. Die beiden Richtungen sind daher auch nicht immer durch einen Mittelstreifen getrennt.

2.535 Knotenpunkte im Stadtverkehr

Reich an Knotenpunkten ist vor allem der Stadtverkehr. Um ihn flüssig zu halten, wären überschneidungsfreie Kreuzungen und Übergänge ganz besonders am Platz. Den nötigen Raum für ihre Anlage zu gewinnen, bereitet aber große Schwierigkeiten. Ansätze zur Vermeidung von Plankreuzungen sind schon in Verbindung mit Stadterneuerungen entwickelt worden, z. B. in London am Holborn Viadukt, in Neuyork bei der Überbrückung der Park Avenue über die 42. Straße am Zentralbahnhof. Es bestehen eine große Anzahl von Lösungen in den Großstädten in den VStA. Bei Schaffung solcher überschneidungsfreien Kreuzungen in schon bebauten Gebieten fehlt es meist an Raum für die Rampen. Für sie müssen in einschneidender Weise Gebäude niedergelegt und Straßen durchgebrochen werden. Auch durch Unterführung kann eine Kreuzung überschneidungsfrei gemacht werden.

Da an den Knotenpunkten der Stadtstraßen der Verkehr am meisten aufgehalten wird, hat der Deutsche Städtetag in seinen 20 Leitsätzen vom März 1954 zur Behebung der Schwierigkeiten im Straßenverkehr im 2. Leitsatz, Teil 2 empfohlen: Für Verkehrsknotenpunkte die Möglichkeit der zweiten Ebene für die Zukunft offen zu halten. Den Bereich des Knotenpunktes, der entlastet werden soll, wird man je nach der Örtlichkeit möglichst weit fassen. Denn je weiter man die zweite Ebene ausdehnt, um so mehr Knotenpunkte können auf diese Weise entlastet werden. Diese zweite Ebene kann eine Unterführung oder eine Hochstraße sein. Längere Entlastungsstraßen müssen aber Hochstraßen sein, weil bei Längen über 400 m Auf- und Abfahrten notwendig sind [*114*]. Für Auflösungen in zwei Ebenen liegen aber schon Lösungen vor und sind in der Ausführung. Sie sind ganz verschieden gestaltet, je nach den örtlichen Gegebenheiten, ob es sich um reine Kreuzungen oder um Verbindungen mit Auf- und Abfahrten handelt, die am besten als Parallelrampen ausgebildet werden. Hingewiesen sei hier auf die Abb. 187. Die Vorbilder hierzu sind zum Teil von den bei den Autobahnen entwickelten Kreuzungen entnommen. So ist z. B. in Stockholm zur Verkehrsentflechtung an einem Brennpunkt des Stadtverkehrs ein dreiblättriges Kleeblatt angewendet worden. Der eine Übergang von der SW- in die SO-Richtung muß wie bei dem Verteilerkreis einen Dreiviertelbogen mit Plankreuzung zurücklegen und die Gegenrichtung kann den Übergang in der Nordwestecke benutzen, muß aber dann die Durchgangsstrecke NO bis SW plankreuzen. Das ist zulässig, weil nach Verkehrszählungen der Verkehr in dieser Richtung unbedeutend ist. Durch die Straßenbahnlinien und weitere besondere Verkehrsanschlüsse ist die Anordnung sehr unübersichtlich geworden, deshalb ist der Knotenpunkt für den Wagenverkehr als Sinnbild in der Abb. 187 besonders herausgezeichnet. Die Halbmesser sind klein, da im Stadtverkehr nur mit geringer Geschwindigkeit gefahren wird.

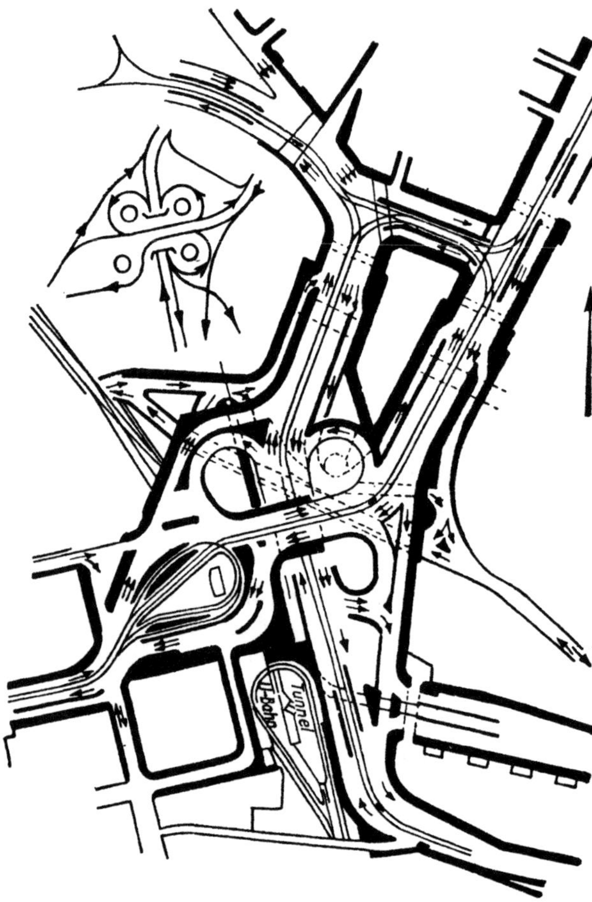

Abb. 187.
Stockholm. Kleeblattform zur kreuzungsfreien Führung der Straßen

Die einfachste Form der Kreuzung in zwei Ebenen ist die Untertunnelung, die für Straßenbahnen in Chikago, London und Berlin schon vor 50 Jahren angewendet, aber mit der Beseitigung der Straßenbahnen wieder aufgefüllt worden ist. Für den Kraftfahrzeugverkehr hat man solche Unterführungen, z. B. in Zürich am Hauptbahnhof und in Rotterdam geschaffen.

Wenn nicht nur die Kreuzung in Straßenhöhe beseitigt, sondern gleich mehrere Knotenpunkte entflechtet und zusätzlich Straßenflächen gewonnen werden sollen, sind längere Tunnel ungeeignet, weil sie weniger leisten, entlüftet werden müssen und sehr teuer sind. Die bessere Lösung sind Hochstraßen, die im Vergleich zum Tunnel viele Vorteile bieten: leichte Entwicklung der Rampen, Ausnutzung des Raumes unter den Hochstraßen schon von 2 m Höhe an, günstigere Beleuchtungsverhältnisse, geringere Bau- und Betriebskosten, weil die für Tunnel notwendigen Entlüftungsanlagen entfallen.

Es gibt aber auch Verhältnisse, die von sich aus eine Hochstraße bedingen, wenn die Stadt zum Teil im Tal, zum Teil auf den Hängen liegt, die meisten Zufahrtsstraßen von den Höhen kommen und ein Teil des Stadtverkehrs sich zwischen den Hängen abspielt. Ein solcher Fall liegt bei der Stadt Stuttgart vor und war Anlaß zu dem Entwurf einer Hochstraße [*115*].

Bauwerk mit 4 Ebenen.

Wenn das Abweichen in der beabsichtigten Fahrrichtung ermöglicht werden soll, muß man den Knotenpunkt in 4 Ebenen ausbilden (Abb. 188, Los Angeles). Aber auch in diesem Falle kreuzen sich zwei Gegenrichtungen in der 2. und 4. Ebene. Das Bauwerk wird sehr kostspielig, wegen der starken Höhenunterschiede werden die Übergangsrampen sehr lang, wenn keine zu große Steigung zugelassen werden soll.

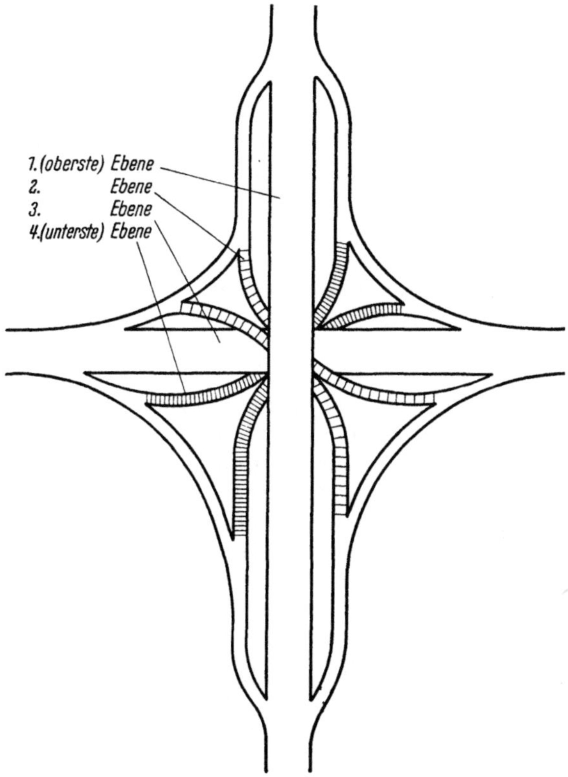

Abb. 188. Kreuzung in vier Ebenen in Los Angeles

An den überschneidungsfreien Kreuzungen der Umgehungsstraße in Buenos Aires (Avenue General Paz) vermitteln zwei gegenüberliegende Schleifen den Übergang, die zwischen die weit auseinandergezogenen Fahrbahnen der einen Richtung gelegt werden (Abb. 189). Diese Leierform kann als eine umgeklappte entzerrte Kleeblattlösung betrachtet werden. Bei ihr treten an den Ausbauchungen, die Trenn- und Vereinigungspunkte sind, schleifende Kreuzungen auf. Völliges Umkehren ist möglich. Auf der einen Bahn wird nach links aus- und von rechts eingefahren, auf der anderen nach rechts aus- und von links eingefahren, die gleichen Fahrweisen liegen sich diagonal gegenüber. Eine Ausbaugeschwindigkeit von 120 km/h ist zugrunde gelegt.

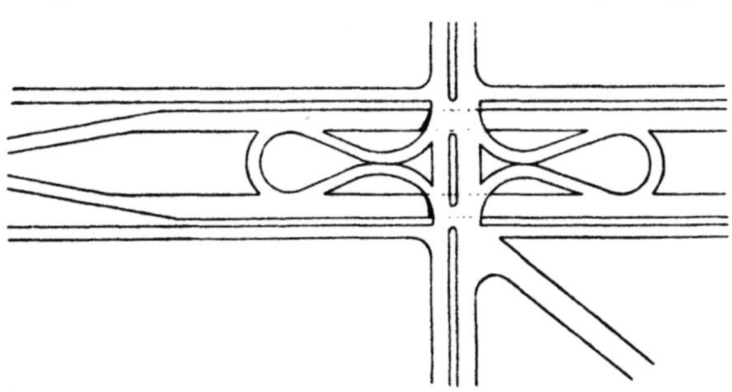

Abb. 189.
Straßenknotenpunkt mit Übergängen in Leierform in Buenos Aires

3. Mittel zur Gestaltung der Straßen

3.1 Die Ermittlung der Bildwirkung von Straßen

Von Dr.-Ing. **F. Freising**, Architekt und beratender Ingenieur
Göppingen

Die Benutzung der Straßen durch Kraftfahrzeuge, deren Lenker das Bild, den optischen Eindruck der zu befahrenden Straße durch entsprechende Reaktion in Lenk-, Schalt-, Brems- oder Beschleunigungsvorgänge übersetzen muß, zog die Aufmerksamkeit des Straßeningenieurs auch auf dieses Sachgebiet. Die dabei gewonnenen fahrpsychologischen Erkenntnisse decken sich eigenartigerweise auch mit rein ästhetischen Forderungen, die an die bildliche Erscheinung der Straße zu stellen sind [*118*].

Zwar wurde eine bestimmte Bildwirkung von Straßen bewußt schon in der Antike (Römerstraßen) und vor allem im Barock angestrebt, doch waren hier gestalterische Ziele zusammen mit vermessungstechnischen Gründen maßgebend. Die Gerade mit Knicken an Kuppen, Brücken, Wegabzweigungen oder sonst markanten Stellen und mit Zielpunkten meist auf überragende Gebäude hin — Achsenwirkung — wurde bevorzugt angewendet [*119*].

Die bessere Überwindung von Höhenunterschieden durch gleichbleibende Steigungen bei gekrümmter Linienführung, die durch den Gebirgsstraßenbau im 19. Jahrhundert entwickelt wurde, führte schließlich zu einer Linien- und Gradientenführung, die nur Gerade und Kreisbögen unter Einhalten der Mindestforderungen der Abmessungen verwendete und zugleich eine einigermaßen günstige Lage im Gelände aufsuchte. Die *Bildwirkung* einer solchen Straße ist weitgehend von *Zufälligkeiten abhängig*. Die ersten Bauabschnitte der deutschen Autobahnen zeigen noch völlig dieses Bild, doch war man schon frühzeitig aus fahrpsychologischen wie aus ästhetischen Gründen bedacht, die Bildwirkung unter Kontrolle zu halten, damit beim Kraftfahrer keine Trugschlüsse über Kurvigkeit, Gefäll- und Sichtverhältnisse aufkommen. Auch war man sich darüber sehr bald bewußt, daß lange ebene gerade Strecken auf den Autofahrer ermüdend wirken. Es gilt daher als zweckmäßig, sobald als möglich die Trasse im Gelände abzustecken und sie darauf zu untersuchen, wie sie künftig auf den Benutzer wirken wird. Es sind aber auch noch andere Verfahren als erfolgreich erwiesen, das künftige Bild der Straße zu gewinnen.

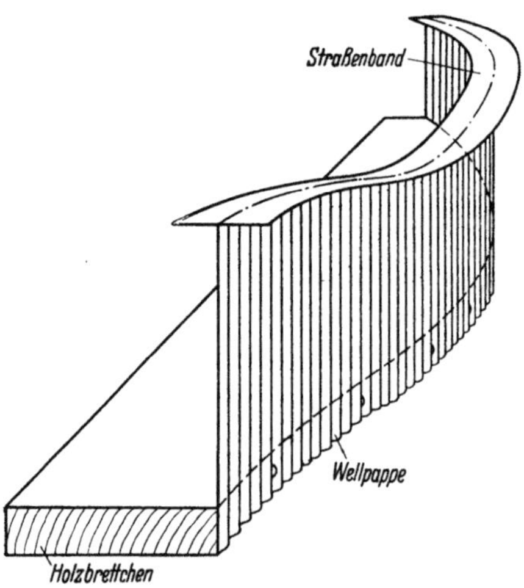

Abb. 190. Teilstück eines Gradientenmodelles

3.11 Untersuchung einer Trasse mit Hilfe von Gradientenmodellen

Diese Modelle vermitteln anschaulich das räumliche Gebilde einer Trasse; es wird hierbei wie folgt vorgegangen: Aus Holzbrettchen wird der Linienzug des Lageplanes ausgesägt, der unverzerrte Höhenplan auf Wellpappe gezeichnet, ausgeschnitten und an der Kante der Holzbrettchen befestigt. Schließlich wird das Straßenband maßstabgerecht aus dünnem weißen Karton gefertigt und auf den Schnittsaum der Wellpappe geklebt (Abb. 190), [*104*].

Diese verhältnismäßig rasch und mühelos herzustellenden Modelle gestatten, die Linien von den verschiedensten Standpunkten aus zu betrachten, gegebenenfalls mit Hilfe eines Modellspiegels. Der Zweck wird aber wegen der starken Verkleinerung des Modells nicht ganz erfüllt. Denn der Standpunkt kann nicht genügend nahe am Modell gewählt werden (bei einem Maßstab 1 : 1000 beträgt die Augenhöhe über der Fahrbahn eines Personenkraftwagens nur 1,25 mm). Auch kann die Lage der Trasse im Gelände nicht beurteilt werden.

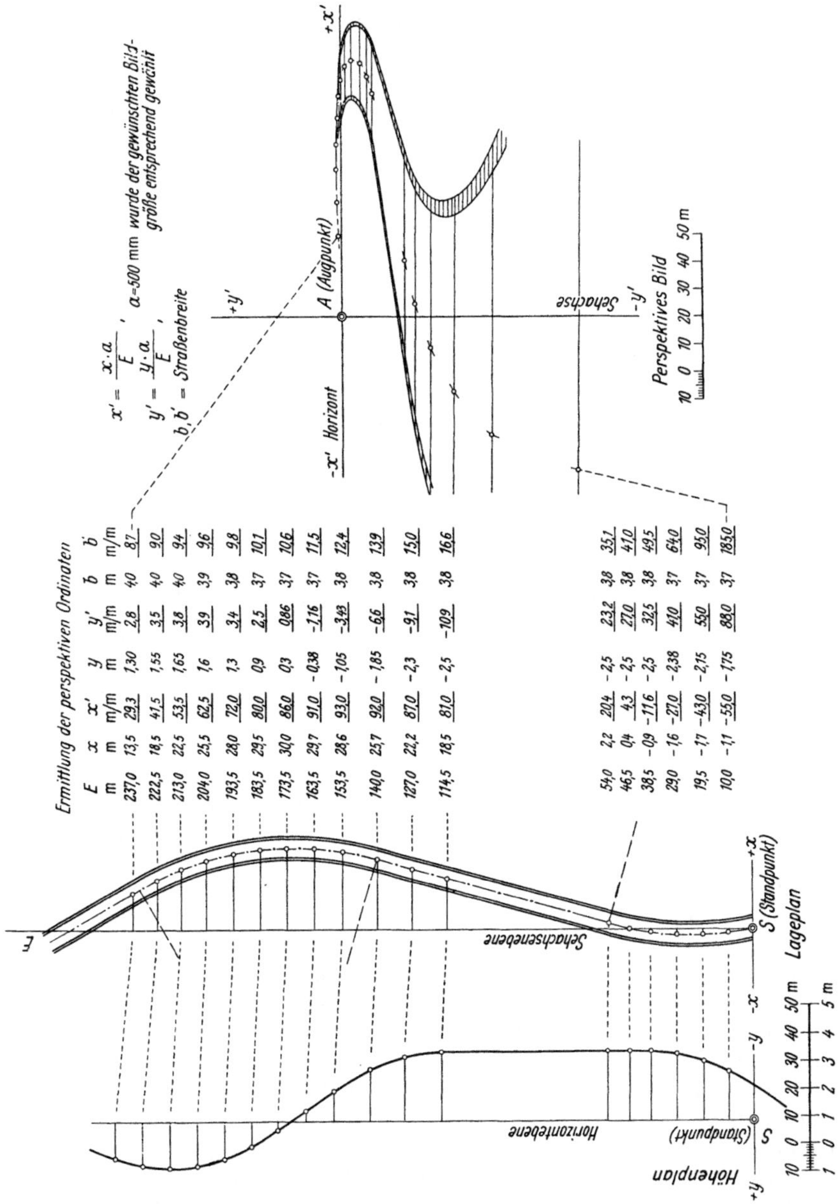

Abb. 191. Rechnerisches Verfahren zur Ermittlung des perspektivischen Bildes einer Straße (rechter Maßstab in mm)

3.12 Untersuchung einer Trasse durch Ermittlung des perspektiven Bildes

Das übliche, schon seit langem vor allem für Architekturen angewandte perspektive Verfahren mit starrer Lage der Bildebene, Sehstrahlen, Flucht- und Teilungspunkten läßt sich zur Darstellung von Straßen, die ihrer Form nach weitaus vielfältiger zusammengesetzt sind als die ebenflächigen, räumlich begrenzten Baukörper, nur mit großer Schwierigkeit anwenden. Die Herstellung eines perspektiven Bildes einer mehrere Kilometer langen Straße, von der ein Lageplan 1 : 2000 vorliegt, mit Hilfe von Sehstrahlen, würde infolge der großen Zeichenfläche und bei dem Mangel an geeigneten Geräten derartige Ungenauigkeiten ergeben, daß der Wert des Bildes in Frage gestellt wäre. Nach praktischer Erprobung verschiedener Möglichkeiten der perspektiven Darstellung erwies sich ein rechnerisches Verfahren zur Ermittlung perspektiver Bilder als das geeignetste. Abgesehen von unwesentlichen Verschiedenheiten der Bezeichnung und Methodik bei einzelnen Benutzern wird hierbei folgend vorgegangen: Für den zu prüfenden Straßenabschnitt wird ein Standpunkt gewählt, gegebenenfalls nach örtlicher Begehung, der nach Höhe und Lage genau

Abb. 192. Photomontage einer Autobahn, die eine exakte Beurteilung der Trasse in der Landschaft ermöglicht

festgelegt wird. Auf die Horizontebene in Höhe des Standpunktes (des Auges) und eine zu ihr senkrechte Ebene, die durch die Halbierende des Blickwinkels räumlich bestimmt ist, werden die für die Abbildung in Frage kommenden Punkte durch zwei Koordinaten (x und y) festgelegt. Eine weitere Ordinate E ergibt die entsprechende Entfernung des Punktes auf der Sehachse bis zum Standpunkt. Die Koordinaten x und y durch die Ordinate E geteilt ergeben Verhältniszahlen. Werden diese mit einem bestimmten Längenwert, der Bildkonstanten a multipliziert, so erhält man die perspektiven Koordinaten x' und y'. Diese sind sodann von einem Achsenkreuz (Horizont und Sehachsenebene) aufzutragen und man erhält das perspektive Bild der gefragten Punkte (Abb. 191). Auf diese Weise kann eine Linie, in unserem Falle eine Straßenachse, in den charakteristischen Punkten festgehalten und ihr perspektives Bild genau bestimmt werden. In gleicher Weise lassen sich natürlich auch beliebige Geländepunkte, Einschnitte und Dämme, wie auch die Breiten eines Straßenbandes und Überhöhungen ermitteln. Zur genauen Bestimmung von x und y werden gegebenenfalls bei Kurven bestimmter Funktion geodätische Tabellen herangezogen. x, y und E können aus Plänen verschiedenen Maßstabes entnommen werden, ein Umstand, der für die Konstruktion raumtiefer Bilder sehr vorteilhaft ist [*120*].

Sollen Straßen in Lichtbilder eingezeichnet werden — Photomontage — (Abb. 192), so ist darauf zu achten, daß der Standpunkt in Lage und Höhe mit dem bei der Konstruktion angenommenen genau übereinstimmt, daß die Mattscheibe genau lotrecht und winkelrecht zur Sehachse steht. Die Richtung der Sehachse kann auch aus dem Lichtbild mit Hilfe bekannter Punkte aus Bild und Lageplan graphisch ermittelt werden. Die Bildkonstante (Brennweite) ist aus der Formel $a = \frac{x'E}{x}$ bzw. $\frac{y'E}{y}$ zu ermitteln.

Statt einer photographischen Kamera kann auch zum Festhalten der Umgebung ein „*Perspektograph*“, der aus einer durchsichtigen Bildebene und einem dazu festgelegten Augpunkt besteht, verwendet werden. Die Umgebung für das perspektive Bild der Straße wird auf die Bildebene mit einem entsprechenden Stift gezeichnet, eine Methode, die vor allem von V. I. CH. VON RANKE ausgebildet und mit Erfolg angewendet wurde (Abb. 193), [*121*].

Nach diesem Verfahren gewonnene Bilder ergeben anschaulich und genau, wie die künftige Straße sich ins Gelände einfügt und in welchen Linien sie sich dem Betrachter bieten wird. Sollen Unstimmigkeiten des Linienflusses beseitigt werden, so kann eine in der Perspektive gezeichnete verbesserte Linie in den Lage- und Höhenplan entsprechend rückgeführt werden, wobei allerdings beachtet werden muß, daß entweder die x- oder y-Werte zunächst als unveränderlich zu betrachten sind.

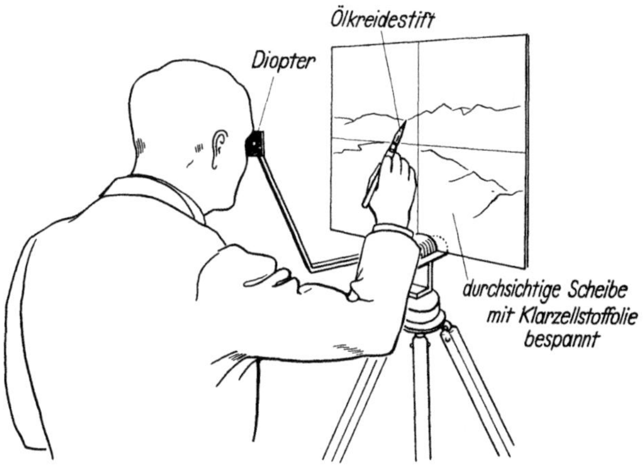

Abb. 193. Perspektograph nach RANKE

Bei dem beschriebenen Verfahren müssen aber auch die folgenden Nachteile erwähnt werden.

Die Bildwirkung wird jeweils *nur von einem Punkte* betrachtet. Bei oft ganz geringer Veränderung des Standpunktes kann ein wesentlich anders wirkendes Bild zustande kommen, so daß eine gewisse *Zufälligkeit* der Ermittlung anhaftet.

Von den besonders wichtigen Standpunkten, die auf der *Fahrbahn selbst* liegen, kann bei stärker bewegtem Gelände, mit Damm und Einschnitt, die Umgebung der Trasse nicht ausreichend genau dargestellt werden, da diese Standpunkte für Fotos oder für perspektographische Zeichnungen im Zustand des Entwurfes *nicht zugänglich* sind.

Die *Krümmung* einer Linie setzt sich durch Verbinden einzelner Punkte zusammen, der Ort möglicher Wendepunkte im Krümmungsverlauf wird daher nur *empirisch gefunden.* Das Anfertigen eines perspektiven, rechnerisch ermittelten Bildes ist recht zeitraubend, was vor allem bei umfangreicheren Vortrassierungen den Arbeitsverlauf hemmt.

Es lag daher nahe, das perspektive Bild des jeweiligen Straßenabschnittes so darzustellen, daß rasch Schlüsse auf die künftige Bildwirkung zu ziehen sind. Das führte zu folgendem Verfahren.

3.13 Untersuchung einer Trasse durch „generelle Bilder“

Zunächst wurden die möglichen geometrischen, räumlichen Grundformen — *„die Linienelemente“* — ermittelt, die bei Straßentrassen auftreten können (Abb. 194 ··· 199). Für diese Linienelemente gibt es nur begrenzte Möglichkeiten der grundsätzlichen perspektiven Abbildungsformen.

Soweit es sich bei den Linienelementen um gerade Linien — *ebene* und *fallende* bzw. *steigende Gerade* — oder Kurven ersten Grades *ebener Bogen* und *gerade Ausrundung* handelt, sind die perspektiven Abbildungsverhältnisse unschwer vorauszusehen.

Dagegen treten bei den Linienelementen, die Kurven zweiten und höheren Grades darstellen, dem *Bogen in Neigung* und der *Ausrundung im Bogen* unter bestimmten Voraussetzungen *„optisch bewegliche“* Wendepunkte auf. Diese wechseln je nach Standort des Betrachters auch ihren Ort im perspektiven Bild. Das Linienelement erscheint so in bezug auf den Krümmungssinn teils dem Lageplan verwandt, teils zu diesem fremd — *lageplanverwandte* und *lageplanfremde Bilder* (Abb. 198, 200, 204 und 205).

Der optisch bewegliche Wechselpunkt fällt beim Bogen in Neigung (Schraubenlinie bzw. nicht überhöhte Schraubenfläche) mit dem Wechsel von Drauf- zu Untersicht zusammen und tritt weiter nicht sonderlich in Erscheinung. Auch bei der *Ausrundung im Bogen*, die *Kreisbögen in Lage- und Höhenplan* aufweist, erscheint der optisch bewegliche Wendepunkt meist soweit am jenseitigen Ende der Wanne auf, daß dort weder der Krümmungswechsel noch die Krümmung selbst ausreichend wahrzunehmen ist. Werden aber für die Linie im Lageplan und für die Gradiente *Kurven* von *unterschiedlichen geometrischen Eigenschaften* verwendet, z. B. Klothoide im Lageplan, Kreis im Höhenplan, können die optisch beweglichen Wendepunkte auch recht auffällig in Erscheinung treten.

Diese im folgenden näher in Betrachtung stehende optische Unstimmigkeit wird ausgeschaltet, wenn statt einer Aufwicklung der gekrümmten Gradiente auf einen Zylinder, der durch die Linie im Lageplan bestimmt ist, ein entsprechender ebener zum Lageplan geneigter Zylinderschnitt, eine Kurve ersten Grades verwendet wird. Mit Rücksicht auf die Eigenschaft dieses Linienelementes in einer Ebene, in einer Flucht zu liegen, wurde die Bezeichnung *Fluchtbogen* bzw. *Fluchtbogenebene* (Abb. 199) gewählt.

Oberhalb dieser Fluchtbogenebene ergeben sich lageplanverwandte, unterhalb dieser lageplanfremde Bilder. Diese Regel kann wiederum — wie Untersuchungen ergaben — auch mit großer Annäherung auf die Ausrundung mit Kreisbögen in Lage- und Höhenplan angewandt werden; die der Fluchtbogenebene entsprechende Ebene wird durch das Verhältnis $H : R$[1] und den Punkt der Wannensohle[2] bestimmt.

Es ist somit für alle Linienelemente einer Trasse die grundsätzlich mögliche Abbildung von jedem betreffenden Punkt zu bestimmen. Solche danach angefertigte Faustskizzen, die den zur Betrachtung stehenden Straßenabschnitt dem jeweiligen Krümmungssinn nach richtig und den Längenverhältnissen annähernd entsprechen, werden *„generelle Bilder“* genannt (Abb. 200). Dem Planenden wird so rasch und ohne besondere Zeichenfertigkeit eine räumliche Betrachtung seines Entwurfes mit den möglichen Formen der perspektiven Bilder gewährt. Der Verlauf der Trasse kann filmähnlich untersucht werden. Dort, wo besonders kritische Formen der generellen Bilder auftreten, sind diese vorteilhaft durch genaue perspektive rechnerische Konstruktionen nach dem vorigen Verfahren zu ergänzen.

---

[1] Im Gegensatz zu den Bezeichnungen im Abschn. 2.223 ist für den Krümmungshalbmesser im Lageplan hier der Buchstabe H und für den Höhenplan R gewählt worden.

[2] Tiefster Punkt der Wanne, bezogen auf eine sie tangierende waagerechte Ebene.

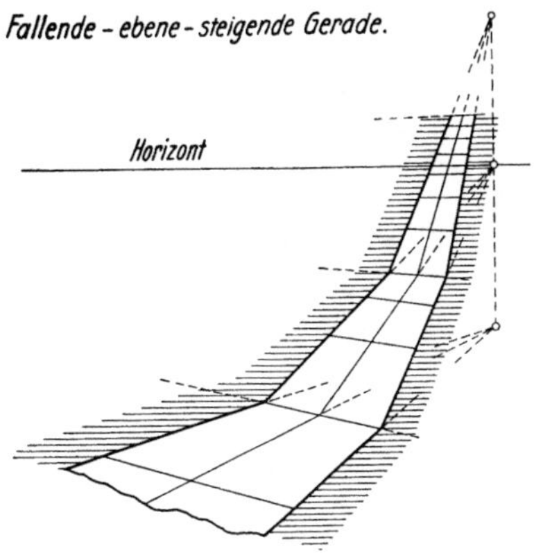

Abb. 194

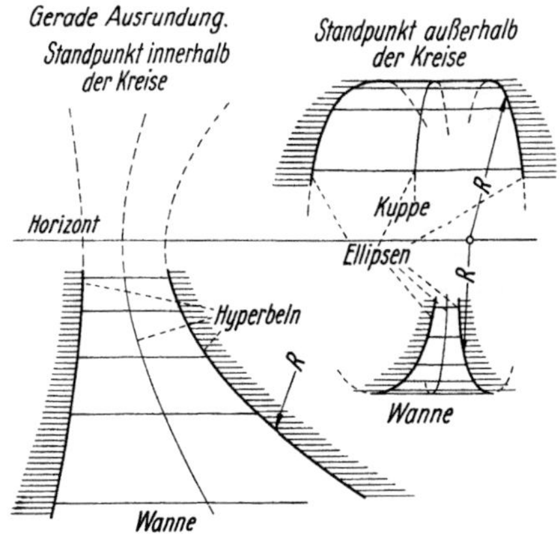

Abb. 195

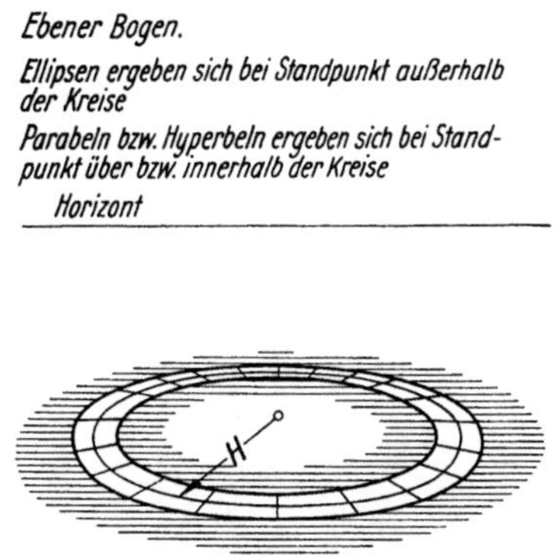

Abb. 196

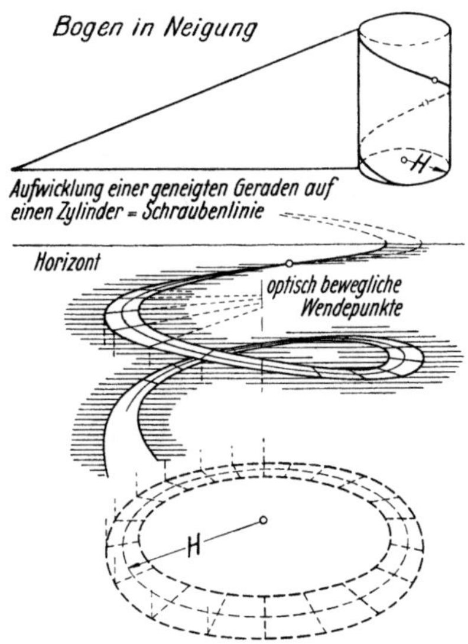

Abb. 197

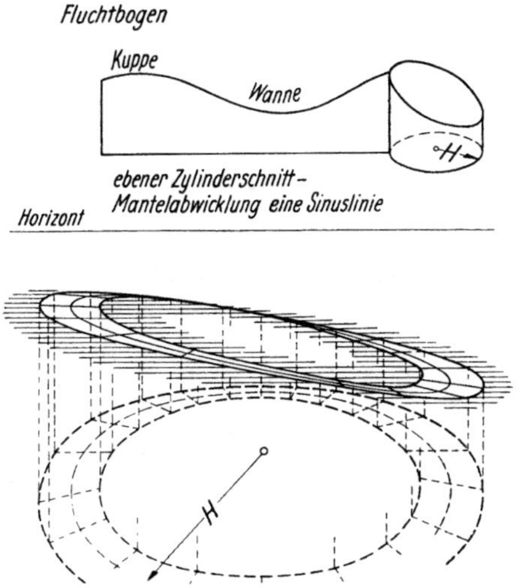

Abb. 199

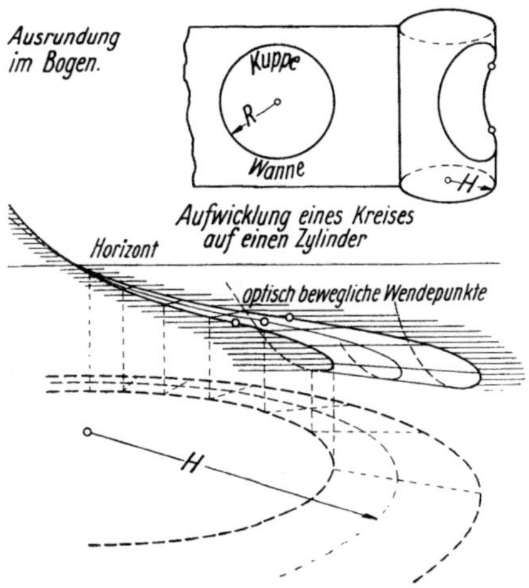

Abb. 198

Abb. 194—199. Die geometrischen Grundformen — *die Linienelemente* — der Straßen und ihre perspektiven Bilder. Bei den Raumkurven, dem *Bogen in Neigung* und der *Ausrundung im Bogen* können *optisch bewegliche Wendepunkte* auftreten, die bei dem letztgenannten Linienelement zu optischen Trugschlüssen führen. Der Fluchtbogen, eine ebene Kurve schließt dies aus

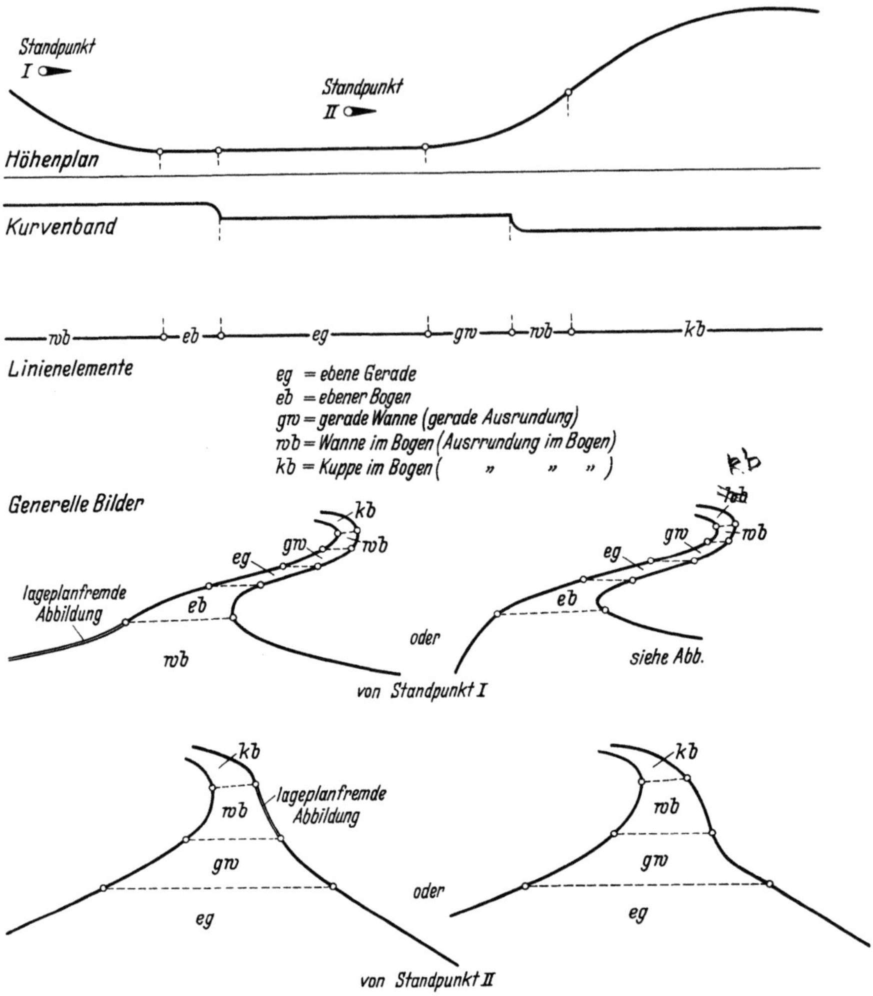

Abb. 200. *Generelle Bilder.* Aus dem Lage- und Höhenplan werden die jeweils auftretenden Linienelemente abgeleitet, die in Faustskizzen, den generellen Bildern in ihrer möglichen Abbildung dargestellt werden und so rasch Aufschluß über den Linienverlauf der Trasse geben. Sie entspricht der von Abb. 191. Vergleiche das generelle Bild rechts oben mit der konstruierten Perspektive

3.14 Regeln für eine gute Bildwirkung von Straßentrassen

Für eine gute Bildwirkung bei Trassierungen muß zunächst die Forderung erfüllt werden, jedes Linienelement und jeden Wechsel zum anschließenden als logische Folge der Überwindung von Gegebenheiten der Umwelt, vor allem denen des Geländes, durch die Straße erscheinen zu lassen. Bei einer so geplanten Trasse kann der jeweils noch unsichtbare weitere Verlauf beim Durchfahren im voraus geahnt werden.

Die Zahl der Linienelemente soll möglichst niedrig gehalten werden. Wendepunkte des Lageplans sind mit denen des Höhenplanes in Übereinstimmung zu bringen.

Die Länge der jeweils benachbarten Linienelemente soll nicht übermäßig voneinander abweichen, 1 : 1, 2 : 3, 1 : 2, möglichst nicht mehr als 1 : 3.

Innerhalb eines übersehbaren Streckenabschnittes meist zwischen zwei überragenden Kuppen soll die Trasse in ihrem perspektiven Bild eine klar erfaßbare Linie aufweisen.

Nachweislich ereignen sich auf im Lage- wie Höhenplan gekrümmten Trassen weniger Verkehrsunfälle als auf geraden. Da der Standpunkt des Fahrers sich ständig seitlich und der Höhe nach verschiebt, wird sein Auge durch dieses räumliche Sehen die Neigungs- und Krümmungsverhältnisse der Straße besser als auf geraden Strecken wahrnehmen können und so zu einer sicheren und beherrschten Fahrweise beitragen.

Für die Bildwirkung der einzelnen Linienelemente sowie ihre Kombination untereinander ist folgendes zu beachten.

Die *ebene Gerade* hat nur als Sonderfall in einer strukturlosen Ebene oder als Zielgerade — und diese ist wieder besser durch eine *gerade Wanne* zu ersetzen — Berechtigung. *Geneigte Geraden,* länger als die 8- bis 10fache Straßenbreite, sind möglichst zu vermeiden, vor allem dann, wenn durch eine nachfolgende *gerade Kuppe* der weitere Verlauf der Straße optisch nicht erfaßbar ist (Abb. 201).

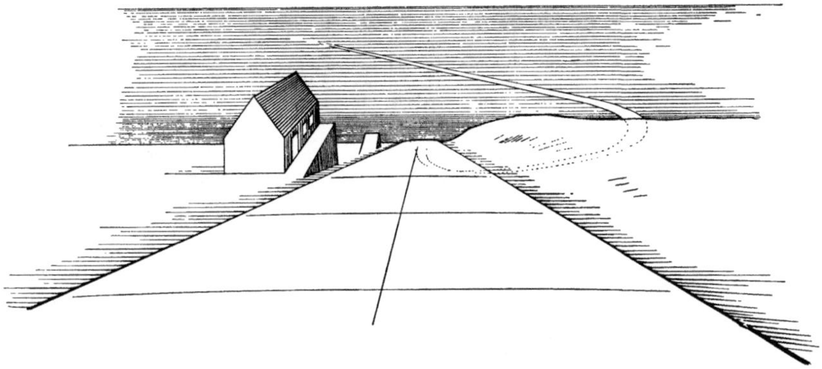

Abb. 201. Folge von *fallender Geraden, gerader Kuppe* und *Bogen in Neigung.* Solche Bilder wirken auf den Fahrer beängstigend

Schließt an eine *ebene* oder *geneigte Gerade* ein *ebener* oder *geneigter Bogen* oder eine Ausrundung im Bogen an, so soll schon allein aus optischen Gründen für den Bogen oder für den Beginn desselben eine *Kurve* gewählt werden, deren Halbmesser von H $= \infty$ auf endliche Werte überleitet — *Klothoide,* Lenkradkurve, kubische Parabel —. Bei Kreisen allein erscheint im perspektiven Bild die bogenäußere Kante am Beginn des Bogens mit dem kleinsten Krümmungswert, der als häßlicher Knick im Linienfluß empfunden wird, was bei den angeführten Übergangskurven auch im perspektiven Bild vermieden wird (Abb. 202).

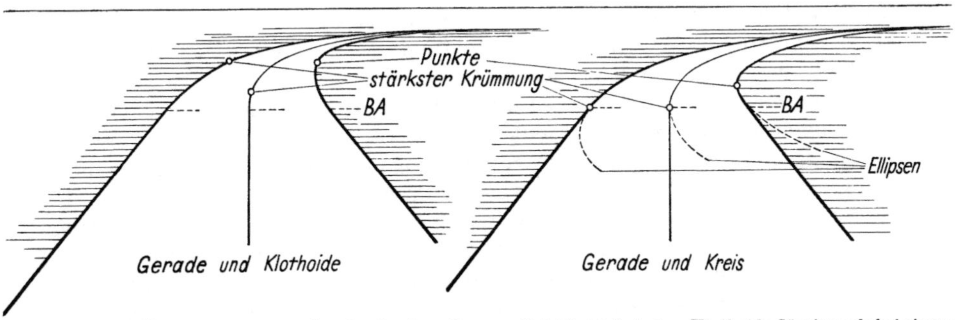

Abb. 202. Der Übergang von einer Geraden in einen Bogen vollzieht sich bei einer Klothoide flüssiger als bei einem Kreis. Die unterschiedliche Bildwirkung wird aus größerer Entfernung oder flacherer Draufsicht noch augenfälliger als hier gezeichnet

Gerade Kuppen, die in stärkeres Gefälle führen, können, vor allem bei Nacht, nicht rechtzeitig bis zu ihrer steilsten Stelle übersehen werden. Da die optischen Anhaltspunkte für die Gefällsverhältnisse fehlen, bilden sie eine Gefahrenquelle für schwer brems- und schaltfähige Fahrzeuge (Lastzüge). Die Folge von *gerader Kuppe* und *gerader Wanne* (Barockstraßen!) zeigt im perspektiven Bild vor allem von der Kuppe zur Wanne die Neigungsverhältnisse der Gradiente so verzerrt, daß diese meist übersteil erscheint (Abb. 203).

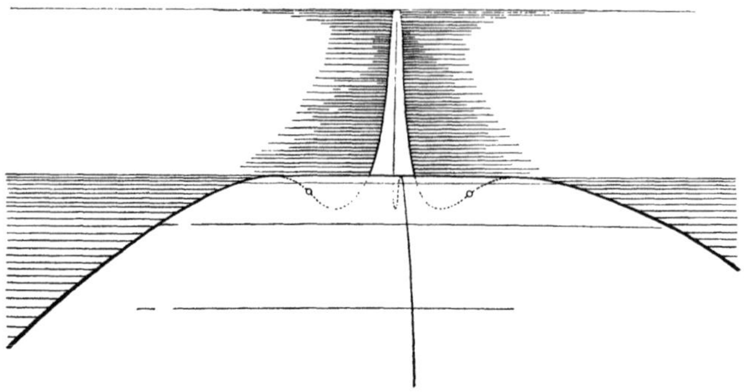

Abb. 203. Folge von *gerader Kuppe* zu *gerader Wanne*. Trotz der geraden Linienführung sind solche Stellen unübersichtlich, Abschätzen der Längsneigung durch den Fahrer kaum möglich

Bögen in Neigung sind fast immer *optisch unbedenklich*. Schließen an eine *Wanne im Bogen Bögen in Neigung* oder eine *Kuppe im Bogen* an, *ohne* daß im Lageplan der *Krümmungssinn geändert* wird, so ist darauf zu achten, daß sich der Ausrundungswert R zum Halbmesser H mindestens wie $5:1$ verhält (z. B. $R = 2500$ m, $H = 500$ m). Bei geringeren Verhältniswerten zeigt das perspektive Bild der Wanne im Gegensatz zu den anschließenden Abschnitten ein lageplanfremdes Bild. Das lageplanfremde Bild kann sich auch nur an bogenäußeren Randlinien eines breiten Straßenbandes (Autobahn) zeigen, so daß die recht unerwünschte Bildwirkung einer Verdrückung, einer Delle, entstehen kann (Abb. 204).

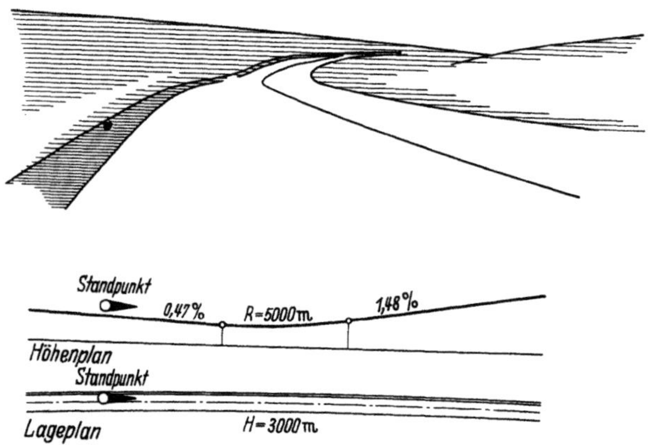

Abb. 204. *Ausrundung im Bogen* mit anschließenden *Bögen in Neigung*, $H : R = 1 : 1{,}667$. Trotz des großen Halbmessers im Lageplan wirkt das Bild unbefriedigend. Die lageplanfremde Abbildung der bogenäußeren Kanten steht im Gegensatz zu der lageplanverwandten am Innern des Bogens

Wie schon oben erwähnt, treten bei *Ausrundungen im Bogen* optisch bewegliche Wendepunkte auf, *ein Teil* dieses Linienelementes bildet sich *lageplanverwandt, ein Teil lageplanfremd* ab. Dieser Wechsel der Abbildung ist besonders bei den unterschiedlichen geometrischen Eigenschaften der Kurven im Lage- und Höhenplan zu beachten (Abb. 205). Wird so über einer *Wendelinie* im Lageplan, die aus 2 gegenläufigen *Klothoiden* zusammengesetzt ist, im Höhenplan eine *Wanne* und *Kuppe* aus *Kreisbogen* bei gleichem Krümmungswechsel angeordnet, so bildet sich perspektiv diese Linie nicht wie zu erwarten als *S*, sondern von gewissen Bereichen aus als *Linie mit 3 Wendepunkten* ab (Abb. 206). Vor allem der Blick *von der Kuppe in die Wanne* zeigt eine *recht unerwartete und unerwünschte Bildwirkung*. In solchen Fällen kann diese entweder durch *Einschalten von Bögen in Neigung* am Krümmungswechsel nach beiden Richtungen hin — über deren notwendige Länge sind schwer verläßliche Angaben zu machen — verbessert werden oder man wendet statt der Ausrundung im Bogen *Fluchtbögen* an, die unter allen Umständen im perspektiven Bild *nur einen Wendepunkt* aufweisen können und eine einwandfreie Bildwirkung ergeben. Zur allgemeinen Anwendung von Fluchtbögen werden zur Zeit Richtlinien ausgearbeitet [*122*].

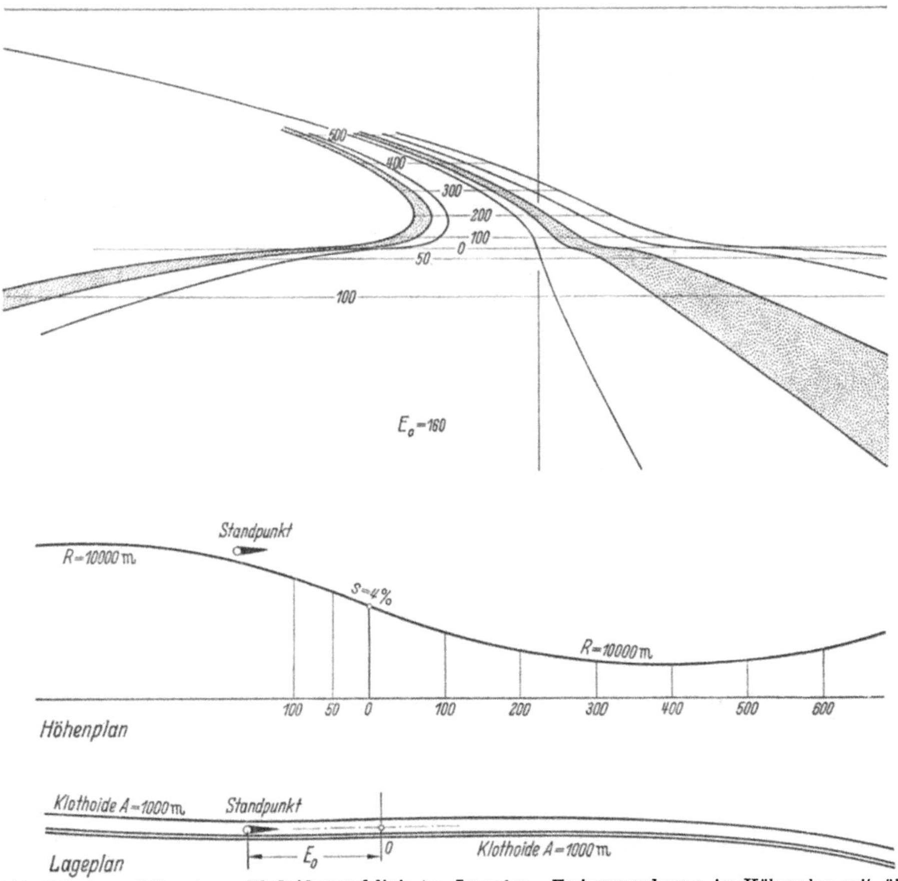

Abb. 206 oben, 205 unten. ***Klothoidenwendelinie*** im Lageplan, ***Kreisausrundungen*** im Höhenplan mit übereinstimmendem Krümmungswechsel. Die rechten Fahrbahnkanten weisen trotz großer Abmessungen eine unerwartete Delle durch die *lageplanfremde Abbildung* auf, was bei Fluchtbögen vermeidbar ist

3.2 Eingliederung der Straße in die Landschaft

3.21 Allgemeine Grundsätze

Zu den Regeln für eine gute Bildwirkung der Straße, wie sie in dem vorangegangenen Abschnitt gegeben sind, gehört auch das harmonische Einfügen des Straßenkörpers in die umgebende Natur. Man muß davon ausgehen, daß der Bau einer Straße ein gewaltsamer Eingriff in das natürliche Gelände ist. Es muß verhindert werden, daß dadurch die Landschaft verunstaltet und das Gleichgewicht im Boden durch die Beseitigung der Pflanzendecke, durch Bodenerosion und durch Störung des Wasserhaushaltes geschädigt wird. Die Schönheit der Landschaft ist Allgemeingut und muß erhalten bleiben. Es ist nicht an dem, daß die gegebenen starren technischen Bauelemente den Bestrebungen, die auf einen sinnvollen Schutz der Landschaft gerichtet sind, entgegenstehen. Die Bemühungen, die Ingenieurbauwerke und die Straßen der Umgebung anzupassen, haben meist in Zusammenarbeit mit den Landschaftgestaltern nicht nur Erfolg gehabt, sondern auch zur Bereicherung des Landschaftsbildes beigetragen. Technik und Natur haben sich zusammengefunden. Straßen und Autobahnen sind vielfach reizvolle Bestandteile der Kulturlandschaft geworden.

Angenommen sei, daß die richtige Linienführung in wirtschaftlicher und technischer Hinsicht unter Berücksichtigung der Bildwirkung gefunden ist, dann ist im Sinne der obigen Ausführungen zuerst beim Erdbau folgendes zu beachten:

Erdbau: Abräumen und Freilegen des Baugrundes.

Zum Erdbau gehört das Abräumen des Aufwuchses zur Freilegung des Baugrundes. Diese Arbeiten mit belebtem Boden sollen unter fachmännischer Anleitung vor sich gehen. Der nährstoffreiche Waldboden wird mit Rechen abgezogen und aufgesetzt. Die zu späterer Anpflanzung geeigneten Pflanzen werden eingeschlagen und Rasen von 10 bis 12 cm Stärke abgehoben und gestapelt. Das gilt auch für den Mutterboden, der sorgfältig abgebaggert und pfleglich behandelt wird, damit er später wieder verwendet werden kann. Hierüber sind besondere Anweisungen erlassen worden (ZTVE — StB 59 3.08).

3.22 Damm

Der Neigung der Böschung, die sich nach dem Winkel der inneren Reibung richtet, wurde bisher bei Dämmen ein Verhältnis 1 : 1,5, im Einschnitt je nach

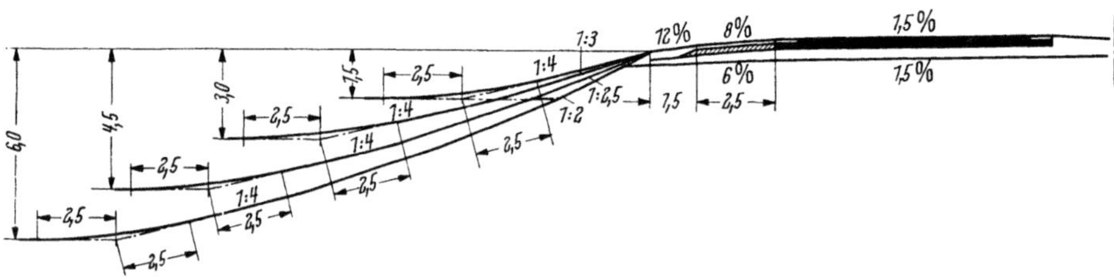

Abb. 207. Querschnitt von flachen Dammböschungen nach der BBA in der Geraden

Bodenart flacher oder steiler gegeben. Da diese starre Durchdringung mit dem Gelände unnatürlich wirkt und, damit der Straßenkörper ungezwungener in die Umgebung eingebunden wird, soll die Böschung beim Damm flacher und sanfter

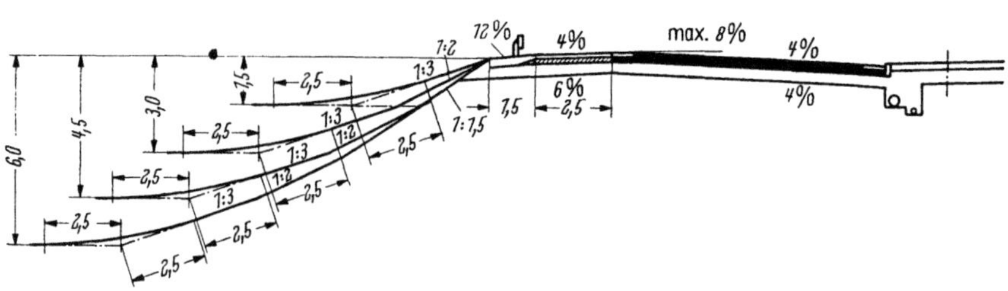

Abb. 208. Querschnitt von steilen Dammböschungen nach der BBA, Lage in der Krümmung

in das Gelände übergehen. Dies soll dadurch erreicht werden, daß die Böschung um so flacher angelegt wird, je niedriger der Damm ist (nach den BBA-Q 1955, Abb. 207 und 208). Zwar erfordert das mehr Grunderwerb, aber die abgeflachten Böschungen lassen sich deshalb besser landwirtschaftlich ausnutzen. Die Neigungsbrüche sind auszurunden. Bei Dämmen ist zu beachten, daß sich in den abgeriegelten Talmulden keine Kaltseen bilden können.

3.23 Anschnitt

Beim Geländeanschnitt sprechen Gründe, die auf technischem und landschaftlichem Gebiet liegen, dafür, die Straßenachse aus dem Gelände herauszulegen. Mit abgeflachten Böschungen tritt dann die Straße nicht mehr als Fremdkörper im Gelände in Erscheinung. Auch der Massenausgleich im Querschnitt verlangt, daß die Mittelachse mehr talwärts liegt. Je mehr man diese aus dem Berg heraussetzt, desto geringer wird der Anschnitt und desto weniger die Bergseite angeritzt. Landschaftlich gesehen ist es immer richtiger, die Gebirgsstraße vom Berg fort auf Stützmauern zu setzen, als sie in den Berg hineinzudrücken (vgl. Abb. 209). Bei städtischen Straßen am Hang mit einer Querneigung, die nur eine einseitige Bebauung auf der Bergseite gestattet, erweist es sich gleichfalls zweckmäßig, wegen der geringeren Erdarbeiten bei der Gründung der Häuser wegen ihrer freieren Lage und Ersparnis an Mauern den ganzen Straßenkörper anzuschütten. Da Auffüllboden in Städten meist vorhanden ist, verteuert dieses Verfahren die Erschließung nicht.

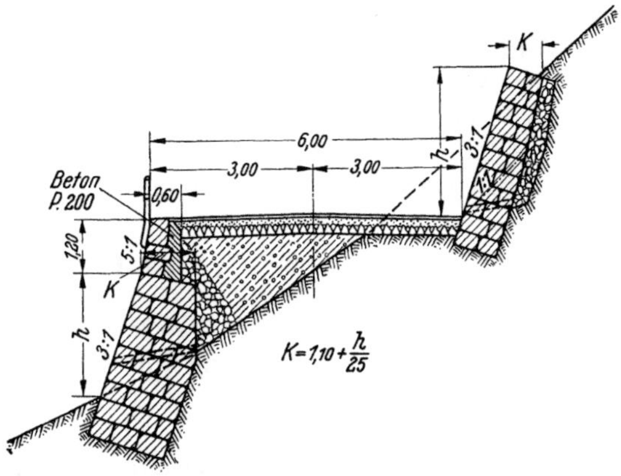

Abb. 209. Gebirgsstraße am Hang mit Stütz- und Futtermauer in Trockenmauerwerk. Straßenquerschnitt im Anschnitt an steilem Hang

Dort, wo es ohne klaffende Wunden nicht abgeht, vermag die Natur — wie sich immer wieder gezeigt hat — selbst schwere Schäden in kurzer Zeit zu

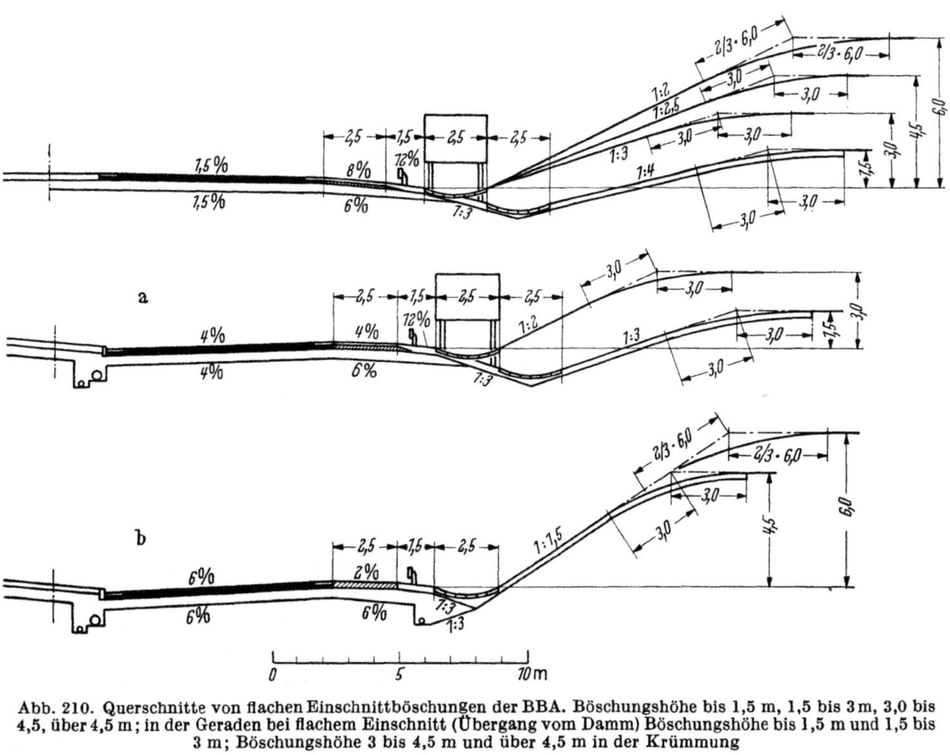

Abb. 210. Querschnitte von flachen Einschnittböschungen der BBA. Böschungshöhe bis 1,5 m, 1,5 bis 3 m, 3,0 bis 4,5, über 4,5 m; in der Geraden bei flachem Einschnitt (Übergang vom Damm) Böschungshöhe bis 1,5 m und 1,5 bis 3 m; Böschungshöhe 3 bis 4,5 m und über 4,5 m in der Krümmung

heilen. Bei vielen Bauten der Vergangenheit kommt es uns gar nicht mehr zum Bewußtsein, daß im Zeitpunkt ihrer Errichtung das Landschaftsbild tiefgreifend verändert worden ist. Das gilt nicht nur für Straßen, sondern für alle Ingenieurbauwerke, gegen die heute vom Standpunkt des Naturschutzes aus oft unberechtigt Stellung genommen wird. Ein schweizerischer Bericht zu den schweizerischen Normalien für Bergstraßen erwähnt die schnelle Vernarbung des Waldbestandes an der Lötschbergbahn. Vom Rhonetal aus gesehen zeichnet sich der Bahnkörper überhaupt nicht mehr an den Hängen ab. Wenn nur genügend Vorbereitungen getroffen werden, dem Drang der Natur freie Bahn zu geben, solche Wunden zu vernarben, oder wenn diesem Vorgang sogar noch nachgeholfen wird, dann sind solche Eingriffe völlig unbedenklich.

3.24 Einschnitt

Da tiefe Einschnitte mit steilen Böschungen nüchtern und abstoßend wirken, geht bei ihnen die Verbindung der Straße mit der umgebenden Landschaft verloren. Massenausgleich in der Linie ist zwar erwünscht, aber nicht Bedingung. Auch bei ihnen sollen die Böschungen abgeflacht und die obere Böschungskante abgerundet werden (Abb. 210 nach BBA—Q 1955). Das gilt auch für Böschungen der Anschnitte.

Man soll aber auch einzelne oder Gruppen von gesunden Felsen zur Belebung der Böschung stehen lassen. Der Fels darf aber an solchen Stellen nur mit wenig brisantem Sprengstoff geformt werden. Dies gilt vor allem dann, wenn eigenartige geologische Formationen freigelegt werden, um den Straßenbenutzer darauf aufmerksam zu machen.

3.3 Art und Umfang der Bepflanzung

3.31 Die Pflanzendecke

Nach den SNV 40660 umfaßt die Bepflanzung Bäume, Sträucher und Rasen. Diese hat a) einen verkehrstechnischen Zweck, b) eine bautechnische Aufgabe, c) Sicherungsaufgabe, d) landschaftliche Aufgabe und biologische und wirtschaftliche Nebenaufgaben.

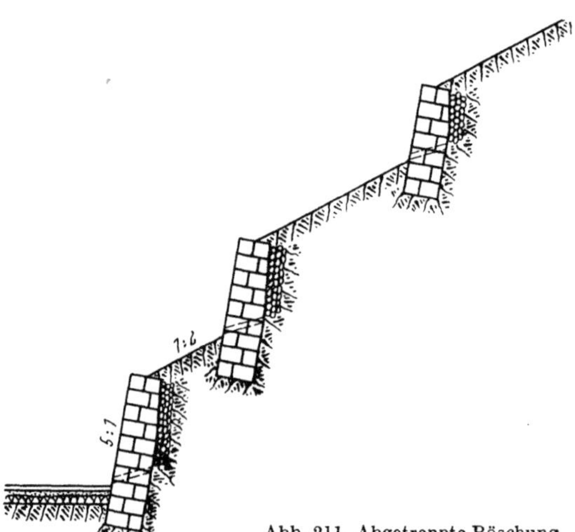

Abb. 211. Abgetreppte Böschung im Einschnitt

Verwiesen sei hier, was die Behandlung des Mutterbodens, des Rasens, Anwendung des Kompost u. a. m. betrifft, auf Heft 4 F. G. Bepflanzung an Straßen [*123*].

Ob der Straßenkörper bepflanzt und flächenbegrünt wird, hängt von vielen Umständen ab. Damit soll nicht nur das mechanische Gleichgewicht — Schutz des Dammes gegen die Einflüsse der Schwerkraft, des Wassers und des Windes —, sondern auch das lebensgesetzliche so schnell als möglich wiederhergestellt werden. Begrünung der Böschungsflächen wird wohl die Regel sein. Welche Pflanzen dabei verwendet werden, bestimmen in erster Linie die Bodenart, Lage zur Sonne, Klima, Wasserhaltungskraft des Bodens und die Gegend, in der die Straße liegt, und die Pflanzen, die dort ihren Standort haben. Steile Einschnittsböschungen im felsigen Gelände (Gipsmergel) werden mit Gebüschen und niedrigen Holzarten bepflanzt. Solche Einschnitte können auch abgestuft werden, indem Trockenmauern in Absätzen angelegt werden, durch die flachgeneigte Bänder gewonnen werden, die gärtnerisch genützt werden können (s. S. 237), z. B. im Weinbaugebiet bei Südlage zur Anpflanzung von Reben oder für Obstbau (Abb. 211).

Wenn Mittelstreifen Rasen erhalten, sollen die Flächen so groß und etwaige Bepflanzung mit Büschen u. a. m. so locker sein, daß der Rasen leicht mit der Maschine geschnitten werden kann.

Baumpflanzungen an und auf der Straße üben einen sehr starken Einfluß auf das Verhältnis der Landstraße zur umgebenden Landschaft aus. Schon bei der Bearbeitung der Linie sind etwaige Bäume, die die Landschaft kennzeichnen oder für die Belebung des Straßenbildes von Wert sind, aufzunehmen, und wenn irgend möglich zu schonen und in die Straßenlage einzufügen. Das gilt in besonderem Maße auch für städtische Straßen, Parkanlagen und Parkstraßen, die nach wertvollen Baumgruppen ausgerichtet werden sollen.

Bei Landstraßen wird bisweilen zu überlegen sein, ob überhaupt Bäume angepflanzt werden sollen, welche Art, in welchem Abstande vom Straßenrand und untereinander.

Bei der Pflanzung von Alleen soll man ganz besonders vorsichtig sein. Im allgemeinen sind sie auf Strecken zu beschränken, deren Straßengradiente vom Gelände nur geringfügig abweicht oder auf Dammstrecken einer Talquerung. Unangebracht sind Alleen vor allem in tieferen Einschnitten und in Wäldern. Die Bepflanzung von städtischen Straßen setzt naturgemäß einen ausreichenden Abstand der Baufluchten voraus.

3.32 Baumpflanzungen

Auf Autobahnen gewinnen Blendschutzpflanzungen auf dem Mittelstreifen — bei Nachtfahrten — immer größere Bedeutung. Aus Sträuchern und Hecken bestehend werden sie den örtlichen Lebensbedingungen entsprechend gewählt und in langgestreckte Gruppen in lockerer Anordnung oder als Querriegel gepflanzt. Stärkere Stämme sollen aus Sicherheitsgründen vermieden werden. In diesem Zusammenhang müssen auch Versuche mit Schlingrosen erwähnt werden, die außerdem von der Fahrbahn abkommende Fahrzeuge ohne besondere Beschädigung auffangen sollen.

Wenn die Straße in der NS-Richtung liegt, blendet die Sonne in den Jahreszeiten, wenn sie niedrig steht. Eine Baumpflanzung schirmt die Strahlen ab. Da die OW-Straße einer solchen Sonnenbestrahlung nicht ausgesetzt ist, kann die Baumpflanzung lichter gehalten werden.

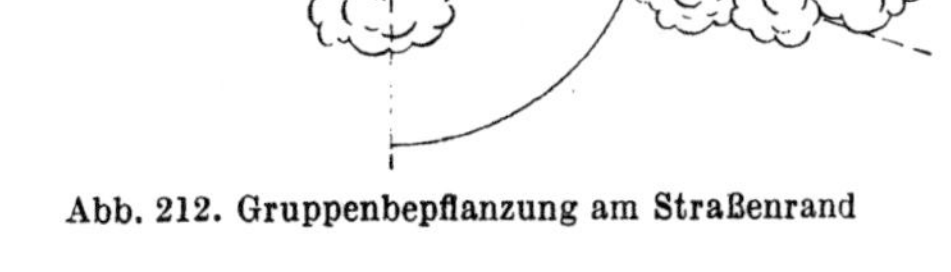

Abb. 212. Gruppenbepflanzung am Straßenrand

Mit Rücksicht auf den Einfluß auf das Kraftfahrzeug ist noch zu beachten, daß bei tiefstehender Sonne die Bäume Schlagschatten werfen, deren schnelle Folge auf die Dauer den Fahrer in Erregung versetzt. Man wird daher von der Lage der Straße zur Himmelsrichtung ausgehen müssen, wenn sie von Alleebäumen eingefaßt werden soll.

In der Ebene soll man hochstämmige Bepflanzung von einigen hundert Metern zulassen, aber nicht als Schnüre, sondern mit Unterbrechungen, die sich aus der Form der Landschaft ergeben. Der Abstand zwischen der Baumreihe und dem Fahrbahnrand soll mindestens 4···4,5 m betragen (RAL—Q 56).

Für Ebene, Hügelland und Gebirge gilt gleichermaßen die Regel, daß eine lockere Bepflanzung aus Baum- und Buschgruppen angewendet wird, die gegebenenfalls tief in das angrenzende Gelände einbindet (Abb. 212). Solche Gruppen sind recht widerstandsfähig gegen Windbruch.

Im Hügelland wird es sich von selbst ergeben, daß für Alleen kein Platz ist, weil das an sich abwechslungsreiche Bild dadurch zerschnitten oder verdeckt wird.

Mit planmäßig betriebener Bepflanzung mit standortgerechten Bäumen kann eine beachtliche Holzerzeugung erreicht werden, man muß sich aber entschließen, den Baum zur rechten Zeit zu fällen, wenn er den höchsten Ertrag bringt. Mit der Wertverminderung, wenn man Bäume überaltern läßt, sind Verkehrsgefahren verbunden. Denn gewisse Baumarten — Pappel, Esche, Birke und Eiche — bilden, wenn ihre Kronen ineinander greifen, Trockenäste, die der Sturm auf die Straße wirft. Der Abtrieb muß nach forstwirtschaftlichen Regeln vorgenommen werden.

Bepflanzung der Seitenstreifen wird für europäische Verhältnisse nicht in Frage kommen, weil die Verkehrsstraßen stets von Gehbahnen, Radwegen und Bermen, die für die Unterhaltung notwendig sind, eingefaßt werden. Da diese Verkehrsstreifen in den VStA. fehlen, wendet man dort viel auf, um den Straßen einen durch Bepflanzung der Straßenränder mehr parkartigen Charakter zu geben. Ihrer gärtnerischen Behandlung wird besondere Aufmerksamkeit geschenkt, sie wird von Staats wegen gefördert [*124*]. Um so mehr sticht das dahinterliegende Steppenland hiervon ab.

Im Gegensatz zu dieser mehr staffageartigen Ausgestaltung stehen die Ziele, die man bei Kraftfahrbahnen verfolgen muß. Da der Straßenrand bei der hohen Geschwindigkeit zu schnell vorbeifliegt, kann eine Wirkung nur erreicht werden, wenn die Großräume der Landschaft erschlossen werden, auf denen der Blick des Fahrers ruht und die er auch bei seiner großen Fahrgeschwindigkeit überschauen kann. Damit wird die Eintönigkeit der nur baumbepflanzten Straßen vermieden, dafür das Bild einer bewegten Landschaft ausgemünzt, um mit Durch-, Weit- und Ausblicken, aber auch mit Lichtungen Abwechslung zu schaffen.

Für die Autobahnen ist ein Merkblatt über Bepflanzung (G. I. Nr. 24) erlassen, in dem alle Maßnahmen berücksichtigt werden, die für die spätere landschaftliche Ausgestaltung von Wert sind, wie z. B. Verwertung des Rasens, Bewirtschaftung der Muttererde, Pflanzung von Gehölzen, Ansaat von Gehölzen, Wildstauden und Wildgräsern [*125*].

Mit einer solchen Ausgestaltung der Straßen soll nicht nur erreicht werden, daß sie sich einfügen und keine Fremdkörper sind, sondern — was mindestens ebenso wichtig ist — daß der Fahrer beeinflußt wird, ruhig und gleichmäßig zu fahren, daß er nicht ermüdet und ihm alle harten und plötzlichen Übergänge erspart werden, daß er angeregt wird, die durchfahrene Landschaft zu erleben und ihre besonderen Kennzeichen in sich aufzunehmen. Man spricht von einer psychologischen Aufgabe, die hier der Landschaftsgestaltung gegeben ist. Das kann noch durch Parkplätze, die im Wald, an Seen oder Aussichtspunkten angelegt werden, unterstützt werden.

Manche der zuvor genannten Nachteile lassen sich vermeiden, wenn die Bäume außerhalb des Grabens auf dem Acker oder der Wiese stehen. Der Wegebaupflichtige setzt sie, die Anlieger haben sie zu pflegen und sie genießen den Ertrag. In Württemberg stehen im Obstbaugebiet die Bäume 3 m vom Grabenrand entfernt. Viele Bauern sehen darin eine Minderung ihres Bodenertrages, da unter dem Baum nichts wächst. Aber der Nutzen, den der Baum als Nist- und Lebensraum für Vögel und andere Kleinlebewelt, als Windbrecher, Erhalter der Bodenkohlensäure, des Boden- und Oberflächentaues bietet, soll den Schaden reichlich ausgleichen.

Unangebracht sind Baumpflanzungen beispielsweise auf einem Damm, der ein Wiesental überquert, auch im Anschnitt, wenn die Umgebung niedrigen Aufwuchs hat.

Einzelbäume jeder Art sind ein geeignetes Mittel, landschaftliche Wirkungen zu erzielen, z. B. bei Kuppen, die ohne Hintergrund abstoßend wirken. Bei Führung der Gegenneigungen in der Krümmung kann ihre Erscheinung verdeckt werden, wenn die Straße seitlich begrenzt ist, z. B. durch Baumpflanzungen oder im Wald. Auf Kuppen im freien Gelände sollten Einzelbäume oder Baumgruppen angepflanzt werden, ein schon seit altersher im Straßenbau bewährtes Verfahren. Solche Zielpunkte beleben auch die umgebende Landschaft. Welche Baumart hier gewählt wird, hängt ganz von den örtlichen Verhältnissen ab. Ebenso werden die pflanzlichen Standortbedingungen, wie die Wirkung der Stämme in der Landschaft und im Straßenraum, zu berücksichtigen sein.

Die Bepflanzung der Straßenränder in der Kultursteppe für sich allein würde an dem trostlosen Zustand nicht viel ändern, wenn nicht zugleich die Umgebung mit in die Maßnahmen einbezogen wird. Man darf nicht an der Straßengrenze halt machen. Durch Hecken und Knicks, durch Bepflanzung der Bach- und Grabenufer muß unter Anpassung an das Gelände das natürliche Landschaftsbild wieder neu erstehen. Die Verunstaltung durch Telegraphenmasten, Verkehrszeichen und Reklame muß auf das Geringste eingeschränkt werden.

Die Anpflanzung von Hecken längs der Straße kann nur da erfolgen, wo nicht die Gefahr besteht, daß sie Anlaß zu Schneeverwehungen geben (s. S. 234). Oberhalb tiefer Einschnitte schützen solche Hecken, wenn sie quer zur Windrichtung stehen, den Einschnitt vor Verwehung.

3.33 Die Straße im Wald

Die Straße im Wald wirft schwerwiegende Fragen auf, deren Lösung eine Mitwirkung des Forstmannes erfordert. Der für die Straßen, besonders bei der Autobahn erforderliche breite Durchhieb, der bei Einschnitten durch die Böschungen noch besonders stark ausgeweitet wird, schlägt dem Wald erhebliche Wunden. Die bisher in gegenseitigem Schutz stehenden Bäume werden am Rand den Einflüssen des Windes, der Kälte und der Sonne ausgesetzt, Einwirkungen, denen sie nicht gewachsen sind. An diesen Wundrändern entstehen Windbruch, Rindenbrand und andere Schäden. Die ungeschützten Flanken müssen mit einem Windmantel abgedeckt werden, der in Neupflanzungen widerstandsfähiger Holzarten besteht, die zufolge ihrer freien Lage nach der Bahn hin stärker wurzeln und bis unten beastet bleiben, die aber auch erst langsam heranwachsen. Da solche Maßnahmen nur ihren Zweck erfüllen, wenn sie genügend tief in den Wald einbinden, ist durch das Schutzwaldgesetz vom 14. Mai 1936 (RGBl. 1936, I, S. 440) vorgesehen, daß ein Streifen bis zu einer Entfernung von 40 m von dem befestigten Rand der Autobahn dafür in Anspruch genommen werden darf. Diese und etwaige Zwischenmaßnahmen müssen in Kauf genommen werden, wenn auch im ersten Jahrzehnt nach der Bauausführung die Straßenwand noch keinen erfreulichen Anblick gewährt.

Gerade die krümmungsreiche Führung im Walde ist vornehmlich geeignet, geschlossene Räume zu schaffen, die sich auch gut befahren lassen, weil der bei schneller Fahrt gefährliche Seitenwind den Wagen nicht fassen kann. Die

Richtungsänderung bewirkt auch einen Wechsel in der Belichtung. Auf jeden Fall wird anzustreben sein, bei der Einfahrt in und Ausfahrt aus Waldungen die Linie in eine Krümmung zu legen, um die Nüchternheit und Gleichförmigkeit einer geradlinigen Durchquerung zu vermeiden.

Da die Entscheidung auch stark durch verkehrstechnische Rücksichten beeinflußt wird, sollen im folgenden Vor- und Nachteile der Baumpflanzungen unter Anlehnung an eine Denkschrift der dänischen Wegebauverwaltung gegenübergestellt werden [*126*].

Vorteile. a) In verkehrstechnischer Hinsicht:

1. Baumpflanzungen zeichnen den Weg ab nach Anbruch der Dunkelheit, bei Nebel und Schneedecke, wertvoll in Krümmungen, aber nur auf der äußeren Seite, Bäume dienen der optischen Führung, wenn sie nach den „Richtlinien für die optische Führung von Straßen" F. G. 1952 angelegt werden.
2. Ferner bei Kreuzungen mit anderen Wegen und mit Wasserläufen.
3. Einfassung mit Bäumen bietet Schutz auf Dämmen.
4. Bäume können, wo besondere Bahnen für Radfahrer und Fußgänger vorgesehen sind, diese abtrennen.
5. Sie geben Schatten an sonnigen Tagen und bilden Schutz in Gegenden mit rauhen Witterungsverhältnissen.

b) In wegebautechnischer Hinsicht:

1. Bei Fahrdämmen mit Steinschlagdecke verhindert die Bepflanzung ein zu starkes Austrocknen (Staubbekämpfung) und
2. trägt sie zur Austrocknung des Untergrundes bei.

c) In landschaftlicher Hinsicht:

1. Bäume betonen das Vorhandensein der Wege dort, wo es aus landschaftlichen Gründen erwünscht ist,
2. vermitteln sie den Übergang zwischen Wegekörper und Umgebung;
3. die reizlose Landschaft wird belebt.

d) Bäume dienen der Erhaltung einer nützlichen Vogelwelt und der Erhaltung der Bodenkohlensäure, sie bieten Schutz gegen Windverwehungen.

e) Obstbäume liefern Ertrag, bei anderen wird Holz genutzt.

Nachteile. a) In verkehrstechnischer Hinsicht:

1. Bäume bringen Gefahr für abkommende Fahrzeuge
2. Sie nehmen die Übersicht weg zum Nachteil der Verkehrssicherheit.
3. Laubfall, abgefallene Zweige oder umgefallene Stämme gefährden den Verkehr.
4. Bepflanzung in Form von Hecken längs der Wege begünstigt Schneeverwehungen.
5. Große Bäume können die Fahrbahnbelichtung erschweren, die Sicht für die Verkehrszeichen behindern und durch Schlagschatten bei tiefem Sonnenstand stören.

b) In wegebautechnischer Hinsicht:

1. Bäume erschweren die Auftrocknung der Fahrbahn in feuchten Lagen, schaffen die Voraussetzung für Glatteis.
2. Wurzeln verstopfen die unterirdischen Abflußleitungen. Wurzeln abgestorbener Bäume rufen Untergrundversackungen hervor.

c) Die Bepflanzung kann das längs der Wege liegende Grundeigentum ungünstig beeinflussen:

1. durch Verwurzelung in das benachbarte Privatgrundstück;
2. durch Beschattung der Bodenfläche.

Die Nachteile können zu einem erheblichen Teil durch eine richtige Bepflanzung ausgeglichen werden.

Für die Neupflanzung werden die folgenden Regeln gegeben: Die Bepflanzung mit Baumreihen an neuen Wegeanlagen ist in verkehrlicher Hinsicht namentlich auch dann angebracht, wenn eine starke Betonung des Weges aus landschaftlichen Gründen erwünscht ist. Folgende Regeln gelten:

1. Abstand der Bäume im Querschnitt 4 m mehr, als die Fahrbahnbreite beträgt; bei 8 m Breite also mindestens 12 m.
2. Längsabstand der Bäume untereinander mindestens 10 m.
3. Nur Baumarten kommen in Frage, deren Kronen sich erst 4,5 m über der Fahrbahn entwickeln.
4. An der Grenze von Privateigentum soll die Baummitte 1,0 m von der Grenze bleiben.

Infolge der im Laufe der Jahre an den Pflanzungen vor sich gehenden natürlichen Veränderungen zeigen sie nur für einen gemessenen Zeitraum das gewünschte einheitliche Bild. Wenn es erhalten werden soll, wird man das bei der ersten Anlage schon berücksichtigen müssen und mit Ausholzen und rechtzeitigem Nachpflanzen nicht ängstlich sein dürfen [*127*, *128*, *129*].

3.4 Besondere Aufgaben in der Raumgestaltung der Straßen

3.41 Zeitliche und räumliche Übergänge im Straßenbau

Der Übergang von der bebauten Stadt in die Landschaft ist im Städtebau noch nicht gelöst, da bei allen Städten, die sich in der Entwicklung befinden, sich an ihrem Rande Übergangserscheinungen vollziehen, die dem Städtebauer Sorgen bereiten, da er sie gestalterisch nicht erfassen kann. Jede Stadt dehnt sich an ihren Ausfallstraßen aus. In dicht besiedelten Gebieten wachsen die Städte an ihren Landstraßen zusammen, so daß die Grenzen zwischen Stadt und Land sich bereits verwischen.

Aus diesem Grunde hat man die auf S. 100 erwähnten Vorschriften des FStrG erlassen, nach denen an solchen Verkehrsstraßen außerhalb der bebauten Ortslage die Bebauung gewisse Abstände einhalten muß.

Wo es also möglich ist, einen breiten Streifen rechts und links von der Straße frei zu halten, wird es keine Schwierigkeiten bereiten, auch den Straßenrand den Anforderungen der Landschaftsgestaltung anzupassen oder, wenn die Straße noch nicht in voller Breite ausgebaut wird, die spätere Form vorzubereiten. An Ausfallstraßen, an denen die Richtlinien des FStrG nicht angewendet werden können, hat man es dann mit den erwähnten Übergangserscheinungen zu tun, die dazu zwingen, aus der vorhandenen, vielfach schon überständigen Bepflanzung das Lebensfähige herauszusuchen und durch Neupflanzungen, die in zeitlichen Abständen erfolgen können, einen endgültigen Zustand zu planen.

Nur in seltenen Fällen wird der Baulastträger über den freizuhaltenden Streifen in voller Breite verfügen. Er wird deshalb darauf angewiesen sein, mit der Gemeinde oder den Anliegern gemeinsam zu planen.

3.42 Lärmschutz an Straßen

Der Lärm, verursacht durch die Kraftfahrzeuge, besonders durch die Lastkraftwagen, hat einen bedrohlichen Umfang angenommen und seine Bekämpfung ist eine vordringliche Aufgabe für den Kraftfahrzeugkonstrukteur, den Straßenbauingenieur und den Stadtplaner geworden. So zweckmäßig es ist, den Verkehr auf Expreßwegen und besonderen Stadtschnellstraßen zu bündeln (s. S. 98), so ist damit zugleich aber auch eine Verdichtung des Lärms und der Verkehrsgeräusche verbunden, gegen den die Umgebung abgeschirmt werden muß.

Der Kraftfahrzeugkonstrukteur wird bessere Geräuschbremsen in die Auspuffrohre einsetzen und auch die Geräusche der Lüfter und des Schaltens ermäßigen müssen. Schlecht unterhaltene und beladene Lastkraftwagen erzeugen besonders störenden Lärm. Selbst wenn es gelänge, alle diese Lärmbelästigungen etwas einzudämmen, würde immer noch eine empfindliche Störung übrig bleiben, deren Milderung nur zu erreichen ist, wenn die Straße dafür besonders angelegt wird.

Dies kann geschehen, indem die Bebauung möglichst weit von der Straße abgerückt wird (FStrG) und die Straßenränder mit Bäumen und Hecken bepflanzt werden.

Nach Feststellung in den VStA ist ein Lastkraftwagen, wenn er beschleunigt, bei einer Fahrgeschwindigkeit von 90 km/h viermal so laut wie ein Personenkraftwagen bei 100 km/h, gemessen im Abstand von 90 m. In Steigungen nimmt das Geräusch stark zu. Mit dem Abstand von der Lärmquelle nimmt es ab. Nach Vorschlägen aus den VStA genügt bereits ein Streifen von 18 m beiderseits der Straße, der dicht bepflanzt wird, um den Lärm genügend zu ermäßigen.

Abb. 213. Straße im Einschnitt, der die Umgebung vor Lärm schützen soll

Wenn die Straße in einem Einschnitt liegt, wird gleichfalls der Lärm gemildert. Hierfür gibt die Abb. 213 [*130*] ein Beispiel. Diese Angaben sind aber durch deutsche Untersuchungen nicht bestätigt worden. Vielmehr haben Messungen ergeben, daß Pflanzungen den Straßenlärm nur sehr wenig abschwächen. Die Schallminderung durch Wald beträgt nur 0,04 ··· 0,043 phon/m. Hecken sollen je m Tiefe 3 ··· 10mal so stark dämpfen können wie Jungholzbestände. Hohe Frequenzen und harte Verkehrsgeräusche werden etwas gemildert. Welchen Einfluß vorherrschende Luftbewegungen dabei haben, müßte noch untersucht werden.

3.43 Schneeschutz an Straßen

Von allen Witterungseinflüssen ist Schneefall derjenige, der den Verkehr am meisten behindert, und die Räumung der Straßen von Schnee ist eine der schwierigsten Aufgaben der Straßenunterhaltung, so daß ein besonderer Winterdienst eingerichtet werden muß, der im Gebirge mit besonderen Erschwernissen verbunden ist.

Durch die Lage der Straße kann die Schneeablagerung begünstigt werden. Um das zu verhindern, muß die Straße so geführt und gelegt werden, daß auf ihr Schneeverwehungen nicht entstehen können, sondern im Gegenteil durch die Windkräfte und die Hilfsmaßnahmen (s. u.) bewirkt wird, die Straßen möglichst schneefrei zu halten.

Vom Winde mitgeführter Schnee lagert sich vor und hinter Hindernissen im Gelände ab, weil auf der Luvseite ein Windstau und auf der Leeseite ein Windschatten, ein Windsog entstehen.

Straßen, die in Geländehöhe oder auf flachem Geländerücken liegen, bleiben in der Regel schneefrei, weil der Wind Schnee sich nicht ablagern läßt. Ebenso bleiben Straßen auf nicht zu hohen Dämmen mit flachen Böschungen aus dem gleichen Grunde frei von Schneeverwehungen.

Dagegen bieten Straßen im Einschnitt bis etwa 3 m Tiefe und die Übergänge in Einschnitte dem Schnee besondere Möglichkeiten sich abzulagern, ebenso Anschnitte, wenn der Wind, der Schnee mit sich führt, hangaufwärts gerichtet ist. Entscheidend ist also die Zugrichtung des Windes zur Lage der Straße, die bei Schneefall meistens die gleiche und aus langjährigen Beobachtungen bekannt ist.

Bei Straßen, die auf der Leeseite Hindernisse haben, wie Zäune, Hecken, Wald oder Bauten, lagert sich der Schnee vor ihnen ab und bedeckt die Fahrbahnen. Diese Hindernisse auf der Luvseite sind ebenso nachteilig, wenn sie zu nahe an der Straße liegen.

Es ist also die Aufgabe gestellt, auf Grund von Beobachtungen die Windrichtungen festzustellen und danach die Straße zu führen oder, wenn man an eine bestimmte Lage durch die äußeren Umstände gebunden ist, Schutzmaßnahmen zu treffen. Diese können sein:

1. Beseitigung von solchen Hindernissen, wie sie oben aufgeführt sind.
2. Das Vorgelände auf der Luvseite mit Buschwerk, Wald oder anderem hohen Bewuchs zu bepflanzen, damit der bodennahe Wind so gebremst wird, daß der Schnee dort liegen bleibt.
3. Schutzmaßnahmen, durch die der Schnee mit sich führende Wind gezwungen wird, den Triebschnee vor der Straße abzulagern. Sie können in Pflanzungen, Schutzbauten und Schneezäunen bestehen. Diese werden dort angewendet, wo die Bodenbenutzung nicht gestattet, Dauerbauten anzulegen. Denn Schneezäune werden in einer Entfernung von etwa dem 10 ··· 15fachen der Höhe neben der Straße möglichst senkrecht zur Hauptwindrichtung oder parallel zur Straßenachse im Herbst aufgestellt und im Frühjahr wieder fortgenommen. Über Anordnung solcher Schutzanlagen, Bauart der Schneezäune und ihre Wirkung unterrichtet das Merkblatt für Schneeschutz an Straßen der F. G. 1949 [s. a. *131*].
4. Schutzdächer oder Galerien aus Stein gegen Lawinen.

3.44 Ingenieur-Biologie

Um den Anforderungen gerecht zu werden, die die naturverbundene Einfügung der Straßen in die Landschaft stellt, muß der Ingenieur auf verschiedenen Grenzgebieten bewandert sein. Er muß die Geologie und Gesteinsart in dem Abschnitt kennen, in dem er seine Straßen baut, er muß mit dem Klima und mit der Wasserwirtschaft der Gegend vertraut sein. Als Hilfsmittel dafür steht ihm die Ingenieurbiologie zur Verfügung. Der Ingenieur ist in diesem Falle der Treuhänder gegenüber der Allgemeinheit dafür, daß seine Eingriffe nicht den Lebensraum seiner Gemeinschaft schädigen. Mit ingenieurbiologischen Kenntnissen kann er aus dem Bewuchs und dem Standort gewisser Pflanzen oder Pflanzengemeinschaften auf den Wasserhaushalt des Bodens, seinen Aufbau und sein Verhalten schließen. Wo solche äußeren Kennzeichen sichtbar sind, geben sie die Möglichkeit, den technischen Aufschluß des Bodens zu vereinfachen und bei der Planung unnötige Arbeit zu vermeiden.

Da das Wasser als Niederschlags-, Sicker- und Grundwasser die Bauverfahren im Erdbau stark beeinflußt, ermöglicht die richtige Erkenntnis über den vorhandenen Zustand, rechtzeitig Vorkehrungen zu treffen und anstatt tiefgreifender teurer Schürfungen und Aufschließungen den vorgefundenen Bestand an Pflanzen dem Bauwerk dienstbar zu machen oder durch richtige Wahl der Bepflanzung nach Fertigstellung das Bauwerk zu sichern. Solche biologischen Hilfsmittel sollen schon vor Beginn der Erdarbeiten eingeleitet, gut unterhalten und am Schluß mit eingebaut werden.

Hierzu gehört, die Landwirtschaft in dem Gebiet, das die Straße berührt, nicht nur zu schonen, sondern wenn möglich auch ihre Belange zu fördern. Es kann sich dabei darum handeln, das Wasser, das als Feind der Straße betrachtet wird und so schnell als möglich abgeführt werden muß, wieder nutzbar zu machen und an geeigneten Stellen dem Kulturland zuzuführen, anstatt es mit besonderem Aufwand abzuleiten, — ein Verfahren, bei dem es seiner natürlichen Aufgabe entzogen wird und vielleicht sogar zu einer örtlichen Versteppung beitragen kann. Andererseits kann aber auch der Straßenbau an Stellen mit stauender Nässe zur Regelung des Wasserhaushaltes beitragen, so daß die Landwirtschaft im Straßenbau nicht ihren Feind, sondern Freund und Helfer sieht [*132*].

3.45 Gestaltung der Bauwerke

Als Baustoff hat der Zementbeton hier abgewirtschaftet. Dafür lassen sich neben dem Heimatschutz und der Erhaltung des Landschaftsbildes technische Gründe anführen. Im Hochgebirge ist Beton stark gefährdet, da er im Winter auf Flächen, die nach Süden liegen, einem ununterbrochenen Wechsel von Nässe, Frost und Wiederauftauen ausgesetzt ist. Das kann selbst der beste Beton nur kurze Zeit aushalten. Nach den schweizerischen Normalien für Bergstraßen II werden die Stütz- und Futtermauern mit Stein verkleidet, in Mörtel- oder Trockenmauerwerk ausgeführt (vgl. Abb. 209). An unübersichtlichen Stellen soll die Verkleidungsmauer eine stärkere Neigung mindestens 3 : 1 erhalten, wenn Sichtbermen aus wirtschaftlichen Gründen nicht ausgeführt werden können.

Für werkgerechtes Hausteinmauerwerk sind im deutschen Bauwesen die Vorlageblätter für Maurer anzuwenden, die die königlich-preußische technische Deputation für Gewerbe in Berlin im Jahre 1835 empfohlen hat. Die Abbildungen sind Zeichnungen von Karl Friedrich SCHINKEL. Die Anweisung über Mauerwerk in rauhen und behauenen Bruchsteinen gibt die folgende Erläuterung:

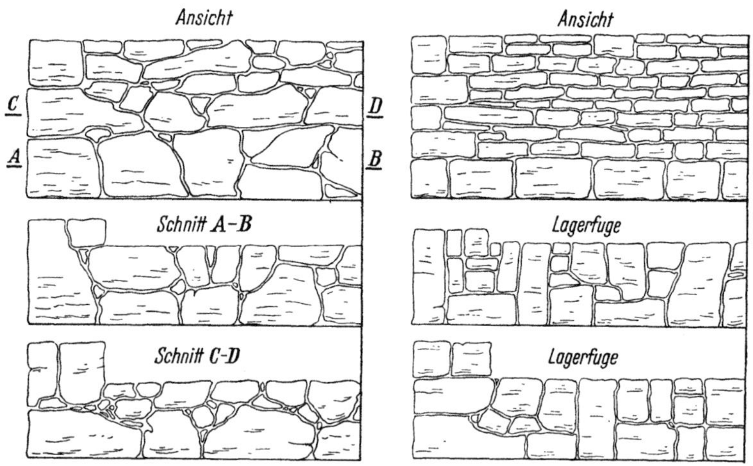

Abb. 214. Linke Seite ist Mauerwerk aus rohen, rechte Seite aus behauenen Bruchsteinen

In Abb. 214 sind $A-B$ und $C-D$ die Grundrisse zweier Steinschichten je einer Mauer in rauhen und behauenen Bruchsteinen, deren Ansichtsflächen darüber abgebildet sind. Die Steine müssen soviel als möglich im Verbande gelegt werden, so daß jede lotrechte Fuge auf die Mitte eines darunter befindlichen Steines trifft und wieder von dem darüberliegenden gedeckt wird. Abwechselnd muß ein langer Stein als Binder (Ankerstein) durch die ganze Dicke der Mauer reichen, auch muß man darauf sehen, daß in den Ecken einer jeden Schicht möglichst große Steine verlegt werden, weil dies die schwächsten Stellen der Mauer sind.

Die Fugen und Höhlungen, welche wegen der unregelmäßigen Form der Steine noch bleiben, müssen mit kleinen Steinstücken ausgefüllt (ausgezwickt) und mit Mauermörtel so ausgegossen werden, daß dadurch das ganze Mauerwerk zu einer Masse verbunden wird. Übrigens müssen alle Steine so aufeinander gepackt werden, wie sie in den Geschieben des Gebirges gelagert waren, weil dadurch das Mauerwerk ungemein an Dauerhaftigkeit gewinnt. Namentlich darf man bei rohen Kalksteinen niemals von dieser Regel abweichen, denn wenn man den Kalkstein mit seinen Geschieben aufrecht stellt, so blättert er nach und nach ab und zerfällt mit der Zeit.

Eine Neubelebung solcher naturgemäßen Handwerksregeln sollte man sich angelegen sein lassen und damit zu den Grundlagen einer echten Baugesinnung und zuverlässigen Bautechnik zurückfinden.

Die oben in der Anweisung erwähnten Ankersteine (Binder) sind schon im römischen Mauerwerk üblich gewesen. Auf sie macht RONDELET besonders aufmerksam und behauptet, daß die Unverwüstlichkeit der römischen Mauern auf dieses wichtige Bauglied zurückzuführen ist, besonders dort, wo die Mauern nur an den Außenseiten Hausteine haben, das Innere aber mit römischem Beton ausgefüllt ist. [Kunst zu Bauen, Leipzig und Darmstadt 1833.]

3.46 Stütz- und Futtermauern

Die Anwendung von Trockenmauerwerk für Stütz- und Futtermauern sollte wieder aufgenommen werden. Es lassen sich gerade dafür ansprechende, ausgezeichnet handwerklich durchgebildete Beispiele anführen, die zugleich den Vorzug haben, sich viel besser der Örtlichkeit anzupassen. Trockenmauerwerk bietet auch technisch manche Vorteile. Man braucht es nicht so tief zu gründen, weil es die Bewegungen des Untergrundes mitmacht. Die Fugen, die bei Mauern von größerer Länge unbedingt eingefügt werden müssen, auch um die häßlichen Setzrisse zu vermeiden, können fortbleiben, weil auch solche Bewegungen im Trockenmauerwerk unauffällig vor sich gehen. In den offenen Fugen siedelt sich Pflanzenwerk an, das zur Einfügung der Straßenanlage in die Umgebung beiträgt.

Sehr wichtig ist, daß sich hinter Trockenmauern keine stauende Nässe bilden kann, weil durch die zahlreichen offenen Fugen das Bodenwasser austreten und verdunsten kann. Wenn solche Mauern Hänge abstützen, die aus bindigem, quellbarem Boden bestehen, der aber nicht bewaldet ist, muß dafür gesorgt werden, daß sich Wasser nicht aufstauen kann, denn in diesem Falle wird der Boden breiig und kann aufschwimmen. Wenn bei Trockenheit diese Bodenarten schrumpfen, bilden sie Risse und nehmen das Wasser gierig auf und gehen dann in den beweglichen Zustand über. Bei Trockenmauerwerk ist das weniger zu befürchten. Eine Stützmauer aus Beton müßte sehr stark gemacht werden, wenn sie dem Druck eines solchen nassen Bodens standhalten sollte. Trockenmauerwerk würde hier zwischen Trockenheit und Nässe mehr ausgleichend wirken.

Die Mauern müssen aber in eine Neigung von 3 : 1 gestellt werden, damit sie dem wechselnden Erddruck ohne Gefahr nachgeben können.

Wenn die Bauwerke mit Naturstein *verkleidet* werden sollen — eine Bauweise, die beim Straßenbau wohl seltener in Frage kommt, weil Natursteine meist ausreichend zur Verfügung stehen, um den ganzen Bau damit zu erstellen —, wird auf die DIN 18511 hingewiesen, für die beim Normenausschuß ein Entwurf vorliegt.

4. Der Erdbau

Von Professor Dr.-Ing. **K. Keil**
Dresden

Eine Straße umfaßt mit ihrem Tragkörper Teile des Untergrundes, den Unterbau und die Verschleißschicht. Die SNV 40310 teilt die einzelnen Schichten noch weitgehender auf, wie aus der Abb. 311 auf S. 361 hervorgeht. Da in diesem Abschnitt der Erdbau behandelt wird, soll die obige Begriffsbestimmung hier angenommen werden. Jede dieser drei Schichten hat ihre Eigenarten, die mit dem heutigen wissenschaftlichen Rüstzeug durchforscht werden, so daß der Ingenieur Richtlinien erhält, die ihm die Entscheidung erleichtern sollen, wie er in jedem Falle zu bauen hat. Die Bauelemente der Straße stehen aber auch in Beziehung zueinander, da sie gemeinsam in einer Art von Verbundwirkung als sogenannter Tragkörper die auf den Straßenbelag ausgeübten Kräfte aufnehmen und auf einen Untergrund übertragen müssen, dessen Widerstandseigenschaften sehr unterschiedlich sind.

Da jedes Nachgeben im Straßenoberbau hohe Scher- und Biegebeanspruchungen hervorruft, die er nicht übernehmen kann, so müssen Zerstörungen im Oberbau auf Nachgeben und Veränderungen im Unterbau zurückgeführt werden. Daraus muß gefolgert werden, daß der Bestand und die Tragfähigkeit einer Straße von den Eigenschaften des Untergrundes abhängt. Der gesamte Tragkörperbereich, der sich aus Ober- und Unterbau zusammensetzt, hat seine untere Grenze nicht etwa an einer vorhandenen Frostschutzschicht, sondern er umfaßt alle zur Aufnahme der statischen und dynamischen Verkehrslasten dienenden nicht oder verbesserten Schichten und künstlich verdichteten Schüttungen, die nicht mit dem gewachsenen Boden gleichgestellt werden können [*133*].

4.1 Der natürliche Untergrund

4.11 Aufgabe

Kein Bauwerk wird in so hoher, zugleich vielseitiger und wechselnder Weise durch Einflüsse, die mechanisch und klimatisch-meteorologisch bedingt sind, allein oder im gegenseitigen und unterschiedlichen Zusammenwirken beansprucht, wie das dünne und zugleich wertvolle Kurvenband der Straße mit ihrem Tragkörper und dem an ihn unmittelbar angrenzenden Untergrund. Daher ist eine der wichtigsten Aufgaben beim Bau von Straßen, den Untergrund gründlich zu untersuchen, ihn in allen seinen Verhältnissen, die vielfach recht ungünstig sind, richtig zu bewerten und ihn auf Grund der Ergebnisse so weit für seine Aufgabe zu sichern, daß die Straße Bestand hat und die Verkehrssicherheit gewährleistet ist. Weil besonders eine durchgehende frostfreie Gründung in der bisher üblichen Weise mit hohen Kosten verbunden ist, muß die Straße fest gegründet und verlagerungssicher ausgeführt werden.

4.12 Die Wirkung der verschiedenen Beanspruchungen

4.121 Beanspruchungen durch den Verkehr

Diese sind bereits S. 14 und 63 behandelt. Die Einwirkungen des Verkehrs auf den Straßenkörper durch Erschütterungen im Einschnitt und Damm veranschaulichen die Abb. 215a und b [*134*].

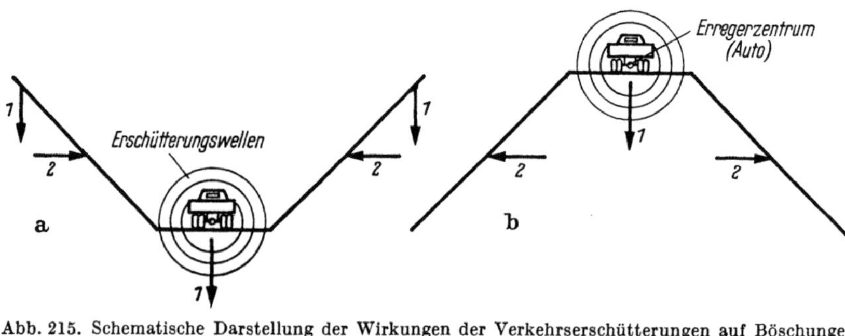

Abb. 215. Schematische Darstellung der Wirkungen der Verkehrserschütterungen auf Böschungen, Untergrund und Damm

4.122 Beanspruchungen durch Klima

Die klimatisch-meteorologischen Einflüsse vermehren die schädlichen Auswirkungen, denen der Untergrund durch die dauernde Beanspruchung des Verkehrs ausgesetzt ist, erheblich, so daß Schäden an den Fahrbahndecken durch Veränderung des Untergrundes noch vergrößert werden. Die Tragfähigkeit der Lockergesteine hängt von dem schwankenden Wassergehalt ab. Bei Trockenheit kann der Untergrund Lasten tragen, aber es bilden sich Schrumpfrisse, in die Niederschlagswasser tief eindringen kann. Bei Nässe quellen die bisher festen, harten, tragfähigen, wasserempfindlichen Lockergesteine und weichen den Untergrund auf. Das gilt vor allem während der frostfreien Zeit, in der schon starke Regengüsse genügen können, Verformungen im Straßenkörper hervorzurufen, die den Verkehr stören.

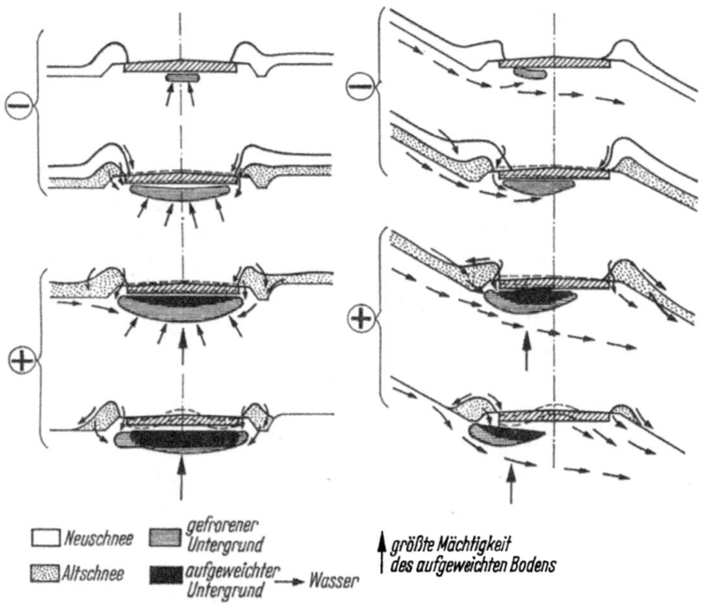

Abb. 216. Aufweichen des Straßenuntergrundes bei Frostaufgang aus „Anregungen und Vorschlägen zur Verhütung von Frostschäden an Straßen" Bundesanstalt für Straßenbau 1954

Während des Frostes wird der frostempfindliche Untergrund besonders stark verändert und geschwächt, weil der Bodenfrost in frostempfindlichen Fels- und Lockergesteinen Eis anreichert und ihr Gefüge auflockert, während bei Tauwetter durch Übersättigung der Tauzone mit Schmelzwasser und durch die weichbreiige Beschaffenheit der frostempfindlichen Lockergesteine der Untergrund seine Tragfähigkeit verliert. Kurzfristiger Frost kann Felsgesteine und stark wasser- und damit frostempfindliche Lockergesteine verwittern und zersetzen.

Infolge des hohen Wasseranfalles wird der Boden mit Wasser übersättigt, so daß bei Tauwetter ⊕, besonders zwischen zwei Frostperioden ⊖, die Tragfähigkeit des Untergrundes völlig verlorengeht (Abb. 216) [*135*]. Ein einziges schweres Lastfahrzeug kann ein kostbares Deckenband völlig zerstören. Dabei beschleunigt die Belastung durch den Verkehr während der Frostperiode die Wasserzufuhr zur Frostzone (Pumpenwirkung). Dieser gefährdet aber durch Veränderung, Verformung und Verlagerung der aufgeweichten Massen den Untergrund in verschieden hohem Maße, je nach seinem Wassergehalt.

4.123 Vergleich zwischen der Gründung der Straßen und der Gründung von Bauwerken

Bei einem Vergleich mit den Grundlagen des Grundbaues muß man feststellen, daß bei den Straßen ganz besondere Verhältnisse vorliegen. Denn im Grundbau wechselt die Spannung im Untergrund nur sehr selten. Die Gründung wird ausschließlich unter Berücksichtigung des Spannungszuwachses aus ruhenden Lasten bemessen. Ausnahmen liegen nur bei umlaufenden Maschinen vor. Die Gründungstiefe ist mit 0,8 ··· 1,25 m stets frostfrei.

Im Straßenbau herrschen dynamische Beanspruchungen in einem Gründungsbereich vor, der klimatisch fortwährend unterschiedlich beeinflußt wird. Im Gegensatz also zum Grundbau mit meist gesichertem und unveränderlichem Gleichgewichtszustand des Untergrundes erfährt der Straßenkörper unaufhörlich Gleichgewichtsstörungen infolge der Veränderungen des Untergrundes. Das gilt auch für Kiese und Sande, die sonst als wertvoller Baugrund bekannt sind. Empfindlichkeit dieser Lockergesteine gegen Verlagerung und gegen Veränderung aller gegen Frost und Wasserzutritt unstabilen Fels- und Lockergesteine, der sogenannten veränderlichfesten Gesteinen, ist somit zu berücksichtigen. Nur ein völlig starrer dauerfester Felsgrund (Granit) wird von solchen Wechselbeanspruchungen nicht berührt.

Diese Feststellung und dieser Hinweis auf die besondere Problematik des Straßenkörpers sollen die Aufgaben für die Sicherung des Straßenkörpers im Sinne der Einheit und Verbundwirkung von Untergrund, Unterbau und Decke nach neuzeitlichen geotechnischen Gesichtspunkten vorzeichnen. Die Durchführung sämtlicher geotechnischer Aufgaben stützt sich dabei auf die erdgeschichtliche Grundlage der verschiedenen Fels- und Lockergesteine, ihre bodenphysikalischen und bodenmechanischen Eigenschaften und ihr Verhalten gerade im Straßenbau.

4.124 Natürlicher Untergrund und künstlicher Untergrund

Bei der geotechnischen Sicherung der Tragfähigkeit des Straßenkörpers wird die Aufgabe wesentlich dadurch bestimmt, ob natürlicher oder künstlicher Untergrund (Unterbau oder Damm) vorliegt.

Der *natürliche* Untergrund ist gegeben und, wenn er Schwächen hat, die Gefahren mit sich bringen, dann müssen diese soweit beseitigt sein, daß vor Aufbringen der Fahrbahndecke seine Tragfähigkeit gesichert ist. An ihm sind aber im Laufe der Entwicklungsgeschichte der Erde Veränderungen vorgegangen. Die Gesteine sind abgelagert, wiederholt verändert, nach Zusammensetzung verschieden, in der Gefügefestigkeit unterschiedlich und oft stark beansprucht, daher in den Lagerungsverhältnissen selten ungestört vorhanden. Sie müssen daher nach ihrem natürlichen Festigkeitsverhalten und nicht allein nach einem augenblicklichen Zustand beurteilt werden.

Veränderlichfeste Felsgesteine erscheinen in tieferen Einschnitten frisch, stabil, verwittern indessen sehr rasch. Nur auf diese Weise kann die für den Straßenuntergrund entscheidende Frage der Tragfähigkeit im Setzungsverhalten, in der Rutschempfindlichkeit und besonders in der Frostgefährlichkeit klar erkannt werden. Wo Gefahren in situ sich abzeichnen oder infolge des nichtbeständigen Gesteinscharakters zu erwarten oder in den Untergrundveränderungen durch Einschnitte und Geländeveränderung begründet und auch zu erwarten sind, müssen rechtzeitig und erschöpfend umfassende Untersuchungen im Gelände und im Erdbaulaboratorium vorgenommen werden, um den natürlichen Untergrund zu festigen. Die neuzeitliche Baugrundlehre ermöglicht es, die Verfahren anzuwenden, die einen dauerhaften Festigkeitscharakter bei der geotechnischen Sicherung schaffen. Der Ingenieur hat also mit einer sehr verschiedenartigen Untergrundgüte zu rechnen. Seine Aufgabe ist es, an einem vorhandenen Naturbauwerk zu sichern, zu heilen und zu verbessern, um es seiner Zweckbestimmung anzupassen. Daher ist die Aufgabe am natürlichen verschieden von der am künstlichen Untergrund. Am gewachsenen Untergrund können und müssen alle Gefahren, alle Schwächen und unstabilen Untergrundverhältnisse stets durch nachträgliche geotechnische Maßnahmen behoben werden. Dem Ingenieur ist das Gesetz des Handelns durch die natürlichen Untergrundverhältnisse im Bauraum und Bauwerk vorgeschrieben und er hat noch vor dem Beginn des Straßenbaus die erforderlichen Maßnahmen zur Sicherung von Decke und Verkehr anzuwenden.

Die Aufgabe am künstlichen Untergrund erstreckt sich hauptsächlich auf eine planvolle, konstruktiv gesicherte Ausführung der Dämme, wozu ihm die verschiedenen Erdbaustoffe als Werkstoffe die wesentlichen Voraussetzungen für eine schöpferisch-gestaltende Ausführung liefern. Dieser Untergrund wird von Grund auf im Gegensatz zum natürlichen Untergrund in sehr stabiler, allen Ansprüchen entsprechender Weise hergestellt, gestützt auf die bodenphysikalischen Untersuchungen und in Übereinstimmung mit den bodenmechanischen Belangen, unter Anwendung der künstlichen Verdichtung der auszuführenden Dämme.

4.13 Die Grundlagen des natürlichen Untergrundes

4.131 Gesteinsgrundlage

Im Sinne des im Ingenieurbauwesen gültigen Festigkeitsprinzips muß die Gesteinsgrundlage unterteilt werden: in die gegen alle klimatischen und dynamischen Einwirkungen [*133*], in die gegen Frost, Hitze, Nässe und Trockenheit empfindlichen, d. h. veränderlichfesten, in die wenig stabilen und die wenig oder nicht empfindlichen, für die Dauer stabilen Gesteine. Für diese Zweiteilung ist der Anteil an „wasserempfindlicher Mineralsubstanz" entscheidend, die nicht allein an Lockergesteinen durch die Feinstkörnungen, sondern auch durch ihren mineralchemischen Charakter bestimmt wird. Davon werden Fels- und Lockergesteine ohne Unterschied betroffen, wobei es sich bei den felsigen Gesteinen im wesentlichen nur um durch Druck verfestigte Sedimente, Gesteine verschiedener Zusammensetzung handelt.

4.131.1 Die veränderlichfesten (vf.) Fels- und Lockergesteine

Die veränderlichfesten Fels- und Lockergesteine enthalten Tonmineralien, Ultraschluff und Schluff oder wasserlösliche Salze. In jedem Felsgestein, in dem sie sich in verhärteter Form befinden: Mergel, toniger Sandstein, Lettensandstein, Bröckelschiefer, Knollenmergel, Opalinus-, Giganteus- und Ornatentone als bekannte Beispiele — auch die weichen Tonschiefer und tonhaltigen Grauwacken zählen hierher —, ist stets damit zu rechnen, daß sie auch bei sprengfester und frischer unverwitterter Beschaffenheit sehr kurzfristig zersetzt werden und völlig in rutsch- und frostgefährliche Lockergesteine verwittern.

Damit ist eine ebenso einfache, wie für die Planung und Ausführung von Straßen entscheidend wichtige Festigkeitsbewertung für den felsigen Untergrund der Felsgesteine gegeben. Über seine Verbreitung lassen die geologischen Karten alle Einzelheiten der Formation, Zusammensetzung und Benennung erkennen, so daß die Unterscheidung in der Regel nicht schwierig ist. Zur genaueren Unterscheidung wird das Verhalten gegen Wasser: im gewöhnlichen Wasser, im kochenden Wasser und schließlich nach der verkürzten Gefrierprobe [*126*] empfohlen, da die Prüfung auf Frostbeständigkeit gemäß DIN 52103b und 52104e sich als ungenügend erwiesen hat. Diese Prüfung entspricht nicht der Wirkung des Naturfrostes. Beim abgekürzten Verfahren wird die Probe in einen mit Eiswasser gefüllten Vakuumexsikkator gelegt und 3 Stunden mit Wasser bis zu 97% der Hohlräume gesättigt. Dann kommt die Probe in eine gesättigte Lösung NaCl von $-21°$ (vgl. Neue Richtlinien für die Verhütung von Frostschäden [*137*]).

Gefördert wird die rasche Zersetzung und Verwitterung dieser Felsgesteine durch die tektonische Vorbeanspruchung, d. h. die erdgeschichtliche Bruchbeanspruchung, die in der nicht selten vorhandenen feinmosaikartigen Zergliederung (Klüft-, Riß-, Spaltensysteme) einem in größere Tiefe fortschreitenden Verwitterungsprozeß Vorschub leistet.

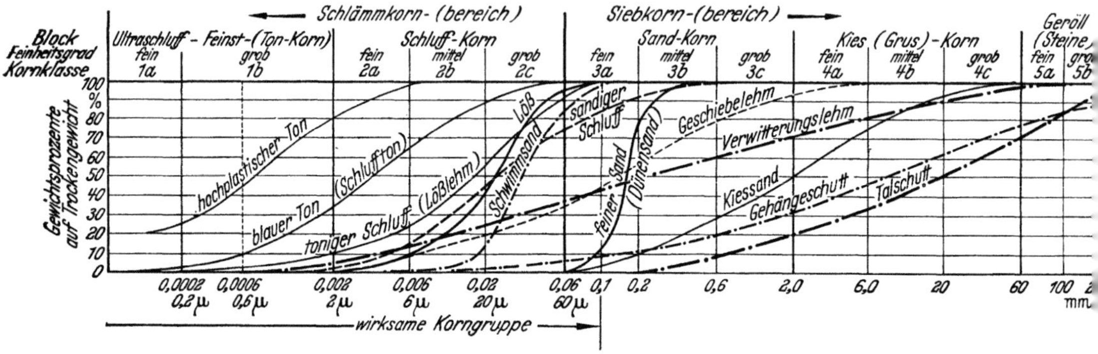

Abb. 217. Kornverteilungskurven auch mit Unterscheidung der frostsicheren und frostempfindlichen Erdarten. „Block“ Bezeichnung für Steine mit einem größeren ∅ als 200 mm

Die „wirksame Korn- und die wirksame Stoffgruppe“ (Abb. 217).

Als „wirksame Korngruppe“ oder, mineralchemisch betrachtet, als *wirksame* Stoffgruppe gelten alle Körnungen und Mineralien im Schluff- und besonders Ultraschluffbereich (Tonkornbereich). Diese zeichnen sich durch ihre starke Wasseraffinität aus. Besonders aktiv und allein hydratationsfähig ist die Oberfläche der Tonmineralien mit einer Körnung stets kleiner als 0,002 mm ∅. Jedoch beginnt sich die Wasseranlagerung in losester Form als Adhäsionswasser (lose gebundenes Haftwasser) bereits im Sandbereich auszuwirken und nimmt im Schluffkornbereich sehr stark zu [*138*]. In Berührung mit der Luftfeuchtigkeit und mit Wasser verlieren daher die Felsgesteine, die aus diesen feinsten Körnungen bestehen, rasch ihre Festigkeit. Auf diese außerordentlich wichtige Tatsache muß gerade für die Dauerfestigkeit solcher als „felsenfest erscheinenden“ und im besonderen Maße als Schichtgesteine bekannten Felsarten eindringlich hingewiesen werden.

Jedes Lockergestein wird in seinem Verhalten durch den Anteil dieser Stoffgruppe bestimmt.

4.131.2 Die festen (f.) Fels- und Lockergesteine

Die dauerfesten Felsgesteine sind frei von diesen wasserempfindlichen Mineralsubstanzen der verschiedenen Körnungen des Schluff- und Ultraschluffbereiches, d. h. kleiner als Feinsand (0,06 mm ∅). Sie sind auch erdgeschichtlich gekennzeichnet als Tiefengesteine und als sogenannte metamorphe Felsgesteine, bei denen aus veränderlichfesten Fels- und Lockergesteinen eine Umwandlung der wasserempfindlichen Mineralien in feste Felsarten stattgefunden hat. Ungeheure Hitze und Druck und nicht zuletzt der dabei erfolgte Kristallgitterumbau sind die Voraussetzungen für diese Dauerstabilität. Ausnahmen sind nur möglich durch spätere, erdgeschichtlich begründete Bruchbeanspruchung: Odenwaldgranit als Wassersäufer oder bei Anwesenheit von unstabiler Glassubstanz an zu rasch erstarrten Oberflächengesteinen, z. B. Trachyten und Basalten (Sonnenbrennerbasalte zum Beispiel).

Die praktisch größere Bedeutung im Straßenbau besitzen die Lockergesteine, weil sie in viel größerem Umfange anfallen und die notwendigen Dammbaustoffe bilden.

Zu diesen Erdarten rechnen alle Lockergesteine im Kornbereich von Block bis zum Ultraschluff (Tonkorn). Sie kommen meist als Mischungen verschiedener Korngruppen vor. Sie werden stets nach der Hauptbodenart bezeichnet. Diese ist jener Kornanteil, der zu mindestens 50% vorherrscht. Sind zwei Kornfraktionen in gleichen oder fast gleichen Anteilen und unter 50% vorhanden, dann geben sie z. B. als „Kiessand" die Hauptbodenart an.

Auch hier kann man nach dauerfesten, wenig oder gar nicht wasserempfindlichen und wasserempfindlichen Erdarten unterscheiden, in der reinen Klassifizierung nach dem Veränderlichkeitscharakter: feste Erdarten sind solche bis etwa zur Feinsandgröße, veränderlichfeste solche kleiner als 0,06 mm ∅ (Abb. 217), wobei in gemischtkörnigen Erdarten stets, also auch bei Anwesenheit von mehr als 95% Sand oder Kies, eine veränderlichfeste (wasserempfindliche und frostgefährliche) Erdart vorliegt. Letzten Endes ist somit die Oberflächenenergie des benetzenden Wassers das entscheidende Merkmal für feste und veränderlichfeste Fels- und Lockergesteine. Ist bei Wasserbenetzung keine Gefügeveränderung, wie Erweichen oder Zerfall, festzustellen, dann liegen feste, im anderen Falle veränderlichfeste Lockergesteine vor, die sich im Ablauf ihres zeitlichen Zerfalls wiederum graduell unterscheiden.

Der Anteil der feinen Korngruppen bestimmt dabei das Verhalten zum Wasser. Schluffige Erdarten erweichen und zerfließen (Löß) sehr rasch, trocknen sehr rasch aus, tonige stark haftende dagegen langsam.

Wesentlich ist nun nicht so sehr die allgemeine Bezeichnung als Kiessand, Schluff, Ton, sondern vielmehr der Anteil an kleinster Korngruppe, der die Güte der Bodenart bestimmt, die als „wirksame Korngruppe" und stofflich, d. h. mineralchemisch als „wirksame Stoffgruppe" das bodenmechanische Verhalten entscheidend bestimmt. Am klarsten wird diese Tatsache an dem bekannten Frostkriterium nach A. CASAGRANDE deutlich. Ein ungleichförmiger Boden ist als frostgefährlich zu bezeichnen, wenn er mehr als 3% Gewichtsteile der Körnung $<0{,}02$ mm enthält. An ungleichförmig zusammengesetzten Lockergesteinen treten erst nennenswerte Frosthebungen auf, wenn diese mehr als 10% Gewichtsteile $<0{,}02$ mm aufweisen [*137, 138*]. Damit ist die Bedeutung der feineren und feinsten Kornbestandteile gerade für den Straßenbau wie für keinen anderen Zweig des Bauwesens aufs nachdrücklichste unterstrichen.

Wichtig ist also nicht nur die nach Richtlinien (DIN 4021 ··· 4023) festgelegte Bezeichnung der Bodenmischungen oder reinen Kornfraktionen, sondern ihre verschiedene Bedeutung für den Straßenbau als Bestandteile des Untergrundes in bodenmechanischer Hinsicht.

4.14 Die Bodenuntersuchungen im Gelände

4.141 Aufgabe

Die Felduntersuchungen dienen verschiedenen Zwecken:

1. Hauptaufgabe ist, die Festigkeitseigenschaften des Untergrundes im Hinblick auf den geplanten Straßenbau zu ergründen (ZTVE—StB 59/1.1).

2. Dem Entwurfsbearbeiter die Grundlagen für eine zweckmäßige Linienführung einer Straße zu geben, die nicht unbedingt auf Massenausgleich abgestimmt zu sein braucht. Die aus Einschnitten oder besonderen Entnahmen stammenden Baustoffe für Dammschüttungen müssen einwandfrei nach Güte, Eignung, zweckmäßiger Verwendung unter Angabe der Mengen in m³ nach der Gewinnungsklasse und der besonderen Verwendbarkeit aufgegliedert sein (s. S. 269).

3. Gestützt auf die gründlichen Felduntersuchungen ist eine eindeutige Untergrundanalyse zu geben, die in Längs- und Querschnitten unter einwandfreier Darstellung der

Zusammensetzung des Baugrundes und der Grundwasserverhältnisse die Güte (Schwierigkeiten) des Untergrundes und seine zweckmäßige geotechnische Sicherung erkennen läßt.

4. In dem unerläßlichen Baugrundgutachten muß daher ein umfassender geotechnischer Vorschlag der zweckmäßigen Sicherungsmaßnahmen gegen schädliche Veränderungen des Baugrundes gegeben werden.

5. Diese Ergebnisse dienen als Grundlagen für das Leistungsverzeichnis und für die Sicherung der Tragfähigkeit.

Die Verwendung von geologischen Spezialkarten im Sinne der Richtlinien DIN 4020 und der weiteren dort gegebenen, oft sehr aufschlußreichen Hinweise, ist für diese Maßnahmen und ihren Erfolg unerläßlich.

Beispielsweise wurde eine Autobahn durch die Senkungstrichter eines aufgelassenen Kalksteinbetriebes geführt, ohne daß der Entwurfsbearbeiter sich durch diese Senkungstrichter und die höhlenartigen, in der ganzen Gegend bekannten Hohlräume veranlaßt fühlte, sich näher zu erkundigen. Durch die systematische Untersuchung konnte die Gefahr rechtzeitig erkannt und ihr durch Verlegung der Linie begegnet werden.

Der Entwurfsbearbeiter oder das Entwurfsbüro muß folgende Unterlagen für die Durchführung zur Verfügung stellen, um diese Untergrunderforschung einwandfrei geben zu können, und um den besonderen Belangen des Straßenbaues zu genügen.

4.142 Vorarbeiten

Festlegung der Linie mit Rücksicht auf den Untergrund. Grundlagen dafür sind:

a) Die Prüfung der geologischen Karte und die Auswertung der Erfahrungen der geologischen Landesanstalten (Bergbau, Moor, Steine und Erden).

b) Eine Begehung der geplanten Strecke, um die geotechnischen Eigenschaften des Untergrundes festzustellen, soweit dies aus dem Verhalten in der Nähe befindlicher tiefer Einschnitte, hoher Dämme, aus der Beschaffenheit natürlicher Aufschlüsse, von Kiesgruben und Steinbrüchen zu ersehen ist. Auf Moorvorkommen ist hierbei besonders zu achten.

c) Örtliche Umfragen über Grundwasserstände, Rutschungen und allgemeine Bauerfahrungen.

d) Prüfung in der Nähe gelegener Straßenanlagen und der an ihnen gewonnenen Erfahrungen (Frostschäden).

Heranziehung von Erdbauversuchsanstalten.

Die Mitarbeit dieser Anstalten erfolgt in Übereinstimmung mit den gesetzlichen Bestimmungen.

4.143 Entwurfsunterlagen für die Geländeuntersuchungen

Unterlagen, die vom Entwurfsbearbeiter für die Erstellung des geotechnischen Gutachtens bereit gestellt werden.

Das Längsprofil (geplante Gradiente) und der Lageplan, Regelquerschnitte mit der vorgesehenen Straßenanlage.

Die Art der Verkehrsbelastung (zugelassene Achslasten), Verkehrsumfang und Verkehrsbedeutung (Klassifizierung).

Die vorgesehene Deckenausführung einschließlich Unterbau, eine u. U. vorzunehmende Verfestigung des Untergrundes (Zement-, Bitumentränkung, s. S. 354).

Die vorgesehene Entwässerung (Grabenmulden, Seitenrigolen).

Den überschlägigen Plan einer Massenverteilung.

Die Entwurfsbüros haben die erforderlichen Bohrungen und Schürfungen, besonders an kritischen Stellen und an Gründungsstellen für Kunstbauten, im Einvernehmen mit der dafür beauftragten Baugrunduntersuchungsanstalt zu veranlassen.

4.144 Der Umfang der Untersuchungen im Gelände

Der Boden ist Werkstoff, daher sind die Untergrundverhältnisse in allen Einzelheiten vor allem durch Schürfe und Bohrungen zu klären. Diese sind so anzusetzen, daß ein vollständiges Bild über Schichtenfolge, die verschiedenen Fels- und Erdarten, über Grundwasserverlauf, Quellen, Zersetzungsgrad usw. gewonnen werden. Außer den Längsschnitten sind Querschnitte in genügender Zahl aufzunehmen, die eine genaue Beurteilung der abzutragenden Massen nach Zusammensetzung, Gewinnbarkeit und Wert als Baustoff oder Baugrund ermöglichen (Abb. 218, 219).

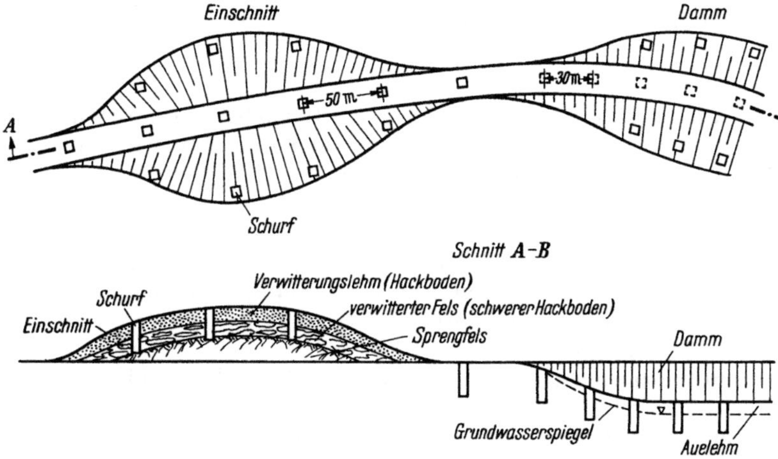

Abb. 218. Schürfplan für eine Straßenanlage im Einschnitt, im Gelände und für Dammschüttungen zur Erforschung der Baugrundverhältnisse

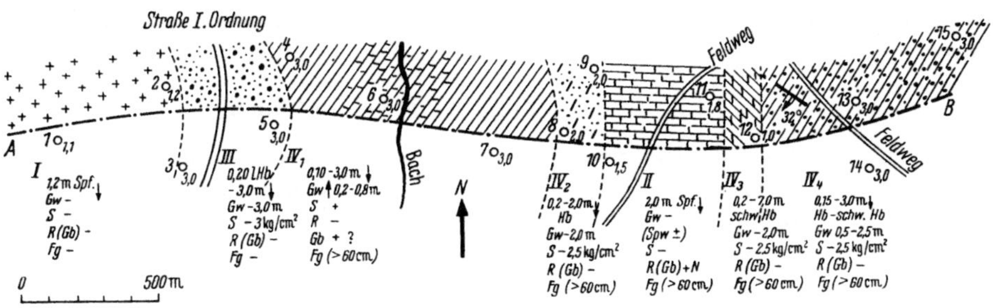

Abb. 219. Muster für eine Baugrundkarte im Straßenbau längs der geplanten Trasse A – B nach KEIL

4.144.1 Geologische Untersuchungen

Schürfe und Bohrungen. Schürfe und Bohrungen müssen den örtlichen Verhältnissen entsprechend tief, mindestens aber 2 m unter das zukünftige Planum mit Ausnahme im festen Fels reichen.

Der Grundwasserstand ist sofort beim Ausschürfen und nach Beendigung der Schürf- und Bohrarbeiten von Oberkante-Gelände aus zu messen.

Für die Bemusterung und Einzeluntersuchung der Aufschlüsse gelten folgende Normen:

DIN 1961 Beurteilung des Schwierigkeitsgrades der Gewinnung (Gewinnbarkeit).
DIN 4020 Bautechnische Bodenuntersuchungen, Richtlinien.
DIN 4021 Grundsätze für die Entnahme von Bodenproben zur Untersuchung des Untergrundes für Bau- und Wassererschließungszwecke.
DIN 4021 a Bohrungen (z. Z. nur Normenvorschlag).

DIN 4022 Einheitliches Benennen der Bodenarten und Aufstellen der Schichtenverzeichnisse zur Untersuchung des Untergrundes für Bau- und Wassererschließungszwecke.

DIN 4023 Darstellung von Boden- und Gesteinsarten für bautechnische Zwecke.

4.144.2 Geophysikalische Untersuchungen

Zur Unterstützung der Schurfergebnisse empfiehlt sich die geophysikalische Sondierung des Untergrundes im Baubereich einer neuen Straße durch das elektrische und dynamische Verfahren der Baugrunduntersuchung [*138*].

4.15 Die Bodenuntersuchungen im geotechnischen Laboratorium (Bodenphysikalische und bodenmechanische Untersuchung)

4.151 Aufgabe

Aufgabe dieser Untersuchungen an gestörten oder ungestörten Erdproben ist die eingehende bodenphysikalische und bodenmechanische Untersuchung, insbesondere der zerfallsempfindlichen, nicht beständigen, frostempfindlichen Fels- und Erdarten unter Berücksichtigung des Gleitsicherheitsgrades, der Setzungs- sowie der Lösungsempfindlichkeit in Gebieten mit Salzeinlagerungen (Gipskeuper!). Aufgabe der Bodenmechanik ist, den Zusammenhang zwischen der Beanspruchung einerseits und der Verformung und der Bewegungen (in ihrem zeitlichen Ablauf) andrerseits zu klären. Dazu gehört die Ermittlung der Eigenschaften des Bodens.

Diese Untersuchungen geben im Gegensatz zu den geologischen genaue Kennziffern und Maßzahlen der physikalischen Eigenschaften und Stabilitätswerte gegenüber den verschiedenen bodenmechanischen Belastungen.

Im folgenden werden kurzgefaßt jene Verfahren gebracht, die unmittelbar für die Untersuchung des Stabilitätsverhaltens des Untergrundes erforderlich sind. Sie dienen gleichzeitig als Hinweis, in welchem Umfang für bestimmte Aufgaben, z. B. „Verdichtung“, die Untersuchungen notwendig sind. Nähere Unterlagen sind aus dem einschlägigen Schrifttum zu entnehmen [*138*].

4.152 Untersuchungen an Felsgesteinen

Hier ist nur die Untersuchung erforderlich, um die Dauerfestigkeit zu klären für die Frage frostsicheren Untergrundes und der Verwendbarkeit an Schwerpunkten des Dammbaues. Dafür sind folgende Prüfungen an Gesteinsproben zweckmäßig:

1. Wasserlagerung,
2. Kochversuch,
3. verschärfte Frostprobe S. 241, 242.

Einfache Wasserlagerung. Je nach dem Grad der Widerstandsfähigkeit wird ein stark druckverfestigter Fels, der unter dauernden klimatischen und Verkehrseinflüssen in wenigen Jahren sich zersetzen würde, bereits in wenigen Stunden Wasserlagerung zerfallen. Daraus ergibt sich, daß es sich um ein hoch frostgefährliches Felsgestein handelt, das keinerlei Beständigkeit aufweist und als Untergrund unter einer Decke ungeeignet ist, selbst wenn seine Gewinnungsfestigkeit als Sprengfels einen ursprünglich günstigen Befund vortäuschen sollte. Ebenso wenig eignet er sich für Hinterfüllung von Widerlagern, für Einbau an Dammschultern und Dammsohle.

Beispiele: Keupersandsteine, glimmerreiche und tonig-schluffige Buntsandsteine (auch als Lettensandsteine und Bröckelschiefer bekannt). Diese Steine kommen im Karbon, Rotliegenden, Buntsandstein und im Keuper vor und werden nicht selten als Sandsteine bezeichnet, wobei diese Bezeichnung eine falsche Vorstellung über die Festigkeit erweckt.

Kochversuch. Höhere Festigkeit, besonders an stark tonigen Mergeln, ist dann vorhanden, wenn die Proben die einfache Wasserlagerung überstehen. Diese Felsarten, auch verhärtete Tonsteine, täuschen eine größere Beständigkeit vor; sie sind vor allem rutschgefährlich und verwandeln sich unter Umständen in wenigen Jahren in einen sehr frostgefährlichen und rutschsüchtigen Baugrund.

Beispiele: Mergelkalksteine, Knollenmergel, Keupermergel, weiche Tonschiefer, tonige Grauwacke, verhärtete Tone der Kreide, des Jura und des Tertiär, aber auch ältere tonigmergelige Felsgesteine, z. B. Ornaten-Opalinuston. Diese Gesteine können im Dammkern, jedoch nicht an Dammschultern und an Widerlagern verwendet werden. Sie bilden außerdem einen frostgefährlichen Untergrund.

Die verschärfte Frostprobe. Die kurzfristig verschärfte Frostprobe nach S. 241/242 sollte überall dort angewandt werden, wo die beiden zuvor beschriebenen Prüfungen versagt haben. Sie dient dazu, die wertvollen Bausteine bei Bewährung für die Kunstbauten, für den Unterbau, für Zuschlagstoffe von den weniger und, auf die Dauer gesehen, nicht beständigen zu scheiden.

Beispiele für letztere: Tonschiefer, Mergelschiefer, tonige Grauwacken, also durch höheren Druck verfestigte und meist schon deutlich geschieferte Felsarten. Diese lassen sich im Damm an allen Baustellen verwenden, aber nicht an der Dammsohle, nicht auf nassem Untergrund und wie die obigen an der Dammkrone; sie sind auch daher als frostempfindlicher Baugrund zu bewerten und vor Frost zu schützen.

Dadurch werden Gütewerte über Baugrund und Baustoffe erhalten, die eine eindeutige Entscheidung über Sicherung und Verwendung der verschiedenen Felsarten gestatten, ob sie den Anforderungen entsprechen.

4.153 Untersuchungen an Lockergesteinen: Erdarten

Jedes Lockergestein besteht als Dreistoffsystem aus

1. Festsubstanz,
2. Luft,
3. Wasser,

und zwar ist der Anteil an Wasser als Haftwasser in den Erd- oder Bodenarten in kohäsionslosen, nichtbindigen, nichthaftenden geringer als in den kohärenten, bindigen, haftenden. Der Anteil an Luft steht im umgekehrten Verhältnis. Nur Erdarten mit einem Gehalt an Feinschluff und Ultraschluff — letztere meist als Tonmineralien — sind bindig. Diese Erdarten sind bodenmechanisch für den Straßenbau gefährlich.

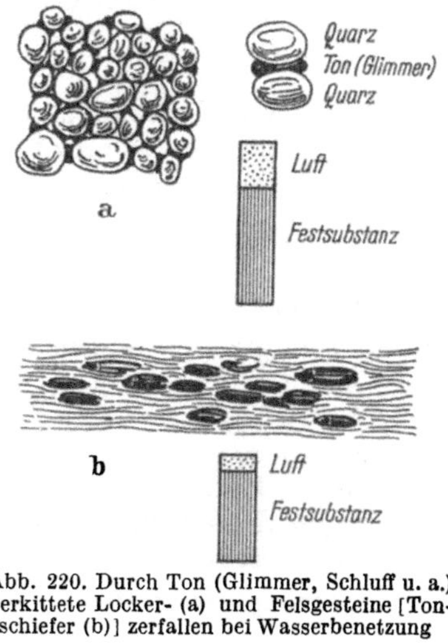

Abb. 220. Durch Ton (Glimmer, Schluff u. a.) verkittete Locker- (a) und Felsgesteine [Tonschiefer (b)] zerfallen bei Wasserbenetzung

Je nach der mineralchemischen Zusammensetzung, ob sie aus Tonmineralien oder ähnlichen auf dem Wege der Zersetzung entstandenen Mineralien, wie Glimmer und Chlorit, in Schluff- und Ultraschluffkörnung besteht, ist eine Erdart stark wasserempfindlich oder nicht (Abb. 220). An den bindigen haftet Wasser durch Adhäsion, durch Adsorption und durch Hydratation. Sie sind in der Regel plastisch und zerfallen mehr oder weniger kurzfristig in Wasser. Die wenig wasserdurchlässigen, wie der nicht- oder schwachbindige Schluff (Löß), zerfallen spontan oder in wenigen Minuten, Ton je nach seiner homogenen dichten Beschaffenheit erst nach längerer Zeit und unter allmählichem Erweichen der Festsubstanz.

Folgende Kennwerte sind, gestützt auf ein mittleres Stoffgewicht $\gamma_s = 2{,}65$, an den Erdarten für die verschiedenen Aufgaben im Straßenwesen wichtig.

4.153.1 Wichtige Kennziffern für die Geotechnik des Straßenbaues

1. Die *Kornverteilungskurve* mit Hilfe der Sieb- und Schlämmanalyse. (S. 242.)

Sie ist die erste und grundlegende Untersuchung und ermöglicht folgende wichtige Aufschlüsse:

Auf Grund dieser Kornkurve und ihrem Verlauf können sämtliche Erdarten unterschieden werden:

a) in nichtbindige und in bindige (schwach- und starkbindige)
b) in frostsichere und frostveränderliche,
c) in grobkörnige, mittelkörnige und feinkörnige,
d) durch den Verlauf der Kornkurve, Neigung zur Waagerechten lassen sich die Erdarten in

ungleichförmige	$U > 15$
mittlere gleichförmige	$U = 5 \cdots 15$
und gleichförmige	$U = < 5.$

$$U = \frac{d_{60}}{d_{10}} = \text{Ungleichförmigkeitsgrad.}$$

d_{10} bzw. d_{60} entsprechen der Körnung in Gewichtsprozent, die die Summenlinie bei 10% und 60% teilt. Diese Kennziffern sind für die Unterscheidung frostempfindlicher Erdarten im Sinne des Kornkriteriums von A. CASAGRANDE und L. SCHAIBLE wichtig (vgl. S. 281, 284) und haben daher ihre größte praktische Bedeutung für den Straßenbau,

e) in stark wasser- (frost-) empfindliche, in mäßig wasserempfindliche, in wasserunempfindliche,
f) in setzungsempfindliche, rutschsüchtige und in wasserunempfindliche, stabile, gegen Frost und Wasser sichere, bei jedem Wetter einbaufähige.

2. *Raumgewicht:* γ_t = Gewicht lufttrockener Probe: Das Raumgewicht hängt von Mineralaufbau, Festsubstanz und Luft ab. Für Quarz ist $\gamma_s = 2{,}65$, für Tone $\gamma_s > 2{,}7$, bei eisenhaltigen Mineralien $\gamma_s > 3$.

3. *Porenanteil:* $n\ \% = \left(1 - \frac{\gamma_t}{\gamma_s}\right) \cdot 100,$

Anteil der Hohlräume am Gesamtvolumen der Probe (Porenvolumen).

4. *Porenziffer:* $\varepsilon = \frac{n}{1-n},$

Verhältnis der Hohlräume zum Volumen der (luftfreien) Festsubstanz.

n und ε sind wichtige Kennziffern für die Nachprüfung der Verdichtung.

5. *Verdichtungsfähigkeit:* D_f (bestmögliche Dichte im Prüfraum)

$$D_f = \frac{\varepsilon_0 - \varepsilon_d}{\varepsilon_d}.$$

6. *Bezogene Dichte* D_r (erreichte Dichte im Dammbau) ist wichtig für richtige, setzungsfreie Verdichtung.

$$D_r = \frac{\varepsilon_0 - \varepsilon}{\varepsilon_0 - \varepsilon_d} = \frac{(n_0 - n)(1 - n_d)}{(1 - n)(n_0 - n_d)}.$$

ε bzw. n = Porenziffer bzw. -volumen in der natürlichen Lagerung,
ε_d ,, n_d = Porengehalt in der dichtesten Lagerung,
ε_0 ,, n_0 = Porengehalt in der lockersten Lagerung.

7. *Lagerungsdichte D:*

$$D = \frac{n_0 - n}{n_0 - n_d},$$

sehr verbreitete Kennziffer für Nachprüfung der Verdichtung im Dammbau.

4.153.2 Wichtige Wasserwerte für die Geotechnik des Straßenbaues

1. *Natürlicher Wassergehalt* w_n:

$$w_n = \frac{G_f - G_t}{G_t - G_r}.$$

G_f = Gewicht der feuchtnassen Probe,
G_t = Trockengewicht der Probe und Tara,
G_r = Gewicht der Tara (Glasschalen und Klemmen).

Das Wasserverhalten hat eine vielseitige Bedeutung und ist nur im Zusammenhang mit dem Luftanteil beim optimalen Wassergehalt eindeutig zu beurteilen, wie aus den weiteren Wasserwerten hervorgeht.

Der Luftgehalt herrscht in den gröberen Erdarten vor, die nur infolge geringer Wasserhaftung geringe Anteile an Wasser führen. Die bindigen Erdarten, wie Tone, sind in der Regel wassergesättigt, weil die Wasserbindefähigkeit größer ist, als der freie, gleichmäßig verteilte Porenraum Wasser enthalten kann. Nur die gemischtkörnigen verhärteten Felsgesteine sind sehr gering durchfeuchtet, aber feinporös. Der grobporöse Löß (Schluff) hat bei einem Porengehalt von 40 ··· 65% etwa 18 ··· 25% Wassergehalt.

2. *Die Durchlässigkeit*

leicht durchlässige Erdarten	k-Wert nach DARCY $> 1 \cdot 10^{-3}$ cm/sek.,
mittelschwer durchlässige Erdarten	$k = 1 \cdot 10^{-3}$ bis $1 \cdot 10^{-7}$ cm/sek.,
schwer durchlässige Erdarten	$k = < 1 \cdot 10^{-7}$ cm/sek.

Wasser versickert beim Gefälle $i = 1$

bei $k = 1 \cdot 10^{-3}$ cm/sek. . . 315,0 m/Jahr,
bei $k = 1 \cdot 10^{-7}$ cm/sek. . . 3,15 cm/Jahr.

Wichtig für Frostgefahr.

3. *Die Kapillarität: Porenwasserunterdruck.* Wasser bewegt sich entgegen Schwerkraft nach allen Richtungen in Erdarten < 2 mm ∅.

Kapillarität:

Kies 3 cm,
Mittelsand 20 ··· 40 cm, Schluff bis 30 m,
Feinsand 40 ··· 80 cm, Ultraschluff > 30 m.

Wichtig für optimale Verdichtung und höchste Scherfestigkeit und Standsicherheit der Dämme.
Wichtig für frostgefährlichen Wassernachschub.
Wichtig für optimalen Wassergehalt.

Günstigster Wassergehalt ist jener von Dichte, Körnung und Zusammensetzung abhängige, durch Kapillardruckkraft verspannende, für die stabile dichte Lagerung feinkörniger Erdarten unerläßliche Wassergehalt im Schüttgut (vgl. Abb. 243, S. 271).

Günstigster Wassergehalt. Er beträgt bei

Sand	= 6 ··· 12%
Schluffsand	= 13 ··· 18%
Schluff	= 15 ··· 17%
Schluffton	= 17 ··· 21%
Ultraschluff (Ton)	> 21%

4. *Porenwasserdruckausgleich (gesättigter Zustand):*

$$\varepsilon = \gamma_s \cdot w_n.$$

5. *Porenwasserüberdruck (Auftrieb).* Es ist mehr Wasser im Lockergestein vorhanden als bei normaler Korn-an-Kornlagerung aufgenommen werden kann. Es herrscht ein ungünstiger Spannungszustand infolge dieser Wasserübersättigung.

Dieser Zustand begründet die Gleitgefahr, die schweren Tauschäden, da die Tragfähigkeit bis auf Null abnehmen kann, die Setzungen und die Rutschgefahr.

Wichtig für Straßenkörper nach Frostaufgang in nicht genügend gesicherten frostempfindlichen Streckenteilen, wichtig für hydraulische Grund- und Hangbruchgefahr (Rutschungen) an allen veränderlichfesten Fels- und Lockergesteinen (Gleitsicherheit).

Die ATTERBERGschen Konsistenzgrenzen: Rollgrenze w_a bezeichnet den Wassergehalt eines bindigen Bodens bei seinem Übergang von der halbfesten zur plastischen Zustandsform, die Fließgrenze w_f den Wassergehalt bei seinem Übergang von der plastischen zur flüssigen. Beide Werte werden bestimmt nach den Verfahren im „Merkblatt für bodenphysikalische Prüfverfahren“ [*141*]. Bildsamkeitswert $w_{fa} = w_f - w_a$.

Im festen und halbfesten Zustande und bis zur Nähe der Ausrollgrenze w_a besitzt eine bindige Erdart den höchsten Scherfestigkeitswert bei homogener Verdichtung oder rißfreier Beschaffenheit. Man spricht dann von steinharten Tonen, die als schwerer Hackfelsen bis Sprengfelsen zu lösen sind (Abb. 218, S. 245). Nur Bodenarten steifplastischer Konsistenz und festere lassen sich unmittelbar erfolgreich im Damm einbauen.

$$\left[k_w = \frac{w_f - w_n}{w_{fa}}\right]$$

gibt die *Zustandszahl* an.

w_f = Wassergehalt der Fließgrenze,
w_a = Wassergehalt der Ausrollgrenze,
w_n = natürlicher Wassergehalt.
k_w = 0,01 ··· 0,25 breiig
,, = 0,26 ··· 0,50 weich
,, = 0,51 ··· 0,75 weich-bildsam
,, = 0,76 ··· 1,— steif-bildsam; halbfest

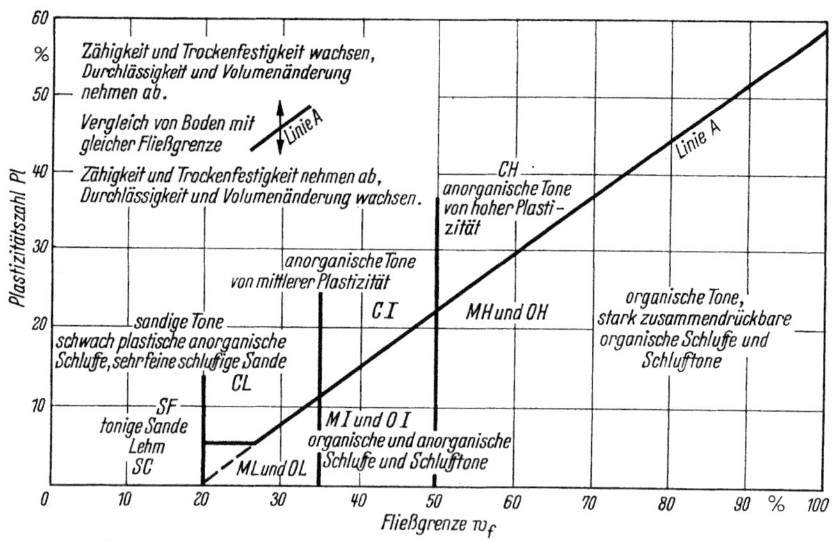

Abb. 221. Klassifikation bindiger Böden nach ihrem Plastizitätswert nach A. CASAGRANDE [1])

6. *Bildsamkeitswert* w_{fa}. Er ist (Abb. 221) eine der wichtigsten Kennziffern zur näheren Unterscheidung der verschiedenen bindigen anorganischen und organischen Erdarten.

[1]) Vgl. ZTVE — StB 59 Zusammenstellung von Kennzeichnungen der Bodenarten. BMV 1959.

4.153.3 Bodenmechanische Begriffe

1. *Scherfestigkeit und natürlicher Böschungswinkel* (Gleitsicherheit). Die Scherfestigkeit ist die wichtigste bodenmechanische Kennziffer und ist vor allem bei der Vorausbestimmung der Grundbruchgefahr bei weichem Untergrund aus organischen Ablagerungen unter Dammschüttungen sehr wichtig und vorher zu ermitteln, um einfachen oder hydraulischen Grundbruch (Porenwasserüberdruck), Reibung = 0, rechtzeitig zu erkennen und Schäden am Straßenkörper zu vermeiden.

Grundsätzlich gilt folgende schematische Darstellung der Kräftewirkungen in einem Baugrund:

$$\tau_b = \tau_s = c + \sigma \cdot \operatorname{tg} \varrho; \qquad \operatorname{tg} \varrho = \mu .$$

Die Schubfestigkeit $= \tau_s = \tau_b$
die Kohäsion $= c$,
die Normalspannung $= \sigma$.

Der Reibungswinkel $= \varrho$
Die Reibungsziffer $= \mu$
Reibungsziffer für Tone 0,25 ··· 0,45
„ „ Sande 0,60 und größer
„ „ Kiese 0,65 und größer
„ „ eckige Steine auf 1,0 ansteigend.

2. *Natürlicher Böschungswinkel.* Kohäsionslose grobkörnige Erdarten besitzen nur Reibungsfestigkeit, die entscheidend ist. Der natürliche Böschungswinkel entspricht dem Reibungswinkel und ist je nach Kornform, Korngröße und Zusammensetzung der Körnung verschieden. Er ist an den grobkörnigeren und eckigen höher als an gleichmäßigen feinen Sanden. Der Kohäsionswert der bindigen Erdarten wechselt mit Wassergehalt und Spannung und schließt daher einen natürlichen Böschungswinkel aus. Daher sind die Böschungen diesen verschiedenen Verhältnissen anzupassen, soweit Landschaftsbelange nicht flache Böschungen erwünscht erscheinen lassen.

Der Böschungswinkel in Einschnitten und an Hängen ist daher verschieden. Er hat nur für die nichtbindigen Erdarten einen feststehenden Wert. Für die bindigen Erdarten muß er stets unter Berücksichtigung der jeweiligen Spannunnungsverhältnisse: außen Auflast und innen Porenwasserüberdruck ermittelt werden. Unabhängig davon ist die Gleitsicherheit an bindigen Erdarten von der erdgeschichtlichen Bruchbeanspruchung bestimmt. Es sind Geschiebelehme mit einem Wassergehalt, der an der Rollgrenze liegt, bekannt, die infolge einer feinmosaikartigen Zerquetschung nur noch einen Reibungswinkel von 12° aufweisen, der sonst für sehr weiche, also feuchte und nasse Tone gilt. Diesen Verhältnissen ist Beachtung zu schenken. Infolgedessen sind die Böschungen hier stets flacher als an festen Lockergesteinen anzulegen.

3. *Setzung* bedeutet im elastischen Bereich Zusammendrückbarkeit des Korngerüstes unter Auspressen von gespanntem Wasser, im plastischen Bereich außerdem Verformung infolge Zunahme der Bodenpressung. Im letzteren Falle sind die Setzungen größer.

Man hat zu beachten die Zeitsetzungs- und die Drucksetzungslinie; beide lassen sich im Labor im Annäherungsverfahren ermitteln. Fehlergrenzen sind allerdings bis 30% möglich, meist jedoch geringer als 10%, wichtig für Dammsetzungen und Setzungen an Kunstbauwerken auf setzungsempfindlichem, zusammendrückbarem Baugrund aus bindigen Erdarten.

Die Zeitsetzungskurve ist schwieriger zu bestimmen.

4.16 Die Ergebnisse der Bodenuntersuchungen

Gestützt auf die im Gelände und der Versuchsanstalt ermittelten Untersuchungsergebnisse müssen folgende Einzelfragen restlos geklärt werden.

4.161 Die Untergrundbeschaffenheit

Übersicht über die Massen nach Umfang und Gewinnbarkeit, insbesondere der frostsicheren Massen, gegebenenfalls aus Seitenentnahmen.

Umfang der frostsicheren und der frostgefährdeten Abschnitte, Verlauf der geschichteten Felsgesteine im Hinblick auf die günstigste Verschiebrichtung bei Beginn von Einschnitten. Tragfähigkeit des Untergrundes und des angrenzenden Geländes [Rutschungs-, Grundbruch-, Setzungsfragen].

Wasserführung im Untergrund und im angrenzenden Gelände, als sichtbares durchlaufendes Grundwasser oder als episodisches und auf Zerrüttungszonen, Spalten und Klüften beschränktes, örtlich konzentriertes Wasser: Sehr wichtig für Frostsicherung und für Rutschungsfragen. Quellhorizonte!

4.162 Die Untergrundsicherung

Umfang der Frostschutzmaßnahmen: Stärke, Material, Entwässerung unter Berücksichtigung von Verkehrsbeanspruchung, Klima, Höhen- und Hanglage.

Sicherung des Untergrundes und der Hänge gegen Bruchgefahr und unzulässig starke Setzungen [Aushub, Sprengen, Vertikaldräns, Reibungsfüße, Sandpfähle usw.]

Verflachen und Entwässerung, Stützen von Böschungen. Abwehr schädlichen Niederschlags-, Sicker- und Grundwassers vom Straßenkörper.

4.163 Die Qualität und zweckmäßige Verwendung der Erdbaustoffe (Funktionsplan)

Zweckmäßige Massenverteilung, um Frostschutzmaßnahmen zu verbilligen.

Eignung von festen Felsgesteinen für Schotter, Packlage, Splitt.

Eignung der Lockergesteine für Frostschutzschichten, ferner für Vermörtelung.

Zweckmäßige Anordnung und Verteilung der Dammbaustoffe im Dammkörper gegen Auftrieb, Verwässerung, Frostschäden, verkehrsgefährliche Verlagerungen an Dammschultern und Bauwerksanschlüssen und an der Dammsohle.

4.164 Der Dammbau (Ausführung)

Einbau, Schütthöhe, Stückgröße, Art der mechanischen Verdichtung, optimaler Wassergehalt, erforderliches Verdichtungsmaß, erforderlicher Massenbedarf gegenüber gewonnenen Massen.

4.165 Die Gütekontrolle

Gütekontrolle ist zu organisieren von Beginn der Vorbereitung der Dammbaustelle über Massenentnahme, Massentransport, Einbau, Verdichtung bis nach Abschluß der Dammbauten durch Setzungspegel.

4.17 Die Sicherungsmaßnahmen des natürlichen Untergrundes

Die in Betracht kommenden Maßnahmen zur Sicherung des Untergrundes gehen aus der folgenden kurzgefaßten Zusammenstellung hervor:

1. Verfestigung durch Wasserentzug (Verfestigung des Korngerüstes ohne Substanzzusatz).

2. Verfestigung durch Verdichtung und Verfestigung des Korngerüstes ohne und mit Substanzzusatz.

3. Verfestigung durch teilweise oder vollständige Beseitigung von labilem, nicht tragfähigem Untergrund und Ersatz hierfür. Jede, den optimalen Wassergehalt in Erdarten übersteigende Wasserführung schwächt und vergrößert mit ihrer Zunahme die Labilität des Untergrundes.

Der Porenwasserdruck darf niemals als Überdruck in Erscheinung treten, weil dann Grundbruchgefahr besteht (S. 255). Der Wasserentzug bzw. die Verringerung des Wassergehalts bewirkt eine Vergrößerung der Gleitsicherheit

(Verringerung des Porenvolumens, Steigerung der Dichte) und Erhöhung der Tragfähigkeit des Untergrundes.

4. Flächenweite Belastung.

4.171 Verfestigung durch Entzug des Wassers

Aufbringen von bleibenden Auflasten ohne oder unter Anwendung von Vertikaldränagen (Abb. 222, 223, 224) [*142*, *143*].

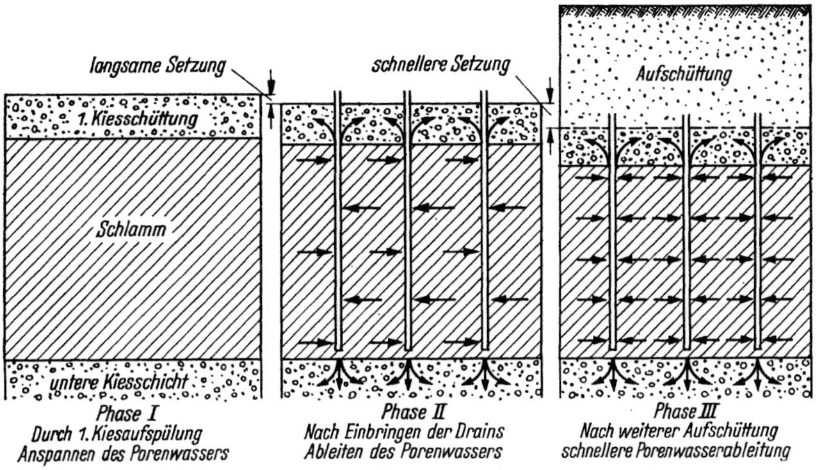

Abb. 222. Wirkungsweise der Tiefdränage (nach AHRENS)

Stabilisierung des Baugrundes durch senkrechte Dränagen (Sand- und Pappdräns) zur Beschleunigung der Festigung gegebenenfalls unter vorübergehender Überhöhung der Dammschüttung auf Grund eingehender bodenmechanischer Voruntersuchung (zeitlicher Setzungsverlauf und hydraulische Grundbruchgefahr).

Die labilen Massen können im Untergrund belassen werden, wenn sie unter der wachsenden Dammlast während der Bauzeit so weit zusammengedrückt und verfestigt werden, daß keine Schäden am Dammkörper die Verkehrssicherheit beeinträchtigen können (Setzungsvorgang wichtigstes Merkmal).

Diese Auflasten dürfen nur allmählich aufgebracht und müssen fortlaufend gesteigert werden, ohne den gefährlichen Porenwasserüberdruck auszulösen. Dies gilt besonders für Kunstbauten und Dämme.

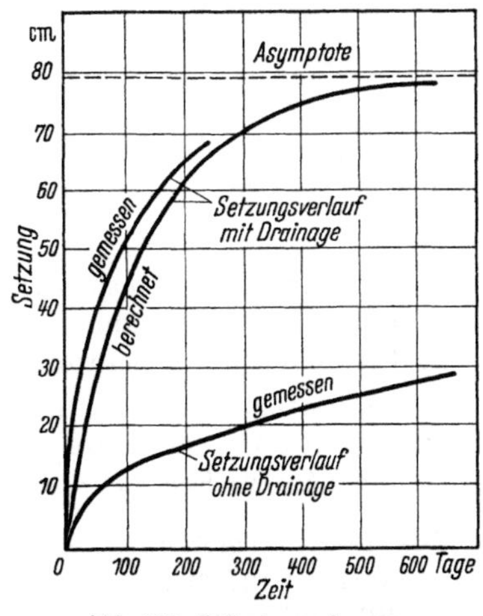

Abb. 223. Zeitsetzungskurven bei Anwendung der Pappdräns

Verfestigung ohne zusätzliche Auflasten:

Folgende Verfahren kommen in Frage:
Absenkung des Grundwassers.
Anlage von Rigolen, Dränagen mit filterförmigem Ausbau und Gräben mit genügender Vorflut, Gefälle mindestens 1:100, anwendbar für gut durchlässige Erdarten.
Senkbrunnen, durch offene Gräben und durch das Dränverfahren.
Senkung des Grundwasserspiegels unter Anwendung zusätzlicher Energie:
1. Pumpen, anwendbar bei k-Werten bis 10^{-2} cm/sek. für beschränkte Zeit.

2. Vakuum-Verfahren, anwendbar bei k-Werten von 10^{-2} bis 10^{-5} cm/sek.
3. Elektro-Entwässerung, anwendbar bei k-Werten von $< 10^{-5}$ cm/sek.
4. Thermisch-kaustische Stabilisierung.

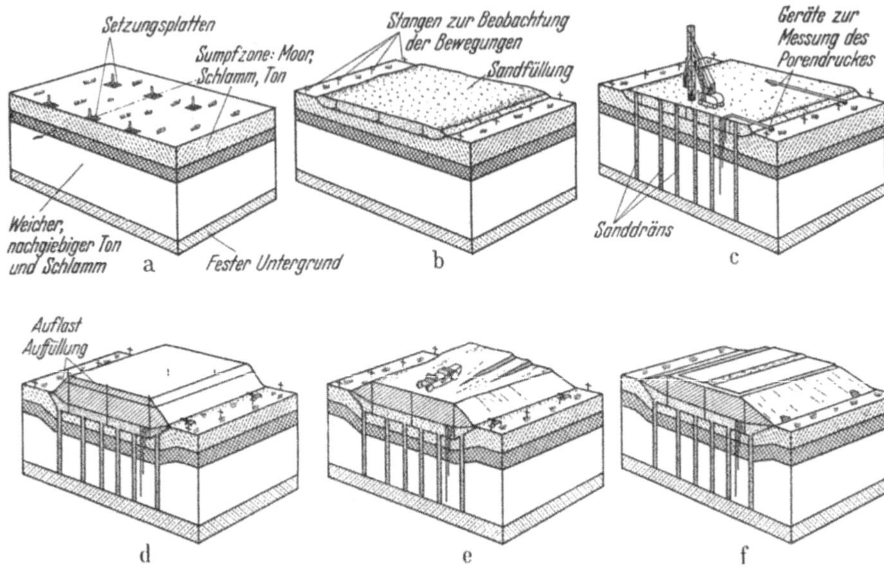

Abb. 224. Ausführung der Untergrundstabilisierung durch Vertikaldräns

4.172 Verfestigung ohne und mit Substanzzusatz mit oder ohne Geräteeinsatz

(*Verfestigung durch Verdichtung mit und ohne Geräte*)

Tiefeneinrüttelung durch das Spezial-Einrüttelgerät von KELLER für große Tiefen von etwa 10 ··· 15 m.

Nur Sande und gröbere Erdarten in lockerer Beschaffenheit lassen sich einrütteln.

Oberflächeneinrüttelung durch schwere Schwingungsmaschinen mit Wirkung bis etwa 2 m Tiefe.

Sprengverdichtung durch Anordnung von gleichmäßig verteilten Sprengkörpern in größerem Tiefenbereich von etwa 5 ··· 10 m im Dammkörper oder im lockeren Untergrund und flächenhafte Zündung (abrupte Sprengverdichtung).

Verfestigung durch Dichtung mit Substanzzusatz.

1. Die Zementinjektion.
2. Die chemische Injektion oder beide vereinigt.

Geeignet für chemische Injektionen sind nur Erdarten bis Feinsandgröße. Zementinjektionen sind im wesentlichen nur anwendbar bei Körnungen $> 1{,}0$ mm $\varnothing$ oder Felsgesteinen mit Klüftung $> 1{,}0$ mm.

Die Bodenvermörtelung. Oberflächenverfestigung im Bereich von wenigen Dezimetern ist möglich auf dem Wege der Bodenvermörtelung durch Zement (s. S. 349) und Bitumen (s. S. 354), auch an bindigen Erdarten.

Einrammen von Kiespfählen (*Franki-Verfahren*). Durch Einrammen von Stahlröhren größeren Durchmessers können lockere grobkörnige Massen unter Zufuhr von Kiessand in den Untergrund bei beliebigen Rohrabstand in zweckmäßiger Weise verfestigt werden. Ihr Tiefenbereich entspricht etwa dem KELLER-Verfahren.

4.173 Verfestigung durch Beseitigung nicht tragfähigen Untergrundes

Teilweiser oder völliger Aushub und Ersatz.

Teilweiser Aushub: Wenig umfangreiche, nicht tragfähige, vor allen Dingen organische Erdarten (Faulschlamm, Torf) werden unter Kunstbauten stets ausgehoben, unter Dämmen je nach der Dammhöhe und der Mächtigkeit dieser nichttragfähigen Erdarten belassen, gegebenenfalls durch Spundwände gesichert (Abb. 225), teilweise oder vollständig ausgehoben.

Reibungsfüße. Diese Massen werden teilweise unter Anwendung von sogenannten nichttragfähigen Reibungsfüßen zwischen den Dammfüßen und dem stabilen Untergrund ausgehoben. Bei höheren Dämmen und größerer Mächtigkeit der labilen Bodenmassen werden Reibungsfüße zur Beschleunigung der Setzungen und unter Verhinderung des hydraulischen Grundbruchs angeordnet.

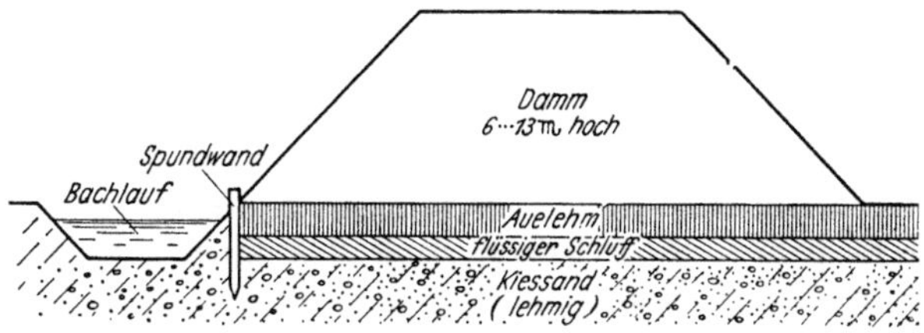

Abb. 225. Spundwandsicherung gegen Ausquetschgefahr

Die Reibungsfüße müssen in den festen Untergrund mit genügender Breite einbinden und eine lückenlose Brücke zwischen Dammfuß und Untergrund bilden. Entweder wird von der Oberfläche aus ausgebaggert oder unter Wasser, durch Einsprengen (Reihensprengungen der Dammfüße in den Untergrund) eingebracht. Mindestbreite des Reibungsfußes mehrere Meter (Abb. 226) [*144*].

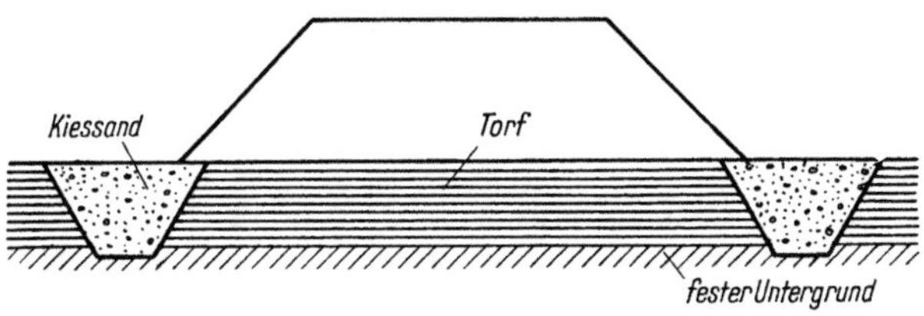

Abb. 226. Reibungsfüße längs der Dammfüße

Vollständiger Aushub: Vollständiger Aushub nichttragfähiger Bodenmassen bis etwa 6 m Mächtigkeit durch die vorgenannten Maßnahmen, wenn die erforderliche Verfestigung nicht gewährleistet wird und das Schütt-Sprengverfahren nicht anwendbar ist.

Schütt-Sprengverfahren. Anwendbar bei organischem Baugrund aus Torf und Faulschlamm bis zur Mächtigkeit von 30 ··· 40 m. Dieses Verfahren ist überall dort notwendig, wo ein Damm bis auf tragfähigen Untergrund abgesenkt werden muß (Verkehrsbauten). Der Baugrund wird durch eine Dammschüttung stark belastet. Der Damm ist mit einer Mindesthöhe der größten Mächtigkeit der nichttragfähigen Massen axial vorzutreiben. Der nichttragfähige Baugrund wird möglichst durch diese Dammlast aufgespalten. Durch die Anwendung des Sprengverfahrens werden die Massen seitlich verdrängt und breite seitliche Bauhöhe gesichert. Gelingt diese seitliche Verdrängung nicht im erforderlichen Umfang, so kann die Stabilität des Dammes durch Fußeinsprengungen zusätzlich gesichert werden. Das Schütt-Sprengverfahren ist nur anwendbar bei einem Mindestwassergehalt von etwa 500% der zu verdrängenden Bodenart, vor allem bei Torf und Faulschlamm.

4.174 Flächenweite Belastung gegen Grundbruchgefahr

Bei außergewöhnlich gleichmäßigem, weniger tragfähigem Untergrund, z. B. Schluff von mehr als 40 m Mächtigkeit mit einem Wassergehalt im Fließbereich, kann ein Dammkörper beispielsweise aus leichten Schlacken ausgeführt werden und die Gefahr hydraulischen Grundbruchs durch Anschütten breiter Bankette zu beiden Seiten des Dammes gebannt werden [*139, 144*].

4.2 Der künstliche Untergrund: Die Dämme

4.21 Aufgabe

Wie bereits einleitend betont, wird infolge der besonderen Aufgaben im Straßenbau zwischen natürlichem und künstlichem Untergrund unterschieden, wenn es sich darum handelt, dem Straßenkörper die erforderliche Tragfähigkeit zu geben und ihn zu sichern.

Diese Aufgabe gliedert sich für Verkehrsdämme (künstlichen Untergrund) im Straßenbau in folgende Teilaufgaben:

1. Auswahl und Einbau der Dammbaustoffe nach den für die Standfestigkeit des Dammes günstigsten bodenmechanischen Verhältnissen und im Sinne des Betonbaues unter Anwendung des kleinsten Hohlraumgehaltes in dem verdichteten Damm.

2. Anwendung der mechanischen (künstlichen) Verdichtung in Verbindung mit Wasser, um die größtmögliche Festigkeit im Dammkörper zu erreichen.

3. Anwendung des Wassers zum Einbau mit dem Ziel der größtmöglichen Ausschöpfung der durch das Wasser möglichen verdichtenden Wirkungen (optimaler Wassergehalt, Druckstrahl-, Einschlämmverfahren).

Bei keinem Bauwerk ist die Güte von der zweckmäßigen Konstruktion und gewissenhaften Ausführung so abhängig wie an den Dämmen.

4.211 Damm und Untergrund

Die Dämme können auf weniger tragfähigen, nachgiebigen und daher setzungsempfindlichen oder starren, nicht nachgiebigen Baugrund geschüttet werden. Nur darf nach Art und Zeit der Ausführung der Dammkörper keinen Bruch erleiden, wenn er, im ersteren Falle nicht zu vermeiden, sich verformt. Der Baugrund muß nach Beendigung der Arbeiten die erforderliche Tragfähigkeit besitzen.

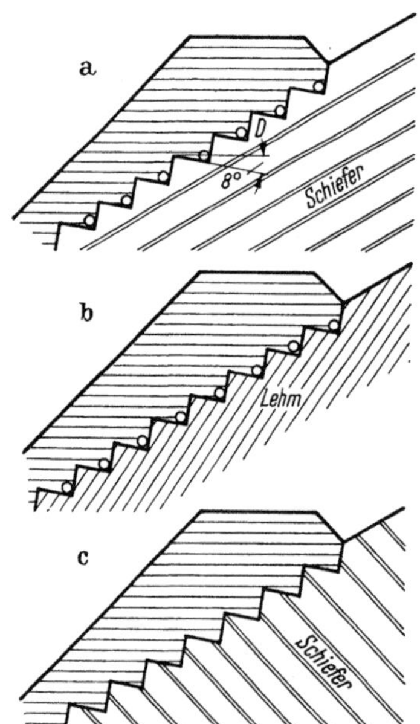

Abb. 227. Beispiel für zweckmäßige Verzahnung der Dammfüße bei verschiedenartigem Untergrund

An geneigten Geländen wird in der Regel bei Neigungen größer als 10° die Dammsohle mit dem Untergrund durch breite und mit Dränagen versehene Verzahnungsstufen scherfest verbunden (Abb. 227), um jede Gleitgefahr auszuschließen. Die Ausführung richtet sich in Breite und Tiefe nach der Festigkeit des anstehenden Untergrundes. Auf nassem Untergrund und bei wasserempfindlichen Baustoffen wird in der Regel in Verbindung mit einer Entwässerung durch Sickerrigolen, Dräns, Gräben, diese besonders an der Hangseite, als erste Schüttung, eine filternde und kapillarbrechende Schüttung von 30 ··· 40 cm Dicke aus Kiessand ausgeführt (Abb. 228). Darauf können ohne weiteres wasserempfindliche Dammbaustoffe eingebaut werden. Bei Dämmen, die im Bereich von Faulschlamm- und Torfablagerungen unter Anwendung des Schütt-Sprengverfahrens auf stabilen Untergrund gegründet werden müssen, ist das nicht anwendbar.

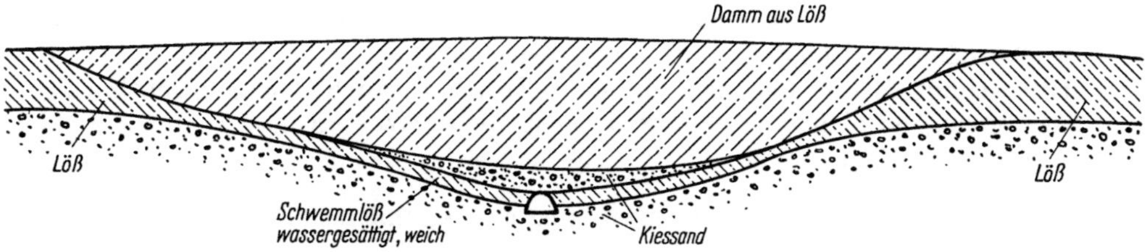

Abb. 228. Filterschicht in nassem Talgrund

4.212 Vorbereitung der Dammbaustelle

Zu den Vorbereitungsarbeiten der Dammbaustelle gehören somit:

1. Abtrag und ordnungsgemäße Stapelung der Muttererde.
2. Entwässerung in nassen Talgründen, an nassen Hängen (Abb. 228, 229).

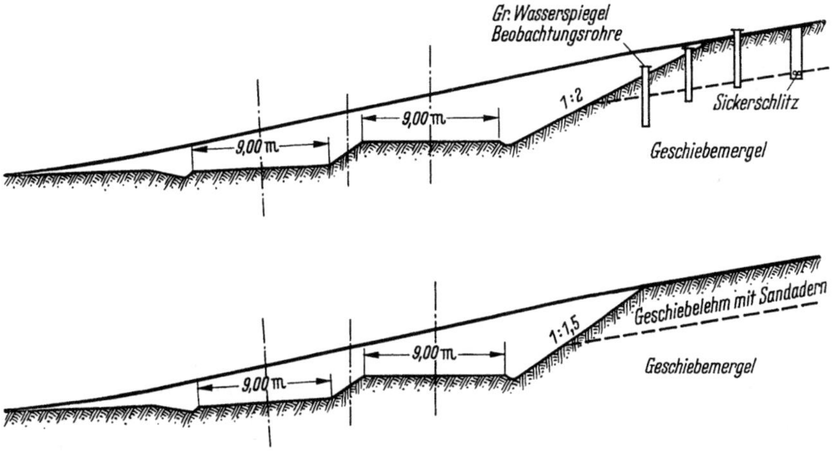

Abb. 229. Grundwasseraustritt am Hang, er wird durch den Sickerschlitz unterbrochen, für Lößlehm und Geschiebelehm, im oberen Querschnitt Rohre zur Beobachtung des Grundwasserspiegels

3. Breite Verzahnungsstufen mit gerundeten Kanten des natürlichen Untergrundes von mehreren dm Höhe.
4. Pflegliche Behandlung der Dammbaustoffe an den Abtragsstellen, zügiger Transport und straff organisierter Einbau.

Unbrauchbar sind organische Massen: Faulschlamm, Torf, Darg. Beim Einbau müssen ausgesondert werden alle pflanzlichen und Holzbestandteile: Äste, Wurzelstöcke und dergleichen. Pfleglich behandelt wird die Muttererde als biologische, unentbehrliche Nährschicht, z. B. für Einschnitte und Dammböschungen.

4.22 Die Dammbaustoffe

Als Dammbaustoffe kommen alle natürlichen und künstlichen Gesteine (Schlacken, Kesselasche) anorganischer, nichtwasserlöslicher Beschaffenheit [*145*] in Betracht, die nach ihrer Konsistenz einen gesicherten Einbau erlauben. Daher müssen Frostballen aus bindigen Erdarten in der Regel ausscheiden, ebenso zu weiche bindige Erdarten infolge ihres hohen Wassergehalts, mit Ausnahme, wenn die Maßnahmen, die die Standfestigkeit während des Dammbaues gewährleisten (entfilternde Zwischenschichten), beachtet werden.

Ebenso können Felsblöcke in der Regel nicht ohne weiteres eingebaut werden, weil es umständlich ist oder auch große Schwierigkeiten bereitet, ihre Anordnung als Bauglieder im Damm zu sichern. In der Regel liegen die Körnungen und Stückgrößen der Baustoffe im Bereich zwischen Block < 30 cm ∅ bis zum Ton-(Ultraschluff-)Korn. Bei den bindigen Erdarten, auch den gemischtkörnigen aus vorwiegend nichtbindigen, liegt der optimale Wassergehalt in der Nähe der Ausrollgrenze (vgl. S. 250).

4.221 Die Gewinnung der Dammbaustoffe

Die Massen werden in der Regel durch Bagger (normale und Flachbagger) abgebaut und sollen bereits an der Gewinnungsstelle auf Grund eines Massenverteilungsplanes in Übereinstimmung mit der aus den Schürfergebnissen erhaltenen Massenübersicht getrennt gewonnen, verfrachtet und eingebaut werden. Für die Trennung sind die bodenphysikalischen Eigenschaften und ihr bodenmechanisches Verhalten im Damm und auch während des Einbaues und während der Verdichtung entscheidend.

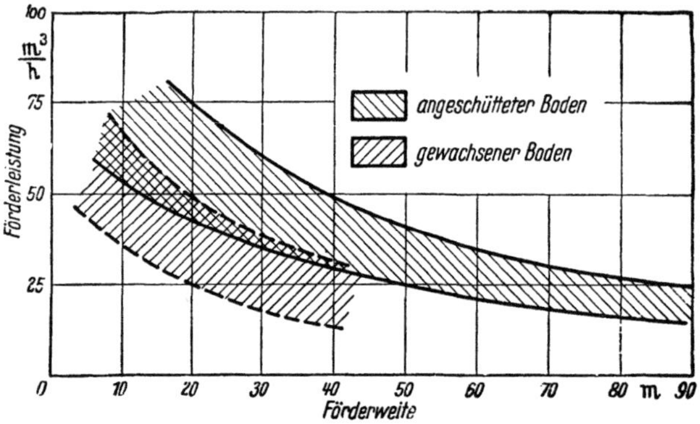

Abb. 230. Förderleistung für verschiedene Förderweiten bei gleislosem Transport für Planierungsraupen, Leistungsklasse 55 PS

Eine störungsfreie Gewinnung und Schüttung sowie überhaupt ein Dammbaubetrieb setzen voraus die restlose Verladung und einen glatten Baggerschnitt, ferner ebene, nach außen etwas geneigte Baggergrundfläche zur Ableitung des Niederschlagswassers, um zu verhindern, daß das Gut vernäßt und damit Gewinnung, Transport, Einbau erschwert und die Verdichtung bei bindigeren Erdbaustoffen verzögert wird.

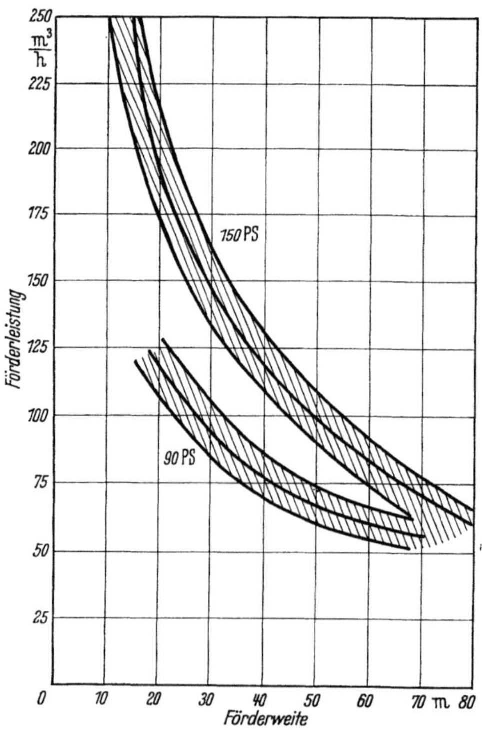

Abb. 231. Förderleistung für verschiedene Förderweiten, Leistungsklasse 90 und 150 PS Planierraupe

4.222 Der Transport und Einbau

4.222.1 Der gleislose Transport und Einbau

Im gleislosen Betrieb werden in zunehmendem Maße Flachbaggergeräte sehr verschiedener Konstruktion eingesetzt: Schürfraupe, Schürfkübel usw. mit Laderaum zwischen 3 und 25 m³, meist 10 m³, die den Boden gewinnen, verfrachten, gleichmäßig in dünnen Lagen auf dem Damm an beliebigen Stellen und Schwerpunkten verteilen und durch ihre breiten Raupenbänder oder die Gummiräder der Traktoren weitgehend vorverdichten.

Mit einem Flachbagger von 10 m^3 Inhalt lassen sich täglich bei einer Entfernung von 1000 m bis zu 800 m^3 Massen gewinnen, bewegen und sorgfäitig einbauen. Auf den Dammbaustellen hat sich die Planierraupe zur zügigen Verteilung der mit Gleis antransportierten Massen für Entfernungen bis zu 70 m als unentbehrlich durchgesetzt (Abb. 230, 231) [*146*].

Leistungswerte der Planierraupe:

	55 PS m³/h	75···90 m³/h	130···150 m³/h
Entfernung 20 m	40···75	115···150	115···200
Entfernung 50 m	25···42	50··· 90	75···115
Entfernung 70 m	20···30	35··· 55	55··· 70

Der gleislose Betrieb ist besonders wirtschaftlich in geneigtem Gelände zur Vermeidung von Spitzkehren, von langen Anfahrtswegen mit Kurven, die notwendig sind, um die Gefälleunterschiede zu überwinden, an kleineren Dämmen und bei geringen Entfernungen zwischen Dammbaustelle und Gewinnungsort in Deutschland etwa 1···1,5 km, in England bis 3 km, in VStA bis 8 km [*137*]. Da der gleislose Erdbau auf bindigem Boden sehr witterungsempfindlich ist, Reifengeräte mehr als Raupenfahrer, so muß bei anhaltender Nässe der Betrieb eingestellt werden, sobald die Umlaufzeit im Förderbetrieb auf das Doppelte derjenigen bei Trockenheit angestiegen ist.

4.222.2 Der gleisgebundene Transport und Einbau

Der gleisgebundene Transport auf Schienen mit Spurweiten von 60, 75, 90 cm, auf Normalgleis und größerem mit Großraumwagen bis zu 16 m^3 ist in Deutschland noch nicht überholt. Statt der Dampflok ist die Diesellok stark in den Vordergrund gerückt. Die Muldenkipper mit im Durchschnitt 1···2 m^3 Inhalt haben die älteren Holzkästenwagen völlig verdrängt [*147*].

Er ist nicht so wetterempfindlich wie der gleislose Transport, insbesondere sinkt seine Leistung bei Regen in bindigen Erdarten nicht so stark ab. Die Versumpfung der Anfahrtswege tritt weniger in Erscheinung. Dafür sind die gleislosen Fördermittel zu hohen Spitzenleistungen und Ausbildung von verschiedenen Schwerpunkten der Gewinnung und des Einbaues besonders geeignet. Sie sind indessen empfindlicher gegen Betriebsstörungen. Anleitung für die Betriebsberechnung der verschiedenen Förderarten gibt MÜLLER [*93*].

Die Wahl dieser verschiedenen Transportmittel für die zweckmäßige und gesicherte Ausführung der Dämme ist von Bedeutung, weil nur so eine zügige Dammbauorganisation Erfolg haben kann.

4.23 Die Verdichtung

Die Standfestigkeit eines Körpers wächst mit der Dichte, besonders wenn er künstlich aus verschiedenen Bauelementen zusammengefügt ist. Ein Beispiel hierfür ist der Beton. Der Dammbaustoff muß daher nach der im Betonbau bewährten Regel der dichtesten Kornpackung fest zusammengefügt werden. Dabei besteht der entscheidende Unterschied darin, daß die auf engstem Raum sehr verschiedenen Dammbaustoffe ganz ohne Auswahl, ohne Normung, ohne Zement, allein durch Einsatz von Geräten, die der Verdichtungswilligkeit der Dammbaustoffe angepaßt sind, in die dichteste Packung gebracht werden, die dem größten Raumgewicht entspricht [*138*, *139*, *148*, *149*, *151*, *152*]. Hierbei muß Wasser zugegeben werden, das an den feinkörnigen Dammbaustoffen als Binder wirkt.

Je dichter die Packung, um so geringer ist die bruchlose Verformung durch Setzungen oder die Bruchverformung durch Rutschungen, da in diesem Falle die Scherfestigkeit als wichtigste bodenmechanische Kennziffer ihren höchsten Wert erreicht. Die mechanische Verdichtung ist die erste Voraussetzung, um Dämme als künstlichen Baugrund zu erhalten, um die nach Frequenz und Belastung schwankenden und von Jahr zu Jahr wachsenden Verkehrsbeanspruchungen ungeschwächt aufnehmen können. Das früher übliche Verfahren, ein Setzen der Dämme durch „Überwintern" zu erreichen, ist überholt, Dämme ohne Verdichtung auszuführen, ist im Straßenbau als Verstoß gegen die anerkannten Regeln der Bautechnik verboten. Die Verdichtung erfolgt ohne Überhöhung zum Ausgleich des etwaigen Setzungsmaßes.

Die Setzungen klingen während des Dammbaues im Damm weitgehend aus. Ein setzungsfrei verdichteter Damm hat Setzungen unter 1% im Gegensatz zu nicht verdichteten, die bis zu 10% und mehr aufweisen. Dabei ist die Verwendung von Dammbaustoffen, die früher nicht geeignet schienen, ohne weiteres möglich.

Die Geräte für die künstliche Verdichtung. Für die Verdichtung werden folgende Geräte eingesetzt:

Walzen, die Druckknet- und mahlende Wirkung haben.

Rammen oder Stampfer mit abrupter Druckbeanspruchung, Zertrümmerungs-, Zermalmungsarbeit und Zerquetschen.

Rüttelgeräte: Drucklose Einregelung der schwer oder nicht zu zertrümmernden spröden, gleichkörnigen Dammbaustoffe, insbesondere von Kies und Sand.

Kombinierter Geräteeinsatz als Mehrzweckgeräte: Druck-Rüttelgeräte.

4.231 Die Walzen

Art der Dammbaustoffe:

Nur leicht verformbare, also schwachbindige Erdarten wie Löß, Lößlehm, anlehmige Sande und Kiese, Gesteinsgrus u. a. lassen sich erfolgreich verdichten.

Folgende Walzenarten und Walzentypen werden verwendet: Glatt- und Stufenwalzen mit eigenem Antrieb.

Abb. 232. Schaffußwalze

Die Tiefenwirkung der üblichen Glatt- und Koppisch-, Segment- und Stufenwalzen ist gering, sperrige Lagerung spröder Gesteinsteilchen verhindert den für die Verdichtung erforderlichen hohen Wirkungsgrad.

Schütthöhen bis zu 30 cm.

Schaffußwalzen mit Traktoren (Abb. 232). Seit mehr als 50 Jahren (erstmalig 1905) in den VStA eingeführt, haben sie sich bis vor kurzer Zeit als das dort bevorzugte Universalverdichtungsgerät bewährt und erst in letzterer Zeit durch die Grid- und die Gummiwalzen einen stärkeren Wettbewerb erhalten.

Vorzug der Schaffußwalzen: Keine von der Oberfläche ausgehende alleinige Druck- und Knetwirkung, sondern in die Schüttung gleichmäßig eindringende Tiefenverdichtung, in der Regel nach 12 ··· 16 Arbeitsgängen (Abb. 233), durch die verschiedenartig geformten, auf Grund eingehender Untersuchungen in zweckmäßiger Weise angeordneten schmalen druckstempelartigen oder auch schaffußartigen Verdichtungskörper aus Hartmanganstahl. Hoher spezifischer Flächendruck und tiefreichender zermahlende Wirkung ermöglichen den Einsatz auch an steinigen Massen bis zu 120 mm ∅ der Stückgröße.

Die früher üblichen leichten 3 ··· 4 t schweren Walzen sind in den VStA durch die fast 20 t schwere Walze verdrängt. Die spezifische Bodenpressung der Einzeldruckkörper schwankt etwa zwischen 9,1 ··· 100 kg/cm². Länge der Stempel, ihre Druckfläche, ihre Abnutzungsgröße und Fläche sind eng vorgeschrieben. Diese Walzen können in beliebiger Hintereinanderschaltung durch starke Traktoren gezogen werden. Sie arbeiten am laufenden Band mit Stundengeschwindigkeiten von etwa 4 km und werden am Ende durch die Glattwalze zur Erzielung einer regenfesten Oberflächenhaut an bindigen Erdarten abgelöst. Die Leistung beträgt bei den schwachen Walzen etwa 250 m²/h, bei Tandemanordnung 400 m²/h. Die Schütthöhen liegen in der Regel bei 20 cm (15 ··· 25 cm).

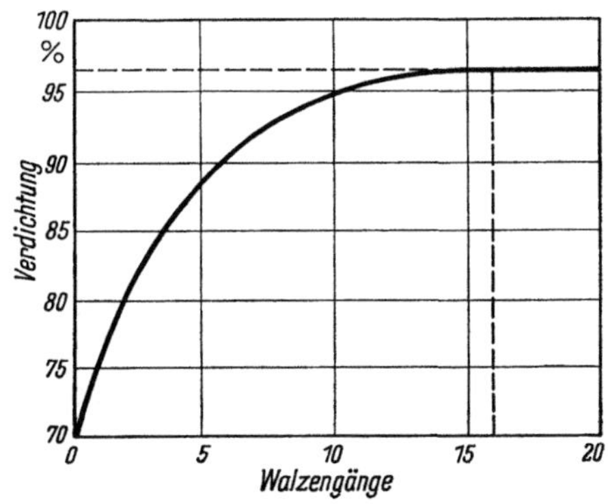

Abb. 233. Zahl der Walzgänge mit Bezug auf die Verdichtung nach PÖSCH

Voraussetzung für einen erfolgreichen Einsatz ist Beachtung des günstigstem Wassergehalts, sonst tritt leichtes Verschmieren ein. In mitteleuropäischem Klima, z. B. England [*149*] infolge zu starker Feuchtigkeit nur in trockenem Sommer anwendbar. Vorschrift der Verdichtungsgüte: Eindringungswiderstand 21 kg/cm², Trockenraumgewicht 1,85, Feuchtraumgewicht mehr als 2,0 kg/dm³.

Geringe Unterhaltungskosten infolge einfacher robuster Ausführung, nur die Stempelmaße sind zu überprüfen und die Druckkörper gegebenenfalls rechtzeitig auszuwechseln, weil Druck- und Tiefenwirkung nicht vernachlässigt und beschränkt werden dürfen.

	Schaffußwalzen [*148*]		
	leichte	mittlere	schwere
Gewicht in t	2,6	8 ··· 12	19
Geschwindigkeit km/h	—	3,5 ··· 4,5	—
Arbeitsgänge (Abb. 233)	12 ··· 16	12 ··· 16	12 ··· 16
Durchmesser ohne Füße cm	101,5 ··· 153	153	183
„ mit Füßen cm	137,5 ··· 193	195	275
Arbeitsbreite cm	95,0 ··· 165	137	198
Druckfläche der Füße cm²	35,5 ··· 45,0	45,5	60,6
Anzahl der Füße in einer Reihe	4	4	2
Länge der Füße cm	18,1 ··· 20,4	20,9	46
Theoretischer Druck der Füße kg/cm²			
ohne Last	9,1 ··· 20,1	42,0	76,2
mit Wasserlast	14,1 ··· 36,9	72,7	—
mit Sandlast	19,0 ··· 53,8	100,0	—

Als besonders bemerkenswerte Mehrzweckwalze ist die der Schaffußwalze ähnliche Konstruktion nach ALBARET (Abb. 234) zu nennen, deren verstellbarer

Walzendruckkörper als glatte Segmentwalze und als echte Schaffußwalze wirken kann.

Gridwalzen. Eine Art Schaffußwalze — ebenfalls vom Traktor gezogen — mit Stahlrostgewebe zur Vorbereitung der Verdichtung, Verhinderung der Verschmierung und dadurch von Betriebsstörungen. Tritt an Stelle der Schaffußwalzen besonders an steinigen Massen immer mehr in den Vordergrund.

Gummiwalzen mit Traktorenantrieb (Abb. 235). Zweiachsige Walzen, einem Lastkraftwagen-Anhänger vergleichbar, die entweder 15 oder als einachsige überschwere höchstens 4 überdimensionale Gummiräder als Druckkörper haben und die an den leichteren zweiachsigen oszillierend aufgehängt sind und sich den Unebenheiten der Schüttung und des Geländes weitgehend anpassen. Die Gummiräder sind auf Lücke angeordnet, wobei an der vorderen bis zu 7 und auf der hinteren Achse bis 8 Gummiräder angebracht sind. Die Geschwindigkeit beträgt bis zu 40 km/h und liegt in der Regel zwischen 12 ··· 25 km/h, auch bei den allerschwersten, die ein Gewicht bis fast 200 t erreichen. Die Wirkung beruht in erster Linie auf dem hohen Druck, jedoch wird sie dynamisch unterstützt durch die kinetische Energie der mit relativ hoher Geschwindigkeit fahrenden und verdichtenden Walzen. Die Tiefenwirkung ist größer als bei den anderen Walzen, sie glätten außerdem die Schüttung. Die Schütthöhe ist 40 cm und damit doppelt so hoch wie beim Einsatz der normalen Schaffußwalzen. Infolge der größeren Verdichtungsleistung, bezogen auf Schütthöhe und Geschwindigkeit, steht diese Walze nach A. CASAGRANDE im Wettbewerb mit den Schaffußwalzen.

Abb. 234. Bodenspuren der ALBARET-Walze in den einzelnen Stellungen

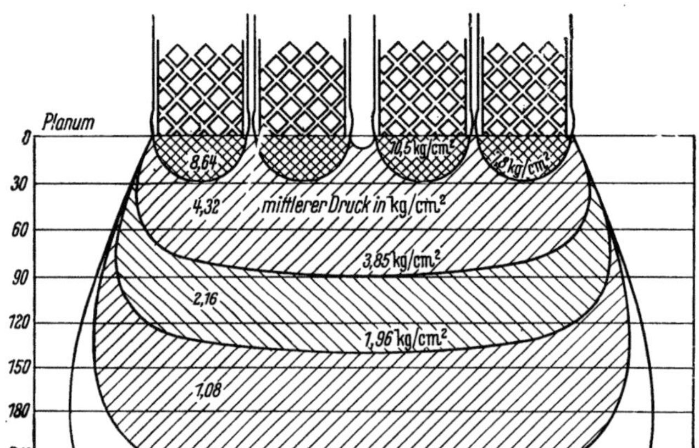

Abb. 235. Druckverteilung bei einem gutverdichtetem Sandboden durch den Porterloo p. 3 q-Compactor

	Gummiwalzen			
	leichte	mittlere	schwere	schwerste
Gewicht in t	5,5 ··· 7	11 ··· 13	13 ··· 45	45 ··· 200
Geschwindigkeit km/h . . .	15 ··· 40	15 ··· 40	15 ··· 25	15 ··· 25
Reifenzahl	11 ··· 15	8 ··· 13	2 ··· 4	4
Reifendruck kg/cm².	2,0	3,2 ··· 10	5,6 ··· 6,3	2,1 ··· 10,5
Arbeitsgänge.	6 ··· 12	6 ··· 12	6 ··· 12	6 ··· 12
Verdichtungsgrad	90	90	95 ··· 96	

Vergleich von *Schaffuß- und Gummiradwalzen.* Unter gleichen Verhältnissen verdichten die Gummiradwalzen tonigen Sand und schluffigen Ton, wenn die Schüttung nur 15 cm dick ist, bei geringerer oder gleicher Anzahl von Rollgängen besser als die Schaffußwalzen, obgleich die spezifische Bodenpressung mit 2,5 ··· 10,5 kg/cm² im Vergleich mit den Schaffußwalzen mit im Mittel 17,6 ··· 35,5 kg/cm² geringer ist. Die vergleichenden Untersuchungen lieferten eine maximale Dichte des AASHO-Testes = verbesserten Proctortestes für die Gummiwalzen von 94 ··· 97 bzw. 92 ··· 94% gegenüber den Schaffußwalzen von 93 ··· 95 und 91 ··· 92%.

Der günstigste Wassergehalt bei gleichem Material betrug bei den Gummiwalzen 11,5 ··· 12,2 bzw. 19,5%, an den Schaffußwalzen dagegen 11,5 und 17,9. Dies widerspricht der Tatsache, daß mit wachsender Dichte der günstigste Wassergehalt (vgl. Abb. 243, S. 271) geringer wird. Der günstigste Wassergehalt hängt somit nicht nur von den Bodenarten, sondern auch von den Verdichtungsgeräten und von den Verdichtungsgängen und der Schütthöhe ab.

Er ist auf die höhere Druckwirkung unter Verzicht auf die Mahl- und Knetwirkung zurückzuführen, wenn die Gummiwalze mit weniger Rollgängen bei spezifisch höherer Flächen- und Tiefenleistung, vor allem mit Oberflächenglättung, gerade an den kohäsionslosen Dammstoffen auch mit gröberen Körnungen vorteilhafter arbeitet als an den bindigen (Rütteldruckwirkung bei hoher Geschwindigkeit!). Nach LEWIS (Bericht der 3. Internationalen Konferenz für Bodenmechanik und Gründung 3/9) werden schwere gummibereifte Walzen für Böden mit nur geringer oder gar keiner Kohäsion benutzt, da sie eine Verdichtung in größere Tiefen ermöglichen und damit auch größere Schütthöhen zulassen.

Beide Walzentypen ergänzen sich, obwohl Schaffußwalzen auch an steinigen Massen bis zu 60% Steingehalt erfolgreich eingesetzt wurden, wobei aber eine sehr starke Abnutzung der Füße zu verzeichnen war.

In den VStA glaubt man das gleiche Ergebnis zu erhalten, wenn man eine 19 t schwere Schaffußwalze oder eine 45 t schwere Gummiwalze einsetzt. Die Verdichtungswirkung hängt also zweifellos von der Anzahl der Arbeitsgänge, der geforderten Tiefenverdichtung, von den angewendeten Raddrücken und dem optimalen Wassergehalt ab.

Vergleich nach PÖSCH	Schaffußwalze (24,6 kg/cm² Fußflächendruck)	Grid-Roller (Gitterliniendruck 106 kg/cm)	Gummiradwalze (Reifendruck 4,96 kg/cm²)
Verwitterter Granit			
Schütthöhe	20 ··· 40	15 ··· 30	20 ··· 40
Anzahl der Rollgänge . .	4 ··· 8	4 ··· 8	4 ··· 8
Verdichtungsgrad in % .	90,8 ··· 94	92,8 ··· 94,6	94,6 ··· 95,0

Zweckmäßige Verwendung der Walzen.

1. Je steiniger und stückiger das Schüttmaterial ist, um so geringer ist der Verdichtungserfolg mit Schaffußwalzen.
2. Je bindiger die Dammbaustoffe, um so weniger lassen sie sich bei steifplastischer bis harter Konsistenz zusammendrücken, um so geringer die Tiefenwirkung.
3. Je bindiger und grusig-bröckeliger die Massen sind, um so mehr bedarf es der Mahlzerkleinerung durch Schaffußwalzen auf gleichmäßige Tiefe.
4. Je härter die Konsistenz, um so stärker die Verwendung von Gridwalzen und Gummiwalzen.
5. Felsige Massen müssen mindestens einen Anteil von 30 ··· 40% feinkörnige Erdarten haben, um noch mit schweren Gummiwalzen verdichtet werden zu können.

6. Je höher die Geschwindigkeit und das Gewicht der Walzen, um so höher die Schüttdicke an wenig- und nichtbindigem Schüttmaterial, um so besser der Einsatz von Gummiwalzen.

7. Je höher die kinetische Energie, um so felsiger dürfen die Massen sein.

8. Glatte Walzen sind unentbehrlich nach der Verdichtung zum Glätten wasserempfindlicher feinkörniger Erdarten zum Schutz der Erweichungsgefahr bei Niederschlägen.

4.232 Die Rammen und Stampfgeräte

Art der Dammbaustoffe. Harte, spröde, veränderlichfeste Fels- und trockene Erdschollen aus Schluffton und Ton können nur durch Zermalmen und Zertrümmern unter Zerquetschen in das dichteste Einzelkorngefüge gebracht werden, um zu verhindern, daß Niederschlagswasser mit seinen ungünstigen, die Verdichtung hemmenden Wirkungen (gummiartige plastische Stellen im Damm) sich ansammelt.

Abb. 236. Bodenverdichtung mit Delmagfrosch

Folgende Verdichtungsgeräte werden erfolgreich eingesetzt:

1. Die mittelschweren und schweren Delmagrammen (leichter und schwerer Delmagfrosch) von 500 und 1000 kg Gewicht (Abb. 236).

2. Die Stampfbagger, auch Rammplatten, als Umbaubagger: mit Stampfklötzen zwischen 2,0 und etwa 4,5 t Gewicht.

Folgende Kennwerte für diese besonders in Deutschland eingesetzten und hier erstmalig entwickelten Verdichtungsgeräte sind für den zweckmäßigen und erfolgreichen Einsatz zu beachten [*153*]:

Tabelle 22. *Die wichtigsten Kennziffern*

Verdichtungsgerät	Delmagfrosch		Stampfbagger	
	500 kg	1000 kg	2···3,5	3,5 t
Anzahl der Verdichtungsgänge	2	2	4 mal abrammen	
Schütthöhe	25 ··· 40 cm (jedoch keine Tonsteine)	30 ··· 50	60 ··· 100	100 ··· 120
Zerkleinerungsgrad	kleiner 10 cm Ø	12 cm Ø	20 cm Ø	30 cm Ø
Leistung: m²/h	etwa 100	125	etwa 150	
Besonders empfehlenswerter Einsatz:	Widerlageranschlüsse, beengte Räume und kleine Flächen, Dammschulter über schwachen u. in der Nähe schwachwandiger Kunstbauwerke (Schleusen)	Widerlageranschlüsse bei Schwergewichtsmauergründung	für alle Dämme, an Dammschultern u. Widerlagern mit leichten Stampfplatten und geringer Fallhöhe (20 cm)	

Der schwere Stampfbagger (Abb. 237) ist das Spezialgerät für die Zermalmung und homogene Verdichtung steinharter Tonschollen (Tongesteine!).

Der leichte Delmagfrosch ist empfindlich gegen harte, spröde Fels- und verhärtete Tongesteine, daher muß sein Einsatz auf weiche und mittelharte Schüttmassen beschränkt bleiben.

Abb. 237. Demagrammplatte zum Bodenverdichten

Ebenso ist der schwere Delmagfrosch für sehr harte spröde Felsmassen zu empfindlich. Ersatz durch Stampfbagger. An zähem, stark bindigem Ton Schütthöhe auf 20 ··· 25 cm beschränken.

Beim Stampfbagger ist sorgfältige Verdichtungsarbeit mehr als bei anderen Arbeiten von dem Stampfbaggerführer abhängig, der die Fallhöhe einhalten und die Stampfplatte mit halbseitiger Überlappung der bereits verdichteten und noch nicht vorverdichteten Schüttschicht versetzen, d. h. jeden Punkt viermal abrammen muß. Glatte Oberfläche bei den Rammgeräten, Verhinderung des Eindringens von Niederschlagswasser, bei Stampfbagger nur bei mäßiger Fallhöhe. Böschungsverdichtung mit Stampfbagger. Beim gleislosen Erdbau eignet sich die Rammplatte weniger, Schaffuß- und andere Walzen verdichten bei bindigem Boden besser.

4.233 Die Rüttelgeräte (Schwingungsverdichtungsgeräte)

Arbeitsprinzip. Ein Schwinger aus rotierenden, schwingenden Massen, die gegenläufig angeordnet sind, so daß die Fliehkräfte in der Waagerechten sich gegenseitig aufheben, übt lotrechte Kräfte auf den Untergrund aus, die im Verlaufe einer Umdrehung sinusartig von Null bis zu einem Größtwert steigen und dann wieder auf Null abfallen. Dadurch werden Schwingungen dem Boden aufgezwungen. Mit diesem Gerät, das auch eingesetzt ist, um damit Kennziffern über die technischen Eigenschaften (Elastizität kg/cm^2) von Boden zu erhalten, kann Boden verdichtet werden. Fällt die Frequenz mit der Eigenschwingung des Systems der Maschine zusammen, so treten außerordentlich starke Setzungen auf.

Nach LORENZ [*150*] ist „eine optimale Schwingungsverdichtung erreichbar, wenn bei hoher Beschleunigung eine ausreichende Lastwechselzahl bzw. Verdichtungsdauer bewirkt wird. Hohe Beschleunigungswerte sind entweder durch starke Erregerkräfte, also große Fliehkräfte, oder mit einfacheren in der sogenannten Resonanzlage erreichbar, weil die Resonanzlage infolge der großen Schwingungsausschläge von selbst zu einer erheblichen Steigerung der Trägheitskraft des Rüttlers führt".

Soll ein Schwingungsverdichter die Möglichkeit bieten, stets in Resonanz zu arbeiten, so muß die Erregerfrequenz über einen größeren Bereich veränderlich sein, da die Eigenschwingungszahlen des Systems „Schwingungsverdichter — Boden" infolge der unterschiedlichen Beschaffenheit des Verdichtungsgutes sich erheblich verändern. Würde man als Schwingungserreger dabei z. B. Unwuchtmassen mit unveränderlicher Exzentrität verwenden — die Erregerkräfte verändern sich dabei in Abhängigkeit von der Erregerfrequenz im Quadrat der Kreisfrequenz nach der Formel $P = m \cdot r \cdot \omega^2$ —, so wäre bei steigender Frequenz ein unzulässig schnelles Anwachsen und bei fallender Frequenz ein unerwünscht schnelles Abnehmen der Erergerkraft „P“ die Folge. Die Abhängigkeit der Erregerkraft „P“ von der Frequenz ist aus naheliegenden Gründen unvorteilhaft. Ein brauchbarer Schwingungsverdichter sollte deshalb eine beliebige Regelung von Frequenz und Erregerkraft in gegenseitiger Unabhängigkeit, möglichst während des Betriebes, gestatten. Durch die Schwingungen wird die Reibung zwischen den einzelnen Körnern im Boden und ihre Schwerkraft aufgehoben. Das kleine Korn gleitet dann in die bestehenden Räume zwischen den größeren und damit wird die dichteste Lagerung erreicht. Besonders für Sand, Kies, steinige Böden ist dieses Gerät geeignet, für bindige nicht [*151*].

Abb. 238. Vibromax

Es sind zu unterscheiden:
1. Schwingende Gummiwalzen,
2. Vibrationswalzen mit Stahlwalzkörper,
3. Plattenvibrationsgeräte.

Art der Dammbaustoffe. Ihr Einsatz kommt nur für jene Schüttmassen in Frage, bei denen infolge der hohen Festigkeit ihres Einzelkornes, ihrer Dauerfestigkeit, ihrer gleichmäßigen und rundlichen Kornform oder ihrer kohäsionslosen Beschaffenheit die größtmögliche Dichte und Stabilität allein durch die verformungslose Einregelung in die dichteste Kornpackung möglich ist, z. B. Sande, Kiese, Kiessande, gebrochene kubischbrechende Steine und gröbere Gerölle, ferner nichtbindiger Gesteinsgrus und Gesteinsschutt.

Abb. 239. Weller-Vibrationswalze

1. *Schwingende Gummiwalzen* sind mit einem Vibrator ausgestattet, der eine minutliche Umdrehungszahl zwischen 600 und 1400 besitzt. Je höher die Vibrationsanregung, um so tiefer die Verdichtungswirkung.

Das Gewicht der vor allem im Ausland, VStA, verbreiteten schwingenden Gummiwalzen schwankt zwischen 11,5 ··· 27 t. Die Geschwindigkeit beträgt 3,2 km/h. Die Verdichtung beruht auf Vibration, Druck- und Knetwirkung. Verdichtungswirkung bis zu 90 cm Tiefe bei 4 ··· 8maligen Rollgängen. Der Gütetest der Dichtung an Sanden in dieser Tiefe ist etwa 95% des verschärften AASHO-Testes.

2. *Vibrationswalzen.* Vielfach noch Handwalzen, Gewicht zwischen 225 ··· 1250 kg. Man unterscheidet Handwalzen, selbstfahrende und von Traktor gezogene Vibrationswalzen. Umdrehungsgeschwindigkeit zwischen 2500 ··· 4000/min, Leistung 1 ··· 7 PS. Vergleichende Untersuchungen ergaben dieselbe gute Wirkung wie eine 12 t-Gummi- bzw. eine 15 t-Glatt-

walze. Die Erfahrung hat gezeigt, daß nur drei Rollgänge erforderlich sind, wobei bei dem ersten, stets vorverdichtenden Rollgang ohne Vibration gearbeitet werden muß.

Als besonders geeignet hat sich auf Grund amtlicher Prüfungen und Bescheinigungen die 1,45 t schwere Weller-Vibrations-Walze erwiesen (Abb. 239). Mit fünf Arbeitsgängen auf 30 cm dicken Lößlehmschüttungen konnte eine Verdichtung von 95 ··· 100% erreicht werden.

3. *Plattenvibrationsgeräte.* Diese Rüttelgeräte, die ältesten der AT 5000 und die noch ältere schwere Schwingungsmaschine, bewegen sich auf Platten vorwärts (Abb. 238).

Folgende Geräte nützen die Schwingungsenergie durch vertikale oder horizontale Schubwellen für die Verdichtung:

Leichte Geräte. Fa. Wacker — hochfrequente Rüttelgeräte für leichte Arbeiten mehr ein Spezialgerät für Verdichtung von Schüttungen in Rigolen, Straßengräben, Stadtschleusen usw. Ähnliche Wirkung hat der AT-Losenhausen 100.

Abb. 240. Rüttelgerät von Bohn & Kähler.

Rüttelgerät. System LORENZ von Bohn & Kähler (Abb. 240) verdichtet unter Einsatz der Resonanzschwingungen und arbeitet mit sich selbst ausgleichender Amplitude und Frequenz, also dem höchsten Wirkungsgrad (vgl. S. 268), gemessen an den anderen Rüttelgeräten. Am bekanntesten ist der AT 5000 Losenhausen. Seine Wirkung reicht bis zu 60 cm Tiefe. Es genügen zwei Verdichtungsgänge, die Flächenleistung entspricht der der Delmagfrösche (250 ··· 350 m^2/h), bei einmaliger Verdichtung 25 ··· 50% weniger. Die Körnung der Masse soll 6 cm ∅ nicht überschreiten. Sein Einsatz erstreckt sich im Damm auf den der Delmagfrösche und auf stark bewegungsempfindliche sandige oder kiesige Massen, die am zweckmäßigsten stets im angefeuchteten Zustand (optimaler Wassergehalt) eingerüttelt werden, um die kapillare Verspannung nicht nur gegen Wiederauflockerung der Oberfläche, sondern auch vor allem in der Schüttung selbst zu einem Höchstmaß zu steigern.

Schwere Spezialgeräte sind der AK 20000 (Losenhausen) und der Korbrüttler, System Joh. KELLER. Das Rütteldruckverfahren von KELLER arbeitet mit einem außenzylindrischen Rüttler an einem Gestänge. Die Wirkung der in diesem Rüttler erzeugten horizontalen Exzenterkräfte wird durch strömendes Wasser unterstützt, das durch das Gestänge zugeführt wird und aus Düsen am Rüttler austritt. Durch dieses austretende Wasser wird der Tiefenrüttler vor der Verdichtung in die feinkörnigen kohäsionslosen Bodenarten abgesenkt.

Die erstgenannten arbeiten mit vertikalen Verdichtungsschwingungen, der Korbrüttler nutzt die horizontale Schwingungsenergie aus und wird in seiner Verdichtungswirkung durch die bis 20 t schwere Auflast unterstützt. Beide schweren Schwingungsgeräte, kombinierte Druck-Schwingungsgeräte im Sinne der auch an den Walzen stark ausgeprägten Mehrzweckverdichtungsgeräte zur universellen Einsatzmöglichkeit, kommen für den Straßenbau sehr selten in Betracht.

Erforderliche Verdichtung: Der Verdichtungsgrad soll bis nahe an die im Labor festgestellte Verdichtungsfähigkeit gesteigert werden, d. h. 100% erreichen [*153*].

Die Schwingungsmaschinen unterscheiden sich im Vergleich zu den übrigen Verdichtungsgeräten dadurch, daß ihre Tiefenwirkung auf ihrem besonderen Anwendungsgebiet, den kohäsionslosen gleichkörnigen Schüttmassen, sehr groß ist. Durch das Bestreichen der Oberfläche der unverdichteten Schüttmassen werden diese angeregt und in die dichteste Kornpackung, allein durch die Umlagerung, eingeregelt.

Die Flächenleistungen sind erheblich, sie übertreffen auch an den leichteren Bauarten die der Delmagfrösche und überhaupt die im Vergleich hierzu schwerbeweglichen Ramm- und Stampfgeräte.

Folgende Leistungsziffern sind bemerkenswert:

	m^2/h	Schütthöhe m	m^3/h
1. Bodenverdichtungsmaschine 25 t Losenhausen, 7,5 m^2 Fläche	80 ··· 90	1,5 ··· 2,0	150
2. Hochfrequenzrüttler Wacker . . . . . . (Spezialgerät für enge Räume)			
3. AT 5000 Losenhausen, etwa 0,5 m^2 Fläche	200 ··· 500	0,50	150 ··· 250
4. Bohn & Kähler, Fläche 1 m^2	500 ··· 600	0,40	200
5. Sowjetische Rüttelmaschine, Fläche 3 m^2 .	350	0,80	290
6. Storrer & Co., Schweiz	60	0,40	24

Zusammenfassend kann gesagt werden, daß die trockenmechanischen Verdichtungsverfahren allen Ansprüchen der Verdichtung genügen, wenn die verschiedenen Energieformen der Verdichtung der besonderen Verdichtungswilligkeit der Dammbaustoffe angepaßt werden und die dabei eingesetzte Verdichtungsenergie in der Gesamtwirkung der Verfestigung den Beanspruchungen aus Verkehr und Klimaeinfluß, d. h. Wasser und Temperaturspiel, gewachsen ist. Sie ist unerläßlich, um die Erkenntnisse und Fortschritte der Bodenmechanik im Sinne einer festgefügten Bauweise gerade im Straßenbau erfolgreich anzuwenden.

Als ein besonderes Gerät ist der Tiefenverdichter von KELLER für die setzungsfreie Verdichtung von Sand und Kies an Widerlageranschlüssen zu nennen, der unter Wasserzugabe beliebig tief, gleichmäßig gut die Massen in den dichtesten verlagerungsfreien Kornverband einrüttelt. Seine lanzenartige Form gestattet die Anwendung in größeren Tiefen und eine völlige, technisch befriedigende Verdichtung.

4.24 Die Naß-Einbauverfahren

4.241 Das Einsümpfen

Ihre Wirkung beruht auf der Druck-Strömungsenergie des belastenden, durchsickernden und kapillarverspannenden Wassers. Am bekanntesten ist das Einsümpfverfahren, die kohäsionslosen Sande — und nur an diesen wird dieses Verfahren überhaupt angewandt — werden stark durchnäßt, das durchsickernde Wasser verspannt in den Poren durch die Kapillardruckwirkung das gesamte Kornsystem und gewährleistet dadurch eine etwas größere Festigkeit. Solange diese Verspannung anhält und keine Erschütterung eintritt, ist der Kornverband stabil.

4.242 Das Einspülverfahren

Beim Einspülen werden die Sandmassen durch die horizontale Verfrachtung durch einen starken Wasserstrom in die dichteste Kornpackung eingeregelt. Die Strömungsenergie und das Druckgefälle, das Verhältnis von Trockenmasse zu Wasser — etwa 1 : 1 — bestimmen die in der Regel höhere Verdichtung in ein dichtes Einzelkorngefüge als es mit dem Einsümpfen möglich ist.

4.243 Das Druckstrahlverfahren

beruht darin, felsige oder grobkörnige Massen Punkt für Punkt in einer hohen Lagenschüttung von mehreren Metern (Vorkopf- oder Seitenschüttung) mit einem Druckstrahl von 5···10 atü zu bearbeiten und so auch die weniger verlagerungsfähigen Felsmassen vor einer sperrigen setzungsempfindlichen Ablagerung zu bewahren. Alle diese Verfahren haben nur geringe Bedeutung für den Straßenbau.

4.3 Die Dammbaukontrolle

Die Dammbaukontrolle ist unerläßlich, seitdem die Bodenmechanik die Verfahren festgelegt hat, wie Verkehrsdämme im Sinne einer festgefügten unveränderlichen Bauweise auszuführen sind. Die besondere Bedeutung ergibt sich dabei aus der Tatsache, daß im Gegensatz zum Kunstbau die Dammbaustoffe nicht ausgewählt oder genormt werden können, sondern daß man auf den anstehenden oder erreichbaren Baustoff angewiesen ist. Es kommt darauf an, die unbrauchbaren von den verwendungsfähigen zu trennen und diese gemäß ihrer bodenphysikalischen Eigenschaften auf Grund des Massenübersichts- und Massenverteilungsplans zeitlich und örtlich so einzubauen, daß mit Hilfe der künstlichen Verdichtung nach Abschluß der Dammarbeiten die größtmögliche Standfestigkeit im Damm selbst erreicht ist.

Daher erstreckt sich die Dammbaukontrolle darauf, die im Leistungsverzeichnis zweckmäßig in den verschiedenen Dammgliedern zu den günstigsten Einbauzeiten vorgesehenen Massen auf ihre zweckmäßige und auch richtige Behandlung im Damm zu überprüfen.

Folgende Einzelheiten sind dabei wichtig:

1. Richtige Verteilung,
2. Einbaufähige Konsistenz,
3. Strenge Einhaltung der Schütthöhe und Stückgröße,
4. Horizontale Lagenschüttung und richtige Gleislage,
5. Einwandfreie vorschriftsmäßige Verdichtung,
6. Glättung regenempfindlicher Erdmassen an der Oberfläche,
7. Nachprüfung der Verdichtung,
8. Registrierung aller täglichen Dammbauarbeiten in einem dafür anzulegenden Dammbautagebuch,
9. Überwachung der Setzungen durch Nivellements u. Teleskoppegel,
10. Überwachung der Sicherungsmaßnahmen gegen schädliche Durchfeuchtung.

Unter diesen Maßnahmen ist die Nachprüfung der Verdichtung die wichtigste und heute unerläßliche Gütekontrolle des zweckmäßigen Einsatzes der verschiedenen Verdichtungsgeräte für die nach Art und unterschiedlicher Zusammensetzung und Feuchtigkeit verschiedenen Dammbaustoffe und für die richtigen Verdichtungsvorschriften: Anzahl der Verdichtungsgänge, Schütthöhe, Stückgröße usw.

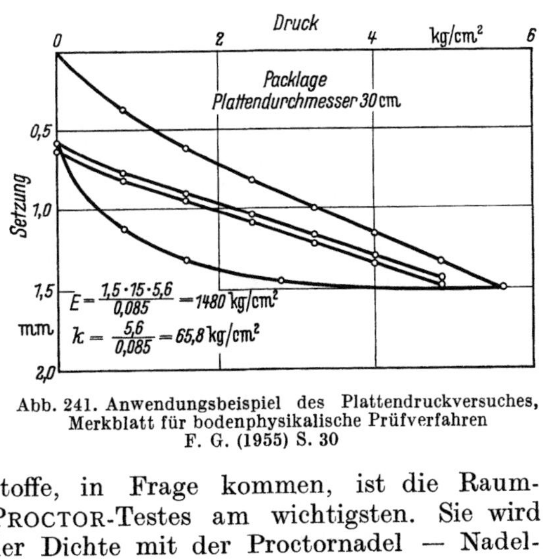

Abb. 241. Anwendungsbeispiel des Plattendruckversuches, Merkblatt für bodenphysikalische Prüfverfahren F. G. (1955) S. 30

Von den verschiedenen Verfahren der Nachprüfung, die in erster Linie für die erdigen, also vorwiegend bindigen Dammbaustoffe, in Frage kommen, ist die Raumgewichtskontrolle im Sinne des PROCTOR-Testes am wichtigsten. Sie wird ergänzt durch die Überprüfung der Dichte mit der Proctornadel — Nadeleindringungswiderstand nach PROCTOR — und die Plattendruckgeräte (Abb. 241/242) [*155, 157*].

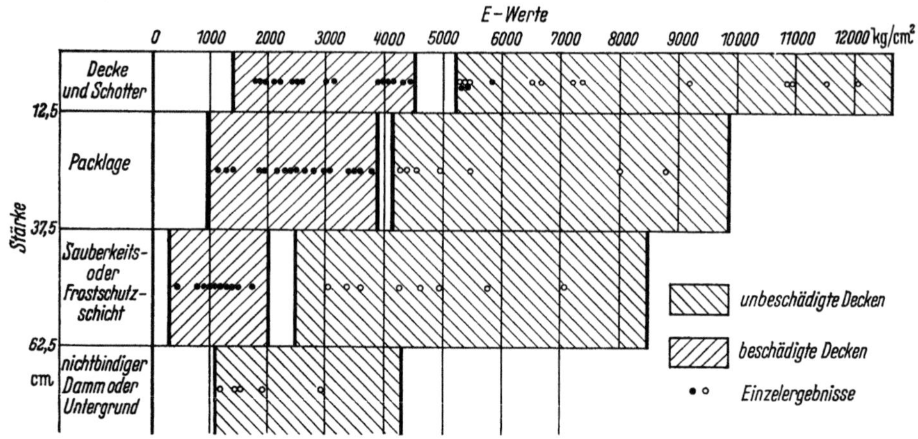

Abb. 242. Mindestgütewerte an stark verkehrsbelasteten Fernverkehrsstraßen (nach SIEDEK-VOSS)

1. *Der Proctor-Test.* Da mit dem günstigsten Wassergehalt die größte Dichte und damit die höchste Festigkeit erreicht wird, erhält der Dammbaustoff das Wasser, wenn es ihm fehlt, zweckmäßigerweise bereits an den Entnahmestellen, damit während der Gewinnung, des Transports und des Einbaues in den Lagenschüttungen eine weitestgehende gleichmäßige Verteilung erzielt wird. Der PROCTOR-Test besteht darin, die Beziehungen zwischen Lagerungsdichte und Wassergehalt bei gleichbleibender Verdichtungsarbeit — etwa vier Rollgängen durch schwere Gummiwalzen — zu überprüfen. Er gestattet zugleich, daraus den zweiten Test anzuwenden, d. h. den Nadeleindringungswiderstand zu ermitteln.

Es wird unterschieden zwischen einfacher und verbesserter PROCTOR-Dichte. Sie unterscheiden sich [*153*] in der speziellen Versuchsdurchführung des für die Kontrolle verbindlichen Laborversuches.

Die einfache Proctor-Dichte[1]. Bei der einfachen PROCTOR-Dichte verwendet man einen Metallzylinder von 10 cm ∅, 12 cm Höhe mit einem Aufsatzring von 5 cm Höhe und einer abnehmbaren Grundplatte zur Aufnahme der Probe, ferner ein Fallgewicht von 2,5 kg bei 30 cm Fallhöhe, Versuchsmaterial kleiner als 5 mm ∅, 7,5 kg lufttrocken. Die mit verschiedenem Wassergehalt durchmischte Probe wird in drei gleichstarken Schichten im Verdichtungszylinder eingebracht, und jede Lage durch 25 gleichmäßig über die Oberfläche verteilte Schläge verdichtet. Dieser Versuch wird mit steigendem Wassergehalt so lange wiederholt, bis das dichteste Gefüge, das höchste Raumgewicht, und zugleich geringste Volumen im Zylinder erreicht sind. Die Verdichtungsarbeit entspricht 60 tm/m³.

Der Quotient aus Gewicht der feuchten Probe G und dem Volumen V des Zylinderraumes der Probe ergibt das Feuchtraumgewicht.

$$\gamma_f = \frac{G}{V}\,.$$

Das Trockenraumgewicht errechnet sich dann aus

$$\gamma_{tr} = \frac{\gamma_f}{1+w},$$

[1] AASHO Standard

w = Wassergehalt,
γ_f = Feuchtraumgewicht,
γ_{tr} = Trockenraumgewicht.

Das Feuchtraumgewicht soll möglichst bei 2,00, die Trockenraumgewichte sollen bei 1,85 liegen.

Die verbesserte Proctor-Dichte[1]. Bei der verbesserten PROCTOR-Dichte beträgt das Fallgewicht 4,5 kg, die Fallhöhe 45 cm. Die Probe wird in gleicher Art wie bei der einfachen mit verschiedenem Wassergehalt behandelt, aber in fünf gleichmäßigen Schichten im Zylinder unveränderter Abmessungen eingebaut, während die Anzahl der Schläge gleich bleibt. Die Verdichtungsarbeit entspricht 275 tm/m³. Abbildung 243 läßt erkennen, daß die verbesserte PROCTOR-Dichte Trockenraumgewichte über 1,9 liefert. Eine Güte von mindestens 90 bis nahezu 100% der Verdichtungsfähigkeit bei Tiefen von 1 ··· 2 m wird gefordert, denn es ist möglich, die Verdichtungsarbeit so zweckmäßig einzusetzen, daß auch Werte über 100% sich ergeben. Die in den VStA eingeführten amtlichen AASHO-Teste lehnen sich eng an die bahnbrechenden Arbeiten PROCTORS an und unterscheiden sich von dem PROCTOR-Test nur unwesentlich.

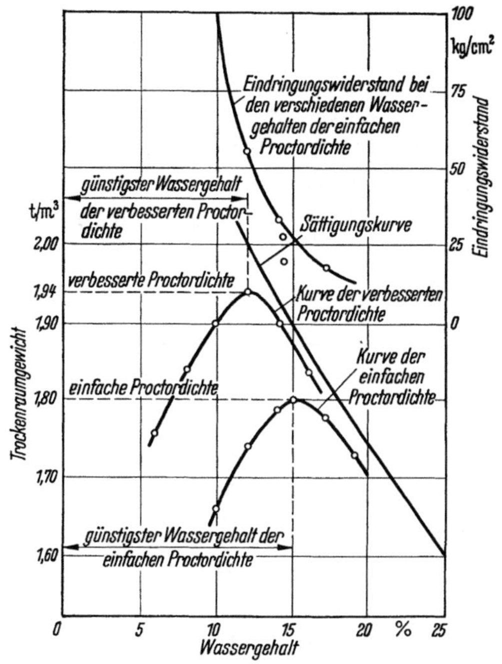

Abb. 243. Beziehung zwischen Trockengewicht und günstigstem Wassergehalt bei verbesserter Proctordichte

Bei diesem Verfahren spielt das Raumgewicht, das Porenvolumen, die Porenziffer und der günstigste Wassergehalt eine wichtige Rolle.

Die Lagerungsdichte ist $D = \frac{n_0 - n}{n_0 - n_d}$ (S. 248).

Beispiel: $n_0 = 45\%$, $n = 33\%$, $n_d = 20\%$, $D = \frac{45 - 33}{45 - 20} = 48\%$.

Die Verdichtung ist in der ganzen Schüttlage nicht gleich; sie nimmt nach unten ab, je nach Art des zur Verdichtung verwendeten Gerätes, etwa in dem Verhältnis der Schaulinie (Abb. 244). Über Wirkung der Verdichtung bei den verschiedenen Bodenarten mit verschiedenen Geräten bringt VOSS eine Tabelle [*153*].

Bei bindigen Böden ist der Wassergehalt in den Poren zu berücksichtigen, der sich durch die Verdichtungsarbeit nicht verringert, weil der Durchlässigkeitsbeiwert (S. 249) zu niedrig ist, um in der kurzen Zeit der Verdichtungsarbeit Porenwasser auszupressen. Eine Verminderung des Porenvolumens kann daher nur so weit eintreten, als die mit Luft gefüllten Poren beseitigt werden. Daran kann der Erfolg der Verdichtung erkannt werden.

Aus dem Volumen der ungestörten Bodenprobe, ihrer Wichte und dem

[1] AASHO Modified.

Wassergehalt wird der Anteil der Bodenmasse, des Wassers und der Luft in den Poren vor und nach der Verdichtung errechnet.

Beispiel. Vor der Verdichtung: Raumgewicht der ungestörten Probe im Stahlzylinder $\gamma = 1{,}65$, Stoffgewicht $\gamma_s = 2{,}65$. Porenvolumen $n = \left(1 - \frac{1{,}65}{2{,}65}\right)$; für $n = 0{,}378$ ist $\varepsilon_1 = 0{,}605$. Der Wassergehalt n_w bezogen auf das Trockengewicht ist 13%.

Auf 1 ccm entfallen:

$$n_w \cdot n = \frac{w \cdot \gamma_s}{\varepsilon} n = \frac{0{,}13 \cdot 2{,}65}{0{,}605} \cdot 0{,}378 = 0{,}216$$

auf 1000 ccm:

Masse	622	ccm
Wasser	216	,,
Luft	162	,,

Nach der Rammung: Raumgewicht = 1,84, Wassergehalt = 11,4%, Porenvolumen $n = 0{,}307$, $\varepsilon_2 = 0{,}44$

Auf 1 ccm entfallen:

$$n_w \cdot n = \frac{0{,}114 \cdot 2{,}65}{0{,}44} \cdot 0{,}307 = 0{,}211$$

$$\varepsilon_1 - \varepsilon_2 = 0{,}17$$

auf 1000 ccm:

Masse	693	ccm
Wasser	211	,,
Luft	96	,,

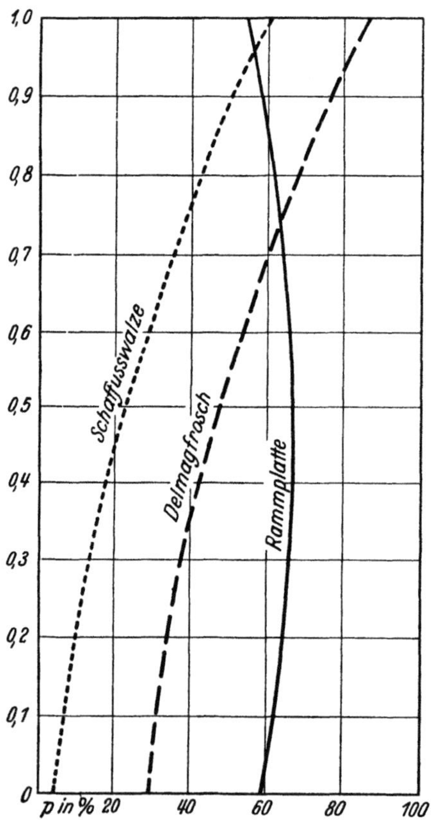

Abb. 244. Maß der Verdichtung (p %) auf 1 m Bodenschicht bei Verwendung von Schaffußwalzen, Delmagfrosch und Rammplatte

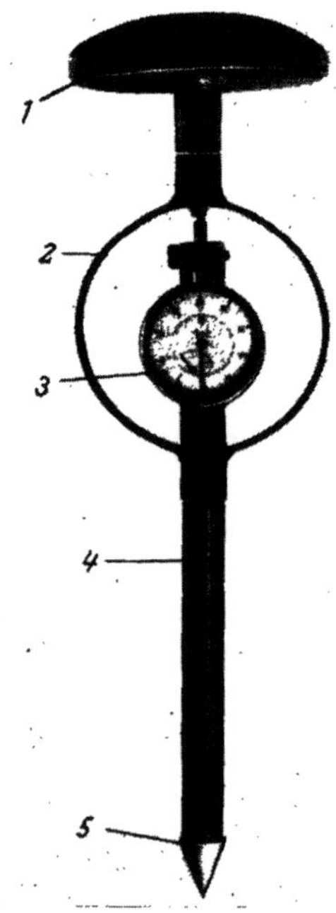

Abb. 245. Drucksonde nach STEIN

Verdichtungszunahme in % auf lose Lagerung bezogen $D = \frac{0{,}17}{0{,}61} = -28\%$. Damit ist aber die Grenze der Verdichtbarkeit noch nicht erreicht, denn in diesem Falle müßten alle Luftporen bis auf höchstens 2%, um den Kapillardruck voll auswirken zu lassen. Der

Wassergehalt bleibt unverändert. Im ersten Falle verschwinden 162 — 20 = 142 ccm Luft. 980 ccm ist das Volumen von Masse und Luft bei 20% lufterfülltem Porenraum:

$$\frac{216 \cdot 980}{1000-162} = 253, \quad \frac{622 \cdot 980}{838} = 727, \quad \varepsilon_{d_1} = \frac{253}{727} = 0{,}348$$

Dasselbe für den zweiten Fall:

$$\frac{211 \cdot 980}{1000-96} = 228, \quad \frac{693 \cdot 980}{904} = 751, \quad \varepsilon_{d_2} = \frac{228}{751} = \underline{0{,}304}$$

im Mittel 0,652 / 2 = 0,326

In diesem Falle würde das Raumgewicht zunehmen:

$$\gamma = \frac{\gamma_s}{1+\varepsilon} = \frac{2{,}65}{1{,}326} = 2{,}0 \text{ kg/dm}^3.$$

Dichtemessung mittels γ-Strahlen.

An Stelle der an nichtbindigen Erdarten sehr schwierigen und meist fehlerhaften Dichtebestimmung nach der Porenvolumenmethode (s. S. 248) kann unter Verwendung radioaktiver Isotopen (Kobaltpräparate) die Dichte durch die Absorption von γ-Strahlen ermittelt werden.

Bei der Bestimmung der Dichte wird in den Untergrund, d. h. die verdichtete Schüttung das radioaktive Isotop mittels Sonde eingebracht. An dem parallel in bestimmtem Abstand angebrachten Zählrohr wird in einem festgelegten horizontalen oder vertikalen Abstand die Absorption der vom radioaktiven Präparat ausstrahlenden γ-Strahlen gemessen. Daraus kann das Feuchtraumgewicht der durchstrahlen Strecke — Abstand Senderohr vom Zählrohr — mit einer Genauigkeit von etwa 2% bestimmt werden, was den Anforderungen in jeder Weise gerecht wird. Der Wassergehalt der untersuchten Schüttung wird dabei an Proben aus unmittelbarer Nähe der Meßstelle festgestellt.

Dieses Meßverfahren ist u. a. bei der Dichteprüfung von Rohrgräben mit Erfolg angewendet worden, indem ein Radium-Beryllium-Präparat bis zur Meßtiefe eingesenkt worden ist.

Drucksonde (nach STEIN). Die Drucksonde (Abb. 245) besteht aus dem Handgriff, dem Ringkraftmeßbügel für eine maximale Belastung von 50 kg, der Meßuhr zur Bestimmung der Verformung des Kraftbügels als Folge des Eindringungswiderstandes und damit der Festigkeit des Untergrundes, der Sondierstange von etwa 20 ··· 50 cm Länge mit Sondierspitze, bestehend aus einem 45°-Kegel und einem max. Durchmesser von 1,6 cm = 2 cm² Druckfläche im horizontalen Querschnitt. Das Gerät wird bei 0-Stellung der Meßuhr mit beiden Händen am Griff 1 erfaßt und langsam in den Untergrund gedrückt. Die dabei erforderliche Druckkraft wird als Sondierwert SW auf die Flächeneinheit des max. Kegeldurchmessers (2 cm²) umgerechnet.

Folgende Erfahrungswerte liegen darüber vor:

		Konsistenz:
1) Bindige Erdarten:		
Sondierwert	0 ··· 3,5 kg/cm²	weich
„	3,5 ··· 7	steif
„	7 ··· 14	halbfest
„	14	fest
2) Nichtbindige Erdarten: Körnung kleiner als 2 mm		
Sondierwert	0 ··· 2,5 kg/cm²	sehr locker gelagert
„	2,5 ··· 5	locker gelagert
„	5 ··· 15	halbfest gelagert
„	15	fest gelagert

Zur Berechnung der zulässigen Belastung kann für einfache Bauvorhaben die empirische Formel angewandt werden:

$$\sigma_{\text{zul.}} \approx \frac{SW}{5} \text{ kg/cm}^2.$$

Kritik zu den Raumgewichtsbestimmungen. Man geht aus von der Raumgewichtsverringerung, bezogen auf die Verdichtungsfähigkeit (vgl. S. 248) nach der Formel für den Verdichtungsgrad, und man bezieht außerdem auf den PROCTOR-Test.

Die prozentuale Verdichtung ist dann an feinkörnigen Bodenarten, unabhängig von der lockersten Lagerung, am größten, wenn der Restgehalt an Luft etwa 2…4% beträgt, der notwendig ist, um die Kapillarverspannung im verdichteten Dammbaustoff zu einem Höchstwert zu steigern. Man sollte daher von der gewöhnlichen Raumgewichtsbestimmung als Maß der Verdichtung abkommen, denn zweifellos ist die Verdichtung felsiger Massen schwieriger, die Verdichtung ist geringer und doch wird ein felsiger Damm eine höhere Standfestigkeit besitzen als ein aus feinen Bodenarten mit größerem Verdichtungsmaß. Daher haben diese Prüfungen nur Wert, wenn sie auf die PROCTOR-Dichte bezogen werden und vor allem nur ähnliche oder gleiche Schüttmaterialien hinsichtlich der errechenbaren oder erreichten Verdichtung verglichen werden.

Der Nadeleindringungswiderstand nach PROCTOR.

Prinzip. Die genormte PROCTOR-Nadel wird in die verdichtete Probe im Zylinder mit einer Geschwindigkeit von etwas mehr als 1 cm/sek. auf 7,5 cm Tiefe in die Bodenprobe eingedrückt und die dafür aufzuwendende Last an einer Skala abgelesen.

Der Quotient aus Last (P) und Fläche der Nadel (Stempel) wird als Eindringungswiderstand in kg/cm² zu dem zugehörigen Wassergehalt (Abb. 243) eingetragen.

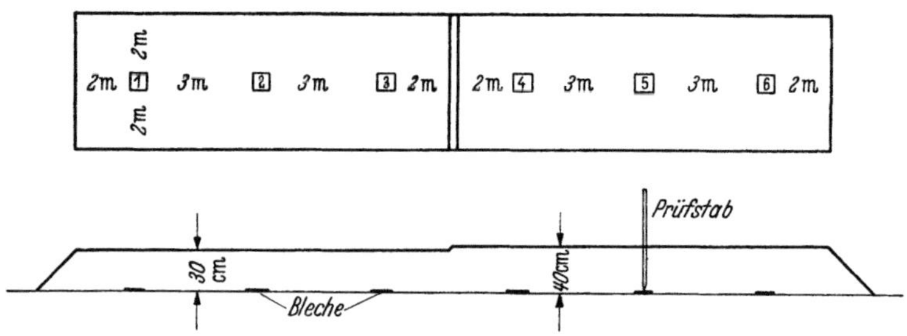

Abb. 246. Ermittlung der Schütthöhe mit der Prüfsonde

Ähnlich arbeiten der Dichteprüfer Freiberg und das CBR-Verfahren (vgl. S. 297). Diese letztgenannten Verfahren berücksichtigen jedoch nicht die bei der Nadeleindringung unvermeidliche seitliche Verdrängung. Allerdings lassen sich nur die feinkörnigen bindigen Bodenarten damit untersuchen.

Sondenversuch. Ermittlung der Schütthöhe. Unter Verzicht auf Wiedergewinnung können durch Sondenstäbe die über genau festgelegten Blechen verlorenen, von 30 × 30 cm eingebauten und verdichteten Massen geprüft werden, und mit diesem einfachen Mittel bei sperrigen und grobkörnigen Massen die zweckmäßigste Verdichtungsarbeit an verschiedenen Schütthöhen mit bestimmten Geräten unter Feststellung des geringstmöglichen Verdichtungsaufwandes nach Zeit und Verdichtungsarbeit (Gerät, Roll-, Rammgänge usw.) in der Weise ermittelt werden, daß die höchste prozentuale Verdichtung bei geringstem Zeitaufwand an Verdichtungsarbeit die zweckmäßigste Schütthöhe gibt (Abb. 246).

Die Schütthöhe ist, wie die Schaulinien der rasch abnehmenden Verdichtungswirkung erkennen lassen (Abb. 244) eines der wichtigsten Elemente, um mit einem bestimmten Gerät das Höchstmaß an Standfestigkeit und gleichmäßiger Dichte im Dammkörper zu erreichen. Infolgedessen muß man allen im Schrifttum angegebenen zu hohen Werten sehr skeptisch gegenüberstehen. Der Sondenversuch ist das einfachste und bequemste Mittel, um diese richtige Schütthöhe schnell zu ermitteln. Bemerkenswerterweise hat man in VStA hierin sehr scharfe Bestimmungen, denn die Schütthöhe beträgt für die leichten Schaffußwalzen in der Regel 20 cm und für die Gummiwalzen nur 40 cm, obwohl diese in hohem Maße dynamisch wie die Stoßverdichtungsgeräte wirken und die Wirkung auch bis 60 cm Tiefe reicht.

Registrierende Schlagsonde. Sie gibt durch das Maß des Eindringens der Spitze einer Stahlstange in den Untergrund unter dem Schlag eines Bären von 4 kg Gewicht bei einer Fallhöhe von 40 cm an, wie tragfähig der Untergrund ist. Sie besteht aus 2 Teilen: einer Meßlatte, die mit einem Schuh lotrecht auf dem Boden steht, und aus der Sonde, die am Boden durch den Schuh und am Kopf der Meßlatte in einem Steg geführt ist. Der obere Teil der Sonde dient als Gleitstab für den Rammbär, der auf den auf der Sonde angebrachten Amboß aufschlägt. Der Steg trägt den Auslöser, der den Bär in der höchsten Stellung festhält (Abb. 247).

Die Meßlatte aus Holz hat eine Metallfolie, auf der der höchste Stand des Bären vor der Auslösung durch einen Winkelhebel vermerkt wird, der auf der Metallfolie beim Einrücken des Bären in den Auslöser einen Punkt auf der Metallfolie eindrückt [*154*].

Setzungspegel. Setzungspegel in teleskopartiger Ausbildung gestatten, die Setzungen im Untergrund in verschiedenen Dammabschnitten gleichzeitig an einem Punkt als „Setzungsuhr" zu überprüfen und daraus Einblick in das Verhalten des Untergrundes unter der Dammlast und die Bewährung des Dammes selbst, den Erfolg der Verdichtungsarbeit auch während des späteren Verkehrs zu erhalten.

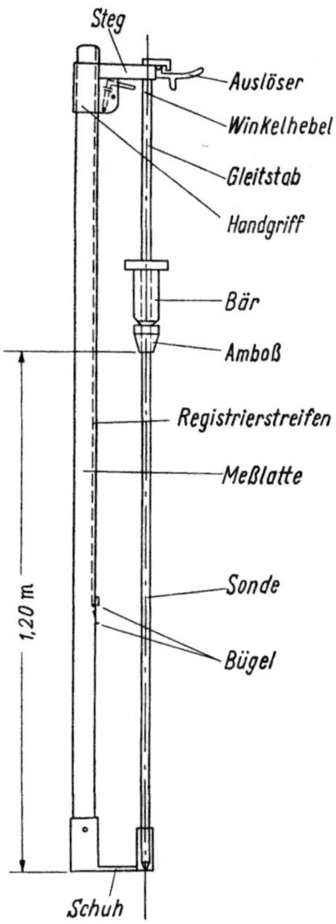

Abb. 247. Registrierende Schlagsonde aus „Anregungen und Vorschlägen zur Verhütung von Frostschäden an Straßen", Bundesanstalt für Straßenbau 1954

4.4 Der Einfluß des Wassers auf den Straßenkörper

4.41 Der Einfluß des Wassers während der frostfreien Zeit

Zu den schwierigsten Aufgaben der geotechnischen Sicherung der Tragfähigkeit gehört die systematische Bekämpfung und Ausschaltung schädlichen Wassereinflusses im Bereich des Straßenkörpers. Jedes Zuviel, aber auch ein Zuwenig an Wasser ist schädlich.

4.411 Der Einfluß des Niederschlagswassers

Keine Decke ist so dicht, daß sie das Durchsickern von Niederschlagswasser verhindern könnte. Insbesondere sind die Fugen im Pflaster, in den Betondecken und in den leichtbefestigten Randstreifen, aber auch die Schwarzdecke nicht frei von Schwächestellen, die das Eindringen des Niederschlagswassers begünstigen. Dort, wo unmittelbar unter der Decke wasserempfindliche feinkörnige Erdarten anstehen, wird der Untergrund durch den Verkehr außergewöhnlich verwässert, weil die Verkehrsstöße eine gleichmäßige überreiche Wasseransammlung auf größere Tiefen begünstigen. Diese kann durch keine technischen Maßnahmen — außer durch Vollaushub — rückgängig gemacht werden und sie gefährdet in frostfreien Zeiten dauernd die Tragfähigkeit der Decken. Sie haben kilometerlange Verformungen von Autobahnen der letzten Jahre verursacht, die die Verkehrssicherheit gefährden. Mit Frostschäden haben sie zunächst nichts gemein, da sie im Sommer und Herbst auftraten.

Insbesondere zeigt sich diese Erscheinung überall dort, wo das Niederschlagswasser die Möglichkeit hat, unmittelbar durch die Decke in den unter ihr befindlichen gewachsenen, natürlichen oder künstlichen Untergrund einzudringen und dort zu versickern. Die feinstkörnigen Bodenarten stauen infolge ihrer sehr geringen Durchlässigkeit das Wasser an und sie werden daher unter dem Verkehr in um so höherem Maße zu einem Bodenbrei und unter Verlust der Tragfähigkeit verändert, je reicher das Wasser sich ansammeln kann.

4.412 Der Einfluß des Grund- und Kapillarwassers (Abb. 248)

Wichtiger ist jedoch die Wasserführung in den bindigen Erdarten. Grundwasserabsenkungen kommen selten infrage, da sie unwirksam sind, insbesondere

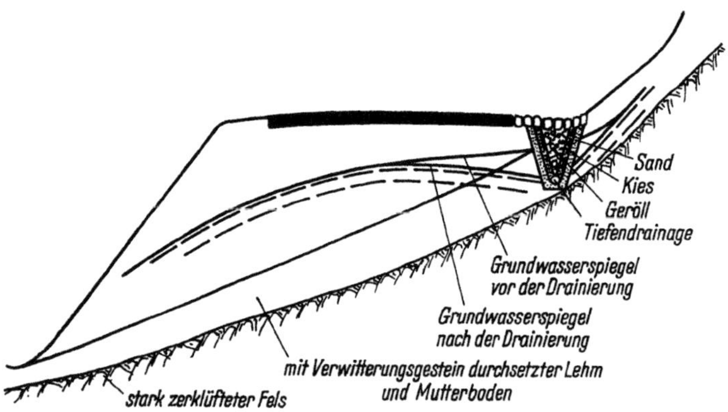

Abb. 248. Tiefensicker an einer Hangstraße

wenn das Grundwasser in Tiefen von etwa 1 ··· 1,5 m unter künftigem Planum verläuft. Besonders sind die Einschnitte in diesen Erdarten gefürchtet, denn sie bedeuten stets eine Verdichtung der Wasserdrucklinien, eine Erhöhung des hydrostatischen Druckgefälles und damit die Gefahr leichter Verwässerung. Infolgedessen müssen die Einschnitte zu jeder Jahreszeit frei von Wasseransammlungen jeder Art — insbesondere auch von Schnee — gehalten werden. Oberflächenentwässerungen, Rigolen im angemessenen Abstand vom oberen Böschungsrand, Tiefensicker in Einschnitten (Dränagen) (Abb. 248) tragen dazu bei, die Entwässerung bei gewissenhafter Ausführung unter Ausschaltung von Auftrieb, den Straßenkörper vor Erweichen zu sichern. Indessen kann aber grundsätzlich die kapillare Durchfeuchtung nicht verhindert werden, ganz abgesehen davon, daß das Grundwasser unter erhöhtem hydrostatischem Druck steht, so daß noch so tiefe Rigolen oder Gräben in der Mitte des Straßenkörpers für die Spiegelsenkung unwirksam bleiben (Abb. 248).

Da sich die Tragfähigkeit der veränderlichfesten Erdarten sehr rasch mit dem Wassergehalt verändert, kann die Standfestigkeit des Straßenkörpers nur durch die Sicherung des Tragkörperbereichs, der diesen Einflüssen des Wassers bereits bei frostfreiem Klima mit stark schwankenden Festigkeitsverhältnissen ausgesetzt ist, erreicht werden.

Die über Jahrzehnte, insbesondere seit Beginn des Baues der Autobahnen, in Deutschland gesammelten Erfahrungen zwingen auch dort zu vorbeugenden

Schutzmaßnahmen, wo die Frische des Felsens, seine völlige Trockenheit während der Einschnittsarbeiten im trockenen Sommer niemals irgendeine schädliche Wassereinwirkung erwarten läßt.

Hier hat sich die Unterteilung in feste und veränderlichfeste Fels- und Lockergesteine als verschiedene Baugrundtypen mit sehr unterschiedlichem Verhalten zum Wasser in seinen Erscheinungsformen als flüssige und als feste Phase ganz entschieden bewährt.

Feste Fels- und Lockergesteine werden von der gefährlichen Einwirkung des Niederschlags- oder Grundwassers kaum berührt, weil sie — die Lockergesteine — im hohen Grade durchlässig und frostsicher sind und die Auftriebserscheinungen durch Grundwasserabsenkungen bekämpft werden oder die Gefahr der Böschungsausspülungen durch Platzregen ganz bedeutungslos wird, wenn ingenieurbiologische Schutzmaßnahmen, Bepflanzen mit kreuzförmig, diagonal verlaufenden Rasensodenstreifen sowie mit tiefgreifenden Pionierpflanzen getroffen werden.

Im übrigen unterliegen frische Felsarten niemals kurzfristig der Frostverwitterung im Gegensatz zu den veränderlichfesten, den als Schicht- und Schiefergesteinen bekannten Felsgesteinen der verschiedensten Formationen. Wenn daher in Felsgesteinen sich Wasser örtlich ansammeln kann, dann ist es nur gefährlich, wenn diese Ansammlung keinen Abfluß hat. Dies ist aber in Einschnitten nicht möglich, weil die Vorschriften stets eine Betonausgleichschicht im Felsplanum vorschreiben und daher die nur während der Frostperiode gefährliche Wasseranreicherung praktisch ohne Bedeutung bleibt. Spaltenquellen werden gefaßt und vom Straßenkörper abgeleitet.

Grundwasserabsenkungen oder Dammschüttungen in nassen Niederungen heben den Straßenkörper über den Bereich des Grund- und Kapillarwassereinflusses heraus.

Dämme werden aus festen, wasserunempfindlichen Fels- oder Lockergesteinen in den untersten Lagen geschüttet, so daß eine Verwässerung, ein Aufweichen niemals eintreten kann (Abb. 228, S. 257).

Während die festen Lockergesteine (Sandkorn und gröber) durch das Sickerwasser verfestigt werden, erweichen die veränderlichfesten Felsgesteine und Erdarten, also alle jene Erdarten als reine Korngruppen oder als gemischte Bodenarten, in denen Schluff oder Ultraschluff in Anteilen von mindestens 10% vorhanden ist. Infolge des starken Klüftigkeitscharakters versickert das Wasser in den geschichteten, gestörten, rissigen und meistens zertrümmerten Schiefer- und Schichtgesteinen und bleibt nur als feiner Kapillarsaum längs der Schicht- und Schieferungsflächen erhalten im Bereich der hier meist hauchdünnen, aber bereits wieder in Ton und Schluff erweichten Oberflächenhaut, der Epidermis, ohne daß dies dem flüchtigen Beschauer gewahr wird [*134*, *138*]. In dieser sehr geringen Wasserführung liegen die Gefahren für die Frostschäden begründet.

4.413 Schwerpunkte gefährlicher Wasseranreicherung

In den verhärteten Tongesteinen, den Schiefertonen der Kreide, des Jura, des Tertiärs zirkuliert das Sickerwasser längs der Auflockerungszonen in Rissen, Klüften und Schichtfugen aller Art und bildet daher, ebenso wie in den verhärteten Schiefergesteinen, keinen Grundwasserhorizont, sondern bricht in Spaltenquellen zutage und wirkt hier als intermittierendes Spaltenwasser im höchsten Maße schädigend, besonders während der Frostzeit.

Dadurch können aber schwere Rutschungen an Einschnitten oder bei Dämmen, die an stark geneigten Hängen liegen, auftreten, die durch vorsorgliche Sicherung bekämpft werden müssen.

Im Zuge der Straßenanlagen ergeben sich weitere Punkte der Wasseransammlung und Zirkulation an den Übergangsstellen zwischen Damm und Einschnitt (Abb. 249), der verfestigte standfeste Dammkörper staut das andrängende Wasser. Ebenso dringt Wasser im stärkeren Maße in den unmittelbar

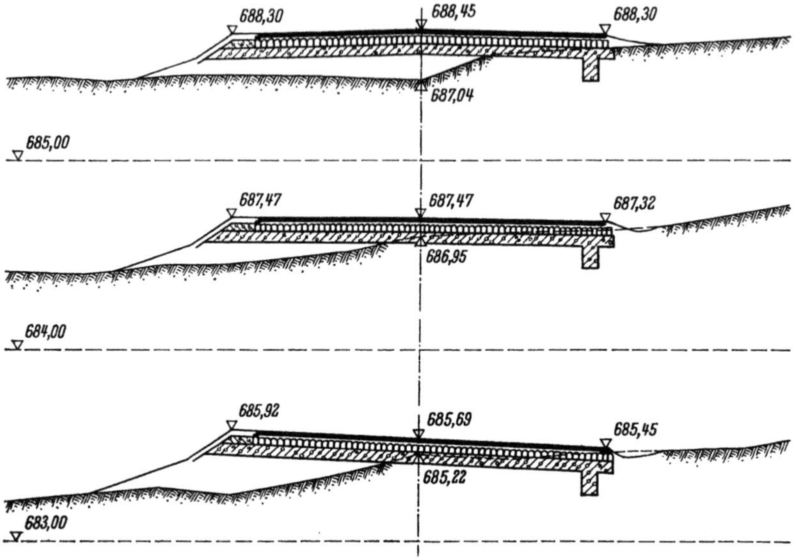

Abb. 249. Breite Deckenrisse infolge Frostschäden in der Achse

den Hang berührenden Straßenkörper ein und beansprucht ihn stärker als die entfernteren und höheren Dammteile. Grundsätzlich hat sich ergeben, daß die Abwehr des Wassers in jeder Form und aus jeder Richtung unmittelbar im Nahbereich den Straßenkörper am besten sichert, insbesondere beim Verlauf der Straße auf veränderlichfesten Fels- und Lockergesteinen. Die damit verbundenen Sicherungsmaßnahmen werden auf S. 289ff. behandelt.

4.42 Der Einfluß des Wassers während der Frost- und Tauperiode

4.421 Frost- und Tauwetterschäden

Von den Wasserschäden am Straßenkörper in der frostfreien Jahreszeit sind diejenigen Schäden zu trennen, die während und vor allem unmittelbar nach Abschluß einer Frostperiode in der sogenannten Tauperiode, begünstigt in erster Linie durch Verkehrsbeanspruchungen, aufzutreten pflegen.

Sie werden allgemein als Frostschäden bezeichnet und kennzeichnen damit den entscheidenden Einfluß des Bodenfrostes auf den frostempfindlichen Untergrund.

Begriffliches. Frostschäden entstehen durch die Einwirkung des Bodenfrostes an feuchtem natürlichem oder künstlichem Untergrund (z.B. Einschnitt oder Damm) aus frostempfindlichen Fels- und Erdarten. Sie treten während der Frost- und Tauperiode auf und verformen die Straßendecke.

Man unterscheidet die Frostschäden:

a) während der Frost-(Gefrier-)Periode und
b) während der Tauperiode.

Letztere sind für den Bestand einer Straße gefährlicher, weil sich während der Frostperiode Verformungen, bruchlose Hebungen oder bruchartige Veränderungen (Frostrisse, Verkantungen, Stufen, dachförmige und wellenförmige Verformungen) bilden, ohne daß die Tragfestigkeit des gefrorenen Untergrundes aufgehoben wird. Während der Tauperiode geht aber diese infolge des völligen Erweichens des Untergrundes unter Verformung in leichteren Fällen, in mittelschweren unter örtlichem Aufbruch und unter starken Aufbrüchen bis zur völligen Zerstörung verloren. Diese Gefahr kann nur durch vorübergehende Straßensperrungen während der Tauperiode dort gebannt werden, wo kein genügender Frostschutz vorhanden ist.

Voraussetzung für die Entstehung von Frostschäden ist die Anwesenheit von frostveränderlichem Untergrund aus Fels- oder Lockergesteinen (vgl. S. 241).

4.422 Frostveränderlicher Untergrund

Man unterscheidet frostveränderliche und frostsichere Fels- und Lockergesteine.

An frostveränderlichen Felsarten sind drei zeitlich eng miteinander verknüpfte Veränderungen während der Frostperiode zu verzeichnen:

1. Beschleunigung des Zerfalls der frostveränderlichen sogenannten „veränderlichfesten" Felsarten und
2. Eisanreicherung auf den in diesen Felsarten vorhandenen Trennfugen: Rissen, Schichtfugen, Schieferungsflächen, Spalten u. a. m., außerdem
3. Bildung von Eislinsen und Eislagen in der zur Erdart zersetzten Felsart der obersten Verwitterungszone.

In der Regel werden durch die unregelmäßige Wasserführung und Verteilung in Rissen, Klüften, Schichtfugen usw. sowie infolge der rascheren Wasserzuführung auf den natürlichen Trennfugen und der örtlich verschiedenen Konzentration in Störungszonen u. a. Frostschäden an frostveränderlichen Felsarten, auch bei nicht feststellbarem Spalten- oder gar Grundwasser und bei sprengfester, frischer, d. h. unverwitterter Beschaffenheit des Felsgrundes stärker und unvermittelter in Erscheinung treten als an den im Vergleich hierzu gleichförmigen Bodenarten mit gleichmäßigerer Bodenwasserverteilung im Bereich der Frostzone.

Beispiele für frostveränderliche Felsarten:

Die meisten Schicht- und Schiefergesteine, die nach ihrer Bildungsweise Schluff- und Tonsubstanz in reaktivierbarer Form enthalten, sind frostveränderlich, z. B.:

a) Verfestigte Schluffsande: Lettensandsteine, glimmerreiche, sandige Letten, Bröckelschiefer, Buntsandsteine mit Glimmer- und Tonlagen.

b) Verfestigte feinsandige, glimmerreiche, eisenhydroxydführende Schluffe: Letten, Schieferletten, sandige Letten des Rotliegenden, Keupers, Röt usw.

c) Verfestigte Schlufftone, Schiefertone, tonige Letten, Grauwacken mit reichlich Tonsubstanz.

d) Verfestigte Tone: Schiefertone, feinkörnige Tonschiefer, Alaun-Graphitschiefer.

e) Verfestigte Mergel: Mergelige Kalksteine, Mergelkalke, Kalkmergel, besonders des Juras, des Muschelkalkes.

f) Außerdem alle stark zersetzten, sonst frostsicheren Felsgesteine, z. B. kaolinisierte Granite und andere faule Felsarten.

Die Frostveränderlichkeit der Felsarten wird durch die schon erwähnten drei Prüfungen bestimmt (s. S. 246).

Diese stufen die verschiedenen frostempfindlichen Felsarten graduell nach der Zerfall- und Frostveränderlichkeit ab.

Frostveränderliche Erdarten:

Man unterscheidet insgesamt:

1. Die frostsicheren, grobkörnigen Erdarten. Hierunter rechnen alle gröberen Erdarten aus festen Mineralkörnern, von der Feinsandbasis und gröber, bis zum Felsstück aus unveränderlich festen, frostsicheren, frostbeständigen Felsarten.
2. Die mäßig, indessen bei langer Frostdauer stark frostveränderlichen Erdarten (mäßig frostveränderlicher Boden). Hierzu rechnen alle ausgesprochen hochplastischen, stark haftenden, stark wasserbindenden, schwer wasserdurchlässigen Erdarten: fetter Ton und Lehm, aber auch alle Erdarten mit hohem Tongehalt.
3. Die bei kurzer Frostdauer stark frostveränderlichen Erdarten (stark frostveränderlicher Boden). Hierzu gehören die schwachbindigen, im Wasser sofort zerfallenden Bodenarten: Löß, Schluff, Lößlehm; vor allem jene Bodenarten mit vorherrschendem Schluffgehalt in Form von feinsten, wenig wasserbindenden Quarzkörnchen.

Eine Schnellprüfung zur Erkennung der Frostveränderlichkeit, die auch vom Nichtfachmann ohne Schwierigkeiten durchgeführt werden kann, d. h. die Prüfung der Erdart in ihrem Verhalten zum Wasser, ist das schärfste und einfachste Kriterium. Die Erdarten unter 1. bilden im Wasser ein Einzelkorngefüge. Sie verursachen keine merkliche Trübung des Wassers beim Einfüllen in ein mit Wasser gefülltes Gefäß.

Die Bodenarten unter 2. zerfallen als hasel- oder walnußgroße, gleichmäßig dichte Bodenbrocken sehr langsam, sie ergeben bei einer Wasserlagerung von etwa 10···15 Minuten keinerlei wesentliche Gefügeveränderung und trüben nur das Wasser unmittelbar im engsten Grenzbereich. Sie saugen Wasser langsam auf. Die Bodenarten unter 3. saugen gierig Wasser auf, erweichen dabei stark und zerfallen innerhalb von wenigen Minuten im ungestörten oder gestörten Zustand fast vollständig und trüben das Wasser dabei am stärksten. Die hohe Zerfallsempfindlichkeit homogener Bodenproben ist das stärkste und zugleich empfindlichste Frostkriterium für die Baustelle, weil die frostsicheren, hochfrostveränderlichen und langsam frostveränderlichen Erdarten unter verschiedenem Verhalten und Trüben von Wasser sich dabei sehr deutlich unterscheiden. Frostschäden können bei Erfüllung dieser Voraussetzungen nur eintreten, wenn

1. Frost in den Untergrund eindringt und wenn
2. Wasser im frostgefährlichem Ausmaß vorhanden ist.

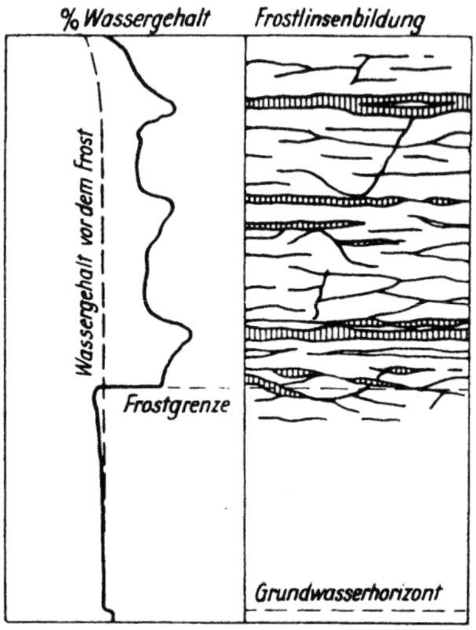

Abb. 250. Querschnitt durch den Boden mit Frostlinsen (schraffiert), links Wassergehalt in den einzelnen Schichten nach BESKOW

Frost kann somit nur dann gefährlich werden, wenn sich Wasser in der Frostzone befindet oder während des in die Tiefe fortschreitenden Bodenfrostes dauernd dahin strömt. Da Wasser beim Gefrieren sein Volumen um 9% vergrößert, könnte das Eis den Rauminhalt des Bodens um ein entsprechendes Maß vergrößern, falls kein Porenvolumen mehr vorhanden ist, in den das neu gebildete Eis sich verlagern kann. Solange also das mineralische Haufenwerk selbst noch Poren hat, die außerhalb der Kapillargröße liegen, bleibt der Gefriervorgang ohne Einfluß auf die Raummaße des Bodens. (Massiver Bodenfrost.) Anders verhalten sich die feinkörnigen Böden mit Kapillaren, wenn sie Wasser anziehen können. Dieses Wasser gefriert nicht bei der gewöhnlichen Gefriertemperatur, sondern erst mehrere Grade darunter. Der Boden gefriert von oben nach unten. Bilden sich die ersten Eiskristalle in den Kapillaren, so üben sie auf das noch nicht gefrorene Wasser im Untergrund eine starke Anziehungskraft aus. Es bewegt sich zu den höher liegenden Eiskristallen hin, verbindet sich mit ihnen und gefriert. Dadurch werden die Eiskristalle vergrößert, und bei

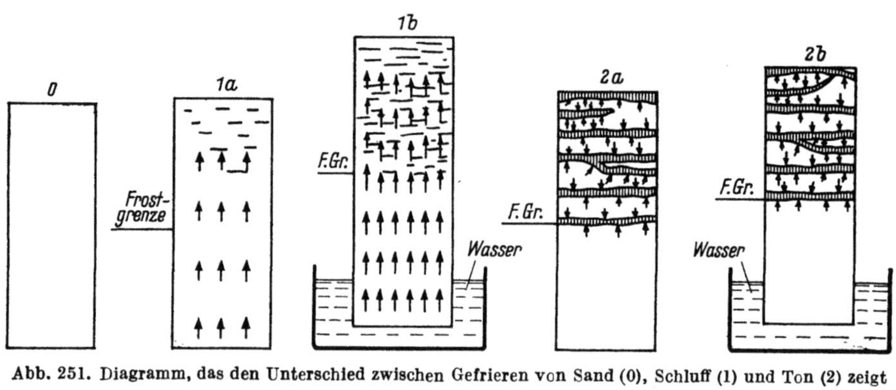

Abb. 251. Diagramm, das den Unterschied zwischen Gefrieren von Sand (0), Schluff (1) und Ton (2) zeigt

der großen Frostkraft, die der Gefriervorgang auslöst, wird der Boden angehoben. Dem aufgestiegenen gefrorenen Wasser strömt weiteres von unten nach, und das Spiel setzt sich fort, solange Frost wirkt. Der Boden friert dabei nicht gleichmäßig durch, sondern es bilden sich Linsen schichtenweise aus reinem Eis, die durch dichtere Bodenlagen getrennt sind (Abb. 250). Solche Frosthebungen, die sich bei Betondecken als Absätze an den Fugen oder bei plastischen als Wellen äußern können, werden beeinflußt durch das Gefüge und die Zusammensetzung des Bodens, die Wasserzufuhr, den Frostanstieg, Grad der Kälte und etwaige Auflast auf dem Boden. Im allgemeinen verlaufen die Eislinsen

horizontal. In Mehl- und Schluffsanden sind es dünne Eislagen, in sehr geringem Abstand (einige Millimeter). In geschichteten Böden (Lehm und Ton) werden sie mehrere Zentimeter dick und haben mehrere Zentimeter Abstand (Abb. 251). Diese Frosthebungen des Bodens vergrößern den Raum wesentlich mehr als durch das Gefrieren des ursprünglich im Boden befindlichen Wassers allein bedingt ist. Voraussetzung hierfür ist ein Bodengefüge, in dem die Kapillarwasserbewegung möglich ist, und in dem Grund- und Sickerwasser vorhanden sind und sich bewegen. Hierbei vermehrt sich der Wassergehalt auf das Vielfache (10- bis 20fache) des ungefrorenen Bodens.

4.423 Frostkriterien für die Erd- und Felsarten

Am bekanntesten sind die Kriterien von A. CASAGRANDE und SCHAIBLE. Sie bieten die Möglichkeit, mit Hilfe der Kornanalyse in Grenzfällen genau die Frage der Frostempfindlichkeit abzuklären. Auch die Schnellprüfung in Anlehnung an DÜCKER und die Wasserprobe nach KEIL [*140*] dienen dazu, die verschiedenen frostveränderlichen oder frostsicheren Erdarten zu unterscheiden. Erkennungsverfahren für den Frostveränderlichkeitsgrad der Bodenarten sind in der Tabelle 23 gegeben (nach DÜCKER und KEIL). Bodengefüge, das solche Frosthebungen begünstigt, ist durch Kornzusammensetzung nach A. CASAGRANDE bestimmt. Erdarten dieser Zusammensetzung werden als frostveränderlich bezeichnet. Zu diesen Erdarten gehören sämtliche Lehme, Löß, lehmige Feinsande, Schluff, die etwa zwischen dem Lößlehm und Sand in Abb. 217 (S. 242) liegen. Ton braucht nicht frostgefährlich zu sein, weil er ein sehr geringes Wasserdurchlässigkeitsvermögen hat. Der Wassernachschub geht demnach nur sehr langsam vor sich. Da beim Gefrieren 80 kcal/kg frei werden, so wird

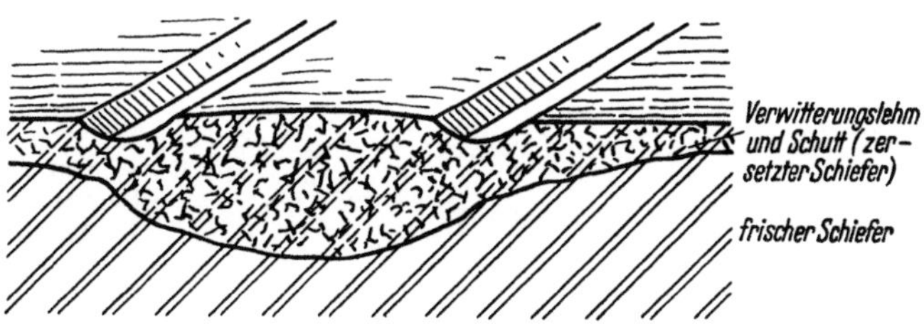

Abb. 252. Die Wasserbewegungsbahnen der Schieferfugen bleiben zur Frostzone hin erhalten, unter Verkehr nimmt die Zersetzungszone an Tiefe zu

dadurch die Frostwirkung aufgehalten. Je wasserreicher, feinkörniger und wasseraufsaugender der Boden ist, um so langsamer ist der Frostfortschritt.

Die Schluffböden sind unter den frostveränderlichen Erdarten diejenigen, die am schnellsten Wasser aufnehmen und ebenso schnell wieder abgeben.

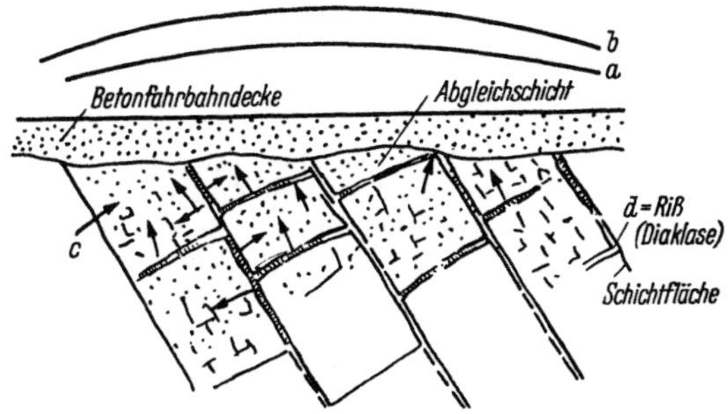

Abb. 253. Eisbildung in dem Kluftsystem
a) Gradiente vor, b) nach Frosthebung

Untersuchungen an Felsarten. Alle Felsarten nach KEIL, die nach der Körnung Schluff und Ultraschluff, d. h. stoffliche Tonmineralien und ähnliche mineralchemische Substanzen durch Druckverfestigung in unbeständiger, also zerfallsempfindlicher Gefügeausbildung enthalten, sind als frostveränderlicher Baugrund anzusprechen. Diese Regel gilt vor allem auch dann, wenn sprengfestes Felsgestein dieser stofflichen Zusammensetzung erschlossen wird und keinerlei siebfähige oder durch Verwitterung veränderte Mineralsubstanz vorliegt (Abb. 252 und 253).

Tabelle 23. *Handprüfverfahren zur Feststellung*

Dieses Handprüfverfahren nach Dücker und Keil ermöglicht dem Praktiker mit einfachsten Tonkorn enthaltenden Erdarten gegenüber Wasser —

Frostempfindlichkeitsgrad der zu prüfenden Bodenart [Erdart]	Kornprüfung[1]	Fallprüfung[2]	Druckprüfung[3]
Frostsichere Erdart	Alle Korngrößen des Bodens sind ohne Schwierigkeit erkennbar	Der Bodenklumpen zerfällt beim Hochheben bzw. beim Fallenlassen aus einigen Zentimetern Höhe in Einzelkörner	Der Bodenklumpen zerfällt bereits bei geringstem Druck
Mäßig frostempfindliche Erdart	Die einzelnen Korngrößen des Bodens lassen sich nicht mehr erkennen	Der Bodenklumpen bleibt zusammenhängend bzw. zerbricht in kleinere Einzelstücke	Der Bodenklumpen läßt sich nur sehr schwer oder überhaupt nicht zerdrücken
Stark frostempfindliche Erdart			Der Bodenklumpen läßt sich bei Anwendung von leichtem bis mäßigem Druck zerdrücken

[1] Zerreibe eine trockene Bodenprobe zwischen den Fingern, breite die Einzelteilchen auf einem Blatt schwarzen Papiers aus und stelle die Größe der Bodenkörner fest (erkennbar, nicht erkennbar).

[2] Bilde aus einer feuchten Bodenprobe einen walnußgroßen Klumpen, trockne ihn aus, hebe ihn mit einem Griff zwischen Daumen und Zeigefinger einige Zentimeter hoch, lasse ihn dann auf eine harte Oberfläche fallen. Beobachte den Zerfall des Klumpens.

[3] Stelle, wie unter [2] beschrieben, einen ausgetrockneten Bodenklumpen her, und versuche, ihn zwischen Daumen und Zeigefinger zu zerdrücken. Ermittle den Festigkeitsgrad des Bodens.

Zur Klärung dieser Frage bedarf es in der Regel der Mitarbeit erfahrener Fachleute.

Aus der mechanischen Bodenanalyse kann man also schon schließen, ob der Untergrund einen für Frostschäden erforderlichen frostkritischen Kornanteil besitzt. Nach Untersuchungen von DÜCKER ist eine scharfe Grenzziehung zwischen frostveränderlichen und frostsicheren Böden nicht durchzuführen, da die eislinsenbildenden Körnungen je nach Gefrierbedingungen zwischen Kornbereichen von 0,1 ··· 0,5 mm schwanken.

der Frostempfindlichkeit von Erdarten

Mitteln — durch Bestimmung des unterschiedlichen Verhaltens von im wesentlichen Schluff- oder ihre Frostempfindlichkeit abzuschätzen.

Rollprüfung[4]	Schüttelprüfung[5]	Ritzprüfung[6]	Wasserprüfung[7]
Die Bodenprobe zerbröckelt sofort	Es tritt zum Teil Wasser an die Oberfläche, das aber nicht durch Druck zum Verschwinden gebracht werden kann	Der Boden bildet keine zusammenhängende Masse zur Aufnahme einer Ritzspur	Erdarten verursachen keine merkliche Trübung des Wassers beim Einfüllen in ein mit Wasser gefülltes Gefäß
Die Bodenprobe läßt sich ohne Schwierigkeit zu „Würstchen" ausrollen	Die Oberfläche der Bodenprobe wird durch Wasseraustritt glänzend, durch Fingerdruck verschwindet das Wasser nicht, Bodenprobe reißt randlich nicht ein	Es entsteht eine glatte, nur wenig mehlige Ritzspur, im feuchten Zustand der Probe zeigt die Ritzspur ein glänzendes Aussehen	Sie zerfallen als hasel- oder walnußgroße gleichmäßige dichte Bodenbrokken sehr langsam, sie ergeben bei einer Wasserlagerung von etwa 10 bis 15 min keinerlei wesentliche Veränderung und trüben nur das Wasser unmittelbar im engsten Grenzbereich. Sie saugen Wasser langsam auf
Die Bodenprobe zerbröckelt sehr rasch, so daß die Prüfung nur mit Schwierigkeiten durchzuführen ist	Die Oberfläche der Bodenprobe wird glänzend; durch Fingerdruck verschwindet das Wasser und die Bodenoberfläche nimmt wieder ein mattes Aussehen an — reißt randlich ein	Es entsteht eine stark mehlige Ritzspur; im feuchten Zustand der Probe zeigt die Ritzspur ein mattes Aussehen	Sie saugen gierig Wasser auf, erweichen dabei stark und zerfallen innerhalb von wenigen Minuten im ungestörten oder gestörten Zustand fast vollständig und trüben das Wasser dabei am stärksten

[4] Nimm eine feuchte Bodenprobe und rolle sie zwischen den Handflächen zu Drähten oder „Würstchen" aus. Beobachte die leichte oder schwierige Ausführbarkeit des Versuches (plastischer oder bröckeliger Boden).

[5] Bringe eine feuchte Bodenprobe in die Handfläche und bewege die offene Hand rasch hin und her. Wird die Oberfläche des Bodens infolge austretenden Wassers glänzend, so drücke mit dem Finger auf die Probe und beobachte die Veränderung in dem Aussehen der Oberfläche (Wechsel zwischen glänzend und matt).

[6] Stelle eine trockene Bodenprobe her und ritze sie mit dem Messer oder dem Fingernagel. Beobachte den Zustand der Ritzspur und das Aussehen der abgeschabten Bodenmasse. Wiederhole den Versuch mit einer feuchten Bodenprobe und stelle das Aussehen der Ritzspur fest (matt oder glänzend).

[7] Bringe erdfeuchte Probe in ein wassergefülltes Glas.

Auch nach schwedischen Feststellungen ist es unmöglich, eine scharfe Linie zwischen frostschiebenden und nicht durch Frost gefährdeten Bodenarten zu ziehen. Selbst wenn alle Vorbedingungen mit Ausnahme des Kornaufbaues des Bodens nicht verändert werden, kann eine solche Grenzziehung nicht vorgenommen werden.

Die Frostgefährlichkeit wird aber an den Lockergesteinen nicht allein durch die mechanische Analyse, sondern im Sinne der Untersuchungen von ENDELL und neuerdings auch wieder von DÜCKER [*160, 161*] durch die mineralchemische Konstitution, das Hydratationsvermögen der feinsten Tonmineralien, insbesondere vom Bentonit-Montmorillonit-Typ, entscheidend bestimmt.

DÜCKER hat ferner darauf hingewiesen, daß auch der Humusgehalt, die Anwesenheit von organischen Kolloiden und von Eisenhydroxyd den Grad der Frostgefährlichkeit bestimmt. Die Frage des Frostgefährlichkeitsgrades ist somit von einer größeren Anzahl veränderlicher Einflüsse abhängig, so daß es nach dem Stand der jahrzehntelangen Forschung und Erfahrung sehr schwierig, wenn nicht sogar unmöglich sein dürfte, diesen Grad in jeder Weise genau oder nur annähernd zu bestimmen.

4.424 Der Frostveränderlichkeitsgrad

SCHAIBLE unterscheidet, gestützt auf jahrelange umfassende Untersuchungen von Frostschäden, bei einer etwaigen Einteilung des Untergrundes nach dem Frostgefährlichkeitsgrad:

Prozente der Feinbestandteile kleiner als 0,1 mm ∅ = a); kleiner als 0,06 mm ∅ = b).

% nach a)	% nach b)	Beurteilung theoretisch
0/5	5/10	keine Frostschäden
5/10	10/20	leichte „
10/15	20/30	mittlere „
15/20	—	mittelschwere Frostschäden
über 20	über 40	schwere Frostschäden

Dieses Kriterium trifft nur zu, wenn keine Bentonite, sondern Kaolonite als Tonmineralien vorliegen. Während die quellfähigen Natrium- und Ca-Bentonite die Frostgefährlichkeit stark einschränken, begünstigen die Tonmineralien auf der Kaolinitbasis die Frostveränderlichkeit (Abb. 254).

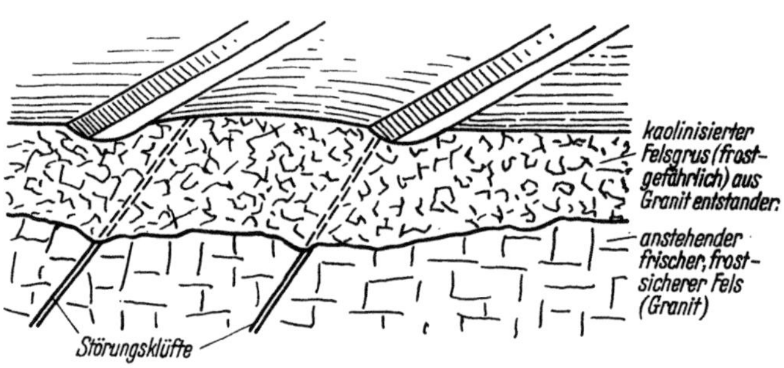

Abb. 254. Darstellung des frostgefährlichen Baugrundes aus zersetztem Granit

Die Durchlässigkeitsziffer der Erdarten (vgl. S. 249) kann einflußreich sein. Als kurzfristig stark frostempfindlich werden die Erdarten, besonders Schluffe, bezeichnet, deren k-Wert zwischen $10^{-4} \cdots 10^{-7}$ cm/sek. liegt.

Man muß somit beachten, daß die schluffigen Erdarten kurzfristig hochgradig frostveränderlich sind, und daß diese Gefahr mit Zunahme der echten hydratationsfähigen Tonmineralien geringer wird, so daß mit gewisser Vorsicht die Durchlässigkeitsziffer als mitbestimmendes Kriterium angewandt werden kann. Dies setzt wiederum voraus, daß diese Kennziffer überall gleich und unveränderlich ist, was nach der Art der dauernden wechselseitigen Untergrundbeanspruchung, z. B. Verdichtung, gerade im frostveränderlichen Bereich niemals anzunehmen ist.

Wenn daher SCHAIBLE [*162, 163*] die Erdarten nach stark, kurzfristig und mäßig, erst bei langer Frostdauer stark frostempfindlichen gegenüber den absolut frostsicheren unterteilt und er andererseits, gestützt auf seine sehr umfassenden Forschungsarbeiten, als erfahrener Straßenbaufachmann für die westdeutschen

Verhältnisse zu einer Abmilderung des zu strengen und in der Befolgung zu kostspieligen Frostkriteriums nach A. CASAGRANDE gelangt, so darf man ihm infolge der damit verbundenen sehr umfangreichen Kostenminderung für die Frostschutzmaßnahmen zunächst zustimmen, soweit nicht im Laufe der Zeit noch weitere Erkenntnisse hinzutreten, denn diese Frage verlangt längere Beobachtung, weil die Zeit hierbei entscheidend mitspricht.

Besonders beachtenswert ist die Tatsache, daß die Frostveränderlichkeit an Felsgesteinen stets größer sein muß

1. als Folge schwankender Zusammensetzung,
2. infolge sehr unterschiedlicher Bodenwasserführung, zu der auch Kluft- und Spaltenwasser gehört,
3. infolge örtlich stärkerer Konzentration im Vergleich zu dem gleichmäßig verteilten Wasser in Erdarten.

Wasser kann in Felsgesteinen im Gegensatz zu den Lockergesteinen auch während des Frostes in die bereits gefrorene Bodenzone einströmen, wodurch die erheblichen Unterschiede im Wassergehalt von Tonschiefer mit 290% gegenüber Löß mit nur 145% auf engem Raum unter gleichen Frostverhältnissen im Winter 1939/40 bei annähernd gleichen Ausgangswassergehalten von etwa 16···18%, bezogen auf Trockensubstanz, eine Deutung erfahren. In Gebirgen bilden die Schiefer- und Schichtgesteine den gefährlichsten Untergrund, wobei auch die strengeren klimatischen Bedingungen entscheidend mitspielen.

Die Eisabscheidungen sind an den verschiedenen Locker- und Felsgesteinen verschieden (Abb. 250, 253).

Nur eine gründliche Geländeuntersuchung unter richtiger Bewertung aller mitwirkenden morphologischen, meteorologischen, klimatischen und Untergrundverhältnisse, der Schattenlage, der Hanglage mit oder ohne Wald, der Strahlungsintensität, der Windeinflüsse kann zu einer sicheren Baugrundbeurteilung führen im Sinne der Richtlinien zur Verhinderung von Frostschäden an Straßen [*137*, *138*].

4.43 Maßnahmen zur Verhinderung von Frostschäden an neuen Straßen

Die Erfahrung hat gezeigt, daß die sicherste Maßnahme darin besteht, den Einfluß des Wassers in dem Bereich der Frostzone aufs gründlichste auszuschalten. Dies geschieht in erster Linie durch die Anordnung und Ausbildung einer den jeweiligen Verkehrsverhältnissen und der Bedeutung einer Straße weitgehend angepaßten Frostschutzschicht aus verlagerungssicherem, dauerfestem Material, die zügig entwässert werden kann. Die Muldengräben, die Rigolen, Hangsicker einerseits und dichte Fugen der Decke andrerseits sind die wesentlichsten Voraussetzungen für die Dauerwirkung. Die Absenkung des Grundwassers hat wenig und günstigstenfalls nur einen Teilerfolg, weil das Oberflächenwasser während der frostfreien Zeit in größerem Umfang schädlich wirken und sich anreichern kann (Abb. 248, S. 276).

Die Frostschutzschicht hat folgende fünf Aufgaben zu erfüllen:

1. Alle schädlichen Frostbeanspruchungen unterschiedlichen Ausmaßes an der Decke zu verhindern (Vollsicherung).
2. Bei Teilsicherung die Frosthebungen durch die Wirkung der Schutzschicht gleichmäßig zu verteilen und die unvermeidlich hohen (Bruch-) Spannungen in der Decke zu verhindern.
3. Die Wasseranreicherung unmittelbar unter der Decke und in der besonders stark frostempfindlichen Tiefe bis 30 cm unter der Decke zu verhindern, um auch die Kältekapazität in der Frostzone unmittelbar unter der Decke zu beschränken.

4. Die Tragfähigkeit des Straßenkörpers auch während der frostfreien Zeit gegenüber Vernässung und Erweichen durch die zu jeder Zeit des Jahres wirksame Filterschicht zu erhalten.

5. Neben einer dauernden und raschen Entfilterung eine beschleunigte und gefahrlose Entwässerung zu gewährleisten, insbesondere soll das Oberflächenwasser nach Durchsickern durch die Decke völlig unwirksam werden.

Man hat außer Teil- und Vollschutz zwischen „verlagerungssicheren" und „bewegungsempfindlichen" Lockergesteinen zu trennen. Insbesondere ist die Unterscheidung wichtig bei Anwendung eines Teilschutzes. Je bewegungsempfindlicher die frostsicheren Lockergesteine sind, z. B. gleichförmige Sande oder Kiese, um so rascher werden diese bei teilweisem Frostschutz mit frostempfindlichen weichen Bodenarten durch die Verkehrseinflüsse vermengt und verlieren daher ihre Wirkung als Dauersicherung sehr rasch.

4.431 Vollsicherung nach ZTVE—StB 59 Frostschutzschicht 3.17

Als Anhalt für die Dicke der frostsicheren Gesamtkonstruktion einer Straße dienen folgende Richtwerte:

Kornaufbau des Untergrundes			Mindesttiefe des Erdplanums unter Fahrbahnoberkante in cm		
maßgebender Kornanteil			auf trockenem Untergrund		auf nassem Untergrund
der Gesamtprobe < 0,02 mm	des Bodenmörtels < 2 mm		Dämme > 2 m	Dämme < 2m und Einschnitte	
	< 0,02 mm	< 0,1 mm			
0··· 3%	—	—	—	—	—
3··· 6%	< 10%	< 20%	—	—	60
6···10%	< 15%	< 30%	50	60	60
> 10%	> 15%	> 30%	60	70	70

Anwendung. Zur Erhaltung der Tragfähigkeit einer Straße muß es das Ziel sein, diese Vollsicherung mit Rücksicht auf die Dauersicherung bereits bei der Anlage durch geschickte Verteilung der Massen zu erreichen, und zwar nicht nur im Einschnitt, sondern besonders auch bei geländegleichem Verlauf und auf künstlichem Untergrund (Dammkörper).

4.432 **Teilsicherung** (Abb. 255)

Anwendung. 1. Bei gleichmäßig zusammengesetzten Erdarten: Verwitterungslehm, Lößlehm, ferner Streckenabschnitten mit mildem Klima.

2. Bei tiefer Grundwasserlage und einwandfreier Oberflächenwasserableitung.

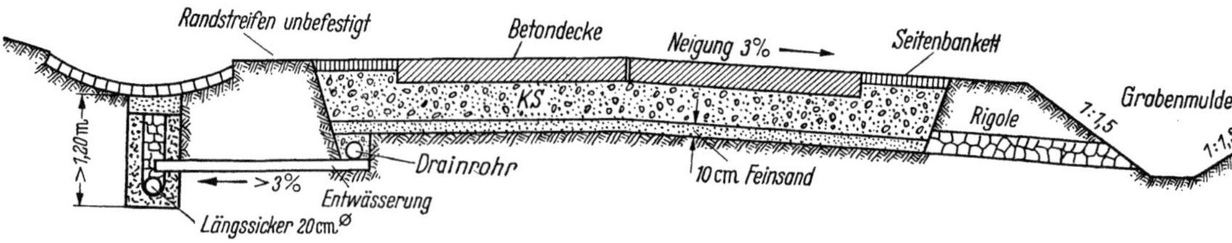

Abb. 255. Ausbildung der Frostschutzschicht und einer Entwässerung bei teilweiser Frostsicherung

Bei Lockergesteinen wählt man die geringeren, bei Felsgesteinen die größeren Dicken.

3. Auf Dammstrecken, soweit nicht durch geschickte Massenverteilung eine Vollsicherung zu erreichen ist.

Bei teilweisem Frostschutz sollte die Grenzschicht des frostempfindlichen Baugrundes auf mindestens 10 cm bis mehrere dm tief vermörtelt werden, um einen weiteren Schutz gegen Frost und Verschmutzung zur Sicherung dauerhaften tragfähigen Untergrundes der an sich unzureichenden Frostschutzschicht zu erreichen und die Frostbeanspruchungen aus dem Baugrund nicht nur gleichmäßiger auf die Frostschutzschicht zu übertragen, sondern überhaupt unwirksam zu machen. Ebenso werden Radlasten durch diese Vermörtelung gleichmäßiger auf den Baugrund, dessen Tragfähigkeit schwankt, übergeleitet. Die Vermörtelung wird somit künftig im Hinblick auf diese Sicherung größere Bedeutung erlangen (s. S. 339).

Sauberkeitsschichten sind Teilbestand der Frostschutzschichten und dienen dazu, die gröberen Materialien der Frostschutschichten als Zwischenfilter gegen den frostempfindlichen Baugrund und damit gegen Verschmutzungen zu sichern. Sie werden in der Regel mit 10 cm Stärke an der Basis der Frostschutzschicht verlegt, soweit sie bei der Vermörtelung überhaupt noch in Betracht gezogen werden müssen.

Frostschutzmaterial und Frostschutzschichten. Frostschutzmaterial:

Nur frostbeständige Lockergesteine von Sandkorn- bis Grobschotterkörnung dürfen für die Frostschutzschichten verwendet werden. Am besten sind kantig-eckige oder stark gemischtkörnige Kiessande, um durch gegenseitige feste Verpackung die Möglichkeit einer Umlagerung im Kornverband unter Verkehr weitgehend auszuschließen z. B.

1. Brechprodukte der Steinbrüche: Feinplitt bis Grobschotter.
2. Sande und Kiese bis Gerölle 0,1 ··· 100 mm ∅.
3. Grobkörnige, granulierte wasserdruck- und frostbeständige Hochofenschlacke. (Anforderung nach DIN 4031.)

Die Frostschutzschicht wird im Bereich der stärksten Frosteinwirkungen, d. h. stets unmittelbar unter der unteren Tragschicht als Unterbettung eingebaut. Sie gehört zu verbessertem Baugrund.

Gliederung: Eine Frostschutzschicht ist nur bei Verwendung von gröberem Material (> 20 mm) zu untergliedern. Die zur Frostschutzschicht gehörende Sauberkeitsschicht ist 10 cm stark und besteht aus Sand mit einem Kornanteil von mindestens 50% zwischen 0,1 ··· 2 mm ∅.

Gebrochenes Gestein: Bei Verwendung von Brechgut sind die Zwischenräume durch Sand und Kies satt auszufüllen. Bei Verwendung von grobem Kies oder von gleichmäßigem Sandkorn ist durch gute Vermischung im Sinne der Fullerkurve (s. S. 392), niemals durchgetrennten Lageneinbau, die dichteste und verlagerungssicherste Packung zu erreichen. Leichte Vermörtelung ist anzuraten.

Entsprechend ist beim Einbau von Hochofenschlacke zu verfahren.

Entnahmestellen für Frostschutzschichten. Um die Beschaffung von Frostschutzmaterial und damit die Kosten zu ermäßigen, können in der Nähe gelegene Halden aus festen Felsgesteinen, Kiessandgruben, Steinbrüche, auch Einschnitte aus der Straßenanlage für die Lieferung von gesundem, frischem, sauberem Material herangezogen werden. Dies gilt insbesondere bei nachträglicher Frostsicherung. Kesselaschen sind ungeeignet [*167*].

Der Einbau des Frostschutzmaterials. Sorgfalt, Sauberkeit und ständige Kontrolle sind die Voraussetzungen für die Dauerwirkung dieser teuren Sicherungen.

a) Planumsvorbereitung. Das Planum erhält grundsätzlich ein satteldachförmiges Quergefälle (Abb. 255), um das am Grund des Frostschutzkoffers sich ansammelnde Wasser zügig und auf dem kürzesten Wege aus dem Straßenkörper abzuleiten. Das Gefälle beträgt mindestens 4% (ZTVE—StB 59 3.162).

b) Breite. Die Frostschutzschicht ist über die gesamte Breite des Straßenkörpers einschließlich der befestigten Randstreifen vorzusehen, ohne Randeinfassung 15 cm bei flexiblem, 10 cm bei Beton-Unterbau beiderseits breiter als Fahrbahn. Der Auslauf in der Längsrichtung der Straße muß unter einer Neigung von mindestens 1 : 20 erfolgen. Nur so können Frostrisse verhindert werden [*166*].

Der Einbau der Frostschutzschichten erfolgt in enger Anlehnung an die Richtlinien zur Verhütung von Frostschäden an Straßen [•••] und ZTVE — StB 59 3.172.

4.433 Geräte zur Beobachtung des Frostverlaufes im Untergrund

4.433.1 Frostindikator

Frostindikator ist ein Gerät, das gestattet, den zeitlichen Verlauf des Eindringens des Frostes und seinen Aufgang im Untergrund zu verfolgen. Um das Unter- und Überschreiten des Gefrierpunktes von Wasser unter der Straßenoberfläche festzustellen, wird am Rande der befestigten Fahrbahn ein genormtes Betonrohr von 1 m Länge und 0,1 m ∅ in den Boden lotrecht eingelassen zur Aufnahme des Meßgerätes. Das obere Rohrende hat einen gußeisernen Abschlußknopf, der durch einen Bügel gesichert ist. In dieses Einsatzrohr wird das Indikatorgerät versenkt. Es besteht aus einer Mittelstange, an der kreisförmige Scheiben in 10 cm Abstand angebracht sind. Auf jeder Scheibe steht ein mit Indikatorflüssigkeit gefülltes Schlauchstück mit einem nach oben geführten Taststab, der in einem Knopf endet. An ihm wird in Zeitabständen festgestellt, wann und in welcher Tiefe unter der Straßenoberfläche Frost herrscht (Abb. 256). Die Scheiben unterbinden den Wärmeaustausch innerhalb des Betonrohres. Wenn die Zellen durchgefroren sind, werden sie steif, so daß der Tastknopf dem Fingerdruck widersteht [*168*].

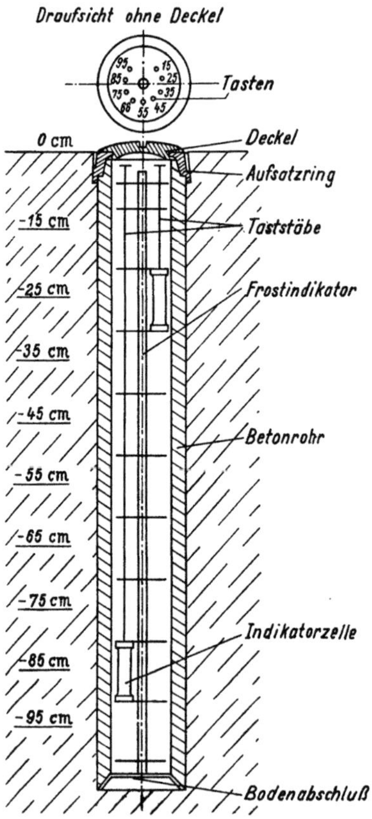

Abb. 256. Frostindikator nach Straße und Autobahn 5 (1954) S. 58

Ein Bitumenanstrich außen und eine Abdichtung am Fuß sollen verhindern, daß Nässe in das Rohr eindringt. Das Gerät muß schneefrei gehalten werden.

Der Frostindikator hat eine ausreichende Anzeigengenauigkeit. Allerdings müssen von der kritischen Zeit ab, in der Wärme von oben unter die Straßendecke eindringen kann, weil die Lufttemperatur ansteigt, der Indikator kurz aus der Betonröhre herausgenommen und die Zellen

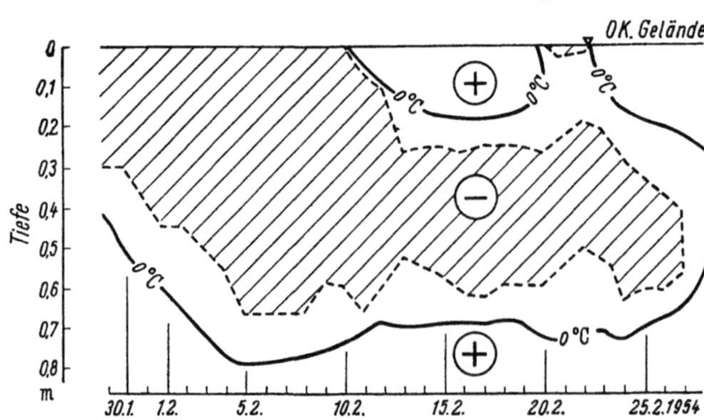

Abb. 257. Ergebnisse von Probemessungen. Lage der ± 0° Isoplethe zum gefrorenen Boden

zwischen Daumen und Zeigefinger befühlt werden. Zeigt sich der Inhalt dabei noch körnig oder grießig, so ist der Boden in der Tiefe, die der Mitte der jeweiligen Zelle entspricht, noch gefroren.

Die Meßergebnisse können in einer Schaulinie aufgetragen werden. Die Abb. 257 gibt eine Ablesung wieder, die vorgenommen wurde, als nach einer Frostperiode die Luftwärme anstieg.

4.433.2 Frostpegelstationen

Genauer arbeiten die Frostpegelstationen, die mittels elektrischer Widerstandsthermometer den Temperaturverlauf in Abständen von 5⋯10 cm in beliebiger Tiefe zu verfolgen gestatten [*140*].

4.44 Maßnahmen zur Bekämpfung von Frost- und Tauschäden an bestehenden Straßen

4.441 Hocheinbau

Soweit es die Straßenanlage, vor allem ihre lichte Höhe unter Bauwerken gestattet, empfiehlt sich, nachträglich notwendig gewordene Frostschutzschichten unter weitgehender Ausnutzung der vorhandenen Straßenbefestigung im Hocheinbau auszuführen. Damit sind folgende Vorteile verbunden:

1. Vergrößerung des Abstandes der Straßenoberfläche zum Grundwasser.
2. Verbesserung der Vorflut.
3. Verstärkung des Tragkörpers.
4. Beschränkung der Kosten allein auf die Schutzmaßnahme und eine neue Decke.

4.442 Tiefeinbau

Diese Sicherungsmaßnahme ist bei beschränkter Bauhöhe erforderlich. Der Tiefeinbau ist teurer als der Hocheinbau, beansprucht mehr Zeit in der Ausführung und verlangt stärkere Frostschutzschichten, da der Abstand zwischen Straßenoberfläche zum Grundwasserspiegel geringer ist. Dazu treten nicht selten ungünstige Vorflutverhältnisse und die Kosten des Aushubes der frostveränderlichen Untergrundmassen auf die volle Stärke des Frostschutzkoffers und für ihre Ablagerung. Der Tiefeinbau wird daher meist nur auf schwerste örtliche Frostschäden beschränkt und als Vollsicherung ausgeführt. Dann kann auf eine Längsentwässerung verzichtet werden.

4.45 Die Endlösung des Frostschutzproblems

Die hier behandelten Maßnahmen zur Sicherung gegen Frostaufbrüche und Frostschäden sind im Gestalten, Anordnen, Gliedern und Bemessen an einem Endpunkt angelangt, ohne die Endlösung erreicht zu haben, die darin besteht, die Tragfähigkeit unter allen Umständen auch während der Tauperiode in frostveränderlichen Erd- und Felsarten uneingeschränkt zu erhalten. Nach der bisherigen Geotechnik der Frostsicherung ist das nur bedingt möglich, da die Frostschutzschichten den Einfluß des Wassers auf die Tragfähigkeit im Untergrund nicht ausschalten. Die Annahme ist irrig, daß das Wasser aus dem Untergrund des Straßenkörpers nach außen abfließt. Die ununterbrochenen dynamischen Beanspruchungen durch den Verkehr sorgen dafür, daß bereits vor der Frostperiode das unter die Decke einsickernde Wasser intensiv und tiefgründig mit dem frostgefährlichen Baugrund verknetet und in ihm angereichert wird, da gerade die frostgefährlichen und feinkörnigen Bodenarten ihnen die Möglichkeit nehmen, nach außen zu entweichen. Weder das Quergefälle noch die Ebenheit des Planums können das bewirken. Durch den Einfluß des Wassers wird daher die Tragfähigkeit erheblich durch einen Festigkeitssprung unter der Frostschutzschicht besonders bei teilweisem Frostschutz gemindert.

Die Frostsicherung wird künftig unter folgenden Gesichtspunkten endgültig zu lösen sein. Die Tragfähigkeit des Straßenkörpers muß auch bei teilweisem Frostschutz unter allen Umständen gewährleistet sein, die Ersatzbauweise durch Massenaustausch wird als zu kostspielig zu vermeiden und jeder Wassereinfluß durch die Dauerstabilisierung des frostveränderlichen Untergrundes auszuschließen sein. Das Sickerwasser darf mit dem Wasser nicht zusammentreffen, das während der Frostperiode im Untergrund aus dem Grundwasser nachgeschoben wird. Das Sickerwasser darf nicht in den frostgefährlichen Teil des Tragkörpers einsickern. Es muß ausgeschlossen sein, daß der Untergrund sich mit Wasser vor und nach der Frostperiode anreichert. Das gilt auch für die trotz der Aufbauwerte nur begrenzt verlagerungssicheren Frostschutzschichten.

Hier hat die Bodenstabilisierung eine wichtige Aufgade zu lösen, indem sie den frostgefährlichen Untergrund an Ort und Stelle ein- bis mehrschichtig gegen Sickerwasser undurchlässig macht, die Tragfähigkeit vom Klima unabhängig gestaltet und verhindert, daß das Sickerwasser sich mit dem Grundwasser vereinigt. In dieser Form ist die Endlösung des Frostschutzes im Straßenbau zu erblicken. Hierzu bedarf es tiefreichender Stabilisierungsmaschinen und Ausarbeitung der für die verschiedenen Bodenarten erforderlichen Stabilisierungsanleitungen (s. S. 354).

Inwieweit diese Frage des Frostschutzes durch Hitzebestrahlung mit Wärmegraden zwischen 300 bis 800° ohne Gefahr der Sinterung des tiefgründig aufgelockerten Untergrundes gelöst werden kann, bedarf noch eingehender Untersuchung.

4.46 Zusätzliche Sicherungsmaßnahmen

Eine Straße ist kein unveränderlich festes Bauwerk. Das dünne Deckenband wird im Vergleich zu allen anderen Kunstbauwerken am stärksten beansprucht. Daher ist mehr als an diesen eine dauernde Überprüfung des Zustandes einer Straße, angefangen von der Decke bis zur Kontrolle auf Wirksamkeit der Tiefensicker, notwendig, um alle Ansteckungsherde für größere Schäden oder gar Gefährdung der Verkehrssicherheit auszuschalten. Hierzu sind folgende Maßnahmen notwendig:

1. Laufende Kontrolle der Straßen auf ihren tadellosen Zustand, insbesondere auf Gewährleistung aller obigen Maßnahmen, die die Güte dieses Dauerzustandes verbürgen helfen.
2. Bereithalten der Baustoffe für Beseitigung von Löchern, Rissen und für den Fugenverguß, damit Nässe in die Decke nicht eindringen und dadurch das dichte Gefüge bei Frost gesprengt werden kann.
3. Ausgleich aller durch den Verkehr vor und nach Frost an Straßen entstandenen Verformungen, insbesondere von rinnenförmigen Mulden an Pflasterdecken. Verhinderung aller stufenförmigen Frosthebungen bei der Anlage von Durchlässen im Frostbereich von Straßen durch keilförmigen, frostsicheren Übergang zum Straßenkörper, Neigung 1 : 20. Verfüllen aller schadhaften Stellen an Decken durch frostsichere Zuschlagstoffe, niemals durch Erde oder Rasenboden. Risse und klaffende Fugen müssen vor dem Verfüllen davon gesäubert werden.

Trassierung und Geotechnik bei Neubauten. Bei Wahl der Linienführung einer neuen Straße sind die Anforderungen des Verkehrs und der Wirtschaftlichkeit entscheidend (s. S. 65). Daher kann der Untergrund niemals nach den Sicherheitsansprüchen ausgewählt oder gar die Linienführung allein oder ausschlaggebend unter dem Gesichtspunkt geringster Frostschädengefahr geplant werden. Vielmehr kommt es darauf an, nach eingehender und umfassender Ergründung der jeweiligen Untergrund- und Baustoffverhältnisse für Dämme und Einschnitte jenes Höchstmaß an Sicherheit in der geotechnischen Ausführung zu erreichen, daß zugleich die geringsten zusätzlichen Kosten beim Bau und nachher entstehen.

Folgende Maßnahmen sind daher bei der Planung und Ausführung zu bedenken und zu berücksichtigen:

1. Geländegleicher Verlauf:
Leichtes Anheben der Gradiente mit dem Ziel, die Straße auf einem niedrigen Damm von etwa 100 cm Höhe aus verlagerungs- und frostsicherem Material verlaufen zu lassen, ggf. unter leichter Vermörtelung in ausgesprochenen Sandgegenden (Schutz gegen Schneeverwehung).

2. Einschnitte stets als gesichertes Fundament ausgestalten durch Auskoffern um das Maß der Frostschutzschicht, dabei in Strecken mit bewegungsempfindlichem Untergrund für leichte Vermörtelung sorgen, um Risse und Brüche in Decken zu vermeiden, die durch die Sprengkraft des Frostes zur beschleunigten Zerstörung der Decke auch dann führen, wenn der Untergrund nicht frostgefährdet ist. Hier handelt es sich um Frostschäden in der Decke, also um die Sprengwirkung des gefrierenden Wassers innerhalb der Verschleißschicht.

Dammstrecken: Dämme müssen einwandfrei von Grund aus verdichtet und die Verdichtung durch teleskopartige Pegel überwacht werden. Klimaeinflußzone unter der Decke aus frostsicherem Material durch entsprechende Massenverteilung aus Einschnitten oder, falls dazu keine Möglichkeit besteht, aus Entnahmestellen ausführen. Reine Sanddämme nicht nur rasch berasen lassen, sondern auch für eine Versteifung der durch Verkehr und Klima beanspruchten Zone unter der Decke sorgen (Vermörtelung!).

Straßenlagen mit teilweiser Anschüttung und teilweisem Anschnitt bzw. Einschnitt sind zu vermeiden oder gleichmäßig durch Frostschutz zu sichern.

An kritischen Strecken ist die lichte Höhe von Bauwerken um das Maß einer zusätzlichen Frostsicherung — mindestens aber um 50 cm — gegenüber der üblichen zu erhöhen.

Übergänge von Damm zum Einschnitt sind auf kürzeste Breite zu beschränken und auf jeden Fall gegen Frost zu sichern, da infolge Stauwirkung des Sickerwassers an einer Dammschüttung mit dichterem Boden sich hier stets starke Frostschäden bereits während der Frostperiode (Stufen bis zu mehreren dm, klaffende Risse und Frostspalten [*156*] zeigen).

Ganz besonders ist beim Ausbau alter Straßen, z. B. bei der Überdeckung der früheren Gräben bei einer Verbreiterung dafür zu sorgen, daß keine Gefährdung durch Wasserstau, durch ungenügende Vorflut, durch Verfüllen der Gräben mit frostempfindlichem Material auftreten kann (Abb. 249, S. 278).

Dann sind Frostschäden auch bei sehr geringem frostkritischem Anteil und trotz Ausbildung der Frostschutzschichten auf 30 oder 40 cm besonders in hohen Mittelgebirgslagen mit stets stärkerem Bodenfrost unvermeidlich. Die alten Gräben sind vielmehr als Rigolen auszubauen und mit hoch frostsicherem Gesteinsmaterial fest zu verfüllen. Hier wiederholt sich sonst der gleiche Vorgang wie an intermittierenden Spaltenquellen bei frostempfindlichem Tonschiefer.

4.47 Entwässerung und Schutzmaßnahmen gegen Wassergefahr

Beim Untergrund einer Straße darf im Tragkörperbereich, zumindest aber auf die normale Frosttiefe der Wassergehalt wenig vom günstigsten abweichen. Daher muß alles Sickerwasser so schnell als möglich abgeleitet und das Eindringen von Grundwasser verhindert werden.

4.471 Zuviel Wasser in Einschnitten

Rigolen längs des oberen Böschungsrandes (Abb. 229, S. 257). Diese in angemessenem Abstand und Tiefen von u. U. mehreren Metern auszuführenden Rigolen sollen möglichst in eine wenig durchlässige Schicht einbinden. Sie halten das Sickerwasser von Einschnittsböschungen ab, dies ist besonders an stark durchbewegtem Untergrund mit feinmosaikartiger Zerklüftung auch bei Nachweis von wenig Grundwasser notwendig, da die geringe Scherfestigkeit sogar Gleitgefahr auch dann ankündet, wenn der Wassergehalt in der Nähe der Ausrollgrenze liegt.

Rigolen im Einschnitt. Sie verlaufen in den Gräben, werden mit Einsteigschächten und einem Mindestgefälle von 1% versehen (Abb. 258).

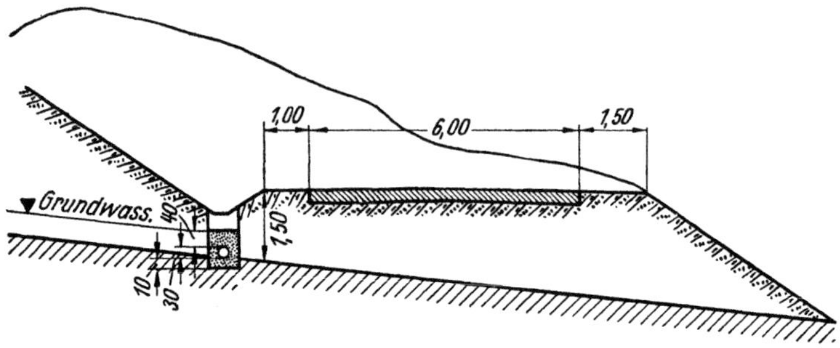

Abb. 258. Sickerung zur Ableitung des bergseitig zufließenden Grundwassers

Querrigolen sind an rutschsüchtigen Einschnitten mit starker Durchfeuchtung, auch vorübergehende Spaltenquellen filterförmig ausgekleidet und mit Muttererde abgedeckt auszuführen.

Kieskeile, die weit unter die Frosteindringungstiefe längs des Hanges eingreifen, können an Quellhorizonten notwendig sein, um Rutschungen auf längere Abschnitte zu verhindern, vor allem nach Frostaufgang.

Mit diesen kurz aufgeführten geotechnischen Sicherungen lassen sich Grundbrüche, die den tieferen Hangbereich erfassen, nicht verhindern, weil sie sich auf den oberflächennahen Bereich beschränken.

Als letztes Mittel hilft nur Abflachen der Böschungen, Errichtung von Stützmauern und ähnlichem.

4.472 Zu wenig Wasser im bewegungsempfindlichen Untergrund

Jeder Untergrund aus gleichförmigen Sanden mit einem Ungleichförmigkeitsgrad kleiner als 7···10 neigt unter Verkehr zu dauernden Verlagerungen und gefährdet dadurch die Beschaffenheit und Lage einer Straßendecke. Auch wenn diese Sande durch starke Schwingungsverdichtung, durch Tiefenrüttler unter Wasserzugabe fest verdichtet wurden, so verdunstet dieses Wasser wieder, und der Sand erhält wieder sein lockeres bewegungsempfindliches Gefüge. Hier kann nur eine künstliche Verfestigung durch Chemikalien, durch Zement, durch Bitumen die Tragfestigkeit des Untergrundes unter dem dünnen Deckenband nachhaltig verbessern. Sowohl bei Auftrieb (Schwimmsanderscheinung) wie bei zu wenig Wasser ist diese Gefahr ungenügender Tragfestigkeit gegeben.

4.473 Wasser im künstlichen Untergrund (Damm)

Um diese Gefahr von vornherein zu bekämpfen, sollten die dem Klima ausgesetzten Dammteile stets aus frostsicherem Material auf volle Frosttiefe ausgebildet werden. Dies gilt für die Dammkrone, die Dammschultern und die Dammanschlüsse an Unterführungen, an Schleusen und Durchlässen. Gröbere, kubisch brechende feste Gesteinssorten eignen sich besser als Kies und Sand, letztere nur in Mischungen. Am Wechsel vom Bauwerk zum Damm sollten die Flügelmauern besonders lang ausgebildet werden, um die seitliche Ausweichbewegung der Verkehrsschwingungen, die sich hier ungünstig auf den Untergrund auswirken, dadurch weitgehend zu verhindern. Je feuchter der Untergrund ist, um so eher bilden diese seitlichen Verlagerungen verkehrsgefährliche Setzungsmulden an den Bauwerksanschlüssen.

Wenn die wasserempfindlichen Dammassen in die vom Klimaeinfluß und vom Grundwasser wenig berührten oder geschützten Kernpartien der Dämme gelegt werden, ist die beste Voraussetzung für eine konstruktiv richtige Ausführung des künstlichen Straßenkörpers geschaffen.

4.474 Die Entwässerung der Oberfläche

Die bisher beschriebenen Maßnahmen, den Einfluß des Oberflächenwassers, Grund-, Sicker- und Spaltungswassers auf den Straßenkörper selbst zu verhindern, werden aber unterstützt, wenn das von der Straßenoberfläche abfließende Niederschlagswasser rasch und möglichst vollständig und schadlos abgeleitet wird (s. S. 152).

Daher ist der Vorflut besondere Aufmerksamkeit zu widmen. Ein Graben beansprucht je nach Form (Sohlenbreite, Tiefe und Böschungsneigung) 2…4 m Geländebreite (Abb. 259). Hat er genügend Gefälle und wird er laufend geräumt, kann das Wasser abfließen. Bleibt es aber stehen und kann nicht versickern, durchnäßt es den Untergrund, der dann weich wird. Durch Ermittlung der Untergrundverhältnisse sollte klargestellt werden, ob ein Graben zweckmäßig ist und nicht besser durch eine Rohrleitung mit Einfallschächten ersetzt wird. Im Industriegebiet ist ermittelt worden, daß die Mehrkosten einer Rohrleitung mit Rinne reichlich aufgewogen werden durch die Ersparnisse in der Grabenunterhaltung. Eine Leitung mit Rinne gewährleistet eine viel bessere Entwässerung des Straßenkörpers als die Abführung in Gräben (vgl. Abb. 133, S. 155, Straßeneinlauf mit Abflußrinne hinter der Bordschwelle).

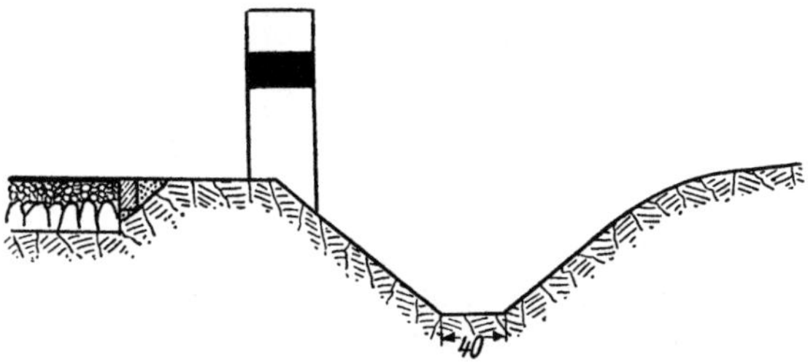

Abb. 259. Offener Graben

Durchlässiger Boden kann das vom Straßenkörper zugeführte Wasser aufnehmen, es dient sogar zur Bewässerung des Rasens an den Rändern. Bei neuzeitlichen Belägen ist aber mit einer Grabenverschlammung weniger zu rechnen. In diesem Falle genügt eine Mulde, deren weiche Linien im Gegensatz zu den schroffen geometrischen Kanten des trapezartigen Grabens den Übergang von der Bahnform der Straße in die umgebende Landschaft herstellen sollen. Diese Grabenmulden sollen mindestens 50 cm unter Bankettoberfläche reichen, um Schnee, Regenwasser, Schmelzwasser jederzeit aufnehmen und ableiten zu können. Eine dichte Rasennarbe ohne Binsen soll die Mulde vor der Erosion schützen.

Hat die Mulde kein oder nur ungenügendes Gefälle, dann stagniert hier das Niederschlagswasser und verwässert den Tragkörper. Auf so kleinen Flächen, wie sie fugenlose Straßenfahrbahnen darstellen, müssen Sturzregen wie bei der Stadtentwässerung mit mindestens 120 l/ha und 15 min Dauer zugrunde gelegt werden.

Bei Mulden mit geringerem Gefälle als 1% sind Tiefenrigolen mit diesem Mindestgefälle anzuwenden. Diese sind mit den üblichen Einsteigschächten in Abständen von etwa 40 m auszustatten und in gewissen Zeitabständen durchzuspülen.

Rasch sich ausbreitende Verbinsung der Gräben an der Autobahn Dresden—Weimar konnte in den Jahren 1938 als Folge ungenügender Vorflut nur durch diese nachträgliche Entwässerung bekämpft werden [*140*].

Für den Kraftwagenverkehr ist der Graben gefährlich, weil jedes Abweichen vom Wege sich beim Sturz in den Graben verhängnisvoller auswirkt als ein Anprall an eine Böschung. Deshalb soll der Graben bei Straßen, deren Breite an sich beschränkt ist, mit zur Fahrbahn hinzugenommen werden, ganz wie bei Stadtstraßen mit Einfallschächten, die so angeordnet werden, daß sie höchstens etwa 600 m² Einzugsgebiet haben.

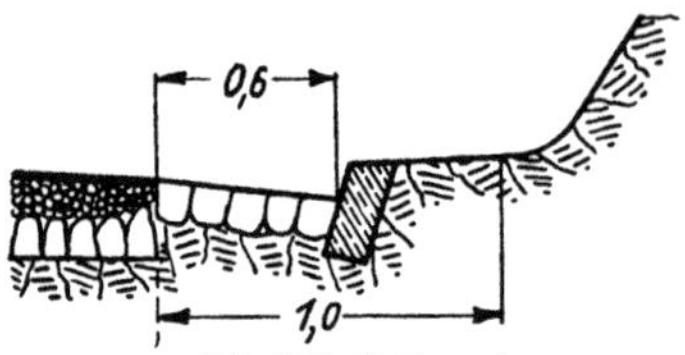

Abb. 260. Spitzgraben

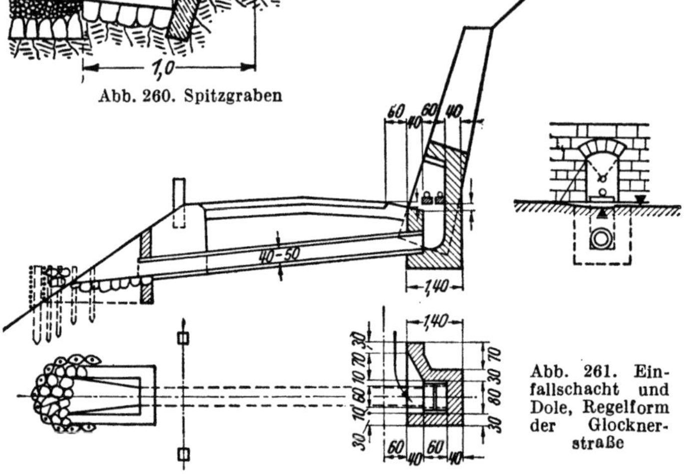

Abb. 261. Einfallschacht und Dole, Regelform der Glocknerstraße

Für Bergland und hochwertiges Land sehen die RAL 1937 einen Spitzgraben vor (Abb. 260). Beim Anschnitt wird nach der Talseite entwässert. Zur Ersparung von gußeisernen Rosten an den Einfallschächten ist der Einlauf seitlich angeordnet. Beispiel Regelform des Einlaufs an der Glocknerstraße (Abb. 261). Um bei starkem Wasseranfall am Auslauf der Böschungen Auswaschungen zu verhindern, wird durch einen halbkreisförmigen Flechtzaun, der innen mit Geröll ausgepackt ist, die Wassermenge verteilt.

4.5 Frostschutz an Kunstbauten im Damm

Alle Kunstbauten im Damm: Rohrleitungen, Durchlässe, Schleusen, Unterführungen sind mit einem vom Bauwerk ausgehenden, unter 1 : 20 von 80 cm Stärke auf 30 cm sich verflachenden Frostschutzkeil zu versehen. Als Frostschutzmaterial sollen nur Kiessand von einem Ungleichförmigkeitsgrad größer als 7 ··· 10 oder kubisch gebrochener Splitt verwendet werden. Wie an Frostschutzschichten müssen diese Schichten gegen wasserempfindlichen Untergrund durch eine 10 cm starke Feinsandschicht im Sinne der geltenden Frostschutzrichtlinien gegen die Gefahr der Verschmutzung geschützt werden.

Querdränagen in frostfreier Tiefe am Ende des Frostschutzkeiles schützen in Gefällestrecken gegen andrängendes Sickerwasser unter der Decke und damit gegen Froststufen am Wechsel vom Damm zum Bauwerk.

Diese Frostsicherung ist auch unmittelbar über Rohrschleusen und Durchlässen in genügender Stärke anzuordnen, um die Unterfrierung der Bauwerke und damit den erhöhten Erddruck [*138*] zu verhindern.

4.6 Die Baugrunduntersuchung im Siedlungsbau

Besondere Anforderungen stellt der Siedlungsbau an die Erkundung des Untergrundes bezüglich Bodenbeschaffenheit, Grundwasserstand, Frostgefährdung und Tragfähigkeit des Untergrundes mit Rücksicht auf den Bau der Gebäude, aber auch auf die gute Lage der Straßen und ihrer Versorgungsanlagen [*169*].

5. Die Bemessung der Straßendecken

Von Professor Dr.-Ing. **R. Jelinek**
München

5.1 Allgemeines

Die Belastung des Straßenkörpers erfolgt durch das Gewicht des Fahrzeuges über die Reifen in den Radaufstandsflächen (s. S. 15). Zu den statischen Radlasten kommen noch dynamische Zusatzlasten infolge Beschleunigung oder Bremsens, infolge der Fliehkraft- und Stoßwirkungen (s. S. 63).

Die Stoßbeanspruchung ist von der Federung der Fahrzeuge sowie von der Oberflächenbeschaffenheit der Straße abhängig. Die sich aus diesen Einflüssen ergebende maximale Radlast wird in der Oberfläche des Belages des Straßenkörpers als angenähert gleichmäßig über die Radaufstandsfläche verteilte Pressung $= \frac{\text{Radlast}}{\text{Radaufstandsfläche}}$ übertragen; diese Reifenaufstandspressung σ_0 ist wegen der Eigensteifigkeit des Reifens etwa um 10% größer als der Reifeninnendruck p_i ($\sigma_0 = 1{,}1\ p_i$).

Diese erheblichen Flächenlasten vermag der Untergrund bei direkter Belastung über die verhältnismäßig kleinen Aufstandsflächen infolge des sofortigen Eintretens plastischer Bereiche nicht aufzunehmen. Die auf den Untergrund aufgebrachte Tragschicht — gegebenenfalls in Verbindung mit einem Unterbau —, vermag infolge ihrer Eigensteifigkeit die Radlast auf eine wesentlich größere Fläche zu verteilen als die der Reifenaufstandsfläche. Je größer diese Fläche ist, um so größere Lasten kann der Boden aufnehmen; die Übertragungsfläche wird um so größer, je größer die Eigensteifigkeit (E-Modul) und Dicke der Tragschicht (h) und der Radius (a) des äquivalenten Reifenaufstandskreises werden. Die Straßenkonstruktion verteilt die Radlasten auf den Untergrund und erleidet dabei selbst Formänderungen. Die dabei auftretenden Spannungen müssen ermittelt werden, eine Aufgabe, die einzelne Bemessungsverfahren zu erfüllen suchen. Bei zusammenhängenden, elastisch zugfesten Decken biegt sich nicht nur die Aufstandsfläche, sondern auch außerhalb in einem weiteren Bereich die Decke durch. Für ihre Bemessung ist die Zugspannung in der Lastachse an der Plattenunterseite maßgebend. Kies- und Schotterdecken sowie Packlage können auch in verdichtetem Zustand keiner Zugbeanspruchung standhalten. Daher verteilen plastische Decken die Radlast auch nicht so weit wie elastische Decken (sog. „starre Decken") in Beton, da ihre lastverteilende Wirkung nur auf ihrer Schubfestigkeit oder ihrer Verspannung beruht.

Es gibt eine beträchtliche Anzahl von Verfahren, um die erforderliche Dicke von Fahrbahndecken festzulegen, die sich in ihrer Zuverlässigkeit wesentlich unterscheiden und die auch von sehr verschiedenen Faktoren ausgehen. Das Problem der Fahrbahndeckenbemessung ist nicht, wie die meisten anderen ingenieurmäßigen Bemessungsverfahren, von einer geringen Anzahl konkreter, sondern von einer Unmenge sehr schwer erfaßbarer Faktoren abhängig; gleichgültig, ob es sich um die Erfassung aller Einflüsse auf Größe und Art der Belastung, um die Art der Auflagerung der Straßendecke oder um die Erfassung der Untergrundeigenschaften handelt, bleibt die Bemessung von Straßendecken von zahlreichen komplexen Faktoren abhängig. Dementsprechend gibt es auch noch kein einheitliches Bemessungsverfahren. Zur Bemessung ist notwendig, die Tragfähigkeit des Untergrundes zu kennen. Um diese zu ermitteln, gibt es eine Vielzahl von Verfahren, die sich in drei Gruppen zusammenfassen lassen.

a) Die Verfahren der ersten Gruppe sind rein empirische, die entweder Tragfähigkeitsversuche (Stempel- oder Lastplattenversuche) oder Bodenklassifikationen verwenden. Mit Hilfe von Vergleichswerten bzw. Kennziffern von bereits bestehenden Straßen lassen sich erfahrungsgemäß die Oberbaudicken bestimmen. Die Bemessungsverfahren dieser Gruppe dienen in erster Linie für die Ermittlung der Dicke plastischer Decken. Der im Ausland bekannteste Tragfähigkeitsversuch ist die CBR-Methode (s. unten), während von den auf Bodenklassifikation beruhenden Bemessungsverfahren die Gruppen-Index-Methode die gebräuchlichste ist.

b) Zur zweiten Gruppe von Bemessungsverfahren zählen jene, die zwar ebenfalls empirischer Natur sind, aber auch auf theoretischen Erkenntnissen beruhen. Diese sogenannten halbempirischen Verfahren benützen u. a. Scherfestigkeits- oder Lastplattenversuche zur Ermittlung der Festigkeits- oder Spannungs-/Formänderungs-Eigenschaften des Untergrundes und der den Straßenkörper aufbauenden Schichten. Zu den bedeutendsten halbempirischen Bemessungsverfahren zählen die Scherfestigkeits-Vergleichs-Methode, das sogenannte Verfahren von GLOSOP, das eine Anwendung der TERZAGHI- und der PRANDTLschen Tragfähigkeitstheorie ist, und die sogenannte Kansas-Methode. Letztere berücksichtigt als bisher einziges Verfahren das Verkehrsvolumen und die Jahresniederschlagsmenge, welche in Form von Koeffizienten in der Bemessungsformel für die Deckenstärke erscheinen.

c) In die dritte Gruppe werden die rein theoretischen Bemessungsverfahren eingereiht, die auf der mathematischen Erfassung der Spannungen und Formänderungen innerhalb der Fahrbahndecke und im Untergrund beruhen.

Selbstverständlich sind diesen Bemessungsverfahren idealisierte Zustände zugrunde gelegt, die in der Praxis nicht vorhanden sind. Da außerdem von allen Straßenbaustoffen der Beton einer mathematischen Erfassung noch am ehesten zugängig ist, sind die Bemessungsverfahren dieser Gruppen in erster Linie für Betonfahrbahnen bestimmt. Die älteste Methode zur Ermittlung der Spannungen und Formänderungen von Betonfahrbahnen ist die von WESTERGAARD. Die Zwei- bzw. Dreischichtentheorie von BURMISTER bildet heute die wissenschaftliche Grundlage für die Bemessung der Spannungen und Formänderungen in den einzelnen Schichten eines Straßenkörpers. Praktische Verwendung bei der Bemessung von Betonfahrbahndecken finden die von Picket & Ray im Auftrag des amerikanischen Zementverbandes aufgestellten Einflußtafeln. Das Verfahren von WILSON und WILLIAMS ist insofern als das fortschrittlichste Bemessungsverfahren zu bezeichnen, als es nicht nur die Biegezugspannung in der Plattenunterkante festzustellen erlaubt, sondern auch als erstes Bemessungsverfahren die Tatsache berücksichtigt, daß der Bruch der Tragschicht nicht allein durch Überschreitung der Plattenspannungen, sondern auch durch das Eintreten plastischer Bereiche im Untergrund erfolgen kann. Die graphische Darstellung dieses Verfahrens gibt also auch Werte für die Untergrundtragfähigkeit an. Außerdem ist es mit gewissen Einschränkungen auch auf plastische Fahrbahndecken anwendbar.

5.2 Empirische Bemessungsverfahren, die auf Tragfähigkeitsprüfungen des Untergrundes mittels Stempel- oder Lastplattendruckversuchen beruhen

5.21 CBR-Verfahren: (California Bearing Ratio)

Um die Tragfähigkeit des Untergrundes zu ermitteln, wird der Boden einem Belastungsversuch unterworfen, der das Material allerdings in einer völlig anderen Weise beansprucht, als es in Wirklichkeit durch den Verkehr geschieht. Diese Belastungsversuche liefern keine bodenphysikalischen Kennziffern wie etwa die Scherfestigkeit beim Triaxialversuch, sondern erlauben lediglich einen Vergleich der Tragfähigkeit. Dabei wird der Widerstand des Bodens gegen das Eindringen eines zylindrischen Prüfkörpers ermittelt und mit einer Standard-Einsenkungskurve verglichen.

Das CBR-Verfahren wurde von O. PORTER beim California Highway Departement entwickelt, als man in den VStA begann, umfangreiche Deckenschäden zu untersuchen, die nicht auf einen fehlerhaften Deckenaufbau zurückzuführen waren, sondern nur aus Verformungserscheinungen des Untergrundes herrühren konnten. Diese Untersuchungen des Untergrundes bestehender Straßen führten zur Erkenntnis einer Wechselbeziehung zwischen den sogenannten CBR-Werten des Untergrundes, der Dicke der Straßenkonstruktion und den verschieden großen Radlasten. Die Weiterentwicklung und Verbesserung dieser Methode im zweiten Weltkrieg durch das Corps of Engineers bei der Bestimmung der Dicke, namentlich von Flugplatz- und Rollbahnbefestigungen, führte dazu, daß es heute in der ganzen Welt das bekannteste und am häufigsten angewendete Verfahren zur Dimensionierung des Oberbaues plastischer (flexibler) Fahrbahndecken geworden ist.

5.211 Wesen des CBR-Versuches

Der sogenannte CBR-Wert stellt das Verhältnis $\frac{p}{p_s} \cdot 100$ in Prozent dar, worin bedeuten:

p die erforderliche Belastung eines kreiszylindrischen Stempels von 3 Quadratzoll (sqi.) Querschnittsfläche, die einem Durchmesser von 4,98 cm entspricht, um diesen mit konstanter Geschwindigkeit von $^1/_{20}$ Zoll/min. (inch/min), das sind etwa 1,25 mm/min, in den Versuchsboden 0,10 inch (2,5 mm) tief einzudrücken.

p_s diejenige Belastung, die den gleichen Stempel unter sonst gleichen Verhältnissen in ein Standardmaterial, wie mechanisch verdichteten Bruchschotter, einzudrücken vermag (s. Abb. 262)[1].

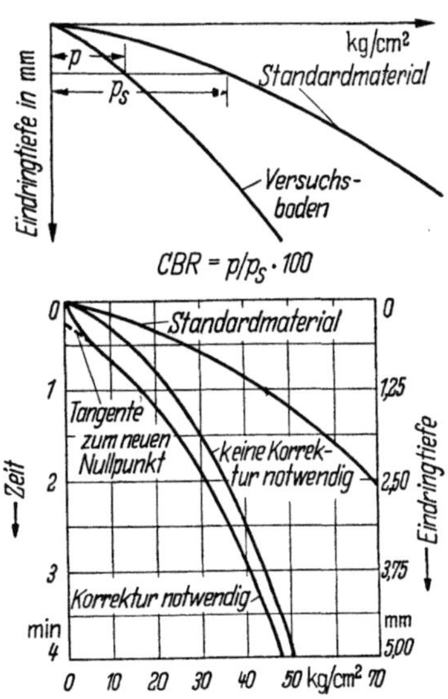

Abb. 262. Zusammenhang zwischen Einsenkung und spezifischer Belastung

Das Ergebnis wird also in Prozent derjenigen Belastung ausgedrückt, die bei bestem Tragschichtmaterial die gleiche Eindringung verursacht. Dieser CBR-Wert kann nur verwendet werden, um mittels einer durch vielseitige Beobachtungen an bestehenden Straßen empirisch abgeleiteten Kurvenschar, die in Abb. 264 dargestellt ist, sofort die für eine bestimmte Radlast erforderliche Tragschichtdicke abzuleiten.

Für das Standardmaterial besteht in den VStA folgender Zusammenhang zwischen Einsenkung und spezifischer Belastung:

Spezifische Belastung in kg/cm²	70	105	134	162	183
Einsenkung in mm	2,5	5,0	7,5	10,0	12,5

Der CBR-Versuch kann als Feldversuch auf der Baustelle am ungestörten Untergrund oder auch auf einem mechanisch verdichteten Untergrund ebenso ausgeführt werden, wie als Laborversuch an ungestörtem oder verdichtetem Probematerial. Für einen bestimmten Straßenabschnitt gilt derjenige CBR-Wert, der die relativ größte Dicke des Oberbaues bzw. der Tragschicht erfordert, damit in diesem Abschnitt ein einheitlicher Oberbau besteht.

In der Höhe des Planums ausgeführt, dient der CBR-Versuch zur Bemessung

[1] Die Schweizerische Normenvereinigung SNV hat für die Untersuchung und Beurteilung der Tragfähigkeit von Straßen eine Anzahl SNV-Normen herausgegeben, die bei der Bearbeitung dieses Abschnittes mit Genehmigung der Vereinigung Schweizerischer Straßenfachmänner mit benutzt worden sind. Die Tragfähigkeit von Straßen behandeln die folgenden SNV-Normen: 40310 Grundsätze und Versuchsarten; 40312 VSS-Prüfgerät; 40315 CBR-Versuch; 40317 Plattenversuch.

der Dicke des Oberbaues von Straßen- und Startbahndecken mit plastischen Belägen, die bei einem vorhandenen Untergrund oder Unterbau für eine bestimmte gegebene Radlast erforderlich ist, um bleibende Verformungserscheinungen im Untergrund zu verhindern. Er kann aber auch angewendet werden, um die Tragfähigkeit eines mechanisch verdichteten oder bituminös verfestigten oder durch eine Tragschicht verbesserten Bodens oder einzelner Tragschichten zu bestimmen, sofern deren Einzelkörner weniger als 15 mm Durchmesser haben. In jenen Fällen, wo die nach der CBR-Methode ermittelte Oberbaudicke von geringerer Abmessung ist als die mindest erforderliche Frostschutzschicht, ist letztere für die Oberbaudicke maßgebend.

5.211.1 Feldversuch

Die Versuche sind an mehreren Meßstellen vorzunehmen, deren Anzahl sich nach den örtlichen Strukturverhältnissen des Untergrundes richtet. Dabei sind je Meßstelle drei Versuche auszuführen, die jedoch nicht an genau der gleichen Stelle ausgeführt werden sollen, an der der Boden bereits durch den 1. Versuch gestört worden ist. Von den drei Versuchsergebnissen wird der Mittelwert gebildet. Beim Feldversuch wird der Bereich neben dem Stempel mit Belastungsringen versehen.

Vorbereitung der Meßstelle: Nach dem Abtragen der obersten, meist humösen Schicht, ist die Unterlage für den Stempel und die Lastringe zu planieren und zu horizontieren, um eine möglichst gleichmäßige Druckverteilung zu erhalten. Dabei sind Steine von der Oberfläche zu entfernen, die dadurch entstehenden Vertiefungen mit einer Sand- oder Gipsschicht auszufüllen. Dabei ist darauf zu achten, daß die Gipsunterlage nicht über den seitlichen Stempelrand hinausreicht. Für die Meßeinrichtung und das den Versuch ausführende Personal ist genügend freier Platz vorzusehen. Die Meßstelle ist sowohl gegen Austrocknung durch Sonnenbestrahlung als auch gegen Feuchtigkeitseinfluß bei Regen entsprechend zu schützen, da die Meßergebnisse sonst beträchtlich beeinflußt werden. Nach dem Beginn der Messung darf kein Teil der Meßvorrichtung mehr berührt werden. Die Pressen sind ohne Stoß zu bedienen, auch soll mitten im Versuch das Gegengewicht nicht vergrößert werden.

Das Gegengewicht, bestehend aus beladenen Fahrzeugen (5t-Lastkraftwagen) oder Walzen, soll etwas schwerer sein als zur Erzielung der erwünschten Belastung nötig ist. Dabei soll der Schwerpunkt des Gegengewichtes und der Meßpunkt nach Möglichkeit übereinander liegen.

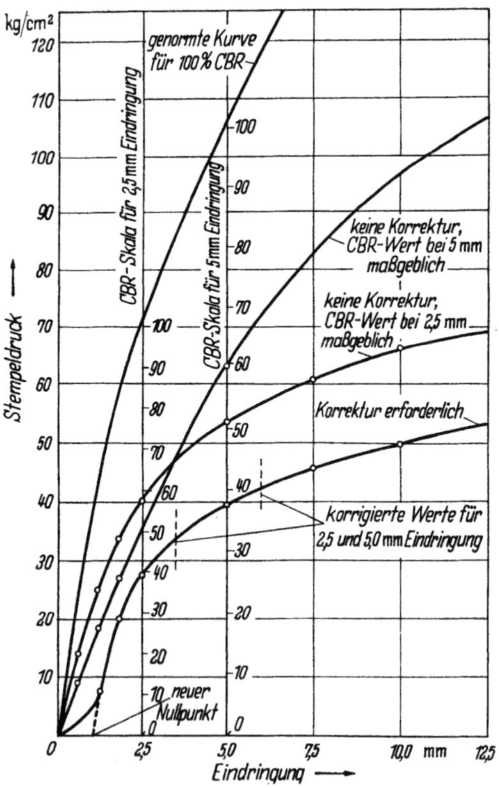

Abb. 263. Lasteindringungskurve beim CBR-Versuch

5.211.11 Versuchsverlauf: Nach der Vorbereitung der Meßstelle für den Versuch erfolgt die Aufbringung des Stempels mit einer seitlichen Auflast in Form von Bleiringen, die von 150 mm Außendurchmesser und 52 mm Innendurchmesser sind, jeweils 10 mm hoch; diese Bleiringe werden auf eine Ringscheibe von 25 cm (10 inch) Durchmesser und 5 kg Gewicht als Auflast aufgebracht, um ein seitliches Ausquellen des Bodens neben dem Stempel zu verhindern. Die seitliche Auflast sei so bemessen, daß sie eine Flächenpressung verursacht, die der nach Fertigstellung der Straße bestehenden Eigengewichtsspannung in der Ebene des Planums etwa entspricht. Eine geringe Vorbelastung des Stempels sorgt für ein sicheres Aufsitzen desselben auf dem Untergrund. Der 20 cm²-Stempel wird mit einer Geschwindigkeit von 1,25 mm/min ($^1/_{20}$ inch/ min) in den Versuchsboden eingedrückt. Dieser Versuch wird bis zu einer Einsenkung von mindestens 5 mm fortgesetzt. Bei der Versuchsdurchführung selbst ist darauf zu achten, daß nach Fertigstellung des Straßenoberbaues der Wassergehalt des Untergrundes oder Unterbaues demjenigen bei Versuchsdurchführung entspricht, keinesfalls aber wesentlich größer sein darf als im Zeitpunkt des Versuches. Für die Beurteilung der Tragfähigkeit des Untergrundes ist gewöhnlich jener CBR-Wert maßgebend, der sich bei einer Einsenkung von 2,5 mm ergibt. Nur für den Fall, daß trotz zweimaliger Versuchsdurchführung die Manometerablesung bei 5 mm Einsenkung einen kleineren CBR-Wert ergibt als bei 2,5 mm Einsenkung, ist der CBR-Wert bei 5 mm Einsenkung maßgebend.

5.211.12 Versuchsauswertung: Die Versuchsergebnisse werden als Last-Einsenkungskurve aufgezeichnet. Diese wird mit der Standardkurve verglichen. Die Last-Einsenkungskurve kann von der Art sein, daß sie in der Nähe des Ursprungs nach oben konkav verläuft. Ist dies der Fall, so bedarf diese Kurve einer Korrektur, die in der Weise erfolgt, daß man im Wendepunkt der Kurve eine Tangente zeichnet. Der neue Nullpunkt für die Kurve ist der Schnittpunkt von Tangente und Abzissenachse. Die nebenstehende Abb. 263 zeigt die Lasteindringungs- und die Standardkurve. Ist eine Korrektur der Last-Eindringungskurve des Versuchsmaterials erforderlich, so kann der CBR-Wert erst nach Festlegung des neuen Nullpunktes mittels der ausgeglichenen Kurve ermittelt werden (siehe Abb. 263).

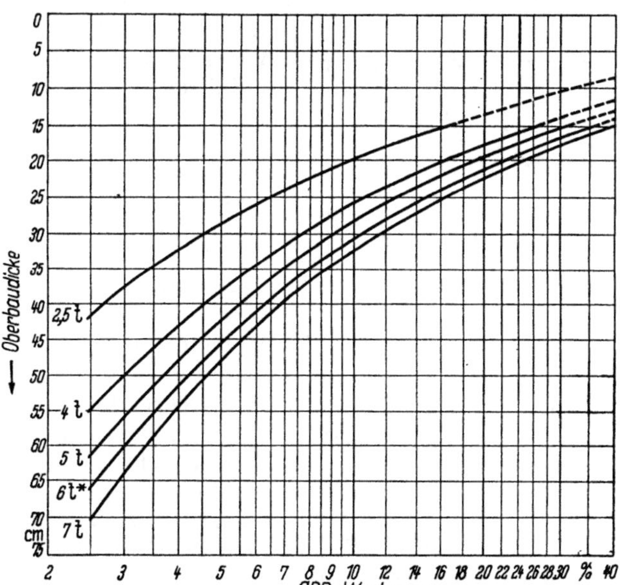

Abb. 264. Dimensionierungskurven

Nach der Feststellung des CBR-Wertes geht man in das Diagramm der Abb. 264, welches das Verhältnis zwischen der für eine bestimmte Radlast erforderlichen Deckenstärke und dem CBR-Wert auf Grund langjähriger Beobachtungen an bestehenden Straßen wiedergibt. In Abb. 264 werden die CBR-Werte auf der Abszisse angetragen, während die Ordinaten für bestimmte Größen der als Kurvenparameter angegebenen Radlasten die erforderliche Mächtigkeit des Oberbaues in cm liefern. Nebenstehende Dimensionierungskurven geben also die gesamte Deckenstärke (Tragschicht plus Verschleißschicht) an.

5.211.13 Bemessungsbeispiel: Die spezifische Belastung des Untergrundes durch den Stempel beträgt $p = 16{,}8\ \mathrm{kg/cm^2}$ bei einer Eindringung des Stempels von 2,5 mm, Standardbelastung bei 2,5 mm: $p_s = 70\ \mathrm{kg/cm^2}$.

$$\text{CBR-Wert} = \frac{16{,}8}{70} \cdot 100 = 24\%;$$

für eine max. Radlast von 6 t und einen CBR-Wert von 24% ergibt Abb. 264 eine erforderliche Oberbaustärke von 19 cm.

5.211.14 Laboratoriumsversuche: Während der Feldversuch in erster Linie bei einem guten, d. h. im natürlichen Zustand tragfähigen Untergrund Anwendung findet, wird der CBR-Wert eines zu verdichtenden oder zu stabilisierenden Untergrundes gern im Laboratorium bestimmt. Zu diesem Zweck müssen je Probe etwa 15 kg des lufttrockenen Bodens zur Verfügung stehen. Korngrößen über 15 mm werden abgesiebt und durch die gleiche Bodenmenge aber von Korngrößen zwischen 5 und 15 mm (d. h. von 0,2 ··· 0,6 inch ∅) ersetzt. 5 kg des Probematerials werden in den Metallzylinder von 15 cm Durchmesser und 17,5 cm Höhe eingebracht. Eine runde 5 cm hohe Metallscheibe von 14,8 cm ∅ wird während der Verdichtung als falscher Boden in den Zylinder eingelegt. Die Bodenprobe wird gleichmäßig durchmischt und in 5 gleichstarken Schichten mittels eines 4,5 kg schweren Fallgewichts bei einem Anschlag für 45 cm Fallhöhe mit 55 Schlägen verdichtet. Diese Verdichtung entspricht der Verdichtungsarbeit für die verbesserte PROCTOR-Dichte (S. 271).

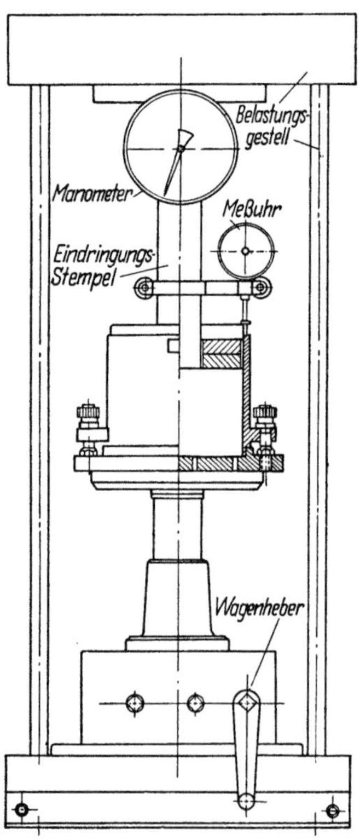

Abb. 265. Prüfgerät für den CBR-Versuch im Laboratorium

Auf die Oberseite der verdichteten Bodenprobe wird ein Stück Filterpapier gelegt, darauf eine durchlöcherte Grundplatte. Jetzt wird der Zylinder umgedreht, die bisherige Grundplatte und Metallscheibe (∅ 14,8 cm) werden abgenommen und ebenso durch ein Filterpapier und eine durchlöcherte Platte ersetzt. Nun wird der Zylinder mit dem Probematerial in ein Tauchbecken gestellt, so daß Wasser von oben und unten in die Bodenprobe eindringen kann. Kurz vorher wurde auf die Probe noch eine Anzahl von Belastungsringen aufgebracht, um die Bodenprobe während dieses 4tägigen Schwellvorganges einer Oberflächenbelastung zu unterziehen, die etwa der späteren Belastung des Untergrundes durch die zu errichtende Straßendecke entspricht. Dieser Versuch, bei dem die Probe 4 Tage lang unter Wasser steht, es sei denn, daß die volle Sättigung bei einem wesentlich durchlässigeren Bodenmaterial schon früher eintritt, dient dazu, die täglich gemessene Schwellung als Prozentsatz der ursprünglichen Probenhöhe von 12,5 cm auszudrücken. Die Probe quillt bis zu einem von der Belastung und der Bodenart abhängigen Maß auf. Auf diese Weise wurde versucht, die äußerste Feuchtigkeitsaufnahme des Bodens unter der Straßendecke nachzuahmen. Nach dem Abschluß dieses Durchfeuchtungsversuches wird der Zylinder aus dem Wasserbecken wieder entfernt, ein eventueller Wasserüberschuß durch Abgießen beseitigt. Nach einiger Zeit wird die Probe dem Stempeldruckversuch unterzogen. Vorher sind Auflast und die Filterplatte zu entfernen und auch das auf der Oberfläche der Bodenprobe liegende Filterpapier. Um den Stempel werden jetzt wieder die der späteren Belastung durch die Straßendecke entsprechenden Belastungsringe aufgebracht, um bei der Stempeleindringung in das Probematerial ein seitliches Aufquellen neben dem Stempel zu verhindern. Um ferner ein sattes Aufliegen des Stempels auf dem Probematerial zu gewährleisten, wird die Probe mittels Wagenheberkurbel mit ihrer Oberfläche mit etwa 5 kg gegen den Druckstempel gepreßt (s. Abb. 265). Nun erfolgt der eigentliche Belastungsversuch, indem der Stempel durch gleichmäßige Kurbelbewegung mit einer konstanten Geschwindigkeit von 1,25 mm/min in das Probematerial gedrückt wird. Bei Eindringungstiefen von

0,63	1,25	1,88	2,5	5,0	7,5	10,0	12,5 mm
(0,5 min)	(1,0)	(1,5)	2,0	4,0	6,0	8,0	10,0 min

wird durch Manometerablesung der jeweilige Druck notiert. Die Versuchsergebnisse werden in ganz analoger Weise wie beim Feldversuch ausgewertet, nachdem die Manometerablesung in Bodendruck umgerechnet worden ist und zusammen mit den entsprechenden Eindringungen die Last-Eindringungskurve liefert, deren Vergleich mit der bekannten Standardkurve den CBR-Wert ergibt.

Soll der CBR-Wert eines natürlich anstehenden Untergrundes von guter Tragfähigkeit im Labor an ungestörten Bodenproben ermittelt werden, so sind Probekerne mittels dünnwandiger Stahlzylinder von 15 cm Durchmesser und 12,5 cm Höhe diesem Untergrund zu entnehmen. Um dabei zu verhindern, daß der Boden beim Stempeldruckversuch innerhalb des Zylinders in etwa vorhandene Hohlräume zwischen Zylinderwand und Probe ausweichen kann, werden diese sorgfältig mit Paraffin ausgegossen. Die Proben werden, nachdem sie einer Durchfeuchtung gegebenenfalls bis zur Sättigung unterzogen worden sind, in derselben oben angeführten Weise dem Stempeldruckversuch unterworfen.

5.211.2 Kritik am CBR-Verfahren

1. Die Art der Lastaufbringung auf den Versuchsboden, nämlich in Form einer Stempelbelastung mit konstanter Geschwindigkeit (1,25 mm/min) entspricht nicht der in Wirklichkeit auftretenden Verkehrsbelastung.

2. Beim Laborversuch wird die Tragfähigkeit des Bodens unter den für ihn ungünstigsten Verhältnissen bestimmt, d. h. im Zustand vollständiger Durchfeuchtung, also in einer Konsistenz des Bodens, die in Wirklichkeit kaum auftreten wird. Die Hauptschwierigkeit für eine zuverlässige und dennoch wirtschaftliche Bemessung der Deckenstärke nach dem CBR-Verfahren besteht darin, festzustellen, welcher Feuchtigkeitsgehalt den Proben zugrunde gelegt werden soll, damit dieser den nach Fertigstellung der Straße im Untergrund bestehenden Verhältnissen entspricht. Beim Feldversuch wird eine unwirtschaftliche Bemessung deshalb eher vermieden, weil man hier den Grundwasserspiegel

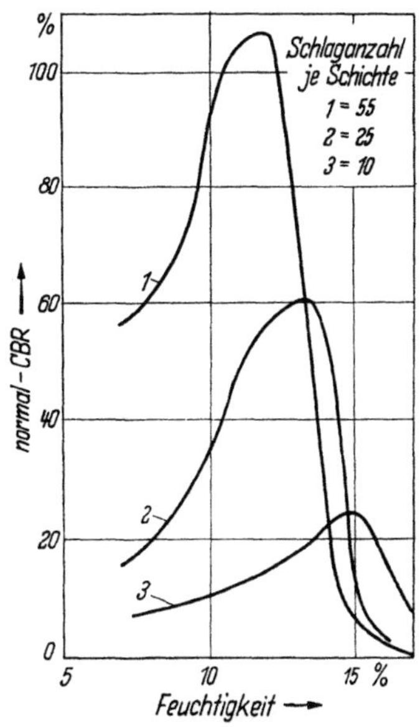

Abb. 266. CBR-Versuch: Beziehungen zwischen Wassergehalt, Verdichtungsarbeit und CBR-Wert

nicht bis zur Oberkante des Planums erhöhen kann. Hier soll der Versuch beim wahrscheinlich ungünstigsten Wassergehalt erfolgen. Über die Beziehungen zwischen CBR-Wert, Feuchtigkeit und Verdichtungsarbeit gibt Abb. 266 auf S. 301 Aufschluß.

5.22 Der Lastplattenversuch

Dieser Versuch gibt ebenso wie der Stempeldruckversuch — im vorhergehenden Abschnitt (CBR-Verfahren) behandelt — ein Maß für den Widerstand des Bodens gegen seine Zusammendrückung, die sich in einer elastischen oder in einer Konsolidierungssetzung äußert. Die Tragfähigkeit des Bodens wird durch zwei statische Kriterien bestimmt, durch den Widerstand gegen ein seitliches Ausquetschen des Bodens (Grundbruch) bei der Belastung der Platte infolge Überschreitung der Scherfestigkeit und durch den Widerstand gegen die Zusammendrückung des Bodens. Sämtliche Versuche dieser Gruppe verwenden das letzte Kriterium als Grundlage.

Mit Lastplattenversuchen wird ein Koeffizient bestimmt, der die gesamte, d. h. die elastische und plastische Verformung des Untergrundes, des Unterbaues, einer Tragschicht oder der fertigen Straße kennzeichnet. Während das CBR-Verfahren vorwiegend zur Bemessung der Fahrbahnoberbaudicke Verwendung fand, dienen Lastplattenversuche zur Bestimmung des Zusammendrückungsmoduls M_E oder der Bettungsziffer C_b, die für die Dimensionierung von starren Decken (Betondecken) benötigt werden oder aber um die Güte, d. h. den Grad der Verdichtung einzelner Tragschichten oder des ganzen Oberbaues mit Ausnahme der Verschleißschicht zu überprüfen. Der wesentlichste Unterschied zwischen dem CBR-Verfahren und der Ermittlung des Zusammendrückungsmoduls M_E mittels des Lastplattendruckversuches besteht darin, daß beim CBR-Verfahren die zeitliche Deformation vorgeschrieben und die sie verursachende Kraft gemessen wird, während beim Lastplattenversuch umgekehrt die Belastung als unabhängige, variable Größe gegeben ist und die Formänderung bestimmt wird. Trotz dieser grundsätzlichen Verschiedenheit zeigen beide Verfahren bezüglich der praktischen Versuchsdurchführung so viel Gemeinsames, daß in der Schweiz ein Normalgerät für beide Versuche entwickelt wurde, das sogenannte VSS-Drucksetzmeßgerät (VSS Vereinigung Schweizerischer Straßenfachleute). Die Schweizerische Normenvereinigung hat in den Normenblättern SNV 40310···40317 sowohl das CBR-Verfahren als auch den Lastplattenversuch genormt, zumal beide für die Bemessung und Prüfung von plastischen Fahrbahndecken in der Schweiz maßgebend sind. Das Universalgerät besteht aus zwei Druckplatten von 200 cm² (15,96 cm ∅) und 700 cm² (29,83 cm ∅), sowie aus dem Stempel von 20 cm² (4,98 cm ∅) Querschnittsfläche. In der BRD verwendet man für den Lastplattenversuch verschiedene Plattengrößen von 30, 40, 50, 60 und 76,2 cm (= 30″) Durchmesser. [*170*, *176*].

Mit Hilfe des Lastplattenversuches werden entweder

a) die Bettungsziffer C_b oder

b) der Zusammendrückungsmodul M_E

bestimmt, je nach Art der Versuchsausführung und seiner Auswertung.

5.221 Bettungsziffer C_b

$$C_b = \operatorname{tg} \alpha \text{ in kg/cm}^2\text{/cm oder kg/cm}^3.$$

Westergaard verwendet in seinen Arbeiten über die Bemessung von Betonplatten auf elastischem Boden die Bettungsziffer $C_b = \operatorname{tg} \alpha$. Er wählte für seine Zwecke denjenigen Winkel α zwischen der Sekante der Lastsetzungskurve und der Ordinate, der sich aus einer Setzung von 1,25 mm einer 76,2 cm∅ Kreisplatte ergibt. Der Winkel α ist aber in Wirklichkeit nicht nur von der Größe der Setzung und der Belastung, sondern auch vom Plattendurchmesser abhängig (Abb. 267) [*170, 174, 177, 23, 195, 196*].

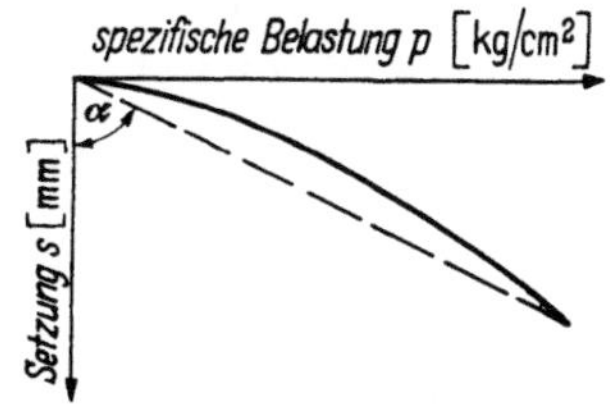

Abb. 267. Beziehung zwischen Belastung und Setzung-Bettungsziffer

5.222 Zusammendrückungsmodul M_E

Der M_E-Modul, auch Zusammendrückungsmodul genannt, ergibt sich aus der theoretischen Auswertung des Lastplattenversuches als Kriterium der Zusammendrückbarkeit des Bodens und ist mit dem Elastizitätsmodul E der festen Stoffe zu vergleichen. Er unterscheidet sich aber von letzterem grundsätzlich dadurch, daß er eine Funktion der Querdehnungsziffer (m) ist, während der E-Modul von der Querdehnung unabhängig ist. Für die Einsenkung einer kreisförmigen, starren Platte mit $\varnothing\, D = 2r$ infolge Belastung P auf einem elastisch isotropen Halbraum, ergibt sich nach BOUSSINESQ die Formel

$$s = \frac{m^2 - 1}{m^2} \cdot \frac{1}{2} \cdot \frac{P}{r \cdot E}.$$

Da $P = r^2 \pi \cdot p$, läßt sich die Formel für die Einsenkung s folgend umformen:

$$s = \frac{m^2 - 1}{m^2} \cdot \frac{\pi}{4} \cdot \frac{1}{E} \cdot p \cdot D.$$

Solange die Last-Setzungskurve eine Gerade ist, bleibt $\frac{p}{s} = \operatorname{tg} \alpha$ konstant

$$\frac{p}{s} = \frac{4}{\pi} \cdot \frac{m^2}{m^2 - 1} \cdot E \cdot \frac{1}{D} = \frac{M_E}{D} = C_b,$$

worin α = Neigung der Lastsenkungskurve gegen Ordinate, C_b = sogenannte Bettungsziffer (Abb. 268).

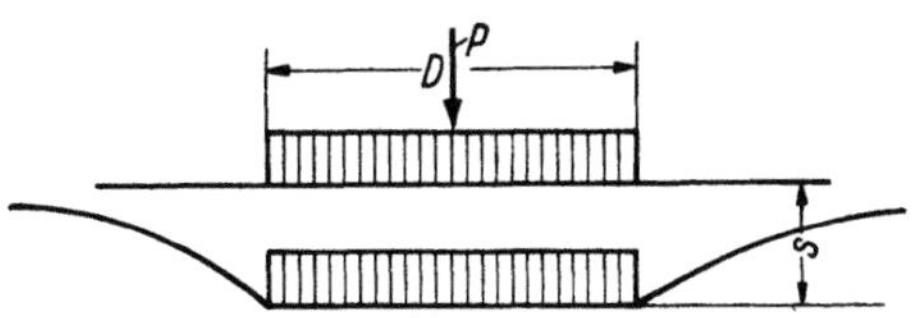

Abb. 268.
Lastplattenversuch: Einsenkung der Lastplatte

Zwischen Zusammendrückungsmodul und Elastizitätsmodul besteht beim elastisch isotropen Halbraum demnach folgender linearer Zusammenhang

$$M_E = \frac{4}{\pi} \cdot \frac{m^2}{m^2 - 1} \cdot E.$$

Verläuft die Lastsetzungskurve nicht linear — was in der Natur der Fall ist — so sind in der Formel für $M_E = \frac{p}{s} \cdot D$ die Werte p und s durch die $\Delta\, p$- bzw. $\Delta\, s$-Werte zu ersetzen, so daß der M_E-Modul durch die Neigung der Lastsetzungskurve $\operatorname{tg} \alpha = \frac{\Delta\, p}{\Delta\, s}$ und den Lastplattendurchmesser definiert wird:

$$M_E = \frac{\Delta\, p}{\Delta\, s} \cdot D = \operatorname{tg} \alpha \cdot D = C_b \cdot D.$$

Die Formel zeigt, daß innerhalb eines bestimmten untersuchten Spannungsbereiches der maßgebende Zusammendrückungsmodul M_E gleich dem Produkt aus Bettungsziffer C_b und Lastplattendurchmesser D ist. Man kann in einem nicht zu großen Lastintervall praktisch die Sehne der Lastsenkungskurve zur Kennzeichnung des Quotienten $\frac{\Delta p}{\Delta s}$ verwenden, weil die Krümmung der Lastsetzungskurve vor dem Eintritt plastischer Bereiche meistens unbeträchtlich ist.

Entscheidend dafür, daß bei Lastplattenversuchen der Zusammendrückungsmodul M_E $\left(\text{nicht zu verwechseln mit der Steifeziffer } E_s = \frac{m\,(m-1)}{m^2 - m - 2} \cdot E\right)$ als Charakteristikum für die Zusammendrückbarkeit von Untergrund, Unterbau oder Tragschichten und damit auch als zahlenmäßig erfaßbarer Wert für die Güte der Verdichtung dieser Schichten im Straßenbau der sogenannten Bettungsziffer C_b vorgezogen wird, ist die Veränderlichkeit der Bettungsziffer mit dem jeweiligen Lastplattendurchmesser.

In Deutschland empfiehlt die Forschungsgesellschaft für das Straßenwesen für Lastplattenversuche einen Verformungsmodul $E = 1{,}5 \cdot \frac{p \cdot r}{s}$, sowie

auf Decken und Packlage einen Plattendurchmesser von 30 cm,
auf Frostschutzschichten einen Plattendurchmesser von 60 cm
und auf dem Untergrund einen solchen von 76,2 cm.

5.223 Technische Durchführung von Lastplattenversuchen

Die Prüfstelle wird auf der entsprechenden Schicht in ähnlicher Weise wie beim CBR-Versuch vorbereitet. Zunächst wird eine Fläche, die in ihrer Größe etwa der Lastplatte entspricht, geebnet, vorhandene Steine werden entfernt, worauf die Fläche mit einem dünnen Gipsbrei überzogen wird. Noch vor dem Erstarren des Gipses wird die auf der Unterseite mit Öl bestrichene Lastplatte aufgebracht und durch Druck und Drehung wird erreicht, daß der plastische Gipsbrei ein sattes Aufliegen der Lastplatte gewährleistet. Zur richtigen Übertragung des Druckes gehört ein horizontales Aufliegen der Platte auf dem Untergrund. Anschließend wird die Meßbrücke aufgebaut und schließlich wird noch der Druckstempel mit den erforderlichen Paßstücken aufgestellt. Dann dreht man die Spindel ein wenig, damit die obere Stahlplatte leicht gegen das Widerlager, im allgemeinen gegen das Lastkraftwagen-Fahrgestell gepreßt wird. Ein kurzfristiges Pumpen steigert den Öldruck auf etwa 0,3 kg/cm², wodurch alle einzelnen Teile der Druckvorrichtung nunmehr fest verbunden sind und andererseits die Lastplatte satt auf dem Boden aufliegt. Die Meßstelle ist wie beim CBR-Versuch vor Regen und Sonnenbestrahlung zu schützen. Die Belastung wird stufenweise, jeweils bei einem bis zum nahezu vollständigen Abklingen der Setzung konstant gehaltenem Druck aufgebracht. Am Ende jeder Laststufe sind Meßuhren und Manometer abzulesen und die Meßwerte in vorbereitete Tabellen einzutragen. Beim zweiten und dritten Belastungsversuch wird jeweils die letzte Laststufe der Erstbelastung ausgelassen, damit man im vorbelasteten Bereich bleibt. Bei der Durchführung der Lastplattenversuche sollte der Boden einen für die Verdichtung optimalen Wassergehalt haben.

5.224 Versuchsauswertung

Aus dem Mittel von drei Ablesungen am Ende der Laststufen erhält man die mittlere Setzung, während sich der Bodendruck unter der Lastplatte über die Manometerablesungen nach der Formel

$$\sigma = \frac{F_1}{F} \cdot p \quad \text{errechnen läßt,}$$

worin bedeuten:

F_1 = Fläche des Druckstempels (cm²),
F = Fläche der Druckplatte (cm²),
p = Manometerablesung (kg/cm²).

Mittels der erhaltenen Werte wird die Druck-Setzungslinie aufgezeichnet. Die zugehörigen Bodendrücke werden auf der Abszisse nach rechts, die entsprechenden Setzungen auf der Ordinate nach unten abgetragen. Dabei werden die Wiederbelastungskurven (= reversiblen Äste der Lastsetzungskurven) verwendet, da die Erstbelastungskurve häufig viel weniger linear ist und durch vielerlei Einflüsse verfälscht sein kann.

Wie schon erwähnt, verwendet man in der Schweiz für Lastplattenversuche nur die 200 cm² (∅ ≈ 16 cm) und die 700 cm² (∅ ≈ 30 cm) Platte, wobei letztere lediglich auf der Planie der fertigen Straße zur Prüfung der Verdichtung verwendet wird.

Dem Normblatt SNV 40310 der Schweizerischen Normenvereinigung über die Tragfähigkeit von Straßen entnimmt man folgende Reihenfolge der Versuche, die sich in den letzten Jahren als sehr zweckmäßig erwiesen haben:

a) *Auf dem Untergrund oder Unterbau:* Feststellen der Tragfähigkeit durch Bestimmen des CBR-Wertes; ist dies nicht möglich oder ist der CBR-Wert größer als 30, so ist der Belastungsversuch mit der 200 cm²-Platte durchzuführen.

b) *Auf den einzelnen Tragschichten:* Kontrolle der Verdichtung durch Bestimmen der Zusammendrückbarkeit mittels der 200 cm²-Lastplatte, wobei die einzelne Tragschicht mindestens 16 cm, höchstens aber 25 cm dick sein soll. Besteht die Tragschicht aus feinkörnigem Material kleiner als 15 mm, so kann zur Dimensionierung der darüberliegenden Schichten der CBR-Versuch verwendet werden (Abb. 269).

c) *Auf der Planie:* Kontrolle der Tragfähigkeit der fertigen Straße (Untergrund plus Unterbau plus Tragschicht), jedoch ohne Verschleißschicht durch Bestimmen der Zusammendrückbarkeit mit der 700 cm²-Lastplatte (siehe Abb. 270).

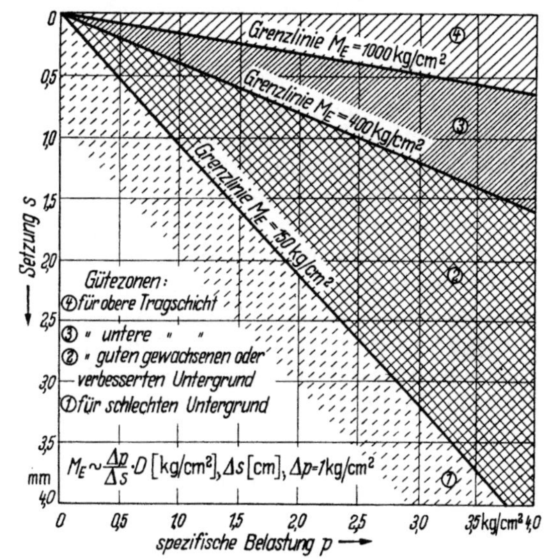

Abb. 269. Grenzwerte für die 200 cm²-Platte

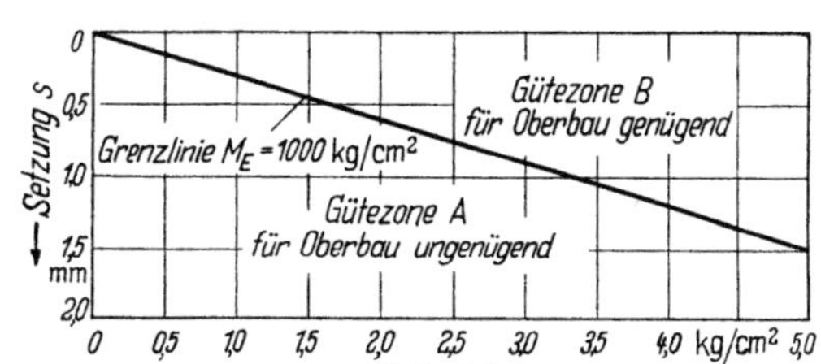

Abb. 270. Grenzlinie für die 700 cm²-Platte

Je nachdem, ob es sich um die Ermittlung der Tragfähigkeit des Untergrundes oder aber um die Feststellung des Verdichtungsgrades der Tragschichten handelt, sind für Durchführen und Auswerten des Versuches nachstehende Einzelheiten zu beachten:

5.224.1 Tragfähigkeitsprüfung des Untergrundes

Die Steigerung von einer Laststufe zur nächsten, die $\Delta p = 0{,}5$ kg/cm² betragen und bis 2,5 kg/cm² Endbelastung fortgesetzt werden soll, wird jedesmal dann vorgenommen, sobald die Setzung innerhalb von drei Minuten nicht mehr als 0,05 mm beträgt. Die Lastsetzungskurve muß bis zur Belastung von 2,5 kg/cm² innerhalb der Zone 2 für gut gewachsenen oder verbesserten Untergrund liegen und deren Neigung im Bereich von 0,5 ··· 2,5 kg/cm² darf nicht größer sein als die der unteren Begrenzungslinie der Zone 2.

5.224.2 Überprüfung der Verdichtung der Tragschicht

Hier sollen die einzelnen Laststufen von 0,5 kg/cm² bis 4,5 kg/cm² gesteigert werden und jeweils 1 kg/cm² betragen. Der Übergang von einer Laststufe zur nächsten erfolgt, wenn die Setzung während einer Zeitdifferenz von 2 Minuten unter 0,05 mm bleibt. Die Lastsetzungskurven der überprüften Verdichtung müssen bis zur Belastung von 4,5 kg/cm² für die untere Tragschicht innerhalb der Zone 3, für die obere Tragschicht innerhalb der Zone 4 liegen. Dabei darf die Neigung der Kurve im Bereich von 1,5···2,5 kg/cm² nicht größer als die der unteren Grenzlinien der vorgeschriebenen Zonen sein.

5.224.3 Prüfung der Tragfähigkeit der fertigen Straße

Dieser Versuch, der die 700 cm²-Lastplatte (∅ ≈ 30 cm) verwendet, soll auf der schon mehrere Tage bestehenden Planie, auf der allerdings die Verschleißschicht noch nicht aufgebracht ist, ausgeführt werden. Dabei sollen die einzelnen Laststufen von 0,5 kg/cm² ausgehend bis zu einer Endlast von 5,5 kg/cm² jeweils 1 kg/cm² betragen. Die Laststeigerung erfolgt, sobald die Setzung in einem Zeitraum von 2 Minuten unter 0,05 mm bleibt.

Die nach dem auf der festen Planie der fertigen Straße ausgeführten Lastplattenversuch aufgezeichnete Lastsetzungskurve muß bis zu einer Belastung von 5,5 kg/cm² oberhalb der Grenzlinie $M_E = 1000$ kg/cm² liegen, wobei die Neigung der Lastsetzungskurve im Bereich von 2,5···3,5 kg/cm² nicht größer sein soll als die der Grenzlinie.

5.3 North Dakota-Kegeleindringungsversuch

Bei diesem vom North Dakota State Highway Departement entwickelten Verfahren handelt es sich um einen Kegeleindringungsversuch ähnlich dem CBR-Stempeldruckversuch. Der Versuch wird wie beim CBR-Verfahren auf dem Untergrundplanum ausgeführt. In gleicher Weise wird eine Bemessungskurve aufgestellt, die ein Verhältnis zwischen Kegeltragfähigkeitswert und Konstruktionsdicke zum Audruck bringt. Die Gleichung dieser Kurve lautet

$$T = \frac{65{,}7}{B^{0,388}},$$

worin bedeuten: T = Konstruktionsdicke (inch)
B = Kegeltragfähigkeitswert (lb./squ. in).

Dieses Verfahren ist sehr wenig verbreitet und viel weniger zuverlässig als das CBR-Verfahren und wird deshalb hier nur erwähnt.

Bei Einführung der Dimensionen cm für die Konstruktionsdicke t, kg/cm² für den Kegeltragfähigkeitswert b lautet die Formel [*170, 173, 174, 175, 23, 177, 156, 176, 195, 196*]:

$$t = \frac{72\,2}{b^{0,388}}.$$

5.4 Empirische Bemessungsverfahren mit Hilfe von Bodenklassifikationen

Zu den rein empirischen Methoden zur Bestimmung der Oberbaudicke von Straßen zählen außer den Verfahren, die mittels Tragfähigkeitsversuchen arbeiten auch jene. die den Untergrund, entsprechend seinen bodenmechanischen Kennziffern, klassifizieren, d. h. in eine bestimmte Bodenklasse einreihen. Unter der Voraussetzung, daß der Oberbau hinreichend verdichtet und tragfähig ist, um die Verkehrslasten aufnehmen zu können, wird für die Bestimmung seiner Dicke die Festigkeit des Untergrundes maßgebend sein. Diese aber ist wiederum abhängig vom Wassergehalt des Bodens, von seiner Trockendichte, von der Bodenzusammensetzung und dem inneren Gefüge. Der Wassergehalt beeinflußt das physikalische Verhalten der einzelnen Böden in günstiger und ungünstiger Weise, d. h. der Boden zeigt je nach seinem Wassergehalt verschiedene Zustandsformen. Die Konsistenzgrenzen, d. h. Fließgrenze und Ausrollgrenze, ermöglichen eine eindeutige Kennzeichnung (S. 250).

5.41 Gruppenzahlmethode

Man verwendet zur Einteilung der Böden in verschiedene Bodenklassen neben der Kornverteilung die Fließgrenze und die Plastizitätszahl (Bildsamkeitszahl). STEEL führte eine Gruppenzahl (group-index) zur Bodenbeschreibung ein, die ungefähr die Bodeneigenschaften angibt und ein mittelbares Maß für die Dicke des Oberbaues ist. Statische Belastungsversuche an vorhandenen Straßen mit bekannten Verkehrsbeanspruchungen ermöglichten STEEL eine Darstellung der Beziehungen zwischen Oberbaudicke und Gruppenzahl.

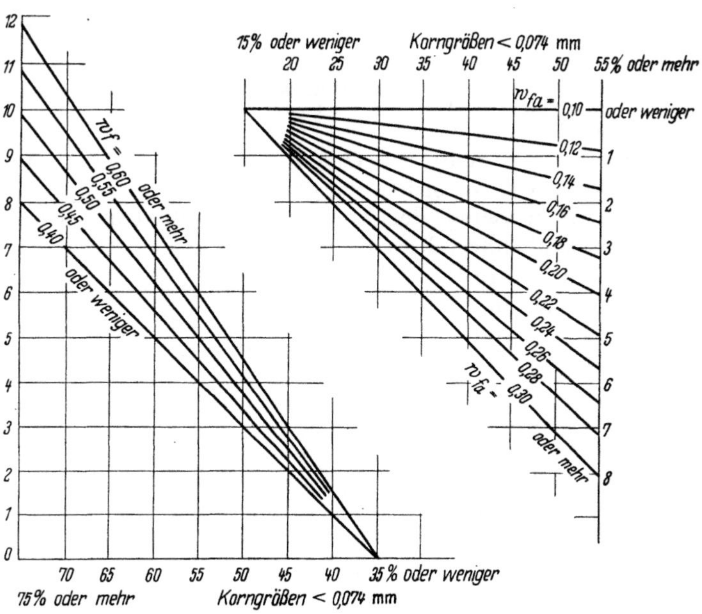

Abb. 271. Gruppenzahl (= Summe der Ablesungen an den beiden senkrechten Zahlenreihen) für Böden verschiedener Kornzusammensetzung und Plastizität

Dieses Gruppenzahlverfahren beruht auf einer von U. S. Public Roads Administration überprüften Bodenklassifikation, die einen numerischen Wert, eben die Gruppenzahl verwendet, um mit deren Hilfe eine genauere Klassifizierung des Untergrundes zu ermöglichen, als die früher lediglich durch visuelle Betrachtung erfolgte Einteilung. Je größer die Gruppenzahl des Untergrundes, desto geringer ist seine Festigkeit und damit desto größer die erforderliche Oberbaudicke. Die rechnerische Größe der Gruppenzahl G_i beträgt:

$$G_i = 0{,}2 \cdot a + 0{,}5a \cdot c + b \cdot d,$$

worin bedeuten, wenn n = Kornanteil kleiner 0,074 mm in Prozent ist,

$a \;\; = n - 35$ mit den Grenzen $35 < n < 75$, d. h. $0 < a < 40$,
$b \;\; = n - 15$ mit den Grenzen $15 < n < 55$, d. h. $0 < b < 40$,
$c \;\; = w_f - 0{,}4$ mit den Grenzen $0{,}4 < w_f < 0{,}6$, d. h. $0 < c < 0{,}2$,
$w_f \; =$ Fließgrenze,
$d \;\; = w_{fa} - 0{,}1$ mit den Grenzen $0{,}1 < w_{fa} < 0{,}3$, d. h. $0 < d < 0{,}2$,
$w_{fa} =$ Plastizitätszahl; $w_a =$ Ausrollgrenze,
$w_{fa} = w_f - w_a$ (S. 250).

Auf einfache Art kann die Gruppenzahl aus den beiden Diagrammen in Abb. 271 berechnet werden; die Gruppenzahl ergibt sich als Summe der Ablesungen an den beiden lotrechten Zahlenreihen. Die Straßenverwaltung von Ohio verwendete Entwurfstafeln, die neben den Verkehrslasten auch das Verkehrsvolumen berücksichtigen (Abb. 272). Eine solche Maßnahme ist unbedingt erforderlich, wenn das Bemessungsverfahren stärker beanspruchten Straßen einen entsprechend dickeren Oberbau zuordnen soll als Straßen mit schwächerem Verkehr. Die Ausarbeitung solcher Bemessungstafeln verlangt natürlich eine umfangreiche statistische Arbeit. Zu diesem Zweck wurden an den verschiedenen Straßen mit ganz verschiedenen Verkehrslasten und -volumen bei Deckenmängeln Straßenaufbrüche vorgenommen. Die Aufgrabung ermöglichte eine genaue Abmessung der vorhandenen Oberbaudicken, sowie die Feststellung der Beschaffenheit des Oberbaues.

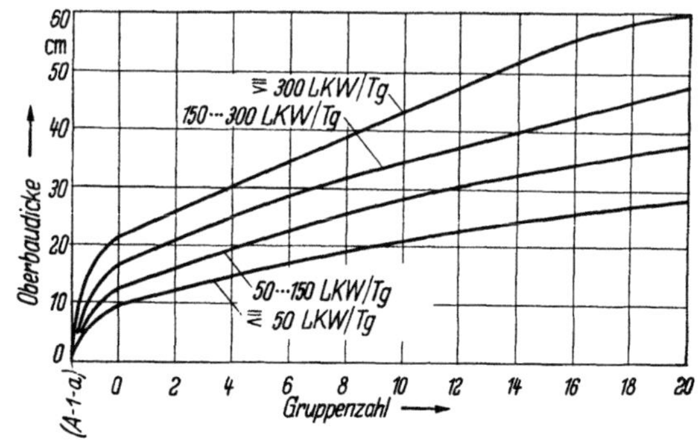

Abb. 272. Straßenverwaltung Ohio (1952) Gruppenzahl des Bodens, Oberbaudicke und Verkehrsbelastung

PELTIER hat im Jahre 1953 ebenfalls die Abhängigkeit der Oberbaudicke von der Gruppenzahl für verschieden große Straßenbelastung untersucht und kam dabei zu Oberbaudicken (Abb. 273), die größer als die von der Straßenverwaltung von Ohio 1952 ermittelten Dicken sind [*171*]. Der Anwendung des Gruppenzahlverfahrens stünde bei uns nichts im Weg, da eine große Anzahl von Versuchen aus den angelsächsischen Ländern und aus Frankreich zur Verfügung steht, bei denen das Verfahren auch wesentlich mehr angewendet wird als bei uns.

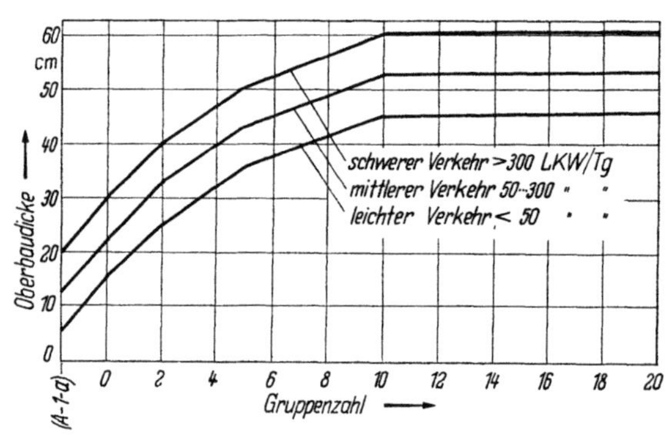

Abb. 273. PELTIER, Gruppenzahl des Bodens, Oberbaudicke und Verkehrsbelastung

Doch sollte man bei Verwendung der vorhandenen Bemessungstafeln stets beachten, daß diese Kurven keine strengen Grenzen bedeuten und daß sie deshalb unter Berücksichtigung der vorherrschenden klimatischen Verhältnisse abgeändert werden sollten. Das Gruppenzahlverfahren bestimmt die Oberbaudicke nur in Abhängigkeit von der Beschaffenheit des Untergrundes und der Größe des Verkehrs, wobei vorausgesetzt wird, daß der Oberbau selbst hinreichend verdichtet ist. Somit ist für die Bestimmung der Oberbaudicke die

Festigkeit des Untergrundes maßgebend, welche vom Wassergehalt des Bodens und von der Bodenzusammensetzung in erster Linie abhängt. Die Tragfähigkeit des Oberbaues dagegen ist durch andere Verfahren, z. B. durch Probebelastungen mit Lastplatten oder nach dem CBR-Verfahren zu bestimmen [*188*].

5.42 Kritik am Verfahren

Die durch zahlreiche Versuche und Untersuchungen an bestehenden Straßen in den VStA gesammelten Erfahrungen und danach ermittelten Bemessungskurven lassen sich nicht ohne weiteres auf deutsche Verhältnisse übertragen, weil unsere klimatischen Verhältnisse wesentlich ungleichmäßiger sind.

Die Gruppenzahlmethode berücksichtigt nur einen einzigen Punkt der Körnungskurve. Wie die meisten anderen empirischen Verfahren ermöglicht auch sie bis heute nicht eine gemeinsame Anwendung der Bemessungskurven, sowohl für plastische (flexible) als auch für starre Decken.

Die Gruppenzahlmethode scheint zwar für denselben Untergrund zu größeren Oberbaudicken zu führen als das CBR-Verfahren, aber dafür bietet sie durch Berücksichtigung des Verkehrsvolumens in ihren Bemessungstafeln einen gewissen Sicherheitsgrad.

Zu den empirischen Bemessungsverfahren gehören auch die von der Civil Aeronautics Administration entwickelte Methode, die auf einer ähnlichen Klassifizierung des Untergrundes beruht (E-Klassifizierung) sowie die auf der Bodenklassifizierung (A-Klassifizierung) von Public Roads beruhenden Bemessungstafeln (Tabelle 25, S. 342).

5.5 Halbtheoretische Bemessungsverfahren

(Bemessungsverfahren, die teils auf Erfahrung, teils auf theoretischen Erkenntnissen beruhen.)

Die Bemessungsverfahren dieser Gruppe beruhen nur teilweise auf theoretischen Grundlagen. Um die Schwierigkeit zu umgehen, die sich einer Ermittlung der tatsächlichen Spannungs- und Formänderungsverhältnisse des Bodens sowie der tatsächlich vorhandenen Spannungsverteilung innerhalb der einzelnen Schichten unter einer Radlast entgegenstellen, treffen diese Verfahren bestimmte Annahmen und vernachlässigen andererseits auch Faktoren, um auf diese Weise eine vereinfachte Theorie zu erhalten. Zweifelsohne muß sich aber die Annahme ebenso wie die Vernachlässigung von gewissen Faktoren, die diesen Methoden zugrunde liegen, durch die Erfahrung als vernünftig und vertretbar erweisen. Ohne eine solche Prüfung wären die Methoden von geringem Wert, selbst wenn sich eine einfache, übersichtliche theoretische Ableitung ergeben würde. Viele Methoden dieser Gruppe gehen von der Theorie des homogenen elastisch-isotropen Halbraumes aus, nehmen also an, daß Untergrund, Unterbau, Trag- und Verschleißschicht einen einheitlichen Körper bilden. Die Radlast wird als gleichmäßig über eine Kreisfläche verteilt betrachtet, die man als Reifenaufstands- oder Kontaktfläche bezeichnet. BOUSSINESQ gab erstmals Gleichungen für die Spannungen und Formänderungen für jeden Punkt innerhalb des elastisch isotropen Halbraumes infolge einer normal zur Oberfläche angreifenden Punktlast an. Eine Integration über die Reifenaufstandsfläche als Kreisfläche ermöglicht die Anwendung seiner Gleichungen auf die kreisförmige Flächenbelastung. Die maximalen Vertikalspannungen in einem beliebigen Horizontalschnitt treten in der Lastachse auf; ebenso die maximalen Scherspannungen, vorausgesetzt, die Ebene befindet sich mindestens im Abstand von 0,71 · a (a = Lastkreisradius) von der Oberfläche. Sie betragen:

$$\sigma_z = p \cdot \left[1 - \frac{z^3}{(a^2 + z^2)^{3/2}}\right],$$

$$\sigma_x = \sigma_y = \frac{p}{2} \cdot \left[(1 + 2\mu) - \frac{2(1 + \mu) \cdot z}{(a^2 + z^2)^{1/2}} + \frac{z^3}{(a^2 + z^2)^{3/2}}\right],$$

$$\tau_{\max} = \frac{\sigma_z - \sigma_x}{2} = p \cdot \left[\frac{(1 - 2\mu)}{4} + \frac{(1 + \mu) \cdot z}{2 \cdot (a^2 + z^2)^{1/2}} - \frac{3z^3}{4(a^2 + z^2)^{3/2}}\right],$$

worin bedeuten:

σ_z = lotrechte Spannung in der Lastachse,
$\sigma_x = \sigma_y$ = waagerechte Spannungen in der Lastachse,
p = Reifenpressung,
a = Lastkreisradius,
z = Tiefe der lotrechten Ebene unter Oberfläche,
μ = POISSON-Zahl,
$\tau_{\max}$ = maximale Scherspannung.

Die lotrechte Verschiebung der Oberfläche (Setzung s) unter dem Mittelpunkt einer kreisförmigen Belastung beträgt

$$s = \frac{2p \cdot a}{E} \cdot (1 - \mu^2),$$

für $\mu = 1/2$ reduziert sich der Wert auf $s = \frac{1{,}5 \cdot a \cdot p}{E}$. Diese Gleichung wird für alle jene Verfahren zur Grundlage, die auf Grund einer bestimmten vorgegebenen höchstzulässigen Formänderung die Deckenstärke bemessen (S. 304).

Die Anwendung der BOUSSINESQschen Gleichungen kann lediglich eine Annäherung an die tatsächlichen Spannungen und Formänderungen bedeuten, weil sich der Boden in Wirklichkeit nur annähernd elastisch verhält und weil die Richtigkeit der Gleichungen nur dann erfüllt ist, wenn der Elastizitätsmodul überall konstant ist. Dieser aber ändert sich bekanntlich mit dem Wassergehalt, der Sättigung und der Lagerungsdichte. Die BOUSSINESQschen Gleichungen dienen daher weniger zur direkten Bemessung von Fahrbahndecken, sondern eher als theoretische Grundlage für die infolge Belastung der Deckenoberfläche durch eine Radlast im Untergrund auftretenden Normal- und Scherspannungen und damit auch als Grundlage dieser halbtheoretischen Verfahren. Zu den eigentlichen Bemessungsverfahren dieser Gruppe zählen:

a) die Scherfestigkeitsmethode,
b) das GLOSSOP-Verfahren und
c) die Kansasmethode.

5.51 Scherfestigkeitsmethode

Diese von der Institution of Civil Engineering vorgeschlagene Methode wurde zu einem Bemessungsverfahren für Fahrbahndecken vorwiegend auf Tonuntergrund. Das Texas Highway Departement führte auf Grund ausgedehnter Versuchsreihen den dreiachsialen Kompressionsversuch als Grundlage für die Deckenbemessung nach der Scherfestigkeitsmethode ein. Dieses Verfahren geht von der BOUSSINESQschen Annahme aus, daß Fahrbahndecke (Oberbau) und Untergrund einen homogenen, elastisch-isotropen Halbraum bilden. Obgleich dieses Verfahren ursprünglich für alle Typen von Fahrbahndecken vorgeschlagen wurde, wird es heute fast ausnahmsweise nur für plastische Decken angewendet, weil in diesem Fall der Elastizitätsmodul des Oberbaumaterials und der des Untergrundmaterials wesentlich näher beieinander liegen als dies bei einer Betondecke der Fall wäre. Die Grundlagen der Scherfestigkeitsmethode beruhen darin,

1. zunächst die Größe der Reifenaufstandsfläche zu ermitteln und die durch die Fahrzeugreifen auf die Fahrbahndecke übertragene Reifenaufstandspressung $= \frac{\text{Radlast}}{\text{Reifenaufstandsfläche}}$ zu bestimmen, die die Decke und der Untergrund aufzunehmen haben,

2. die Scherfestigkeit gestörter als auch ungestörter Bodenproben mittels des dreiachsigen Kompressionsversuches zu bestimmen,

3. die Fahrbahndeckenstärke (Oberbaudicke) so zu bemessen, daß die durch die Rad lasten im Untergrund auftretenden Scherspannungen nur mehr so klein sind, daß sie mit genügender Sicherheit unter den im Versuch ermittelten Scherfestigkeiten liegen. Auf diese Weise ist es möglich, aus der mittels dreiachsialer Kompressionsversuche erhaltenen Scherfestigkeiten auf dem Weg über empirisch verbesserte Diagramme, die auf Grund langjähriger Untersuchungen in den VStA aufgestellt wurden, die erforderliche Dicke der Tragschicht zu ermitteln.

5.52 Versuchsdurchführung und Auswertung

Die dreiachsialen Kompressionsversuche werden an Bodenproben des Untergrund- oder plastischen Tragschichtmaterials ausgeführt. Eine Anzahl von mindestens 5 gleichen Proben wird bei jeweils verschiedenem Seitendruck (etwa 0; 0,20; 0,35; 0,7; 1,4 kg/cm²) bis zum Bruch lotrecht belastet. Die lotrechte Belastung σ_I wird mittels einer hydraulischen Presse so auf die Proben übertragen, daß das Maß der auftretenden lotrechten Formänderung 0,38 cm/min (0,15 inch) beträgt. Belastung und Setzung sollen in Abständen von etwa 0,25 mm (0,01 inch) Einsenkung abgelesen werden. Die lotrechte Belastung wird bei jeweils konstant gehaltenem Seitendruck σ_{III} so lange gesteigert, bis der Bruch der Probe eintritt. Die Bruchlasten der einzelnen Proben (mindestens 5) bei verschiedenen Seitendrücken ermöglichen die Aufzeichnung einer Reihe von MOHRschen Spannungskreisen, deren gemeinsame Hüllkurve die Scherfestigkeit des Bodens unter verschiedenen Belastungsbedingungen zum Ausdruck bringt. Man nennt diese die MOHRsche Grenzlinie.

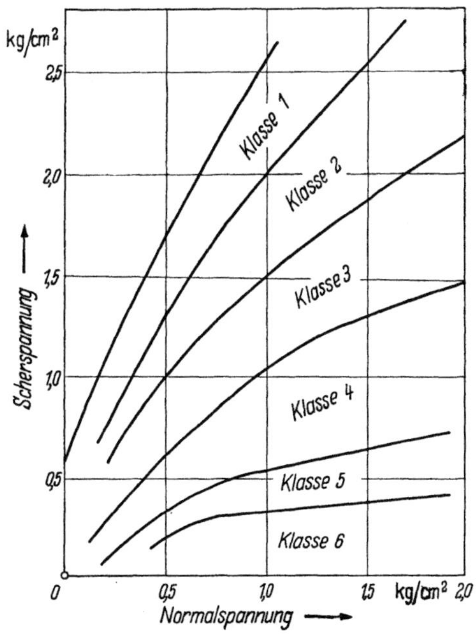

Abb. 274. Klassifizierungsdiagramm für Untergrund und Tragschicht

Die beiden Normalspannungen

σ_{III} = kleinere Hauptspannung, und zwar der während des Versuches auf der Probe vorhandene Seitendruck und

σ_I = größere Hauptspannung, und zwar die maximale lotrechte Belastung (p_{max}), die von der Probe bei einem gegebenen Seitendruck aufgenommen werden kann, wenn gerade der Bruch eintritt ($\sigma_I = p_{max}$)

werden auf der Abszisse aufgetragen, die zugehörigen Scherspannungen ergeben sich im gleichen Maßstab auf der Ordinate. Die MOHRschen Spannungskreise sind jeweils durch die 2 Punkte σ_I und σ_{III} auf der Abszisse bestimmt.

Die Klassifizierung des Bodens sowie die Ermittlung der Oberbaudicke erfolgt mit Hilfe zweier vom Texas Highway Departement aufgestellter Diagramme. Die erhaltene MOHRsche Hüllkurve wird in das in Abb. 274 gegebene Klassifizierungsdiagramm für Untergrund oder plastisches Tragschichtenmaterial eingetragen. Während für Boden der Klasse 1 eine weitere Differenzierung nicht mehr erforderlich ist, kann die Hüllkurve (Scherfestigkeitskurve) in den Bodenklassen 2···6 zwischen die Begrenzung der jeweiligen Bodenklassen fallen, so daß eine Interpolation mit Rücksicht auf eine genaue Ermittlung der Oberbaudicke erforderlich wird. Für die Klassifizierung ist jener Punkt maßgebend, welcher der unteren Grenze am nächsten liegt.

Die beiden Diagramme (Abb. 274 u. 275) sind der amerikanischen Literatur entnommen. Abb. 275 ermöglicht die Bestimmung der Dicke der Tragschicht nach Eintragung der durch Triaxialversuche erhaltenen Hüllkurve unter Zugrundelegung einer bestimmten Radlast und bei Berücksichtigung der in Aussicht gestellten Lebensdauer der Straße.

Klasseneinteilung:

1 gut verdichtete Tragschicht,
2 mittel verdichtete Tragschicht,
3 gut verdichteter Untergrund,
4 mittel verdichteter Untergrund,
5 schlecht verdichteter Untergrund,
6 ungenügend verdichteter Untergrund.

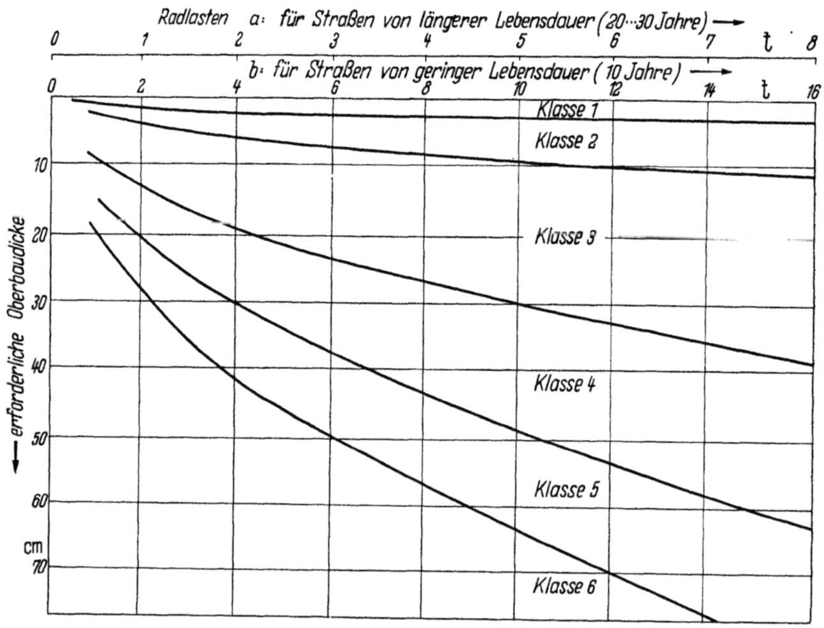

Abb. 275. Bemessungsdiagramm

5.53 Kritik an der Scherfestigkeitsmethode

In der diesem Bemessungsverfahren zugrunde liegenden Theorie bestehen zwei Hauptquellen für Ungenauigkeit in der Bemessung der Oberbaudicke. Einmal ist die Fahrbahndecke erheblich steifer als der Untergrund, womit die theoretische Annahme eines konstanten E-Moduls zu einer Überschätzung der Spannungen im Untergrund führt.

Zum anderen ist auch in diesem Verfahren die Wiederholung der Belastung nicht berücksichtigt, wodurch eine Überschätzung der Festigkeit hervorgerufen wird. Beide Ungenauigkeiten heben sich näherungsweise auf.

Diese Methode zur Bemessung der Oberbaudicke auf dem Weg über die Scherfestigkeitsermittlung läßt etwaige Änderungen des Wassergehaltes des Untergrundes unberücksichtigt. Mit einer Zunahme des Wassergehaltes im Boden nach Fertigstellung der Fahrbahndecke ist natürlich auch eine Festigkeitsänderung verbunden, die dieses Verfahren nicht berücksichtigt. In diese Reihe der halbtheoretischen Bemessungsverfahren gehören noch verschiedene andere Verfahren, die sich — wie die Kansasmethode — teilweise auf die BOUSSINESQsche Annahme stützen oder auf den von PRANDTL und TERZAGHI aufgestellten Tragfähigkeitsformeln für Fundamente beruhen, so das GLOSSOP-Verfahren.

5.54 Bemessungsverfahren von Glossop

Bei diesem Dimensionierungsverfahren wird nicht die Einsenkung der Decke als Kriterium angesehen, sondern das plastische Ausweichen des Bodens infolge Überwindung der Scherfestigkeit, die sich aus der Kohäsion und aus der Reibung zusammensetzt. Bei der Bemessung von Oberbaudicken geht man von der Annäherung aus, daß sich die Lastaufnahmefähigkeit eines unter einer Radlast befindlichen Tragkörpers genau so berechnen läßt wie die Tragfähigkeit des Baugrundes unter Fundamentbelastung. Die Tragfähigkeit des Untergrundes kann mit Hilfe der Plastizitätstheorie ermittelt werden. PRANDTL hat für die Gleitlinien im Untergrund den aktiven und passiven RANKINEschen Fall durch ein System von logarithmischen Spiralen ergänzt (PRANDTLsche Gleitflächen). Allgemein kann die Tragfähigkeit durch Überwindung der Scherfestigkeit abhängig von Reibung und Kohäsion des Bodens, vom Gewicht der verdrängten Masse und dem Gewicht der seitlichen Überlagerung längs der Gleitlinien ausgedrückt werden. Die PRANDTLschen Gleichungen gelten für den ebenen Fall (Streifenfundament). TERZAGHI hat durch Einführung bestimmter Faktoren eine Näherungsgleichung für den zentralsymmetrischen Fall aufgestellt, wonach die Tragfähigkeit einer Kreisfläche vom Radius r durch die Gleichung

$$P_g = \pi r^2 \cdot p_g = \pi r^2 (1{,}3 \cdot c \cdot \varkappa_c + \gamma \cdot t_g \cdot \varkappa_p + 0{,}6 \cdot \gamma \cdot r \cdot \varkappa_\gamma)$$

ausgedrückt wird, worin $\varkappa_c$, $\varkappa_p$ und $\varkappa_\gamma$ die Tragfähigkeitsbeiwerte für Streifenfundamente bedeuten, die auf demselben Boden ruhen und deren Größe in Abhängigkeit vom Winkel der inneren Reibung ϱ in Graden in Tabelle 24 angegeben sind.

Tabelle 24

$\varrho°$	$1{,}3 \cdot \varkappa_c$	$\varkappa_p$	$0{,}6\,\varkappa_\gamma$
0	7,4	1,0	0,0
10	12,5	3,0	0,4
20	23,4	8,0	2,4
25	32	13,0	6,0
30	49	22,0	12,0
35	78	42,0	26,0

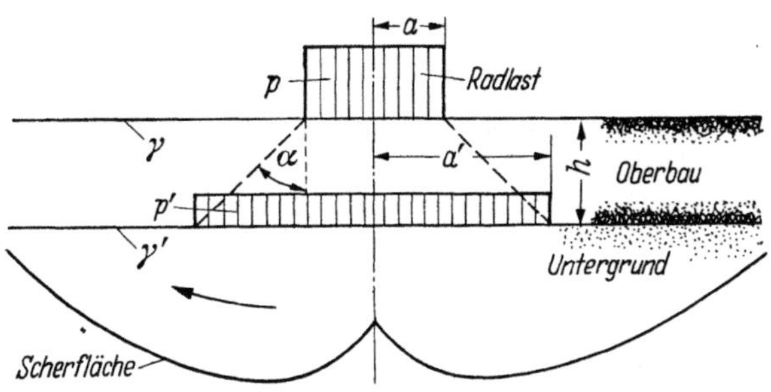

Abb. 276. Bemessungsverfahren nach GLOSSOP

Diese von TERZAGHI angegebene Tragfähigkeitsformel muß nach den Bezeichnungen der Abb. 276 noch etwas geändert werden, da es sich hier um einen in Schichten gelagerten Boden von zwei verschiedenen Raumgewichten γ und γ' handelt. Ferner ist $t_g = h$; $r = a'$, so daß die auf unseren Fall übertragene Tragfähigkeitsformel wie folgt aussieht:

$$p_{\text{zul}} = 1{,}3 \cdot \varkappa_c \cdot c + \varkappa_p \cdot \gamma \cdot h + 0{,}6 \cdot \varkappa_\gamma \cdot \gamma' \cdot a'.$$

Die Oberbaudicke h ist so zu bestimmen, daß die gleichmäßig verteilte Radlast p infolge einer Druckausbreitung im Oberbau unter dem Winkel α gegen die Lotrechte in der Trennungsschicht zwischen Untergrund und Oberbau eine ebenfalls vorausgesetzte Belastung p' ergibt, die kleiner sein muß als die sich nach

TERZAGHIs Tragfähigkeitsformel ergebende höchstzulässige Belastung p'_{zul}, damit eine Sicherheit $\mu = \frac{p'}{p_{zul}}$ in der Berechnung der Oberbaudicke vorhanden ist. Es ist

$$p' = \frac{p \cdot a^2 \cdot \pi}{(a + h \cdot \operatorname{tg} \alpha)^2 \cdot \pi} = \frac{a^2}{a'^2} \cdot p, \text{ wobei } a' = a + h \cdot \operatorname{tg} \alpha$$

$$p' < p_{zul} = 1{,}3 \cdot \varkappa_c \cdot c + \varkappa_p \cdot \gamma \cdot h + 0{,}6 \cdot \varkappa_\gamma \cdot \gamma' \cdot a'.$$

Aus dem Verhältnis $\frac{p'_{zul}}{p}$ ergibt sich ein Sicherheitsfaktor

$$\mu = \frac{1{,}3 \varkappa_c \cdot c + \varkappa_p \cdot \gamma \cdot h + 0{,}6 \cdot \varkappa_\gamma \cdot \gamma' (a + h \cdot \operatorname{tg} \alpha)}{p \cdot a^2} \cdot [a + h \cdot \operatorname{tg} \alpha]^2.$$

Diese Methode wird wenig angewendet, weil:

1. nicht ohne wesentliche Abänderungen eine Formel zur Bemessung der Tragfähigkeit von Fundamenten für die Bemessung der Tragfähigkeit des Untergrundes unter Straßendecken verwendet werden kann, da hier eine aus vielen Lastwechseln bestehende Belastung vorliegt, während die Tragfähigkeitsformeln für eine einmalige Lastaufbringung gelten,

2. die Annahme eines festgelegten Lastausbreitungswinkels ziemlich willkürlich ist.

5.55 Kansas-Methode

Eine in Kansas (VStA) viel verwendete Methode zur Bemessung von plastischen Fahrbahndecken beruht auf den Ergebnissen von Dreiachsialversuchen in Verbindung mit einer von BARBER vorgeschlagenen Formel, welche von der BOUSSINESQschen Setzungsgleichung

$$s = 1{,}5 \cdot \frac{p \cdot a}{E_2} \qquad \text{(s. S. 310)}$$

(für $\mu = 1/2$) ausgehend, für eine maximalzulässige Setzung folgenden Wert für die erforderliche Dicke der Fahrbahndecke liefert, dabei aber die größere Steifheit des Oberbaues gegenüber dem Untergrund berücksichtigt:

$$h = \sqrt{\left(\frac{3 \cdot P \cdot m \cdot n}{2 \pi E_2 \cdot s}\right)^2 - a^2} \cdot \sqrt[3]{\frac{E_2}{E_1}},$$

worin bedeuten:

h = erforderliche Oberbaudicke,
E_1 = Elastizitätsmodul der Tragschicht,
E_2 = Elastizitätsmodul des Unterbaues oder Untergrundes,
P = maximale Radlast ($= a^2 \cdot \pi \cdot p$),
m = vom Verkehrsvolumen abhängiger Verkehrskoeffizient,
n = auf der Niederschlagsmenge beruhender Sättigungskoeffizient,
a = Radius der Reifenaufstandsfläche,
s = maximal zulässige Einsenkung der Oberfläche (meist 2,5 mm, d. h. 0,1 inch).

Die in dieser Bemessungsgleichung enthaltenen Koeffizienten m und n ermöglichen eine Berücksichtigung der verschiedenen Verkehrsverhältnisse und klimatischen Bedingungen. Die Gleichung dient in erster Linie als Entwurfsgrundlage. Gleichzeitig eignet sie sich aber auch zur Ermittlung der höchstzulässigen Belastung bereits bestehender Straßen- und Flugplatzbefestigungen und hat somit eine besondere Bedeutung bei der Klassifizierung vorhandener Straßen auf Grund ihrer Belastbarkeit.

Dabei kann E_2, der Elastizitätsmodul des Untergrundes, aus einem Dreiachsialversuch als Durchschnittswert von 2 Versuchen bei einem Seitendruck von 0,7 und 2,1 kg/cm² (10 und 30 lb/sqi.) bestimmt werden. E_1 ist entweder ein Erfahrungswert oder wird durch Versuch bestimmt. Das Kansas Highway Departement hat aus bestehenden Straßen Proben in gestörtem als auch ungestörtem Zustand entnommen und damit Dreiachsialversuche durchgeführt und die oben angeführte Formel auf ihre Richtigkeit überprüft. Die Dreiachsialversuche gestatten die Ermittlung der Elastizitätsmoduli aus den Spannungs-Formänderungsdiagrammen als Quotient aus Drucksteigerung und zugehöriger spezifischer Setzung. Beobachtungen zeigten, daß der prozentuale Anteil von Fahrzeugen mit Schwerlasten an der Gesamtzahl der die Straße im Tag durchschnittlich passierenden Fahrzeuge ziemlich konstant war. Entscheidend war nur die tägliche Anzahl von Fahrzeugen auf der Straße, also das Verkehrsvolumen bezogen auf eine mittlere Radlast. Nachfolgende Tabelle gibt verschiedene Verkehrsbeiwerte m in Abhängigkeit vom Verkehrsvolumen:

Gesamtes tägliches Verkehrsvolumen (Fahrzeuge)	mittlere Radlast P_m (kg)	Verkehrsbeiwert m
1500 und mehr	4.080	1,0
900 ··· 1500	3.400	0,83
300 ··· 900	2.720	0,67
50 ··· 300	2.040	0,50

Bei der Anwendung der Kansas-Methode sollen alle Proben in gesättigtem Zustand geprüft werden, um einen direkten Vergleich für mehrere Bodenarten unter gleichen Bedingungen zu haben und um gleichzeitig ein Maß für die Festigkeit des Bodens im kritischsten Zustand zu erhalten. Um jedoch einer unwirtschaftlichen Überdimensionierung der Fahrbahndecke auszuweichen, wurden auf Grund ausgedehnter Untersuchungen Sättigungskoeffizienten n in Abhängigkeit von der durchschnittlichen jährlichen Niederschlagsmenge in die Formel für die Oberbaudicke eingeführt, so daß diese Methode in verschiedenen klimatischen Gebieten verwendet werden kann.

Niederschlagshöhe (m/m)	n
890 ··· 1150	1
760 ··· 889	0,9
635 ··· 759	0,8
510 ··· 634	0,7
380 ··· 509	0,6

Das Kansas-Verfahren stellt bei Verwendung der Koeffizienten, welche das Verkehrsvolumen (m) und die Niederschlagsmenge (n) berücksichtigen, eine Methode zur Bemessung plastischer Fahrbahndecken dar, die den vielerorts wechselnden Bedingungen gut angepaßt werden kann [*172, 177, 183, 184, 186, 187, 188, 189, 194, 196*].

5.6 Theoretische Bemessungsverfahren

5.61 Überblick

Die in dieser Gruppe zusammengefaßten Bemessungsverfahren haben eine mathematische Erfassung der Spannungen und Formänderungen sowohl in der Fahrbahnbefestigung selbst als auch in dem diese tragenden Untergrund zum Ziel. Solange keine plastischen Verformungen auftreten, führt diese Aufgabe auf ein Problem der Elastizitätstheorie. Da nun von allen Baustoffen der Beton in seinem elastischen Verhalten einer mathematischen Erfassung am zugänglichsten ist, sind die theoretischen Bemessungsverfahren in erster Linie für Fahrbahndecken mit Beton als Deckenbaustoff entwickelt worden. Die Aufgabe gliedert sich wie bei anderen statischen Bemessungsverfahren zunächst in die Ermittlung von Größe und Art der Belastung, in die Erfassung der elastischen und festigkeitstechnischen Eigenschaften des Deckenbaustoffes und schließlich in die Ermittlung der Auflagerbedingungen, die zugleich schwierigste Aufgabe.

5.62 Ermittlung von Größe und Art der Belastung

Die Angabe von Achslasten, wie es in der Straßenverkehrszulassungsordnung (StVZO) (s. S. 14) geschieht, ist natürlich für den Straßenbauingenieur vollkommen unzureichend. Es gilt die maximale Radlast zu ermitteln, also jene im ungünstigsten Lastfall auf ein Rad entfallende lotrechte und horizontale Maximallast, die von der Höhe des Schwerpunktes und dem Beschleunigungs- bzw. Bremsvermögen des Fahrzeuges, von der Fliehkraft und dem Straßenprofil abhängig ist. Da es sich größtenteils um dynamische Lasten handelt, spielen die Federung der Fahrzeuge, die Art der Radbereifung und schließlich die Unebenheit der Straßenoberfläche, besonders an den Fugen eine nicht zu übersehende Rolle bei der Feststellung der maximalen Radlast. Größe und Form der Radaufstandsflächen, die in erster Linie eine Funktion der Radlast und des Reifeninnendruckes sind, stellen bei den hier behandelten Bemessungsverfahren wichtige Faktoren dar. Wegen der gegenseitigen Beeinflussung mehrerer Radlasten ist auch die Kenntnis der Spurweiten, Radabstände bei Zwillingsradfahrgestellen und der Achsentfernung besonders bei Dreiachsern wichtig. Es ist aus der Vielzahl von Beeinflussungen ersichtlich, wie schwierig allein schon eine exakte Lastermittlung ist.

5.63 Erfassung der Eigenschaften der Baustoffe

Die Erfassung der Eigenschaften der Baustoffe in elastischer und festigkeitstechnischer Hinsicht ist die zweite, noch bedeutend schwierigere Aufgabe. Biegezugfestigkeit und Elastizität des Deckenbaustoffes müssen bekannt sein. Die Druckfestigkeit ist wegen des Zurückgehens nicht gummibereifter Fahrzeuge als Verkehrsmittel unbedeutend, wogegen der durch den Verkehr bewirkte Oberflächenabrieb, eine zeitliche Dickenabnahme, an Bedeutung zunimmt.

5.64 Ermittlung der Auflagerbedingungen

Die schwierigste Aufgabe besteht aber in der *Ermittlung der Auflagerbedingungen*. Der ein- oder mehrschichtig aufgebaute Straßenkörper lagert flächenhaft auf dem natürlich gewachsenen oder künstlich verdichteten Untergrund auf, dessen Festigkeitseigenschaften zu ermitteln Aufgabe der Bodenmechanik ist.

Die Einsenkung und die Spannung in einer elastischen Platte, die auf einer Flüssigkeit vom Raumgewicht γ schwimmt und unter dem Einfluß einer Einzellast steht, wurden bereits im Jahre 1884 von HEINRICH HERTZ rechnerisch ermittelt. WESTERGAARD hat in einer im Jahre 1926 erschienenen Arbeit diese Formeln für eine gleichmäßige, kreisförmige Belastung erweitert. Der Auftrieb auf die Sohle einer Platte, die um ein bestimmtes Maß in eine Flüssigkeit vom Raumgewicht γ eintaucht, beträgt $\gamma \cdot s \cdot$ (s = Setzung).

5.65 Bettungsziffer nach Westergaard

WESTERGAARD hat statt γ die sogenannte Bettungsziffer K eingeführt, die demnach die Dimension eines Raumgewichtes, also kg/cm³ besitzt. Er geht von der Annahme einer konstanten Bettungsziffer aus, d. h. er setzt einen Untergrund voraus, der so beschaffen ist, daß die Pressung zwischen Platte und Untergrund bzw. Unterbau proportional der Durchbiegung an dieser Stelle ist ($\sigma = K \cdot s$). In einer solchen Annahme liegt jedoch eine gewisse Näherung, da die tatsächliche Einsenkung eines Bodens nicht nur von der Bodenpressung, sondern auch von Form und Flächengröße der Platte abhängt. Die Ermittlung der Spannungen und Formänderungen erfolgt bei WESTERGAARD nach der Plattentheorie, wobei er drei maßgebende Lastfälle untersucht:

1. Lastangriff innerhalb bei großen Entfernungen von den Rändern.
2. Lastangriff am Rand bei genügender Entfernung von den Ecken.
3. Eckbelastung.

Die Mittenbelastung ist nicht der maßgebende Verkehrsfall. Bei Radstellung am Plattenrand treten stets und bei Radstellungen an der Plattenecke in vielen Fällen höhere Biegezugspannungen auf als bei Mittenbelastung. Während die Laststellungen in Plattenmitte und am Rand zu maximalen Biegezugspannungen an der Plattenunterseite führen, ergibt eine Laststellung an der Ecke Biegezugspannungen an der Plattenoberseite. Der Randbelastungsfall ist bei großen Radaufstandsflächen maßgebend, während bei kleineren Radaufstandsflächen eine größere Spannung bei Ecklast — also nicht bei Laststellung in Plattenmitte — auftritt.

Die von WESTERGAARD ermittelten Gleichungen für die maximale Zugspannung in einer Betonplatte infolge einer kreisförmig verteilten Radlast bei Laststellung 1. im Innern, 2. am Rand und 3. in der Ecke der Platte lauten:

$$1.\quad \sigma_i = \frac{0{,}275 \cdot P}{h^2} \cdot (1 + \mu) \log_{10}\left(\frac{E \cdot h^3}{K \cdot b^4}\right);$$

$$2.\quad \sigma_r = \frac{0{,}529 \cdot P}{h^2} \cdot [1 + 0{,}54\mu] \cdot \left[\log_{10}\left(\frac{E \cdot h^3}{K \cdot b^4}\right) - 0{,}71\right];$$

$$3.\quad \sigma_e = \frac{3P}{h^2} \cdot \left\{1 - \left[\frac{12\,(1-\mu^2) \cdot K}{E \cdot h^3}\right]^{0{,}15} \cdot \left[a\sqrt{2}\right]^{0{,}6}\right\}.$$

Darin bedeuten:

E = Elastizitätsmodul des Betons (210000 ··· 350000 kg/cm²),
μ = POISSON-Zahl des Betons (0,1 ··· 0,35),
h = Dicke der Betonplatte,
K = Bettungsziffer (kg/cm³),
P = Gesamte Radlast,
a = Radius eines der Kontaktfläche (Reifenaufstandsfläche) äquivalenten Kreises,
$b = \sqrt{1{,}6 \cdot a^2 + h^2} - 0{,}675h$, wenn $a < 1{,}724 \cdot h$,
$b = a$, wenn $a > 1{,}724h$;
σ_i = max. Zugspannung an der Unterseite im Platteninnern in der Lastachse,
σ_r = max. Zugspannung an der Unterseite entlang dem Plattenrand,
σ_e = max. Zugspannung an der Oberseite in Nähe der Ecke.

Die Plattensteifigkeit $l = \sqrt[4]{\dfrac{E \cdot h^3}{12\,(1-\mu^2) \cdot K}}$ ist ein in den Berechnungen häufig wiederkehrender Ausdruck. Die Durchbiegung (Einsenkung) für den Lastfall in Plattenmitte beträgt $s_i = \dfrac{P}{8\,Kl^2}$. Da diese Formeln auf einem Baugrundmodell nach der Bettungsziffertheorie beruhen, sind bei ihrer Anwendung folgende Einschränkungen zu machen:

1. Bei praktischen Belastungsversuchen fand man, daß die Bettungsziffer K von der Lastflächengröße abhängig ist. Lastplattenversuche zur Bestimmung des Wertes K mit verschiedenen Durchmessern zeigten eine Abhängigkeit der Bettungsziffer K vom Durchmesser; die Bettungsziffer ist nach der Halbraumtheorie proportional dem Durchmesser. Die Bestimmung von K erfolgt nach dem im Abschnitt „Lastplattenversuch" beschriebenen Verfahren. Jedoch zeigten Versuche, welche die Zulässigkeit der Annahme einer konstanten Bettungsziffer rechtfertigen sollten, daß innerhalb der Grenzen von $K = 3{,}5 \cdots 14$ kg/cm³, das entspricht einer Steifigkeitsänderung von 1,52 : 1, nur geringe Unterschiede in den maßgebenden Spannungen auftreten. Deshalb haben geringe Abweichungen von K keine entscheidende Auswirkung und ein mittlerer K-Wert genügt in der Regel, um die maßgebende Spannung genau genug zu bestimmen.

2. Den Sekundärspannungen infolge Temperatur und aus anderen Gründen (Schwinden, Kriechen) wurde keine große Beachtung geschenkt, obgleich diese zum Teil sehr viel größer sein können als jene infolge Radlasten, besonders in dicken Platten.

3. Der Untergrund wird nur in seiner Wirkung betrachtet, die er auf die Spannungen in der Betonplatte hat, ohne daß die Spannungen im Untergrund selbst ermittelt oder überprüft werden, welche natürlich die Festigkeit des Bodens überschreiten und zum Ausquetschen des Bodens führen können.

4. Die Bettungsziffer wurde als Konstante angenommen, obwohl trotz bester Verdichtung die Annahme einer über eine größere Fläche konstanten Bettungsziffer nicht gerechtfertigt ist. Die oben genannten Formeln sind nur so lange korrekt, als „a" der Radius der Reifenaufstandsfläche klein ist. Um die Spannungen auch unter größeren Kontaktflächen infolge größerer Radlasten ermitteln zu können, gab WESTERGAARD eine verbesserte Formel für die Spannungen σ_i' — allerdings nur für den Lastfall in Plattenmitte — an. Diese Laststellung ist bei Berücksichtigung der hinzukommenden Spannungen aus dem Temperaturgefälle und dem Temperaturwechsel für die Bemessung der Betonplatte maßgebend, da an den Plattenecken und -rändern der Einfluß der Temperatur auf die Spannungen nur gering ist.

$$\sigma_i' = \sigma_i + \frac{0{,}16\,(1 + \mu) \cdot P a^2}{h^3} \cdot \sqrt{\frac{K}{E \cdot h}}; \qquad a < l.$$

5.66 Abänderung der Westergaardschen Formeln

Verschiedene Versuche haben gezeigt, daß die tatsächlichen Spannungen sich wesentlich von den theoretischen nach WESTERGAARD errechneten unterscheiden können. So hat SPARKES gezeigt, daß die Spannung bei Eckbelastung so groß sein kann, wie sie sich nach der Gleichung für den Kragbalken ergibt, wenn man annimmt, daß im ungünstigsten Fall die Ecke der Platte nicht auf dem Untergrund aufliegt. Dieser Fall kann bei schlecht oder ungenügend verdichteten Sandböden auftreten, bei denen infolge der Verkehrsstöße an den Ecken sich nachträglich eine Verdichtung des Untergrundes bildet. In diesem Fall und ebenso bei Krümmung der Platte infolge Temperaturänderung haben die Plattenränder an der Ecke kaum noch eine Stützung, so daß die Platte als Kragträger beansprucht wird (Abb. 277). Der Bruch kann dann in $\overline{AB}$ erfolgen.

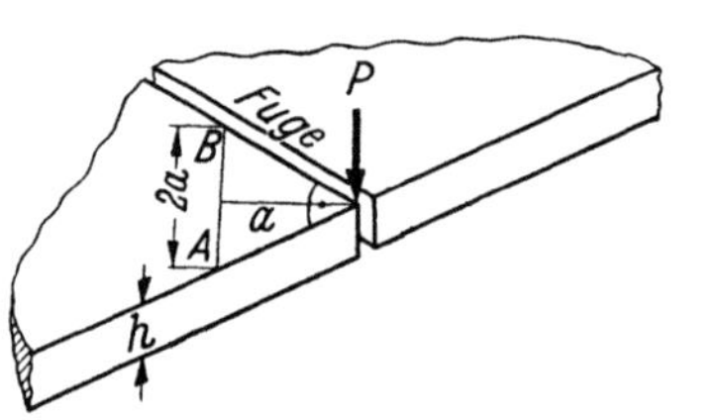

Abb. 277. Berechnung einer Ecke als Kragbalken

$$M = P \cdot a; \quad W = \frac{h^2 \cdot 2a}{6} = \frac{a \cdot h^2}{3}; \quad \sigma_{\max} = \frac{M}{W} = \frac{3P}{h^2}.$$

Die in diesem Fall erforderliche Plattenstärke beträgt: $h = \sqrt{\frac{3P}{\sigma_{zul}}}$.

Die Beanspruchung wird aber durch Reibung zwischen den Plattenrändern in der Fuge oder durch Verdübelung beträchtlich vermindert. Durch Verdübelung kann die Hälfte der Last auf das Nachbarfeld übertragen werden, wodurch die erforderliche Plattendicke auf $h = \sqrt{\frac{1{,}5\,P}{\sigma_{zul}}}$ verringert wird. Solche hohe

Spannungen sind jedoch äußerst selten und deshalb nimmt man an, daß die tatsächlich auftretenden Spannungen zwischen den Extremwerten der Gleichung

$$\sigma_e = \frac{3P}{h^2} \cdot \left\{1 - \left[\frac{12 \cdot (1-\mu^2) \cdot K}{E \cdot h^3}\right]^{0,15} \cdot [a\sqrt{2}]^{0,6}\right\}$$

und der Gleichung $\sigma_e = \frac{3P}{h^2}$ liegen.

Die vorhandenen Randspannungen σ_r liegen ebenfalls höher als die theoretischen von WESTERGAARD ermittelten Werte. TELLER und SUTHERLAND leiteten aus den Ergebnissen ausgedehnter Versuchsreihen nachfolgende Abänderungen der WESTERGAARDschen Formeln für die Eck- und Randspannung ab:

$$\sigma_e = \frac{3P}{h^2} \cdot \left\{1 - \left[\frac{12 \cdot (1-\mu^2) \cdot K}{E \cdot h^3}\right]^{0,3} \cdot [a\sqrt{2}]^{1,2}\right\},$$

$$\sigma_r = \frac{0,529\,P}{h^2} \cdot [1 + 0,54 \cdot \mu] \cdot \left[\log_{10}\left(\frac{E \cdot h^3}{K \cdot b^4}\right) + \log_{10}\left(\frac{b}{1-\mu^2}\right) - 1,0792\right].$$

Die tatsächlichen Spannungen infolge Radbelastung im Inneren der Platte sind dagegen niedriger als die ursprünglich von WESTERGAARD angegebenen Werte. In einer Veröffentlichung (Public Roads Vol. 14) vom Jahre 1933 hat WESTERGAARD selbst eine Verbesserung der alten Formel für die in Plattenmitte auftretenden Spannungen angegeben, die darauf beruht, daß die Bodenreaktion pro Flächeneinheit sich um die Lastachse konzentriert, d. h. daß die Bettungsziffer K nicht konstant ist, sondern um die Lastachse zunimmt. Folglich muß eine Reihe von Verbesserungen der Spannungsformel durchgeführt werden, die in der Nähe der Last eine Zunahme der Bodenreaktion und eine Abnahme derselben in größerer Entfernung von der Lastachse berücksichtigen. Die von WESTERGAARD abgeänderte Formel lautet:

$$\sigma_i = \frac{0,275 \cdot P}{h^2} \cdot [1 + \mu] \cdot \left[\log_{10}\left(\frac{E \cdot h^3}{K \cdot b^4}\right) - 54,54\left(\frac{l}{L}\right)^2 \cdot Z\right],$$

worin bedeuten:

L = Größtwert des Radiusvektors vom Mittelpunkt des Lastangriffs, innerhalb dessen die Verbesserung gemacht wird;

Z = Verhältnis der Reduktion der maximalen Durchbiegungen;

$l = \sqrt[4]{\frac{E \cdot h^3}{12\,(1-\mu)^2 \cdot K}}$ = Radius der Plattensteifigkeit.

Die experimentelle Bestimmung von L und Z ist von TELLER und SUTHERLAND angegeben worden. Beide Werte sind mit der Decken- und Untergrundsteifigkeit veränderlich. Sofern aber solche Bedingungen nicht bekannt sind, schlagen sie für $Z = 0,2$ und für $L = 5l$ vor.

In der Abbildung 278 sind die Biegezugspannungen σ_r in Abhängigkeit von der Plattendicke h bei verschiedenen Steifigkeitsbedingungen $\frac{E_1}{E_2}$ dargestellt. Um eine Unabhängigkeit vom gewählten Maßsystem zu erhalten, werden die Biegezugspannungen in der Plattenunterseite σ_r als Verhältniswert $\frac{\sigma_r}{\sigma_0}$ zur Radpressung σ_0 im logarithmischen Maßstab aufgetragen, die Plattendicke h als Verhältnis h/a zum Radius des Reifenaufstandskreises. Die Elastizitätsmoduli des Plattenbaustoffes E_1 und des Untergrundes E_2 wurden im Verhältnis $\frac{E_1}{E_2}$ als Parameter eingeführt.

Wie schon früher erwähnt, ergab sich aus Lastplattenversuchen eine bisweilen ausgeprägte Abhängigkeit der Bettungsziffer vom verwendeten Plattendurchmesser, zum Teil eine strenge Proportionalität, die bei Annahme eines elastisch isotropen Untergrundes vorhanden ist. Dies gab Veranlassung, Bemessungsverfahren für Betondecken einzuführen, die den elastisch isotropen Halbraum als Untergrund anstelle der bisherigen Bettungszifferlagerung voraussetzen. Gleichzeitig mit der Annahme der Halbraumtheorie wurde auch die Plattentheorie, welche die Dickenänderung der Platte vernachlässigte, verlassen und an ihre Stelle trat die strenge Elastizitätstheorie der Rotationskörper, d. h. die sogenannte dicke Platte. Während bei der Bettungszifferlagerung nur lotrechte Spannungsübertragung vorausgesetzt wurde, wird bei Berechnung der Platte auf dem Halbraum sowohl schubspannungsfreie Druckübertragung als

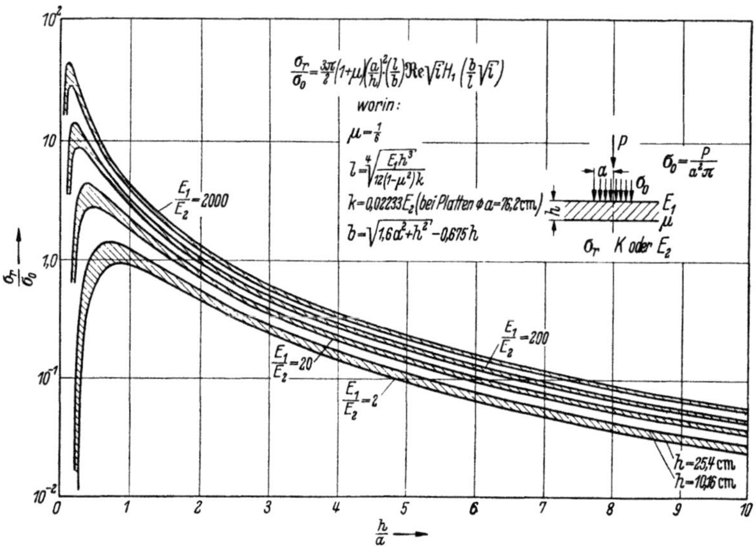

Abb. 278. Zugspannung in Plattenunterkante (nach WESTERGAARD)

auch jene bei Beachtung der Schubspannung in der Auflagerfläche und darunter berücksichtigt. Alle Bemessungsverfahren, die eine Plattenlagerung auf einem elastisch-isotropen Halbraum oder solchen Schichten voraussetzen, befassen sich nur mit der unendlich ausgedehnten Platte, wodurch ein zentralsymmetrischer Lastfall vorliegt. Die bei Bettungszifferlagerung behandelten Laststellungen am Rand und an der Ecke der Platte sind für die Plattenlagerung auf einem elastisch-isotropen Halbraum noch nicht gelöst.

Dieser Fall, die Lagerung einer dicken Platte auf einem elastisch isotropen Halbraum, auch als sogenanntes „Zweischichtensystem" bezeichnet, wurde zuerst von TERAZAWA 1914 in Tokio für Einzellastangriff gelöst. MELAN (1918), MARGUERE (1933) und PASSER (1935) lösten dieses Problem bei Einführung verschiedener Randbedingungen. Die Erweiterung von der Einzellast zur kreisförmigen Flächenlast erfolgte durch BURMISTER. Während aber BURMISTER nur die Durchbiegungen numerisch ausgewertet hat, wurden die Spannungen erst später durch FOX, HANK und SCRIVNER zahlenmäßig festgehalten und in Diagrammen graphisch dargestellt, ähnlich den graphischen Bemessungskurven von WESTERGAARD [*178, 182, 190, 191*].

5.67 Platte und Untergrund als Zweischichtensystem

Die in einem Zweischichtensystem, bestehend aus einer mehr oder weniger elastischen in der Horizontalen unbegrenzten Platte und dem darunter liegenden

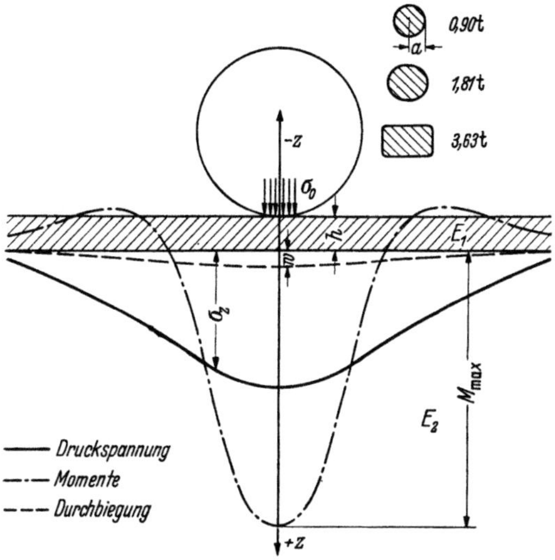

Abb. 279.
Platte und Untergrund als Zweischichtensystem

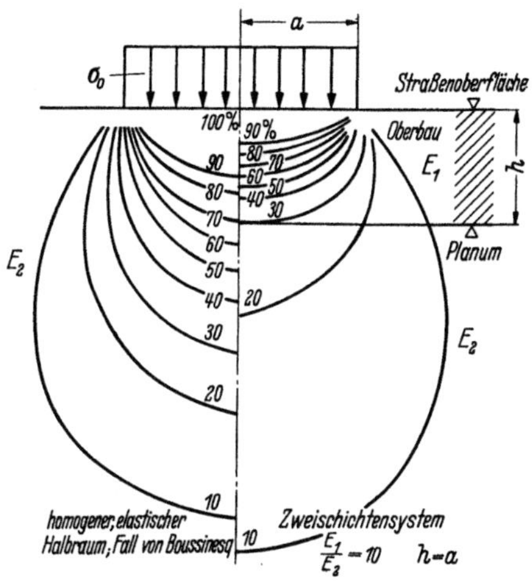

Abb. 280. Verlauf der Isobaren unter einer Radlast (Druck in % der Oberflächenbelastung)

Untergrund, auftretenden Formänderungen, berechnete BURMISTER mit Hilfe der Elastizitätstheorie. Die Belastung besteht aus einer über eine Kreisfläche als gleichmäßig verteilt angenommenen Radlast. Die Zwischenschicht zwischen Platte, also Fahrbahndecke und Untergrund, ist entweder reibungslos oder vollkommen rauh. Die Berechnung erstreckte sich auf die mathematische Ermittlung der vertikalen Setzung an der Oberfläche in der Lastachse bei einer vollständig rauhen Zwischenschicht und für die verschiedensten E-Modulverhältnisse $\frac{E_1}{E_2}$ der Tragschicht zum Untergrund sowie für verschiedene Plattendicken. Um eine dimensionslose graphische Darstellung zu erhalten, werden auf der Abszisse nur die Verhältniswerte h/a (Plattendicke zu Lastkreisradius) aufgetragen. Die Ordinate zeigt den Setzungsfaktor F_s. Die Setzung in der Lastachse beträgt (Abb. 281)

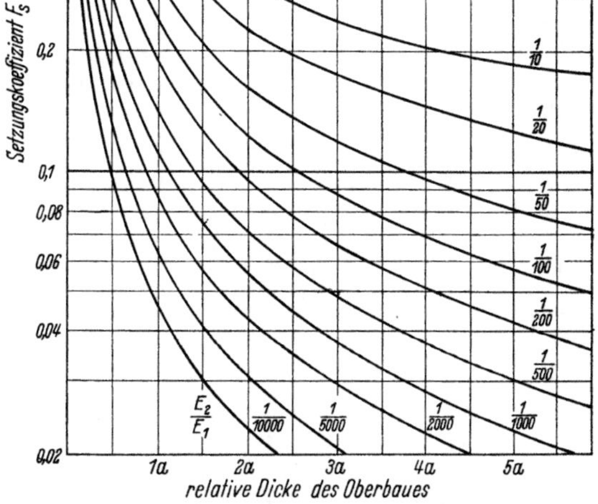

Abb. 281. Der Setzungsfaktor F_s in Abhängigkeit von der relativen Dicke $h = na$ des Oberbaues

$$s = 1{,}5 \cdot \frac{\sigma_0 \cdot a}{E_2} \cdot F_s,$$

worin bedeuten:

F_s = Setzungsfaktor,
s = Setzung in Lastachse,
σ_0 = Reifenaufstandspressung kg/cm^2,
a = Radius der Reifenaufstandsfläche,
E_2 = Elastizitätsmodul des Untergrundes.

5.68 Bemessungsverfahren nach Burmister

BURMISTER [*197*, *198*] schlug ein Bemessungsverfahren vor, welches die Ergebnisse seiner Untersuchungen über Setzungen und Spannungen zweischichtiger Systeme verwenden sollte. Eine graphische Darstellung der Abhängigkeit der Spannungen von den Verhältnissen h/a und E_1/E_2 ähnlich derjenigen von WESTERGAARD wurde später von FOX, HANK und SCRIVENER ebenfalls in

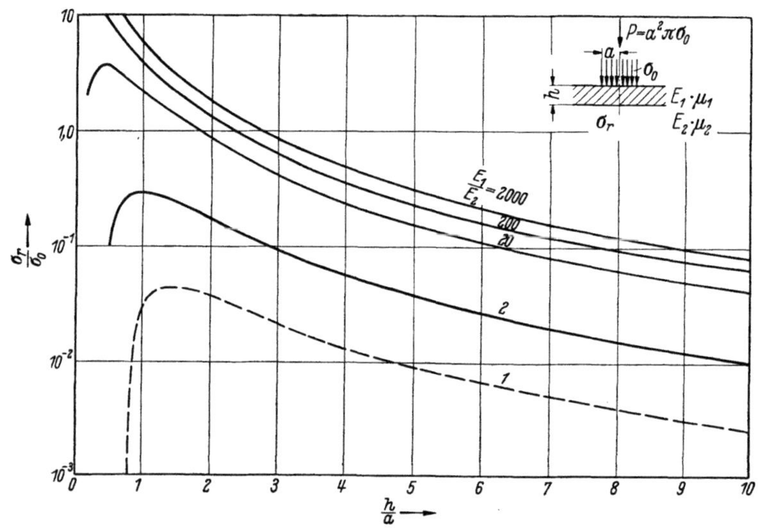

Abb. 282. Zugspannung in Plattenunterkante nach BURMISTER

dimensionsloser Form angegeben (s. Abb. 282). Während BURMISTER die erforderliche Dicke der Platte in Abhängigkeit von einer höchstzulässigen Setzung ermittelt, sind seine Studien von FOX, HANK und SCRIVENER so ausgewertet worden, daß sie die Oberbaudicke wie WESTERGAARD von den in Plattenunterkante auftretenden Spannungen abhängig machen. BURMISTER erweiterte sein Bemessungsverfahren auch auf den Fall des dreischichtigen Systems, nunmehr aus Betondecke, Tragschicht und Untergrund bestehend. Während die Dicke der Betonplatte von der Radlast und den sekundären Spannungen bestimmt wird, ist die Tragschicht so zu bemessen, daß die Setzung unter der Radlast auf 1,25 mm beschränkt ist oder auf einen anderen erfahrungsmäßig bedingten Wert.

Aber auch auf plastische Fahrbahndecken kann BURMISTERs Schichtentheorie angewendet werden. Verschleiß- und Tragschicht stellen die obere Schicht, der Untergrund die untere Schicht dar. Die Dicke der oberen Schicht wird dadurch bestimmt, daß die Setzung unter einer Radlast auf einen höchstzulässigen Wert begrenzt wird, dessen Größe erfahrungsgemäß bestimmt wird. BURMISTER empfiehlt für plastische Decken eine zulässige Setzung von 5 mm

(0,2 inch). Der Elastizitätsmodul des Untergrundes ist über Lastplattenversuche oder aus Druckversuchen bei unbehinderter Seitenausdehnung oder Triaxialversuchen zu bestimmen.

5.69 Kritik am Verfahren

1. Das den Untergrund, zum Teil auch das die Fahrbahndecke bildende Material ist weit davon entfernt, ideal elastische Eigenschaften zu zeigen; das Verfahren geht also von einer stark idealisierten Annahme aus.

2. Die Wahl eines Wertes für die höchstzulässige Setzung ist sehr willkürlich. Daß die Fahrbahndecke bei Überschreitung dieser als zulässig erachteten Setzung auch tatsächlich bricht, bleibt nur eine Annahme.

3. Das Bemessungsverfahren von BURMISTER kennt keine Koeffizienten, welche den wiederholten Lastwechsel berücksichtigen.

Die Zwei- oder Mehrschichtentheorie bleibt, obgleich sie auch zu Bemessungszwecken unmittelbar verwendet werden kann, in erster Linie doch theoretische und wissenschaftliche Grundlage für neue noch zu entwickelnde Verfahren.

Die Verteilung aller Spannungen in einem Zweischichtensystem wurden für $a/h = 1$ und $E_1/E_2 = 1 \cdots 100$ für eine vollkommen rauhe Zwischenschicht zwischen Fahrbahn und Untergrund bei $\mu = {}^1/_2$ aufgestellt. Abbildung 280 zeigt Spannungszwiebeln, d. h. die Kurven gleichen Vertikaldruckes, die in die obere Schicht konzentriert sind, und zwar um so mehr, je größer das Verhältnis E_1/E_2 der Elastizitätsmoduli von Tragschicht zu Untergrund ist. In der linken Seite ist der Verlauf der Linien gleicher lotrechter Normalspannungen für den BOUSSINESQschen Fall $\frac{E_1}{E_2} = 1$ gegeben.

Alle vorgenannten Arbeiten haben als gemeinsames Ziel, die größte Biegezugspannung in der Plattenunterkante in der Lastachse angeben zu können. Da aber auch der Einfluß von außerhalb der Lastachse stehenden, gleichzeitig wirkenden Lasten berücksichtigt werden soll, müssen auch jene Spannungen in Plattenunterkante, die von außerhalb der Lastangriffsachse auf der Platte stehenden Radlasten verursacht werden, bekannt sein. Für den Fall der Bettungszifferlagerung gab schon WESTERGAARD Diagramme zur Ermittlung solcher zusätzlichen Spannungen an.

Ausgedehnte Versuchsreihen über den Einfluß, den Form und Größe der Reifenaufstandsflächen auf die Biegezugspannung in Plattenunterkante und damit auf die Plattendicke h haben, ergaben, daß sich die Form der Aufstandsfläche mit zunehmender Radlast ändert. Bei niedrigen Radlasten ist die Aufstandsfläche nahezu ein Kreis, wird bei zunehmender Radlast elliptisch, mit dem größeren Halbmesser parallel zur Fahrtrichtung, und ist bei größeren Radlasten als 2 t von der Form eines Rechtecks mit abgerundeten Ecken. Für noch wesentlich größere Lasten kann die Abrundung vernachlässigt werden und die Form der Reifenaufstandsfläche wird zu einem Rechteck [*156*, *175*, *177*, *195*, *197*].

5.7 Verfahren von Pickett und Ray

5.71 Entwicklung von Einflußtafeln

Während bei allen bisherigen Verfahren dieser Reihe nur der Einfluß einer kreisförmigen Last untersucht werden konnte, *entwickelten* PICKETT und RAY auf Veranlassung des amerikanischen Portland-Zement-Verbandes im Jahre 1950 *Einflußtafeln*, die von den Studien WESTERGAARDS an der dünnen Platte auf Federunterlage ausgehend ebenso für den elastisch-isotropen Halbraum als

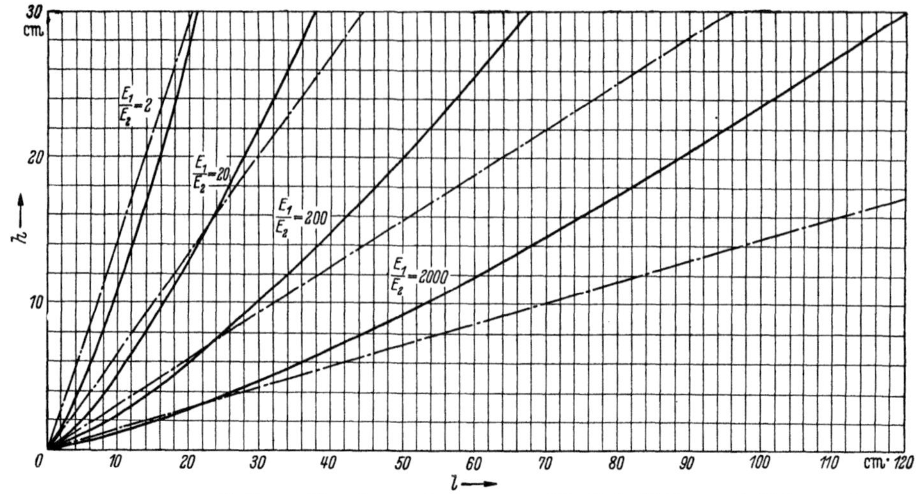

——————Bettungszifferuntergrund, —·—·—·— Elastischer Halbraum als Untergrund

Abb. 283. Zusammenhang zwischen der charakteristischen Länge l und der Plattendicke h

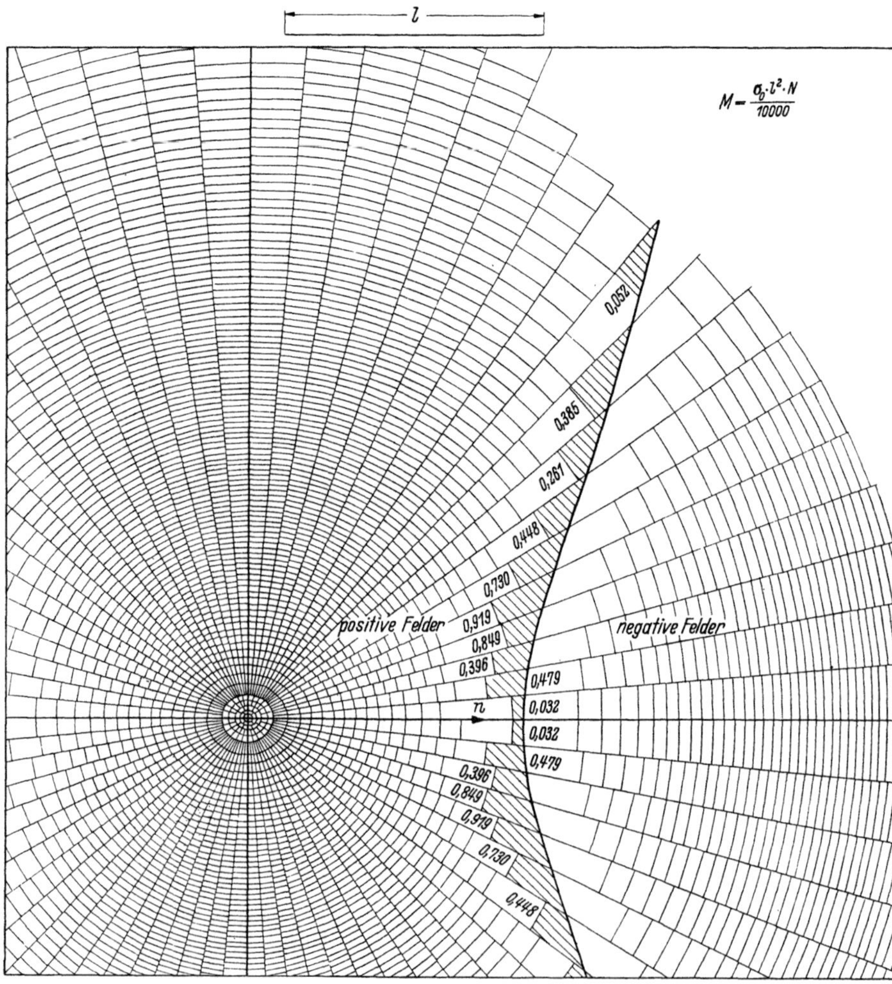

Abb. 284. Einflußkarte in der Lastachse, Halbraum $M = \frac{\sigma_0 \cdot l^2 \cdot N}{10000}$, $l = \sqrt[3]{\frac{2D}{K}}$

Unterlage erweitert wurden. Sie gestatten für einen bestimmten Punkt den Einfluß einer beliebigen Lastfläche zu ermitteln. Die von PICKETT und RAY aufgestellten Einflußflächen sind für das Biegemoment und damit auch zur Ermittlung der Biegezugspannung der Platte und für die Einsenkung ausgearbeitet. Sie berücksichtigen einmal die Bettungszifferlagerung, wobei sie die Lastfälle Mitte, Rand und Ecke und einen in bestimmtem Abstand vom Rand liegenden Bezugspunkt unterscheiden. Zum anderen sind sie für elastisch-isotrope

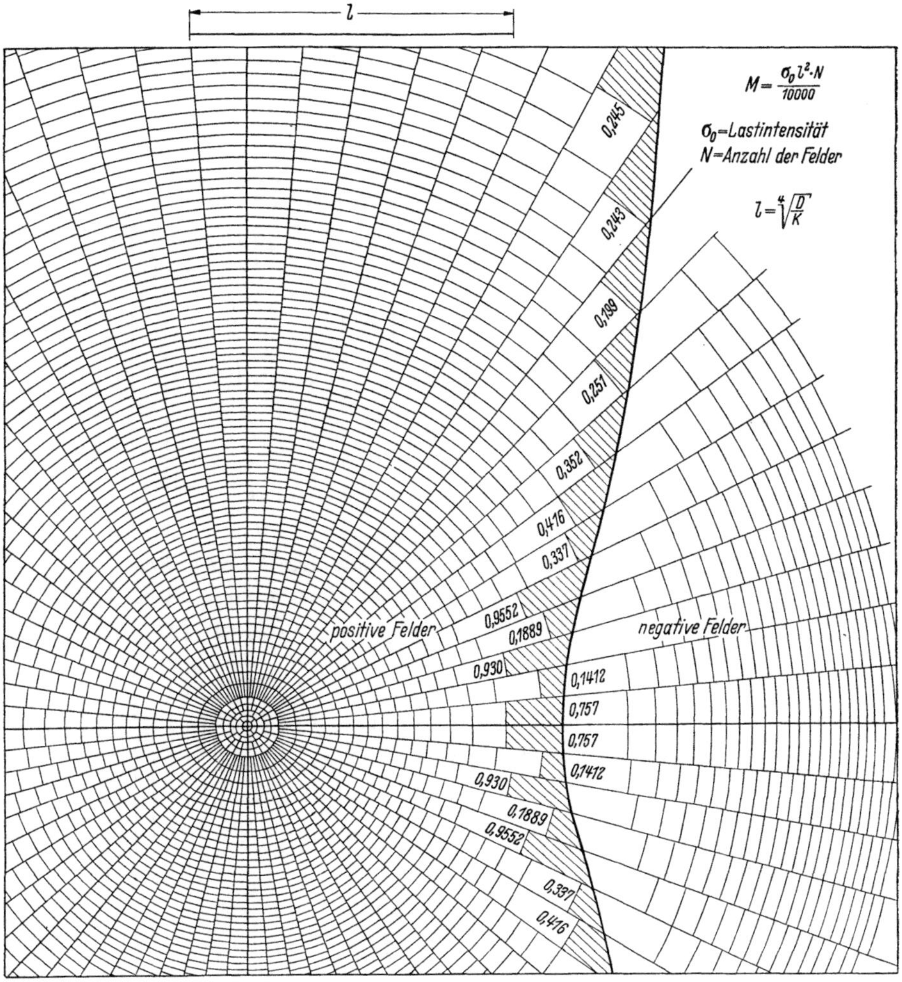

Abb. 285. Einflußkarte in der Lastachse, Bettungsziffer $M = \frac{\sigma_0 \cdot l^2 \cdot N}{10000}$, $l = \sqrt[4]{\frac{D}{K}}$

Halbraumlagerung aufgestellt, wobei allerdings nur der zentrische Lastfall maßgebend sein kann, weil die anderen Lastfälle — wie schon früher erwähnt — für die Halbraumlagerung noch nicht untersucht sind. Es handelt sich dabei um Einflußtafeln, die auf dem Überlagerungsprinzip beruhen. Der zu erfassende Rauminhalt kann nur durch Flächen dargestellt werden. Dies geschieht in der Weise, daß auf der Grundfläche ein Rasternetz dergestalt gezeichnet wird, daß das Produkt aus Rasterflächenanteil und Abstand zur Einflußfläche konstant bleibt. Um sich nicht die Mühe zu machen, für jeden zu untersuchenden Fall eine Einflußtafel entwickeln zu müssen, sind von PICKETT und RAY für eine bestimmte charakteristische Länge l Tafeln für die maßgebenden Laststellungen aufgestellt worden. Die charakteristische Länge l (auch als Radius der Plattensteifigkeit bezeichnet) ist von der Plattendicke h, dem Elastizitätsmodul E und der POISSON-Zahl μ des Betons, sowie von der Bettungsziffer K abhängig und beträgt für den Fall der Bettungszifferlagerung $l = \sqrt[4]{\frac{D}{K}}$, für den Fall der Halbraumlagerung $l = \sqrt[3]{\frac{2\,D}{K}}$, worin bedeuten:

K = Bettungsziffer, N = Anzahl der Felder,

$$D = \frac{E_1 \cdot h^3}{12(1-\mu^2)}.$$

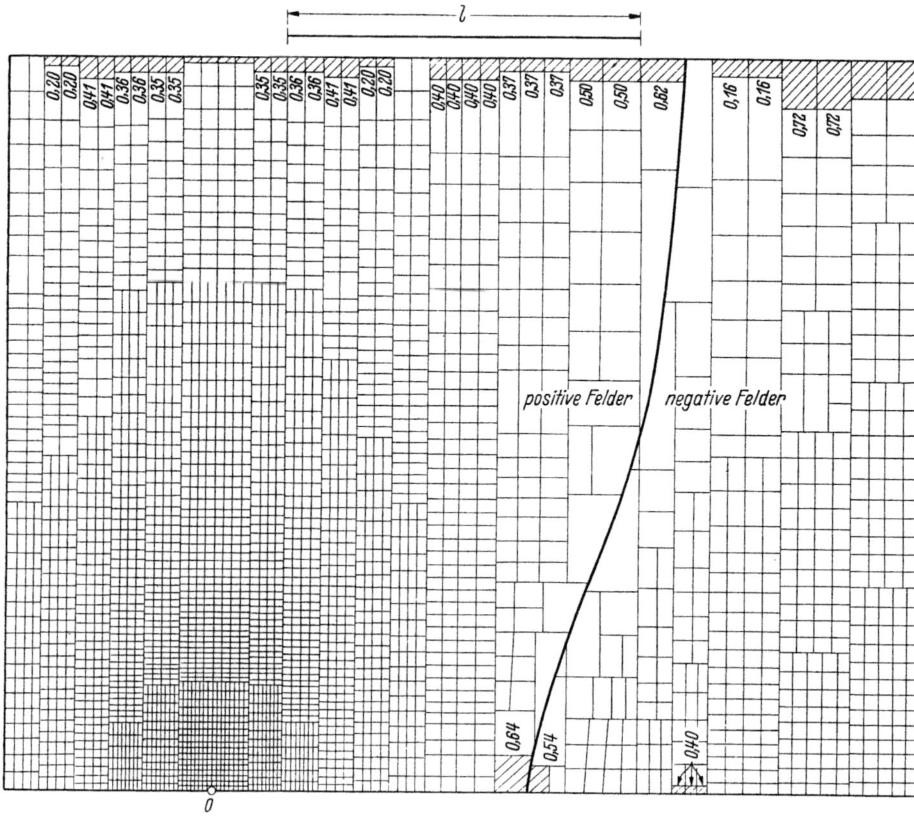

Abb. 286. Einflußkarte, Randbelastung bei O $M = \frac{\sigma_0 \cdot l^2 \cdot N}{10000}$, $l = \sqrt[4]{\frac{D}{K}}$

Dieser Hilfswert D wird Durchbiegungsmodul genannt. Die Größe der charakteristischen Länge l wird in die Einflußkarten eingezeichnet. Abbildung 283 zeigt den Zusammenhang zwischen der charakteristischen Länge l und der Plattendicke.

Abb. 284. Einflußkarte bei zentrischer Laststellung im Innern der Platte, die auf einem elastischen isotropen Halbraum als Untergrund ruht, für die in der Lastachse auftretenden Momente:

$$M = \frac{\sigma_0 \cdot l^2 \cdot N}{10000}, \qquad l = \sqrt[3]{\frac{2\,D}{K}}.$$

Abb. 285. Einflußkarte bei zentrischer Laststellung AA auf einer Platte, die auf Bettungszifferuntergrund ruht, für die in der Lastachse auftretenden Momente

$$M = \frac{\sigma_0 \cdot l^2 \cdot N}{10000}, \qquad l = \sqrt[4]{\left(\frac{D}{K}\right)}.$$

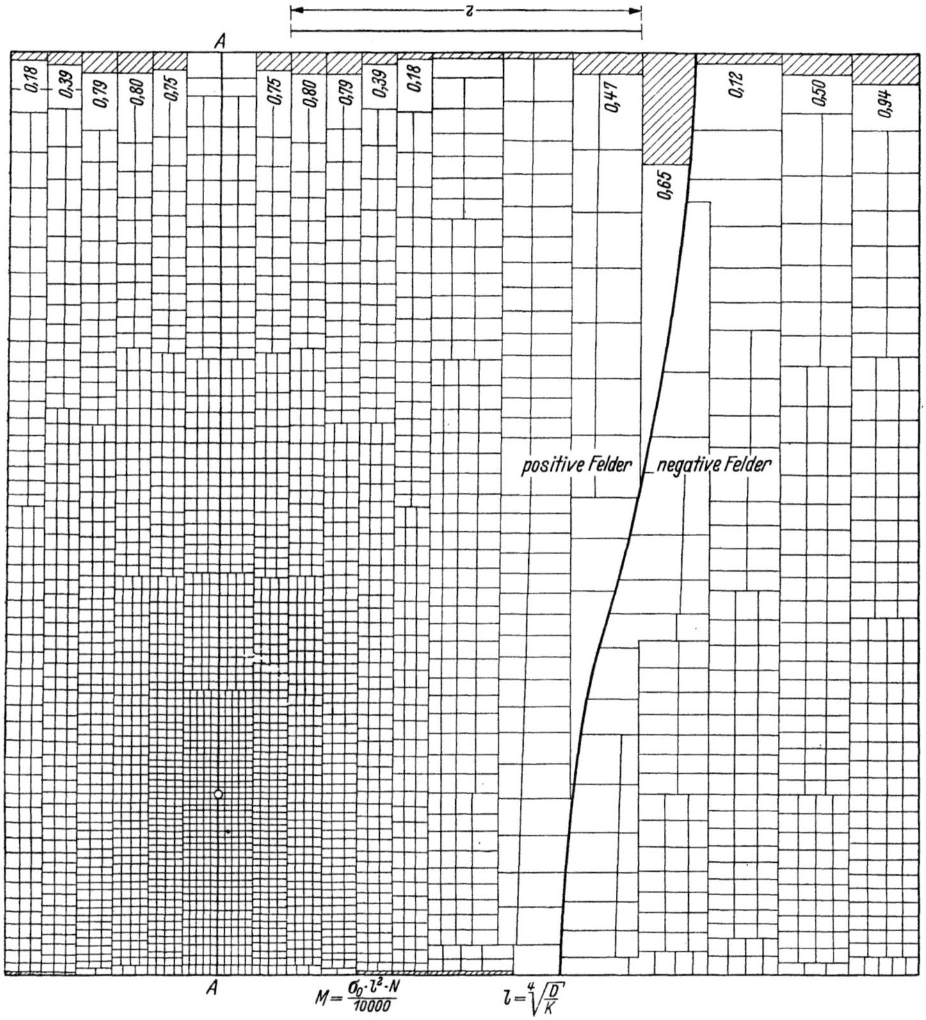

Abb. 287. Einflußkarte, Radstellung parallel zum Rand im Abstand 0,5 l vom Rand $M = \frac{\sigma_0 \cdot l^2 \cdot N}{10000}$, $l = \sqrt[4]{\frac{D}{K}}$

Abb. 286. Einflußkarte für die am Rand in der Lastachse auftretenden Momente infolge Randbelastung

$$M = \frac{\sigma_0 \cdot l^2 \cdot N}{10000}, \qquad l = \sqrt[4]{\left(\frac{D}{K}\right)} \text{ (Bettungszifferlagerung).}$$

Abb. 287. Einflußkarte für die in Lastachse auftretenden Momente bei Radstellung im Punkt 0, und zwar parallel zum Rand und im Abstand 0,5l vom Rand

$$M = \frac{\sigma_0 \cdot l^2 \cdot N}{10000}, \qquad l = \sqrt[4]{\left(\frac{D}{K}\right)} \text{ (Bettungszifferlagerung).}$$

5.72 Auswertung der Einflußkarten

Belastungsversuche mit Platten von verschiedenen Durchmessern, die jeweils bei gleicher Sohlspannung in den Boden gedrückt werden, zeigen, ob sich der Unterbau oder der tragfähige Untergrund mehr nach der Bettungsziffer- oder der Halbraumtheorie verhalten, und zwar je nachdem, ob die verschiedenen Lastplatten gleich tief oder dem Durchmesser der Lastplatten proportional einsinken. In den meisten Fällen liegen die natürlichen Böden zwischen beiden Extremwerten, so daß die bei beiden Lagerungsarten erhaltenen Spannungswerte interpoliert werden können. Dies ist allerdings nur für Belastung in Plattenmitte möglich, da nur in diesem Fall Vergleichsmöglichkeit zwischen Bettungsziffer- und Halbraumlagerung besteht. Für den entsprechenden Untergrund wird die charakteristische Länge l bestimmt, für Bettungszifferuntergrund ist sie $l = \sqrt[4]{\left(\frac{D}{K}\right)}$, für Halbraumlagerung $l = \sqrt[3]{\left(\frac{2\,D}{K}\right)}$, worin $D = \frac{E_1 \cdot h^3}{12 \cdot (1 - \mu^2)}$ als Durchbiegungsmodul bezeichnet wird. Das Verhältnis der auf der entsprechenden Einflußkarte eingezeichneten charakteristischen Länge l zu der-

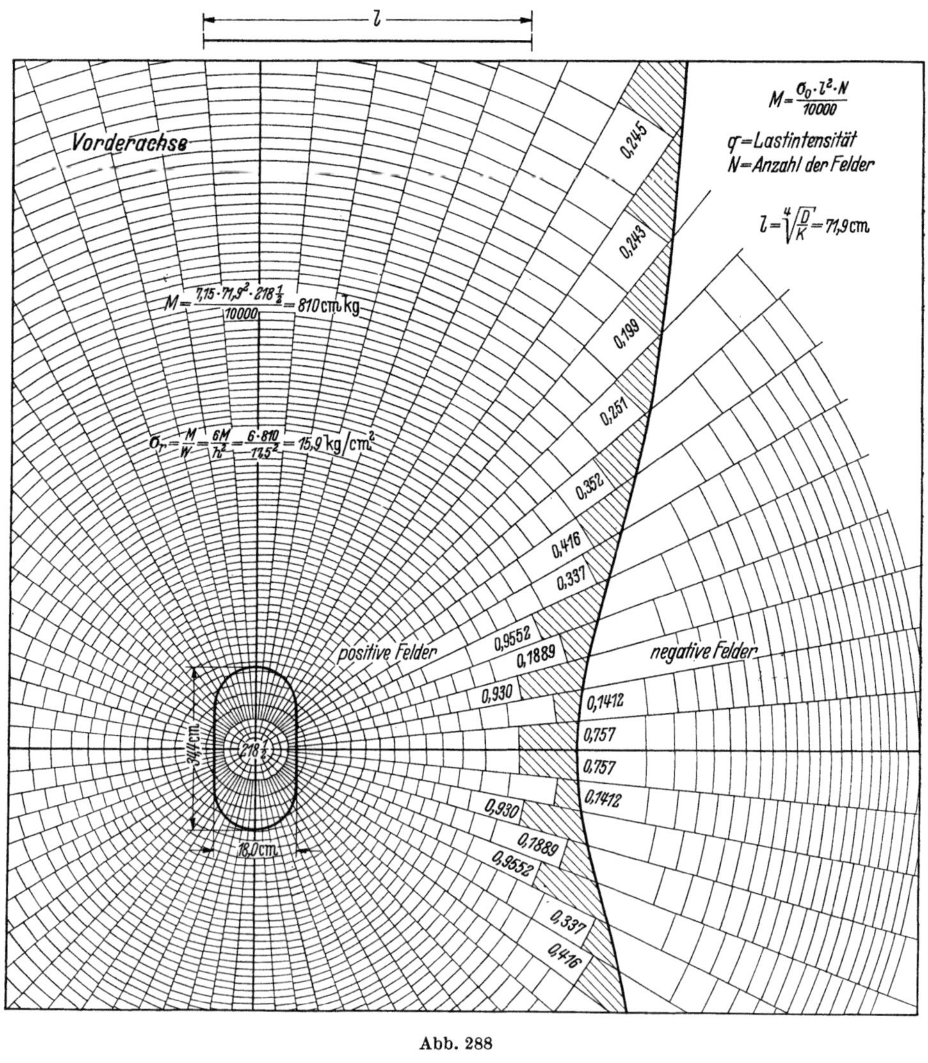

Abb. 288

jenigen mittels vorgenannter Formeln errechneten ist zugleich der Maßstab, in welchem die Reifenaufstandsflächen zu zeichnen sind. Die Radaufstandsflächen werden in dem erhaltenen Maßstab auf Transparentpapier gezeichnet und dieses wird so auf die Einflußtafeln gelegt, daß die Anzahl der von der Umrißlinie der Aufstandsfläche eingeschlossenen Felder der Einflußkarte ein Maximum wird; d. h. das Zentrum einer Aufstandsfläche kommt auf Punkt 0 zu liegen. Die von den Aufstandsflächen bedeckten Felder werden abgezählt und die Anzahl der negativen Felder von der Anzahl der positiven Felder abgezogen, weil negative Felder Biegezugspannungen in der Plattenoberseite ergeben. Wenn Felder von der Umrißlinie der Aufstandsfläche geschnitten werden, muß der von der Aufstandsfläche bedeckte Teil geschätzt werden. Ist N die Anzahl der bedeckten Felder, σ_0 die Pressung in den Aufstandsflächen und l die charakteristische Länge der Platte, dann ergibt sich für das Biegemoment die nachfolgende Formel:

$$M = \frac{\sigma_0 \cdot l^2 \cdot N}{10000} \text{ kg} \cdot \text{cm/cm (mt/m)}.$$

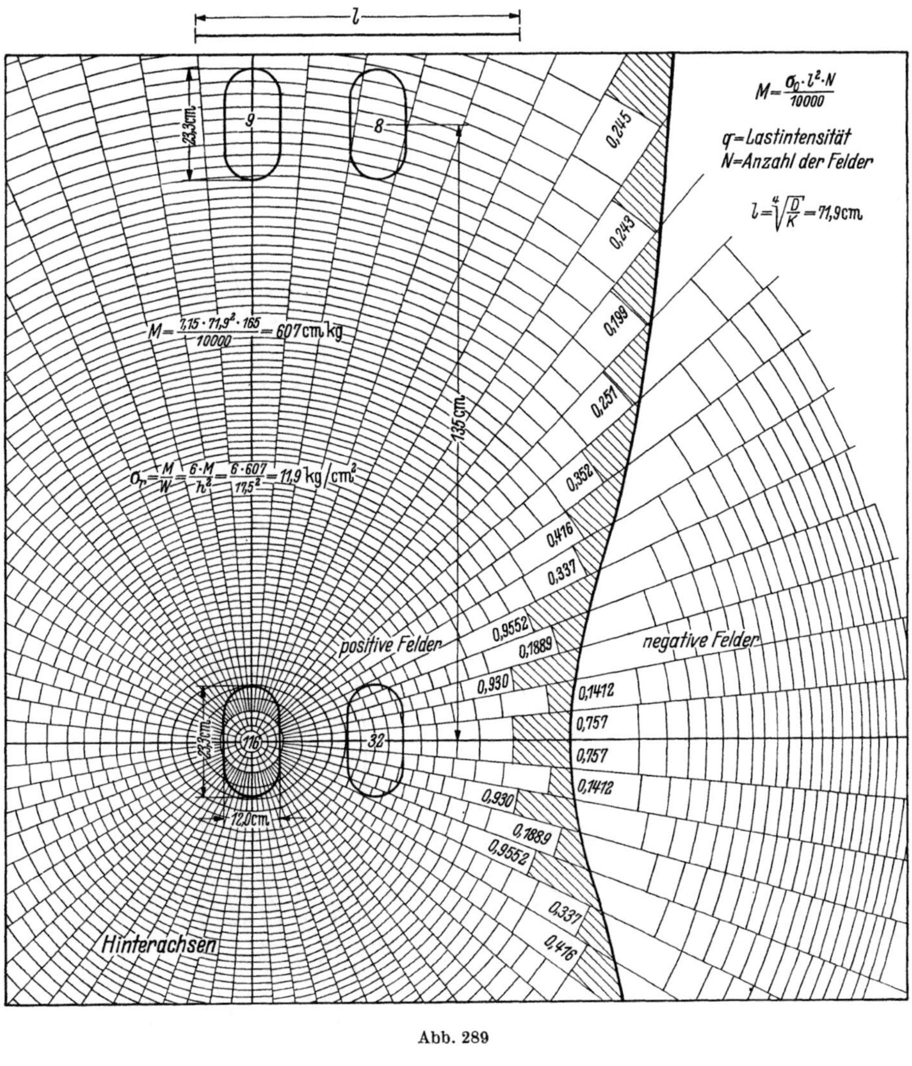

Abb. 289

Die vorhandene Biegezugspannung beträgt, wenn das Widerstandsmoment pro Breiteneinheit $W = \frac{h^2}{6}$ ist:

$$\sigma_r = \frac{M}{W} = \frac{6 \cdot \sigma_0 \cdot l^2 \cdot N}{10000 \cdot h^2} \text{ kg/cm}^2.$$

Es muß ausdrücklich darauf hingewiesen werden, daß die hier angeführten Biegezugspannungen nur von der Verkehrsbeanspruchung stammen und die infolge Temperaturgefälle, -wechsel, Schwinden und Kriechen auftretenden Nebenspannungen von zum Teil erheblicher Größe noch zu den Verkehrsspannungen hinzukommen, ehe eine Gegenüberstellung mit den höchstzulässigen Biegezugspannungen (Biegezugfestigkeit geteilt durch Sicherheit) der Betonfahrbahn erfolgen kann.

5.73 Berechnungsbeispiel

Ein Beispiel für die Bemessung der Dicke einer Betonfahrbahn infolge Belastung durch einen Dreiachs-Lastkraftwagen möge die Anwendung der Einflußtafeln von PICKETT und RAY veranschaulichen.

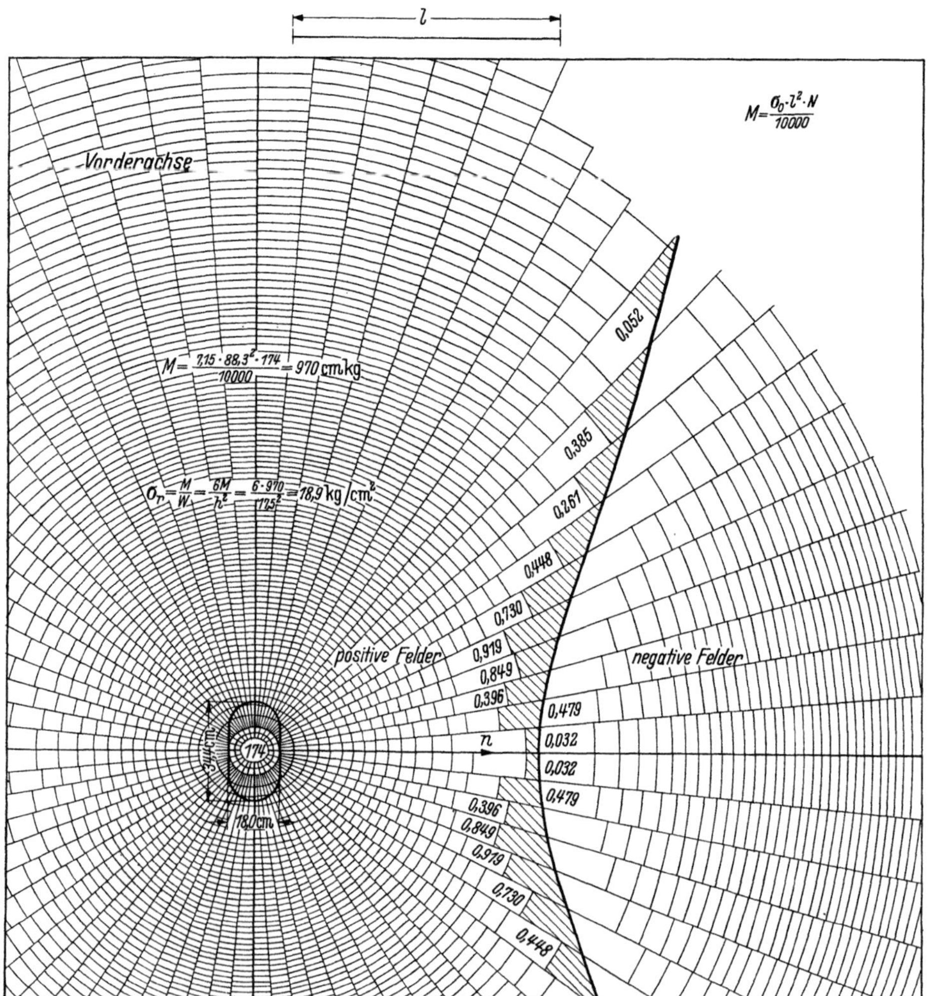

Abb. 290

Lastkraftwagen: Dreiachser mit 3,5 bzw. 1,35 m Achsabstand, Spurweite 1,70 m; die Hinterräder sind doppelt. Pressung zwischen Reifen und Straße, sogenannter Reifenaufstandsdruck = 1,1mal Reifeninnendruck. $\sigma_0 = 6{,}5 \cdot 1{,}1 = 7{,}15\ \text{kg/cm}^2$; $E_1 = 3 \cdot 10^5\ \text{kg/cm}^2$; $E_2 = 3 \cdot 10^2\ \text{kg/cm}^2$; Dicke der Betonfahrbahn $h = 17{,}5$ cm; $\mu_1 = {}^1/_6$; $\mu_2 = {}^1/_2$; $K = 6{,}7\ \text{kg/cm}^3$. Um eine Gegenüberstellung für Bettungsziffer- und Halbraumlagerung zu erhalten, werden beide Fälle betrachtet (s. Abb. 288 ··· 291).

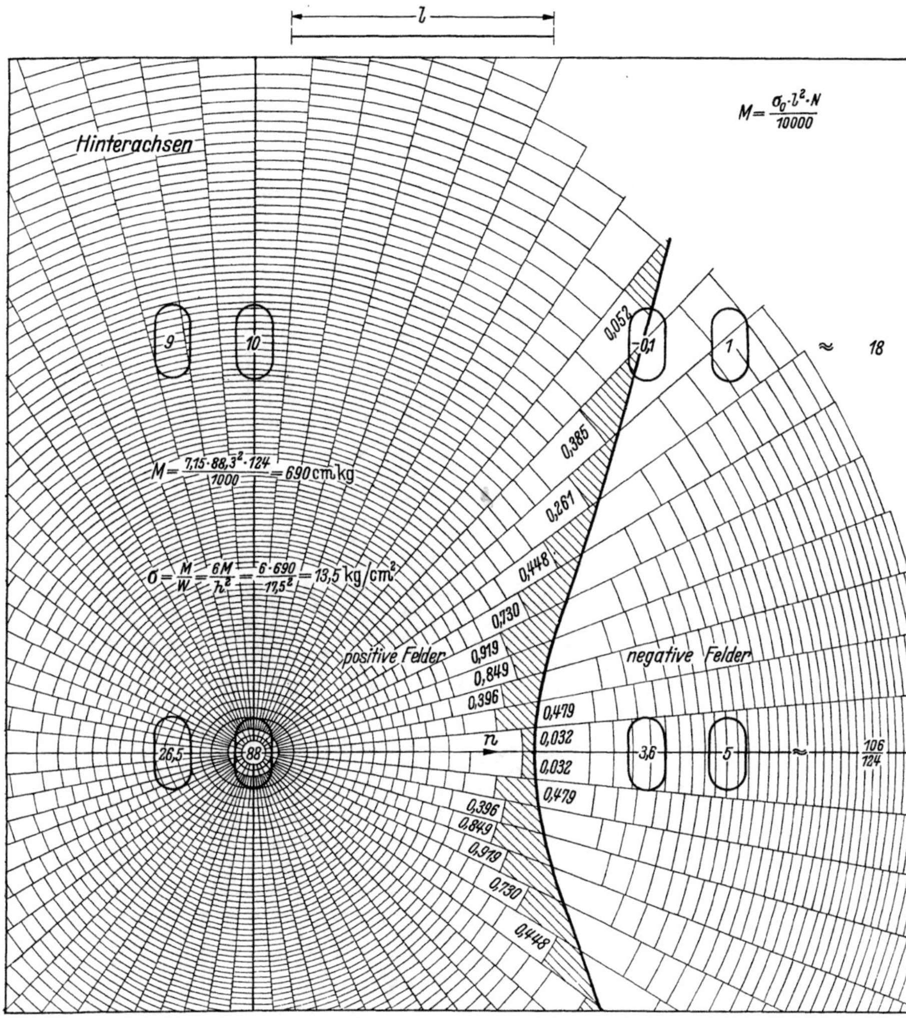

Abb. 291

5.731 Bettungszifferlagerung

$$l = \left(\frac{D}{K}\right)^{1/4} = \sqrt[4]{\frac{E_1 \cdot h^3}{12\,(1-\mu^2)\cdot K}} = 71{,}9\ \text{cm},$$

Vorderrad: $N = 218^1/_2$

$$M = \frac{7{,}15 \cdot (71{,}9)^2 \cdot 218{,}5}{10\,000} = 810\ \text{kg} \cdot \text{cm},$$

$$\sigma_r = \frac{M}{W} = \frac{6 \cdot M}{h^2} = \frac{6 \cdot 810}{(17{,}5)^2} = 15{,}9\ \text{kg/cm}^2;$$

Hinterräder: $N = 165$; $M = \dfrac{7{,}15 \cdot (71{,}9)^2 \cdot 165}{10000} = 607\ \mathrm{kg} \cdot \mathrm{cm}$,

$$\sigma_r = \frac{607 \cdot 6}{(17{,}5)^2} = 11{,}9\ \mathrm{kg/cm^2}.$$

5.732 Halbraumlagerung

$$l = \sqrt[3]{\left(\frac{2D}{K}\right)} = 88{,}3\ \mathrm{cm};$$

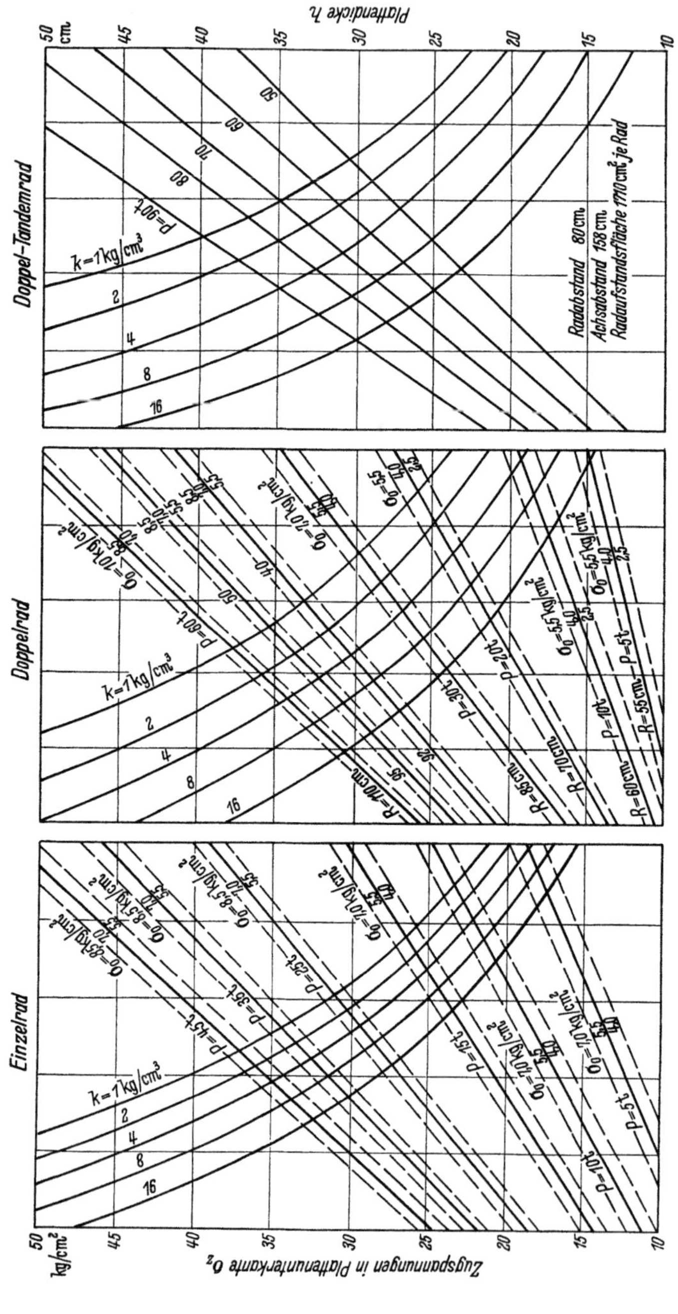

Abb. 292 a – c. Bemessungstafeln für Betondecken

$E = 281\,000\ \mathrm{kg/cm^2}$,

$\mu = 1/6$,

P = Radlast bei Einzelrad bzw. Last je Fahrgestell (nicht Achslast) in t,

R = Radabstand bei Doppelrädern,

K = Bettungsziffer,

σ_0 = Reifenaufstandspressung

$$\text{Vorderrad: } N = 174;\ M = \frac{7{,}15 \cdot (88{,}3)^2 \cdot 174}{10000} = 970\,\text{cm}\cdot\text{kg};\ \sigma_r = 18{,}9\,\text{kg/cm}^2;$$

$$\text{Hinterräder: } N = 124;\ M = \frac{7{,}15 \cdot (88{,}3)^2 \cdot 124}{10000} = 690\,\text{kg}\cdot\text{cm};$$

$$\sigma_r = \frac{690 \cdot 6}{(17{,}5)^2} = 13{,}5\,\text{kg/cm}^2.$$

Die größeren Spannungen ergeben sich nach der Halbraumtheorie mit $\sigma_r = 18{,}9$ kg/cm² unter dem Vorderrad und 13,5 kg/cm² unter einem Hinterrad.

Als Aufstandsfläche verwenden PICKETT und RAY die sich für größere Radlasten ergebende Rechteckform mit halbkreisförmigen Begrenzungen. Sie wählen die Breite etwa zu 6/10 der Länge der Reifenaufstandsfläche. Somit sind durch die Angabe von Achslast, Achs- und Radanzahl sowie des Reifeninnendrucks die Aufstandsfläche in Größe und Form leicht zu ermitteln, die dann im Maßstab des Verhältnisses der charakteristischen Längen aufgezeichnet werden. Damit kann die maximale Feldanzahl N ermittelt werden, die von den Radaufstandsflächen bedeckt wird.

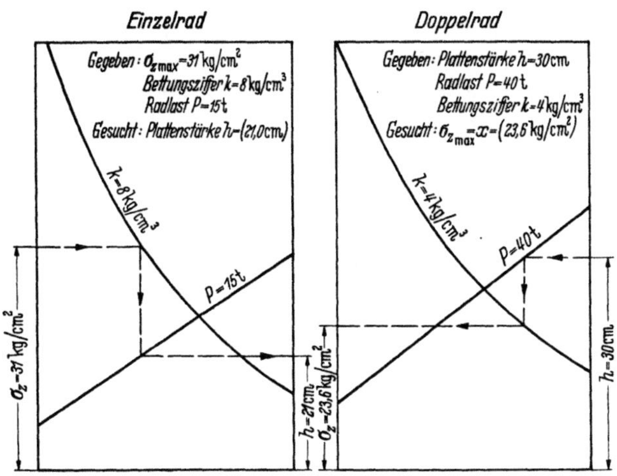

Abb. 293. Darstellung der Anwendungsmöglichkeiten des Bemessungsdiagramms nach Abb. 292a–c

Der amerikanische Portland-Zement-Verband hat Bemessungstafeln für die Betondecken bei Belastung durch verschiedene Fahrgestelltypen wie Einzel-, Doppel- und Doppeltandemräder durch Auswertung der von PICKETT und RAY aufgestellten Einflußtafeln veröffentlicht. Leider sind sie nur für Bettungszifferlagerung vorhanden. Die in Abb. 292a ··· c gezeigten drei Bemessungstafeln für Betondecken sind in metrisches Maßsystem umgezeichnet. Für eine gegebene zulässige Spannung im Beton kann mit Hilfe dieser Tafeln für jede Belastung die erforderliche Dicke der Betondecken abgelesen werden, wenn der Elastizitätsmodul des Betons $E = 281\,000$ kg/cm² und die POISSON-Zahl $\mu = 0{,}15$ betragen.

Diese Tafeln können im Betonstraßenbau ebenso Verwendung finden, wie für die Bemessung von Startbahndecken aus Beton. Entscheidend ist die Größe der maximalen Radlast P, die in allen drei Tafeln als Parameter eingeführt ist, wobei in zwei Tafeln, nämlich für Einzel- und Doppelradbelastung jeweils drei verschiedene Reifenaufstandspressungen σ_0 angegeben sind.

Die vorstehenden Darstellungen (Abb. 293, 292) zeigen die Anwendungsmöglichkeit obiger Bemessungsdiagramme [*179*].

5.8 Verfahren zur Berechnung der Tragfähigkeit von Fahrbahndecken von G. Wilson und J. Williams

Sämtliche bisherigen theoretischen Bemessungsverfahren setzen voraus, daß ein Bruch in der Fahrbahndecke vor dem Eintreten plastischer Bereiche im Untergrund durch Überschreiten der höchstzulässigen Biegezugspannung in der Betonplatte erfolgt. Obgleich dies wenigstens bei den dicken Betondecken auch meistens der Fall ist, ist es dennoch vorwiegend bei dünnen Decken möglich, daß im Untergrund oder Unterbau unter der belasteten Platte an manchen Stellen plastische Bereiche auftreten, indem dort die zulässigen Scherspannungen überschritten werden. Bisher wurde lediglich der Einfluß des Untergrundes auf die Biegezugspannungen in der Betonplatte beachtet, während die infolge Auflagerung der Platte auf dem Untergrund und der damit verbundenen Lastübertragung im Boden auftretenden Spannungen überhaupt nicht berücksichtigt wurden. So konnte der Eintritt plastischer Bereiche im Boden zu einem Nachgeben der Unterlage führen; dies hatte aber ein starkes Anwachsen der Biegezugspannungen in der Platte zur Folge, verbunden mit einem endgültigen Bruch.

Wilson und Williams haben 1950 eine Methode zur Berechnung der Tragfähigkeit von starren und plastischen Fahrbahndecken veröffentlicht, welche auf der Theorie der elastischen Mehrschichtsysteme von Burmister und auf der Coulombschen Bruchbedingung $\tau = c + \sigma \cdot \operatorname{tg} \varrho$ aufgebaut ist. Graphische Darstellungen ermöglichen eine direkte Ablesung der erforderlichen Deckendicke h, wenn die Belastung und die physikalischen Eigenschaften sowohl des Decken- als auch des Untergrundmaterials bekannt sind.

5.81 Grundlagen dieser Bemessungsmethode

Nach der Mehrschichtentheorie Burmisters sind die in der Plattenunterkante in Lastachse auftretenden Biegezugspannungen maßgebend für die Tragfähigkeit der oberen Schicht. Zwei Fälle wurden beachtet, einmal für vollkommen zusammenhängende Schichten ohne Relativbewegung in der Zwischenfläche gegeneinander, zum anderen für eine vollkommen reibungslose Zwischenfläche, d. h. die Zwischenfläche ist von Scherspannungen frei. Fox wertete die Arbeit von Burmister weiter aus und stellte für die in Plattenunterkante in der Lastachse auftretenden Biegezugspannungen σ_z Diagramme auf, die von der Annahme ausgingen, daß das Deckenmaterial und der Untergrund elastisch sind und die Radlast gleichmäßig über eine Kreisfläche verteilt ist (Abb. 294). Dabei wurde vorausgesetzt, daß Untergrund und Decke in der Zwischenfläche vollkommen zusammenhängen. Die Abb. 295 zeigt auf der Ordinate die zulässigen Werte von $\frac{\sigma_0}{\sigma_z}$, wenn der Bruch der Betonplatte vor dem Eintreten plastischer Bereiche im Untergrund erfolgt. Dabei bedeuten σ_0 den über die Reifenaufstandsfläche gleichmäßig verteilten Raddruck in kg/cm²; σ_z = die in Plattenunterkante in der Lastachse auftretende Zugspannung. Auf der Abszisse kann, wenn σ_z die maximal zulässige Biegezugspannung in der Plattenunterkante bei einer Belastung σ_0 bedeutet, die erforderliche Plattendicke h abgelesen werden, die nötig ist, um einen Bruch der Decke zu verhindern. Um ein dimensionsloses Schaubild zu erhalten, sind auf der Ordinate die Verhältniswerte $\frac{\sigma_0}{\sigma_z}$

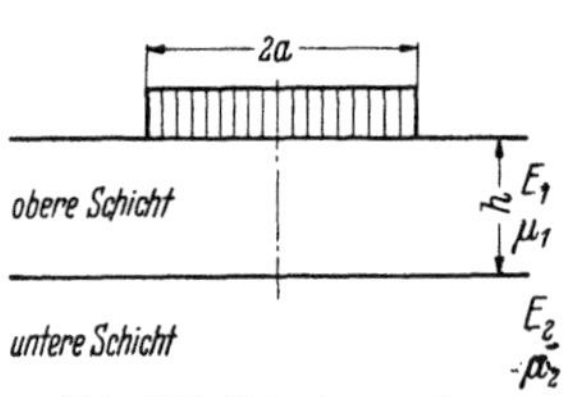

Abb. 294. Belastungsschema nach FOX

und auf der Abszisse die Verhältnisse h/a aufgetragen. Man erhält also für ein bestimmtes Zweischichtensystem, ausgedrückt durch den Parameter E_1/E_2 bei gegebenen Größen σ_0 und σ_z die Plattendicke h in Abhängigkeit vom Radius der Lastfläche a. Bisher wurde vorausgesetzt, daß der Bruch in der Platte lediglich durch Überschreiten der zulässigen Biegezugspannung infolge zu großer Verkehrslast bei tragfähigem Untergrund eintritt. Wenn man die Festigkeit des Untergrundes nicht näher betrachtet, ist es in der Natur auch möglich, daß die Platte bricht, wenn die Tragfähigkeit des Untergrundes oder Unterbaues überschritten wird.

WILSON und WILLIAMS gingen davon aus, daß der Bruch solcher Decken zwei ganz verschiedene Ursachen haben kann:

1. Die Zugspannung an der Plattenunterseite überschreitet infolge Oberflächenbelastung der Decke die Zugfestigkeit des Deckenmaterials. Dies ist meist bei Betondecken der Fall und führt nach dem Bruch der Decke letzten Endes zu einer Überbelastung des Untergrundes und damit zum vollkommenen Bruch.

2. Oder die Tragfähigkeit des Untergrundes wird durch das Auftreten plastischer Bereiche im Boden zuerst überschritten, gekennzeichnet dadurch, daß die COULOMBsche Gleichung $\tau_{zul} = c + \sigma \cdot \mathrm{tg}\,\varrho$ an irgendeinem Punkt der Symmetrieachse der Lastfläche innerhalb des Untergrundes erfüllt ist. Dies aber verursacht ebenfalls den Bruch der Decke. Es kann also nötig sein, die Plattendicke h zu vergrößern, um eine Überbeanspruchung des Untergrundes zu verhindern. Folglich dürfen in keiner der beiden Schichten die zulässigen Spannungen für das jeweilige Schichtmaterial überschritten werden.

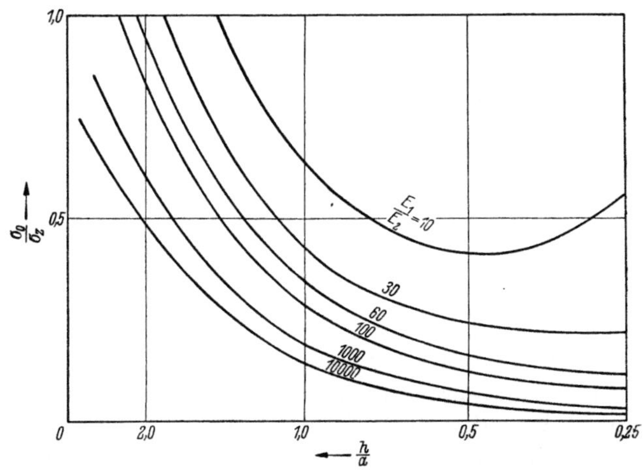

Abb. 295. Schaulinien für Biegezugspannung σ_z für Plattenunterkante in der Lastachse, wenn Deckenbaustoff und Untergrund elastisch sind und die Radlast gleichmäßig über Kreisfläche verteilt ist. Untergrund und Decke hängen in der Zwischenfläche vollkommen zusammen

Die Spannungen im Untergrund selbst entstehen aus zwei Ursachen. Einmal aus der auf die Oberfläche aufgebrachten Belastung, zum anderen aus dem Eigengewicht des Bodens und der Decke. Die Spannungen aus der Verkehrslast sind durch FOX gegeben. Um die Spannung aus dem Eigengewicht der darüberliegenden Schichten angeben zu können, ist die Annahme eines Ruhedruckkoeffizienten λ_0 für den Untergrund erforderlich. Der Koeffizient λ_0 ist das Verhältnis der horizontalen zur vertikalen Spannung in einem Punkt des Bodens. Für den Fall $c = 0$, d. h. für einen kohäsionslosen Untergrund wird der in die Berechnung eingeführte Wert des Ruhedruckkoeffizienten λ_0, der wahrscheinlich mit der Tiefe wächst, für die kritische Tiefe angegeben. Für $\varrho = 0$, d. h. für einen rein bindigen Boden erfolgt die Einführung eines neuen Parameters χ, der durch die Gleichung $\sigma_h = \sigma_v + \chi \cdot 2c$ definiert ist, worin σ_h und σ_v die horizontalen und vertikalen Spannungen in einer unbelasteten Schicht sind. χ ist variabel zwischen $+1$ und -1.

Bei Betrachtung eines beliebigen Punktes der Symmetrieachse der Lastfläche addiert man die Spannungen aus beiden Lastfällen. Die resultierende Vertikalspannung ergibt sich zu

$$\sigma_{vr} = \sigma_I \cdot \sigma_0 + \sigma_v;$$

die resultierende Horizontalspannung beträgt:

$$\sigma_{hr} = \sigma_{III} \cdot \sigma_0 + \sigma_h.$$

In diesen Formeln bedeuten σ_I und σ_{III} die Vertikal- bzw. Horizontalspannung im Boden pro Einheit des Raddruckes. σ_v, σ_h sind die vorher im Boden herrschenden Spannungen. Aus der COULOMBschen Gleichung $\tau = c + \sigma \cdot \operatorname{tg} \varrho$ folgt,

$$\text{da } \tau_{\max} = \frac{\sigma_{vr} - \sigma_{hr}}{2} \quad \text{und} \quad \sigma_{\max} = \frac{\sigma_{vr} + \sigma_{hr}}{2};$$

$$\frac{\sigma_{vr} - \sigma_{hr}}{2} = c + \frac{\sigma_{vr} + \sigma_{hr}}{2} \cdot \operatorname{tg} \varrho.$$

Durch Einführung der obenstehenden Werte für σ_{vr} und σ_{hr} in die COULOMBsche Gleichung erhält man jenen Wert von σ_0, der den maximal zulässigen Raddruck angibt, für den der Bruch gerade eintritt. Um eine vollkommen sichere Bemessung zu erreichen, wird die größere der beiden aus den Diagrammen erhaltene Plattendicke verwendet. Die Werte für c, σ_0 und σ_z erscheinen in den Tafeln in der Form $\frac{c}{\gamma \cdot a}$, $\frac{\sigma_0}{\gamma \cdot a}$ und $\frac{\sigma_z}{\gamma \cdot a}$, um dimensionslose Kurventafeln zu erhalten, die eine wesentlich vereinfachte Plattenbemessung ermöglichen.

WILSON und WILLIAMS stellten eine ganze Reihe von solchen Kurventafeln auf, und zwar für verschiedene Werte von $\frac{E_1}{E_2}$,

a) 5 Tafeln für die Verhältnisse $E_1/E_2 = 10$, 100, 300, 600 und 1000; $\varrho = 0$, $\chi = 0$ und 1 bzw. $\lambda_0 = 1$ und max;

b) 3 Kurvenscharen für je zwei Werte von λ_0, und zwar $\lambda_0 = 0{,}5$ und $\lambda_0 = 0{,}75$ für die Verhältnisse $E_1/E_2 = 10$, 60, 100;

c) 2 Kurvenscharen für je zwei Werte von ϱ und zwar für $\varrho = 37{,}5°$, $\varrho = 30°$ für die Verhältnisse $E_1/E_2 = 10$ und 100 bei konstantem $\lambda_0 = 0{,}5$.

5.82 Anwendung der Tafeln von Wilson und Williams zur Bemessung von Fahrbahndecken

Die nachfolgenden Beispiele mögen die Anwendung dieser Bemessungskurven erläutern:

Die nebenstehende Kurventafel (Abb. 296) gilt für einen bindigen Boden ohne innere Reibung für das Verhältnis $E_1/E_2 = 100$. Für die zwei verschiedenen Ruhedruckkoeffizienten $\lambda_0 = 1$ und $\lambda_0 = \lambda_\varrho$ sind die jeweiligen Bemessungskurven gegeben.

Das hier angeführte Beispiel gilt für $\lambda_0 = 1$ und hat folgende Parameterwerte:

$$\frac{\sigma_0}{\gamma \cdot a} = 150; \qquad \frac{c}{\gamma \cdot a} = 5;$$

hierin bedeuten:

c = Kohäsion,
γ = Raumgewicht beider Schichten (annähernd gleich angenommen),
a = Lastkreisradius,
σ_0 = Reifenaufstandspressung.

Trägt man $\frac{\sigma_0}{\gamma \cdot a} = 150$ auf der Ordinate, $\frac{c}{\gamma \cdot a} = 5$ auf der Abszisse ab, so erhält man den Punkt A. Durch diesen und den Nullpunkt kann annähernd die Gerade $h = 0{,}70 \cdot a$ gelegt werden, welche die mindestens erforderliche Dicke der Platte angibt, damit keine plastischen Bereiche im Untergrund auftreten.

An zweiter Stelle ist die erforderliche Plattendicke mit Rücksicht auf die auftretenden Biegezugspannungen zu ermitteln, unter der Annahme, daß die zulässigen Biegezugspannungen ausgenützt werden sollen. Für das vorhandene Deckenmaterial ergab sich $\frac{\sigma_z}{\gamma \cdot a} = 900$. In Verbindung mit $\frac{\sigma_0}{\gamma \cdot a} = 150$ erhält man den Punkt B, durch den die durch den Ursprung gehende Bemessungsgerade $h = 0{,}65a$ gelegt werden kann. Die erforderliche Plattendicke um einen Bruch in der Platte infolge Überlastung vor dem Eintritt plastischer Bereiche im Untergrund zu verhindern, beträgt somit $h = 0{,}65a$. Es zeigt sich, daß in diesem Fall das Auftreten von plastischen Bereichen im Untergrund oder

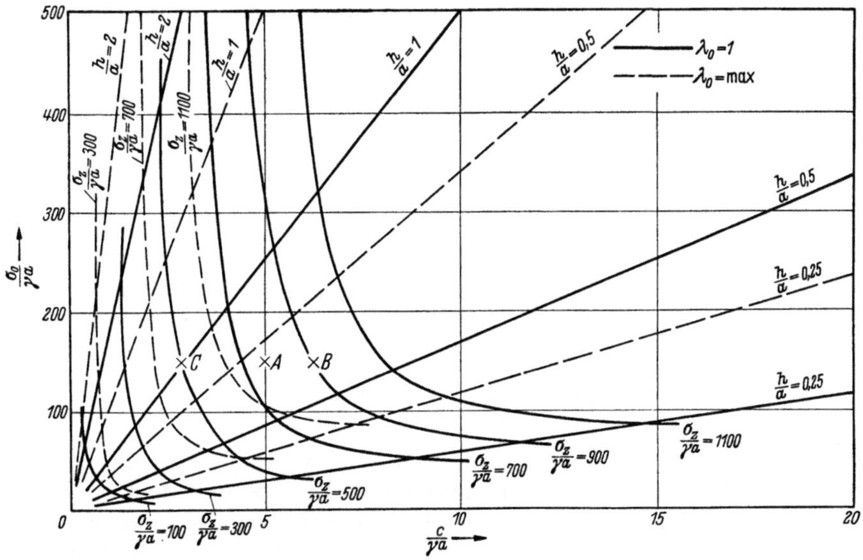

Abb. 296. Tafeln zur Bemessung von Fahrbahndecken von WILSON und WILLIAMS für bindigen Boden ohne innere Reibung $E_1/E_2 = 100$

Unterbau noch vor Eintritt der Grenzbiegezugspannung, d. h. des höchstzulässigen Wertes der Biegezugspannung erfolgt und daß mithin für die Bemessung der Wert $h = 0{,}70 \cdot a$ maßgebend ist. Wäre das Deckenmaterial dagegen durch die Bedingung $\frac{\sigma_z}{\gamma \cdot a} = 500$ charakterisiert, so ergäbe sich für die Mindestdicke der Platte der Wert $h = 1{,}0\,a$ (s. dazu Punkt C der Abb. 296). Hier in diesem Fall ist es also umgekehrt, die Decke wird zuerst durch Überschreitung der zulässigen Biegezugspannung, und zwar vor dem Eintritt plastischer Bereiche im Untergrund zerstört. Die nebenstehende Kurventafel (Abb. 297) gilt für kohäsionslose Böden ($c = 0$). Auf ihrer Ordinate werden wieder die Werte $\frac{\sigma_0}{\gamma \cdot a}$, auf ihrer Abszisse dagegen jetzt die Werte des Reibungswinkels ϱ aufgetragen. Für den allgemeinen Fall eines Bodens mit Kohäsion und Reibung wurde zur Vereinfachung der Winkel $\varrho \leqq 30°$ zu $\varrho = 30°$ und der Winkel $\varrho > 30°$ zu $\varrho = 37^1/_2°$ angenommen und für diese Werte von ϱ wurden Bemessungstafeln aufgestellt. Schließlich wurde diese Bemessungsmethode auf jeden elastischen Boden, dessen Bruchzustand durch die COULOMBsche Gleichung $\tau = c + \sigma \cdot \operatorname{tg} \varrho$ dargestellt werden kann, erweitert. Die Bemessungskurven der Abb. 298 gelten für einen Reibungswinkel $\varrho = 30°$, für einen Ruhedruckkoeffizienten $\lambda = 0{,}5$ und ein Verhältnis $\frac{E_1}{E_2} = 10$.

Diese von WILSON und WILLIAMS angegebene Bemessungsmethode ist mit Einschränkungen auch auf plastische Fahrbahndecken, vor allem auf reibungslosen, d. h. bindigen Untergrund ausgedehnt worden. Die American Society of

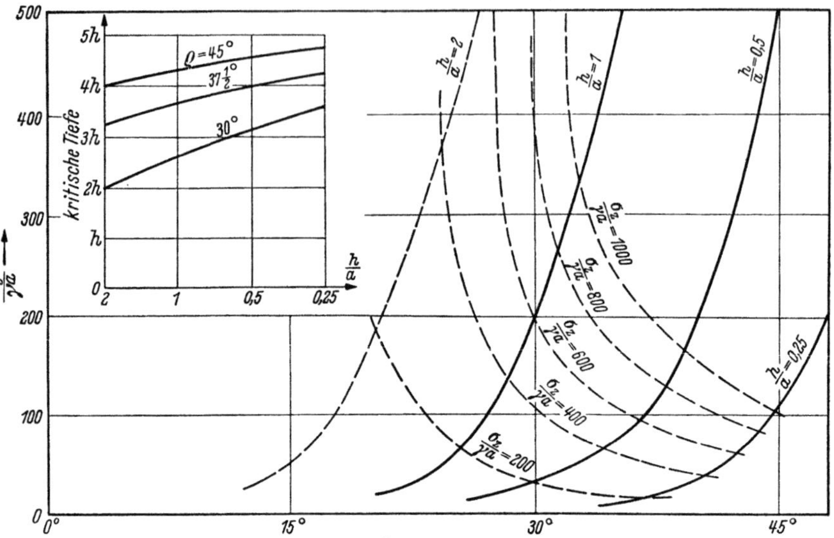

Abb. 297. Kurventafel für kohäsionslosen Boden $c = 0$, $\frac{E_1}{E_2} = 60$, $k_0 = 0{,}75$

Civil Engineers brachte besonders für Schwarzdeckenbemessung sehr geeignete, in übersichtlichem Maßstab gezeichnete Bemessungstafeln von WILSON und WILLIAMS heraus. In der Praxis allerdings sind sie bis heute wenig verbreitet und werden von den empirischen Bemessungsverfahren überschattet, wie überhaupt die theoretischen Methoden in erster Linie für Betondecken Verwendung finden. In den Bemessungsbeispielen für Betonplatten ist aufgefallen, daß die zulässigen Biegezugspannungen niedrig waren. Infolge der Temperaturwechsel treten starke Nebenspannungen auf; hinzu kommen noch Sekundärspannungen infolge Kriechen und Schwinden bei starker Sohlreibung.

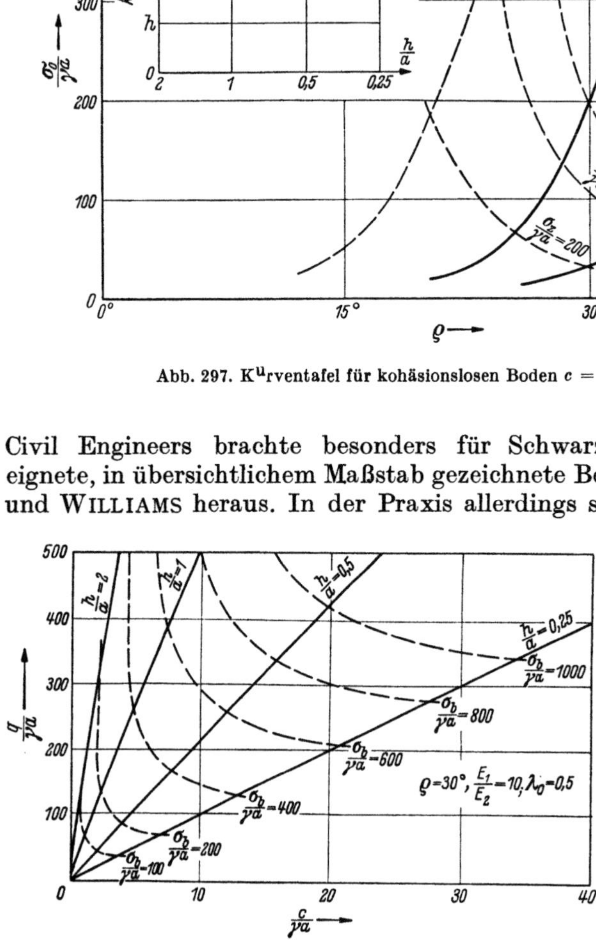

Abb. 298. Kurventafel für einen Untergrund mit Kohäsion und Reibung $\varrho = 30°$, $\lambda = 0{,}5$, $\frac{E_1}{E_2} = 10$

Die Summe dieser Eigenspannungen ist von den tatsächlichen zulässigen Biegezugspannungen in Abzug zu bringen, so daß nur die Restspannung für die Aufnahme der Verkehrsbelastung verbleibt.

Dieses Bemessungsverfahren erstreckt sich nur auf eine zentrische Belastung der Oberfläche eines Zweischichtensystems. Rand- und Eckbelastungsfall, die in den Methoden von WESTERGAARD und PICKETT-RAY berücksichtigt wurden, sind hier nicht untersucht worden [*180*].

6. Erdstraßen

6.1 Erdstraßen aus dem anstehenden Boden aufgebaut

Allgemeines. In Ländern, die schwach besiedelt sind und daher nur einen geringen Verkehr haben, und auch in Gebieten, die Mangel an Gesteinen haben, sind Erdstraßen üblich und angebracht. Sie werden auch zur Erschließung neuer Landstriche mit Vorteil benutzt. Diese Bauweise war die einzige Möglichkeit, in den VStA die weit zerstreut liegenden Farmen dieses maßlosen Kontinentes außerhalb der großen Durchgangsstraßen an diese anzuschließen. Diese Straßen, die mit geringem Aufwand und mit Maschinen hergestellt werden (low cost road), bilden einen großen Teil des amerikanischen Landstraßennetzes. Sie haben aber auch in anderen Ländern, wie in Norwegen, trotz seines Reichtums an Hartgesteinen [*199*], Schweden, England, Österreich, Rußland, China, Indien und Afrika, Anwendung gefunden und sind je nach den örtlichen Bedingungen weiter entwickelt worden.

Der natürlich anstehende Boden ist tragfähig und verschleißfest, wenn seine Scherfestigkeit durch die äußeren Kräfte des Verkehrs nicht überwunden wird. Die Scherfestigkeit beruht auf der inneren Reibung der Kies- und Sandkörner und der Haftfestigkeit (Kohäsion) der bindigen Anteile. Feiner Sand hat keine Tragfähigkeit, wenn er trocken ist; das gilt auch für den bindigen Boden, wenn er durch Nässe aufgeweicht ist, der in trockenem Zustand fest ist, aber vom Verkehr stark abgenutzt wird. Wenn man lose und bindige Bodenarten mischt, werden sie scherfest und widerstandsfähig, so daß sie leichten Verkehr tragen können. Wenn sie richtig aufgebaut werden, leisten sie auch den Witterungseinflüssen Widerstand und können als *Allwetterstraßen* bezeichnet werden.

Die Scherkraft wird dadurch erhöht, daß entweder die Hohlräume des losen Bodens mit bindigem Boden ausgefüllt und die Körner miteinander verkittet werden oder daß dem bindigen Boden lose Böden zugesetzt werden, die ihm ein inneres Stützgerüst gegen Verschiebung verleihen und ihn gegen Abnutzung widerstandsfähig machen. Der bindige Anteil soll bei Nässe nur so weit quellen, daß er die Poren der Oberfläche schließt und verhindert, daß Wasser weiter eindringt, während andererseits ein feiner Wasserfilm auf den Bodenkörnern eine dauernde Haftung bewirkt. Die Wasserdurchlässigkeit ist um so geringer, je bindiger der Boden ist.

Die Kohäsion kann durch den Bildsamkeitswert (Plastizitätsindex) — s. S. 250 — erkannt werden. Aber er darf nur gering sein, denn ein hoher Wert weist auf einen großen Anteil Rohton hin, der aus den oben angegebenen Gründen unerwünscht ist. Verdichtungsfähigkeit setzt einen dauernden Feuchtigkeitsgehalt voraus, der als Schmiermittel wirkt, so daß unter dem Verkehr die Poren immer mehr verschwinden. Kapillarität ist nur insofern erwünscht, als sie für soviel Feuchtigkeit sorgt, daß die Verdichtung vor sich geht, aber sie darf nicht so groß sein, daß sie Frosthebungen bewirkt und der Kapillardruck aufgehoben wird. Die obere Schicht soll atmen können.

Erfahrungsgemäß genügt ein Bildsamkeitswert von 3 oder weniger für ungewöhnlich feuchte Verhältnisse, 4 ··· 8 für mittleren Feuchtigkeitszustand und 9 ··· 15 nur für trockene und kalte Gegenden. Je nachdem, welche Bestandteile in dem natürlich anstehenden Boden vorhanden sind, ob Sand oder Staub oder Ton vorherrschen, zeigt der Boden für die Verwendung als Straßenkörper günstige oder ungünstige Eigenschaften. Für die Feststellung der Frostempfindlichkeit gilt die Regel nach CASAGRANDE (s. S. 243, 281).

Man bezeichnet diese Form des Straßenkörpers als nachgiebig (flexibel) und versteht darunter einen Belag von ausgewähltem, künstlich aufgebautem Material, dessen Hauptaufgabe ist, die Verkehrslast auf die Unterlage so zu verteilen, daß die verringerte bezogene Belastung die Tragfähigkeit des Untergrundes nicht überschreitet, weil durch die seitliche Verteilung mit der Tiefe die Last abnimmt, im Gegensatz zu den starren Belägen (rigid pavement), die die schwachen Stellen im Unterbau durch Aufnahme von Biegungsspannungen überbrücken (siehe Betonstraße). Der verfestigte Boden liegt zwischen dem flexiblen und starren. Um zu wissen, wie man die richtige Abstimmung zwischen dem losen und bindigen Boden erhält, ist vom BPR eine Bodenklassifizierung nach bodenphysikalischen Kennwerten eingeführt worden.

6.11 Bodenklassifizierung

Gruppe A 1: Gut abgestufte Masse, Kies, grober oder feiner Sand mit einem schwach bildsamen Binder. Sehr standfest unter Radlast ohne Rücksicht auf seinen Feuchtigkeitsgehalt. Ausgezeichnete Fahrfläche, ausgezeichneter Unterbau, hohe innere Reibung und hohe Kohäsion.

Kornzusammensetzung in Gew.-%:

Rohton	0,002	5 ··· 10
Staub	0,002 ··· 0,09	10 ··· 20
Feinsand . . .	0,1 ··· 0,2	23 ··· 27
Sand	0,2 ··· 2,0	45 ··· 60

Wirksame Korngröße 0,01 mm, Ungleichförmigkeitsgrad >15 (s. S. 281), lineare Schrumpfgrenze des Bodenmörtels weniger als 5%, Fließgrenze zwischen 14 und 25, Bildsamkeitsgrad <8.

Gruppe A 2: Grobes und feines Material, ungünstige Kornabstufung oder unzulänglicher Bindestoff. Das lose Material liegt an den Grenzen der Gruppen A 1 und A 3. Es enthält 35% oder weniger von der Korngröße Durchgang durch Sieb 200 (0,075 mm), sehr standfest in feuchtem Zustand, lose und staubig bei anhaltendem trockenen Wetter, mit der Neigung weich zu werden bei hohem Wassergehalt, hervorgerufen entweder durch Regen oder kapillaren Aufstieg aus wassergesättigtem Untergrund, wenn ein undurchlässiger Abschluß an der Oberfläche die Verdunstung verhindert. Zureichender Untergrund für nachgiebige und starre Beläge bei guter Entwässerung.

Gruppe A 3: Feiner Küstensand oder Wüstensand, ohne bindige Bestandteile, höchstens Anteile an Staubsand. Dazu gehören auch Flußablagerungen gemischt mit Sand von ungünstigem Kornaufbau und beschränktem Anteil an grobem Sand oder Kies. Gibt ausgezeichneten Untergrund für nachgiebige Beläge von mäßiger Dicke und für verhältnismäßig dünne und starre (Kies).

Gruppe A 4: Staubboden ohne grobe Masse und ohne merklichen Anteil von steifem kolloidalem Ton mit nicht mehr als 75% Durchgang durch Sieb 200 (0,075 mm). Hat die Neigung, Wasser aufzunehmen, wodurch ein schneller Verlust der Standfestigkeit selbst im ungestörten Zustande hervorgerufen wird. Wenn trocken oder feucht, gibt es eine feste Fahrfläche ab, welche wenig federt. Als Untergrund ist er Anlaß für Risse in starren Belägen als eine Folge von Frosthebungen und für Schäden in nachgiebigen Decken wegen der geringen Tragfähigkeit. Ungeeignet für Fahrfläche und Unterbau. Schwankende innere Reibung, keine merkliche Kohäsion und Elastizität, Kapillarität bedeutend. Fließgrenze zwischen 20 und 45.

Gruppe A 5: Ähnlich wie Gruppe A 4, ist aber gewöhnlich Diatomeenerde oder glimmerhaltig, zeigt stark federnde Eigenschaften, gekennzeichnet durch hohe Fließgrenze, gewöhnlich über 20, bisweilen steigt sie bis 35. Bildsamkeitsgrad geringer als 20.

Gruppe A 6: Plastischer Tonboden mit gewöhnlich mehr als 75% Durchgang durch Sieb 200 (0,075 mm). Umfaßt aber auch Mischungen von feinerem Tonboden bis zu 64% Rückstand auf dem Sieb 200. Kann sich in einen flüssigen Zustand verwandeln, in die Hohlräume darüberliegender Makadambeläge eindringen oder Schäden infolge Rutschens in hohen Auffüllungen verursachen. Schrumpfeigenschaften in Verbindung mit abwechselndem Naß- und Trockenwerden sind die Ursache von Rissen des Untergrundes bei starren Belägen.

Gruppe A 7: Ähnlich wie Gruppe A 6, verändert die Form bei bestimmtem Feuchtigkeitsgehalt schnell unter Belastung und federt beträchtlich zurück bei Fortnahme der Last, verhält sich wie der Boden A 5 als Untergrund. Abwechselndes Naß- und Trockenwerden im Gelände führt zu sehr viel schädlicheren Raumänderungen wie die Gruppe A 6.

Gruppe A 8: Sehr weicher Torf und Schlamm, unfähig eine Straßendecke zu tragen, ohne vorher verdichtet zu sein. Die Bodenarten A 5 ··· A 8 sind für Straßendecken oder Unterbau ungeeignet, wie sich schon aus der Kennzeichnung ergibt.

Nach dem Muster dieser Bodengruppen sind in der Schweiz zu den acht amerikanischen noch drei weitere Gruppen hinzugefügt worden [*200*].

Für jede Gruppe ist zugleich auch mit die entsprechende Bodenart, gegebenenfalls nach ihrer geologischen Entstehung, bezeichnet worden.

Die Beschaffenheit der Böden wird gekennzeichnet durch den Kornaufbau, Gehalt an Ton und die bodenmechanischen Kennzahlen wie Fließgrenze, Rollgrenze, Plastizitätszahl und Schrumpfzahl (s. S. 250). Die Bodengruppen mit höherer Ordnungsziffer zeigen eine Zunahme der nachteiligen Eigenschaften bei Feuchtigkeitsaufnahme. Man erkennt z. B. an der Beschreibung des Bodens A 1, daß er besonders tragfähig und unabhängig von dem Einfluß von Nässe ist, während es bei A 8 sich um einen Boden handelt, der als Untergrund für Straßen ausscheidet.

Die Kennzeichen des Bodenmörtels — Durchgang durch das Sieb 40 ($<$ 0,42 mm) — werden durch das Schaubild Abb. 299 gegeneinander abgegrenzt. Die Tabelle 25 gibt eine Übersicht über die Kennzeichen der einzelnen Bodenklassen, ihre Beurteilung für den Bau von Erdstraßen der nachgiebigen Form und über die Dicke, die für die Verschleißschicht, den Unterbau und für die Tiefe, bis zu der der Untergrund verbessert werden muß, bei einer Achslast von 8,5 t erforderlich ist [*201*].

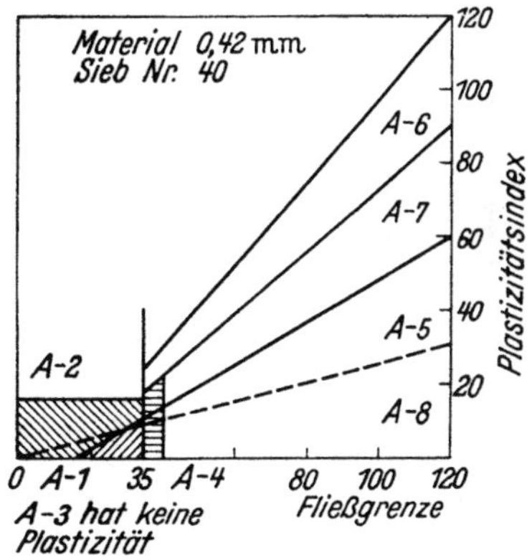

Abb. 299. Sinnbild der Bodenklassifizierung für den Mörtelanteil. Durchgang durch das Sieb Nr. 40 nach PRA

In der VOB DIN 1962 werden die Böden nach ihrer Gewinnbarkeit unterschieden. Für den Straßenbau ist eine Klassifizierung nach der Feldmethode, die die Böden nach dem Augenschein und dem Handprüfverfahren unterscheidet, zweckmäßiger, in den VSTA auch als AC-System bezeichnet. (Vgl. Tabelle 23, S. 282 und nach ZTVE-StB 59 S. 286.)

6.12 Bodenaufbau für Erdstraßen

Man unterscheidet:

Erdstraßen, die nur aus dem anstehenden Boden gebaut werden,
Sand-Tonstraßen nach drei Arten:

1. Top-Soil, eine dünne Lage Boden, deren natürliche Zusammensetzung eine brauchbare Fahrbahn für leichten Verkehr ermöglicht,
2. Sand, dem Ton zugesetzt wird,
3. Ton, dem Sand beigemischt wird.

Tabelle 25

Allgemeine Klassifikation	Lose Böden Durchgang durch Sieb 200 < 35% in Gew.-%							Schluffiger Boden Durchgang durch Sieb 200 > 35%			
Gruppeneinteilung (s. S. 307) . .	A–1		A 3	A–2				A 4	A 5	A 6	A 7
	A–1–a	A–1–b		A–2–4	A–2–5	A–2–6	A–2–7				
Durchgang durch Sieb: Nr. 10 (2 mm) . . . . Nr. 40 (0,42 mm) . . . . . Nr. 200 (0,075 mm)	max 50 max 30 max 15	max 50 max 25	min 51 max 10	max 35	max 35	max 35	max 35	min 36	min 36	min 36	min 36
Kennzeichen der Anteile des Durchganges durch Sieb 40: Fließgrenze . . . . Plastizitätsindex		max 6		max 40 max 10	min 41 max 10	max 40 min 11	min 41 min 11	max 40 max 10	min 41 min 10	max 40 min 11	min 41 min 11
Übliche Art, wie die Bestandteile bezeichnet werden	Steine, Trümmer, Kies, Sand		Feinsand	schluffiger oder toniger Kies und Sand				schluffige Böden		tonige Böden	
Allgemeine Beurteilung als Untergrund	sehr gut bis gut					brauchbar bis schlecht					
Dicke der Verschleißschicht . cm	5	5	5	5	5	5	5	5	5	5	5
Dicke des Unterbaues . . . cm	0	13	13	13	18	18	18	20	20	20	20
Tiefe der Untergrundverbesserungen . . . . cm	0	0…18	0	0…18	0…20	0…25	5…35	10…35	0…35	0…35	0…35
Gesamtdicke . . . . cm	5	18…33	18	18…33	20…40	20…45	20…45	30…60	33…60	25…60	25…60

Man geht dabei von der ursprünglichen Beschaffenheit aus und sucht den Boden in einen Zustand zu bringen, der der Gruppe A 1 entspricht, d. h. der Boden wird stabilisiert.

6.121 Körnungsaufbau

6.121.1 Sieblinien

Nach den amerikanischen Erfahrungen sind Sieblinien für Sand-Ton- und Ton-Sand-Kiesmischungen zusammengestellt, die einen Spielraum gewähren. Sie sind in der Abb. 300 wiedergegeben [*202*]. Der Anteil von 0 bis Korngröße 0,42 (Sieb 40) soll die gröberen Körner binden und sein Anteil nach Gewicht etwa 20 ··· 40 Hundertteile betragen. Seine Fließgrenze nach Atterberg (s. S. 250) soll nicht über 35 (Wassergehalt) und die Bildsamkeit (Plastizitätszahl) zwischen 4 und 9 liegen. Der Durchgang durch das 200-Maschensieb (0,075 mm) sollte

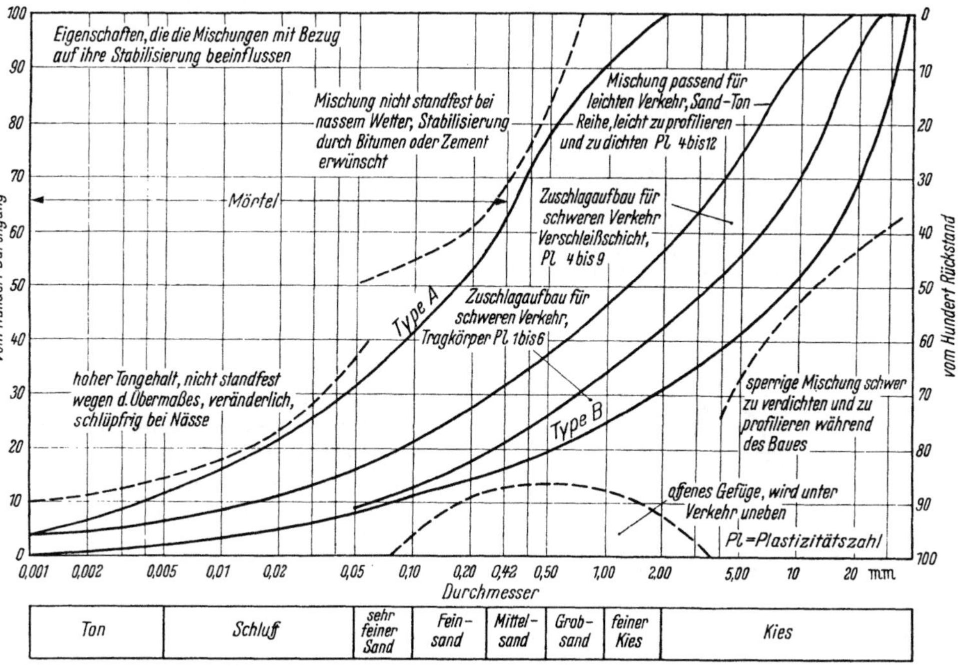

Abb. 300. Körnungsaufbau und Plastizitätsbereich der Bodenarten, ihre Beurteilung und Eignung für bestimmte Bauweisen im Erdstraßenbau

weniger als $^2/_3$ des Gesamtdurchganges durch das 40-Sieb ausmachen. Der Wassergehalt bei der Schrumpfgrenze und der natürliche Wassergehalt sollen ungefähr die gleichen sein (gemessen in Hundertteilen des Trockengewichtes). Diese Sieblinien gelten für die obere Deckenlage. Die Unterlage ist gröber und kann Kornanteile bis zu 50 mm aufweisen. Der Durchgang durch das 200-Maschensieb soll höchstens $^1/_2$ desjenigen durch das 40-Sieb betragen. Die Fließgrenze des Anteils (Mörtel) soll nicht über 25 liegen und der Bildsamkeitswert <6 sein.

Notwendig ist eine gute Verdichtung, um möglichst alle Poren auszufüllen, denn unter dem Gesichtspunkt der dichtesten Raumausfüllung sind die Siebkurven aufgebaut. Die Verdichtung ist aber abhängig vom Wassergehalt, der nach dem Prüfverfahren von PROCTOR ermittelt wird (s. S. 272). In diesem Zustande ist die höchste Scherfestigkeit anzunehmen und bei der großen Dichte dem Eindringen von Wasser vorgebeugt.

Für die deutschen klimatischen Verhältnisse sollen die Gemische mit Kieszusatz besser geeignet sein, weil bei Nässe z. B. auch beim Auftauen nach dem Frost Reibung zwischen den gröberen Teilen dann in der Mischung vorhanden ist, die vom Wassergehalt nicht so abhängig ist.

Die deutsche FG für das Straßenwesen hat zusammen mit dem österreichischen Ingenieur- und Architektenverein — Arbeitsgruppe Untergrundforschung — eine Anleitung für den Bau und die Unterhaltung mechanisch verfestigter Trag- und Verschleißschichten aufgestellt (1957). In ihr werden folgende Korngruppen bezeichnet:

>2 mm Kieskorn,
2 ··· 0,06 mm Sandkorn,
0,06 ··· 0,002 mm Schluffkorn,
$<0,002$ mm Feinstkorn.

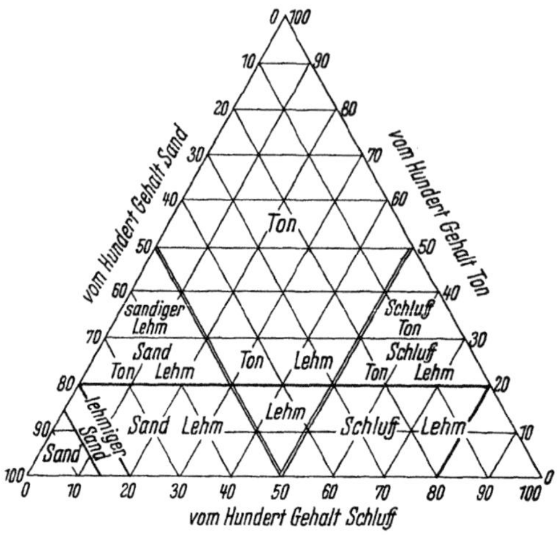

Abb. 301. Lage der verschiedenen Bodenarten im Dreifeldsystem (U. S. Bureau of soils system)

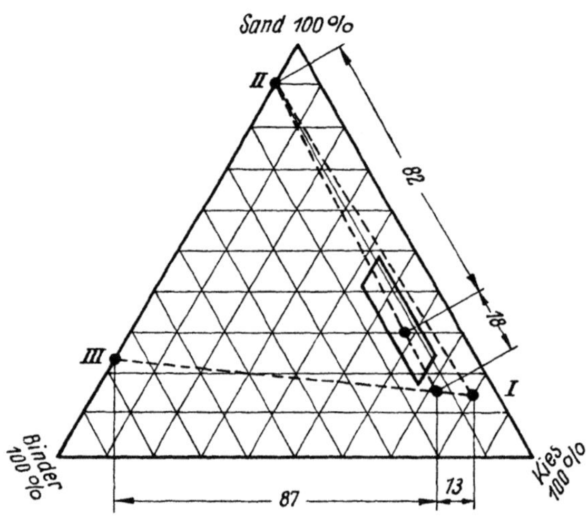

Abb. 302. Benutzung des Dreifeldsystems zur Ermittlung von Mischungen bestimmter Zusammensetzung aus Binder, Sand und Kies

6.121.2 Dreifeldsystem

Anstelle von Sieblinien ist das zeichnerische Verfahren des Dreifeldsystems für die Zusammensetzung verschiedener Sande zur Erzielung einer Mischung mit bestimmten Kornaufbau vorgeschlagen worden. In einem gleichseitigen Dreieck sind die Felder umgrenzt, die nach ihren Anteilen an Ton, Schluff und Sand eine bestimmte Bodenart kennzeichnen. Die horizontalen Linien in der Abb. 301 grenzen den Tongehalt ab, die von links oben nach rechts unten verlaufenden den Sandgehalt und die von links unten nach rechts oben den Schluffgehalt.

Wird nach den drei Hauptbestandteilen Kies, Sand, Binder unterschieden, so liegen die Mischungen in dem Feld der Abb. 302.

Die Form des Dreifeldsystems kann auch benutzt werden, um die Anteile aus zwei oder drei Bodenarten, von denen jede die vorgeschriebene Zusammensetzung nicht hat, zu ermitteln, die zusammengemischt den vorgeschriebenen Kornaufbau ergeben, z. B. stehen folgende Bodenarten zur Verfügung:

I.	Kies bestehend aus . .	80% Kies, 15% Sand, 5% Binder
II.	Sand „ „ . .	90% Sand, 10% Binder
III.	Binder „ „ . .	23% Sand, 77% Binder

Eine Mischung der Kiesmasse mit dem Binder im Verhältnis 87 Anteile Kies auf 13 Binder — Linie III ··· I = 100 — liegt zwar noch außerhalb des Feldes der richtigen Zusammensetzung. Wird der Teilpunkt der Strecke III ··· I mit II verbunden und ein Punkt im Parallelogramm gewählt, so ergibt sich eine

Zusammensetzung, die aus 82 Anteilen der ersten Mischung und 18 Teilen Sand besteht. Die endgültige Zusammensetzung ist dann die folgende:

		Kies	Sand	Binder
I. Kies	$0{,}87 \cdot 0{,}82 = 71\%$ . .	56,8	10,65	3,55
II. Sand	18% . .	—	16,2	1,8
III. Binder	$0{,}13 \cdot 0{,}82 = 11\%$ . .	—	2,5	8,5
		56,8	29,35	13,85 = 100%

Da die Plastizitätszahl für die Beurteilung der Bodenarten von Bedeutung ist, kann neben dem rechnerischen Verfahren für die Kornzusammensetzung aus mehreren Böden auch aus den einzelnen Plastizitätszahlen dieser Böden die Plastizitätszahl ihrer Mischung errechnet werden. Ist Pl_m die gesuchte Plastizitätszahl der Mischung, P_a Durchgang des Kiesmaterials durch das 0,4 mm-Sieb in Prozenten, P_b Durchgang des Binders durch das 0,4 mm-Sieb in Prozenten der Gesamtmenge, Pl_a Plastizität des Kiesmaterials (= 0), Pl_b Plastizität des Binders, dann gilt folgende Formel

$$Pl_m = Pl_a + \frac{P_b \cdot m_b}{P_a \cdot m_a + P_b \cdot m_b}(Pl_b - Pl_a),$$

$$P_a = \frac{A}{M \cdot 100}, \quad m_b = \frac{B}{M \cdot 100} \quad \begin{array}{l} A = \text{Gewicht des Kiesmaterials in g,} \\ B = \text{Gewicht des Bindermaterials in g.} \end{array}$$

$$M = A + B.$$

6.13 Ausführung

Ihr hat eine Bodenuntersuchung im Gelände und des Zusatzbodens vorauszugehen. Es müssen Bodenproben entnommen werden, deren Zahl bei Gleichartigkeit geringer sein kann als bei Verschiedenartigkeit des Bodens. Die Schürfgruben sollen einen Mindestabstand von 100 m haben (Abb. 218, S. 245). Als Zusatzböden kommen sandige Lehme und Lößlehm in Frage, möglichst in der Nähe der Baustelle. Fette Tone lassen sich nur schwer verarbeiten.

Der lehmige Zusatzboden wird abgebaut, in Schwaden aufgesetzt, daß er austrocknen kann, und dann durch Walzen zerkleinert. Ihm wird dann die körnige Masse Kies und Sand zugesetzt, das Ganze in Zwangsmischern gemischt, zur Baustelle gefahren und dort eingebaut, angefeuchtet, eingeebnet und festgewalzt [*203*].

Der Hauptvorteil dieser Bauweise liegt in der guten Durchmischung der Bestandteile. Nach deutschen Erfahrungen ist sandiger Lehm als bindiger Bodenzusatz am geeignetsten. Die Mischung erfolgt nach Raumteilen. Da aber die Zusammensetzung nach Gewichtsteilen berechnet ist, müssen die Raumgewichte der Einzelbestandteile vorher ermittelt und danach die Raumteile abgestimmt werden. Auch etwaiger Wassergehalt, z. B. des bindigen Bodens, ist zu bestimmen und das Gewicht des feuchten Bodens auf Trockengewicht umzurechnen.

Zu unterscheiden ist hierbei, ob im Gelände eine neue Straße geschaffen oder ob nur eine vorhandene verbessert werden soll.

Beim Neubau muß erst der Straßenkörper mit Entwässerungsgraben und Planum hergerichtet werden. Das geschieht mit der Grabmaschine, die aus einer 3,5 ⋯ 4,2 m langen Pflugschar besteht, die an einem vierrädrigen Wagen zwischen den beiden Achsen verstellbar aufgehängt ist, die mindestens 4 m Abstand haben, bei einem Dienstgewicht von mindestens 9 t (Abb. 303). Die Pflugschar oder das Schneidzeug ist in einem am Wagengestell aufgehängten Drehkreis mit einem Zahnkranz gelagert, so daß es in verschiedenem Winkel zur Längsachse eingestellt und auch die Höhenlage durch Heben und Senken sowie der

Winkel der Schneide zum Boden verändert und die Schnittiefe den Erfordernissen angepaßt werden kann. Die einzelnen zur Verstellung der Schar notwendigen Bewegungen werden von dem Führerstand, der über der Hinterachse im Maschinenhauptrahmen liegt, unter Zwischenschaltung von Schneckengetrieben, Gestängen und mit Kugelgelenken entsprechend ausgebildeten Lenkern und Armen auf den Schneidscharrahmen durch hydraulische Steuerung

Abb. 303. Straßenhobel

erzeugt. Bei dem Grabenaushub liegt das Gestell schief. Um ein Abrutschen des Fahrzeuges aus seiner Arbeitsrichtung zu verhindern und das Schneidewerkzeug kräftig anzudrücken, stellen sich die an Achsschenkeln befestigten Räder in eine Richtung ein, die nach der Straßenachse gerichtet ist (Abb. 304) und der Mittelkraft aus dem Wagengewicht und aus dem Seitenschub der Grabkraft entspricht. Mit fünf Schnitten wird der Graben ausgehoben und der Boden am Straßenrand gestapelt und nach jedem dieser Schnitte der Haufen verschoben und eingeebnet. Die Schnitte 1 ··· 3, 4 ··· 6, 7 ··· 9 und 10 ··· 12 der Abb. 305 stellen jeweils zusammengehörende Arbeitsgänge dar. Die Pflugschar kann auch ganz aus dem Gestell herausgeschwenkt werden und eine Böschung bis 60° schneiden oder abgleichen. Die Hinterachse ist seitlich verschiebbar. Die Grabmaschine wird von einer Zugmaschine geschleppt oder hat eigenen Antrieb.

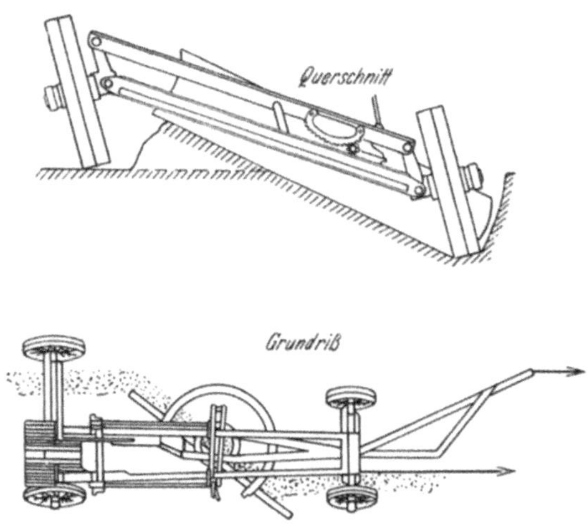

Abb. 304. Arbeit der Grabmaschine, um im ersten Arbeitsgang den Graben herzustellen

Entspricht der Boden den Anforderungen, so wird die Straßenoberfläche mit entsprechender Querneigung, etwa 6%, durch den Wegehobel abgeglichen und verdichtet. Muß aber noch Boden zugefügt werden, z. B. bindiger Boden zu sandigem, so wird erst das Profil hergestellt und dann die Fläche aufgerissen, entweder durch besondere Bodentiefaufreißer mit kräftigen Zähnen bei schwerem Boden, die von einem Traktor gezogen werden, oder mit dem an einer Walze angehängten Aufreißer bekannter Bauart. Auch mehrscharige Pflüge werden verwendet. Lehmiger Boden erleichtert diese Arbeit, wenn er sich in feuchtem Zustand befindet. Die Bodenmasse muß vollständig zerkleinert werden, was durch Einsatz von Scheibeneggen erzielt wird. Wenn eine vorgesehene Tiefe beim Aufreißen nicht überschritten werden soll, wird ein Gerät nach der Art der in der Landwirtschaft zum Ausreißen von Unkraut eingeführten Federzahneggen angewendet. Große Steine werden durch besondere Harken beiseite geschoben. Der Zusatzboden wird dann in Schichten bis zu 15 cm Dicke (größere Mengen lassen sich nur schwer durchmischen) aufgebracht, mit Eggen mit dem anstehenden gut durchmischt und mit Straßenhobeln, deren Schneide in einem spitzen Winkel zur Straßenachse steht, die lose Masse mehrmals bis zu 15 Arbeitsgängen hin- und hergetrimmt, wodurch eine weitere Mischung erzielt wird. Dann wird mit dem im rechten Winkel zur Straßenachse eingestellten Hobel das Straßenprofil hergestellt und mit Planierschleppen eingeebnet. Die Verdichtung wird dem Verkehr überlassen, aber durch laufende Unterhaltung mit den Hobeln und Eggen die Gleise, wenn sie 4 cm Tiefe angenommen haben, und sonstige Unebenheiten beseitigt. Zur Beschleunigung der Verdichtung werden Schaffußwalzen (Abb. 232, S. 260) und Luftreifenwalzen (Abb. 235, S. 262) erfolgreich bei feuchtem Zustand angewendet.

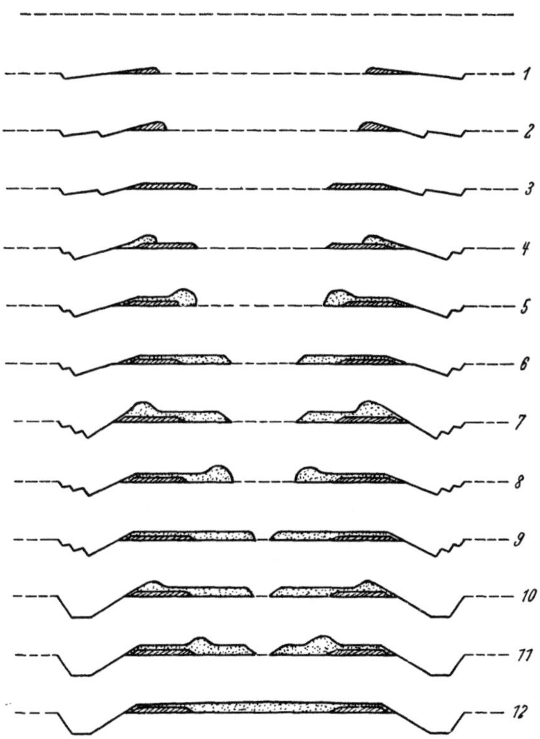

Abb. 305. Reihenfolge der Arbeitsgänge des Straßenhobels, um das Planum aufzubauen

Bei bestehenden Straßen, die verbessert werden sollen, beginnt die Arbeit mit dem Aufreißen der Fahrbahn, wie beschrieben. Boden vorgeschriebenen Kornaufbaues wird dann in Mengen, die sich nach der festgestellten Abnutzung richten, aufgebracht und in dem erläuterten Vorgang vermischt und eingeebnet.

In dieser Weise wird eine mechanisch verfestigte Tragschicht hergestellt, die zugleich auch als fertiger Belag dienen kann, entweder unter Benutzung der anstehenden Bodenschicht, die durch Zusatzboden verbessert wird, oder als neue Tragschicht, indem auf das sorgfältig profilierte und verdichtete Vorplanum neuer für den richtigen Aufbau zusammengesetzter Boden in Schwaden (Langmahd) aufgesetzt und wie zuvor beschrieben auf das Vorplanum aufgebracht und verdichtet wird.

Tragkörper bis 15 cm Dicke können in einem Arbeitsgang eingebaut werden, Schichtdicke höchstens gleich dem doppelten des im Boden vorhandenen Grobkornes. Wenn der Tragkörper aus mehreren Schichten hergestellt wird, muß die jeweils untere gut verdichtet und eben sein und vor dem Auftragen der nächstfolgenden Schicht angenäßt werden. Nach der erwähnten Anleitung (S. 344) wird für die Ebenflächigkeit verlangt, daß in Längs- und Querrichtung auf eine Lattenlänge von 4 m nur eine Mulde von höchstens 10 mm Tiefe vorhanden sein darf. Bei kürzeren Muldenlängen darf das Verhältnis Muldentiefe : Muldenlänge 1 : 400 nicht unterschreiten.

Ob genügend verdichtet ist, kann durch den Lastplattendruckversuch (s. S. 302) nachgeprüft werden.

Eine mechanisch verfestigte Verschleißschicht ist nach der Abb. 302 (S. 344) zusammenzusetzen und in der gleichen Weise aufzubauen und zu verdichten.

Die Mischungen, die einen Erfolg versprechen, liegen aber in sehr engen Grenzen. Manche Bodenarten haben sich als ungeeignet erwiesen. Um auch mit diesen Erdstraßen zu bauen und ganz allgemein ihre Güte zu erhöhen, hat man sich nach Zusätzen umgesehen.

6.2 Bodenverfestigung mit Kalk

6.21 Begriffsbestimmung

Unter „Bodenstabilisierung mit Kalk" versteht man die Stabilisierung von Boden durch Einmischen von Kalk und Verdichten des Boden-Kalk-Gemisches bei günstigstem Wassergehalt zur Herstellung von Tragschichten oder zur Verbesserung des Untergrundes für eine Verkehrsfläche oder zur Aufschließung eines im Ursprungszustand ungeeigneten Bodens für die Weiterverarbeitung (z. B. für eine anschließende Verfestigung mit Zement oder mit bituminösen Bindemitteln). Kennzeichen der Bodenstabilisierung mit Kalk ist die Verwendung von anstehendem verbesserten oder besonders eingebrachtem Boden.

6.22 Wirkungsweise

Der Zusatz von Kalk verwandelt die Bodenstruktur in der Weise, daß der Boden sich besser verarbeiten läßt. Dieses Verfahren ist daher für solche Böden anzuwenden, bei denen die Grenzwerte für Tongehalt, Plastizität und Fließgrenze so hoch liegen, daß die bisher behandelten Verfestigungsverfahren sich nicht anwenden lassen. Der Zusatz von Kalk erlaubt bis in den Bereich der hochplastischen Tone die Vermörtelung vorzunehmen. Eine Krümelung der Bodenteilchen tritt ein, indem die bindigen Bestandteile sich zu wasserbeständigen Konglomeraten zusammenballen. Das hat zur Folge, daß die Ausrollgrenze sich erhöht, daß die Kapillarität herabgesetzt wird, der Boden mit Wasser weniger quillt aber auch weniger schwindet und dadurch auch frostbeständiger wird.

Wenn der Boden in der üblichen Weise verdichtet ist, wird er tragfähig und witterungsbeständig. Es kann sogar eine hydraulische Verfestigung eintreten, wenn der Rohboden Hydraule-Faktoren hat. Man kann diese aber auch in Form von Traß, Hochofenschlacke, Flugasche u. ä. zusetzen. Der Erfolg dieses Verfahrens hängt natürlich auch von den jeweiligen Eigenschaften des Bodens ab.

6.23 Anwendungsgebiet

Kalkzusatz ist anwendbar: Als vorbereitende Maßnahme für die Bodenverfestigung mit Zement und bituminösen Bindemitteln, die noch in diesem Abschnitt beschrieben wird.

Wie schon erwähnt, können nur solche Böden mechanisch verfestigt werden, die eine Plastizitätszahl ≤ 6 haben (S. 343). Da aber der Kalkzusatz die Ausrollgrenze erhöht, läßt sich auch Boden mit einer höheren Plastizitätszahl als 6 mechanisch verfestigen. Dadurch ist der Anwendungsbereich erweitert.

In dem durch Kalk verbesserten Untergrund kann kein Kapillarstrom entstehen und es können daher auch keine bindigen Bestandteile in die oberen Schichten befördert werden. Ein so verfestigter Boden kann als Arbeitsplanum für den Straßenbau benutzt werden, z. B. für die Zeit, wenn die Baustoffe angefahren werden, und für die Verbesserung von bindigen Böden bei Dammschüttungen.

6.24 Baustoffe

Alle Kalkarten gemäß DIN 1060 (Baukalk) sind geeignet als Kalkmilch und in Pulverform, feine Kalke und Kalkhydrat für Tone, Schluffe und Sande mit mehr als 35 Gewichts-% bindige Bestandteile und Plastizitätszahl $\leqq 10$.

Hat der Boden einen hohen Wassergehalt, der über dem günstigsten nach PROCTOR (s. S. 271) liegt, dann soll Feinkalk verwendet werden.

Der Baustoffbedarf ist 3 ··· 7 Gewichtsteile auf 100 Gewichtsteile trockene Bodenmasse. Je bindiger der Boden ist, desto größer muß der Kalkzusatz sein bis 9 Gew.-%.

6.25 Aufbau und Schichtdicke

Nach den gestellten Anforderungen wird die Schichtdicke bemessen:

für verbesserten Untergrund 12 ··· 18 cm,

für Tragschichten und selbständige Beläge 12 ··· 20 cm.

Die Vermörtelung mit Kalk geht ebenso vor sich, wie zuvor in der mechanischen Verfestigung des Bodens beschrieben. Es werden die gleichen Bodenbearbeitungsmaschinen eingesetzt. (Vorläufiges Merkblatt für die Bodenstabilisierung mit Kalk, FG, Fassung Juni 1958.)

6.3 Bodenverfestigung durch Zement

Wenn nur feine, bindige oder ungünstig zusammengesetzte Bodenarten anstehen und körnige Zuschläge nicht zu beschaffen sind, ist die Verfestigung des Bodens durch unlösliche Zusätze wie Zement, Bitumen und Teer angebracht, gegebenenfalls als Unterlage für eine Oberflächenbehandlung.

Bei kiesigen und sandigen Böden ist von vornherein anzunehmen, daß durch Zementzusatz ihre Scherkraft erhöht wird, und daß es nur vom richtigen Zement- und Wasserzusatz und der Güte der Durchmischung abhängt, welche Festigkeit erreicht wird. Verwickelter liegen die Verhältnisse, wenn der Boden Tongehalt hat, weil nach den anerkannten Regeln der Betonbauweise Lehm und Ton in Mengen sich als schädlich erwiesen haben.

6.31 Begriffsbestimmung

Unter „Bodenverfestigung mit Zement“ versteht man die Herstellung einer Tragschicht für eine Verkehrsfläche durch Vermischen von Boden mit Zement unter Wasserzugabe und durch Verdichten dieses Boden-Zement-Gemisches [*204*].

Diese Bauweise hat eine Beziehung zur Betondecke insofern, als Zement als Bindemittel benutzt wird. Sie wird jetzt als eine betrachtet, die eigenen technischen Gesetzen unterliegt, und wird als eine Verbindung zwischen natürlichem oder verbessertem Boden mit Portlandzement erläutert. Das Ergebnis ist ein dem Zementbeton ähnlicher Baukörper. Das Erzeugnis ist standfest, wetterbeständig und soll preiswert sein. Weil ein geringerer Zementgehalt als bei Zementbeton genügt, nimmt man an, daß bei der Bodenverfestigung die Bodenkörner den Zement umhüllen, während beim Zementbeton der Zement die Zuschläge umhüllt [*205*].

6.32 Baustoffe

1. Boden. Auf der Grundlage der auf S. 343 gegebenen Kennzeichen läßt sich jeder in der Natur vorkommende Boden verfestigen, soweit er nicht Bestandteile enthält, die dem Zement feindlich sind, z. B. organische Böden mit viel Feinkorn, die also bildsam sind, setzen der Auflockerung und der Mischbarkeit großen Widerstand entgegen und benötigen hohe Zusätze von Zement, so daß die Bauweise unwirtschaftlich ist. Der Kornaufbau soll etwa der untersten Grenze der Sieblinie Type B (Abb. 300) entsprechen mit der Begrenzung, daß der Rückstand auf dem 60 mm Rundlochsieb höchstens 5% betragen darf, weil solche Bestandteile bei der Mischung die Maschinen beschädigen. Der Durchgang durch das 1 mm Rundlochsieb soll mindestens 15%, höchstens 30% betragen. Lehmanteile von 6 ··· 8% können zugelassen werden.

2. Zement. Normenzement (Z 225 und Z 325 nach DIN 1164) und Traßzement nach DIN 1167. Dieser wird empfohlen, weil er mehr feuchtigkeitsabweisend ist und mit ihm eine höhere Biegezugfestigkeit erreicht werden kann.

Zementbedarf. Über die Merkmale von Böden und Bodenbeton in Beziehung zum Zementgehalt für ausreichende Erhärtung und Verwendbarkeit ist eine sehr ins einzelne gehende Tafel in Soil Cement Mixtures Laboratory Handbook, III. Sektion PCA. *S. 89, Taf. IV*, aufgestellt (wiedergegeben in „Str. u. Autobahn" VI/1956, S. 118). Je nach der Bodenart (S. 342) schwankt der Zementzusatz, der notwendig ist, um einen tragfähigen Bodenbeton zu erhalten. Dr. OBERBACH (a. a. O.) gibt an:

für	A 2	Boden	6,8	Vol.-%	= 10	Gew.-%	Zement
	A 3	„	8,1	„	= 12	„	„
	A 4	„	8,1	„	= 12	„	„
	A 5, 6, 7	„	10 ··· 12	„	= 14	„	„

Das heißt, der Zementgehalt schwankt zwischen 93 und 210 kg/cbm. Nach dem Merkblatt [*204*] ist der Zementbedarf für nichtbindige Böden 70 ··· 180 kg/cbm, für bindige = 240 kg/cbm, bezogen auf den verdichteten Boden. Mit dem höchsten Zementgehalt kommt die Bodenverfestigung, was den Anteil an Bindemittel betrifft, an den Zementbeton heran.

Übliche Schichtdicke 15 cm. Bei mehrschichtigem Aufbau ist der Zementgehalt der unteren 25 ··· 30 cm dicken Schicht geringer. Bevor sie abgebunden hat, muß die obere 15 cm dicke Schicht aufgebracht sein. Das Vorläufige Merkblatt sieht 15 ··· 22 cm Schichtdicke vor [*204*].

6.33 Stoffprüfung

Wenn an sich auf die Druckfestigkeit kein so besonderer Wert gelegt wird im Gegensatz zu der Prüfung von Zementbeton, so fehlt es doch nicht an Angaben darüber, was verlangt wird. In der oben erwähnten Tafel liegt die Druckfestigkeit nach 28 Tagen zwischen 14 und 88 kg/cm². In England wird die Bodenverfestigung mit Zement als Ersatz für die Packlage angewendet bei Zementgehalt von 6 ··· 10 Gew.-%. Man begnügt sich mit Druckfestigkeiten von 17 kg/cm² nach 7 Tagen, weil bei höherem Zementgehalt mit breiten Rissen in der fertigen Fahrbahndecke zu rechnen ist [*206*].

Nach deutschen Anschauungen sollen mit Rücksicht auf die besonderen klimatischen Verhältnisse für Untergrundverbesserungen Druckfestigkeiten von mindestens 30 kg/cm² nach 28 Tagen verlangt werden. Das Merkblatt schreibt nach der zu erwartenden Verkehrsbelastung vor:

a) für Untergrundverbesserung . . . . 50 ··· 80 kg/cm²
b) als Unterbau und als selbständige Befestigung von Verkehrsflächen . . 80 ··· 120 kg/cm²
c) Fahrbahnbefestigungen bei besonders gelagerten Fällen, z. B. ohne tragende Deckschicht . . . . 150 kg/cm²

Zu beachten ist nach WINTERKORN, daß Wasser reichlich zugegeben wird, sowohl für den Zement wie für den Ton. Für Böden, die in die linke Ecke der Sieblinien (Abb. 300) fallen, wird empfohlen, Kalk zuzusetzen, der auch verhindert, daß bei tonreichen Böden bei Trockenheit Risse entstehen.

6.34 Prüfungen der Bodenzementgemische

Die Eignungsprüfung des Bodens und seine Verbesserung, wenn er in seinem natürlichen Zustand sich als ungeeignet erweist, ist schon auf S. 339 behandelt.

Eignungsprüfung des Bodens und Zementgemisches. Hier ist zu unterscheiden, ob die Bodenart ein Kies- und Sandboden ist oder ein Boden mit bindigen Bestandteilen. Wenn die erste Bodenart eine Siebkurve hat, die der des Zementbetons entspricht, ist nach der Anweisung für den Bau von Betonfahrbahndecken (ABB) III zu prüfen. Bis 10% Feinanteile $<0{,}02$ mm sind zugelassen. Am verfestigten Boden ist an 20 cm-Würfeln nach 28 Tagen die Druckfestigkeit zu prüfen. Bei hiervon abweichenden Böden sind folgende Prüfungen vorzunehmen:

An frischem Gemisch
der günstigste Feuchtigkeitsgehalt nach PROCTOR (s. S. 271) gemäß dem Merkblatt für bodenphysikalische Prüfverfahren in Anlehnung an die Feuchtigkeitsdichte-Bestimmungen A.S.T.M. D 558···44 und AASHO T 134···45,

und, falls die Feuchtigkeitsdichte-Bestimmung es erfordert, ist noch zu prüfen:
die Naß-Trocken-Prüfung nach A.S.T.M. D 559···44 und AASHO T 135···45 und die Gefrier-Auftauprüfung nach A.S.T.M. D 560···44 und AASHO T 136···45[1].

6.35 Ausführung der Bodenverfestigung

Für die Verfestigung wird der Boden in derselben Weise vorbereitet, wie schon auf S. 345 beschrieben, indem er durch Pflüge, Fräsen oder Scheibeneggen aufgelockert und zerkleinert wird. Der Zement wird dann in den als notwendig erkannten Mengen in Säcken auf dem Planum verteilt, die Säcke aufgeschnitten und wiederum mit Pflügen nachhaltig durch mehrmaliges Umwälzen durchmischt, dann die Einplanierung vorgenommen und zuletzt das erforderliche Wasser zugesetzt.

Zur Steigerung der Leistung und Vergütung werden Geräte eingesetzt, die den Zement verteilen und den Boden vermörteln, z. B. mit einem mechanisch angetriebenen Schlitten, der mit Einzugschaufeln versehen ist und den aufgelockerten Boden in eine Schnecke hineindrückt, von der er in einem in Bodenhöhe liegenden Zwangsmischer mit 2 Wellen, die in der Längsachse der Maschine liegen, mit Zement und Wasser gemischt wird. Das Mischgut wird durch eine zweite im rechten Winkel zur Fahrrichtung liegende Schnecke verteilt und durch eine Abstreifbohle eingeebnet und abgeglichen (Abb. 306). Statt der Mischung durch Umschaufeln wird bei dem Bodenvermörtelungsgerät Bauart

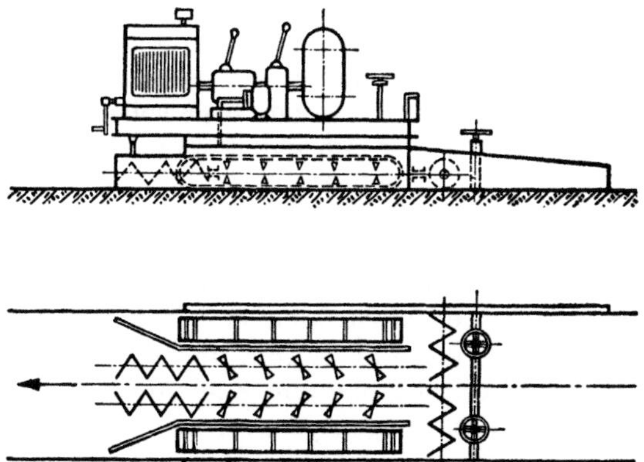

Abb. 306. Maschine zur Vermörtelung mit Zement durch Aufnahme des Bodens und Vermischung mit Zement und anschließender Verteilung

[1] Der Wortlaut dieser 3 Prüfungsverfahren ist in dem „Vorläufigen Merkblatt für Bodenverfestigung mit Zement“ der FG abgedruckt [*208*].

Sawoe von Linnhoff mit 3 Mischwellen als Grundgerät gearbeitet, das vorn und hinten von trennbaren Raupen getragen wird. Der Mischer liegt auf 2 Sattellagern im Abstand von 8,5 m; dieser große Abstand ist gewählt, damit Ungleichmäßigkeiten, hervorgerufen durch das Einsinken der Raupen oder durch Bodenunebenheiten, möglichst ausgeglichen werden können (Abb. 307) [*207*].

Von den 3 Arbeitswellen ist die erste eine schnellaufende Schneidwelle mit hochverschleiß- und schlagfesten Schneiden, die kleinere Steine und Fremdkörper aus der angeschnittenen Bodenschicht gründlich zerkleinern können. Die zwei folgenden Mischwellen arbeiten das aufgelockerte Material gründlich durch, nachdem Zement und Wasser zugesetzt sind. Jener wird aus einem Silo von 4 ··· 5 t Inhalt über die ganze Breite verteilt.

Die Tiefe, auf die vermörtelt werden soll, kann dadurch eingestellt werden, daß die in dem Rahmen hängende Mischanlage von 4 Hubstempeln getragen wird, durch die die Mischeinrichtung in jede gewünschte Höhenlage und Neigung

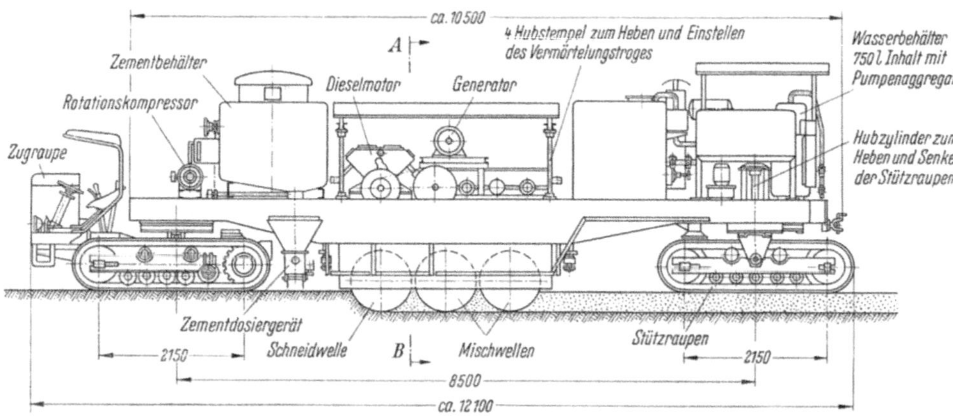

Abb. 307. Bodenvermörtelungsgerät nach SAWOE von der Maschinenfabrik Eduard Linnhoff, Berlin

eingestellt werden kann. Am Schluß des Gerätes verteilt eine Schnecke die fertige Mischung und ebnet sie ein. Die übliche Arbeitsbreite beträgt 2 m, höchstens 2,5 m. An einem Tage sollen 5000 ··· 6000 qm vermörtelt werden. Das Dienstgewicht der Maschine beträgt 38,9 t, der bezogene Druck der Raupe 1,07 kg/cm². Als Selbstfahrer kann die Maschine 5 km/h zurücklegen. Wenn sie von den beiden Raupenfahrwerken vorn und hinten abgehoben und auf Transportachsen mit Luftbereifung gesetzt wird, kann mit 32 km/h gefahren werden.

Danach wird mit selbstfahrenden Planiergeräten abgeglichen, wie schon beim Bau der Erdstraßen erwähnt ist. Verdichtet wird mit Schaffußwalzen, Gummiradwalzen (s. S. 260) und leichten Glattradwalzen von 5 ··· 6 t Gewicht. Bei der Verfestigung mit Zement muß das Mischen und die Abgleich- und Verdichtungsarbeit wegen des Erstarrungsbeginns des Zementes in 2 Stunden erledigt sein.

Die Bodenverfestigung mit Zement braucht keine Fugen. Arbeitsfugen werden als Preßfugen ausgebildet. Nur wenn selbständige Fahrbahnbeläge ohne tragende Deckschicht oder Unterbau in Bodenvermörtelung mit Zement ausgeführt werden, deren Mischung hohe Druckfestigkeiten aufweisen sollen, müssen Raumfugen in Abständen von 6 ··· 12 m angelegt werden, die 18 mm weit sein sollen und Fugeneinlagen erhalten (vgl. S. 409).

Da die Bodenvermörtelung in den VStA schon sehr früh im Straßenbau eingeführt worden ist — zuerst in Kalifornien unter Verwendung von Straßenölen, später auch mit Zement, der jetzt das Feld behauptet —, sind dort auch sehr leistungsfähige Maschinen entwickelt worden, die gut ausgenützt werden, weil die zu vermörtelnden Flächen stets sehr groß sind. Die Arbeit am Straßenkörper beginnt mit einem Straßenhobel, der den Boden aufschürft und ihn in die Form eines Längshaufens trimmt. Bei sehr hartem Boden wird ein besonderes Gerät eingesetzt, das ihn aufreißt und auf die gewünschte Korngröße bricht. Die Längshaufen werden auf eine solche Form (Breite und Höhe) gebracht, daß sie einem bestimmten Inhalt für den laufenden Meter entsprechen, den ein Längshaufenbemesser — Abstreichvorrichtung — herstellt. Das Gerät hat vorn zwei

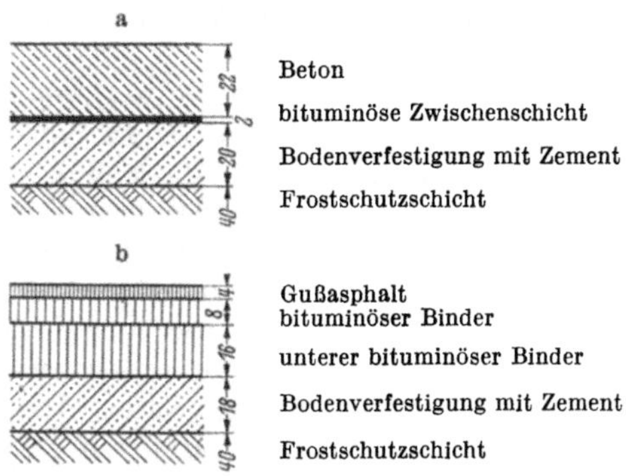

Abb. 309 a u. b. Bodenverfestigung als Untergrundverbesserung bei Fahrbahnen mit schweren Verkehrsbelastungen
a) bei Betonfahrbahnen; b) bei Fahrbahnen mit bituminösen Trag- und Deckschichten

nach außen gerichtete Pflugscharen, die den noch ungeformten Boden aufnehmen und durch einen dahinter liegenden, trapezförmigen Auslaß drücken, so daß ein gleichmäßiger Aufbau entsteht, der je nach Einstellung zwischen 0,18 ··· 0,75 cbm für den laufenden Meter betragen kann.

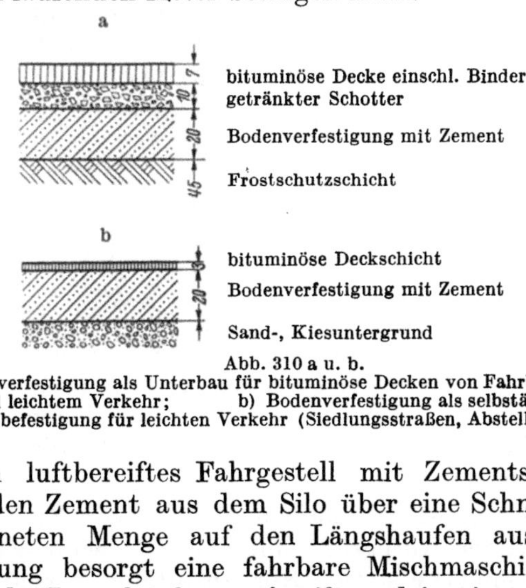

Abb. 310 a u. b.
a) Bodenverfestigung als Unterbau für bituminöse Decken von Fahrbahnen mit mittlerem und leichtem Verkehr; b) Bodenverfestigung als selbständige Fahrbahnbefestigung für leichten Verkehr (Siedlungsstraßen, Abstellplätze)

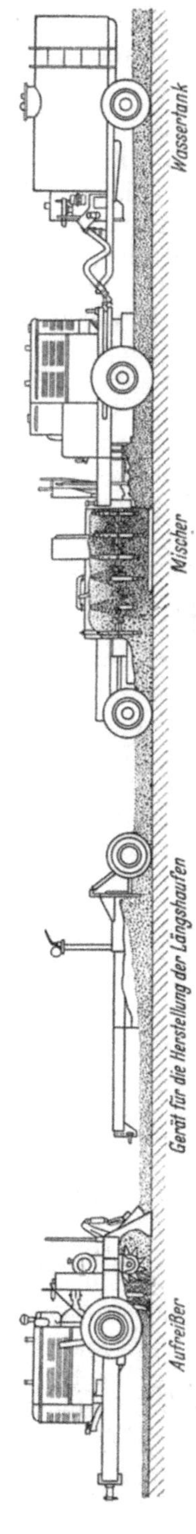

Abb. 308. Bodenvermörtelung mit Zement nach dem Pettibonverfahren, Fahrtrichtung nach links

Ein luftbereiftes Fahrgestell mit Zementsilos breitet dann den Zement aus dem Silo über eine Schnecke in der berechneten Menge auf den Längshaufen aus. Die Vermörtelung besorgt eine fahrbare Mischmaschine, die die Masse des Längshaufens aufgreift und in einer als Zwangsmischer ausgebildeten Trommel mischt. Das Wasser wird aus einem nachgeschleppten Tankwagen im ersten Drittel der Mischzeit eingespritzt (Abb. 308, Geräteeinsatz eines solchen Vermörtelungsvorgangs). Leistung bis 250 t/h. Eine Fahrbahn von 7,2 m Breite wird auf 7,5 cm Tiefe in etwa 8 Stunden auf 1200 m vermörtelt [*209*].

Nach BUCHHOLZ kommen für die Bodenverfestigung als Untergrundverbesserung bei Fahrbahnen mit schweren Verkehrsbelastungen die Ausführungen Abb. 309 a und b in Frage und als Unterbau für bituminöse Decken bei Fahrbahnen mit mittleren und leichten Verkehrsbelastungen die Ausführungen Abb. 310 a und b [*205*].

6.36 Bodenverfestigung mit Zement bei Stadtstraßen

Die Bodenvermörtelung ist im großen dann auch auf Flugplätzen für die Startbahnen zuerst in den VStA angewandt und in Deutschland übernommen, systematisch durchgebildet und im Kriege für Behelfsflugplätze an allen Fronten ausgeführt worden.

Aber auch zur Befestigung von Stadtstraßen hat man die Bodenvermörtelung herangezogen in der Erwartung, daß dadurch die Kosten bei der Erschließung von Wohnstraßen ermäßigt werden könnten (s. S. 96). In den VStA sollen 4 Millionen qm städtische Straßen einen Unterbau erhalten haben, der aus Bodenvermörtelung besteht. Nach den Erfahrungen mit der Bodenvermörtelung auf Flugplätzen hat man diese Bauweise auch bei Anlage von Wohnstraßen in Deutschland versucht. Der Bodenbeton wurde hier als Zement-Tonbetondecke bezeichnet, weil sie vor allem bei tonigen Böden ausgeführt worden ist. Das Straßenbauinstitut der Technischen Hochschule Darmstadt (Professor Dr.-Ing. REINHOLD) hat Bodenuntersuchungsverfahren entwickelt und die Bauweise praktisch erprobt. Dabei wurde der Boden, wenn er sehr hart war, mit einem Pflug aufgerissen, mit einer Bodenfräse gelockert, der Zement zunächst trocken, bei weiteren Durchgängen der Fräse unter absatzweisem Zusatz von Wasser gemischt, die Fläche dann geglättet und mit leichten Walzen verdichtet. Der Zusatz an Zement (225 und 325) schwankte zwischen 27 und 43 kg/m². Auf Grund von Erfahrungen müssen Fugen wie bei Betondecken und im Abstand von 8…12 m eingelegt werden.

Auf diesen Unterbau wurde eine bituminöse Verschleißschicht aufgebracht, die anfangs nur aus einem Oberflächenanstrich bestand, der aber später durch einen Teppichbelag (30 kg/m²) ersetzt wurde. Die Ausführungen haben nicht überall befriedigt, z. T. weil sie durch ungünstige Witterung oder Straßenaufbrüche oder andere Störungen beeinflußt worden sind [*210*, *211*, *212*, *213*, *214*].

6.4 Bodenverfestigung mit Bitumen und Teer

Die Bodenverfestigung mit Bitumen kann mit Rücksicht auf die Bodenarten nach drei Verfahren erfolgen:

1. Innere Verfestigung, die nur die Einverleibung einer ausreichenden Menge passenden Bindemittels in den natürlichen Boden, wie er im Straßenland ansteht, umfaßt, seien es vorherrschend Sande, Feinsande oder Ton ohne Rücksicht auf ihre Kornstufung, wobei der Zweck ist, eine Bodenasphaltmischung herbeizuführen, welche ausreichende Tragfähigkeit für alle vorhergesehenen Straßenzustände haben soll.

2. Mechanische Verfestigung, wobei die nötigen Mengen von Zuschlägen und vielleicht Boden von passender Korngröße mit dem Straßenboden vermischt werden, so daß eine vorgesehene stetige Kornabstufung erreicht wird.

3. Eine Vereinigung von 1 und 2, um zuerst eine richtige Kornabstufung mit Boden und Zuschlägen zu erzielen, worauf eine ausreichende Menge Bindemittel den Bodenzuschlägen einverleibt wird.

Die Voraussetzung für diese Verfahren ist eine gründliche Erdstoffuntersuchung, wie sie im Erdstraßenbau schon beschrieben ist. Der Boden ist um so geeigneter, je gemischtkörniger er ist (Abb. 300, Type B). Mit Sandboden läßt sich eine Decke nach Art des Sandasphalt (s. S. 529) herstellen. Aber auch die bindigen Böden, wie z. B. Lößboden, lassen sich vermörteln.

Hierin liegt der Hauptwert der Bodenverfestigung.

6.5 Ausführung der Vermörtelung

Die allgemein geltende Grundlage für den Entwurf einer Bitumenmischung geht davon aus, daß ein Erzeugnis entstehen muß, das dicht, standfest und dauerhaft ist und durch Verdichtung sich zu einem Straßenbelag gestalten läßt. Die Dichte wird durch einen Kornaufbau erreicht, der möglichst wenig Hohlräume hat. Das kann durch Mischung von feinem mit grobem Sand bei Fillerzusatz erreicht werden, wenn die Gesteinsmischung eine stetige Siebkurve hat. Das bituminöse Bindemittel wird in einer Menge zugesetzt, die ausreicht, die Oberfläche jeden Bodenteilchens zu überziehen und die Hohlräume der Zuschläge bis zu einem bestimmten Verhältnis zu füllen. Die Standfestigkeit der Mischung wird durch die Verzahnung und innere Reibung zwischen den Teilchen der Zuschläge erreicht und das Bindemittel übt seine Wirkung in erster Linie dadurch aus, daß es die Zuschläge, die durch das Bindemittel in eine bestimmte Lage gebracht sind, zusammenhält, nachdem es erhärtet ist.

Die Erfahrung hat hinreichend bewiesen, daß durch einen dicken Bitumenüberzug auf den Gesteinsteilchen oder durch einen Überschuß an Bindemittel über die Hohlräume in der Gesteinsmischung Standfestigkeit nicht erreicht wird.

Die Dauerhaftigkeit einer Mischung nach der Verkehrsübergabe hängt von vielen Einflüssen ab, z. B. von der Zähigkeit der Zuschläge, dem Widerstand des Bindemittels gegen die Witterung, der Affinität zwischen Bindemitteln und Zuschlägen, dem Aufbau der Mischung und der Art, wie der Belag verlegt worden ist. Es ist sehr schwer, die Dauerhaftigkeit nach einem anderen Maßstab zu messen als nach der Zeitdauer, in der der Belag unter bestimmten Verkehrsgrößen sich haltbar erweist.

Auf dieser Grundlage — die durch die Stuttgarter Mörteltheorie begründet worden ist, deren Richtigkeit auch in den VStA anerkannt worden ist (S. 515) — baut sich der gesamte bituminöse Straßenbau auf. An dieser Stelle soll aber nur die Anwendung der bituminösen Bindemittel auf Erdstraßen behandelt werden, weil es Gegenden gibt, in denen Kies und jedes Hartgestein fehlen oder nur mit hohen Transportkosten herangebracht werden können. Daraus ergibt sich die Notwendigkeit, auch aus feinen Sanden und bindigen Böden, z. B. Löß, mit bituminösen Bindemitteln einen brauchbaren Straßenbelag herzustellen. Dieser Aufgabe kommt man näher, wenn man versucht, die Zuschläge mit einem möglichst dünnen Film aus Bindemittel zu überziehen.

Nach Angaben von WINTERKORN soll sich Teer in den VStA besonders wegen seiner Leichtflüssigkeit eignen, aber auch noch aus einem anderen Grunde. Schäden an Bitumenisolierungen lassen darauf schließen, daß Bitumen durch Mikroben abgebaut wird. Es liegt nahe, anzunehmen, daß Bodenbakterien, die in der mit Bitumen verfestigten Schicht einer Straße bei Anwesenheit von Feuchtigkeit günstige Lebensbedingungen haben, z. B. auch bei Wärme im Sommer, das Bindemittel zerstören. Bei Teer besteht diese Gefahr nicht, da die Teersäuren die Entwicklung organischen Lebens verhindern [*215*].

Die Leichtflüssigkeit, Oberflächenspannung und die Kohäsion geben den Ausschlag, wenn man auf Gesteinszuschlägen dünne Filme aufbringen will. Nachgewiesen ist, daß ein dünner Film auf einer Gesteinsfläche eine größere Adhäsion besitzt als ein dicker. Um die Oberflächen der Gesteinszuschläge mit dünnem Film zu versehen, eignen sich Bindemittel, die leicht flüssig sind, wie

z. B. Kaltasphalt (Bitumenemulsion) und leichte Verschnittbitumen (s. S. 478). Mit diesen sind daher auch die ersten Bodenmischverfahren entwickelt worden. Kaltasphalt (S. 479) hat sich aber wegen seines Gehaltes an Wasser als ungeeignet erwiesen, weil dieses die Lehmteilchen zusammenballt.

Die Bodenverfestigung mit sehr dünnen Bindemitteln kann daher nur im Heißverfahren mit dem *Impactgerät* ausgeführt werden. Hierzu muß der bindige Boden getrocknet und in Hammermühlen so fein pulverisiert werden, daß er durch das 200-Maschensieb (0,074 mm) hindurchfällt. Dabei geht der Wassergehalt von 12 Gew.-% auf < 1% zurück. Das hier zur Anwendung kommende Impactverfahren wird auf S. 514 näher beschrieben.

Die Standfestigkeit solcher Mischungen nimmt mit der Zunahme von Bitumen ab. Die Ausfüllung der Hohlräume allein ist nicht ausschlaggebend. Der günstigste Bindemittelgehalt wurde für einen solchen Bodenmörtel zu 23 ··· 24 Gew.-% ermittelt. Das ist aber eine sehr kostspielige Mischung. Deshalb wird ein beliebiger Sand zugesetzt, der nicht kornabgestuft zu sein braucht. Das Ergebnis ist, daß ein Straßenbelag für schweren Verkehr aus Sand in Verbindung mit bituminösem Mörtel entstehen kann. Nach Versuchen, die im Institut des Professor L. H. CSANYI des „Iowa State College" gemacht worden sind, haben die folgenden Mischungen zu brauchbaren Straßenbelägen geführt [*202*]:

1. Lößmörtel-Sand-Mischungen. Der günstigste Lößgehalt schwankte bei diesen Mischungen je nach Art des Sandes zwischen 25 und 35%, während der Bindemittelbedarf entsprechend dem Gehalt an Löß 6 ··· 9 Gew.-% erreichte bei einem Hohlraumgehalt von 6 ··· 12 Vol.-%.

2. Bodenmörtel-Sand-Mischungen. Der verwendete natürliche Boden bestand zu einem erheblichen Anteil aus Feinsand. Der günstigste Anteil an Boden in den Mischungen war daher verhältnismäßig hoch und betrug etwa 40% bei einem Bindemittelbedarf von 6 ··· 9%; Hohlraumgehalt = 12 Vol.-%.

In den VStA wird die bituminöse Bodenverfestigung angewendet bei Böden aus Sand, bei einkornförmigem Dünensand, bei alluvialen schweren Tonen und auch bei Kiesgemischen. Durch Zusatz von Kies lassen sich noch widerstandsfähigere Beläge erzielen bei geringerem Bitumenzusatz. Diese sollen aber hier nicht behandelt werden, weil der eigentliche Erdstraßenbau nur dort von Bedeutung ist und auch besonders durchforscht wird, wo es an Kies und Gesteinen fehlt. Die Bauweise mit Kies soll bei den bituminösen Belägen aufgeführt werden (s. S. 505).

Für die Bestimmung des Porengehaltes sind die Verfahren der Granulometrie heranzuziehen, die von HVEEM (Straßenbauinstitut des Staates California in Sacramento) begründet worden ist [*216*]. In diesem Staat hat man schon 1917 die Versuche mit der Bodenvermörtelung durch Straßenöle begonnen. Wertvolle Beiträge hat WINTERKORN zur Bodenverfestigung durch seine Forschungsarbeiten über die physikalisch-chemischen Eigenschaften und das Verhalten der Bodenarten gegeben [*217*, *218*, *219*, *220*].

Man erhält dabei einen Tonbeton, bei dem die Summe aus Bindemittel, Füller und Wasser — ausgedrückt in Raum-% — nicht größer sein darf als das Porenvolumen des Korngerüstes. Hier haben die amerikanischen Erfahrungen gezeigt, daß Tone mit mittleren Eigenschaften sich am besten bewähren, während inerte Tone besser sind als Montmorillonit-Tone. Wenn ungefähr 2 Gew.-% Kalk zugegeben werden (s. S. 348), kann die Mischbarkeit verbessert und die Haftung des Bindemittels am Bodenkorn erhöht, die Erhärtung begünstigt und die Empfindlichkeit gegen Wasser verringert werden.

Im Kaltverfahren, bei dem es sich darum handelt, den Boden am Ort zu vermörteln, werden Straßenöle und schnellerhärtende Verschnittbitumen verwendet (s. S. 478).

Man rechnet mit 6 ··· 10 Gew-.% Bitumen, je nach der Bodenart, also Mengen, wie sie auch sonst im Straßenbau verwendet werden (s. S. 523), hält es aber für vorteilhafter, an der unteren Grenze zu bleiben, weil magere Mischungen nicht so leicht versagen wie überfettete. Zu unterscheiden ist jeweils, ob ein Unterbau oder eine Abnutzungsschicht vermörtelt werden soll.

Das Kaltverfahren genügt für leichten Verkehr. Wenn der Belag sich genügend verfestigt hat, kann er als Unterlage für schwere Decken dienen. Um in der Prüfanstalt den richtigen Bitumengehalt zu ermitteln, wird der HUBBARD-FIELD-Test angewendet (s. S. 567) und außerdem an Probemustern der Widerstand gegen wiederholtes Gefrieren und Auftauen ermittelt.

Ausführung der Vermörtelung. Die Schichten erhalten in der Regel Dicken von 12 ··· 15 cm. Die Ausführung beginnt wieder mit der schon im Bau von Erdstraßen besprochenen Auflockerung und Zerkleinerung des Bodens. Anstelle des Zementes wird nunmehr das bituminöse Bindemittel dem Boden einverleibt. Soll der Untergrund vermörtelt werden, so wird mit dem Wegehobel oder Planierpflug die obere Bodenschicht in Schwaden an den Straßenrand getrimmt, dann der Untergrund aufgerissen und vermörtelt, worauf dann die obere Schicht folgt.

Das Bitumen (auch Teer) wird mit Sprengwagen aus Düsenrohren oder, um ein möglichst tiefes Eindringen des Öles zu gewährleisten, durch Eggen ausgespritzt, deren Zähne mit Ölzuleitungen versehen sind, denen das Öl durch Schläuche zuläuft, die von einem neben der Egge fahrenden Tankwagen gespeist werden. Die Ausführung kann in Stichworten so zusammengefaßt werden:

1. Lockerung des Bodens mit Fräsen,
2. Grobplanieren mit Straßenhobel,
3. Feinplanierung,
4. Nachprüfung der Querprofile,
5. die grobkörnige Masse wird ausgebreitet und eingearbeitet,
6. Walzen,
7. erstes Aufbringen von Bitumen zur Bindung der Schichten,
8. der Mischer stellt die Fahrfläche her,
9. die Oberflächenbehandlung, wenn nötig, wird vorgenommen,
10. die Gummiwalze bewirkt die Verdichtung.

Bei der maschinellen Bodenvermörtelung werden dieselben Geräte eingesetzt, die schon bei der Bodenverfestigung mit Zement beschrieben sind (Abb. 307, 308). Bei den Mischern ist der Behälter für Zement durch einen für Bitumen ausgetauscht. Da dieser aber sehr schnell nachgefüllt werden muß, ist noch ein Tankwagen nötig. Die Masse wird mit Gummiwalzen (Abb. 235, 262) verdichtet. Da die Mischung anfangs noch weich ist und erst der Verkehr den Rest der Verdichtung bewirkt, können Glattwalzen nicht verwendet werden, weil unter ihnen die Masse schieben würde.

Der Untergrund wird bei Betonstraßen unter den Fugen auf eine Länge beiderseits der Fuge von je 3 m — ganze Länge also 6 m — 5 ··· 10 cm dick vermörtelt. Bei der Bundesautobahn Karlsruhe—Offenburg hatte man dem Bindemittel aus flüssigem Bitumen Hartasphaltpulver zugesetzt. Durch Abstimmung beider Anteile kann die Härte abgewandelt werden. Als günstiges Verhältnis hat sich ergeben: 60% flüssig, 40% pulverförmig. Verdichtet wurde mit Plattenrüttlern AT 1000 und ähnlichen. Wie schon auf S. 289 erläutert ist, wird eine Vermörtelung mit Bitumen, die aber tiefer als bisher üblich in den Untergrund greifen muß, nachhaltigen Schutz gegen Frostschäden im Untergrund gewähren. Die bisher angewendete Schicht von 15 cm würde hier nicht ausreichen. Es müßten aber noch für eine solche Leistung die geeigneten Geräte entwickelt werden.

Maßgebend für den Abschn. 6 sind die folgenden Druckschriften:

Anleitung für den Bau und die Unterhaltung mechanisch-verfestigter Trag- und Verschleißschichten, 2. Auflage, 1957.

Vorläufiges Merkblatt für die Bodenstabilisierung mit Kalk, FG Juni 1958.

Vorläufiges Merkblatt für Bodenverfestigung mit Zement, FG 1956.

Vorläufiges Merkblatt für Bodenverfestigung mit bituminösen Bindemitteln für Sandböden, FG, Ausgabe 1958.

7. Die Straßenbefestigungen

7.1 Allgemeines

Schon auf S. 2 ist darauf hingewiesen, daß der Straßenbauingenieur sich in einer wenig beneidenswerten Lage befindet, weil er eine Straße, die als ein langlebiges Wirtschaftsgut anzusehen ist, nach geschätzten Verkehrsgrößen baut, daß er aber auf die Entwicklung und Verteilung des Verkehrs keinen Einfluß hat. In der Regel mußten bisher selbst auf Zuwachs gebaute Straßen schon nach wenigen Jahren als überlastet angesehen werden. Es ist aber auch schon geschehen, daß der Verkehr Straßen nicht angenommen hat, z. B. bei Umgehungsstraßen und bei solchen mit zu großen Steigungen. Im Straßenbau ist daher, obwohl man einen bahnmäßigen Ausbau betreibt, eine wirtschaftliche Betriebsführung wie bei den Schienenbahnen, bei denen Verkehrsweg und Betriebsmittel in einer Hand liegen, nicht möglich.

Eine wirtschaftliche Beziehung zwischen Straße und Verkehrsmittel, abgesehen von der Linienführung (s. S. 65, 164), wird man nur in der Weise herstellen können, soweit der Straßenbelag in Frage steht, daß man ihn beurteilt, wie hoch der Verbrauch an Treibstoff zur Überwindung des Rollwiderstandes ist. Aber in dieser Hinsicht weisen die neuzeitlichen Straßendecken, die auf Fugen- und Wellenlosigkeit gebaut werden, keinen Unterschied auf, der irgendwie ins Gewicht fällt (s. S. 49, 172). Meßbar sind nur die Bau- und Unterhaltungskosten. Schon die Lebensdauer muß in den meisten Fällen geschätzt werden, ebenso wie die Kosten für die Wiederbeschaffung. Zwar kann der Verkehr beobachtet und gezählt werden, aber nur in Abständen nach der Zahl der Fahrzeuge, aber schon weniger nach ihrem Gewicht, das geschätzt werden muß (s. S. 21).

Ein weiteres Merkmal wird mit *Gebrauchswert* des Straßenbelages bezeichnet. Darunter versteht man die Ebenheit (s. S. 53), die Rauheit (s. S. 45) und die Griffigkeit (s. S. 25). Zu ihm wird man auch die Staub- und Geräuschlosigkeit zu rechnen haben. Auch die Unfallhäufigkeit wird in Betracht zu ziehen sein, soweit der Unfall durch die Beschaffenheit der Fahrfläche selbst verursacht ist. Aber auch dieses Kennzeichen ist nicht eindeutig zu erfassen, weil meist solche Unfälle, die man glaubt, auf die gefährliche Beschaffenheit der Fahrfläche zurückführen zu können, meist mit anderen Umständen, wie Versagen des Fahrers, Mängeln am Fahrzeug und Witterungseinflüssen u. a. m. verkettet sind. Der Schaden, der durch Unfälle an Personen und Sachen verursacht wird, kann auch in Geldwerten ausgedrückt werden (s. S. 4).

Für Stadtstraßen gilt besonders, daß die Beläge sich leicht aufbrechen und wiederherstellen lassen. Denn die Unterhaltung der zahlreichen Versorgungsleitungen in der Straße (s. S. 101) nötigen mehr, als gemeinhin angenommen wird, zu Straßenaufbrüchen.

Ein Beispiel dafür, wie der Gebrauchswert für die Einschätzung eines Belages sogar ausschlaggebend sein kann, ist der Vorgang, daß Kleinpflaster aus Blaubasalt, das wie alle Kleinpflasterbeläge wegen seiner hohen Lebensdauer und seiner geringen Unterhaltungskosten trotz der hohen Baukosten als ein wirtschaftlicher Straßenbelag angesehen wurde, wegen seiner Glätte und Verkehrsgefahr verschwinden muß (s. S. 370, 374, 376).

Der einzige Vorteil bei dieser Betrachtungsweise über die Wirtschaftlichkeit ist der, daß sie nicht mehr allein nach dem Geldwert beurteilt, sondern daß versucht wird, auch die unwägbaren Einflüsse zu erfassen und ihnen ein bestimmtes Gewicht zu geben. Die Rationalisierung im Straßenbau wird daher im wesentlichen nur darin bestehen können, daß eine richtige Linienführung gefunden wird (s. S. 65, 164) und daß beim Bau versucht wird, mit dem geringsten Aufwand den höchsten Erfolg zu erzielen, z. B. daß Maschinen eingesetzt werden, daß dafür gesorgt wird, daß der Belag bei allen Witterungseinflüssen eine griffige Oberfläche, bei Nacht ein gutes Reflexionsvermögen, eine gute optische Führung und sonstige gute Fahreigenschaften hat, damit die Unfallgefahr möglichst ausgeschaltet ist.

7.2 Beziehungen zwischen Straßendecke und Verkehr

Der Straßenbau als Handwerk, das vor allem vom Steinsetzgewerbe ausgeübt wird, beruht auf einer in Jahrhunderten gewachsenen Technik. Nur zwei Erfindungen haben dem Straßenbau weitergeholfen im vorigen Jahrhundert, die Dampfwalze und das Kleinpflaster. Erst der neuzeitliche Straßenbau mit Bitumen und Teer, mit Zementbeton und Maschineneinsatz hat die wissenschaftliche Behandlung und eine Vertiefung der Aufgaben eingeleitet, die sich im wesentlichen erstrecken auf folgende Gebiete:

1. Die Bauverfahren: Herstellung einer völlig ebenen, griffigen und widerstandsfähigen Decke unter Benutzung von Maschinen mit hohen Leistungen.

2. Erforschung der Beziehungen zwischen Verkehr und Decken, der Lebensdauer, Wirtschaftlichkeit sowie Haltbarkeit der Decken, von Betriebsstoffverbrauch, Reifenabnützung und Auswahl der für jeden Fall geeigneten Deckenart.

3. Auswahl des für jede Verkehrsart, Lage der Straße, Klima u. a. m. geeigneten Deckenbaustoffes, Festlegung seiner Eigenschaften, Prüfung und Bewertung.

Von Bedeutung ist hierbei zu wissen, wie die verschiedenen Belagarten sich den Anforderungen des Verkehrs, des Untergrundes, den örtlichen Baustoffvorkommen, den Steigungsverhältnissen u. a. m. anpassen. Dazu gehört auch, daß bei der wiederholten Anwendung einer leichten Deckenart sich mit der Zeit eine mehr widerstandsfähige bildet, und auch daß eine schwere Decke aufgebracht werden kann, ohne daß es nötig ist, die leichtere zu beseitigen, diese vielmehr als Tragkörper für jene noch ausgenutzt und auch bei Verbreiterung der Fahrbahn ein guter Anschluß an die vorhandene Decke erreicht werden kann.

Die gegenseitigen Abhängigkeiten und Beziehungen sind schon so mannigfach, besonders wenn man auch die Baukosten mit berücksichtigt, daß man schon ein Elektronengehirn einschalten müßte, um für die jeweiligen Bedingungen die richtige Wahl treffen zu können. Eine Vereinfachung ist nur dadurch gegeben, daß man die Deckenarten in einem gewissen Grade abstufen kann nach der Größenordnung des Verkehrs. Man unterscheidet:

1. Schwere Decken, Dauerbeläge:

1) Großpflaster, Kleinpflaster, Schlackensteinpflaster, alle auf fester Unterbettung.

2) Zementbeton 20 ··· 24 cm dick.

3) Stampf-, Guß- und Hartgußasphalt auf fester Unterbettung.

4) Bitumendecken nach dem Mischverfahren mit einer Mindeststärke von > 6 cm auf fester Unterbettung, wie Asphaltbeton, Teerbeton, Sandasphalt mit und ohne Binder. Mischmakadam.

2. Mittelschwere Decken:
   1) Klinker auf neuem oder altem festem Unterbau mit und ohne Fugenverguß.
   2) Zementmörteldecken mit und ohne Oberflächenbehandlung, Concrelithpflaster.
   3) Beton von geringer Plattendicke.
   4) Bitumen- und Teerdecken nach dem Tränkverfahren in jeder Dicke, Streumakadam.
   5) Teppichbeläge nach dem Mischverfahren von weniger als 6 cm Dicke.
3. Leichte Decken:
   1) wassergebundene Steinschlagdecken ohne oder mit Oberflächenbehandlung mit Teer oder Bitumen.
   2) Teppichbeläge > 1,5 < 3 cm dick.
   3) Klinkerpflaster ohne festen Unterbau.

Die Begriffsbestimmung schwere, mittelschwere und leichte Decken bezieht sich weniger auf ihr Gewicht, sondern auf den Verkehr, für den sie geeignet sind. Anhaltspunkte, welche Verkehrsart und Verkehrsdichte die einzelnen Deckenarten aufnehmen können, wenn ihre Verwendung noch wirtschaftlich ist, kann aus der Tabelle 26 entnommen werden, wobei die Belastung in t zugrunde gelegt ist.

Tabelle 26.
Die Straßendecken in Beziehung zu ihrer Verkehrsbelastung mit Angabe ihrer Lebensdauer und ihrer jährlichen Unterhaltungskosten[1]

Bauweise	Bespannte Fuhrwerke t/Tag	Lastkraftwagen t/Tag	Motorräder und Personenkraftwagen t/Tag	Gesamtverkehr t/Tag	Lebensdauer Jahre	Jährlicher Unterhaltungssatz % der Neubaukosten
Wassergebundene Steinschlagdecke .	400	25	75	500	bis 5	bis 25
Desgl. mit Oberflächenbehandlung oder Teppich	10%	30%	60%	500···1000	5 ···10	8···12
Tränkmakadam . . .						
Streumakadam . . .						
Teppichbeläge	10%	30%	60%	500···2000	10···20	4···6
Zementschotter . . .						
Mischmakadam . . .						
Hohlraumarme Decken				500···3000	10···25	3···5
Gußasphalt				1000···4000	15···25	3···5
Zementbetondecken. .				1000···5000	15···30	1···4
Kleinpflaster				1000···6000	15···30	2···5
Großpflaster				1000···7500	20···40	2···5
Großpflaster auf Betonunterlage mit Fugenverguß				jede vorkommende Belastung	20···40	2···5

[1] Nach einem Erlaß vom 25. 7. 1940 (Reichsverkehrsblatt A, S. 219).

7.3 Steinschlagdecke

7.31 Anwendungsgebiet

Die Steinschlagdecke, auch Kleinschlagdecke, Schotterbahn oder Chaussierung genannt, ist im Zeitalter des Kraftwagens noch nicht als überlebt anzusehen. Die Mehrzahl der Landstraßen in Deutschland haben noch Steinschlagdecken. Das gilt auch für ganz Europa. Aber auch in den städtischen Wohnstraßen sind sie noch zu finden bei aufgelockerter Wohnweise oder im hügeligen Gelände. Es gehört daher zu den Aufgaben des Straßenbaues, die in den Steinschlagdecken steckenden Werte durch entsprechende Fortentwicklung zu erhalten. Da diese Decke griffig ist, kommt sie für sehr steile Straßen mit mehr als 8% Steigung allein in Frage. Zur schnellen Abführung des Niederschlagwassers muß die Steinbahn ein starkes Quergefälle erhalten, etwa 3···5% je nach der Längsneigung (s. S. 153). Das Quergefälle wird dachförmig angelegt, nur in der Mitte wird auf etwa 2 m die Dammkrone ausgerundet.

7.32 Tragschicht

Die übliche Straßenbefestigung besteht aus der Tragschicht und der Deckschicht. Für diese beiden grundsätzlich verschiedenen Teile des Straßenkörpers gibt es eine Anzahl Bezeichnungen, z. B. für Tragschicht: Unterbau, Unterbettung und Tragkonstruktion und für die Deckschicht: Decklage, Straßendecke, Straßenoberbau, Verschleißschicht u. a. Zum besseren Verständnis soll die einheitliche Bezeichnung gewählt werden, die in der SNV 40310 vorgeschlagen worden und durch die Abb. 311 erläutert ist.

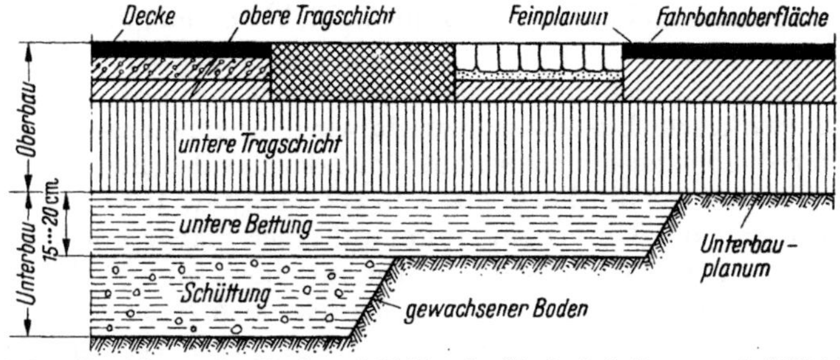

Abb. 311. Bezeichnung der einzelnen Schichten der Straßenbefestigung nach SNV 40310

Die für die Verbesserung des Untergrundes notwendigen Verfahren sind bereits auf S. 237ff. behandelt. Auf dem guten oder verbesserten und entwässerten Untergrund wird nach einem alten Verfahren *Packlage* gesetzt, die die Lasten der Straßendecke auf den Untergrund übertragen soll. Je dicker diese Schicht ist, um so geringer ist der Einheitsdruck auf den Untergrund. Das trifft aber nur zu, wenn die Packlage selbst so gut in sich verspannt ist, daß die innere Reibung der Packsteine untereinander den Druck verteilt. Man kann diese als die Widerlager von Bögen betrachten, die sich von einer Steinpyramide zur anderen spannen. Es hängt also die Lastverteilung davon ab, ob in der Tragschicht eine Gewölbewirkung entsteht.

7.33 Baustoff

Das ist nur zu erwarten, wenn die scharfumgrenzten Bestimmungen für Güte, Form und Abmessungen der Packlage auch beachtet werden. Nach den Lieferungsrichtlinien für die Form und Abmessungen von Packlagesteinen der FG 1950, auf die besonders hingewiesen sei, werden kurz zusammengefaßt die folgenden Anforderungen gestellt:

Möglichst Pyramiden- oder Keilform mit ebener Fußfläche, so daß die Untergrundfläche — wenn Stein an Stein gesetzt wird — lückenlos gedeckt ist, damit Boden sich nicht hineindrücken kann. Die Abmessungen sollen sein:

	Naturstein	Hochofen-schlacke
Lieferhöhe	30 cm	20···25 cm
Setzhöhe	20···25 cm	
Fußbreite	10···18 cm	10···15 cm
Fußlänge	15···30 cm	15···30 cm
Fußfläche mindestens . .	200 cm²	200 cm²
„ höchstens . . .	400 cm²	

Hartgesteine sind zu bevorzugen, wenn sie ohne besondere Kosten und Umstände zur Verfügung stehen. Aber für Straßen mit geringem Verkehr können auch andere benutzt werden, weil durch die Decklage der Verkehrsdruck bereits verteilt ist und die Packlage nicht mehr so hoch beansprucht wird. Auch Hochofenschlacke kann verwendet werden, wenn ihre Beschaffenheit der DIN 4301 entspricht. Der Vorteil harter Gesteine besteht darin, daß sie beim Walzen nicht zerdrückt werden, sondern daß höchstens Stücke absplittern, die die vorhandenen Hohlräume ausfüllen und die größeren Stücke durch Vermehrung der Zahl der Berührungspunkte gegeneinander abstützen.

7.34 Ausführung

Die Packsteine werden auf das eingeebnete Planum sorgfältig dicht an dicht gesetzt. Mit passenden Gesteinstücken wird die Packlage ausgezwickt und verkeilt, dann werden mit dem Schwinghammer die Spitzen der Pyramiden auf ± 2 cm Genauigkeit abgeköpft, so daß eine Schicht von möglichst gleicher Höhe, z. B. 20 ··· 25 cm, entsteht, und dann unter Zusatz von kiesigem Sand die Schicht abgewalzt. Je höher die Schicht ist, desto größer ist die Fläche, auf die eine auf der Fahrbahn wirkende Einzellast verteilt wird. Angenommen der Druck verteilt sich unter $\sphericalangle$ 45° und die Aufstandsfläche der darüber liegenden Ausgleichsschicht aus Schotter hat die Form eines Rechteckes mit 10 cm Länge und 5 cm Breite, dann nimmt das Unterbauplanum auf einer Fläche von 70×65 cm die Last auf, d. h. eine Einzellast von 6 t übt nur noch eine Bodenpressung von 1,32 kg/cm² aus. Ob das Planum diesen Druck noch ohne Verformung trägt, kann z. B. mit den Lastplattenversuch (S. 302) geprüft werden. (Bauregeln für die sachgemäße Herstellung von Packlage, Schotter- und Kiesbettung als Straßenunterbau F. G. 1951.)

7.35 Nachteile der Packlage

Die *Nachteile* der Packlage bestehen darin, daß sie sich schnell verformt, wenn der Untergrund wegen mangelnder Tragfähigkeit nachgibt. Auf der Deckenoberfläche bilden sich dann Wellen oder Einbrüche. Auch die Tatsache, daß die Packlage mit Handarbeit gesetzt werden muß und Maschinen nicht benutzt werden können, ist ein wichtiger Grund, von der Packlage abzugehen. Bei hohen Verkehrslasten wird es zweckmäßig sein, unter der Packlage eine Schicht Schotter, Splitt, Kies oder Kesselschlacke auszubreiten. Auf die Packlage wird eine Schotterausgleichschicht von 6 ··· 7 cm Höhe (100 ··· 140 kg/qm) aufgebracht.

7.36 Ersatz der Packlage durch Tragschichten aus Schotter, Kies, Sand

An die Stelle der Packlage treten die Tragschichten, die aus gebrochenen Gesteinskörnungen von Schottergröße bestehen, bei denen im verdichteten Zustand die Zwischenräume im Schottergerüst, die als Stützkorn bezeichnet werden, durch feines Gesteinsgemisch (Füllkorn) aus gebrochenem Gestein oder Kiessandgemisch dicht und standfest ausgefüllt werden. Sie können auch mit Zementmörtel oder Traßkalkmörtel verfüllt werden. Nach der Art des Einbaues wird zwischen *Walzschotter*- und *Rüttelschotter*-Unterbau unterschieden. Im ersten Fall wird der Schotter eingewalzt, im zweiten Falle mit Rüttelgeräten verdichtet, das Füllkorn wird bei beiden Verfahren eingerüttelt.

Der Schotter im Schottergerüst besteht im allgemeinen aus den Körnungen 35/55 mm oder 35/75 mm (s. S. 346), die stetig abgestuft sind. Der Kies muß gemischtkörnig sein, $U > 7$ (s. S. 248), Korn $< 0{,}09$ mm 5 ··· 15%. Um die Auflasten auf dem Untergrund zu verteilen, werden Sand, Kies und Splitt vom bindigen Boden aufwärts schichtenweis eingewalzt oder eingerüttelt. Die Scherfestigkeit der einzelnen Schichten nimmt von oben nach unten ab. Die untere Sandschicht verhindert das Durchfeuchten und das Eindringen von Lehm und Ton in den Tragkörper. Dieser Schichtaufbau hat bei Autostraßen in den VStA Dicken bis zu 90 cm erhalten, entsprechend den Radlasten und der Dichte des Verkehrs (Abb. 312).

Nach einem anderen amerikanischen Vorschlag soll der Straßenkörper in folgender Weise aufgebaut sein:

Asphaltbeton mit Binder	12,65 cm
Asphaltbeton Tragschicht	
Wassergebundener Makadam	12,5 cm
Gebrochener Schotter	12,5 cm
Klassifizierter gebrochener Kies als Frostschutzschicht	12,5 cm
	50,15 cm

Wenn es nicht notwendig ist, den Untergrund zu verbessern, genügt ein schichtweiser Aufbau nach der Abb. 313. Wenn in den Abb. 312 und 313 Asphaltbeton als Fahrbahndecke angegeben ist, so ist damit nicht gesagt, daß nicht auch andere Straßenbefestigungen in Frage kommen.

Verdichtet werden diese Schichten lagenweise mit Walzen oder durch Einrütteln. Die „Richtlinien für Schwingungsverdichtung von Untergrund und Unterbau von 1953“ der FG sind hierbei zu beachten. Dem Einrütteln soll eine Vorverdichtung mit schweren Walzen vorausgehen. Beim Rütteln kann zur Verdichtung feines Material benutzt werden. Man kann diese Verdichtung noch durch Bituminieren des Gesteins unterstützen, wie auf S. 503 behandelt wird.

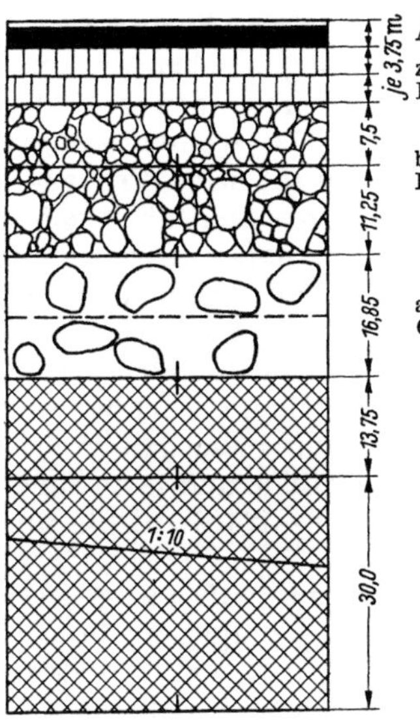

Abb. 312. Tragkörper einer Asphaltbetondecke der New Jersey Turnpike (VStA) bestehend aus einer nach unten abgestuften Schicht aus Kies und zwei bituminierten Kiesschichten

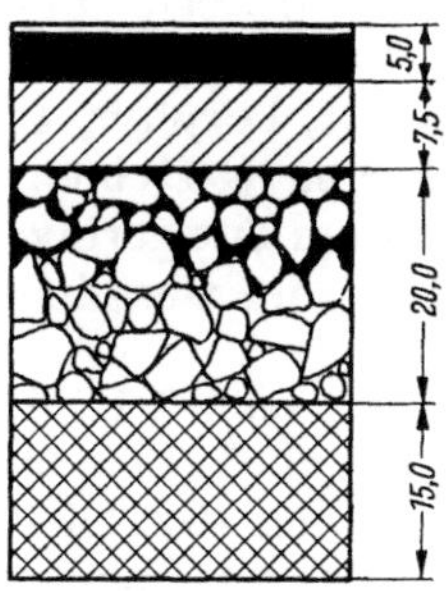

Abb. 313. Ersatz der Packlage durch Lagen von Gesteinskörnungen abgestuft

Um anstelle einer Setzpacklage oder einer Schüttpacklage, die noch mit Hohlräumen durchsetzt ist, einen Versteinerungskörper mit einem sehr geringen Hohlraum mit plattenähnlicher Wirkung unter der Straßendecke zu erhalten, hat man im Rheinland und Saarland Versuche mit einem Unterbau aus gesiebten Körnungen von Hochofenschlacke gemacht, die aus frischem Anfall und von geeigneter Güte für diesen Zweck brauchbar sein soll. Da solche Schlacken bessere hygroskopische Eigenschaften haben als die Naturgesteine, binden sie die im Erdkörper vorhandene Feuchtigkeit und schaffen dort eine Art Unterbauplatte mit günstigen Plastizitätseigenschaften. (Str. und Autobahn 10 (1959) S. 113).

Dieser Versteinerungskörper, der in zwei Schichten eingebaut wird, soll 25 bis 30 cm dick sein (450 kg/m²). Die Schicht wird aufgebaut auf einer Körnung 50/120 mm (70/120), die eingewalzt wird. In diesen Grobschotter wird Splitt 12/25 eingerüttelt. Darauf kommt Feinkorn 1/5 mm, das so eingerüttelt wird, daß es ganz verschwindet. Die Arbeiten sollen bei Trockenheit ausgeführt werden.

7.37 Decklage

Für diese wird ein Steinschlag in der Korngröße 5 ··· 7 cm empfohlen. Wenn er von kleinerer Form ist, wird er vor der Walze hergeschoben und bildet vor dem Lenkrad Wulste, die dann von der Walze übersprungen werden, so daß die verdichtende Wirkung ausbleibt und außerdem Wellen in der Fahrbahn entstehen, an denen der Angriff der Verkehrslasten später ansetzen kann. Je gröber der Steinschlag ist, desto geringer ist die Gefahr ungleichmäßiger Zusammenpressung, desto geringer die Gefahr der Lockerung des Gefüges durch die Abnutzung der Kanten unter dem Verkehr. Schon MACADAM hat die Bedeutung der richtigen Größe und Gleichförmigkeit der Körnung erkannt und zur Nachprüfung einen Ring von 7,5 cm Durchmesser als Lehre verwendet. Bei harten Gesteinen kann die Korngröße geringer sein als bei weichen. Die Forderung der würfelförmigen Gestalt wird bei Steinschlag, der maschinell gebrochen wird, nur unzureichend erfüllt. Der Anteil der flachen und schalenförmigen Stücke ist bei Maschinenschotter immer größer als bei Handschlag. Die schalenförmigen Stücke brechen leicht beim Walzen und schwächen dann die wünschenswerte Verkeilung. Nicht die Steine mit der größten Härte und Druckfestigkeit geben die besten Straßen ab, sondern auch noch andere Eigenschaften wirken mit. Das vielfach festgestellte gute Verhalten des Diabas, obwohl er nicht zu den härtesten Gesteinen gehört, kann z. B. auf seinen Chloritgehalt zurückgeführt werden, der den Stein zäh macht und ein kittfähiges Gesteinsmehl bildet. Bevorzugt werden: Basalt, Porphyr, Granit, Diorit als Hartgesteine, brauchbar sind von den mittelharten Gesteinen: Diabas, manche Porphyre, von den Weichgesteinen für Straßen mit geringem Verkehr bessere Kalksteine und feste Sandsteine. Die Prüfung der Gesteine erfolgt nach DIN 52100 ··· 52107, 52109 und 52110.

Die Frostprüfung nach DIN 52104 gilt nicht mehr als einwandfrei (s. S. 241).

Zutrauen wird auch der theoretischen Frostprüfung entgegengebracht, die in der Ermittlung des Sättigungsbeiwertes nach HIRSCHWALD besteht. Bei ihr werden die mit Wasser gesättigten Versuchskörper in einem mit Wasser gefüllten Zylinder einem Druck von 150 kg/cm² ausgesetzt und danach die Wassermenge gewogen, die er dabei aufgenommen hat. Ist G_{ws} das Gewicht der wassergesättigten Probe vor und G_{wd} nach dem Versuch, dann wird der Sättigungsbeiwert aus $= \frac{G_{ws}}{G_{wd}}$ errechnet. Wenn dieser Bruch $\geqq$ 0,8 ist, kennzeichnet er die unbedingt frostbeständigen Baustoffe (Gesteine). Ist er 0,9 oder noch größer, so gelten die Stoffe als frostunbeständig, weil das im Körper befindliche Wasser, wenn es beim Gefrieren sein Volumen um $^1/_{11}$ vergrößert, keinen Platz mehr in den Poren findet und den Körper sprengt. Bei $-22°$ hat das Eis die höchste Druckwirkung = 2050 kg/cm². Die theoretische Frostprüfung gibt daher einen Begriff für die Gefügefestigkeit, das Porenvolumen und die Ausbildung der Poren im Gestein. Nach der Frostprüfung sollen die würfelförmigen Probekörper auf Druckfestigkeit geprüft werden, um festzustellen, ob diese nach der Gefrierprobe im Vergleich zur Festigkeit an den trockenen Gesteinen abgenommen hat.

Nach GRENGG weist auch diese theoretische Frostprüfung Fehlermöglichkeiten auf, die hauptsächlich in der Oberflächenrauhigkeit, der Gestalt der Poren und ihrer Verbindung untereinander und nach außen bestehen [*222*]. Der praktischen Frostprüfung wird Wert beigemessen, um bei Schotter festzustellen, ob er bei der Gewinnung im Bruch, beim Brechen und anderen Vorbereitungen Gefügeschäden erlitten hat.

Für die abgekürzte Untersuchung genügen die folgenden Arbeiten: petrographische Untersuchung nach Zusammensetzung, Art und gegenseitiges Mengenverhältnis der Gemengteile, Gefüge usw. mit Hilfe von Dünnschliffen und dazu bei Basalten Untersuchung auf Sonnenbrand, ferner Prüfung auf Druckfestigkeit nach mehreren Richtungen, Wasseraufnahme. Bei großen Lieferungen empfiehlt sich Besichtigung des anstehenden Gesteins im Steinbruch. Umfrage bei anderen Behörden über Bewährung eines bestimmten Materials kann von Nutzen sein, jedoch muß man dabei stets auch die oben erwähnten besonderen Verhältnisse der Straßenstrecke feststellen, auf der es eingebaut worden ist oder werden soll.

Der Steinschlag, der nicht mehr mit der Hand, sondern aus Lastwagen in Schleppverteiler abgekippt und mit Straßenhobeln ausgebreitet wird, hat 40 ··· 50% Hohlräume, die durch Walzen stark vermindert werden müssen. Je geringer der Hohlraum nach der Walzung ist, um so fester ist die Decke geworden. Um die Verspannung zu unterstützen, wird Splitt 15/25 mm und Kies unter kräftiger Anfeuchtung der Decke zugesetzt, aber erst, nachdem sie durch Walzung eine gewisse innere Festigkeit erreicht hat. Ein zu frühes und reichliches Geben von Kies hat ein Schieben der Decke unter der Walze zur Folge.

Die auf einmal von der Walze anzudrückende Steinschlaglage darf höchstens 12 cm dick sein, weil sonst die Decke nicht fest wird. Stärkere Lagen müssen in zwei Schichten gewalzt werden. Es empfiehlt sich, bei Lohnarbeit nach der Menge des eingewalzten Steinschlages abzurechnen. Über die Bauart der Walzen werden Angaben auf S. 582 gemacht. Bei sehr festen Gesteinen können schwere Walzen, bei weichen nur Walzen von geringem Gewicht eingesetzt werden. Die Arbeitsgeschwindigkeit der Walze beträgt etwa 0,3 ··· 0,5 m/sek. Die Walzstrecke kann kurz oder lang sein. Eine Steinschlagdecke ist fertig gewalzt, wenn sie so fest geworden ist, daß ein vor die Walze geworfenes Steinstück von etwa 4 cm Seitenlänge nicht mehr in die Oberfläche eingedrückt, sondern zerquetscht wird. Das ist etwa nach 80 Walzengängen zu erreichen. Die Zahl der Walzengänge hängt aber von der Güte des Gesteins ab und kann zwischen 60 und 150 schwanken.

7.38 Verschlußdecke

Die Verschlußdecke soll verhüten, daß Wasser in das Innere eintritt. Der Abschluß wird erreicht, indem nach Festwalzung der Steinschlaglage nacheinander erst Splitt aufgebracht wird, der die großen Öffnungen ausfüllt, dann Kies bis Sand, die eingeschlämmt werden, wodurch dann auch die feineren Fugen geschlossen werden. Durch Abwalzen wird die Decke noch verdichtet. Zum völligen Schluß der Decke wird lehmhaltiger Kies oder abgelagerter Chausseeschlick empfohlen. Da diese Bindestoffe durch Wasser der Erweichung ausgesetzt sind, bilden sie Schlamm, der ein schnelles Austrocknen der Decke verhindert, oder bei Trockenheit Staub erzeugt. Das gilt besonders für schattige Stellen, während frei dem Wind ausgesetzte Strecken eher bindige Deckstoffe vertragen können. Durch den Verkehr werden die Kieskörper zermahlen und die dadurch entstehende Zerkleinerungsmasse übernimmt die Fugendichtung. Auszuschließen sind lehmige und schlickige Bindestoffe, wenn die Steinschlagdecke später eine Oberflächenbehandlung mit Bitumen oder Teer erhalten soll. Splitt, Sand und Kies werden auch eingewalzt. Sollte der am Ort oder in der näheren Umgebung vorhandene Kies ungeeignet sein, dann kann auch Steinsplitt zur Schlußdecke allein verwendet werden. Ebenso wichtig für die Dauerhaftigkeit einer Steinschlagbahn, wie die technisch richtige Herstellung, ist die ordnungsgemäße

Unterhaltung. Da der bezogene Druck der Verkehrslasten größer ist als der der Walze, bilden sich auf einer frischen Decke Gleise aus, bis sie durch den Verkehr eine weitere Verdichtung erhalten hat. Die einzige Maßnahme zur Beseitigung der Gleise besteht in dem rechtzeitigen Einkehren der Gleise durch den Straßenwart. Es bilden sich selbst in guten Steinschlagbahnen bisweilen alsbald nach der Herstellung weiche Stellen, die sofort mit Steinschlag, Splitt und Kies eingedeckt und festgerammt werden müssen. Rollsteine müssen sorgsam abgesucht werden, weil sie die Decke wund machen; die Decke ist feucht zu halten, alles Maßnahmen, die sofort nach Herstellung zur Erhaltung der Decke aufzunehmen sind. Bei Herstellung der Steinschlagbahn durch Unternehmer ist es angebracht, die fortlaufende Unterhaltung der Bahn noch auf mindestens zwei Monate ihnen aufzuerlegen und erst nach dieser Frist die Straße abzunehmen.

Durch das Eintreten von Wasser wird der Zusammenhang gelockert. Die jetzt notwendigen Arbeiten zur Erhaltung der Decke werden in der Weise vorgenommen, daß man die Steinschlagbahn bis auf einen Zustand abfahren läßt, der gerade noch zulässig ist. Die Instandsetzung erfolgt dann durch Neuschüttung auf der ganzen Länge, mindestens auf größeren Strecken, und zwar entweder als Profilschüttung, die sich nicht auf die ganze Breite der Bahn erstreckt, sondern nur so weit, als sie abgefahren ist und es an genügendem Quergefälle fehlt, oder als Breitschüttung über die ganze Straßenbreite.

Bei der Profilschüttung muß das gleiche Gestein genommen werden, das sich schon in der Decke befindet. Bei Breitschüttungen kann auf eine vorhandene Decke von Weichgestein sehr wohl Hartgestein aufgebracht werden. Die Deckenstärke bedarf nicht unter 8 cm betragen, weil es sonst dem Steinschlag an der Möglichkeit fehlt, sich zu verspannen. Damit er auf der alten Decke haftet, werden in diese Querrillen mit der Picke gehackt, oder, was besser ist, die vorhandene, mit vielen Unebenheiten versehene Decke wird mit dem Aufreißer aufgerissen. Dieses Gerät wird auf S. 588 besonders beschrieben. Der losgelöste Steinschlag wird aufgenommen, ausgegabelt oder gesiebt und dadurch von den Schmutzstoffen befreit und kann mit dem Zusatz wieder verwendet werden. Soweit durch den Aufreißer die Unterlage nicht schon ausgeglichen worden ist, muß das vor dem Aufbringen der neuen Decke geschehen, wobei alle Mulden und Unebenheiten ausgefüllt und Erhebungen abgepickt werden. Es muß die Unterlage schon im Profil der späteren Straße hergestellt werden, damit die neue Decke profilmäßig in gleichmäßiger Stärke aufgebracht werden kann. Im anderen Falle würde sich bei ungleichmäßiger Stärke die neue Decke unter dem Verkehr ungleichmäßig zusammendrücken und damit in Kürze ein ebenes Profil nicht mehr vorhanden sein. Die neue Decke wird dann abgewalzt. Beim Walzen ist stets von den Seiten nach der Mitte zu walzen.

Die Instandhaltung nach dem Deckverfahren bietet dem Verkehr auf Straßen mittelstarker und starker Abnutzung Vorteile, die die Mehrkosten der Unterhaltungsweise rechtfertigen.

Zur Erhöhung der Lebensdauer werden, abgesehen von besonderen Schutzdecken, die auf den S. 495ff. beschrieben werden, einige Maßnahmen zur Erhaltung der Steinschlagbahnen vorzuschlagen sein:

1. Gründliche Entwässerung des Untergrundes, besonders bei bindigen Böden.

2. Einbau von Tragschichten, wo sie fehlen.

3. Schnelle Abführung des Tagwassers.

4. Bau der Decke aus grobem, gebrochenem Hartgestein möglichst gleicher Körnung und reinem Sand und Kies.

5. Unterhaltung der Decken in einem Verbundverfahren, das besteht in einer sorgsamen Unterhaltung und rechtzeitigem Beseitigen aller Unebenheiten, also Flicken in kleinem Umfange, unter Umständen unter Benützung von Bindestoffen, Teer oder Emulsionen von Teer oder Bitumen, und in zeitweisen Neudeckungen.

Der Verbrauch an Kubikmetern Steinschlag bezogen auf den Kilometer Straße, der allerdings auch von der Breite der Straße abhängt, gibt vielleicht den besten Vergleichsmaßstab ab, ob die Steinschlagdecke noch beibehalten werden kann. Er liegt etwa bei 40 m^3 für den Kilometer.

Die Beobachtungen auf der Versuchsstraße in Braunschweig haben ergeben, daß Steinschlagbahnen ohne besonderen Schutz nur noch auf Straßen mit geringem Verkehr gehalten werden können, höchstens 400 t in 24 Stunden. Durch Oberflächenbehandlung mit Teer oder Bitumen geschützte Steinschlagbahn kann einen Verkehr bis zu 2000 t aufnehmen.

Maßgebend für diesen Abschnitt sind die folgenden Druckschriften:

Lieferungsrichtlinien für Form und Abmessung von Packlagesteinen, Fassung November 1950. F. G.

Bauregeln für die sachgemäße Herstellung von Packlage, Schotter- und Kiesbettung als Straßenunterbau, Fassung November 1950. F. G.

Merkblatt für Körnungen aus gebrochenem Naturgestein, Fassung 1957. F. G. (s. S. 628).

Vorläufiges Merkblatt über die Prüfung und Beurteilung von Naturstein, Fassung Mai 1953. F. G. DIN 52100 „Richtlinien zur Prüfung und Auswahl von Naturstein".

7.4 Mörtelschotterdecke

7.41 Zementschotterdecke

Auf den zementgebundenen Makadam, der schon seit 1872 bekannt ist, hat man aus Ersparnisgründen im Jahre 1932 wieder zurückgegriffen.

In Europa ist diese Bauweise als Ausweichform gegenüber der anspruchsvolleren Betondecke entstanden, in Frankreich 1920, in England und Irland 1925, in Österreich 1926. Um diese Zeit hat man sich auch in Deutschland ihr zugewandt. Sie ist eine Fortentwicklung der Steinschlagstraße, die durch den Zementmörtel gebunden wird. Sie kommt daher nur für mittleren und leichten Verkehr in Frage, auch für gemischten Verkehr. In feuchten, schattigen Lagen ist sie besonders angebracht. Ihre Griffigkeit ermöglicht, sie auch in Steigungen bis zu 18% anzuwenden. Für die Vereinigung des Schotters mit dem Zementmörtel auf der Straße sind sieben verschiedene Verfahren benutzt worden, von denen aber das Verfahren mit bildsamen Mörtel sich durchgesetzt hat, das im folgenden beschrieben werden soll.

7.411 Baustoffe

Normalbindender Portlandzement; für den Mörtel wird Gruben- oder Flußsand verwendet mit rundlichem Korn bis 7 mm, der Anteil der Körnung bis 1 mm (Maschensieb) soll nicht mehr als 30%, die Körnung 0 ··· 3 mm 60 ··· 70% betragen, also ein grober Sand verwendet werden. Die abschlämmbaren Bestandteile sollen unter 6% bleiben. Für den Kornaufbau des Sandes kann die Sieblinie zugrunde gelegt werden, die im Abschnitt „Betondecken" gebracht wird (Abb. 328, S. 392). Zusatz von Basaltsplitt 3 ··· 8 mm zu $^1/_6$ bis $^1/_5$ ist bei feinem Sand empfehlenswert. Der Schotter oder Steinschlag soll aus gleichmäßigem, würfelförmigem Gestein von 30 ··· 50 oder 40 ··· 60 mm Korn bestehen, das gewaschen ist. Als Mörtelmischung nach Raumteilen wird vorgeschrieben:

1 RT Zement, 2 ⋯ 3 RT Sand, das sind 600 ⋯ 450 kg Zement auf 1 m³ lose Mörtelmasse. Im Durchschnitt werden für 1 m² verwendet 160 kg Schotter, 80 kg Sand und 25 ⋯ 28 kg Zement.

Der Wasserzusatz wird sehr sorgsam ermittelt werden müssen, weil er für die Mörtelfestigkeit maßgebend ist, ein Teil des Wassers aber für die Benetzung des Sandes und Schotters verbraucht wird. Das Merkblatt des amerikanischen Zementverbandes bringt ein Prüfungsverfahren für den richtigen Wassergehalt mit einem Ausflußtrichter. Der Fließzustand des Mörtels soll durch die Ausflußzeit aus einem genormten Trichter in Sekunden gemessen werden, über dessen Abmessungen Abb. 314 Auskunft gibt. Je feiner der Schotter ist, desto weicher muß der Mörtel angemacht werden, desto geringer ist seine Fließzeit. Folgende Fließzeiten werden daher mit Bezug auf die Schotterkörnung empfohlen [*222*]:

Korngröße cm	6,25 ⋯ 8,75	5 ⋯ 7,5	3,75 ⋯ 6,25	2,5 ⋯ 5	1,88 ⋯ 3,75
Fließzeit sek.	23 ⋯ 25	23 ⋯ 25	21 ⋯ 23	20 ⋯ 22	19 ⋯ 21

Der Trichter faßt 34,6 l Mörtel. Um die richtige Menge Wasser zu finden, wird der an der Luft vollkommen getrocknete Sand mit der beabsichtigten

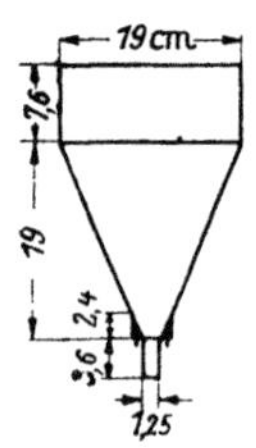

Abb. 314. Trichter zur Messung der Ausflußzeit von Mörtel

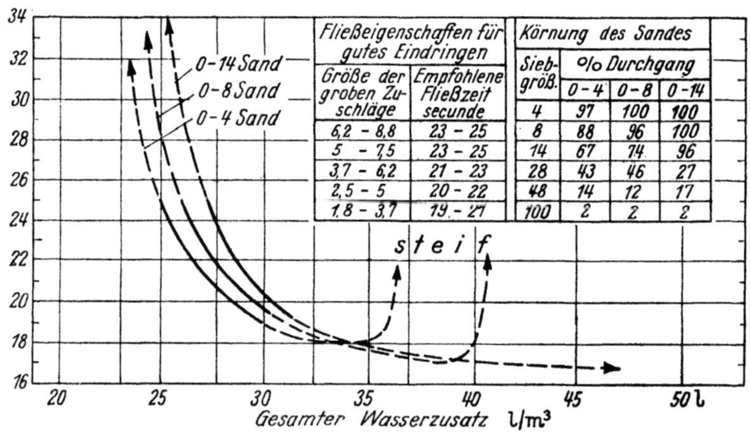

Abb. 315. Kennzeichnende Schaulinien für Fließkurven von Mörtel. Die stark ausgezogenen Linien geben die gebräuchlichen Wasserzusätze an. Der gesamte Wasserzusatz in *l* ist bezogen auf den Sack Zement = 42,6 kg

Zementmenge gemischt, dann Wasser in steigender Menge zugesetzt, die jeweilige Ausflußzeit gemessen und der Mörtel auch darauf geprüft, ob nicht eine Trennung des Sandes stattfindet. Für verschiedene Sandkörnungen und Wasserzusätze liegen Beobachtungen über die Fließzeit vor, die durch Abb. 315 erläutert sind. Die Mörtelmischung ist 1 : 2 nach Gewichtsteilen, d. s. etwa 1 : 1 in RT. Bei Wasserüberschuß bilden sich Wasserlachen. Die Fließzeit hängt aber nicht nur von dem Körnungsaufbau des Sandes ab, sondern auch von seiner Benetzungsfähigkeit, eine Tatsache, die immer noch nicht genügend beachtet wird, obwohl sie durch wissenschaftliche Untersuchung aufgehellt ist. Die richtige Wassermenge liegt zwischen 310 und 370 l/m³ Mörtelmasse (Wasserzementfaktor 0,62 ⋯ 0,83) (s. S. 394).

Die Deckendicke schwankt zwischen 8, 10 und 12 cm nach der Fertigstellung. Das amerikanische Merkblatt gibt an 15 cm für leichte Fahrbahnen und Parkplätze, 10 ⋯ 12,5 für Gehbahnen, Radwege, Tennisplätze und Flächen ohne Fahrverkehr. Aber dies gilt für Decken ohne Unterbau. Bei einer mittleren Dicke von 10 cm setzt sich der Belag zusammen aus

5 ⋯ 6 cm Schotter,
4 ⋯ 5 „ Mörtel,
5 „ Schotter.

Die Mörtelmenge richtet sich nach dem Hohlraumgehalt des fertig gewalzten Schotters, der zu 30% geschätzt werden kann, und soll ihn ausfüllen. Schütthöhen von 10, 12 und 15 cm sind anzuwenden, wenn die Decke 8, 10, 12 cm dick sein soll.

7.412 Bauverfahren

Der Rand muß seitlich durch eiserne oder hölzerne Schalung eingefaßt sein. Die untere Schotterschicht wird dann ausgebreitet, abgewalzt und angenäßt, dann der in Mischmaschinen gemischte Mörtel ausgebreitet, die obere Schotterlage so aufgebracht, daß die Steine dicht an dicht liegen und dann die ganze Lage mit leichten Walzen von 6 ··· 9 t Dienstgewicht abgewalzt. Die Walze arbeitet von den Rändern nach der Mitte, bis der Mörtel gut im Schottergerüst verteilt ist und nach oben steigt. Es genügen zwei bis acht Walzengänge. Die untere Lage soll nur so weit vorgestreckt werden — etwa 150 ··· 180 m — als die Walzung erfordert, damit sie nicht zu lange frei liegt und Schmutz aufnimmt. Wenn der Mörtel die obere Zone nicht ganz ausgefüllt hat, wird noch bildsamer Zementmörtel 1 : 2,5 bis 1 : 1,5 aufgebracht und eingewalzt, um die Oberschicht möglicht eben zu gestalten. Dem Mörtel kann noch, um die Oberfläche griffig zu machen, 50% Splitt zugefügt werden.

Die Zementschotterdecke verlangt Dehnungsfugen als Quer- und Längsfugen, weil sich sonst unregelmäßige Risse bei tieferen Temperaturen bilden, die sich mit Schmutz füllen und bei Wärme zum Anheben der Platten und zu Beschädigungen führen können. Die Querfugen werden als Raumfugen ausgebildet, indem ein eingeöltes keilförmiges Fugeneisen an der Dehnungsfuge eingelegt wird, das am Rande durch die Schalung und in der Mitte durch das Längsfugeneisen gehalten wird. Nach dem „Merkblatt" wird das Eisen auf der dem zuletzt gewalzten Felde abgewandten Seite durch eine nach dem Profil gewölbte Hartholzbohle 10 ··· 20 cm breit abgestützt und festgehalten. Über diese wird hinweggewalzt. Die Hartholzbohle wird dann fortgenommen, bevor der Mörtel begonnen hat abzubinden, wenn der Belag weiter vorgestreckt wird. Das Eisen bleibt in der Decke. Der freie Raum wird mit Schotter und Mörtel ausgefüllt und abgestampft. Das Fugeneisen wird erst herausgenommen, wenn die Masse abgebunden hat. Abstand der Fugen 10 ··· 15 m und 12 mm Fugenöffnung.

Eine Längsfuge ist bei Straßenbreiten über 5 m erforderlich. Sie entsteht von selbst, wenn halbseitig gebaut wird, was bei Zementschotterstraßen die Regel ist, um den Verkehr nicht zu unterbinden, oder wird durch eine Holzleiste als Scheinfuge (s. S. 416) gebildet, die in die untere Schotterschicht eingelegt wird und dort verbleibt. Der Fugenspalt der Querfuge und der sich an der Längsfuge bildende Riß werden mit der für Betonstraßen üblichen Fugenvergußmasse (s. S. 435) ausgefüllt, wenn die Decke völlig abgebunden hat. Die Verdichtung der Decke muß beendet sein, ehe der Mörtel abgebunden hat. Damit die Decke richtig erhärten kann, muß das fertiggestellte Stück sofort gegen zu starke Austrocknung durch Wind oder Sonnenbestrahlung geschützt werden. 24 Stunden danach ist die Oberfläche mit Sand, Tüchern oder dergleichen zu bedecken und die Bedeckung mindestens 8 Tage feucht zu halten. Eine Verkehrsbehinderung ist damit nicht verbunden, da es möglich ist, die Zementschotterstraßen halbseitig auszuführen.

Ein hochwertiger Zementschotter, dessen Ausführung mehr der Betonbauweise angelehnt ist und der auch halbseitig ausgeführt wird, ist die Holterbetonbauweise, die auf S. 444 beschrieben wird.

7.5 Pflasterdecken

7.51 Begriffsbestimmung

Pflasterdecken (Fahrbahndecken aus Steinpflaster) sind alle Straßenbeläge, die unter Verwendung von Natursteinen oder Kunststeinen hergestellt werden. Nach der Größe der verwendeten Steine unterscheidet man Klein- und Großpflasterdecken.

7.52 Gesteinsarten für Natursteinpflaster

Beim Steinpflaster muß der Gesteinsart, die verwendet werden soll, die größte Aufmerksamkeit gewidmet werden. Geeignete Gesteine sind die Eruptivgesteine Granit, Syenit, Diorit, Gabbro und Granitporphyr. Von den Ergußgesteinen eignen sich Quarzporphyr, Diabas, Melaphyr, Basalt. Diese ganze Gruppe von Gesteinen werden im Straßenbau auch als Hartgesteine bezeichnet. Von den Sedimentgesteinen finden harte Kalksteine, festere Sandsteine und Grauwacken als Pflastersteine Verwendung.

Das Gestein für Natursteinpflaster muß sich gut bearbeiten und leicht spalten lassen und einen ebenen Bruch geben. Es soll von frischer petrographischer Beschaffenheit, wetterbeständig, hart und zäh sein und hinreichende Druckfestigkeit besitzen. Das Gefüge kann gleichmäßig körnig oder porphyrisch sein. Das Gestein soll sich nur gering und gleichmäßig abnutzen und darf nicht glatt werden. Es muß also große Dauerhaftigkeit verbürgen.

Grobkörnige, feinkörnige, porphyrische, dichte oder auch parallel geschichtete Gesteine wie manche Granite oder Gneise, Grauwacken u. a. verhalten sich in der Straße sehr verschieden. Bei der Wahl der Pflasterart und des Pflastersteins müssen Steigung, Wölbung, Geräuschbildung, Belastung durch Kraftwagen und Pferdefuhrwerk usw. berücksichtigt werden. Von Wichtigkeit ist die Feststellung des Grades der Wasseraufnahme des zu wählenden Gesteins, weil wassersüffige, körnige Gesteine vom Frost angegriffen und rasch abgenützt werden oder zerfallen und Löcher verursachen. Ebenso dürfen keine von Haarrissen begleiteten Quetschzonen vorhanden sein. Dichte Gesteine, die also keine Körnung erkennen lassen, sind oft spröde und glätten sich stark, z. B. Blaubasalt. Im Reihenpflaster werden an ihnen die Kanten splittern und die Kopffläche sich abrunden (Katzenköpfe). Blasen, die mit Kalkspat oder Zeolith ausgefüllt sind, sollen möglichst fehlen.

Für die Steinbaustoffe gilt allgemein das vorläufige Merkblatt über die Prüfung und Beurteilung von Naturstein für den Straßenbau (FG 1953). Petrografisch und technisch werden die Gesteine nach DIN 52100 bis 52107, 52109 und 52110 in Materialprüfungsanstalten untersucht. Neben der Frostprüfung nach DIN 52104 soll auch noch die vorgenommen werden, die auf S. 241, 242 beschrieben ist.

7.53 Kleinpflaster

Das Kleinpflaster wird man zu den neuzeitlichen Decken rechnen müssen, wenn es auch schon 1887 durch GRAVENHORST eingeführt worden ist, als der Kraftwagenverkehr noch unbekannt war.

Das Kleinpflaster ist im Ausland wenig angewendet worden; denn es fehlt am Hartgestein, auch an der handwerklichen Ausbildung. Das Kleinpflaster bietet indessen Möglichkeiten zu künstlerischer Gestaltung der Pflasterflächen, besonders wenn Steine verschiedener Färbung — Kalkstein und Basalt — verwendet werden (s. S. 162).

7.531 Tragschicht

Als Pflasterbett kommen in erster Linie Steinschlagdecken in Frage, da das Kleinpflaster in der Mehrzahl der Fälle solche Decken verbessern soll. Hierzu müssen die abgenutzten, mit Schlaglöchern versehenen Decken durch Aufreißen, Zusatz von neuem Schotter und Abwalzen wieder eingeebnet werden. Werden nur die Schlaglöcher ausgefüllt, dann sind die folgenden Grundsätze zu beachten:

1. Der Tragkörper für das Kleinpflaster muß so vorbereitet werden, daß er der zukünftigen Pflasteroberfläche genau entspricht, und muß eine gleichmäßig feste, unwandelbare Masse darstellen, je härter desto besser.

2. Der Ausgleich der Unebenheiten darf keinesfalls nur mit Pflastersand geschehen.

3. Den ausgebesserten Tragkörper kann man vor dem Einbau des Pflasters dem Verkehr aussetzen, bis er gleichmäßig fest ist. Unmittelbar vor dem Pflastern sind neu gebildete Unebenheiten nochmals sorgfältig auszugleichen. Soll die neue Pflasterdecke an den Seiten durch Bordstein begrenzt werden, dann darf damit erst nach der Abwalzung begonnen werden.

Für neue Straßen besteht der Tragkörper entweder aus Packlage, auf der eine Schüttlage aufgewalzt wird, oder aus Beton. Für diesen gelten die für Betondecken aufgestellten Bauregeln (s. S. 388ff.). Zur Verbesserung des Tragkörpers können alle die Bauweisen angewendet werden, die schon bei der Steinschlagdecke erwähnt sind.

7.532 Baustoffe

Für die Abmessung der Pflastersteine bestehen „Vorläufige Lieferbedingungen für die Abmessung der Pflastersteine aus Naturstein“ (1951), nach denen die Steine nach Breite, Höhe und Länge $10 \times 10 \times 10$; $9 \times 9 \times 9$; $8 \times 8 \times 8$; $7 \times 7 \times 7$ cm betragen sollen. Fast alle Hartgesteine lassen sich in diesen Größen liefern. Nur für quarzitische Sandsteine gelten die Abmessungen $10 \times 10 \times 10$; für die kleinste Form $7 \times 7 \times 7$ kommen nur Diorit, Gabbro, Granit, Melaphyr in Frage. Nur Gesteine, die sich gut spalten lassen, sind für Kleinpflaster geeignet. Hierzu wird eine Steinspaltmaschine verwendet. Ein geschickter Arbeiter kann 2 cbm in 8 Stunden herstellen.

Sämtliche Pflastersteine werden nach Güteklassen bewertet.

Güteklasse A. Toleranz in den Abmessungen ± 1 cm,
Flächenverhältnis Fuß : Kopf mindestens 3 : 4.

Güteklasse B. Flächenverhältnis Fuß : Kopf 2 : 3.

Güteklasse C. Flächenverhältnis Fuß : Kopf mindestens 2 : 3,
roh gespalten.

7.533 Verlegung

Kleinpflaster wird auf ein flaches Sandbett von 6 ⋯ 8 cm gesetzt, das abgerammt auf 3 ⋯ 4 cm sich verdichtet. Es hat sich erwiesen, daß die früher angewandte Schicht von 2 cm unter Verkehrsstößen nicht genügend elastisch ist. Die württembergische Anleitung gibt an, daß das Sandbett $^1/_3$ der Höhe der Steine betragen soll. Der Sand soll nicht zu fein und frei von Ton und Lehm sein. Als seitlichen Abschluß für Landstraßen genügen hammerrecht bearbeitete Randsteine nach DIN 482. *In Stadtstraßen werden neben dem Bordstein erst noch zwei Reihen Großpflaster gesetzt.* Diese Großpflastersteine können aus Altmaterial stammen, sofern sie noch genügend hoch sind und gute Setzfläche haben. Sie erleichtern dann mit ihrer glatten Oberfläche als Rinnenpflaster den Wasserablauf. Dieses Pflaster wird in Kies gesetzt und so hoch angelegt, daß es mit dem späteren abgerammten Kleinpflaster bündig liegt. Eine Reihe Großpflaster in Beton versetzt wird auch auf Landstraßen als Randbegrenzung verwendet. Die Einfassung kann zur Abgleichung des Sandbettes benutzt werden, indem eine Lehre, die auf der Einfassung reitet, über den Sand gezogen wird. Kleinpflaster wird in folgenden Formen gesetzt:

1. Als Mosaikpflaster,
2. in Segmentform (Abb. 316),
3. in Kreisbogen (Abb. 317),
4. in Sägeform,
5. als Reihenpflaster.

Für die Wahl der verschiedenen Einpflasterformen ist maßgebend die Gesteinsgröße. Kleine Steine, wie z. B. beim Basalt, müssen mosaikartig versetzt werden. Bei Steinen mit größeren und regelmäßigeren Kopfflächen können die zuvor aufgeführten Formen 2 ··· 4 angewendet werden. Als Nachteil der

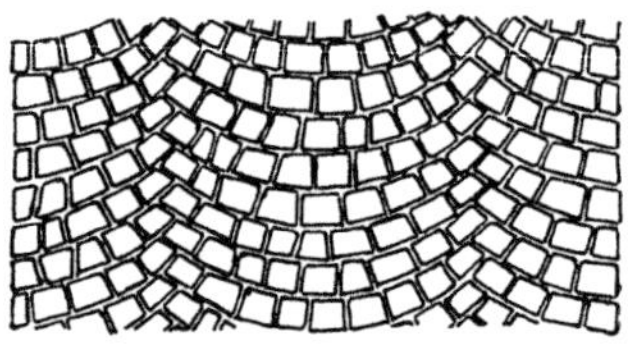

Abb. 316. Kleinpflaster in Segmentform verlegt

Abb. 317. Kleinpflaster in Kreisbogenform verlegt

Segmentform wird angesehen, daß der Zwickel im Ansatz zweier Bogen schlecht ausgefüllt werden kann. Kreisbogen werden bevorzugt. Der Winkel zweier Kreisbogen am Kämpfer soll ein rechter sein. In Steigungen werden Segment und Kreisbogen so angelegt, daß die Scheitel stets höher liegen als die Kämpfer. Das entspricht auch der Beanspruchung durch den Verkehr und erleichtert den Wasserabfluß. Die Abmessung der Bogen soll sich den folgenden Vorschlägen anpassen [*223*]:

Steingröße in cm	Bogenlänge in m	Bogenhöhe in cm	Bogenradius in m
6 ··· 8	0,80 ··· 1,10	22 ··· 24	0,65
8 ··· 10	1,10 ··· 1,35	24 ··· 27	0,90
10 ··· 12	1,35 ··· 1,70	27 ··· 32	1,25

Die Zahl der Bogen richtet sich nach der Straßenbreite, über die die Bogen gleichmäßig verteilt werden. Die württembergische Verwaltung schreibt für verschiedene Straßenbreiten die Bogensehne $2s = 1{,}0 \cdots 1{,}5$ m, den Bogenhalbmesser $r = s \cdot \sqrt{2}$ vor.

Straßenbreite . . .	$B =$	5,0	5,5	6,0 m
	$2s =$	1,25	1,38	1,20 m
Bogenhalbmesser. .	$r =$	0,88	0,93	0,85 m

An der Bordkante setzen die Bogenscheitel an. Die Stichhöhe der Bogen soll mit der Größe der Steigung abnehmen, weil das den Verkehr erleichtert.

Nach dem Merkblatt soll Bogenpflaster vermieden werden, weil sich hierbei zu enge Fugen ergeben. Das kann aber nur nachteilig sein, wenn Fugenverguß angewendet wird, denn sonst soll Kleinpflaster mit möglichst engen Fugen verlegt werden, wenn sie nur eingeschlämmt werden.

Die Kleinpflasterdecke wird zwei- bis dreimal abgerammt und dann wie üblich eingeschlämmt. Die gesamte Pflasterfläche soll auch nach der Freigabe für den Verkehr noch reichlich mit Sand überdeckt werden, der auf etwa vier Wochen eingekehrt werden muß, damit die Pflasterfugen sich dicht füllen. Die

Sandfugen werden trotzdem durch die saugende Wirkung der Reifen freigelegt. Hiergegen kann man eine Oberflächenbehandlung mit Bitumenemulsion anwenden. Die Decke wird dadurch staubarm und trocknet auch schneller auf. Auch werden die Kanten der Steine vor Absplitterung geschützt. Das Vergießen mit Heißbitumen würde noch wirksamer sein. Es ist aber zu kostspielig, da es etwa den fünften Teil der gesamten Kosten der Neupflasterung ausmacht.

An Einbauten im Pflaster, besonders an runden Einsteigeschächten, ist schwer ein Anschluß mit Kleinpflaster herzustellen. Es wird deshalb der Einbau mit Großpflaster umgeben, das rechteckig begrenzt wird und an das sich das Kleinpflaster anschließen kann. Das gleiche gilt auch vom Anschluß an Straßenbahnschienen.

7.534 Fugenverguß

7.534.1 Mit Zementmörtel

Zur Verbesserung der Festigkeit, der Wasserundurchlässigkeit, Ebenflächigkeit, zur Geräuschminderung, Verbesserung des Aussehens, der Reinigungsmöglichkeiten u. a.m. werden die Fugen mit Zementmörtel vergossen. Dann müssen sie aber 5 ··· 8 mm bereit gehalten werden[1]. Die Steine werden hierbei erst in ein Kiesbett gesetzt, das locker 5 cm, abgerammt 2 cm dick ist, so daß die Fuge auf 8 ··· 9 cm tief offen ist, in die dann Zementtraßmörtel 1 Z : 0,3 Traß : 1,5 Sand (Gew.-Teile) eingegossen wird, der die Fugen in voller Höhe ausfüllen soll. Mörtelverbrauch für 10 m² Deckenfläche wird zu 250 l angegeben. Die Nachbehandlung durch Feuchthalten der Kleinpflasterdecke mit einer 3 cm dicken feuchten Sanddecke ist auf 10 ··· 14 Tage zu erstrecken.

7.534.2 Bituminöser Fugenverguß

Die hierbei verwendete Fugenvergußmasse, die den Vorschriften DIN 1996 entsprechen muß, wird in die profilgerecht liegende Decke eingebracht, nachdem diese sauber abgekehrt ist und die Fugen auf 5 ··· 6 cm ausgekratzt oder ausgeblasen sind. Das Verfahren ist auf S. 376 näher beschrieben.

7.534.3 Traßzement- und Traßkalkvermörtelung

Statt des Zementmörtels wird auch diese Mörtelart empfohlen, weil sie langsamer abbindet und die Erhärtung beim Abrammen des Pflasters nicht gestört wird. Für den Traßzementmörtel ist ein Mischungsverhältnis von 1 : 1,5 ··· 1 : 2 zu wählen, wobei Zement und Traß im Verhältnis 1 : 0,5 beigegeben wird. Der Zement soll hochwertiger sein. Das Verfahren, das sehr sorgfältig angewendet werden muß, ist im Merkblatt[1] ausführlich beschrieben.

7.534.4 Fugenverguß nach Art der Oberflächenbehandlung

Für den Verguß wird Heißbitumen, Heißteer oder Bitumenemulsion verwendet (s. S. 435). Auch hier werden in der im Profil liegenden Decke die Fugen 5 ··· 6 cm ausgekratzt und diese in trockenem Zustand mit Splitt 2/5 mm eingefüllt und in dünner Lage auf der Decke ausgestreut. Das Steingerüst in den Fugen wird zweimal mit Vergußmasse verfüllt. Die Decke erhält eine Oberflächenbehandlung (s. S. 495).

---

[1] Merkblatt für die Ausführung von Zementmörtelfugenverguß bei Steinpflasterdecken (FG. 1940).

7.535 Kleinpflaster auf Betontragkörper

Bei Betonunterbau genügen Pflastersteine von geringer Höhe, z. B. 7 cm, die dann unmittelbar in den frischen Betonunterbau versetzt werden. Dieser darf dann nicht mehr als etwa 1,5 m dem Steinpflaster vorauseilen und am Ende der Tagesarbeit muß der Beton vollständig überpflastert sein. Bei einer anderen Ausführung wird ein trockenes Mörtelgemisch über dem Betonunterbau ausgebreitet, in dieses werden die Steine eingesetzt und sofort zum Zwecke des Abrammens stark angenäßt. Die 5 mm weiten Fugen werden sogleich mit Zementmörtel 1 : 2 voll ausgegossen. Nach dem ersten Verguß wird abgerammt, der zweite Verguß folgt nach zwei Stunden. Das Pflaster muß 2···3 Wochen feucht gehalten werden, ehe es dem Verkehr übergeben wird. Die Fugen im Unterbeton übertragen sich auch in die Oberschicht, so daß auch hier Fugen anzulegen sind, die als Raumfugen wie bei Betondecken mit Fugenausgußmasse zu dichten sind. Die Annahme, daß das Kleinpflaster die Fugen im Unterbeton überbrückt und die in ihm entstehenden sehr zahlreichen, aber sehr feinen Risse in den Mörtelfugen die Bewegungen ausgleichen, hat sich nicht immer als zutreffend erwiesen, besonders wenn der Verguß in kalter Jahreszeit ausgeführt ist. Das im Zementmörtel versetzte Kleinpflaster wirkt wie eine starre Platte, die fast die gleichen Bewegungen bei Temperaturänderungen macht wie Beton und daher auch Fugen verlangt, deren Abstände aber größer sein können, zweckmäßig 20···30 m.

Die Straße soll möglichst in voller Breite gepflastert werden, damit die Decke sich verspannen kann. Wenn der Verkehr aufrechterhalten werden muß und erst die eine und dann die andere Fahrbahnhälfte gepflastert werden kann, ist für die erste Hälfte als Seitenabschluß nach der Fahrdammitte eine eiserne Schiene oder kräftige Bohle mit Schnurnägeln am Untergrund zu befestigen, gegen die sich die Pflasterung legt. Beim Anschluß der anderen Hälfte ist eine Verzahnung mit der ersten vorzusehen.

Der Baufortschritt bei Kleinpflaster ist gering, da ein Pflasterer kaum mehr als 13 m² am Tage verlegt. Der geringe Arbeitsfortschritt bei Kleinpflaster ist ein wesentlicher Nachteil, der besonders in der Gegenwart, wo es darauf ankommt, unsere Straßen schnell in Ordnung zu bringen, ins Gewicht fällt. Die maschinelle Herstellung des Pflasters läßt eine größere Förderung erwarten. Die hierfür bisher gemachten Vorschläge haben ihre Brauchbarkeit noch nicht erwiesen.

Das Quergefälle beträgt je nach der Steigung der Straße 2···3%. Betonunterbau ist nur am Platze, wenn das Kleinpflaster in Straßen mit starker Neigung deshalb verwendet werden soll, weil andere Beläge nicht griffig genug sind. Für Einfahrten in Gehbahnen hat Verfasser eine Betonunterbettung aus einzelnen Betonplatten von 30 cm Seitenlänge und 15 cm Stärke verwendet, die mit dichten Fugen verlegt werden, in die feinkörniger Sand eingeschlämmt wird. Da Gehbahnen aus Anlaß von Leitungsverlegungen oft aufgebrochen werden, ist eine durchlaufende Betonunterlage bei ihnen nicht angebracht. Die Betonplatten lassen sich leicht aufnehmen und wieder verlegen, haben zudem genügende Auflagerfläche, um größere Lasten auf den Untergrund zu übertragen (Abb. 140, S. 162).

Einzelne Strecken der Autobahnen sind mit Kleinpflaster befestigt worden dort, wo der Rohstoff in der Nähe war, z. B. in Schlesien und Sachsen. Der Unterbau ist teilweise in Beton, teilweise in Packlage hergestellt, die Ausführung ist durch die Abb. 318 näher beschrieben. Höhe der Kleinpflastersteine 9,5···10,5 cm; Reihenpflaster und Diagonalpflaster sind angeordnet. Die Fugen sind im Mittel 6 mm breit. Sie wurden 6 cm tief mit Zementmörtel ausgegossen. Auch Traßzementmörtel 1 : 1,5 und 1 : 2 ist gewählt worden. Nach dem ersten Verguß, der die Fugen zur Hälfte füllt, wird die Decke nochmals nachgerammt.

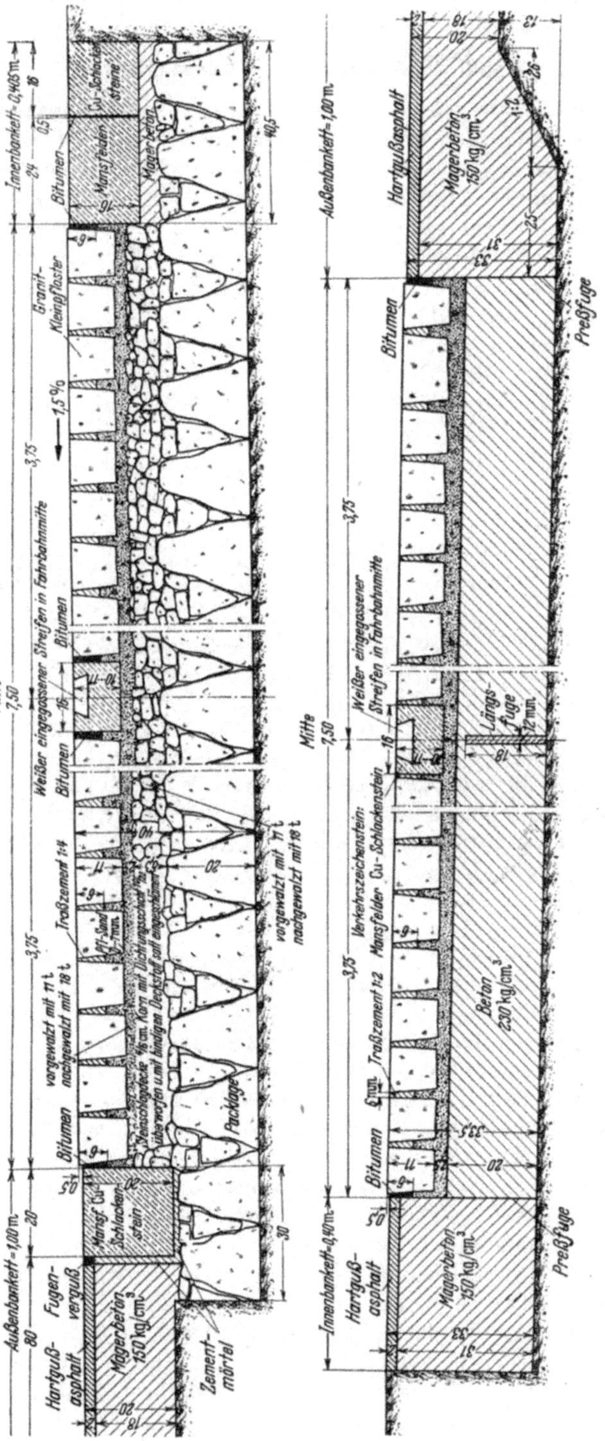

Abb. 318. Kleinpflaster auf Packlage (oben), auf Beton unten (Ausführung auf Autobahnen)

Anschließend wurden nach 2 Stunden die Fugen mittels Fugeneisen nachgezogen und nachvergossen und überschüssiger Mörtel fortgenommen.

7.536 Abstumpfen des Kleinpflasters

Wie schon erwähnt (S. 42, 370), werden einige Gesteinsarten nach längerer Lebensdauer glatt geschliffen und verkehrsgefährlich. Die Ursache soll in dem feinkörnigen Mineral liegen. Wieweit diese ungünstige Zusammensetzung des Gesteins und die Ausscheidungen der Verbrennungsmotoren die Glätte haben entstehen lassen, ist noch nicht geklärt. Da es sich hier meist um Straßen handelt, die schon vor Jahrzehnten gebaut worden sind und infolgedessen ein starkes Quergefälle, keine Überhöhungen in den Krümmungen haben und auch sonst in der Breite den Anforderungen des Kraftwagenverkehrs nicht entsprechen, so können diese Mängel durch Umbau behoben werden. Eine völlige Beseitigung des glatt gewordenen Pflasters und Ersatz durch eine andere Deckenart wird nur in sehr seltenen Fällen möglich sein und wirtschaftlich ausgeführt werden können. Andererseits muß die Glätte beseitigt werden. Sowohl die Nachprüfungen über den Gleitreibungswert auf den deutschen Straßen, wie über den Seitenreibungswert auf den ausländischen Kleinpflasterdecken haben die ungenügende Griffigkeit dieser Belagsart erwiesen (s. S. 41). Deshalb mußte versucht werden, die Glätte zu beseitigen. Dazu sind verschiedene Wege eingeschlagen worden, wie aus dem „Merkblatt für das Abstumpfen glatter Pflasterdecken", F.G. 1952, zu entnehmen ist:

1. Ausfüllen der Fugen mit Splitt und Bindung durch Kaltteer, Teer und Verschnittbitumen. Wenn bei den kuppig gewordenen Steinen die Fugen ausgefüllt werden, kann die Fahrfläche griffiger werden, wenn die Radaufstandsfläche auf den rauh gemachten Fugen ein Widerlager findet, vorausgesetzt, daß die Fugen so hoch ausgefüllt sind, daß sie mit den Köpfen in einer Ebene liegen und diese auch mit umfassen. Man rechnet je nach Breite und Tiefe der Fugen, die mit Preßluft ausgeblasen werden — wenn Bitumenemulsion verwendet wird, kann man sie auch mit Druckwasser ausspritzen — Verbrauch an Splitt 2/5 bis 3/8 mm 5 bis 10 kg/qm mit 1,5 bis 3 kg/qm Bindemittel. Nach dem Fugenausfüllen wird die ganze Fläche mit Feinsplitt 0,6···5 mm abgedeckt und abgewalzt. Dieses Verfahren zur Abstumpfung dürfte das billigste sein.

2. Aufbereitung eines Fugenmörtels, bestehend aus 20 kg/qm Brechsand und 3,5 kg/qm stabiler Bitumenemulsion; nachdem die Fugen gereinigt sind, Aufbringen der Masse auf das Pflaster, Verteilen und nach einigen Stunden mit 5 kg/qm Hartsplitt 1/3 mm oder mit scharfem Sand Nachsplitten und Abwalzen.

Die Bindemittel können auch aus Teer- und Bitumenschlämme bestehen (s. S. 499). Der Vorgang ist dann der folgende: Die ausgeblasenen Fugen werden zuerst mit Bindemittel ausgespritzt, mit Rohsplitt abgedeckt und dann die Teer- oder Bitumenschlämme aufgebracht. Wenn diese abgetrocknet ist, wird mit Rohsplitt 2/5 oder 5/8 mm abgedeckt und noch einmal mit Teerschlämme überzogen. Die Straße kann erst für den Verkehr freigegeben werden, wenn die Schlämme ganz abgetrocknet ist.

3. Das Pflaster wird vollständig mit einem Belag überdeckt. Diese Bauweise ist auf S. 373 behandelt.

4. Aufrauhen mit mechanischen Mitteln (REINHARDTsches Verfahren). Die glatten Steinköpfe werden mit einem Gemisch von Azetylen oder Propangas mit Sauerstoff aus einem Düsenbrenner abgebrannt. Dadurch wird erst der Schmutzfilm beseitigt, der zur Glätte beigetragen hat, und dann die Gesteinsfläche durch die plötzliche und starke Hitze des Schweißbrenners aufgerauht, weil eine dünne Oberschicht abspringt und dadurch das frühere bruchrauhe Gefüge wieder an die Oberfläche kommt. Durch die Anordnung der Düsen im Brenner kann die Aufrauhung in Form von Längs- und Querrillen erzielt werden.

Maßgebend für diesen Abschn. sind die folgenden Druckschriften:

Lieferbedingungen für die Abmessungen von Pflastersteinen aus Naturstein, Ausgabe 1953. F. G.

Merkblatt für das Abstumpfen glatter Pflasterdecken. Ausgabe 1953. F. G.

Merkblatt zur Ausführung von Zementmörtelfugenverguß bei Steinpflaster, FG 1941.

7.6 Großpflaster

7.61 Tragschicht

Großpflaster erhält eine kräftige Tragschicht, die entweder aus Pack- und Schüttlage oder aus Beton besteht. In einzelnen Gegenden begnügt man sich auch mit hoher Kiesschüttung unter Verwendung von Großpflastersteinen besonderer Höhe. Beton als Unterbettung hat den Nachteil, daß er 14 Tage zum Abbinden braucht, den Aufbruch und die Wiederherstellung der Decke erschwert und zugleich die bei Pflaster unvermeidlichen Geräusche als Resonanzboden verstärkt und fortpflanzt. Dagegen ist der Anschluß an Einbauten im Fahrdamm gut herzustellen. Wenn die Rücksicht auf die Versorgungsleitungen ein Abwalzen der Pack- und Schüttlage nicht zuläßt, muß Beton gewählt werden.

7.62 Baustoff

Da Großpflastersteine für Straßen verschiedener Beanspruchung verwendet und aus Gesteinsarten hergestellt werden, die sich in petrographischer Beschaffenheit, Gefüge und Spaltfähigkeit stark unterscheiden, so ist es nicht möglich, einheitliche Abmessungen für größere Gebiete festzusetzen. Für die verschiedenen Bruchgebiete und die dort bodenständigen Gesteinsarten gelten auf Grund der praktischen Erfahrung in Herstellung und Anwendung wirtschaftliche Abmessungen.

Die Steine werden nach drei Güteklassen A, B und C geliefert, die sich nach der Höhe und nach dem Verhältnis der Fuß- zur Kopffläche und der Bearbeitung unterscheiden.

Güteklasse	A	B	C
Toleranz in den Abmessungen . .	± 1 cm	± 1 cm	± 2 cm
Flächenverhältnis: Fuß : Kopf . .	3 zu 4	2 zu 3	2 zu 3
Bearbeitung:			roh gespalten
Kopffläche . .	möglichst rechtwinklig u. vollkantig. Aushöhlungen und Buckel höchstens 0,5 cm	wie unter A höchstens 1 cm	
Fußfläche . . .	bruchrauh oder gespitzt parallel zur Kopffläche	wie unter A	
Seitenfläche . .	bruchrauh, jedoch so weit bearbeitet, daß sich zwischen 2 auf einer ebenen Fläche mit dem Kopf nach unten gestellten Steinen eine höchstens 1 cm breite Fuge zwischen den Kopfkanten gemessen ergibt	wie unter A Fugenbreite jedoch 1,5	

Großpflaster wird jetzt nur noch in Straßen mit besonders schwerem Verkehr, z. B. auf Güterbahnhöfen, Hafenstraßen, und in Steigungen und dort verwendet, wo Straßenbahngleise liegen. Die Höhe der Steine muß sich nach diesen richten (s. S. 569). Die Breite der Steine hängt von der Spaltbarkeit ab; breite Steine sind wirtschaftlicher. Schmale Steine (12···14 cm) werden aber für zweckmäßiger gehalten, obwohl bei ihnen die Fugen vermehrt werden. In Steigungen verwendet man Breiten von 8···12 cm, um Pferdehufen Halt zu bieten. Die Prüfung der Pflastersteine, ob sie den Anforderungen genügen, wird vorgenommen nach den DIN 52100···52105 und 52107···52112. Die Prüfung auf Abnutzung durch Schleifen 52108 wird nicht mehr angewendet. Beziehungen zwischen der Abnutzung der Steine zur Druckfestigkeit und Schlagfestigkeit haben sich nicht feststellen lassen. Das läßt darauf schließen, daß noch andere Eigenschaften des Gesteins die Abnutzung beeinflussen, z. B. die petrographische Beschaffenheit, die Korngröße der Einzelmineralien, z. B. ob die Granite oder Basalte fein oder grobkörnig sind, in welchem Größenverhältnis die einzelnen Mineralien zueinander stehen. Nach Untersuchungen von ZELTER [*224*] ist die Abnutzung um so geringer, je geringer die Korngröße der einzelnen Mineralien ist und je weniger die Größe der einzelnen Mineralien bei einer körnigen Struktur voneinander abweicht. Es hat sich aber gezeigt, daß solche Gesteine, die diese Eigenschaft besitzen, durch den Verkehr glatt poliert werden, wie z. B. der feinkörnige Blaubasalt (s. S. 370).

Nach den „Richtlinien für Fahrbahndecken der Autobahn“ sollen die Gesteine den folgenden Anforderungen genügen: Druckfestigkeit (DIN 52105) mindestens 2000 kg/cm², Schlagfestigkeit (DIN 52107) mindestens 100 cm kg/cm³, Abnutzung (DIN 52108) höchstens 9 cm³, das sind bei einer Fläche der Prüfkörper von 50 cm² 0,18 cm auf den Quadratzentimeter.

7.63 Verlegung

Bei Reihenpflaster verlaufen die Fugen rechtwinklig zur Straßenachse, bei Diagonalpflaster unter 45°. Die Annahme, daß beim Diagonalpflaster das Kanten der Steine unter den Pferdehufen verhindert würde und die Räder ruhiger über die Fugen geführt würden, hat sich nicht bestätigt. Auch der Anschluß an die Straßenbahngleise läßt sich mit Reihenpflaster besser herstellen als mit Diagonalpflaster. Bei Kreuzungen und Straßeneinmündungen werden die Reihen ineinander verzahnt oder die Reihen der einen — Hauptstraße — laufen durch, die der anderen — Nebenstraße — schließen rechtwinklig an.

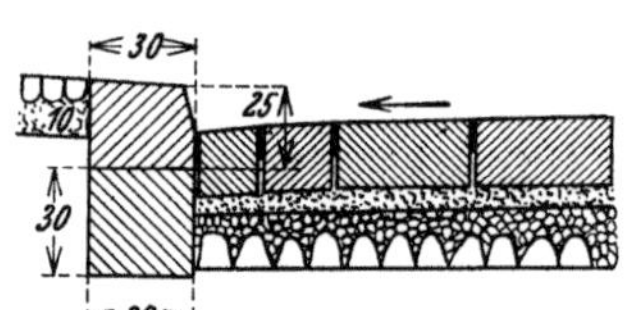

Abb. 319. Großpflaster aus Reihensteinen auf Packlage mit Bordstein

Die Höhenunterschiede der Steine und des Unterbaues werden dann durch eine Kiesschicht, die lose 10···12 cm hoch ist und nach dem Abrammen auf 6···8 cm zurückgeht, ausgeglichen. Das Quergefälle richtet sich nach dem Längsgefälle, kann aber bei Fugenverguß flacher gehalten werden (Abb. 319).

In Verkehrsstraßen mit ihrem Staub und Schmutz ist ein geschlossenes Pflaster besonders erwünscht, dessen Fugen weder selbst Staub erzeugen noch Schmutz und Feuchtigkeit aufnehmen können. Da die Fugenausfüllung nachgiebig sein soll, muß eine bildsame Fugenfüllung angewendet werden aus feingemahlenen Mineralstoffen (Füller) oder Faserstoffen (z. B. Mikroasbest) oder einem Gemisch aus beiden und dem Bindemittel Bitumen oder Teer. Sie ermöglicht auch ein leichtes Aufbrechen und Wiederherstellen, so daß diese besonders im Gleiskörper der Straßenbahn zu empfehlen ist.

Die Eigenschaften der bituminösen Fugenvergußmassen und ihre Prüfung werden auf S. 435 behandelt.

Die Massen werden in Kesseln aufgeschmolzen und bei Bitumen auf 180°, bei Teer auf 150° erwärmt. Damit die Mineralstoffe sich nicht absetzen, muß gerührt werden. Die Fugenvergußmasse aus Bitumen wird bei mindestens 150°, die aus Teer bei 100···120° in die Fugen eingegossen. Sie müssen an den Gesteinsflächen fest anhaften. Diese Arbeit kann nur an völlig trockenem Pflaster bei guter Witterung ausgeführt werden. Fugenverguß mit Emulsion wird auf S. 481 behandelt.

Da beim bituminösen Fugenverguß die Steine etwas beweglich bleiben, kann nicht verhindert werden, daß die Kanten bei sprödem Gestein absplittern; auch läßt die Ebenflächigkeit zu wünschen übrig. Verguß mit Zementmörtel bietet einen kräftigeren Kantenschutz, ermöglicht Herstellung einer sehr ebenen Oberfläche und soll die Lasten gleichmäßiger auf den Unterbau verteilen. Aber nur mit sehr fetten Mörteln (1 Teil Zement + 1,5 Teile Sand bis 1 Teil Zement + 2 Teile Sand) läßt sich das erreichen. Vergossen wird in zwei Arbeitsgängen. In die zu zwei Drittel offengebliebenen Pflasterfugen wird der steife Mörtel bis 2 cm unter Steinoberfläche eingegossen. Anschließend werden die Steine mit der Hand leicht gerammt, damit der Mörtel die Fugen satt ausfüllt. Der zweite Verguß ist je nach der Witterung nach ein bis zwei Stunden vorzunehmen. Der dickflüssige Mörtel, der 1 cm über der Kopffläche steht, wird bei beginnendem Abbinden mit einem Fugeneisen verfugt und überflüssiger Mörtel fortgenommen. Mörtelmenge für 10 m^2 Deckenfläche rd. 250 l. Je nach den Witterungsverhältnissen ist die Decke 8 ··· 12 Tage feucht zu halten, bei Trockenheit durch eine 3 cm hohe Sandschicht, die ständig angenäßt wird.

In Stadtstraßen wird die Pflasterbahn durch Bordsteine meist aus Granit eingefaßt, für deren Abmessung DIN 482 maßgebend ist. Die Bordsteine werden auf Beton verlegt (Abb. 319).

7.64 Unterhaltung

Die besondere Eigenart des Großpflasters ist, daß es nur geringe Unterhaltung erfordert. Einmal gut verlegt, bedarf es jahrzehntelang nur geringer Pflege. Die Decke nützt sich gleichmäßig ab. Der Verschleiß ist allerdings unter dem Verkehr mit Gummireifen sehr stark zurückgegangen. Einzelne Steine, die gesprungen oder versackt sind, werden durch eine Zange herausgenommen und durch neue ersetzt. Bei bituminösem Fugenverguß kommt ein Nachfüllen der Fugen in Frage. Erst im Laufe längerer Zeit zeigt das Großpflaster Verfallserscheinungen je nach der Stärke des Verkehrs, den es hat aufnehmen müssen, die sich in einer S-förmigen Verschiebung der Reihenfuge, in Schlaglöchern und in Abrundung der Kanten am Kopf bemerkbar machen. Alsdann ist die Zeit gekommen, daß das Großpflaster unter Zusatz neuer Steine völlig umgepflastert werden muß. Zeitweilig ist auch bei diesem Pflaster das Flickverfahren angewendet worden, indem nur die schadhaften Stellen ausgebessert werden. Zweckmäßiger ist es aber, wenn schon verkehrsgefährliche Schäden vorhanden sind, größere zusammenhängende Flächen umzulegen.

Beim Aufnehmen der Steine zeigt sich in vielen Fällen, daß das Pflaster gekippt ist und der lotrechte Schnitt durch die Steine an der Fahrfläche keinen rechten Winkel mehr aufweist. Das ist darauf zurückzuführen, daß das Rad vom Sprung über die Fuge von einem Stein zum anderen einen Schlag auf die der Fahrtrichtung zunächst liegende Kante ausübt, der Stein langsam sich entgegen der Fahrtrichtung neigt und die gegenüberliegende Kante abgeschliffen wird. Beim Kraftwagenverkehr ist es das angetriebene Rad, das in der gleichen Richtung auf den Stein einwirkt (Abb. 320). Bei Umpflasterungen sollen die Steine so eingepflastert werden, daß die Reihenfuge in der Fahrtrichtung geneigt ist, also entgegengesetzt der Lage, aus der die Steine aufgenommen worden sind (Abb. 321). Wird das nicht beachtet, so wird das Pflaster sehr bald eine sägeförmige Oberfläche erhalten. Im anderen Falle werden dieselben Kräfte, die in der ursprünglichen Lage den Stein gekippt haben, sie in der neuen Lage aufzurichten suchen und sie gleichmäßig abnutzen. Um das Umkippen der Steine etwas zu erschweren, käme in Frage, beim Abrammen des neuen Pflasters den ersten Schlag auf den Stein gegen die Verkehrsrichtung zu führen. Die vorgeschlagene Maßnahme hat zur Folge, daß bei Fahrbahnen mit zwei Verkehrsrichtungen in zwei Hälften gepflastert werden muß und bei Aufbruch in ganzer Straßenbreite die beiden Pflasterkolonnen in entgegengesetzter Richtung arbeiten.

Reihenpflaster, das wegen Abnutzung aus einer Straße mit schwerem Verkehr herausgenommen werden muß, kann in einer Straße mit geringerem Verkehr

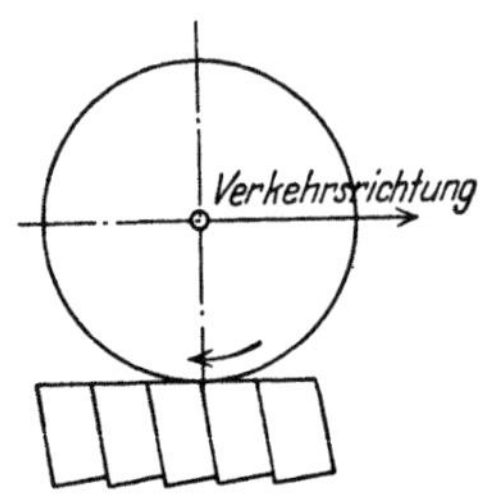

Abb. 320. Kanten der Pflastersteine unter dem Verkehr

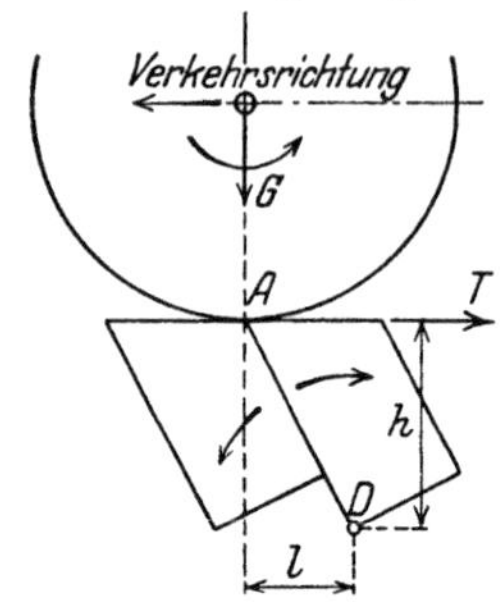

Abb. 321. Setzen der Pflastersteine beim Umpflastern

noch als Reihenpflaster verwendet, oder auf untergeordneten Wegen oder in Straßen mit nachgiebigem Untergrunde noch als Kopfsteinpflaster eingebaut werden. Später können die Steine noch zu Kleinpflaster oder Schotter verarbeitet werden oder als Zuschlag zu Betondecken dienen. Heute wird mit Erfolg unebenes Großpflaster mit Teer- oder Bitumendecken überzogen und kann dann als Tragschicht ein Lebensalter erreichen, mit dem es alle anderen Pflasterarten übertrifft. Die Notwendigkeit hierzu hat sich in den Großstädten ergeben, da die unebenen Großpflasterflächen Erschütterungen verursachen.

7.7 Bordsteine und Gehplatten aus Naturstein

Die Fahrbahnen von städtischen Straßen werden zur Abtrennung des Gehverkehrs mit Bordsteinen eingefaßt. Die Abmessung und Bearbeitungsformen sind entsprechend den Anforderungen, je nachdem die Bordsteine für Verkehrsstraßen, Wohnstraßen oder Landstraßen gebraucht werden sollen, abgestuft und geregelt durch DIN 482 für Naturstein und DIN 483 für Beton. Die Bordsteine haben eine solche Höhe, daß ihre Fußfläche unter die Tragschicht reicht. Bei großer Höhe der Tragschicht werden die Bordsteine auf Betonfundamente gelegt. In den genannten DIN werden behandelt: Die Abmessungen, die Bearbeitung, die Ausführung, die Güteeigenschaften, allgemeine Prüfungsbestimmungen und die Prüfverfahren, die für die Bordsteine aus Beton anzuwenden sind. Die Bordsteine werden mit Fugen verlegt mit lotrechten Flächen oder auch mit Nut und Feder.

Gehplatten aus Natursteinen werden in der quadratischen Abmessung 40/40 und rechteckigen, 1 m breit und rund 0,85 m lang, geliefert. Ihre Beschaffenheit und Bearbeitungsform ist durch die DIN 484 Bürgersteigplatten (Naturstein) geregelt.

7.8 Pflasterung aus künstlichen Steinen

7.81 Mansfelder Schlackensteine

Die Mansfelder AG. für Bergbau und Hüttenbetrieb[1] fertigt Steine aus den Schlacken der Erzverhüttung der Kupferschiefer an, die in eiserne Formen gegossen werden, in denen sie langsam unter Luftabschluß erstarren. Sie haben

[1] F.G. Merkblatt über Pflastersteine aus Kupferhochofenschlacke.

eine hohe Druckfestigkeit und große Härte. Ihre Sprödigkeit, gemessen an der Schlagfestigkeit (DIN 52108) liegt etwa zwischen der von Basalt und Granit (192 cm kg/cm³). Die Steine zeichnen sich durch regelmäßige Formen, scharfe Kanten und Ecken aus. Sie haben Würfelform 16 × 16 und 10, 12, 14 und 16 cm Höhe, 36 Stück kommen auf 1 m². Es werden aber auch Gehbahnplatten und Bordschwellen angefertigt, ebenso Kleinpflaster in Würfeln von 9,5 cm Kantenlänge. Die Fahrbahnoberfläche wird bei der Herstellung besonders rauh gestaltet. Die Schlackensteine werden wie andere Pflastersteine versetzt. Wegen ihrer regelmäßigen Form sind sie besonders geeignet für Rinnenpflaster. Überwege in Steinschlagstraßen, Radwegstreifen neben den Bordkanten, Auspflastern von Gleiskörpern und Einfahrten, Einfassung von Einbauten in den Fahrbahnen u. ä. Wegen ihrer scharfen Kanten können die Fugen enger ausfallen, die auch mit Pflasterausgußmasse vergossen werden.

7.82 Klinkerpflaster

Klinkerpflaster ist in Norddeutschland auf etwa 5000 km in Niedersachsen und Schleswig-Holstein verwendet worden. In Nordamerika kann es zu den üblichen Pflasterarten gerechnet werden. Es ist überall dort eingeführt worden, wo Hartgestein oder überhaupt Natursteine schwer zu beschaffen sind, aber Tone und Lehme anstehen. Es ist jetzt in Frankreich und England neu eingeführt und in Polen unter Verbesserung der Klinker wieder aufgenommen worden. In Holland gehört es zu den üblichen Deckenbauweisen.

7.821 Baustoff

7.821.1 Abmessungen und Maßhaltigkeit

Die zur Zeit in Deutschland üblichen Abmessungen der Straßenbauklinker sind:

250 × 120 × 65 mm, 240 × 115 × 71 (52) mm, 220 × 105 × 52 mm.

Die Abweichung des Steinmaßes vom Sollmaß soll ± 4% nicht überschreiten. Gemessen werden 10 Klinker mit der Schiebelehre nach dem in DIN 105, Ziffer 2,2 angegebenen Verfahren.

Der Straßenklinker ist ein aus Ton oder Lehm bis zur Sinterung gebrannter Ziegel von besonders großer Dichte, Festigkeit und Zähigkeit mit geringer Wasseraufnahme und unbedingter Forstsicherheit.

Prüfung nach DIN 105.

Wasseraufnahme 8 Gew.-%.

Frostbeständigkeit nach DIN 52104 an mindestens 10 Klinkern.

Druckfestigkeit an Würfeln nicht unter 600 kg/cm². Bockhorner Klinker sollen 1700 ··· 2000 kg/cm², die holländischen zwischen 600 ··· 750 kg/cm² aufweisen, diese bei nur 1 ··· 2% Wasseraufnahme.

Verschleißfestigkeit im Abschleifversuch nach DIN 52108 Höchstverlust i. M. 0,40 cm³/cm².

In den Vereinigten Staaten wird die Abnutzung in einer Trommelmühle, Talbot Jones Abschleifgerät (A. S. T. M. 6—7—15) vorgenommen.

Rohwichte 1,9 g/cm³.

Mittlere Biegezugfestigkeit 100 kg/cm², nicht unter 80 kg/cm².

Da das Klinkerpflaster verschiedenen Beanspruchungen standhalten soll, richtet sich auch die Dicke des Tragkörpers danach.

7.822 Tragschicht und Verlegungsart

1. In landwirtschaftlichen Gebieten mit leichtem Verkehr — 250 t täglich, ländliche Straßen (s. S. 360) — können die Klinker bei tragfähigem Boden unmittelbar auf verdichtetem Sandboden verlegt werden. Bei bindigem Unter-

grund wird ein mechanisch verdichtetes Sandbett von 30 cm hergerichtet. Man legt die Klinker hochkant oder flach.

2. Bei mittelschwerem Verkehr — 251 bis 3000 t täglich — muß die Klinkerbahn eine Tragschicht aus Geröll, Schotter der Körnung 10 ··· 20 mm oder Packlage (s. S. 361) 15 ··· 20 cm dick erhalten, wobei durch Einrütteln, Einschlämmen und Walzen ein möglichst dichter Baukörper erreicht werden soll.

3. Bei schwerem Verkehr — 3000 ··· 7500 t täglich — soll der Unterbau aus

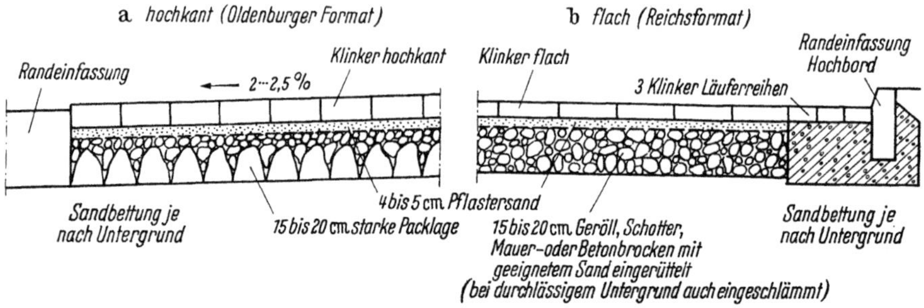

Abb. 322. Klinkerpflaster auf 20 cm dickem Unterbau, der aus Packlage, Geröll, Schotter oder Mauerbrocken nach den Richtlinien für die Verwendung im Straßenbau bestehen kann

einer 20 ··· 25 cm starken Lage wie unter Ziffer 2 oder aus einem Betonunterbau 15 ··· 20 cm dick mit mindestens B 160 bestehen (s. S. 405). Klinkerpflaster eignet sich auch zur Erneuerung abgefahrener Decken, die mit Ausgleichbeton das richtige Profil erhalten, der zugleich den Tragkörper verstärken soll. In diesem Falle ist das Anordnen von Fugen nach S. 410 zu beachten.

Besonderer Wert ist auf die Randeinfassung zu legen, die bei der Ausführung Ziffer 1 aus einem Tiefbordstein, bei Straßen der Ziffer 2 und 3 aus Randsteinen von Naturstein oder Beton besteht (Abb. 322).

7.822.1 Verlegungsart

1. Die Klinker werden im Sandbett aus Pflastersand Korngröße 0 ··· 8 mm, das nach der Abrammung nur noch 4 ··· 5 cm dick sein soll, hochkant oder flach gelegt. Hierbei stehen die Pflasterer entweder mit dem Rücken zur Pflasterrichtung oder sie pflastern über Hand von der bereits fertiggestellten Decke aus. In diesem Falle kann das Sandbett eingestampft, eingerüttelt und nach Profil abgezogen werden, weil es nicht mehr betreten wird. An der Randeinfassung entlang werden, wie bei allen andern Pflasterarten, 1 oder 2 Läuferreihen gesetzt, die bei Hochborden als Rille zum Abführen des Niederschlages dienen.

2. Die Klinker werden auch in ein Zementmörtelbett verlegt, wenn der Tragkörper aus Beton oder nachgearbeiteter Fahrbahn besteht. Die Mörtelmischung soll aus Quarzsand 5 ··· 8 mm und Zement 300 kg/cbm zusammengesetzt und plastisch sein. Sie wird 2 ··· 3 cm dick auf dem Unterbau ausgebreitet und soll sich bis zu 1,5 cm in die Fugen hineinarbeiten. Die Verlegung soll sich möglichst schnell an die Betonierung des Tragkörpers anschließen, damit Mörtel und Beton sich verbinden können. Die Klinker sind anzunässen, damit sie dem Mörtel kein Wasser entziehen.

7.822.2 Fugen

Im Sandbett werden die Klinker möglichst knirsch ohne Fugen gesetzt. Da sich trotzdem Fugenspalte zeigen, muß die ganze Fläche mit Pflastersand eingeschlämmt und dann abgerammt oder eingerüttelt werden. Wenn eine Motorramme benutzt wird, soll sie eine Gummikappe tragen, damit die Kanten der Klinker nicht absplittern.

In den VStA werden die Fugen, die 5 ··· 8 mm breit angelegt werden, mit Pflasterausgußmasse geschlossen, aber auch mit Zementmörtel ausgefüllt — Zement 300 ··· 350 kg/cbm. Beim bituminösen Verguß werden die Klinker an der Unterseite, an einer Quer- und einer Längsfläche mit heißer Ausgußmasse bestrichen und aneinander gesetzt, so daß die nicht bestrichenen Flächen frei bleiben.

7.822.3 Nachbehandlung

Die in Sandbett verlegte fertige Decke wird in den ersten Wochen mit einer gleichmäßig dicken Sandschicht bedeckt, die durch Einfegen dauernd geschlossen gehalten und bei Trockenheit angenäßt werden muß, damit der Sand die Fugen satt ausfüllt und sich in ihnen verdichtet, so daß der Verkehr sie nicht heraussaugen kann. Dem kann auch durch eine bituminöse Oberflächenbehandlung nachgeholfen werden. Sind die Klinker in ein Mörtelbett verlegt worden, muß die Decke, ehe sie dem Verkehr übergeben wird, genauso durch Feuchthalten nachbehandelt werden wie eine Betondecke.

7.822.4 Verband in der Geraden und im Bogen

Die Stoßfugen der Längsreihen werden gegeneinander versetzt, entweder je um eine halbe Ziegellänge (Halbverband) oder dreiviertel Ziegellänge (Dreiviertelverband). Wenn im Bogen die Fugen radial angelegt werden, würden sie zum Außenrand hin eine zu große Breite annehmen, oder die Klinker müssen keilförmig zugehauen werden. Beides ist nachteilig für den Bestand und erschwert die Arbeit. Darum wird die Richtung der Längsfuge, die am Bogenanfang senkrecht zur Straßenachse steht, von beiden Tangenten aus beibehalten. Ist der Zentriwinkel $< 90°$, so treffen in der Bogenhälfte die Längsfugen unter einem Winkel zusammen, der dem Zentriwinkel entspricht (Abb. 323). Der verbleibende Keil wird spitzwinklig mit zugehauenen Steinen ausgeklinkert. Ist der Zentriwinkel $> 90°$, wird die Richtung der Längsfuge so lange beibehalten, bis sie mit dem zugehörigen Halbmesser einen Winkel von 45° bildet. An dieser Stelle wird die Längsfuge an der Innenkante um 90° gedreht, der dadurch entstehende Keil kann im Diagonalverband ohne Verhau ausgelegt werden. In dieser Weise wird von beiden Bogenschenkeln nach der Mitte zu gearbeitet, der dann am Zusammentreffen in Bogenhälfte entstehende Keil durch Verhau ausgefüllt. Die Punkte, an denen die Längsreihen um 90° gedreht werden, liegen vom Bogenanfang oder -ende ab je um die Bogenlänge $b = \frac{R\,45\,\pi}{180} = \frac{R\,\pi}{4}$ entfernt [*225*].

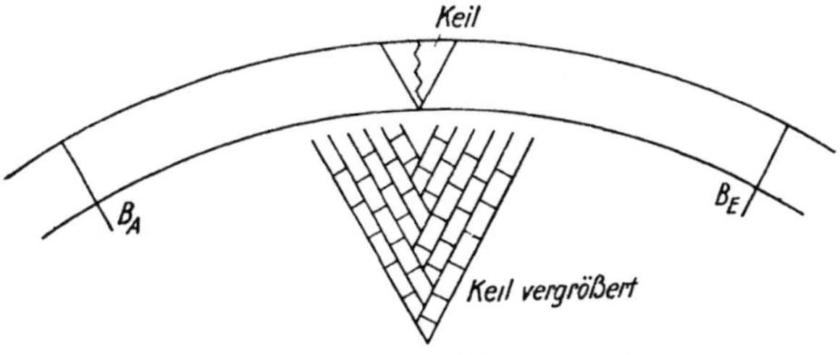

Abb. 323. Klinkerpflaster, Verband im Bogen

Richtlinien für die Verwendung von Klinkern im Straßenbau, F.G., Ausgabe 1956.

7.9 Pflaster aus organischen Stoffen

7.91 Holzpflaster

Die geschichtliche Entwicklung des Holzpflasters ist sehr anschaulich in der Schrift „Das Holzpflaster in London“ von Dr.-Ing. E. h. HEINRICH FREESE, der sich um die technische Durchbildung des Holzpflasters in Deutschland sehr verdient gemacht hat, behandelt. Es sei auf diese Schrift verwiesen. Holzpflaster wurde 1872 in England eingeführt, ist aber jetzt dort kaum mehr zu finden. Für gedeckte Räume, Durchfahrten, Fußböden in Fabriken hat Holzpflaster indessen seinen Wert behalten.

7.911 Baustoff

Nur sehr dicht gewachsene Hölzer können für Zwecke der Straßenpflasterung verwendet werden. Erfahrungen liegen in europäischen Ländern — Deutschland, England, Frankreich, Österreich — mit der schwedischen oder nordischen Kiefer, die als Weichholz bezeichnet wird, mit der steyrischen Lärche und den australischen Harthölzern vor. In den VStA werden außerdem Yellow pine (pinus ponderosa), Douglas-Föhre und Tamarack (Larix laricina) für Pflasterzwecke zugelassen. Verwendet werden auch: europäische Lärche, kanadische Kiefer. Das australische Hartholzpflaster wird aus verschiedenen Baumarten gewonnen, die aber alle zu den Eukalyptusarten gehören, z. B. Red Gum (Eucalyptus saligna), Blackbutt (E. pilularis), Blue Gum (E. botroides), weißer Buchsbaum (E. albeus), Tallowwood (E. microcorys), Jarrah (E. marginata), Karri (E. diversicolor). Das australische Holz ist so fest gewachsen, daß es z. T. ein Raumgewicht hat, das über 1 liegt. Eine Tränkung ist unmöglich, da es Tränkmasse nicht aufnimmt. Die Druckfestigkeit ist hoch und die Abnutzung gering. Wegen seiner Dichte nimmt es Wasser, solange es noch frisch ist, nicht an, treibt also nicht, wie es sonst bei Holz und beim Pflaster aus Weichholz der Fall ist. Dagegen hat es die nachteilige Eigenschaft, daß es im Laufe der Zeit sehr schwindet. In diesem Zustand nimmt es dann auch Wasser auf und arbeitet stark, weil das räumlich schwere Holz, d. h. dasjenige, das die größte Menge an Holzmasse auf die Raumeinheit besitzt, am stärksten quillt und schwindet.

Weichholz, vor allem aus der schwedischen Kiefer, zeigt in dieser Hinsicht bessere Eigenschaften und wurde daher vorgezogen. Dieses Holz wächst auf dem steinigen Boden sehr langsam, Stämme von 30 ··· 35 cm Durchmesser haben ein Alter von 150 ··· 200 Jahren. Die Jahresringe liegen demnach sehr dicht beieinander. Die Bohlen von 3 Zoll aus Stämmen hohen Alters haben etwa 9 Zoll = 23 cm Breite. Sie sind die wertvollsten. Aus den Bohlen werden die Klötze geschnitten. Die Bohlenbreite bestimmt daher die Klotzlänge. Um daher stets Klötze aus dichtem, hochwertigem Holz zu erhalten, ist es zweckmäßig, vorzuschreiben, daß die Klötze nicht kürzer als 20 cm sein sollen und nur dicht gewachsenes Holz geliefert wird.

Die Höhe der Klötze beträgt 10 ··· 13 cm. Aus Ersparnisgründen wird die geringere Höhe von 10 cm bevorzugt, nachdem es gelungen ist, durch Tränkung der Klötze die Widerstandsfähigkeit des Holzes gegen die Einflüsse der Witterung und des Verkehrs zu erhöhen. Als Tränkungsmasse ist in den letzten Jahrzehnten nur noch Teeröl verwendet worden, das nicht so leicht wie Salze, die außerdem das Holz zerstören, aus dem Holz ausgewaschen wird. Die früher nur im Eintauchverfahren getränkten Klötze werden jetzt entweder im Bethell- oder im Rüpingverfahren durch und durch getränkt. Die richtige Tränkung muß so erfolgen, daß 1 fm Holz nur etwa 140 ··· 160 kg Teeröl (nach FREESE bis 190 kg) aufnimmt. In Deutschland wird das Rüpingverfahren bevorzugt, bei dem die Klötze im Kessel erst unter Druck von 2 ··· 3 kg/cm² gesetzt werden, dann wird mit Drucksteigerung auf 5 ··· 6 kg/cm² heißes Teeröl in die Klötze gepreßt und darauf Unterdruck von 50 ··· 60 mm Quecksilbersäule hergestellt, so daß die in den Zellen zusammengepreßte Luft das überflüssige Teeröl wieder herausdrückt. Durch Regelung von Luftdruck und Unterdruck kann beliebig die Teeraufnahme beeinflußt werden. Die Teerölaufnahme beträgt gewöhnlich nur etwa 110 kg auf den Festmeter. Es werden nur die Zellwände mit Teeröl getränkt und damit gegen die Angriffe des organischen Lebens, d. h. vor Fäulnis, geschützt. Die Teersäuren sollen die Eiweißstoffe der Holzmasse zum Gerinnen bringen, so daß Fäulnispilze auf ihnen keinen Nährboden mehr finden.

Das Arbeiten des Holzpflasters, d. h. die Ausdehnung bei Wasseraufnahme und das Schwinden bei Austrocknung, ist ein Nachteil des Holzpflasters, der durch die Tränkung zwar ermäßigt ist, aber nicht ganz beseitigt werden kann, weil nur eine Fasersättigung eintritt. Die Quellung hängt auch von der Dichte des Holzes ab. So zeigt z. B. die steyrische Lärche (Larex europea) ein sehr dicht gewachsenes Holz, das bei der Tränkung nur etwa 80 kg/m³ Teeröl aufnimmt, in den ersten Jahren keine Bewegung macht, sobald aber die oberen Schichten abgefahren sind und die Oberfläche sich dem Kern nähert, an den bei der Tränkung weniger Teeröl herangekommen ist, fängt auch dieses Holz stark an zu arbeiten, so daß die Lebensdauer dieser an sich sehr brauchbaren Holzart dadurch frühzeitig zu Ende geht, ehe die Klötze selbst weit abgenutzt sind. Um eine Gewähr für dichtes Holz zu haben, wird bisweilen vorgeschrieben, daß auf eine gegebene Länge eine bestimmte Anzahl von Jahresringen entfallen müssen, z. B. nach englischer Vorschrift auf 1 Zoll mindestens fünfzehn Jahresringe.

Wie sonst im Bauwesen, muß auch das Holz für Pflasterklötze wenigstens 6 Wochen abgelagert werden. Selbst das dichteste Holz zeigt noch Ungleichheiten in der Masse, z. B. Äste, so daß man eine Aussonderung der Klötze nach drei Arten vornimmt. Das dichte Holz — Klasse I — wird für die Fahrdammmitte bestimmt, die Klasse II für die Fahrdammseiten und Klasse III, das am wenigsten dichte Holz, für die Längsreihen an dem Bordstein. Damit die Längsfugen glatt durchlaufen können, muß die Breite von 8 cm genau eingehalten werden.

Die Bestrebungen gehen dahin, die Höhe der Pflasterklötze einzuschränken, die in erster Linie von der Abnutzung abhängen wird. Diese wird bei Kraftwagenverkehr nur noch gering sein und die Höhe der Pflasterklötze daher eingeschränkt werden können, soweit überhaupt Holzpflaster z. B. als Fahrbahnbelag auf Brücken wegen seines geringen Eigengewichtes noch angewendet werden kann.

7.912 Tragschicht

Für Holzpflaster wird nur Beton als Unterbau verwendet, der an der Oberfläche nach dem Deckenprofil genau abgeglichen wird, damit die Klötze völlig eben liegen. Es wird zumeist die Betonoberfläche mit einem haltbaren Glattstrich (1 : 2) versehen, um eine unbedingt ebene Fläche zu erzielen. Da diese 2 ··· 3 cm starke Schicht an dem unteren Beton schlecht anbindet und sich in großen Schalen abtrennt und dann leicht zerbröckelt, setzt an dieser Stelle dann die Zerstörung der Decke ein. Es erscheint daher zweckmäßiger, anstelle der Glätteschicht ihre Zementmenge der ganzen Betonplatte zuzugeben und ihre Oberfläche gut abzuziehen. Das Holzpflaster verlangt aus dem Grunde einen 30 cm starken Tragkörper, weil infolge der Fugen und der Unebenheiten, die leicht durch weiche oder angefaulte Klötze entstehen können, starke Stöße bewirkt werden, die nur von sehr kräftigen Betonplatten aufgenommen werden können. Holzpflaster kann daher nur auf völlig sicherem Untergrund verlegt werden. In weichen Bodenarten und im Bergbausenkungsgebiet ist Holzpflaster ausgeschlossen.

7.913 Verlegung

Von den beiden Verlegungsarten — Längsfugen normal oder diagonal zur Straßenachse — hat sich die erstere überall durchgesetzt.

Hartholzpflaster ist im allgemeinen mit engen Fugen verlegt worden. Die Klötze werden in heiße Ausgußmasse getaucht und dann dicht an dicht gesetzt.

Die Längsfugen müssen glatt durchgehen; die Stoßfugen werden um eine halbe Klotzlänge versetzt. Es bleiben dünne Fugen zwischen den Klötzen, die mit heißer Ausgußmasse ausgefüllt werden. Auch Weichholz wird heute so verlegt, daß entweder die getränkten Klötze trocken gegeneinander gestellt werden, oder daß sie nur durch Eintauchen in heiße Ausgußmasse an einer Schmal- und einer Längsseite mit Kittmasse benetzt werden, das sind die beiden Flächen, mit denen der Klotz gegen die schon verlegten Reihen gedrückt wird, oder daß die untere Hälfte des Klotzes in Ausgußmasse getaucht wird. In allen Fällen wird nach dem Verlegen die Oberfläche angestrichen, damit die Fugen noch von oben gedichtet werden. Als Ausgußmasse soll eine Mischung von Anthracenöl und Pech verwendet werden (S. 435). Sie wird durch Zusatz von Bitumen noch verbessert. Holzklötze können wegen der Empfindlichkeit der Teermasse gegen Feuchtigkeit nur bei trockenem Wetter verlegt werden. An der Bordkante werden zwei oder drei Reihen Klötze parallel mit ihr verlegt. Beim Weichholz muß von vornherein auf die Ausdehnung des Holzes beim Verlegen Rücksicht genommen werden. Sonst besteht die Gefahr, daß beim ersten Regen das Holzpflaster, wenn es an allen Seiten eingespannt ist, sich nach oben wirft und Buckel bildet, die höchst verkehrsgefährlich sind. Um solche Bewegungen von vornherein auszuschalten, läßt man beim Verlegen am Bordstein einen größeren Abstand und spart in der Decke in geringerer Entfernung Reihen aus. In diese Räume drängt das Holzpflaster, das angefeuchtet wird. Sobald es zum Stillstand gekommen ist, werden erst die dann noch verbliebenen Lücken geschlossen, gegebenenfalls durch Rollschichten, d. h. Klotzreihen, deren Längsfugen parallel mit der Straßenachse verlaufen. Am Bordstein verbleibt eine Dehnungsfuge von 3 bis 5 cm Dicke, die unten mit Sand, oben mit Ton gefüllt wird (Abb. 324). Sie soll dem Holzpflaster seitliche Ausdehnung gestatten und ein Umwerfen oder Verschieben der Bordsteine unter dem Druck des sich infolge Feuchtigkeitsaufnahme ausdehnenden Holzpflasters verhindern. Die der Bordkante zunächstliegende Längsreihe wird unter Umständen erst 2 Wochen nach Verlegung des Pflasters geschlossen und die Tonfuge hergerichtet.

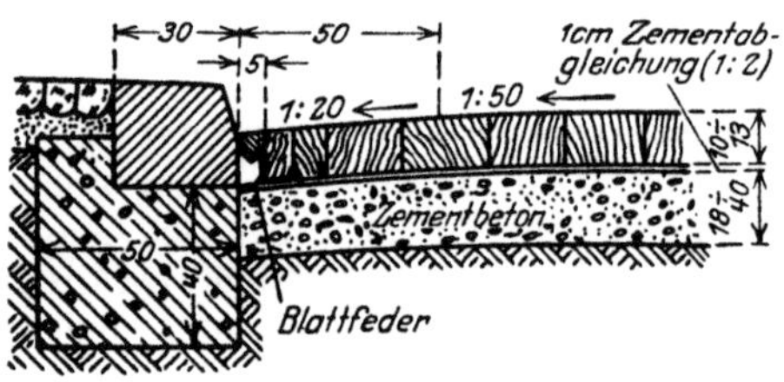

Abb. 324. Holzpflaster mit Dehnungsfuge am Bordstein

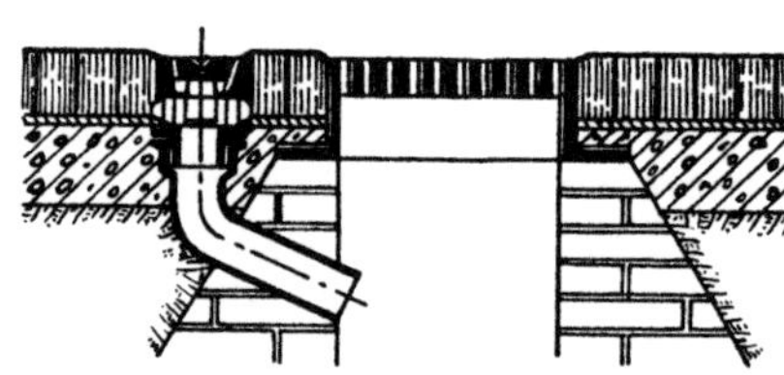

Abb. 325. Entwässerung des Holzpflasters in einen Rinnenschacht

Wasser gelangt durch die Fugen unter die Holzdecke und kann von dort sein Zerstörungswerk beginnen. Wegen des Gefälles wird das Wasser nach dem Rande zu abzufließen suchen. Es kann dort in die Rinnenschächte abgeführt werden. Diesem Zweck dient eine Abflußmöglichkeit nach dem Rinnenschacht, die mit einem kleinen Schachtdeckel versehen ist (Abb. 325), um das Rohr reinigen zu können.

An Rampen fließt das unter die Decke gelangte Wasser an den Fuß der Rampen, staut sich dort, wenn die anschließende Befestigung, z. B. Asphaltdecke, wegen der höheren Lage der Betonunterbettung den Abfluß verhindert. Um das Wasser abzuführen und den Druck des Holzpflasters aufzuhalten, ist eine Rinne aus U-Eisen oder eine Klinkermauerung, deren obere Lage nach innen auskragt, angewendet. Das Wasser, das sich in der Rinne ansammelt, wird nach einem Rinnenschacht abgeführt.

Die Nachgiebigkeit der Tonfuge ist schwer aufrechtzuerhalten, weil leicht Fremdkörper hineingeraten. In England wird die Fuge nur mit Sand ausgefüllt. Um ihre Nachgiebigkeit zu erhalten, wird eine verzinkte Metallfeder nach Abb. 324 eingelegt, die unten einen Hohlraum läßt und nur oben mit Sand, Ton oder Asphalt ausgefüllt wird.

7.914 Unterhaltung

Sobald das Holzpflaster älter wird und seine Unterhaltung umfangreiche Erneuerung erfordert, suchen die Unternehmer, die zur Unterhaltung verpflichtet sind, nach besonderen Gründen für die Schäden am Pflaster, deren Beseitigung nicht unter ihren Vertrag fällt. Zweckmäßiger ist es, die unentgeltliche Unterhaltung für einige Jahre abzumachen, dann aber nur einen bestimmten Umfang dem Unternehmer gegen Pauschgebühr zu übergeben. Darunter rechnet: Dauernde Unterhaltung der Tonfuge, damit das Holzpflaster sich bewegen kann, ohne die Bordsteine zu verdrücken oder umzukanten. Ferner die Beseitigung einzelner fauler Klötze, etwa bis zu sieben an einer Stelle. Trotz größter Vorsicht bei der Auswahl gelangen schwache Klötze in die Decke, die bald zu faulen beginnen. Größere Umlegungen sollen gegen Entschädigung erfolgen. In die Unterhaltung ist auch noch der jährlich vorzunehmende Bewurf mit Grus und das Teeren der Oberfläche einzuschließen. Glattgewordene Holzpflasterdecken werden geteert und abgestreut.

Die Lebensdauer, die von der Sorgfalt der Unterhaltung abhängt, wird zu zwölf Jahren angegeben. In London hat das zwischen 1900 und 1913 verlegte Holzpflaster 20 Jahre gehalten.

Das Arbeiten des Holzes kann dadurch eingeschränkt werden, daß es dauernd feucht gehalten wird, im Sommer durch Besprengen. Gute Reinigung erhält das Holzpflaster.

7.92 Gummipflaster

Anzeichen sind vorhanden, daß Pflasterungen aus Gummi einige Bedeutung erlangen werden, nachdem es gelungen ist, die sehr hohen Kosten infolge des Fallens der Gummipreise zu ermäßigen und die anfangs bestehenden technischen Schwierigkeiten zu überwinden. Gummipflaster fängt wegen seiner Elastizität Stöße und Erschütterungen auf oder schwächt sie ab; es ist geräusch- und staubfrei und hat geringe Abnutzung und auch sonst gute Fahreigenschaften, z. B. gute Haftung, Schnee und Eis bleiben nicht darauf haften; es ist als Pflasterung geeignet und vielleicht berufen, das Holzpflaster, dessen Preis in den letzten Jahren stark gestiegen ist, und das wegen seiner Schlüpfrigkeit unbeliebt geworden ist, abzulösen.

Beim Gummipflaster ist die Aufgabe gestellt, die unter Verkehr und bei Temperaturschwankungen sich räumlich verändernde Masse, deren linearer Ausdehnungsbeiwert für Hartgummi $77 \cdot 10^{-6}$, für die Gummikappe $87 \cdot 10^{-6}$, für Beton $1 \cdot 10^{-6}$ ist, mit einer starren Unterlage zu verbinden, die von den in der Fahrebene wirkenden Kräften nicht abgeschoben wird. Dies ist in der Weise geschehen, daß ein Klotz als Unterlage dient, der denselben Dehnungsbeiwert hat wie Beton, und daß zwischen Gummi und Klotz noch eine Hartgummilage angeordnet ist, auf der der Gummi aufvulkanisiert ist. Dadurch wird er festgehalten. (Ber. 10 und 16 zum VIII. I.-Str.-K. Haag 1938.)

Das englische Pflaster wird aus einzelnen Klötzen zusammengesetzt, deren Maße für die einzelnen Erzeugnisse in nachfolgender Tabelle 27 angegeben sind.

Der Cowper Vollgummiblock hat verschränkte Form (Abb. 326) und besteht aus drei verschiedenen Schichten, Mischung aus Sand, Splitt mit Gummi und einer 1 cm starken Gummihaube als Oberschicht.

Tabelle 27

Fabrikat	Länge cm	Breite cm	Höhe cm	Dicke der Gummischicht cm	Bemerkungen
1. North British Block	23	11,5	10	3,5	Befestigt auf Betonblock von 6,5 cm Höhe, Hartgummi mit Stahlplatte
2. Gaismannblock . .	26,5	21,25	11,5	1,6	Auf Klinker oder schmiedeeiserne Platten aufvulkanisiert
Neue Form	22,8	11,4	8,9		

Der Unterbau für die Gummipflasterung muß eine kräftige Betonplatte sein. Als Zwischenschicht dient bei Nr. 1 ein Sandmörtel im Mischungsverzältnis 1 : 3 von 2,5 cm Höhe, der leicht angefeuchtet wird. Hierauf werden die Klötze, die mit schwalbenschwanzförmigen Nuten versehen sind, gesetzt, leicht abgerammt und die Fugen mit Pech vergossen. Die Klötze von Nr. 2 werden nur auf ein leicht angewalztes Sandbett verlegt und dicht aneinandergesetzt, die Bodenfläche, eine lange und eine kurze Seitenfläche mit einer Bitumenlösung gestrichen, zum Anschluß an die verlegte Reihe. Die Klötze nach Abb. 326 werden unmittelbar auf die 20 cm starke, mit einer 5 cm Abgleichschicht versehene Betonplatte verlegt. Die Fugen werden mit einer dünnflüssigen Emulsion gestrichen. Cresson-Block: Splitt mit Latex zu einem Stein gepreßt und Gummi aufvulkanisiert. Gaismannblock: mit Teer getränkte Ziegel und Gummi aufvulkanisiert.

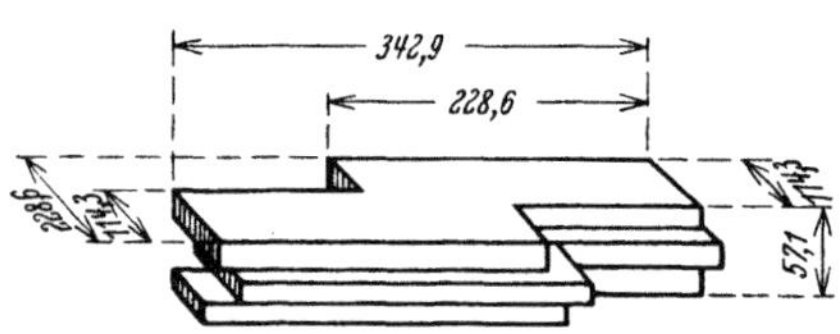

Abb. 326. Gummipflaster

Etwa 1600 m² Gummipflaster sind im Mersey-Tunnel in Liverpool verlegt worden, um etwaige schädliche Schwingungen an dieser Stelle zu unterbinden. Der Gummibelag ist auf dünnen schmiedeeisernen Platten aufvulkanisiert, um an Höhe zu sparen. Da bei nebligem und feuchtem Wetter die Oberfläche glänzend und schlüpfrig erscheint, werden die Motorfahrer ängstlich in der irrtümlichen Annahme, daß die Oberfläche schlüfrig ist. Um dies zu verhindern, hat man die einzelnen Gummiblöcke auf ihrer Oberfläche mit einer feinen Körnung versehen, wodurch die Lichtspiegelung verringert und Schlüpfrigkeit vorgebeugt wird. Gummipflaster kann als rutschfest angesehen werden. Da die Lebensdauer auf 40 Jahre geschätzt wird, werden die sehr hohen Anlagekosten wieder ausgeglichen. Die Gummipflasterung wird sich deshalb wohl nur bei stark beanspruchten Großstadtstraßen, auf Brücken, in Tunnel und in der Nähe wissenschaftlicher Institute und Krankenanstalten, wo besonderer Wert auf dauerhafte, geräusch- und erschütterungsfreie Decke gelegt wird, durchsetzen können.

Die Verwendung von Gummi als Füllstoff zu Teer und Bitumen wird auf S. 482 behandelt.

8. Die Decken des neuzeitlichen Straßenbaues

8.1 Betondecken

8.11 Baustoff

Beton muß als ein Baustoff mit geringer Zugfestigkeit angesehen werden, dessen Formänderungen nicht verhältnisgleich mit den Spannungen, sondern stärker als diese anwachsen. Dies gilt besonders für den Bereich der Zugspannungen. Außerdem treten beim Beton beim Rückgang der Belastung bleibende Formänderungen auf; er hat nur im unteren Bereich federnde Eigenschaften, denn er bleibt in einem verformten Zustand, wenn die Last fortgenommen ist, und geht nur langsam in den früheren Zustand zurück. Wenn eine Radlast über eine Betonplatte fährt, werden Zug-, Druck- und Biegespannungen erzeugt. Mit dem Fortrollen des Rades werden die Spannungen umgekehrt und klingen aus. Dieser Wechsel in den Spannungen vollzieht sich auf einer Betonstraße mit starkem Verkehr vor allem von Lastkraftwagen in kurzen Abständen in ununterbrochener Folge. Die Betonplatte ist demnach Dauerbeanspruchungen ausgesetzt, die zwischen Zug und Druck wechseln und mit der Zeit Ermüdungserscheinungen hervorrufen müssen. Die Höhe der zulässigen Beanspruchungen muß daher erheblich unter der Dauerfestigkeit bleiben.

Daher sollte die Aufgabe des Betons als Straßenbelag darin bestehen, die hohen Einzellasten des Verkehrs so auf den Untergrund zu verteilen, daß dieser sie ohne selbst Formänderungen zu erleiden, übernehmen kann. In diesem Falle würden die federnden und bildsamen Eigenschaften überhaupt nicht in Anspruch genommen und die Starrheit des Betons ausgenutzt werden. Das weist darauf hin, wie notwendig es ist, auch bei den Betondecken dafür zu sorgen, daß die Unterbettung möglichst widerstandsfähig ausgestaltet wird. Die hier zutreffenden Maßnahmen sind auf S. 237ff. bereits behandelt.

Auf diesen Umstand wurde man schon frühzeitig in einzelnen Staaten der VStA aufmerksam, als einzelne Betondecken Schäden zeigten, andere aber nicht. Die Nachforschungen ergaben, daß die beschädigten Betondecken auf frostveränderlichem Untergrund lagen, der für die Schäden an ihnen verantwortlich zu machen war. Da die Nachgiebigkeit des Untergrundes aber nicht ganz ausgeschaltet werden kann, erleidet die Betonplatte durch äußere Lasten Formänderungen, so daß innere Spannungen auftreten, die von der Festigkeit des Betons aufgenommen werden müssen, vor allem die Biegespannungen durch ausreichende Biegezugfestigkeit. Es wird sich demnach darum handeln, Beton mit hoher Biegezugfestigkeit herzustellen, weil dann die Querschnittsabmessungen geringer ausfallen können. Über die Verfahren, die Betonplatte nach den Gesetzen der Elastizitätslehre zu berechnen, ist bereits auf S. 295ff. das Erforderliche gebracht worden.

Alle Maßnahmen zur Leistungssteigerung bei der Verwendung der Betonplatte im Straßenbau werden sich darauf zu erstrecken haben, den Untergrund zu verfestigen und die Biegezugfestigkeit zu erhöhen. Wie schon erwähnt, wird sie nicht voll ausgenutzt werden können, denn, abgesehen davon, daß stets ein Sicherheitsgrad vorhanden sein soll, hat man es mit Dauerbeanspruchung und mit Ermüdungserscheinungen zu tun, die nötigen, unterhalb der höchsten Biegezugfestigkeit zu bleiben. Nach TELLER und PAULS haben Untersuchungen an trockenem Beton ergeben, daß „die Ermüdungserscheinungen offenbar werden, wenn die Spannungen 54% der Bruchlast überschreiten, und daß bei feuchtem Beton dieser kritische Wert noch niedriger liegt" [*226*]. Nach den gegenwärtigen Anschauungen dürfen höchstens 60% derjenigen Biegezugfestigkeit, die an dem verwendeten Beton einwandfrei festgestellt ist, durch die statische und dynamische Verkehrsbelastung, die Schwankungen der Temperatur und die Schwindvorgänge in Anspruch genommen werden. Da die Festigkeit des Betons im Laufe der Jahre durch Nacherhärtung etwa auf das 1,5fache derjenigen ansteigt, die nach 28 Tagen an spannungslosen Körpern ermittelt worden ist, so würde das bedeuten, daß die vorgeschriebene Mindestbiegezugfestigkeit von 55 kg/cm² (Tabelle 30) auf 83 kg/cm² anwachsen kann, von der aber nur 50 kg/cm² in Anspruch genommen werden dürfen. Wenn in diesem Falle ein zweifacher Sicherheitsgrad vorhanden ist, kann der Beton eine unbegrenzte Zahl von Lastwechseln aushalten. Belastungspausen gewähren ihm Erholung und vermindern die Ermüdung.

8.111 Zement

Für den Betonstraßenbau dürfen nur solche Zemente genommen werden, die die Zementnormen erfüllen und darüber hinaus noch besonderen Anforderungen auch hinsichtlich der leichten Verarbeitbarkeit genügen (DIN 1164 Portlandzement, Eisenportlandzement, Hochofenzement vom Dezember 1958). In der Regel soll Zement der Güteklasse 225 verwendet werden. Auf Zement 325 und Zement 425 soll nur zurückgegriffen werden, wenn die Zeit des Abbindens und Erstarrens abgekürzt werden muß, weil der Verkehr eine baldige Freigabe der Straße verlangt oder Frost zu erwarten ist.

Langsam erstarrende Zemente sollen bevorzugt werden. In den Lieferbedingungen für Normenzemente zu Betonfahrbahnen auf Bundesfernstraßen (Fassung vom 20. 2. 1956) sind Höchst- und Mindestwerte der Zementbestandteile bzw. Eigenschaften festgelegt [*227*]. Außerdem soll

a) der Rückstand auf dem Sieb 0,09 (DIN 1171, 4900 Maschen auf 1 cm^2) bei Portlandzement mindestens 5%, bei Eisenportlandzement und Hochofenzement mindestens 2% betragen. Es hat sich ergeben, daß die Zemente nicht zu fein gemahlen sein dürfen. Denn höhere Feinmahlung setzt zwar die Anfangsfestigkeit herauf, die gröber gemahlenen Zemente haben aber eine geringere Schwindung, eine größere Nachhärtung und lassen sich besser verarbeiten.

b) Das Erstarren soll nicht eher als nach 2 Stunden beginnen. Bei einem in den Sommermonaten gelieferten Zement ist der Erstarrungsbeginn auch bei 30° zu prüfen; er darf nicht eher als nach einer Stunde beginnen.

c) Die Biegezugfestigkeit des Normenmörtels im Alter von 28 Tagen muß mindestens 60 kg/cm^2 betragen.

Der Zement muß vor Verarbeitung gegen Feuchtigkeit geschützt werden. Er soll nicht früher als 3 Tage und nicht später als 1 Monat nach seiner Herstellung verarbeitet werden. Heißer Zement darf nur benutzt werden, wenn die Temperatur des frisch gemischten Betons unter 30° bleibt. Der Zement kann in Säcken oder lose angeliefert werden. Im letzteren Falle wird der Zement aus den Silowagen in Baustellensilos von möglichst nicht unter 50 t Inhalt gefördert. Die Zementsilos sollen sicher und genau arbeitende Wiegevorrichtungen haben.

8.112 Zuschläge

Die Zuschläge bestehen aus natürlich vorkommenden Sand- und Kiesgemischen und aus gebrochenem Gestein, z. B. auch Brechsand. Sie werden je nach Körnung wie folgt bezeichnet:

Rückstand auf dem Sieb mit mm Lochdurchmesser	Durchgang durch das Sieb mit mm Lochdurchmesser	Natürliches Vorkommen	
—	1	Betonfeinsand	Betonsand
1	3	Betongrobsand	Betonsand
3	7	Betongrobsand	Betonsand
7	15	Betonfeinkies	
15	30	Betongrobkies	
30	50	Betongrobkies	

Für Brechsplitte werden schärfer abgestufte Kornbereiche verwendet:

2 ··· 5 mm, 5 ··· 8 mm, 8 ··· 12 mm, 12 ··· 18 mm und 18 ··· 35 mm.

Auch die Korngröße 20/40 wird im Unterbeton zur Erhöhung der Biegezugfestigkeit gern verwendet.

Brechsand ist für Straßenbeton weniger geeignet und sollte deshalb nur ausnahmsweise bei Mangel an Natursand und nur in Korngrößen über 3 mm verwendet werden. Für hochwertige Betonfahrbahnen soll der Splitt doppelt gebrochen sein.

Im Oberbeton (Verschleißschicht) darf neben dem Sand 0···3 mm nur Gestein verwendet werden, das große Druckfestigkeit (feucht mindestens 1500 kg/cm²), hohen Abnutzungswiderstand aufweist und wetterbeständig ist. Der Splitt muß möglichst gedrungene Kornform besitzen, da flache und langsplittrige Stücke den Beton sperrig und schwer verarbeitbar machen und zur Entmischung führen. Die Bruchflächen sollen rauh sein. Besonders geeignete Gesteine sind: Granit, Basalt, Diabas, Quarzporphyr, Felsquarzit, Grauwacke und Gesteine ähnlicher Eigenschaften. Für den Unterbeton darf neben Sand auch Kies und Splitt oder Steinschlag aus Sedimentgestein verwendet werden, falls die Druckfestigkeit des Gesteins mindestens 800 kg/cm² beträgt. Wenn technische und vor allen Dingen wirtschaftliche Überlegungen es zulassen, sollten aber dieselben Zuschläge für den Unterbeton wie für den Oberbeton verwendet werden.

Lehmige und tonige pulverförmige Bestandteile dürfen höchstens bis zu 2 Gew.-% des gesamten Zuschlags vorhanden sein, andernfalls müssen die Zuschläge gewaschen werden. Hierbei werden aber die ganz feinen Kornstufen ausgeschieden, auf die es — wie später nachgewiesen wird — ankommt. Organische Stoffe, Torf, Humus, Kohlen- und Braunkohlenteile dürfen, weil schädlich für den Zement, überhaupt nicht den Zuschlägen beigemengt sein.

Der Gehalt an abschlämmbaren Bestandteilen wird durch den Schlämmversuch — Behandlung mit 3%iger Natronlauge — festgestellt. Sind organische, humusartige Stoffe vorhanden, so wird die Natronlauge braun gefärbt, und zwar um so mehr, je größer der Gehalt der Probe der Zuschlagstoffe an organischen, humusartigen Bestandteilen ist. Je nach der Färbung der Flüssigkeit lautet das Urteil:

wasserhell bis hellgelb	— Zuschlagstoff gut,
gelb bis braungelb	— Zuschlagstoff brauchbar, aber Verminderung der Festigkeit zu erwarten,
braun bis dunkelbraun	— Zuschlagstoff im allgemeinen unbrauchbar.

DIN 4226 ist maßgebend für die Auswahl und Abnahme der Zuschlagstoffe, für die Beurteilung der Hochofenschlacke DIN 4301.

Damit der Beton die geforderten Festigkeiten auch aufweist, muß der Kornaufbau ein ganz bestimmter sein und eine entsprechende Menge Zement zugefügt werden. Für den besten Kornaufbau, der sämtliche Zuschläge umfaßt, müssen Sand und Kies und die sonstigen gebrochenen Zuschläge in einem solchen Verhältnis zusammengesetzt werden, daß ihre Aussiebung mit den Sieben, Maschensieb 0,2 mm und Rundlochsieb 1, 3, 7, 15, 30, 40 und 50 mm als Summenlinie aufgetragen, in die Grenzsieblinien fällt, wie sie in Abb. 327 angegeben sind. Der Aufbau eines solchen Korngemenges setzt daher eine richtige Auswahl des Sandes, Kieses und des gebrochenen Gesteins voraus und die Vornahme von Siebversuchen, durch die die Anteile jeder Zuschlagart festgestellt werden, bis die gewünschte Sieblinie erreicht ist. Darüber, wie das zweckmäßig geschieht, wird im nachfolgenden Abschnitt eine Anleitung gegeben.

Bei einschichtigen Decken und bei zweischichtigen ist für den Oberbeton bei Autobahnen und bei den Straßengruppen I und II (Tabelle 30, S. 399) auch für den Unterbeton eine Sieblinie vorgeschrieben, die in den als bes. gut bezeichneten schraffierten Bereich fällt. Sie darf unter diesem Bereich liegen, wenn festgestellt ist, daß der Beton mit den verwendeten Maschinen, Geräten und mit der vorgesehenen Arbeitsweise zuverlässig und gut verdichtet wird.

Für den Siebversuch werden am Gewinnungsort 50 kg entnommen, gut durchmischt und dann vom Sand drei Proben zu 1000 g und von den Körnungen bis 7 mm 2000 g und $>$ 7 mm 5000 g abgetrennt und getrocknet. Diese werden mittels Siebsatz mit den Sieben 0,2 mm Maschensieb und 1, 3, 7, 15, 30 mm

Rundlochsieb getrennt und der Anteil jeder Siebgröße ermittelt. Der Verlust an Siebgut darf dabei nicht mehr als 1% betragen.

Bei den Autobahnen und den Straßengruppen I und II soll der Zuschlag oberhalb der Korngrößen von 7 mm nur gebrochener Splitt sein. Rundkies sollte nicht benutzt werden. Wenn es nicht zu vermeiden ist, sollte wenigstens der Oberbeton Splitt über 7 mm erhalten.

Bei der Zusammensetzung des Betons kommt den Kornanteilen von 0···7 mm eine besondere Bedeutung zu, da sie zusammen mit dem Zement den Mörtel abgeben, der die Hohlräume der groben Zuschläge ausfüllt und sie verkittet.

Von der Güte dieses Mörtels und seinem ausreichenden Anteil hängen die Festigkeitseigenschaften des Betons ab. Deshalb wird noch besonders auch der Kornaufbau des Betonsandes 0···7 mm vorgeschrieben. Seine Sieblinie soll sich den Grenzen der Abb. 328 anpassen.

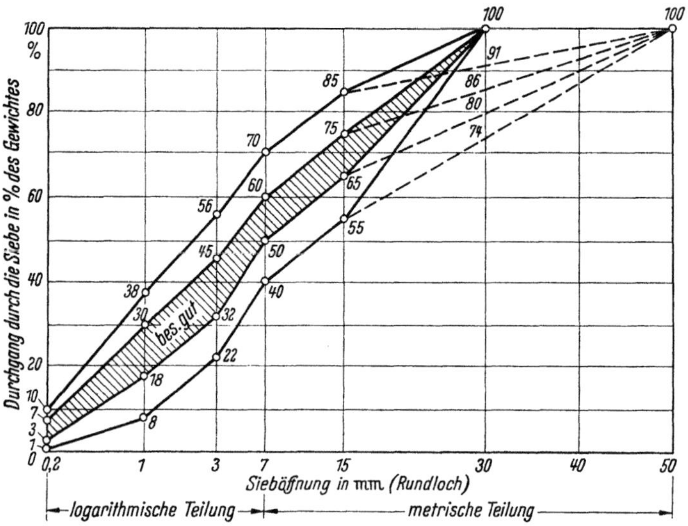

Abb. 327. Sieblinien der gesamten Zuschlagstoffe. Den Rundlochsieben entsprechen die Maschensiebe 0,2, 0,6, 2, 5, 12, 25 und 35 mm

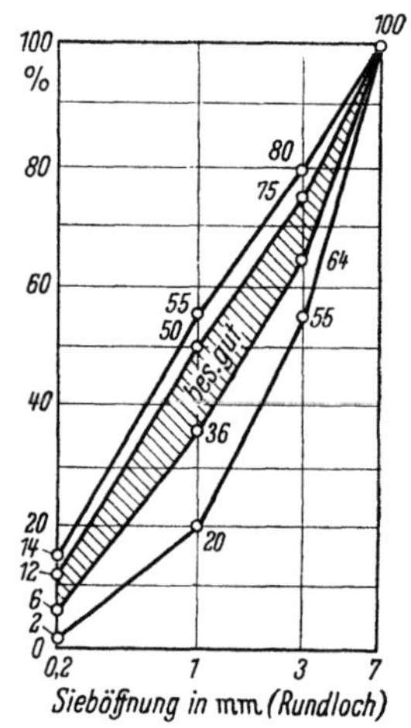

Abb. 328. Sieblinien für die Korngrößen bis 7 mm im halblogarithmischen Koordinatensystem

Liegen die Gemenge in der schraffierten Fläche der Abb. 327 und 328, so wird ein Beton erzeugt, der mit dem üblichen Arbeitsaufwand gute Festigkeiten aufweist. Eine Sieblinie, die darunter liegt, wäre durch einen größeren Anteil an Splitt gekennzeichnet und würde einen sperrigen Beton liefern, der erhöhten Arbeitsaufwand erfordert, mit entsprechend höheren Festigkeiten. Solche Sieblinien kommen für Kiesbeton in Frage.

Noch wichtiger ist aber der Anteil bis 3 mm, der als Sand bezeichnet wird, denn auch bei dieser Korngruppe kommt es auf ihren Kornaufbau an. Bei gebaggertem Sand muß man feststellen, daß er sich meist nicht dem Bereich der Sieblinie anpaßt und daß den Fluß- und Grubensanden die Kornklasse 0···0,2 mm und ebenso die Kornklasse 1,5···3 mm fehlen. Da ihre Anwesenheit die Verarbeitbarkeit des Betons begünstigt, hält man es für notwendig, Feinstbestandteile von 0/0,2 mm bis etwa 2% dem Zuschlaggemisch beizumengen. Bei den üblichen Flußsanden sollen einige Prozent Feinstsand 0/0,1 zugesetzt werden.

Versuche haben gezeigt, daß durch eine Zugabe von 4% Feinsand mit 0,1 mm ∅ die Verarbeitbarkeit des Betons wesentlich verbessert wird und die Festigkeiten heraufgehen.

Kornaufbau mit Ausfallkörnungen ist möglich, wenn mittlere Korngruppen fehlen und der Anteil des groben Splittes 18/35 mm hoch ist. Nach MILKE [*228*] soll solcher Beton gute Druckfestigkeit und besonders hohe Biegezugfestigkeit aufweisen. Dies gilt besonders für solche Mischungen mit Ausfallkörnung, bei denen der Sandgehalt bis 3 mm wesentlich verringert wird. Die Zuschläge werden hierbei wie folgt aufgebaut:

4% Feinsand 0 ···0,1 mm	20% Splitt 2···5 mm	10% Splitt 8···12 mm
16% Flußsand 0,1··· 2 mm	10% Splitt 5···8 mm	40% Splitt 20···40 mm

Dieses Gemisch ergab mit 380···400 kg Zement je m³ fertigen Betons bei der Eignungsprüfung Druckfestigkeiten von 690 kg/cm² und Biegezugfestigkeiten von 74 kg/cm². Aus der fertigen Fahrbahndecke entnommene Bohrkerne wiesen bei der amtlichen Prüfung Druckfestigkeiten von 650 kg/cm² auf, während die bei der Deckenfertigung hergestellten Probebalken im Durchschnitt Biegezugfestigkeiten von 92,7 kg/cm² bei einer Höchstfestigkeit von 109,2 kg/cm² hatten.

Auf der Bundesautobahn Unna-Kamen ist ein größeres Betonfahrbahnlos vergeben worden, bei dem der Beton aus Grobbeton mit Ausfallkörnung 8/15 besteht. Die Zuschlagstoffe sind von 2 mm an aus gebrochenem Gestein, der Zementgehalt beträgt 400 kg/m³.

Nach den Richtlinien dürfen Ausfallkörnungen nur verwendet werden, wenn der Beton gut verarbeitbar ist. Die Sieblinie würde dann aus denen der Abb. 327 herausfallen. Solcher Beton mit Ausfallkörnung ist angebracht, wenn Korngruppen fortgelassen werden müssen, weil sie nur unter hohen Kosten würden beschafft werden können.

Aus dem gewichtsmäßigen Aufbau der Sieblinien ergibt sich von selbst, daß die Mischungen nach Gewichtsteilen und nicht mehr nach Raumteilen festgelegt werden. Da durch Feuchtigkeitsaufnahme vor allem die Sande und Kiese einen erheblichen Raumzuwachs erleiden, z. B. entsprechen 5% Feuchtigkeit bei Kies einer Raumzunahme von 14%, so würden Veränderungen im Feuchtigkeitsgehalt der Zuschläge die einmal festgesetzte Zusammensetzung des Betons unzulässig beeinflussen. Bei Decken der Gruppe III und IV (Tabelle 30, S. 399) und bei Radwegen können die Zuschläge nach Raumteilen abgemessen werden, wenn das Raummaß der festgelegten Gewichtsmengen aus geeichten Meßgefäßen angesetzt wird.

Beispiel[1]:

Tabelle 28. *Rückstand auf dem Sieb als Durchschnitt von 3 Siebungen von je 3000 g*

	Rückstand auf den Sieben					
	0,2 mm	1 mm	3 mm	7 mm	15 mm	30 mm
Feinsand 0/3	2793	1608	119	—	—	—
Grobsand 3/7	2976	2787	2181	294	—	—
in % Feinsand	93	53,6	4	—	—	—
in % Grobsand	99	92,5	73	10	—	—
Durchgang durch die Siebgrößen als Summenlinie in %						
Feinsand 0/3	7	46,4	96	100	—	—
Grobsand 3/7	1	7,5	27	90	100	—
Die groben Zuschläge. *Rückstand auf dem Sieb als Durchschnitt aus 3 Siebungen zu je 5000 g*						
Kies 7/15	5000	4970	4950	4885	1385	—
Splitt 15/30	5000	5000	4995	4956	4710	—
Durchgang durch die Siebgrößen als Summenlinie in %						
Kies 7/15	—	0,6	1,0	2,3	72,3	100
Splitt 15/30	—	—	—	0,1	5,8	100

[1] In Anlehnung an die Zusammensetzung eines Betons für Autobahnen in Forschungsarbeiten aus dem Straßenbauwesen, Bd. 23, S. 21.

Um eine Zusammensetzung zu erhalten, die eine günstige Sieblinie ergibt, können mit Rücksicht auf den Spielraum, der in der Sieblinie gegeben ist, die Anteile geschätzt und danach zusammengesetzt werden. Zweckmäßig geht man hierbei vom Sand 0···3 mm aus. Nach den obigen Siebkurven ergibt sich in diesem Falle die folgende Zusammensetzung:

Tabelle 29. *Durchgang durch die Siebe in Gew.-%*

	0,2 mm	1 mm	3 mm	7 mm	15 mm	30 mm
34% Sand 0/3	2,4	15,8	32,7	34	34	34
19% Sand 3/7	0,2	1,4	5,2	17,2	19	19
15% Kies 7/15	—	0,1	0,2	0,4	11	15
32% Splitt 15/30	—	—	—	—	1,8	32
	2,6	17,3	38,1	51,6	65,8	100

Die Anteile können auch errechnet werden, wenn die angestrebten Sollwerte der Sieblinie der Gemengeteile vorher bestimmt werden, z. B. soll der Durchgang bei 3 mm = A, bei 7 mm = B, bei 15 mm = C und bei 30 mm = D (= 100) betragen. Aus der Tabelle 28 ergeben sich dann folgende vier Gleichungen für die vier Unbekannten: a, b, c, d, wenn a = Anteil des Feinsandes 0/3, b = des Grobsandes, c = des Kieses und d = des Splittes ist.

Spalte 3 mm	I.	$0{,}96a + 0{,}27b + 0{,}01c = A$	Gew.-T.
Spalte 7 mm	II.	$a + 0{,}90b + 0{,}023c + 0{,}001d = B$	„
Spalte 15 mm	III.	$a + b + 0{,}723c + 0{,}058d = C$	„
Spalte 30 mm	IV.	$a + b + c + d = 100$	„

Aus den vier Gleichungen können die Gew.-Teile der einzelnen Zuschläge (Sand, Kies, Splitt) errechnet werden. Nach diesem Verfahren haben sich die Anteile der Kornarten ergeben, wie in Tabelle 29 aufgeführt. Der Kornaufbau dieser Mischung deckt sich nahezu mit der unteren Begrenzung des schraffierten Bereiches der Abb. 327. Er würde also für einen Oberbeton geeignet sein.

Zementzusatz wird in Kilogramm auf den Kubikmeter fertigen Beton bezogen. Sein Gewicht ist in der Tabelle 30 angegeben.

8.113 Wasserzusatz

Vom Wasserzusatz ist die Festigkeit des Betons und seine Verarbeitbarkeit abhängig. Über die Beziehungen zwischen Wassergehalt und Festigkeit gibt die Abb. 329 Auskunft, die von ABRAMS aufgestellt, aber auch von anderer Seite bestätigt ist. Der Wasserzusatz muß mit großer Sorgfalt festgelegt werden, damit bei der gewählten Verdichtungsweise der Beton ein dichtes Gefüge erhält und die Decke bei der verlangten Querneigung gut geschlossen wird. Der Beton muß nach der Bearbeitung stehen. Da er beeinflußt wird von den mineralischen Eigenschaften der Zuschläge, ihrer Wasserbindung, die durchaus verschieden ist (nutzbarer Wassergehalt), von ihrem Feuchtigkeitsgehalt und vor allem von der Eigenart des Zementes, so können keine Vorschriften darüber gegeben werden, sondern der Wasserzusatz muß an den Mischungen erprobt werden. Nach der ABB. soll der Wasserzusatz so bemessen werden, daß mit der jeweiligen Verarbeitungs- bzw. Verdichtungsweise ein mäßig weicher, schwach beweglicher Beton mit Deckenschluß erzielt werden muß, ohne daß an der Oberfläche sich eine stärkere Mörtel- oder gar Wasserschicht bildet und ohne daß zur Erreichung des Deckenschlusses Wasser oder Mörtel zusätzlich aufgebracht werden muß.

Man bezieht den Wassergehalt auf den Zementanteil und bildet den

$$\text{Wasserzementfaktor} = \frac{\text{Wassergewicht}}{\text{Zementgewicht}} = \text{WZ-Faktor},$$

der je nach den Verhältnissen zwischen 0,3 und 0,6 liegen kann, aber möglichst gering sein soll. Zur genauen Bestimmung des Wasserzusatzes müssen die Feuchtigkeitsgehalte der Zuschläge vorher festgestellt werden. Das muß sowohl für die Ermittlung der richtigen Mischung wie auch laufend im Baubetriebe erfolgen und danach der eigentliche Wasserzusatz jeweilig der Baustelle vorgeschrieben werden.

Alle in der Natur vorkommenden Wässer sind zur Betonherstellung geeignet. Sie dürfen aber nicht verunreinigt, müssen frei von aggressivem CO_2 sein und dürfen nur geringe Mengen SO_3 haben.

Mit 6 Gew.-% Wassergehalt entsteht Stampfbeton. Bei höherem Wasserzusatz — 7 ··· 8% — erhält man Weichbeton, der versuchsweise auf Autobahnen eingebaut worden ist, weil er von selbst verdichtet und daher nur leicht gerüttelt werden muß, um den Deckenschluß zu erreichen. Nachprüfungen an solchen Betondecken haben ergeben, daß Stampfbeton und Weichbeton bei Anwendung gröberer Zemente in ihren Festigkeiten gleichwertig sind, daß aber Weichbeton auf den Versuchsstrecken weniger Risse als der erdfeuchte Stampfbeton aufweist, so daß gefolgert wird, daß die richtige Konsistenz zwischen erdfeuchtem und weichem Beton liegt. Als Ausbreitemaß (s. S. 396) werden 34 cm empfohlen. Bei Weichbeton ist zu beachten, daß nur geringe Mengen feinkörniger Zuschlagstoffe, wie Traß und Feinsand, zugesetzt werden dürfen, weil sich sonst ein zu großer Feinmörtelüberschuß ergibt. Weichbeton muß in zwei Lagen eingebaut werden; sein Vorteil wird darin gesehen, daß mit Maschinen Leistungssteigerungen bis zu 20% erreicht werden können [*228*, *229*].

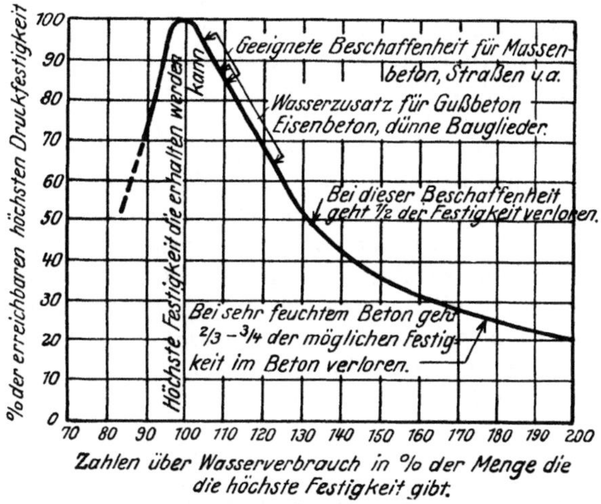

Abb. 329. Schaulinie über den Einfluß des Wasserzusatzes auf die Druckfestigkeit des Beton nach ABRAMS

Beim Wasserzusatz ist noch zu beachten, daß der Unterbeton, wenn die Betondecke in zwei Schichten verlegt wird, noch so viel Wasser hat, daß er sich gut verdichten läßt und daß nach der Verdichtung die Oberfläche etwas feucht schimmert. Der Oberbeton muß so viel Wasser haben, daß sich spätestens nach dem zweiten Durchgang des Schwingverdichterfertigers eine geschlossene Oberfläche bildet. Ein kleiner Wasserüberschuß sollte hier vorhanden sein, weil Wassermangel das Schließen der Oberfläche behindert und dazu führt, daß Wasser aufgesprengt werden muß und offene Stellen mit der Kelle nachgearbeitet werden müssen. Indessen darf der Wassergehalt keineswegs so hoch sein, daß sich nach der Verdichtung ein Überschuß von Feinmörtel an der Oberfläche bildet. Unter dem Fertiger und der Glättbohle soll sich die Decke von selbst schließen (s. S. 427).

8.114 Verarbeitbarkeit

Die Eigenschaft „Verarbeitbarkeit" läßt sich zahlenmäßig nicht erfassen, man beurteilt sie nach dem Augenschein danach, ob der Beton beim Befördern und Einbauen sich nicht entmischt, ob er sich gut verdichten läßt und wieviel Arbeit notwendig ist, um einen dichten Deckenschluß zu erreichen. Diese Vorgänge stehen in Beziehung zu den Eigenschaften des Zementbreies und können von einem geschulten Auge zuverlässig beurteilt werden.

Verschiedene Verfahren sind eingeführt worden, um die Verarbeitbarkeit beurteilen zu können, z. B. die Ausbreitprobe. Gemessen wird der Durchmesser der Ausbreitung. (Vgl. DIN 1164.)

Beim Eindringverfahren wird die Tiefe gemessen, bis zu der ein zylindrischer Fallkörper von 100 mm Durchmesser und 6 kg Gewicht, der an seinem unteren Ende kugelförmig abgedreht ist, eindringt, wenn er aus einer Höhe von 20 cm über dem mit Beton gefüllten 30 cm-Formkasten herabfällt.

Bei einem dritten Verfahren wird ein Hohlgefäß in Form eines abgestumpften Kegels von 30 cm Höhe, unterer $\varnothing$ 200 mm, oberer $\varnothing$ 100 mm benutzt, in das die Betonprobe eingefüllt wird. Auf einer Platte wird die Form umgestülpt, abgehoben und beobachtet, wie weit der Betonkegel zusammensackt, sich setzt. Das Setzmaß, das nur wenige cm betragen darf, wird als Maßstab für die Verarbeitbarkeit des Betons angesehen. Schon geringe Abweichungen in dem Wasserzusatz von dem als richtig erkannten können die Verarbeitbarkeit ungünstig beeinflussen. Ist er zu knapp, wird der Beton sperrig; es bilden sich Kiesnester; ist er zu groß, entsteht Mörtelüberschuß an der Oberfläche, die Verdichtung wird erschwert und die Oberfläche frostgefährdet. Luftporenzusätze (s. unten) erleichtern die Verarbeitbarkeit.

Daß der Zusatz von 4% Feinsand 0···0,1 mm die Verarbeitbarkeit fördert, ist schon erwähnt. Ebenso verbessern plastifizierende Zusatzstoffe die Verarbeitbarkeit und ermöglichen gleichzeitig, die Menge des Wasserzusatzes herabzusetzen, so daß auch die Festigkeit dadurch begünstigt wird. Auch wird die Gefahr der Entmischung verringert. Bei einem Aufbau der Zuschläge mit Ausfallkörnung ist auf die Verarbeitbarkeit besonders zu achten (S. 393).

8.115 Die Zusätze

8.115.1 Luftporenbildende Stoffe

Um den Verkehr im Winter aufrechtzuerhalten, ist notwendig, nicht nur den Schnee von der Fahrbahn zu räumen, sondern Glatteis (S. 48) und Schneeglätte müssen auch bekämpft werden. Das geschieht in der Weise, daß die Fahrbahnen mit Sand und Kies bestreut und dabei Salze ($NaCl$, $NaMgCl_2$, $CaCl_2$ u. a.) zugesetzt werden, um Glatteis aufzutauen oder vorzubeugen, daß es sich bildet. Solche Salze haben aber die Oberfläche des Betons angegriffen, so daß er abschalt und abwittert. Auch auf den deutschen Betondecken ist das beobachtet worden, besonders wenn sich beim Bau an der Oberfläche ein Feinmörtelüberschuß angesammelt hat. Denn dieser schwindet stärker als der darunterliegende Beton, so daß sich Haarrisse bilden, die den Angriff durch Frost begünstigen. Schon auf S. 394, Wasserzusatz, ist darauf hingewiesen, daß der WZ-Faktor möglichst gering sein soll, damit sich diese Mörtelschicht nicht bilden kann. Die erste Bedingung also, um einen gegen Frost widerstandsfähigen Beton herzustellen, ist ein niedriger WZ-Faktor, weil dadurch ein dichter Beton erzeugt wird.

Aber das genügt allein noch nicht. Da immer mit einem Wasserüberschuß gearbeitet werden muß, entstehen Kapillarporen, etwa 0,5···1,5 Raum-%, die Wasser aufsaugen und speichern können, das gefriert und die obere Schicht absprengt. Sie schieben auch Wasser aus dem Beton an die Oberfläche nach. Als wirksames Mittel gegen solche Schäden hat sich der Zusatz von luftporenbildenden Stoffen (LP-Stoffen) erwiesen, die an sich den Luftporengehalt des Betons um 2,5···3% erhöhen, die aber kapillargebrochen sind und sich nicht mit Wasser füllen. Die Menge von LP-Stoff, die zuzugeben ist, beträgt je nach seiner Art, bei flüssigem LP-Stoff etwa 0,4···2 cm^3, bei pulverförmigem etwa

2 ··· 10 g für das kg Zement. Die LP-Stoffe sollen nicht dem Zement zugemahlen, sondern am Mischer aufgegeben werden, damit man in der Lage ist, jederzeit die Menge zu dosieren, wenn die Umstände der Baustelle es erfordern. Ihr Einfluß auf den Beton besteht darin, daß er frost- und tausalzbeständig, geschmeidig wird und sich leichter verarbeiten läßt. Er behält seine ursprüngliche Steife auch bei Verminderung des Wasserzusatzes und Feinsandgehaltes. Auf das „vorläufige Merkblatt der FG für die Verwendung von luftporenbildenden Zusatzstoffen zum Straßenbeton" wird hingewiesen [*230*, *231*].

Die Zusammensetzung des Zements scheint keinen Einfluß auf den größeren oder geringeren Widerstand gegen Frost zu haben. Man nimmt an, daß die Zerstörung der Deckenoberfläche auf einen physikalischen und nicht auf einen chemischen Vorgang zurückzuführen ist und daß deshalb die Eigenschaften des Betons, seine Dichte, Festigkeit und Elastizität mit ausschlaggebend sind. Darum wird auch empfohlen, im ersten Winter nach der Herstellung den Beton nicht mit Tausalzen zu behandeln, ehe er die genügende Festigkeit erlangt hat; auch soll der Salzlauge ermöglicht werden abzulaufen, das müßte bei der Schneeräumung berücksichtigt werden.

Nach den Erfahrungen, die man in Schweden mit dem Abschalen der Betonoberfläche gemacht hat, ist es schwer, zuverlässige Schlüsse zu ziehen, worauf diese Erscheinung zurückzuführen ist, da es den Eindruck macht, daß verschiedene Einflüsse dabei mitwirken [*232*].

Bei trockenem Beton kann kein Wasser an die Oberfläche nachgeschoben werden. Er verhält sich daher günstiger. Daraus ist eine Frostempfindlichkeitsziffer aufgestellt worden:

$$\frac{\text{Wassergehalt in Raum-\%}}{\text{Wasseraufnahme im Vakuum in Raum-\%}}$$

Damit kein Frosttreiben entstehen kann, soll dieser Wert unter 44,6% liegen [*233*]. Ähnliche Überlegungen haben zu dem theoretischen Frostversuch bei den Gesteinen geführt (s. S. 364).

Einen Nachteil haben die LP-Stoffe; sie setzen die Festigkeit des Betons etwas herab. Nach Erfahrungen beim Bau der neuen Bundesautobahn Karlsruhe—Offenburg ist die Druckfestigkeit bei fast allen LP-Zusätzen nach 42 Tagen bis zu 15% gegenüber dem Beton ohne Zusätze herabgesetzt worden. Der Einfluß auf die Biegezugfestigkeit war unterschiedlich. Der Wasserzementfaktor wurde bei allen Zusatzmitteln um 0,03 ··· 0,05% vermindert [*234*].

8.115.2 Färbmittel

1. *Aufgabe.* Weil die Verkehrsteilnehmer die helle Oberfläche des Betons angenehm empfinden, die sich besonders bei Nacht und Nebel gut abzeichnet, und weil auch nasse Betonflächen nicht spiegeln, gilt das als ein Vorzug der Betonfahrbahnen vor den Schwarzbelägen. Diese Helligkeit ist aber nicht von Dauer, denn durch das Tropföl zusammen mit Staub und Gummiabrieb bildet sich auf der Oberfläche ein schwarzer Film, der bei stark befahrenen Straßen die Betonoberfläche so verdunkelt, daß man — wie in den VStA beobachtet — Betondecken nicht mehr von Schwarzdecken unterscheiden kann. Das ursprüngliche Ziel, die Betondecken am Rand mit Schwarzdecken einzufassen, um einen Farbkontrast zu erzielen, ist nicht erreicht worden.

Jetzt ist der umgekehrte Weg beschritten worden, daß die Randstreifen hell und die Betondecken dunkel eingefärbt werden. Die porösen Oberflächen alter Betondecken haben zum Schutz gegen Frost und Einwirkung von Tausalz dünne bituminöse Überzüge erhalten.

Aber noch in anderer Beziehung kann die Einfärbung der Betondecken zur Verkehrserleichterung und Sicherheit beitragen, wenn man noch andere Farben, z. B. rot, grün und gelb, zum Einfärben verwendet. Mit einem solchen Zusatz wird dann eine Straßenfläche für eine bestimmte Verkehrsart gekennzeichnet und dadurch die Straßenfläche übersichtlicher gestaltet. Man besitzt damit ein brauchbares Mittel zur optischen Führung. In Frage kommt hierbei

Markierung von Vorfahrtstraßen gegenüber Nebenstraßen,
Markierung von Radwegen gegenüber Fahrbahnen,
Markierung von Einfahrten, Autobushalteplätzen und Fußgängerüberwegen, von Parkplätzen und Plätzen für öffentliche Verkehrsmittel,
Markierung bestimmter Fahrtrichtungen, wie etwa bei Umgehungsstraßen.

2. *Technisches Verfahren.* Anorganische Farbpigmente sind als Zusatz zum Beton mit einer vielfachen Farbskala entwickelt. Sie sollen witterungsbeständig und verschleißfest sein. Farbstoffe müssen der „Anweisung für die Lieferung und Prüfung von schwarzem Farbstoff zum Einfärben des Betons bei den Autobahnen" vom Mai 1940 genügen. Der Zusatz soll auf das geringste Maß beschränkt werden, d. h. 3% des Zementgewichtes nicht überschreiten. Bei gleichzeitiger Verwendung von LP-Zusatzmitteln ist Vorsicht geboten. Für die weiße Farbe wird weißer Portlandzement verwendet mit hellen Zuschlägen, der als Sonderzement nicht den Lieferbedingungen für Normenzemente zu Betonfahrbahnen auf Bundesstraßen unterliegt. Für die Schwarzfärbung wird Eisenoxyd schwarz bis zu 3% zugesetzt. Ruß wird als Zusatz günstiger beurteilt [*231*].

Die 18 m breite Fahrbahn des Verteilerkreises am Praterstern in Wien ist in 6 Streifen unterteilt, in jedem zweiten ist der Oberbeton mit 20 kg/m³ = 5,4% vom Zementgewicht rot eingefärbt, ohne daß die Festigkeitseigenschaften darunter gelitten haben (Zementbeigabe 370 kg/m³) [*235*].

8.12 Zielsicherer Aufbau des Straßenbetons

In den „*Richtlinien für den Bau von Betonfahrbahnen*" sind die Mindestdicke der Platten und die Mindestfestigkeiten für vier Gruppen entsprechend dem Verkehr, der sie in Zukunft beanspruchen wird, auf Grund der bisherigen Erfahrung aufgestellt worden (Tabelle 30).

Aus den vorliegenden Forschungsberichten ist zu entnehmen, daß das Raumgewicht des Betons nicht unter 2400 kg/m³ liegt und mit 2450 ein guter Durchschnitt erreicht wird. Raumgewichte von 2500 kg/m³ werden oft erzielt. Wenn man den Aufbau des Betons auf dem Wege der Rechnung ermitteln will, muß vom Raumgewicht ausgegangen werden. Beispielsweise sei ein Raumgewicht von 2500 kg/m³ und 6% (150 kg) Wassergehalt angenommen. Bei 330 kg Zement/m³ (Tabelle 30) verbleiben für die Zuschläge:

$$\text{Zuschläge } (2500 - [330 + 150]) = 2020$$

$$\text{Wasserzementfaktor } \frac{150}{330} = 0{,}455.$$

Auf 1 Gewichtsteil Zement kommen 6,12 (Gew.-T.) Zuschläge, und zwar wenn man die letzte Spalte der Tabelle 29 mit 6,12 multipliziert:

Sand 0/3 . .	2,08 Gew.-T.
Sand 3/7 . . .	1,16 „
Kies 7/15 . . .	0,92 „
Splitt 15/30 . .	1,96 „
	6,12 Gew.-T.

Tabelle 30. *Deckendicke — Mindestfestigkeiten — Zementgehalt — Kornaufbau*

Straßengruppen	Art der Straßen bzw. Plätze	Mindestdicke cm	Mindestwerte der	Druckfestigkeit kg/cm²	Biegezugfestigkeit kg/cm²	Richtwerte für den Zementgehalt kg/m³	Bereich der Sieblinie	Getrennte Anlieferung mindestens nach folgenden Korngruppen
I	Bundesautobahnen und Bundesstraßen	22 bis 24		450	55	350	bes. gut	0/3 3/7 7/15 >15 mm
II	Landstraßen I. Ordnung, sonstige Land- und Stadtstraßen mit starkem Verkehr	20 bis 22		400	50	330	bes. gut	0/3 3/7 7/15 >15 mm
III	Übrige Land- und Stadtstraßen, Park- und Einstellhöfe mit Lastwagenverkehr	18		350	45	330	Oberbeton bes. gut Unterbeton bes. gut und oberhalb zulässig	0/3 3/7 >7 mm
IV	Siedlungsstraßen und ländliche Gemeindewege ohne Durchgangsverkehr; Parkplätze und Einstellhöfe ohne Lastwagenverkehr	16	im Oberbeton	300	35	300	bes. gut	0/7 >7 mm
			im Unterbeton	300	40	300	bes. gut und oberhalb zulässig	

Ob diese Mischung die geforderte Festigkeit ergibt, kann mit guter Annäherung nachgeprüft werden, wenn von der bekannten Formel ausgegangen wird

$$W b_{28} = \frac{K_n}{A w^2},$$

Wb_{28} = Druckfestigkeit nach 28 Tagen kg/cm².
K_n = Normendruckfestigkeit des Zementes kg/cm².
A = 6 (Erfahrungswert).
w = Wasserzementfaktor.

$$Wb_{28} = \frac{520}{6 \cdot 0{,}455^2} = 420 \text{ kg/cm}^2$$ (verlangt werden nach Tabelle 30 400 kg/cm²).

Die Annahmen für das Raumgewicht und den Wasserzusatz müssen nunmehr durch eine Probemischung nachgeprüft und berichtigt werden. Die Masse der Probemischung richtet sich nach der Zahl der Probemuster, die hergestellt werden und an denen die Festigkeiten nachgeprüft werden soll.

Verlangt werden 2 Würfel 30 cm = 54 l zur Ermittlung des Raumgewichtes, 3 Würfel 20 cm = 24 l zur Ermittlung der Druckfestigkeit und 3 Balken = 70/15/10 cm = 31,5 l zur Ermittlung der Biegezugfestigkeit. Insgesamt 109,5 l Beton. Angesetzt werden 120 l Beton.

Mischungsverhältnis 1 : 6,12	Zement	Feinsand 0/3	Grobsand 0/7	Kies 7/15	Hartgestein 15/30	Summen
Anteile der einzelnen Zuschlagstoffe:						
1. Tabelle 29 letzte Spalte .	—	34	19	15	32	100
2. Gewichtsteile (trocken) .	1	2,08	1,16	0,92	1,96	6,12
3. Eigenfeuchtigkeit . . . %	—	3,5	3	1	0	—
4. Gewichtsteile (feucht) . .	—	2,15	1,19	1,01	1,96	—
5. Mischung (feucht) . kg γ_f	39,6	88,5	49,0	41,5	80,6	299,2
6. Wasserzusatz . . . . kg	—	—	—	—	—	15
7. Gesamtgewicht der Probemischung . . . . . kg						314,2
8. Wasser im Zuschlagstoff f	—	3,1	1,47	0,4	—	
9. Gesamtwassergehalt . . .	—	—	—	—	—	19,97
10. Gesamtwassergehalt in % des Betongewichtes . . .						6,56
11. Wasserzementfaktor = $\frac{\text{Wassergewicht}}{\text{Zementgewicht}} = \frac{19{,}97}{39{,}6}$						0,50
12. Angaben über Steife und Verarbeitbarkeit	—	—	—	—	—	
13. Ermittlung des zugesetzten Wassergewichtes nach Zeile 6	—	—	—	—	—	
14. Anzahl der Würfel: Kantenlänge der Würfel 30 cm; Raumgewicht der Würfel 54 Liter						
15. Gewicht der 2 Würfelformen						
gefüllt	—	—	—	—	—	
leer	—	—	—	—	—	
Gewicht 54 Liter fertigen Betons	—	—	—	—	—	139
16. Gewicht von 1 m³ fertigen Beton						2507

Wenn sich bei den Probemischungen ergibt, daß das gefundene Raumgewicht ein anderes ist und auch der angenommene Wasserzusatz mit demjenigen, der zur richtigen Verarbeitbarkeit sich als notwendig erwiesen hat, nicht übereinstimmt, so muß die Probemischung nach den neuen Größen noch einmal durchgerechnet und angesetzt werden, bis die Unterschiede ganz oder nahezu ausgeglichen sind. Aus den Ergebnissen der Probemischungen werden dann die Anordnungen für die Baustellen, d. h. die Gewichtsmengen festgesetzt, die in jeder Mischerfüllung entsprechend der Mischergröße aufgegeben werden müssen. Da der Mischerinhalt in Liter auf lose Masse bezogen ist, muß noch ermittelt werden, wieviel Liter fertig verdichteten Betons sich aus einer Mischerfüllung herstellen lassen. Außerdem ist es zweckmäßig, um die Baustoffzumessung und die Aufgabe zu vereinfachen, die Zusammensetzung der Zuschläge und den Wasserzusatz auf volle Zementsäcke abzustimmen, soweit nicht loser Zement verwendet wird. Der Sack Zement wiegt 50 kg. Bei dem Maß des Wasserzusatzes wird die Eigenfeuchtigkeit der Zuschläge berücksichtigt, dagegen nicht auf das Gewicht beim Abwiegen der Zuschläge angerechnet.

8.121 Überwachung der Betonzusammensetzung auf der Baustelle

Die laufende Überwachung der Betonzusammensetzung erstreckt sich auf:

Untersuchung des Frischbetons:

a) Bestimmung des Gesamtgewichtes G_f des feuchten Zuschlagstoffgemenges einer Mischung.

b) Bestimmung der Feuchtigkeit f im Zuschlagstoffgemenge in %.

c) Bestimmung des Gesamtgewichtes G des trockenen Zuschlagstoffgemenges,

$$G = G_f \cdot (1 - 0{,}01\,f)\,.$$

d) Bestimmung des Mischungsverhältnisses $1:x$ in Gewichtsteilen aus dem zugegebenen Zementgewicht und dem Gewicht zu

$$\frac{Z}{G} = 1:x\,.$$

e) Raumgewicht (r) des frischen, verdichteten Betons, an 30 cm-Formen.

f) Steife der Betonmischung durch Augenschein und unter Kellenschlägen und Reiben.

g) Wassergehalt des frischen Betons an 5000 g Proben durch scharfes Austrocknen (f_B).

h) Zusammensetzung von 1 m³ frisch verarbeitetem Beton aus den zuvor gemachten Ermittlungen:

$$\text{Wasser} = r \cdot 0{,}01 \cdot f_B(\text{kg})$$

$$\text{Zement} = r \cdot \left(\frac{1 - 0{,}01\,f_B}{1 + x}\right)$$

$$\text{Zuschlag} = r \cdot \frac{1 - 0{,}01\,f_B}{1 + x} \cdot x\,.$$

i) Kornzusammensetzung der Zuschlagstoffgemenge durch Auswaschversuch. In einem Siebsatz mit 7-mm- und 1-mm-Lochsieb wird eine Probe frischen Betons von 5 kg erst auf dem 7-mm-Sieb, dann auf dem 1-mm-Sieb ausgewaschen, bis Wasser klar abläuft, und die Siebrückstände zusammengeworfen, getrocknet und gewogen und darauf auf dem Siebsatz nach Durchgang durch 0,2 mm, 1 mm, 3 mm, 7 mm, 15 mm und 30 mm Siebgröße getrennt.

Die danach sich ergebende Sieblinie wird mit der Sollsieblinie, Abb. 327, S. 392, verglichen. Sämtliche Ergebnisse sind in einem Vordruck eingetragen.

k) Herstellung von Probekörpern.

Diese erfolgt nach den Normen in Form von Würfeln mit 20 cm Kantenlänge zur Ermittlung der Druckfestigkeit und an Probebalken 70/15/10 cm zur Ermittlung der Biegezugfestigkeit bei vorgeschriebener Behandlung.

8.13 Eigenschaften des Straßenbetons

Nachdem der Aufbau des Baustoffes Beton für die besonderen Anforderungen des Straßenbaues behandelt ist, liegen die Unterlagen vor, um aus den Eigenschaften des Betons abzuleiten, was bei der Gestaltung der Betondecke zu beachten ist. Auf sein federndes und plastisches Verhalten ist schon hingewiesen.

8.131 Einflüsse der Temperatur

8.131.1 Verformung

Der Sonnenbestrahlung ausgesetzter Beton erwärmt sich und nimmt eine Wärme an, die noch über derjenigen der Lufttemperatur liegt. Gemessen sind etwa 10° mehr. Zwar ist die Oberfläche einer Betonstraße anfangs hell und durch Zurückwerfen der Strahlen wird die Wärmeaufnahme gering. Mit zunehmendem Alter überzieht sich aber die Decke mit einer Schicht aus Tropföl und Schmutz und erhält eine dunkle Färbung, so daß sie schließlich in den Hauptfahrspuren wie eine Asphaltstraße aussieht. In diesem Falle wird die Betondecke eine noch höhere Temperatur annehmen. Diese Temperatur ist aber nur in der Oberfläche vorhanden.

Die Erwärmung schreitet langsam in die Tiefe der Decke fort in der Weise, daß nach mehreren Stunden auch die Unterfläche eine Temperaturspitze aufweist. Je nach Stärke der Decke und Wärmebestrahlung kann dieser Unterschied zum Zeitpunkt der größten Erwärmung in der Oberfläche und Unterfläche über 20° betragen. Auf der unteren Fläche ist im Laufe des Tages der Temperaturunterschied niedriger, weil die Wärme abgeleitet wird, er kann bis auf 6° gehen. Entscheidend ist der Unterschied der Temperatur zwischen Ober- und Unterfläche zu demselben Zeitpunkt, der nach Beobachtungen höchstens etwa auf 26° ansteigen kann. Die mittlere Plattentemperatur zwischen Tag und Nacht schwankt nur in geringen Unterschieden etwa 13 bis 16° [*236*]. Daraus ergeben sich Formänderungen in der Weise, daß sich bei Erwärmung die Oberfläche hebt, erhabene Wölbung, bei Abkühlung sich die Ränder heben, hohle Wölbung. Solche Bewegungen sind auch gemessen worden, sie haben bei einer 15 cm starken Betondecke im ganzen 2,9 mm betragen. Schnelle Abkühlung an der Oberfläche kann auch Zugspannungen in der oberen Schicht hervorrufen.

Diese Verwölbung wird durch Eigengewicht, Verdübelung (S. 415) und Verkehrslasten ermäßigt; dadurch entstehen Biegungszwangsspannungen. Diese Dauerbeanspruchung der Platten muß, ganz abgesehen von den anderen, schon allein für sich Ermüdungserscheinungen im Beton hervorrufen.

Wenn zu diesen dann noch die Beanspruchung durch den Verkehr treten, reißen die Platten. Auf jeden Fall ist unbestritten, daß die meisten Risse durch die Wärmespannungen entstehen. Daraus ergibt sich, daß mit Zunahme der Dicke der Betonplatte der Unterschied in den Wärmegraden an der Ober- und Unterfläche zunimmt und damit die Verformung der Platte. Um diese möglichst einzuschränken, darf man also die Platte nicht dicker machen, als unbedingt notwendig ist. Da diese aber bestimmt wird durch die äußeren Kräfte, wie Verkehrsbelastung, Verhalten des Untergrundes und ferner durch die Festigkeiten, vor allem die Biegezugfestigkeit, die im Beton erreicht werden kann, ergibt sich nunmehr, wie notwendig es ist, den Untergrund möglichst tragfest zu machen, um seinen Einfluß auszuschalten (s. S. 295) und den Beton so aufzubauen, daß er hohe Festigkeiten erreicht.

Derartige Spannungen treten nicht in dem gleichen Maße auf, wenn der Beton nur als Tragschicht dient, weil dann durch die darüberliegende Abnutzungsschicht (bituminöse Decken) die unmittelbaren Wärmeeinflüsse von dem Beton ferngehalten werden. Nur tiefe, anhaltende Kälte macht sich hier bemerkbar, die aber wegen ihres langsamen Fortschreitens durch den Betonunterbau mehr gleichmäßig hindurchgeht und dann auch nur gleichmäßige Bewegungen erzeugen kann, z. B. eine Zusammenziehung des Betons, die sich in durchgehenden Querrissen äußert, die sich dann aber auch in die Abnutzungsschicht fortsetzen. Die konstruktiven Anforderungen, die sich daraus ergeben, werden auf S. 405 behandelt.

8.131.2 Dehnung und Verkürzung

Die Temperatur bewirkt Längenänderungen. Der Ausdehnungsbeiwert des Betons ist zu $\beta_t = 0{,}000010$ ermittelt worden, d. h. für 1°. Da infolge der Einstrahlung die Fahrbahnplatten eine höhere Temperatur als die Luft annehmen können und mit tiefsten Temperaturen von —25° zu rechnen ist, die bei klaren Nächten durch Ausstrahlung noch tiefer sinken können, unterliegen sie, jahreszeitlich betrachtet, einem Wärmewechsel von 60° an der Betonoberfläche, 40° an der Betonunterfläche und mehr. Das würde für eine Plattenlänge von 1 m eine Längenänderung von etwa 0,6 mm innerhalb einer Temperaturspanne von 60° bedeuten [*237*]. Wenn bei mittlerer Tagestemperatur eingebaut worden ist, würden die Platten bei Kälte sich um 0,3 mm für den laufenden Meter verkürzen und bei Wärme um 0,3 mm verlängern. Der Betrag wird aber ermäßigt, weil die Reibung der Platte auf der Unterlage der Bewegung entgegenwirkt. Dieser Vorgang zwingt dazu, die Betondecken mit Dehnungsfugen zu versehen. Ihre Anordnung, Gestalt und Ausführung wird auf S. 409ff. behandelt.

Dort, wo der Beton nur als Tragschicht dient, sind die Temperaturunterschiede, wie schon erwähnt, geringer und daher auch die Verformungen. Der Beiwert β_t wird auch abhängig sein von dem Dehnungsbeiwert der verwendeten Zuschläge. Er ist geringer bei Kies und Quarzit, höher bei Granit und Dolerit, am größten ist er bei Kalkstein.

8.132 Einflüsse des Schwindens und Quellens

Das Schwinden des Zementes beim Abbinden überträgt sich auch auf den Mörtel im Beton. Um die durch Schwinden entstehenden Formänderungen gering zu halten, sollen, wie schon erwähnt, für den Straßenbau nur solche Zemente verwendet werden, die nicht zu fein gemahlen sind. Bei Aufnahme von Feuchtigkeit beginnt der Beton etwas zu quellen. Man rechnet mit etwa 0,2 bis 0,5 mm/m. Diese Bewegungen beanspruchen die Zugfestigkeit des Betons wegen der Reibung der Platten auf der Auflagerfläche durch das Schwinden beim Erhärten, so daß für die Aufnahme der durch Belastung und Temperaturschwankungen hervorgerufenen inneren Spannungen die volle Biegezugfestigkeit des Betons nicht mehr zur Verfügung steht. Um diesen Verlust einzuschränken, sollen die Straßenbauzemente nur ein geringes Schwindmaß haben. Die Längenänderung infolge des Schwindens und Quellens durch Feuchtigkeit schwächt sich im Lauf der Zeit ab.

8.133 Verschleißfestigkeit

Auf Straßen mit Spannverkehr mit Stahlreifen werden die Betondecken mechanisch angegriffen, besonders an den Fugen. Der Beton ist daher unter gemischtem Verkehr starker Abnützung ausgesetzt. Autostraßen mit Gummireifenverkehr werden nicht in diesem Maße abgenutzt. Die Oberfläche muß auf alle Fälle widerstandsfähig gegen Verschleiß gemacht werden.

Die Verschleißfestigkeit des Betons wird bei hohem Wasserzementfaktor und Zementgehalt herabgesetzt. Bestandteile im Beton — Zuschläge, die selbst eine hohe Abreibfestigkeit haben und im Beton große Druckfestigkeit erzeugen, — gewähren eine hohe Verschleißfestigkeit. Deshalb wird bei den Bundesautobahnen Zusatz von Splitt in der Oberschicht verlangt. Mit der Zunahme des Zementes verringert sich die Verschleißfestigkeit und höhere Wasserzusätze, die angewendet werden, um den Beton mehr verarbeitungsfähig zu machen, setzen den Widerstand gegen Abnutzung herab. Je größer die Kornabmessungen der Zuschläge sind, desto geringer ist die Abnutzung. Das Feuchthalten des Betons bei der Nachbehandlung begünstigt die Verschleißfestigkeit; sie nimmt mit dem Alter zu.

Die Oberfläche des Betons ist jetzt mehr gefährdet durch die Tausalze als durch den Angriff der Kraftfahrzeuge. Aber dort, wo die Oberfläche durch den Frost abgeschalt ist und Narben zeigt, wird ein verschleißfester Beton die weitere Zerstörung mehr aufhalten als ein weniger verschleißfester. Aus diesem Grunde erhält die Verschleißfestigkeit wieder eine besondere Bedeutung.

Hochverschleißfester Straßenbeton. Wenn Gleiskettenfahrzeuge auf den Straßen fahren, dürfen sie keine schädlichen Kratzbewegungen gegen die Fahrbahndecke ausführen (StVZO § 36 Ziff. 5). Die Kanten der Bodenplatten und ihrer Rippen müssen rund sein. Der Druck der durch eine Laufrolle belasteten Auflagerflächen darf 15 kg/cm² nicht übersteigen. Dieser Druck ist gering und wird, da weder Schlupf noch Gleiten auftritt, die Fahrfläche nicht beschädigen. Anders ist die Beanspruchung beim Drehen und Wenden der Gleiskettenfahrzeuge. Bei ihm werden Querkräfte ausgeübt, die ruckartig auftreten und von der Fahrbahn aufgenommen werden müssen, ohne daß sie beschädigt werden darf.

Damit die Betonfahrbahnen den Angriffen von Heerespanzern genügend widerstehen, soll die Fahrfläche nach einem Vorschlag der Westphal Hartbeton-Gesellschaft Berlin durch Korodur-Durodur hochverschleißfest gemacht werden. Der Beton muß dabei so zusammengesetzt sein, daß das Verhältnis σ_{bz}/σ_d möglichst 0,2 erreicht wird, ein Modul, der beim üblichen Beton etwa 0,122 beträgt. Dem Beton werden 25 Gewichtsteile Hartbetonstoffe zusammen mit 250 bis 280 kg/m³ niedrigwertigen Zementes zugesetzt. Das Otto-Graf-Institut in Stuttgart hat sich an der Entwicklung dieses Hartbetons beteiligt [*238*].

8.14 Gestaltung der Betondecken

8.141 Längs- und Quergefälle

Die Oberfläche der Betondecke ist griffig, so daß sie in Gefällen bis zu 7% angewendet werden kann. Bei stärkeren Gefällen muß die Fahrfläche besonders angerauht werden, was durch Riffelung geschieht. Die sehr ebene Oberfläche gestattet recht flache Quergefälle, die bei geringer Längsneigung 2,5%, bei starker mindestens 1% betragen sollen. Für die Bundesautobahnen ist sie auf 1 bis 2% festgelegt (vgl. Abb. 157, S. 192). Das Quergefälle ist satteldachförmig und erhält nur dann in der Fahrbahnmitte eine Ausrundung, wenn keine Mittelfuge angeordnet ist, andernfalls bildet diese den First. Das Längsgefälle soll mindestens 0,4% sein.

8.142 Querschnitt der Betondecken

Die Betondecke, die sich aus Ober- und Unterbeton zusammensetzt, vereinigt Verschleißschicht und obere Tragschicht (vgl. Abb. 311, S. 361) zu einem Baukörper. Soweit sie von Fugen an beiden Enden begrenzt wird, soll sie auch als Platte bezeichnet werden.

Die Spannungen bei Belastung sind am Rand und an den Ecken höher als im mittleren Teil der Decke, so daß die Dicke der Platte hier verringert werden könnte. Man erhält dann einen Querschnitt mit verstärktem Rand und eine Platte von gleicher Festigkeit. Der Nachteil solcher Querschnitte, die in den VStA die Regel sind, wird darin gesehen, daß die Ausführung im Vergleich mit dem rechteckigen Querschnitt umständlich und daher auch teuer ist und daß bei Gleitbewegungen nach der Seite die Platten nicht mehr in die frühere Lage zurückgehen und Fugen und Risse sich mit der Zeit erweitern. Nachdem sich also gezeigt hat, daß die früher üblichen Querschnitte mit Randverstärkungen keine Vorteile bieten, ist man zu einem rechteckigen Querschnitt der Platte übergegangen.

Da die Betondecken, die dicker als 15 cm sind, sich mit den Fertigern, die früher eingesetzt worden waren, nicht genügend verdichten ließen, wurden sie in der Regel in zwei Schichten hergestellt. Erwünscht ist, daß beide Lagen die gleiche Zusammensetzung haben. Da die obere Schicht aus einem verschleißfesten Beton bestehen muß, die mindestens 5 cm dick ist, können für den Unterbeton, weil er nicht verschleißfest zu sein braucht, auch andere Zuschläge verwendet werden, aber erwünscht ist, daß kein zu großer Unterschied vorhanden ist; vor allem soll der Zement und sein Anteil der gleiche sein (s. S. 399). Zwei Schichten sind dann angebracht, wenn die Betonplatte mit Stahl bewehrt wird.

Aber die Erfahrungen, die man im Laufe von zwei Jahrzehnten gemacht hat, haben gezeigt, daß man einschichtig bauen kann, weil die neuen Fertiger tiefer verdichten und 24 cm die Dicke ist, die man höchstens zulassen kann (Tabelle 30).

Dort, wo die Verkehrsbeanspruchungen geringer sind, sollte die Dicke herabgesetzt werden. Die Dicke der Decken ist aus Tabelle 30 zu entnehmen.

Vorschläge, die Deckendicke nach der Tragfähigkeit des Untergrundes und der Verkehrsstärke zu bemessen, zugleich in Verbindung mit der Stahlbewehrung (s. S. 408), sind in England gemacht worden [*239*].

Bei städtischen Straßen wird der Querschnitt nach der Verkehrsbelastung gestaffelt [*240*].

1. Gesamtdicke 15 cm bei 10 cm Unterbeton und 5 cm Verschleißschicht für Wohnstraßen ohne Durchgangsverkehr (etwa bis 200 m Länge).
2. 20 cm Gesamtdicke bei 15 cm Unterbeton und 5 cm Verschleißschicht für Wohnstraßen mit Durchgangsverkehr.
3. 22 cm Gesamtdicke bei 15 cm Unterbeton und 7 cm Verschleißschicht für Hauptverkehrsstraßen.

Für den Unterbeton sind bei 270 kg Zement/m³ 250 kg/cm² und für die Verschleißschicht bei 320 kg Zement/m³ 300 kg/cm² Würfelfestigkeit nach 28 Tagen vorgeschrieben.

Diese Betondecken werden nicht mit Stahl bewehrt; auch die Fugen werden nicht verdübelt, weil diese dem Ortsverkehr dienenden Straßen nur einen leichten Verkehr haben, besonders in den neuen Stadtgebieten. In Wien erhalten die Siedlungsstraßen einen einschichtigen Beton von 15 ··· 20 cm Dicke mit 350 kg/m³ Zement. Aufschließungsstraßen in neuen Wohngebieten werden mit 20 cm dicken Betonplatten zweischichtig ausgeführt, Unterbeton mit 250 kg/m³, Oberbeton 350 kg/m³ Zement. Bei Hauptverkehrsstraßen setzt sich die Decke zusammen aus 19 cm Unterbeton mit 290 kg/m³ und 5 cm Oberbeton mit 370 kg/m³ Zement [*235*].

8.143 Querschnitt der Tragschicht aus Beton für andere Decken

Die Verwendung des Betons im Straßenbau begann mit der Einführung der Stampfasphaltbauweisen vor etwa 100 Jahren. Die Betonplatte war die Tragschicht für die Stampfasphalt- oder Gußasphaltdecke, die nur als Abnutzungsschicht dienten. Betonplatten von 20 cm Dicke genügten. Solche Tragschichten wurden auch beim Holzpflaster angewendet und auch für den Straßenbau mit den bituminösen Teer- und Asphaltmischungen im Ausland eingeführt. Sie haben lange Zeit den Anforderungen entsprochen. Dicken von 15 und 17 cm hielt man bei ihnen für ausreichend, weil die bituminöse Verschleißschicht meistens auf einer lastverteilenden Binderschicht lag (s. S. 534). Erst die Zunahme der Achslasten, vor allem als noch mit Vollgummireifen gefahren wurde, zwang dazu, in allen Ländern die Betonschicht auf 25 bis 30 cm zu verstärken. Selbst wenn ein Beton von geringerer Festigkeit gewählt wird, genügt er, weil der beanspruchte Querschnitt größer ist und das höhere Gewicht, auf gleiche Fläche bezogen, eine größere Massenträgheit hat. Dadurch werden Stöße verschluckt und der Untergrund geringer belastet. Infolgedessen genügt auch die geringe Biegezugfestigkeit.

Auf Landstraßen kommt dieser Bauweise jetzt eine besondere Bedeutung zu, nachdem die bisher übliche Packlage aufgegeben werden mußte (s. S. 362). Ihre Geeignetheit wird gegenwärtig auf Versuchsstrecken der B 36 bei Lahr und der B 29 bei Grunbach erprobt. Die Aufgabe, die man sich hier gestellt hat, soll 4 Fragen beantworten:

1. Wie dick muß die Betonplatte sein, um bei gutem frostfreien Untergrund die Verkehrskräfte auf ihn weiterzuleiten, ohne daß lotrechte Bewegungen, z. B. Stufen an Rissen und Fugen auftreten können?

2. Ist der Beton der Tragschicht genügend durchlässig, um Wasser, das unter die Verschleißschicht geraten ist, abzuführen? Ihre *ebene* Oberfläche ist bei

flexiblen Verschleißschichten für die Ausbildung einer ebenen Fahrbahn günstig, denn bei Unebenheiten wird die Verschleißschicht dort, wo sie dick ist, stärker verdichtet als dort, wo sie dünn ist, und die Fahrbahn dann wellig.

3. Wie kann die Bildung von Rissen infolge horizontaler Bewegung vermieden werden, damit kein Wasser in den Untergrund gelangen kann?

4. Wie erhält die Oberfläche der Betonplatte die nötige Rauheit, damit sich die daraufgelegten bituminösen Decken nicht verschieben können?

Die Mindestdicke der Betonschicht soll in Beziehung zur Dicke des Schwarzbelages stehen: Betonplatte 17 cm für Schwarzbelag 7 cm und mehr, 20 cm bei weniger als 7 cm. Bei städtischen Verkehrsstraßen sollte die Dicke mindestens 25 cm betragen.

Diese Bauweise krankte nur daran, daß die Betontragschicht, obwohl sie dem unmittelbaren Temperatureinfluß entzogen war — täglich und jahreszeitlich —, wie auf S. 402 angegeben, bei Kälte riß und sich in der Asphaltschicht wilde Risse bildeten. Das war ein Schönheitsfehler, der in der warmen Jahreszeit wieder verschwinden konnte, dem Verkehr aber Angriffspunkte bot und die Abnutzung beschleunigte.

Wenn vorausgesetzt werden kann, daß der Untergrund gleichmäßig und tragfähig ist, weil er so hergerichtet ist, wie auf S. 237 ff. vorgeschlagen, wird der Beton als Tragschicht folgendermaßen zu behandeln sein:

1. Der Zementbeton kann mager sein, weil der Beton als starres Zwischenglied die Radlasten an den Untergrund weiterverteilt.

Zementgehalt:

150 kg/m³ bei günstiger Sieblinie der Zuschläge,
175 kg/m³ bei Sieblinien im brauchbaren Bereich,
200 kg/m³ bei Sieblinien vorwiegend außerhalb des brauchbaren Bereiches.

2. Die Zuschläge sollen einen hohen Anteil an Grobmasse 50 ··· 70 mm haben. Die Sieblinien können sowohl nach oben wie nach unten die der Abb. 327 überschreiten. Ein höherer WZ-Faktor kann zugelassen werden, damit der sperrige Beton eine geschlossene Oberfläche erhält.

3. Verlangt werden an Mindestfestigkeit: 150 kg/cm² Druckfestigkeit,
25 kg/cm² Biegezugfestigkeit.

Bei Platten mit geringerer Dicke als 17 cm: 175 kg/cm² Druckfestigkeit,
28 kg/cm² Biegezugfestigkeit.

Bei geringem Zementgehalt hat der Beton auch einen niedrigen Dehnbeiwert, wenn die Zuschlagstoffe viel Grobkorn haben. Bei einem Zementgehalt von höchstens 175 kg/m³, entsprechend einem Verhältnis im Raummaß von 1 : 8, das viele Jahrzehnte üblich war, sollen Fugen nicht notwendig sein. Bei Zementgehalt 175 ··· 200 kg/m³ empfiehlt sich ein Fugenabstand von 30 ··· 50 m, bei mehr als 200 kg/m³ sind Querfugen im Abstand von 15 m zweckmäßig.

Indessen hat eine Berücksichtigung der Eigenschaften der bituminösen Massen unter dem Einfluß der wechselnden Temperatur hinsichtlich Zugfestigkeit und Dehnung zu Vorschlägen geführt, die auf S. 434 behandelt werden.

8.144 Stahlbewehrung

8.144.1 Aufgabe der Stahlbewehrung

Die Stahlbewehrung besteht aus einzelnen Stäben oder aus punktgeschweißten Matten mit quadratischen oder rechteckigen Maschen, die über die ganze Platte oder nur flächen- oder streifenweise verlegt werden.

Die Stahleinlagen haben die Aufgabe zu verhindern, wenn sich Risse in den Betonplatten bilden, daß diese sich nicht weiter öffnen. Sie halten die Platte zusammen und, soweit die Reibung an den inneren Rißflächen nicht ausreicht, übertragen sie am Riß auch Querkräfte wie die Verdübelung der Querfugen (s. S. 414). Die Stahlbewehrung bewirkt, daß das Schwinden des Betons beim Abbinden, wenn er sich von den Enden nach der Plattenmitte hin bewegt und während die Reibung auf der Unterseite entgegenwirkt, vom Augenblick der Deckenfertigung bis zur endgültigen Betonerhärtung auf die ganze Länge der Platte verteilt wird. Daraus kann auch abgeleitet werden, daß bewehrte Platten weniger Dehnungsraum in Anspruch nehmen als unbewehrte und damit die Fugen entlastet werden. Nachprüfungen haben an unbewehrten und bewehrten Fahrbahnplatten von Bundesautobahnen, die schon längere Zeit dem Verkehr

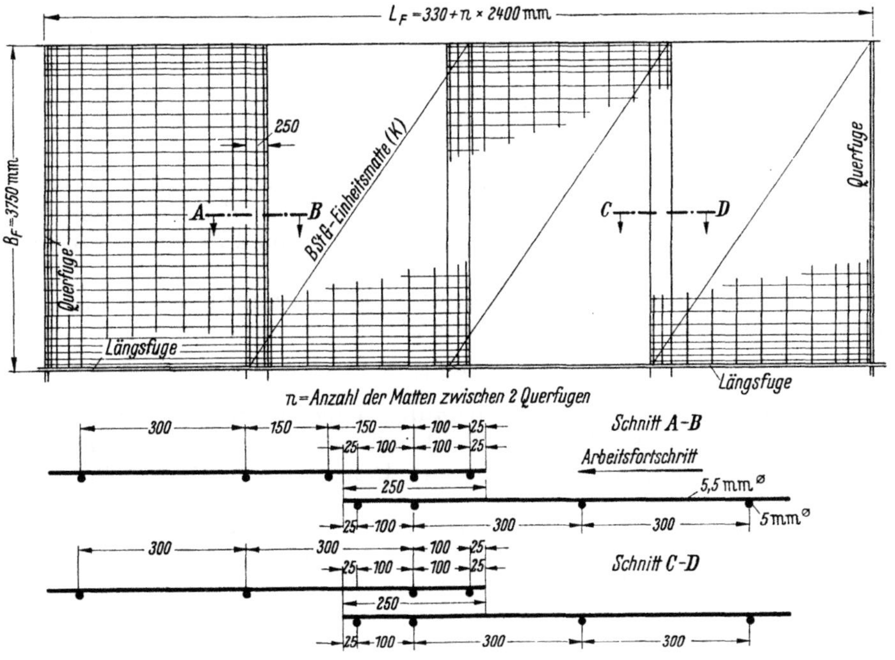

Abb. 330. Verlegeplan der Bewehrungsmatten

ausgesetzt waren, erkennen lassen, daß unter sonst gleichen Bedingungen die bewehrten Platten weniger Risse zeigten und ihr Dehnungsraum kleiner war; d. h. die unbewehrten Platten hatten klaffende Risse und Brüche, während man bei den bewehrten nur Haarrisse und Normalrisse feststellen konnte [*236*]. Dann treten allerdings größere Schwindspannungen in den Decken auf.

Den günstigen Einfluß, den die Stahlbewehrung auf das Verhalten der Fahrbahnplatte ausübt, kann man an dem guten Zustand der äußeren bewehrten Fahrbahnplatten der BAB erkennen. Auf ihnen liegt nicht nur der schwere und dichte Verkehr, sondern sie werden noch außerdem dadurch stark beansprucht, daß er sich ganz am Rande der Platte bewegt, an einer Stelle, deren Untergrund durch das dorthin abfließende Niederschlagswasser aufgeweicht wird, sodaß mit einer niedrigen Bettungsziffer gerechnet werden muß. Platten die keine Stahlbewehrung haben,zeigen viele Risse und Abbrüche [*241*].

Als Maßstab dafür, in welchem Umfange die Stahleinlagen die Zahl der Risse vermindern, hat man auf langen Strecken, die z. T. unbewehrt, z. T. bewehrt waren, die mittleren Feldlängen, die durch die Fugen entstanden sind, ermittelt und dann die Feldlängen errechnet, die sich aus den Rissen ergaben. Wo Risse sind, wird die konstruktive Feldlänge verringert, aber auf den bewehrten Strecken sind die Feldlängen größer, weil weniger Risse vorhanden sind als bei den unbewehrten, z. B. bei konstruktiven Feldlängen von 18 m geht die Feldlänge bei bewehrten Platten (von 20 cm Dicke) auf 12 m, bei unbewehrten auf 9 m zurück [*242*, *243*, *244*].

8.144.2 Art der Stahlbewehrung

Für die Stahleinlagen ist Betonstahl I bis IV nach Tabelle 1 der DIN 1045 zu verwenden. Die Stäbe sollen mindestens einen Durchmesser von 5 mm haben und aus punktgeschweißten Matten mit quadratischen oder rechteckigen Maschen bestehen, bei denen die Abstände der Längsstäbe nicht größer als 15 cm, die der Querstäbe nicht größer als 30 cm sein sollen. Für Fahrbahndecken aus Beton werden Bewehrungsmatten geliefert. Sie haben das Kennzeichen F-Matten. Man unterscheidet kurze und lange F-Matten (KF und LF) mit vier Bewehrungsstärken, die die Kennzeichen 1, 2, 3, 4 haben, und 3 Standardmattenbreiten 3,75 m, 3,50 m und 3 m. Das Bewehrungsgewicht beträgt bei KF-1-3,75 2,17 kg f. d. m² (Abb. 330).

Nach englischen Erfahrungen sind Stahlmatten mit dem geringen Gewicht von 1,6 kg/m² nicht steif genug, um eben verlegt zu werden. Auch Matten mit dem Gewicht von 2,17 kg/m² sollten durch solche von 4 kg/m² ersetzt werden [*245*].

Die besonderen Anforderungen an die Stahlbewehrung mit Bezug auf die Plattenlängen werden auf S. 413 behandelt.

8.144.3 Lage der Stähle

Stähle oder Matten sollen vor allem dort eingelegt werden, wo die Gefahr besteht, daß sich Risse bilden, z. B. überall dort, wo Setzungen des Untergrundes zu erwarten sind, ferner auf hohen Dämmen, über Hinterfüllungen von Bauwerken und tiefen Einschnitten bei wasserführendem Boden. Werden Betondecken auf alten Straßen verlegt, ist eine Bewehrung nicht notwendig.

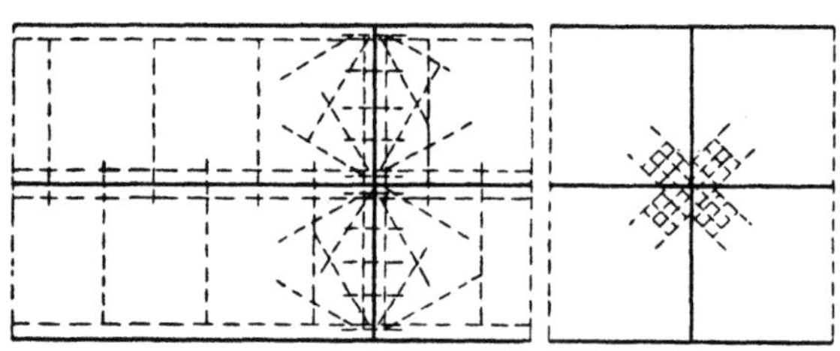

Abb. 331. Stahleinlagen zur Versteifung der Ecken an den Betonplatten

Die Außenkanten der Betonplatten werden durch die Verkehrslast am stärksten beansprucht, weil hier der Untergrund nachgeben kann und Risse sich dort zuerst bilden.

Die Größe der Zugspannungen in der Plattenmitte, am Rand und an der Ecke verhalten sich nach JELINEK etwa wie 1 : 1,8 : 1,3. Deshalb sind Stähle zur Verstärkung am Plattenrand am notwendigsten. Die Stahlmatten sind schon mit solchen Randverstärkungen versehen (Abb. 331) [*244*].

Da nach Abb. 277 (S. 314) die Ecken an den Fugen als Kragträger beansprucht werden, wenn z. B. der Untergrund nachgibt, werden sie bewehrt nach Abb. 331. Auf S. 318 ist auch angegeben worden, wie die Spannungen berechnet werden können, die an den Ecken auftreten. Nachdem aber die Fugen jetzt verdübelt werden und der Untergrund unter ihnen sorgfältig vor Setzungen geschützt wird (S. 357), genügt es, wenn an ihnen die Querstäbe in engem Abstand gelegt werden. Das gilt besonders für solche Bahnen, die nach Übergabe an den Verkehr sofort stark befahren werden.

Obwohl die Belastung in Plattenmitte und am Rand erhebliche Zugspannungen an der Plattenunterseite erzeugt, ist die außermittige Lage der Bewehrung in der Nähe der Plattenoberfläche angebracht, weil dort die Schwindspannungen am größten sind und feine Haarrisse, die sich an der Oberfläche bilden, wegen des darüberrollenden Verkehrs und wegen der unmittelbar einwirkenden Witterungseinflüsse in besonderem Maße der Unterstützung durch das Bewehrungsgerüst bedürfen. Die oben liegende Bewehrung hilft gleichzeitig bei der Aufnahme der Eckspannungen. Es darf auch nicht übersehen werden, daß jeder durchgehende Bruchriß wiederum neue Ecken schafft, für die eine obenliegende Bewehrung Zugspannungen aufnehmen und den Riß verdübeln kann. Auch plötzliches Abkühlen an der Plattenoberfläche führt zu Wölbspannungen, die an der Oberseite der Platte Zug erzeugen. Aus allen diesen Gründen ist es vorteilhaft, die Bewehrung oben anzuordnen, sofern man nicht in Sonderfällen je 1 Bewehrungslage in der Nähe der Ober- und Unterfläche der Platte vorsieht. Letzteres wird nur selten ausgeführt, weil es für die Bauausführung mit erheblichem Arbeitsaufwand und Zeitverlust während des Betonierens verbunden ist.

8.145 Fugen

8.145.1 Querfugen

Die Notwendigkeit Fugen anzulegen, ist schon auf den Seiten 369 und 403 nachgewiesen. Sie erschweren und verteuern die Ausführung und sind besonders starken Beanspruchungen durch Stöße ausgesetzt, wenn der Untergrund nachgibt, z. B. wenn Wasser durch den Fugenspalt in den Untergrund gelangen kann. Die Fuge verlangt also eine sorgfältige Verdichtung des Untergrundes und außerdem einen Verguß, der verhindert, daß Wasser eindringt. Die Vergußmasse muß so nachgiebig und dehnfähig sein, daß sie die Bewegung der Platten — Ausdehnung bei Wärme, Zusammenziehen bei Kälte — mitmacht und der Fugenspalt dadurch überbrückt wird. Drei Aufgaben sind daher zu lösen:

a) der richtige Abstand der Fugen untereinander, der wegen der erwähnten Nachteile recht groß sein sollte, damit möglichst wenig Fugen notwendig sind;

b) die zweckmäßige Breite des Fugenspaltes, die recht eng sein sollte, aber mit dem Fugenabstand wächst, und

c) die technische Durchbildung der Fugen,

alle drei Maßnahmen mit dem Ziel, einen dauerhaften Belag zu erhalten, der auch möglichst wenig Unterhaltung erfordert.

Die Fugen sind entweder Raumfugen, Scheinfugen oder Preßfugen.

Raumfugen sollen die Platten völlig voneinander trennen und einen ausreichenden Fugenspalt besitzen, der den Platten eine unbehinderte Längsbewegung gestattet. In England bezeichnet man diese Fugen, die eine horizontale Bewegung gestatten, als *freie* Fugen.

Scheinfugen haben die Aufgabe, den Querschnitt dadurch zu schwächen, daß er unten und oben eingekerbt wird, damit der Beton, wenn seine Zugfestigkeit durch Einflüsse von Temperatur und Schwinden überschritten wird, an dieser Stelle reißen kann. Dadurch wird vorgebeugt, daß unregelmäßige Risse entstehen. Man rechnet sie in England zu den *kontrollierten* Fugen.

Preßfugen trennen zwar auch die Betonplatten voneinander, aber da zwischen ihnen nur ein sehr schmaler Zwischenraum gelassen wird, besteht keine Möglichkeit, daß sie sich ausdehnen können. Sie entstehen auch als Arbeitsfugen, wenn die Ausführung unterbrochen wird. Diese Fugen werden besonders angewendet, wenn Beton als Tragschicht dient (s. S. 411).

8.145.11 Abstand. *Berechnungsunterlagen:* Wenn die Betonplatte sich bewegt, entsteht Reibung auf der Unterlage, die der Bewegung entgegengesetzt gerichtet ist. Die Größe dieser Kraft hängt von dem Beiwert der gleitenden Reibung, dem Gewicht der Platte und dem Abstand der Stelle x, an der die Spannung gemessen wird, vom freien Ende der Platte ab. $\sigma_x = \gamma \cdot x\, \Delta t$ für 1 m Breite. Wo diese Reibungskraft größer ist als die Zugfestigkeit des Betons, entstehen Risse. Durch Fugen sollen diese verhindert werden.

Der Reibungsbeiwert schwankt zwischen 0,5 und 2,0. WEIL gibt 1,0 an [*237, S. 33*]. Auf S. 460 werden noch besondere Angaben gemacht.

Da auf rechnerischem Wege die Stellen, wo Risse zu erwarten sind, nicht sicher zu bestimmen sind, ist man darauf angewiesen, die Fugenentfernung auf Grund von Beobachtungen festzulegen. Die Rißbildung quer zur Längsachse hatte man schon früh an Betonplatten beobachtet, die als Tragschicht für Stampfasphalt oder Holzpflaster dienten. Für einen recht mageren und mäßig ausgeführten Beton (Klatschbeton) lagen sie zwischen 8 und 10 m. Schon damals hat man Fugen im Unterbeton in einer solchen Entfernung angelegt. Bei dem hochwertigen Straßenbeton mit seiner hohen Zugfestigkeit kann die Entfernung größer angenommen werden.

Querfugen sind außerdem überall dort vorzusehen, wo mit Bewegungen im Untergrund zu rechnen ist, z. B. am Übergang vom Einschnitt zum Damm und beim Wechsel von Bodenarten. Anhand des Bodenprofiles der Straßenstrecke ist daher ein genauer Fugenplan aufzustellen, der solche Besonderheiten berücksichtigt. Dieser Fugenplan ist mit der größten Sorgfalt zu entwerfen. Wenn bei starker Erwärmung die Platte wegen der Reibung am Untergrund sich nicht ausdehnen kann oder an den Fugen preßt, oder sich wegen Unterschieds der Temperatur oben und unten aufwölbt, reißt sie etwa 5 m von der Fuge entfernt, woraus gefolgert werden kann, daß der Fugenabstand höchstens 10 m betragen sollte.

Nach den Richtlinien für den Bau von Betonfahrbahnen F. G. 1956 wird ein Fugenabstand von 10 bis 15 m vorgeschlagen. Größere Fugenabstände können in Gegenden mit mildem, ausgeglichenem Klima — wie z. B. in England, wo 15 m als Norm gelten — bei guten Untergrundverhältnissen und bei der Herstellung der Decke in kalter Jahreszeit zugelassen werden. Kleinere sind zu wählen bei rauhem, stark wechselndem Klima, auf hohen Dämmen und bei Krümmungen mit einem Halbmesser unter 1000 m. Die Jahreszeit, bei der der Bau ausgeführt wird, beeinflußt also den Fugenabstand.

8.145.12 Scheinfugen. Um die Zahl der Raumfugen durch Vergrößerung ihres Abstandes zu verringern, werden zwischen die Raumfugen Scheinfugen gelegt, die einen Teil der Bewegung übernehmen, um den der Dehnungsraum an den Raumfugen sich als kontrollierte d. h. Scheinfugen ermäßigt. Scheinfugen werden gebildet, indem der Querschnitt der Betonplatte in der Weise geschwächt wird, daß an der Unterfläche im Unterbeton eine 50 mm hohe Holzplatte eingelegt und an der Oberseite die Fuge eingeschnitten wird. Dieser Spalt wird später mit Ausgußmasse vergossen. Auch die Scheinfugen werden verdübelt (Abb. 335, S. 415).

Der Abstand von Raumfuge zu Raumfuge soll jetzt 30 m betragen mit 2 Scheinfugen in 10 m Abstand (Abb. 332) [*237*]. Bei den Betondecken der Bundesautobahn Karlsruhe—Basel sind die Raumfugen sogar in 60 m Abstand und die Scheinfugen in 20 m Abstand angeordnet worden bei Bewehrung der Platten bis zu 4 kg/m² (s. S. 408). In Österreich hatte man bisher den Fugen nur einen Abstand von 6 ··· 8 m gegeben, weil diese sich mit Kaltasphaltmörtel (s. S. 481) leichter unterhalten lassen. Jetzt paßt man sich aber den deutschen Maßen an. Die Schweiz bevorzugt geringere Abstände (8 bis 10 m). In Belgien geht man jetzt mit den Raumfugenabständen bis zu 60 und 100 m unter Zwischenschaltung von Scheinfugen. In Holland ist der übliche Abstand der Scheinfugen 6,25 m, der Raumfugen 20 ··· 37,5 m.

8.145.13 Preßfugen. Die Preßfuge wird vor allem angewendet, wenn die Betonplatte als Tragschicht für andere Verschleißschichten, z. B. für bituminöse Decken dient, weil der Beton vor den Einflüssen des Temperaturwechsels und auch vor Nässe geschützt ist. Immerhin bilden sich aber Schwindrisse, die noch verstärkt werden, wenn der Beton bei Abkühlung schrumpft. Um zu verhindern,

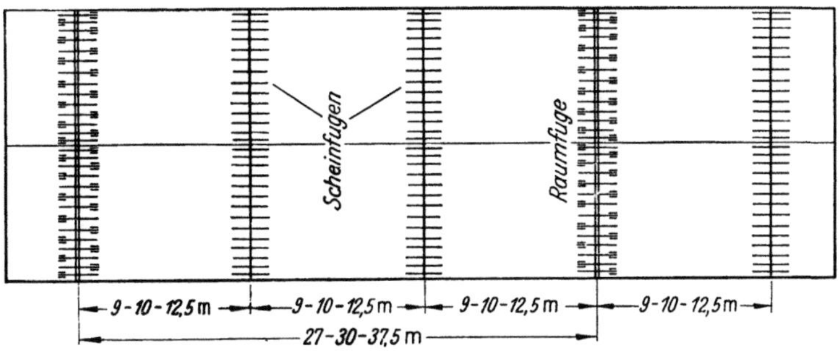

Abb. 332. Aufteilung der Betonplatten durch Raumfugen in größerem Abstand und dazwischengelegte zwei Scheinfugen

daß die etwa entstehenden Risse sich in die Verschleißschicht fortsetzen und dort als wilde Risse erscheinen, anstatt möglichst rechtwinklig zur Straßenachse zu liegen, damit sie besser unterhalten werden können, hat man verschiedene Wege eingeschlagen. Raumfugen erscheinen technisch nicht geboten, weil die Temperaturunterschiede in der Tragschicht nur gering sind. Bei einer Preßfuge wird sich, wenn die Platte bei mittlerer Temperatur hergestellt ist, die Ausdehnung des Betons bei Erwärmung in Druckspannungen umformen, die der Beton aufnehmen kann. Bei Abkühlung wird sich die Fuge erst nach Abbau dieser Spannungen öffnen. Die Aufgabe war, zu verhindern, daß diese Bewegung auf die Verschleißschicht übergreift.

Angaben über den Fugenabstand aus der Erfahrung sind schon auf S. 410 gemacht worden. Wenn man aber auch die Eigenschaften der bituminösen Decken berücksichtigt, ihre Zugfestigkeit und Dehnungen bei wechselnden Temperaturen, worüber Angaben auf S. 550 gemacht werden, und diese in Beziehung bringt zu der Bewegung des Betons, vor allem Schrumpfen bei Kälte, so hat HERION [*246*] einen Fugenabstand für eine 3 cm Gußasphaltdecke bei — 10° und einer freien Dehnungslänge von 20 cm (s. S. 556) zu 7,3 m ermittelt. Im Abschnitt Fugen (S. 434) werden über die Versuche, wie die Risse in der Schwarzdecke durch die Fugengestaltung verhindert werden können, weitere Angaben gemacht werden.

8.145.2 Betondecken mit langen Feldern

Um die Zahl der Fugen einzuschränken, hat man versucht, Platten von großer Länge zu verlegen, zuerst in den VStA. Bei den ersten Versuchsstraßen im Staate Indiana auf der Staatsstraße 40 wurden diese Platten durch Stahleinlagen verstärkt.

Der Querschnitt der Stähle war berechnet worden unter der Annahme einer Bettungsziffer (kg/cm³), die das $1^1/_2$fache des Plattengewichtes war. Bei einer

Plattendicke von 20 cm ergibt das eine Bettungsziffer $= 0{,}075\ kg/cm^3$, die noch im elastischen Bereich liegen könnte.

Plattenlänge	Stahleinlagen kg/m²	Stahleinlagen ∅ mm Längs- und Querstähle	
396 ··· 180 m	28,6	je nach Länge der Platten	
222 ··· 100 m	16,8		
100 ··· 24 m	8,4	25, 19, 12,5,	12,5,
54 ··· 24 m	4,75	9,5 u. 6,3	9,5 u. 6,3
24 ··· 12 m	2,5		

Stahlstäbe und Gewebematten wurden dabei verwendet.

Diese Versuchsstraße ist 15 Jahre lang auf ihr Verhalten beobachtet worden, und zwar auf:

1. Bildung von Rissen und Abnutzung der Oberfläche,
2. Wie die Stahleinlagen ihre Aufgabe erfüllt haben, die Risse zusammenzuhalten,
3. Empfänglichkeit der einzelnen Abschnitte für Pumpen des Untergrundes an den Fugen und Rändern der Platte,
4. Umfang der Unterhaltungsarbeiten,
5. Einfluß des Verkehrs, besonders hinsichtlich des Verhaltens der stark befahrenen äußeren Spur im Vergleich mit der Überholungsspur,
6. Die Ebenheit der Abschnitte.

Das Ergebnis war: die kurzen Platten sind ziemlich frei von Rissen, aber mit der Plattenlänge nimmt auch die Zahl der Risse zu und in den mittleren Teilen der Platte haben die Risse einen Abstand von 0,6 m. Die Bildung der Risse, die anfangs groß war, hat mit dem Alter abgenommen. Eine Ermäßigung des Stahlgewichtes in den langen Platten würde den Abstand der Risse besonders in Plattenmitte vergrößern.

Besonders bemerkenswert ist, daß die festgestellten Risse sich nur in der Oberfläche befinden und als harmlos zu betrachten sind, da sie durch die Stahleinlagen zusammengehalten werden. Selbst bei sehr langen Platten, die viele Risse aufweisen, ist die Dauerstandfestigkeit in keiner Weise geschwächt. Nur gelegentlich ist der Beton an den Rißkanten abgesplittert und die Oberfläche abgeschalt. Im ganzen hat die Spaltweite der Risse mit dem Gewicht der Stahlbewehrung abgenommen, für alle Risse aber im Lauf der Jahre zugenommen. Nur an einzelnen Stellen sind die Stähle gerissen.

Mit zunehmender Plattenlänge nimmt die relative Wärmedehnung ab und der relative Bewegungswiderstand zu. Bei langen Platten bewegten sich die Mitten nicht, sondern nur die Plattenenden, so daß die Dehnungen an den Fugen geringer waren als aus den Längen der Platten, dem Beiwert β_t (s. S. 402) und den Temperaturunterschieden hätte angenommen werden können. An Fugen und einzelnen Rissen wurde ein Pumpen beobachtet, eine typische Erscheinung am amerikanischen Betonstraßenbau.

Die Betondecke ist mit Ausnahme an den Fugen eben geblieben, und zwar auf beiden Spuren. Das Ergebnis kann dahin zusammengefaßt werden, daß jede Länge von Betonplatten mit durchlaufenden Stählen so bewehrt werden kann, daß alle Risse zusammengehalten werden, ohne daß der Beton leidet.

Unterlagen über die Bewehrungsstärken in Betonfahrbahnplatten für die deutschen Verhältnisse, die von den Änderungen der Temperatur ausgehen und an denen die Bewegungswiderstände errechnet und durch Messungen an vorhandenen Platten ermittelt sind, gibt der nachfolgende Auszug aus einer Zusammenstellung von Weil [*247*], in der als Reibungsbeiwert 1 angenommen ist (Tabelle 31).

Tabelle 31. *Gewicht der Stahleinlagen für verschiedene Plattenlängen*

Plattenlänge in m	Stahleinlagen			
	Betonstahl der Gruppe	Stahlquerschnitt Fe cm²	Verhältnis Fe/F_b	Gewicht des Stahles kg je m²
20	II	16,3	0,10	1,7
	IV	13	0,08	1,4
60	II	49	0,30	5,1
	IV	39	0,26	4,1
100	II	81	0,49	8,5
	IV	65	0,39	6,8
150	II	122	0,74	12,8
	IV	97	0,59	10,2

Nach englischen Erfahrungen wird eine Bewehrung von 7,7 kg/m² bei Plattenlängen von 45 m ohne Zwischenfugen als notwendig betrachtet. Indessen würde man geringen Raumfugenabstand wählen, wenn es gelänge, die Fugen so auszubilden, daß sie vom Verkehr nicht empfunden werden, da lange Platten mit viel Stahl unwirtschaftlich sind.

Um festzustellen, ob Betonplatten mit außergewöhnlichen Längen im deutschen Straßenbau angebracht sind, ist eine Versuchsstrecke auf der Autobahn Kaiserslautern—Viernheim mit Platten von 100 m und 400 m Länge verlegt worden, die mit 10 verschiedenen Stahlbewehrungstypen versehen worden sind. Die 100 m langen Platten haben Stahleinlagen zwischen 6,82 kg/m² bis 14,92 kg/m², die 400 m langen zwischen 11,82 und 22,05 kg/m² erhalten. An diesen deutschen Betondecken mit größeren Längen ist, wie schon erwähnt (S.412), beobachtet worden, daß bei Platten von 100 m Länge die bezogenen Wechsel in der Fugenbreite nur noch halb so groß sind, als bei Platten von 10 bis 40 m Länge im Mittel gemessen worden sind [*237*].

Während bei diesen Ausführungen immer noch Raumfugen, wenn auch in großem Abstande ausgeführt werden, soll man in den VStA in einer großen Zahl Staaten überhaupt keine Raumfugen mehr, sondern nur Scheinfugen angelegt haben, diese aber in engen Abständen, 10 ··· 12 m bei bewehrten, 4,5 bis 6 m bei unbewehrtem Beton, weil man beobachtet hat, daß die Raumfugen sich von Jahr zu Jahr mehr geschlossen und die Scheinfugen erweitert haben. Ein solcher Vorgang ist leicht zu erklären. Wenn sich die Felder, die sich bei Erwärmung ausgedehnt haben, bei Kälte zusammenziehen, bleibt die Feldmitte an ihrem Platz und die Scheinfugen öffnen sich um einen ganz geringen Betrag. Wenn bei der nächsten Dehnung an den Scheinfugen Druckkräfte auftreten, können diese das ganze Feld nach beiden Seiten schieben. Hierbei muß zwar die Reibung an der Auflagerfläche überwunden werden, aber da diese Bewegung nur sehr langsam vor sich geht, ist der Gleitreibungsbeiwert gering. Bei der nächsten Schrumpfung wiederholt sich dieses Spiel, die Scheinfugen öffnen sich ganz gering weiter, füllen sich mit Schmutz und schließen sich nicht wieder, der Raumfugenspalt wird immer enger, so daß die Raumfuge eine Scheinfuge wird.

8.145.3 Fugenspalt

Seine Größe wird nach den obigen Angaben von vielen Umständen abhängen, die im Verhältnis zur Länge der Platten, dem Untergrund, dem Klima und der Jahreszeit der Ausführung stehen. Um die Fugenausgußmasse gut einbringen und unterhalten zu können, sollte die Breite nicht zu gering angenommen werden. Die Richtlinien geben als Anhalt

Raumfugenabstand 30 m: Fugenspaltweite 20 mm,
,, 50 m: ,, 25 mm.

Bei sehr langen Platten würde sich eine so große Breite des Fugenspaltes ergeben, daß es nicht mehr möglich ist, ihn mit Fugenausgußmasse so auszufüllen, daß diese Bestand hat. Darum wurden die Fugen z. B. bei der Autobahn Frankfurt—Kaiserslautern bei Viernheim durch Fahrbahnübergänge überbrückt, wie sie im Stahlbrückenbau angewendet werden, die Fingerform haben (Abb. 333).

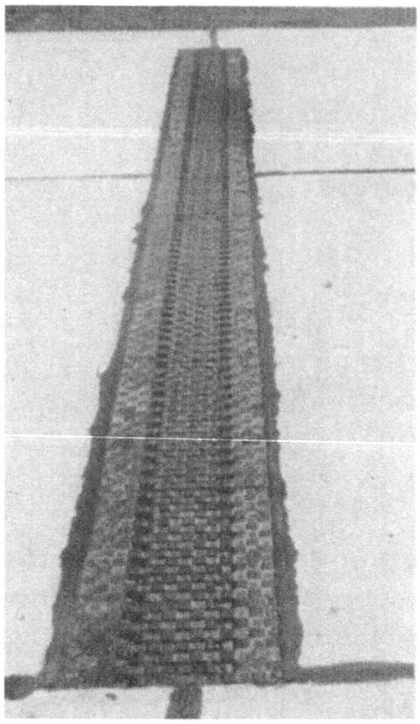

Abb. 333. Überbrückung der großen Fugenspalte durch Stahlplatten in Fingerform (Aufnahme des Verfassers.)

8.145.4 Technische Gestalt

8.145.41 Raumfugen. Da die frei beweglich liegenden Plattenenden an der Fuge durch den Verkehr stark beansprucht werden, müssen sie eine gegenseitige biegungssteife Verbindung erhalten, damit sie sich nicht verformen und sich keine Absätze bilden. Die Notwendigkeit einer solchen Verbindung zwischen den beiden Platten an der Fuge ist unbestritten, nachdem durch die Zunahme des Verkehrs an Dichte und Gewicht die Betondecken an den Fugen ganz besonders beansprucht werden. In den *ABB* 1939 wurde daher eine besondere Vorschrift und Anweisung für die Verdübelung der Fugen erlassen.

Das einfachste Verfahren, die Kräfte beim Rollen des Rades von einer Platte auf die andere zu übertragen, besteht im Einlegen von Stahlstäben, die in der einen Platte fest einbetoniert und in der gegenüberliegenden beweglich gelagert werden, indem das freie Ende in eine Hülse gesteckt oder mit geöltem Papier umwickelt oder mit Bitumen angestrichen wird. Die Stahlstäbe liegen in der Mitte zwischen der Ober- und Unterseite der Betonplatte. Sie sollen ebenso wie Dübel und Anker Betonstahl 1 nach Tabelle 1 der DIN 1045 sein. Nachprüfungen an Fugen von Betondecken, die mehr als 10 Jahre alt waren, haben ergeben, daß diese Stähle trotz sorgfältiger Unterhaltung der Fugen korrodiert und sogar gerissen waren [*248*].

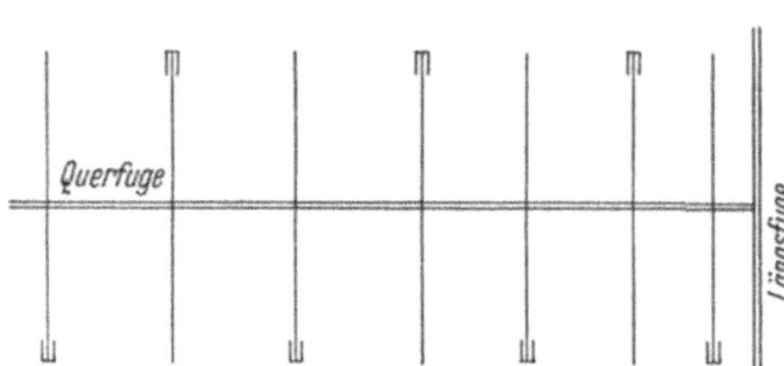

Abb. 334. Abstand der Dübel bei einer Raumfuge in cm

Daraus hat man die Folgerung gezogen, daß möglichst kräftiger Rundstahl verwendet werden muß, die Stähle in engem Abstand, besonders am Plattenrand, verlegt und gut gegen Rost geschützt werden müssen, wenn sie dazu dienen sollen, die Last von einer Platte auf die andere ohne Verformung zu übertragen.

Nach den Richtlinien für den Bau von Betonfahrbahnen 1956 sollen Rundstähle von 22 ··· 26 mm ∅ und 60 ··· 70 cm Länge in dem Abstand nach Abb. 334 angeordnet und so eingebaut werden, daß die eine mit Bitumen angestrichene Hälfte wechselnd in der einen und der anderen gegenüberliegenden Platte liegt. Auf das Ende jeder angestrichenen Dübelhälfte ist eine Blech- oder Kunststoffhülse mit Spielraum zu stecken, die dem Dübel gestattet, sich 2 cm nach jeder Richtung hin zu bewegen. Der Raum zwischen Hülse und Stahlstab wird mit Kork, Sägespänen oder dergleichen ausgefüllt.

Die Schwierigkeit liegt bei dieser Anordnung der Fugenverdübelung in der Ausführung, daß die Dübel in der vorgeschriebenen Stelle liegenbleiben und sich nicht beim Betonieren der Decke verschieben. Das wird dadurch erreicht, daß die Stahlstäbe auf beiden Seiten der Fuge in geschweißte Stützkörbe gelegt werden, die vor der Betonierung auf das Planum gesetzt werden. Außerdem wird im unteren Teil der Fuge ein Brett aus Weichholz oder Kunststoff lotrecht eingelegt, das den Fugenspalt bilden soll, durch das die Dübel ohne Spielraum gesteckt werden (Abb. 335).

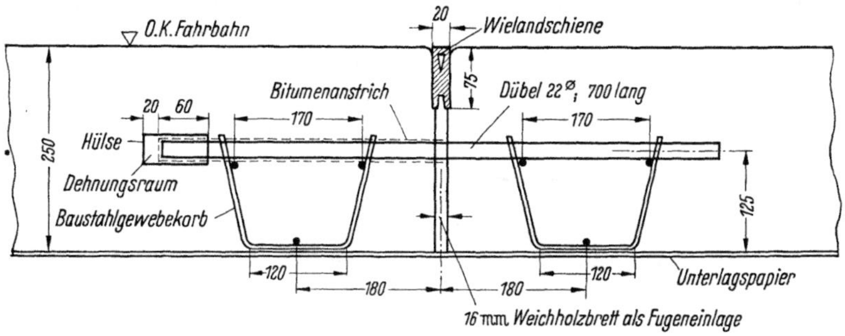

Abb. 335. Verdübelung einer Raumfuge durch Stützkörbe

8.145.42 Gestützte Fugen. Wenn aus irgendwelchen Gründen der Untergrund nachgibt, z. B. weil er nicht genügend verdichtet oder durch Nässe aufgeweicht ist, werden die Plattenenden an den Raumfugen besonders starker Beanspruchung ausgesetzt. Man hat schon früher in der Weise einen Ausweg gesucht, eine Durchbiegung zu verhindern, daß unter die Raumfuge eine Betonschwelle eingebaut wird, die die Aufgabe hat, den Verkehrsdruck an der Fuge auf eine große Oberfläche zu verteilen. Diese sehr nahe liegende feste Auflagerung unter den Fugen ist schon oft vorgeschlagen worden, z. B. in England [*249*]. MAILLART hat einen hakenförmigen Balken entworfen, der von dem einen Plattenende mit dem Haken unter das Ende der anderen Platte untergreift (Abb. 336) [*249*].

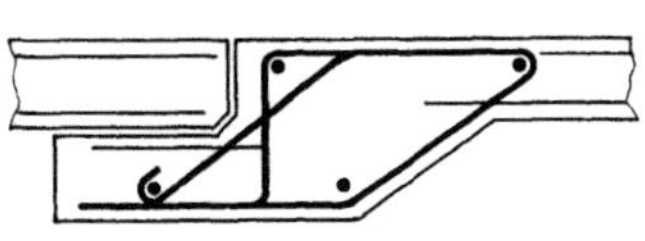

Abb. 336. Hakenförmige Stütze unter einer Raumfuge nach MAILLART

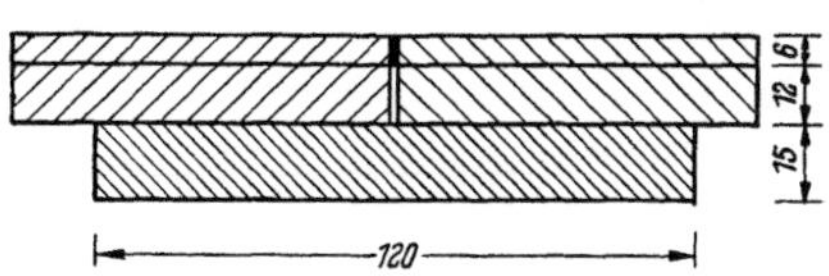

Abb. 337. Stützplatte aus Beton unter der Raumfuge

Es macht den Eindruck, als ob man wegen der Erhöhung der Kosten von dieser Bauweise keinen Gebrauch gemacht hat. Es ist anzunehmen, daß eine Bodenverfestigung (s. S. 357), die sich beiderseits 3 m unter die Felder erstreckt, dieselbe Wirkung, aber geringere Kosten hat.

Bei den Betonstraßen in Holland hatte man jetzt diese Form wieder aufgegriffen und besonders sorgfältig ausgebildet. Auf Grund der Erfahrungen hatten die Schwellen eine Länge von 150 cm erhalten und waren 15 cm dick. Die Oberfläche war mit einer Bitumenemulsion angestrichen, damit die Plattenenden sich waagerecht frei bewegen können (Abb. 337). Die Bauweise mit den Stützplatten, die auch unter die Scheinfugen gelegt werden, hatte sich anfangs so bewährt, daß man sich entschlossen hatte, auf die Verdübelung zu verzichten [*250*]. Nach einer Beobachtungszeit von vier Jahren hat sich aber gezeigt, daß diese Schwellen sich unter dem Verkehr verdrückt haben und die Platten gerissen sind. Eine Verfestigung des Untergrundes unter den Fugen scheint das beste Mittel zu sein, um ein Flattern oder Pumpen an den Fugen zu verhindern (s. S. 357).

Wenn halbseitig gebaut wird, wird ein guter Anschluß an der Längsfuge erreicht, wenn die Platte, die zuerst betoniert wird, eine Nut erhält, gegen die dann die benachbarte Platte anbetoniert wird (Abb. 338). Waagerechte Ankereisen halten die Platten zusammen und übertragen die Belastung an der Fuge auf beide Platten (Ausführung aus den Niederlanden). Die Ankereisen werden auf 90 cm von der Fuge mit Inertol angestrichen.

8.145.43 Längsfugen. Wenn bei Breiten über 5 m Längsrisse in der Mitte der Platten entstehen, so sind diese auf Überbeanspruchung infolge der Aufwölbung der Plattenmitte oder Plattenenden infolge von Temperaturunterschieden auf der oberen und unteren Seite zurückzuführen, worüber nähere Angaben auf S. 402 gemacht worden sind. Durch Eigengewicht und Verkehrslast kann eine Biegespannung erzeugt werden, die zum Bruch führt. Risse können aber auch durch ungleichartigen Untergrund bei Straßen, die im Anschnitt halb auf gewachsenem, halb auf aufgeschüttetem Boden liegen, vor allem durch Frosteinwirkungen entstehen (Abb. 249, S. 278). Deshalb ist zur Regel geworden, bei Breiten über 5 m eine Längsfuge in der Mitte anzuordnen (nur bei einseitigem Gefälle wird man bis auf 6 m gehen können). Sie kann als Preßfuge ausgebildet werden, weil der Beton die Möglichkeit hat, sich nach den äußeren Fahrbahnkanten auszudehnen. In diesem Falle werden die beiden Plattenhälften knirsch aneinandergelegt und das Anbinden der Fugenfläche durch einen Anstrich verhindert. Eine Längsfuge entsteht dann schon von selbst, wenn die Straßenfahrbahn in zwei Hälften nacheinander verlegt wird. Sie dient dann zugleich als sichtbare Trennungslinie zwischen den Verkehrsrichtungen und Verkehrsspuren. Wenn die Betonplatte über die volle Breite hergestellt wird, bildet man die Längsfuge auch

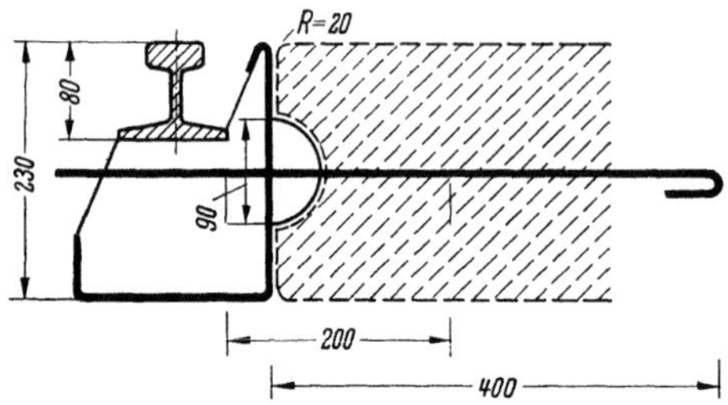

Abb. 338. Längsfuge mit Nut und Feder, wenn halbseitig gebaut wird

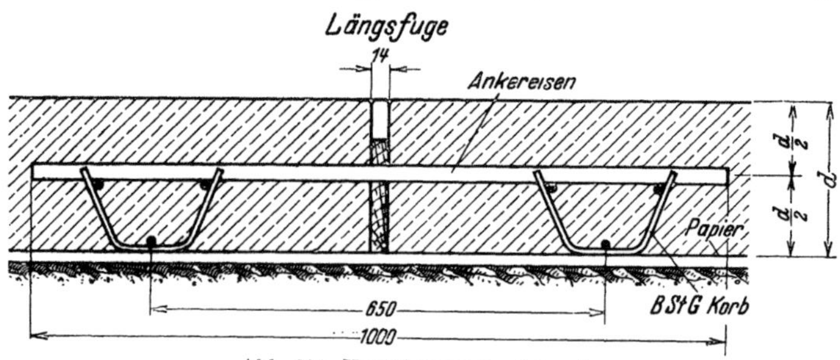

Abb. 339. Verdübelung der Längsfuge

als Scheinfuge aus. Aber auch bei diesen Fugen hat man Bewegungen beobachtet. Bei Raumzunahme infolge Erwärmung oder Feuchtigkeitsaufnahme dehnen sich beide Plattenhälften von der Mitte nach den Seiten hin aus. Beim Zusammenziehen werden die beiden Plattenränder (an der Längsfuge und an der Außenkante) das Bestreben haben, sich nach der Plattenmitte hin zu bewegen wie bei der Querfuge, so daß der Fugenspalt sich am Ende der Bewegung anfangs unbedeutend öffnet. Wenn Sand- und Schmutzteile in die Fugen eindringen, kann sich eine weitere Plattendehnung nicht in Richtung nach der Längsfuge vollziehen, weil die in den Spalt eingetragenen Stoffe das verhindern. Jede Wiederholung der Bewegung bewirkt, daß die Platten sich immer mehr von der Längsfuge fortbewegen und der Fugenspalt immer größer wird. Man hat auch die früher übliche Verstärkung der Betonplatten am Außenrand dafür verantwortlich gemacht, weil sie in den Boden eingreifen und verhindern, daß die einmal nach der Seite abgerutschte Platte sich wieder nach der Straßenmitte bewegt. Ein Klaffen der Fugen zeigt sich auch bei Untergrundbewegungen infolge Frost.

Auch um eine Lastübertragung von einer Plattenhälfte auf die andere zu schaffen, damit nicht schädliche Formänderungen auftreten können, werden auch die Längsfugen wie die Querfugen mit Rundeisen verdübelt, die aber auf beiden Seiten einbetoniert werden, denn sie sollen die Öffnung der Längsfuge verhindern. Diese Dübel werden zutreffend als Ankereisen bezeichnet[1] (Abb. 339). Sie können auch Betonformstähle sein.

Die gegenseitige Abstützung der beiden Plattenhälften wird nach amerikanischen Erfahrungen am besten durch Ausbildung der Längsfuge mit Nut und Feder erreicht. Hierzu wird ein verkröpftes Stahlblech zur Formung der Fuge eingelegt (Abb. 340). Es sollen bis zu 90% aller Längsfugen in Nordamerika in dieser Weise hergestellt worden sein. Durch diese Stahlbleche werden die Ankereisen hindurchgesteckt. Es entsteht ein Gelenk, durch das sich etwaige unterschiedliche Bewegungen der beiden Plattenhälften ohne Rißbildung ausgleichen können. Um diese Fugen gegen Durchbiegungen zu sichern und die

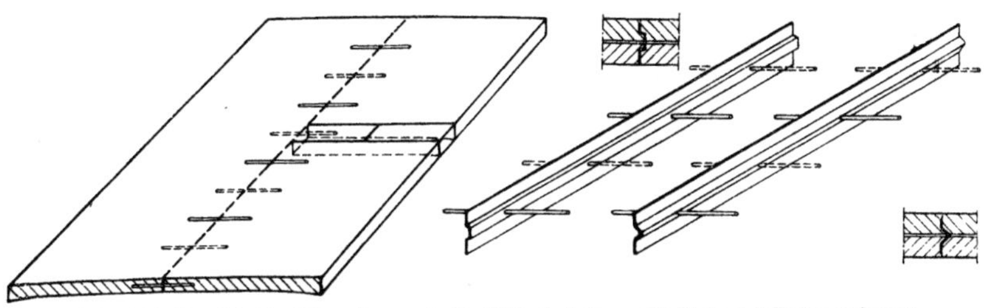

Abb. 340. Verdübelte Längsfuge mit Stahlblecheinlage, als Nut und Feder geformt. Ankereisen in 1,5 bis 3 m Abstand

beiden Platten in gleicher Höhe zu halten, werden im Abstand von 1,5 m durch die Federn des Stahlbleches lotrechte Stahlbolzen gesteckt, die 12 mm ∅ haben und 0,38 m lang sind. Sie stützen die Fugen auf dem Untergrund ab. Die Köpfe dieser Stahlbolzen werden einbetoniert. Die Gefahr, daß sie die Längsbeweglichkeit der Platten aufhalten, dürfte nicht sehr groß sein, weil diese Bolzen genügend nachgiebig sind, um der nur einige Millimeter betragenden Bewegung in Straßenachse nachzugeben.

Nach dem „Merkblatt" soll die Breite der ungeteilten Fahrbahnstreifen 4,5 m, bei einseitiger Querneigung und gleichmäßiger Deckendicke 6 m nicht überschreiten.

Nach der „Anweisung für Autobahnen" sind die Längsfugen als Scheinfugen in der Geraden und bei Halbmessern über 600 m auszubilden mit Ankereisen in 1,5 m Abstand. Fugenspalt möglichst schmal, nicht unter 8 mm. In Krümmungen von 600 m und darunter sind die Ankereisen nur im mittleren Drittel in Abständen von 0,75 m in der mittleren Höhe der Plattendicke einzubauen, um Längsbewegungen der Plattenenden gegeneinander zu ermöglichen. Die Längsfuge als Raumfuge wird entsprechend der Querfuge ausgebildet und verdübelt.

8.145.44 Flächenaufteilung. Bei großen Breiten, z. B. vierspurigen Fahrbahnen, können die Längsfugen dieselbe Aufgabe erhalten wie die Querfugen, d. h. Temperaturdehnungen auszugleichen. Dann sind einzelne auch als Raumfugen ohne Verdübelung auszubilden, z. B. bei vier Spuren die mittlere Längsfuge. Überhaupt wird die Längs- und Querbeweglichkeit der Betonplatten zu erhalten sein. Das gilt besonders in Stadtstraßen. Hier dürfen die Platten an den

---

[1] Über ihre Berechnung vgl. H. f. E. B. IV. Aufl., 12. Bd., S. 37.

Bordschwellen am Rand nicht anbinden, sondern eine Raumfuge muß vorhanden sein, die mit Füllmasse ausgegossen wird. Auch an den Einsteigschächten der Versorgungsanlagen, überhaupt an allen Einbauten, dürfen die Betonplatten nicht unmittelbar angeschlossen werden, sondern es müssen Fugen angeordnet werden. Zweckmäßig werden an solchen Stellen die Quer- oder gegebenenfalls auch Längsfugen gleich mit vereinigt. Zu diesem Zwecke wird ein Fugenplan

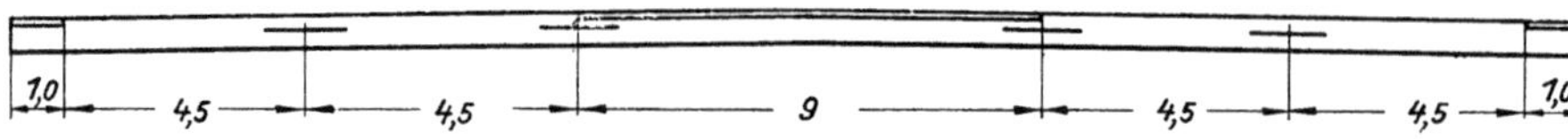

Abb. 341. Querschnitt einer 29 m breiten Betonfahrbahn mit verdübelten Längsfugen

entworfen, damit alle Platten ausreichende Abmessungen haben und nicht kleine, schwer herzustellende Stücke oder Zwickel entstehen. Zur Trennung der Einbauten von den Betonplatten genügt das Einlegen von Dachpappestreifen.

Verdübelte Längsfugen als Raumfugen nach Abb. 341 hat die 29 m breite Fahrbahnplatte einer Rennstrecke der Autobahn erhalten. Sie besteht aus drei Fahrbahnen von je 9 m Breite und je einem Randstreifen von 1,0 m. Die seitlichen Richtungsfahrbahnen haben Querfugen als Raumfugen in 20 m Abstand, dazwischen eine Scheinfuge, die mittlere Fahrbahn hat nur Raumfugen.

8.15 Bauausführung der Betonfahrbahnen

8.151 Einrichtung der Umschlagplätze

Zum Deckenbau gehören zwei Baustellen, die eine ist der Umschlagplatz für die Baustoffe, auf dem sie gelagert, mit mechanischen Beförderungsmitteln im richtigen Verhältnis gemischt, in die Transportgefäße eingefüllt und mit Gleis oder gleislos zur eigentlichen Baustelle gebracht werden. Jeder Umschlagplatz sollte einen Anschluß an die Eisenbahn haben, auf dem der Zement und die Zuschläge fortlaufend angefahren werden. Liegt dieser in größerer Entfernung, müssen die Baustoffe mit Lastkraftwagen zum Umschlagplatz gefahren werden. Es wird immer zweckmäßiger sein, diesen näher an die Baustelle zu legen als an die Eisenbahn. Auf dem Platz befinden sich die Silos für die Zuschlagstoffe getrennt nach Korngrößen, deren Ausläufe automatische Waagen haben. Jeder Silo sollte mindestens 15 m³ fassen, damit genügend Vorrat vorhanden ist, falls die Anfuhr von der Bahn stockt. Der Zement wird lose über Silos zugegeben oder als Sackzement, der den Vorteil bietet, daß der Zusatz genauer überwacht werden kann.

Die Abb. 342 zeigt einen Umschlagplatz für die Bundesautobahn Karlsruhe—Offenburg, Los II und III. Die Baustoffe für die Randstreifen und die Decke werden getrennt gelagert. Der Beton für die Randstreifen wird auf dem Umschlagplatz gemischt, der Deckenbeton auf der Baustelle. Die Baustoffe werden auf dem Gleis angefahren. Für die gleislose Förderung ist als Beispiel der Umschlagplatz von Los V Abb. 343 wiedergegeben, gleichfalls von der Bundesautobahn Karlsruhe—Offenburg [*251*].

8.152 Fördereinrichtung

Bei der Förderparkbemessung ist von der Mischerleistung auszugehen. Ihr ist die Größe der Förderwagen anzupassen, d. h. Fassungsvermögen einer Kipplore gleich einer Mischerfüllung. Die Zahl der Wagen hängt von der Zugkraft der Loks und etwaigen Steigungsverhältnissen in der Strecke ab. Da die Mischzeit nur 90 sek. betragen soll, für Füllen und Entleeren weitere 30 sek. zugeschlagen werden, kann stündlich mit 30 Mischerfüllungen gerechnet werden. Auf diese

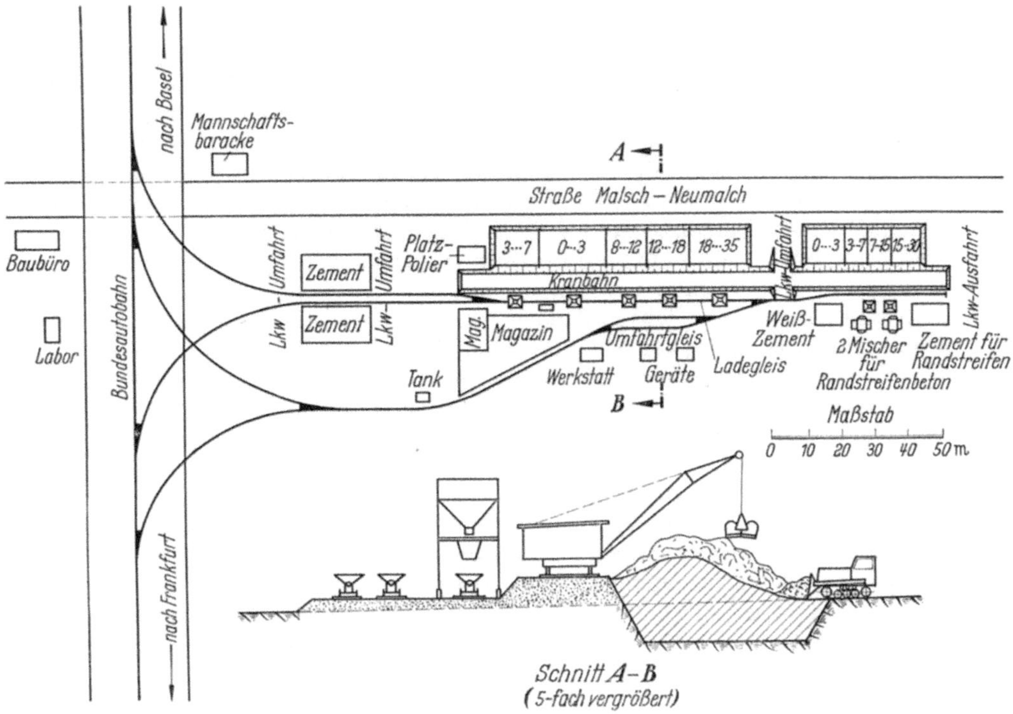

Abb. 342. Umschlagplatz für den Deckenbau der BAB Karlsruhe – Offenburg, Los II, III mit Gleisbetrieb

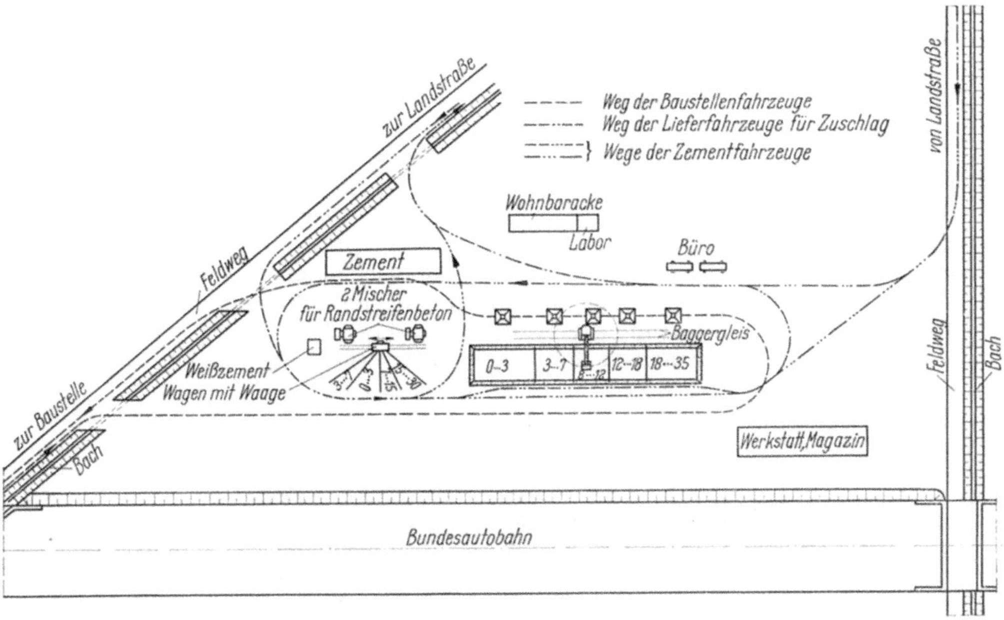

Abb. 343. Umschlagplatz für den Deckenbau der BAB Karlsruhe – Offenbach, Los V, gleislose Förderung

Höchstleistung ist der Förderpark zu bemessen, wenn auch durch unvermeidliche Aufenthalte eine solche Leistung nicht immer durchgehalten werden kann und der Durchschnitt geringer ist. Ein zügiger und wirtschaftlicher Betrieb läßt sich durchführen, wenn die Zugfolgezeit gleich der Abladezeit oder einem Vielfachen am Mischer gemacht wird. Die Zeit von der letzten Ausweiche vor dem Lagerplatz bis dorthin, die Beladezeit an den Silos und die Zeit wieder bis zur Ausweiche müssen mit der Aufenthaltszeit am Mischer in Übereinstimmung stehen, dann erhält man eine Betriebsführung ohne Verlustquellen. Mit dem Vorrücken der Bauspitze nimmt die Fahrzeit zu. Wenn sie die Abladezeit am Mischer erreicht, muß ein weiterer Zug eingelegt werden. An Stelle eines eingleisigen Betriebes mit Ausweichen empfiehlt sich wenigstens im Bereiche der Baustelle eine doppelgleisige Anlage mit festen Weichen. Bei Einhalten eines festen Fahrplanes, der der Abladezeit am Mischer angepaßt ist, bleiben die Ausweichen stets an der gleichen Stelle. An der Baupsitze sollte auch die Gleisanlage recht weit doppelgleisig vorgestreckt werden, daß das Umsetzen reibungslos vor sich gehen kann. Auch kann das Gleis zur Beförderung des Betons für die Seitenstreifen oder Schwellen für die Laufschienen und der Sandmengen für die Sauberkeitsschicht mitbenutzt werden.

Gleisloser Betrieb. Er ist nicht so starr und trotz der Empfindlichkeit der Lastkraftwagen wirtschaftlicher, schon wegen der größeren Fahrgeschwindigkeit der Wagen. Bei T Stunden täglicher Arbeitszeit, T_n Umlaufzeit eines Wagens in min und m m³ die bei einer Fahrt beförderte Betonmenge ist die tägliche Leistung

$$= \frac{T \cdot m\, 60}{T_n} \text{ m}^3 .$$

In dem Werte T_n ist enthalten: die Beladezeit am Lagerplatz, die Lastfahrt, das Entladen am Mischer und die Leerfahrt. Die günstigste Ausnützung aller Betriebsmittel ist wieder, wenn es so eingerichtet wird, daß T_n gleich der Entladezeit am Mischer oder ein Vielfaches dieser Zeit ist. Die Zahl der erforderlichen Lastkraftwagen ist dann gegeben aus der Umlaufzeit eines Wagens geteilt durch die Entladezeit T_m am Mischer

$$n = \frac{T_n}{T_M} + 1 \text{ Reservewagen.}$$

Die Lastkraftwagen sind Hinter- oder Seitenkipper, ihre Pritsche ist bis zu vier Fächern unterteilt, die jeweils die Masse für eine Mischung aufnehmen. Ist die Strecke kurz und nehmen die Aufenthalte am Mischer und am Beladeplatz einen großen Teil der Zeit ein, dann ist ein Schlepperbetrieb wirtschaftlicher. MÜLLER gibt an, daß dies der Fall ist, wenn die kilometrische Tagesleistung kleiner als 80···100 km ist. Für einen Pendelbetrieb mit Schlepper findet sich in W. MÜLLER, Fahrdynamik der Verkehrsmittel (*S. 373*), die Leistung und Aufstellung eines Betriebsplanes für einen 50-PS-Deutz-Straßenschlepper mit 6 Linder-Anhängern, der auch für die Mischerbeschickung einer Betonbahnherstellung benutzt werden kann [*45*].

8.153 Deckenbau

Wenn das Planum mit einem Spielraum von 5 cm hergestellt ist, werden seitlich Schalungen und Laufschienen verlegt, die genau vor allem in der Höhenlage ausgerichtet werden, da sie das Gerät für die Fertigung der Betonplatten tragen sollen. Sie sind versetzbar, werden aber erst aufgenommen, wenn der Beton abgebunden hat. Durch diese Randeinfassung soll die Lage der Betonplatte nach Breite und Höhe unverrückbar festgelegt werden. Da auf diesen Laufschienen die Betonmischer, Verteiler und Fertiger fahren, die ein großes

Gewicht haben und durch ihre Antriebsmaschinen das Auflager stark erschüttern, müssen sie ausreichend Steifigkeit und Eigengewicht besitzen, damit sich bei der Arbeit ihre Lage nicht verändern kann. Die Höhenlage der Schienenoberkante soll in der Regel derjenigen der späteren Fahrbahnoberkante entsprechen.

Leichte Schienenprofile werden nur zur seitlichen Einfassung verwendet. Die Profile sind kräftiger, wenn sie auch das Arbeitsgerät aufnehmen müssen. Sie

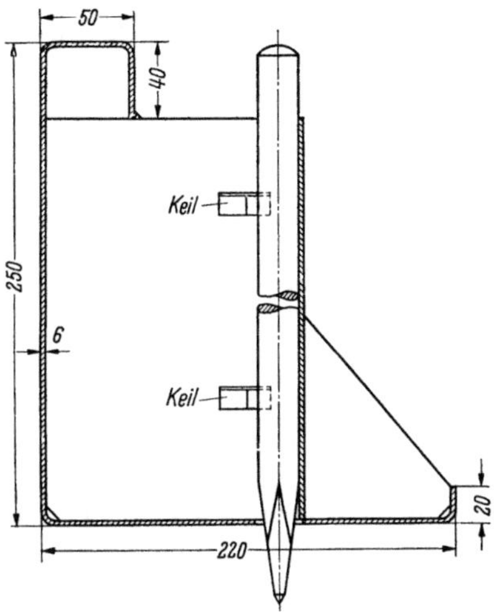

Abb. 344. Schalungsschiene der Maschinenfabrik Eduard Linnhoff, Berlin

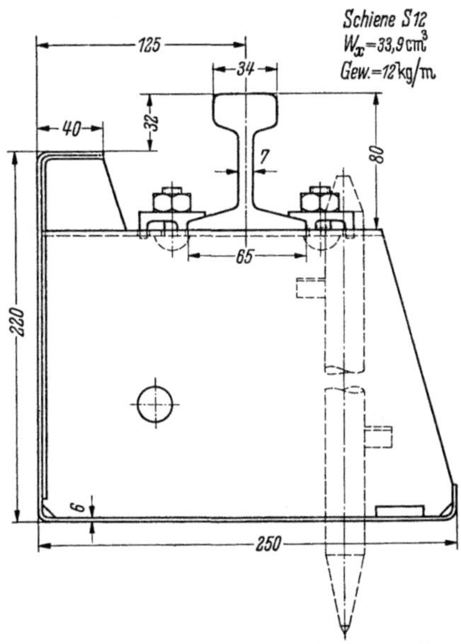

Abb. 345. Schalungsschiene von Krupp Stahlbau, Rheinhausen

dürfen aber auch nicht zu schwer sein, weil sie von Hand versetzt werden. Ihre Länge beträgt meistens 3 m. An den Stößen werden sie genau verschraubt. Die Fahrschiene der Maschinenfabrik Linnhoff hat die Form und Abmessung der Abb. 344, sie wiegt für den laufenden Meter 28 kg. Schwerere Fahrschienen sind dadurch gekennzeichnet, daß sie nur als Unterlage für eine Bahnschiene dienen, wie sie z. B. Krupp Stahlbau, Rheinhausen liefert (Abb. 345). Die Gewichte dieser Profile liegen zwischen 45 und 64 kg/laufenden Meter.

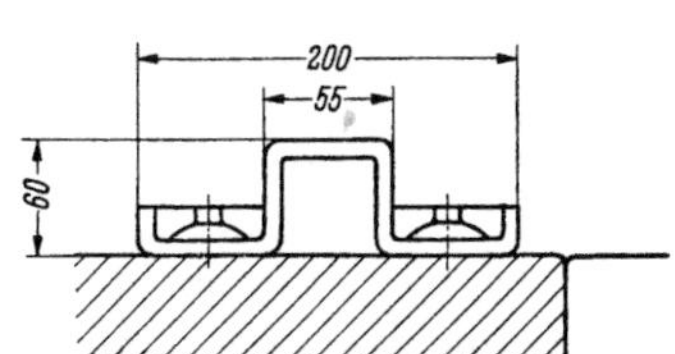

Abb. 346. Schalungsschiene der Maschinenfabrik Eduard Linnhoff, Berlin, die auf dem Randstreifen aufliegt und dort befestigt ist

Einfacher ist der Deckenbau, wenn vor seinem Beginn seitlich Randstreifen aus Beton verlegt werden, die zwischen Schalungen aus Holz oder Laufschienen eingebaut und genau in die vorgeschriebene Höhe gelegt werden. Diese Randstreifen, die immer um das Maß des Feinplanums dicker als die Decke sein sollen, werden mit normalem oder schnell erhärtendem Zement mit verdübelten Raum- und Scheinfugen angelegt, der Beton durch ortsfeste oder fahrbare Mischer aufbereitet, ausgebreitet und mit Preßluftstampfern oder Rüttlern verdichtet. Wenn auf diesen Randstreifen Fahrschienen, wie Kranschienen, verlegt werden, die entweder auf dem Beton befestigt oder, wenn sie genügend schwer sind, nur aufgelegt werden (Abb. 346), dann kann man erwarten, daß die Fahrbahn eben ausfällt. Für die Betonbereitung werden die üblichen Mischer oder fahrbare auf Raupen mit Schwenkkübel benutzt (Abb. 347).

Die Fahrbahndecke aus Beton kann in voller Breite oder in Streifen, die durch Längsfugen voneinander getrennt sind, ausgeführt werden. Da die Breite nach RAL—Q 56 und ABB 7,5 m beträgt, würde bei geteilter Fahrbahn mit 3,75 m gearbeitet werden. Auf dieses Maß lassen sich alle Maschinen einstellen.

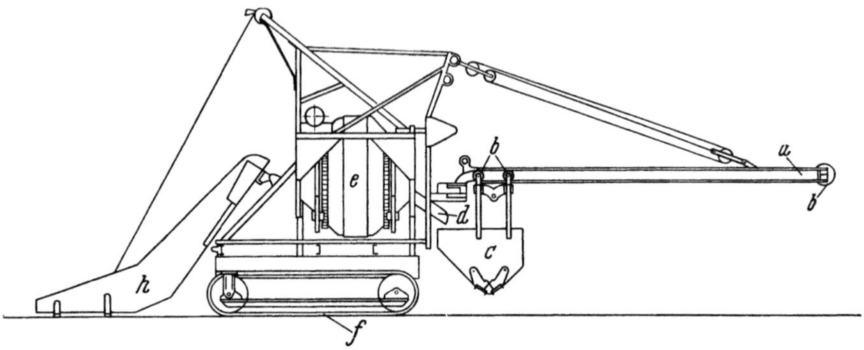

Abb. 347. Betonmischer mit Kübel am Schwenkarm.
a Schwenkarm, *b* Rollen, *c* Kübel, *d* Schüttrinne, *e* Mischer, *f* Raupe, *h* Materialaufzug

8.153.1 Vorbereitung des Untergrundes

Auf die Rohplanie wird reiner, gewaschener Kies in der Korngröße 0/7 mm — Ungleichförmigkeitsziffer > 7 — 4 cm dick mit ± 1 cm Genauigkeit aufgebracht und auf 98% der verbesserten Proctordichte eingerüttelt (s. S. 271). Mit Hammer-, Stampf- und Stampfbohlenfertiger läßt sich das nicht erreichen. Es muß ein Rüttelgerät angewendet werden. Wenn der Unterbau aus einer Bodenvermörtelung besteht, die sich meist nur dort befindet, wo später eine Fuge liegen soll, wird eine Genauigkeit von $\pm$ 1,5 cm verlangt. Wenn bei Zementvermörtelung eine bituminöse Zwischenschicht aufgebracht wird, darf diese eine größere Unebenheit als 1,5 cm haben. Diese Maße sind einzuhalten, damit die Betondecke, die darauf gelegt wird, die möglichst gleiche und vorgeschriebene Dicke erhält (Tabelle 30). Damit die Reibung zwischen Unterbau und Betondecke möglichst gering ist, werden auf die genannte Sauberkeitsschicht Papierbahnen gelegt.

Die Papierbahnen laufen in der Längsrichtung von Rollen ab, die auf einer Brücke liegen, die seitlich auf den Randstreifen geführt ist (Abb. 351). Die einzelnen Papierbahnen sollen sich mindestens 5 cm überdecken und in einem solchen Quergefälle liegen, daß Niederschlagswasser über die Überlappungen abläuft mit einer Überdeckung an den Stoßstellen in der Längsrichtung von 25 cm. Wenn auch verhindert werden muß, daß die Papierbahnen betreten werden, so muß das Papier doch trittfest sein und darf bei feuchtem Wetter und, wenn es kurz vor dem Betonieren angenäßt wird, keine Falten bilden. Die Richtlinien schreiben vor, daß das Papier ein Rohgewicht zwischen 150 ··· 180 g/m² hat und daß es nach zweistündiger Wasserlagerung einem Berstdruck von mindestens 0,2 kg/cm² auf einer kreisrunden Fläche von 100 cm² standhält, nach DIN 53113 unmittelbar nach zweistündiger Wasserlagerung.

Bei bituminösen Zwischenschichten kann auf Sauberkeitsschicht und Papierlage verzichtet werden, weil der Beton sich leicht auf einer solchen Unterlage bewegen kann.

Vor dem Einbringen des Betons sind die Fugeneinlagen aufzustellen (s. S. 415) und die Dübel und Anker zu verlegen. Hierbei ist darauf zu achten, daß die Papierbahnen nicht beschädigt werden. Deshalb soll diese Arbeit von Arbeitsbühnen aus verrichtet werden.

Wenn die Betonfahrbahnen auf bestehenden Straßenbefestigungen, z. B. Steinschlagdecke oder Pflaster, verlegt werden sollen, kann an der Dicke des

Querschnittes etwas gespart werden, die aber wohl kaum 16 cm unterschreiten darf. Die Oberfläche der vorhandenen Unterlage muß dann so eingeebnet werden, z. B. indem die Löcher durch Magerbeton ausgefüllt werden, daß die darauf liegende Betondecke sich ungehindert bewegen kann. Damit keine Verbindung stattfindet, soll auch eine Papierlage zwischengelegt oder ein bituminöser Anstrich vorgesehen werden. Das Auftreten vieler starker Risse auf den ersten Betonstraßen, die auf alten Landstraßen verlegt worden sind, muß auf die Rauheit der Unterlage zurückgeführt werden, die die Bewegung erschwert hat.

8.153.2 Der Einbau des Betons

Die Fließfertigung des Deckenbaues mit Maschinen geht in der folgenden Reihenfolge vor sich: Nachdem der Untergrund verdichtet, die Sauberkeitsschicht aufgebracht und das Papier ausgebreitet ist, Arbeiten, die mit Vorrichtungen ausgeführt werden, die auf den Schalungsschienen laufen, wird mit dem Ausbreiten des Betons begonnen.

8.153.21 Mischen. Mischen des Betons mit Mischern, die auf den seitlichen Einfassungen oder auf Rädern oder Raupen in oder neben dem Planum laufen. Inhalt der Mischer 500, 700, 1500 Liter. Bei kontinuierlich arbeitenden Mischern gilt als Fassungsvermögen $^1/_{30}$ der Stundenleistung der rohen Masse ohne Wasser in Liter. Anstelle der früher üblichen Freifallmischer werden jetzt Zwangsmischer bevorzugt, besonders für den Oberbeton, da die Güte des Betons stark von dem Kraftaufwand abhängt, mit dem der Mischer arbeitet. Nach den „Richtlinien für den Bau von Betonfahrbahnen 5.6“ soll die Mischanlage so leistungsfähig sein, daß sie in einer Stunde mindestens den Beton für 20 laufende Meter Fahrbahn liefern kann. Das ist nur möglich, wenn Ober- und Unterbeton getrennt mit besonderen Mischern hergestellt werden. Bei einer Fahrbahnbreite von 7,5 m und einer 17 cm dicken Platte bedeutet das eine stündliche Leistung von 18 m³. Da das Verhältnis des Nenninhaltes des Mischers zum festen Beton etwa 0,65 beträgt, müßte die stündliche Raumleistung 28 m³ betragen. Ein 1500 Liter-Mischer würde bei 25 Mischspielen stündlich gerade genügen. Denn die Mischzeit darf höchstens 90 sek. betragen.

Abb. 348. Übernahme eines Transportkübels, der Zement und Zuschläge enthält, am Deckenmischer (Aufnahme des Verfassers)

Um sie einzuhalten sind Chargenzähler und Mischzeitregler angebracht, die die Entleerung sperren, bis die vorgeschriebene Mischzeit erfüllt ist. Damit die vorgeschriebene Wassermenge eingehalten wird, hat das Wassergefäß eine Meßeinrichtung mit 2% Genauigkeit. Das gesamte Mischerspiel von einer Füllung bis zur nächsten wird im günstigsten Fall 120 sek. betragen, so daß 30 Füllungen in der Stunde im Bestbetrieb geleistet werden können. 25 Füllungen werden im Durchschnitt erreicht werden müssen. In den VStA rechnet man mit 75 sek. Mischerspiel.

Für den Unterbeton können auch Freifallmischer eingesetzt werden. Der Zwangsmischer besteht aus einem Trog, in dem sich 2 parallel liegende Wellen mit Rührarmen gegeneinander drehen.

Damit die Brückenmischer durch Krümmungen fahren können, haben ihre Antriebsmaschinen Ausgleichgetriebe. Die auf Raupen fahrenden Mischer (Abb. 347) werden meist für die Seitenränder benutzt.

Die Leistung des Mischers ist davon abhängig, daß die Baustoffe Zement und Zuschläge ununterbrochen angeliefert und ihm übergeben werden. Das besorgt der Aufzugkübel, in den die Baustoffe aus den Fördergefäßen geschüttet werden. Um die nötige Schütthöhe für die Kipploren zu haben, sind neben dem Gleis Gruben, in die sich die Aufzugkübel senken. Beim gleislosen Betrieb geht das ohne Grube vor sich. Am höchsten Punkt der Aufzugsvorrichtung verstürzen die Kübel die nach dem vorgeschriebenen Mischungsverhältnis zusammengesetzte Masse in den Mischer, bisweilen unter Zwischenschaltung eines Silos.

Um Handarbeit am Mischer zu sparen, werden Zement und die trockenen Zuschlagstoffe in Kübel auf der zentralen Baustelle (s. S. 418) aus den Silos

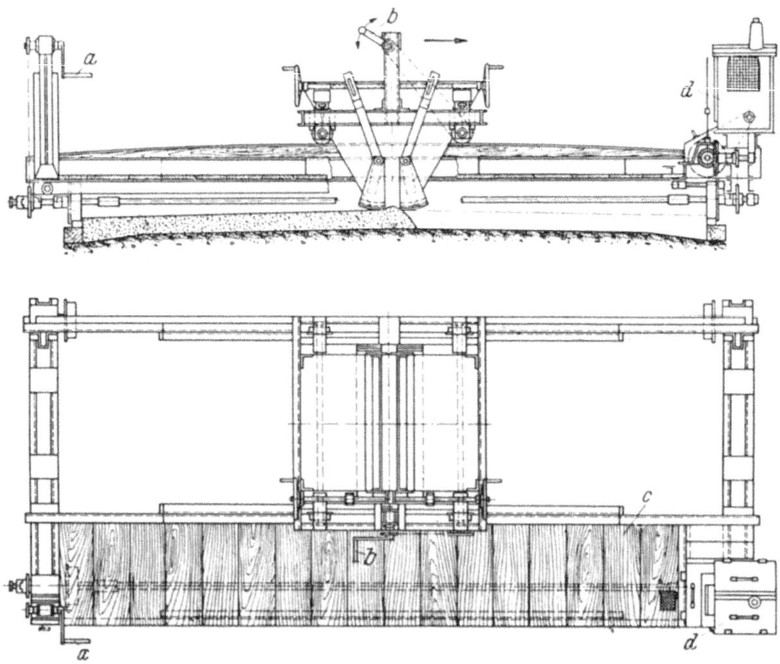

Abb. 349. Verteilerwagen für den Beton

nach vorgeschriebenem Gewicht gefüllt. Der kreisförmige Kübel hat in der Mitte eine zylinderförmige Tasche, die den Zement aufnimmt; auf die vier Taschen im Kreisring sind die verschiedenen Korngrößen der Zuschläge verteilt. Je zwei Kübel werden auf einen Lastkraftwagen zur Bauspitze gebracht und dort von einem Ausleger, der auf dem Mischer steht, abgehoben und ihr Inhalt dem Mischer aufgegeben. Der Mischer läuft neben der herzustellenden Fahrbahn und wird von einer Zugmaschine gezogen.

8.153.22 Ausbreiten des Unterbetons. Der fertiggemischte Beton fällt aus dem Mischer in einen Verteilerwagen, der auf den Randschienen läuft und von einem Mann gesteuert wird (Abb. 349). Bei der Ausführung des Hüttenwerkes Sonthofen steht der Mischer auf einer Brücke über der Fahrbahn und wird entweder aus einer Kippmulde beschickt oder die Lore wird mit zwei Seiltrommeln abgehoben und unmittelbar entladen (Abb. 350). Der eingebaute Betonverteiler läuft unter der Brücke. Er hat einen verstellbaren Abstreifrahmen, einen Klappenverschluß und einen großen Fülltrichter; mit Seilwinde für Vor- und

Rückgang bewegt er sich quer zur Straßenachse auf etwa 1 m Breite. Nach den „Güterichtlinien für Betonverteiler (FG 1957)“ werden die Betonverteiler nach ihrer Bauart, gegebenenfalls unter Angabe der Größe und der Arbeitsbreite des Behälters bezeichnet:

Km Kübelverteiler mit Betonaufgabe in der Mitte,

Ks Kübelverteiler mit Betonaufgabe von der Seite,

W Wendeschaufelverteiler.

Beispiel: $\frac{\text{Km } 2{,}5}{3{,}0 \cdots 7{,}5}$

kennzeichnet einen Betonverteiler mit 2,5 m³ Inhalt und einer Arbeitsbreite von 3 ··· 7,5 m, dem der Beton in der Mittelstellung zugeführt wird.

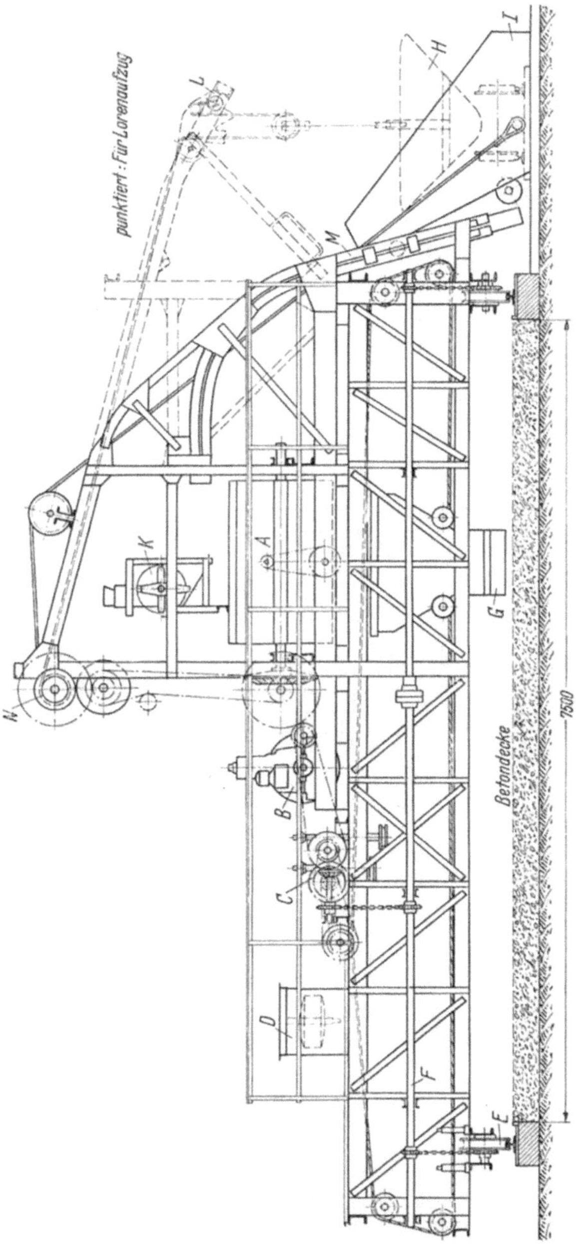

Abb. 350. Brückenmischer mit Verteiler unter der Brücke der Bayrischen Hüttenwerke, Sonthofen

Die Höhenverstellbarkeit des Kübels oder des Verteilerwerkzeuges ist so einzurichten, daß der Verteiler sowohl für die Verlegung eines Betonunterbaues als auch des Unter- und Oberbetons einer Betonfahrbahn verwendet werden kann.

Der Verteiler muß in Kurven bis 50 m Radius und auf Rampen bis 3% Steigung ohne besondere Hilfseinrichtungen noch einwandfrei betrieben werden können.

Zuerst soll beiderseits entlang der Fugeneinlagen, sowie über die Überlappung der Papierbahnen und längs der seitlichen Schalungen geschüttet und dann der Rest ausgefüllt werden. Wenn mit 2 Mischern gearbeitet wird, kann das Schütten gleichmäßig auf beide verteilt werden.

8.153.23 Einebnen des Unterbetons. Mit dem Straßenfertiger oder Rüttelgerät wird der Unterbeton für sich verdichtet. Es folgt demnach dem Verteiler ein Fertiger, weil die bisher üblichen Fertiger nicht in der Lage waren, Betonplatten von 22 cm Dicke auf einmal gleichmäßig zu verdichten. Da die neu eingeführten Fertiger aber dazu in der Lage sind, wird die Verdichtung des Unter-

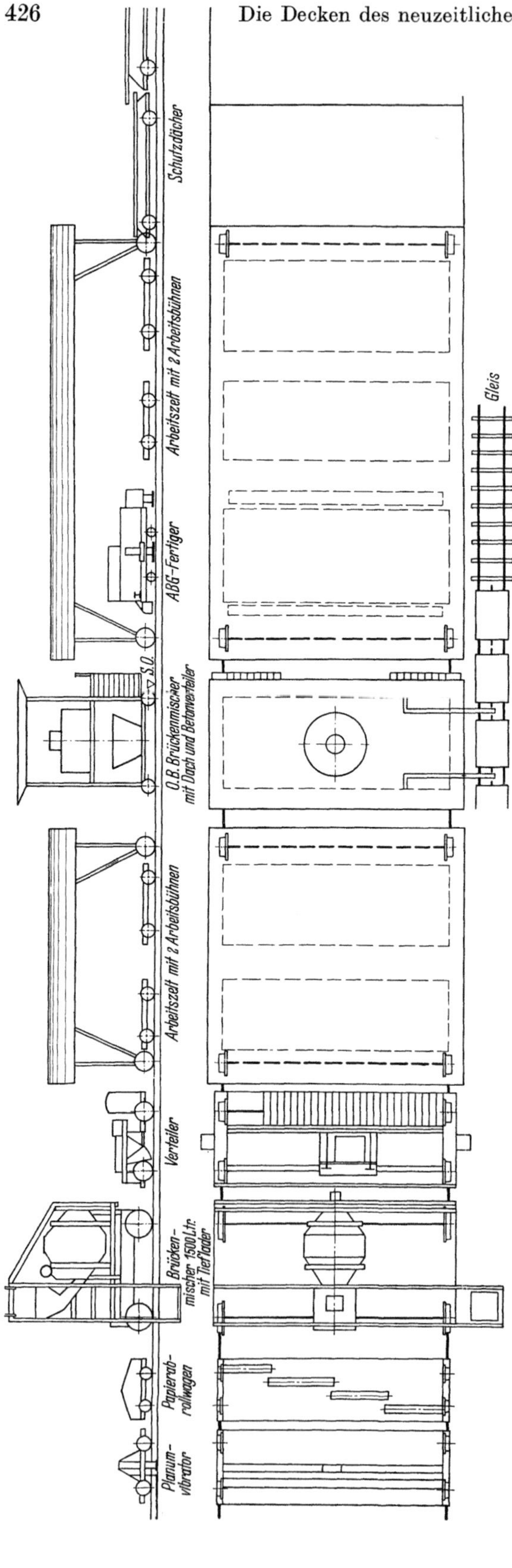

Abb. 351 Einrichtung einer Deckenbaustelle mit Mischern, Verteilern, Fertigern und den Schutzdächern

betons fortgelassen und werden auf ihn gleich die Bewehrungsmatten gelegt, wie auf S. 407 beschrieben ist.

8.153.24 Mischen des Oberbetons. Das Mischen und der Einbau des Oberbetons geht wie bei 8.153.21 vor sich, ebenso das Ausbreiten. Der Oberbeton, der eingefärbt sein kann, wird abgeglichen und verdichtet mit Fertigern durch Einrütteln, wie auf S. 427 noch näher beschrieben werden wird.

Die Einrichtung und der Aufbau einer Deckenbetonierung mit Gleisbedienung soll Abb. 351 veranschaulichen.

8.153.25 Abgleichen, Verdichten, Abscheiben und Anrauhen der Oberfläche. Nach dem letzten Durchgang des Fertigers ist die Oberfläche des Betons etwas narbig, weil an der Bohle Mörtelteile haften bleiben. Deshalb muß von einer Arbeitsbühne aus mit der Kelle abgeglichen werden (Abscheiben).

Mit einem Piassavabesen wird von einer Arbeitsbühne aus entlang der Oberfläche quer zur Fahrbahn abgestrichen, so daß diese gleichmäßig angerauht wird.

8.153.26 Schutz und Nachbehandlung des Betons. Je langsamer der frische Beton seine Feuchtigkeit abgibt, weil er während der Erhärtung feucht gehalten wird, eine um so höhere Festigkeit erreicht er. Deshalb muß die fertige Betondecke nachbehandelt werden. Damit wird auch das Schwinden des Betons verzögert, so daß er genügend Zugfestigkeit entwickelt, um die durch Schwindung verursachte innere Beanspruchung ohne Rißbildung aufzunehmen. Deshalb muß die fertige Betondecke feucht gehalten werden. Die erste Maßnahme, den Beton vor Austrocknung zu bewahren und ihn den Witterungseinflüssen möglichst zu entziehen, besteht darin, die ganze Baustelle mit allen Arbeitsmaschinen auf etwa 70 m Länge zu überdachen, so daß die Temperatur und Feuchtigkeit der Luft über ihm nur gering schwanken. An diese Zelte schließen sich niedrige Schutzdächer an, die eine solche Länge haben, daß eine Tagesleistung überbrückt wird. Sie ruhen mit Rädern auf den Schalungsschienen und rücken mit dem Baufortschritt nach zum Schutz des Betons.

Die Dächer müssen sich an den Stößen überdecken (Abb. 351). Um einen Luftzug im Innern zu verhindern, erhalten sie mindestens alle 30 m Trennwände an den Giebelflächen. Die Dächer müssen straff gespannt sein, damit sich bei Regen keine Wassersäcke bilden, deren Inhalt auf den Beton durchtropft.

Sobald der Zement erstarrt ist, spätestens nach 2 Tagen, so daß er betreten werden kann, werden die Schutzdächer durch Gewebe, Stroh-, Schilfrohrmatten ersetzt, die auf die gut angenäßte Betondecke gelegt und dauernd feucht gehalten werden. Zu diesem Zeitpunkt können die Fugen geschnitten werden (S. 432). Nach mindestens 7 Tagen können die Bahnen fortgenommen werden, weil sich alsdann eine mindestens zweiwöchige Annässung des Belages mit Schläuchen oder Sprengwagen anschließt. Um diese Nachbehandlung recht wirksam zu gestalten, wird die Betonoberfläche auch mit einer 3 cm dicken Sandschicht überschüttet, die dauernd feucht gehalten wird. Die Fugen müssen hierbei mit Holzleisten überdeckt werden. Die Betonoberflächen werden auch mit einer Bitumenemulsion angestrichen, die die Verdunstung der Betonfeuchtigkeit unterbinden soll. Durch die dunkle Farbe einer solchen Fläche wird aber Sonnenwärme bei Tage aufgenommen und bei Nacht die Ausstrahlung der Wärme begünstigt, so daß die Temperaturunterschiede im Beton gerade in der Zeit, in der er sich noch im Erhärtungsvorgang befindet, die Ausdehnung des Betons vergrößern und der Rißbildung Vorschub leisten. Dem kann durch Anstrich der Oberfläche mit einer Kalktünche vorgebeugt werden. Die Nachbehandlung mit Bitumenemulsion ist vorteilhaft wegen der geringen Kosten.

Wenn das zur Verfügung stehende Wasser so beschaffen ist, daß es die Oberfläche des Betons angreifen kann, bietet das Aufsprühen eines Kunststoffilmes, der eine wasserdichte Haut auf dem Beton bildet, einen Ersatz, ein Verfahren, das sich bewährt haben soll [*252*].

8.154 Art und Arbeitsweise der Fertiger

Das Einebnen, Verdichten und Glätten des Betons mit Maschinen.

Die Arbeit dieser Maschinen, die als Fertiger bezeichnet werden, besteht in

I. Abgleichen.

II. Verdichten, das bewirkt werden kann durch

a) Stampfen oder Schlagen,
b) Einrütteln,
c) Einkneten.

III. Deckenschluß mit Glätten.

Die Hauptaufgabe dieser Maschinen ist, eine möglichst ebene Oberfläche zu schaffen und den Beton bei geringem Arbeitsaufwand so gut als möglich zu verdichten. Das soll erreicht werden, ohne daß sich Schlämme an der Oberfläche bildet, damit der Beton der Tausalzeinwirkung widersteht, die durch LP-Zusatz nur bedingt ausgeschaltet wird (s. S. 396). Die Leistung der Verdichtungsarbeit mit den hierfür verwendeten Maschinen wird man daran feststellen können, welche Dichte der Beton erreicht, z. B. durch Messen des Raumgewichtes. Daß mit den neuen Fertigern Platten bis zu 24 cm Dicke verdichtet werden können, ist schon auf S. 425 erwähnt.

Da im neuen Schrifttum die Baumaschinen, die im Straßenbau verwendet werden, sehr ausführlich beschrieben sind [*253*, *254*], wird auf dieses verwiesen. Im folgenden sollen nur die Kennzeichen einiger Fertiger, ihr Anwendungsbereich und ihre Arbeitsweise geschildert werden.

Wie schon erwähnt, hängt der Erfolg aller dieser Arbeiten von der unverrückbaren Lage der seitlichen Schalungsschienen ab, auf denen die Fertiger geführt werden. In den Maschinen sind meist mehrere Arbeitsgänge vereinigt. Allen gemeinsam ist eine Abziehbohle an der Front jeder Maschine, die, angetrieben von einer Scheibenkurbel, durch eine hin- und hergehende Bewegung die Masse, die über die jeweilige vorgeschriebene Deckenhöhe aufgebracht ist (etwa 3···5 cm) in der Form des verlangten Profiles (satteldach- oder pultdachartig) abzieht, indem sie dabei Beton vor sich herschiebt. Sie hängt an dem Fahrgestell und ist in der Höhe einstellbar. Danach folgen dann die anderen Vorrichtungen zur Verdichtung, als letzte meist eine Glättvorrichtung.

Um das Abschwimmen des Betons bei Kurvenüberhöhung und Seitengefälle zu verhindern, können die Fertiger schräg gestellt werden. Die Arbeitsgeschwindigkeit beträgt etwa 1,4 m/min. Im Rückwärtsgang kann sie höher sein. Die Geräte können auf Luftreifen gesetzt werden und Leerfahrten mit höheren Geschwindigkeiten zurücklegen (12 km/h).

Die Arbeitselemente sind:

A. die Abziehbohle, C. die Stampfbohle,
B. die Stampfhämmer, D. die Glättbohle.

Die Abziehbohle A (Abb. 352) macht 100 waagerechte Doppelhübe/min von 40 mm Länge. Die 30 Stampfhämmer (bei einer Fahrbahnbreite von 7,5 m), die eine rhombische Grundfläche von 240 mm Länge und 70 mm Breite haben bei 37 kg Gewicht, werden von einer Nockenwelle angehoben und machen 60 Schläge in der Minute mit rund 170 mm Hubhöhe. Bei einer Fahrgeschwindigkeit des Fertigers von 1,85 m/min erhält jede Stelle der Betondecke bei einem Stampfgang 202 Schläge.

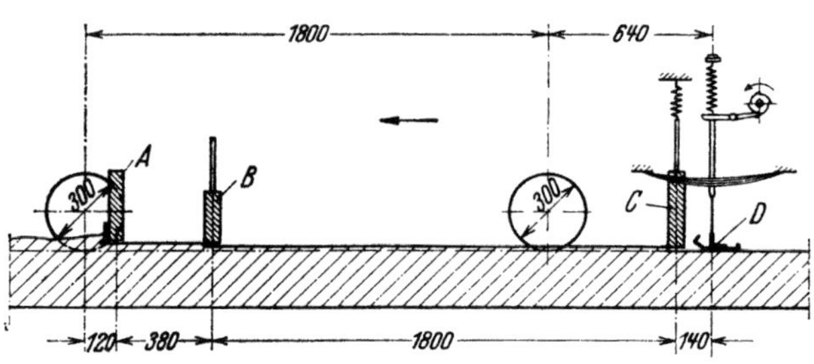

Abb. 352. Die Werkzeuge des Hammerfertigers der Dinglerwerke Zweibrücken (Pfalz).
A Abziehbohle, *B* Stampfhämmer, *C* Stampfbohle, *D* Glättbohle

Die hölzerne Stampfbohle von 220 kg Gewicht (C) übt 160 Schläge/min bei rd. 50···70 mm Hubhöhe aus, so daß bei einer Breite von 65 mm jede Stelle 5,2 Schläge erhält. Die Schlagkraft ist durch Federspannklammern regelbar. Den Deckenschluß bewirkt der Vibrationsschleifbalken, ein genieteter Stahlblechträger mit einem an den Rändern leicht aufgebördelten Auflageblech von 200 mm Breite und 320 kg Gewicht, mit 600 senkrechten Schwingungen minutlich von rd. 4 mm Höhe, im ganzen etwa 58 Rüttelstöße auf jede Stelle der Betonfläche. Die Bohle ist mittels Federn an Spindeln aufgehängt. Stampfhämmer und Stampfbohle können im Vor- und Rückgang arbeiten, die Glättbohle nur im Vorwärtsgang. Üblicherweise soll die Arbeit mit drei Gängen bewältigt werden. Der Hammerfertiger ist durch Schaltung entweder ganz oder einseitig heb- und senkbar eingerichtet, und zwar für einen senkrechten Abstand von 15 cm. Er kann daher auch den Unterbeton abstampfen. Diese Vertikalverstellung gestattet übersichtlich und bequem das Übereinanderbetonieren von zwei oder mehreren Schichten sowie auch das Abgleichen und Abrammen des Straßenuntergrundes vor der Aufbringung des Betons. Dieses Gerät liefert für 20 cm Deckenstärke bei einschichtiger Bauweise für nicht zu trockenen Beton gute Verdichtungsarbeit. Bei Weichbeton müssen die Stampfhämmer ausgeschaltet werden. Die Abziehbohle erhält eine schräg anlaufende Unterfläche (1 : 4) bei 12 cm Breite zum Einkneten.

Mittelfrequenzfertiger von VÖGELE. Der Vorabstreifer A, der kastenförmig nach vorn angehoben ist, um zugleich durch Kneten beim Vortrieb vorzuverdichten, macht 40 waagerechte Doppelhübe von 150 mm Länge in der Minute. Die Mittelfrequenz-Schwingbohle von 400 mm Breite mit 150 bis 250 Schläge/min bei rd. 150 mm Hub verdichtet. Die in den losen Beton eingeleitete Verdichtungsenergie ist so stark, daß bei vorgelegten Schütthöhen von 770 mm in einem Übergang des Fertigers eine Deckendicke von 620 mm geschaffen werden kann. Im Arbeitsgang ist die Geschwindigkeit 2···2,6 m/min, bei der Leerfahrt 8···11 m/min. Der Antriebsmotor hat 15···18 PS, das Gewicht der Maschine beträgt 1200 kg (Abb. 353).

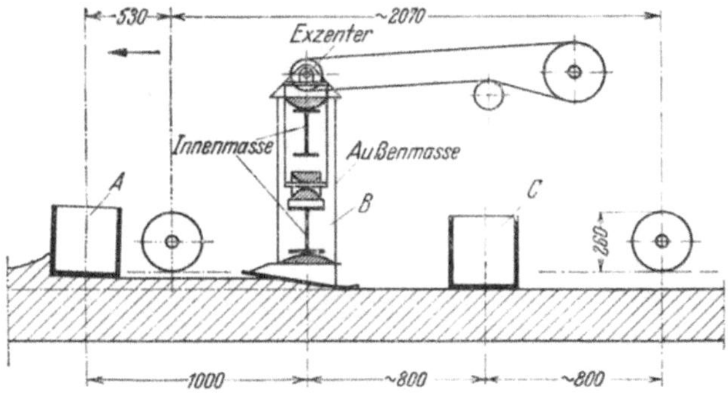

Abb. 353. Hochfrequenzfertiger von VÖGELE
A Abziehbohle, *B* Hochfrequenzschwingbohle, *C* Glättebohle

ABG-Betonbahnfertiger Type VAS kann benutzt werden zur Verdichtung des Planums, Abgleichen der Frostschutz- und Sauberkeitsschicht und des Betons. Schütthöhen von 600 mm werden bei einmaligem Übergang gleichmäßig verdichtet. Vorn liegt die Verteilerwalze *A* (Abbildung 354), deren doppelt abgewickelte Paletten den Beton leicht vorverdichten. Die Randzonen werden besonders durch Abstreifpflüge verdichtet, die an beiden Enden der Verteilerwalze angeordnet und in der Höhe verstellbar sind. Die Vibrierbohle (B) hat 3600 Schwingungen/min, die geregelt werden können. Die Hinterkante der Bohle liegt auf dem zu verdichtenden Beton auf, die Vorderkante hebt sich einmal bei je 2 cm Vorschub und erzeugt dabei Saug- und Knetwirkung. Am Schluß liegt eine Glättebohle (C), ein in sich geschlossenes Zusatzgerät mit zwei Hauptteilen: eine vibrierende Bohle, die Ungenauigkeiten an der Oberfläche abfeilen und für den Deckenschluß genügend Mörtel bilden kann. Um die Betonoberfläche mit einem vollkommenen Deckenschluß zu versehen, folgt eine Glätteeinrichtung (Abb. 355).

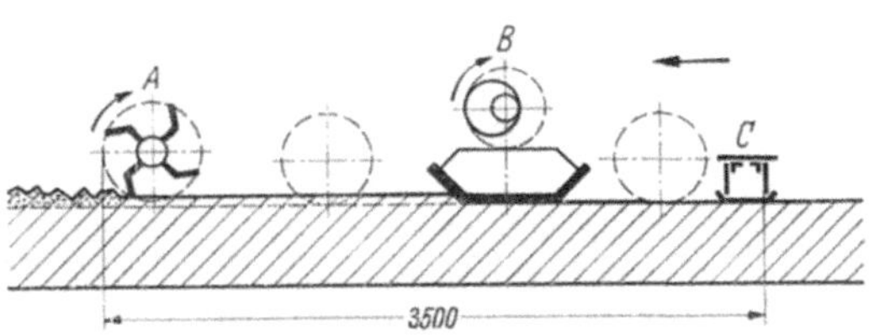

Abb. 354. Die Werkzeuge des Betonstraßenfertigers (Type VAS) der ABG (Allgemeine Baumaschinen-Gesellschaft KG. Bösingfeld/Lippe).
A Verteilerwalze, *B* Vibrierbohle, *C* Pendelglätter

Zur Verdichtung werden auch die im Betonbau eingeführten Innenrüttler verwendet. Die Decke soll dann aber mindestens 25 cm dick sein. Diese Rüttler arbeiten nur in weichem Beton. Rüttelflaschen sind nebeneinander in einem Abstand von 55 cm an einer Arbeitsbühne aufgehängt. Ein Deckenfertiger muß dann folgen, damit eine dem Profil entsprechende dicht geschlossene Oberfläche entsteht. Für Verdichtung begrenzter Flächen, z. B. neben den Fugen, werden Rüttelplatten und Bohlen, Elektrostampfer und Preßluftstampfer verwendet,

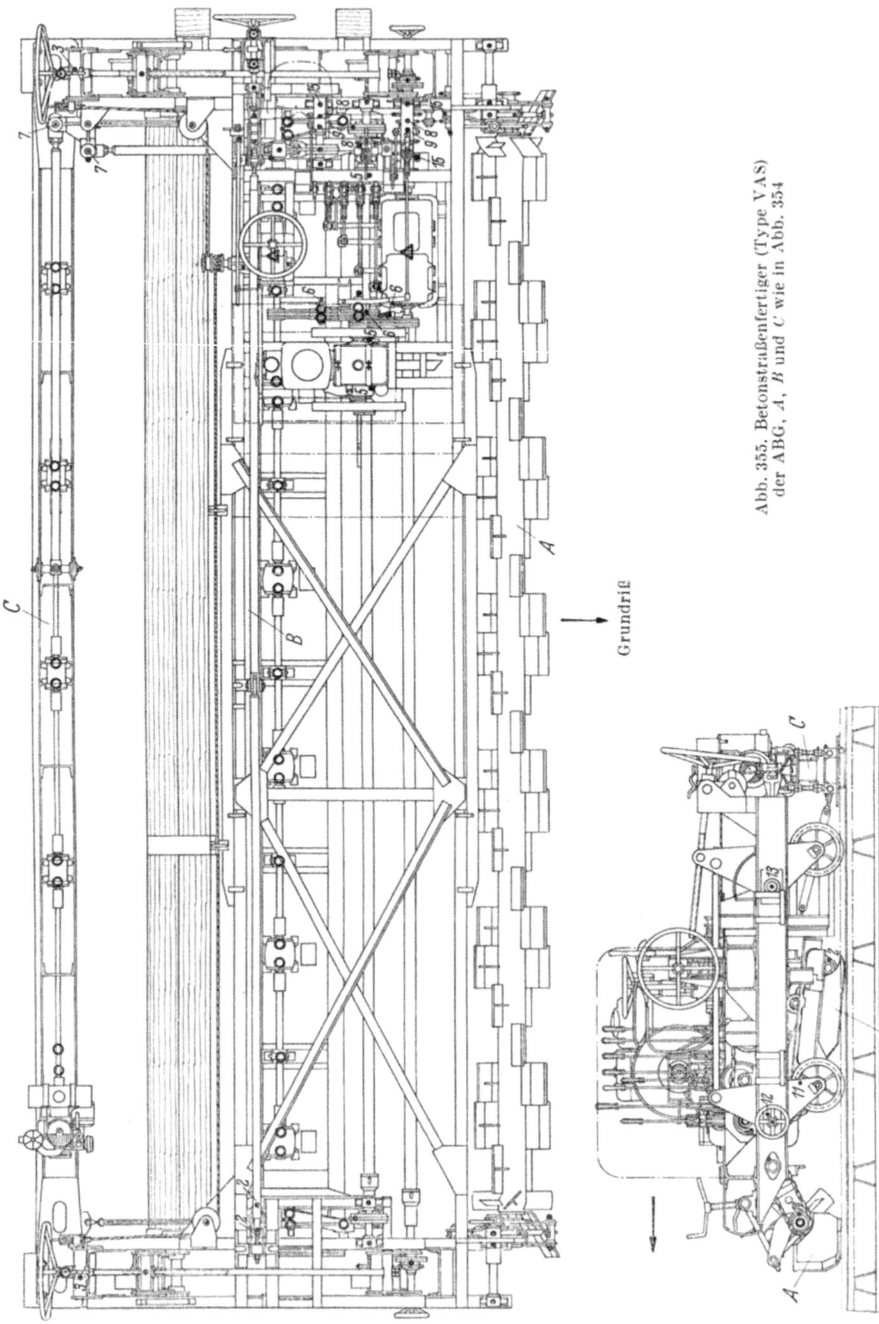

Abb. 355. Betonstraßenfertiger (Type VAS) der ABG, *A*, *B* und *C* wie in Abb. 354

z. B. Vibrierplatte der ABG PV-Platte 0,4 × 0,4 m und mit Druckeffekt 650 kg und 0,6 × 0,6 m mit Druckeffekt 1000 kg.

Eine wirtschaftliche Betriebsweise mit hoher Leistung ist nur dann zu erzielen, wenn die Arbeitsgänge so eingespielt sind, daß alle Geräte voll ausgelastet sind. Das ist bei dem Fertiger nicht immer der Fall, wenn nur ein Mischer Beton bereitet, bei 2 Mischern kommt der Fertiger allein nicht nach, so daß für die Betonbearbeitung eine Arbeitsteilung der Fertiger geeignet erscheint, in der ein Fertiger abzieht und glättet und der andere verdichtet.

8.155 Herstellen der Fugen

8.155.1 Herstellung durch Einlagen

Die Ausführung der Fugen geht Hand in Hand mit der der Decke und richtet sich nach der Art der Fugen, ob Raum-, Schein- oder Preßfuge. Nachdem für die Verdübelung der Raumfugen eine bestimmte Bauweise eingeführt ist (Abb. 335), ist damit auch die Richtung gegeben, wie die Fugen angelegt werden müssen. Im Unterbeton oder bei einschichtiger Bauweise im unteren Teil wird vor dem Betonieren ein 60 mm hohes Holzbrett eingelegt, das durch die Rundeisendübel gegen Kippen und Verschieben gehalten wird und das keilförmig zugeschnitten ist, oben etwa 30 mm, unten 60 mm breit. So sollen vor allem die Einkerbungen für die Scheinfugen hergestellt werden.

Die Aussparung im oberen Teil, die später mit Vergußmasse ausgefüllt wird, ist bei den Bundesautobahnen nach dem Verfahren Wieland in der Weise hergestellt worden, daß auf die Holzeinlage ein hohles Fugeneisen, dessen Flächen mit Bitumen angestrichen waren, aufgesetzt wird (Abb. 356). In diesem Falle muß das Brett bis etwa 60 mm unter die Deckenoberfläche reichen. Von dieser Holzeinlage wird verlangt, daß sie so steif ist, daß sie sich nicht verformt, wenn die Maschine zur Verdichtung des Betons über sie hinweg arbeitet. Sie soll so dicht sein, daß sie dem Beton Wasser nicht entzieht. Vollkantige, astreine gerade Bretter aus weichem Holz und Holzfaserplatten, die mit Bitumen getränkt sind, eignen sich dafür, wenn sie genügend steif sind. Unter einem Druck von 50 kg/cm² sollen sie sich mindestens auf die Hälfte ihrer ursprünglichen Dicke zusammenpressen lassen.

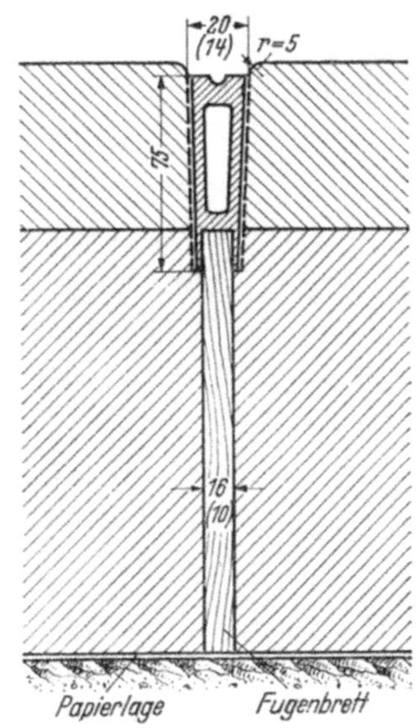

Abb. 356. Wielandeisen zur Herstellung der Raumfuge

Auf diese Holzeinlage wird das hohle Fugeneisen nach Wieland so gesetzt, daß es 5 ··· 10 mm unter der fertigen Oberfläche der Betondecke liegt, damit die Fertiger darüber arbeiten können. Die dünne Schicht Betonmörtel, die sich über dem Kopf des Fugeneisens angesammelt hat, wird nach Beendigung der Verdichtungsarbeit fortgenommen und die Kanten abgerundet ($r = 5$ mm). Die Lage der Fuge muß an der Schalung genau bezeichnet werden. Das Fugeneisen wird von der Arbeitsbühne, die überdacht ist, um den Beton vor Sonnenbestrahlung und Verdunstung zu schützen (s. S. 426), freigelegt. Diese Arbeit muß so rechtzeitig und so sorgfältig als nur irgend möglich vorgenommen werden und innerhalb 3 Stunden nach der Betonmischung beendet sein. Wenn sich aus irgendwelchen Gründen dies verzögert, muß der Baufortschritt abgestoppt werden. Die Fugennacharbeit bestimmt also das Bautempo.

Nach genügender Erhärtung des Betons — etwa nach 2 ··· 3 Tagen — wird durch den Hohlraum des Fugeneisens eine Minute lang warme Luft oder Dampf durchgeleitet, damit das Bitumen weich wird. Dann löst es sich vom Beton und kann an Ösen herausgezogen werden. Das Wieland-Eisen hat für die Querfugen 20 mm, für die Längsfugen 14 mm Breite. Diese Bauweise verlangt das *Vor-*

halten von reichlich Fugeneisen und das bedeutet hohe Anschaffungskosten. Mit seiner Verwendung werden aber viele Mißstände vermieden, die sich bei den früher üblichen Verfahren ergeben haben, z. B. daß die gegenüberliegenden Kanten nicht auf gleicher Höhe lagen und die Betongüte an der Kante, die nachgearbeitet werden mußte, zu wünschen übrig ließ. Wenn über dieses Verfahren bisweilen ungünstige Urteile abgegeben worden sind, so sind diese wohl darauf zurückzuführen, daß es den Arbeitern an der nötigen Fertigkeit gefehlt hat.

8.155.2 Einschneiden des Fugenspaltes in den erhärteten Beton

In diesem Falle werden auch Holzeinlagen im unteren Teil der Betonplatte verlegt. Auf sie wird nach dem Verdichten des Unterbetons ein angespitztes Holzbrett aufgesetzt und darauf gut befestigt, das auch bei der Verdichtungsarbeit des Oberbetons 5 ··· 10 mm unter der Deckenoberfläche liegt. Die Fugen werden mit Scheiben, die verschiedene Dicke haben, in den schon erhärteten Beton eingeschnitten und hierbei die obere Holzeinlage mit herausgeschnitten. Besonders ist darauf zu achten, daß die Raum- und Scheinfugen genau über der vorher eingesetzten unteren Fugeneinlage geschnitten werden, deren Lage, wie schon beim WIELAND-Eisen erwähnt, an der Randschalung oder Betonoberfläche angezeichnet werden muß.

Die Schneidmittel sind Stahlkernscheiben von 300 ··· 500 mm ∅, auf die Siliziumkarbid aufgepreßt ist. Sie werden durch Diesel- oder Elektromotoren angetrieben und laufen mit Umfanggeschwindigkeiten von 30 ··· 45 m/sek. (Höchstgeschwindigkeit nach den Unfallverhütungsvorschriften 45 m/sek.). Sie

Abb. 357. Betonfugenschneidmaschine der Clipperwerke Lörrach (Baden)

müssen ausreichend mit Wasser gekühlt werden in der Weise, daß der Wasserstrahl mit 2 ··· 3 atü die Schnittfläche der Scheiben trifft, um sie zu kühlen, den Schneidschmand abzuspülen und die Schleifmittelkanten freizulegen. Deshalb muß ein Wasseranschluß vorhanden sein, mit dem in der Regel gerechnet werden kann, da Wasser zur Aufbereitung und Nachbehandlung des Betons reichlich gebraucht wird.

Die Betonfugenschneidemaschinen der ABG, der Dinglerwerke, AG Eisenwerk Hensel werden mit Menschenkraft geschoben, die Schneidscheiben selbst mit Dieselmotoren oder Elektromotoren angetrieben, deren Leistung zwischen 15 und 28 PS liegt. Eisenwerk Hensel und Hermann Hilten führen auch solche Fugenschneidmaschinen, die ein maschinelles Fahrwerk haben.

Die Trennmaschine der deutschen Clipperwerke in Lörrach (Baden) wird mechanisch durch ein stufenloses Vorschubgetriebe vorwärts bewegt, das sich dem Abbindezustand des Betons und seiner Struktur im Bereich von 0,2 bis 0,8 m/min anpassen kann. Bei einem Beton B 450 nach Abbindezeit von 5 Tagen soll die Schnittleistung 60 m/h betragen. Der Benzinmotor leistet 33 PS. Das Fahrgestell (Abb. 357) läuft auf vier Hartgummirädern mit Zustellspindel und Ableseskala für die Schnitthöhe der Scheibe. Zum Spülen der Schneidscheibe ist das Gerät mit Ansaug-, Druckpumpe und Absperrschieber versehen.

Die Scheiben werden stark abgenutzt. Für die Schneidmaschine gilt, daß sie schwingungsfrei arbeitet, genau in der Fahrtrichtung steht, damit sie nicht einseitig beansprucht wird, weil dadurch ihre Umfangsgeschwindigkeit gedrosselt und sie schnell abgenutzt wird. Die bisher beim Fugenschneiden eingesetzten Geräte [255] sind so ausgebildet, daß ein Ecken und Verkanten beim Lauf in der bereits geschnittenen Fuge ausgeschlossen ist. Entscheidend für die Güte der Leistung ist, daß zu einem Zeitpunkt geschnitten wird, wenn der Beton noch nicht ganz erhärtet ist. Die Raumfugen sollen zuerst geschnitten werden. Ist der Beton noch zu weich, dann brechen die Zuschlagkörner aus, ist er zu hart, wird die Leistung herabgesetzt und die Scheiben werden zu schnell abgenutzt. Da der Erhärtungsfortschritt auch vom Wetter abhängt, muß der geeignete Zeitpunkt an der Baustelle ermittelt werden. Er liegt etwa zwischen 24 ··· 48 Std. nach der Betonierung, auf jeden Fall muß geschnitten werden, bevor Risse eintreten. Es wird empfohlen, nicht auf volle Tiefe — 4 cm — gleich einzuschneiden, weil dadurch die Schneidscheiben überbeansprucht werden, sondern in 2 Arbeitsgängen, auch nicht mit der Höchstumlaufgeschwindigkeit. Die Leistung der Schneidmaschinen ist bei Raumfugen nur gering, etwa 15 m stündlich, und die Lebensdauer der Scheiben rund 30 m. Der Stromverbrauch liegt zwischen 11 und 13 kW. Bei den schmäleren Längsfugen, die nur 8 mm breit sind, können höhere Leistungen erzielt werden. Bei breiteren Fugen muß zweimal geschnitten werden und die Fugenkante soll nachträglich gebrochen werden, wozu konische Schneidscheiben benutzt werden können. Den Schnittpunkt einer geschnittenen Längs- und Querfuge zeigt Abb. 358.

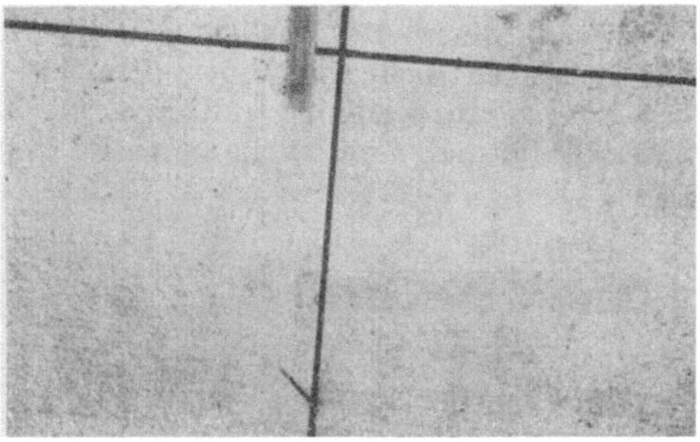

Abb. 358. Aufsicht auf eine Betonplatte mit eingeschnittener Quer- und Längsfuge (Aufnahme des Verfassers)

Nach den Erfahrungen des Autobahnamtes Stuttgart wird die Benutzungsdauer der Karborundumscheiben wie folgt angegeben [*234*]:

Fugenbreite:	8 mm	15 ··· 20 Lfdm.
	20 „	25 ··· 30 „
Schneiden bei Querraumfugen . .	2 Std., Fuge 7,5 m lang	
„ bei Querscheinfugen . .	1,5 Std., Fuge 7,5 m lang	
„ bei Scheinfugen	15 Std. für 400 Lfdm.	
Wasserbedarf:	2 m³/st und Fugenschneider	

Wird die Betonfahrbahn nicht mit Randstreifen, sondern mit Schalungsschienen eingebaut, sollen diese möglichst bald entfernt werden, weil dann an der Seite nachgeprüft werden kann, ob die Fuge lotrecht steht oder bei der Bearbeitung des Betons sich verschoben hat. Die Schalungen dürfen aber bei warmer Witterung erst nach 18 Stunden, bei kühler Witterung erst nach 36 Stunden abgebaut werden.

8.155.3 Herstellung der Fugen in der Tragschicht (Unterbau)

8.155.31 Preßfugen mit Überdeckung. Auf Seite 405 ist die besondere Bedeutung des Betons als Tragschicht für die bituminösen Decken und seine Zusammensetzung behandelt und auf S. 411 darauf hingewiesen, daß die Preßfuge sich als die geeignete erwiesen hat. Eine einfache bewährte Ausführung besteht darin, daß in einen Fugenspalt von 4 mm Bitumen- oder Teerpappen eingelegt werden. Unter den Temperaturschwankungen wird sich der Beton dann so verhalten wie auf S. 411 angegeben ist. Die Schwarzdecken haben genügend Dehnbarkeit, um eine so geringe Bewegung aufzunehmen, wie auf S. 550 noch nachgewiesen wird. Man kann hier nachhelfen, wenn man die Fugen mit Kupferblech oder Bitumenpappe überdeckt, jede nur auf einer Seite der Fuge auf dem Beton befestigt und auch die Verschleißschicht ausreichend dick macht. Es genügt, wenn der Bitumenbelag beiderseits der Fuge an dem Beton auf etwa 10 cm Länge nicht haftet, sondern eine freie Dehnungslänge von 20 cm vorhanden ist.

8.155.32 Gesteuerte Rißbildung. Diese läßt sich erreichen, wenn der Abstand der Preßfugen nicht zu groß genommen wird, also nur geringe Schrumpfbewegungen an der Fuge auftreten, die von der Dehnbarkeit der darüberliegenden bituminösen Decke ohne Beschädigung aufgenommen werden. Bei einer jahreszeitlichen Schwankung von nur 40° (vgl. S. 402) würde die Fugenerweiterung bei einem Abstand der Preßfugen von 14 m, der durch 6 Scheinfugen unterteilt ist, an jeder kaum 1 mm betragen.

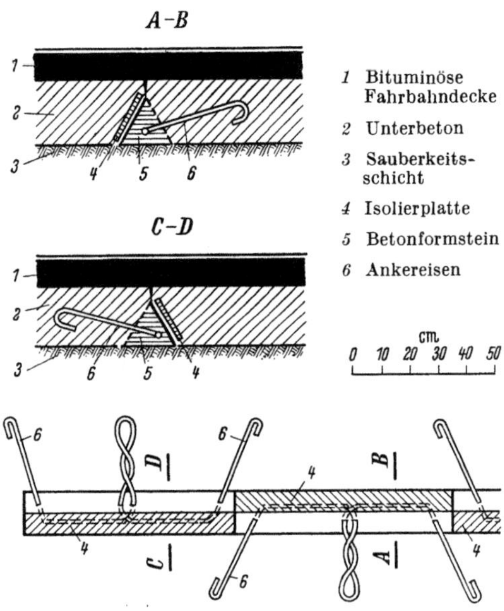

Abb. 359. Darstellung der wechselseitig verankerten Betonformsteine für Felderbeton und Anlage der Scheinfugen

Im Vergleich zu den Betonfahrbahnen müssen aber die Scheinfugen näher aneinander liegen. Der Erfolg hängt hierbei von der Ausbildung der Scheinfuge ab, die durch eine Schwächung des Querschnittes entstehen soll. Voraussetzung ist, daß alle Scheinfugen auch reißen und dadurch die Längsbewegung sich auf kurze Längen verteilt. Um das sicher zu erreichen, muß die Einkerbung groß genug genommen werden, ungefähr $^2/_3$ der Höhe des Betonquerschnittes.

Die Straßenbauverwaltung des Landes Rheinland-Pfalz bildet die Scheinfugen so aus, daß dreikantige Betonbalken von 6 cm Fußfläche, 16 cm Höhe bei einer Dicke der Betonplatte von 20 cm und 1 m Länge zur Einkerbung eingelegt werden. Sie sind mit Papier umhüllt, damit sie keine Verbindung mit dem Beton eingehen und werden im Abstand von 2,5 ··· 3,5 m angeordnet. Der gewünschte Riß soll schon beim Schwinden des Betons entstehen. Durch diese Felderbetonbauweise mit Steuerung der Rißbildung im Tragkörper soll erreicht worden sein, daß keine Risse mehr in der aufgelegten bituminösen Schicht aufgetreten sind. Damit die Betonformsteine sich im Felderbeton nicht verschieben, werden sie wechselseitig im Tragkörper verankert (Abb. 359). Ganz hat man auf Raumfugen nicht verzichtet, um die Dehnungen im Sommer aufzunehmen [*256*]. Unter Felderbeton versteht man die Verlegung Feld über Feld.

Wenn diese Platten abgebunden haben, werden die dazwischen liegenden frei gebliebenen Felder aufgefüllt.

8.156 Abnahme von Betonfahrbahnen

Im Sinne der VOB DIN 1961 § 12 ist die Betondecke spätestens 3 Monate nach ihrer Fertigstellung abzunehmen. Die Abnahme besteht in einer Besichtigung, um etwaige Mängel festzustellen, wie Risse, Abplatzungen, Stufen an den Fugen, mangelhafter Fugenverguß, Fremdkörper im Beton u. a. m. Die Fahrbahnebenheit soll dadurch geprüft werden, daß die Decke zweimal mit einem Kraftwagen mit 60 bis 70 km/h und 100 bis 120 km/h befahren wird.

Die Planmäßigkeit und Ebenheit der Fahrbahndecke wird durch ein Feinnivellement und Meßgeräte (s. S. 55) nachgeprüft. Die Unebenheiten dürfen das Maß von 4 mm auf eine Meßstrecke von 4 m nicht überschreiten. Größere sind vor der Abnahme zu beseitigen. Um die Deckendicke und die Beschaffenheit des Betons festzustellen, werden im Abstand von 200 m Bohrkerne von 15 cm ∅ aus der fertigen Decke jeweils in Feldmitte in 1 m Abstand von der Mittelfuge, bei Bundesautobahnen in der Überholungsspur entnommen. An den Bohrkernen wird die Dicke der Decke, das Raumgewicht und die Festigkeit des Betons ermittelt. Die Bohrkerne müssen im Alter von 2 Monaten eine Mindestdruckfestigkeit von 320 kg/cm² aufweisen. Werden Ober- und Unterschicht je für sich geprüft, so muß die 7 cm dicke Oberschicht eine Mindestdruckfestigkeit von 530 kg/cm² und die 15 cm dicke Unterschicht von 360 kg/cm² aufweisen. Bei Bohrkernfestigkeiten unter 250 kg/cm² wird die Decke auf 100 m beiderseits der Stelle, aus der der Bohrkern entnommen ist, nicht abgenommen.

8.157 Unterhaltung der Betondecken

8.157.1 Fugenpflege

8.157.11 Laufende Unterhaltung. Zu den laufenden Unterhaltungsarbeiten rechnet die Pflege der Fugen, die hauptsächlich in dem Reinigen und Neuvergießen besteht, damit verhindert wird, daß Niederschlagswasser unter die Fahrbahndecke gelangt. Dadurch wird die Lebensdauer einer Betondecke erheblich verlängert. Im Sommer ist der hervortretende Fugenfüllstoff rechtzeitig fortzunehmen, damit sich keine Erhöhungen bilden, die Stöße erzeugen. Im Herbst wird man die Fugen wieder nachfüllen müssen, damit sich der Fugenspalt nicht öffnet, wenn die Platten bei Kälte sich zusammenziehen.

Muß Fugenmasse ersetzt werden, so wird dazu ein Pflug benutzt, der die Füllmasse auf 4 cm ausbricht, so daß die Fugenkante geschont bleibt. Dann müssen die Fugenwände von lose anhaftenden Resten und Schmutz mit Drahtbesen und Drahbürsten gereinigt und mit Preßluft ausgeblasen werden. Nachdem die bloßgelegten Fugenwände mit Heißluft getrocknet und angewärmt sind, erhalten sie einen Anstrich mit kaltflüssigen Mitteln.

8.157.12 Fugenmassen. Sie müssen den in DIN 1996 festgelegten Bedingungen entsprechen. (Flister, Str. und Autobahn 3 (1952) S. 140). Bei ihrer Prüfung wird gemessen der Erweichungspunkt nach WILHELMI, die Kugelfallprobe und die Verformung nach NÜSSEL. Der Gehalt an Bindemittel soll über 50 Gew.-% liegen, das Raumgewicht recht hoch sein und die Mineralbestandteile sehr fein gemahlen; Siebdurchgang Korn 0,2 mm 70 Gew.-%, 2 mm 100 Gew.-%. Für die Füllung von Fugen von Start- und Landebahnen aus Beton auf Flugplätzen für Düsenflugzeuge sollen kerosenbeständige Massen verwendet werden, für die das vorläufige Merkblatt für die Beschaffenheit und Prüfung von kerosenbeständigen Fugenmassen gilt (Ausgabe 1956). Eine plastisch und elastisch gemachte Vergußmasse ist Guttaterna, das auf der Basis von nicht vulkanisiertem Naturkautschuk hergestellt ist. Sie wird in Barrenform geliefert, bei 200° aufgeschmolzen und verspachtelt, ist aber auch gußfähig.

8.157.13 Fernhalten von Fremdkörpern. Bei der laufenden Überwachung der Fugen ist zu beachten, daß keine Fremdkörper durch den Verkehr in die Vergußmasse eingepreßt werden, da sie die Kanten beschädigen können, wenn die Platten sich bei Wärme ausdehnen.

Alle Arbeiten von 1 ··· 3 werden jetzt von fliegenden Arbeitskolonnen ausgeführt, die Geräte und Baustoffe mit sich führen.

8.157.2 Behebung von Betonschäden

8.157.21 Erscheinungsform und Ursachen der Betonschäden. Bevor die Schäden ausgebessert werden, müssen ihre Ursachen festgestellt werden, die sein können: Überbeanspruchung durch den Verkehr, Untergrundbewegung, Frost- und Tausalzeinflüsse. Diese letzteren sollen hier nicht berücksichtigt werden (s. S. 396). Andere Schäden können verursacht sein: durch mangelhafte Baustoffe, unsachgemäße Ausführung, mechanische Einwirkungen, z. B. durch Gleiskettenfahrzeuge, Rißbildung. Unterschieden werden: Tiefen- und Oberflächenschäden.

8.157.3 Ausbesserung mit bituminösen Bauweisen

Ausbessern mit bituminösen Bauweisen nach den „Richtlinien“[1] kommt nur in Frage, wenn es sich um Oberflächenschäden von geringer Tiefe oder um kleine Fehlstellen handelt, nur als vorübergehende Maßnahme. Hierfür können die im bituminösen Straßenbau üblichen Verfahren verwendet werden (s. S. 495), z. B. dünne Überzüge mit Kaltasphalt, Kalt- oder Heißteer mit Feinsplitt. Für stärkere Beläge, wenn es sich um Schäden von mehreren Zentimeter Tiefe handelt, wird ein im Kornaufbau gut abgestufter bituminöser Splitt oder auch Teermischmakadam oder Asphaltfeinbeton benutzt. Da das Größtkorn für die letztgenannte Mischung 8 mm ist, müssen die Schäden schon Tiefen von 12 mm haben, es sei denn, daß eine größere Fläche einen geschlossenen Überzug erhält.

Gegen die Beschränkung der Verwendung von bituminösen Massen nur für vorübergehende Instandsetzung ließe sich nichts einwenden, wenn nicht die Praxis etwas ganz anderes lehren würde. Die großen Flächen von Betondecken, die vor allem in den VStA in den letzten Jahrzehnten nur noch durch dicke Bitumenbeläge vor dem völligen Verfall haben gerettet werden können, so daß ihre Substanz erhalten werden konnte, betragen schon viele 100000 qm. Es wird schwer sein, eine Grenze festzusetzen, wann eine Betondecke nur vorübergehend mit Bitumenmasse unterhalten werden soll. Denn das setzt voraus, daß anschließend der schadhafte Beton erneuert wird. Solche Arbeiten werden aber wegen des Mangels an Mitteln und, weil dringlichere vorliegen, immer wieder hinausgeschoben und der Bitumenbelag bleibt ein Dauerzustand. Wenn dann die Schäden an der verwundeten Platte weiter fortschreiten, tritt bald der Zustand ein, daß überhaupt nicht mehr mit Beton ausgebessert werden kann. Dann bleiben nur noch zwei Möglichkeiten übrig:

1. Daß die Betonplatten abgebrochen werden oder

2. wenn sie noch nicht zu sehr gerissen sind, daß sie einen geeigneten Bitumenbelag erhalten.

Wirtschaftlich betrachtet würde das das Richtige sein. Damit kann man es sich auch erklären, daß der amerikanische Straßenbau, der die ältesten und größten Flächen aus Beton besitzt, diesen Weg beschreitet. Sein Vorteil ist auch darin zu sehen, daß man halbseitig bauen kann, daher Umleitungen vermieden werden. Die Verkehrssperren beim Umbau mit Bitumen sind nur kurz, während

[1] Vorläufige Richtlinien für die Instandsetzung der Fahrbahndecken auf BAB mit bituminösen Bauweisen (RIB 58) Str. und Autobahn 9 (1958) S. 105.

man dem Beton reichlich Zeit geben muß, bis er so erhärtet ist, daß er befahren werden kann [*257*, *258*]. Verlangt werden 21 Tage. Hier bewährt sich, daß die Bitumenbeläge besonders anpassungsfähig sind. Es ist aber allerhand dabei zu beachten. Dünne Bitumen- oder Teerüberzüge werden nur in dem Fall genügen, wenn Abschalungen an der Oberfläche als Frostschäden behoben werden sollen. Um die Betondecke dauerhaft instandzusetzen, werden dicke Schichten, bestehend aus einer Binderschicht und einer Deckschicht, aufgebracht werden müssen, wie auf S. 500 (Abb. 391) behandelt wird. Besondere Aufmerksamkeit wird man der Überbrückung der Raumfugen in der beschädigten Betondecke widmen müssen, um zu vermeiden, daß diese sich sehr bald in den Bitumenbelag fortsetzen. Daß damit zu rechnen ist, muß aus dem Abschnitt S. 411 entnommen werden. Hier ist nachgewiesen, daß Preßfugen genügen. Das hat man bei den Erneuerungsarbeiten von Betondecken mit bituminösen Massen nicht richtig erkannt und die dort beobachteten Risse werden als *Reflektionsrisse* bezeichnet, die sich etwa 2,5 mm öffnen. Es wird wenig Zweck haben, die Raumfugen im Beton mit plastischer Ausgußmasse zu füllen; sie müssen zu Preßfugen umgeformt werden.

Wie bekannt, wird eine Preßfuge in der Weise gebildet, daß die beiden Betonplatten durch 2 lotrechte Bitumenpappstreifen getrennt werden. Der Ersatz der Raumfuge durch eine Preßfuge in der Betonplatte könnte in der Weise vorgenommen werden, daß die Fugenfüllung mit dem Pflug ausgebrochen oder mit dem Flammenwerfer erweicht und ausgekratzt wird. Wenn dabei Ausgußmasse nach unten abfließen sollte, wäre das vorteilhaft, weil dadurch der Untergrund vor Nässe geschützt wird. Falsch wäre es, den Fugenspalt etwa mit Beton auszufüllen. Dieser würde an den Plattenflächen nicht anbinden und bald zerbröckeln. Die Raumfuge kann nur so zu einer Preßfuge umgewandelt werden, daß ein Brett eingelegt wird, das die Fuge satt ausfüllt und das auf beiden Seiten einen Bitumenpappstreifen erhält. Zweckmäßig wird diese Arbeit bei niedriger Temperatur vorgenommen, um die gleiche Wirkung zu erzielen, die bei der Preßfuge angestrebt wird (s. S. 411).

Als Baustoff für dieses Brett, das eine Dicke von etwa 16 ··· 20 mm hat und den Anforderungen der Richtlinien entsprechen müßte (S. 431), um den Druck auszuhalten, der entsteht, wenn bei Wärme die beiden Betonplatten sich ausdehnen und ihre Enden gegeneinander gepreßt werden, wird Hartholz oder Eternit vorgeschlagen. Solche Bretter könnten maßgerecht in Massen hergestellt werden. Sie lassen sich auch bearbeiten. Kleine Spielräume in den Raumfugen können durch mehrere Lagen Bitumenpappe zwischen Brett und Betonplatte ausgeglichen werden.

Neben den verhältnismäßig geringen Einflüssen der Temperatur auf die waagerechte Bewegung der Betonplatten muß auch mit lotrechten an der Fuge gerechnet werden. Wenn auch anzunehmen ist, daß durch die vorgeschlagene satte Ausfüllung der Raumfuge, um sie in eine Preßfuge zu verwandeln, Reibung entsteht, die eine solche lotrechte Bewegung aufhalten kann, so sind als weiteres Mittel für die lotrechte Versteifung Stahlmatten über der Fuge verlegt worden, aus rhombischem, rechteckigem oder quadratischem Maschengewebe wie bei den schon erwähnten Bewehrungseisen. Sie bedecken die Fugen in Längen von 1,8, 3,6 bis 5,4 m und sollen die Bildung von solchen Reflektionsrissen verhindert haben [*259*].

8.157.4 Ausbesserung beschädigter Fugenwände

Da diese stark beansprucht werden, erleiden sie leicht Beschädigungen. Ihre Instandsetzung verlangt eine besonders sorgfältige Behandlung. Bei größeren Kanten- und Eckabbrüchen muß die Platte erneuert werden. Kleine Kantenabbrüche können, nachdem sie gründlich gesäubert sind, in der Weise ausgebessert werden, daß sie einen bituminösen Anstrich erhalten und mit Fugenvergußmasse geschlossen werden. Bei tiefergreifenden Schäden muß der Beton bis auf 7 cm unter Schonung der Verdübelung und Verankerung abgestemmt werden. Die Stirnflächen sollen scharf und lotrecht sein, die Grundflächen waagerecht und mindestens 20 cm Seitenlänge haben.

8.158 Deckenerneuerungsarbeiten

8.158.1 Nach den Richtlinien für den Bau von Betonfahrbahnen

Für die Erneuerung in ganzer Deckendicke gelten die „Richtlinien für den Bau von Betonfahrbahnen". Hierbei ist auf ihre Ziffer 2 hinzuweisen, wie Untergrund, Unterbau und Planum vorher herzurichten sind. Um die Baustelle nur kurze Zeit zu sperren, sollen hochwertige Zemente (Z 325 und Z 425) verwendet werden. Wenn Fertiger nicht eingesetzt werden können, soll mit Rüttelplatten, Elektro- oder Preßluftstampfern verdichtet werden. Fugen, die als Arbeitsfugen sich im Anschluß an angrenzenden Beton ergeben, sind als Preßfugen auszubilden. Werden Platten hergestellt, die länger als 5 m sind, ist es angebracht, an den Teil, der bestehen bleibt, mit einer verdübelten Fuge anzuschließen.

8.158.2 Ausbessern mit Beton

Für solche Arbeiten besteht die Schwierigkeit, die neue Betonschicht in innige Verbindung mit der Betonunterlage zu bringen. Mit dünnen Betonschichten ist das in der Regel nicht zu erreichen. Darum sollte die Platte in ganzer Dicke erneuert werden, besonders wenn bei dieser Gelegenheit der Untergrund verbessert werden kann.

Wenn nur Schäden am Oberbeton beseitigt werden sollen, müssen diese Stellen bis auf den guten Beton mindestens 7 cm tief mit scharfen senkrechten Wänden ausgestemmt oder ausgesägt werden. Die Kanten sind anzurauhen und 24 Stunden zu wässern, ebenso die Umgebung der Ausbesserungsstelle auf 0,5 m. Auf die Anschlußfläche, die nur noch mattfeucht sein soll, wird Zementbrei (etwa 0,35 Liter Wasser/kg Zement) eingebürstet. Der Oberbeton wird in zwei Schichten eingebracht, jede für sich verdichtet, besonders nachhaltig die obere Lage und die Ränder. Wenn nach einer halben Stunde nochmals nachverdichtet ist, wird die Oberfläche mit einem hölzernen Reibebrett bearbeitet, um eine geschlossene Oberfläche und einen Anschluß an die bestehende Decke zu erhalten. Der Beton soll Weichbeton sein.

8.158.3 Ausbessern der Fahrbahnlängskanten

Wenn Fahrbahnlängskanten beschädigt sind, können sie mit Fugenausgußmasse instandgesetzt werden. Nur tiefgreifende Schäden sind mit Beton auszubessern. Das gilt auch, wenn keine befestigten Randstreifen vorhanden sind.

8.158.4 Zerschlagen des Betons

Zerschlagen der vorhandenen Decke und Aufbringen einer neuen Decke (Schwarzdecke oder Betondecke auf der zerschlagenen). Wenn die Betontragschicht nicht mehr genügend Zusammenhang hat, um für eine bituminöse Verschleißschicht eine brauchbare Unterlage zu geben, und wenn außerdem auch noch Frostschutzschichten eingebaut werden sollen, bieten sich verschiedene Möglichkeiten, den Straßenbeton als Aufbruch zu verwenden, schon um die kostspielige Abfuhr und die Lagerung zu sparen.

Der Beton wird mit einer Delmag-Ramme SZ 500 in Stücke von etwa 40×40 cm zerschlagen; kleinere Scherben werden herausgenommen. Dabei setzt sich auch der Untergrund. Größere Löcher werden mit bituminiertem Schotter vorgeflickt und dann eine Bitumenschotterschicht 7 ··· 8 cm dick aufgebracht, die zusammen mit dem Beton eine Tragschicht von beachtlicher Stärke ergibt. Darauf wird eine Schwarzdecke aus Mischmakadam gewalzt [*256*].

Verwertung des zertrümmerten Betons als Schotter. Vorgeschlagen ist, die geborstene Betonplatte mit einer Rammplatte 1 × 1 m Fläche und 2 t Gewicht, wie sie bei der Bodenverdichtung benutzt wird, zu zerschlagen und die Brokken durch einen Brecher zu schicken, der sie in die Korngrößen von 0 ··· 10 cm aufbereitet. Das anfallende Betonbrechgut wird in 2 Lagen als Tragschicht, die im ganzen 24 cm dick ist, auf die Frostschutzschicht gelegt. Darauf wird eine Hartsteinschüttpacklage (12 cm) 50/80 gewalzt. Darauf kommt dann ein Bitumenbinder 140 kg/qm 12/45 und eine Verschleißschicht 0/8 (Abb. 360). Es entsteht hierbei ein Unterbau, der die anderthalbfache Dicke desjenigen der früheren Straße hat.

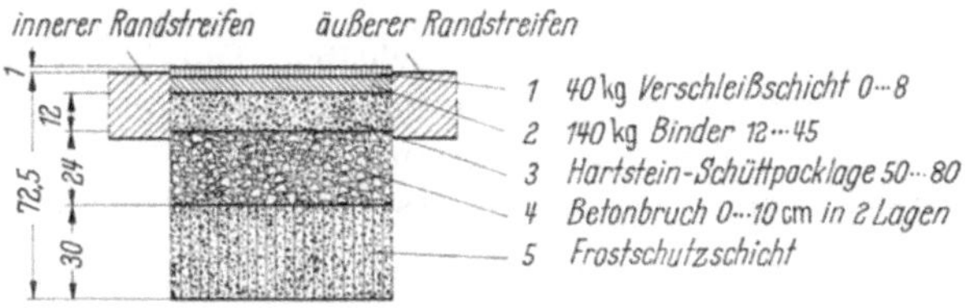

Abb. 360. Ersatz einer unbrauchbar gewordenen Betondecke durch eine Bitumendecke, mit Ausnutzung des Betonaufbruches, der vorher zerkleinert ist

Wenn das Brechgut in die Korngrößen < 50 mm und > 50 mm aussiebt, benutzt man das feine Korn als Frostschutzschicht, das gröbere als Tragschicht, das mit Colcretmörtel 1 : 2 ausgefüllt wird. Auf diese Schicht kann auch eine neue Betondecke 5 ··· 7 cm dick wie üblich aufgebracht werden.

Der im Brecher auf verschiedene Korngrößen aufbereitete Beton kann mit weiterem Gesteinszuschlag wieder zu einem neuen Beton verwendet werden. Das hat man schon früher mit Betonaufbruch der Stampfasphaltstraßen mit Erfolg gemacht. Obwohl es sich nur um einen Klatschbeton 1 : 8 handelte mit geringer Festigkeit (100 kg/cm^2), wurden etwa Zweidrittel als Zuschlag zum Kiesbeton verwendet.

Mit allen diesen Erneuerungsarbeiten sind eine Anzahl von Nebenarbeiten verbunden. Zum Beispiel muß neben den Fahrbahnen, um die Randstreifen zu schonen, ein Streifen von 20 cm mit Preßluftgeräten herausgestemmt werden. Wenn die Seitenstreifen tiefer liegen als die neu aufgebrachte Decke, müssen die Unterschiede ausgeglichen werden. Das kann durch Aufbetonieren geschehen oder durch Aufbringen von Fertigbetonplatten unter Verwendung von DYCKERHOFF-Weißzementzusatz [*260, 261*].

Beurteilt nach den Erfahrungen in den VStA bei der Instandsetzung abgängiger Betondecken mit Schwarzbelägen liegen die Vorteile dieser hier beschriebenen Verfahren nicht nur in der Erhaltung von Stoffwerten und in Ersparnissen, sondern auch in folgenden Tatsachen:

1. Der Untergrund wird verdichtet.
2. Das Pumpen an den Fugen, die beim Zerschlagen des Betons verschwinden, wird beseitigt.
3. Die Platten können nicht mehr reißen, weil die Bewegung des Betons auf eine große Zahl von Fugen verteilt wird.
4. Je dicker die bituminöse Auflage ist, um so mehr wird verhindert, daß Risse oder Fugen in ihr wiedererscheinen.

8.158.5 Beseitigung von Unebenheiten

8.158.51 Art der Unebenheiten. Unebenheiten entstehen durch Stufenbildung an Fugen und an Rissen, durch Wellenbildung oder Absinken von ganzen Platten. Die Ursachen sind stets, daß der Untergrund, der beim Bau nicht genügend verdichtet worden ist, nachgegeben hat, oder Frostschäden.

Nach den Richtlinien stehen zur Behebung der Mängel folgende Möglichkeiten zur Verfügung:

1. Behelfsmäßiger Ausgleich durch bituminöse Massen,
2. Abschleifen,
3. Aufbetonieren und Plattenerneuerung,
4. Plattenhebung.

8.158.52 Allgemeine Vorarbeiten. Durch ein Nivellement, das auf der Fahr- und Überholspur an zwei Stellen als Höhenlinie aufgenommen ist, wird die Senkung festgelegt bei einem Abstand von der Außenkante von 20 cm. Die Messung muß sich beiderseits der Senkstelle auf 50 m hinaus erstrecken.

8.158.53 Plattenhebung. Alle Hebeverfahren, die entwickelt worden sind, werden damit eingeleitet, daß die Platten durchbohrt werden, entweder um Hebevorrichtungen oder Füllmasse unter die gehobenen Platten zu bringen.

1. Flüssige oder plastische Massen werden unter die Platten gepreßt. Mischung von Feinsand, Wasser, Ton haben sich nur bewährt, wenn Zement zugesetzt wurde, der das Wasser band und die Schrumpfgrenze herabsetzte [*249*].

2. Die Platten werden mit Druckluft gehoben und der Füllstoff mit Druck untergeblasen. Sand wird mit dem Torkretgerät eingeblasen, nachdem mit Preßluft (6 atü) das unter den Platten befindliche Wasser verdrängt worden ist [*262*, *263*, *264*, *265*].

3. Heben mittels Druckspindeln. In einer Entfernung von etwa 1 m von den Querfugen werden Löcher mit 85 mm ∅ und in den Längsrichtungen werden weitere Löcher in 1,8 ··· 2 m Abstand gebohrt. Auf einer Fahrbahnbreite von 7,5 m werden 4 Bohrlöcher verteilt.

Unter diesen Löchern wird der Boden ausgehoben und werden Betonklötze hergestellt als Auflager für Spindeln. Diese greifen unter die Unterseite der Betonplatte. Dann werden die Spindeln — etwa 15 Stück — langsam und gleichmäßig gedreht, die Platten angehoben und nachnivelliert. Ist die vorgeschriebene Höhe erreicht, wird durch besondere Löcher Sand untergeblasen. Die Spindeln werden nacheinander ausgebaut und auch durch ihre Löcher Sand geblasen.

4. Heben unter Verwendung von Querträgern in Verbindung mit Zugspindeln oder hydraulischen Pressen. Die an Stahlträgern aufgehängten Platten werden mittels Schraubenspindeln oder hydraulischen Pressen gleich auf die vorgeschriebene Höhe angehoben. Für Anbringen der Hebeeinrichtungen müssen, wie bei den anderen Verfahren, Löcher gebohrt werden. Durch besondere Löcher wird dann Sand abschnittsweise so lange eingeblasen, bis Sand nach Beobachtung an den benachbarten Bohrlöchern die Hohlräume satt ausfüllt.

Mit diesem Verfahren sind die Vorteile verbunden, daß die angehobenen Platten auch seitlich verschoben und ganze Plattenteile herausgenommen werden können.

8.159 Weiteres zum Betondeckenbau

8.159.1 Transportbeton für den Straßenbau

Bei der dauernd zunehmenden Verwendung des Betons als Baustoff hat sich für bestimmte Orte und Zwecke seine Herstellung in ortsfesten Anlagen und Beförderung zu den jeweiligen Baustellen in noch nicht abgebundenem Zustand als zweckmäßig und wirtschaftlich erwiesen. Seine Verwendung für den Straßenbau bringt besonders in den Städten manchen Vorteil.

Da in der Stadt meist Schwierigkeiten bestehen, die Baustoffe ordentlich und in solchen Mengen zu lagern, daß keine Unterbrechungen im Betriebe eintreten, wenn die Zufuhr stockt, ferner die im Freien liegenden Baustoffe allen Witterungseinflüssen und der Verschmutzung ausgesetzt sind, die Trennung der Korngrößen schwer durchzuführen ist, so daß die Mischvorschriften oft bei bestem Willen nicht eingehalten werden können, die Anfuhr der Mischmaschinen, der Zuschläge und des Zements, ihre Stapelung, die Beschickung der Maschinen durch Handarbeit mit besonderen Unkosten verbunden sind, wozu auch die Streuverluste gehören, die bei ortsfesten Mischanlagen alle erspart werden, bietet die Betonaufbereitung in ortsfesten Anlagen sehr große Vorteile.

Dieser als Transportbeton bezeichnete Beton ist ein weicher, der nach den Vorschriften hinsichtlich Größe, Abstufung, Mischungsverhältnis der Zuschläge und Wasserzementfaktor zusammengesetzt ist und dessen Mischzeit genau eingehalten wird. Alles geht in einer ortsfesten Anlage mit entsprechend genauen Meßvorrichtungen vor sich; der Beton wird fertig für den Einbau zur Baustelle geliefert, ohne entmischt zu sein oder schon abgebunden zu haben. Er wird unter strenger Aufsicht hergestellt und unter bestimmter Gewährleistung hinsichtlich Menge und Güte verkauft. Er ist leicht zu verarbeiten und erfordert keinen weiteren Wasserzusatz und kein Nachmischen.

Durch genaue Anpassung an den Zementanteil sollen 7···8% an Zement gegenüber der freien Baustelle erspart werden. Ebenso beträchtlich ist die Ersparnis an Arbeit. Denn ortsfeste Anlagen haben elektrischen Antrieb, alle Maschinen einen wesentlich besseren Wirkungsgrad als die auf der Baustelle, geringere Unterhaltungskosten und Arbeiter werden nur wenige gebraucht, da alles selbsttätig vor sich geht. Weitere wirtschaftliche Vorteile bestehen darin, daß dieser Beton zu festen Preisen geliefert wird, also die Baukosten sich genauer berechnen lassen. Bei Massenbezug sind Preisnachlässe die Regel.

Mit Transportbeton kann auch im Winter bei nicht zu tiefem Frost gebaut werden, wenn mit warmem Wasser der Beton angemacht wird und auch die Zuschläge angewärmt werden. Nach amerikanischen Erfahrungen erhält man bei Erwärmen der Zuschläge auf +10° und des Anmachwassers auf 27° eine Temperatur der Mischung von 21°. Die Abbindewärme des Zementes schützt den Beton vor Frosteinwirkung. Die Anlieferung des Transportbetons von der Fabrik zur Baustelle ist der einzige Punkt in dem Vorgang, der besonderer Einrichtungen und Geldaufwendungen bedarf. Hierzu werden Trommelwagen benutzt, die üblich 2····3 m³ Inhalt, ausnahmsweise bis 5 m³ haben.

Der Beton wird trocken ohne Vormischung im Mischer aufgegeben. Der Wagenlenker setzt das erforderliche Anmachwasser der Mischung kurz (5 Minuten) vor der Baustelle zu und die Trommel in Umdrehung, die als Freifallmischer ausgebildet ist. In diesem Falle ist die Gefahr der Entmischung und das vorzeitige Abbinden ausgeschlossen. Diese Trommelwagen haben allerdings ein sehr hohes Gewicht, das über die zulässige Grenze früher hinausging. Die Trommel entleert durch Umdrehen und Abgabe auf Rutschen oder Transportbänder in die Baustelle beim Tief- und Straßenbau oder in Aufzugkübel beim Hochbau. Gerade im Straßenbau in den Städten, in denen die Baustellen besonders beschränkt sind, bedeutet die Verwendung von Transportbeton eine wesentliche Erleichterung.

Dieser Transportbeton ist besonders geeignet für die Tragschicht, auf die später noch eine Abnutzungsschicht gelegt wird (s. S. 405). Dies gilt vor allem bei Aufbrüchen und Ausbesserungen, wenn die Fahrbahn wieder hergestellt werden soll.

8.159.2 Fahrbahnen aus vorgefertigten Bauteilen

In solchem Falle können auch Fertigbetonteile zweckmäßig sein; sie bestehen aus großen Betonplatten als Tragschicht. Sie werden an der Baustelle angeliefert und mit einem Kran versetzt. Nur wenn solche Platten ein hohes Gewicht haben, also eine träge Masse darstellen, werden sie auch unter Verkehrserschütterungen sich nicht bewegen. Sie werden mit Preßfugen verlegt. Kleine Platten von etwa 1 qm, die noch mit Hand verlegt werden können, kommen nur in Frage bei Radwegen und Gehbahnen, z. B. unter Pflaster für Hauseinfahrten (s. S. 162).

Die Vorteile, die der Verwendung vorgefertigter Bauteile aus Beton oder Stahlbeton dem Bauwesen zugute gekommen sind, werden jetzt auch im Straßenbau ausgenutzt, dadurch daß fertige Fahrbahnteile eingebaut werden und die Bauarbeiten am Ort wegfallen, die stets unter ungünstigen Bedingungen vor sich gehen und erhebliche Zeit für Abbinden in Anspruch nehmen, in der der Verkehr behindert ist.

In Deutschland sind die ersten Versuche mit solchen Fertigbetonplatten als Tragschicht auf der Versuchsstrecke der B 29 bei Grunbach gemacht worden. Quadratische Zementbetonplatten (Betongüte 225/35) von 1 qm Fläche und 10 cm Dicke sind verwendet worden (Gewicht etwa 210 kg). Diese unter dem Namen „Egolf" bekannten Platten werden in 2 Lagen eingebaut in der Weise, daß sich der Mittelpunkt der Platten der oberen Lage über dem Fugenschnittpunkt von 4 Platten der unteren Lage befindet. Zwischen die beiden Lagen wird eine 2 cm dicke bituminöse Zwischenschicht gelegt.

An diese Bauweise mit Fertigbetonplatten werden die folgenden Anforderungen gestellt werden müssen:

1. Ein großes Gewicht, damit durch eine große Massenträgheit die Erschütterungen durch den Verkehr aufgefangen werden können (s. oben).
2. Eine unverrückbare Lagerung, die durch sachgemäße Herstellung des Unterbaues und auch durch die Eigenschaft zu 1. erreicht werden kann.
3. Eine ausreichende Verbindung der Platten untereinander, d. h. zweckmäßige Ausbildung der Fugen mit Nut und Feder.

Die wirtschaftliche Bauausführung wird davon abhängen, ob für die Anlieferung geeignete Förderbühnen und für die Verlegung Hebezeuge zur Verfügung stehen. Die Vorzüge einer solchen Bauweise bestehen in der erreichbaren Betongüte bei maschineller Herstellung in einer Fabrik und in der wesentlichen Verkürzung der Bauzeit, ein Umstand, der im Straßenbau den Ausschlag gibt, auch wenn die Baukosten gegenüber der bisher üblichen Ausführung der Tragschicht am Ort höher sein sollten.

Bekannt geworden ist, daß in der UdSSR solche Platten für vorübergehende Herrichtung von Zubringerstraßen für verschiedene Transporte und im Forstwegebau verwendet worden sind. Dabei sind Stahlbetonfertigplatten (2 m im Quadrat, 17 cm dick) benutzt worden, für die zum Teil noch besondere Auflagerungen geschaffen werden mußten. Da solche Fahrbahnen viele Fugen und Unebenheiten haben, lassen sie sich schlecht befahren. Wenn bei ungünstigem Untergrund mit Setzungen zu rechnen ist und im Winter, wenn nicht betoniert werden kann oder beschädigte Betondecken schnell ersetzt werden sollen, sind solche vorgefertigten Platten angebracht.

Solche vorgefertigten Stahlbetonplatten sind in Deutschland für Eisenbahnübergänge verwendet und auf den Bahnschwellen ohne Unterbettung verlegt worden. Die Spurrille kann entweder, wie Abb. 361 zeigt, durch eiserne Stühle oder durch Streichbalken freigehalten werden. Abmessung der Platten: Dicke richtet sich nach der Schienenhöhe, z. B. 16,8 cm; 0,38 ··· 0,60 m breit und etwa 2,50 m lang. Die Platten haben Löcher, in denen Stäbe einbetoniert sind, so daß mit Haken die Platten angehoben werden können. Die Kanten sind mit Flacheisen oder T-Eisen geschützt. In diesem Falle kann man die Platten umdrehen, wenn die eine Seite abgenützt ist. Die Breite bestimmt sich aus der Spurweite und dem Gewicht, die Länge aus dem Abstand der Schwellen. Die

Platte soll sich über mindestens 3 oder 4 Schwellen erstrecken; sie erhält Längs- und Querbewehrung. Damit Teile, die von den Eisenbahnzügen herabhängen, glatt über den Übergang geführt werden, sollen am Rande abgeschrägte Platten verlegt werden.

Die Platten sind schwer genug, um nicht verschoben zu werden, zumal Schienenstöße an Wegkreuzungen vermieden werden, so daß Erschütterungen nicht auftreten können. Wenn die Bettung sich zwischen den Schwellungen hocharbeitet und die Platte nicht mehr genügend fest liegt, kann dem durch Nachstopfen und Einebnen schnell nachgeholfen werden, da die Platten sich leicht herausnehmen lassen. Wenn die abgeschrägten Randplatten festgelegt werden, wird ein Wandern der Platten in der Richtung der Gleisachse verhindert.

In den bisher beschriebenen Fällen haben die Betonplatten als Fahrbahnbelag gedient. Größere Bedeutung wird aber der Anwendung solcher Platten als Tragkörper zukommen. Ein Fortschritt auf diesem Wege bedeutet zweifellos der Versuch, der von dem Tiefbauamt der Stadt Stuttgart mit solchen Betonfertigteilen gemacht worden ist.

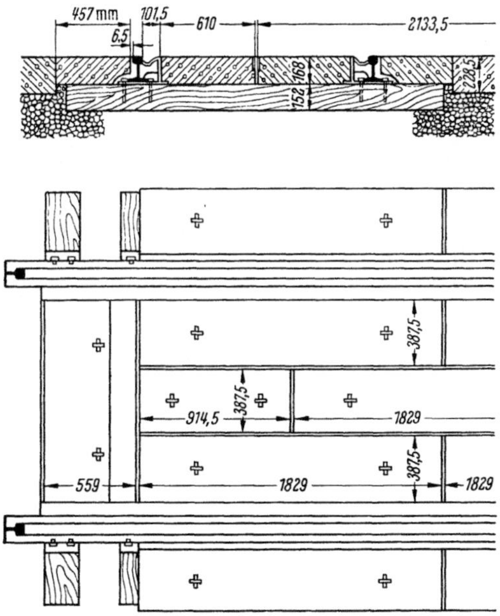

Abb. 361. Vorgefertigte Betonplatten für Eisenbahnüberführungen

Auf einer städtischen Hauptverkehrsstraße mußte die Asphaltfahrbahn erneuert werden. Ausgangspunkt für den Versuch war die Tatsache, daß auf den städtischen Straßen mit Asphaltdecken in diesen sich immer wieder Risse zeigen, die von den Fugen in der Betontragschicht verursacht werden, wenn die Asphaltdecke nicht dicker als 6 cm ist (s. S. 534). Bei Wahl eines geringen Fugenabstandes kann angenommen werden, daß die geringen Bewegungen bei kurzen Platten eher durch die Zugfestigkeit und Dehnfähigkeit des bituminösen Belages überbrückt werden. Deshalb erhielten bei diesem Versuch die Platten eine Länge von 2 m, eine Breite von 2,22 m, die sich der Fahrbahnbreite von 9 m anpaßte, und 20 cm Dicke. Die Platte hatte ein Gewicht von 2,1 t.

Aus Sicherheitsgründen wurde an der Unterseite eine Bewehrung aus Stahlmatten mit 2,2 kg/m² angeordnet und die Betongüte B 300 verlangt. 3000 qm dieser Platten sind in einem Betonwerk 32 km von der Baustelle entfernt angefertigt und mittels Lastkraftwagen mit Tiefladeanhängern zur Baustelle gefahren worden. 16 Platten konnten auf einmal befördert werden.

Nachdem der Untergrund entsprechend dem vorhandenen schweren Lehmboden vorschriftsgemäß hergerichtet war, wurden die Platten mit einem 4 t-Mobilkran vor Kopf verlegt. Jede Platte wurde mit einer ABG-Rüttelwalze festgelegt. Die Fugen wurden zuerst mit getrocknetem Sand ausgefüllt, der sich unter der Rüttelwirkung schnell in den Fugenräumen setzte. Der obere Teil wurde mit einer harten Fugenvergußmasse ausgegossen. Am Randstein wurde eine schmale Fuge, die sich aus Gründen der Montage ergeben hatte, mit schnellbindendem Zement vergossen, wo Schachteinbauten sich befanden oder Anschlußwinkel, wurden diese Flächen mit Beton ausgefüllt [*266*].

8.159.3 Holterbeton

Als eine Zwischenstufe zwischen Zementschotter- und Betonbelag kann die Holterbetonbauweise angesehen werden, bei der die aus Mörtel und Schotter schichtweise aufgebaute Decke nach einem besonderen Verfahren verdichtet wird. Dabei wurde das Ziel verfolgt, den Beton mit möglichst wenig Wasserzusatz zu verarbeiten, damit er seine Form auch in Überhöhungen und Steigungen beibehält. Hohe Festigkeiten wurden auch bei geringem Zementzusatz erreicht unter Anwendung besonderer Verdichtungsgeräte, so daß der Belag

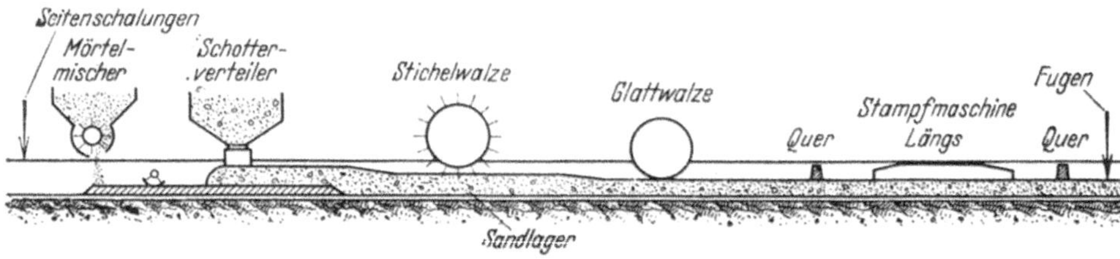

Abb. 362. Sinnbildliche Darstellung der Ausführung einer Betondecke nach der Holterbetonbauweise

möglichst kurz nach der Herstellung dem Verkehr ausgesetzt werden kann. Das Verfahren wurde den besonderen Anforderungen, wie sie der Straßenbau in Norwegen stellt, angepaßt.

Auf dem abgeglichenen Planum werden zuerst die Seitenschalungen für eine halbe Fahrbahnbreite aufgesetzt und dann zwischen ihnen eine 2 cm dicke Sandschicht ausgebreitet. Die Seitenschalungen dienen zugleich als Laufschienen für die Bearbeitungsmaschinen. Dann wird der in einem Eirichmischer aufbereitete Mörtel im Mischungsverhältnis 1 : 2,5 (Wasserzementfaktor 0,55) mit einem Verteiler 5,5 cm hoch ausgebreitet. Darauf kommt eine Lage Schotter von 20 ··· 60 mm Korngröße gleichfalls mit einem Verteiler aufgebracht in solcher Menge, daß die fertige Decke mindestens 10 cm, meistens bis 13 cm Dicke erhält. Beide Lagen werden mit einer Stachelwalze mit 15 cm hohen Stacheln, die eine Vorrichtung besitzt, durch die die Walze während ihrer Umdrehung erschüttert wird, so lange durchgearbeitet, bis der Mörtel in die Oberfläche des Schotters aufgestiegen ist. Nach ungefähr halbstündiger Bearbeitung erhält man einen vollkommen gemischten Beton mit sehr geringem Wasserzusatz.

Abb. 363. Holterbeton, Stichelwalze bei der Arbeit (Aufnahme des Verfassers)

Dehnungsfugen werden in einem Abstand von 8 ··· 10 m vorgesehen, indem Fugenleisten eingelegt werden. Dann wird die Oberfläche mit einer Walze von 3,8 t Gewicht eingeebnet, vor der an die Oberfläche getretener Mörtel mit Besen verteilt wird. Dann wird die Betonlage mit einer Stampfmaschine bearbeitet, die sowohl eine Querbohle als auch eine 4 m lange Längsbohle besitzt. Dadurch wird die trockene Masse so bildsam, daß die Oberfläche schließlich mit einer Lehre und mit dem Besen abgezogen werden kann. Die Bauweise wird durch die sinnbildliche Darstellung in Abb. 362 und die Aufnahme in Abb. 363 erläutert.

Der Zementgehalt beträgt 275 kg auf den Kubikmeter. Es werden sehr hohe Druckfestigkeiten und Biegezugfestigkeiten zwischen 40 und 45 kg/cm² erzielt. Die Decke kann bereits nach 4 Tagen befahren werden. Bei einer täglichen

Leistung von 300 m ist die Baustrecke, auf der der Verkehr nur halbseitig geführt werden muß, nur 1200 m lang.

8.159.4 Concrelith (Pflaster in Beton)

Diese Bauweise liegt an der Grenze zwischen Beton- und Pflasterdecke. Sie ist standortmäßig dort angebracht, wo Groß- oder Kleinpflaster abgängig sind und die anfallenden Pflastersteine höchstens noch geeignet waren, Schotter daraus zu schlagen. Wo wenig zugerichtete Rohsteine anfallen, können diese auch benutzt werden (Steinbruchabfall, Lesesteine). Die Steine werden in ein Betonbett mit der Kopffläche nach oben eingesetzt, so daß Steinkante gegen Steinfläche stößt und keine gleichlaufenden Fugen, sondern dreikantige Lücken entstehen, die bis zu einhalb mit Beton ausgefüllt sein müssen. Die Pflastersteine werden zweimal abgerammt, die Setzung kann aber durch Einrütteln, z. B. mit Rüttelplatten, bewirkt werden. Die Fugen werden mit Zementmörtel mit etwa 30% Splittzusatz Korn 5/12 nach jeder Rammung bis zur Steinoberkante eingefüllt, am Schluß wird die Decke so abgefegt, daß die Steinköpfe herausschauen. Der Beton entspricht den Anforderungen an Straßenbeton. Die Herstellung der Concrelithdecke verlangt seitliche Einfassung, die aus Holzschalung oder Bordsteinen bestehen kann. Dehnungsfugen als Raumfugen werden in 20 m Abstand angeordnet. Die Decke muß wie jeder Betonbelag feucht nachbehandelt werden. Den Bauvorgang erläutert Abb. 364. Da Betonmörtel keinen ausreichenden Kantenschutz an den Fugen bieten kann, werden sie mit Kleinpflastersteinen eingefaßt. Eine ebene Oberfläche kann von solcher Deckenart nicht erwartet werden, daher kommt sie nur für Straßen in Frage, auf denen das abgängige Pflaster bisher gelegen hat [*267*].

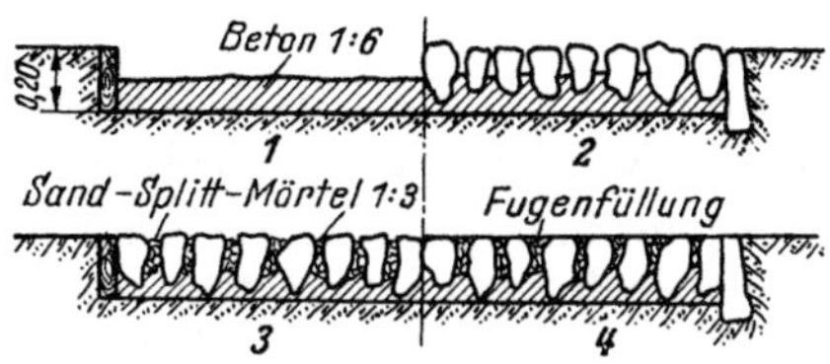

Abb. 364. Concrelithpflaster, Reihenfolge der Ausführung nach Ziffer 1, 2, 3 und 4

8.159.5 Betonpflastersteine

Wo Natursteine schwer zu beschaffen sind, sollen jetzt Betonpflastersteine die Lücke schließen. Wenn auch angenommen wird, daß sie sich für Fahrbahnen von Stadt-, Land-, Wohn- und Siedlungsstraßen eignen, so werden sie auf Flächen, die keiner besonderen Beanspruchung ausgesetzt sind und deren Abmessungen gering sind, so daß es sich nicht lohnt, eine große Baustelle aufzuziehen, angebracht sein, z. B. auf Park- und Abstellplätzen, Höfen, Rampen, zwischen Schienen und auf Einfahrten. Sie dürfen nicht zu schwer und müssen handlich sein.

1. Begriffsbestimmung. Betonpflastersteine sind Steine, die in Betonwerken aus hochwertigem Beton mit hoher Kantenfestigkeit maschinell unter Beachtung der neuzeitlichen Betontechnologie hergestellt werden. Betonwerke, die solche Pflastersteine herstellen, müssen der DIN 4225 § 3, entsprechen. Nur solche Steine, die unter diesen Voraussetzungen hergestellt werden und die geforderten Güteeigenschaften besitzen, dürfen als Betonpflastersteine bezeichnet werden [*268, 269*].

2. Abmessungen. Diese sind noch nicht genormt, weil erst Erfahrungen gesammelt werden sollen. Die Form muß einen guten Verband ermöglichen, der wenig Fugen hat, die zudem sehr eng sein müssen. Es werden daher angefertigt:

a) Quadratische und rechteckige Betonpflastersteine Abb. 365 mit Kantenlängen 160 × 160 oder 160 × 240 mm. Die Höhe ist abgestuft 140 mm, 110 mm, 80 mm.

b) Sechseckige Betonpflastersteine nach Abb. 366 mit der Höhe 60, 80, 120 oder 150 mm.

c) Quadratische Großpflastersteine mit den Kantenlängen und Höhen:

200 80···120, 250 80···140, 300 80···160, 330 80···180.

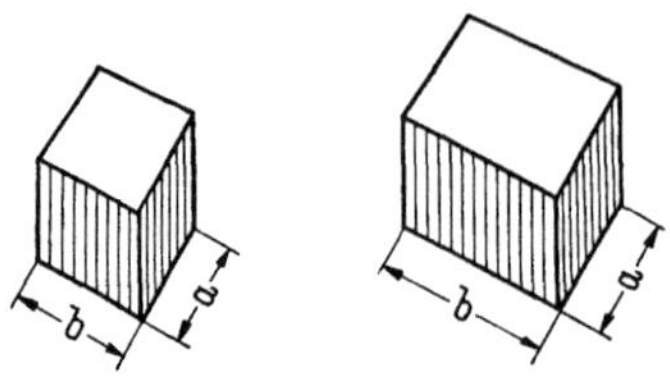

Abb. 365. Betonpflastersteine, quadratisch und rechteckig

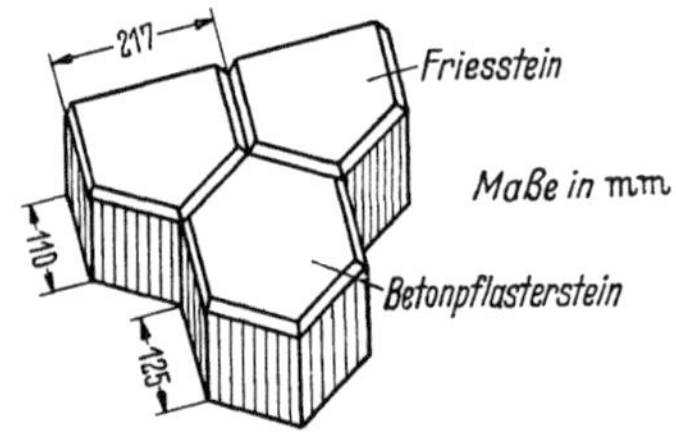

Abb. 366. Sechseckige Betonpflastersteine mit Randanschlußstein

Der Stein der letzten Größenklasse hat bereits ein Gewicht von 14 kg. Die oberen Kanten werden entweder vollkantig oder mit Fasen hergestellt.

d) Verbundpflastersteine mit solchen Formen, daß an den Längsfugen die Steine sich genau versetzen lassen, z. B. das Basament-Sinus-Pflaster. Mit solchen Betonpflastersteinen ist eine Hauptverkehrsstraße in Brüssel belegt worden.

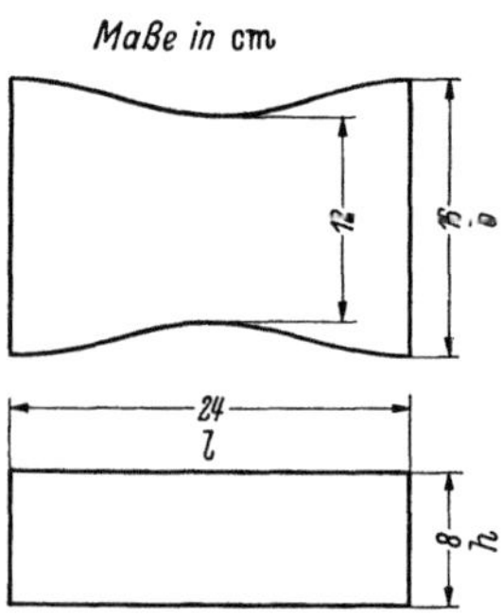

Abb. 367. Verbundbetonpflastersteine

Die Sollmaße sollen nur gering abweichen, Breitenmaße höchstens 1···3 cm, Höhenmaße ± 5 mm.

3. Baustoffe. Zement nach DIN 1164, Zuschläge nach DIN 4226 und 4301.

4. Bestimmte Güteeigenschaften werden verlangt, die in den ,,Vorläufigen Richtlinien für die Herstellung und Verwendung von Betonpflastersteinen im Straßenbau“ FG 1958 festgelegt sind. Geprüft wird Druckfestigkeit — sie muß Güteklasse B 600 (DIN 4225) entsprechen — Biegefestigkeit, Frostbeständigkeit, Abschleifverlust (DIN 52108).

5. a) Einbau. Die Unterlage muß wie bei allen Deckenarten standfest und frostsicher sein. Für die Ausführung gelten die Technischen Vorschriften TVE und TVU, Bauregeln und Richtlinien RUL, wie bei allen anderen Straßen.

b) Die Betonsteine werden in feinkörnigem Kies, scharfem Sand oder in Magerbeton, Zement- oder Traßkalk-Mörtel versetzt.

Die Sandkiesbettung soll bei Steinhöhen von 12···16 cm:

lose aufgebracht . .	8···11 cm,
abgerammt	6··· 7 cm betragen,

bei Steinhöhen von 8···11 cm:

lose aufgebracht . .	4···6 cm,
abgerammt	3···4 cm.

c) Für das Versetzen gelten die Regeln für Pflaster. Wenn die Fugen mit Zementmörtel oder Traß-Kalkmörtel hergestellt worden sind, sind das Merkblatt für den Bau von Fahrbahndecken aus Steinpflaster und die Richtlinien für die Verwendung von Klinkern im Straßenbau zu beachten.

Die Fugen mit bituminösen Vergußmassen werden genauso behandelt wie bei Steinpflaster [*270*].

Sollten Betonpflastersteine in der Gleiszone verwendet werden, muß der Einbau dem Merkblatt über Verlegung von Gleisen im Straßenpflaster entsprechen (S. 570).

8.159.6 Bordsteine

Bei der Einfassung der Betonstraßen ist schon auf die Betonbordsteine hingewiesen, die zwischen Formen eingestampft werden. Bei Stadtstraßen wird der Bordstein zugleich mit der Rinne in einem Stück hergestellt (Abb. 368). Auch hierzu werden eiserne Formen verwendet. Auch für die Kurven bei Straßenkreuzungen sind die entsprechenden Formen entwickelt. Die Herstellung der Bordsteine an Ort und Stelle ist billig; die Güte wird nicht immer gleichmäßig sein.

Der Betonwerkstein in einer Fabrik hergestellt ist von besserer Beschaffenheit. Für die Maße und Güteeigenschaften gilt die DIN 483, Bordsteine, Beton.

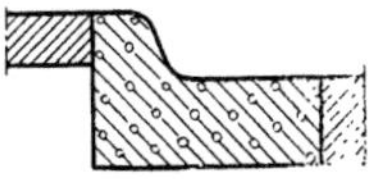

Abb. 368. Herstellung des Bordsteines aus Beton mit Rinne, an Ort und Stelle mit Schalung

8.159.7 Betonplatten für Gehbahnen

Die Befestigung der Gehbahnen mit Beton ist in der Weise, daß der Beton an Ort und Stelle fugenlos eingebaut wird, nicht zu empfehlen. Der Beton reißt unregelmäßig. Muß er beim Einlegen von Versorgungsleitungen aufgebrochen werden, kann bei Wiederherstellung niemals ein guter Anschluß an die bestehende Befestigung erreicht werden. Es bleiben Risse bestehen, an denen der Beton anfängt zu zermürben. Um diese zu vermeiden, muß die Gehbahnfläche in einzelne Platten aufgeteilt werden, die dadurch entstehenden Fugen müssen sorgfältig hergestellt und vergossen werden.

Die beste Form der Gehbahnbefestigung besteht in Platten, die in einer Fabrik hergestellt und dann verlegt werden. Nach der DIN 485 werden sie in den Abmessungen

30×30	4,5	und	6	cm	dick,
35×35	5	,,	6,5	,,	,,
50×50	8	,,	7	,,	,,

und in zwei Güteklassen hergestellt.

Die Platten der ersten Güteklasse bestehen durchweg aus gebrochenem, wetterbeständigem Hartgestein und bestem Zementmörtel, die der zweiten Güteklasse haben eine Decklage von $^1/_3$ der Dicke wie bei der ersten Klasse (mindestens 1,5 cm) und eine Grundlage von Steingrus und Kiesbeton.

Für diese Platten werden besondere Güteeigenschaften verlangt:

Prüfungsart	Klasse A	Klasse B	Bemerkung
a) Biegefestigkeit in kg/cm²	50	35	Zu b) Bei Platten die nicht bereits in der Fabrik vorgeschliffen worden sind, beginnt der eigentliche Abschleifversuch erst nach Entfernung der obersten Schicht bzw. nach einem Schleifweg von 157 m.
b) Abschleifbarkeit nach Bauschinger oder Böhme in cm³/cm²	0,20	0,35	
c) Materialverlust im Sandstrahl nach Gary in cm³/cm²	0,25	0,45	
d) Die Platten beider Klassen müssen frostbeständig sein.			

8.16 Lebensdauer der Betonbeläge

Die Lebensdauer der Fahrbahnbeläge bestimmt ihre Wirtschaftlichkeit, die gegenüber den Fahreigenschaften, wie Griffigkeit, Ebenheit und geringem Fahrwiderstand zwar nicht ausschlaggebend ist, aber nicht ganz vernachlässigt werden kann, da die Straße ein Wirtschaftsgut ist (Seite 359). Da die Lebensdauer von sehr vielen Einflüssen abhängt, z. B. Beschaffenheit und Vorbereitung des Untergrundes, dem Arbeitsverfahren, der Güte der Ausführung, richtiger Querschnittsform, ausreichender Deckendicke, Abstand und Ausbildung der Fugen, Verkehrsbeanspruchung und -dichte, ist es selbst bei Bearbeitung einer großen Zahl von Beobachtungen, die sich auf viele Jahre erstrecken, nicht möglich, eine allgemeingültige Aussage über die Lebensdauer der Betondecken abzugeben. Vor allen Dingen muß das Klima, in dem die Straße liegt, mit berücksichtigt werden. In Gebieten ohne Winterfrost haben Betondecken wesentlich günstigere Bedingungen.

Die ersten Betonstraßen in Deutschland sind auf Landstraßen verlegt, die Steinschlagdecken hatten, das bedeutet einen tragfähigen Untergrund und, wenn die Decklage gut abgeglichen war, auch nur eine geringe Reibung. Da anfangs geringe Fugenabstände angewendet wurden, war die Rißgefahr trotz mancher Mängel an den Fugen selbst nicht groß. Daher haben solche Betonbeläge bei sorgfältiger und sachgemäßer Ausführung z. B. mit Handarbeit und Preßluftstampfern, selbst bei Deckenstärken zwischen 15 und 12 cm und starkem Verkehr 30 Jahre ohne Schäden und Abnutzung überdauert.

Die Zeitschrift Highway Engineer and Contractor berichtete 1928, daß im Bellefontain (Ohio) eine Betondecke aus dem Jahre 1894 liegt, über deren Bau und Verhalten Angaben gemacht werden. In Edinbourgh soll sich eine Betonstraße aus dem Jahre 1873 befinden.

Das Verhalten der Betondecken auf den Bundesautobahnen könnte einen Einblick in die Lebensdauer von Betonbelägen geben, wenn nicht viele Fehler beim Bau, z. B. ungenügende Verdichtung des Untergrundes, Mängel in den Baustoffen und bei der Ausführung das Ergebnis beeinträchtigten. In England rechnet man mit einer Lebensdauer von 40 Jahren. Da viele deutsche Betondecken ein Alter von 25 ··· 30 Jahren haben und noch keine Verfallserscheinungen zeigen, obwohl der Verkehr, was Gewicht und Dichte anbelangt, sich in der Zwischenzeit vervielfacht hat, wird man auch mit 40 Jahren rechnen und in Wirtschaftlichkeitsberechnungen diesen Wert einsetzen können. Wenn rechtzeitig bei Schäden eine starke Bitumen- oder Teerdecke aufgelegt wird, können sie noch als Tragschicht dienen. Sehr viele Betondecken in den VStA haben sich diese Erneuerung gefallen lassen müssen. So wurden z. B. große Teile der Betondecke des Pennsylvania Turnpike, die 1940 dem Verkehr übergeben wurde, mit Bitumenbelägen wieder aufgefrischt, 1954: 35 km, 1955: 60 km. Vorher mußten die Platten angehoben und unterstopft werden.

Richtlinien für den Bau von Betonfahrbahnen 1956.

Merkblatt für die Unterhaltung von Betonfahrbahndecken FG 1952.

Vorläufiges Merkblatt für die Verwendung von luftporenbildenden Zusatzstoffen zu Straßenbeton, F. G. 1952.

Vorläufiges Merkblatt für die Beschaffenheit und die Prüfung von kerosenbeständigen Fugenvergußmassen, F. G. 1956.

Anweisung für die Lieferung und Prüfung von schwarzen Farbstoffen zum Einfärben des Betons bei den Autobahnen, Mai 1940.

Güterichtlinien für Betonverteiler F. G. 1957.

Güterichtlinien für Betonmischer F. G. 1953.

DIN 1164 Portlandzement, Eisenportlandzement, Hochofenzement, Dezember 1958.

Lieferbedingungen für Normenzemente zu Betonfahrbahnen auf Bundesfernstraßen vom 20. 2. 1956.

DIN 4226 Auswahl und Absieben der Zuschlagstoffe.

DIN 4301 Beurteilung von Hochofenschlacke.

DIN 53113 Prüfung von Papier und Pappe (Berstversuch).

8.17 Heizung von Betondecken

Nicht nur Schneefall, wie auf S. 234 behandelt, behindert den Verkehr, sondern in gleichem Maße die Winterglätte, die aus verschiedenen Gründen entstehen kann (z.B. Glatteis, s. S. 48) und Schneeglätte nach der Schneeräumung.

Das gilt für die Straßen, im besonderen Maße für die Start- und Landebahnen auf Flughäfen. Der einzige Weg, um dem Sicherheitsbedürfnis zu genügen, wäre zu verhindern, daß auf solchen Verkehrsflächen sich Schnee ablagert, und zu erreichen, daß stets eine solche Temperatur über der Fläche vorhanden ist, daß der fallende Schnee sofort auftaut und sich kein Eis bilden kann. Das ist möglich, wenn man die Fahrbahnen heizt. Diesen Weg hat man beschritten.

Besonders gefährlich sind im Straßenbau Brückenrampen. Deshalb hat man in den VStA eine solche Rampe dadurch geheizt, daß man in die Betondecke ein Röhrennetz gelegt hat, durch das man Wasser einer in der Nähe liegenden heißen Quelle schickt. Eine so günstige Gelegenheit, mit geringen Bau- und Betriebskosten eine Brücke frei von Winterglätte zu halten, wird aber selten sein.

1. Zur Heizung bietet sich der elektrische Strom an. Nach diesem Verfahren hat man in der Schweiz (Kanton St. Gallen) auf der Umgehungsstraße am Walensee bei Murg, die auf längerer Strecke aus Lehnenbrücken und einer Brücke über den Murgbach besteht und die nach Norden und stets im Schatten liegt, eine elektrische Heizung vorgesehen. Die Brückenbauten sind in vorgespanntem Beton ausgeführt. Als Heizkörper dienen Drahtnetze, die in dem Beton 3 cm unter der Oberfläche verlegt sind. Die Spannung im Heiznetz beträgt 25 Volt; eine höhere Spannung ist nicht zugelassen. Die Temperaturen der Heiznetze bewegen sich zwischen 0 und $+10°$, die an einem Heiztransformator geregelt werden können. Die Heizung hat die Aufgabe, bei Schneefall und zu erwartender Eisbildung das Ansetzen von Schnee und Eis zu verhindern. Um das zu erreichen, muß nach der Wettermeldung das ganze Heizsystem frühzeitig eingeschaltet werden [*271*].

Jede Platte wird für sich beheizt werden müssen, weil das Heiznetz an den Fugen unterbrochen wird. Für die Verhinderung des Schneeansatzes sollen 94 Watt/m^2 benötigt werden. Für glatten Ablauf des Schmelzwassers muß gesorgt sein.

2. Eine ähnliche elektrische Heizanlage wurde 1956 in Wattwil/Schweiz auf der Fahrbahn einer Straßenüberführung über die zweigleisige Eisenbahn der Strecke Wil—Wattwil—Nesslau und St. Gallen—Wattwil—Rapperswil ausgeführt. Das Heiznetz ist in gleicher Weise wie bei der Walenseestraße bei Murg auf der Spannbetonkonstruktion der Brückenöffnung, jedoch 2 cm unter der Oberfläche des Gußasphaltbelags verlegt. Die Stromspannung — durch Transformator regulierbar — ist ebenfalls 25 Volt. Diese Anlage hat sich gleichfalls bewährt [*272*].

Für die Betonfahrbahnen von Flugplätzen, auf denen Schnee und Eis die Sicherheit des Flugverkehrs besonders gefährden, soll nach einem Bericht zum Internationalen Betonstraßenkongreß in Rom 1957 ein neues Heizverfahren erdacht worden sein, das jedem Sicherheitsbedürfnis genügt, indem Schnee sofort beseitigt wird, Eis sich nicht bilden kann und Sicht bei Nebel verbessert wird. Es handelt sich um einen Belag — 3 P-Thermobelag —, der allen Angriffen des Verkehrs standhält, gut auf der Unterlage haftet und eine sofortige gleichmäßige Heizung bewirkt. Der Belag ist nur 8 cm dick und trägt in sich ein Heizsystem [*273*, *274*].

Da durch die Heizung in der Betondecke entsprechend ihrem Ausdehnungsbeiwert (s. S. 402) Längenänderungen eintreten, Vorgänge, die an der Haftzone zwischen Unterlage und Belag Scherspannungen erzeugen, muß der Belag diese mitmachen können. Er soll auch so nachgiebig sein, daß er auf flexiblen Decken verlegt werden kann. Die besondere Art der Konstruktion soll zulassen, daß der Heizstrom 1000 Volt hat. Infolgedessen soll der Wärmebedarf im Durchschnitt nur 30 ⋯ 40 Watt/qm betragen haben (Straße und Verkehr 1955, H. 2).

Erster Versuch einer Beheizung von Fahrbahndecken und Brücken auf der BAB.

Auf der BAB Köln—Frankfurt bei km 86,9 ist ein Versuch auf einem Überführungsbauwerk mit elektrischer Beheizung eines Teiles der Fahrbahn und der anschließenden Fahrbahnplatte der Rampe gemacht worden. Um den Zustand mit einer nicht beheizten Platte vergleichen zu können, wurde nur in der einen Hälfte der 7,5 m breiten Fahrbahn die Heizanlage eingebaut. Im Abstande von etwa 13 m von dem nördlichen Widerlager der Brücke wurde ein Stollen quer unter dem Autobahnkörper zum Messen aller Vorgänge während der Heizperiode angelegt, zu dem das Anschlußkabel 220/380 V geführt ist. Vom Stollen aus wird die Fahrbahnheizung gesteuert und kontrolliert. Verschiedene Arten von Widerstandsdrähten, die alle einen Widerstand von 1,0 Ohm/m haben, wurden als Heizkabel verlegt und an die Sammelschiene im Stollen angeschlossen. Als Träger für die Heizdrähte dient eine zusammengeschweißte Baustahlgewebematte. Der Abstand der einzelnen Heizdrähte voneinander ist 12,5 cm, in einem Randfeld nur 6,25 cm. Um Fugen in der Betonplatte senkrecht zur Fahrbahnachse zu überbrücken, haben die Heizdrähte Kupplungen an dieser Stelle erhalten, die eine Längsbewegung erlauben. Abgesehen von den Unterschieden in der Art der Heizdrähte wurde noch eine Unterteilung in der Weise vorgenommen, daß sie 4 cm, 8 cm und 20 cm unter der Oberfläche der Betonplatte verlegt sind, um die günstigste Wirkung der Wärmeübertragung an die Oberfläche zu erproben. 37,5 qm Brückentafel und 48,5 qm Fahrbahntafel auf dem Damm hinter dem Widerlager wurden auf diese Weise beheizt.

Als Heizwerte werden angegeben:

1)	für Anheizen bei —4° und geringer Luftbewegung, das 30···45 Min. dauert,	0,28···0,30 kWh/m²
2)	für den Betrieb bei 12,5 cm Abstand der Kabel	0,15···0,18 kWh/m²
	,, ,, ,, ,, 6,25 cm ,, ,, ,,	0,36 kWh/m²

Will man eine Wärmebilanz aufstellen, so muß man kennen:

1. Die Abmessungen der Bauteile der Fahrbahnplatten, ihre Wärmeleitfähigkeit und die der darunter liegenden Schichten,
2. die Anordnung der Heizquellen,
3. die je qm erzeugte Gesamtwärmemenge,
4. die Wärmeverluste durch Abgabe an das Erdreich in Abhängigkeit von der mittleren Temperatur des Erdreiches,
5. die Wärmeverluste durch Konvektion und Strahlung in Abhängigkeit von der Windgeschwindigkeit und der Außentemperatur der Luft.

Es hat sich erwiesen, daß die Heizdrähte bei einer Lage 4 cm unter der Fahrbahnoberfläche mit guter Frostschutzschicht unter der Platte die günstigste Wirkung haben. Schwierig ist, den ungefähren Zeitpunkt zu ermitteln, wann das Glatteis sich bilden wird, um rechtzeitig die Heizung einschalten zu können, und die Anlaufzeiten nach den klimatischen Gegebenheiten und der Temperatur der Boden- und Betonplatten zu schätzen.

Nach den ersten Versuchen hat sich die Anlage bewährt und wertvolle Hinweise für spätere Ausführungen sind gewonnen worden, auch über das Auftauen von Glatteis und Schnee [*275*].

8.18 Vorgespannte Betonfahrbahnen für Straßen und Startbahnen

8.181 Aufgabe

Bei Anwendung des Spannbetons hat die Vorspannung des Betons die Aufgabe, die Spannungen aus den Widerständen durch die Reibung, hervorgerufen aus dem Schwinden und Kriechen des Betons, den Wärmeunterschieden und den Bremskräften der Platte aufzunehmen. Die Spannungen, die durch die Kräfte des Verkehrs und die Einflüsse der außergewöhnlichen Temperaturunterschiede entstehen, die nur vorübergehend auftreten, überschreiten die Zugfestigkeit des Betons nicht. Voraussetzung ist, daß der Untergrund tragfähig ist.

8.182 Größe der Spannungen

8.182.1 Einfluß der Bodenreibung

Der Einfluß der Bodenreibung auf die Beanspruchung der Betonplatten ist schon auf S. 410 erwähnt. Bei den Platten, die vorgespannt werden sollen, kommt ihr eine besondere Bedeutung zu. Ihre Größe wird einmal von den Eigenschaften des Untergrundes, auf der die Platte liegt, abhängen, bei grobem Kies z. B., der einer Verschiebung großen Widerstand entgegensetzt, wird die Reibung groß sein im Vergleich zu feinem Dünensand. Sie ist beim Einsatz der Bewegung stärker als bei der Wiederholung und wächst mit der Verschiebung und mit der Geschwindigkeit der Bewegung. Wenn die die Reibung erzeugende Bewegung langsam vor sich geht, kann man mit einem niedrigen (0,5) Reibungsbeiwert rechnen. Es sind aber auch höhere Werte gemessen worden, auf die noch hingewiesen wird (s. S. 460).

Die Größe des Reibungswiderstandes und damit der Spannung, die er in der Platte hervorruft, hängt von dem Raumgewicht γ des Betons ab, dem Reibungsbeiwert μ und dem Abstand der Stelle x von der freien Fuge. In der Plattenmitte $= l/2$ entsteht die größte Spannung $\sigma_x = \pm x \cdot \gamma \cdot \mu$.

$+$ gilt für Erwärmung, $-$ für Abkühlung.

Um die Reibung möglichst herabzusetzen, ist vorgeschlagen, statt einer einzigen Papierlage (S. 422) zwei auf den Unterbau zu legen und zwischen beiden ein Gleitmittel, z. B. Glimmer, vorzusehen.

8.182.2 Einfluß des Temperaturwechsels

Die Dehnung und Verkürzung des Betons infolge der Temperaturunterschiede ist schon auf S. 402 behandelt. Für die Größe der Längsspannung σ_x infolge der Wärmeunterschiede $\Delta t°$ gibt die folgende Zusammenstellung Hinweise. Daß sie von der Plattendicke abhängt, ist schon erwähnt.

Plattendicke cm	$\Delta t°$	Längsspannungen infolge Wärmeunterschiede $\Delta t°$ in kg/cm²
20	18	$\pm$ 30···35
25	22,5	$\pm$ 40···45

Die Biegespannungen, die der Verkehr erzeugt, stehen in Beziehung zu den Radlasten P in kg und dem Druck der Aufstandsfläche p in kg/cm². Die Bettungsziffer des Untergrundes (s. S. 317) hat im Vergleich zu den hohen Spannungen infolge Reibung und Temperatur nur geringen Einfluß. Unter ungünstigen Verhältnissen können sich aber alle 3 Spannungen addieren und insgesamt Zugspannungen bis zu 70 kg/cm² annehmen, die der Beton nicht aufnehmen kann [*276*].

8.183 Vorteile der vorgespannten Betonfahrbahn

1. Die Zahl der Raum- und Scheinfugen wird wesentlich verringert. Die Pflege und Unterhaltung der Fugen fällt fort.

2. Risse werden bei richtiger Wahl der Vorspannung nicht mehr entstehen, auch nicht unter besonders schweren Verkehrslasten.

3. Man erhält eine Fahrbahn ohne Unterbrechungen, also mit großer Ebenheit und demnach mit guten Fahreigenschaften, die auch vollkommen dicht ist, so daß Nässe in den Untergrund nicht eindringen kann. Die Verkehrslasten erzeugen im Vergleich mit der üblichen Betondecke größere Verformungen, aber keine gefährliche Spannungen. Infolgedessen wird auch der Untergrund weniger verformt, so daß mit geringeren Beanspruchungen der Kanten gerechnet werden kann.

4. Es kann bis zu 50% an Beton gespart werden, so daß daraus und aus der längeren Lebensdauer der Spannbetonplatten sich ihre Wirtschaftlichkeit ergeben wird.

8.184 Verfahren der Vorspannung

Die Betonplatten werden nach zwei Verfahren vorgespannt:

1. Durch Stahleinlagen oder Stahlseile, die in der Längsrichtung und Querrichtung oder auch in der Diagonale eingelegt werden. Dabei entstehen Spannfugen in großem Abstand. Diese Bauweise läßt noch eine gewisse Beweglichkeit zu;

2. durch Einspannen der Platten von großer Länge zwischen Widerlagern und Zwischenschalten von Spannkeilen.

Diese beiden Verfahren lassen sich in der Weise vereinigen, daß für den Fall 2 die Querspannung durch Stahleinlagen erzeugt wird. Ein Unterschied zwischen den beiden Systemen besteht darin, daß sie bei gleichmäßigen Temperaturänderungen der Platte und beim Schwinden und Kriechen verschieden beansprucht werden.

8.185 Fragen, die die Vorspannung stellt

Die Vorspannung in der Betonplatte stellt eine ganze Anzahl von Fragen, die im folgenden kurz umrissen werden sollen:

1. Zuerst wird zu bestimmen sein, wie stark vorgespannt werden soll. Die notwendige Spannkraft steht in Beziehung zur Länge der Platte, zu der Reibung an der Unterfläche und den Temperaturunterschieden am Ort der Ausführung. Maßgebend ist aber, ob das Verfahren zu 1 oder 2 angewendet wird.

2. Es wird zu entscheiden sein, ob nur längs oder auch quer gespannt werden soll. Im ersten Falle müßte bei einer Breite der Fahrbahn von 7,5 m die Längsfuge beibehalten werden (S. 416).

3. Bei der Frage, was und wie vorgespannt werden soll, ist zu beachten, daß nicht nur ebene Platten, sondern auch solche in Krümmungen, in Wannen und Kuppen vorgespannt werden sollen.

4. Zu überlegen ist, wie die Spannglieder spannungslos eingebaut und fortlaufend mit der Erhärtung des Betons angespannt werden sollen. Bei langen Platten ist eine Verlegung nur denkbar, wenn der Spannstahl ein Drahtseil ist, das von Haspeln abgerollt wird. Damit gespannt werden kann, müssen die Seile in Röhren verlegt werden, in denen sich die Spannseile ohne Reibung ziehen lassen. Es sind hierfür sehr verschiedene Vorschläge gemacht worden, z. B. Umhüllen der Seile mit Bitumen.

5. Auf welche Art und Weise und in welchen Abständen soll vorgespannt werden?

6. Welchen Abstand sollen die Querfugen haben und wie sollen sie ausgebildet werden, damit genügend Bewegungsspielraum vorhanden ist?

7. Wie dick muß die Betonplatte gemacht werden? Wegen der günstigen Verteilung der Spannungen im ganzen Querschnitt kommt man mit geringen Plattendicken aus.

8. Ist die vorgespannte Betonplatte bei weniger zuverlässigem Untergrund angebracht?

8.186 Beispiele der Vorspannung von Betonplatten

8.186.1 Längsvorspannung mit Stahleinlagen und Seilen

Bei den Verfahren nach Ziffer 1 ist jede Platte für sich geschlossen vorgespannt. Werden mehrere aneinander gereiht, dann entstehen zwischen den einzelnen Platten Fugen, an denen sich aber nur geringe Bewegungen bemerkbar machen, da sie durch die Reibung mit der Vorspannung verhindert werden. Als Beispiele für längsgespannte Platten sollen die ersten Versuche aus Frankreich angeführt werden.

8.186.11 Frankreich. Die ersten Versuche sind im Jahre 1945/46 bei Luzancy und d'Esbly gemacht worden. Die Betonplatten bei Luzancy auf der Straße N 369 haben eine Breite von 6 m und sind 24 und 20 m lang. In der Mitte sind die Platten 20 cm, am Rande 16 cm dick. Für die Vorspannung sind Kabel im Winkel von 45° eingelegt worden, die aus 10 Drähten von 5 mm ∅ bestehen, in Maschen von 50 cm angeordnet mit einer Anspannung, die zwischen 17 und 21 kg/cm² liegt. Diese Betonplatten bilden die Rampen für eine Brücke.

Die 1949 verlegten Platten bei d'Esbly sind gleichfalls Brückenrampen, 48 m lang und 16 cm dick. Sie sind eingefaßt von 2 Bordsteinen, in denen die Verankerungen eingelassen sind. Bei ihnen hat das Quadratnetz 1 m Seitenlänge, bestehend aus 12 Drähten ∅ 5 mm. Die Spannung beträgt 16 kg/cm². Beide Betonplatten haben sich trotz des schlechten Untergrundes bewährt [*277*].

8.186.12 Deutschland. Nach dem ersten Verfahren sind auch die ersten Versuchsstrecken in der BRD gebaut worden, über deren Konstruktion die Tabelle 32a Aufschluß gibt [*278*, *279*].

Die Spannbetondecke der Einfahrbahn des Volkswagenwerkes

Die Bahn hat einen ovalen Grundriß. Sie besteht aus zwei Geraden, die eine 258, die andere 332,36 m lang und zwei Kreisbögen mit Halbmessern von 146,9 und 160,14 m mit Übergangsbögen in Form der Klothoide von 178,89 und 195 m Länge.

Die Kreisbögen sind sehr stark überhöht. Ihr Querschnitt ist hohlgewölbt und hat am äußeren Rand eine Neigung von 56°. Die Bahn ist für eine Geschwindigkeit von 150 km/h ausgebaut und die Krümmungen sind so angelegt, daß sie mit Freihand (s. S. 127) befahren werden können. Die Betonplatte ist 16 cm dick, quer und längs vorgespannt, so daß der Beton unter einer Druckspannung von 13 kg/cm² steht, die zur Überbrückung der Zugspannungen aus Verkehr und Temperatur ausreicht. Kurzzeitige Anstrengungen infolge der Temperatur und Feuchtigkeit mit etwa 10 kg/cm² von $\sigma_{bz} = 10$ kg/cm² kann der Beton übernehmen ohne zu reißen.

Die Bahn setzt sich aus vier Plattenabschnitten zusammen, zwei Geraden von 230 m und zwei Kurven zu je 650 und 690 m Länge, deren Fugen durch Keile gedeckt werden, die aber nicht zur Vorspannung dienen, sondern nur zur Überbrückung und die eine Bewegung erlauben, weil sie ein elastisches Zugglied haben, so daß die Keile bei starker Ausdehnung der Platten nachgeben und beim Schrumpfen in die Lücke wieder zurückgedrückt werden. Das Eigengewicht der Platten verhindert ihr Aufknicken. Damit die Enden der Abschnitte sich nicht aufwölben können, hat die Gleitfläche der Keile mit den Platten Nuten.

Um diesem Straßenkörper eine feste Unterlage zu geben, mußte der moorige Untergrund, auf dem die Einfahrstraße erbaut wurde, auf 2 m Tiefe ausgehoben und durch Sand ersetzt werden. Auf diese Schicht wurde eine Bodenvermörtelung von 15 cm aufgebracht. Um die Bodenreibung möglichst herabzusetzen, wurden auf diese zwei Lagen Pappe gelegt, die zwischen sich ein Schmiermittel erhalten haben. Nach Versuchen soll der Reibungsbeiwert nur 0,3 betragen. Die Spannglieder laufen auf die ganze Länge der Abschnitte durch. Sie liegen in Hydrofalzrohren mit ovalem Querschnitt, Ausführung der Philipp Holzmann A. G., 20 × 44 mm. Die Platten sind in Abschnitten von 30 und 75 m betoniert mit Fugen als Zwischenspannstellen, die nachträglich ausbetoniert worden sind. Für die Querspannung sind 1200 Spannglieder in 1,5 m Abstand und 35 t Spannkraft eingelegt. Die Längsspannung ist so vorgesehen, daß in der Mitte der Platte in den geraden Strecken 15, an den Enden 11 und in den Krümmungen 28 und 12 Spannglieder eingebaut sind, die gleichfalls auf 35 t vorgespannt sind. Die 9 m breite Fahrbahn ist fugenfrei und daher so eben als nur irgend möglich, damit sie erschütterungsfrei befahren werden kann [*280*].

8.186.13 Schweiz. Auf einer Landstraße in der Schweiz bei Naz hat man auf 2 Strecken Versuche mit vorgespanntem Beton gemacht, bei dem einen ist mit Kabeln, bei dem anderen nach dem zweiten System mit Kapselpressen vorgespannt worden. Die Strecke ist im Grundriß keine gerade, sondern hat einen Ablenkwinkel von 7°. Ihr Längsprofil zeigt eine Kuppe mit einem Ausrundungshalbmesser von 2600 m und einer Wanne mit 1300 m Halbmesser.

Die mit Kabeln vorgespannte Strecke ist 334 m lang und in 4 Abschnitte von 70 m Länge und 2 zu 27 m aufgeteilt. Die über den Querschnitt sonst gleichmäßig verteilten Kabel liegen am Rande dichter. Die Fugen haben die Aufgabe, die Vorspannung in der Fahrbahn in ihrer ganzen Länge immer wieder zu erhöhen, soweit sie durch die Reibung im Boden verzehrt ist. Die Kabel gehen an den Fugen durch, die ebenso wie bei der Vorspannung nach dem zweiten System (Seite 452) mit Kapselpressen oder Keilen vorgespannt werden. Betonplatten, die mit Kabeln vorgespannt sind, haben Ähnlichkeit mit den nach Ziffer 2 vorgespannten, die Widerlager haben, denn bei jenen sind die beiden äußersten Platten gewissermaßen die sehr langen Widerlager. Bei ihnen besteht nicht die Gefahr, daß die Platten sich abheben [*281*].

8.186.14 Vorschläge für die Anforderungen bei Längsvorspannung. Auf Grund der an den deutschen Betonfahrbahnen mit Vorspannung gemachten Erfahrungen hat die Forschungsgesellschaft für das Straßenwesen Leitsätze aufgestellt, die für das erste System folgendermaßen lauten:

Tabelle 32a. *Zusammenstellung von Spannbetonbahnen,*

Ort	Art des Verkehrs	Länge der Fahrbahn	Abstand der Spannfugen in m	Dicke cm
Deutschland				
Mergelstetten I	Bundesstraße	120	120	15
„ II	„	120	120	15
„ III	„	120	120	15[1]
Memmingen [*285*]	Startbahn	300	100	14
Wolfsburg (VW-Werk) . .	Einfahrbahn	1800	30 bis 70	16
Diepholz[2].	Startbahn	1275	106	14

[1] Mit Randverstärkung.
[2] Nach Dr.-Ing. KLUNKER der Dyckerhoff & Widmann A. G. München.

Bei Betonfahrbahnen, die mit Stahleinlagen vorgespannt sind, treten die folgenden Beanspruchungen auf:

durch ungleichmäßige Erwärmung	ca. 35 kg/cm²	(Biegezug)
aus Verkehrsbelastung	ca. 20 kg/cm²	(Biegezug)
durch Reibung bis 150 m Fugenabstand . .	10 ··· 15 kg/cm²	(Zug)
Summe	70 kg/cm²	

Bei einer angenommenen Dauerbiegezugfestigkeit des Betons von etwa 50 kg/cm² wird

durch eine Längsvorspannung von 30 kg/cm² eine ca. 1,25fache,
durch eine Längsvorspannung von 40 kg/cm² eine ca. 1,65fache

Sicherheit gegen Rissebildung erzielt.

Unter diesen Verhältnissen soll die Längsvorspannung 30 kg/cm² nicht unterschreiten. Als Mindestdicke wird für Fahrbahnen auf Bundesautobahnen und Bundesstraßen 15 cm als angemessen angesehen. Längsfugen können als Preß-, Schein- oder Raumfugen ausgebildet werden. Wenn die Randstreifen vorweg betoniert sind, muß für eine möglichst reibungsfreie Bewegung der Platte an dem Randstreifen gesorgt werden.

8.186.15 England. Die in England gebauten Betonfahrbahnen mit Vorspannung unterscheiden sich mit zwei Ausnahmen nicht von den französischen. In einem Bericht des Institutes der britischen Zivilingenieure vom 1. März 1955 sind die bis 1954 ausgeführten Probestrecken zusammengestellt, die in der Tabelle 32b wiedergegeben werden [*282*]. Die Platten sind längs oder diagonal vorgespannt. Nur die Startbahn im Flughafen London ist nach der Bauweise von Orly bei Paris in Dreiecksform ausgeführt und bei der Straße in South Bennfleet sind Kapselpressen angewendet worden [*283*].

Bei der Versuchsstraße South Benfleet fällt die geringe Dicke der Platte von 10 cm auf. Die Kabel für die Querspannung sind nur sehr schwach. Einige Versager verhinderten Längsspannung vor Freigabe der Straße für den Verkehr. Es zeigten sich Risse. Nachträglich wurden die Längseisen an zwei Stellen der Platte mit 50 t nachgespannt, da die Vorspannung tatsächlich verschwunden war. Die Risse haben sich dann geschlossen und auch in dem kalten Winter 1956 nicht wieder geöffnet. Es handelt sich um eine Privatstraße in einem Industriebezirk mit einem Verkehr, der geringer ist als auf einer Staatsstraße. Dennoch verkehren auf ihr Fahrzeuge und Kräne bis zu 20 t Gewicht. Die geringe Plattendicke von 10 cm kann nicht als ein Mangel angesehen werden und die Risse sind auf die ungenügende Vorspannung zurückzuführen.

die in der BRD ausgeführt sind

Längsvorspannung			Quervorspannung		
Art	σ_0 kg/cm²	Stahlbedarf kg/m²	Art	Höhe kg/cm²	Stahlbedarf kg/m²
Längs-bewehr.	20	2,7	Quer-bewehr.	10	1,3
,,	16	2,2	,,	3	0,5
Diagonal-bewehr.	26	5,8	Diagonal-bewehr.	9	—
Längs-bewehr.	15	3,0	Quer-bewehr.	14	2,7
,,	30	5,0	,,	10	1,5
—	—	—	—	—	—

Tabelle 32 b. *Zusammenstellung von Spannbetonbahnen,*

Jahr	Ortslage	Länge m	Breite m	Dicke cm	
1950	Crawley Sussex	120	6	15	
1951	Wexham Springs Buckinghamshire	33 39 60	3 3 3,5	15 15 15	
1951	London Airport	100	36	16	
1951	John Laing's Ltd	$15 \times 50 = 750$ $2 \times 50 = 100$	3,6 4	25 15	
1952	Basildon Sussex	$4 \times 60 = 240$	5	15	
1952	Woolwich	1000	5 bis 7	15	
1954	Port Talbot South Wales	450	6	15	
1954	South Benfleet	200	6	10	

Wenn jede Platte für sich vorgespannt wird, sind nach der englischen Auffassung Plattenlängen bis 120 m möglich. Wenn das Problem des Reibungswiderstandes an der Plattenunterfläche erfolgreich gelöst werden könnte, wären Längen bis zu 300 m durchaus ausführbar. Aber bei solchen Längen müssen die dann noch vorhandenen Raumfugen besonders ausgebildet werden, um die eintretenden Bewegungen aufzunehmen. Für ebene gerade Strecken eignet sich die durchlaufende Form mit den Endwiderlagern. Bei ungünstigem Untergrund und in Krümmungen wird die Ausbildung getrennter Platten mehr angebracht sein.

Nach französischer und englischer Auffassung muß die Dicke der Platte sich danach richten, daß die Kabel untergebracht werden können. Ein Anlaß, die Dicke danach zu berechnen, daß eine genügende Tragfähigkeit vorhanden ist, besteht nicht. Auch wird die Ansicht vertreten, daß die Länge der Platte im wesentlichen von der Reibung an der Unterfläche abhängt und daß sie in keinem Fall 120 m überschreiten sollte. Auf dem Sand in Algier ist sie fast gleich Null, weil die Bewegung langsam vor sich geht. Platten mit Breiten über 4,5 m sollten auch quer vorgespannt werden [*284*].

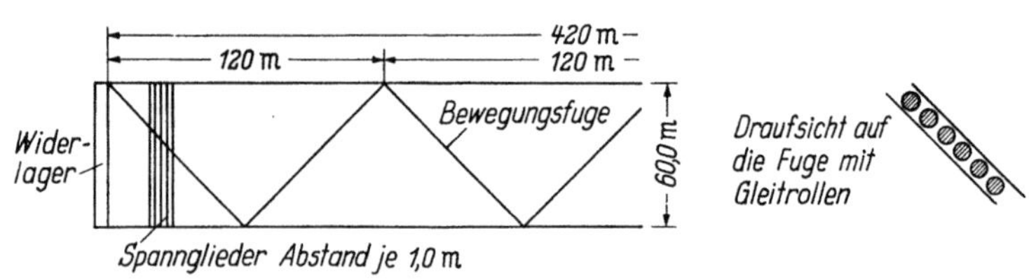

Abb. 369. Vorgespannte Startbahnplatte des Flugplatzes Orly (Paris) Grundriß und Anordnung der Fugen unter 45°

8.186.2 Betonplatten, die durch äußere Kräfte vorgespannt sind

Das zweite Verfahren ist dadurch gekennzeichnet, daß die Platten auf große Längen zwischen Widerlagern eingespannt werden und die Vorspannung durch Pressen oder Keile erzeugt wird, eine Bauweise, für die die folgenden Beispiele angeführt werden sollen:

1. Flugplatz Orly bei Paris. Die 420 m lange und 60 m breite Startbahn ist aus Dreiecken von 120 m Basislänge zusammengesetzt (Abb. 369). Die unter *die in England ausgeführt sind*

Vorspannung kg/cm² in der Länge	Vorspannung kg/cm² in der Breite		Zustand
15	1,6	Kabel in der Diagonale	gut
13 9 18	1,6 1,6 1,6	Nur Kabel in Längsrichtung	gut
40	40	Dreieckplatten Type Orly	gut
28 21	40 40	Kabel in Längsrichtung	gut
20	40	Kabel in Längsrichtung	gut
18	2	Kabel in Diagonale	gut
20	verschieden	Kabel in Längsrichtung und Diagonale mit Kapselpressen	keine Auskunft
38	3,5	Platten mit Kapselpressen in der Längsrichtung und Kabel in der Querrichtung	gut, nachdem in der Längsrichtung nachgespannt worden ist

45° liegenden Dehnfugen, die völlige Reibungsfreiheit haben, sind nur in London nachgeahmt worden und können übergangen werden. Die Startbahn stützt sich an beiden Enden gegen Widerlager (Abb. 370), die als starr angesehen werden können. In der Querdehnung ist der Beton durch FREYSSINET-Bündel mit je 12 Drähten ∅ 5 mm, mit 30 kg/cm² vorgespannt, die in 1 m Abstand liegen und durch die schrägen Fugen hindurchgehen. Der auf sie ausgeübte Druck von 53 t für den laufenden Meter wird durch die nach einer Kettenlinie geformten Bögen in den Boden übergeleitet. Das auf die Platte wirkende Bodengewicht lenkt die Spannungen in den Betonbogen um.

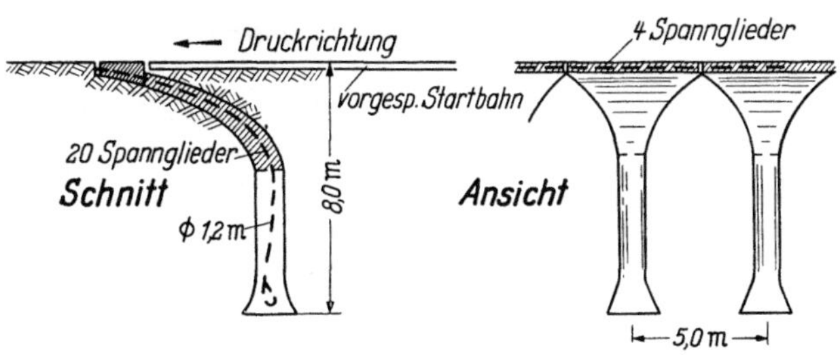

Abb. 370. Widerlager der vorgespannten Startbahnplatten, Schnitt und Ansicht von Abb. 369. ∅ des Sporns 1,2 m

2. Straße N 83 Bourg—Lyon bei Bourg—Servas. Es handelt sich um eine 300 m lange Strecke in vorgespanntem Beton, die aber wegen des gleichmäßigen Aussehens mit den anschließenden Straßenflächen einen bituminösen Teppichbelag 4 cm dick erhalten hat. Die Betonplatte ist nur 12 cm dick und mit FREYSSINETschen Spannbündeln, die aus 12 Drähten ∅ 5 mm bestehen, mit 10 kg/cm² vorgespannt. 4 Platten von je 60 m Länge stützen sich an den beiden Enden gegen Widerlagerabschnitte, die 30 m lang sind. Diese haben 2 hintereinanderliegende Sporne, die durch die Auflast des Bodens verankert sind und infolge ihrer Beanspruchung auf Zug wegen der bogenförmigen Auflage den Boden nur gering beanspruchen. Sie werden mit Spannbündeln mit der Platte zugfest verbunden und sind auf einen Druck von 310 t bemessen (Abb. 371). An einem Ende liegt die Betonfahrbahn auf einem alten Straßenunterbau, der zuließ, ein flaches, kammartiges Widerlager mit Spornen auf Druck auszubilden (Abb. 372).

Das besondere Kennzeichen dieser Bauweise ist die Anwendung von Kapselpressen zur Vorspannung, die zwischen die je 60 m langen Platten in Fugen von 17 cm Breite einbetoniert werden. Sie bestehen aus Tiefziehblech und sind an den Stößen verschweißt oder hart gelötet und können einen Pressenhub bis 25 mm ausüben. Ihre Lage in der Spannfuge ist durch Abb. 373 im Grundriß, Fugenschnitt und Längsschnitt erläutert. Die Kapselpressen werden mit geeigneten Preßflüssigkeiten gespannt. Da ihre Spannkraft je nach Größe begrenzt ist, höchste bis 900 t, werden so viele in Reihen zusammengesetzt, als notwendig sind, um den geforderten Druck zu erzeugen.

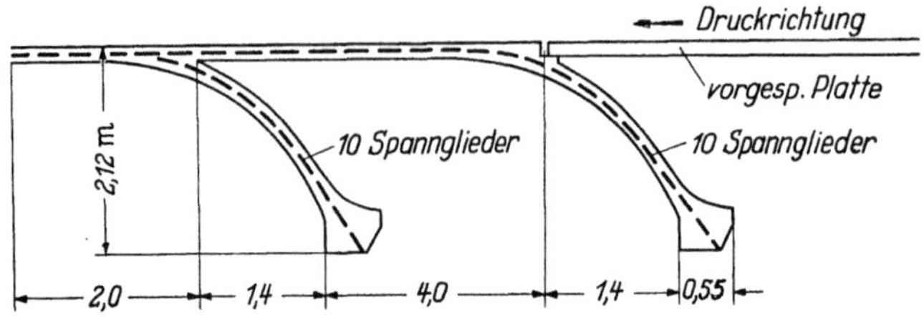

Abb. 371. Widerlagerabschnitte der vorgespannten Betonfahrbahnplatte der Straße N 83 Bourg—Lyon

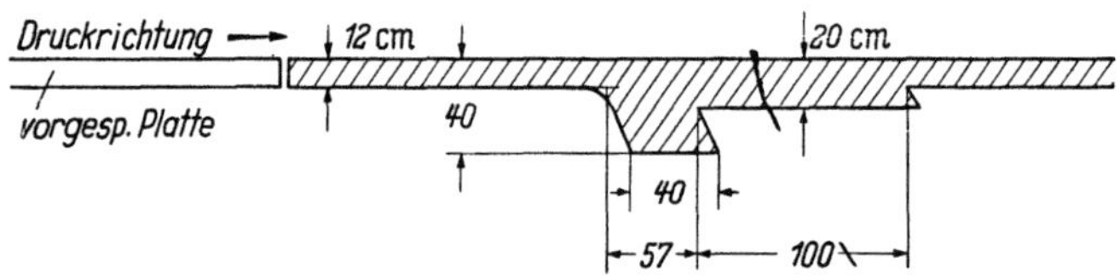

Abb. 372. Widerlager, die in einer vorhandenen Straßendecke verankert werden konnten

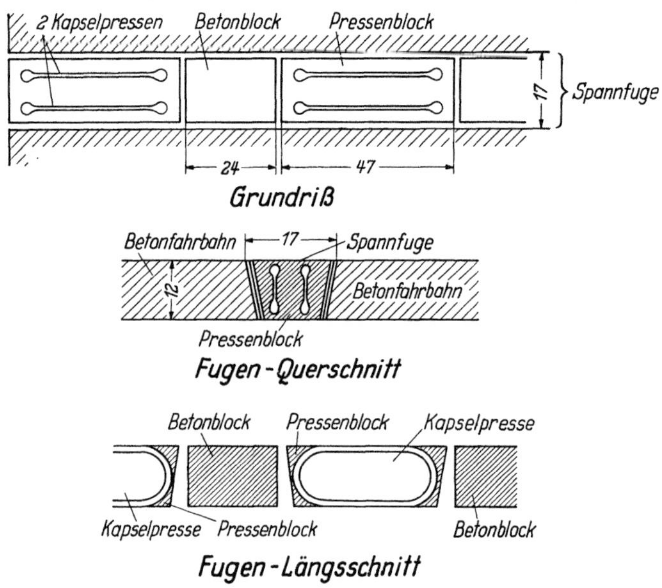

Abb. 373. Verwendung von Kapselpressen zur Vorspannung der Betonplatten, die einbetoniert werden

Für dieses Verfahren werden folgende Vorzüge angeführt:

1. Die Länge der Platten, die in einem Zug betoniert werden sollen, können in den Grenzen gehalten werden, daß sie sich leicht einbauen lassen.

2. Für die Längsvorspannung ist keine Bewehrung nötig. Man ist bei der Vor- und Nachspannung nicht gezwungen, bestimmte Zeiten einzuhalten.

3. Die Länge der Strecke, die vorgespannt werden soll, d. h. der Abstand der Widerlager, kann nach den örtlichen Bedürfnissen bestimmt werden.

4. Die Länge der Widerlager kann je nach den örtlichen Verhältnissen bemessen werden.

5. Der Einfluß der Reibung an der Unterfläche der Betonplatten ist ohne Bedeutung. Auch bei großen Abständen der Widerlager werden die Spannungen auf die Plattenlänge annähernd gleichmäßig verteilt.

3. *Startbahn Algier-Maison-Blanche.* Nach dem gleichen Verfahren, aber in abgewandelter Form, wurde dann die Startbahn in Algier-Maison-Blanche ausgeführt.

Es handelt sich um eine Startbahn von 2430 m Länge und 60 m Breite und einen Rollweg von 2050 m Länge und 25 m Breite neben der Startbahn. Sie sind für eine Last von 135 t berechnet. Die 18 cm dicken Platten sind mit 12drähtigen ∅ 7 mm Kabeln aus hochvergütetem Stahl in 1,33 m Abstand quergespannt und an den Rändern verankert. Die Startbahn in ihrer ganzen Länge stützt sich an beiden Enden gegen Widerlager im Untergrund, die aber eine andere Form haben als die der Straße Bourg—Servas (Abb. 374). In diesem

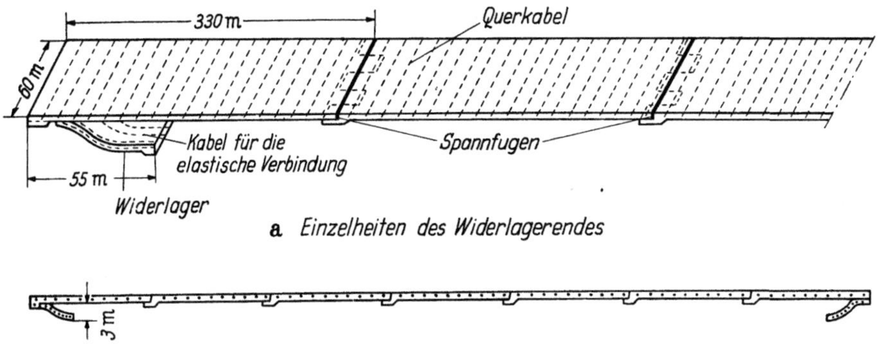

Abb. 374. Spannbetonstartbahn des Flugplatzes Maison-Blanche (Algier)

Falle erhalten sie Zugspannungen und machen die federnden Dehnungen und Verkürzungen der Betonplatte mit, ohne daß die bei dieser Form ausgeübte Kraft wesentlich verändert wird. Bei den auf Druck beanspruchten Widerlagern ändert sich die Kraft dauernd zwischen einem Höchstwert und 0 mit dem Zustand der Platte. Bei der Längsvorspannung der Widerlager ist die Temperatur zwischen 0 und 50° angenommen. In diesem Falle liegt die Vorspannung im Beton zwischen 18 und 88 kg/cm². Die Spannkabel der Widerlager (12 Drähte ∅ 7 mm) liegen in 40 cm Abstand in einer 15 cm dicken Betonplatte. Die Widerlager sind 55 m lang und 3 m tief.

Die ganze Startbahn ist in 330 m lange Platten aufgeteilt, von denen jede durch Kapselpressen längsgespannt ist. Diese liegen in Spannfugen, die, wie in Abb. 374 angedeutet, angeordnet sind. Sie erzeugen eine Spannung von 18 kg/cm², ein Wert, der auch für die Querspannung erreicht ist.

Der Spannfugenblock bildet nach voller Vorspannung ein Gelenk zwischen 2 Scheiben, die unter zentrischem Druck stehen, aber in labilem Gleichgewicht sind. Wenn auch das Gewicht der Platten einem Ausknicken entgegenwirkt, so ist doch keine genügende Sicherheit dagegen vorhanden, um ein Anheben nach oben zu verhindern. Deshalb greifen die Betonplatten gegenseitig fingerartig unter die Spannfuge. Dann können Knickungen an dieser Stelle nicht entstehen. Obwohl angenommen wurde, daß der Abstand der Spannfugen mit 330 m richtig und wirtschaftlich ist, wurden behelfsmäßig in 100 m Abstand Zwischenfugen freigelassen, die 24 Stunden nach der Betonierung unter Druck gesetzt wurden, um den Schwindvorgang auszugleichen. Nach dem Abbinden des Betons wurden sie geschlossen (Abb. 375) [*285*, *286*, *287*, *288*].

4. Die zweite vorgespannte Betonfahrbahn bei Naz (Schweiz). Auf der schon erwähnten zweiten Strecke bei Naz (Schweiz) ist mit Kapselpressen vorgespannt worden. Das Widerlager ist darauf berechnet, einen Druck aus der Vorspannung von 200 t zu übernehmen und deshalb mit 8 Kabeln zu je 12 Litzen (⌀ 12 mm) bewehrt, die in der 20 cm dicken Betonwölbung mit Kegeln nach FREYSSINET verankert sind. Die Widerlager haben sich als genügend kräftig erwiesen, da nur Bewegungen von Bruchteilen eines Millimeters beobachtet worden sind.

Zwischen ihnen ist die Betonfahrbahn 12 cm dick in 6 Platten von 70 m Länge aufgeteilt mit 7 Aktivfugen. Die beiden äußersten haben von der Außenbegrenzung der Strecke einen Abstand von 40 m. Nach der Fertigstellung macht

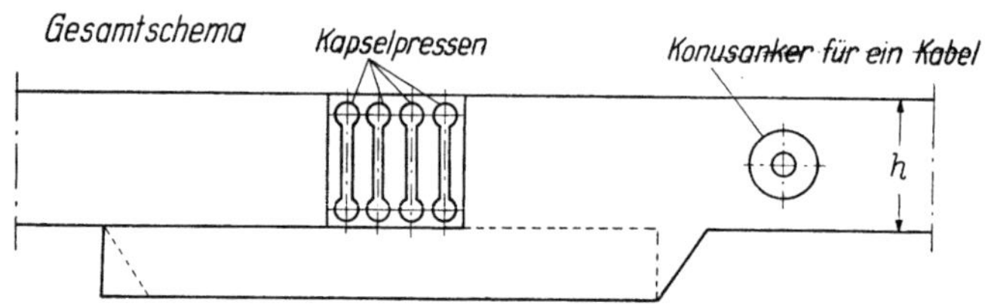

Abb. 375. Anordnung der Kapselpressen für die Vorspannung

die Fahrbahn auf ihrer ganzen Länge von 500 m einen völlig fugenlosen Eindruck. Wenn die Betonplatten ohne Reibung auf dem Untergrund ruhen würden, könnte man sich mit einer Fuge begnügen, wie bei dem Mittelgelenk einer Bogenbrücke. Wegen der Reibung am Boden muß der Abstand zwischen den Aktivfugen derart gewählt werden, daß der in der Platte verbleibende Druck zwischen zwei Punkten, wo sie am schwächsten sind, noch genügt, um das gewünschte Ziel der Vorspannung zu erreichen. Kennt man die Reibungsbeiwerte mit dem Boden, kann man die Grenzen errechnen, zwischen denen die Vorspannung sich längs der Platte zwischen 2 Punkten verteilt. Wenn man die Entfernung der Fugen vergrößert, um ihre Zahl zu verringern, und wenn man den gleichen Mindestdruck der Vorspannung haben will, muß man im gleichen Verhältnis die Vorspannung erhöhen, die man in den Spannfugen erzeugt.

In den Fugen liegen Serien zu 2 Kapselpressen 12 × 44 cm nebeneinander. Sie werden mit Wasser unter Druck gesetzt; jede gibt 60 t. Nachdem zum letzten Male vorgespannt ist, wird Zementmilch eingepreßt.

5. Die Versuchsstraße Moeriken—Brunegg (Schweiz) mit vorgespanntem Beton liegt in einer Krümmung mit einem Ablenkwinkel von 27°. Sie ist 608 m lang. Die Querneigung in der gekrümmten Strecke ist bis zu 5,7% erhöht. Bemerkenswert ist, daß die Platte mit Keilen vorgespannt ist. Das Widerlager am östlichen Ende besteht aus 3 in 8,5 m lichtem Abstand versetzten Eisenbetonwänden von der Breite der Straße = 5,5 m, die zwischen 0,6 ··· 1,2 m dick sind, bis auf 2,5 m Tiefe in den Untergrund reichen und durch einen vorgespannten Längssporn verbunden sind. Es soll einen Schub bis zu 500 t aufnehmen.

Auf der Westseite, an der die Krümmung liegt, wurde versucht, ob ein mit einem seitlichen Sporn versehenes Kurvenstück als Widerlager für die Aufnahme der Vorspannkräfte genügt und welche unvorgespannte Auffangstrecke hierfür erforderlich wäre. Vorgespannt wurde mit Keilen, die im Abstande von 2mal 120 m, 60 m und 148,05 m angeordnet sind.

Die Flanken der Platten und der Keile bestehen aus Stahlplatten, die mit Graphit geschmiert sind. Bei dieser Versuchsstrecke hat man sehr genau die Deformationen und die Temperaturveränderungen nachgeprüft und, was die Bodenreibung anbetrifft, festgestellt, daß sie zwischen 1,4 und 1,8 angenommen werden muß. Da der Boden aus Lehm bestand mit einem CBR-Wert = 4,2 bis

5,2 — die M_E-Werte schwankten zwischen 33 und 175 kg/cm² — und da er als frostgefährdet angesehen wurde, ist als Frostschutzschicht ein Kieskoffer 25 bis 40 cm dick mit Korn 0···8 cm eingebaut worden [*289*].

8.187 Vorspannung mit Keilen nach Leonhardt

Da Kapselpressen einen geringen Spannweg haben, so daß Spannfugen in kurzen Abständen notwendig sind, und sie auch sehr empfindlich und daher nicht ganz zuverlässig sind, hat LEONHARDT vorgeschlagen, zweiteilige Spannkeile anzuwenden. Diese können mit ihrer Spitze nach außen angeordnet werden. Dann wird die Spannung durch Pressen erzeugt, die die Grundflächen der Keile in Plattenmitte auseinanderdrücken. Auch hier müssen Widerlager (S. 452) in etwa 2 bis 3 km Entfernung vorweg ausgeführt werden. Die Keilflächen und die Fugenkanten werden mit geschliffenem Stahlblech verstärkt und zur Überwindung der Reibung beim Spannen mit Paraffin oder Graphit geschmiert, Reibungsverlust etwa 2···4%. Die Spannkeile werden im Abstand von 120 bis 150 m angelegt. Sie können auch mit durchlaufenden Spanngliedern nach der Plattenmitte gedrückt werden (Abb. 376). Bei einer Keilneigung 1 : 8 geben zwei Pressen mit je 50 t bereits eine Längskraft von 800 t ab.

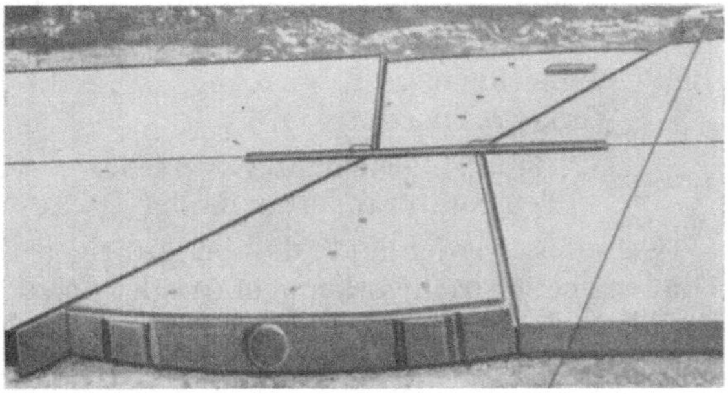

Abb. 376. Vorspannung der Betonplatten mit Keilen nach LEONHARDT

8.188 Vorschläge der F. G.

Schon am ersten Tage soll mit Spannen begonnen werden, um Querrisse durch Schwinden und Temperaturunterschiede aufzuhalten. Die zweite Spannung bis etwa 30 kg/cm² wird nach etwa 8···12 Tagen angesetzt, damit der Beton frühzeitig ins Kriechen gerät und das spätere Kriechmaß dadurch vermindert wird. Die endgültige Vorspannung kann nach beliebiger Zeit bis auf 40···50 kg/cm² aufgebracht werden. Mit Keilen kann jederzeit nachgespannt werden, während Kapselpressen das nicht zulassen. Mit der gesamten Vorspannung sind die Spannungen, die durch Temperaturänderungen und z.T. durch die Verkehrslasten entstehen, aufgefangen.

Da sich die fertig gespannten Betonplatten in der Längsrichtung nicht mehr bewegen können, weil die Widerlager nicht nachgeben, kann Reibung am Boden nicht mehr eintreten. Wenn die Platten im Sommer eingebaut werden, rufen die Sommertemperaturen starke Druckspannungen hervor. Da die Platten gleichzeitig austrocknen und schwinden, wird ein Teil dieser Spannungen abgebaut. Im Winter verkürzt sich der Beton bei Temperaturabnahme, gleichzeitig quillt er aber wegen Feuchtigkeitsaufnahme, so daß auch hier ein Ausgleich entsteht. Damit kann aber ein Rückgang der Vorspannung verbunden sein, so daß es sich empfiehlt, nach einigen Jahren nachzuspannen.

Ein Aufknicken der Platten an den Druckfugen ist nicht zu erwarten, weil der Druck gleichmäßig und mittig von den Fugen auf die Platten übertragen wird. Nach LEONHARDT soll bei Kuppen bis herab auf $H = 300$ m ein Abheben vom Untergrund nicht zu erwarten sein, weil bei einer Längsspannung von 60 kg/cm² das Gewicht der Platten das verhindert. Da bei Mulden der Gewölbedruck gegen den Boden gerichtet ist, wird die Platte gegen ihn gepreßt. Wenn in Krümmung liegende Betonplatten vorgespannt sind, werden sie gestaucht. Aber auch diesen Kräften wirkt die Reibung entgegen. Nach LEONHARDT genügt diese bis zu $R = 1500$ m, um die Abtriebskräfte aufzunehmen. Bei kleineren Halbmessern müssen an den äußeren Plattenrändern Widerlager angebracht werden, wie das zur Kraftaufnahme bei der Versuchsstraße (s. S. 460) geschehen ist. Bei der Bauart mit Keilen ist Wirtschaftlichkeit sicherlich zu erwarten. Denn die Platten selbst können in der üblichen Weise ausgeführt werden.

Für Betonfahrbahnen, die durch äußere Kräfte (Pressen oder Keile) vorgespannt sind, hat die F. G. folgende Richtlinien vorgeschlagen:

Bei diesem System können folgende Beanspruchungen auftreten:

durch	ungleichmäßige Erwärmung	ca. 35 kg/cm² (Biegezug)
,,	Verkehrsbelastung	ca. 20 kg/cm² (Biegezug)
	für je 10° gleichmäßig verteilte Temperaturänderung in der Decke .	ca. 30 kg/cm² (Zug).

Gefordert werden muß, daß bei niedrigen Herbsttemperaturen von wenigen Graden über 0° nach vorherigem Ausgleichen der Schwind- und etwaiger Kriechverkürzungen noch eine Vorspannung von 70 kg/cm² vorhanden ist. Um die in nachfolgenden Sommern auftretenden hohen Druckspannungen mit Sicherheit aufzunehmen, sind die Spannfugen so auszubilden, daß eine mittige Lastübertragung gewährleistet und ein Ausknicken an den Fugen durch entsprechende Bauteile vermieden wird.

Bei jeder möglichen Außentemperatur, jedoch ohne Berücksichtigung einer ungleichmäßigen Erwärmung und der Belastung durch den Verkehr soll als Sicherheit gegen Bewegen der Platten und Öffnen der Fugen eine Druckvorspannung von mindestens 20 kg/cm² verbleiben. Die Mindestdicke soll 16 cm und mehr, je nach Höhe der Verkehrslast, der Linienführung und den gegebenen örtlichen Verhältnissen betragen. Eine Quervorspannung mit Stahleinlagen kann bei breiten Straßen zweckmäßig sein.

Spannfugen sollen dort angeordnet werden, wo Arbeitsfugen liegen. Das ergibt einen Fugenabstand von etwa 150 m. In diesen Fugen treten nach der Vorspannung keine Bewegungen ein. Die Kanten sind zu schützen.

Es erscheint bedenklich, die Fugenkanten mit Stahl, der bündig mit der Fahrfläche liegt, einzufassen. Denn man hat die Erfahrung gemacht bei den ersten Betonstraßen, bei denen die Fugenkanten mit Stahlblech oder Winkeleisen eingefaßt waren, daß hinter der Stahlkante der Beton sich allmählich abnutzte und sich Vertiefungen bildeten. Wenn auch bei dem Verkehr mit Luftreifen der Beton geringer auf Abschliff beansprucht wird als früher, so wird dennoch der Unterschied im Widerstand gegen Abnutzung zwischen Beton und Stahl sich mit der Zeit bemerkbar machen, so daß vorgeschlagen wird, die Stahlkante 1 cm tiefer als die Fahrbahnfläche zu setzen und die Fuge auszugießen.

Zusammenfassung. Sowohl Start- und Landebahnen von Flugplätzen wie Fahrbahnen von Straßen sind in Spannbeton ausgeführt worden. Es macht aber den Eindruck, daß diese Bauweise für die zuerst genannten Anlagen ganz besonders geeignet ist, weil die Flugzeuge eine ebene Fahrbahn ohne Fugen verlangen, und daher in Zukunft bevorzugt werden wird. Im Straßenbau scheint dieser Stand noch nicht erreicht zu sein. [PELTIER: Str. und Autobahn 10 (1959) S. 132].

Vom wirtschaftlichen Standpunkt aus betrachtet, besteht für Spannbetonstraßen kein Nachteil, wenn auch die Kosten der Spannbetondecke an sich höher sind, so ist zu berücksichtigen, daß im Vergleich zu der üblichen Betonplatte die Stahlbewehrung und die Fugen fortfallen, die die Baukosten stark erhöhen, die Sicherheit gegen die Bildung von Rissen größer ist, die Fahrfläche eine bessere Ebenflächigkeit erhält und der Aufwand für die Unterhaltung wegen des Fehlens der Fugen geringer sein wird.

8.2 Die flexiblen Decken

Mitarbeiter Dipl.-Ing. **E. Vordermeier**

8.21 Vorbemerkung

Die in diesem Abschnitt behandelten Decken werden als flexible bezeichnet, da die Massen mit Bitumen und Teer als Bindemittel mehr oder weniger bildsam und formbar sind. Sie erfüllen in erster Linie die schon aufgestellte Forderung (s. S. 359) nach Anpassungsfähigkeit in Art, Stärke und Ausführung. Die Bindemittel Bitumen und Teer können, jedes für sich oder in Mischung, durch Einstellung ihrer Konsistenz den klimatischen Verhältnissen, der Einbauart und Einbauzeit angepaßt werden, je nachdem, ob kalt oder warm, ob von Hand oder maschinell und ob in kühler oder heißer Jahreszeit eingebaut wird. Durch Wahl der Gesteinsart, die für die bituminösen Fahrbahndecken verwendet werden soll, können wiederum Wirkungen erzielt werden, die sich auf die Farbe, auf ihre Verwendbarkeit in Steigungen, frost- und nebelgefährdeten Strecken und Schnellverkehrsstraßen erstrecken. Die Dicke und die Zusammensetzung bituminöser Decken selbst richtet sich in erster Linie nach dem Zustand der Tragschicht und der Verkehrsbelastung, jedoch können auch andere Gründe, z. B. Wirtschaftlichkeit, für die Deckenkonstruktion maßgebend sein.

Die Anpassungsfähigkeit kommt vor allem darin zum Ausdruck, daß bei den Bitumen- und Teerbauweisen die vorhandene Decke, soweit der Unterbau von vornherein einwandfrei gewesen ist, stets als Unterlage für eine Verstärkung des Belages ausgenützt werden kann. Es geht daher niemals Substanz verloren, und die Baustoffmenge und Arbeit, die einmal aufgewendet sind, bleiben, soweit der Belag nicht eine natürliche Abnützung erlitten hat, erhalten. Man ist auch nicht auf eine geringe Zahl bestimmter Bauweisen beschränkt, sondern eine reiche Auswahl stark abgestufter Formen stehen zur Verfügung, um sich den Verkehrsanforderungen, aber auch den Geldmitteln anzupassen. Der im Bauwesen ganz allgemein geltende Grundsatz, alle Schöpfungen mit dem Blick auf ihre Erweiterung anzulegen, bietet sich hier von selbst und zudem in vielfachen Lösungsmöglichkeiten an, ohne daß man genötigt ist, bei der ersten Anlage schon gleich auf die nachfolgenden Rücksicht zu nehmen. Man kann die Entwicklung abwarten und dann seine Entscheidungen treffen.

Aus der Anpassungsfähigkeit heraus hat sich auch eine besondere Wirtschaftlichkeit entwickelt, vor allem im städtischen Straßenbau. Hier konnte das sehr aufwendige Großpflaster, das allein den städtischen Verkehrsbeanspruchungen gewachsen war, durch die verschiedenen Bauweisen mit Teer und Bitumen ersetzt werden, die in der Anlage sehr wohlfeil und in der Unterhaltung verhältnismäßig billig sind. Die Erfolge, die sich aus der Umstellung auf die bituminösen Massen auf Grund der wissenschaftlichen Forschung auf diesem Gebiete in den letzten 40 Jahren ergeben haben, werden in den folgenden Abschnitten bestätigt.

8.22 Bindemittel

Das auf den Vorschlägen von H. MALLISON [*290*, *291*] beruhende DIN-Blatt 55946 (Sept. 1957) gibt für den Ausdruck „bituminös“ und die Bezeichnungen Bitumen, Teer und Pech die folgenden Begriffsbestimmungen:

Bituminöse Stoffe. Bituminös ist die Bezeichnung für Stoffe, die Bitumen, Teer und/oder Pech in irgendeinem Prozentsatz enthalten. Bituminöse Stoffe kommen entweder in der Natur vor oder werden technisch hergestellt.

Bituminöse Erzeugnisse sind dadurch gekennzeichnet, daß Bitumen, Teer und/oder Pech zu ihrer Herstellung maßgeblich verwendet werden.

Bitumen sind die bei der schonenden Aufarbeitung von Erdölen gewonnenen dunkelfarbigen, halbfesten bis springharten, schmelzbaren, hochmolekularen Kohlenwasserstoffgemische und die in Schwefelkohlenstoff löslichen Anteile der Naturasphalte. Einteilung:

Destillierte Bitumen sind die bei der Destillation gewonnenen weichen bis mittelharten Bitumen.

Hochvakuumbitumen sind die bei der Destillation unter besonders hohem Vakuum hergestellten harten Bitumen.

Geblasene Bitumen sind die durch Einblasen von Luft in geschmolzenes, weiches Bitumen hergestellten hochschmelzenden Bitumen mit ausgeprägten plastischen und auch elastischen Eigenschaften.

Verschnittbitumen sind destillierte Bitumen, deren Zähigkeit durch Zusatz von Verschnittmitteln herabgesetzt ist. Dünnflüssige, kalt verarbeitbare Verschnittbitumen werden als „Kaltbitumen" bezeichnet.

Bitumenlösungen sind Lösungen von Bitumen in Lösungsmitteln, vorwiegend für Anstrichzwecke.

Bitumenemulsionen sind mittels Emulgatoren erzielte feine Verteilungen von Bitumen in Wasser.

Teer. Teere sind durch zersetzende thermische Behandlung organischer Naturstoffe gewonnene flüssige bis halbfeste Erzeugnisse, die nach ihrem Ursprung unterschieden werden:

Steinkohlenteer ist der bei der Verkokung oder Schwelung von Steinkohlen gewonnene Teer.

Tieftemperaturteer (Schwelteer oder Urteer) ist der bei der Schwelung der Steinkohlen bei Temperaturen unterhalb 700 °C entstehende Teer.

Hochtemperaturteer (Kokerei- und Gaswerksteer) ist der bei der Verkokung von Steinkohlen zwischen 900 und 1300 °C entstehende Teer.

Rohteer ist unbearbeiteter Steinkohlenteer.

Destillierter Teer ist Steinkohlenteer, dem durch Destillation die leichtsiedenden Öle entzogen sind.

Präparierter Teer ist Steinkohlenteer, der durch Lösen von Steinkohlenteerpech in Steinkohlenteerölen hergestellt ist.

Kaltteer ist destillierter oder präparierter Steinkohlenteer, der durch Zusatz von Lösungsmitteln kalt verarbeitbar gemacht ist.

Teeremulsionen sind mittels Emulgatoren erzielte feine Verteilungen von Teeren in Wasser.

Peche sind Rückstände von der Destillation der Teere, bezeichnet wie diese als Steinkohlenteerpech, Braunkohlenteerpech usw. oder bei der Destillation von organischen Stoffen unmittelbar gewonnene schmelzbare Rückstände (z. B. Fettpech, Phenolpech, Harzpech).

Steinkohlenteerpech wird bei der Destillation von Steinkohlenteer als Rückstand gewonnen. Das Steinkohlenteer-*Sonder*pech hat ausgeprägte plastische und elastische Eigenschaften.

Weichpech (halbfest).

Brikettpech (mittelhart).

Hartpech (hart und spröde).

Pechlösungen sind für Anstrichzwecke geeignete Lösungen von Steinkohlenteerpech oder Steinkohlenteersonderpech in Lösungsmitteln.

Pechemulsionen sind mittels Emulgatoren erzielte feine Verteilungen von Pechen in Wasser.

Bitumen, Teer und Pech haben gemeinsam die Eigenschaft, daß sie beim Erwärmen stetig vom harten über den weichen in den flüssigen Zustand übergehen. Sie werden daher auch als warmbildsam (thermoplastisch) bezeichnet. Will man sie als Bindemittel verwenden, müssen sie erwärmt werden, um, wenn sie erkaltet sind, bei den örtlichen Klimatemperaturen Bindekraft auszuüben und beständig zu sein. Ob die Bindemittel diese Anforderungen erfüllen, muß durch Prüfverfahren festgestellt werden. Denn wegen ihrer verwickelten chemischen Zusammensetzung haben sie keinen bestimmten Schmelzpunkt. Der Übergang von dem harten in den flüssigen Zustand ist bei den hier zu behandelnden Bindemitteln nicht gleich. Vielmehr bestehen unter ihnen erhebliche Unterschiede. Will man bestimmte Grenzzustände erfassen, kann das nur in der Weise geschehen, daß die Beziehungen zwischen der Temperatur und der Konsistenz des Bindemittels, ob flüssig, halbfest, knetbar oder starr festgelegt werden. Es müssen also Verfahren zur Verfügung stehen, diese Konsistenzgrenzen in Verbindung mit der Temperatur zu messen und eindeutig festzulegen. Sie können dazu dienen, die bituminösen Bindemittel zu kennzeichnen und einzuordnen.

Zu diesem Zweck hat man aus der Erfahrung heraus Verfahren entwickelt, bei denen die Ergebnisse in Zahlenwerten ausgedrückt werden, die aber nichts über den wirklichen Zähigkeitsgrad aussagen und auch untereinander nicht ohne weiteres vergleichbar sind. Auch werden vielfach die einzelnen Bindemittelarten jeweils nach eigenen, ihnen besonders angepaßten Verfahren geprüft, so daß schon aus diesem Grunde eine Vergleichbarkeit untereinander erschwert ist. Zahlreiche Verfahren sind international anerkannt, manche in jedem Lande anders und auch nicht die gleichen für das gleiche Bindemittel.

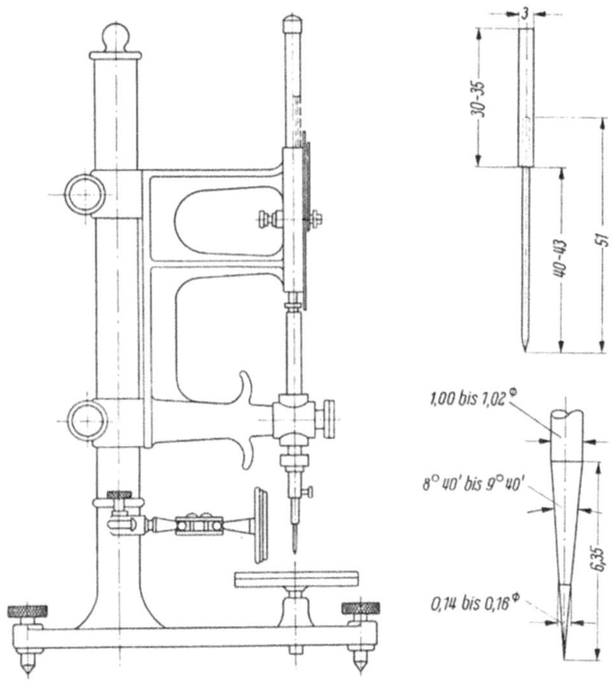

Abb. 377. Gerät zur Messung der Eindringungstiefe (Penetration)

Als Einheitsmaß ist die absolute Viskosität gemessen in Poisen (dynamisch g · cm^{-1} · sek.$^{-1}$) oder Centistokes (kinematisch cm^2 · sek.$^{-1}$) eingeführt. Aber dieses Einheitsmaß kann aus den genannten Meßverfahren nicht ohne weiteres abgelesen werden. Weil die Beziehung Viskosität zu Temperatur keine einfache ist, sondern sich die Viskosität mit einer Potenz der Temperatur verändert, sind die Umrechnungswerte noch nicht eindeutig festgelegt und die Formeln noch nicht allgemein anerkannt. Man hat aber Tafeln unter Zugrundelegen der als richtig anerkannten Formeln für alle Verfahren aufstellen können [*292*]. Selbst wenn diese Arbeiten zu einem gewissen Abschluß kommen sollten, werden die bisher eingeführten Verfahren beizubehalten sein, da sie den praktischen Bedürfnissen genügen. Sie sollen daher zum Verständnis der folgenden Abschnitte vorweg behandelt werden.

Eindringungstiefe (*Penetration*) *DIN 1995 U 3.* Die Eindringungstiefe (Penetration) ist ein Maß für den Härtegrad eines Bitumens. Das für die Prüfung verwendete Gerät heißt Penetrometer (Abb. 377). Bei der Normalausführung der Untersuchung läßt man die mit 100 g belastete Nadel des Penetrometers 5 Sekunden lang auf die in der Schale befindliche Bitumenprobe, deren Temperatur 25 °C beträgt, einwirken. Die Eindringungstiefe der Nadel gibt den Penetrationsgrad des Bitumens in 0,1 mm an. Um das Verhalten der Probe über einen größeren Temperaturbereich zu erkennen, kann man die Untersuchung auch bei verschiedenen Temperaturen vornehmen.

Erweichungspunkt Ring und Kugel (DIN 1995 U4) und Kraemer-Sarnow (U5). Man unterscheidet die Bestimmung des Erweichungspunktes nach dem Verfahren mit Ring und Kugel (Abb. 378) und nach KRAEMER-SARNOW (Abb. 379). Bei der Prüfung nach dem Ring- und Kugel-Verfahren wird eine 3,5 g schwere Stahlkugel auf eine in einen Messingring gebrachte Bitumenprobe aufgesetzt und die Temperatur bestimmt, bei der das Bindemittel so stark erweicht ist, daß die Kugel das Bindemittel in bestimmter Weise verformt. Die Bestimmung nach KRAEMER-SARNOW stellt den Temperaturgrad fest, bei dem das Bindemittel so weich geworden ist, daß es unter den Bedingungen der Versuchsausführung dem Druck von 5 g Quecksilber in einer Röhre nicht mehr standhalten kann.

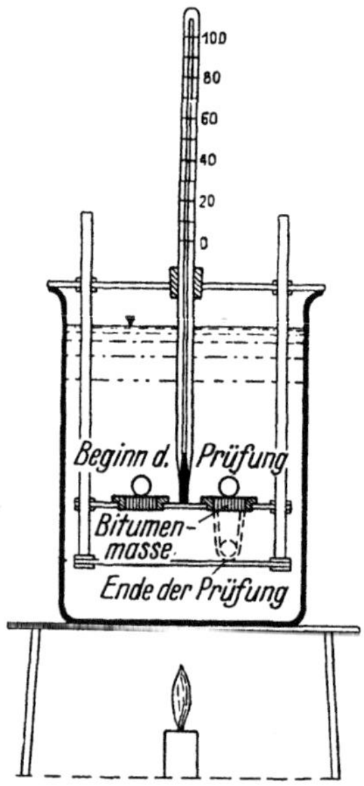

Abb. 378. Gerät zur Messung des Erweichungspunktes Ring und Kugel (R und K)

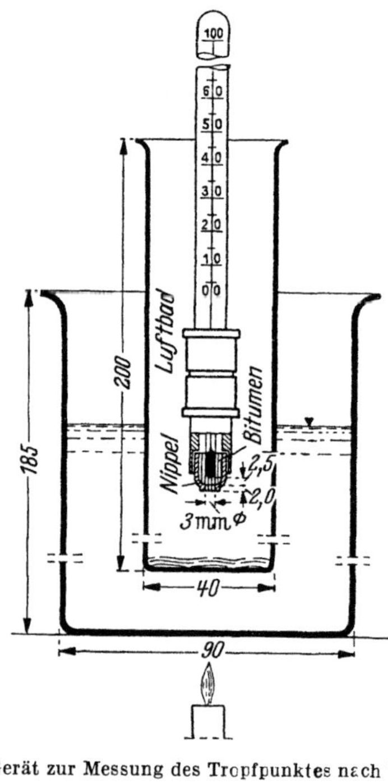

Abb. 380. Gerät zur Messung des Tropfpunktes nach UBBELOHDE

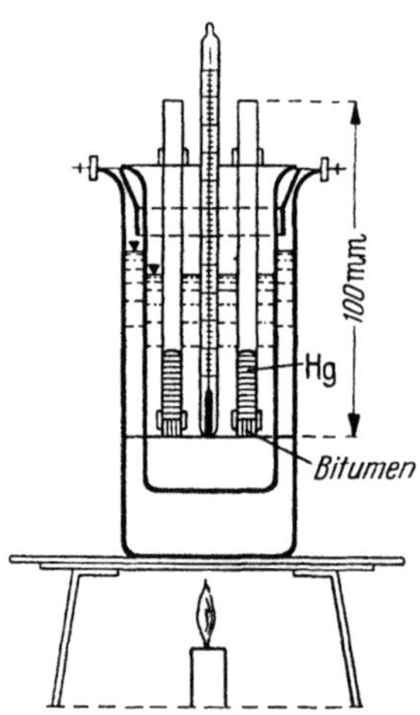

Abb. 379. Gerät zur Messung des Erweichungspunktes nach KRAEMER-SARNOW (K. S.)

Tropfpunkt. Der Tropfpunkt nach L. UBBELOHDE zeigt die Temperatur an, bei der die innere Zähigkeit des Bindemittels so gering geworden ist, daß es aus der kleinen Öffnung eines genormten Nippels ausdringt, einen Tropfen bildet und dieser infolge der eigenen Schwere niederfällt (Abb. 380).

Brechpunkt U 6. Das Verhalten in der Kälte wird nach dem Brechpunkt beurteilt. Ein Gerät für die Untersuchung ist von A. FRAASS entwickelt worden (Abb. 381). Man spricht deshalb von dem Brechpunkt nach FRAASS. Diese

Untersuchung zeigt die Temperatur an, bei der ein Bitumen oder Pech so weit erstarrt ist, daß eine auf einem Stahlblech aufgebrachte dünne Schicht beim Biegen des Blechs nicht mehr mitgehen kann, sondern bricht.

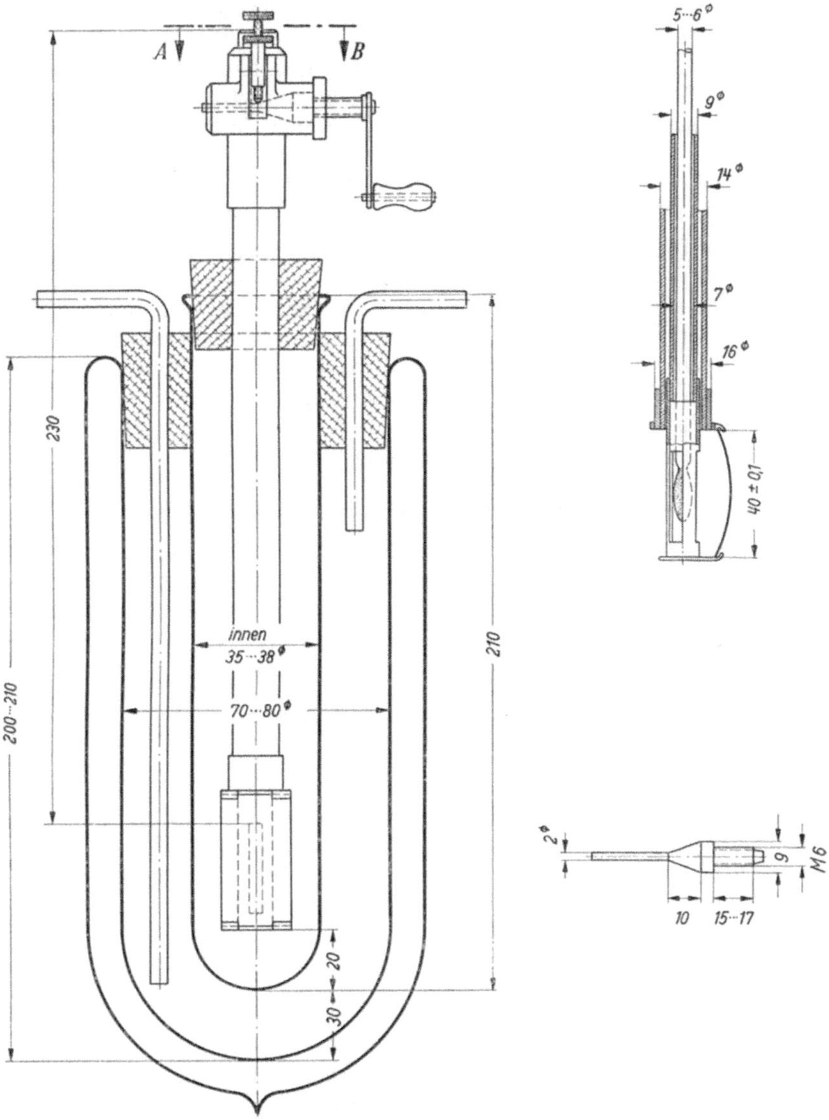

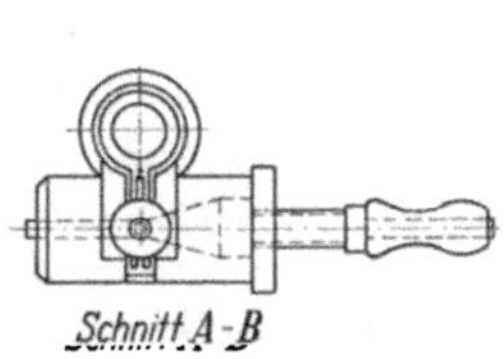

Abb. 381. Gerät zur Messung des Brechpunktes nach FRAASS

H. MALLISON und K. K. HOFMANN haben das Verfahren, namentlich für die Untersuchung von Steinkohlenteerpechen, vereinfacht [*293*]. Das Pech wird auf einem 4 · 8 cm großen Phosphorbronzeblech (DIN 1726) in dünner Schicht ausgebreitet. Man biegt das Blech mit der Hand in einem Wasserbade bei sinkender Temperatur, bis die ersten Haarrisse auftreten. Die Temperatur, bei der dies geschieht, ist der Brechpunkt nach M. und H.

Viskosität (Zähflüssigkeit) DIN 1995 U 13. Bei flüssigen Bindemitteln bedient man sich zur Bestimmung des Zähigkeitsgrades der Ausfluß-Viskosimeter, z. B. des Straßenteer-Viskosimeters oder des Engler Viskosimeters. Mit diesen Geräten werden Teere, Verschnittbitumen und Emulsionen geprüft. Das Viskosimeter wird auf S. 486 beschrieben. In Amerika wird für diese Zwecke das SAYBOLT-Furol Viskosimeter benutzt, gleichfalls ein Ausfluß-Viskosimeter.

8.23 Naturasphalte

Naturasphalt ist ein Asphalt, der aus Erdöl durch den natürlichen Prozeß der Verdampfung oder Destillation in unterirdischen Lagerstätten entstanden ist und als Ausschwitzungen, Sickerungen von flüssigem oder halbflüssigem Bitumen sowie als seeartige Gebilde auftreten. Man unterscheidet Naturasphalte mit hohem Bitumengehalt und solche mit niedrigem Bitumengehalt in Verbindung mit einem hohen Mineralanteil. Naturasphalte kommen meist in der Nähe oder in Verbindung von Erdölgewinnungsstätten vor und sind dementsprechend in ihrer Häufigkeit unterschiedlich über der Erdoberfläche verteilt, jedoch gibt es auch selbständige Naturasphaltvorkommen.

8.231 Naturasphalte mit hohem Bitumengehalt

Die bedeutendsten und besonders im Straßenbau verwendeten Naturasphalte sind als Trinidad- und Bermudezasphalt bekannt und werden in den als Asphaltseen bekannten Ablagerungen gewonnen. Daneben treten die in Europa (Albanien, Frankreich, Griechenland, Rußland), Asien, Nord-, Mittel- und Südamerika bekannten Lager an Bedeutung stark zurück.

8.231.1 Trinidadasphalt

Der frische Asphalt stellt eine Emulsion von Asphalt, Gas, Wasser, Sand und Ton dar, er ist durch Wurzeln und Pflanzenreste verunreinigt. Er muß daher entwässert und von seinen Verunreinigungen befreit werden, was beim Aufschmelzen auf ca. 160° geschieht. Gewinnungsort Insel Trinidad.

Der rohe Trinidadasphalt ist, wenn auf wasser- und gasfrei umgerechnet wird, sehr gleichmäßig zusammengesetzt. Es werden folgende Durchschnittszahlen genannt:

Bitumen, löslich in CS_2	53,0 ··· 55,0%
Mineralische Bestandteile (Asche)	36,0 ··· 37,0%
Organisch Unlösliches, gebundenes Wasser usw.	8,0 ··· 11,0%

Das emulgierte Wasser, im rohen, frisch gezogenen Material zu ca. 30% vorhanden, enthält etwa 8% gelöste Salze, hauptsächlich Kochsalz; das Gas ist eine Mischung aus Methan, Kohlensäure und Schwefelwasserstoff. Die Mineralstoffe sind im Trinidadasphalt sehr fein verteilt und werden im allgemeinen als Kieselsäure und kolloidaler Ton bezeichnet. Neuere Untersuchungen lassen jedoch darauf schließen, daß es sich bei dem Mineral des Trinidadasphaltes um eine vulkanische Asche handelt. Die Mineralstoffe und ihre feinste Verteilung verleihen dem Trinidadasphalt spezifische Eigenschaften, die durch keine künstliche Mischung erreicht werden und die dazu geführt haben, daß er für die verschiedensten Zwecke Verwendung findet. Besonders hervorzuheben ist die große Temperaturbeständigkeit.

Zur Rückgewinnung des Bitumens im Trinidadasphalt muß dieser in Schwefelkohlenstoff aufgelöst und die Lösung abgeschleudert werden, da die Mineralstoffe so fein sind, daß sie durch jedes Filter gehen.

Der gereinigte Trinidadasphalt wird als Trinidad-Epuré bezeichnet. Seine Dichte ist infolge des Mineralanteils hoch. Das darin enthaltene Bitumen ist hart. Für Epuré und das Reinbitumen werden folgende Werte angegeben:

	Epuré	Reinbitumen
Dichte bei 25°	1,40	1,070
Penetration bei 25°	0	0
Erweichungspunkt R. u. K.	95	75
„ K. S.	77	65
Tropfpunkt	110	93
Brechpunkt nach FRAASS	+19	+15
Asche	41%	0,15%

Der Trinidad-Epuré kann normalerweise im Straßenbau nicht verwendet werden, da er zu hart ist. Daher werden für die verschiedensten Zwecke mit Petroleumrückständen oder weichem Bitumen gefluxte Massen hergestellt, die nach ihrer Penetration bezeichnet werden. Handelsüblich sind Massen mit Penetrationen (bei 25°) von 10, 70 und 200. Eine solche Masse hat z. B. folgende Zusammensetzung und Eigenschaften:

Bitumen, löslich in CS_2	67,0%
Mineral (Asche)	28,5%
Organisch Unlösliches	4,5%
Dichte bei 25°	1,27
Penetration bei 25°	60°.

Neben dem bei normaler Temperatur halbfesten bis festen Trinidad-Epuré kommt der Trinidadasphalt auch als inaktives, fein gemahlenes Mehl in den Handel. In dieser Form wird es wie Gesteinsmehl oder Stampfasphaltmehl (S. 470) bituminösen Massen beigemischt.

8.231.2 Bermudezasphalt

Er tritt in einer sumpfigen Gegend auf der Westseite des Golfes von Pavia in Venezuela an der Mündung des Guacauo gegenüber der Insel Trinidad hervor. Der Asphaltsee bedeckt eine Fläche von ca. 450 ha und hat eine Tiefe zwischen 0,6 und 6 m. Die Konsistenz ist ungleichmäßig. An den Quellen ist der Asphalt weich und gibt ziemlich viel Gas ab. Die Oberfläche erhärtet unter dem Einfluß der Witterung, so daß der Asphalt gebrochen werden kann. Der rohe Asphalt besitzt etwa 30% Wasser und wird vor dem Versand gereinigt und entwässert. Der gereinigte und entwässerte hat folgende Zusammensetzung:

Dichte bei 25°	1,06 ··· 1,085
Erweichungspunkt R. u. K.	63 ··· 71
Brechpunkt nach FRAASS	+ 4
Penetration bei 25°	20 ··· 30
Bitumen, löslich in CS_2	92 ··· 97%
Organisch Unlösliches	1,5 ··· 4%
Mineralische Bestandteile (Asche)	1,5 ··· 6,5%

Bermudezasphalt ist 1898 als Bindemittel für Sandasphalt in den VStA eingeführt, aber später durch die aus der Erdöldestillation stammenden Bitumen verdrängt worden.

8.231.3 Asphaltgesteine (Stampfasphalt)

Grundmasse ist das Gestein, das mit Bitumen durchtränkt ist. Es besteht aus Kalk bei den Asphaltkalken und aus Sand bei den Asphaltsanden. Die Asphaltkalke, auch als Stampfasphalte bezeichnet nach der Anwendungsweise im Straßenbau, werden an folgenden Stellen in Europa gefunden: in Sizilien (Ragusa), Mittelitalien (Abruzzen), in der Schweiz (Val de Travers) bei Neuchatel, in Deutschland (Limmer, Vorwohle, Eschershausen), Lobsann im Elsaß, in Frankreich (Mons Seyssel, St. Jean, Marnejols), außerdem in Spanien, Dalmatien, Schweden, in Syrien und Palästina.

Diese Asphaltkalke können, nachdem sie fein gemahlen sind, als Straßenbaustoff verwendet werden, soweit sie den richtigen Gehalt an Bitumen haben. Die Zusammensetzung der meist im Straßenbau verwendeten Stampfasphalte ist aus Tabelle 33 zu ersehen.

Tabelle 33. *Zusammensetzung der Stampfasphalte verschiedener Fundorte*

Gehalt an	Val de Travers	Seyssel	Abruzzen	Ragusa	Limmer	Vorwohle	
Bitumen	10,08	8,25	10,72	9,20	14,25	7,20	8,93
Kohlensaurer Kalk	88,20	91,40	82,25	88,00	66,90	81,30	83,20
Kohlensaure Magnesia	0,40	0,10	5,50	0,80	—	0,60	4,18
Ton und Eisenoxyd	0,32	0,10	0,74	0,70	5,80	4,00	2,38
Schwefel	—	—	—	—	—	—	0,38 Gips
Sand	—	—	—	0,70	—	—	0,21 Pyrit
Sonstige säureunlösliche Stoffe (Kieselsäure)	0,50	—	0,10	—	12,20	4,90	0,73
Lösliche Kieselsäure	—	—	0,05	—	—	—	—
Verlust (Feuchtigkeit, Gase)	0,50	0,15	0,64	0,60	0,85	2,00	—

Diese Analysen geben nur Durchschnittswerte, die aber nicht erheblich schwanken. Mineralbestandteil ist bei diesen Asphalten ein sehr poröser und weicher Kalkstein. Der Stampfasphalt wird in den schon genannten Fundstätten im Tagebau oder bergmännisch gewonnen. Da der Asphalt an Mineralstoffe gebunden ist, so kann der Stampfasphalt, der im Mittel etwa 90% Kalkstein enthält, als Straßenbelag ohne weitere Beimischung verwendet werden. Er muß aber noch aufbereitet werden. Der Tongehalt muß $<$ 5% sein.

Ein sehr bitumenreicher Naturasphalt wird in Albanien bei Selenizza abgebaut. Er enthält:

Bitumen löslich in CS_2	78 ··· 82,5%
Mineralgehalt (Asche)	22 ··· 17%
Wichte bei 15°	1,2
Erweichungspunkt nach K. S.	90°

Das von den Mineralstoffen befreite Bitumen ist hart und muß daher für den technischen Gebrauch gefluxt werden. Es dient zur Mastixherstellung.

Eigenschaften. Das Bitumen der Stampfasphalte wird im Soxhletkolben mit einem Lösungsmittel aus dem Durchtränkungsgestein ausgezogen und durch Abdestillieren im Wasserbade von seinem Lösungsmittel befreit. Auf diese Weise gewonnenes Bitumen zeigt eine günstige Lage des knetbaren Zustandes, wie Tabelle 34 erkennen läßt.

Tabelle 34. *Kennzeichen der Bitumenart verschiedener Stampfasphalte*

Stampfasphalte	Frische Sizilianer-Asphalte	Frische mittelitalienische Asphalte	Val de Travers-Asphalte	Deutscher Stampfasphalt
Erweichungspunkt K. S.	26°	53 ··· 59°	39,5°	40°
Tropfpunkt	47 ··· 50°	74 ··· 81°	61°	62°
Brechpunkt	−20°	−6−8°	−19°	−20°
Fadenlänge	>18 cm	>18 cm	>18 cm	>18 cm
Eindringungstiefe (Penetration)	rd. 200	11 ··· 20	44	65

In den meisten Ländern Europas, vor allem in den deutschen Städten, wird der Stampfasphalt nicht mehr verwendet, er ist im Laufe der Jahre durch andere Bitumendecken, z. B. durch Gußasphalt, ersetzt worden, dem Stampfasphaltmasse beigegeben wird (50 ··· 60 Gew.-%).

8.231.4 Mastix

Mastix besteht aus Steinmehl, Sand und Bitumen und kann sowohl mit Naturasphaltmehl als auch mit Kalksteinmehl synthetisch hergestellt werden. Der Mastix wird in Form von Broten geliefert und muß vor seiner Verwendung wieder aufgeschmolzen werden.

Im Straßenbau wird Mastix bei der Gußasphaltherstellung, für Teppichbeläge und Eingußdecken verwendet. In neuerer Zeit ist der Verbrauch an Mastix im Straßenbau zurückgegangen, hingegen wird insbesondere für die Abdichtung von Bauwerken nach wie vor bevorzugt Mastix benutzt.

Mastix für Gußasphalt hat besondere Anforderungen zu erfüllen, insbesondere hinsichtlich der Mahlfeinheit der Mineralmasse und des Bitumens. Mit Rücksicht auf eine möglichst feine Verteilung des Bitumens auf dem Mineralkorn soll der Anteil an Füller (Durchgang durch Sieb DIN 1171 Nr. 70, 0,09 mm Maschenweite) mindestens 60% betragen.

Das Bitumen, das sich zusammensetzt aus dem im Naturasphalt vorhandenen und dem zugesetzten, muß in einer Menge von mindestens 12 Gew.-% im Mastix vorhanden sein und soll mit Rücksicht auf eine günstige Form im Gußasphalt einen Erweichungspunkt mit R. u. K. zwischen 55° und 65° besitzen, da beim Kochen des Gußasphaltes die Masse erhärtet — DIN 1996 —. Dieselben Regeln gelten auch für synthetischen Mastix aus Kalksteinmehl und Sand bis 2 mm Korngröße. Die Mineralien dürfen hierbei quellfähigen Ton höchstens als Nebenprodukt bis 15% enthalten [*294*].

Mastix für Isolierarbeiten muß in der Regel bitumenreicher sein als der für den Straßenbau. Seine Zusammensetzung ist z. B. in der „Anweisung für Abdichtung von Ingenieurbauwerken (AIB)“ der Deutschen Bundesbahn festgelegt.

Die Anreicherung und Vermischung des Naturasphaltmehls oder Kalksteinmehls einschließlich Sand mit Bitumen erfolgt in Kochern mit Rührwerken bei 180 ··· 200°. Die Masse wird nach dem Kochprozeß, der bis zu 6 Stunden dauern kann, in sogenannte Mastixbrote mit einem Gewicht von ca. 20 ··· 25 kg umgegossen.

Asphaltmastix nach einer Analyse der Z.fAT

Gehalt an Bitumen	13,37 Gew.-%
Mineralstoffgehalt	86,63 „

Eigenschaften des extrahierten Bitumens:

Tropfpunkt	70°
Erweichungspunkt K. S.	43°
Brechpunkt	—20°

Siebanalyse der durch Extraktion gewonnenen Mineralmasse:

Korngröße	0 ··· 0,06	58,1 Gew.-%
„	0,06 ··· 0,09	23,8 „
„	0,09 ··· 0,2	17,9 „
„	0,2 ··· 0,6	0,2 „
„	0,6 ··· 2,3	0 „
		100,0 Gew.-%

Bei richtiger Aufbereitung und Auswahl eines Kalksteinmehles, das die vorgeschriebene Mahlfeinheit hat, ist bisher ein Unterschied in der Güte des Mastix bei Verwendung von Naturasphaltmehl oder Kalksteinmehl nicht gefunden worden [*295*].

8.231.5 Stampfasphaltplatten

Feingemahlenes und gedarrtes Stampfasphaltmehl wird in hydraurischen Pressen, wie sie bei der Kalksandstein- oder Zementbetonplattenherstellung benutzt werden, mit einem Druck von 400 kg/cm² gepreßt. Ihre Stärke beträgt zwischen 2,0 und 5 cm, die Kantenlänge 25 cm. Das Raumgewicht der Stampfasphaltplatten liegt je nach Mineralart zwischen 2,1 und 2,5 kg/dm³. Die Masse für Stampfasphaltplatten muß zur Gewährleistung einer guten Form- und Witterungsbeständigkeit 8 ··· 13 Gew.-% Bitumen (E. P. bei 40° K. S.) enthalten. In neuerer Zeit werden Massen für Stampfasphaltplatten auch ohne Zusatz von Naturasphalt aus geeignetem Kalkstein und bestimmten Bitumensorten hergestellt.

Stampfasphaltplatten wurden früher auch im Straßenbau verwendet. Zu diesem Zweck wurden sie an der Unterfläche und an den Fugen mit einem Anstrich von heißem Bitumen versehen und auf Betonunterlage verlegt. Plattenasphalt hat selbst bei Straßen mit geringem Verkehr nicht überall den Erwartungen entsprochen, weshalb er durch modernere und bessere Bauweisen ersetzt wurde.

Zweckmäßig und wirtschaftlich haben sich Stampfasphaltplatten zur Belegung von überdachten Bahnsteigen, Versammlungsräumen, im Wohnungsbau und vor allem als Industriefußböden erwiesen, weil sie hygienisch, gehsicher und abnutzfest sind. (Abnutzung nach DIN 52108 ca. 3 bis 12 cm³/50 cm².) Für Fabrikbetriebe, in denen mit Lecköl und Säuren zu rechnen ist, sind die hier beschriebenen Stampfasphaltplatten nicht geeignet, weil entweder das Bitumen erweicht oder der enthaltene Kalkstein aufgelöst wird. Die Asphaltplattenindustrie erzeugt jedoch auch mineralöl- und säurebeständige Platten, die den Stampfasphaltplatten hinsichtlich ihrer Eigenschaften nicht nachstehen.

8.231.6 Kentuckyrock

In Kentucky (VStA) stehen reiche Bänke von Asphaltsandstein an, der etwa 6,5% Bitumen von großer Weichheit hat (Eindringungstiefe 280). Er wird bis zur Sandkörnung gemahlen, sieht wie schwarzbrauner Zucker aus und kann, solange er nicht verdichtet ist, wie Zucker geschaufelt werden. Die leichte Handhabung des gemahlenen Felsens, solange er kalt ist, ist auf den geringen Gehalt an Bitumen von großer Weichheit zurückzuführen. Dieses tritt erst in Wirkung, wenn die Masse durch Walzen verdichtet wird, wodurch der Belag seine Festigkeit erhält. Diese ist ohne Zweifel auf die sehr feine Verteilung des leichtflüssigen Bitumens auf der Oberfläche der Sandkörner zurückzuführen. Die physikalische Grundlage dieser Erscheinung wird in Abschn. 8.293.17 noch näher behandelt. Würde man andere Sande mit demselben Bitumen mischen, würde eine Masse entstehen, die wenig standfest und im Straßenbau nicht zu gebrauchen ist.

8.231.7 Boeton-Asphalt

Auf einer kleinen Insel nördlich von Sumatra (Niederländisch-Indien) sind große Lager von Asphalt gefunden worden. Nach Untersuchungen in der Str. V. Stgt. sind die Eigenschaften des Boeton-Asphalts die folgenden:

Gehalt an Asphaltbitumen	40,3	Gew.-%
Gehalt an organ. Unlöslichem	2,25	,,
Gehalt an Mineral	57,45	,,
Gehalt an Ton	0,34	,,
Gehalt an Gips	0,49	,,
Gehalt an Pyrit	0,60	,,
Gehalt an Sand SiO_2	0,53	,,
Erweichungspunkt des extrahierten Bitumens R. u. K.	64°	
Tropfpunkt	74°	

Die Masse wird wie Stampfasphalt gemahlen und Mineralstoffen zugesetzt, mit denen eine Art Walzasphalt hergestellt wird [*296*].

8.24 Straßenbaubitumen

8.241 Erzeugung, Normung und andere Eigenschaften

Die im Straßenbau verwendeten Bitumen werden vorzugsweise aus venezolanischen und mexikanischen, jedoch auch aus europäischen und Mittelost-Ölen hergestellt. Je nach ihrer Zusammensetzung enthalten die Erdöle viel oder wenig Bitumen und die Bitumenausbeute schwankt demnach je nach Ausgangsöl zwischen 10 und 65% des Durchsatzes.

Die Verarbeitung von Erdöl auf Bitumen geschieht durch Destillation, d. h. durch Verdampfung und nachfolgende Kondensation, wobei entsprechend ihrer Flüchtigkeit nacheinander der Benzine, Petroleum, Gasöl und Schmieröle entfernt werden. Das nicht verdampfbare Bitumen bleibt als Rückstand. Das Erdöl wird heute in 2 Stufen mit Hilfe von Röhrenöfen und Destillationstürmen destilliert, in denen das Einsatzgut erhitzt, verdampft und kondensiert wird. In der ersten Stufe werden unter atmosphärischem Druck Benzine, Petroleum und Gasöl abgetrieben, in der zweiten Stufe wird zur Verminderung der Destillationstemperaturen und zur Schonung des Öls mit Unterdruck gearbeitet, wobei verschiedene Schmieröle gewonnen werden und das Bitumen als Rückstand verbleibt. Durch mehr oder weniger starken Entzug der hochsiedenden Mineralöle erhält man Bitumen verschiedener Härtegrade, wie sie der Straßenbau verlangt, die in DIN 1995 genormt sind (Tabelle 35). Die in vorbeschriebener Weise gewonnenen Bitumensorten nennt man im Hinblick auf ihre Gewinnungsart destillierte Bitumen. Ihr Erweichungspunkt nach R. u. K. liegt zwischen 27 und 72°, ihre Eindringungstiefe zwischen 320 und 10.

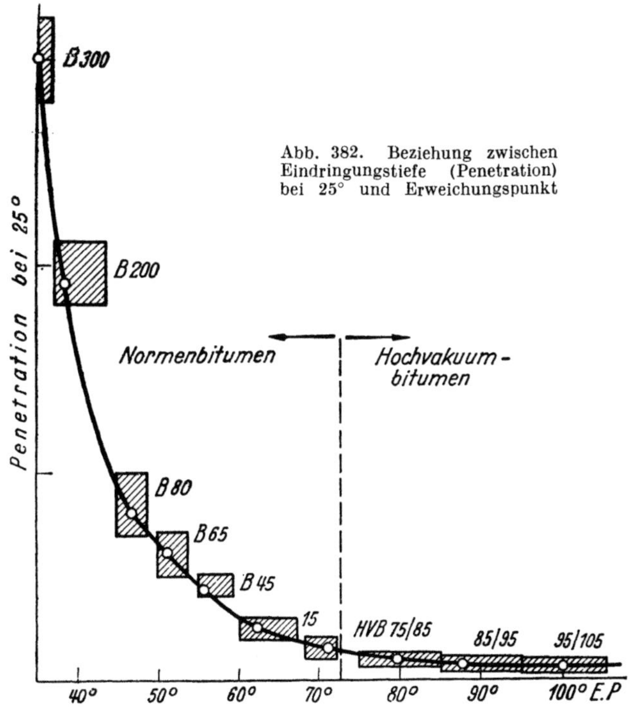

Abb. 382. Beziehung zwischen Eindringungstiefe (Penetration) bei 25° und Erweichungspunkt

Unter Anwendung von Hochvakuum und anderer Vorsichtsmaßnahmen können dem Bitumen weitere Mengen schwerer Schmieröle (Zylinderöl) entzogen werden, ohne daß durch Überhitzen eine Aufspaltung der hochmolekularen Kohlenwasserstoffe (Cracken) eintritt. Die bei der Hochvakuumdestillation verbleibenden Rückstände werden als Hochvakuumbitumen bezeichnet, sie sind hart bis springhart. Im Straßenbau haben diese Bitumensorten keine Bedeutung, sie werden aber vorzugsweise für Gußasphalte im Hochbau (Innenbeläge), zur Anstrich- und Lackherstellung sowie zur Herstellung von Verpackungsmaterial verwendet [*297*].

Eine dritte Gruppe, die geblasenen Bitumen, werden dadurch gewonnen, daß weichem Destillatbitumen bei 250 ··· 300° Luft eingeblasen wird. Es erfolgt hierbei eine kolloidale Umwandlung des Ausgangsbitumen, gekennzeichnet durch hohen Erweichungspunkt und zugleich hohe Penetration. Geblasene Bitumen

Tabelle 35. *Straßenbaubitumen*

	Bezeichnung							Untersuchungs-verfahren
	B 300	B 200	B 80	B 65	B 45	B 25	B 15	
1. Eindringungstiefe (100 g, 5 s, 25°C) Zehntel mm	250…320	160…210	70…100	50…70	35…50	20…30	10…20	U 3
2. Erweichungspunkt a) Ring und Kugel °C	27…37	37…44	44…49	49…54	54…59	59…67	67…72	U 4
oder b) KRAEMER-SARNOW °C	16…24	24…30	30…35	35…40	40…45	45…53	53…58	U 5
3. Brechpunkt nach FRAASZ, höchstens[1] °C	−20	−15	−10	−8	−6	−2	+3	U 6
4. Asche, höchstens[2] Gew.-%	0,5	0,5	0,5	0,5	0,5	0,5	0,5	U 8
5. Unlösliches abzügl. Asche, höchstens Gew.-%	0,5	0,5	0,5	0,5	0,5	0,5	0,5	U 9
6. Streckbarkeit								
bei 15°C mindestens cm	100	—	—	—	—	—	—	U 7
bei 25°C mindestens cm	—	100	100	100	40	15	5	
7. Paraffin, höchstens Gew.-%	2,0	2,0	2,0	2,0	2,0	2,0	2,0	U 10
8. Dichte bei 25°C mindestens	0,99	1,0	1,0	1,0	1,0	1,0	1,0	U 2
9. Gewichtsverlust bei 163°C in 5 Stunden, höchstens %	2,5	2,0	1,5	1,0	1,0	1,0	1,0	U 11
10. Anstieg des Erweichungspunktes R. u. K. nach dem Erhitzen, höchstens °C	10	10	10	10	10	8	6	U 4
11. Brechpunkt nach dem Erhitzen, höchstens[1] °C	−15	−10	−8	−6	−5	+0	+5	U 6
12. Verminderung der Eindringungstiefe nach dem Erhitzen, höchstens %	60	60	60	60	60	50	40	U 3
13. Streckbarkeit nach dem Erhitzen								
bei 15°C mindestens cm	50	—	—	—				U 7
bei 25°C mindestens cm	—	50	50	50	15	5	2	

[1] Bei Bitumen aus deutschem Erdöl sind die folgenden Höchstgrenzen für den Brechpunkt zugelassen:

	B 300	B 200	B 80	B 65	B 45	B 25	B 15
vor dem Erhitzen	−17	−13	−10	−8	−5	+0	+5
nach dem Erhitzen	−15	−10	−8	−5	−3	+3	+7

[2] Bitumen, dessen Aschegehalt höher ist, kann mit besonderem Hinweis angeboten werden.

werden, wenn man von der Verarbeitung zu Vergußmassen absieht, im Straßenbau nicht verwendet. Große Mengen werden jedoch von der Dachpappenindustrie für Isolations- und Anstrichmittel sowie von der Elektro- und Gummiindustrie verarbeitet.

Die Härte der Bitumen wird durch Messung der Penetration (Eindringungstiefe) und des Erweichungspunktes ermittelt (S. 465). Die Beziehungen zwischen Erweichungspunkt und Penetration der bei normaler und Hochvakuumdestillation gewonnenen Bitumen stellt die Kurve Abb. 382 dar.

Die im Straßenbau verwendeten Bitumen sind in DIN 1995 genormt. Die Vorschriften für ihre Beschaffenheit und ihre Eigenschaften sind mit Angabe der Untersuchungsverfahren in der Tabelle 35 zusamengestellt. Die Straßenbaubitumen werden in erster Linie nach ihren physikalischen Eigenschaften bewertet. Die chemischen Eigenschaften — Aschegehalt und Paraffingehalt — treten gegenüber den physikalischen zurück und werden je nach Ursprung des Bitumens unterschiedlich beurteilt.

In ihrem chemischen Aufbau sind die Bitumen kolloidale Gemische aus vorwiegend aliphatischen Kohlenwasserstoffen. Das Molekulargewicht bewegt sich in weiten Grenzen zwischen verhältnismäßig niedrigmolekularen Ölanteilen des Bitumens über höhermolekulare harzartige Kohlenwasserstoffe, Erdölharze genannt, zu den hochmolekularen sogenannten Asphaltenen. Diese Moleküle befinden sich gegenseitig nicht in einem ungeordneten Zustand, sondern sind durch zwischenmolekulare Anziehungskräfte orientiert. Letztere sind abhängig von der chemischen Struktur der betreffenden Moleküle und von der Molekülgröße. Je größer das Molekül ist, desto stärker sind seine zwischenmolekularen Kräfte. Deshalb wirken die großen Moleküle als Orientierungskern, um den sich die anderen Moleküle nach Maßgabe ihrer zwischenmolekularen Kräfte ordnen. Dadurch entsteht die sogenannte Mizelle, ein Verband von gegenseitig orientierten Molekülen. Bei der Erwärmung des Bitumens lockert sich dieser Molekülverband wegen der zunehmenden Wärmebewegung der Moleküle, dadurch wird das Bitumen flüssig. Das unterschiedliche Verhalten der Bitumen hinsichtlich der Plastizität, Temperaturempfindlichkeit, Duktilität, Elastizität, Strukturviskosität usw. wird in erster Linie durch den molekularen Aufbau bedingt. Fehlen dem Bitumen die hochmolekularen Asphaltene mit ihren starken Orientierungskräften, wie es z. B. bei Extraktbitumen der Fall ist, dann setzt sich die regellose Wärmebewegung der Moleküle bei Temperaturzunahme leicht gegen die zwischenmolekularen Kräfte durch, d. h. die Masse erweicht rasch, ist also temperaturempfindlich und, wie nachgewiesen werden konnte, spröde, wenig elastisch, aber duktil (fadenziehend).

Mit zunehmendem Gehalt an hochmolekularen Bestandteilen werden die Orientierungskräfte stärker. Die Wärmebewegung der Moleküle wird dadurch viel mehr gehemmt, was gleichbedeutend mit geringer Temperaturempfindlichkeit, Plastizität, Elastizität, Strukturviskosität und abnehmender Duktilität ist. Die Hauptvertreter der letzteren Bitumen sind vor allem die geblasenen Bitumen mit ihrem hohen Gehalt an hochmolekularen Kohlenwasserstoffen [*298, 299, 300*].

Weitere physikalische Konstanten sind [*301*]:

1. Die Wichte, die mit zunehmender Härte (abnehmender Penetration) von 1,01 bis auf 1,07 steigt.

2. Raumausdehnungszahl: bei 23° 0,00062, bei 25° — Eindringungstiefe von 196 — 0,00060; lineare Ausdehnungszahl = 0,00024.

8.242 Temperaturspanne

Alle reinen bituminösen Stoffe nehmen je nach den äußeren Bedingungen alle Zwischenstufen zwischen den Zuständen eines festen Körpers und einer Flüssigkeit an (S. 465). Derselbe bituminöse Stoff verhält sich verschieden je nach Stärke und Dauer der auf ihn einwirkenden Kräfte, bei kurz dauerndem Schlag oder Stoß ist er unter Umständen spröde wie Glas und splittert, bei langer Einwirkung auch sehr niedriger Beanspruchung, also bei Einwirkung der Schwerkraft, fließt er langsam auseinander. Bei tiefen Temperaturen zeigt er federnde Eigenschaften.

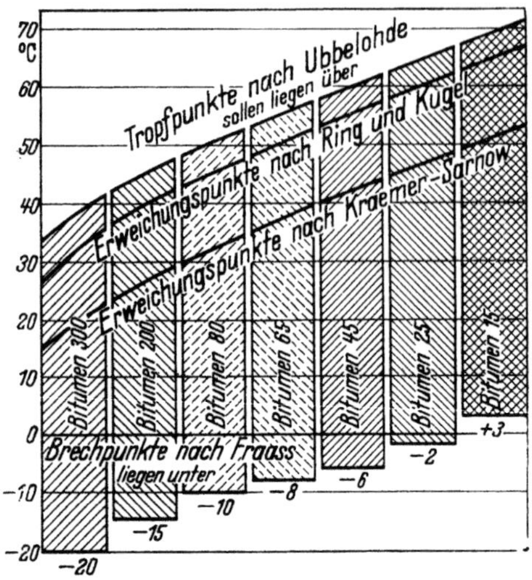

Abb. 383. Spanne der Bitumen zwischen Tropfpunkt und Brechpunkt mit Angabe der Lage der Erweichungspunkte nach R. u. K. und K. S.

Bei der Beurteilung hinsichtlich der Anwendung im Straßenbau wird man die Grenzzustände ausschalten müssen, bei denen das Bitumen entweder zu weich oder zu hart und spröde wird. Die anzuwendenden Bitumen dürfen in der Wärme ihre Zähigkeit nicht so weit verlieren, daß sie ihre Klebkraft an den Gesteinen einbüßen, ablaufen oder unter dem Verkehrsdruck ausweichen, andererseits aber bei Kälte niemals so spröde werden, daß sie unter Druck oder Schlag splittern. Die Bitumen sollen unterhalb der üblichen Temperaturen, denen eine Straßendecke in einer Gegend gemäß den klimatischen Bedingungen ausgesetzt ist, in einem knetbaren Zustand bleiben. Für ihn hat man als die obere Grenze den Tropfpunkt nach UBBELOHDE festgelegt, als untere den Brechpunkt nach FRAASS (DIN 1995 U 6). Wenn das Bindemittel innerhalb der üblichen Temperaturen, die durch die Lufttemperatur, die Wärmespeicherung und g. F. Ausstrahlung beeinflußt werden und die zu etwa 70 Wärmegrade anzunehmen sind, knetbar oder bildsam bleiben soll, dann muß der Tropfpunkt höher als 50° und der Brechpunkt unter −20° liegen. Diesen Anforderungen entsprechen die Straßenbaubitumen. Über die in den Straßendecken gemessenen Temperaturen befinden sich Angaben im Abschnitt 8.299. Die Spannen zwischen Tropfpunkt und Brechpunkt sind in der Abb. 383 veranschaulicht.

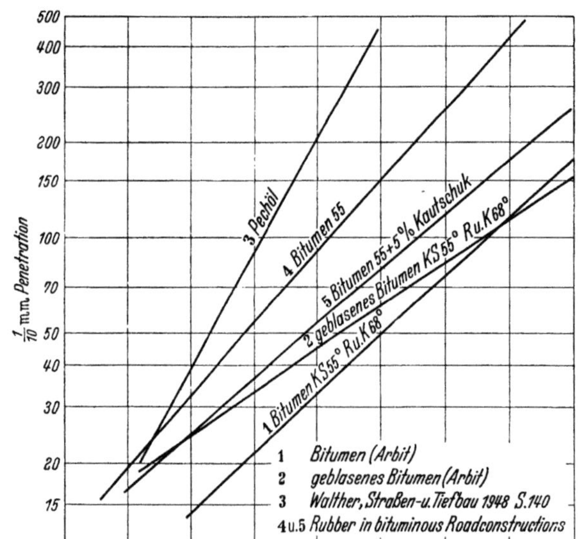

Abb. 384. Beziehung zwischen Eindringungstiefe (Penetration) und Temperatur von Bitumen 55, Pechöl, geblasenem Bitumen, Bitumen + 5% Kautschuk (Temperatur-Penetrations-Kurven)

Die Spanne zwischen Brechpunkt und Tropfpunkt, also zwischen dem festen und flüssigen Zustand des Bitumens, wird als Temperaturspanne oder Plastizitätsbereich bezeichnet. Soll die Temperaturempfindlichkeit eines Bitumens bestimmt werden, so ist die Viskosität bei verschiedenen Temperaturen zu messen. Bei Bitumen kann hierbei die Penetration als Maß gewählt werden. Die Meßergebnisse werden als Temperatur-Viskositäts-(Penetrations)-Kurve im halblogarithmischen Koordinatensystem aufgetragen. Der Anstieg der Kurven ist ein Maß für die Temperaturempfindlichkeit des Bindemittels (Abb. 384).

Wenn in der Tabelle 35 nur B 300 sich mit seinen Zähflüssigkeitsgrenzen in dem Rahmen bewegt, die anderen als härter zu bezeichnen sind, indem ihre E. P. höher liegen, so werden sie deshalb als geeignet anzusehen sein, weil die Gefahr, bei Wärme weicher zu werden für den Bestand der Decke bedenklicher ist als die Versprödung bei Kälte. Aber auch Verfahrensvorgänge sprechen dabei mit, wie bei den einzelnen Deckenarten besprochen werden wird. Der Leitsatz, daß das Bindemittel einen großen Bereich des knetbaren Zustandes haben soll, hat etwas an Bedeutung verloren und wird durch die Ergebnisse langjähriger Erfahrung von anderen, mehr ausschlaggebenden Merkmalen überlagert, z. B. Oberflächenspannung, Viskosität und Verdunstungsfähigkeit. Da diese bei den härteren Sorten günstiger liegen, treten die Bitumen mit niedrigerer Penetration und die Teere mit höherer Viskosität (s. S. 487) mehr in den Vordergrund.

Bei den einzelnen Bauverfahren wird das Straßenbaubitumen bezeichnet werden, das für diese geeignet ist, unter Bezug auf Tabelle 35 (S. 474).

8.243 Paraffingehalt

Von den chemischen Bestandteilen des Bitumen werden nur Aschegehalt und Paraffin berücksichtigt. Die Vorschriften lassen nur einen verhältnismäßig geringen Anteil an Paraffin zu. Die Ansichten über den Einfluß des Paraffingehaltes im Bitumen sind aber noch keineswegs geklärt. Es wird befürchtet, daß Paraffin die Klebefähigkeit des Bitumen herabsetzt, weil infolge der wachsartigen Beschaffenheit die Streckbarkeit des paraffinischen Bitumen geringer ist als diejenige des asphaltischen. Außerdem haben sich gewisse paraffinhaltige Bitumen im Straßenbau nicht bewährt. Damit ist aber die Frage, wie die physikalischen Eigenschaften durch den Paraffingehalt das Bitumen bei seiner Verwendung als Bindemittel im Straßenbau beeinflussen, noch nicht entschieden. Besonders ist zu beachten, daß das chemische Verfahren zur Ausscheidung des Paraffins kein eindeutiges Ergebnis hat. Es werden bei diesem Verfahren die kristallinen Paraffine ausgeschieden. Es ist aber keineswegs sicher, ob nicht auch amorphes Paraffin im Bitumen vorhanden ist, das bei dem Verfahren in kristallines umgebildet wird. Das Paraffin befindet sich in kolloidaler Lösung.

Neuere Untersuchungen von SUIDA und KAMPTNER [*302*] über Paraffin in Bitumen mit verschiedenem Paraffingehalt, wobei das Paraffin nicht nach der Methode von MARCUSSON-EICKMANN-HOLDE isoliert wurde, sondern nach einer von den Autoren ausgearbeiteten Extraktionsmethode unter Vermeidung jeglicher thermischer Behandlung, haben ergeben, daß das ausgeschiedene Paraffin dieser Bitumen mehr oder weniger kristallisierte Anteile verschiedener Kristallgröße aufweist. Da diese kristallisierten Paraffine nicht bei allen untersuchten paraffinhaltigen Bitumen im polarisierten Licht zu erkennen waren, wird diese Erscheinung auf die Anwesenheit und das Vermögen kristallisationsverhindernder Stoffe (Schutzkolloide) zurückgeführt. Beachtenswert ist die Feststellung, daß Art und Menge des kristallisierbaren Paraffins in Bitumen nicht allein Wert und Unwert für ein Bitumen bestimmen, sondern daß auch Art und Menge der übrigen Bestandteile des Bitumen (Asphaltene, sauerstoff- und schwefelhaltige Bestandteile, sowie Asphaltöle) die Eigenschaften eines Bitumen beeinflussen. Damit nähert sich das auf diesem Wege gewonnene Ergebnis dem der Str.V.St., die auch an Mischungen mit paraffinhaltigen Erdölbitumen die gleichen Erfahrungen gewonnen hat. Eine Vorschrift, die den Gehalt an Paraffin auf eine bestimmte Grenze, etwa 2% einschränkt, entspricht ganz den Erfahrungen. Dagegen soll deutsches Erdöl mit 4,5 Gew.-% Paraffin auf Grund seiner sonstigen Eigenschaften für den Straßenbau geeignet sein [*303*].

8.244 Gehalt an Asche

Die Asche besteht im wesentlichen aus Silikaten und Eisenoxyden. Ein hoher Aschegehalt beeinträchtigt den Handelswert des Bitumen, weil ein Bitumen mit wenig Asche mehr wertvolle organische Substanz enthält als eines mit mehr Asche. Damit ist aber die Brauchbarkeit noch nicht in Frage gestellt, wenn es die anderen Vorschriften erfüllt. Denn es ist zu beachten, daß im Straßenbau das Bitumen mit Mineral später vermischt wird und die feinverteilten Füllstoffe dabei gerade eine besondere Rolle spielen.

8.245 Geblasenes Bitumen für den Straßenbau

Das geblasene Bitumen hat eine *geringere Wichte* als das Hochvakuum-Bitumen. Es unterscheidet sich von den übrigen dadurch, daß bei derselben Penetration Tropf- und Erweichungspunkt höher liegen. Deshalb müssen beide zur Kennzeichnung angegeben werden. Auch die Temperaturspanne beträgt bis zu 100°, so daß geblasenes Bitumen weniger temperaturempfindlich ist (Abb. 384). Außerdem zeigt das geblasene Bitumen eine größere Klebkraft infolge der geringeren Oberflächenspannung der öligen Bestandteile. Mit geblasenem Bitumen hergestellte Straßenbeläge sollen wesentlich griffiger sein als die mit Straßenbaubitumen, weil der Gehalt an Asphaltmizellen höher ist. An sich wird aber geblasenes Bitumen im Straßenbau weniger verwendet.

8.246 Verschnittbitumen

Straßenbaubitumen, das bei Lufttemperatur sich in bildsamem Zustand befindet, muß zur Verarbeitung auf Temperaturen von 150···200° erhitzt werden. Auch das zu mischende Gestein muß diese Temperatur besitzen, da es sich sonst nicht einwandfrei mit Bitumen verarbeiten läßt. Das erschwert die Verwendung von Bitumen noch dadurch, daß die Bauweisen im Heißeinbau nur bei warmer und trockener Witterung angewendet werden können. Ferner kann man heißes Mischgut nur auf kürzere Entfernungen befördern, so daß der an sich schon teure Aufbau von Mischanlagen in der Nähe der Einbaustelle besonders bei kleinem Umfang des Baues die Belagsarbeiten noch mehr verteuert. Aus diesen Gründen werden mittelharte Destillationsbitumen durch Verschneiden mit Teeröl, Schwerbenzin oder Kerosin in einen bei normaler Temperatur flüssigen Zustand gebracht, d. h. ihre Viskosität erniedrigt. Diese Bitumen werden als Verschnittbitumen oder Cutbacks bezeichnet, die sich bei wesentlich niedrigeren Temperaturen verarbeiten lassen als normale Bitumen. Durch diese Verschnittbitumen ist es möglich, Asphaltbeläge auf stationären Mischwerken weit entfernt von der Baustelle zu mischen und das Mischgut mit Lastkraftwagen, Schiff oder Bahn anzuliefern.

In Deutschland ist nur eine Verschnittbitumensorte genormt (DIN 1995), während z. B. die amerikanische Spezifikation 3 Gruppen mit insgesamt 13 Sorten kennt. In neuerer Zeit wird auch in Deutschland ein höher viskoses Verschnittbitumen hergestellt, das die Lücke zwischen dem Normenverschnittbitumen und dem weichsten Destillationsbitumen (B 300) schließt.

Das Normenverschnittbitumen nach DIN 1996 soll im wesentlichen folgende Eigenschaften besitzen:

Viskosität im Straßenteerviskosimeter		
	bei 30°, 10 mm Düse	100···150 sek.
Siedeanalyse bis 360°: Destillat		
	bis 250°, Gew.-%	0··· 2
	bis 300° „	1··· 5
	bis 360° „	5···14
Eigenschaften des Rückstandes:		
	E. P. R. u. K..	25···45°
	Penetration (100 g, 5 sek. 25°) .	mind. 100.

Normenverschnittbitumen soll gute Klebefähigkeit und gute Haftfestigkeit bei Wasserlagerung besitzen. Um diese Forderung zu erfüllen, werden dem Verschnittbitumen Haftmittel zugesetzt.

Das im Vergleich zum Normenverschnittbitumen viskosere Verschnittbitumen wird in der Regel als Verschnittbitumen 500 bezeichnet, wobei je nach Hersteller entweder auf die Penetration bei 25° oder auf die Viskosität im Straßenteerviskosimeter (10 mm Düse, 50°) bezogen wird.

Besonders dünnflüssige Verschnittbitumen, die in größeren Mengen leichtflüchtige Lösungsmittel enthalten, können auch kalt und mit nassem Gestein verarbeitet werden. Sie werden als Kaltbitumen bezeichnet. Ihre Anwendung beschränkt sich hauptsächlich auf Flickarbeiten, weil es infolge des Gehaltes an leichtflüchtigen Lösungsmitteln rasch erhärtet.

In den VStA sind 13 Sorten genormt [*304*]. Die bekannten amerikanischen Spezifikationen für Verschnittbitumen wurden 1932 vom US-Büro Public Roads gemeinsam mit dem Asphalt-Institut aufgestellt und enthalten die Sorten:

RC (Schnellbinder) Nr. 1 ··· 4
MC (Mittelbinder) Nr. 1 ··· 5
SC (Langsambinder Straßenöl) Nr. 1 ··· 4

Der Viskosität dieser Verschnittbitumen und Straßenöle wird die Verarbeitbarkeit bei 60° zugrunde gelegt. Außerdem enthält jede der 3 Gruppen jetzt 6 Einzeltypen mit der Numerierung 0 bis 5, wobei die Viskosität bei 60° für die drei Produkte der gleichen Nummer jedesmal gleich ist.

Die Viskositäten für die Produkte bei 60°, gemessen im Saybolt-Furol-Viskosimeter, lauten jetzt:

für RC 0, MC 0, SC 0 . . .	15 ··· 30	für RC 3, MC 3, SC 3 . .	250 ··· 500
für RC 1, MC 1, SC 1 . . .	40 ··· 80	für RC 4, MC 4, SC 4 . .	600 ··· 1200
für RC 2, MC 2, SC 2 . . .	100 ··· 200	für RC 5, MC 5, SC 5 . .	1500 ··· 3000

Für die Verarbeitung werden für die einzelnen Produkte folgende Temperaturen angegeben:

RC 0 u. MC 0	10 ··· 49°	RC 3 u. MC 2	65 ··· 94°
RC 1 u. MC 1	27 ··· 52°	RC 4, RC 5, MC 3, MC 4 . .	80 ··· 131°
RC 2	38 ··· 80°	MC 5	94 ··· 135°

8.247 Emulsionen von Bitumen (Kaltasphalt)

Eine weitere bituminöse Bindemittelart stellen die Bitumen-Emulsionen dar, die auch Kaltasphalte genannt werden. Die Bitumenemulsionen besitzen im Vergleich zum reinen Bitumen eine wesentlich geringere Viskosität, sie können daher kalt verarbeitet und auch mit nassem oder feuchtem Gestein gemischt werden. Bei den im Straßenbau verwendeten Bitumenemulsionen handelt es sich durchweg um Öl-in-Wasser-Emulsionen, also um eine feine Verteilung von geeigneten Bitumen in einer wässrigen Phase. Emulsionen von Bitumen in Wasser sind ohne die Anwesenhet von Emulgatoren und Laugen nicht möglich, weil in den Grenzflächen zwischen Bitumen und Wasser ein Spannungszustand besteht, der eine Zusammenballung der Bitumentröpfchen anstrebt, und als Folge davon die Emulsion koaguliert. Um eine beständige Zerteilung des Bitumen in Wasser zu erreichen, müssen folgende Bedingungen erfüllt werden:

a) die Grenzflächenspannung zwischen Bitumen und Wasser muß möglichst niedrig sein;

b) der Dichteunterschied beider Phasen soll möglichst gering sein;

c) die Bitumenteilchen müssen gegen Koagulation geschützt werden.

Bitumenemulsionen zerfallen je nach Einstellung mehr oder weniger schnell, wenn sie in dünner Schicht mit der Oberfläche von festen Stoffen in Berührung kommen. Dieser Vorgang wird mit „Brechen" der Emulsion bezeichnet. Es kommt hierbei zur Trennung von Bitumen und wässeriger Phase, wobei das Bitumen sich als dünner Film auf dem festen Körper niederschlägt. Das Brechen der Emulsion ist äußerlich erkennbar im Übergang der ursprünglich schokoladenbraunen Emulsion in eine tiefschwarze Farbe.

Bitumenemulsionen werden in der Regel aus Normenbitumen B 200 in Homogenisierungsmaschinen hergestellt, wobei der Emulgator und die wässerige Phase beigemischt werden. Der Bitumengehalt der Emulsionen beträgt zwischen 55 und 60 Gew.-%.

Die in Deutschland für Straßenbauzwecke verwendeten Bitumenemulsionen sind in DIN 1995 genormt, ihre Eigenschaften können aus DIN entnommen werden.

1. Sorten und Kennzeichnung von Emulsionen.

Es werden folgende Bitumenemulsionen unterschieden:

a) Unstabile (schnellbrechende) Emulsionen, Kennbuchstabe „U" (nach DIN 1995).

b) Halbstabile (langsamer brechende) Emulsionen, Kennbuchstabe „H".

c) Stabile (langsam brechende) Emulsionen, Kennbuchstabe „S".

d) Frostbeständige, unstabile Emulsionen, Kennbuchstabe „F".

2. Beurteilung von Emulsionen.

Die Emulsionen werden nach den Prüfvorschriften der DIN 1995 beurteilt:

a) Äußere Beschaffenheit und Teilchengröße: Die äußere Beschaffenheit, ob glatt, grießig oder körnig, gibt einen allgemeinen Aufschluß über den Zustand der Emulsion zum Zeitpunkt der Betrachtung. Aus der bei 500facher Vergrößerung bestimmten Teilchengröße können Rückschlüsse auf den Grad der Emulsion gezogen werden. Die Teilchengröße soll möglichst gering und gleichmäßig sein. Ein größerer Bereich der Teilchengröße läßt auf beginnende Koagulation schließen (Abb. 385).

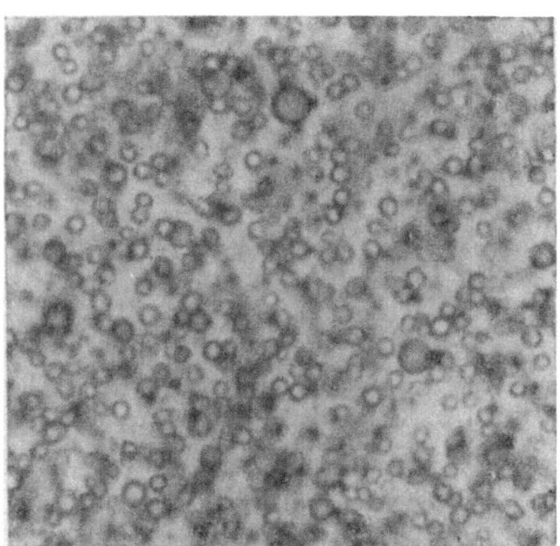

Abb. 385. Bitumenemulsion in 500facher Vergrößerung

b) Siebrückstand: Die Emulsion darf auf dem Maschensieb 0,6 mm höchstens 0,5 Gew.-% Rückstand lassen. Ist der Rückstand größer, so ist die Emulsion bereits teilweise koaguliert.

c) Viskosität: Sie steht in Beziehung zum Bitumengehalt und zum Verteilungsgrad. Je mehr Bitumen, um so höher die Viskosität, je größer der Verteilungsgrad, um so geringer die Viskosität.

d) Bitumengehalt: Der Bitumengehalt soll eine der Norm DIN 1995 entsprechende Mindesthöhe besitzen. Emulsionen mit höherem Bitumengehalt sind im Handel.

e) Asche: Der Aschegehalt beeinflußt die Güte einer Emulsion nicht direkt. Er ist jedoch als Hinweis für die Emulgatorart anwendbar.

f) Art des Bitumens: In der Regel wird B 200 verwendet. Andere Bitumenarten können unter besonderem Hinweis angeboten werden.

g) Stabilitätsgrad: Der Stabilitätsgrad ist die wichtigste Eigenschaft einer Emulsion. Von ihm ist die Verarbeitbarkeit und der Anwendungsbereich abhängig.

h) Lagerbeständigkeit: Emulsionen sollen über einen längeren Zeitraum lagerfähig sein.

i) Temperaturbeständigkeit: Bitumenemulsionen sind in der Regel nicht frostbeständig.

k) Klebeprüfung: Die Emulsion muß nach 5 Stunden einen Splitt 5/8 mm gleichmäßig verkleben.

l) Wasserlagerung: Ein von einer Emulsion herrührender Bindemittelüberzug darf unter Wassereinwirkung nicht abgeschoben werden. Statt der flüssigen werden auch feste Emulgatoren verwendet, unlösliche feine Pulver, die sich als Schutzhülle um das Bitumentröpfchen legen (Tone, Bentonit, Braunkohle). Die Eigenschaften, Unterschiede und Merkmale beider Arten werden am besten durch die folgende Gegenüberstellung gekennzeichnet.

Einteilung der Bitumenemulsionen

lösliche Emulgatoren	unlösliche Emulgatoren
Wasser	Wasser

Emulgatorenmantel	festes Pulver
Alkalien, Seifen, Harze, Salze von Sulfosäuren, Montanwachs, Kasein, Gelatine, Wasserglas, Talöl und Kolophonium	Tone, Bentonite, Braunkohle 5 ··· 10%

Bei den Emulsionen mit festem Emulgator zwingt die gröbere Form, mehr davon zu verwenden — etwa 5 ··· 10%. Der Vorgang des Brechens erfordert längere Zeit, denn er ist erst beendet, wenn das Emulsionswasser völlig verdunstet ist. Das Pulver adsorbiert auch mehr am Bitumen als am Stein. Die Gefahr der Rückemulgierung ist daher bei Regen sehr groß, solange noch nicht alles Emulsionswasser ausgeschieden ist.

Der Vorteil dieser Emulsion mit festem Emulgator besteht in der Möglichkeit, sie mit feingemahlenen Stoffen ohne Klumpenbildung und Ausfällen des Bindemittels zu mischen und sogar körnungsmäßig hochwertig aufgebaute Decken, wie z. B. Walzasphalt, kalt herzustellen. Bei Verlegung im Herbst und bei anhaltend feuchter Witterung kann die Mischung jedoch nicht austrocknen und nicht verdichten, so daß ihr Bestand gefährdet ist. Die Herstellung von dichten Decken mit Emulsionen als Bindemittel ist daher nur in der warmen Jahreszeit zu empfehlen. Der Anwendungsbereich der Bitumenemulsionen ist im übrigen sehr weit.

3. Anwendung.

a) Unstabile Emulsionen sind in der Hauptsache für Oberflächenbehandlungen, Flickarbeiten und Tränkungen bestimmt, für Fugenverschluß zur Behandlung von Steinpflaster, sowie zur Behandlung von Zement-Betondecken als Voranstrich vor dem Aufbringen von bituminösen Belägen oder zum Schutz gegen zu schnelle Austrocknung des Zementbetons (s. S. 427).

b) Halbstabile Emulsionen sind geeignet zum Mischen mit staubfreiem Splitt bis zu einer kleinsten Korngröße von 2 mm, zur Herstellung von Splittmischdecken und von Einstreusplitt für Einstreudecken (s. S. 509).

c) Stabile Emulsionen sind mit Mineralstoffen aller Korngrößen, also auch mit Gesteinsmehl, mischbar. Sie dienen zur Herstellung von hohlraumarmen Feinmischbelägen und für Vermörtelungen.

d) Frostbeständige Emulsionen sind für Arbeiten in der Zeit von 1. 10. bis 31. 3. bestimmt. Sie zerfallen nicht durch Frosteinwirkung, sind also nach etwaigem Einfrieren und Auftauen wieder verwendungsfähig.

Vor der Verarbeitung der Emulsion sind die Fässer zu rollen und durchzurühren. Bei längerer Lagerung sind die Fässer von Zeit zu Zeit zu rollen.

Neben dem schon betonten Vorzug, daß die Bitumenemulsion kalt und im Zustande der Anlieferung auf der Baustelle verwendet werden kann, ergeben sich daraus auch noch die weiteren Vorteile: Unabhängigkeit vom Wetter, gutes Eindringen in die Deckenporen besonders bei Tränkungen, weil kein Temperaturunterschied besteht zwischen Bindemittel und Gestein, und schließlich Entwicklung des Bindevermögens gleich nach dem Eindringen. Das Verfahren mit Bitumenemulsion ist im Groß- wie Kleinbetrieb wirtschaftlich.

Neben den genormten Bitumenemulsionen sind in den letzten Jahren in steigendem Maße Spezialemulsionen in den Handel gebracht worden, die sich durch einen höheren Bitumengehalt und durch eine erhöhte Haftfestigkeit am Gestein auszeichnen sollen. Auch Emulsionen mit Verschnittbitumen werden angeboten. Zu erwähnen sind noch Spezialemulsionen mit mehreren Bindemittelkomponenten, z. B. Teer und Bitumen, die hintereinander einer Gesteinsmischung zugegeben werden und bei denen die zuerst zugegebene Emulsion eine erhöhte Haftwirkung für die nachfolgende ergeben soll.

8.248 Maßnahmen, durch die die Eigenschaften des Bitumen verbessert werden können

Die Wirkung des Bitumen als Bindemittel setzt eine ausreichende Haftung an allen den Stoffen voraus, die miteinander verkittet werden sollen, und diese Haftung soll unter allen möglichen Einwirkungen erhalten bleiben. Für das Bauwesen, insbesondere den Straßenbau, kommt es auf die Haftung des Bitumen am Gestein an. Obwohl das Bitumen wegen seiner geringen Oberflächenspannung günstige Bedingungen für das Haften bietet, ist diese keineswegs immer gewährleistet. Es kommt hier auf die Wechselwirkung von Bindemittel und Gestein an, die von der Art des Bitumen und des Gesteins beeinflußt wird. An trockenem Gestein ist die Haftung besser oder überhaupt nur vorhanden, während sie bei nassem Gestein recht zweifelhaft ist. Notwendig ist vor allem, daß das Bitumen nicht durch den Zutritt von Feuchtigkeit von dem Gestein abgelöst wird. Die hier auftretenden Fragen beschäftigen schon seit langem die Ingenieure und die Chemiker. Es sei hier auf das einschlägige Schrifttum verwiesen [*305*, *306*]. Die meßtechnische Erfassung der Haftfestigkeit ist bisher nicht gelungen, weil beim Versuch, die Haftfestigkeit einer Bindemittelschicht zwischen zwei Gesteinsflächen, z. B. durch Zug- und Scherversuche, festzustellen, auch die eigene Kohäsion des Bindemittels beansprucht wird. Im allgemeinen gilt, daß die Adhäsion immer größer als die Kohäsion ist. Auf mittelbarem Wege kann die Fähigkeit eines Bindemittels, ein Gestein zu benetzen, z. B. durch Ermittlung des Randwinkels festgestellt werden. Auch durch chemische Reaktionen kann die Festigkeit des Bindemittelüberzuges am Gestein ermittelt werden. Die hierfür entwickelten Verfahren und die angenommenen Maßstäbe sind noch nicht allgemein anerkannt. Eingeführt ist nur die Prüfung der Haftfestigkeit bei Wasserlagerung nach DIN 1995, U 33 und DIN 1996, U 59, die allgemein als brauchbar angesehen und die durch Betrachten und Abschätzen beurteilt werden. Wenn der Asphaltgehalt die Haftfestigkeit des Bitumen günstig beeinflußt, dann ist das auf den chemischen Aufbau des Bitumen zurückzuführen, wie er auf S. 475 beschrieben ist. Um nasses Gestein mit Bitumen in Verbindung zu bringen und seine Haftfestigkeit zu gewährleisten, sind Zusätze sehr verschiedener Art vorgeschlagen und schon angewendet worden, z. B. Montanwachs, Metallsalze und Seifen.

8.249 Kautschuk-Zusatz zum Bitumen

Über die Verwendung von Kautschuk als Zusatz zum Bitumen liegen Berichte aus sehr vielen Ländern vor, aus europäischen, aus den VStA, aus Afrika und Australien. Man ist davon ausgegangen, daß ein Zusatz von Kautschuk die Eigenschaften des Bindemittels Bitumen in folgender Hinsicht günstig beeinflußt:

1. Die thermische Empfindlichkeit des Bitumen wird geringer.
2. Die Alterungsbeständigkeit des Bitumen wird vergrößert.
3. Der Widerstand gegen Schlüpfrigkeit von Fahrbahnen, bei denen das Bitumen in der Oberfläche mit Kautschuk angereichert ist, wird erhöht.

Zu Ziffer 1 kann auf das Schaubild Abb. 384 verwiesen werden. Die Temperaturempfindlichkeit des Kautschukbitumen soll der des geblasenen Bitumen ähneln. Die Abb. 384 (S. 476) spricht für diese Annahme einer höheren Temperaturspanne.

Kautschuk wird in zwei Formen als Zusatz zum Bitumen verwendet: als Pulver oder als Latex. Das Pulver wird aus Naturlatex hergestellt. Latex ist eine natürliche Emulsion der Kohlenwasserstoff-Verbindung Kautschuk, deren physikalische Eigenschaften (p_H-Wert) und negative elektrische Ladung denen der Bitumenemulsion ähnlich sein soll, so daß sie sich gut mit ihr mischen läßt. Wenn Latex auf 60% Kautschuk konzentriert ist und man ihn in der üblichen Bitumenemulsion mit 50% Wassergehalt verwendet, soll der Anteil an Kautschuk nur 5% betragen, weil dann die Viskosität nicht merklich verändert wird.

Im Schrifttum findet man einige Angaben über die Verwendung von Kautschuk, vor allem für Oberflächenbehandlungen auf Land- und Stadtstraßen und auch auf Flugplätzen. So sind für den Homestad-Flugplatz in Florida 365000 t Asphaltbeton eingebaut worden, die teilweise einen Überzug aus Teer mit Kautschuk erhalten haben, weil angeblich diese Mischung durch den Treibstoff der Düsenflugzeuge nicht angegriffen wird [HRa Vol. 26 Nr. 2].

Versuche, die in Deutschland in einer Versuchsanstalt gemacht worden sind, haben ergeben [Bitumen, Teere, Asphalte und Peche 8 (1957) *S. 175*]:

1. daß durch den Zusatz von deutschen Gummimehlen die Eigenschaften des Bitumen 200 und 300 verbessert werden können. An dem mit solchen Bindemittelgemischen angefertigten Asphaltbeton wurde festgestellt:

2. daß es möglich ist, erheblich größere Bindemittelmengen in der Masse unterzubringen, ohne daß ihre Standfestigkeit dadurch verringert wird. Die mechanische Prüfung ergab, daß die Asphaltbetonmasse eine bessere Durchbiegung hat und auch die Bruchlast höher liegt als bei dem Asphaltbeton ohne Kautschukzusatz. Daraus kann abgeleitet werden, daß solche bituminösen Massen nicht so leicht reißen und eine höhere Lebensdauer erreichen [HRa Vol. 23 Nr. 6].

Die Veränderungen am Bitumen sollen die Neigung der Bitumendecken herabsetzen, bei großer Wärme unter der schiebenden Wirkung der Räder zu kriechen, und das Ausschwitzen ermäßigen, allerdings nur innerhalb geringer Grenzen. Als erwiesen gilt, daß die Schlüpfrigkeit der Bitumendecke im Vergleich mit solchen ohne Kautschuk herabgesetzt wird, aber ebenfalls nur in geringem Ausmaß. Durch Zusatz von Kautschuk soll außerdem der Haftreibungsbeiwert in neuen Belägen länger erhalten bleiben.

Solche Erfahrungen sollen auch in Australien bei der Herstellung eines Flugplatzbelages gemacht worden sein. Hier haben flexible Decken einen Zusatz von 1,25% und 2,5% Kautschukmehl erhalten. Ein Vergleich mit denselben Decken ohne Kautschuk nach 2 Jahren ergab, daß die Masse mit Kautschuk an früheren Fugen des Tragkörpers nicht gerissen ist im Gegensatz zu der Masse ohne Kautschuk [HRa Vol. 23 Nr. 8].

Darauf ist auf dem Flugplatz bei Melbourne ein umfangreicher Versuch im Jahre 1954 vorgenommen worden, bei dem auf 5 Flächen die Anteile an Kautschukpulver verändert und auch Latex verwendet worden ist, während eine sechste Fläche nur mit reinem Bitumen hergestellt wurde. Das Bindemittel für diese Oberflächenbehandlung bestand aus Bitumen 80/100 mit einem 5%igen Zusatz von asphaltischem Öl. Mit sauberem Kies bis 5 cm Korngröße — 0,76 cbm auf 100 qm — wurde abgedeckt. Man wollte feststellen, ob die Lebensdauer damit verlängert und die flexible Decke gegen Wasser mehr undurchlässig wird.

In der Schweiz sind auch Versuche mit Kautschukzusatz zu bituminösen Decken gemacht worden, z. B. indem der zur Stabilisierung dienende Füller mit Kautschuk getränkt worden ist, weil er sich dann (beim Mischen) mit größerer Geschwindigkeit in den anderen Zuschlägen verteilt. Versuche, die sich über mehrere Jahre erstreckten, ergaben, daß unter verschiedenen klimatischen Verhältnissen die Ergebnisse günstig waren, was die Stabilität der Masse, die Verlängerung ihrer Lebensdauer und den Widerstand gegen Schlüpfrigkeit anbelangt. Durch die Verwendung des Kautschuk sind 1% Mehrkosten entstanden [Automadès, Str. und Verkehr 41 (1955) S. 342]. Es wäre denkbar, daß sich hier ein Vorgang vollzieht, der im Abschnitt 8.293.17 (S. 522) „Bituminierte Füller" näher beschrieben wird.

Eine Einsicht darüber, wie die Kosten durch die Verwendung von Kautschuk vermehrt werden und ob sie im richtigen Verhältnis zu den Vorteilen stehen, die angeblich zu erwarten sind, gibt es noch nicht. Nach Auffassung in den VStA ist der Straßendollar durch die Verwendung von Kautschuk nicht gestreckt worden.

Bei einer Beurteilung der Erfahrungen, die mit Kautschukzusatz im bituminösen Straßenbau gemacht worden sind, muß man davon ausgehen, daß jede Veränderung in der Zusammensetzung einer Masse sofort auch auf die anderen Anteile zurückwirkt. Wenn eine Standardmasse einer flexiblen Decke entwickelt ist, die unter den obwaltenden Verkehrsverhältnissen eine Lebensdauer von 20 Jahren hat, wird man mit einer Veränderung rechnen müssen, wenn der bisher geltende Bitumenanteil durch Kautschukzusatz entsprechend geändert wird. Nur durch langwierige Versuchsreihen mit verschiedenen Bitumenanteilen mit und ohne Kautschuk im Vergleich mit dem bewährten wird man endgültige Ergebnisse erhalten können.

8.24.10 Farbiges Bitumen

Die schwarzdunklen Bitumendecken können aufgehellt werden, wenn helles Gestein, z. B. Kalksteine, als Zuschlag benutzt wird. Aber auch farbiges Bitumen kann hergestellt werden, z. B. als Emulsion oder Verschnittbitumen. Die Bindemittel werden hierbei meist mit anorganischen Farbpigmenten vermischt, z. B. Eisenoxydrot. Im Straßenbau finden farbige Beläge weniger Verwendung. Hauptsächlich werden damit Höfe, Vorplätze und Park- und Radwege befestigt. Die zur Kennzeichnung von Fußgängerübergängen und für Straßenmarkierungen verwendeten weißen Massen enthalten in der Regel kein Bitumen, sondern Natur- und Kunstharze.

Sogenanntes Albinobitumen ist in dünner Schicht durchsichtig, und ein Pigment scheint deshalb durch. Cados der Shell AG. ist noch durchsichtiger und preiswerter (Penetration 20/60). Gefluxt mit leicht gefärbtem Öl, mit Kerosene und Zusatz von kalziniertem weißen Kiesel (Durite) und Kalkfüller entsteht ein kalt verlegbarer Asphalt. Erfahrungen liegen noch nicht vor.

8.25 Straßenteer

Im Straßenbau hat bisher nur der aus dem Steinkohlenteer hergestellte Straßenteer Anwendung gefunden. Braunkohlenteer hat sich wegen seines geringeren Bindevermögens dem Steinkohlenteer unterlegen erwiesen. Der Straßenteer ist ein präparierter Teer, ein Gemisch von Teerölen und Pech. Er wird gemäß den in DIN 1995 festgelegten Viskositätsspannen in einer Reihe verschiedener, durch ihren Zähigkeitsgrad gekennzeichneter Sorten hergestellt. Die nähere Untersuchung erstreckt sich vor allem auf die Prüfung des Siedeverhaltens. Man destilliert in einem genormten Gerät bis 170° das Leichtöl, von 170 ··· 270° das Mittelöl, von 270 ··· 300° das Schweröl und von 300 ··· 350° das Anthracenöl ab. Der Destillationsrückstand, das Pech, wird durch seinen Erweichungspunkt K. S. gekennzeichnet. Die Abb. 386 gibt ein Beispiel einer typischen Straßenteerzusammensetzung.

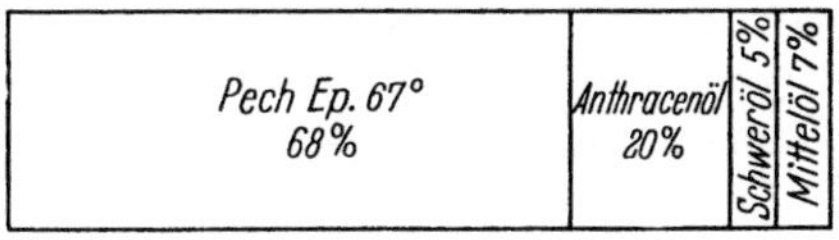

Abb. 386. Zusammensetzung des Teeres nach MALLISON

8.251 Zusammensetzung und Eigenschaften der Straßenteere

Nach F. J. NELLENSTEYN [*307*] ist der Teer als ein kolloidales System anzusehen, in dem die Teeröle das Dispersionsmittel sind und das Benzol-Unlösliche durch die Teerharze geschützt als disperse Phase verteilt ist. Neben Ultramikronen (Größenordnung 10 $\mu\mu$ bis 100 $\mu\mu$) findet man Mikronen (Größenordnung 500 $\mu\mu$ bis 1 μ) und Teilchen von makroskopischer Größe. Das von NELLENSTEYN vorgeschlagene Verfahren zur Qualitätsprüfung des Straßenteers durch Zählung der Mikronen, das sind die in Nitrobenzol unlöslichen, durch ein Papierfilter gehenden schwarzen Teilchen, hat sich in Deutschland nicht einführen können. Alle deutschen, aus Hochtemperaturteer hergestellten Straßenteere erfüllten die Forderung einer gewissen Mindestzahl von Mikronen im mm^3. In den Niederlanden und in Dänemark ist das Prüfverfahren noch im Gebrauch.

Der aus Horizontalretorten gewonnene Teer ist durch hohen Gehalt an Unlöslichem, hohe Wichte und hohe Zähigkeit gekennzeichnet. Er liefert wenig Leicht- und Mittelöl, aber viel Pech mit hohem Verkokungsrückstand. Die Teere aus Vertikalretortenöfen sind meist von hellerer schwarzbrauner Farbe; sie haben nur einen geringen Gehalt an Unlöslichem bei niedriger Wichte, sie sind dünnflüssig, weil sie viel Leicht- und Mittelöl und wenig Naphthalin und Pech haben. Die Kokereien liefern Teere von schwarzer Farbe, die wegen ihres geringen Gehaltes an leichtflüssigen Bestandteilen dickflüssig sind. Das Unlösliche ist nicht höher als bei anderen Teeren.

Der deutsche Straßenteer wird in seiner Hauptmenge aus Kokereiteer hergestellt.

Die rohen Teere sind für den Straßenbau unbrauchbar, weil sie noch Wasser und Leichtöle enthalten und eine wechselnde, dem Verwendungszweck nicht angepaßte Viskosität haben. Das Wasser muß dem Teer entzogen werden, weil er sonst beim Erwärmen schäumt und überkocht.

Ein besonderes Interesse haben seit je die Bestandteile des Straßenteers gefunden, die in gewissen Lösungsmitteln unlöslich sind. Diese Stoffe tragen zu dem kolloidalen Aufbau des Teeres wesentlich bei. Eine dünne Teerschicht zeigt unter dem Mikroskop ein bräunliches Teerölmedium, in dem feinste schwarze Flöckchen verteilt sind. Verdünnt man den Teer mit Lösungsmitteln, so fällt je nach der Art des Lösungsmittels eine mehr oder weniger große Menge dieser schwarzen Substanz aus und kann abgefiltert werden. Lösungsmittel mit hoher Oberflächenspannung wie Anthracenöl, Anilin, Chinolin, Nitrobenzol und Pyridin geben eine geringe Menge an Unlöslichem. Mittel wie Benzol, Toluol und Methanol fällen größere Mengen an solchen Stoffen aus. Bei der Auswahl unter diesen Lösungsmitteln hat man sich zur Kennzeichnung des Straßenteers auf die Verwendung von Toluol geeinigt, und DIN 1995 enthält eine Beschreibung des Verfahrens zur Bestimmung des Toluol-Unlöslichen. Für wissenschaftliche Zwecke hat H. MALLISON [*308*, *293*] ein Verfahren zur vollständigen Aufteilung der Teere und Peche mit selektiv wirkenden Lösungsmitteln ausgearbeitet.

Für die Praxis der Herstellung und Untersuchung von Teer-Mineral-Gemischen wie Teersplitt und Teerbeton ist zu beachten, daß bei der analytischen Bestimmung des Teergehalts durch Extraktion stets ein gewisser Anteil des Teers in ungelöster Form auf dem Mineral verbleibt. Bei der Verwendung von Benzol als Extraktionsmittel können z. B. 10···15% des tatsächlich zugegebenen Teers auf dem Gestein verbleiben und sich der Bestimmung entziehen. Gemäß DIN 1996 pflegt man daher zu der gefundenen Extraktmenge einen entsprechenden Zuschlag zu machen.

8.252 Beurteilung und Eigenschaften der Straßenteere

8.252.1 Viskosität (Zähflüssigkeit)

Der Grad der Zähflüssigkeit der Teere hat für ihre Verwendung bei den verschiedenen Straßenbauweisen besondere Bedeutung. Ist der Teer zu dünnflüssig, so fließt er von dem Gestein ab und übt keine genügende Bindekraft im Steingerüst aus; ist er zu zähflüssig, so läßt er sich nur schwer verteilen, dringt bei Tränkdecken nicht genügend in die Decke ein oder muß zu stark erwärmt werden und verliert dann an Klebefähigkeit. Deshalb dient die Viskosität in erster Linie dazu, die Eigenschaften der Teere und ihr Verhalten im Straßenbau zu beurteilen.

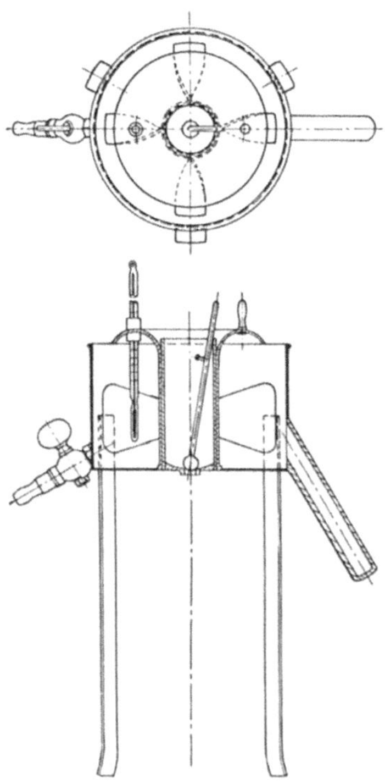

Abb. 387. Straßenteerviskosimeter nach DIN 1995

Zur Messung der Viskosität der Teere werden Ausfluß-Viskosimeter oder Senkspindeln benutzt. Das in Deutschland und den meisten europäischen Ländern eingeführte Straßenteer-Viskosimeter (Abb. 387) hat eine Ausflußöffnung von 10 mm Weite, die mit einer Phosphorbronzekugel von 12,7 mm verschlossen wird. Die Kugel ist an einem 4 mm dicken Stab befestigt, der einen Ansatz im Abstande von 92 mm von der Unterkante der Kugel hat. In das Wasserbad wird das Gefäß für das zu untersuchende Bindemittel eingesetzt. Der Teer wird auf 30° erwärmt und 100 cm³ des auf 30° erwärmten Teers werden in das Gefäß eingefüllt; das Wasserbad wird auf 30° gehalten. Unter die Ausflußöffnung wird ein Meßzylinder gestellt, der 20 cm³ Mineralöl oder Seifenwasser enthält, das über dem einfließenden Teer eine ebene Oberfläche bildet. Mit Hilfe einer Stoppuhr wird die Ausflußzeit ermittelt, die das Bindemittel zwischen der 25 cm³- und der 75 cm³-Marke im Meßzylinder benötigt. Es wird also die Ausflußzeit für 50 cm³ Teer gemessen. Bei zähflüssigen Teeren führt man die Untersuchung bei 40° durch (DIN 1995). Von den früher sechs genormten Straßenteeren nach Tabelle 36 sind die beiden ersten jetzt gestrichen worden. Hinzu kommt der noch nicht genormte mit Äquiviskositätstemperatur $\geqq$ 49° (s. S. 487 oben).

Die von der Vereinigung Schweizerischer Straßenfachmänner und dem Schweizerischen Verband für Materialprüfung der Technik herausgegebenen Richtlinien sind den deutschen Vorschriften ähnlich. Die amerikanischen Normen weisen nach dem Bericht 29 zum VIII. I. Str. K., Den Haag, 14 verschiedene Straßenteere auf.

In Großbritannien (British Engineering Standards Association) unterscheidet man drei Gruppen von Straßenteeren mit einigen Unterteilungen. Die Teere der Gruppe A binden wegen ihres verhältnismäßig hohen Gehaltes an Mittelöl schnell ab, die Teere der Gruppe C langsam. Die Teere der Gruppe B liegen dazwischen, sie sind die meist gebräuchlichen. Weil bei sehr zähflüssigen Teeren die Bestimmung der Viskosität bei 30 oder 40° praktisch nicht mehr durchführbar ist, hat man in Großbritannien einen Vorschlag von G. H. FUIDGE [*309*] aufgenommen, der diese Schwierigkeiten beseitigt. Man legt nicht die Ausflußzeit bei einer verabredeten Temperatur zugrunde, sondern bestimmt für die Teere die Temperatur, bei der 50 cm³ in 50 sek. aus dem Straßenteer-Viskosimeter ausfließen. So bekommt man die sogenannte Äquiviskositäts-Temperatur (E.V.T.), in Deutschland T_v genannt. Die Tabelle 36, DIN 1995, bringt die Viskositätsspannen der genormten deutschen Straßenteere.

Tabelle 36. *Straßenteere nach DIN 1995*

	Bezeichnung						Prüfverfahren
	T 10/17[1]	T 20/35[1]	T 40/70	T 80/125	T 140/240	T 250/500	
1. Zähigkeit (Viskosität) im Straßenteerviskosimeter (10 mm-Düse) bei 30° sek.	10⋯17	20⋯35	40⋯70	80⋯125	rd. 140 bis 240	rd. 250 bis 500	U 13a
bei 40° sek.					25⋯40	45⋯100	U 13a
2. Äußere Beschaffenheit .	gleichmäßig						U 1
3. Siedeanalyse bis 350° .							U 15
a) Wasser höchstens Gew.-% .	0,5		0,5		0,5	0,5	U 14, 15, 16
b) Leichtöl (bis 170°) höchstens Gew.-% .	1,0		1,0		1,0	1,0	U 15
c) Mittelöl (170⋯270°) Gew.-%	9⋯15	8⋯14	6⋯12	5⋯11	3⋯9	2⋯8	U 15
d) Schweröl (270⋯300°) Gew.-%	4⋯10	4⋯10	3⋯9	3⋯9	2⋯8	2⋯8	U 15
e) Anthracenöl (üb. 300°) umgerechnet Gew.-%	16⋯26	16⋯26	17⋯27	17⋯27	18⋯28	18⋯28	U 15
f) Pechrückstand, umgerechnet auf 67° Erweichungspunkt K. S. Gew.-% . . .	55⋯65	55⋯65	59⋯70	59⋯70	61⋯71	64⋯74	U 15
4. Erweichungspunkt K. S. des Pechrückstandes höchstens Grad. . . .	70		70		70	70	U 5
5. Phenole höchstens Raum-%.	3		3		2	2	U 17
6. Naphthalin höchstens Gew.-%	4		3		3	2	U 18
7. Rohanthracen höchstens Gew.-%	3		3,5		3,5	4	U 19
8. Benzol-Unlösliches Gew.-%	5⋯14		5⋯16		5⋯16	5⋯18	U 20
9. Dichte bei 25°, höchstens	1,22		1,23		1,24	1,25	U 2

[1] sind gestrichen.

Zur Umrechnung der nach den verschiedenen Verfahren bestimmten Viskositätswerte hat die F. G. einem Vorschlage ST. HALLBERGS [Statens Väginstitut Mitteilungen 71 (1945)] folgend eine Viskositätstemperaturvergleichtafel geschaffen, aus der die zu den jeweiligen T_v gehörenden Angaben in sek. bei 30°, 40° und 50° die E.P KS, R und K und die Penetrationswerte entnommen werden können.

8.252.2 Siedeverhalten

Die Destillation der Straßenteere geschieht nach DIN 1995 U 15 in dem Gerät der Abb. 388. Man destilliert rund 250 g Teer mit einer festgelegten Geschwindigkeit, bis das Thermometer 350° anzeigt. Die Ölfraktionen werden einzeln gewogen und in Prozenten der Teereinwaage angegeben. In dem Mittelöl und dem Anthracenöl werden, falls verlangt, die Phenole, das Naphthalin und das Rohanthracen bestimmt. Die aus Hochtemperaturteer hergestellten deutschen Straßenteere enthalten durchweg weniger als 1% Phenole, auch die Gehalte an Naphthalin und Rohanthracen sind gering, wenn der Teer äußerlich blank und kristallfrei ist.

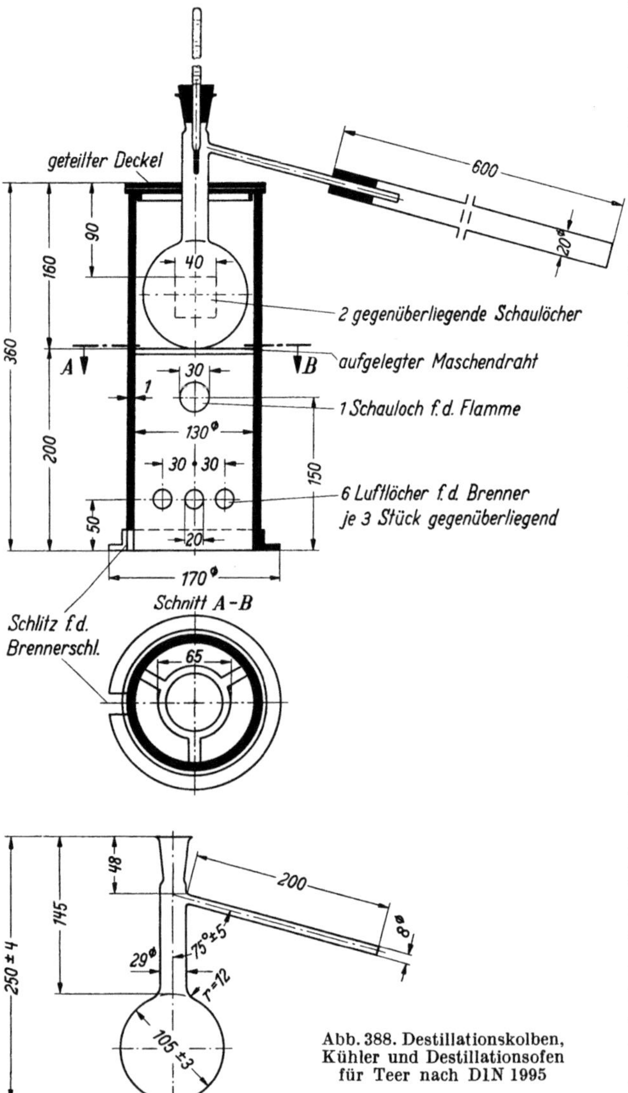

Abb. 388. Destillationskolben, Kühler und Destillationsofen für Teer nach DIN 1995

Nach H. MALLISON [*310*, *293*] kann man den Straßenteer als ein mit Teerölgefluxtes Weichpech auffassen, könnte ihm also — in Analogie zu dem Verschnittbitumen — die Bezeichnung „Verschnitt-Weichpech" geben. Das eigentliche Bindemittel ist ein zähes Weichpech, das durch Zugabe geeigneter Teeröle gefluxt ist. Beim Abkühlen des heiß aufgebrachten Teeres wird er auf der Straße durch Abkühlung dicker und dann setzt die Verdunstung von Teerölanteilen ein, die ihn in das eigentliche Bindemittel, das Weichpech, verwandelt. Dieses sogenannte Abbinden des Teers führt erfahrungsgemäß zu einem Weichpech vom EpKS 20/30°. Analytische Untersuchungen haben gezeigt, daß das Mittelöl in Gänze und das Schweröl etwa bis zur Hälfte verdunsten müssen, damit ein Weichpech der gekennzeichneten Art hinterbleibt. Schließt man sich dieser Auffassung an und prüft im Lichte dieser Betrachtungsweise die DIN-Vorschriften, so kommt man zu folgendem:

In diesen Vorschriften sind für die Gehalte an Mittelöl und Schweröl Spannen festgelegt, innerhalb deren sich diese Gehalte bewegen können. Nimmt man zunächst der Vereinfachung halber für das Mittelöl die Mittelwerte und beim Schweröl die Hälfte der Mittelwerte, so ergibt sich die folgende Aufteilung:

Tabelle 37. *Ölprozentspannen nach DIN 1995*

	T 10/17[1]	T 20/35[1]	T 40/70	T 80/125	T 140/240	T 250/500
Mittelöl % . .	9···15	8···14	6···12	5···11	3···9	2···8
Schweröl % . .	4···10	4···10	3··· 9	3··· 9	2···8	2···8

[1] sind gestrichen worden.

Tabelle 38. *Aufteilung der Teere in Weichpech und Fluxöl*

	T 10/17[1]	T 20/35[1]	T 40/70	T 80/125	T140/240	T 250/500
Weichpech % . . .	84,5	85,5	88	89	91,5	92,5
Fluxöl (M-öl + $^1/_2$ S-öl % . .	15,5	14,5	12	11	8,5	7,5

[1] sind gestrichen worden.

Man sieht, daß die Fluxölgehalte mit den steigenden Viskositäten in der Reihe abnehmen, die Weichpechgehalte entsprechend zunehmen. So wird auch deutlich, wie schädlich ein Überhitzen des Teeres sein kann, z. B. bei der Oberflächenteerung eine Teertemperatur über 120° und gelbe Dämpfe, auf dem Teersplittwerk ein zu heißer Splitt. Ein Fluxölverlust von nur 3,5% kann einen T 40/70 in einen T 140/240 verwandeln!

Aus dem Dargelegten ergibt sich, daß die Beschaffenheit des als eigentliches Bindemittel wirkenden Weichpechs von besonderer Bedeutung ist. Deshalb setzt man bei der Siedeanalyse die Destillation bis 350° fort und bekommt auf diese Weise den Prozentgehalt des Teeres an der Anthracenöl-Fraktion 300 bis 350°. Von dem Verhältnis Pech/Anthracenöl hängen die Eigenschaften des Weichpechs ab [*311, 312*]. Je mehr Anthracenöl ein Straßenteer enthält, desto geschmeidiger ist das Weichpech. Andererseits muß ein gewisser Pechgehalt vorhanden sein, damit der Straßenteer die zweckentsprechende Viskosität und das ausreichende Bindevermögen bekommt. Deshalb schreibt DIN 1995 für die verschiedenen Teersorten bestimmte Spannen für die Gehalte an Anthracenöl und Pech vor. Für das Pech, das als Bestandteil des Teeres angegeben wird, hat man sich auf den Erweichungspunkt 67° geeinigt. Weil es nun praktisch unmöglich ist, bei der Siedeanalyse die Destillation soweit zu treiben, daß gerade ein Pechrückstand mit diesem Erweichungspunkt hinterbleibt, geht man so vor, daß man bis 350° destilliert, den Erweichungspunkt des zurückbleibenden Peches bestimmt und dann die Ausbeute nach einer Formel auf ein Pech Ep K.S. 67° umrechnet. Auf diese Weise kann man alle Teere bezüglich des Pechgehaltes auf eine Vergleichsgrundlage bringen. Für je 1,5°, um die der gefundene Erweichungspunkt höher oder niedriger ist als 67°, wird der gefundene Pechanteil um je 1% erhöht oder erniedrigt. Gleichzeitig wird der gefundene Anthracenölanteil um diesen Prozentsatz erniedrigt oder erhöht. DIN 1995 gibt für diese Umrechnung das folgende Beispiel:

Gefunden 66,5 Gew.-% Pechrückstand vom Erweichungspunkt K.S. 61°

$$\begin{array}{r} 67^\circ \\ -61^\circ \\ \hline 6^\circ : 1{,}5^\circ = 4 \end{array}$$

$$66{,}5 \text{ Gew.-\%} \cdot \frac{4{,}0}{100} = 2{,}7 \text{ Gew.-\%}$$

$$\begin{array}{rl} 66{,}5 & \text{Gew.-\%} \\ -\ 2{,}7 & \text{,,} \\ \hline 63{,}8 & \text{Gew.-\% Pechrückstand vom Erweichungspunkt K.S. } 67^\circ \end{array}$$

J. PETRASCH hat zur Vereinfachung dieser Rechnung die Benutzung der folgenden Formel vorgeschlagen:

$$P_{67} = \frac{P_R}{150}(Ep + 83),$$

P_{67} = Prozente Pechrückstand, korrigiert auf Ep. 67°,

P_R = Prozente Pechrückstand, bei der Destillation erhalten,

Ep = Erweichungspunkt des Pechrückstandes P_R.

Diese Formel ist gleicherweise anwendbar für gefundene Erweichungspunkte über und unter 67°.

Wenngleich in DIN 1995 als Anthracenöl die Fraktion 300 ··· 350° angesehen wird (Anthracenöl I), hat es doch darüber hinaus eine gewisse Bedeutung zu wissen, ob auch ein mehr oder weniger großer Anteil an höhersiedendem Anthracenöl in dem Teer enthalten ist. Je nach der vorhandenen Menge an einem solchen, höher als 350° siedenden, als „Anthracenöl II" bezeichneten Teeröl wird der Erweichungspunkt des über 350° hinterbleibenden Pechrückstandes mehr oder weniger niedriger liegen als 67°. Deshalb pflegt man vielfach neuerdings diese Anthracenölmenge, die in dem obigen DIN-Beispiel 2,7% beträgt, gesondert als Gehalt an Anthracenöl II anzugeben.

Bei den für eine spätere Normung vorgesehenen und zunächst vom BVM für die Bundesfernstraßen eingeführten Beschaffenheitsvorschriften für hochviskose Straßenteere (T_v 49° ··· 53°) soll das Verhältnis von Anthracenöl II zu Anthracenöl I mindestens 1 betragen.

K. KRENKLER [*313*] hat vorgeschlagen, die Straßenteere mit einem erhöhten Gehalt an Anthracenöl II auszustatten. Bei der Verwendung solcher Teere, die nach dem Abbinden ein besonders weiches Weichpech hinterlassen, hat sich die Zweckmäßigkeit herausgestellt, ihre Viskosität um eine Viskositätsstufe höher zu wählen als bei Teeren mit geringerem Gehalt an Anthracenöl II [*314*].

Für diese „Straßenteere erhöhter Alterungsbeständigkeit" wurden Beschaffenheitsvorschriften von BVM noch nicht in die Normen aufgenommen, aber für die Bundesfernstraßen eingeführt.

Die Verdunstung leichter siedender Teeröle (Mittelöl und Anteile des Schweröls) führt *an der äußersten Oberfläche* der Teerstraßen zu einer gewissen Verarmung an Teerölen. Mit dieser Erscheinung hat H. MALLISON [*315*] die Tatsache begründet, daß die Teerstraßen ausgesprochen griffig sind und es unter dem Verkehr auch bleiben. Die oberste Schicht erfährt eine gewisse Verhärtung und reibt sich ab. Der Verkehr vollzieht sich daher nicht auf einer fetten Bindemittelschicht, sondern auf den freigelegten Steinköpfen, in deren Fugen und Zwischenräumen der Teer als geschmeidiges Bindemittel weiter wirkt.

8.253 Kaltteer

Die Heißteere sind bei gewöhnlicher Temperatur zähflüssig und müssen erhitzt werden, um ausgespritzt oder mit dem Gestein vermischt werden zu können. Statt durch Erhitzen kann man den Straßenteer auch durch Zugabe eines *Lösungsmittels* dünnflüssig machen. Ein solches Erzeugnis aus rund 85% Straßenteer T und rund 15% Lösungsmittel ist der Kaltteer. Er ist ebenfalls durch DIN 1995 genormt. Nach dem Verdunsten des leichtflüchtigen Lösungsmittels bleibt zähflüssiger, normaler Straßenteer zurück.

Kaltteer wird zur Herstellung von Teersplitt und Teerfeinmineralgemischen bei Flick- und Ausbesserungsarbeiten verwendet.

Das Lösungsmittel ist leicht entzündlich!

Daher müssen gewisse selbstverständliche Vorsichtsmaßregeln bei der Handhabung von Kaltteer eingehalten werden:

Beim Abfüllen des Kaltteers offenes Licht oder Feuer unbedingt vermeiden!

Nicht rauchen!

Niemals Kaltteerfässer anwärmen!

Fässer, die längere Zeit in der Sonne gelegen haben, müssen vorsichtig geöffnet werden, weil möglicherweise ein Überdruck entstanden ist.

8.254 Straßenteere mit Bitumen

Unter der Bezeichnung Straßenteer BT sind in DIN 1995 auch Gemische von 85% Straßenteer und 15% Bitumen genormt, und zwar die vier Sorten: BT 40/70, BT 80/125, BT 140/240, BT 250/500. Als Zusatzbitumen ist Straßenbaubitumen B 45 vorgeschrieben und es wird verlangt, daß es sich mit dem Straßenteer ohne Ölabscheidung mischen läßt. Die Vorschriften DIN 1995 begrenzen den Bitumengehalt in den Straßenteeren BT auf 15%, weil Mischungen von Straßenteer und Bitumen, die 20 bis 70% Bitumen enthalten, im allgemeinen zu Abscheidungen von Teerharzen und Öl in Gestalt von Schlieren und Tropfen neigen.

Neuerdings sind Verfahren gefunden worden, die die Beimischung auch größerer Mengen Bitumen zum Straßenteer gestatten, ohne daß Entmischungserscheinungen auftreten. Diese Gemische sind völlig homogen und zeichnen sich vor den Straßenteeren T und BT durch eine besondere Geschmeidigkeit des Bindemittels aus, das nach dem Abbinden, d. h. nach dem Verdunsten der Fluxöle, zurückbleibt. Dadurch sind solche Gemische besonders für die Herstellung der vom Verkehr hochbeanspruchten Verschleißdecken geeignet.

Nach denselben Verfahren ist auch die Herstellung von Gemischen aus Weichpech und Bitumen möglich.

8.255 Straßenöl

Straßenöl ist ein hochsiedendes Teeröl, das zur Wiederbelebung alter bituminöser Straßendecken als Behelfsmaßnahme dient.

Das Straßenöl kann reines hochsiedendes Teeröl (Anthracenöl) sein. Man kann dem Teeröl aber auch einen — gering bemessenen — Zusatz von Straßenteer geben und hat dann den Vorteil, daß bei der Straßenölung die noch vorhandene Bindemittelsubstanz nicht nur wiederbelebt, sondern neu ergänzt wird. Auch Straßenteeremulsionen mit 60% Teer nach DIN 1995 wird geliefert.

8.26 Auswahl des Gesteins für die flexiblen Decken

Je hochwertiger die Decken sind, desto größere Aufmerksamkeit und Vorsicht ist der Auswahl des Gesteins zu schenken. Die Aufwendungen für das Bindemittel und für die Aufbereitung der Mischungen sind so hoch, daß große Sorgfalt am Platze ist, weil Ungeeignetheit und Mängel am Gestein sich empfindlich bemerkbar machen und mit nachträglichen Mitteln nicht nach- und abgeholfen werden kann. Während bei untergeordneten Straßen und Deckenbefestigungen, die nur eine vorübergehende Bedeutung haben, ein Gestein mittlerer Güte ausreicht, ist für Decken, von denen man eine lange Lebensdauer verlangt, das beste Gestein gerade gut genug. Bisweilen kann beim Unterbau ein Gestein geringerer Güte zugelassen werden, wenn sonst der Unterbau stark genug ist, weil durch die Decke bereits eine Verteilung der Lasten und Beanspruchungen erfolgt.

Bei hochwertigen Decken sind daher an die Baustoffe die höchsten Anforderungen zu stellen. Die Eigenschaften der Gesteine können durch Prüfungsverfahren nach DIN 52100 und DIN 52102···10 festgestellt werden. Die Erfahrungen auf der Straße gewähren aber erst ein richtiges Bild. Neben den physikalischen und chemischen Eigenschaften der Gesteine verlangen die einzelnen Deckenarten besondere Abstufung und Zusammensetzung der Körnungen und besondere Kornform, deren Abmessungen und Bezeichnungen durch ein Merkblatt der Forschungsgesellschaft für das Straßenwesen e. V. festgelegt ist (s. S. 628). Im allgemeinen kommt nur gesundes, wetterbeständiges, zähes und hartes Gestein besonders für die Mischverfahren in Frage.

Für den Straßenbau ist es notwendig zu wissen, wie sich das Gestein gegenüber Wasser in dreifacher Richtung verhält: 1. in bezug auf die Wasseraufnahme, 2. die Erweichbarkeit und 3. die Affinität seiner Oberfläche zum Wasser.

Die Eigenschaft zu 1. wird nach DIN 52103 bestimmt. Sie ist abhängig von der Form, Größe, gegenseitigen Verbindung und Zahl der Hohlräume, die meist kapillar sind, und kann auch mit Porösitätsgrad des Gesteins bezeichnet werden. Bei den Sedimenten — Kalksteinen und Sandsteinen — steigt die Druckfestigkeit und der Widerstand gegen Abnützung mit dem Rückgang der Wasseraufnahme.

Zu 2.: Erweichbarkeit ist bei Gesteinen vorhanden, wenn die Masse, die die Gesteinsteile bindet, durch Wasser aufgeweicht wird (Kornbindung), das ist tonige Beschaffenheit statt kalkiger oder silikatreicher (Absatzgesteine oder verwitterte Erstarrungsgesteine). Sie tritt in Erscheinung im Unterschied der Druckfestigkeit nach DIN 52105 am trockenen Gestein (F_t) und am Gestein, das der Wasserlagerung nach DIN 52103 ausgesetzt worden ist (F_W). Ist das Verhältnis der Festigkeit von der zweiten zur ersten Prüfung kleiner als 0,85 (Maß der Erweichbarkeit), dann gilt das Gestein im Bauwesen als technisch nicht verwertbar, weil dies gleichbedeutend auch mit verminderter Widerstandsfähigkeit gegen Verwitterung und Frosteinflüsse ist.

3. Die Affinität des Gesteins zum Wasser muß in Vergleich gesetzt werden zu der gegenüber den Bindemitteln Bitumen und Teer, die im Straßenbau verwendet werden, weil sich die Zuschlagsgesteine in dieser Beziehung sehr verschieden verhalten. Wenn die Affinität eines Gesteins zum Wasser größer ist als zum Bitumen oder Teer, mit denen es überzogen ist, kann Wasser diese Bindemittel verdrängen, wodurch der Bestand der Straßendecke gefährdet ist, weil er von der Haftung des Bitumens oder Teeres am Gestein abhängt. Da Wasser stets mit den Straßendecken in Berührung kommt und sogar in sie eindringen kann, sind die Voraussetzungen geschaffen, daß das Wasser die Bindemittel ablöst, z. B. wenn das Bindemittel beim Zutritt von Wasser schrumpft. Je inniger Bitumen oder Teer mit dem Gestein verbunden sind und die Kornoberfläche voll umhüllen, um so geringer wird diese Gefahr sein. Die Haftfestigkeit des Bindemittels am Gestein tritt hier in Erscheinung, ein Zustand, der sich an der Grenzfläche Bindemittel—Gestein abspielt. Diese wird beeinflußt durch die Art des Bindemittels, der Natur des Gesteins und des Mischverfahrens, mit dem beide zusammengebracht werden. Um eine gute Benetzung zu erreichen, werden die Bindemittel erwärmt, weil sie dann am leichtflüssigsten sind und die größte Benetzungskraft haben. Nach dem Erkalten steigt ihre Zähflüssigkeit und damit ihr Widerstand gegen Ablösung und mechanische Beanspruchung. Glatte Gesteine benetzen sich leichter als rauhe. Da Wasser eine höhere Oberflächenspannung als Bitumen und Teer hat, kann es schwer am Stein durch eines der beiden ersetzt werden. Daher muß jedes Gestein vor der Mischung mit Bitumen oder Teer so erwärmt werden, daß alles Wasser außen und innen beseitigt ist. Wenn die Gesteine mit Bitumen oder Teer überzogen werden sollen, setzt das ihre völlige Trockenheit voraus.

Aber abgesehen von diesem Zustand verhalten sich die Gesteinsarten gegenüber Wasser, Bitumen und Teer recht verschieden. Man unterscheidet hydrophile und hydrophobe Gesteine (dem Wasser zugänglich und Wasser abstoßend), weil ganz offensichtlich an manchen Gesteinen das Wasser leichter hinzutritt, das sind die hydrophilen, als an andere, die hydrophoben. Worauf diese Eigenschaft beruht, ist noch nicht genügend geklärt. An basischen Gesteinen soll die Haftung besser sein. Gegenüber Bitumen und Teer verhalten sich die Gesteine verschieden. An Kalksteinen haftet Bitumen meist sehr gut, Teer weniger. Er hat günstigere Beziehungen zur rauhen Hochofenschlacke. Quarz wird von beiden schlecht benetzt, so daß Granit wegen seines hohen Quarzgehaltes im Straßenbau mit Bitumen und Teer ungern verwendet wird. Quarz und die Gesteine vulkanischen Ursprungs sollen eine höhere Oberflächenspannung als die kalkigen haben.

Das bezieht sich auf die Bindekraft des Bindemittels. Indessen haben wieder die schwedischen Untersuchungen ergeben, daß dem Wasser erschwert wird, das Bindemittel zu verdrängen, wenn die Oberfläche des Gesteins rauh ist, wenn die Steinoberfläche voll von Haarrissen, Spalten und Poren ist, durch die sich gewissermaßen das Bindemittel am Gestein verankert.

Bisher war man der Meinung, daß sich Gesteine mit feinen Poren ungünstig verhalten, da sie die leichten Öle dem Bindemittel entziehen. Die Teeröle werden absorbiert und die hierdurch erzielte Anreicherung von Benzolunlöslichem im Film setzt die Bindekraft herab. Die gleiche Erscheinung, wenn auch nicht so kräftig, ist bei Bitumen festgestellt worden, so daß es sich empfiehlt, möglichst dichtes, nicht saugendes Gestein zu verwenden.

Nach Ergebnissen neuerer Forschungsarbeiten des schwedischen Wegebauinstitutes soll diese Auffassung, daß die Beschaffenheit des Gesteines für die Haftung vornehmlich ausschlaggebend ist, das Bindemittel dagegen weniger, nicht mehr zutreffen, ebenso wenig die Unterteilung in hydrophile und hydrophobe Gesteine. Die Haftung hängt vielmehr vom Bindemittel und gewissen Beziehungen zu den Gesteinen ab. Zwar haben saure Gesteine eine geringere Haftung als die basischen. Das kann aber nicht am SiO_2-Gehalt liegen. Denn praktisch haben reine Quarzite nach den obengenannten schwedischen Untersuchungen eine verhältnismäßig gute Haftung gezeigt [*316*, *317*].

Das gebrochene Gestein soll möglichst würfelige Form haben. Die Gesteinsstoffe müssen frei sein von allen Verunreinigungen, wie Ton, Lehm, Gips, organischen oder sonstigen Stoffen (Stroh, Gras, Holz, tierischen Auswurfstoffen). Vielfach wird auch verlangt, daß das Gestein staubfrei ist. Die völlige Reinigung wird am besten durch Waschen erreicht (Maschine dazu s. S. 581).

Will man erreichen, daß die Bitumen- und Teerüberzüge auf dem Gestein fest haften und auch bei hydrophilen Gesteinen nicht durch Wasser verdrängt werden, sind die folgenden Regeln zu beachten:

1. Die Zuschläge müssen trocken sein, bevor sie mit Bitumen oder Teer gemischt werden. Heißmischungen haben sich daher immer als widerstandsfähig gegen Verdrängung durch Wasser erwiesen.

2. Die Gesteinsstücke sollen so weit als möglich frei von Staub sein.

3. Die Überzüge aus Bitumen oder Teer an den Gesteinsstücken müssen so dicht als möglich geschlossen sein. Das kann begünstigt werden durch mechanische Einwirkungen, z. B. Mischen des Gesteins mit den Bindemitteln in Zwangsmischern.

4. Das umhüllt lagernde oder im Straßenbelag eingebaute Gestein soll so lange als möglich vor Wassereinfluß geschützt und der Belag so wasserundurchlässig als möglich aufgebaut sein.

5. Eine Ausnahme machen die Bitumenemulsionen, die bis zu 40 ··· 45% Wasser haben. Bei ihnen wird die Benetzung am Gestein durch Feuchtigkeit gefördert.

6. Auf welche Weise versucht worden ist, durch Zusätze zum Bitumen und Teer die Mischung mit feuchtem Gestein und die Haftung zu verbessern, ist aus dem Abschnitt 8.248 zu entnehmen.

Da einwandfreie physikalische Erkenntnisse über das Oberflächenphänomen noch nicht bestehen, sucht man im Straßenbau durch ein einfaches Verfahren die Haftfestigkeit des Bitumen oder Teers am Gestein unter Wassereinwirkung festzustellen, ob die Bindemittelschicht auf dem Gestein als zusammenhängender und haftender Überzug erhalten bleibt oder ganz oder zum Teil durch Wasser verdrängt oder abgelöst wird. Das Verfahren ist folgendes:

Das Gestein, das dem zur Verwendung kommenden entsprechen muß, soll die Körnung 8/12 bis 15/25 mm haben. Erst wird das Gestein (300 g) gewaschen, getrocknet und dann in eine dickwandige $^1/_2$ l-Flasche mit Glasstopfen gebracht und 1 Stunde getrocknet. Wenn der Versuch mit Bitumen gemacht werden soll, auf 160 ··· 180°, wenn mit Straßenteer oder BT auf 40 ··· 60° erwärmt. Das Bindemittel, das für den Versuch mit dem Gestein benutzt werden soll, wird erhitzt: Bitumen auf 160°, Straßenteer oder BT auf 70 ··· 100°. 12g des Bindemittels werden in die Flasche gegossen, diese, die gegen Wärmeverluste geschützt ist, verschlossen, eine halbe Stunde gerollt und geschüttelt, um eine vollständige Umhüllung zu erreichen. Nach einem Tage wird das umhüllte Gestein in eine andere Flasche (500 cm³ Inhalt) umgefüllt und mit 300 cm³ ausgekochtem destilliertem Wasser ($p_H = 6{,}5$) übergossen und 24 Stunden stehengelassen. Dann wird durch Augenschein festgestellt, wieweit das Gestein noch vom Bindemittel umhüllt ist. Wenn mehr als 75% umhüllt sind, ist die Haftfestigkeit als „mittel" zu bezeichnen (DIN 1996 U 59).

Um die Haftfestigkeit zu verbessern, ist versucht worden, auch das Gestein vorzubehandeln. Als einfaches, aber auch wirkungsvolles Mittel empfiehlt es sich, vor Zugabe des Füllers das Gestein im Mischer unter Zusatz von etwa 0,5% Bindemittel für sich zu mischen.

Um den Einfluß von Wasser auf die Bitumen- und Teerbeläge festzustellen, werden würfelförmige Probemuster (7 cm Kantenlänge) oder Zylinder (8 cm Durchmesser und Höhe) einer Wasserlagerung von vier Wochen ausgesetzt und ihre Druckfestigkeit mit der von Proben, die nur an der Luft lagerten, verglichen. Hierbei muß nach SUIDA der p_H-Wert des Wassers beachtet werden. Versuche des Verfassers an Kalkstein, Basalt und Granit haben ergeben, daß es möglich ist, durch richtige Zusammensetzung der Massen den unterschiedlichen Einfluß des Wassers auf die Haftfestigkeit zwischen Bindemittel und Gestein auszuschließen (Str. V. Stgt) [*318*].

Im Bitumenstraßenbau werden Kalksteine, vor allem aber Basalte bevorzugt. In der Schweiz und am Bodensee wird ein sehr fester Kieselkalk gewonnen, der sich als Zuschlag zu Bitumen- und Teerdecken bewährt hat. Im Teerstraßenbau hat die Hochofenschlacke ein bedeutendes Absatzgebiet gewonnen. Da nicht jede Schlacke geeignet ist, ist DIN 4301 für die Verwendung von Hochofenschlacke im Straßenbau erlassen.

Gesteinsform. Die Zuschläge sind bisweilen so gebrochen und zusammengesetzt, daß sie einen hohen Winkel der inneren Reibung haben, sich also stark verzahnen, während bei einem anderen Aufbau es daran fehlt.

Bei Sand besteht die Möglichkeit, Grubensand und Brechsand zu verwenden. Sie unterscheiden sich in der Kornform, indem der Grubensand mehr rundliche, der gebrochene Sand mehr scharfkantige Körner besitzen. Der Grubensand hat daher geringere Oberfläche als der Brechsand. Er wird sich auch leichter verdichten lassen, weil er einen kleineren Winkel der inneren Reibung aufweisen wird. Dem entspricht es auch, wenn die Versuche, die vorgenommen worden sind, um den Einfluß der Kornform des Sandes beim Asphaltbeton festzustellen, zu den folgenden Ergebnissen geführt haben:

1. Mit Grubensand und auch mit Brechsand sowie mit der Mischung beider lassen sich gute Asphaltbetondecken bauen.
2. Jede Sandart hat ihre Vor- und Nachteile:

Bei Grubensand spart man an Bindemitteln, erhält aber eine Mischung, die stärker empfindlich ist gegenüber vorkommenden Schwankungen in der Bindemittelbemessung.

Um die Oberfläche griffiger zu machen, ist Edelsplitt einfach gebrochenem Splitt vorzuziehen, da plattiges Korn Schlüpfrigkeit begünstigt. Wenn für die Deckenmasse Gestein verschiedener Härte verwendet wird, bleibt die Oberfläche griffig, weil es sich ungleich abnutzt (s. S. 47). Um die Schwarzdecken aufzuhellen, sind als Zuschläge Diabas, helle Granite, Kalksteine und Kieselkalke verwendet worden. Eine Zugabe von 25 ··· 40% Luxovite gibt noch hellere Decken. Diese Masse wird aus Flintstein gewonnen, der in Spezialöfen gebrannt wird. [Str. und Autobahn 10 (1959) *S. 165*.]

8.27 Oberflächenbehandlung

8.271 Allgemeines

Bei der Oberflächenbehandlung wird auf der Straße eine einfache Schicht aus Gestein erzeugt, die durch einen Film aus bituminösen Bindemitteln festgehalten wird. Oberflächenbehandlungen sind keine selbständigen Deckenbauweisen und eignen sich nur für Straßen mit leichtem Verkehr. Sie dienen als Abschluß von Steinschlagdecken, offenen Belägen und zur Auffrischung alter Fahrbahndecken; ferner können durch Oberflächenbehandlungen Steinpflaster, glatte Asphaltbeläge usw. in ihrer Griffigkeit verbessert werden. Oberflächenbehandlungen sind auch heute noch trotz der starken Zunahme des Straßenverkehrs die am meisten verbreiteten Fahrbahnbefestigungen, da sie verhältnismäßig billig sind, mit ihnen große Flächenleistung erzielt und sie einfach unterhalten werden können. Sie entstehen dadurch, daß das bituminöse Bindemittel gleichmäßig auf die zu behandelnde Decke aufgespritzt, dann mit Splitt abgedeckt und dieser in den Bindemittelfilm eingewalzt wird.

Oberflächenbehandlungen haben je nach Stärke des Verkehrs und der Güte der Ausführung eine beschränkte Lebensdauer. Eine Oberflächenbehandlung geht schließlich dadurch zu Bruch, daß die Steinschicht durch den Verkehr abgenützt wird, was bei zähem Gesteinsmaterial jedoch Jahre dauern kann. Eine fehlerhafte Ausführung zeigt sich frühzeitig entweder durch Herausreißen des Gesteins durch den Verkehr oder durch starkes Aufsteigen des verwendeten Bindemittels in die Oberfläche. Mit beiden genannten Möglichkeiten ist eine Beeinträchtigung der Fahrbahngüte verbunden.

8.272 Aufgabe der Oberflächenbehandlung

Durch die Oberflächenbehandlung mit Teer oder Bitumen werden die Deckstoffe gegen die saugende Beanspruchung der Gummireifen verkittet und gegen Lockerung geschützt. Denn die Ebenheit der Oberfläche bietet den Schubkräften am Umfang der Triebräder keine Angriffspunkte mehr, die Stöße auf die Fahrzeuge werden vermindert und die Decke wird geschont. Die geschlossene, mit einer wasserabweisenden Schicht versehene Oberfläche verhindert den Eintritt von Wasser und die Durchnässung des Untergrundes und schützt daher auch vor Einwirkungen des Frostes.

8.273 Vorbereitung der Decke

Bituminöse Fahrbahnbeläge, die mit einer Oberflächenbehandlung versehen werden sollen, müssen ebenfalls profilgerecht hergerichtet und abgefegt werden. Schlaglöcher sind auszuflicken. Bei Steinpflaster sollten vor Aufbringen der Oberflächenbehandlung die Fugen ausgeblasen und am besten mit leicht bituminiertem Sand verfüllt werden, damit die Bindemittelverluste durch das Abspritzen gering bleiben und die Gesteinskörner besser auf dem Pflaster haften.

8.274 Baustoffe

Der Splitt für Oberflächenbehandlungen muß aus frostbeständigem Hartgestein mit ausreichender Zähigkeit bestehen. Auch rundes, kieseliges Material kann verwendet werden. Das Gestein soll einen möglichst engen Kornbereich und kubisches Korn besitzen, damit später die Fahrbahn eine mosaikartige Struktur zeigt. Das Gestein sollte in der Regel trocken und staubfrei sein. Als Bindemittel dienen Bitumen und Verschnittbitumen, Teere, Bitumenteere und Emulsionen. Die Wahl des Bindemittels richtet sich nach den klimatischen Verhältnissen während des Einbaus und der topographischen Lage des Streckenabschnittes. Die Vielzahl der zur Verfügung stehenden Bindemittel gestattet, sich den jeweiligen Erfordernissen anzupassen.

8.275 Ausführung von Oberflächenbehandlungen

8.275.1 Allgemeines

Im allgemeinen wird eine Oberflächenbehandlung so ausgeführt, daß auf die zuvor gesäuberte und nach dem Profil hergerichtete Decke mit Spritzgeräten (Motorspritzwagen, Tankspritzwagen) eine Bindemittelmenge aufgespritzt wird, die sich nach der Splittgröße und der Oberflächenbeschaffenheit richtet. In das noch heiße Bindemittel wird Splitt eingestreut, und zwar muß dies um so schneller geschehen, je zähflüssiger das Bindemittel ist. Von Hand kann abgesplittet werden, jedoch ist eine Verteilung mit dem Splittstreuer (Abb. 389) vorzuziehen, weil der Splitt dabei gleichmäßiger verteilt wird als bei Handabsplittung und die Tagesleistung bedeutend größer ist. Nach dem Abdecken wird der Splitt sofort mit der Walze angedrückt, wobei das Dienstgewicht der Walze sich nach Härte des Gesteins richtet. Der Splitt soll unter der Walze nicht zertrümmert werden, die schonendste Behandlung geschieht durch Gummiradwalzen (s. S. 262).

Abb. 389. Splittstreumaschine „Donau" der Maschinenfabrik Eduard Linnhoff, Berlin

Bei Oberflächenbehandlungen werden folgende Möglichkeiten der Ausführung unterschieden:

Erstbehandlungen: als erster Überzug auf Steinschlagdecken gegen die Lockerung des Steingefüges und gegen Staubbildung.

Nachbehandlungen: auf abgefahrenen Oberflächenbehandlungen, zur Aufrauhung glatter Straßen und als Oberflächenabschluß offener bituminöser Makadambeläge.

Doppelte Oberflächenbehandlungen, um eine größere Verschleißschicht und damit längere Lebensdauer zu erhalten.

Verstärkte Oberflächenbehandlungen mit bituminös umhülltem Splitt als Übergang von der einfachen Oberflächenbehandlung zu dem offenen Splitt-Teppichbelag.

Erstbehandlung, Nachbehandlung und doppelte Oberflächenbehandlung können auch mit schwach bituminiertem Splitt ausgeführt werden, was den Vorteil hat, daß der Splitt trocken, staubfrei und wasserabweisend ist und auch bei längerer Lagerung keine Feuchtigkeit aufnimmt. Die verwendete Bindemittelmenge muß hierbei gering sein, damit der Splitt nicht backt und streufähig bleibt. Eine Menge von etwa 1…2 Gew.-% ist ausreichend.

8.275.2 Bindemittelmenge, Splittmenge und Splittgröße für Erst- und Nachbehandlungen

Die Bindemittelmenge schwankt je nach dem Zustand der zu behandelnden Oberfläche, ob geschlossen oder porös, sehr stark und muß von Fall zu Fall festgelegt werden. Splittmenge und Splittgröße stehen in enger Beziehung zur Bindemittelmenge und sind letztlich ebenfalls vom Zustand der Straße sowie von der Art und Menge des Verkehrs abhängig. Die Bindemittelmenge ist richtig gewählt, wenn der mosaikartig auf der Straßenoberfläche liegende Splitt durch einen Film zwischen jedem Stein und der Unterlage sowie zwischen Korn und Korn festgehalten wird. Das Bindemittel soll das Gestein bis „zur Schulter“, d. h. bis nahezu an die Steinoberfläche umhüllen. Ist die Bindemittelmenge zu gering, so wird die Oberflächenbehandlung räudig und verliert an Splitt, ist die Bindemittelmenge zu hoch, schwitzt die Decke. Beide Zustände sind nicht erwünscht. In Abb. 390 sind die möglichen Zustände einer Oberflächenbehandlung dargestellt. Es ist daraus ersichtlich, daß der Unterschied zwischen Bindemittelmangel und Bindemittelüberschuß nur gering ist. Wie Versuche gezeigt haben [*319, 320*], kann ein Unterschied von 20% ausreichen, um zu einem Mißerfolg zu führen. Die Wahl der Bindemittelmenge ist also in erster Linie abhängig von der Splittgröße und von der Kornform des Splitts, weil das Bindemittel am Gestein hochsteigen muß. Für runde Körnung ist bei gleicher Korngröße mehr Bindemittel nötig als bei gebrochenem; flaches und schiefriges Gestein braucht weniger Bindemittel. Schließlich hängt die Bindemittelmenge auch von der Stärke des Verkehrs und von der Beschaffenheit der Straßenoberfläche ab. So beanspruchen Oberflächenbehandlungen, die unter starkem Verkehr und auf weicher Unterlage liegen, weniger Bindemittel als solche unter leichtem Verkehr und harter Unterlage.

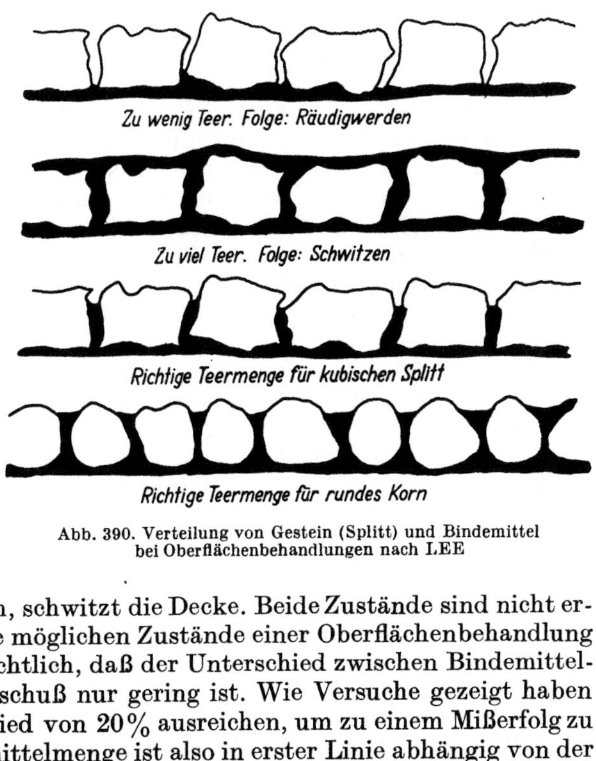

Abb. 390. Verteilung von Gestein (Splitt) und Bindemittel bei Oberflächenbehandlungen nach LEE

Der Splitt muß um so größer gewählt werden, je stärker der Verkehr, zugleich aber um so feiner, je härter die Unterlage ist. Es werden daher für die heutigen Verkehrsbedürfnisse Splitte der Korngröße 8/12 mm ··· 12/18 mm bevorzugt; auf harten Unterlagen und bei schwachem Verkehr sind feinere Splitte vorzuziehen. Bezogen auf mittlere Verkehrsbelastung und normalen Zustand der Unterlage können Erstbehandlungen und Nachbehandlungen wie folgt bemessen werden:

a) Die Splittmenge beträgt ebensoviel Liter/m² wie der mittlere Korndurchmesser des Splittes in mm, oder das $1\,^1/_2$fache des mittleren Korndurchmessers, wenn das Raumgewicht des Splitts mit 1,5 angenommen wird.
b) Die Bindemittelmenge in kg/m² bindet etwa die zehnfache Menge an Splitt in Liter/m².

8.275.3 Doppelte Oberflächenbehandlung

Die doppelte Oberflächenbehandlung wird zweilagig ausgeführt, wobei die erste untere Lage mit gröberem Splitt, etwa 8/12 oder 12/18 mm, hergestellt wird als die obere Lage, bei der Splitt 2/5, 5/8 oder 8/12 mm verwendet wird. Die Bindemittelmenge für die obere Lage muß wegen der gröberen Struktur der Unterlage etwas höher gewählt werden als bei Erst- und Nachbehandlungen, da die Unterlage noch nicht eingefahren ist.

8.275.4 Verstärkte Oberflächenbehandlung

Die verstärkte Oberflächenbehandlung ist sehr anpassungsfähig und eignet sich sowohl für stärker befahrene Straßen und in Steigungen, wie auch für Wohnstraßen und Geh- und Radwege. Sie wird mit fett umhülltem Splitt ausgeführt und kann mit mehr oder weniger abgestufter Körnung bis 18 mm in ein oder zwei Lagen eingebaut werden. Die verstärkten Oberflächenbehandlungen müssen mit rohem oder mager umhülltem Brechsand oder Splitt abgedeckt werden, damit die Reifen nicht ankleben. Bei der verstärkten Oberflächenbehandlung wird um ca. 10 ··· 15% weniger Bindemittel aufgespritzt als bei den Erst- und Nachbehandlungen, dafür wird mit einem fetter bituminierten Splitt (ca. 4 ··· 5 Gew.-% Bindemittel) abgestreut. Zur Umhüllung eignen sich gut weichere Bindemittel, wie Verschnittbitumen und Teere mittlerer Zähflüssigkeit. Die verstärkte Oberflächenbehandlung liegt zwischen der einfachen Oberflächenbehandlung und den Splitt-Teppichen. Der Vorteil dieser Bauweise besteht darin, daß kleine Unebenheiten ausgeglichen werden und der Verlust an Rollsplitt sehr gering ist. Die Oberfläche wird sehr gleichmäßig und erscheint griffig und rauh. Mit Rollsplitt wird der Splitt bezeichnet, der beim Befahren der Decke weggeschleudert wird, da er nicht genügend angebunden hat.

8.275.5 Oberflächenbehandlung mit Mastix (Mastixaufgußdecke)

Bei der Oberflächenbehandlung mit Mastix, die in Deutschland seltener ausgeführt worden ist, wird statt des reinen Bindemittels Asphaltmastix aufgetragen und mit Splitt abgedeckt. Bevorzugt wird Mastix aus Naturasphalt (s. S. 471), es wird aber auch der synthetisch hergestellte Mastix angewendet. Je nach dem Zustand, in dem sich die zu behandelnde Straßenoberfläche befindet, werden ca. 15 ··· 20 kg/m² Mastixmasse ausgebreitet, die eine Temperatur von 180 ··· 200° hat, mit Gummischiebern von Hand oder mit Gerät gleichmäßig verteilt, sofort mit 15 ··· 20 kg/m² trockenem oder leicht bituminiertem Splitt 8/12 mm oder 8/18 mm abgedeckt und mit einer leichten oder mittelschweren Walze angedrückt. In England werden solche Oberflächenbehandlungen mit Mastix auf Stadt- und Landstraßen angewendet, weil diese Oberflächen griffig sein sollen. Man bezeichnet sie dort mit "Non-skid-asphalt" (s. a. TVbit 6/59 Gußdecken).

8.275.6 Schlämmebeläge

Die Schlämme nach Oberbach ist ein bituminierter Mörtel aus einem Gemenge von Steingrus, Feinsand, Füller und Teer, Weichbitumen oder Verschnittbitumen als Bindemittel unter Wasserzusatz von schlamm- oder breiartiger Beschaffenheit nach einem patentamtlich geschützten Verfahren. Der Bindemittelgehalt schwankt zwischen 17 und 22%, der Flüssigkeitsgrad wird durch Wasserzugabe geregelt. Die fertige Mischung kann als eine Suspension von Gestein und Bindemittel mit Wasser, aber ohne Benutzung eines Emulgators, betrachtet werden. Die feine Verteilung des Bindemittels im Wasser, Sand und Füller wird durch innige Mischung in einer Mischmaschine erzeugt.

Bei ihrem dünnflüssigen Zustand läßt sich die Schlämme mit einfachen Geräten ausbreiten und füllt dabei alle Unebenheiten der Oberfläche gut aus. Die Schlämme wird durch Ausfuhrwagen, die mit einem Rüttelwerk versehen sind, zur Verwendungsstelle befördert und dort mittels Besen und Gummischiebern gleichmäßig über die Decke verteilt. Beim Aufbringen hat sich das Bindemittel noch nicht an das Gestein angelegt. Es benetzt erst die Oberfläche des Gesteins und kittet die Masse zusammen, wenn das Wasser abgelaufen oder verdunstet ist. Die Schlämme kann bei ihrer Dünnflüssigkeit gut in poröse Beläge eindringen und die Flächen dichten, so daß eine geschlossene gleichmäßige Schutzschicht entsteht.

Die Schlämme eignet sich daher für hohlraumreiche rauhe Beläge, abgemagerte bituminöse und schadhafte Betondecken und zur Wiederherstellung der Griffigkeit von glattgewordenen Fahrbahnen.

Der Vorteil dieser Bauweise liegt in der Einsparung von Bindemittel und Abstreumasse, von der bei der üblichen Oberflächenbehandlung viel verloren geht. Diese auch als Porenschluß zu bezeichnende Bauweise ist besonders bei Makadamdecken angebracht, die sich erst verdichten müssen. Ein Überzug von 4 kg/qm Bitumenschlämme genügt; bei Unterhaltungsarbeiten soll die schadhafte Decke — sei es, daß sie porös oder glatt geworden ist — vorher leicht angespritzt werden mit 0,7 bis 1 kg/qm B 300 oder mit 1,5 kg/qm Teer. Diese Flächen müssen dann mit etwa 15 kg/qm bituminiertem Splitt abgedeckt werden. Je nachdem, in welchem Zustand sich die zu behandelnde Decke befindet, kann Splitt 8/12 oder 12/15 verwendet werden.

Bei der üblichen Oberflächenbehandlung, z. B. mit Teer, kann man annehmen, daß das Verhältnis des Bindemittels zum Gestein sich gewichtsmäßig wie 1:10 verhält. Die Schlämme hat eine Zusammensetzung von etwa

60% abgestuftem Sand
20% Füller
20% Bindemittel.

Bei einem so hohen Gehalt an Bindemittel kann man die Schlämme auch als Mastix bezeichnen (s. S. 471). Summiert man die Gesteinsmengen, die nach der Voranspritzung verwendet sind, mit dem Anteil der Schlämme und auch der Bindemittelmenge, so erhält man das gleiche Verhältnis 1:10 [*321*].

Die Behandlung mit Schlämme weist die folgenden Vorteile auf: Der Überzug mit der Schlämme ist nicht so empfindlich gegenüber Witterung und Verkehr, der Mörtel in der Schlämme bindet den Splitt und verschweißt ihn mit der Decke, so daß er nicht durch den Verkehr fortgeschleudert wird. Der Verlust von 15% bei der üblichen Oberflächenbehandlung fällt daher fort. Es kann ein größeres Splittkorn gewählt werden, so daß die Oberfläche griffiger wird und bleibt.

Nach den bisherigen Erfahrungen haben mit solchen Schlämmen behandelte Flächen auch bei starkem Verkehr eine lange Lebensdauer gezeigt. Schlämmen sollen sich auch auf Straßen und Flughäfen als widerstandsfähig gegen die Auflösung durch Mineralöle erwiesen haben. Sie lassen sich auch einfärben; deshalb eignen sie sich dann zur Bezeichnung von Parkplätzen, Haltestellen, Gehwegen, Verkehrsinseln, bei denen eine gefällige Farbgebung erwünscht ist, z. B. auch für Parkwege, Schulhöfe, Spielplätze u. a. m., können aber auch zur Aufhellung von bituminösen Fahrbahndecken benutzt werden.

8.28 Kompressionsdecken

Wie schon auf S. 463 betont, ist es möglich, mit den bituminösen Bindemitteln Bitumen und Teer in Verbindung mit Gestein mannigfache Decken herzustellen, bei denen man sich den verschiedensten Anforderungen anpassen kann. Es ist daher auch nicht möglich, in einer technischen Zeichnung das Kenn-

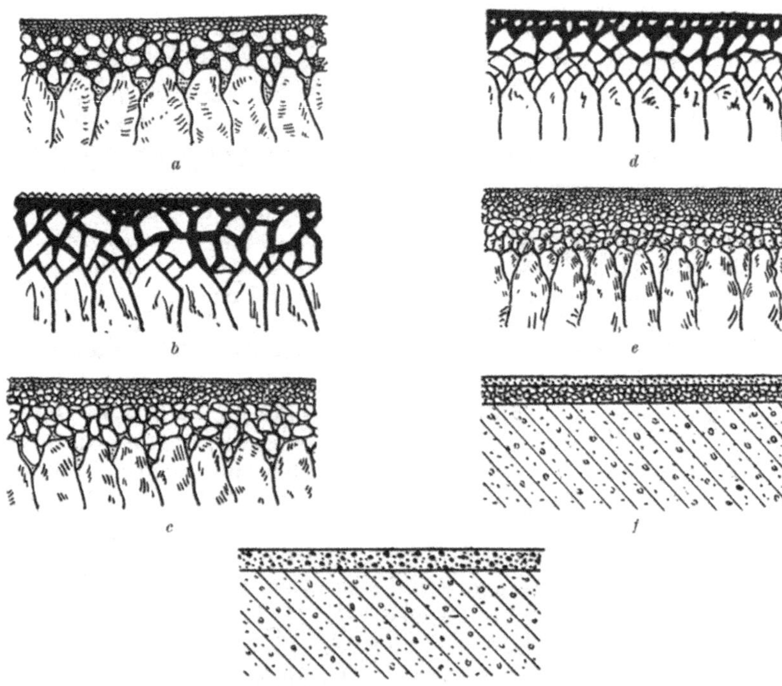

Abb. 391. Sinnbildliche Darstellung der Bitumenbeläge
a Einstreudecke, *b* Tränkung, *c* Mischmakadam, *d* Eingußdecke, *e* Asphaltfeinbeton, *f* Sandasphalt, *g* Gußasphalt, *f* und *g* auf Betontragschicht, Beläge *a*, *b* und *c* auch mit Teer als Bindemittel

zeichnende dieser Straßenbefestigungen festzulegen. Nur mittels einer sinnbildlichen Darstellung kann die Verschiedenartigkeit des Straßenkörpers zur Anschauung gebracht werden, der bei Verwendung einiger typischen Bauweisen entsteht, wie aus der Abb. 391 entnommen werden kann.

Als solche werden im folgenden behandelt:

Kompressionsdecken: Teppichbeläge, Teer- und Asphaltmischmakadam, Teer- und Asphaltstreumakadam, Teer- und Asphalttränkmakadam.

Decken der Betonbauweise: Die hohlraumarmen Decken, Sandasphalt, Asphaltbeton, Teerbeton, Gußasphalt.

8.281 Begriff

Mit Kompressionsbelägen werden alle bituminösen Bauweisen bezeichnet, die als Tragschichten oder Decken erst einige Zeit nach ihrem Einbau unter dem verdichtenden und schiebenden Einfluß des Verkehrs standfest werden.

Dieser Vorgang, der als Nachverdichtung oder Nachkompression bezeichnet wird, beruht auf der Umlagerung und Kornverfeinerung des Gesteins, begünstigt durch die Verwendung von weichen Bindemitteln, wie Verschnittbitumen und Teer, die der Belagmasse eine gewisse Beweglichkeit belassen und die in der Lage sind, das bei der Kompression verfeinerte Gestein auch während dieses Vorganges zu binden. Weil das im Gemisch verwendete Gestein fett umhüllt werden muß, ist ein gewisser Bindemittelüberschuß erforderlich.

Damit die Decke oder Schicht gleich nach dem Verlegen ausreichend standfest ist, muß sie einen hohen Gehalt an gebrochenem Gestein von einer Beschaffenheit haben, die die Kornumwandlung begünstigt. Wenn die Nachverdichtung abgeschlossen ist, hat die Gesteinsmasse eine solche Kornumbildung erfahren, daß die Siebsummenlinie sich einem Kornaufbau nach dem Hohlraumminimum nähert, wie es für die Massen nach dem Betonaufbau verlangt wird (s. S. 516).

Die auf Kompression beruhenden Decken und Schichten kann man etwa nach folgender Übersicht aufteilen.

Übersicht über die Arten der Kompressionsdecken

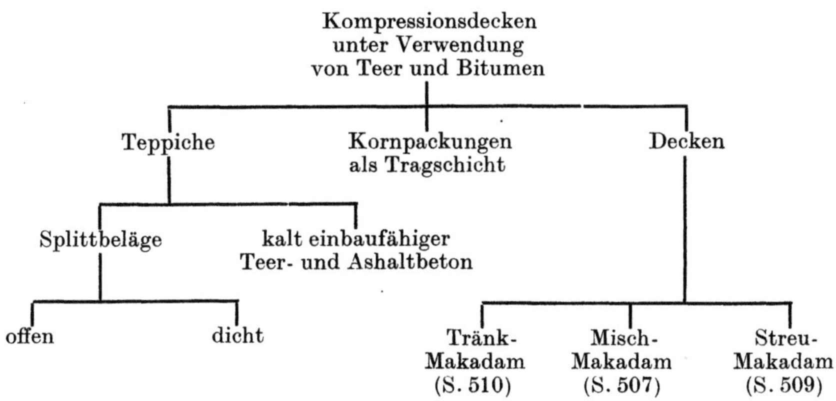

8.282 Teppichbeläge

Die Bezeichnung Belag soll hier angewendet werden, weil es sich um verhältnismäßig dünne Schichten handelt im Vergleich zu den anderen Straßenbefestigungen, bei denen die Baustoffe in *solcher* Zusammensetzung und Masse eingebaut werden, daß sie eine eigene Tragfähigkeit haben. Teppichbeläge können daher auf alle Straßenbefestigungen aufgebracht werden, wie Steinschlagdecken, jede Art Steinpflaster, Beton und vor allem bituminöse Decken. Man unterscheidet offene Teppiche, dichte Teppiche und Schlämmbeläge.

Teppichbeläge werden im Mischverfahren hergestellt, d. h. Bindemittel und Gestein werden in der festen Mischanlage, die ortsfest z. B. am Steinbruch oder an der Baustelle steht, aufbereitet, als Mischgut zur Einbaustelle gebracht, dort von Hand oder mit Fertigern profilgerecht verteilt und eingewalzt. Der Verkehr bewirkt eine weitere Verdichtung.

8.282.1 Offene Teppiche

Bei den offenen Teppichbelägen ist das Gestein nach dem Makadamprinzip, d. h. ohne Rücksicht auf ein Hohlraumminimum zusammengesetzt. Es wird mit weichen Bindemitteln gemischt. Die Gesteinsmasse besteht überwiegend aus Splitt verschiedener Körnung, dem zur besseren Dichtung geringe Mengen Sand und etwas Füller zugegeben werden. Das Größtkorn der Gesteinsmasse soll $^2/_3 \cdots {}^3/_4$ der endgültigen Belagsdicke, die 3⋯4 cm betragen kann, nicht überschreiten.

Die Standfestigkeit des Teppichs besteht in der Verspannung des Gesteins. Unter dem Verkehr, der eine Bewegung der Masse bewirkt, brechen die Gesteinskanten ab, kleineres und feines Korn entsteht und der anfangs hohlraumreiche Belag verdichtet sich. Die Bindemittel Verschnittbitumen oder Teer, die unmittelbar beim Aufbringen noch weich sind und erst bei längerer Liegezeit ihre Verschnittöle bzw. ihre Mittelöle verlieren, tragen zu der Verdichtung bei. Die Zugabe an Bindemittel richtet sich nach dem Kornaufbau der Gesteinsmasse im Zustand der Aufbereitung; sie muß so bemessen sein, daß das unter Verkehr verfeinerte Gestein gebunden und die weitere Kompression nach der Walzung ermöglicht wird.

Die Kornumwandlung durch die Nachkompression soll an einem Beispiel nachgewiesen werden. Eine Mischgutprobe eines Teppichbelages wurde vor dem Einbau und ein Ausbruchstück derselben Masse nach 3jähriger Liegezeit untersucht. Es ergaben sich folgende Kornzusammensetzungen:

	Mischgut-probe	Versuch nach 3 Jahren
Körnung 8/12 mm . .	37%	21%
„ 5/8 „ . .	24%	21%
„ 2/5 „ . .	22%	26%
„ 0,09/2 „ . .	13%	28%
Füller	4%	7%
	100%	100%

Der Abnahme des Anteiles der groben Kornarten 8/12 mm und 5/8 mm steht eine Zunahme der kleineren Kornarten gegenüber, wobei die besonders starke Vermehrung der Korngruppe 0,09/2 beachtlich ist.

8.282.2 Dichte Teppiche

Dichte Teppiche erhalten eine Kornzusammensetzung, die sich dem Hohlraumminimum der Asphaltbetonmassen nähert, indem etwas mehr Sand und Füller, als bei den offenen Teppichen üblich ist, zugesetzt wird. Ihre Nachkompression ist daher geringer, dafür muß der Bindemittelgehalt etwas größer

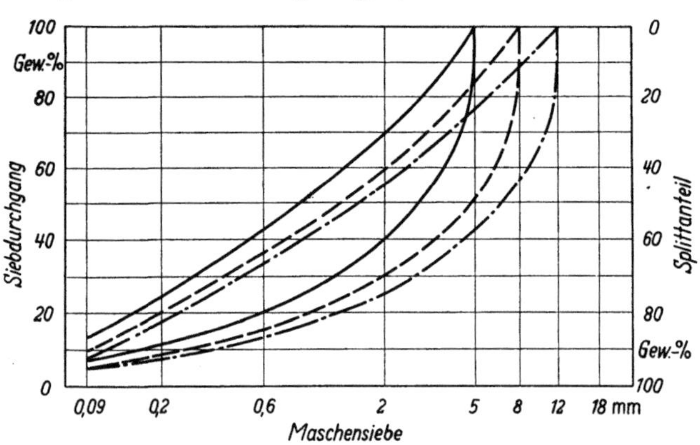

Abb. 392. Sieblinienflächen für kalteinbaufähigen Asphalt und Teerbeton nach TVbit 5/57

——— Korngemisch 0/5 mm, Splittanteil 30⋯60 Gew.-%

– – – – Korngemisch 0/8 mm, Splittanteil 40⋯70 Gew.-%

—·—· Korngemisch 0/12 mm, Splittanteil 45⋯75 Gew.-%

sein. Solche dichten Teppiche werden in neuerer Zeit auch als kalteinbaufähiger Asphalt- und Teerbeton bezeichnet, ihre Zusammensetzung und ihre Beschaffenheit sind in den Technischen Vorschriften und Richtlinien für den Bau bituminöser Fahrbahndecken, Teil 5 (TVbit 5/57) festgelegt. Sie bestimmen die Siebbegrenzungsflächen für Mischungen 0/5 mm, 0/8 mm und 0/12 mm, deren Verlauf aus Abb. 392 hervorgeht. Die für kalteinbaufähigen Asphalt- und Teerbeton erforderliche Bindemittelmenge richtet sich nach dem gewählten Körnungsbereich, nach der Splittmenge und nach der Gesteinsart. Nach TVbit 5/57 liegen die Mengen zwischen 5,5 Gew.-% und 8,0 Gew.-%. Als Bindemittel sind Verschnittbitumen, Straßenteere oder Bitumenteere zu verwenden, deren Viskosität so gewählt werden muß, daß das Mischgut bei der jeweiligen Außentemperatur einbaufähig bleibt. Wird Warmeinbau vorgesehen, so kann auch dickflüssiges Bindemittel verwendet werden.

Dichte Teppiche oder kalteinbaufähiger Asphalt- und Teerbeton werden in Stärke von 20···45 kg/m² eingebaut. Der Kornbereich richtet sich nach der Einbaustärke und beträgt für 20···25 kg/m² 0/5 mm, für 30···35 kg/m² 0/8 mm und für 40···45 kg/m² 0/12 mm. Der fertige Belag erhält einen Porenschluß aus 2···3 kg/m² leicht bituminiertem oder geteertem Brechsand 0/2 oder 0/5 mm. Statt des Brechsandes kann auch bituminierter oder geteerter Füller verwendet werden.

Dichte Teppiche werden auch zweischichtig eingebaut. Hierbei wird für die erste untere Schicht ein Splitt-Teppich, wie S. 501 beschrieben, verwendet.

8.282.3 Fine Cold Asphalt

Kalt oder warm einbaufähige, hohlraumarm zusammengesetzte Mischungen (Teppiche) unter Verwendung von Verschnittbitumen oder dünnflüssigem reinen Bitumen werden in den VStA wie auch in England häufig eingebaut. Sie sind dort unter der Bezeichnung Fine Cold Asphalt bekannt und in British Standard 1690; 1950 genormt. Sie sind etwas splittärmer zusammengesetzt, als die TVbit 5/57 vorsehen. Es soll sein:

A) Bindemittel:

Menge:	für vulkanisches Gestein	4,5···6,0 Gew.-%
„	für Kalk	4,5···6,0 „
„	für Schlacke	5,5···7,5 „
Eigenschaften:		
	Spez. Gewicht	0,95···1,10
	Flammpunkt	66 °C
	Löslichkeit in Schwefelkohlenstoff	mind. 99%
	Penetration bei 25°	mind. 180
	Viskosität bei 40° im Straßenteer-Viskosimeter	mind. 20 sek.
	Penetration des Destillationsrückstandes bis 360°	mind. 100

B) Kornaufbau des Gesteins:

Sieb Nr. bzw. M. W.	Durchgang in Gew.-%
1/4″ (6,35 mm)	100
Nr. 7 (2,441 mm)	75···100
Nr. 25 (0,599 mm)	35···60
Nr. 100 (0,152 mm)	15···30
Nr. 200 (0,076 mm)	5···15

8.283 Kornpackungen als Tragschicht, die unter Mitwirkung bituminöser Bindemittel verdichtet werden

8.283.1 Mechanisches Verhalten

Der Widerstand eines Haufenwerkes aus Gestein gegen Druck- und Scherkräfte beruht auf dem Winkel der inneren Reibung. Je größer dieser ist, desto widerstandsfähiger ist es gegen die äußeren Kräfte. Wenn man Kugeln gleichen Durchmessers so lagert, daß ihre Mittelpunkte auf den Ecken eines Würfels liegen, stützen sich die Kugeln an sechs Punkten ab. Das ist die lockerste Lagerung mit einem Hohlraum von 48%. Die dichteste Lagerung erreicht man, wenn die Mittelpunkte der Kugeln auf einem Tetraeder liegen, dann beträgt der Hohlraum eines solchen Haufenwerkes nur noch 28%. Wenn die Körner bei sonst fast gleichem Korndurchmesser von der Kugelform abweichen, wie z. B. beim Normensand, steigt der Hohlraumgehalt auf etwa 38%.

Im Haufenwerk, das sich aus verschiedenen Korngrößen aufbaut und bei dem das kleine Korn sich in die Hohlräume der größeren einlagern kann, wird der Hohlraumgehalt herabgesetzt und sinkt beträchtlich unter den Wert von 38%. Viele Überlegungen sind angestellt, um die gesetzmäßigen Beziehungen zwischen den Anteilen verschiedener Korngrößen in einem Haufenwerk und seinem Hohlraumgehalt zu finden, worüber im Abschnitt 8.293 weitere Ausführungen gemacht werden.

Will man nach dem Erfindungsgedanken von McAdam eine widerstandsfähige Kornpackung erreichen, wird man diese gemischtkörnig aufbauen müssen und so zu verdichten suchen, daß die Abstützung jedes Kornes an möglichst vielen Punkten erreicht wird. Dadurch wird nicht nur der Hohlraum verringert, sondern gleichzeitig auch der Winkel der inneren Reibung bedeutend vergrößert.

Bei der üblichen Steinschlagdecke erreicht man das mit Walzen. Aber schon im Abschnitt 4.233 ist ausführlich auseinandergesetzt, daß durch Einrütteln ein dichterer Körper entsteht. Das kann noch unterstützt werden, wenn man das Gestein zur Verringerung des Winkels der inneren Reibung vor dem Walzen oder Rütteln mit einem Schmiermittel z. B. Teer, einem weichen Bitumen oder Verschnittbitumen überzogen hat. Es ist anzunehmen, daß das Bindemittel, wenn es seine Aufgabe als Schmiermittel erfüllt hat, auch noch durch Kohäsion wirkt, nachdem seine flüchtigen Bestandteile verdunstet sind, dort, wo sich Kornflächen innig berühren. Aber diese Wirkung dürfte nur gering sein.

Im Abschnitt 7.36 ist bei Behandlung der Packlage als Tragkörper auf ihre Mängel hingewiesen und auf ihren Ersatz durch Haufenwerke, bei denen von unten nach oben Sand, Kies und Splitt eingebaut und durch Einrütteln verdichtet werden. Diese flexible Bauweise, die für sich bestehen kann, erhält durch Zusatz bituminöser Bindemittel noch eine weitere Verfestigung, die manche Vorteile bietet. Selbstverständlich kann eine Verbundbauweise gewählt werden, indem auf den unteren Tragkörper aus Schotter und Kies, der eingerüttelt ist, eine bituminöse Tragschicht gelegt wird, für die verschiedene bituminöse Massen zur Verfügung stehen.

8.283.2 Begriffsbestimmung

Als Übersicht der *Begriffsbestimmungen für den Aufbau* solcher Straßenbefestigungen hat Crantz die folgende Tabelle 39 entworfen [*322*].

Tabelle 39.
Übersicht der Begriffsbestimmungen für den Aufbau einer flexiblen Straßenbefestigung

<table>
<tr><th>Bezeichnungen</th><th colspan="5">Anwendung auf die Bauweisen</th></tr>
<tr><td>▽FOK</td><td colspan="5">Asphalt- und Teerstraßen</td></tr>
<tr><td>D = Fahrbahndecke ▽UP</td><td colspan="5">Decken nach den TVbit 3/56 und 5/57</td></tr>
<tr><td>OT = Obere Tragschicht</td><td rowspan="2">Schotter oder Kies</td><td>Misch-Streu- oder Tränk-makadam</td><td rowspan="2">Bitumen-kies oder Bitumen-sand oder ent-sprechende Teermineral-gemische</td><td>Schotter</td><td rowspan="2">Zement-beton</td></tr>
<tr><td>UT = Untere Tragschicht</td><td>Schotter oder Kies</td><td>Packlage</td></tr>
<tr><td>VU = Verbesserter Untergrund ▽EP</td><td colspan="5">Bei frostempfindlichem Unterbau oder nicht genügend tragfähigen Sanden: Frostschutzschicht aus Kies oder tragfähigen Sanden, Verfestigung mit Zement, Teer oder Bitumen</td></tr>
</table>

U = Untergrund; OT + TU + VU = Unterbau; FOK = Fahrbahnoberkante
UP = Unterbauplanum EP = Erdplanum

Mit den dort angegebenen Bauweisen kann man sich den Verkehrsbeanspruchungen und den Untergrundverhältnissen anpassen und vor allem die örtlich anstehenden Lockergesteine verwerten. Durch die so bituminös gebundene Tragschicht wird der Druck der Verkehrslast auf eine große Fläche verteilt und dementsprechend der Untergrund gering belastet, auch werden Erschütterungen durch die innere Reibung weitgehend abgebaut. Die Erhöhung der Baukosten durch den Bitumenzusatz werden ausgeglichen, wenn örtlich vorkommende Lockergesteine verwendet werden können.

Ausführliche Beschreibung der Tragschichten s. RUbit 59 (Richtlinien für die Ausführung des Unterbaues bituminöser Fahrbahndecken), die in Vorbereitung sind.

8.283.3 Bituminierter Kiesbeton

Während beim Schotter die Verfestigung auf der Verzwickung und Verzahnung der einzelnen eckigen und kantigen Stücke beruht, die durch das bituminöse Bindemittel noch unterstützt wird, kann für rundliche Kieskörner das nicht in dem Maße angenommen werden, so daß mit ihnen nicht die gleiche Standfestigkeit erreicht wird, es sei denn, daß man zur Hohlraumausfüllung noch gebrochenes Gestein (Splitt) hinzufügt (s. S. 365) und außerdem die Masse mit Bitumen vermischt. Damit nach dem Einbau in der verfestigten Schicht dieses nicht als Schmiermittel weiterwirkt, muß ein hartes Bitumen verwendet, die Masse heiß gemischt und warm eingebaut werden [*323*].

In dieser Hinsicht unterscheidet sich der bituminöse Kiesbeton vom bituminierten Schotter, der auch kalt eingebaut standfeste Schichten abgibt. Die Vorteile dieser bituminösen Tragschichten sind:

Durch die Steifigkeit der Schicht werden die äußeren Kräfte auf eine breite Fläche des Untergrundes verteilt und die Erschütterungen verschluckt. Ein gleichartiger Baukörper ohne Fugen entsteht, der gegen Setzungen des Untergrundes nachgiebig ist. Da die Masse maschinell verlegt wird, erhält man eine ebene Oberfläche, die gleich nach dem Einbau befahren werden kann, wodurch die Sperrzeiten abgekürzt sind. Die Tragschicht ist unempfindlich gegen Witterungseinflüsse. Die am Ort anstehenden Baustoffe können ausgenutzt werden, durch den Einbau mit Maschinen wird eine hohe Leistung erzielt. Die Schicht läßt nur wenig Wasser durch.

8.283.4 Baustoffe

8.283.41 Gestein. Außer Schotter kann auch gebrochene Hochofenschlacke, die der DIN 4301 entspricht, genommen werden. Die Masse muß einen abgestuften Körnungsaufbau haben. Wenn Kies benutzt wird, sollen alle Korngrößen >35 mm ausgesiebt werden und die Siebsummenlinie soll eine stetige Form haben. Durch Mischung mit Sand oder Splitt kann der Kornaufbau verbessert werden. Bei Kies ist zu beachten, ob die Körner Bindemittel absorbieren. Auch Sand kann verwendet werden.

8.283.42 Bindemittel. Beim Kalteinbau, d. h. wenn die Masse auf dem Steinbruch oder der Schlackenhalde gemischt wird, werden weiche Bitumen, Verschnittbitumen oder Teer verwendet. Kies und Sand verlangen ein härteres Bitumen, im Sommer B 65 und B 80, im Herbst B 200, es muß aber in der Nähe der Baustelle gemischt werden. Die Bindemittelmenge ist durch viele Versuche und Erfahrungen zu $3 \cdots 4{,}5\%$ ermittelt worden. Empfohlen wird, bei jedem Bauvorhaben den Anteil mit Bezug auf die Art des Zuschlages genau zu ermitteln. Über- oder Unterschreiten von 0,3% haben sich als nachteilig erwiesen. Bei Sand und kiesigem Sand kann die Bindemittelmenge auf $4{,}5 \cdots 6$ Gew.-% ansteigen. Das Raumgewicht soll mindestens 95% des Marshallprobekörpers betragen (s. S. 565).

8.283.43 Raumgewicht. Bei richtigem Kornaufbau, guter Verdichtung beträgt das Raumgewicht für Kies etwa 2,35 ··· 2,45 g/cm³, für Sand 1,9 ··· 2,2 g/cm³.

8.283.44 Dicke der Tragschichten. Sie können dünner sein als die nicht bituminierten Tragschichten (s. S. 363),

für starken Schwerlastverkehr	=	15 cm
für Straßen mit mittlerem und leichtem Verkehr	=	10 cm
für Wirtschaftswege, Rad- und Fußwege . . .	=	5 cm

8.283.45 Bauausführung. Die Massen müssen zwischen Randeinfassungen — Betonrandsteinen, Tief- oder Hochbordsteinen — (TVbit 3/56) eingebaut und auf dem tragfähigen Untergrund oder der Frostschutzschicht in Lagen von etwa 5 cm mit Verteilern ausgebreitet und eingewalzt werden. Beim Heißeinbau wird bei einer Temperatur von 150 ··· 160° gemischt und bei 110 ··· 130° eingebaut. Es ist nicht nötig, daß die Mischmaschine unmittelbar an der Baustelle steht, da bei günstiger Witterung die heißen Massen auf Entfernungen von 30 ··· 50 km gefahren werden können, ohne zu tief abzukühlen. Die mit leichten Walzen verdichteten und noch eingerüttelten Lagen geben dann einen Straßenkörper nach Abb. 393 ab.

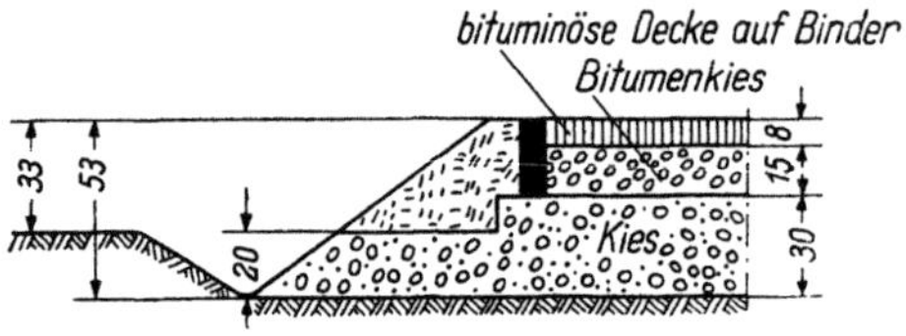

Abb. 393. Straßenkörper nach CRANTZ. Bituminöse Decke auf Binder mit Bitumenkies als obere Tragschicht

Die bituminösen Tragschichten auf der italienischen Autostrada del Sole geben ein gutes Beispiel, wie unter Verwendung von Kies und Sand, die am Ort

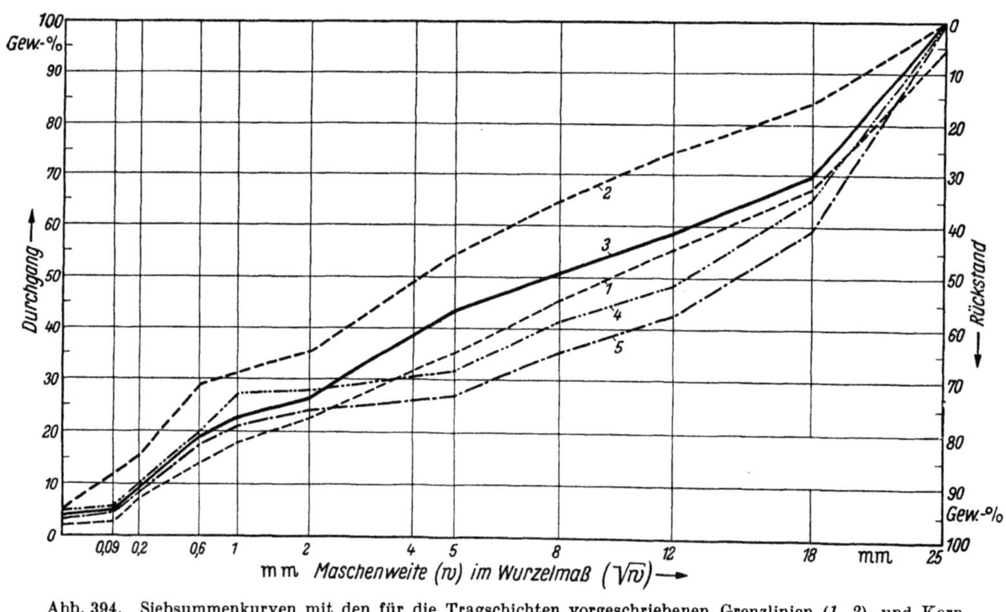

Abb. 394. Siebsummenkurven mit den für die Tragschichten vorgeschriebenen Grenzlinien (*1*, *2*) und Kornzusammensetzungen, die sich geeignet erwiesen haben (*3*, *4*, *5*)

gewonnen wurden, ein standfester Straßenkörper entstanden ist. Für die Zusammensetzung wurden Sieblinien entwickelt, die auf Abb. 394 wiedergegeben sind. Sie gaben einen dichten Unterbau, der heiß gemischt und eingebaut wurde. Auf ihn ist ein Binder und eine Asphaltbetondecke gelegt worden (Abb. 395) [*324*].

8.284 Teer- und Asphaltmischmakadam

8.284.1 Begriffsbestimmung

Teer- und Asphaltmischmakadamdecken bestehen aus Schotter- und Splittgemischen, die vor dem Einbau mit Straßenteer, Straßenbaubitumen oder Verschnittbitumen umhüllt worden sind. Durch entsprechende Kornabstufung und Kornzusammensetzung der Gemische wird die notwendige Standfestigkeit der Decken erreicht. Die Korngröße der einzelnen Schichten nimmt von unten nach oben ab, so daß immer eine gute Verzahnung der oberen mit der unteren Schicht erreicht wird und die gesamten Schichten einen gleichartigen und geschlossenen Körper abgeben.

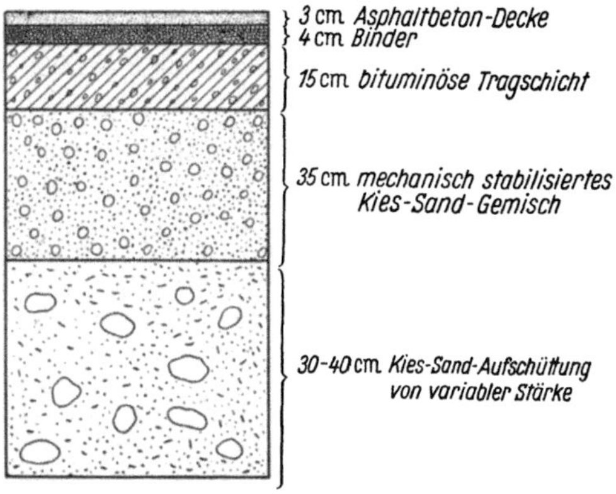

Abb. 395. Aufbau des Straßenkörpers der Autostrada del Sole

Der Teer- und Asphaltmischmakadam kann heiß oder kalt eingebaut werden. Er wird unter dem Verkehr noch weiter nachverdichtet, bis das Gesteinsgemisch seine dichteste Lagerung erreicht hat.

Nach den Technischen Vorschriften und Richtlinien für den Bau bituminöser Fahrbahndecken, Teil 2: Teer- und Asphaltmakadam (TVbit 2/56) genügen diese nach der Mischmakadambauweise hergestellten flexiblen Decken auf tragfähigem und frostsicherem Unterbau bei entsprechender Dicke (s. u.) mittlerem bis starkem und schwerem Verkehr auf Bundesstraßen, Landstraßen 1. und 2. Ordnung und Stadtstraßen (Abb. 391 c).

8.284.2 Baugrundsätze

Untergrund und Unterbau müssen den Anforderungen entsprechen, die ganz allgemein für alle Straßen gelten. Wenn diese Decken aber auf schon vorhandene Straßen gelegt werden, wozu sie sich besonders eignen, kann man annehmen, daß die Voraussetzungen erfüllt sind. Wenn die Decke in mehreren Schichten verlegt wird, muß der Kornaufbau der unteren Schicht grobkörniger im Vergleich zur oberen Schicht sein. TVbit 2/56 gibt genaue Anweisung, wie dick die Decken sein müssen und welche Korngrößen anzuwenden sind. Abgesehen von den schon behandelten einschichtigen Teppichbelägen (s. S. 501), die etwa 3 cm dick sind, werden zweischichtige Decken von 4 ··· 5 cm und 5 ··· 7 cm dick behandelt, die aus der Unterschicht und Oberschicht bestehen. Jene hat stets ein größeres Raumgewicht als diese.

Auch dreischichtige Decken von 7 ··· 10 cm Dicke werden bei starkem Verkehr angebracht sein. Angaben über die Zusammensetzung und die Quadratmetergewichte der verschiedenen Schichten sind aus TVbit 2/56 zu entnehmen.

8.284.3 Deckendicke

Die Deckendicke ist abhängig von der Größe der Verkehrsbelastung. Je nach der Dicke ist die Mischmakadamdecke in einer oder mehreren getrennt aufgebrachten, gleichmäßig ausgebreiteten und für sich gewalzten oder mit anderen geeigneten Geräten verdichteten Schichten herzustellen. Decken bis zu 5 cm Dicke sind ein- oder zweischichtig, von 5 cm bis 7 cm zweischichtig, über 7 cm zwei- oder dreischichtig einzubauen. Das Größtkorn jeder Schicht soll nicht größer als zwei Drittel und nicht kleiner als die Hälfte der Dicke der verdichteten Schicht sein (TVbit 2/56).

Als Anhalt für die nach der Verkehrsbelastung notwendige Deckendicke dienen folgende Angaben:

Ein- und zweischichtige Decken von 3 bis 5 cm Dicke für Straßen mit schwachem Verkehr und für Platzbefestigungen ohne wesentlichen Fahrverkehr.

Zweischichtige Decken von 5 bis 7 cm Dicke für Straßen mit mittlerem Verkehr: mittlere Verkehrsmenge — etwa 2000 ··· 3000 Fahrzeuge/24 h. Anteil an schweren Lastkraftwagen (> 4 t) bis etwa 10%.

Zwei- und dreischichtige Decken von 7 bis 10 cm Dicke für Straßen mit starkem Verkehr: große Verkehrsmenge — etwa 3000 ··· 6000 Fahrzeuge/24 h. Anteil an schweren Lastkraftwagen etwa 10 ··· 20%.

Mischmakadamdecken sind stets mit einem Oberflächenabschluß zu versehen.

8.284.4 Konstruktive Grundlagen

Die konstruktiven Grundlagen der Makadamdecken sind bereits im Abschnitt 7.37 gegeben, der die Verfestigung von Steinschlag ohne Mitwirkung bituminöser Bindemittel behandelt. Die dort beschriebenen Schotterdecken sind Makadamdecken im weiteren Sinne. Die Angaben über die Beschaffenheit der Gesteinszuschläge, die in gleicher Weise wie für den Tragkörper auch für die Fahrbahndecke geeignet sind, gelten auch für die Teer- und Asphaltmakadamdecken.

Das Gesteinsgerüst ist fast dasselbe wie bei den Steinschlagdecken.

8.284.5 Bindemittel

Die weich eingestellten Bindemittel müssen den örtlichen klimatischen Umständen angepaßt werden. TVbit 2/56 gibt dafür die folgende Tabelle 40:

Tabelle 40. *Bindemittel für Teer- und Asphaltmischmakadam*

Bauweise	Zweckmäßige Bindemittel bei Bauausführungen: im Frühjahr (März/April) und Herbst (September/Oktober), mittlere Tagestemperatur 5 ··· 15°	Zweckmäßige Bindemittel bei Bauausführungen: im Sommer (Mai/August), mittlere Tagestemperatur über 15°
	Teermischmakadam	
Kalteinbau	T oder BT 40/70	T oder BT 80/125
Heißeinbau	T oder BT 80/125, T oder BT 140/240	T oder BT 140/240, T oder BT 250/500, Zähflüssige Spezialteere
	Asphaltmischmakadam	
Kalteinbau	Verschnittbitumen	Verschnittbitumen
Heißeinbau	B 300, Hochviskoses Verschnittbitumen	B 300 oder B 200, Hochviskoses Verschnittbitumen

Bei der Herstellung des Mischgutes ist der Bindemittelzusatz reichlich zu wählen, weil es befördert wird und für den Einbau beweglich bleiben muß. Es darf aber nicht abtropfen. Dies kann dadurch verhindert werden, daß bis zu 3 Gew.-% Füller oder Brechsand zugesetzt werden. TVbit 2/56 gibt Anhaltszahlen für die Menge des Bindemittels.

Wichtig ist, daß bei dem Aufschmelzen des Bindemittels in Kesseln und für das Anwärmen der Gesteine und die Bindemittel Temperaturgrenzen eingehalten werden, die in der Tabelle 41 aufgeführt sind:

Tabelle 41.
Temperaturgrenzen für Aufschmelzen der Bindemittel und Anwärmen des Gesteins

	Bindemittel Höchst-Temperatur °	*Gesteine* Mindest- und Höchsttemperatur °
Für kalteinbaufähiges Mischgut:		
Straßenteer T oder BT 40/70	80	40 ··· 60
Straßenteer T oder BT 80/125	90	
Verschnittbitumen	90	40 ··· 70
Für heißeinbaufähiges Mischgut:		
Straßenteer T oder BT 80/125	90	je nach Teersorte 60 ··· 110
Straßenteer T oder BT 140/240	110	
Straßenteer T oder BT 250/500	120	
Zähflüssige Spezialteere	135	
Straßenbaubitumen B 80	175	120 ··· 150
Straßenbautibumen B 200	175	
Straßenbaubitumen B 300	160	
Hochviskoses Verschnittbitumen	160	80 ··· 120

8.284.6 Eigenschaften und Verwendungsbereich

Die Oberfläche ist griffig, wenn die Masse keinen Bindemittelüberschuß hat und das Gestein nicht polierfähig ist. Da die Decke nachgiebig ist, eignet sie sich dort, wo mit Setzungen des Untergrundes zu rechnen ist. Wenn Unebenheiten in der Oberfläche entstehen, lassen sie sich leicht und ohne Verkehrsstörungen mit bituminöser Masse ausgleichen; mit Überzügen, Schlämmen und bituminösen Grusen kann die Oberfläche wieder das richtige Profil und eine geschlossene Decke erhalten. Die Decken lassen Wasser nicht durch. Solche Makadamdecken sind zugleich die Tragschichten für hochwertigere bituminöse Decken, wenn die Verkehrszunahme eine Verstärkung verlangt [*325*]. Besondere Vorteile und auch Verbilligung bietet der Kalteinbau [*326*] und die Aufbereitung in stationären Mischanlagen [*327*].

Die vorgeschriebene Querneigung der Fahrbahn muß vorhanden sein, sie darf keine größeren Abweichungen als $\pm 0{,}4\%$ aufweisen. Auf die Ebenflächigkeit ist größter Wert zu legen. Abweichungen von mehr als 10 mm beim Durchschieben einer 4 m langen Richtlatte dürfen nicht vorhanden sein.

8.285 Teer- und Asphaltstreumakadam

8.285.1 Begriffsbestimmung

Teer- oder Asphaltstreumakadam (Einstreudecke) entsteht, wenn in neue Schotterschichten beim Einbau in ihre Zwischenräume geteerter oder bituminierter Splitt eingestreut wird, nachdem diese mit Bindemittel angespritzt sind. Die Decke wird dann abgewalzt. Die Oberfläche erhält vielfach eine Lage aus geteertem oder bituminiertem Splitt (Abb. 391a, S. 500).

Streumakadam ist eigentlich eine Behelfsbauweise, sie kam auf, als im Straßenbau die Geldmittel fehlten, um vollwertige Decken herzustellen.

Da das Einschlämmen beim Walzen, wenn bindiger Untergrund vorhanden ist, bedenklich und Wasser auch nicht immer erreichbar ist, so ist schon aus diesen Gründen die Einstreudecke angebracht, indem statt des üblichen Einschlämmens bituminiertes Gestein eingestreut wird. Damit der nötige Hohlraum im Schotter zur Aufnahme des Streumakadams vorhanden ist, wird die Anweisung gegeben, ihn nur leicht anzuwalzen und die vollständige Verspannung des Schottergerüstes noch nicht einzuleiten.

8.285.2 Baustoffe

Dieselben Gesteinsarten, wie sie beim Mischmakadam verwendet werden, sind auch bei der Einstreudecke die geeigneten. Der bituminierte Einstreusplitt soll die Korngrößen 5/12 mm haben, wenn die Korngröße des Schotters 35/55 mm ist, für Schottergröße 45/65 mm 8/18 mm.

Bindemittel: Zum Vorspritzen der Schotterschicht werden für Teerstreumakadam zu jeder Jahreszeit T 40/70 und für die Umhüllung des Einstreusplittes dieselben Teersorten benutzt, die schon in der Tabelle 40 beim Mischmakadam aufgeführt sind, ausgenommen die sehr zähflüssigen Teere T 140/240. Das gleiche gilt für den Asphaltstreumakadam, für den im Kalteinbau Verschnittbitumen und für den Heißeinbau hochviskose Verschnittbitumen und B 300 vorgeschlagen werden.

8.285.3 Einbau und Verdichten

Nachdem der leicht angewalzte Schotter mit 1,2 ··· 2 kg/m² angespritzt ist, wird zunächst etwa 2/3 der vorgesehenen Menge an Einstreusplitt, für die TVbit 2/56 Anhaltspunkte gibt, in die Schotterschicht eingestreut, mit mittelschweren Walzen eingedrückt und mit Gummiwalzen nachgewalzt. Dann wird der Rest aufgebracht und so eingewalzt, daß die Masse gleichmäßig verteilt und das vorgeschriebene Profil und die geforderte Ebenflächigkeit vorhanden sind. Darauf kommt eine Splittoberschicht von etwa 25 ··· 40 kg/m² und z. B. Asphalt-Teerbeton, der kalt oder heiß verlegt wird. Diese Decke entspricht den Anforderungen eines leichten bis mittleren Verkehrs. Sie ist auch dort angebracht, wo noch mit Setzen des Untergrundes zu rechnen ist.

8.286 Teer- und Asphalttränkmakadam

Nach TVbit 2/56 besteht eine Tränkmakadamdecke aus einer mit Splitt verfüllten Steinschlagschicht, die durch Eindringen von Bindemittel und Einwalzen mit Splitt gebunden und mit einer Oberflächenbehandlung abgeschlossen wird (Abb. 391b).

8.286.1 Deckenaufbau

Eine widerstandsfähige Tragschicht nach den anerkannten Regeln ist auch für diese Befestigung notwendig. Es handelt sich um eine in vier Arbeitsgängen schichtenförmig aufgebaute Decke von 7 ··· 8 cm Dicke, bei der zuerst der Schotter in üblicher Weise geschüttet, die Hohlräume mit Splitt ausgefüllt werden, um sie möglichst zu verringern. In die abgewalzte Decke werden dann 3 ··· 3,5 kg/m² Bindemittel im Heißverfahren eingegossen und 20 ··· 25 kg/m² Splitt 12/25 mm aufgebracht. Diese Schicht kann als Ersatz für die geschlämmte Schlußschicht der wassergebundenen Schotterdecke angesehen werden. Darauf wird eine zweite Tränkung mit 2 ··· 2,5 kg/m² aufgebracht, die mit 15 ··· 20 kg/m² Splitt 5/15 mm abgedeckt wird. Die anschließende Oberflächenbehandlung erfordert etwa 1 ··· 1,2 kg/m² Bindemittel und 15 ··· 20 kg/m² Splitt 8/12 mm oder 12/18 mm.

8.286.2 Bindemittel

Für den Teertränkmakadam kommt im Frühjahr Teer oder BT 40/70, im Sommer T oder BT 80/125 oder T oder BT 140/240 in Frage, auch zähflüssige Spezialteere können verwendet werden. Für den Asphalttränkmakadam verwendet man im Frühjahr Verschnittbitumen, B 300, unstabile Bitumenemulsionen und im Sommer auch B 200.

8.286.3 Einbau und Verdichten

Das Bindemittel wird mit Kannen heiß eingegossen oder mit Sprengwagen eingespritzt. Hier liegt die Schwierigkeit darin, daß das Bindemittel stets in gleichen Mengen für den m² eingebracht werden muß. Wenn bei Beginn der Sprengwagen sich in Bewegung setzt und die Sprengdüsen geöffnet werden, muß Papier über die zuletzt gesprengte Fläche ausgebreitet werden, damit die richtige Sprengstärke vorhanden ist, wenn der Wagen nach Erreichen der richtigen Geschwindigkeit an der noch unbenetzten Fläche ankommt. Das Bindemittel wird mit 2 ··· 5,5 kg/cm² ausgespritzt. Aus der Sprengleistung minutlich und der geforderten Eingußmenge ist die Fahrgeschwindigkeit zu errechnen. Die Fabriken, die solche Sprengwagen liefern, geben darüber Anweisungen. Wenn der Kessel nahezu leer ist und die Sprengstärke nachläßt, muß das Verspritzen eingestellt werden. Wenn 3 Liter/m² eingegossen werden sollen und die Sprengbreite 3 m beträgt, kommen auf den laufenden Meter 9 Liter. Wenn die Düsen auf 4,5 Liter/sek. eingestellt sind, muß der Tränkwagen mit 0,5 m/sek. (1,8 km/h) fahren. Die Bindemittelmenge im Schottergerüst hat nur die Aufgabe, Nässe von oben und unten fern zu halten. Die innere Scherkraft des Steinschlages wird nur bei hartem Bindemittel durch seine Kohäsion erhöht. Im allgemeinen bleibt eine solche Tränkdecke nachgiebig und ist daher besonders angebracht, wo der Untergrund noch Setzungen unterworfen ist, dem die Tränkdecke, ohne zu reißen, folgt.

Zur Einschränkung des hohen Bindemittelbedarfes ist die Halbtränkung geeignet.

Steinschlagschicht 45/65 mm	110 ··· 130	kg/m²
Splitt 12/25 mm oder Keilschotter 25/35 mm	10 ··· 20	,,
Einmalige Tränkung		
Bindemittel	3,5 ··· 4,5	,,
Splitt 8/12 mm oder 12/18 mm	25 ··· 30	,,
Oberflächenbehandlung		
Bindemittel	1,2 ··· 1,8	,,
Splitt 5/8 mm oder 8/12 mm	12 ··· 18	,,

Steinschlag, gut eingewalzt, hat etwa 20 ··· 25% Hohlräume. Würden diese ausgefüllt, würden erhebliche Mengen Bindemittel dazu verwendet werden müssen. Darum wird in den Schotter zur Hohlraumausfüllung Splitt eingewalzt. Das heiße Bindemittel muß die wesentlich kleiner gewordenen Hohlräume durchfließen, wird dabei abgeschreckt und bleibt in der oberen Schicht hängen.

Tränkungen können nur vorgenommen werden, wenn die Decke völlig trocken ist und warme, trockene Witterung vorherrscht. Sie sind also wie alle Heißverfahren sehr der Witterung unterworfen.

Die Oberfläche ist griffig und als zulässige Steigung wird 6% angegeben. Tränkungen sind aber auch auf Gebirgsstraßen mit Steigungen von 10 ··· 12% vorgenommen worden.

Die Ausführung des Tränkmakadam mit ungelernten Kräften birgt die Gefahr in sich, daß zuviel oder zu wenig Bindemittel einverleibt wird. Im ersten Falle schiebt die Decke und wird wellig, im zweiten hält sie nicht. In der Bemessung der richtigen Bindemittelmenge besteht die Schwierigkeit dieser Bauweise.

Die anschließende Oberflächenbehandlung ist bei Asphalttränkmakadam sofort nach der Tränkung auszuführen. Bei Teertränkmakadam soll sie erst dann aufgebracht werden, wenn die Decke einige Zeit dem Verkehr ausgesetzt gewesen ist. Vor dem Aufbringen der Oberflächenbehandlung ist die profilgemäße Lage genau nachzuprüfen, geringe Unebenheiten sind mit Bindemittel und Splitt auszugleichen.

8.286.4 Tränkverfahren mit Mischung an Ort und Stelle

Diese in den VStA entwickelte Bauweise ist durch Einsatz von Maschinen besonders gekennzeichnet. Ist die bestehende Decke stark abgenützt, so wird sie erst aufgerissen und mit Zusatz von neuem Steinschlag neu gewalzt. Besteht noch ein gutes Profil, wird die Oberfläche von Schmutz, Staub und losen Steinen befreit. Hierauf wird Steinschlag mit einem Korndurchmesser 32/50 mm 5···7,6 cm hoch in gewünschter Lockerung ausgebreitet. Diese Schicht wird leicht angewalzt und dann mit etwa 1,8 Liter Verschnittbitumen auf den Quadratmeter übergossen. Die Oberfläche wird dann mit dem Straßenhobel (Abb. 303, S. 346) geebnet, wobei die Abziehschaufel so gestellt ist, daß nur der obere Teil der behandelten Schicht bewegt und somit nur der mit Bitumen überzogene Steinschlag vor dem Straßenhobel herumgeworfen wird. Nach Herstellung eines sauberen Profils wird die Straße mit einer 9 t Walze abgewalzt, was einige Tage nach Freigabe für den Verkehr nochmals gründlich wiederholt wird. Das Oberflächengefüge ist auf dieser Stufe ziemlich schrundig, weshalb Splitt mit einem Korn zwischen 12 und 16 mm in genügender Menge zur Füllung der Hohlräume an der Oberfläche darüber geworfen wird. Alsdann werden nochmals 0,9 Liter/m² Verschnittbitumen gegeben. Der übergossene Splitt wird mit dem Straßenhobel oder mit einem Zugschlitten gemischt und verteilt und sodann in die Oberfläche eingewalzt. Nach etwa zwei Wochen wird zum dritten Male Verschnittbitumen, etwa 0,67 Liter/m² aufgebracht, leicht mit Splitt von 12 mm Korn abgedeckt und die Straße endgültig mit der Walze sorgsam geglättet. Der Gesamtverbrauch an bituminösen Stoffen beträgt ~ 3,4 Liter/m², das ist weniger als die Hälfte der für eine Asphaltmischmakadamdecke von derselben Stärke benötigten Menge. Trotzdem sind, sorgfältige Herstellung und Unterhaltung vorausgesetzt, mit diesem Verfahren sehr gute Ergebnisse erzielt worden. Die Unterhaltung hat unmittelbar nach der Fertigstellung der Decke zu beginnen. Mitunter hat es sich als empfehlenswert erwiesen, der Oberfläche nach einem oder zwei Jahren erneut einen Deckenanstrich zu geben, wobei für den Quadratmeter etwa 1,1···2,25 Liter Verschnittbitumen und 16,2···21,6 kg Splitt von 19 mm Korngröße benötigt werden. Die Verwendung von Verschnittbitumen ermöglicht den Kalteinbau.

Tränkung mit *Emulsion.* Auch Bitumenemulsionen werden zur Tränkung benutzt. Da sie leichtflüssiger sind, dringen sie tiefer ein. Der Verbrauch an Emulsion ist groß, man muß aber berücksichtigen, daß etwa 50% Wasser sind, das sich nach dem Zerfall abscheidet, in den Untergrund abfließt oder verdunstet, während das Bitumen die Steine umhüllt.

Es wird unterschieden zwischen Ganz- und Halbtränkung. Um den Bindemittelverbrauch einzuschränken, wird bei einer Neuwalzung erst eine 1···1,2 cm hohe saubere Schicht von Sand oder Steinbrechsand aufgeschüttet, in die der Steinschlag eingewalzt wird. Die Steinkörnung soll wie folgt abgestuft sein:

a) für 5 cm starke Decken in gewalztem Zustand

60%	Körnung . .	20···40 mm
30%	,, . .	10···25 mm
10%	,, . .	5···10 mm

b) für 6···7 cm starke Decken in gewalztem Zustand

60%	Körnung . .	20···50 mm
30%	,, . .	20···40 mm
10%	,, . .	10···20 mm

Die kleinste Körnung ist erst beim Walzen zuzugeben, sonst würde die Schüttung beweglich bleiben. Am Schluß ist noch Splitt von 12/18 mm einzuwalzen. Dann wird getränkt mit Mengen, wie sie die Zusammenstellung Tabelle 42 angibt.

Tabelle 42.
Zusammenstellung für den Mengenverbrauch an Emulsion für Voll- und Halbtränkung

Stärke der Beläge	Art der Behandlung	Mengenverbrauch an Emulsion kg/m²
5 cm	Volltränkung	5,5 ··· 8,0
	Halbtränkung	3,0 ··· 5,5
6,25 cm	Volltränkung	6,5 ··· 9,5
	Halbtränkung	4,0 ··· 7,0
7,5 cm	Volltränkung	8,0 ··· 10,0
	Halbtränkung	5,5 ··· 8,0

Die Tränkung kann auch bei feuchtem Gestein vor sich gehen.

Bei der Halbtränkung wird die Walzung erst stark gewässert, so daß der Sand an der Sohle schlammig wird und sich möglichst hocharbeitet (2 cm unter Oberkante). Die Emulsion wird dann mit Hand (Gießkanne) oder mit Sprengwagen aufgespritzt. Dann wird mit 15 ··· 20 kg/m² Splitt 8/12 mm abgedeckt, solange die Emulsion noch nicht zerfallen ist, und eingewalzt.

8.29 Decken der bituminösen Betonbauweise

8.291 Entwicklung der Bauweise

Wenn hohe Anforderungen an die Fahrbahn gestellt werden, muß die Decke so aufgebaut sein, daß auf einer Tragschicht eine Verschleißschicht von größerer Dicke liegt, die durch und durch gleichmäßig ist und daher auf größere Tiefe abgenutzt werden kann, so daß eine Erneuerung erst in größeren Zeitabschnitten notwendig ist. In dieser Hinsicht hat die frühere Stampfasphaltbauweise, bei der auf einem 20 cm dicken Betontragkörper eine 5 ··· 6 cm dicke Stampfasphaltschicht lag (s. S. 469), die unbedenklich bis auf 2 cm abgenutzt werden konnte, alle Anforderungen erfüllt.

Ein vollwertiger Ersatz für diese Decke, die wegen ihrer Schlüpfrigkeit nicht mehr verwendet wird, sind die künstlich nach dem Verfahren der bituminösen Betonbauweise zusammengesetzten Decken. Als Gesteinszuschlag wurde zuerst Sand genommen. Diese Bauweise hat E. J. d. SMEDT zuerst im Jahre 1870 in Newark (New Jersey) angewendet mit Trinidad-Asphalt als Bindemittel und der Chemiker der Barber-Asphaltgesellschaft in New York, CLIFFORD RICHARDSON, hat der richtigen Zusammensetzung des Sandasphaltes ein tiefschürfendes Studium gewidmet und die Ergebnisse in seinem Werk "The modern asphalt Pavement" niedergelegt, das lange als grundlegend angesehen wurde. Aber auch in Europa sah man sich genötigt, noch ehe der Kraftwagen seine Anforderungen stellte, sich mit dieser Bauweise zu beschäftigen, weil der Stampfasphalt nicht genügend griffig war und daher nicht in Steigungen verlegt werden konnte. Da die künstlich aufgebauten Bitumendecken auch auf anderen Fahrbahnen, z. B. ehemaligen Steinschlagstraßen, aufgewalzt werden können, erwiesen sie sich als geeignet, um die Befestigung der Landstraßen dem Kraftverkehr anzupassen.

Die wissenschaftlichen Erkenntnisse und die Erfahrungen bei ihrer Anwendung in Deutschland haben dann ihren Niederschlag in der DIN 1996, soweit es sich um die Deckenbauweise handelt, gefunden, die unter dem Sammelbegriff der nach dem Betonverfahren aufgebauten oder hohlraumarmen Decken zusammengefaßt werden.

Die Aufgabe ist, eine durch und durch gleichmäßige Verschleißschicht herzustellen, die die nötige Scherkraft hat, um schwere Lasten zu tragen, die sich bei Wärme nicht verformt, bei Kälte nicht reißt, bei allen Witterungseinflüssen griffig ist und sich nur gering abnutzt. Um dies zu erreichen, sind 3 Grundbedingungen zu erfüllen: eine Gesteinsmasse ist zweckmäßig zusammenzusetzen, das geeignete Bindemittel Bitumen oder Teer ist auszuwählen und seine richtige Menge zu ermitteln. Diese letzte Aufgabe hat sich als die schwierigste erwiesen und kann unter verschiedenen Gesichtspunkten angefaßt werden. Im Gegensatz zu den Kompressionsdecken (s. S. 500) sind diese Sandsplittmischungen durch Füllerzusatz, der die feinsten Hohlräume im Sand ausfüllt und auspolstert, infolge eines besonderen Kornaufbaues hohlraumarm und innerlich verfestigt und werden unter dem Verkehr so starr, daß sie viel von ihrer Nachgiebigkeit einbüßen und gegen Bewegungen im Unterbau empfindlich werden. Das hängt aber auch von dem Weichheitsgrad des benutzten Bindemittels ab.

8.292 Begriffsbestimmungen nach TVbit 3/56

Sandasphalt ist ein Gemisch aus Sand, Steinmehl (Füller) und Straßenbaubitumen.

Splittarmer Asphaltbeton ist ein Gemisch aus Splitt, Natursand z. T. mit Brechsand und Straßenbaubitumen. Der Splittanteil des Gesteingemisches beträgt 20 ··· 35 Gew.-%.

Splittreicher Asphaltbeton hat einen Splittanteil zwischen 40 und 60 Gew.-%.

Beim Asphaltgrobbeton beträgt der Splittanteil 50 ··· 70 Gew.-%.

Anstelle des Straßenbaubitumen werden auch Straßenteere verwendet. Es wird heiß eingebaut.

8.293 Baustoffe

8.293.11 Gesteinsstoffe. Als Gesteinszuschlag werden natürliche und gebrochene Sande, Splitt und als Füllstoff feingemahlenes Steinmehl benutzt. Diesem kommt eine besondere Bedeutung zu. Das Gestein muß den Anforderungen auf Seite 491 genügen. Neben den natürlichen Sanden werden auch gebrochene von Basalt, Kalkstein, Quarzporphyr, Hochofenschlacke zugesetzt. Granit und viel Quarz enthaltende Gesteine eignen sich weniger.

8.293.12 Körnungsaufbau. Das Haufenwerk, das die Grundmasse aller Deckenmassen ausmacht, muß einen bestimmten Körnungsaufbau haben, für den TVbit 3/56 und 5/57 ähnlich wie bei dem Zementbeton Sieblinienflächen angeben. Die Körnungskurve der Gesteinsmischung soll innerhalb dieser Sieblinienflächen (Abb. 404, 405) liegen und in ihr stetig verlaufen, weil dann die Gesteinsmasse hohlraumarm zusammengesetzt ist. Will man das nachprüfen, weil der Hohlraumgehalt nicht allein von dem Kornaufbau, sondern auch von der Kornform — gebrochen oder rundlich — abhängt, so benutzt man die Gleichung

$$H = \left(1 - \frac{r_g}{\gamma}\right) \cdot 100 \quad \text{(DIN 1996 U 67)}$$

Das Raumgewicht r_g wird nach U 65 und die Rohwichte γ nach U 64 ermittelt. Bei gleicher Wichte nimmt der Hohlraum mit zunehmendem Raumgewicht ab. Sande haben selten einen so günstigen Kornaufbau, daß sie von vornherein einen niedrigen Hohlraum aufweisen, entweder sind sie zu fein und haben zu gleichmäßiges Korn oder sie sind zu grob. Die günstigste Zusammensetzung kann auf dem Wege des Probierens gefunden werden, indem ein grober und ein feiner Sand im zunehmenden und abnehmenden Verhältnis gemischt und das Raumgewicht für jede Mischung ermittelt wird. Das Ergebnis wird in ein Achsenkreuz eingetragen (Abb. 396). Die Raumgewichte für die verschiedenen Mischungsverhältnisse werden eine Kurve geben, die ein Maximum hat. An diesem Punkt der Kurve hat die Mischung beider Sande den geringsten Hohlraum. Dieses Verfahren wird jetzt fortgesetzt, indem der erzielten Sandmischung Füller zugesetzt wird, bis wieder das höchste Raumgewicht erreicht wird. Das Ergebnis kann wieder in dem Achsenkreuz eingetragen werden. Eine solche Sandfüllermischung ist die günstigste für Sandasphalt. Fügt man ihr Splitt von kleinerer oder größerer Kornform hinzu, erhält man die Zusammensetzung eines Asphaltbetons. Hierbei steigt das Raumgewicht weiter bis zu einem Maximum, das den geringsten Hohlraumgehalt für solche Mischungen angibt.

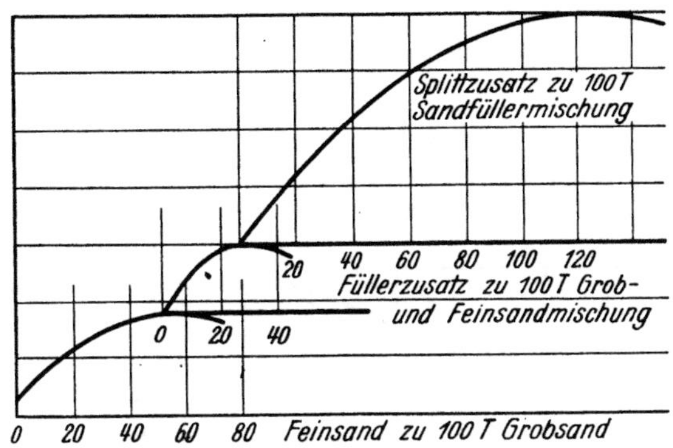

Abb. 396. Raumgewichtsbestimmung von Gesteinsmischungen zur Ermittlung der dichtesten Mischung

Das Ergebnis wird nicht eindeutig sein, aber es führt zum Ziel und entspricht den praktischen Bedürfnissen. Die Reihenfolge muß sein: Sand, Füller und Splitt. Wird erst Sand und Splitt gemischt, wird das Korngefüge zu sperrig und am Schluß zu viel Füller zur Hohlraumausfüllung notwendig. Man kann die Asphaltbetonmischung auch als ein grobes Haufenwerk von Splitt betrachten, dessen Hohlräume mit Sandasphalt ausgefüllt sind.

Soll für die auf diesem Wege gefundene Mischung der Hohlraumgehalt errechnet werden, muß noch vorher die Wichte der Mischung aus den Wichten der Einzelteile berechnet werden. Wenn $p_1, p_2 \ldots p_n$ die Gewichtsanteile der einzelnen Zuschläge mit den Wichten $\gamma_1, \gamma_2, \gamma_3 \ldots \gamma_n$ an der Gesamtmasse sind, dann beträgt die mittlere Wichte

$$\gamma_m = \frac{(p_1 + p_2 \ldots + p_n) \cdot \gamma_1 \cdot \gamma_2 \ldots \gamma_n}{p_1 \cdot \gamma_2 \ldots \gamma_n + p_2 \cdot \gamma_1 \cdot \gamma_3 \ldots \gamma_n + \ldots p_n \cdot \gamma_1 \ldots \gamma_{n-1}} \tag{84}$$

Der Lehrsatz, daß die Gesteinsmasse der hier behandelten bituminösen Decken einen möglichst geringen Hohlraum haben soll im Gegensatz zu der rezeptmäßigen Anweisung von RICHARDSON, ist inzwischen auch in anderen Ländern, z. B. den VStA, anerkannt worden [*327*].

Würde man die drei Punkte, die die jeweilige größte Dichte der Masse angeben, verbinden, so würde das eine Linie geben, die am Nullpunkt als Gerade beginnt, nach oben aber parabelförmig sich fortsetzt. Einen mathematischen Ausdruck solcher Summenlinien für Mischungen mit Korngrößen von O bis k hat ANDREASEN gegeben, den die Praxis bestätigt hat. Man bezeichnet jedes Produkt von losen Körnern, in dem die Kornform unabhängig von der Korngröße ist, als „Körnungsbild des betreffenden Produktes“. Dieses Körnungsbild wird durch eine Kennlinie dargestellt, bei der die größte im Produkt vorkommende Korngröße als Einheit gewählt ist. Die Beziehung zwischen Korngröße und Kornverteilung hat ANDREASEN mathematisch abgeleitet [*328*]. Wenn y der jeweilige Siebdurchgang und k die entsprechende Korngröße bedeutet, dann gilt die Gleichung

$$y = C k^q \tag{85}$$

C ist eine Integrationskonstante, die dadurch bestimmt ist, daß die ganze betrachtete Stoffmenge, z. B. 1 kg, ausmachen soll, d. h. $\frac{1}{C} = k_{\max}{}^q$, wo $k_{\max}$ die im Produkt vorkommende maximale Korngröße ist. Gl. (85) kann dann in folgender Form geschrieben werden:

$$y = \frac{k^q}{k_{\max}{}^q}$$

oder, wenn die Siebmengen in Prozenten ausgedrückt werden sollen,

$$y = 100\,\frac{k^q}{k_{\max}{}^q}$$

ANDREASEN hat nun verschiedene Korngemische zusammengesetzt, die in ihrer Kornabstufung der Gl. (85) entsprechen und dabei festgestellt, daß die Mischungen mit den q-Werten zwischen $^1/_2$ und $^1/_3$ den kleinsten Hohlraumgehalt aufweisen und bei noch kleineren q-Werten der Hohlraumgehalt ansteigt, infolge des loseren Charakters der relativ großen Mengen an feinem Material. Der Unterschied im Hohlraumgehalt von Mischungen nach den beiden genannten Kennlinien ist übrigens nicht sehr groß, woraus ANDREASEN den Schluß zieht, daß kleine Änderungen im Kurvenverlauf innerhalb dieser Grenzen keinen wesentlichen Einfluß auf die Hohlräume haben [*328*]. In Abb. 397 sind die Korngemische mit den Gleichungen

$$y = 100\,\frac{k^{1/2}}{k_{\max}{}^{1/2}} \qquad \text{und} \qquad y = 100\,\frac{k^{1/3}}{k_{\max}{}^{1/3}}$$

graphisch dargestellt.

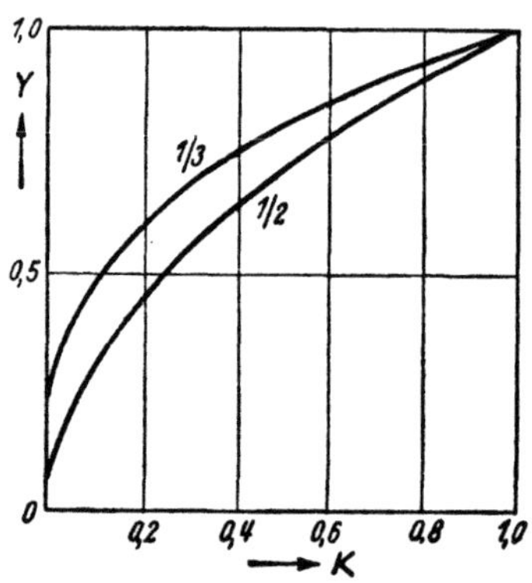

Abb. 397. Sieblinien nach der Formel von ANDREASEN mit $q = {}^1/_3$ und $q = {}^1/_2$

Auf den Ordinaten sind die Siebdurchgänge y und auf den Abszissen die Korngrößen in mm aufgetragen, $k_{\max} = 10$ mm gesetzt, entsprechend der größten im Gemisch vorkommenden Korngröße. Setzt man diesen Wert in die Gleichungen ein, so erhält man

$$y = 100\,\frac{k^{1/2}}{10^{1/2}} \qquad \text{und} \qquad y = 100\,\frac{k^{1/3}}{10^{1/3}},$$

aus denen man für jede Korngröße (k) die zugehörigen Siebdurchgänge (y) berechnen und die Kurven punktweise zeichnen kann. Die verhältnismäßig umständliche Ausrechnung der Quadrat- bzw. Kubikwurzeln läßt sich auf einfache Weise dadurch umgehen, daß man die Kurven im doppeltlogarithmischen Netz einträgt. Die durch Gl. 85 ausgedrückten Parabeln werden dann in diesem Falle zu Geraden gestreckt und damit ihre Konstruktion auf einfache Weise ermöglicht. Man zeichnet in das doppeltlogarithmische Koordinatensystem eine beliebige Gerade, die die Abszissenachse unter dem Winkel $\alpha \gtreqless arc\ tg\ q$ schneidet, und verschiebt sie parallel bis zum Schnitt mit der Ordinate 100 für den jeweils größten Durchmesser. Die Angaben der Korngrößen beziehen sich alle auf gelochte Siebe. Da Angaben für Korngrößen $\gtreqless 2$ mm in Maschenweiten gemacht werden, mußten zuerst die Maschenweiten der kleinen Siebe auf Lochdurchmesser umgerechnet werden. Die Beziehung zwischen Maschenweite und Lochdurchmesser für die kleinen Siebe geht aus nachstehender Gegenüberstellung hervor.

Maschenweite mm	0,088	0,2	0,6	2	6
Lochdurchmesser mm	0,13	0,3	0,9	2,6	7,8

Es ist also anzustreben, daß die Körnungskurven sich diesem Gesetz anpassen, um eine hohlraumarme Masse zu erhalten.

Welche allgemeine Gültigkeit diese Gesetzmäßigkeit für den Kornaufbau der Decken nach der Betonbauweise hat, geht daraus hervor, daß die Straßenbauingenieure auch in anderen Ländern sie anerkannt haben und ihre Gesteinsgemische danach zusammensetzen. Das läßt sich leicht übersehen, wenn man den

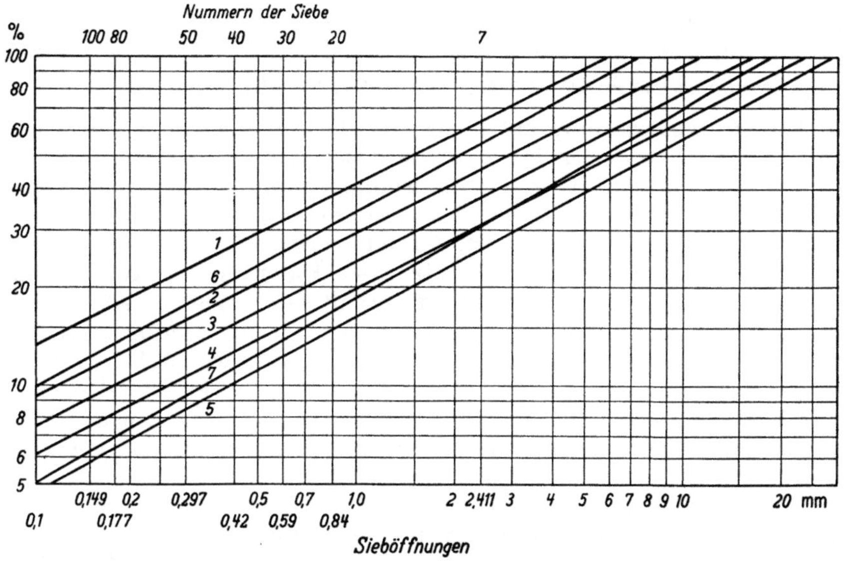

Abb. 398. Sieblinienauftragungen im doppelt logarithmischen Koordinatensystem.
Die Sieblinien *1*, *2*, *3*, *4* u. *5* entsprechen Körnungskurven von Asphaltbeton von Schweden, Sieblinie *6* der Körnungskurve eines englischen Asphaltbetons nach Regel 8 British Standards 540/1950. Sieblinie *7* entspricht dem Körnungsaufbau des Asphaltbetons der Oberschicht der New Jersey Turnpike (Abb. 312, S. 363)

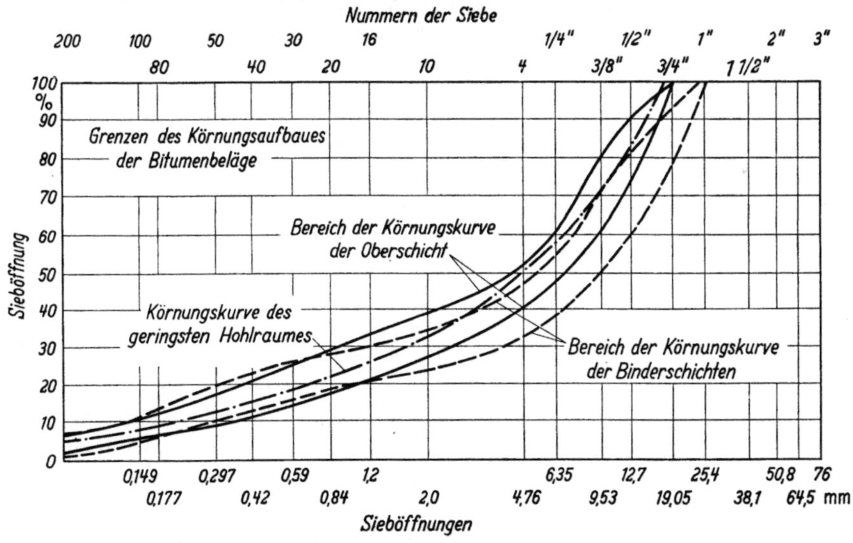

Abb. 399. Sieblinien für den Körnungsaufbau des Asphaltbetons der New Jersey Turnpike (Abszissen in logarithmischem Maßstab)

Kornaufbau von Asphaltbetondecken, wie er in anderen Ländern sich eingebürgert hat, zum Vergleich in ein doppeltlogarithmisches Koordinatennetz einträgt. Das ist in dem Schaubild Abb. 398 geschehen, indem der Kornaufbau von fünf schwedischen und einer englischen Mischung nach den brit. Standards 540/1950 eingetragen sind. Die konstanten Werte sowohl wie die Exponenten unterscheiden sich nicht sehr [*329*].

Für die Verschleißschicht des Asphaltbetons, der auf der New Jersey Turnpike eingebaut worden ist, ist der Körnungsaufbau in einem Koordinatennetz, in dem nur die Abszissen logarithmisch dargestellt sind, bekannt gegeben, Abb. 399. Überträgt man aus dieser Abbildung den Teil, der über der Korngröße 0,25 mm bis zum Größtkorn 18 mm liegt, so erhält man die Gerade Nr. 7 in der Abb. 398.

Als geeignet für die Auftragung von Sieblinien erweist sich auch ein Koordinatensystem, bei dem auf der Abszisse die Maschenweite (w) im Wurzelmaß $\sqrt{w}$ aufgetragen ist (nach ROTHFUCHS Abb. 394, S. 506).

8.293.13 Kornumformung unter mechanischem Einfluß. Bei den Kompressionsdecken ist schon darauf hingewiesen, daß unter dem Verkehr die Schicht sich verdichtet und sich dabei eine Kornumformung in der Weise vollzieht, daß die ursprünglich hohlraumreiche Gesteinsmasse immer hohlraumärmer wird, bis ein Endzustand erreicht ist, der dem geringsten Hohlraum entspricht. Eine Kornzertrümmerung äußert sich in einer Änderung der Kornzusammensetzung, woraus sich andere Hohlraumverhältnisse ergeben. Aber auch die Größe der Oberfläche der Körner vermehrt sich. Ist der geringste Hohlraum erreicht, tritt weitere Verfeinerung nicht mehr auf, wie Arbeiten erwiesen haben, die sich zum Ziele gesetzt hatten, diese Frage zu klären. Versuche, die von der Z.fAT und ROTHFUCHS vorgenommen haben, bei denen die Kraftwirkung durch Schlagen mit einem Fallhammer ausgeübt worden ist, haben das bestätigt.

Versuche, bei denen mit einer nach einer Radfelge gewölbten kreisförmigen Platte in einem Stahlzylinder von 11,3 cm Durchmesser Knetung auf eine grobe Körnung ausgeübt worden ist, um der wirklichen Beanspruchung der Fahrbahn am nächsten zu kommen, indem die Drücke langsam von 100 auf 600 kg gesteigert worden sind, haben das gleiche Ergebnis gehabt [*330*].

Ein Unterschied besteht noch in der Kornumbildung zwischen rundlichem und gebrochenem Gestein. Das erste lagert sich von vornherein dicht und erleidet geringere Kornumformung, während die gebrochenen Gesteine sich sperrig verhalten und unter Verkehrsdruck sich dann verfeinern. Um dies nachzuweisen, hat Z.fAT die Pressung in einem Zylinder mit 800 kg/cm² eingeführt und beobachtet, daß bei gebrochenen Massen unter einem so starken Druck das gröbste Korn zuerst zerstört wird und die Anteile der kleineren entsprechend zunehmen, bis herunter zum Füller. Für die Zusammensetzung der Gußasphalte und des Asphaltgrobbetons sind daraus entsprechende Folgerungen gezogen worden, die bei den genannten noch erwähnt werden.

8.293.14 Füllmasse — Füller. Füller sind nach TV bit 3/56 Gesteinsmehle, die durch das 0,09 mm Maschensieb mindestens zu 80% hindurchgehen. Der Rückstand auf dem 0,09 mm Maschensieb wird dem Sand zugerechnet. Da aber auch der Kornaufbau dieser Gesteinsmehle für seine Aufgabe, den Hohlraum des Sandes auszufüllen, insofern von Bedeutung ist, als gleichmäßige Mehle diese Aufgabe nur zum Teil erfüllen, d.h. auch die Füller selbst gemischtkörnig sein müssen, so soll man zur Beurteilung des Füllers zusätzlich auch noch durch das 0,06 mm Sieb sieben. Das ist das kleinste Sieb, das man für die trockene Korntrennung noch benutzen kann. Der Kornaufbau unter 0,06 mm kann nur durch Schlämmen bis zum ∅ 5μ oder durch Windsichten oder Betrachten im Mikroskop gefunden werden. Füller, die auch unterhalb des absiebbaren Bereiches von 0,06 mm eine ziemliche gleichmäßige Verteilung der Körner haben, werden als Vielkornfüller bezeichnet.

Nach dem britischen Standard 540/1950 sollen 85% durch das 200-Maschensieb, 98% durch das 72- (0,211 mm) und 100% durch das 52- (0,295 mm) Sieb hindurchgehen. Der englische Siebsatz hat eine neue Einteilung erhalten: Standard 812:1943 (s. a. S. 627).

Die amerikanischen Vorschriften schreiben vor, daß 75 Gew.-% des Füllers durch das 200-Maschensieb (0,074 mm) und der Rest vollständig durch das 80-Maschensieb (0,17 mm) hindurchgehen müssen. Ein Kubikmeter des eingerüttelten Füllers soll mindestens 1442 kg wiegen. Der Füller soll keine in Wasser löslichen Bestandteile enthalten und mit Wasser nicht reagieren oder aufquellen. Ausgeschlossen sind hydraulischer Kalk, Sackkalk, Gipspulver und Traß, dieser wegen seines hohen Hydratwassergehaltes. Brauchbarer Füller wird aus dichten, festen, tonarmen Gesteinen durch Feinmahlung gewonnen. Eine ganze Anzahl von Gesteinsarten kommen als Füller zur Verwendung. Zum Teil sind es Nebenerzeugnisse anderer Fabrikationen oder sogar natürlich anfallende Mehle, z. B. Quarzmehle von Frechen, Schiefermehle von guten Eigenschaften. Am meisten werden die Kalkmehle verwendet.

8.293.15 Bestimmung der Porenziffer der Füller. Nach PÖPEL[1] hat sich gezeigt, daß die aus der Bodenmechanik bekannte Porenziffer ε bei Anwendung auf die Untersuchung der Füller besonders gut den Kornaufbau und die Lagerungsdichte kennzeichnet (S. 248). Sie wird aus der Wichte des Gesteins und aus dem Hohlraumgewicht einer fest eingerüttelten Probe errechnet, entsprechende Geräte sind hierfür entwickelt. Die Porenziffer wird auch mit Feinheitsgrad bezeichnet; sie wird auch verwendet, wenn es sich darum handelt, die Oberfläche der Füllkörner auf eine Einheit z. B. 1 kg zu berechnen. Grobe Füllermehle haben kleine, feine Füllermehle große Porenziffern.

8.293.16 Beziehungen zwischen Bindemittel und Füller. Der Füller kann in zweifacher Weise auf das Bindemittel wirken, er kann absorbieren oder adsorbieren. Im ersten Falle schluckt er Bindemittel, das seinem eigentlichen Zweck damit entzogen wird. Dieser Vorgang kann auch darin bestehen, daß nur leichte Öle vom Bindemittel aufgenommen werden, das dann erhärtet, was auch unerwünscht ist. Dagegen ist die Fähigkeit, die Bindemittel mit großer Kraft anzuziehen und festzuhalten, die mit „Adsorption" bezeichnet wird, bei den Mischverfahren von Bedeutung. Das Adsorptionsvermögen ist eine Oberflächenkraft, es nimmt mit der Größe der Oberfläche zu und hängt außer von der Natur der adsorbierenden auch von jener der adsorbierten Substanz ab, d. h. die Menge des absorbierten Bindemittels ist bei den einzelnen Gesteinsarten und bei den verschiedenen Arten von Bindemitteln unterschiedlich. Die Kenntnis dieser Verschiedenheit hat praktische Bedeutung, da sie mit die Grundlage für die Berechnung der Bindemittelmengen ist, um stabilisierend auf das Bindemittel zu wirken. Darunter ist zu verstehen, daß durch den Zusatz von Füller die thermoplastischen Eigenschaften der bituminösen Bindmittel verbessert werden, ihr Temperaturbereich halbfester Konsistenz wird vergrößert, indem der EP ganz wesentlich und der Brechpunkt nur in sehr geringem Umfange erhöht wird. Wenn also die Fließneigung der bituminösen Stoffe bei normaler und erhöhter Temperatur vermindert wird, ist die genaue Kenntnis dieser Stabilisierung für den Aufbau von Schwarzdecken und auch für andere Verwendung, z. B. bei der Dachpappenindustrie von Bedeutung[1].

Es handelt sich um eine Wechselwirkung zwischen Füller und Bindemittel, bei der Art und Feinheit der Mahlung der Gesteinsmehle in Beziehung zu den Bindemitteln stehen, die so erforscht ist, daß es möglich ist, die zu erwartende thermische Stabilisierung im voraus zu bestimmen[1]. Um diese Stabilisierung der Mischung, die auch als Schmelze bezeichnet wird, beurteilen zu können, wird ihr EP gemessen. Der Unterschied zwischen dem bekannten EP des Bindemittels (s. S. 474, Tabelle 35) und dem EP, der an den aus Füller und Bindemitteln

---

[1] Die stabilisierende Wirkung von Füllermehlen auf bituminöse Bindemittel. Forschungsauftrag Po 24/2 der Deutschen Forschungsgemeinschaft, Professor Dr. Ing. habil. F. PÖPEL, Institut für Straßenbau, Technische Hochschule Stuttgart.

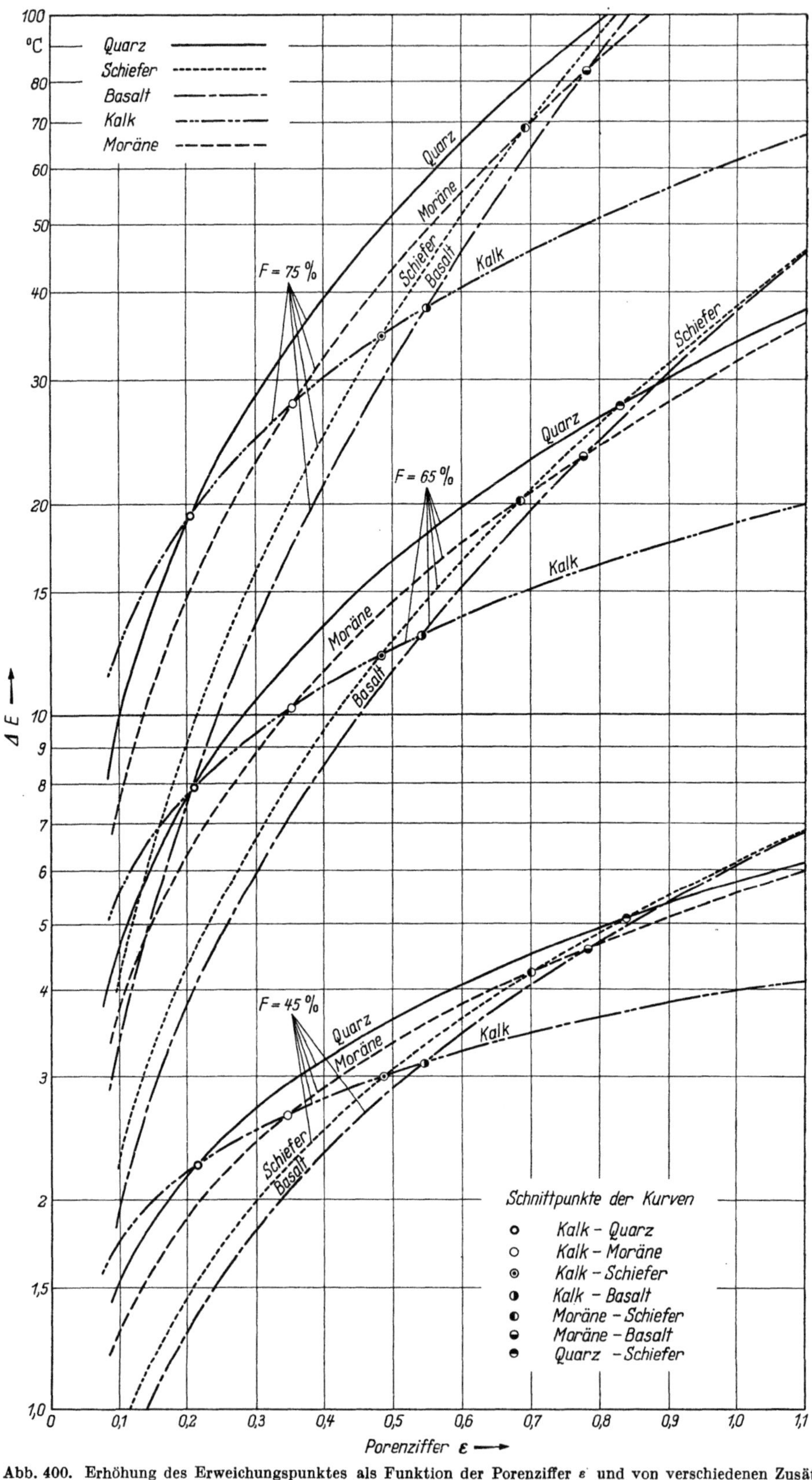

Abb. 400. Erhöhung des Erweichungspunktes als Funktion der Porenziffer ε und von verschiedenen Zusätzen von Füllermehlen aus 5 verschiedenen Gesteinsarten (nach PÖPEL)

hergestellten Schmelzen gemessen wird, ist das Maß, in welcher Weise die Stabilisierung erfolgt ist. Die Erhöhung des EP wird als ΔE bzeichnet.

Die Untersuchungen sind an den handelsüblichen Bitumen B 300 bis B 65 und an 25 Füllern verschiedener Gesteinsart durchgeführt worden, z. B. Quarzmehl, Schiefermehl, Basaltmehl, Kalkmehl, Moränemehl, Schlämmsand, Flugasche, Zement, Hochofenschlacke u. a.

Die günstige Eigenschaft der Füller, daß sie das Bitumen stabilisieren, kann in der Weise praktisch ausgenutzt werden, daß eine bestimmte Temperatur für die Schmelzen, die für jeden Füller und Bitumen bestehen, festgelegt ist, deren

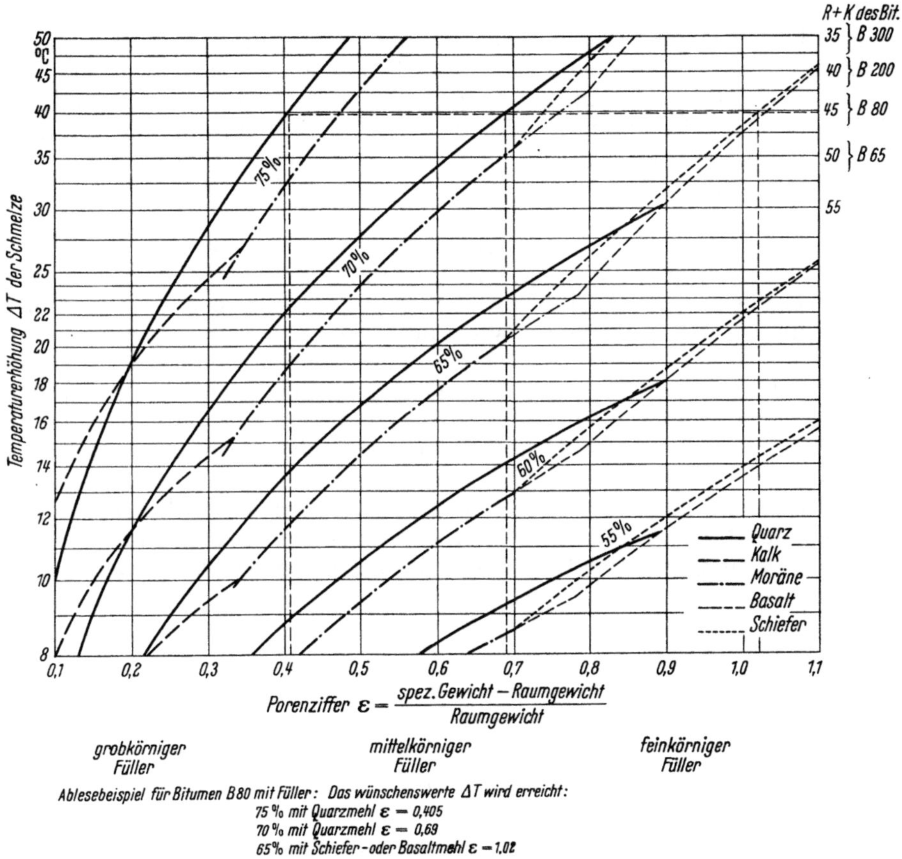

Abb. 401. Ablesebeispiel für die Erhöhung des Erweichungspunktes in Abhängigkeit von der Gesteinsart, der Bitumenart und der Porenziffer ε

Höhe sich aus praktischen Erwägungen ergeben hat. Da die Schwarzdecke auch bei größtmöglicher Erwärmung durch Sonnenbestrahlung ihre Standfestigkeit unter dem rollenden und ruhenden Verkehr ohne Verformung auf den Untergrund ableiten soll, ist dieser Höhepunkt des EP schon von WILHELMI [*331*] auf 80···85° festgelegt, den auch PÖPEL übernommen hat. Denn in unserem Klima überschreitet die Temperatur im Mittel in einer Decke, bezogen auf die ganze Tiefe, 50° selten.

Das ist jetzt der Ausgangspunkt, um für einen für den Bau einer Decke gegebenen Füller und das geeignete Bitumen das Mischungsverhältnis zu bestimmen, das aus den Schaulinien (Abb. 400, 401), die von PÖPEL im Institut für Straßenbau an der Technischen Hochschule Stuttgart entworfen sind, hervorgeht.

Wenn man diese Schaulinien noch weiter auswertet, zeigt sich, daß Füllermehle aus Kalk und Quarz im groben Bereich, aus Quarz und Moräne im mittleren Bereich und aus Schiefer und Basalt im feineren Bereich die größte stabilisierende Wirkung haben. Durch den Zusatz von Trinidadasphalt, der, wie aus der Beschreibung (s. S. 468) zu ersehen ist, von Natur aus sehr feine vulkanische Aschen als Füller hat, kann man die gleiche stabilisierende Wirkung erzielen.

8.293.17 Bituminierte Füller. Wenn der Anteil des Bindemittels Bitumen in einer hohlraumarmen Mischung an der niedrigsten Grenze liegen soll, wird er nur dann seine Aufgabe erfüllen, wenn er in der Masse ganz gleichmäßig verteilt ist und nirgends Klumpen oder Nester bildet, denen an anderer Stelle magere Kornnester gegenüberstehen. Denn je größer die aktive Oberfläche und geringer die Dicke der bituminösen Zwischenschichten sind, um so höher wird der innere Widerstand. Diesen proportional ist aber die Standfestigkeit des Gemenges als Fahrbahndecke. Daher muß das Füllerkorn, um die Höchstwirkung zu erreichen, so gut als möglich im Bitumen verteilt sein und ihm die größte Oberfläche darbieten, wie das schon auf Seite 519 zum Ausdruck gebracht worden ist.

Es ist daher die Aufgabe gestellt, die Gesteinszuschläge, Füller und Bitumen so wirksam zu mischen, daß sie sich im Enderzeugnis dort befinden, wo sie sein sollen, vor allem daß das Bindemittel Bitumen genau dosiert werden kann und so gleichmäßig wie nur irgend möglich im Gesteinsgemisch verteilt ist. Ehe das IMPACT-Verfahren (S. 514) besprochen wird, mit dem es gelingt, so fast vollkommene Mischungen zu erzielen, soll die Grundlage behandelt werden, auf der die Erscheinung beruht, daß die höchste Stabilität eines bituminösen Gemisches dann vorhanden ist, wenn die Phase des an sich instabilen plastischen Elements, nämlich des als Flüssigkeit wirkenden Bitumen überwiegt, die in der Praxis nach der Erfahrung schon bekannt war und auch physikalisch auf dem Gesetz von POISEUILLE über Flüssigkeiten in kapillaren Räumen beruht.

Ihre Bewegung unterliegt den Einwirkungen folgender Faktoren:

1. der Reibung an den Wandungen, welche den Kapillarraum einschließen;
2. der inneren Reibung der Flüssigkeit;
3. der Temperatur, von der die innere Reibung abhängig ist und die bei den bituminösen Massen infolge Wärmedehnung auch die Dicke der Bindemittelschicht beeinflußt.

Das POISEUILLEsche Gesetz lautet: $V = \frac{\pi\, p r^4}{8\, l \eta} \cdot t$

V = Durchflußmenge	r = Radius der Kapillare
p = Druckdifferenz	l = Länge der Kapillare
η = absolute Viskosität	t = Zeit

Daraus ergibt sich, daß die Durchflußmenge oder das Fließvermögen in Röhren oder geschlossenen Kanälen (Kapillaren) der vierten Potenz des Kapillardurchmessers oder Wandabstandes proportional ist, d. h. also, daß dem Fließen ein mit der 4. Potenz wachsendes Hindernis entgegensteht, je näher die Kapillarwände aneinanderrücken. Andererseits ist aber das Fließen wiederum umgekehrt proportional dem Achtfachen der absoluten Viskosität. Praktisch heißt dies für unseren Fall: Die innere Reibung und damit die Stabilität einer bituminösen Mischung wächst gemäß der vierten Potenz mit der Enge des Kapillarraumes und damit in Abhängigkeit von abnehmender Filmstärke des Bindemittels. Sie wird aber geringer mit dem Achtfachen des Abfalls der Bindemittelviskosität. Die Stabilität wird ein Maximum erreichen bei dünnflüssigstem Bindemittelfilm und ein Minimum bei höchstem Flüssigkeitsgrad des Bindemittels.

Wenn bei Anwendung des Impact-Mischverfahrens kalter Steinstaub, von dem 100% durch das 200-Sieb hindurchgehen, mit Bitumen bei niedriger Temperatur im kalten Mischer vereinigt wird, setzen sich die feinsten Staubteile an die Tröpfchen des Bitumen, das durch die Vorrichtung des Impactmischers sehr fein zerstäubt ist, und bilden winzige, mit feinstem Staub bedeckte Bitumenkügelchen. Das dabei entstehende Gemisch kann unter Aufrechterhalten seiner äußeren Eigenschaften, z. B. heller Farbe, bis zu 20 Gew.-% Bitumen aufnehmen. Das Erzeugnis wird als inaktiver bituminierter Füller bezeichnet. Kalksteinfüller, Flugasche und anderes werden mit Erfolg auf diese Weise bituminiert.

Wird die Masse unter Rühren allmählich auf 165° erhitzt, beginnt das Bitumen zu fließen und überzieht alle Teilchen der Mischung mit Filmen von solcher Feinheit, daß sie transparent erscheinen [*332*]. Dieser Übergang wird als Aktivierung bezeichnet und das Ergebnis ist ein aktiver bituminierter Füller. Eine Masse mit denselben Eigenschaften kann auch in der Wärme erzeugt werden, gleichfalls unter Benutzung des Impactmischers, bei dem — wie noch später behandelt wird — zugleich auch die Zuschläge mitgemischt werden. In diesem Falle bleibt das einzelne Füllerkorn für sich und kann daher seine volle Stabilisierung zur Wirkung bringen und hochstabile Gemenge können bei Anwendung dünnflüssigen Bitumens entstehen, die auch bei hoher Wärme noch standfest sind und deren Bindemittel bei Kälte noch plastisch bleiben.

Damit ist auch das eigenartige Verhalten des Kentucky Rock zu erklären und für die Herstellung der hohlraumarmen Decken sind ganz neue Möglichkeiten geschaffen, auf die im einzelnen noch eingegangen wird [*333*].

Auch das Verhalten des bituminierten Füllers mit Kautschukzusatz könnte unter diese Betrachtung eingereiht werden (s. S. 482).

8.294 Bindemittel

Die Beschaffenheit des Straßenbaubitumen und des Straßenteeres, die als Bindemittel für den Schwarzdeckenbau benutzt werden, sind in Tabelle 35 und 36 gekennzeichnet. Die Ermittlung der Menge des Bindemittels für jede Decke ist die Aufgabe von entscheidender Bedeutung. Man kann von dem Gedanken ausgehen, daß die Hohlräume des auf größte Dichte zusammengerüttelten Gesteingemisches, zu dem auch der Füller gehört, mit Bindemittel ausgefüllt werden muß. Damit würde verhindert, daß die Massen Wasser aufnehmen können. Wird ein hartes Bitumen angewendet, kann man damit rechnen, daß seine Kohäsion die Masse versteift. Die Standfestigkeit der bituminösen Decken in der Frühzeit, als die Bedeutung des richtigen Kornaufbaues noch umstritten war, hat auf der Verwendung eines harten Bitumens, z. B. Trinidadasphalt, beruht. Gegenwärtig werden weiche Bindemittel bevorzugt, wie aus der Zusammenstellung TVbit 3/56 30.32 zu entnehmen ist. Je gröber das Gestein ist, desto leichtflüssiger kann das Bindemittel sein, das geeignet ist.

Die Menge des Bitumens zur Hohlraumausfüllung (p %) wird nach der Formel berechnet

$$p\ \% = \frac{H \cdot \gamma}{r_g} \cdot 100$$

H = Hohlraumgehalt der Gesteinsmasse
γ = Wichte des Bitumens
r_g = Raumgewicht der Gesteinsmasse

Von diesen Werten müssen noch einige Raumprozente auf Grund der folgenden Überlegung abgezogen werden: Das Bitumen hat einen großen Ausdehnungsbeiwert (s. S. 475). Würde bei normaler Lufttemperatur der Hohlraum voll ausgefüllt werden, würde bei ansteigender Temperatur kein Raum mehr im Gesteinsgerüst vorhanden sein für die Raumausdehnung und das überschüssige Bindemittel nach oben austreten, die Decke schwitzen und weich werden. Mit diesem Vorgang ist besonders beim Heißverfahren zu rechnen, wenn die Masse mit 130···150° eingebaut wird. Eine solche Decke mit Bitumenüberschuß würde sich nicht festwalzen lassen, weil der hydrostatische Spannungszustand sich hier äußern würde. Wenn angenommen wird, daß das Gesteinsgemisch ein Raumgewicht von 2,25 und einen Hohlraum von 18% hat, das Bitumen eine Wichte $\gamma = 1{,}04$, dann würde sich die Bindemittelmenge aus der Hohlraumgröße errechnen zu

$$p\,\% = \frac{18 \cdot 1{,}04}{2{,}25} = 8{,}3 \text{ Gew.-\%},$$

auf 100 g Gesteinsmasse 9,05 g Bitumen. Diese Menge würde aber zu groß sein. Die fertige Mischung soll mindestens 3 Porenraum% haben, wie auch die Forschungsarbeit von NIJBOER [*334*] über die mechanischen und plastischen Eigenschaften der dichten bituminösen Decken ergeben hat, die also von der Menge noch abgezogen werden müssen. 1 Raum% sind $\frac{1}{2{,}25} = 0{,}45$ Gew.-%. Der errechnete Wert 8,3% wäre noch um 1,35 Gew.-% zu ermäßigen, d. h. die erwünschte Bindemittelmenge dürfte nur 7,0 Gew.-% betragen (auf 100 g Gestein 7,5 g Bitumen). Nach TVbit 3/56 ist der Bindemittelgehalt so zu bemessen, daß das Mischgut bei der Normenprüfung im Laboratorium nach Din 1996 einen Hohlraumgehalt von 1···5% besitzt. Er wird nach U 57 bestimmt. Der wirkliche Anteil an Porenraum dürfte stets etwas höher sein.

Aber diese Berechnungsweise erfaßt noch nicht alle Beziehungen, die zwischen Gestein und Bindemittel bestehen. So muß z. B. bei Decken, die durch den Verkehr noch weiter verdichtet werden, als es durch Walzen erreicht wird, besonders wenn sie reichlich Füller enthalten, dies berücksichtigt werden. Würde die Mischung nicht genügend Porenraum haben (Porenraum ist die Bezeichnung für Gesteinsmischung mit Bindemittel im Gegensatz zum Hohlraumgehalt der Gesteinsmasse), würde wieder, wenn nach anfänglicher Verdichtung keine Poren mehr vorhanden sind, der hydrostatische Spannungszustand eintreten, die Decke ihre Verspannung verlieren und schieben. Deshalb hat die Z.fAT vorgeschlagen, für die Berücksichtigung der Nachverdichtung in füllerreichen Mischungen für je 10 Gew.-% Fülleranteil die Bitumenmenge um 1 Gew.-% zu ermäßigen. Eine Gesteinsmischung vom Raumgewicht = 2,25 hat etwa 15 Gew.-% Fülleranteil, so daß danach die Bindemittelmenge um 1,5 Gew.-% zu verringern wäre, d. h. anstelle der zuvor ermittelten Bindemittelmenge von 8,3 Gew.-% würden nach dieser Überlegung nur 6,8% zulässig sein. Sie steht übrigens in Übereinstimmung mit den Ausführungen, die über die „bituminierten Füller" gemacht worden sind.

Das Gemisch Bindemittel und Füller soll als *Mörtel* bezeichnet werden, der das Gesteinshaufenwerk ausfüllt und bindet. Man kann auch hier, wie im Zementbeton, von einem Aufbau des Mörtels in der hohlraumarmen Gesteinsmasse sprechen. Wenn die Füller, wie zuvor nachgewiesen, unterschiedliche Mengen, je nach ihren Eigenschaften, von Bitumen binden können, bei gleichem Zähflüssigkeitszustand, ergibt sich, daß Mischungen von gleichem Hohlraumgehalt nicht dieselbe Bitumenmenge in Anspruch nehmen können, wenn sie den gleichen Anteil Füller haben.

Richtiger ist wohl, von der Betrachtung auf S. 519 auszugehen, in der über die Beziehungen zwischen Füller und Bindemittel besondere Ausführungen gemacht worden sind, indem die Bindemittelmenge nach dem Anteil des Füllers in der Mischung gemessen wird, der zur Schaffung der erforderlichen Hohlraumarmut notwendig ist. Dies wird sich aber nicht empfehlen, weil für den Fall, daß nur durch übermäßigen Füllerzusatz die Hohlraumarmut erreicht ist, sehr viel Bitumen benötigt würde. Besser ist, den Hohlraum der Gesteinsmasse *ohne* Füller zu bestimmen und danach unter Abzug von 3 Raum-%, die nach früheren Erwägungen im fertigen Belag vorhanden sein müssen, die *Mörtel*menge zu bemessen.

In diesem Falle geht man von der Art und Menge der in Aussicht genommenen Füllermenge und der Weichheit (EP) des Bitumen aus, das verwendet werden soll, und bestimmt das Mischungsverhältnis aus den Schaulinien (Abb. 401). Es ist aber noch die Bindemittelmenge zu berechnen, die die Oberfläche der Gesteinskörner $> 0{,}09$ mm beansprucht. Es ist nicht anzunehmen, daß der Mörtel, wenn die Masse gewalzt und verdichtet wird, abgequetschtes Bitumen an die Oberfläche der Gesteinskörner abgibt, wie das bei den auf Verdichtung eingestellten Massen angenommen wird. Wenn auch eine Kornumwandlung bei den hohlraumarmen Decken nicht eintreten wird, weil die Hohlräume der Masse fast völlig ausgepolstert sind und eine Magerung der Mischung auf diese Weise im Laufe der Zeit nicht anzunehmen ist, so muß doch dafür gesorgt werden, daß die Oberfläche der Sand- und Splittkörner genügend mit Bitumen überzogen ist. Man wird daher zusätzlich noch diejenige Menge an Bindemittel ermitteln müssen, die als Film von der Oberfläche der Gesteinskörner beansprucht wird.

Sie wird getrennt für Sand und Splitt ermittelt. Für Sand wird die Oberfläche unter der Annahme, daß die Körner Kugelform haben, geschätzt. Das trifft zwar nicht zu, besonders dann nicht, wenn es sich um Brechsand handelt. Aber bei kleinen Korngrößen sind die Abweichungen nicht so erheblich. Die Größe der Oberfläche solcher Sandkörner ist aus der Tabelle 44 (S. 531) zu entnehmen, in der für die Durchmesser der Siebgrenzen stellvertretende mittlere Durchmesser errechnet sind und auch ein Multiplikator angegeben ist, der die Kornform berücksichtigt. Nach dieser Tabelle wird die Oberfläche in dem folgenden Beispiel errechnet. Die Dicke des Bindemittelfilmes ist Gegenstand vieler Untersuchungen gewesen, vor allem für die Mehle großer Kornfeinheit. Sie ist auf kleinem Korn geringer als auf grobem. Nach Zugfestigkeitsversuchen an Mischungen von Sand mit steigendem Bitumengehalt wird bei einer Schichtdicke von $5 \cdots 6\ \mu$, wenn die Sandkörner als Kugel betrachtet werden, die höchste Festigkeit erreicht, während sie bei geringeren oder stärkeren Sandschichten beträchtlich abfällt. Unterschiede in den Adsorbtionseigenschaften der Gesteine werden zwar die Schichtdicke etwas beeinflussen. Eine Annahme von $5\ \mu$ hat aber bei Nachrechnungen an ausgeführten Beispielen gute Übereinstimmung ergeben und daher soll auch im vorliegenden Falle dieser Wert allen Berechnungen zugrunde gelegt werden. Offenbar ist dieser Bindemittelfilm so hauchdünn, daß reine Adhäsion vorhanden ist und Kohäsion noch nicht eintritt und die übereinander greifenden Molekularkräfte den äußeren Kräften, Druck und Zug, Widerstand entgegensetzen. Für Splitt genügt es, die Bindemittelmenge zur Umhüllung der Oberflächen zu $2{,}5 \cdots 3$ Gew.-% anzunehmen.

8.295 Die hohlraumarmen Decken

8.295.1 Bemessungsverfahren für flexible Decken

Bei dem Versuch, auch Bemessungsverfahren für die flexiblen Bauweisen aufzustellen, ist im Gegensatz zu den starren Decken, worauf schon auf Seite 295 hingewiesen ist, zu beachten, daß diese plastischen Decken die Radlast nicht so weit verteilen wie die elastischen Decken und die äußere Last nicht nur elastische, sondern auch plastische Verformungen hervorruft. Die flexiblen Befestigungen haben eine geringe Steifigkeit, so daß unter der Verkehrslast sich Mulden bilden können, die, selbst wenn sie nur 0,5 mm tief sind, Spannungen hervorrufen, die zu Zerstörungen führen können [*335*], da sie sich auf die unteren Lagen fortsetzen. Daraus ergibt sich, daß, um die Stoßkräfte aufzufangen, der ganze Belag eine reichliche Dicke haben muß.

Bei allen Bemessungsverfahren muß daher, wenn auch die Tragschichten flexibel sind, die ganze Schicht — Decke und Tragschicht, die aus mehreren Schichten bestehen kann — als ein Ganzes betrachtet werden.

Für die Berücksichtigung der sich daraus ergebenden wechselnden Elastizitätsmodule in waagerechter und senkrechter Richtung stehen auf Seite 321 angegebene Verfahren und Kurvenblätter zur Verfügung. Die Anwendung der Grundformeln von BOUSSINESQ auf ein Mehrschichten-System gestattet auch die flexiblen Systeme zu berechnen [*336*].

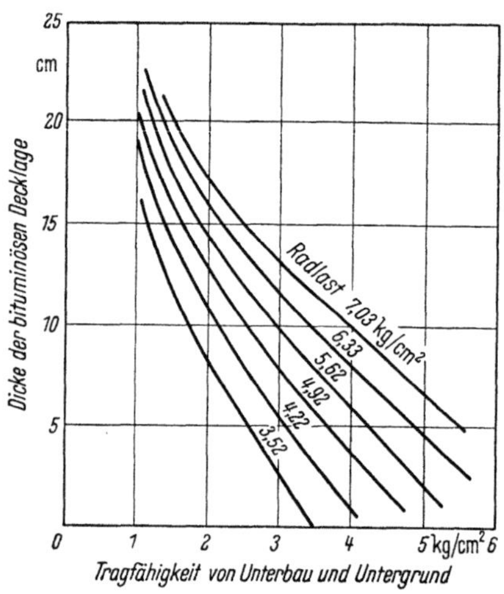

Abb. 402. Bemessung der Dicke von flexiblen Decken nach der höchsten Radlast und der Tragfähigkeit des Untergrundes

Ein Bemessungsverfahren, das für die gesamte Deckendicke von Fahrbahnoberkante bis zur Berührungsfuge zwischen Tragschicht und Untergrund gilt, beruht auf der Prüfung der Tragfestigkeit des Untergrundes nach dem CBR-Verfahren. Daraus sind Schaulinien für verschiedene Radlasten abgeleitet worden. Hierbei wird die elliptische Radstandsfläche in eine Kreisfläche umgerechnet (Abb. 402).

Für die Standfestigkeit der Decke ist das Verhalten der bituminösen Tragschicht und des Unterbaues ausschlaggebend, der unter rollendem Verkehr auf Biegung beansprucht wird. Die Biegezugfestigkeit in der untersten Faser, die wiederum von den Eigenschaften der bituminösen Bauelemente abhängt, darf daher nicht überschritten werden. Über sie ist man, soweit die Steifigkeit (E_m kg/cm²) in Frage kommt, unterrichtet. Man unterscheidet 3 Formen nach ihrer Lagerungsdichte:

1. Die dichte Mischung (hohlraumarm, etwa 5% Porenraum)
2. die halbdichte Mischung (bis etwa 10% Porenraum, Makadammasse s. S. 507)
3. die offene Mischung (etwa 15% Hohlräume)

Die flexiblen Bauweisen, bei denen die Lasten nur zum geringen Teil zurückgegeben und im wesentlichen im Belag aufgefangen werden, unterliegen daher einer dauernden inneren Anstrengung und ermüden mit der Zeit, so daß die Belastungshäufigkeit mit berücksichtigt werden muß, wenn die zulässige Biegezugspannung ermittelt werden soll. Die Unterschiede in der Temperatur in den einzelnen Schichten können außer Betracht bleiben, da sie, wie nachgewiesen, in der Tragschicht nur noch geringen Einfluß haben.

Unter Annahme von Steifigkeitswerten E_m kg/cm² der 3 aufgeführten Formen von Biegezugspannungen, die für 160000 und 360000 Lastwechsel im Jahr gelten, hat NIJBOER die folgenden Richtwerte für den Entwurf einer flexiblen Befestigung mit bituminösen Tragschichten aufgestellt (Tabelle 43) [*337*]:

Tabelle 43

	Straßenart		
	BAB	Bundesstraßen	Landstraßen
Gesamtdicke der Befestigung . .	31 cm	23 cm	16 cm
Korrektionswert für den E-Modul (je Faktor 2)	6%	8%	12%
Korrektionswert für die Art des Asphaltunterbaus			
Dicht	−15%	−15%	−15%
Offen	+20%	+30%	+25%

Richtwerte für den Entwurf einer flexiblen Befestigung mit bituminöser Tragschicht (Gesamtdicke einschl. Decke; $E_m = 4000\,\mathrm{kg/cm^2}$; halbdichter Asphaltunterbau nach Ziffer 2).

Hierbei ist für die Ermittlung der Konstruktionsdicke eine mittlere Temperatur von $+10°$ angenommen, da die äußersten Temperaturen $\pm 0°$ und $+20°$ nur auf kurze Zeit auftreten. Als Steifigkeitswert des Untergrundes ist $E_m = 4000\,\mathrm{kg/cm^2}$ (Tabelle 43) zugrunde gelegt worden. Wenn der E_m-Wert nur 2000 kg/cm² beträgt (Faktor 2 in der zweiten Linie) oder 8000 kg/cm² vorhanden sind, müssen die Maße der ersten Linie um die angegebenen %-Werte geändert werden.

Die Maße gelten für die mittlere Form (Ziffer 2). Bei der dichten (Ziffer 1) können sie um 15% ermäßigt, bei der offenen (Ziffer 3) müssen sie um 20% erhöht werden (vgl. Tabelle). Die errechnete Dicke gilt für den ganzen Straßenkörper. Die Dicke der Tragschicht kann um die der Verschleißschicht verringert werden, z. B. bei Asphaltbeton mit 4 cm Binder und 3 cm Deckschicht um 7 cm.

NIJBOER errechnet aus der Zahl der Lastwechsel —, also nicht aus der Belastung durch eine hohe Einzellast, obwohl er die Achse von 10 t angenommen hat —, wie dick die bituminöse Decke einschließlich Tragschicht werden muß. Ein anderes Verfahren geht auch von der Häufigkeit der Lastwechsel aus und bemißt danach die Deckenkörper der flexiblen Bauweise nach der Abb. 403.

Die Angemessenheit der Werte der Tabelle 43 wird bestätigt durch die Deckenmaße der Versuchsstrecke der B 29 (Ausführung III 7 + 15 cm und 7 + 20 cm) [*338*] und der Versuchsstraße bei Lahr (Tragschicht 18 cm) [*339, 340*], Fahrbahnen, die den bisherigen hohen Anforderungen standgehalten haben. Die Abmessung der Decke der Bundesautobahn Frankfurt/Main—Aschaffenburg (Abb. 418, S. 547) dürfte nach diesem Berechnungsverfahren ermittelt sein.

8.295.2 Allgemeine Angaben

8.295.21 Begriffsbestimmung. Hohlraumarme Decken sind dadurch gekennzeichnet, daß sie sich wegen der fast völligen Ausfüllung ihrer Hohlräume unter dem Verkehr kaum noch nachverdichten und damit gleich nach ihrer Verlegung endgültig standfest sind. Das Gesteinsgerüst der hohlraumarmen Decken wird unter Anwendung von Füller, Sand und Splitt nach bestimmten Sieblinien so aufgebaut, daß eine dichte Lagerung entsteht mit dem Ergebnis, daß Kornumwandlung nicht mehr vor sich gehen kann und der Bedarf an Bindemittel in wirtschaftlichen Grenzen bleibt.

Durch Wahl des Kornaufbaues, des geeigneten Bindemittels und der Einbaudicke können hohlraumarme Decken allen Verkehrsbedürfnissen angepaßt werden. Nach TVbit 3/56, in denen die einzelnen Deckenarten für Heißeinbau ausführlich beschrieben sind, wird unterschieden nach:

Sandasphalt,
Splittarmer und splittreicher Asphaltfeinbeton, Teerasphaltbeton,
Asphaltgrobbeton und Teerasphaltgrobbeton,
Teerbeton,
Binder.

8.295.22 Bindemittel. Für die Wahl des Bindemittels sind entscheidend die Belagart und die klimatischen Bedingungen. Allgemein gilt der Grundsatz: Je höher der Splittgehalt, um so weicher muß das Bindemittel sein. In der Regel werden die Bindemittel B 200 ··· B 45 oder Bitumen mit einem Teerzusatz von

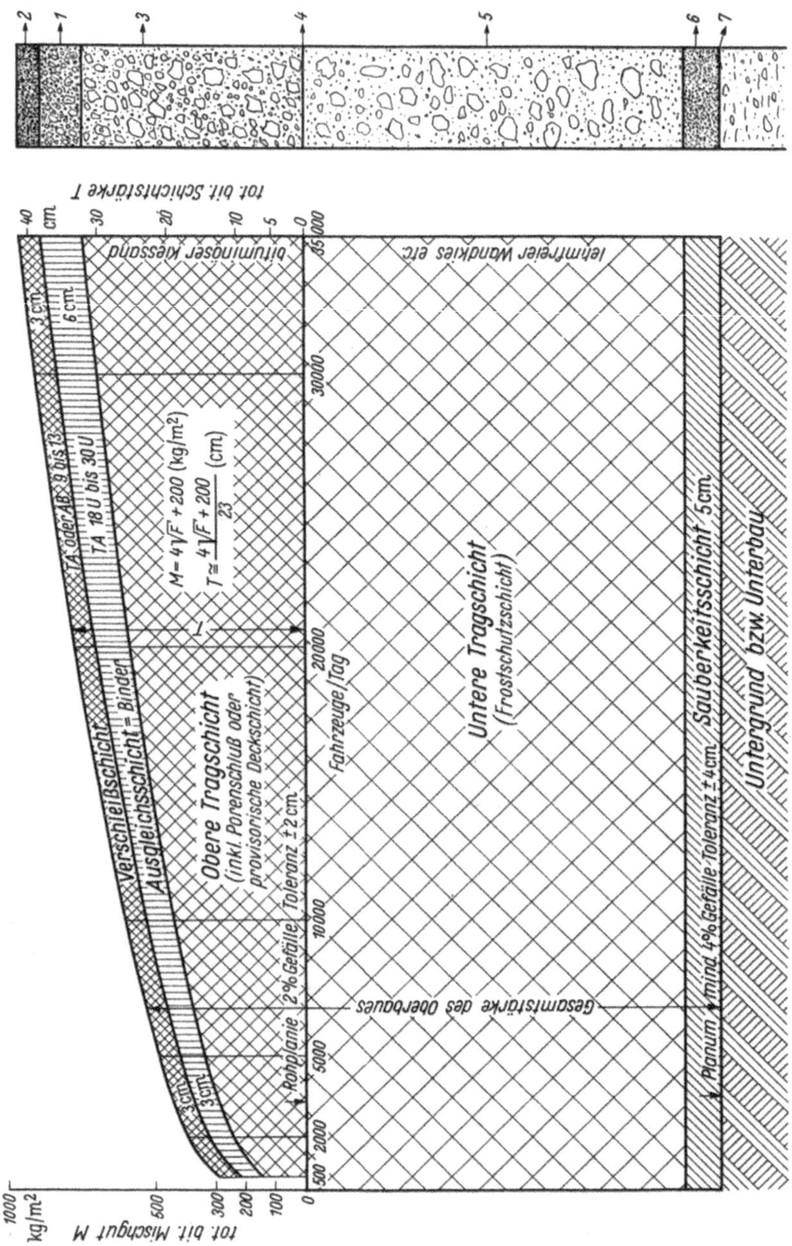

Abb. 403. Bemessung der Deckenkörper der flexiblen Bauweise aus der Häufigkeit der Lastwechsel. TA bedeutet Teerasphaltbeton nach SNV 40435, AB Asphaltbeton nach SNV 40432

etwa 20 ··· 30% verwendet. In Ausnahmefällen kann auch Bitumen B 300 zugelassen werden. Wenn weichere Bindemittel, z. B. B 200 oder B 300, gewählt werden, muß der Anteil an Splitt sehr hoch sein, weil sonst die Mischungen instabil bleiben und sich verschieben können.

8.295.23 Gestein. Für die Auswahl des Gesteins gelten die Angaben im Abschnitt 8.26. Möglichst sollte in der Decke Edelsplitt verwendet werden. Wenn dabei Splitt aus Gestein verschiedener Härte benutzt wird, werden die Fahrflächen griffiger gestaltet. Auch wird bei Verwendung hellen Gesteins die Oberfläche der Decke aufgehellt.

Im Asphaltstraßenbau werden zum Kornaufbau nach den Sieblinien ausschließlich Maschensiebe verwendet. Es wird bezeichnet:

mit Splitt	die Korngröße	> 2 mm
,, Sand	,, ,,	zwischen 2 mm und 0,09 mm
,, Füller	,, ,,	$< 0,09$ mm

Die für eine bestimmte Belagart verwendeten Gesteinskörnungen sollen innerhalb der in der TVbit 3/56 vorgeschriebenen Siebflächen liegen (Abb. 404).

8.295.24 Dicke der Decken. Hohlraumarme Deckschichten dürfen nach TVbit 3/56 die folgenden Mindestdicken nicht unterschreiten:

Sandasphalt und splittarmer Asphaltfeinbeton	2,0 cm
Splittreicher Asphaltfeinbeton und Teerasphaltfeinbeton	2,5 ,,
Asphaltgrobbeton und Teerasphaltgrobbeton	3,5 ,, .

Man kennzeichnet diese Decken verschiedener Dicke nach ihrem Gewicht für den qm, worüber TVbit 3/56 Angaben macht.

Als Anhalt für die nach der Verkehrsbelastung notwendige Deckendicke (Binder-Deckschicht) dienen folgende Angaben:

Ein- und zweischichtige Decken von 3 ··· 5 cm Gesamtdicke für Straßen mit schwachem bis mittlerem Verkehr: geringe bis mittlere Verkehrsmenge — etwa 1000 ··· 3000 Fahrzeuge/24 h. Anteil an schweren Lastkraftwagen (4 t Nutzlast und mehr) bis etwa 10%.

Ein- und zweischichtige Decken von 5 ··· 8 cm Gesamtdicke für Straßen mit starkem Verkehr: große Verkehrsmenge — etwa 3000 ··· 6000 Fahrzeuge/24 h. Anteil an schweren Lastkraftwagen etwa 10 ··· 20%.

Zwei- und dreischichtige Decken über 8 cm Gesamtdicke für Straßen mit sehr starkem Verkehr: sehr große Verkehrsmenge — über 6000 Fahrzeuge/24 h. Anteil an schweren Lastkraftwagen über 20%.

Unter den angegebenen Fahrzeugzahlen/24 h sind Jahresmittelwerte zu verstehen, und zwar unabhängig davon, ob es sich um 2- oder 4spurige Straßen handelt. Bei der Festlegung der Deckendicke ist die zukünftig zu erwartende Verkehrsmenge zu berücksichtigen.

Die angegebenen Deckendicken empfehlen sich unabhängig von der notwendigen ausreichenden Bemessung des Unterbaues unter Berücksichtigung der Untergrundverhältnisse allein aus Gründen der Widerstandsfähigkeit der bituminösen Decke gegen Stoß- und Schubbeanspruchungen, die nur eine bituminöse Decke von genügender Masse aufnehmen kann, ohne Schaden zu erleiden.

Diese Angaben betreffen also nur die bituminöse Fahrbahndecke. Die Dicke der *gesamten* Fahrbahnbefestigung — Frostschutzschicht, Unterbau und bituminöse Decke — ist nach den bekannten Dimensionierungsverfahren zu ermitteln (s. S. 528).

Da man anfangs die Decken zu schwach gewählt hat, haben sie nicht gehalten. Es sind Verschleißschichten, die noch eine Unterlage brauchen, die als Binder bezeichnet wird.

8.295.3 Sandasphalt

Sandasphalt, der ein Gemisch aus Sand, Steinmehl (Füller) und Straßenbaubitumen ist, muß einen Sand haben, der nach TVbit 3/56 30.312 näher umschrieben ist. Es können Natursande, Brechsande oder Gemische aus beiden verwendet werden. Der Füller muß den Anforderungen entsprechen, die schon auf Seite 518 angegeben sind. Die Sieblinien des Sandes sollen innerhalb der Sieblinienflächen nach TV bit 3/56 liegen (Abb. 404). In diesem Falle haben die Sandmischungen einen geringen Hohlraumgehalt, der zwischen 19 und 27 Raum-% liegen soll. Die Körnungskurve soll innerhalb dieser Sieblinienfläche stetig verlaufen.

Für einen Sandasphalt, dessen Sieblinie in der Siebfläche als Kurve in Abb. 404 eingetragen ist, soll der Bindemittelbedarf als Beispiel nach der Mörteltheorie, wie sie zuvor auf Seite 525 beschrieben worden ist, berechnet werden:

K_1 = 0,09 – 0,2 mm	39,0	Gew.-%
K_2 = 0,2 – 0,6 „	37,5	„
K_3 = 0,6 – 3 mm	23,5	„
Wichte der Gesteinsmasse . .	2,61	
Raumgewicht (ohne Füller) . .	1,82	
Hohlraum 30 Raum-%		

Bedarf an Mörtelmenge zur Ausfüllung des Hohlraumes unter Belassung von 3% (30—3) = 27 Raum-%.

Vorgesehen: Bitumen B 80 mit EP nach R. und K. 45°, Kalksteinfüller.

Wird für den EP des Mörtels nach R. und K. 85° festgesetzt, so wird ΔE = 85 — 45 = 40°. Der Mörtel, der dieser Forderung genügt, setzt sich zusammen nach der Schaulinie Abb. 401 aus 75 Gew.-% Füller und 25 Gew.-% Bitumen B 80. Der Füller hat eine Wichte von 2,70, das Bitumen von 1,04, so daß die Wichte der Schmelze (Füller — Bitumen) sich zu 1,92 errechnet (Gl. 84) Zu 100 cm³ Sand = 182 g gehören damit 27 cm³ Mörtel = 52 g (39 g Füller und 13 g Bitumen B 80).

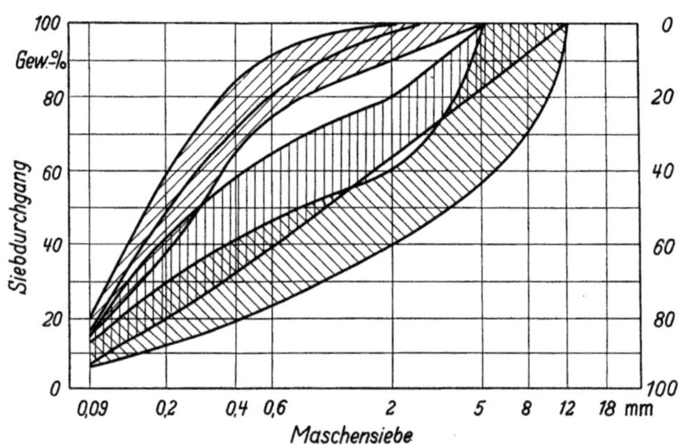

Abb. 404. Sieblinien für Sandasphalt (links), splittarmer Asphaltfeinbeton (Mitte), splittreicher Asphaltfeinbeton (rechts)

Für die Umhüllung des Sandes werden bei einer Oberfläche von 8920 cm², die nach Tabelle 44 berechnet ist, 8920 · 0,0005 · 1,04 = 4,56 g Bitumen benötigt. Die Zusammensetzung der Mischung ist dann:

Sand	182,0 g
Bitumen 4,56 · 1,82 . .	8,2 „
Füller	39,0 „
Bitumen	13,0 „
	242,2 g

oder in % der Mischung

75 Gew.-%	Sand
16 „	Füller
9 „	Bitumen
100 Gew.-%	Sandasphalt

auf 100 g Sand-Füller = 10 g Bitumen.

Diese Menge ist deshalb verhältnismäßig hoch, weil es sich um einen feinen Sand handelt.

Tabelle. 44. *Größe der Oberflächen verschiedener Korngrößen nach* PÖPEL[1]

Sieböffnung l_1 und l_2 in mm	Mittlere Maschenweite $l_m = \frac{2 \cdot l_1 \cdot l_2}{l_1 + l_2}$	Multiplikator berechnet $\eta = \frac{1{,}025}{\sqrt[q]{l_m}}$	Mittlerer Durchmesser $d = \eta \cdot l_m$ in mm	Oberfläche für 100 g Sand $0 = \frac{1000 \cdot 6}{\gamma \cdot d_m}$ in cm²
0,177 ··· 0,074	0,105	1,31	0,137	$\frac{43800}{\gamma}$
0,2 ··· 0,09	0,124	1,29	0,160	$\frac{37500}{\gamma}$
0,42 ··· 0,177	0,248	1,19	0,295	$\frac{20300}{\gamma}$
0,2 ··· 0,6	0,3	1,17	0,350	$\frac{17150}{\gamma}$
0,60 ··· 0,42	0,494	1,11	0,5	$\frac{12000}{\gamma}$
2,0 ··· 0,6	0,925	1,63	0,955	$\frac{6300}{\gamma}$
2,0 ··· 0,42	0,7	1,06	0,74	$\frac{8100}{\gamma}$

[1] Auch folgende Formel wird angegeben:

$$l_m = \sqrt[3]{\frac{2}{\frac{1}{l_{\max}{}^3} \cdot \frac{1}{l_{\min}{}^3}}},$$

der Unterschied ist aber unbedeutend, wenn die kleinste und größte Korngröße nicht sehr weit auseinander liegen, etwa in den bekannten Siebgrenzen.

8.295.4 Splittarmer Asphaltfeinbeton

Der splittarme Asphaltbeton kann auch als ein Splittgemisch, das zwischen 20 und 35 Gew.-% der Masse beträgt, betrachtet werden, dessen Hohlräume mit Sandasphalt ausgefüllt sind.

Für seinen Kornaufbau ist als Anleitung in der TVbit 3/56 die Siebfläche der Abb. 404 gegeben. Mit Sieblinien, die in diese Flächen fallen und eine stetige Form haben, kann man auf einen geringen Hohlraumgehalt schließen.

In der Regel sollen Straßenbaubitumen B 65 und B 80, in besonderen Fällen B 45 oder Gemische gleicher Härte aus Naturasphalt und Straßenbaubitumen, verwendet werden. Die erforderliche Bindemittelmenge kann auf demselben Wege berechnet werden wie beim Sandaspalt.

Dieselbe Aufgabe soll für einen Asphaltfeinbeton ermittelt werden, dessen Sieblinie in die Fläche der Abb. 404 fällt. Beispiel:

Kornaufbau des Asphaltbetons			des Sandes auf 100% bezogen	Oberfläche cm²
K_1	0,09/0,2 mm	20%	31%	4300
K_2	0,2 /0,6 „	25%	38%	2420
K_3	0,6 /2 „	20%	31%	720
Sand allein		65%	100%	7440
Splittanteil		25%	Für 65%	4800

Für die Umhüllung des Sandes werden bei einer Oberfläche von 4800 cm² $4800 \cdot 0{,}0005 \cdot 1{,}04 = 2{,}5\%$ Bitumen benötigt.

Der Anteil des Füllers nach der Siebfläche soll 10% und 12% betragen. Die Menge des Bitumen des Füllerbitumengemisches (Mörtel) beträgt, wenn die Zusammensetzung bei 85° $EP = 40\ \Delta E$ zu 25 : 75 angenommen wird, bei 10% Füller 3,3% Bitumen, bei 12% Füller 4% Bitumen.

Bedarf an Bitumen zur Umhüllung des Splittes 2 ··· 3% = 0,5 ··· 0,75.

Erforderlicher Anteil an Bitumen für	10%	12% Füller
vom Splitt im Mittel	0,63%	0,63%
vom Sand	2,5 %	2,5 %
vom Mörtel	3,3 %	4,0 %
	6,43%	7,13%

Diese Bindemittelmenge liegt an der unteren Grenze (7 ··· 9% nach TVbit 3/56). Mit dem Versuch der Wasseraufnahme ist zu prüfen, ob der Porenraum nicht zu groß ist.

8.295.5 Splittreicher Asphaltfeinbeton und Teerasphaltbeton

Bei Splittmengen bis zu 30 Gew.-% bildet sich noch kein eigenes Stützgerüst. Damit ist erst zu rechnen, wenn die Menge auf 50 ··· 60 Gew.-% steigt. Das ist dann der splittreiche Asphaltbeton, dessen Hohlraumgehalt eingerüttelt sehr gering ausfällt, bei Fülleranteilen 6 ··· 15 Gew.-%. Für diesen Fall hat Dr. OBERBACH eine einfache Bitumenbedarfsberechnung angewendet, indem er davon ausgeht, daß der Sandasphalt die Hohlräume des Splittgemisches ausfüllt, eine Auffassung, die mit der Mörteltheorie eine gewisse Verwandschaft hat. Er nimmt an, daß der Sandasphalt in diesem Gemisch 10 Gew.-% Bitumen beansprucht und daß zur kräftigen Umhüllung von feinem Splitt in der Körnung 3/8 ··· 3/12 drei Gewichts-% Bitumen notwendig sind.

Bitumenbedarf	0,10 · 50	= 5 Gew.-%
„	50 · 0,03	= 1,50 „
		6,50 Gew.-%

Die Sieblinienfläche für diese Masse ist aus der Abb. 404 zu entnehmen. Bindemittel in der Regel B 200 und B 80, in Sonderfällen B 300 oder B 65. Teerzusatz liegt in den Grenzen 15 ··· 30%.

8.295.6 Asphaltgrobbeton

Durch Erhöhung des Splittanteiles und der Größe der Splittkörner, die angewendet werden, unter gleichzeitiger Verringerung der Füllermenge entsteht Asphaltgrobbeton und Teerasphaltgrobbeton. Er ist nach TVbit 3/56 ein Gemisch aus:

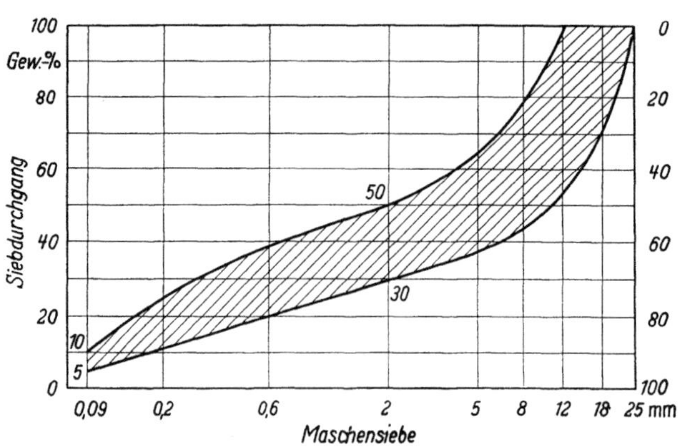

Abb. 405. Sieblinienflächen für Asphaltgrobbeton und Teerasphaltgrobbeton nach TVbit 3/56

Splitt, Natursand oder Natursand + Brechsand, Steinmehl (Füller) und Straßenbaubitumen.

Der Splittanteil des Mineralgemisches beträgt 50 bis 70 Gew.-%.

Teerasphaltgrobbeton ist ein Gemisch der gleichen Zusammensetzung wie bei Asphaltgrobbeton, wobei dem Straßenbaubitumen 15 bis 30 Gew.-% Straßenteer zugesetzt sind.

Diese Decken sind geeignet für Straßen mit schwerstem Verkehr und, wenn sie Splitt aus scharfkantigem rauhflächigem Gestein erhalten, das nicht polierfähig ist, auch für Straßen mit stärkerem Gefälle, weil ihre Fahrfläche dann griffiger ist.

Das Mischgut besteht nach TVbit 3/56 aus: 50 ··· 70 Gew.-% Splitt 2/18 mm und gröber, 5 ··· 10 Gew.-% Füller unter 0,09 mm, Rest abgestufter Sand 0,09/2 mm (Natursand oder Natursand + Brechsand).

Das Größtkorn soll nicht größer als zwei Drittel und nicht kleiner als ein Drittel der Dicke der verdichteten Schicht sein. Der Kornaufbau des Mineralgemisches ist mit dem Maschensiebsatz 0,09 — 0,2 — 0,4 — 0,6 — 2 — 5 — 8 — 12 — 18 — 25 mm zu ermitteln und auf zeichnerischem Wege mit Hilfe einer Sieblinie zu überprüfen.

Die Körnungskurve der Gesteinsmischung soll innerhalb der Sieblinienfläche der Abb. 405 liegen und innerhalb dieser Sieblinienfläche stetig verlaufen.

Der Bindemittelgehalt liegt zwischen 5 ··· 7,5 Gew.-%.

Zu beachten ist, daß Quarzsand und Brechsand ganz verschieden sich in Asphaltgrobbeton verhalten. Mit Quarzsand erhält man sofort eine hochdichte, kaum noch verdichtfähige Masse. Das ist anzustreben, weil sonst mit Wellenbildung des Belages zu rechnen ist. Es gelingt in diesem Falle, einen Asphaltgrobbeton mit sehr geringem Hohlraumgehalt herzustellen, der 5 ··· 6 Gew.-% Bitumen beansprucht, wenn man bei der Berechnung des Bitumenbedarfes von der Ausfüllung der Hohlräume ausgeht. Das Raumgewicht einer solchen Gesteinsmasse kann zu 2,3 ··· 2,5 angenommen werden. Eine satte Ausfüllung der Hohlräume tritt aber aus den schon mehrfach ausgeführten Gründen hier auch nicht ein.

Für Autobahnen geeignete Mischungen sind nach Dr. HERRMANN [*342*] und nach einer Bauweise in Kalifornien

Korngröße mm	Dr. HERRMANN	Gew.-% nach kalifornischer Mischung
Kalksteinfüller	10	10
Quarzsand 0,09 ··· 0,2	5	9 } Sand
„ 0,2 ··· 0,6	10	9 } Sand
„ 0,6 ··· 2	15	13 } Sand
Quarzkies 3 ··· 10	10	9 Feinsplitt (2/7 mm)
Splitt 10 ··· 15	25	17 Splitt (7/12 mm)
„ 15 ··· 20	25	18 „ ($^1/_2$ ··· $^3/_4$ Zoll)
		25 „ ($^3/_4$ ··· $1^1/_2$ Zoll)
Hohlräume eingerüttelt . . . . . %	12,9	10,7
Bitumenzusatz . . . . %	5,1	4
Druckfestigkeit bei 22,5° . . kg/cm²	58	60 10 cm Würfel
Abschleifverlust nach BÖHME m³/m²	0,18	0,37

Der Kornaufbau zeigt gute Übereinstimmung; der Anschliff eines solchen Asphaltgrobbetons nach Abb. 406 läßt den hohen Anteil an Splitt erkennen.

Bei Verwendung von Quarzsand erhält der Belag sofort eine große Dichte, da er unter dem Druck von 800 kg/cm² nur gering zertrümmert wird (Kornverfeinerung). Anders liegen die Verhältnisse bei der Verwendung von Brech-

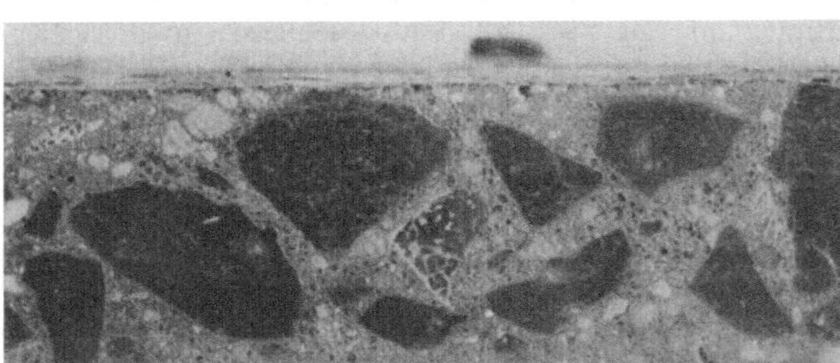

Abb. 406. Anschliff einer Asphaltgrobbetondecke

sand, der eine lockere, sperrige Lagerung beim Einrütteln behält und damit einen großen Hohlraum hat, der sich aber bei Verdichtung mit 800 kg/cm² durch die dabei eintretende Kornverfeinerung stark vermindert. Eine Berechnung der Bitumenmenge nach dem Hohlraumgehalt der eingerüttelten Masse würde einen viel zu großen Bindemittelanteil ergeben. Andererseits bleibt eine solche Mischung stark verdichtungsfähig, hat also anfangs großen Porengehalt und nur der Knetvorgang durch den Verkehr kann die innere Versteifung überwinden und die erwünschte hochdichte Lagerung erwirken. Zweckmäßig ist daher Quarzsand zu verwenden überall dort, wo nur leichter Gummiradverkehr ist, für gemischten und schweren Verkehr Brechsand zu wählen. Wegen des hohen Porengehaltes gleich nach dem Einbau soll ein solcher Asphaltgrobbeton im Sommer verlegt werden.

Der Vorteil bei der Verwendung gebrochenen Gesteins besteht in der Möglichkeit, leicht flüssige Bindemittel zu verwenden, die eine Verzahnung und Verzwickung des Gesteins beim Einbau unterstützen und das Mischen erleichtern. Durch die jetzt eingeführten mechanischen Prüfverfahren (s. S. 564) ist man in der Lage, in den Versuchsanstalten nachzuprüfen, wie sich Natur- und gebrochene Sande auf die Standfestigkeit der Masse auswirken.

Für einen Asphaltgrobbeton, dessen Sandanteil — Durchgang durch das 2 mm-Sieb — 40% und dessen grobe Körnung bis 18 mm 60% betragen hat, wurden Sandteile aus Brechsand und Grubensand zugesetzt, indem der Anteil des Brechsandes gesteigert und der des Grubensandes entsprechend verringert wurde.

An Prüfmustern, die in der Versuchsanstalt hergestellt worden sind und entsprechend verdichtet worden waren, haben die Raumgewichte durch Austausch von Grubensand durch Brechsand eine Zunahme von 4 ··· 6% gehabt und die Druckfestigkeit oder Stabilität je nach dem angewandten Prüfungsverfahren ist im Durchschnitt um 40% erhöht worden. Man wird diese Feststellung auf den Belag in der Straße nicht übertragen dürfen, weil die in der Versuchsanstalt bewirkte Verdichtung sich dort kaum oder erst nach längerer Zeit einstellen wird. Deshalb wird der Vorschlag, zur Hälfte Grubensand, zur Hälfte Brechsand zu nehmen, sich auf die Decke günstig auswirken und auch wirtschaftlich sein. Bei Decken, die mit dem Ziel zusammengesetzt werden, eine nachträgliche Verdichtung zu ermöglichen und deshalb mit gebrochenem Gestein aufgebaut werden, lassen sich durch Zusatz von Grubensand zum Brechsand Übergänge von der verdichtungsfähigen zur walzdichten Masse schaffen [*343*].

8.295.7 Binder

Das sind Asphalt- und Teerasphaltbinder, die nach TVbit 3/56 ein Gemisch aus Schotter und/oder Splitt, Natursand und/oder Brechsand und Straßenbaubitumen sind, dem Füller in geringen Mengen zugesetzt werden kann. Der Splittanteil des Gesteinsgemisches soll mindestens 65 Gew.-% betragen. Dieser Binder ist nicht hohlraumarm zusammengesetzt. Man bezeichnet ihn daher als offenen Binder im Gegensatz zu dem geschlossenen, der gelegentlich auch benutzt wird. Binder ist ein Bestandteil der bituminösen Decke.

Er wird in Dicken von 3 ··· 5 cm verlegt. Wenn der Binder eine Dicke von 5 cm überschreitet, muß er in 2 Schichten eingebaut werden. Aus Binder und Verschleißschicht ergeben sich Mindestdicken von 6 ··· 7 cm. Auf Straßen mit besonders schwerem Verkehr hat man in den Vereinigten Staaten aber die Schichten — Binder und Verschleißschicht — wesentlich verstärkt (vgl. Abb. 312, S. 363), so daß fast starre Decken entstanden sind.

Für den Binder werden weiche Bindemittel verwendet B 80 und B 200. In besonderen Fällen B 65 und B 300. Die für die Verschleißschicht benutzte Bitumensorte soll auch für den Binder genommen werden. Das Bindemittel des Teerasphaltbinders setzt sich zusammen aus:

70 ··· 85	Gew.-%	Straßenbaubitumen B 45 oder B 65
30 ··· 15	„	Straßenteer T 40/70 — T 140/240.

Über die Zusammensetzung des Mischgutes gibt TVbit 3/56 genaue Anweisung.

Wenn Teerbinder oder Asphaltteerbinder benutzt werden, besteht das Bindemittel aus Straßenteer T 140/240 und T 250/500 oder aus dem genormten Straßenteer BT 140/240 und BT 250/500 oder aus Straßenteer mit erhöhtem Bitumengehalt bis zu 40%.

8.295.8 Teerbeton

8.295.81 Begriffsbestimmung nach TV bit 4/58. Teerbeton (Heißeinbau) und Asphaltteerbeton (Heißeinbau) sind hohlraumarme bituminöse Deckschichten, die je nach Art und Zusammensetzung, besonders der feinkörnigen Gesteinsanteile (Brechsand oder Gemische aus Brechsand und Natursand), nach dem Einbau noch nicht dicht sind. Erst nach längerer Belastung durch den Verkehr erhalten sie ihre endgültige Dichte. In der Regel auf einem ein- oder mehrschichtigen Binder verlegt, bilden sie zusammen mit ihm die bituminöse Decke.

Dem Gesteinsgemisch wird Straßenteer oder Straßenteer mit Bitumenzusatz nach DIN 1995, Spezialteer entsprechender oder höherer Viskosität oder Straßenteer mit einem erhöhten Bitumengehalt (bis 40%) zugemischt. Die Bindemittel werden durch Erhitzen dünnflüssig gemacht. Je nach der Zusammensetzung des Gesteinsgemisches und der Art des Bindemittels werden unterschieden: Splittreicher Teerfeinbeton, Asphaltteerfeinbeton, Teergrobbeton, Asphaltteergrobbeton.

8.295.82 Das Gesteinsgemisch von Teerbeton ist nach bestimmten Sieblinienflächen aus abgestuften Körnungen zusammenzusetzen, die in den TVbit 4/58 festgelegt sind.

Splittreicher Teerfeinbeton und Asphaltteerfeinbeton müssen einen Körnungsbereich von 0/8 mm oder 0/12 mm besitzen und der Splittgehalt soll zwischen 40 und 60% liegen. Im einzelnen geben die TVbit 4/58 folgende Grenzwerte für die Kornzusammensetzung an:

Füller	0 ··· 0,09 mm	. . . .	6 ··· 12 Gew.-%
Sande	0,09 ··· 2 „	. . . .	34 ··· 48 „
Splitte	2 ··· 5 „	. . .	40 ··· 60 „
„	5 ··· 8 „	. . .	
„	8 ··· 12 „	. . .	

Beim Teergrobbeton beträgt der Anteil an Splitt 50 ··· 70% und der Körnungsbereich soll 0/18 oder 0/25 mm betragen. In den TVbit 4/58 sind folgende Grenzwerte für die Sieblinie angegeben:

Füller	0 ··· 0,09 mm	. . . .	5 ··· 10 Gew.-%
Sande	0,09 ··· 2 „	. . . .	25 ··· 40 „
Splitte	2 ··· 5 „	. . .	50 ··· 70 „
„	5 ··· 8 „	. . .	
„	8 ··· 12 „	. . .	
„	12 ··· 18 „	. . .	
„	18 ··· 25 „	. . .	

Im übrigen gilt für Teergrobbeton das bereits für Asphaltgrobbeton (S. 532) Gesagte.

Als Splitt kommt in Frage Hartgestein, harter Kalkstein, beständige Hochofenschlacke; als Sand Brechsand aus kernigem, gesundem, wetterbeständigem, nicht quellfähigem Gestein oder beständiger Hochofenschlacke. Wenn der durch Brechen oder Mahlen entstandene Sand nicht richtig abgestuft ist, muß durch Beimischen vom lehmfreien Grubensand ein geeigneter Kornaufbau erzielt werden. Das Verhältnis Brechsand : Grubensand sollte nicht kleiner als 50 : 50 sein.

Der Bindemittelgehalt richtet sich nach Art und Zusammensetzung des Gesteinsgemisches und ist nach TVbit 4/58 so zu bemessen, daß die durch Walze und Verkehr verdichtete Decke kein überschüssiges Bindemittel enthält. In der Regel sind folgende Bindemittelmengen vorzusehen:

Für splittreichen Teerfeinbeton
und Asphaltteerfeinbeton . . . 6,0 ··· 7,5 Gew.-%,
für Teergrobbeton
und Asphaltteergrobbeton . . . 5,0 ··· 7,0 Gew.-%.

Die Bindemittelberechnung für Teerbeton geht üblicherweise von dem Hohlraumgehalt der Masse im mit 800 kg/cm² gepreßten Zustand aus. Bei einem Bindemittelgehalt, der zwischen den angegebenen Grenzwerten liegt, ist er so bemessen, daß die unter dem Verkehr dicht komprimierte Decke noch geringe Hohlräume hat (1 ··· 2 Raum-%). Gewöhnlich werden etwa 5,5 ··· 6,5 Gew.-% Straßenteer oder Bitumenteer benötigt. Schon Abweichungen von 0,5 Gew.-% von der optimalen Bindemittelmenge nach oben und nach unten kann zu Fehlschlägen führen, denn wenn nicht genügend Porenraum in der Masse ist, in die der Teer bei Erwärmung eintreten kann, bildet sich ein hydromechanischer Spannungszustand, die Decke wird weich, fängt an zu schwitzen und neigt zu Wellenbildung.

8.295.83 Bindemittel. Folgende Straßenteersorten oder Bindemittelsorten sollen für den Teerbeton verwendet werden:

Teerbetonart	in der Regel	in besonderen Fällen
Splittreicher Teerfeinbeton sowie für Teergrobbeton . . .	T 250/500	T 140/240
Splittreicher Asphaltteerfeinbeton sowie Asphaltteergrobbeton . .	Straßenteer mit BT 250/500	Straßenteer mit BT 140/240
Teerbinder	T 250/500	T 140/240

Die *Deckendicke* darf bei splittreichem Teerfeinbeton und Asphaltteerfeinbeton 2,0 cm, bei Teergrobbeton und Asphaltteergrobbeton 3,5 cm nicht überschreiten. Im übrigen wird auf die Anweisung in TVbit 4/58, 40.232 hingewiesen.

Nach dem Einwalzen hat der Teerbeton meist noch erheblichen Porenraum, der erst unter dem Verkehr zurückgeht, etwa 12 ··· 18, im Mittel 14 ··· 15%. Bei richtig zusammengesetzten Massen ist das unbedenklich, ganz gleich, ob es sich um Kalt-, Warm- oder Heißeinbau handelt. Der Porenraum kann sich in einem Jahr erfahrungsgemäß auf 3 ··· 5% verringern.

Eine auf Kompression zusammengesetzte Decke ist auch der DAMMANN-Asphalt, auch Essener Asphalt genannt — EsAs —, der auch gestampft werden konnte, für den auch ein sehr leichtflüssiges Bindemittel verwendet wurde, so daß mit einer Kohäsion nicht zu rechnen war. Die erforderliche Scherfestigkeit wurde nur durch die langsame Verdichtung bewirkt, zumal nur gebrochenes Gestein, vor allem Hochofenschlacke, gelegentlich auch gebrochener Kalkstein, verwendet wurde. Damit das leichtflüssige Bindemittel — Teer oder Bitumen — nicht durch Ausfüllung aller vorhandenen Hohlräume die Masse unter hydromechanischem Spannungszustand setzte, mußte der Bindemittelgehalt auf höchstens 5 Gew.-% begrenzt werden. Der Essener Asphalt wurde kalt eingebaut, nachdem er in ortsfesten Anlagen aufbereitet war. Damit er nicht durch Abgabe leichter Öle und im Bahnversand zusammenbackte, mußte er einen bestimmten Weichheitszustand haben, der am besten damit gekennzeichnet war, daß er zu rieseln begann, wenn man in einen Haufen einen Stock hineinsteckte.

Gebrauchswert. Teerbeton (heiß und kalt verlegt) ist auf Landstraßen und Autobahnen angewendet worden, ihm wird besondere Griffigkeit zugemessen, die aber versuchstechnisch noch nicht festgestellt werden konnte. Er kann in Steigungen bis zu 5% verlegt werden.

8.295.84 Tragschicht. Jeder tragfeste Unterbau ist geeignet, z. B. Steinschlagdecke, Steinpflaster, Beton. Notwendig ist ein Binder von 3···4 cm Dicke, der aus kalt oder heiß eingebautem Teermischmakadam besteht (Abb. 407). Bei Tragschichten aus Zementbeton ist auf die Überbrückung der Preßfugen zu achten (s. S. 434).

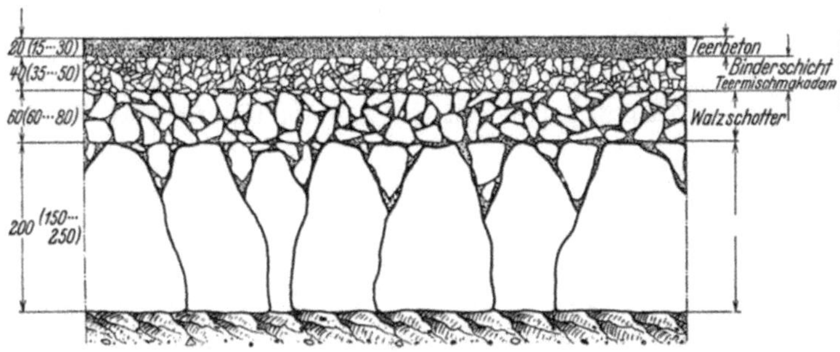

Abb. 407. Aufbau einer Teerbetondecke auf Packlage und Schotter

8.295.9 Ausführung der hohlraumarmen Decken

8.295.91 Trocken- und Mischanlagen. Diese hohlraumarmen Massen werden in Maschinen gemischt im folgenden Arbeitsgang: Die Gesteinskörnungen, deren Anteile nach Gewicht bezeichnet sind, werden aus Silos einem Becherwerk zugeführt, das sie in eine Trommel zum Trocknen befördert. Dort werden die Gesteinsmassen entstaubt, bis 200° erwärmt, aufgespeichert, unter Umständen nach verschiedenen Korngrößen noch einmal ausgesondert, abgewogen und nach Zuführen des Füllers, der kalt oder angewärmt ist, mit dem Bindemittel gemischt, das in Kochern aufgeheizt ist und übergepumpt wird. Folgende Wärmegrade müssen eingehalten werden [*345*].

Bindemittel	Bitumen	Teerbitumen	Teer
Im Schmelzkessel	170 ··· 190°	150 ··· 170°	130 ··· 150°
Bitumen	300 ··· 220°		
Im Mischtrog	140 ··· 190°		90 ··· 140°
Erwärmung der Zuschlagstoffe für:	Asphaltbeton 200°	Teerasphaltbeton 160°	Teerbeton 150°
Mindesttemperatur beim Einbau	140 ··· 180°	120 ··· 160°	90 ··· 130°

Auf der rechten Seite der Abb. 408 ist die Speicherung des Sandes und des Splittes nach Korngrößen und die Beförderung zum Trockner dargestellt. Bisweilen ist noch ein Vormischer eingeschaltet.

Damit die Masse sich nicht entmischen kann und gleichmäßig aufgegeben wird, sind vor dem Mischer Schüttelsiebe vorgeschaltet. Die richtige Aufbereitung erkennt man daran, daß die mit der richtigen Temperatur aus dem Mischer kommende Masse kriecht. Sie darf nicht bröckeln, auch nicht laufen. Im ersten Falle besteht Mangel an Bitumen, im anderen Falle Überschuß.

Die Trockentrommeln werden jetzt mit Öl beheizt, die Gesteinsmasse im Gegenstrom durch die Trommel bewegt. Ein Gebläse saugt die Gase und den Staub ab, wie aus der Abb. 409, Ausführung der Maschinenfabrik Huther & Co, Bechtheim b. Worms, zu entnehmen ist. In der Trommel sind Bleche, über die das Gut durch die Trommel befördert wird und dabei im freien Fall dem Heißstrom ausgesetzt ist.

Um die vorgeschriebenen Mischungsverhältnisse genau einhalten zu können und Handarbeit auszuschalten, sind die Mischmaschinen mit allem Zubehör immer mehr verbessert worden. In der kombinierten Mischanlage Type 400, Abb. 410 fällt das in der Trockentrommel nach Abb. 409 auf 200° erhitzte Gestein in das Heißbecherwerk und wird zu der hydraulisch gesteuerten Gesteinswaage gebracht. Wenn ein bestimmtes Gewicht (60, 80, 100 kg) erreicht ist, wird die Preßluft abgeblasen, so daß die abgezogene Steinmenge in den Mischtrog fällt. Ein Zählwerk mißt die einzelnen Versiebungen. Das Bindemittel wird dauernd im Kreislauf umgepumpt.

An diesem Kreislauf ist ein Meßgefäß angeschlossen, das einen beweglichen Kolben und eine Einstellskala hat, an der die richtige Bindemittelmenge eingestellt wird. Das Meßgefäß löst ein Schaltgetriebe aus und das Bindemittel

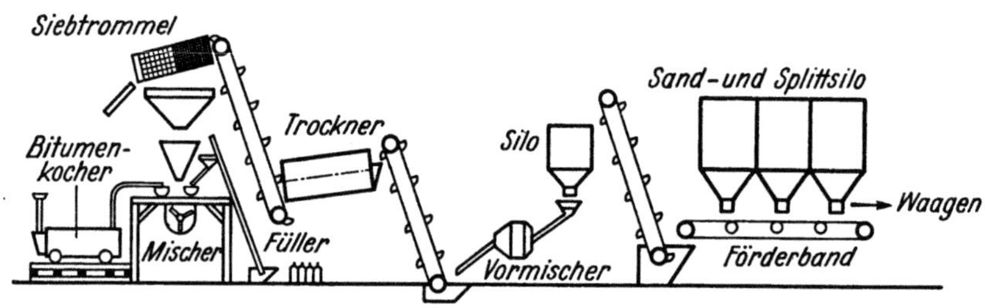

Abb. 408. Aufbau einer Anlage zum Trocknen und Mischen bituminöser Decken. Von rechts nach links: Gesteinlager, Vormischer, Kaltaufzug, Trockentrommel, Heißaufzug, Mischer, Bitumenkocher

wird in die Steinmasse eingespritzt. Der Füller wird im Takt mit den Verwiegungen in so kleinen Mengen beigegeben, daß er sofort beim Mischen verarbeitet wird und keine Klumpen bildet.

Durch das ununterbrochene Zubringen des Steinmaterials mit Bindemittel füllt sich der Mischtrog bis zur Höhe der Mischwellen und entleert sich ständig durch die Ausfallöffnung. Diese kann durch einen Schieber beliebig geöffnet werden, so daß das Mischgut in dem Trog stets auf einer gleichbleibenden Menge gehalten wird. Also ein ununterbrochener Mischvorgang ohne jede Bedienung! Ein weiterer Vorteil besteht darin, daß der Mischvorgang nicht von der ungleichen Beschickung des Kaltbecherwerkes abhängig ist. Selbst bei Überlastung wird auch das stärker zulaufende Steinmaterial durch diese Einrichtung verarbeitet. Der Mischer faßt 400 ··· 800 kg. Die Mischflügel können so eingestellt werden, daß Schotter bis zu 60 mm Größe sich mischen läßt.

Außerdem ist die zu dieser Maschine gehörende Trockentrommel noch mit einer Rückkühlungseinrichtung versehen. Steinmaterial mit hohem Feuchtigkeitsgehalt muß auf eine sehr hohe Temperatur erhitzt werden, um die Trocknung zu beschleunigen. Damit nimmt aber auch das Gestein eine Temperatur an, die über der des Bindemittels liegt. Um zu verhindern, daß dieses nicht beim Mischen an der Gesteinsmasse abläuft oder verbrennt, muß die Temperatur des Gesteins einige Grade unter die des Bindemittels abgekühlt werden. Die Rückkühlungseinrichtung arbeitet so, daß das Steinmaterial aus der Trockentrommel auf zwei schräg gelagerte Schüttelrutschen fällt, die es auseinanderziehen und in Bewegung halten. Auf diesem 6 ··· 9 m langen Weg entdunstet das Gestein und kühlt sich um 40% ab. Dadurch ist es möglich, zusammen mit der Regelung des Durchsatzes in der Trommel die gewünschte Mischtemperatur einzuhalten.

Durch das Förderband gelangt die Masse in das Heißbecherwerk. Der schon beschriebene Arbeitsgang des Mischens schließt sich an. Die Maschine leistet 10 ··· 40 t/h.

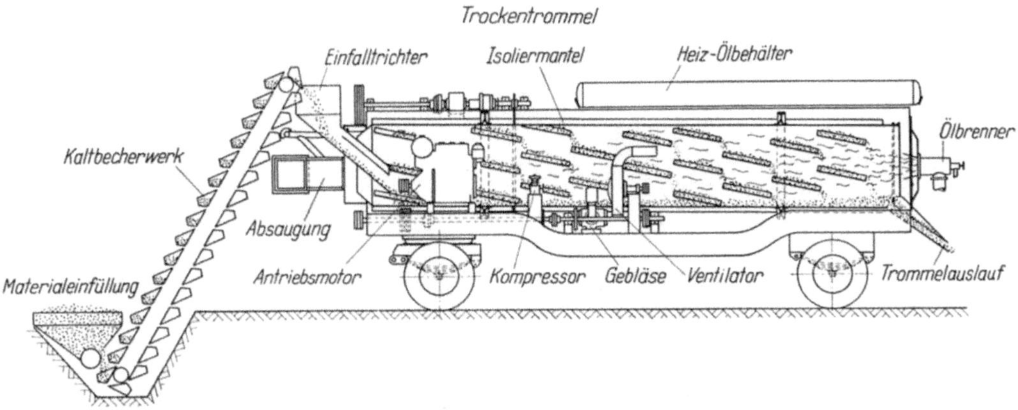

Abb. 409. Trockentrommel der Maschinenfabrik Huther & Co., Bechtheim bei Worms

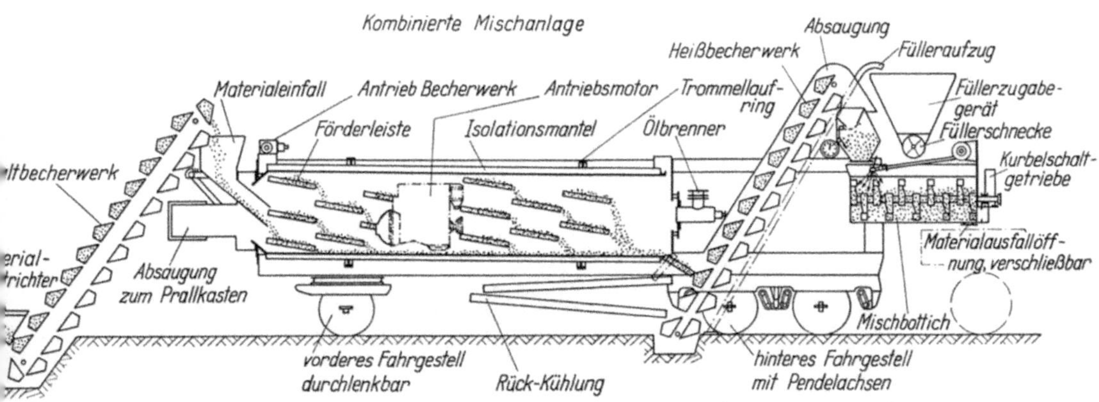

Abb. 410. Trocken- und Mischanlage Type 400 der Maschinenfabrik Huther & Co., Bechtheim bei Worms

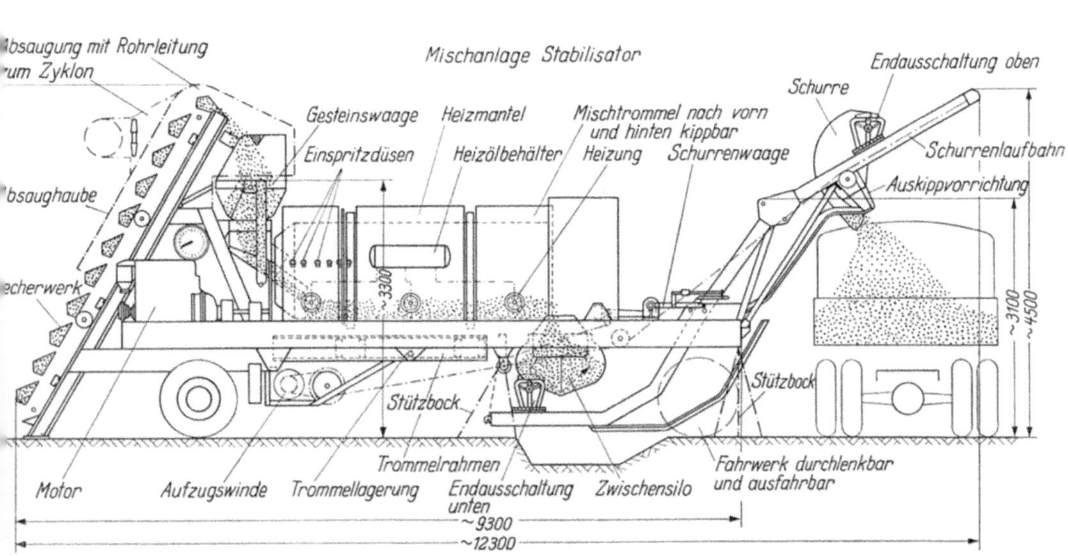

Abb. 411. Trocken- und Mischanlage „Stabilisator" der Maschinenfabrik Huther & Co., die Korngrößen bis 100 mm verarbeiten kann

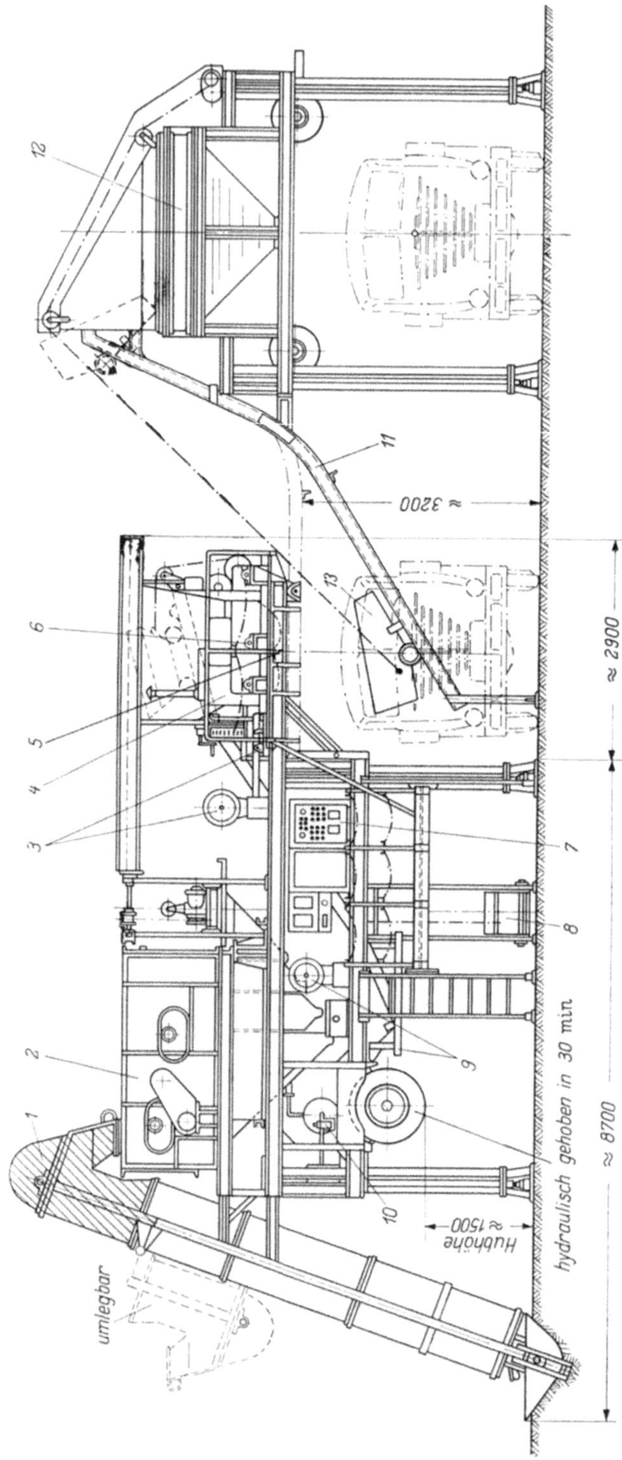

Abb. 412. Mischanlage der Maschinenfabrik Eduard Linnhoff

Die Mischanlage „Stabilisator“ der Maschinenfabrik Huther & Co (Abb. 411) kann Mischgut mit gröberem Korn bis zu 100 mm verarbeiten.

Die Mehrzahl der anderen Schwarzdecken-Mischanlagen sind Chargenmischer. Die Anlage der Maschinenfabrik Eduard Linnhoff, Berlin-Tempelhof und Nordrhein/Hann. hat ein Dosiergerät für 3 gröbere Gesteinskörnungen, das durch Selbstauflader oder Becherwerk beschickt wird. Die Trockentrommel mit Zubehör schließt sich an. In ihr wird durch eine Förderschnecke das Gestein im Gegenstromverfahren langsam durch die Trommel zum Auslauf befördert. Sie ist 7 m lang, hat einen Durchmesser von 1,35 m und wird durch einen Ölbrenner beheizt, der je nach Witterungsverhältnissen und Feuchtigkeitsgehalt des Gesteins so eingestellt werden kann, daß das Gestein richtig getrocknet, aber nicht überhitzt wird. Die Trockentrommel, die auf 4 Laufrollen liegt, dreht sich mit einer Geschwindigkeit in 3 Stufen, so daß die Durchsatzleistung in weiten Grenzen je nach den äußeren Bedingungen geregelt werden kann. Die Maschine leistet bei Herstellung von Gußasphalt, Walzasphalt oder Teerfeinbeton 10···20 t/h und 25···35 t/h bei Herstellung von Teermakadam und Teerschotter. Hierbei ist eine normale Ausgangsfeuchtigkeit des Gesteins zu 5% zugrunde gelegt. Die anschließende Mischanlage (Abb. 412) ist sehr klar durchgebildet.

Die Dauer der einzelnen Mischerspiele wird an einer elektrischen Mischzeituhr geregelt, weil sie je nach dem herzustellenden Mischgut verschieden ist. Auch die Dauer der Einspritzzeit des Bindemittels, d. h. seine Dosierung, läßt sich durch eine elektrische Uhr je nach der gewünschten Versprühung regulieren. Die Mengenzuteilung des Bindemittels wird hierzu einmal abgewogen. Die elektromotorische Gesamtleistung beträgt 60 und mit Schwingsieb 63 PS. Der Mischer läuft dann als kontinuierlich arbeitender Chargenmischer.

Bei dieser Mischanlage werden die Arbeitsgänge verkürzt und ihre Intervalle so gleichmäßig gestaltet, daß sowohl eine bessere als auch gleichmäßige Beschaffenheit des mit ihr hergestellten Mischguts erreicht wird. Die Automation dient in erster Linie der Einsparung von Arbeitskräften.

Während bei den beschriebenen Maschinen und Zwangsmischern die gegenseitige Durchdringung der Bestandteile in der Weise herbeigeführt wird, daß sie geknetet und zerquetscht wird, wobei flüssiges Bitumen meist durch sich drehende Schaufeln zerrissen und zwischen die Gesteinsteilchen hineingepreßt wird, verfolgt das schon beschriebene *Impact*verfahren einen anderen Weg, um eine gleichmäßige Verteilung des Bindemittels sowohl auf dem Gestein wie auch bei dem Füller herbeizuführen. Da aber gerade beim Füller dies mit Schwierigkeiten verbunden ist, wird anstelle des Knetens das Gestein, sei es fein oder grob, in einem Mischer mit 2 Wellen, die mit Armen besetzt sind, aufgewirbelt. Während es sich in dem geschlossenen Trog im Schwebezustand befindet, wird aus Düsen Bitumen, das unter hohem Druck steht, ausgesprüht. Die Düsen (12) stehen über dem Mischer (Abb. 413). Das Bindemittel wird volumetrisch zugeteilt. Alle Vorgänge sind synchron, elektrisch gelenkt und alle Apparateteile werden auf konstanter Temperatur gehalten. Diese zweite Besonderheit dieser Anlage besteht darin, daß über eine ölbeheizte Zirkulationspumpe (6) alle Maschinenteile, die vom Bindemittel durchströmt werden, mit dem Bindemittelvorwärmer im Umlauf stehen. Die Bindemittelpumpe füllt den Innenraum des Impactor-Gehäuses bis auf einen bestimmten Füllstand. Ist dieser erreicht, so fließt das Bindemittel über ein Überlaufrohr in den Vorwärmtank zurück. Aus den Erläuterungen für die Abb. 413 können die Besonderheiten der Impactmischmaschine entnommen werden. Asphaltbetonmischungen, die im Zwangsmischer und nach dem Impactverfahren gemischt worden sind, wurden in der Versuchsanstalt nach dem Triaxialtest geprüft mit dem Ergebnis, daß bei sonst gleichen Verhältnissen des Gesteinsaufbaues und Bindemittelgehalts die Impactmischung eine höhere Kohäsion und einen höheren Winkel der inneren Reibung hatte. Ganz auffällig war, daß das Raumgewicht bei den Mischungen nach dem Impactverfahren mit der Steigerung des Bindemittels in seinem Prozentgehalt zunahm, während die Mischung aus dem Zwangsmischer abnahm. Das kann nur so erklärt werden, daß in diesem Falle das Bindemittel so gut in der Masse verteilt war, daß es zu einer Verdichtung auch mit Zunahme seines Anteiles beitrug, während im andern Falle über einem optimalen Bindemittelgehalt eine Auflockerung der Masse eingetreten und damit eine Abnahme des Raumgewichtes verbunden war.

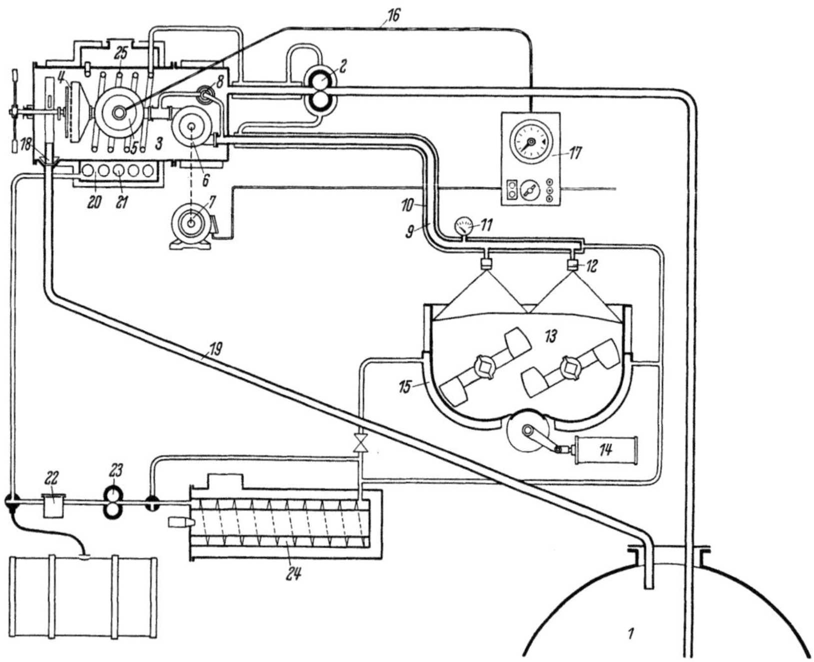

Abb. 413. Mischanlage nach dem Impactverfahren der WIBAU (schematisch).
1 Bindemittel-Vorwärmer, *2* ölbeheizte Bindemittel-Zirkulationspumpe, *3* IMPACTOR-Gehäuse, *4* Plattenfilter mit im Betrieb zu betätigender Abstreifbürste, *5* Bindemittel-Durchflußmesser, *6* Bindemittel-Hochdruckpumpe, *7* Antriebsmotor zur Hochdruckpumpe, *8* Druckregelventil für Bindemittel, *9* Druckleitung zum WIMPELLER, *10* Thermalöl-Heizmantel, *11* Manometer für Bindemitteldruck, *12* IMPACT-Düsen, *13* WIMPELLER, *14* Pneumatik zur Rundschieberbetätigung, *15* Heizmantel zum WIMPELLER, *16* flexible Welle, *17* Mengenvoreinstellung mit Kontrollinstrument und Steuerung, *18* Bodenentleerungsventil mit Bindemittelüberlauf, *19* Rücklaufleitung der Bindemittelzirkulation, *20* Thermalölbehälter, zugleich Heizmantel und Ausdehnungsgefäß, *21* Heizelemente, *22* Thermalölfilter, *23* Thermalöl-Zirkulationspumpe, *24* Thermalöl-Erhitzer, *25* Ölheizschlange

Wie schon erwähnt, wird bei dieser Art der Aufbereitung eine beachtliche Genauigkeit beim Verteilen des Bindemittels über alle Korngrößen, vor allem beim Füller, und damit die volle Klebkraft des Bindemittels erreicht. Alle Mischvorgänge können genau überwacht werden. Die Mischmaschine mit allem Zubehör besteht aus zwei Teilen für den Transport, die an der Baustelle zusammengesetzt werden. Die kleinere Mischmaschine leistet 30 ··· 40 t/h, die große 50 ··· 60 t/h.

Die fahrbare Anlage der Maschinenfabrik W. u. I. Scheid für eine Leistung von 40 t/h Walzasphalt und 50 t/h Teermakadam setzt sich aus 5 Einzelaggregaten, dem 5teiligen Zuteilapparat, der Trockenanlage, dem Staubabscheider, dem Heißbecherwerk und der Mischanlage zusammen. Der fünfteilige Zuteilapparat besteht aus Einzelsilos, die je 2 cbm fassen können, deren Inhalt aber durch einen Aufsatz auf 4,5 cbm vergrößert werden kann. Über drehbewegliche Schurren, deren Hub sich verändern läßt, wird das Gestein auf ein darunter liegendes Förderband ausgetragen, das das Gut zum Kaltbecherwerk fördert. Die Gesteinszuteilung kann genau geregelt werden. Drehbewegte Stäbe in den Sandsilos verhindern eine Brückenbildung. Der Antrieb des Förderbandes und der Schurren erfolgt durch je einen Elektromotor.

Das Gestein wird auf eine elektrisch angetriebene Rüttelrinne abgeworfen, auf der es in die Trockentrommel gelangt. In ihr nimmt ein eingebautes Rieselgerät das Gestein fast bis zum Scheitelpunkt hoch, von dem es unmittelbar durch die Flammen fällt. Gleichzeitig wird es zum Trommelauslauf hin bewegt. Beheizt wird die mit Glaswolle gegen Wärmeausstrahlung isolierte Trockentrommel durch zwei Hoch-Niederdruck-Ölbrenner, deren Ölverbrauch je 150 kg/h beträgt. Ein elektrisch angetriebenes Hochdruckgebläse und ein Ventilator liefern die zur Verbrennung nötige Primär- und Sekundärluft. Oberhalb der Trockentrommel ist die Tankanlage eingebaut, so daß das Brennöl vorgewärmt werden kann.

Das erhitzte Gestein gelangt aus dem Trommelauslauf in das Heißbecherwerk, das eine staubdichte Verkleidung hat. Von diesem wird es hoch befördert und über ein Verbindungsstück auf ein gleichfalls staubdicht gekapseltes SCHENCK-Zweideckersieb aufgegeben und nach drei Korngrößen ausgesiebt. Aus den darunter liegenden Vorratssilos kann es also abgewogen in das Wiegesilo und anschließend in den darunter sich befindenden Kübel abgezogen werden, der es zum Doppelwellenzwangsmischer befördert. Zur Verwiegung des Gesteins dient eine Zeigerwaage.

Der Doppelwellenzwangsmischer wird über ein Ölbadgetriebe lediglich unter Zwischenschaltung von Gelenkkuppelungen angetrieben. Bei der Herstellung von Walzasphalt wird der Füller, der in einem am Maschinengerüst befestigten ausschwenkbaren Wiegebehälter verwogen und über Förderschnecken zum Mischbehälter transportiert wird, während des Mischens durch eine Schnecke über die gesamte Mischerbreite gleichmäßig zugeteilt. Die Bitumen- oder Teermenge wird in einem besonderen Behälter abgewogen, der durch eine beheizte Pumpe gefüllt wird, und durch Druckluft in das Mischgut eingespritzt. Der Mischer kann unmittelbar in Transportwagen entleeren oder mit einem Kübel und Kübelaufzug in ein Vorratssilo entladen werden.

Aufbereitungsanlagen für bituminöse Straßendecken liefert die Maschinenfabrik Theodor Ohl, Limburg, mit Leistungen von 15 ··· 20 t/h. Die Trockentrommel wird auch mit Öl beheizt, sie gestattet eine Regelung 1 : 4, der 350 kg fassende Zwangsmischer ist mit zwei Geschwindigkeiten ausgestattet. Ferner werden mehrere Mischanlagen-Typen von der Firma Alfelder Eisenwerke, Alfeld/Leine, hergestellt.

8.295.92 Beförderung des Mischgutes zur Baustelle. Das Mischgut muß auf der Fahrt zur Baustelle gegen Abkühlung geschützt werden, damit die Temperaturen eingehalten werden, die für die verschiedenen bituminösen Mischungen vorgeschrieben sind. Da die Masse nur an den Randschichten des Wagens abkühlt, die Mitte aber ihre Wärme behält, sollen die Wagen so gebaut sein, daß diese Abkühlung möglichst gering bleibt und beim Ausleeren Randschichten und Kern gut durchmischt werden. Die Wagenkasten sollen deshalb möglichst kubische Form haben und auf jeden Fall abgedeckt werden. Beim Auskippen durch Hinterkipper wird gut durchmischt, wenn die Abschlußklappe in drei Klappen unterteilt ist, von denen zuerst die beiden äußeren und dann die in der Mitte geöffnet werden. Dabei werden dann im Schüttkegel die kühleren Randschichten mit dem heißen Kern gut durchmischt und die Temperaturen ausgeglichen [*346*].

Das genügt bei Fahrten bis zu 1 Stunde. Je nach der Fahrgeschwindigkeit richtet sich dann die Transportweite, die bisher bis auf 40 km zugelassen war. Vorrichtungen für den Wärmeschutz haben dann besondere Bedeutung, wenn die Mischanlagen ortsfest sind, von denen aus in einem größeren Bereich einer Stadt Bau und Unterhaltung der Straßen besorgt wird, die weitgehend mechanisiert werden können, z. B. in der Zumessung der Zuschläge und Bindemittel, und in denen durch Pyrometer die Temperatur in den Trocknern geregelt wird. Anlagen dieser Art in Verbindung mit Fertigbetonfabriken gibt es in den VStA. Allerdings wird hier der Kalteinbau bevorzugt.

8.295.93 Einbau. *Mit Hand.* An der Bauspitze wird die Masse auf Bleche ausgekippt und mit Karren zur Einbaustelle gefahren oder gleich vor der Schüttung ausgebreitet, mit Harken verteilt und mit Profillehren auf die vorgeschriebene Stärke abgezogen. Die Arbeit muß sehr sorgfältig vorgenommen werden, weil davon die Gleichmäßigkeit der Mischung, die Höhe der Schicht, Dichtigkeitsgrad und Ebenflächigkeit abhängen. Sofort schließt sich das Walzen mit einer etwa 10···15 t schweren Walze an, leichte Tandemwalzen, die auch diagonal und senkrecht zur Straßenachse fahren können, bügeln dann nach.

Abb. 414. Fertiger für bituminöse Decken auf Raupen von Vögele, Super 100.
a Aufnahmebehälter für die bituminöse Masse. *b* Druckrollen, an die sich die Hinterräder des Lastwagens anlegen, während des Beschickungsvorganges und die ihn vor sich herschieben. *c* Elektrisch geheizte Abstreifbohle, die eine verdichtende, knetende und glättende Bewegung ausführt. *d* Fertig verlegte Decke

Wenn beim Heißeinbau vereinzelt kleine Bitumenaugen an der Oberfläche erscheinen, ist das eine Gewähr dafür, daß die Decke dicht verlegt ist, bei der die Bitumenzugabe im Einklang mit den Hohlräumen der Gesteinsmasse steht.

Mit Fertigern. Je größer die Flächen sind, die auf den Straßen verlegt werden müssen, um so mehr ist es wirtschaftlich, die Bitumen- oder Teerdecken mit Maschinen einzubauen, eine Arbeit, mit der Leistungssteigerung und Gewähr für die Güte der Ausführung verbunden ist. Denn die Decken werden gleichmäßig verdichtet und erhalten eine mehr ebene Fahrfläche, worauf ganz besonderer Wert zu legen ist.

Diese als Fertiger bezeichneten Geräte haben eigenen Antrieb und verteilen die ihnen mit Lastkraftwagen zugeführte heiße oder kalte bituminöse Masse, ebnen sie ein und dichten sie vor. Solche Fertiger laufen auf Rädern oder Raupen. Allen für diesen Zweck geschaffenen Einrichtungen ist ein Einfüllbehälter gemeinsam, in den der Lastkraftwagen die für das Straßenbett bestimmte Mischung ohne Arbeitsunterbrechung einschüttet.

Solche Maschinen, wie z. B. der Fertiger der Maschinenfabrik Joseph Vögele AG, Mannheim, haben ein ausreichendes Gewicht, um auch bei sperrigem Material die vorgeschriebene Schichtdicke genau einzuhalten (Abb. 414). Der

Behälter zur Aufnahme der Masse (a) wird unmittelbar aus dem Lastkraftwagen beschickt, den der Fertiger an Druckrollen (b) bis zur vollständigen Entleerung vor sich herschiebt. Eine Misch- und Verteilungsschnecke arbeitet das ihr zufließende Mischgut erneut durch und bringt es für die eingestellte Arbeitsbreite auf den Tragkörper.

Eine Bohle streicht das von der Maschine ausgelegte Mischgut in einer hin- und hergehenden Bewegung ab, die eine glättende, knetende und verdichtende Wirkung ausübt. Diese Bohle wird elektrisch beheizt und kann sowohl gerade als auch gewölbte Straßenprofile herrichten. Sie kann in ihrem Anstellwinkel verändert werden und ist mit einer Rütteleinrichtung versehen, die mit etwa 1000 Schlägen/min arbeitet und beste Verdichtung leistet. Zur Anpassung an jede Art von Deckenmasse kann auf unterschiedliche Weise eingebaut werden: Z. B. mit stillstehender Abstreifbohle, mit hin- und hergehender Abstreifbohle,

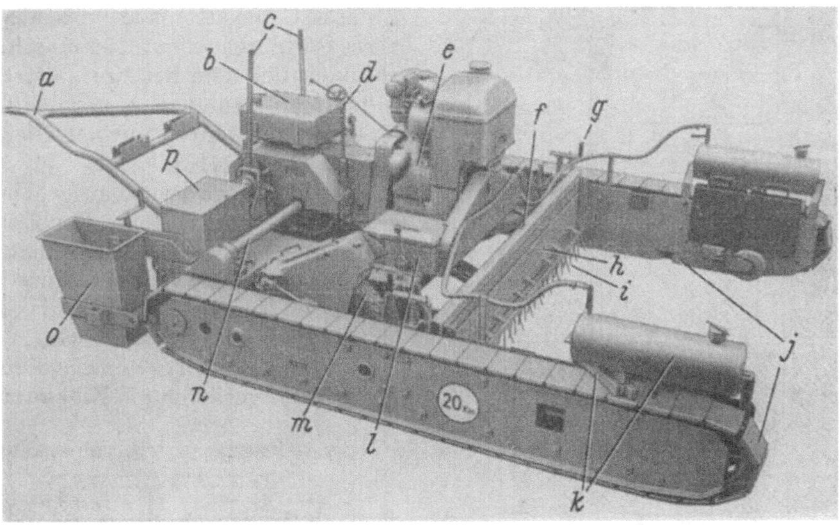

Abb. 415. Fertiger der Maschinenfabrik Ed. Linnhoff, Berlin
a Zugdeichsel, *b* Heizölbehälter, *c* Lenkkupplungshebel, *d* Schalthebel, *e* luftgekühlter Deutz-Dieselmotor, *f* mittlere Profileinstellung, *g* seitliche Profilhöheneinstellung, *h* Stampfbalken, *i* Auflockerungsrechen, *j* Raupenfahrwerk, *k* Raupenbefeuchtungs- u. Reinigungseinrichtung, *l* Hydraulikaggregat, *m* Transporträder (angehoben), *n* Raupenantrieb, *o* Randstreifenverteiler, *p* Werkzeugkasten

mit vibrierender Bohle und schließlich mit bewegter und vibrierender Abstreifbohle (Abb. 414).

Um einen dichten Anschluß zu erhalten, bügelt eine besondere Einrichtung die Naht an die bereits verlegte Nachbarbahn an. Die Fertiger besitzen eine automatisch arbeitende Nivelliereinrichtung, die zum Ausgleich der Unebenheiten dient. Die beschriebenen Schwarzdeckenfertiger Kl 50 und Super 100 (Abb. 414) haben eine Grundbreite von 2,75 und 3 m und sind für Arbeitsbreiten bis zu 3,75 m durch Anbauteile in wenigen Minuten zu verbreitern. Auch die Anbaustücke sind elektrisch beheizt.

Der Fertiger bewegt sich auf Raupen, in deren Mitte die Nivellier- und Verdichtungs-Einrichtung drehbar eingehängt ist, so daß Unebenheiten automatisch ausgeglichen werden. Die Nivelliereinrichtung wird von einem Glätter geführt, der auf der bereits verlegten Decke gleitet, er wird elektrisch beheizt.

Glätter und Verdichter können in ihrer Neigung verstellt, die Deckendicke dadurch zwischen 1 und 20 cm verändert werden.

Vorgeschrieben ist, daß die größte Unebenheit bei der fertig gewalzten Decke auf einer Länge von 4 m höchstens 4 mm betragen darf.

Der Fertiger der Maschinenfabrik Linnhoff, Berlin, läuft auf einer langen Gleiskette, die durch ihre Kufennivellierung Vertiefungen im Tragkörper überbrückt und Erhöhungen verzieht, so daß eine ebene Fläche entsteht. Die durch Propangas beheizte Stampfbohle liegt in der Mitte der Gleiskette, die bei einer Einbaubewegung nach hinten, zur Seite und nach unten die Masse abgleicht und so vorverdichtet, daß leichtere Belastungen bis etwa 0,3 kg/cm² aufgenommen werden können. Die Arbeitsbreite beträgt 2,04 m (Abb. 415), die durch zwei Randstreifenverteiler auf 2,54 m erweitert werden kann.

Der Linnhoff-Großfertiger unterscheidet sich von dem normalen Straßenfertiger nicht nur dadurch, daß seine Einbaubreite 4,5 m beträgt, sondern auch darin, daß die lange Gleiskette in 2 Antriebsorgane aufgeteilt ist. Der bisherige Normalfertiger dient hier als Sattelschlepper, der einen 1 m breiten Deckenstreifen verlegt, der als Leitprofil bezeichnet wird. Auf ihm läuft dann ein zweites Gleiskettenpaar, das als hinteres Stützorgan dient. Der Maschinenrahmen, der dem des Normalfertigers entspricht, stützt sich vorn auf den Traktor und hinten auf das Gleiskettenpaar (Abb. 416).

Die Masse wird vorn aufgegeben — etwa 3 t — und verteilt. Der Fertiger arbeitet sich durch das Einbaumaterial, in dem erst das schon erwähnte Leitprofil von 1 m Breite durch das Leitprofilwerkzeug hergestellt wird.

Zwei an beiden Seiten angeordnete Schnecken verteilen die Einbaumasse,

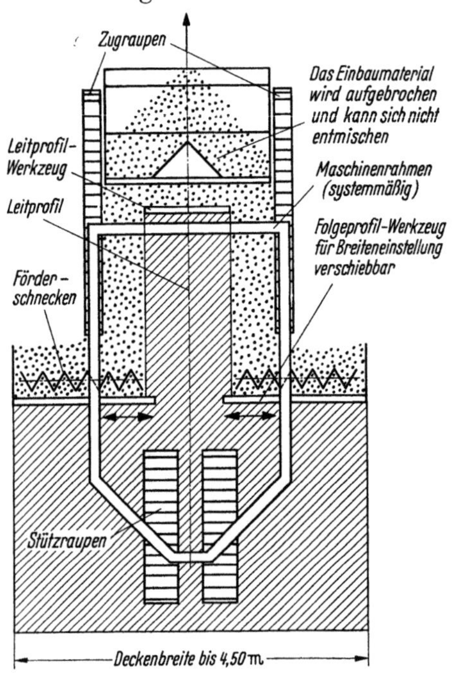

Abb. 416. Großfertiger der Maschinenfabrik Ed. Linnhoff, Berlin [Str. und Autobahn 10 (1959) *S. 131*]

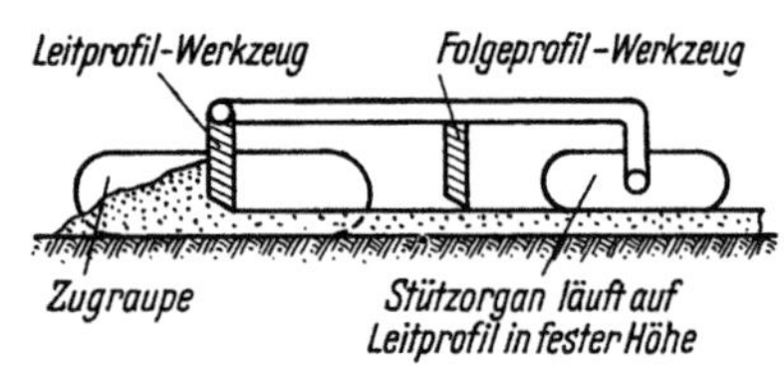

Abb. 417. Langgestreckte Nivelliereinrichtung

die dann durch ein zweites Profilwerkzeug abgeglichen und verdichtet wird. Diese Profilwerkzeuge arbeiten genauso wie die schon erwähnten Balken mit dreidimensionaler Bewegung. Die Arbeitsweise ist durch die Abb. 417 schematisch erläutert. Baulänge des Gerätes ist 6,5 m.

Daß mit dieser gelenkartigen Anordnung eine sehr ebene Decke hergestellt werden kann, hat das Institut für Baumaschinen und Baubetrieb der Technischen Hochschule zu Aachen nachgewiesen. Beim Messen mit der 4 m langen Latte hat die Abweichung nur 1 mm betragen.

Bei der Aufteilung in das nur 1 m breite Leitprofil mit den anschließenden beiderseitigen Verbreiterungen auf 4,5 m entstehen keine Längsnähte. Die eingebaute Masse zeigt innerhalb des Querprofiles keine Entmischung. Das Gerät kann jeden Straßenbaustoff, wie Sand, Kies, Schotter, Splitt und bituminöse Massen von 10 ··· 100 mm Dicke bei Einbaumassen von 90 ··· 100 t/h verlegen.

Für den Wechsel der Baustellen werden vier luftbereifte Räder hydraulisch heruntergeklappt und damit ist das Gerät mit einer Geschwindigkeit bis zu 20 km/h fahrbereit.

8.296 Anwendungsbereich der flexiblen Decken

Im Wettbewerb zwischen den starren und den flexiblen Decken sowohl was ihre Fahreigenschaften, ihre technische Bewährung wie auch ihre Wirtschaftlichkeit anbelangt, scheinen die letztgenannten Decken im Vorteil zu sein. Dabei wird vorausgesetzt, daß für beide Deckenarten der Untergrund und die Tragschichten gleich widerstandsfähig hergerichtet sind. Ein Beweis dafür ist, daß in den VStA die Flächen der mit Beton versehenen Straßen abgenommen, die mit flexiblen Decken zugenommen haben. Nach einer Statistik ist seit dem Jahre 1946, als auf den Landstraßen der VStA etwa gleichviel Beton- und schwere bituminöse Decken lagen (160000 km), die Länge der Betonstraßen etwas zurückgegangen, die der flexiblen Decken sind sprunghaft auf etwa 286000 km bis zum Jahre 1952 gestiegen.

Das hat zwei Ursachen gehabt. Die erste ist, daß nach dem 2. Weltkrieg in den einzelnen Staaten Autobahnen von beträchtlicher Länge gebaut worden sind, von denen die neuesten bituminöse Decken erhalten haben, weil diese im Verhältnis zu den Betondecken billiger waren und auch sonst günstiger beurteilt wurden.

Die zweite Ursache ist wohl auch darin zu sehen, daß sehr viele unbrauchbar gewordene Betondecken durch Schwarzdecken instandgesetzt oder ersetzt

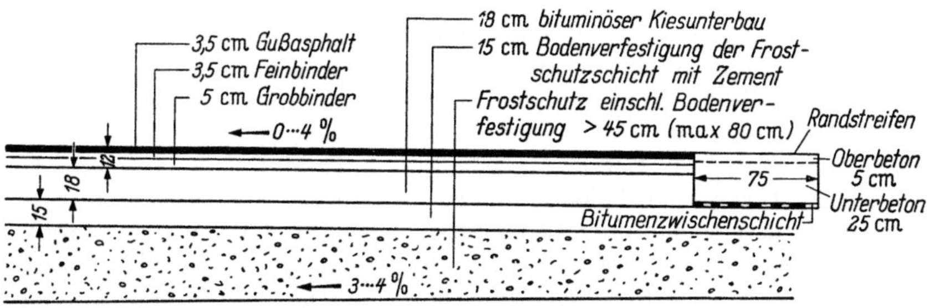

Abb. 418. Straßenkörper einer Autobahn mit einer Gußasphaltdecke und bituminierter Tragschicht

worden sind. So sind z. B. größere Strecken der ersten Autobahn in den VStA Harrisburg—Pittsburgh durch bituminöse Decken ausgebessert worden, obwohl der Beton erst 16 Jahre alt war.

Auch auf den Flughäfen werden schwere bituminöse Decken immer mehr bevorzugt. San Francisco Airport, der auf Schwemmland angelegt ist und der für 45,6 t Radlasten mit 45 kg/cm² Aufstandsfläche gebaut worden ist, hat eine 9 cm dicke Asphaltbetondecke auf 25 cm Schotter und 25 cm Unterbau erhalten. Auch die Befestigung des Flugplatzes als Schwarzdecke bei Homstaed (Florida) ist schon besprochen (S. 483). Auch in Australien scheint man auf den Flughäfen bituminöse Beläge zu bevorzugen.

Im deutschen Landstraßennetz herrscht der Schwarzbelag vor. Auch auf den Autobahnen gewinnt der flexible Belag an Boden, wie Abb. 418 erkennen läßt.

Der Verfasser hat schon auf der Tagung des Deutschen Betonvereins in Berlin 1925 nach einem Vortrag von Professor Dr.-Ing. KLEINLOGEL über den Betonstraßenbau in den VStA sich dahin geäußert, daß man später, wenn die Betondecken unter dem Einfluß des Verkehrs und der Witterung so gelitten haben, daß sie erneuert werden müssen, sie durch Auflagen bituminöser Decken wird erneuern können. Dieser Zustand ist jetzt eingetreten (s. S. 436).

Baudirektor Dr. HERRMANN bekennt nach einer 50jährigen Erfahrung, daß „der bloße Beton nicht der ideale Baustoff für Straßendecken ist, weil er hier in relativ geringer Masse, aber im Vergleich zu ihr in riesig großer Oberfläche den wechselvollen Witterungseinflüssen schutzlos ausgesetzt ist. Eine solche große Steinplatte von mäßiger Dicke, daher geringer Masse mit größter Oberfläche muß durch Sonne, Regen und Schnee und die täglichen und jährlichen Temperaturschwankungen größten Ausmaßes auf die Dauer in irgendeiner Weise benachteiligt werden, und zwar von oben wie auch von unten aus, denn die große Oberfläche im Vergleich zu der geringen Betonmasse ist ja gerade vorbestimmt dazu, alle von außen kommenden schädlichen Einwirkungen, seien es chemische oder physikalische, mit möglichst großer Intensität zur Wirkung auf die geringe Betonmasse zu bringen".

Nachdem HERRMANN noch ausführlicher die geringe Widerstandskraft des Straßenbetons gegen die auf ihn einwirkenden Einflüsse auseinandergesetzt hat, kommt er zu dem Ergebnis, daß ,,die große Mühewaltung, die noch dazu den zweischichtigen Betonstraßen mit ihrer schwierigen Fugenausbildung anhaftet, auf den Unterbeton und seine dauernd satte Auflage auf festem Planum übertragen werden sollte" [*347*].

Wie das zu geschehen hat, ist bereits auf S. 436 ausführlich behandelt. Es ist also damit zu rechnen, daß in Zukunft auch auf den Autobahnen bituminöse Decken verlegt werden.

Die Messungen der Griffigkeit, die auf Veranlassung des BVM durch die F. G. in verschiedenen Gebieten der BRD mit dem Stuttgarter Gerät ausgeführt sind, haben ergeben, daß alle bituminösen Decken ausreichend griffig sind, bei denen das Oberflächenwasser vom Reifen in die Rauhtiefen verdrängt wird, wenn man davon ausgeht, daß ein Gleitbeiwert von 0,4 genügend Sicherheit gewährt (vgl. S. 44). Ist die Deckenoberfläche dagegen mit Bitumen und feinem bituminösem Mörtel angereichert, so ist die Griffigkeit nicht ausreichend. Daher schwankt sie im großen Bereich. Das hängt auch damit zusammen, daß die Decken unter starkem Verkehr geglättet werden und eine Ölschicht erhalten, die sich in Industriegebieten mit viel Ruß besonders bemerkbar macht. Daß die Asphaltdecken in der warmen Jahreszeit weniger griffig sind, ist schon auf S. 45 behandelt. Das wird man wohl darauf zurückführen müssen, daß bei Wärme Bindemittel in die Oberfläche gelangt, das bei kühlem Regen erstarrt.

8.297 Gußasphaltdecken

8.297.1 Begriffsbestimmung

Aus dem Stampfasphaltgestein ist Gußasphalt als künstliches Gemisch von Asphaltpulver, Naturasphalt oder Bitumen, Sand und Kies oder anderem Gestein entstanden. Schon im Jahre 1800 soll Gußasphalt aus Asphaltfelsen von Seyssel verlegt worden sein. Seit 1836 wird er in England verwendet. Nach TVbit 6/59 besteht Gußasphalt aus einem Gesteinsgemisch abgestufter Körnung, dem im heißen Zustand ein durch Erhitzen dünnflüssig gemachtes Straßenbaubitumen zugemischt worden ist. Er kann auch aus Asphaltmastix mit Zuschlag von Sand und Splitt (oder Kies) hergestellt werden.

Es ist zu unterscheiden zwischen Gußasphalt für Fahrbahndecken, für Beläge ohne Fahrbahnverkehr, z. B. Terrassen- und Balkonabdeckungen, Gehbahnen usw. Gußasphalt wird auch verwendet für säurefeste Beläge und als Unterlage für Linoleum, Parkett und Gummi.

8.297.2 Gestein

Die Zuschläge — Sand und Splitt — müssen eine abgestufte Körnung haben und mindestens aus den Korngrößen 0/2 und 2/12 bestehen. Gröberes Korn kann zugesetzt werden. Mindestens 25% an Splitt sollen vorhanden sein. Die Hohlräume müssen einschließlich des Füllers unter 22 Raum-% liegen, die Mischung soll mindestens 20% Füller enthalten. Auch beim Gußasphalt muß man bestimmte Sieblinien einhalten, die zur Erzielung einer möglichst großen Raumdichte entworfen sind. Auch hier gilt die Regel „mit wachsender Korngröße wachsende Anteile“. Um eine Masse zu erhalten, die einen möglichst großen Winkel der inneren Reibung hat, soll der Anteil des Splittes mindestens 40 Gew.-% betragen, der noch auf 55% erhöht werden kann, auch zugunsten eines griffigen Belages, der als Hartgußasphalt bezeichnet wird. Bei gemischtem Verkehr soll die Korngröße des Splittes 10 mm nicht überschreiten, weil sonst Kornzertrümmerung eintreten kann. Da aber jetzt Gummireifenverkehr vorherrscht, ist es unbedenklich, mit der Splittgröße bis zu 18 mm oder 25 mm zu gehen.

Sieblinien bewährter Gußasphaltmassen:

	Vorschlag nach HERRMANN [342] Gew.-%	Bauausführung Avus Berlin [348] Gew.-%	 Bundesautobahn Frankfurt – Aschaffenburg Abb. 418 Gew.-%
Füller	22	28	27,2
Natursand	20	29	24,8
Splitt 2 ··· 5 mm	} 3/8 16	26	13
„ 5 ··· 8 mm			13
„ 8 ··· 12 mm	16	17	
„ 12 ··· 18 mm	26		22
	100	100	100
Raumgewicht	2,35		2,45
Bitumen B 45 auf 100 g Masse g	6,4	7,5	7 + 2,2 Trinidad Epuré
Druckfestigkeit bei 22° (U 61)	40 ··· 80 kg/cm²		
Eindrucktiefe (U 62)	1,5 mm		2 ··· 5 mm

Gußasphalt unterscheidet sich von den bisher behandelten bituminösen Deckenarten darin, daß er keinen Porenraum hat und daher sich nicht nachverdichtet. Alle Hohlräume der Masse sind mit Bindemittel ausgefüllt; es wird sogar ein geringer Überschuß an Bitumen vorhanden sein. Je geringer der Hohlraumgehalt der Gesteinsmasse ist, desto geringer der Bitumenanteil, desto geringer die Gefahr, daß das wärmeempfindliche Bitumen in der Decke weich wird. Dem wird vorgebeugt, indem zur Hohlraumverdichtung mindestens 20 Gew.-% Füller zugesetzt werden.

8.297.3 Bindemittel

Der Bedarf an Bindemittel wird nicht mehr allein unter dem Gesichtspunkt der Hohlraumausfüllung betrachtet werden können, weil dann große Mengen Bitumen zugesetzt werden müssen, das nach früheren Anschauungen ein hartes sein mußte. Seine Härte wurde durch langes Kochen bei der Aufbereitung erzielt. Vielmehr muß auf die Ausführungen und Betrachtungen zurückgegriffen werden, die auf S. 522 „Bituminierte Füller“ gemacht worden sind. Einige Hersteller von Gußasphalt ersetzen den Füller ganz oder z. T. durch Stampfasphaltmehl, andere halten den Zusatz von Trinidad Epuré für günstig. Der Anteil des Bitumen muß dann auch auf den der Zusätze bezogen werden. Über Kautschukzusatz ist auf S. 482 berichtet.

Da Gußasphalt vollkommen hohlraumfrei und nicht verdichtungsfähig ist, muß er als „feste Flüssigkeit“ [*332*] betrachtet werden, die hydrodynamischen Gesetzen folgt. Im Gegensatz zum Walzasphalt, der Porenraum haben muß, bei dem also 3 Phasen vorhanden sind — Gestein, Bitumen und Luft — und dadurch dem Gestein ein vorherrschender Einfluß zukommt, ist das beim Gußasphalt anders. Bei ihm scheint der Flüssigkeitsgrad des Bindemittels den

Ausschlag zu geben. Übereinstimmend vertreten SOMMER und HERRMANN die Auffassung, daß ein großer Füllergehalt notwendig ist, der zu einer Erhöhung der aktiven Oberfläche des Gesteins unter gleichzeitiger Verringerung der Dicke des Bindemittelfilms führt. Nach HERRMANN ist viel Füller notwendig, um hochdichte, schmierfähige Massen mit dünnstem Bitumenfilm zu erzeugen, der lediglich klebend, aber nicht tragend, also nicht durch Kohäsion wirkt. Wenn außerdem die Gesteinsmasse auf größter Hohlraumarmut aufgebaut ist, kann ein weiches Bitumen von $<$ B 45 benutzt werden, in der Regel für Fahrbahnen in Städten, BAB und B-Straßen B 25 und B 45, für Rad- und Gehwege B 15 bis B 45.

Im Gußasphalt bildet das Bindemittel eine kontinuierliche Schicht, und zwar weil alle Festteilchen von zusammenhängender Flüssigkeit umhüllt sind. Wäre diese umhüllende Flüssigkeit von unregelmäßiger Schichtstärke, d. h. würden sich Anhäufungen größerer Mengen freien Bindemittels finden, so würde das Gefüge keine homogene Kontinuität und daher keine Stabilität mehr besitzen. Eine solche Masse würde zwar auch den Gesetzen der Flüssigkeit folgen, sich aber in der Praxis als unstabil erweisen, weil die Flüssigkeitsschichten nicht gleichmäßig stark sind und daher die Fließvorgänge innerhalb des Gefüges verschiedenartig verlaufen. Voraussetzung ist also, daß die Schichtstärken gleichmäßig und dabei so dünn als möglich sind. Dies ist nur dadurch zu erreichen, daß die Gesteinsoberflächen und ihre Zwischenräume sich weitgehend einer idealen Gleichmäßigkeit nähern und dies kann in der Praxis erzielt werden durch ein System kleinster aktiver Teilchen mit größtmöglicher relativer Oberfläche, d. h. durch die Einwirkung von festen Staubteilchen, nämlich dem Füller. Die als bituminöser Mörtel bezeichnete Verbindung von individuellen Staubteilchen mit dünnsten Bindemittelfilmen bestimmt die Eigenschaften und das Verhalten des Gußasphalts.

Das Kennzeichen der schon zuvor behandelten Mörteltheorie tritt hier wieder in Erscheinung. Ein so zusammengesetzter Gußasphalt mit viel Füller und geringem Bitumenanteil hat vor allem einen niedrigen Dehnbeiwert, so daß die Gefahr der Rißbildung, der früher der Gußasphalt, weil er zu bitumenreich war, ausgesetzt war, nicht mehr besteht. Ein Gußasphalt mit 8 Gew.-% Bindemittelgehalt hat einen Dehnbeiwert $= 0{,}000034$. Die Schichtstärke ist in diesem Falle 3 μ, wenn die Gesteinskörner als Kugeln betrachtet werden [*347*]. Es ist dann möglich, mit 6,5 ⋯ 9 Gew.-% Bindemittel einen beständigen Gußasphalt zu erzeugen. Für solchen Gußasphalt werden angegeben

Druckfestigkeit bei 22° . .	40 ⋯ 80 kg/cm²
Biegezugfestigkeit bei 22° . .	30 ⋯ 70 „

Den ungünstigen Einfluß eines harten Bitumen kann man daran erkennen, wenn man das Verhältnis

$$\frac{\text{Biegezugfestigkeit bei } 22^\circ}{\text{Biegezugfestigkeit bei } 0^\circ}$$

ermittelt. Dieses soll 0,5 sein. Dann wird der Gußasphalt bei Kälte nicht reißen. Bei einem solchen Gußasphalt ist das Verhältnis

$$\frac{\text{Biegezugfestigkeit bei } 22^\circ}{\text{Druckfestigkeit bei } 22^\circ} = 1 .$$

Da mit der Abkühlung der Elastizitätsmodul des Gußasphaltes steigt, kann er die Schrumpfung in der Kälte durch Dehnung ausgleichen, so daß man beobachten kann, daß Gußasphalt auf Pflaster oder Steinschlagdecke nicht reißt. Nur bei Beton als Tragschicht kann das eintreten; wie diesem Vorgang begegnet werden kann, ist auf S. 405 und 434 behandelt.

Ein richtiger Gußasphalt sollte so zusammengesetzt sein, daß er im Sommer nicht weich wird und im Winter nicht reißt. Bei starker Erwärmung und Sonnenbestrahlung wird Gußasphalt weich und nimmt unter Lasten Eindrücke an. Darum soll dort, wo Standverkehr ist, das Bitumen um 5° härter sein. Solche Eindrücke werden aber meist wieder ausgebügelt. Von diesen beiden Schwächen beurteilt man das Weichwerden im Sommer nicht so schädlich wie die Rißbildung im Winter, da Risse schwieriger zu unterhalten sind und durch sie Nässe in den Untergrund kommt. Durch Abgabe leichter Öle verhärtet der Gußasphalt außerdem im Laufe der Zeit. Man sollte eine größere Eindrucktiefe zulassen, um die besonderen Vorteile eines weichen Bindemittels auszunutzen.

8.297.4 Tragschicht

Wird Gußasphalt, wie es früher üblich war, unmittelbar auf Zementbeton verlegt, dann besteht die Gefahr, daß sich Risse, hervorgerufen durch die Fugen im Beton, bilden. Sie können vermieden werden, wenn die Gußasphaltoberschicht eine Binderunterlage erhält. Diese kann darin bestehen, daß bei Gußasphaltdicken von mehr als 4 cm die untere Schicht eine weich gehaltene ist. Wenn Gußasphalt auf flexiblem Tragkörper verlegt wird, dann wird er auf Binder verlegt, der zweischichtig ist: ein gröberer Asphaltmakadam unten, ein feinkörniger oben. Ein großer Vorteil einer Binderschicht auf Betontragkörper ist darin zu sehen, daß Blasenbildung verhindert wird.

Zu entscheiden ist hierbei, ob ein offener oder geschlossener Binder verwendet werden soll. Im ersten Falle kann, wenn bei Regenfällen verlegt wird, Feuchtigkeit in der Masse bleiben, die dann Blasen erzeugt.

Es entspricht der Natur der Sache, daß man also die Witterung während der Bauzeit berücksichtigen muß. Wird ein offener Binder bei Regen unten verlegt, muß sofort ein geschlossener darüber ausgebreitet werden. Sind beide Binder offen, kann die Gußasphaltlage erst aufgebracht werden, wenn die Binder haben abtrocknen können. Als Beispiel einer Decke auf flexiblem Tragkörper wird Abb. 418 angeführt.

8.297.5 Aufbereitung

Um das Bitumen möglichst gleichmäßig in der Masse zu verteilen, muß längere Zeit bei hohen Wärmegraden kräftig gemischt und geknetet werden. Zuerst wird das Asphaltbitumen in Kochern mit Rührwerken mit dem gemahlenen Stampfasphalt oder Füller zusammengeschmolzen und danach das gröbere Gestein zugefügt. Der Kochprozeß dauert bis zu 6 Stunden. Gußasphalt läßt sich auch in Impactmischern mischen (S. 542).

8.297.6 Verlegung

Gußasphaltdecken werden von 2 cm bis 5 cm Dicke verlegt. Bei Dicken über 3 cm wird in zwei Schichten aufgeteilt, bei der die untere ein weicheres Bitumen erhält, während für die obere Decke ein härteres verwendet wird. Die weiche untenliegende Gußasphaltschicht gleicht die Unebenheiten des Tragkörpers aus und ist in der Lage, etwaige Bewegungen zwischen ihm und der härteren oberen Schicht, z. B. bei der Rißbildung einer Betonunterbettung, zu überbrücken. Bei Gußasphalt auf Großpflaster zeichnen sich vielfach die Steinköpfe an der Oberfläche ab. Das hängt damit zusammen, daß die Haftung des Gußasphaltes auf den Steinköpfen geringer ist als in den Fugen. Infolgedessen wird der nachgiebige Gußasphalt von ihnen nach den Fugen hingeschoben, wo er sich netzartig verdichtet. Zur Vermeidung empfiehlt es sich, die Fugen des Pflasters mit Zementmörtel oder Bitumensplitt auszugießen.

Das Bitumen wird durch das Kochen in einen hochmolekularen Stoff verwandelt, der eine temperaturabhängige, elastische Phase hat, über der eine temperaturunabhängige Phase lagert. Die Temperatur beim Verlegen muß über dieser Phase liegen, die Masse sich also in einem reinen Fließzustand befinden, sonst kann der Fall eintreten, daß nachträglich die Federung einsetzt und der Belag reißt. Daher muß Wert auf eine hohe Temperatur beim Verlegen gelegt werden. Winterarbeit ist deshalb mit Gefahren verbunden.

Die aus den Kochern abgefüllte Masse wird in fahrbare Kessel mit Heizung und Rührwerken, die während der Fahrt betätigt werden, damit keine Entmischung eintritt, zur Baustelle gefahren und hier in Eimern oder Schubkarren, die mit Öl ausgeschmiert sind, entleert. Arbeiter kippen die Masse aus, die von anderen glatt gespachtelt wird. Diese Arbeit an dem etwa 180° heißen Gußasphalt (aus dem Dämpfe aufsteigen), ist eine sehr schwere und zeitraubende, so daß die Leistung in qm/h nur gering ist.

Seitdem es gelungen ist, den Gußasphalt leichtflüssiger zu machen, läßt er sich auch mit Fertigern einbauen, so daß die Leistung an der Baustelle nur noch von der Zulieferung der Masse abhängig ist. Die Maschinenindustrie ist daher zum Bau von Kochern entsprechender Leistungsfähigkeit und Motorkochern für die Beförderung zu 4 t und 8 t Nutzinhalt mit Selbstfahrwerk übergegangen.

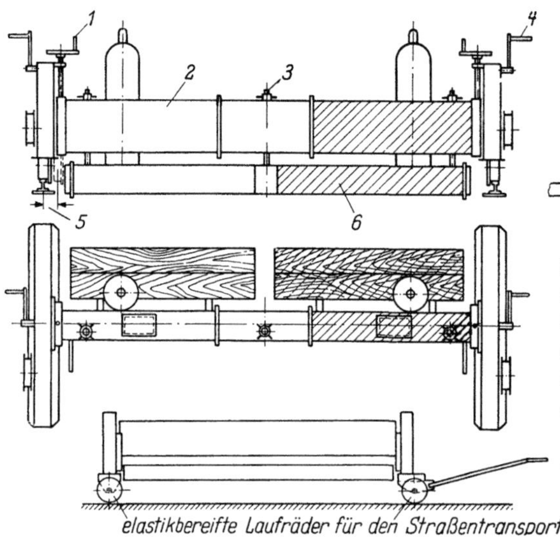

Abb. 419. Linnhoff-Einbaugerät für Gußasphalt (Übersichtszeichnung)

Bei der Konstruktion der Fertiger ist folgendes zu beachten:

Der Einbau von Gußasphalt ist ein Fließvorgang, bei dem diese Flüssigkeit keiner Verdichtung oder Einrüttelung bedarf. Um den flüssigen Zustand aufrecht zu erhalten, ist es jedoch notwendig, die das Profil herstellenden Geräte zu beheizen.

Gußasphaltdecken werden zweckmäßig in einem Zuge in der vollen Straßenbreite, d. h. bis 7,5 m aufgebracht.

Wenn die Gußasphaltmasse laufend zugeführt wird, ist es möglich, auf der Baustelle mit Vortriebsgeschwindigkeiten von 0,5 ··· 1,0 m/min zu arbeiten, für die der Handantrieb wegen seiner Billigkeit und Anpassungsfähigkeit an den jeweiligen Arbeitsvorgang die zweckmäßigste Lösung ist. Die Spitzenleistung für die Stunde liegt dann bei etwa 400 qm. Die Maschine der Maschinenfabrik Linnhoff, Berlin, entspricht für den Einbau von Gußasphalt diesen Anforderungen.

Mit solchen Fertigern werden zugleich Splittstreugeräte und Riffelwalzen gekuppelt.

Der Linnhoff-Fertiger (Abb. 419) besteht aus einem steifen Traggerüst, an dem die Profilbohle durch 3 ··· 5 Spindeln auf die bestimmte Höhe nach dem

Deckenprofil, zwischen —300 bis +100 mm eingestellt werden kann. Sie wird durch Spezialpropangas so beheizt, daß sie sich nicht verformen kann. Für je 3,75 m Arbeitsbreite muß eine Propangasflasche zu 33 kg vorhanden sein, die 15···25 Arbeitsstunden ausreicht. Das Gerät läuft auf Schienen, wie sie im Betonstraßenbau verwendet werden. Für die Zu- und Abfahrt zu und von der Baustelle kann das Gerät auf luftbereifte Räder gesetzt werden (Abb. 420).

8.297.7 Aufrauhung der Gußasphaltfahrfläche

Wenn auch der große Splittanteil den Gußasphalt an sich griffig macht, so kann man diese Eigenschaft noch verstärken, wenn bituminierter Splitt 2/5 mm aufgestreut und eingewalzt wird. Wenn man diesen Grobsplitt im Gußasphalt sicher verankern will, muß dieser weicher eingestellt werden, indem der Bitumengehalt etwas erhöht wird. Nach deutscher Auffassung genügen geringe Mengen nicht zu grobkörnigen Splittes im Gegensatz zu der englischen Bauweise, bei der bis 45 kg/m² umhülltes Einkorn 20/30 mm mit leichter Walze eingedrückt wird. Wenn die Gußasphaltmasse selbst schon 40 Gew.-% Splitt 3/8 mm hat, lassen sich nachträglich große Mengen nicht mehr so einpressen, daß sie bis an die Schulter verankert sind. Üblich sind etwa 3···5 kg/m² 8/15···15/20 mm. Die trockene Fahrbahn hat dann einen Gleitbeiwert von 0,8, die nasse von 0,5. Damit ist die Rutschfestigkeit der Asphaltstraße für alle Geschwindigkeiten gesichert.

Abb. 420. Linnhoff-Einbaugerät für Gußasphalt (Foto von Abb. 419)

Für diese Arbeit muß aber der richtige Wärmezustand abgepaßt werden, damit der Splitt nicht in dem noch zu heißen und weichen Gußasphalt versinkt, oder von dem schon zu weit abgekühlten nicht mehr aufgenommen wird. Ob dieser Splitt bei gemischtem Verkehr lange Bestand hat, ist zweifelhaft. Nach Beobachtungen wird er herausgerissen. Dann bleiben Narben im Gußasphalt, die aber auch die Griffigkeit unterstützen können. Die Gußasphaltoberfläche wird aber auch durch Bearbeitung mit einer Stachelwalze, solange er noch weich ist, aufgerauht. Die zum Einpressen angewendeten Walzen haben gegeneinander versetzte Nocken. Die Vertiefungen sollen 5 mm nicht überschreiten, weil bei tieferen Narben Wasser festgehalten wird, das schnellfahrende Kraftfahrzeuge dem nachfolgenden Kraftfahrzeug gegen die Windschutzscheibe schleudern. Auch begünstigt solches Wasser Glatteisbildung.

Bei dem Gußasphalt der Bundesautobahn Frankfurt/M.—Aschaffenburg sind 5 kg/m² Basaltedelsplitt 1/3 mm eingestreut und mit einer schienengeführten und mit der Fertigerbohle gekoppelten Riffelwalze eingedrückt worden (S. 547).

Um den Gußasphalt aufzuhellen, wird er mit weißem Kalksplitt abgestreut.

Hartgußasphalt kann in Steigungen bis zu 6% verlegt werden. Er findet hauptsächlich Anwendung bei Stadtstraßen, Markt- und Parkplätzen. Nachdem er aber auch maschinell eingebaut werden kann, ist er auch für Autobahnen verwendet worden, wofür die Abb. 418 (S. 547) ein Beispiel ist.

Auf den deutschen AB ist die Oberfläche geriffelt und mit scharfkantigem Sand abgestreut worden. Die schon an anderer Stelle erwähnte sandpapierartige Fahrfläche (S. 47) begünstigt die Griffigkeit, wie auch die Messungen mit dem Stuttgarter Gerät erwiesen haben. Der Reifen verzahnt sich gut in der Fahrbahn. Für diesen Gußasphalt liegt die Griffigkeit zwischen 0,51 und 0,63. Indessen scheint das nur für neue Gußasphaltdecken zu gelten. In diesem Zustand werden die Reifen stark abgenutzt. Unter sehr starkem Verkehr verschwindet schon nach etwa 2 Jahren die Riffelung und der Sand ist vollständig in die bituminöse Deckenmasse eingedrückt. Die Griffigkeit geht auf 0,3 bis 0,44 zurück. Das wird aber auch davon abhängen, ob der Gußasphalt weich oder hart eingestellt ist.

8.297.8 Lebensdauer

Ein gut zusammengesetzter, richtig aufbereiteter und verlegter Gußasphalt hat eine lange Lebensdauer und erfordert nur geringe Unterhaltung. Da er völlig hohlraumlos ist, kann er kein Wasser aufnehmen. Deshalb ist es möglich, Gußasphalt zu jeder Jahreszeit und bei jeder Witterung zu verlegen. Er wird daher in den Wintermonaten November bis März zur Ausbesserung solcher Beläge verwendet, die gegen die Aufnahme von Wasser empfindlich sind, wie Walzasphalt.

8.297.9 Bildung von Blasen

Bildung von Blasen bei Gußasphalt wird oft beobachtet, besonders an dünnen Belägen, z. B. auf Gehbahnen und Brücken. Bei den dicken Fahrbahnbelägen werden sie sehr selten angetroffen, weil das Gewicht der Decken und die Verkehrslast ihrer Entstehung entgegenwirkt. Diese Blasen, die nicht nur das Aussehen des Belages beeinträchtigen, sondern verkehrsgefährlich sind und als Mängel betrachtet werden müssen, werden so erklärt, daß es sich dabei um Dampfdruck handelt, der an der Unterseite des Gußasphaltes auftritt immer dort, wo eine starke Erwärmung durch Sonnenbestrahlung hervorgerufen wird. Feuchtigkeit im Unterbeton unter solchen Blasen läßt darauf schließen, daß Luft und Wasser im Beton, die im feuchten Beton wegen Verschluß der Poren nach unten nicht entweichen können, bei Erwärmung ihre erhöhte Dampfspannung gegen den Gußasphalt richten, der dort aufgetrieben wird [*349*].

Blasen können sich auch unabhängig vom Betonunterbau aus dem Gußasphalt selbst bilden, wenn bei dem Kochvorgang Wasserdampf durch Wasserabspaltung aus dem kohlensauren Kalksteinmehl und aus dem Bindemittel entsteht und beim Verlegen durch ungenügendes Ausstreichen nicht entwichen ist. Aber auch die Beschaffenheit des Bitumen kann die Blasen begünstigen, in der Weise, daß sich leichtflüssige Öle im Innern abscheiden, die dann durch Erwärmung sich ausdehnen und Blasen auftreiben. Die ursprüngliche Auffassung, daß ungenügende Haftung des Gußasphaltes am Beton die Blasenbildung begünstigt, ist ein Irrtum.

Wenn im Gußasphalt Bitumen im Überschuß vorhanden ist, wäre auch denkbar, daß durch die Sonnenbestrahlung und die dadurch bewirkte Ausdehnung des Bitumens im Belag ein Flüssigkeitsdruck entsteht, der durch Aufwölben und Abheben des Gußasphalts von der Betonunterlage seinen Ausgleich sucht. Dann wäre die Blasenbildung auf die ungünstige Zusammensetzung des Gußasphaltes zurückzuführen und zur Verhinderung der Erscheinung der Bitumengehalt im Gußasphalt möglichst knapp zu halten und dafür zu sorgen, daß er gut gemischt und das Bitumen in der Masse gut verteilt wird (Impactmischer).

8.298 Gußasphalt auf Leichtfahrbahnbrücken

8.298.1 Die konstruktiven Grundlagen

Die guten Eigenschaften des Gußasphaltes als Fahrbahndecke, zugleich aber auch seine Eigenschaft, gegen Wasserzutritt abzudichten, haben ihm eine besondere Aufgabe bei der Entwicklung eines neuen Stahlbrückenbaus zugewiesen. Bisher hatten die Fahrbahnen der Stahlbrücken ein sehr hohes Eigengewicht. Denn außer der eigentlichen Decke aus Kleinpflaster, Holzpflaster oder Beton, mußte auf der meist aus Tonnenblechen oder Buckelplatten bestehenden Tragkonstruktion noch eine bituminöse Dichtung vorgesehen werden, die als Unterlage Beton erhielt und auf die zu ihrem Schutz noch eine Betonschicht aufgebracht wurde. Daraus ergaben sich bei Kleinpflaster Eigengewichte von 1100 kg/m², bei Beton zwischen Stahlträgern etwa 600 kg/m², die dazu nötigten, die Längs- und Querträger entsprechend stark und schwer und ebenso auch die Hauptträger zu konstruieren.

Es gab eine Umwälzung im Stahlbrückenbau, als die Tonnen- und Buckelbleche durch die orthotrope Stahlplatte ersetzt wurden, unter der in engen Abständen normal sich kreuzende leichte Stahlträger die Verkehrslast aufnehmen. Anfangs hat man in den VStA den Verkehr sogar über diese Stahlplatten fahren lassen. Da diese Stahlflächen aber ungünstige Fahreigenschaften hatten und die Sicherheit des Verkehrs beeinträchtigten, entschied man sich in Deutschland für Gußasphalt als Fahrbahnbelag, von dem zu erwarten war, daß er zugleich auch die ganze Stahlfahrbahn gegen Wasser abdichten würde. Eine solche Brückenfahrbahn mit einem 5 cm dicken Gußasphaltbelag hat nur ein Eigengewicht von etwa 200 kg/m².

Diese Ermäßigung des Eigengewichtes erlaubte die Brückentragwerke selbst leichter zu gestalten, so daß gegenüber den früheren Gewichten im Verein mit neuen Tragwerkssystemen bis zu 50% Stahl erspart werden konnte. Man kann die Vorteile, die die Gußasphaltdecke in diesem Falle hat, dahin zusammenfassen:

Geringer Fahrwiderstand und gute Ebenheit der Oberfläche, so daß keine Erschütterungen hervorgerufen werden.

Das ist insofern günstig, als die Brücken mit Leichtfahrbahnen wegen des geringen Eigengewichtes gegenüber den Verkehrslasten leicht in Schwingungen geraten, so daß auf einen sehr ebenen Belag besonderer Wert gelegt werden muß. Der Asphaltbelag ist außerdem geräuscharm, hat geringes Gewicht, wirkt zugleich als Dichtung, läßt sich schnell ausführen, so daß der Verkehr sofort zugelassen werden kann. Gußasphalt ist leicht nach Abnutzung zu erneuern und mit geringem Kostenaufwand auszubessern.

8.298.2 Anforderungen an die Eigenschaften des Gußasphaltes

Voraussetzung ist aber, daß der zur Verwendung kommende Gußasphalt besondere Bedingungen erfüllt:

1. Er muß dicht sein und darf unter dem Einfluß von Verkehr oder Witterung, vor allem bei Kälte, nicht reißen und muß auf dem Fahrbahnblech fest haften.
2. Der Gußasphalt muß ausreichende Dauerstandfestigkeit haben, die auch unter den Erschütterungen des Verkehrs erhalten bleibt.
3. Er muß schwingungsdämpfend wirken.

Damit werden von dem Gußasphalt Eigenschaften verlangt, über die man bei seiner bisherigen Verwendung als reine Fahrbahndecke keine ausreichenden Kenntnisse besaß, die erst durch Forschungsarbeiten und Erfahrungen in der Praxis erworben werden mußten. Da man bei den ersten Autobahnbrücken nach dieser Bauweise es unterlassen hatte, diejenigen Ingenieure heranzuziehen, die sich auf dem Gebiet der bituminösen Straßenbauweisen auskannten, sind Mißerfolge nicht ausgeblieben, die zum Teil auch auf die gewählte Art der Tragwerke zurückzuführen sind, die verhältnismäßig weich waren und starke Formänderungen erlitten, denen der Gußasphalt nicht gewachsen war [*350*, *351*, *352*, *353*].

Zu Ziffer 1 muß betont werden, daß es ein Irrtum ist, anzunehmen, daß Gußasphalt auf ausgedehnten Flächen frei von Rissen bleibt, besonders bei Kälte. Das kann um so weniger verlangt werden, weil die Leichtfahrbahnplatte mit Gußasphaltauflage eine Verbundbauweise ist — Stahl und Gußasphalt —, bei der die beiden Baustoffe sich ganz verschieden verhalten. Der Stahl federt, d. h. er verformt sich unter der äußeren Last, geht aber sofort, wenn die Belastung fortgenommen ist, wieder in den ursprünglichen Zustand zurück. Stahl hat einen Temperaturdehnbeiwert von $11 \cdot 10^{-6}$. Gußasphalt ist ein bildsamer Stoff mit nur geringen Federungseigenschaften. Die gesamte Verformung unter äußerer Last besteht aus einem bleibenden und einem federnden Anteil. Die bleibende Verformung unterliegt aber dem Einfluß der Zeit. Der Temperaturdehnwert beträgt $34 \cdot 10^{-6}$. Infolgedessen schrumpft er bei Kälte stärker als der Stahl, ist aber in diesem Zustand etwas mehr federnd. Der Elastizitätsmodul beträgt bei $+30° = 4200$ kg/cm², bei $0° = 42000$ kg/cm² und bei $-20° = 78600$ kg/cm² [*354*]. Diese Werte sind nach dem dynamischen Verfahren gemessen. Vom Verfasser durchgeführte Untersuchungen bei statischen Messungen in der Kältekammer bei $-30°$ ergaben E-Werte von 413000 kg/cm², die sich aber nach mehrmaligem Lastwechsel auf 179000 kg/cm² ermäßigten.

Aus diesen Eigenschaften des Gußasphaltes hat man aber nicht gefolgert, daß man ihm eine mittragende Wirkung zuweisen kann. Denn diese Rückfederungskraft muß als quasi bezeichnet werden, denn sie hängt von der Frequenz der Belastungsvorgänge ab. Bei sehr hohen Frequenzen ist der Temperatureinfluß auf den E-Modul verschwindend, so daß selbst bei höherer Temperatur der Gußasphalt unter hochfrequenten Schwingungen schlagartig brechen kann (300000 Hz) [*355*].

Der Asphaltbelag hat eine dämpfende Wirkung, die z. B. nach Versuchen bei der Maschinenfabrik Augsburg-Nürnberg, Werk Gustavsburg, bewirkt, daß die Dämpfung einer Stahlplatte mit Gußasphalt 5mal so groß ist wie ohne Gußasphalt. Beim Rollen eines Rades über das aus Blech und Gußasphalt gebildete Tragwerk treten wegen dieser Eigenschaften des Gußasphaltes die Formänderungen des Tragwerkes gegenüber der Laststellung verzögert auf. Unter diesen Verhältnissen kann wegen der Kürze der Wirkungsdauer der Belastung eine merkbare Mitwirkung des Gußasphaltes bei der Lastaufnahme angenommen werden. Das gilt vor allen Dingen bei Kälte, weniger bei Wärme. Da unter ruhenden Lasten mit diesen Vorgängen nicht zu rechnen ist, müssen diese der statischen Berechnung zugrunde gelegt werden.

Bei allen Versuchen mit dem wissenschaftlichen Rüstzeug der Rheologie und anderen physikalischen Verfahren, die Eigenschaften des Gußasphaltes zu erfassen, muß außerdem berücksichtigt werden, daß die Masse nicht homogen ist, wenn man sich auch bemüht, eine möglichst gleichartige Zusammensetzung, wie auf S. 549 behandelt, einzuführen.

8.298.3 Zweckmäßiger Aufbau der Gußasphaltdecke

Nach den Ergebnissen der Beobachtungen an einer großen Zahl von Ausführungen auf Brücken kann der heutige Stand der Technik bei den Leichtfahrbahnen folgendermaßen gekennzeichnet werden:

1. Da der Gußasphalt allein keine unbedingte Gewähr für eine Abdichtung der Stahlplatte bietet, muß erst eine Schicht als Korrosionsschutz aufgebracht werden. Diese kann in einem Bitumenanstrich bestehen, der durch Füllerzusatz

stabilisiert wird, oder in einer dünnen Mastixschicht mit höchstens 15···16% Bitumengehalt. Erweichungspunkt des Bitumen B 45. Anstelle des Anstriches sind auch Aluminiumfolien mit bituminöser Klebemasse auf das Blech aufgeklebt worden. Auch Opanolfolien der BASF sollen sich als geeignet erwiesen haben.

2. Auf diese Zwischenschicht wird Gußasphalt in zwei Lagen zu je 2,5 cm Dicke aufgebracht, der in seiner Zusammensetzung genau den Anforderungen entsprechen muß, die gestellt worden sind. Da Brücken meist Steigungen und Gefälle haben, muß die Oberfläche nach den Angaben (S. 553) angerauht werden, zumal Brückenfahrbahnen den Witterungseinflüssen besonders ausgesetzt sind. Glatteisbildung!

Bei dem oben genannten Korrosionsschutz ist noch einiges zu beachten. Da Stahl ein hohes Wärmeleitvermögen hat, besteht die Gefahr, daß der Voranstrich, wenn er heiß aufgebracht wird, abschreckt. Man hat dem vorgebeugt, indem das Stahlblech mit Flammenwerfern angewärmt worden ist. Wenn auf die beschriebenen Voranstriche oder Folien der Gußasphalt mit 180° verlegt wird, werden diese leicht aufschmelzen und sich daraus Blasen in der Gußasphaltschicht bilden.

Zum Schutze der Korrosionsschicht gegen Aufschmelzen und der dabei anzunehmenden ungleichmäßigen Verteilung auf dem Stahlblech wird vorgeschlagen, eine offene oder geschlossene Binderschicht im Kalteinbau aufzuwalzen. Der einzige Nachteil einer solchen Bauweise wird darin gesehen, daß sich bei Regen Wasser in der Makadamschicht sammelt und abgewartet werden muß, bis sie abgetrocknet ist (vgl. S. 551).

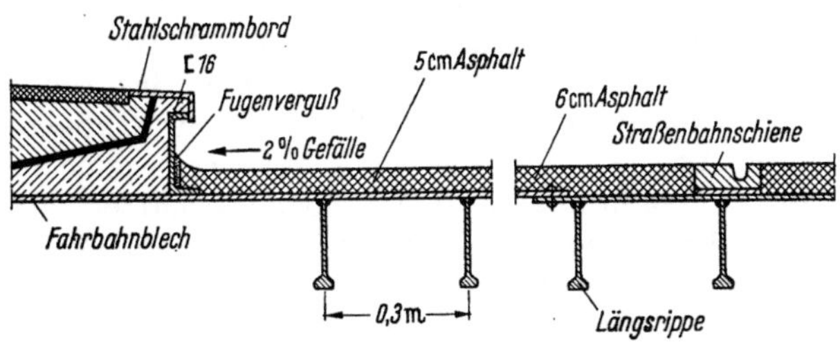

Abb. 421. Gußasphalt als Fahrbahndecke auf Leichtfahrbahnbrücken (orthotrope Platte)

Diese Binderschicht wird bei 3 cm Dicke das Gewicht des Fahrbahnbelages um etwa 66 kg/m² erhöhen, bietet aber den Vorteil, daß sie Schwingungen und Formänderungen in der Stahlunterlage, hervorgerufen durch Verkehrslast oder Kälte, abbaut und in gedämpfter Form auf die Gußasphaltauflage, die 25 mm dick angenommen werden kann, weitergibt.

Als Grundsatz gilt, die Asphaltdecke möglichst einfach und übersichtlich aufzubauen. In Anlehnung an die Ausführung bei der Köln-Mülheimer Hängebrücke wird der folgende geschichtete Aufbau vorgeschlagen:

Fahrbahnblech, sandgestrahlt und angewärmt.
Anstrich mit Prodoritlack (rd. 1 mm).
8 mm Mastixschicht mit 16 Gew.-% Bitumen.
3 cm Binderschicht nach TVbit 2/56 = 66 kg/m².
25 mm Hartgußasphalt 60 kg/m².
Bituminierter Einstreusplitt 5 kg/m².

Einzelheiten der Fahrbahn der Hängebrücke Köln-Mülheim zeigt Abb. 421, in der besonders noch auf die Form des Schrammbordes hingewiesen wird. Der Gußasphalt ist am Rand hochgezogen, die Fuge am Blech vergossen und, um die Beanspruchung am Rand durch den Verkehr auszuschließen, hat der Schrammbord eine Nase aus U 16 erhalten, so daß Nässe an diese Stelle nicht kommen kann [*356*].

8.298.4 Zusammensetzung des Gußasphaltes mit Bezug auf sein Verhalten in der Wärme und Kälte

Die Ausführungen auf S. 550, daß es zweckmäßiger ist, den Gußasphalt etwas weicher einzustellen, auch wenn er in der Sommerhitze dadurch Eindrücke erhält, um damit zu erreichen, daß er in der Kälte nicht reißt, gilt auch für den hier vorliegenden Fall. Indessen muß man bei Brücken beachten, daß sie ganz besonders der Sonnenbestrahlung ausgesetzt sind. Messungen über den Wärmedurchgang von Gußasphaltbelägen bei Brücken haben einen ähnlichen Temperaturverlauf ergeben, wie auf S. 559 beschrieben. Deshalb tut man gut, für den Gußasphalt ein etwas härteres Bitumen als üblich zu wählen. Dem Entstehen von Rissen bei Kälte mißt man keine so große Bedeutung mehr bei, nachdem die Versuche bei tiefen Temperaturen und aufgezwungenen Formänderungen durch Schwingungsmaschinen gezeigt haben, daß der Gußasphalt ohne Risse geblieben ist oder Risse nur bis zur Korrosionsschicht durchgegangen sind. Die schon erwähnten Untersuchungen an den ersten Brücken mit Leichtfahrbahnen zeigten, daß in den wenigen Fällen, in denen Risse bis auf das Blech reichten, sich nur schwacher Rost an der Oberfläche gebildet hatte [*357*, *358*].

8.298.5 Anlage von Dehnungsfugen

Empfohlen wird trotzdem — und das ist auch befolgt worden — in der Gußasphaltdecke Querfugen vorzusehen. Da die Decke auf den Brücken in Neigungen liegt, hat man Schieben befürchtet, sowohl auf den Steigungs- als auch auf den Gefällstrecken, und bei der Kurpfalzbrücke in Mannheim zur Sicherung gegen Verschieben einen Stahlwinkel von 30 mm Schenkelhöhe auf das Blech aufgeschweißt, über dem in der oberen Schicht eine Fuge war, die vergossen wurde. Die Querfugen sind in einem Abstand von 4,68 m gelegt worden. Es war vorauszusehen, daß sich an den Winkeleisen mit der Zeit Wülste bilden würden. Das ist auch geschehen, hat aber die Fahreigenschaften der Decke nicht beeinträchtigt. Das Wandern der Gußasphaltdecke, das man glaubte, durch Aufschweißen von Baustahlgewebe oder anderen Sperren verhindern zu können, bleibt aus, wenn ein möglichst harter Gußasphalt verlegt wird. Auf der Köln-Mülheimer Brücke haben die Querfugen einen Abstand von 5,4 m. Man wird wohl zukünftig größere Abstände wählen können, wenn der Gußasphalt eine Binderunterlage erhält.

8.298.6 Straßenbahnkörper auf Leichtfahrbahnbrücken

Die trogartige Gestalt des Straßenbahnkörpers bei der Kurpfalzbrücke in Mannheim hat sich nicht als wasserdicht erwiesen. Deshalb bestehen auf der Köln-Mülheimer Brücke die Schienen aus Kranschienen, die auf das Stahlblech aufgeschweißt worden sind.

8.298.7 Ausführung

Alle Vorschriften, die für die Zusammensetzung und Verlegung des Gußasphaltes aus der Erfahrung heraus bestehen, sind bei den Brücken noch mit ganz besonderer Sorgfalt zu beachten. Arbeitsfugen, die zwischen Dehnfugen liegen würden, sind zu vermeiden. Vielmehr muß zwischen Dehnfuge und Dehnfuge durchgearbeitet werden. Die Felder sollen etwa 50 ··· 60 qm groß sein. Auch auf Brücken soll der Gußasphalt mit Fertigern verlegt werden.

8.299 Höchst- und Tiefsttemperaturen in Decken, die mit Bitumen und Teer hergestellt sind

Da diese Deckenmassen thermoplastisch sind, wird man bei ihrer mechanischen Prüfung berücksichtigen müssen, daß die bei ihnen verwendeten Bindemittel bei den Grenztemperaturen, denen sie möglicherweise ausgesetzt sind, kritische Zustände annehmen. Bei hoher Wärme werden sie leichtflüssig und verlieren ihre Bindekraft und bei tiefer Kälte werden sie spröde. Wenn auch durch die Verbindung mit Gestein und Füller ihre Empfindlichkeit gegen Temperatureinflüsse herabgesetzt ist, so wird man bei Gebrauchsprüfungen wissen müssen, welche Temperatur solche Decken im äußersten Falle annehmen können. Daher sind von verschiedenen Stellen Temperaturmessungen vor allem bei Sonnenbestrahlung vorgenommen worden. Die Z.fAT hat in Stampfasphaltdecken Temperaturen über 50° gemessen. Das war der Ausgangspunkt, daß in einer der ersten Vorschriften über die Eigenschaften des zum Straßenbau angewendeten Stampfasphalts gefordert wurde, daß der Tropfpunkt des extrahierten Bitumen über 50° liegen mußte [*359*].

Nach Beobachtungen der Tiefbauverwaltung der Stadt Stuttgart sind in Asphalt- und Teerdecken die folgenden Temperaturen gemessen worden [*360*]:

Tabelle 45. *Beobachtete Temperatur in Asphaltdecken*

Höchste Lufttemperatur im Schatten	An der Oberfläche	2 cm tief	4 cm tief	6 cm tief
	Teermakadam			
29°	40°	42°	38,5°	38°
	Asphaltbeton			
33°	52°	50,5°	48,5°	44,5°
	Tränkmakadam			
33°	51°	49,5°	42,5°	42°

Temperaturen über 50° sind in den Schwarzdecken nicht ungewöhnlich. Die auf der Versuchsstraße des D. Str. V. bei Braunschweig vorgenommenen Messungen haben die gleichen Ergebnisse gehabt. Diese Werte sind durch Messungen bestätigt worden, die bei Straßenbauten in Hamburg vorgenommen worden sind mit dem Ziel, festzustellen, wie weit die Wärme in eine Decke mit flexiblem Tragkörper eindringt und durch Erwärmung Wellen entstehen können. Gemessen wurde die Temperatur 1 cm unter der Oberfläche, an der Berührungsfläche zwischen Binder- und Tragschicht und zwischen Tragschicht und Untergrund im Vergleich zu der Lufttemperatur. Da die Wärme, die an der Oberfläche der Decke gemessen ist, keineswegs tief eindringt, besteht keine Gefahr für Wellenbildung.

Die folgenden tiefsten Temperaturen sind an solchen Decken gemessen worden:

Temperatur:	Luft im Schatten	an der Oberfläche	Tiefe 2 cm	Tiefe 4 cm	Tiefe 6 cm
	−23°	−22,75°	−16,5°	−16,25°	−15,5°

Die Abkühlung im Winter entsteht durch die Wärmeableitung und Ausstrahlung in die Luft, während die Erwärmung im Sommer auf die Wärmeeinstrahlung zurückzuführen ist, die bei den Schwarzbelägen besonders groß ist, weil sie die Wärme aufspeichern. Die tiefsten Temperaturen entsprechen etwa denen der Luft. Eine Ausnahme machen die hellen Betondecken, die nachts bei tiefen Temperaturen durch Ausstrahlung noch unter die Lufttemperatur unterkühlt werden. Auf der Versuchsstraße des BPR in Arlington, VStA, ist die höchste Temperatur in Asphaltdecken mit 60° und die tiefste in Schweden bei Ausstrahlung in klaren Nächten im Winter zu −35° bis −50° gefunden worden.

8.3 Die Prüfung bituminöser Straßenbaumassen

8.31 Allgemeines

Die Güte einer bituminösen Fahrbahn hängt, neben den Bedingungen, die an die Ausführung gestellt werden, weitgehend von den Eigenschaften der verwendeten Baustoffe ab. Schon frühzeitig wurden Normen und technische

Vorschriften für die Beschaffenheit und Zusammensetzung der für den Straßenbau geeigneten bituminösen Stoffe und Massen aufgestellt. Die Nachprüfung der mechanischen Eigenschaften bereitet gewisse Schwierigkeiten, weil die Massen thermoplastisch sind. Die Entwicklung des neuzeitlichen Asphalt- und Teerstraßenbaues, der jetzt überwiegend mit Maschinen ausgeführt wird, und die gestiegenen Anforderungen des Kraftverkehrs, haben es mit sich gebracht, daß nunmehr die bituminösen Massen auch auf ihre Festigkeit untersucht werden müssen.

Um seine Erzeugnisse kontrollieren zu können, wird ein Unternehmen ein auf seine Bedürfnisse abgestimmtes Laboratorium unterhalten, in dem die Stoffe und die Gleichmäßigkeit seiner Mischungen überprüft werden, ein solches Baustellen- oder Mischwerkslaboratorium ist aber nicht in der Lage, größere Voruntersuchungen, genaue Kontrolluntersuchungen oder sogar Forschungsarbeiten durchzuführen. Diese Aufgabe fällt den staatlichen oder privaten Speziallaboratorien zu, die entsprechende Einrichtungen und ein gut geschultes Personal haben.

In Deutschland sind die Prüfverfahren der Bitumen und Teer enthaltenden Massen für Straßenbauzwecke in der DIN 1996 festgelegt. In ihr sind bisher nur sehr wenige und unzweckmäßige Festigkeitsprüfungen für bituminöse Massen enthalten, weil die übliche Materialprüfung sich mit den elastischen und festen Stoffen, aber mit den plastischen erst in neuerer Zeit befaßt hat. Die DIN 1996 wird gegenwärtig überarbeitet und die in der Zwischenzeit gemachten Erfahrungen auch aus dem Auslande werden gebührend berücksichtigt werden.

8.32 Prüfverfahren zur Ermittlung der Zusammensetzung bituminöser Massen

Die in diesem Abschnitt behandelten Prüfverfahren sind Stoffprüfungen, bei denen die einzelnen Mischungskomponenten — Bindemittel und Gestein — getrennt behandelt und ihre Eigenschaften festgestellt werden. Über das Zusammenwirken und die Verteilung beider Komponenten in der Masse oder im Belag wird dagegen nichts ausgesagt. Trotzdem sind diese Prüfungen sowohl für den Auftraggeber als auch für den Unternehmer von großer Bedeutung, da aus ihnen zu erkennen ist, ob die gelieferten Massen nach den getroffenen Abmachungen zusammengesetzt und normengerecht verarbeitet sind.

Die Prüfungsverfahren zur Ermittlung der Zusammensetzung bituminöser Straßenbaumassen sind in der DIN 1996 beschrieben, es genügt im nachfolgenden nur die wichtigsten kurz aufzuführen.

8.321 Die Ermittlung des Bindemittelgehaltes

Die Bindemittelmenge einer bituminösen Masse wird am sichersten durch Extraktion mit Lösungsmitteln — Benzol, Schwefelkohlenstoff, Trichloräthylen, Methylenchlorid usw. — und anschließender Wiedergewinnung durch Destillation des Bindemittel-Lösungsmittelgemisches bestimmt. Bei der Extraktion und Destillation muß auf die Art des Bindemittels — ob Heißbitumen, Verschnittbitumen, Teer usw. — Rücksicht genommen werden, ferner sind gewisse Bedingungen hinsichtlich Destillationsgeschwindigkeit, Schutzgasen usw. einzuhalten. Die Extraktions- und Destillationsbedingungen sind in DIN 1996 genau festgelegt.

Der Nachteil der Bindemittelbestimmung ist, daß hierfür ein relativ großer Zeitaufwand benötigt wird, da eine Extraktion erst abgebrochen werden kann, wenn das Lösungsmittel farblos abläuft. Es wurden daher seit langem Verfahren gesucht, durch die die Bindemittelbestimmung beschleunigt werden sollte, nur wenige Wege haben aber befriedigt und sind der klassischen Extraktion gleichwertig. Eine Schnellmethode nach Dr. SCHULZ zur Bestimmung des Bindemittelgehaltes bituminöser Mischungen bis 25 mm Korngröße, die auch in die neue DIN 1996 aufgenommen werden soll, verdient Beachtung, weil sie sehr zuverlässige Ergebnisse schnell liefern soll. Die Methode arbeitet mit der Gewichtszunahme von Filtern beim Auftropfen einer Lösungsmittel-Bindemittel-Lösung bestimmter Konzentration. Aus der Gewichtszunahme der Filterscheibe kann der Bindemittelgehalt berechnet werden. Das Verfahren nach Dr. SCHULZ ist besonders in Mischwerken geeignet, weil zur Berechnung des Bindemittelgehaltes das spezifische Gewicht des Bindemittels bekannt sein muß [*361*].

8.322 Ermittlung der Kornzusammensetzung der Gesteinsmasse

Die Kenntnis der Kornzusammensetzung der für eine Belagsmischung verwendeten Gesteinsmasse ist von großer Wichtigkeit, hängt davon doch die Gleichmäßigkeit der Mischung, ihre Stabilität und ihre Oberflächenstruktur ab. Die Kornzusammensetzung einer Gesteinsmasse wird durch Siebanalyse bestimmt und ist die auf der Baustelle am häufigsten durchgeführte und wichtigste Prüfung. Im bituminösen Straßenbau werden ausschließlich Maschensiebe verwendet, ihre Maschenweiten sind in den einzelnen Vorschriften über die Zusammensetzung der verschiedenen Belagsarten festgelegt. Die Siebanalyse kann von Hand oder mit einer geeigneten Siebmaschine durchgeführt werden, es muß in diesem Falle aber immer von Hand nachgesiebt werden. Die Siebanalyse gilt als beendet, wenn innerhalb einer Minute weniger als 1% der jeweiligen Korngruppe durch das Sieb fällt. Die Menge des Siebgutes richtet sich nach der Korngröße des zu untersuchenden Gesteins. Grundsätzlich soll sie mindestens das 50fache des Durchmessers des gröbsten Korns betragen. Das bei Extraktionen freigelegte Gestein wird in seiner Gesamtheit gesiebt. Die Siebanalyse soll möglichst graphisch dargestellt und mit der Soll-Kornsummenlinie verglichen werden. Die genormten deutschen, amerikanischen und englischen Siebsätze sind im Anhang gegenübergestellt.

8.323 Lagerungsdichte der eingerüttelten Gesteinsmasse

Bei hohlraumarm zusammengesetzten Gesteinsmassen ist die Kenntnis ihrer Lagerungsdichte (Hohlraum) im eingerüttelten Zustand von gewisser Bedeutung, weil daraus Rückschlüsse auf die Unterbringungsmöglichkeit für Bindemittel gezogen werden können und sehr häufig die Bindemittelbemessung nach dem Hohlraum erfolgt. Die Bestimmung der Lagerungsdichte ist bereits auf S. 515 beschrieben worden. Es muß an dieser Stelle lediglich noch darauf hingewiesen werden, daß der Hohlraum der eingerüttelten Gesteinsmasse bei hohlraumarmer Zusammensetzung nicht zu gering, aber auch nicht zu hoch gewählt wird, da einerseits zu wenig, andererseits zu viel Bindemittel verbraucht wird. Gute Mischungen haben Hohlräume zwischen 18 und 22 Vol.-% ergeben.

8.33 Eigenschaften von bituminösen Massen

Die Hohlraumverhältnisse bituminöser Deckenmassen werden an Probekörpern oder Deckenstücken ermittelt und geben wertvolle Hinweise auf ihre Brauchbarkeit im Straßenbau. Es werden normalerweise festgestellt:

a) Die Rohwichte der Masse,
b) das Raumgewicht von Probekörpern und Deckenproben,
c) die Gesamthohlräume von Probekörpern und Deckenproben,
d) die mit Bindemittel ausgefüllten Hohlräume des Gesteins in Probekörper und Deckenprobe,
e) die Wasseraufnahme von Probekörpern und Deckenproben.

Die hier genannten Untersuchungsverfahren sind in DIN 1996 zusammengefaßt; auf sie wird verwiesen.

8.331 Rohwichte der Masse

Nach Kenntnis der spezifischen Gewichte der verwendeten Zuschlagstoffe und ihrer prozentualen Anteile wird die Rohwichte γ_m der Masse nach folgender Formel errechnet

$$\gamma_m = \frac{100}{p/\gamma_B + (100 - p)/\gamma_M}$$

wobei ist γ_B = spezifisches Gewicht des Bindemittels,
γ_M = spezifisches Gewicht des Gesteins,
p = Bindemittelgehalt.

8.332 Raumgewichtsbestimmung

Das Raumgewicht der nach DIN 1996 U. 54 oder anderen Verfahren geformten Probekörper und der Deckenproben ergibt sich aus ihrem Gewicht und ihrem Volumen nach

$$Rg = \frac{G}{V} \ [\text{kg/dm}^3, \ \text{g/cm}^3].$$

Das Volumen der Proben wird normalerweise durch Wasserverdrängung bestimmt. Beschreibung der Raumgewichtsbestimmung U. 56 DIN 1996.

Ist Rg_A das Raumgewicht der Deckenprobe und Rg_p das Raumgewicht eines aus derselben Probe hergestellten Probekörpers, so kann die relative Verdichtung der Fahrbahndecke, bezogen auf die Raumgewichte, bestimmt werden.

Es wird

$$V = \frac{Rg_A}{Rg_p} 100 \quad [\%].$$

8.333 Gesamthohlräume von Probekörpern und Deckenproben

Ist die Rohwichte der Masse und das Raumgewicht von Probekörpern oder Deckenproben bekannt, so können nach

$$H = \left(1 - \frac{Rg}{\gamma_m}\right) \cdot 100 \quad [\text{Vol.-\%}]$$

die Gesamthohlräume der Proben bestimmt werden.

8.334 Bindemittelausfüllung der Gesteinshohlräume in Probekörpern

Die aus Gründen der Überfettung sehr wichtige Prüfung wird am übersichtlichsten aus den Volumen und den Hohlräumen der Zuschläge errechnet. Es ist:

Volumen des Bindemittels $\quad V_B = \frac{p \cdot Rg}{\gamma_B} \quad$ [Vol.-%],

Volumen der Zuschläge $\quad V_M = \frac{(100 - p) \cdot Rg}{\gamma_M} \quad$ [Vol.-%],

Hohlräume in der Probe $\quad H = 100 - V_B - V_M \quad$ [Vol-.%],

Hohlraum der Gesteinsmasse $\quad H_M = 100 - V_M \quad$ [Vol.-%],

Mit Bindemittel ausgefüllte Hohlräume des Gesteins im Belag $\quad A = \frac{V_B}{H_M} \cdot 100 \quad$ [%].

8.335 Wasseraufnahme

Durch die Wasseraufnahme werden die von außen zugänglichen Hohlräume der Proben erfaßt. Die Prüfung ist in U. 57, DIN 1996 genormt. Die Wasseraufnahme ist kleiner oder gleich den rechnerischen Hohlräumen (vgl. 8.333).

Bei der Wasseraufnahmeprüfung kann eine Quellung der Proben eintreten. Sie wird nach U. 58, DIN 1996 bestimmt.

8.34 Die Prüfung bituminöser Massen auf ihre mechanischen Eigenschaften

8.341 Allgemeines

Die Prüfung bituminöser Massen auf ihre mechanischen Eigenschaften wurde zunächst nach den Methoden der Materialprüfung für starre bzw. elastische Baustoffe vorgenommen. Hierbei ist man aber insbesondere bei der Erfassung der Festigkeit und Beurteilung der Versuchsergebnisse insofern auf Schwierigkeiten gestoßen, als die bituminösen Massen warmbildsam sind und damit die für elastische Baustoffe zweckmäßigen Prüfmethoden nicht anwendbar sind. Denn einmal beeinflußt die Temperatur, bei der die Prüfung vorgenommen wurde, wie auch die Dauer der Lasteinwirkung, die Laststeigerung und die Belastungsart das Verhalten der Massen. Während bei sehr kurzzeitig wirkenden Lasten praktisch ein fast rein elastisches Verhalten festzustellen ist, besitzen bituminöse Massen unter Dauerlasten nur plastische Eigenschaften, d. h. die unter Last erzeugte Verformung ist nicht reversibel. Dennoch sind bereits früh die aus der Materialprüfung bekannten Verfahren für die Druckfestigkeit auch auf bituminöse Baustoffe übertragen worden. Erst später wurden eine ganze Anzahl weiterer Prüfverfahren empirisch entwickelt, die besser auf die plastischen Eigenschaften der bituminösen Massen abgestimmt waren, z. B. Stempeleindringungen, Scherprüfungen usw. Es blieb aber immer noch die Frage offen, inwieweit die mit diesen Verfahren ermittelten Werte in Einklang zu bringen waren mit den tatsächlichen Beanspruchungen auf der Straße. Die Antwort hat die Prüfung der bituminösen Massen mit der aus der Bodenmechanik bekannten Druckprüfung unter behinderter Seitenausdehnung (Triaxialverfahren) und ihre Auswertung über die MOHRschen Spannungskreise gegeben. Die Triaxialmethode ist aber aus verschiedenen Gründen wohl für Fundamentaluntersuchungen, nicht aber für Gebrauchsprüfungen geeignet und es wird daher zur Kontrolle der Gleichmäßigkeit usw. von Asphaltmischungen immer auf die empirischen Verfahren zurückgegriffen werden müssen.

Bituminöse Straßenbaumassen werden als flexibel oder bildsam (plastisch) bezeichnet und es wird dadurch zum Ausdruck gebracht, daß sie in gewissen Grenzen in der Lage sind, Spannungen durch Verformung auszugleichen, ohne hierbei jedoch ihren inneren Zusammenhang oder ihre Tragfähigkeit zu verlieren.

Bituminöse Massen und Straßendecken setzen sich zusammen aus dem thermoplastischen Bindemittel, aus dem Gestein und in der Regel aus Lufthohlräumen. Das Bindemittel verleiht der Masse eine gewisse Verformbarkeit, andererseits wirkt es aber auf die Gesteinsmischung infolge seiner Kohäsion verfestigend und klebt und kittet die Gesteinsteilchen aneinander. Das Gestein bewirkt im Belag durch seine innere Reibung eine weitere Widerstandskraft gegen Verformung, die praktisch von der Temperatur unabhängig ist, deren Wert aber von der Kornform und der Oberflächenstruktur des Gesteins sowie von der Menge an groben Anteilen abhängt. Die Festigkeit einer bituminösen Mischung setzt sich also letztlich aus der Kohäsionsfestigkeit des Bindemittels und der Reibungsfestigkeit des Gesteins zusammen. Es muß ferner die auf der Straße praktisch immer vorhandene Einspannung des belasteten Deckenteils berücksichtigt werden, durch die die Tragfähigkeit eines bituminösen Fahrbahnbelages immer günstig beeinflußt wird.

Bei der Durchführung der mechanischen Prüfung bituminöser Massen und ihrer Auswertung muß darauf hingewiesen werden, daß nicht die Mischung die beste ist, die die höchsten Stabilitätswerte liefert. Der Sinn der Prüfung sollte vielmehr der sein, eine für eine bestimmte Verkehrslast zweckmäßige, optimale Mischung festzulegen. Die unbedingt notwendige Stabilität einer Masse ist nur ein Teil dieser Anforderungen und ein Mehr an Stabilität als erforderlich führt entweder zu kostspieligen oder unwirtschaftlichen Lösungen, die sich auf die Lebensdauer des Belages ungünstig auswirken können, weil er zu starr ist.

Die größten Erfahrungen auf dem Gebiete der mechanischen Prüfung bituminöser Belagsmassen wurden zweifelsohne in den VStA gewonnen und es ist nur zweckmäßig, sich diese Prüfungsmethoden zu eigen zu machen, liegen doch hierüber eine außerordentlich große Anzahl von Richtwerten und Erfahrungszahlen vor.

In den nachfolgenden Abschnitten werden die bekannten deutschen und die wichtigsten amerikanischen Prüfverfahren generell beschrieben. Die genaue Versuchsdurchführung kann in DIN 1996 und in dem sehr umfangreichen Schrifttum nachgelesen werden.

8.342 Mechanische Prüfverfahren

Die DIN 1996 sieht in ihrer z. Z. noch gültigen Fassung als mechanische Prüfung lediglich die Eindrucktiefe (Stempeleindringung) und die einfache Druckfestigkeitsprüfung (Druckfestigkeit mit unbehinderter Seitenausdehnung) vor.

Eindrucktiefe, U. 62. Die Eindrucktiefenbestimmung in ihrer jetzigen Form ist nur für relativ fein aufgebaute Massen bis etwa 5 mm Korngröße, z. B. Gußasphalt geeignet. Sie wird durchgeführt mittels eines Stempels mit 1 cm² Querschnitt und einer Belastung von 52,5 kg über eine Belastungsdauer von 5 Stunden bei 22°. Die nach dieser Belastungsdauer festgestellte Eindringung in die bituminöse Masse wird mit Eindrucktiefe bezeichnet und in mm angegeben. Ein neuer Vorschlag sieht die Vergrößerung des Prüfstempels auf 5 cm², eine Erhöhung der Prüftemperatur auf 40° und eine Verringerung der Prüfzeit auf 30 min vor. Die hierbei gewonnenen Werte sollen mit denjenigen der 5-Stunden-Prüfung gut übereinstimmen.

Druckfestigkeit U. 61. Die Prüfung auf Druckfestigkeit nach DIN 1996 ist nur bei ziemlich steifen Massen, wie Gußasphalten, zweckmäßig. Sie wird so durchgeführt, daß ein würfelförmiger oder zylindrischer Probekörper von 7,07 cm Kantenlänge bzw. 8 cm Durchmesser und 8 cm Höhe (50 cm² Querschnitt) bei 22° oder bei 40° und einem Pressenvorschub abgedrückt wird. Die Druckfestigkeit ist die erreichte Höchstlast in kg. Zweckmäßig ist die gleichzeitige Messung der Verformung bis zum Bruch. Mindestwerte der Druckfestigkeit sind mit Ausnahme für Gußasphalte nicht angegeben. Notwendig ist, eine bestimmte Belastungsgeschwindigkeit anzunehmen. Mit 20 mm/min sind gute Ergebnisse erzielt worden. Mit der Prüfung auf Druckfestigkeit kann man die wirkliche Tragfähigkeit der bituminösen Masse vor Beginn einer größeren Seitenverformung beurteilen, so daß sie sich z. B. für die Prüfung von bituminösem Unterbau eignet.

Prüfung auf Biegezugfestigkeit. Biegungsversuche sind nur bei sehr tiefen Temperaturen unter — 20° vorgenommen worden, weil die Massen dann federnde Eigenschaften haben, so daß der Elastizitätsmodul aus ihnen berechnet werden kann. Zwischen 2 Belastungsstufen P_1 und P_2 wird die Durchbiegung f beobachtet. Für das Trägheitsmoment I des untersuchten Probestabes ergibt sich dann der Elastizitätsmodul nach der Formel

$$E = \frac{(P_2 - P_1) \cdot l^3}{48 I \cdot f} \text{ kg/cm}^2$$

Länge des Stabes innerhalb der Auflager $= l$.

Bei Prüftemperaturen unter $-44°$ hat RADER den Elastizitätsmodul von Sandasphalt zu 15050 kg/cm² ermittelt. Nach ähnlichen Verfahren vorgenommene Versuche der Str.V.Stgt an Asphaltbeton haben fast die gleichen Werte ergeben.

RADER hat den Einfluß der Bitumenweichheit bei $-55°$ für den Elastizitätsmodul, die Zähigkeit bei $-45°$ und die Stabilität nach HUBBARD untersucht. Die Zähigkeit wurde dabei mit dem Gerät von PAGE (Fallhöhe des Gewichtes in cm, wenn Probemuster zu Bruch geht) ermittelt. Daraus muß man entnehmen, daß die Massen mit weichem Bitumen in der Kälte recht günstige Eigenschaften haben — hohe Bruchlast und hohe Dehnung —, so daß bei ihnen die Rißgefahr nur gering ist. Wenn man die Dehnungen bei sehr langsamer Steigerung der Last vornimmt in einem Zeitverlauf, wie etwa die Temperatur absinkt, kann man annehmen, daß die immer noch etwas plastische Masse die Spannungen abbaut und damit die Rißgefahr geringer ist.

Das Marshallverfahren zur Bestimmung der Stabilität von bituminösen Belagsmassen. Das von Bruce G. MARSHALL entwickelte Verfahren hat sich zur Prüfung bituminöser Belagsmassen als sehr brauchbar erwiesen, weil die Untersuchung ziemlich schnell durchzuführen ist und Massen bis 25 mm Korngröße geprüft werden können. Das Prüfverfahren nach MARSHALL wird in DIN 1996 aufgenommen[1].

Abb. 422. Gerät zur Bestimmung der Stabilität nach MARSHALL

Das Marshallverfahren eignet sich sowohl zur Ermittlung der günstigsten Zusammensetzung als auch zur Bestimmung der Stabilität bituminöser Massen. Die Prüfung erfolgt an zylindrischen Probekörpern von 101,6 mm Durchmesser und einer Sollhöhe von 63,5 mm, deren Verdichtung mittels Fallhammer genau beschrieben ist.

An den hergestellten Probekörpern sind folgende Werte zu ermitteln:

a) Raumgewicht der Probekörper in g/cm³ oder kg/dm³ (U. 54 DIN 1996).

b) Gesamtporenvolumen der Probekörper errechnet oder durch Wasseraufnahme der Probekörper nach U. 57 DIN 1996.

c) Die mit Bitumen ausgefüllten Hohlräume der Gesteinsmasse im Probekörper.

d) Die Stabilität der Probekörper bei 60° Prüftemperatur und einem Pressenvorschub von 50 mm pro Minute.

e) Der Fließwert, d. i. die Verformung des Probekörpers bis zum Bruch, bei 60° in mm.

[1] Vorläufiges Merkblatt für die Bestimmung der Stabilität bituminöser Massen mit dem Gerät nach MARSHALL F. G. 1958.

Die Prüfung auf Stabilität und Fließwert bei 60° erfolgt in einem besonderen Scherkopf senkrecht zur Einstampfrichtung. Die Versuchsanordnung geht aus Abb. 422 hervor.

Die Auswertung der bei der Prüfung nach MARSHALL gefundenen Werte kann in zweierlei Hinsicht geschehen, einmal ,um die Stabilität einer bestimmten bituminösen Mischung festzulegen und außerdem, um den für eine gewählte Gesteinsmischung erforderlichen optimalen Bindemittelgehalt zu bestimmen. Hierzu sind Grenzwerte festgelegt worden, die in Tabelle 46 wiedergegeben sind. Auch die Auswertung nach der Verkehrsbelastung ist möglich, jedoch sind die hierfür maßgeblichen Stabilitätswerte noch nicht einheitlich.

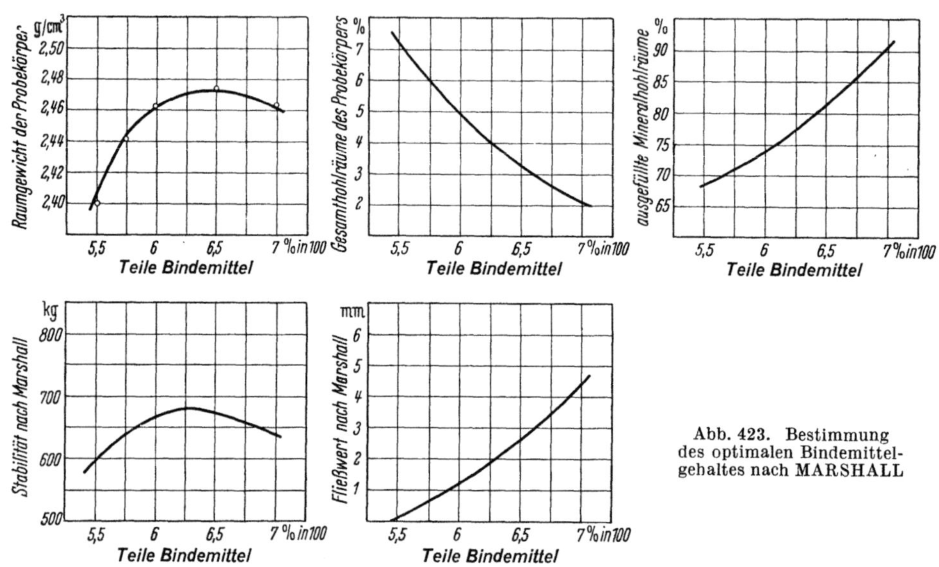

Abb. 423. Bestimmung des optimalen Bindemittelgehaltes nach MARSHALL

Tabelle 46. *Anforderungen an die Eigenschaften von Asphaltbeton- und Sandasphaltmischungen nach dem* MARSHALL-*Verfahren*

1 Eigenschaften	2 Grenzwerte		3 Maßgebliche Werte für die Bestimmung des optimalen Bindemittelgehaltes	
	Asphaltbeton	Sandasphalt	Asphaltbeton	Sandasphalt
Raumgewicht der Probekörper	—	—	Maximum	Maximum
Hohlräume der Probekörper, Vol.-%	3···5	5···7	4	6
Anteil der Hohlräume, die mit Bindemittel ausgefüllt sind, %	75···85	65···75	80	70
Stabilität . . . . kg	über 225	über 225	Maximum	Maximum
Fließwert . . . . mm	unter 5,08	unter 5,08	—	—

Wird nach dem MARSHALL-Verfahren die für eine gewählte Gesteinszusammensetzung erforderliche optimale Bindemittelmenge ermittelt, so werden im Laboratorium mindestens 3 Massen mit steigendem Bindemittelgehalt hergestellt und Probekörper geformt, die auf die in Tabelle 46 angegebenen Eigenschaften geprüft werden. Die gefundenen Prüfergebnisse werden wie im Beispiel Abb. 423 in Abhängigkeit vom Bindemittelgehalt graphisch aufgetragen und nach Zeile 3, Tabelle 46 ausgewertet. Aus den Bitumengehalten bei den einzelnen Ablesungen wird das arithmetische Mittel gebildet. Dieses Mittel stellt den optimalen Bindemittelgehalt nach MARSHALL dar [Str. u. Autob. 8 (1957) S. 210].

Prüfung auf Dauerstandfestigkeit. Bei der Materialprüfung hat man plastische Massen auf Dauerstandfestigkeit geprüft und damit Werte zur Beurteilung ihrer Verwendbarkeit ermittelt. Bei bituminösen Massen, die langsam verdichten, kann eine solche Prüfung nicht angewendet werden, weil in der bildsamen Formänderung noch die Verdichtung mit inbegriffen ist. Sie wäre nur für Gußasphalt geeignet, der nicht nachverdichtet [*362*].

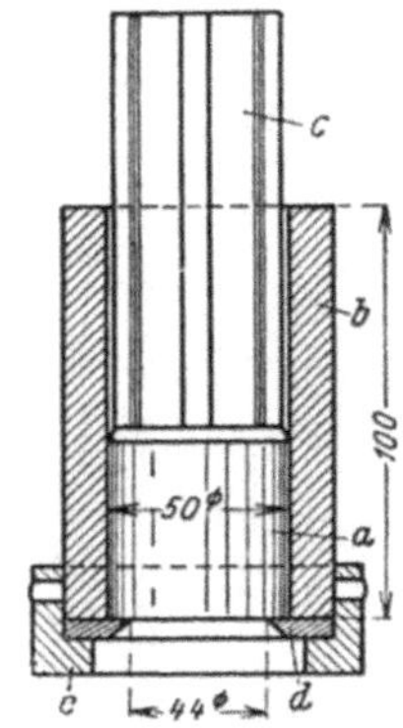

Abb. 424. Gerät zur Messung der Stabilität von bituminösen Mischungen bei 60° nach HUBBARD

Bildsamkeitsprüfung nach HUBBARD-FIELD. Im Straßenbau ist außerdem zu beachten, daß die Massen im Belag stets in einen Rahmen eingespannt sind und daher ihre Seitenausdehnung behindert ist. Diesem Umstande sucht sich die Stabilitätsprüfung von HUBBARD von der Asphalt Association in New York anzupassen, die für Sandasphalt ursprünglich eingeführt worden ist. Mit ihr wird der Verformungswiderstand verdichteter bituminöser Massen bestimmt. Zylinder von 5 cm ∅ und 2,5 ··· 7,5 cm Höhe werden heiß in eine Form eingebracht, mit einem genormten Stampfer in vorgeschriebener Weise eingestampft und dann mit 215 kg/cm² eingepreßt. Sie werden dann bei 60° in eine Zylinderform gebracht, deren Boden offen ist und eine geringe Einschnürung auf nur 4,4 cm lichter Weite besitzt (Abb. 424). Auf den Probekörper wird nunmehr ein Stahlkern gesetzt und in einer Presse der Probezylinder durch die Einschnürung, die schmäler als der Versuchskörper ist, bei einer Temperatur von 60° im Wasserbade bei einer Verformungsgeschwindigkeit von 60 mm/min durchgedrückt. Unter dem Druck verformt sich der Körper, bis nach Erreichen einer Höchstlast Fließzustand eintritt, weil der Winkel der inneren Reibung und die Kohäsion des Bindemittels überschritten sind. Es tritt eine bildsame Verformung ein. Für grobkörnige Massen ist das Gerät auf 15 cm ∅ vergrößert worden. Der durch die Prüfung festgestellte höchste Druck wird als die Stabilität nach HUBBARD-FIELD bezeichnet.

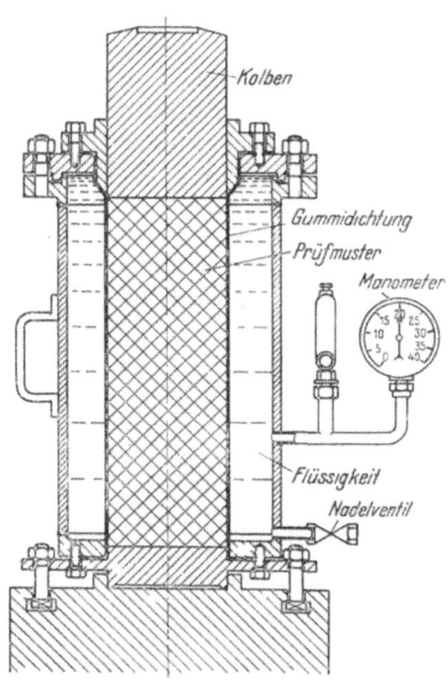

Abb. 425. Gerät zur Prüfung auf Druckfestigkeit mit behinderter Seitenausdehnung (Triaxialversuch)

Grenzwerte der Stabilität nach diesem Verfahren bei 60° sind:

für schweren Verkehr:

Stabilität 1600 ··· 1700 kg
Hohlräume 2 ··· 5%

für normalen Verkehr:

Stabilität 1100 ··· 2700 kg
Hohlräume 2 ··· 5%.

Das Verfahren nach HUBBARD-FIELD kann wie das MARSHALL-Verfahren auch für Bestimmung der besten Zusammensetzung einer Mischung herangezogen werden. Die Versuchsergebnisse werden dann in einem Koordinatensystem in Abhängigkeit vom Bindemittelgehalt aufgetragen, wobei zusätzlich noch das Raumgewicht der Probekörper und ihre Gesamthohlräume ermittelt werden.

Prüfung auf Druckfestigkeit mit behinderter Seitenausdehnung (mit dem Triaxialgerät). Da im Straßenbelag die seitliche Einspannung nicht starr ist, kann sie Kräfte nur bis zu einem gewissen Maße aufnehmen, alsdann macht sie die Formänderung mit und kann an den Seiten herausquellen. Um den Verformungswiderstand nicht nur in vertikaler, sondern gleichzeitig in horizontaler Richtung zu messen, bedient man sich zur Prüfung auf Druckfestigkeit mit behinderter Seitenausdehnung eines Gerätes nach Abb. 425, triaxialer Zellenapparat genannt. Mit diesem Gerät werden die Werte von innerer Reibung und Kohäsion des Bindemittels festgestellt.

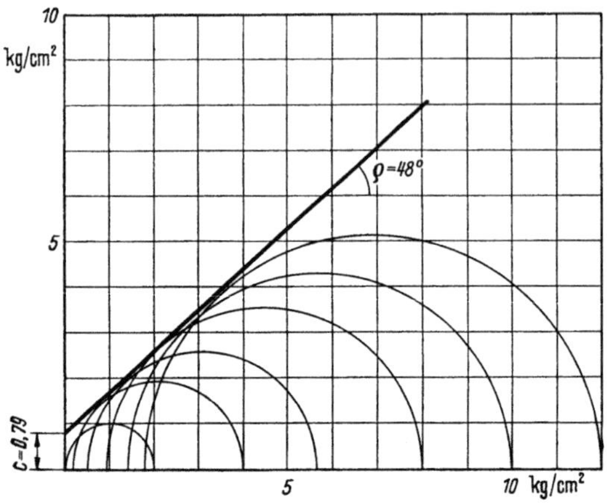

Abb. 426. Ermittlung der Scherspannung und des Winkels der inneren Reibung aus den Ergebnissen des Triaxialversuchs mit den MOHRschen Kreisen

Wichtig ist, daß die Belastungsgeschwindigkeit nur sehr gering sein darf, damit außerhalb des elastischen Zustandes gemessen wird. Angewendet wird eine Geschwindigkeit von 1,25 mm/min.

Um den Verformungswiderstand zu erhalten, werden mit der gemessenen Vertikalbelastung σ_α und dem am Manometer abgelesenen Seitendruck σ_b der MOHRsche Spannungskreis gezeichnet. Wenn dies für mehrere Lastzustände geschieht, haben diese Kreise eine gemeinsame Tangente, die auf der Ordinatenachse die Scherspannung τ abgrenzt (Abb. 426). Dieser Verformungswiderstand setzt sich, da es ein bildsamer Vorgang ist, allerdings aus mehreren Anstrengungen zusammen, die aus folgenden 3 Größen bestehen: dem Anfangswiderstand, dem Winkel der inneren Reibung und der Viskosität der Masse [*334, 363*]. Auf diese Weise können alle Einflüsse auf die Zusammensetzung der bituminösen Massen, wie Bitumengehalt, Bitumenweichheit, Porenraum der Masse, die Füller-Bitumen Beziehungen (s. S. 519) und schließlich die günstigste Zusammensetzung gefunden werden. Immerhin kann man damit rechnen, daß die Einspannung gegen die seitliche Ausdehnung größer sein wird als im Versuch angewendet, so daß man bei dieser Prüfung hinsichtlich der wirklich auftretenden Spannungen einen Sicherheitsgrad hat.

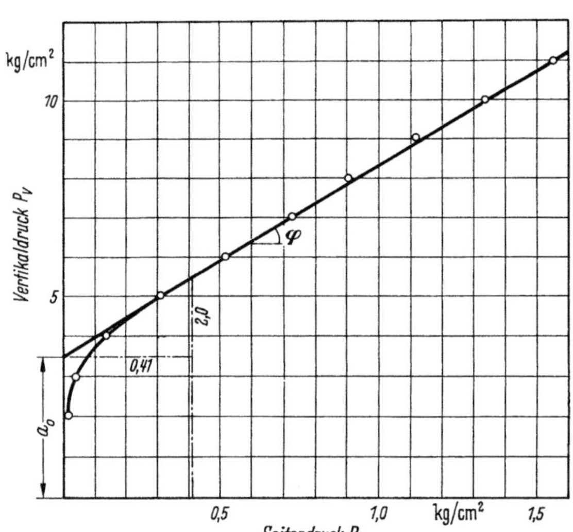

Abb. 427. Ermittlung der scheinbaren Kohäsion, des Winkels der inneren Reibung und der Scherspannung aus den Ergebnissen der Triaxialprüfung

Nach einem amerikanischen Verfahren wird der abgelesene Druck der Presse in einem Koordinatennetz auf der Ordinate (a) und der Seitendruck auf der Abszisse (b) aufgetragen und dann die Kurve gezeichnet, die in höherem Bereich eine Gerade wird. Ihre Verlängerung nach unten zur Ordinatenachse schneidet einen Wert ab, der die scheinbare innere Kohäsion angibt, weil die Reibung hier $= 0$ ist (Abb. 427). Rechnungsbeispiel: $\operatorname{tg}\varphi = \frac{a - a_0}{b} = \operatorname{tg}^2\left(45 + \frac{\varrho}{2}\right)$, ϱ = Winkel der inneren Reibung.

Der Abschnitt vom Koordinatennullpunkt bis zum Schnittpunkt der Tangente mit der Ordinatenachse ist

$$\text{Einheit der Kohäsion} \quad a_0 = 2C \operatorname{tg}\left(45 + \frac{\varrho}{2}\right)$$

$$C = \frac{a_0}{2 \cdot \operatorname{tg}\left(45 + \frac{\varrho}{2}\right)} \tag{86}$$

Hveem-Methode. Bei der HVEEM-Methode wird die vorher nach einem verwickelten Verfahren hergestellte Probe nicht wie bei der HUBBARD-FIELD-Prüfung eingespannt, sondern die Probekörper werden bei behinderter Seitenausdehnung abgedrückt. Es handelt sich also auch hier um eine triaxiale Prüfung, jedoch sind die hierfür erforderlichen Probenverhältnisse nicht eingehalten. Bei der eigentlichen Stabilitätsprüfung (Versuchsanordnung vgl. Abb. 428) im sogenannten Stabilometer wird der Probekörper von 4″ (10,2 cm) ∅ und 2,5″ (6,4 cm) Höhe in der Druckzelle einer bestimmten vertikalen Druckbeanspruchung unterworfen. Dabei verformt sich die Probe und erzeugt über eine Membrane auf die seitliche Druckflüssigkeit einen Seitendruck. Die Stabilität berechnet sich aus dem festgestellten Seitendruck bei einem Vertikaldruck von 400 PSi (28 kg/cm²) und der Verformung des Probekörpers bei der Belastung nach einer von HVEEM aufgestellten Formel [*364*]. Sie ist daher ein Kennwert und wird nicht in einer bestimmten Maßeinheit ausgedrückt. Die Prüfung erfolgt bei 60° und einem Pressenvorschub von 1,27 mm/min Die Stabilitätsprüfung nach HVEEM wird durch eine Biegezugprüfung mit Hilfe des sogenannten Kohäsionsmeters ergänzt.

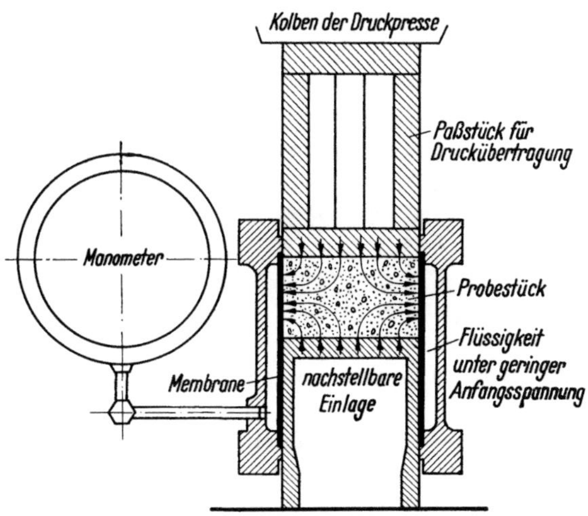

Abb. 428. Prüfgerät mit behinderter Seitenausdehnung nach HVEEM

8.4 Anforderungen an die Gleislage und die Tragschichten von Straßenbahnen

8.41 Allgemeines

Für die Straßenbahnkörper gelten die gleichen Grundsätze wie beim Straßenbau, daß der Untergrund nicht aus frostgefährlicher Bodenart bestehen darf, daß das Wasser so schnell als möglich von der Gleiszone abgeführt werden und etwa eingedrungenes Wasser vom Gleiskörper abgeführt werden muß. Auch der Bahnkörper soll wie die Straße ein Mindestgefälle von $2^0/_{00}$ haben, und das den Schienen zufließende Wasser soll in Schienenentwässerungen, die in 100 ··· 150 m Abstand eingebaut werden, in die städtische Kanalisation abgeleitet werden. Die Tragschichten, die im Straßenbau verwendet werden, sind auch beim Gleisbau zweckmäßig, und ebenso zweckmäßig ist es, Straßenfahrbahn und Gleis mit derselben Unterbettung herzustellen. Das gilt besonders für die städtischen Straßen mit Straßenbahn. Vorläufiges Merkblatt für den Einbau von Straßenbahngleisen F. G. 1952.

8.42 Rillenschienen auf Schotterbettung und Packlage

Als die beste Oberbauform betrachtet der Gleisbau die Packlage mit Schotterbett, weil sie die Schwingungen aufnimmt und dämpft. Deshalb ist man in städtischen Straßen, die jetzt in der Regel eine Tragschicht aus Beton erhalten, in der Gleiszone beim Schotterbett mit Packlage geblieben. Das hat aber den großen Nachteil, daß der Gleiskörper, der in diesem Falle ausgepflastert wird, und die mit einer bituminösen Decke versehene Fahrbahn einen unterschiedlichen Gleitbeiwert haben, ein Zustand, der besonders bei Nässe den Verkehr gefährdet.

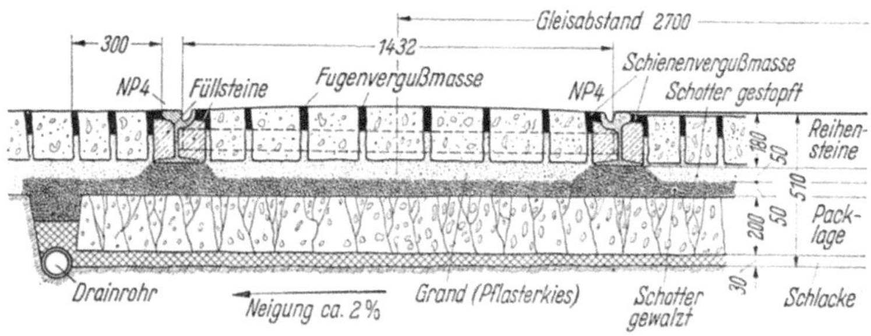

Abb 429. Straßenbahnkörper mit Rillenschienen auf Schotter und Packlage nach BEUTIN [52]

In Straßen, auf denen der Gleiskörper auch vom anderen Verkehr mitbenutzt wird, bleibt keine andere Wahl, als ihn auch mit derselben bituminösen Decke zu versehen, die die Fahrbahn hat, obwohl dies für den Bau und die Unterhaltung des Gleiskörpers nicht immer die beste Lösung ist.

Der Gleiskörper — Rillenschienen auf Schotterbett mit Packlage — wird durch Abb. 429 erläutert. Wenn der Untergrund aus Ton und Lehm besteht, kann der Boden, wenn er durchfeuchtet wird, in die Packlage eindringen. Deshalb wird in diesem Falle der Gleiskörper tiefer ausgehoben und zuerst eine Schicht Kesselschlacke von 3 ··· 5 cm Dicke eingebracht.

Die Packlage kann auch durch groben Schotter 80/100 mm ersetzt werden, der nach der im Straßenbau jetzt eingeführten Bauweise eingerüttelt und eingewalzt wird (Rüttelschotter, S. 362).

8.43 Rillenschienen mit Schwellen auf Schotterbett

Bei dieser Verstärkung des Oberbaues wird 64 cm tief ausgekoffert, auf die 20 cm hohe Packlage werden 2 Schichten Schotter je 5 cm dick aufgewalzt. Der Zwischenraum zwischen den 14 cm hohen Schwellen wird mit Schotter ausgefüllt, so daß die Schwellen noch gestopft werden können. An den Kopfseiten der Schwellen bleibt die Schotterschicht 10 cm unter Schwellenoberkante liegen, die Schicht darüber wird mit Magerbeton ausgefüllt als Unterlage für das Pflaster. Der Bahnkörper mit Schwellen mildert die Fahrgeräusche.

8.44 Rillenschienen auf Beton

Die Betonunterbettung hat den Nachteil, daß sie nicht genügend wasserdurchlässig ist und die Straßenbahngeräusche durch ihre Starrheit verstärkt werden, besonders wenn die Schienen mit besonderen Schienenträgern im Beton verankert sind. Wie aus Abb. 430 zu ersehen ist, muß der ganze Oberbau — Schiene mit Unterguß und Betonplatte — 0,46 m dick gemacht werden, während der anschließende Straßenkörper höchstens 32 cm Höhe hat (Abb. 430 links). Beide müssen daher getrennt ausgeführt und zwischen beiden Betonplatten eine Längsfuge als Preßfuge vorgesehen werden, die schon deshalb notwendig ist, weil beide Tragschichten unterschiedlich beansprucht werden und die Fuge auch die Weiterleitung der Geräusche unterbricht.

Da die Asphaltdecke sich verdichtet und abnutzt, wird sie am Schienenkopf 10 mm höher gelegt. Auf der linken Seite der Abb. 430 ist der Anschluß an die Asphaltfahrbahn dargestellt.

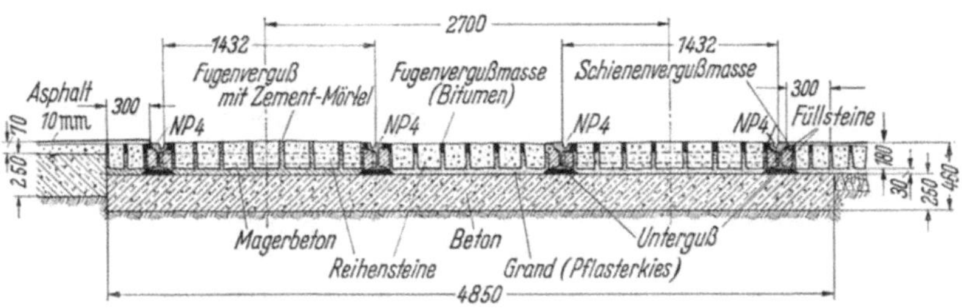

Abb. 430. Straßenbahnkörper mit Rillenschienen auf Betonunterbettung

Es ist bisher nicht gelungen, einen haltbaren Anschluß zwischen Schienenkopf und Asphaltbelag herzustellen. Denn es bildet sich nach kurzer Zeit eine schmale Fuge am Schienenkopf, durch die Wasser eindringt und mit der Zeit eine Lockerung der Decke bewirkt, die zumeist an den Schienenstößen beginnt. Seitdem diese geschweißt werden, hält sich die Gleisanlage in Asphaltdecken wesentlich besser. Nach der heutigen Ansicht soll die Schiene nachgiebig gelagert sein. Der Fuß der Schiene wird auch einbetoniert, er erhält aber eine nachgiebige Unterlage in Form eines 2 cm dicken Untergusses aus Asphaltmastix, der einmal genügend Härte, aber auch ausreichende Nachgiebigkeit besitzen und leicht zu verarbeiten sein muß.

Um die Gleiszone möglichst wasserundurchlässig zu machen, wird sie mit Gußasphalt gedeckt.

8.45 Straßenbahngleise in Betondecken

Das Einlegen von Schienen in Betondecken bereitet keine Schwierigkeiten. Da die Spurrille in Beton leicht herzustellen ist, wird statt der Phönixschiene

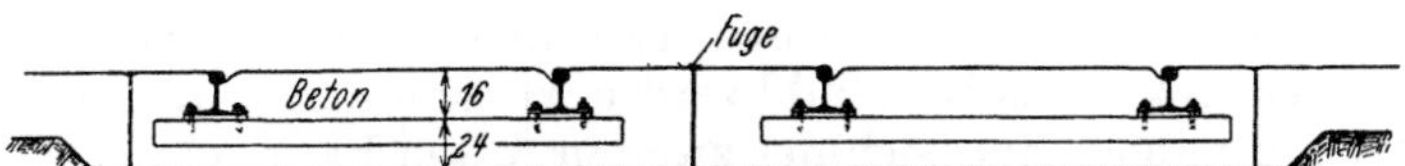

Abb. 431. Straßenbahnkörper mit Kopfschienen in Beton

mit Leitkopf die gewöhnliche Eisenbahn-Breitfußschiene verwendet (Abb. 431). Wegen der verschiedenen Beanspruchung muß der Gleiskörper von dem übrigen Fahrdamm durch eine Fuge getrennt werden.

9. Geräte und Maschinen zur Herstellung der Straßenbefestigung

9.1 Geräte zum Aufbereiten der Baustoffe

9.11 Zerkleinerung

Das aus dem Steinbruch kommende Rohgut muß zerkleinert werden, um ein Erzeugnis von verschiedenen Korngrößen zu erhalten, wie es dem jeweiligen Verwendungszweck entspricht. Die im Straßenbau gebrauchten Körnungen (vgl. DIN 1171) soll der Brecher möglichst gleichartig, vor allen Dingen möglichst würfelförmig, liefern. Menge und Form des Enderzeugnisses hängen sehr von der Natur des zu brechenden Gesteines ab, beide sind je nach Gefüge, Härte und Zähigkeit Schwankungen unterworfen.

Bei der Zerkleinerung der Bruchstücke fällt neben der gewünschten Korngröße noch feineres Gut wie Splitt, Grus und Mehl an, bisweilen auch Stücke, die über die verlangte Größe hinausgehen. Je nach dem Verhältnis der Menge dieses Abfalles zur Menge des Anfalles an der gebrauchten Korngröße wird man die Leistung des Steinbrechers einschätzen. Die Trennung in die einzelnen Korngrößen erfolgt durch Siebanlagen.

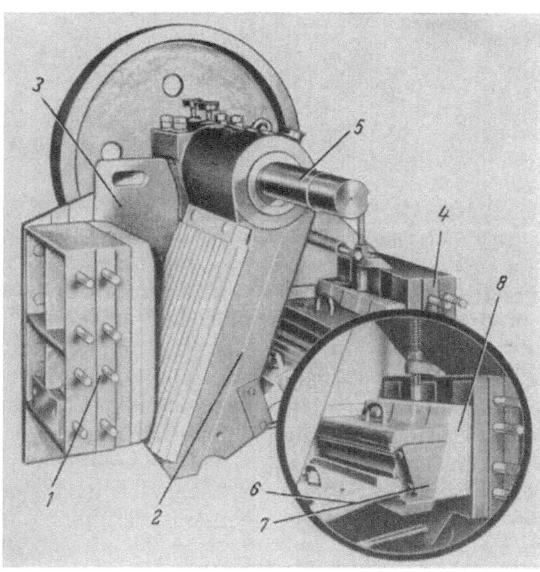

Abb. 432. Einschwingenbrecher der Eschwerke. 1 Vordere Kopfwand mit fester Brechbacke, 2 Brechschwinge, 3 Seitenkeile zu den auswechselbaren Brechbacken, 4 hintere Kopfwand, 5 Exzenterwelle, 6 Druckplatte, 7 Druckstück, 8 Stellkeil zur Veränderung der Brechspaltweite

Ist das aus dem Steinbruch kommende Gestein sehr groß, muß ein Brecher mit großer Maulweite genommen werden. Da es aber nur möglich ist, durch Einstellen der Spaltweite eine Zerkleinerung im Verhältnis von etwa 1:5 zu erreichen, muß ein zweiter Brecher mit kleinerer Maulweite angeschlossen werden. Die Reihenfolge ist: Vorbrecher, Nachbrecher und Feinbrecher.

Es werden hauptsächlich zwei Arten von Steinbrechern hergestellt:

9.111 Backenbrecher

Im Backenbrecher wird das Brechgut zwischen zwei einen keilförmigen Raum bildenden Brechbacken aus Hartstahl zerdrückt, von denen die eine Backe, lose und schwingend aufgehängt, sich der zweiten festen Backe abwechselnd nähert und entfernt, so daß eine Kaubewegung entsteht. Das Brechgut fällt unten aus dem sich erweiternden Spalt heraus, und Stücke, die noch nicht genügend zerkleinert sind, werden beim nächsten Brechgang noch einmal gefaßt und gebrochen. Die Arbeit ist eine absatzweise. Die größere Zerkleinerungsarbeit wird in dem unteren Raum geleistet.

Beim *Einschwingenbrecher* wird die bewegliche Backe, auch Schwinge genannt, durch den Exzenter unmittelbar bewegt. Die Backe ist am Fuß durch eine beweglich gelagerte Druckplatte gestützt und wird durch eine Zugstange mit Feder festgehalten. Alle Brecher verlangen ein Glied, das so schwach ausgebildet ist, daß es zerstört wird, wenn Körper von ungewöhnlicher Härte (Eisenstücke u. a.) in das Brechmaul geraten, damit die ganze Maschine vor Zerstörungen geschützt ist. Bei dem Einschwingenbrecher ist die Druckplatte der schwache Teil. Bei ihm durchlaufen alle Punkte der Schwinge eine Ellipse, die an der Einwurföffnung des Brechers sich der Kreisform nähert. Die Abb. 432 stellt einen Einschwingenbrecher der Eschwerke dar. Die nach unten gerichtete Bewegung übt zugleich eine einziehende Bewegung aus, die die Leistung des Brechers erhöht, weil das Gestein nur kurze Zeit im Brechmaul ist.

Das Brechgut wird dem Backenbrecher durch die obere Öffnung des Brechmaules, deren Weite sich nach der Größe der aufzugebenden Stücke richtet,

Abb. 433. Doppelschwingen- oder Kniehebelbrecher. Klöckner-Humboldt-Deutz.
1 Feste Brechbacke, *2* Schwingenbrechbacke, *3* Vorderwand, *4* Schwinge, *5* Schwingenachse, *6* Exzenterwelle, *7* Zugstange, *8* Druckorgane, *9* Verstellbacken, *10* Distanzbleche, *11* Hinterwand, *12* Verstelleinrichtung, *13* Rückholfederung, *14* Schwungscheibe

mechanisch oder mit Hand zugeführt. Die Austragung erfolgt durch den unteren Austrittspalt, von dessen Weite wieder die Korngröße der Brecherzeugnisse abhängt. Die Feinheit des erzeugten Kornes kann auch während des Betriebes durch Erweiterung oder Verengung des Austrittspaltes geändert werden. Als Spaltweite soll bezeichnet werden die Entfernung im Austragspalt zwischen den Zahnspitzen der einen Brechbacke und den gegenüberliegenden Zahnlücken der andern.

Beim *Doppelschwingen- oder Kniehebelbrecher* wird die Schwingenbrechbacke (2), die an der festen Welle (5) aufgehängt ist, durch ein Kniehebelsystem so bewegt, daß sie sich der festen Backe (1) nähert, dabei Brecharbeit leistet und sich entfernt, so daß der Spalt sich öffnet und das Brechgut ausfällt, während neues Gut oben eingezogen wird. Durch die Exzenterwelle (6) wird die Zugstange (7) auf und ab bewegt. Dadurch erzeugen die Druckorgane (8) die Bewegung der Schwingenbrechbacke. Die Spaltöffnung kann verstellt werden (12). Um zu verhindern, daß Fremdkörper, die in das Brechmaul geraten sind, den

Brecher beschädigen, ist in die Schwungräder (14) eine Sicherung gegen Überlastung eingebaut. Der in acht Größen lieferbare Brecher kann in der Stunde von 5 ··· 10 m³/h bis 220 ··· 300 m³/h brechen.

Der KRUPP Schlagbrecher (Stahlwerk Rheinhausen, Abb. 434) ist ein Backenbrecher mit einer festen und einer schwingenden Brechbacke. Er unterscheidet sich von den anderen Backenbrechern durch die starke Neigung des Brechraumes und den großen Hub der schwingenden unteren Backe. Die Brechschwinge ist gegen vorgespannte Federn abgestützt, so daß sie bei Überlastung und bei Fremdkörpern im Brechgut nachgeben kann.

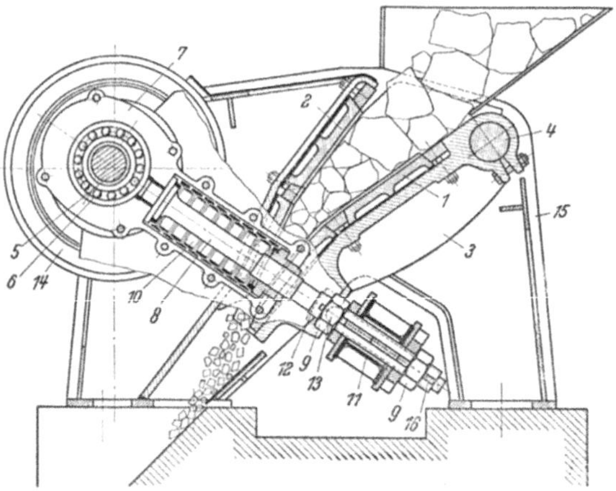

Abb. 434. Schlagbrecher der Fa. Krupp, Rheinhausen. *1* Schwingenbrechbacke, *2* Gehäusebrechbacke, *3* Schwinge, *4* Schwingenachse, *5* Exzenterwelle, *6* Pendelrollenlager, *7* Zugstangengehäuse, *8* Zugstange, *9* Spaltverstellmuttern, *10* Überlastungsfeder, *11* Querbalken, *12* Druckplattenlager, *13* Druckstück, *14* Schwungrad, *15* Brechergehäuse, *16* Einstellskala

Bezeichnet man mit Zerkleinerungsgrad das Verhältnis der Abmessung des Gesteinsstückes zu der durchschnittlichen Größe des zerkleinerten Kornes, so ist dieser bei Backenbrechern nicht größer als 7 zu 1, bei vorsichtiger Zerkleinerung 5 zu 1.

9.112 Kreiselbrecher

Die Kreiselbrecher bestehen aus einem auf einer senkrechten Welle befestigten, an seiner Oberfläche mit Rippen versehenem oder auch glattem Kegel, der innerhalb eines gleichfalls gerippten oder glatten Hohlkegelstumpfes oder Zylinders steht. Der innere Kegel sitzt auf einer senkrechten Welle, die bei der Drehung um die Achse sich auf der einen Seite von dem äußeren Kegel entfernt, damit das Brechgut nachstürzen kann, während er sich auf der anderen Seite dem Hohlkegel nähert und dadurch die Quetschwirkung ausübt. Die kleineren Stücke werden durch Druck und die größeren durch Druck und Biegung zerquetscht. Da bei dem Kreiselbrecher der Brechraum eine Ringform bildet

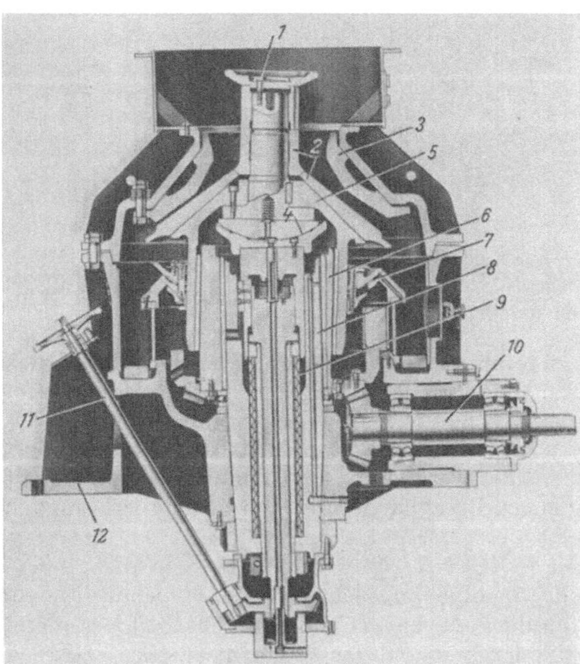

Abb. 435. Feinkreiselbrecher von Klöckner-Humboldt-Deutz. *1* Streuteller, *2* Brechkegel, *3* Brechring, *4* Stützlager, *5* Brechpilz, *6* Exzenterbüchse, *7* Dichtung, *8* Königszapfen, *9* Überlastungsschutz, *10* Steckvorgelege, *11* Spaltverstellung, *12* Gehäuse

und die Brechachse eine Bewegung ausführt, die dem Mantel eines Kegels entspricht, so findet eine ununterbrochene Zerkleinerungsarbeit im Gegensatz zum Backenbrecher mit seinem Arbeits- und Leergang statt. Die in einer Kupferpfanne allseitig beweglich aufgehängte Brecherachse wird durch das Getriebe mit exzentrischem Zylinderring kreisend geschwenkt, so daß ihre Mittellinie einen Kegelmantel beschreibt. Infolgedessen bewegt sich der Brecherkegel so, daß jeder Punkt der Brechkegeloberfläche Kreislinien durchläuft und sich in steter Folge dem inneren Umgang des Brechmantels nähert oder sich von ihm entfernt, d. h. die Orte kleinsten Abstandes und größten Druckes durchlaufen stetig fortschreitend die Brechkegelfläche bzw. die Brechringinnenfläche. Da eine Drehbewegung des Brechkegels um seine Achse nicht stattfindet, wird das Mahlgut nicht zwischen Brechkegel und -mantel zermahlen oder zerrieben, sondern nur zerdrückt. In der Abb. 435 sind die einzelnen Teile des Kreiselbrechers durch die Ziffern *1* bis *12* erläutert.

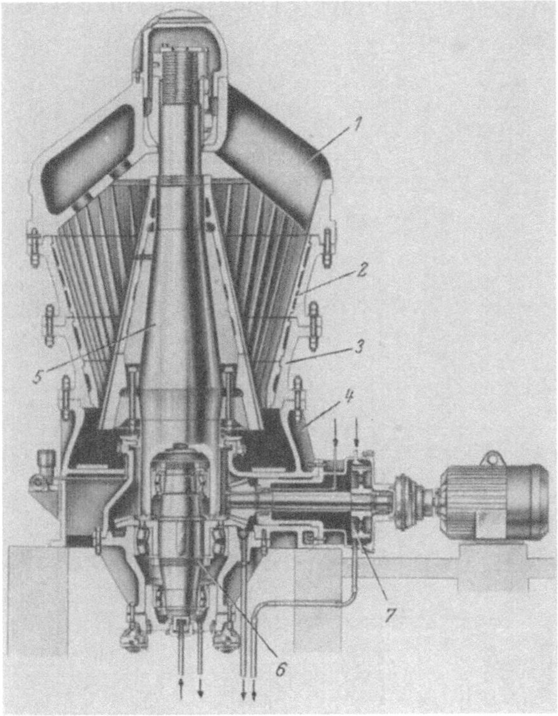

Abb. 436. Esch-Groß-Kreiselbrecher.
1 Obere Zweiarmtraverse mit Lagerung der Brecherachse, *2* oberer Brechrumpf, *3* unterer Brechrumpf, *4* Brecherunterteil, *5* Brecherachse mit dreiteiligem Brechkegel, *6* Exzenterwelle mit Wälzlagerung, *7* Schwerlastanlaufgetriebe

Die Zerkleinerung des Aufgabegutes geschieht je nach der Brecherbauart von Blockgröße, entsprechend der Größe der Einwurföffnung, auf Faust- oder Nußgröße und von etwa Faustgröße auf Korn von 15 ··· 30 mm. Die Riffelung des Brechkegels und der Brechringe wird verschieden ausgeführt und ist bedingt durch die Natur des Brechgutes und die gewünschte Korngröße. Letztere ist für den Ausschlag der Exzenterbewegung maßgebend, die durch Einsetzen entsprechender Zylinderringe in den Laufzylinder verändert werden kann.

Einen Großkreiselbrecher der Esch-Werke KG Duisburg zeigt Abb. 436, der in Größen geliefert wird, die eine stündliche Leistung von 20 ··· 1500 t haben.

9.113 Symons-Brecher

Da im Straßenbau ein großer Bedarf an Splitt besteht, sind solche Brecher besonders geeignet, die Vor- und Nachbrechen in einem Arbeitsgang besorgen. Dies leistet der Doppelbrecher, bei dem sich an den einen Brechraum ein anderer anschließt, der sich nach unten verjüngt. Der Zerkleinerungsgrad schwankt zwischen 2 und 20.

Bei diesem Brecher — Symons-Brecher, Krupp Stahlbau, Rheinhausen — werden die Vorteile des Rundbrechers, durch sehr schnelle Bewegung des Brechkegels das Gestein gegen den äußeren Brechmantel zu schleudern und für schnellen Austritt des Brechgutes zu sorgen, noch vermehrt. Der Brechkegel wird beim Symons-Brecher in taumelnde Bewegung gesetzt, ohne sich um seine Achse zu drehen. Die Kegelfläche führt also gegen den äußeren Brechmantel eine kreisende Hubbewegung aus (Abb. 437).

Bei der Wahl zwischen Backenbrecher und Rundbrecher ist zu berücksichtigen, daß vom Backenbrecher wesentlich größere Gesteinsstücke zerkleinert werden als vom Rundbrecher, bei gleicher Leistung. Bei großen Leistungen wird man den Rundbrecher, bei kleineren den Backenbrecher wählen, vorausgesetzt, daß in beiden Fällen die Kornform eine kubische ist.

Umfangreiche Untersuchungen an Kniehebelbrechern, Einschwingenbrechern, Kreiselbrechern und Symonskegelgranulatoren, die als Vor-, Nach- und Fein-

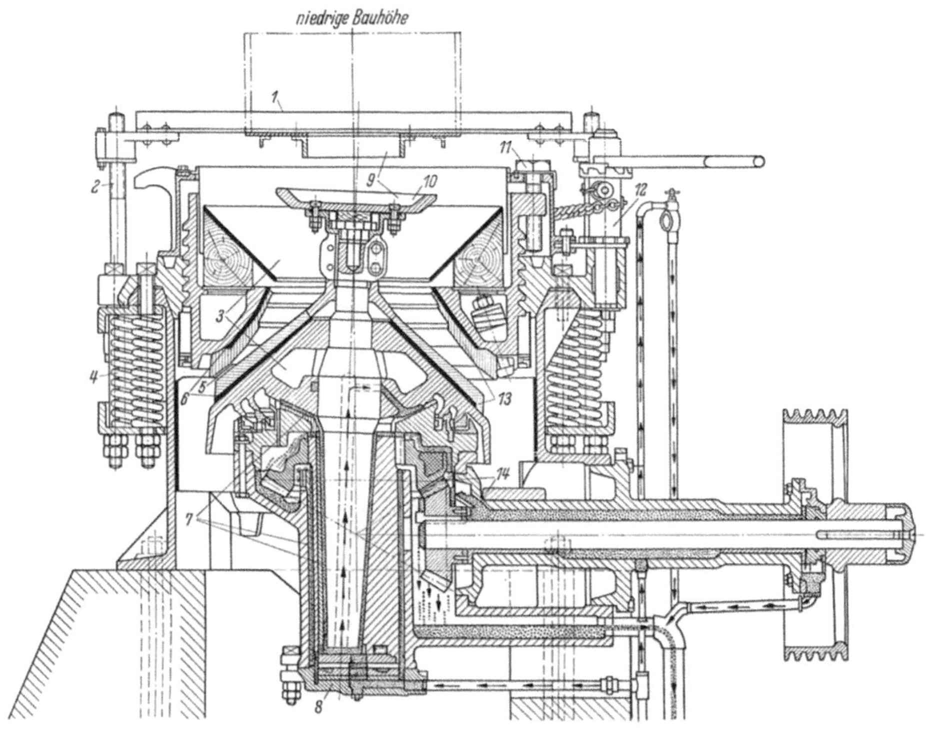

Abb. 437. Symons-Brecher, Krupp Stahlbau, Rheinhausen.
1 Freie Öffnung ringsherum, *2* Einstellschrauben für die Aufgabe, *3* alle Teile von oben zugänglich, *4* Federn als Überlastungsschutz, *5* Kalibrierspalt, *6* keine hervorragenden Hartstahlteile, *7* reichlich bemessene Lager aus Sonderbronze, *8* Bodenplatte wird nie abgeschraubt. Brecherauslauf kann zugebaut werden, *9* einfache Aufgabevorrichtung für gleichmäßige Beschickung, *10* Streuteller, *11* Klemmschrauben für das Verstellgewinde, *12* Winde zum Verstellen der Spaltweite, *13* leicht und schnell auswechselbare Hartstahlteile, *14* Ölumlaufschmierung aller Teile

brecher verwendet worden sind, haben ergeben, daß der Einfluß der Gesteinsart auf den Gesamtanfall an würfelförmigen Körnern möglichst gleicher Größe gegenüber den anderen Einflüssen, wie Bauart des Brechers, Drehzahl, dem Zustand der Brechbacken usw. von ausschlaggebender Bedeutung ist. Basalt hat die besten Ergebnisse geliefert.

Wenn der Anfall ausgesiebt und eine Kornverteilungskurve aufgetragen wird, hat diese ein scharf ausgeprägtes Maximum, das die gewichtsmäßig bevorzugte Korngröße darstellt. Ihr Verhältnis zur Spaltweite (s. o.) wurde bei Kniehebel- und Einschwingenbrechern mit 1,02 für die Vorbrecher und mit 0,83 für die Feinbrecher ermittelt. Daß die größte im Anfall auftretende Korngröße etwa gleich der maximalen Spaltweite ist, ist naturgemäß.

9.12 Siebanlagen

Da das aus den Brechern fallende Gut aus Körnern sehr verschiedener Größe besteht, muß es ausgesiebt werden, damit das ungleichmäßig zusammengesetzte Haufenwerk nach einzelnen Korngrößen getrennt wird. Das geschieht in Siebtrommeln oder Schwingsieben. Die Trommel, deren Mantel aus gelochtem Blech oder Drahtmaschen besteht, setzt sich aus mehreren Rohrschüssen zusammen, die verschiedene Lochgrößen haben, die den Anforderungen der DIN 1171 entsprechen, so daß Körnungen anfallen, die mit dem vorläufigen Merkblatt für Körnungen aus gebrochenem Naturgestein übereinstimmen. Die Siebgrößen nach DIN 1171 sind im Anhang Seite 627 gebracht.

Auf der Seite der Siebtrommel, auf der das Brechgut eintritt, befindet sich der Rohrschuß mit der feinsten Sieblochung, daran schließt sich der zweite mit

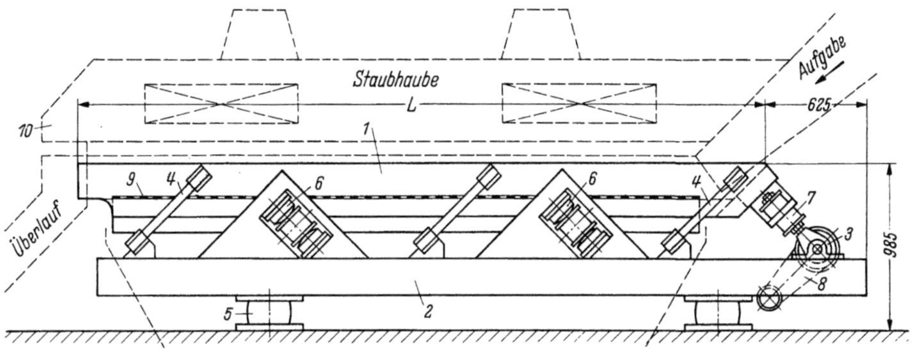

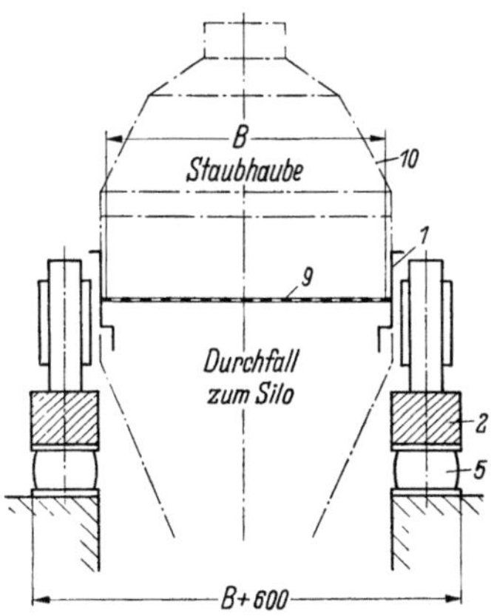

Abb. 438. Resonanzschwingsiebe von Krupp (Rheinhausen)

größerer Sieblochung (Splitt), es folgt dann die Lochung für Feinschlag und dann für Grobschlag. Je nach der Größe und Länge der Trommeln wird bei den kleinsten nach zwei, bei den größten bis zu acht Korngrößen ausgesiebt. Gesteinsstücke, die auch durch die größte Sieblochung nicht hindurchgefallen sind, durchlaufen die Siebtrommel und wandern über Becherwerk und Transportbänder noch einmal in den Brecher. Die Leistung in t f. d. m² Siebfläche/h entspricht der Maschenweite in mm. Die Länge der Rohrschüsse kann daher mit der Maschenweite abnehmen. Bei Schotterwerken mit ortsfesten Anlagen sind unter jeder Sieblochung Taschen als Vorratsbehälter angeordnet, die die Masse gleicher Körnung aufnehmen, aus denen sie dann unten entnommen werden kann. Der Mantel der Trommel aus starkem Eisenblech ist an einem aus Winkeleisen zusammengesetzten Rahmen befestigt, damit die Trommel sich nicht durchbiegen kann. Der Mantel hat an den Enden Bordringe, die zugleich Laufringe sind und die auf breiten Rollen aufruhen, durch die die Trommel in Bewegung gesetzt wird. Sie ist nach der Ausfallseite schwach geneigt, so daß das vorgebrochene Gut langsam die Trommel durchwandert und dabei durch die Siebe fallen kann.

Auf Resonanzschwingsieben in der Form der Abb. 438 wird das Brechgut durch Beschleunigungskräfte, die dem Siebrahmen aufgezwungen werden, vorwärts bewegt, zugleich aber auch eine kräftige Siebwirkung erzielt. Da der Antrieb nur die Reibungs- und Dämpfungsverluste zu übertragen braucht, ist er sehr klein. Durch Einstellung der Schwingweite kann die Siebbewegung gut an das Siebgut angepaßt werden.

Neuzeitliche Schotteranlagen werden nur mit Maschinen unter möglichster Ausschaltung menschlicher Arbeitskraft betrieben. Auf der einen Seite wird das

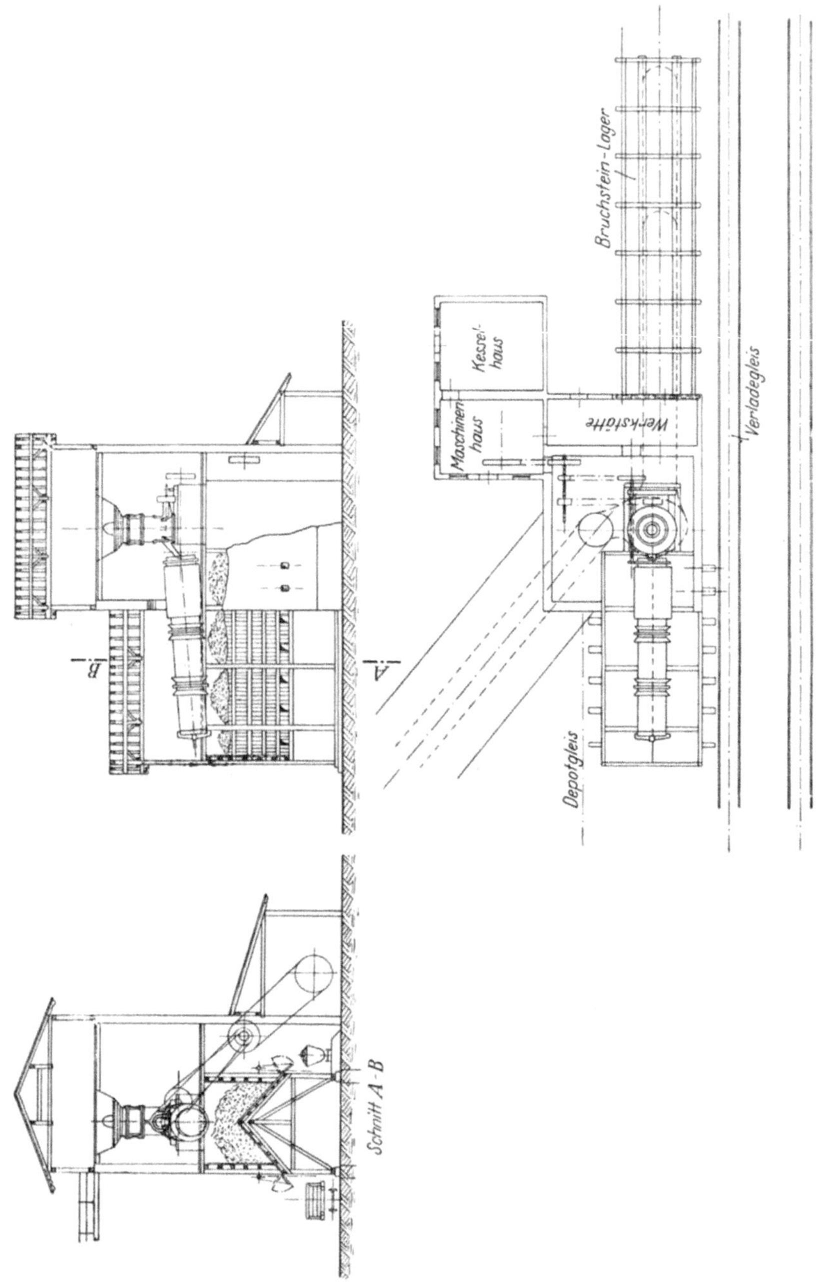

Abb. 439. Schotter- und Siebwerk der Maschinenbauanstalt Humboldt, Köln-Kalk

Gestein, wie es aus dem Bruch kommt, aufgegeben, auf der anderen Seite werden die verschiedenen Kornarten abgegeben. Ein Beispiel einer solchen Anlage nach Ausführung der Maschinenbauanstalt Humboldt, Köln-Kalk, zeigt die Abb. 439.

Bei kleinen Baustellen, für die die Anlieferung von Schotter und Splitt umständlich ist und dadurch aufwendig wird, am Ort aber Gestein und grober Kies und Flußschotter zur Verfügung stehen, werden fahrbare Brech- und Siebanlagen mit Antrieb von Dieselmotoren nach Abb. 440 benutzt.

Abb. 440. Fahrbare Brech- und Siebanlage der Eschwerke K. G. Duisburg

9.13 Walzwerke

Die neuzeitlichen Bauweisen verlangen Sand besonderer Zusammensetzung, der nicht immer am Ort des Straßenbaues zu haben ist, aber aus dem gebrochenen Gestein und dem Grus durch weitere Zerkleinerung in der gewünschten Korngröße gewonnen werden kann. Das Erzeugnis wird mit Quetschsand bezeichnet. Die dazu verwandten Maschinen bestehen vornehmlich in zwei sich gegeneinander drehenden Walzen, die den Grus einziehen und zerquetschen.

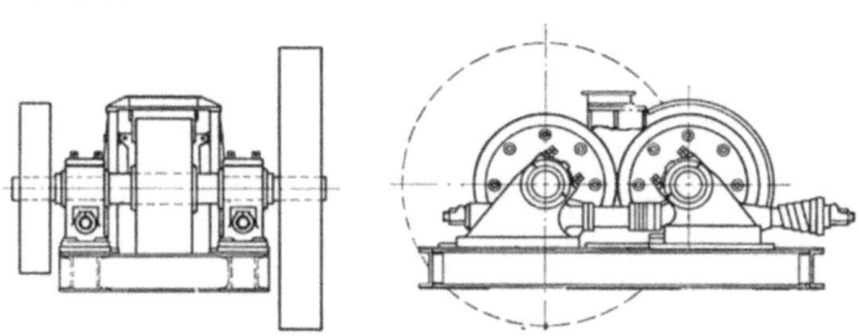

Abb. 441. Walzwerk

Die eine Walze ruht in schweren, festen Lagern, während die andere in Gleitlagern verschiebbar angeordnet ist. Diese bewegliche Walze wird durch starke Pufferfedern, die auf Zugstangen unter der Walzenachse sitzen, gegen die zwischen den Lagern befindlichen Widerlager gepreßt, so daß auch ein dauernd richtiger Parallellauf beider Walzenachsen gesichert ist (Abb. 441). Die Walzen bestehen aus je einem Ring, der durch Keilringe zweiseitig auf den Walzenkern so aufgespannt ist, daß er in seiner Mittellage festgehalten wird und leicht ausgewechselt werden kann. Zu beiden Seiten des Walzenspaltes sind auswechselbare Seitenstücke federnd angebracht, deren muldenförmig vertiefte Innenflächen den

Walzenspalt schließen, um an den Walzen fest anzuliegen. Diese Seitenstücke verhindern das seitliche Herausfallen des ungemahlenen Gutes. Die Walzwerke erhalten meist eine mechanisch arbeitende Aufgabevorrichtung. Da das Einziehen des Mahlgutes zwischen die Walzen durch Reibung bewirkt wird, hängt

1 Welle für ..., 6 große Scheibe, 7 klein..., 10 Ring für ... Korbreihe, 11 Stä... Stäbe für ... vierte Korb...

die [illegible] vom Verhältnis der Stückgröße zum Walzendurchmesser ab. Mit Sicherheit werden nur diejenigen Stücke erfaßt, deren Durchmesser höchstens ein Fünfzehntel des Walzendurchmessers beträgt. Je nach der Walzengröße können nur Stücke von etwa 10 ··· 70 mm unmittelbar aufgegeben werden, im Betrieb sind die Walzen in einem bestimmten Abstand voneinander gehalten, der sogenannten Spaltweite, die durch Einlegplatten oder durch Schraubenstellvorrichtung schnell und leicht verändert werden kann. Da bei Gleichlauf der Walzen der Kraftverbrauch und der Walzenringverschleiß ungünstiger sind, läßt man die bewegliche Walze etwas langsamer laufen als die feste. Um vollständiges Aufschließen des Mahlgutes zu erreichen, wird in größeren Betrieben die Aufstellung von Grob-, Mittel- und Feinwalzwerken erforderlich.

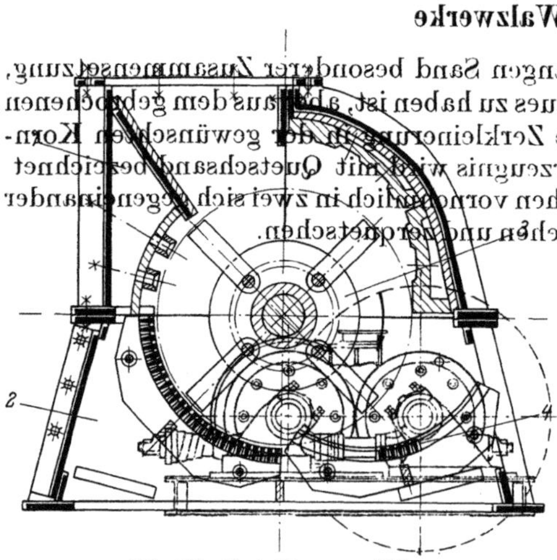

Abb. 443. Esch-Hammermühle.
1 Zweiteiliges Gehäuseoberteil, 2 Gehäuseunterteil, 3 Rotor mit auswechselbaren Hämmern, 4 auswechselbare Roststäbe

9.14 Mahlmühlen

Soll das Gestein zu Mehl verarbeitet werden, z. B. als Füllstoff für bituminöse Massen, so kann das nur in besonderen Einrichtungen erfolgen, in Schlag- oder Schleudermühlen. Zur Mahlung der Straßenbaustoffe wird die Schleudermühle (Desintegrator) verwendet (Abb. 442). Sie besteht aus zwei Körben, die sich aus zwei oder drei Trommeln zusammensetzen. Diese werden aus Stahlstäben gebildet, die zwischen schmiedeeisernen Scheiben und Ringen konzentrisch befestigt sind. Die Trommeln des einen Korbes greifen in die ringförmigen Zwischenräume der gegenüberliegenden Trommel ein. Die Körbe drehen sich in dem Mahlgehäuse mit großer Geschwindigkeit in entgegengesetztem Sinne.

Die nach derselben Richtung sich drehenden Trommeln sitzen auf einer Welle und werden durch Riemen angetrieben. Jeder Desintegrator hat demnach zwei Riemenantriebe. Das Gut tritt durch eine trichterförmige Einschüttöffnung an der Seite in die Trommel und wird von dort infolge der Fliehkraft nach außen geschleudert, wobei es bei der großen Geschwindigkeit, mit der sich die Trommeln gegeneinander bewegen, einer großen Anzahl von Schlägen durch die Stäbe ausgesetzt ist und dabei sehr fein vermahlen wird. Das Enderzeugnis ist, je nach der Sprödigkeit des Mahlgutes, ein mehr oder weniger grießiges Mehl. Die Feinheit des Mehles und die Leistung richten sich ganz nach der Mahlfähigkeit und Größe der aufgegebenen Stücke sowie nach der Umlaufgeschwindigkeit der Körbe.

Nach Art der Schleudermühlen wirken auch die Hammermühlen, bei denen im Innern auf horizontal schnell umlaufender Welle bewegliche Schläger angeordnet sind. Das Aufgabegut wird oben zugeführt und fällt teils durch teils auf den Vorrost. Die Schläger streichen durch den Vorrost hindurch, so daß das Grobgut vorzerkleinert wird und das gesamte Gut dann im Innern der Maschine zwischen den Schlägern, den Rosten und Schlagleisten zerkleinert wird (Abb. 443). Diese Roste bestimmen gemäß ihrer Stabweite die Größe des Enderzeugnisses. Diese Hammermühlen eignen sich für die Zerkleinerung von Stampfasphalt und Bautrümmern, sie bewältigen auch Eisenstücke, die bei anderen Hartzerkleinerungsmaschinen zu Brüchen führen.

Sehr feine Mahlung, wie sie z. B. zur Herstellung von Füllermehlen erforderlich ist, wird in Mahlgängen und Kugelmühlen erzeugt, wie sie in der Zementfabrik gebraucht werden.

9.15 Waschmaschinen für Kies und Sand

Das im Teer- und Asphaltstraßenbau wie auch im Betonbau verwendete Gestein muß frei von Staub sein und darf vor allen Dingen nicht durch Ton und Lehm verunreinigt sein. Da aber das Rohmaterial aus der Kiesgrube oder dem Brecher diesen Anforderungen nicht immer entspricht, muß es vor seiner Verwendung gewaschen werden. Man unterscheidet zwei verschiedene Gruppen von Waschmaschinen, nämlich die Trommelwaschmaschinen und die Trogwaschmaschinen.

Bei der ersten Gruppe durchläuft das zu waschende Material eine auf starken Laufringen und -rollen gelagerte, sich langsam drehende Waschtrommel, wobei es entweder durch Abspritzen aus einem im Innern der Trommel liegenden Wasserrohr oder aber in einem Wasserbad gereinigt wird. Am Auslaufende der Waschtrommel befindet sich meistens eine Siebvorrichtung, die eine Ausscheidung des gewaschenen Materials nach verschiedenen Korngrößen ermöglicht. Zum gründlichen Waschen von feinem Material — Splitt usw. — werden hauptsächlich die Trogwaschmaschinen verwendet, bei denen das Waschgut unter ständiger Bewegung durch ein Wasserbad geführt wird. Für eine durchgreifende Waschung ist zu beachten, ob es sich bei den Verunreinigungen um Stoffe handelt, die sich leicht ablösen und auswaschen lassen, oder um tonige und lehmige Stoffe, die der Abschwemmung Widerstand entgegensetzen. Für den ersten Fall ist eine Siebtrommel zweckmäßig, die in einem Wasserbade liegt, mit inneren und äußeren Schneckengängen, die das Gut unter Wasser axial fortschieben und am Ende

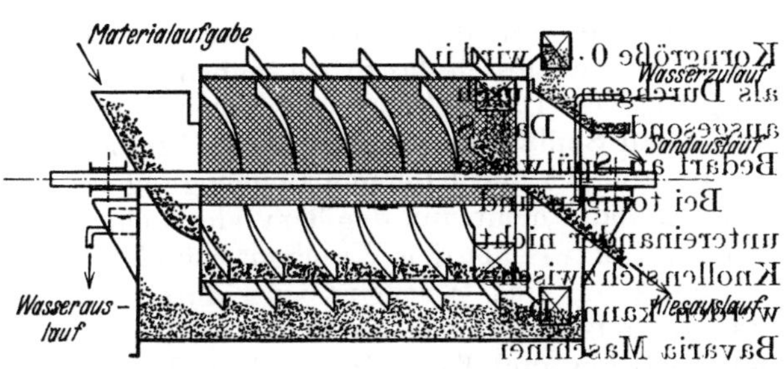

Abb. 444. Waschmaschine der Bavaria Maschinenfabrik, Neu-Ulm

austragen. Die Waschung erfolgt durch die Bewegung des Gesteinskornes unter Wasser. Das grobe Gut — Kies — bleibt in der Trommel, der Sand geht durch die Trommel hindurch, setzt sich im Wasserbade ab und wird am Ende gesondert ausgetragen. Eine schematische Darstellung des Arbeitsvorganges gibt Abb. 445 der Bavaria Maschinenbau-Gesellschaft Neu-Ulm. Mit dem Waschvorgang kann zugleich eine Aussiebung nach verschiedenen Korngrößen vereinigt werden. In einer solchen leistungsfähigen Sieb- und Waschanlage wird die Korngröße >50 mm als Überlauf aus dem ersten Sieb dem Brecher wieder zugeführt. Die

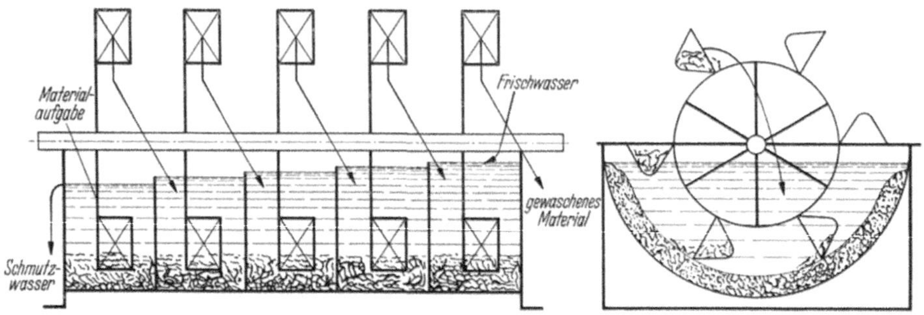

Abb. 445. Bavaria-Gegenstrom-Mehrkammerwäschen

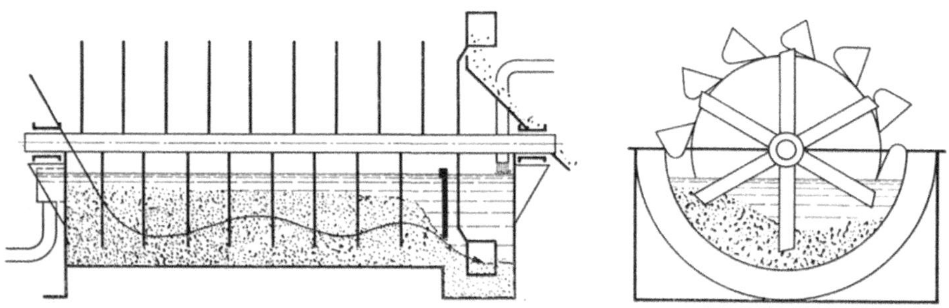

Abb. 446. Bavaria-Schwertauflöser

Korngröße 0 ··· 7 wird im Wasserbade als Durchgang durch das zweite Sieb, 7 ··· 25 als Durchgang durch das dritte Sieb und 25 ··· 50 als Überlauf aus diesem Sieb ausgesondert. Das Schmutzwasser läuft aus der Trommel sandfrei ab. Der Bedarf an Spülwasser ist etwa die Hälfte der Leistung an Waschgut in cbm/h.

Bei tonigen und lehmigen Beimengungen genügt die Bewegung der Körner untereinander nicht, um den Ton oder Lehm, der am Kies haftet oder auch in Knollen sich zwischen dem Waschgut befindet, zu zerreißen, daß er abgeschwemmt werden kann. Das Waschgut wird durch Schwertauflöser nach Abb. 446 der Bavaria Maschinenbau-Gesellschaft, Neu-Ulm in Bewegung gebracht; der Sand soll die Lehm- und Tonschicht auf den Körnern und die Lehm- und Tonknollen zerreiben und dadurch die Aufschlämmung und Abführung ermöglichen.

9.2 Maschinen für die Verlegung und Befestigung der Decken

9.21 Straßenwalzen, Anforderungen

Die Walzen als Hilfsmittel zur Befestigung der Decken sind entweder Dreiradwalzen mit zwei großen Triebrädern und einer kleinen Lenkwalze oder Tandemwalzen mit einer ungeteilten Antriebswalze und einer gleichgroßen Lenkwalze oder auch Einradwalzen. Sie werden durch Dampfmaschine oder Verbrennungsmotor angetrieben.

Bei den Steinschlagstraßen verwendet man die ganz schweren Walzen bis zu 20 t Dienstgewicht als Dreiradwalzen bei Hartgestein, bei Weichgestein müssen leichtere Walzen angesetzt werden. Die Lauffläche der großen Triebräder war früher konisch, damit das meist mit starker Querneigung angelegte Profil der Steinschlagstraßen gewalzt werden konnte. Jetzt ist sie zylindrisch.

Hinsichtlich des Antriebes, Gewichtes, Gewichtsverteilung und der Bauart der Walzen ist zu beachten, daß sie im neuzeitlichen Straßenbau besonders für Teer- und Asphaltstraßen benutzt werden und somit plastisches Material verdichten müssen. Bei diesen Massen besteht aber die Gefahr der Wellenbildung, wenn die Walze schiebt oder Eindrücke hervorruft, die zu einem Wandern der Decke führen können. Die neuen Anforderungen, die der Straßenbauingenieur an die Walzen für Teer- und Asphaltstraßenbau stellt, sind die folgenden:

1. Je größer der Walzendurchmesser ist, desto geringer ist die Gefahr, daß die Walzen schieben. Die Durchmesser betragen daher zwischen 0,8 und 1,8 m bei schweren Dreiradwalzen.

2. Die Geschwindigkeitsänderung muß weich vor sich gehen. Die Umsteuerung aus einer Fahrtrichtung in die entgegengesetzte muß ohne Rucken und Stillstand erfolgen, damit die Decke nicht Eindrücke erhält, von denen aus die Wellenbildung sich fortsetzen kann.

3. Die Antriebsachse muß ein Ausgleichsgetriebe haben, damit die Walze scharfe Wendungen machen kann, ohne daß das Rad, um das die Drehung erfolgt, Schlupf hat, der das Deckenmaterial verschiebt. Das Getriebe muß aber auch gesperrt werden können.

4. Die Radfelgen müssen sich dem Straßenprofil anpassen und haben zylindrische Mäntel. Damit aber diese beim Walzen in der Deckenmitte nicht auf einer Kante fahren, liegen die Hinterachsen jetzt in einstellbaren Lagern, so daß sie sich dem Straßenprofil von selbst anpassen können. Das gilt auch für die geteilte Vorderwalze, die zweckmäßig mit einer Schneckenradlenkung auf den Drehzapfen gesteuert wird, damit die Lenkung völlig totgangfrei ist.

Zylindrische Mäntel sind auch nötig, um die Kurven, die einseitig angelegt werden, walzen zu können.

Die Lenkwalzen haben Breiten bis zu 1,7 m, bei Zweiradwalzen beide Räder bis zu 1,0 m. Der Walzendruck schwankt je nach Betriebsgewicht der Walze zwischen 10 und 100 kg/cm Walzenbreite. Durch Sand oder Wasserfüllung oder Anhängen von Ballast besteht die Möglichkeit, den Flächendruck zwischen 40 und 100% zu verändern.

5. Der Führerstand muß so liegen, daß der Walzenführer nicht nur die Betriebseinrichtung leicht übersehen und handhaben, sondern auch beim Rückwärtsgang die Arbeit der Hinterwalze und die Walzenkanten überwachen kann.

6. Damit Asphaltbitumen und Teer nicht an den Walzen ankleben, sind über den Walzenrädern Düsen angebracht, aus denen die Walzen mit Wasser leicht benetzt werden.

7. Die Walzen werden im neuzeitlichen Straßenbau auch viel in den Städten verwendet. Darum müssen sie so betrieben werden, daß sie möglichst wenig Lärm und Rauch erzeugen.

8. Die von den Vorder- und Hinterradwalzen geleisteten Arbeitsstreifen müssen eine große Überdeckung bis zu 0,3 m haben, damit beim Arbeiten in Kurven keine unbearbeiteten Streifen stehenbleiben.

9.211 Dampfstraßenwalzen

Da Dampfstraßenwalzen ein hohes Lebensalter erreichen, sind gegenwärtig noch viele in Gebrauch. Sie werden von den im Bau von Straßenwalzen erfahrenen Maschinenfabriken auch jetzt noch gemäß den heutigen Anforderungen, z. B. mit Ausgleichgetrieben, gebaut. Ihre Besonderheit liegt in ihrem hohen

Gewicht, das zwischen 9 und 19 t liegt. So schwere Walzen werden aber im heutigen Straßenbau nur noch selten angefordert. Dampfstraßenwalzen haben den Nachteil, daß sie eine längere Anheizzeit vor dem Beginn der Arbeit benötigen, daß sie große Gewichtsmengen an Betriebsstoffen, wie Kohle und Wasser, brauchen, die meist aus großer Entfernung herangebracht werden müssen.

9.212 Motorwalzen

Diese Nachteile fallen bei den Motorwalzen fort. Sie können in kleinen Abmessungen und leicht gebaut werden. Ihre Brennstoffbehälter können den Verbrauch für einen Tag aufnehmen. Ihre Umsteuerung geht schnell und stoßfrei vor sich durch Verwendung entsprechender Kupplungen und Umlaufgetriebe. Auch die Dreiradmotorwalzen haben Ausgleichgetriebe. Die bei Motorwalzen benötigten Motorleistungen müssen so groß sein, daß eine Walze so viel Kraftreserve besitzt, daß sie auch auf Steigungen einwandfrei arbeitet und daß sie — wenigstens die Walzen über 6 t Dienstgewicht — zum Aufreißen von alten Straßendecken verwendet werden kann. Die Arbeits- und Marschgeschwindigkeit einer Motorwalze läßt sich in kleinen Grenzen durch die Veränderung der Motordrehzahl und in Stufen durch Wechseln der Übersetzungen im Getriebekasten verändern.

Motorwalzen in den Abmessungen, wie sie aus der Tabelle 47 entnommen werden können, baut Carl Kaelble in Backnang. Die Walzen nach der Abb. 447 haben die folgenden Grundgewichte: 3, 6, 8, 10, 12, 14 t. Durch Füllung der Walzen mit Sand, Wasser oder mit gußeisernen Belastungsgewichten können die Grundgewichte beträchtlich vermehrt werden. Die 8-t-Dieselmotorwalze hat eine

Tabelle 47. *Hauptabmessungen der Kaelble-Straßenwalzen von 3 und 14 t*

Type	3 W	14 W
Abmessungen in mm:		
a	3785	5170
k	4090	5595
b	1220	1970
c	2100	2700
e	1185	1600
f	885	1200
g	400	550
h	800	1200
m	2150	2750
n	1010	1575
o	1070	1250
Wendekreis-Durchmesser in m:		
Äußerer Durchmesser	7	8,2
Innerer Durchmesser	3,4	2,4
Größter Einschlagwinkel der Vorderwalze	43°	43°
Leistung in PS	14	56
Geschwindigkeiten km/h:		
Bei Drehzahl des Motors n	1200	800
Mechanisches Stufengetriebe 1. Gang	1,5	1,6
Mechanisches Stufengetriebe 2. Gang	2,8	3,2
Mechanisches Stufengetriebe 3. Gang	5	4,9

Steigfähigkeit aller Typen mindestens 18%.
Spez. Kraftstoffverbrauch 185 g/PS/h.

Kraftübertragung:

Schaltgetriebe: Mech. Stufengetriebe mit 3 Gängen.
Ausgleichgetriebe: Kegelradgetriebe mit ausrückbarer Differentialsperre im Führerstand.

hydraulische Achsverstellung (Abb. 448). Die Achse des Vorderrades wird von einem Rahmen aus U-Eisen getragen (1), der von einem Stützbügel (2) gehalten wird, der in der Achse der Walze liegt und drehbar ist, so daß der Rahmen der Walze, der das Hinterrad faßt, auf unebenem Walzgrund frei von Verwindung bleibt. Ziffer 3 ist das Lenkradgetriebe.

Die Maschinenfabrik B. Ruthemeyer in Soest/Westfalen stellt dem Straßenbau Spezialdieselmotorwalzen in 6 Dienstgewichten zur Verfügung. Die Abb. 449 entspricht einer 10-t-Walze DM 5. Diese Walzen können mit einer hydraulischen Lenkung, mit einer hydraulischen Kippachse und Aufreißer ausgerüstet werden. Angaben über die Dienstgewichte, Fahrgeschwindigkeit und Brennstoffverbrauch sind aus der Tabelle 48 S. 588 zu ersehen.

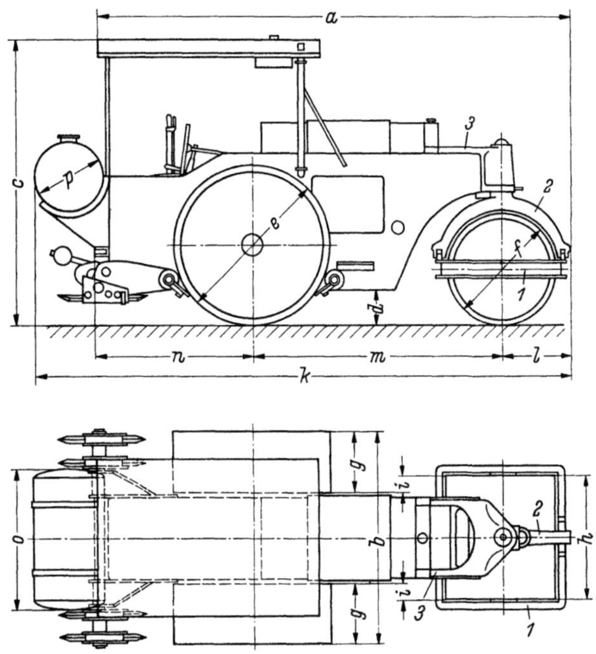

Abb. 447. Motorwalzen der Maschinenfabrik Carl Kaelble, Backnang, die in 6 Größen hergestellt wird

Bei allen Zwei- und Dreiradwalzen wird nur die hintere Achse angetrieben, die vordere Lenkradwalze dient mehr zur Lenkung und ist daher gering belastet, um die Lenkung nicht zu erschweren. Sie wird daher von der hinteren Achse geschoben und überträgt diese Horizontalkraft auf die zu walzende Decke, wodurch vor dem Walzenrad ein deutlich erkennbarer Wulst entsteht, den sie erst vor sich herschiebt, bis sie ihn überfährt. So entstehen in dem noch lockeren Schüttgut oder der Deckenmasse in fast regelmäßigen Abständen Wellenberg und Wellental, die von der nachfolgenden schwereren Hinterachse nicht ausgeglichen werden können. Je kleiner der Durchmesser der Vorderachse bei gleichem Walzendruck ist, desto welliger wird die Oberfläche. Das Verhältnis linearer Druck p kg/cm zu dem Durchmesser ist ein Maß für die Schubwirkung und kann so geregelt werden, daß er am kleinsten wird. Das gilt vor allem für Tandem-Walzen.

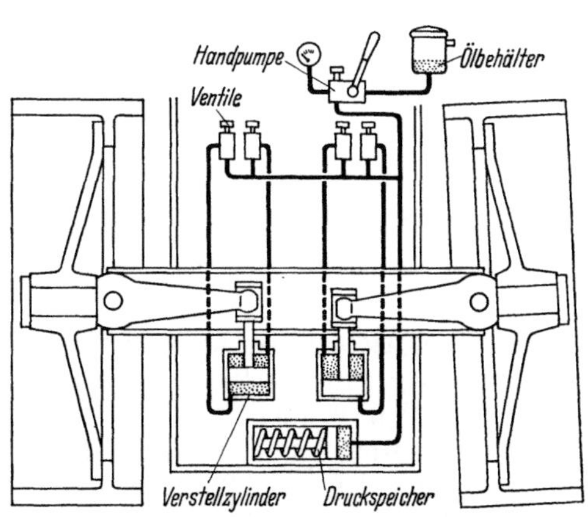

Abb. 448. Hydraulische Kippachswalze von 8 t von Carl Kaelble

Eine solche Form hat die Walze von Arn. Jung Lokomotivfabrik GmbH in Jungental bei Kirchen. Bei ihr ist das Hauptgewicht auf das angetriebene Hinterrad verlegt, so daß trotz des kleinen Durchmessers des Lenkrades das Schüttgut kaum geschoben werden kann (Abb. 450). Diese Walze wird in 3 Größen geliefert (vgl. umstehende Tabelle).

Dienstgewicht t	Motorleistung PS	Fahrgeschwindigkeit km/h	Anzahl der Getriebegänge	Spez. Walzendruck kg/cm
2 ··· 3,2	5 ··· 7,5	1,5 ··· 6	2	18 ··· 36
3,5 ··· 5,8	12 ··· 14	1,4 ··· 6	3	20 ··· 34
4,5 ··· 8,5	20 ··· 22	1,4 ··· 6	3	25 ··· 55

Mit einer solchen Walzenform nähert man sich der Einradwalze, bei der das Schüttgut nur angedrückt wird und infolgedessen eine große Ebenheit der Oberfläche erreicht wird.

Dreiachsige Straßenwalzen. Mit dreiachsigen Walzen glaubt man den Nachteil des Schiebens der zweiachsigen Walzen beheben zu können. In Dänemark hat man solche Triplex-Walzen schon früher benutzt, bei denen alle drei

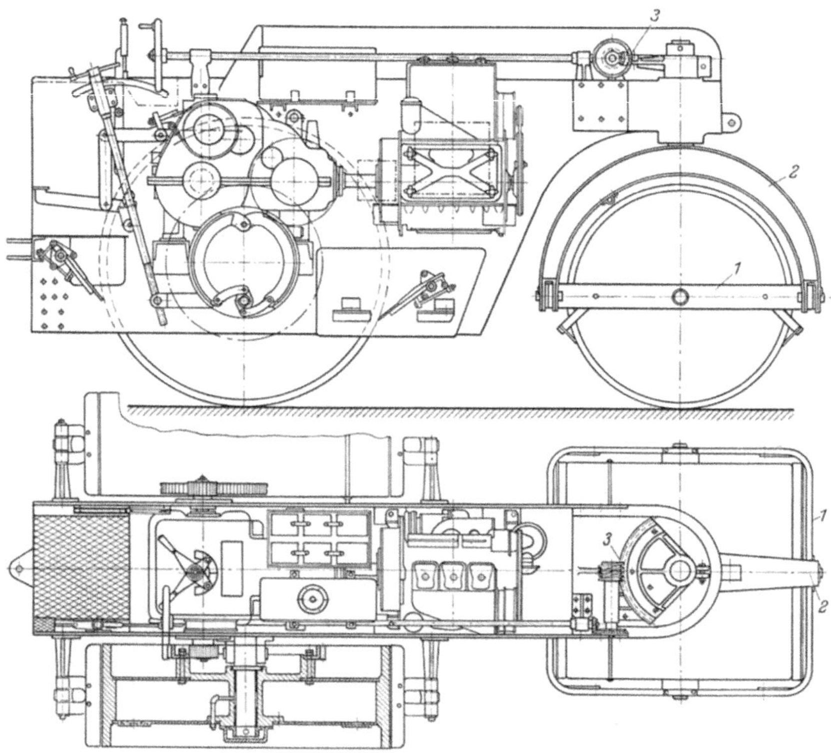

Abb. 449. Spezial-Diesel-Motorstraßenwalze von B. Ruthemeyer in Soest. *1* Rahmen, *2* Stützbügel, *3* Lenkgetriebe

Achsen angetrieben werden. Die Vorder- und Hinterwalze können gegen die mittlere um je eine vertikale Achse geschwenkt werden, so daß diese Walzen außerordentlich wendig sind. Wenn die beiden äußeren Walzenträger nach derselben Seite umgelenkt werden, kann die Walze einen Kreisring mit einem Innendurchmesser von 7,2 m beschreiben.

Bei der amerikanischen „3 Axle-Tandem“ wird nur die hintere Achse angetrieben; die vordere hat einen Durchmesser von 1,5 m, die beiden anderen nur von je 1,2 m. Bei der dänischen Walze übertragen alle 3 Walzen das gleiche Gewicht 38 kg/cm, bei der amerikanischen die vordere 60 kg/cm, die beiden anderen 22 kg/cm. Die Belastungen erhöhen sich, wenn eine der 3 Achsen keine Berührung mehr mit der Decke hat. 3 Fälle sind hier möglich: die mittlere Achse schwebt frei, dann verteilt sich das ganze Gewicht auf die beiden äußeren; oder eine der beiden äußeren hebt sich ab, dann werden die beiden anderen entsprechend höher belastet. Hierdurch wird bewirkt, daß diese Gewichtsverlagerung auf Buckel in der Schüttmasse einen vergrößertem Druck ausübt, durch den er eingewalzt wird. Um Mulden zu beseitigen, muß rechtzeitig Zusatzmaterial eingebracht werden.

Nach den amerikanischen Angaben soll die Unebenheit gemessen mit dem Roughometer (Abb. 37, S. 61) 50% geringer sein [*365*, *366*, *367*].

Ob mit der dreiachsigen Straßenwalze eine solche Ebenheit entsteht, die Dauer hat, wird von den Befürwortern der Zweiachswalzen bestritten, indem darauf hingewiesen wird, daß mit dreiachsigen Walzen keine gleichmäßige Verdichtung erreicht wird. Wenn während des Walzens eine von den 3 Achsen schwebt und durch die Gewichtsverlagerung auf die anderen beiden etwaige Buckel stärker verdichtet werden als das übrige Walzengut, das dann erst durch den später darüber rollenden Verkehr eine weitere Verdichtung erfährt, dann müssen die unerwünschten Wellen nachträglich entstehen [*368*].

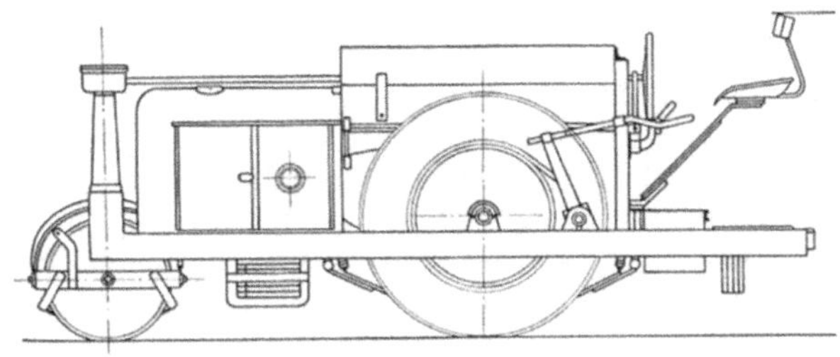

Abb. 450. Motorwalze der Arn. Jung Lokomotivfabrik GmbH, Jungental, mit Lenkradwalze von kleinem Durchmesser

Der Umstand, daß bei dreiachsigen Walzen die Decke unter verschiedenem Druck festgelegt wird, besagt noch nicht, daß sich später Unebenheiten unter dem Verkehr bilden müssen. Das wird davon abhängen, wie fest auch die unter geringerem Druck eingewalzten Flächen sind, ob sie dem Raddruck standhalten. Da die Aufstandfläche des Gummireifens selbst nur einen geringen Druck (kg/cm²) ausübt, wird dieser nicht groß genug sein, um eine Nachverdichtung

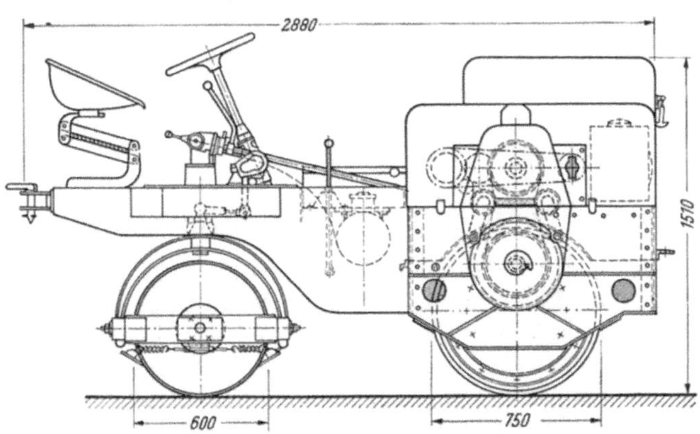

Abb. 451. Vibrationswalze der ABG

zu erzeugen, wenn die Gesamtoberfläche der Fahrbahn wirklich eben ausgefallen ist. Nur wenn von vornherein in der Oberfläche Buckel vorhanden sind, wird durch die Stoßziffer (s. S. 63) der Raddruck so erhöht, daß eine Nachverdichtung sich bilden könnte. Der Erfolg mit der Dreiradwalze wird also im wesentlichen davon abhängen, in welchem Maße die Decke im ganzen verdichtet worden ist.

Vibrationswalze. Da durch Einrütteln eine wesentlich bessere Verdichtung als durch Walzen allein erreicht werden kann, wie im Abschnitt 4, S. 265, ausführlich behandelt, lag es nahe, den Walzvorgang mit einem Einrütteln zu verbinden. Von den verschiedenen Geräten, bei denen Walzen und Rütteln vereint sind, wird in Abb. 451 die ABG Vibrationswalze Type TW wiedergegeben. Sie hat ein Betriebsgewicht von 1,6 t und wird durch einen Dieselmotor von 10 PS angetrieben. Die geteilte Hinterwalze gestattet das Befahren kleiner Wendekreise. Die Lenkwalze ist an einem Kardangelenk aufgehängt. Die Geschwindigkeit vorwärts und rückwärts im Langsamgang beträgt 32,5 m/min, im Schnellgang 53 m/min. Die vergleichbare Walzenleistung infolge Änderung der Frequenz wird zu 6 ··· 12 t angegeben. Die höchste Frequenz beträgt 3100 U/min. Die Vibrationswalze kann für das Einrütteln aller Bodenarten, aber auch für die Festlegung von Schwarzdecken benutzt werden.

Gürtelradwalze. Auf die Walzenräder sind zehnteilige Zahnketten gelegt, an deren Gelenken drehbare Schuhe angebracht sind. Beim Fahren legt sich ein Schuh nach dem andern flach auf die Schüttung und überträgt den vollen Raddruck vorn 2,41 kg/cm², hinten 3,3 kg/cm². Ein Schieben ist in diesem Falle ausgeschlossen. Auf die Schuhe können noch Platten mit Pyramiden, Kegeln, Stollen und Kufen aufgeschraubt werden. (Maschinenfabrik Dr. Alfred Koppich Schwabach-Nürnberg). Diese Walze ist mehr zur Bodenverdichtung geeignet. Bei bindigem Boden soll sie sich bewährt haben, bei losen Boden verdichtet sie nur wenig [*366*].

Tabelle 48. *Hauptabmessungen der Spezial-Dieselmotor-Straßenwalzen der Maschinenfabrik Ruthemeyer, Soest/Westf.*

Type		DM 01	DM 5	DM 7
Dienstgewicht ohne Ballast	t	3,6	10	14
Dienstgewicht mit Ballast	t	4,5	12	16
Ganze Länge	mm	3760	4110	4420
Ganze Breite	mm	1100	1980	2150
Ganze Höhe mit Dach	mm	2150	2035	2250
Radstand	mm	2160	2310	2500
Durchmesser der Hinterräder	mm	1100	1550	1650
Breite der Hinterräder	mm	365	550	600
Durchmesser der Vorderräder	mm	900	1200	1300
Breite der Vorderräder	mm	450	580	625
Motorleistung	PS	9	42	45

Fahrgeschwindigkeit km/h 1,2 (1. Gang), 2,8 (2. Gang), 3,9 (3. Gang), 6 (4. Gang)
Brennstoffverbrauch 180 g/PSh

9.3 Geräte zur Straßenunterhaltung

Die Unterhaltung der Steinschlagstraßen besteht beim Decksystem (s. S. 366) darin, daß auf größere Länge die beschädigte Decke aufgenommen und eine neue Schotterlage aufgebracht wird. Dazu werden Aufreißer benutzt, die entweder unmittelbar an die Dampfwalze angehängt (Abb. 452) oder am Tender der Walze angeschraubt werden. Der zum Aufbrechen der Straßendecke erforderliche Zug wird durch eine Verstärkungsplatte am Tender und durch seitliche Verbindungsstreben unmittelbar auf die Hinterachse übertragen. Die feste Verbindung mit der Dampfwalze verhindert das Herausspringen aus der Steinschlagdecke. Durch ein Handrad mit Zahnantrieb kann die Tiefe der Aufreißstähle auch während des Betriebes eingestellt werden. Damit die Dampfwalze beim Hin- und Herfahren nicht zu wenden braucht, sind zwei Stahlbündel vorgesehen, von denen stets nur das eine im stumpfen Winkel zur Fahrtrichtung eingestellte Bündel in Tätigkeit gesetzt wird. Fahrbare Aufreißer, bei denen die Walze nur als Zugkraft benutzt wird, sind im Betriebe günstiger. Der zweirädrige Aufreißer (Abb. 453) wird von der Walze mit einer besonderen Zugvorrichtung, die unmittelbar an der Hinterachse angreift, gezogen. Beim Anfahren dreht sich der Stahlträger selbsttätig in die Arbeitsstellung, während durch Zurückstoßen der Walze die Stähle aus der Decke herausgehoben und in dieser Stellung für das Überfahren von Hindernissen (z. B. Einbauten der Versorgungsleitungen) oder für die An- und Abfuhr festgestellt werden können. Die Aufreißtiefe und die Neigung der Stähle ist verstellbar. Die AG Zettelmeyer und andere Firmen bauen

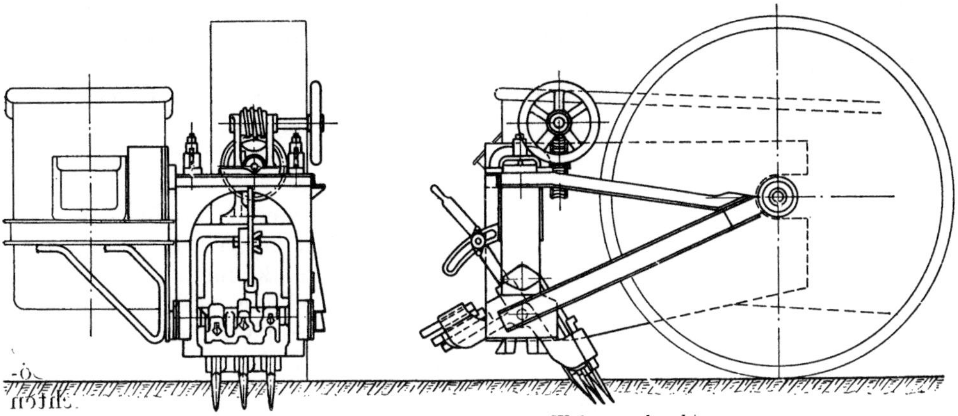

Abb. 452. Aufreißer am Tender der Walze angebracht

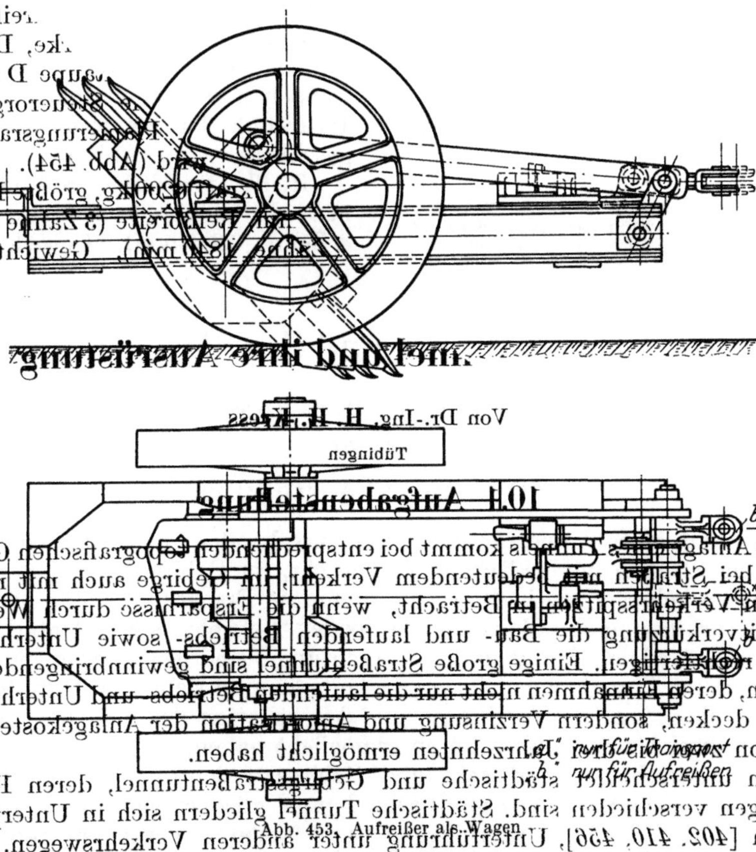

Abb. 453. Aufreißer als Wagen

zweiachsige Aufreißer, bei denen die Vorderachse als Lenkachse ausgebildet ist und durch ein hinten angebrachtes Handrad gelenkt wird, so daß der Lauf des Aufreißers unabhängig von der Dampfwalze wird. Da beim einachsigen Aufreißer das ganze Gewicht für die Reißarbeit nutzbar ist, muß der zweiachsige Aufreißer schwerer gebaut werden.

Die Aufreißer sollen etwa die folgenden Anforderungen erfüllen:

1. In gleicher Weise für schwere und tiefe wie für leichte Aufreißarbeit geeignet sein.
2. Für jede Walzenart passen.
3. Durch Zugvorrichtung zwangsläufig mit der Walze verbunden sein, so daß kein Ausweichen möglich und die Lenkung bei Vor- und Rückwärtsfahrt sicher und leicht ist.
4. Selbstwirkende Einrichtung, daß die Stähle in der Arbeits- und Ruhestellung ein- und ausgerückt werden, so daß keine Bedienung erforderlich ist; Stahlträger muß in jeder Endstellung festgelegt werden können.
5. Stähle müssen möglichst weit in Stützschienen lagern, damit sie sich nicht verbiegen können.

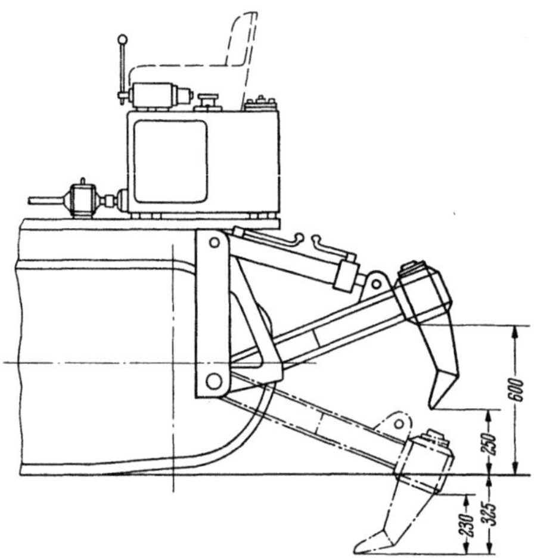

Abb. 454. Meiller Heckaufreißer der Klöckner u. Co.-Werke, Duisburg, für feste Decken

Um unabhängig von der Walze nicht nur Straßen, sondern feste Erddecken, Beton- und Asphaltdecken, feste Böden, Mergel, Sand- und Tonschichten aufbrechen zu können, bedient man sich des Meiller Heckaufreißers der Klöckner und Co.-Werke, Duisburg, der an eine Deutz-Raupe D 60 angekuppelt und an die Steuerorgane der Hydraulik der Planierungsraupe angeschlossen wird (Abb. 454).

Reißkraft 6200 kg, größte Reißtiefe 325 mm, Reißbreite (3 Zähne 640 mm, 4 Zähne 1840 mm), Gewicht 600 kg.

10. Straßentunnel und ihre Ausrüstung

Von Dr.-Ing. **H. H. Kress**

Tübingen

10.1 Aufgabenstellung

Die Anlage eines Tunnels kommt bei entsprechenden topografischen Gegebenheiten bei Straßen mit bedeutendem Verkehr, im Gebirge auch mit nur zeitweiligen Verkehrsspitzen in Betracht, wenn die Ersparnisse durch Wege- und Fahrzeitverkürzung die Bau- und laufenden Betriebs- sowie Unterhaltungskosten rechtfertigen. Einige große Straßentunnel sind gewinnbringende Unternehmen, deren Einnahmen nicht nur die laufenden Betriebs- und Unterhaltungskosten decken, sondern Verzinsung und Amortisation der Anlagekosten innerhalb von zwei bis drei Jahrzehnten ermöglicht haben.

Man unterscheidet städtische und Gebirgsstraßentunnel, deren Problemstellungen verschieden sind. Städtische Tunnel gliedern sich in Unterpflasterstraßen [*402*, *410*, *456*], Unterführung unter anderen Verkehrswegen, Durchfahrung von Höhenzügen [*379*, *406*, *416*, *443*, *451*], Unterwassertunnel zur Verbindung der durch Wasserläufe getrennten Teile eines Bevölkerungsgebietes [*369*, *372*, *373*, *374*, *375*, *377*, *378*, *385*, *386*, *387*, *388* bis *391*, *394*, *395*, *396*, *398*, *399*, *403*, *407*, *408*, *409*, *424*, *425*, *426*, *444*, *445*, *454*, *457*, *458*]. Hierunter fallen auch Gewässerunterfahrungen zwischen verschiedenen Gemeinden oder

Staaten und Tunnel unter Meerengen. Gebirgstunnel liegen im Mittel- oder Hochgebirge und in nicht dicht besiedelten Gebieten.

Städtische Tunnel haben wegen ihres größeren und schnell wachsenden Verkehrs mehr Bedeutung als Gebirgstunnel. Bei Festlegung ihrer Ausbaugröße ist zu prüfen, ob und wie lange eine zweispurige Gegenverkehrsröhre genügt, ob mehrere richtungsbetriebene Röhren oder ein vielspuriger Tunnel zweckmäßiger sind. Schon am Eröffnungstag und bei öffentlichen Großveranstaltungen kann die Leistungsfähigkeit eines Tunnels zeitweilig erschöpft werden, worauf die Ausrüstung abzustimmen ist. Die Aufgabe kann auch so gestellt sein, daß ein mehrspuriger Richtungstunnel mit Trennwand zwischen den Verkehrsrichtungen oder mit getrennten Abschnitten für verschiedene Fahrzeugarten und Fußgänger notwendig wird [*407*]. Zuweilen zwingen knappe Baumittel zum Vorausbau einer Gegenverkehrsröhre [*379*] und Zukunftsplanung einer zweiten Röhre für späteren Verkehrszuwachs und Übergang zum Richtungsbetrieb [*373*, *379*]. Vergleichsentwürfe sind aufzustellen, die wegen der Bedeutung der Lüftung für jede Einzelröhre den Gegen- und Richtungsverkehr erfassen müssen, da auch bei allgemeinem Richtungsbetrieb zeitweilig eine Röhre ausfallen kann und dann die andere im Gegenverkehr betrieben wird. Es sind auch verschiedene Lüftungssysteme oder Kombinationen von ihnen auf Zweckmäßigkeit im Einzelfall zu prüfen.

Zwecks Kostenersparnis und bequemer Zufahrt sucht man städtische Tunnel in geringer Tiefe in kastenförmigen Querschnitten unterzubringen und im Tagebau zu bauen, wobei die Tunneldecke den tragenden Teil des oberirdischen Verkehrswegs bildet [*402*]. Wo Rücksichten auf bestehenden Verkehr, örtliche Bauten und Versorgungsleitungen offene Baugruben ausschließen und zu größerer Tiefe zwingen, ergeben sich nach den geologischen Gegebenheiten gewölbe- oder röhrenförmige Tunnelquerschnitte, die je nach Grundwasserstand und sonstigen Umständen besondere Bauweisen bedingen. Bei Durchfahrung wasserführender Bodenschichten wachsen Schwierigkeiten und Baukosten.

Hochgebirgstunnel kommen in Betracht, wenn der Paßstraßenverkehr ganzjährig aufrecht erhalten werden soll. Winterliche Verkehrsumleitung über nahe gelegene Eisenbahntunnel, indem man die Kraftfahrzeuge auf offene Güterwagen stellt und diese fahrplanmäßigen Zügen anhängt, wie es z. B. in der Schweiz geschieht, ist oft zweckmäßiger, weil die Wirtschaftlichkeit von Hochgebirgstunneln wegen ihrer hohen Anlage- und Betriebskosten im Verhältnis zu ihrem Verkehr fragwürdig ist. Deshalb ist bei Hochgebirgstunneln die Aufgabe überwiegend beschränkt auf zweispurige Gegenverkehrsröhren mit geringen Fahrbahnbreiten. Während man in städtischen Tunneln Fußgänger, Tiere, Fuhrwerke und langsam fahrende Kraftfahrzeuge weitgehend ausschließt, muß man in Hochgebirgstunneln diese mit zulassen, da sie keine anderen Verkehrswege haben. Hochgebirgstunnel können aber auch aus anderen Gründen notwendig werden, etwa weil in größerem Umkreis keine Eisenbahnen bestehen oder weil strategische Überlegungen Vorrangstellung haben [*383*].

Der Querschnitt von Straßentunneln richtet sich nach dem Lichtraumrechteck. Dazu sind die überschläglich zu ermittelnden Flächen für Lüftung, Versorgungsleitungen und Betriebsbedürfnisse hinzuzuschlagen, woraus sich der Rohentwurf für den Tunnelquerschnitt ergibt. Die Wand-, Decken- und Gewölbestärken sind statisch zu ermitteln. Die Wirtschaftlichkeitsgrenze offener Voreinschnitte von Straßentunneln liegt zwischen etwa 20 und 25 m Einschnittstiefe.

Die Lüftung ist der lebenswichtigste Teil eines Straßentunnels; ihre Einzelteile und deren Zusammenwirken mit den durch sie gesteuerten weiteren Ausrüstungen wie Beleuchtung, Verkehrsregelung, Sicherheitseinrichtungen, Fernmeldung, Fernsteuerung, CO- und Sichtmessung sind eine komplizierte und sehr teure Einrichtung. Diese muß schon im Vorentwurf für eine voll ausgelastete Tunnelstraße mit ausreichender Sicherheit gegen Katastrophenfälle erfaßt werden, da sie den Tunnelentwurf nach Querschnitt, Steigungen, Auskleidung, Bauausführung, Anordnung und Ausrüstung der Betriebsräume und des Verkehrsraums entscheidend beeinflußt. Die Planung eines Straßentunnels hat sich daher auch mit seiner Leistungsfähigkeit, seinem Fahrbahnbelag, Art und Farbe der Auskleidung, Beleuchtung, Verkehrsregelung und -zählung im Tunnel, Lüftung, Brandbekämpfung, Fernmeldung, Fernsteuerung, Signalübermittlung, CO- und Sichtmessung und deren selbsttätiger Registrierung zu befassen. Dazu kommt die Planung der Geräuschdämpfung des Verkehrs im Tunnel und der nach außen dringenden Lüftergeräusche, ferner die Planung aller Betriebsräume für maschinelle und elektrische Ausrüstung, CO-Messung, Schaltzentrale, Werkstätten, Verwaltungs-, Personal-, Sanitär- und Nebenräume. Es ist also eine Gemeinschaftsaufgabe für Bau-, Maschinen-, Elektroingenieure und Architekten unter Mitwirkung des Akustikfachmanns.

10.2 Mutmaßlicher Verkehr und Leistungsfähigkeit des Tunnels [*373, 379, 407*]

An Grundlagen für die Planung, besonders der Lüftung, werden benötigt: Umfang, Art, Zusammensetzung und jährliche Steigerung des Tunnelverkehrs, Leistungsfähigkeit des Tunnels im Richtungs- und Gegenverkehr in Abhängigkeit von der Verkehrszusammensetzung und verschiedenen Stufen mittlerer Fahrgeschwindigkeiten von 10, 20, 30, ... km/h bis zur höchst zulässigen Geschwindigkeit. Die Verkehrsschätzung hat den auf den Tunnel entfallenden Anteil aus dem ganzen Einflußgebiet zu erfassen, für das durch die Benutzung des Tunnels Fahrzeit und Weglänge verkürzt werden. Weil der CO-Anteil für alle Fahrzeugarten sehr verschieden ist, sind für die Lüftungsberechnung die Verkehrsgrößen nicht in reinen Personenkraftwagen-Werten, sondern in absoluten Zahlen für Krafträder, große und kleine Personenkraftwagen, alle Arten von Lastkraftwagen mit und ohne Anhänger unter 2 t, von 2 bis 5 t und über 5 t Tragkraft, Kraftomnibusse, Sonderfahrzeuge, Zugmaschinen anzugeben. Hiernach richtet sich die zu installierende Lüftungskapazität und die Höhe der Betriebskosten. Für die Lüftungsbemessung ist nicht die landläufige Leistungsfähigkeit, sondern die wesentlich höhere theoretische maßgebend, weil aufgetretene Verkehrskatastrophen in Straßentunneln lehren, daß außergewöhnliches Verkehrsgedränge durchaus nicht selten ist. Krafträder werdem im Verhältnis 2 Krafträder = 1 Personenkraftwagen umgerechnet [*373, 379, 407*]. Für die Aufstellung einer Betriebskostenschätzung muß die durchschnittliche jährliche Verkehrssteigerung aus statistischen Unterlagen erhoben werden. Für Überschlagsrechnungen genügt die Annahme von 10%.

Die für einen Anfangsverkehr gegebene Mischung ist in künftigen Jahren keineswegs konstant [*379*], ein Umstand, der Einfluß auf die Lüftungsbemessung hat.

Stoppstellen an Querstraßen vor den Tunnelmündungen vermindern die Leistungsfähigkeit, weshalb bei der Planung angestrebt werden sollte, daß der zügige Verkehrsfluß durch den Tunnel nicht durch Querverkehr vor den Portalen unterbrochen werden kann.

10.3 Tunnelquerschnitt und Fahrbahnbreite [*373*]

Form und Aufteilung des Tunnelquerschnitts werden von lichter Verkehrsraumhöhe, Breiten von Fahrbahn und Bedienungsstegen bzw. Gehsteigen, Versorgungsleitungen, Beleuchtung, Lüftungsbedürfnissen, geologischen Bedingungen, Gründung und Bauweise bestimmt. Unterschiede in der Bodenbeschaffenheit bewirken unterschiedliche Bauweisen und Querschnitte.

Die notwendige freie Durchfahrtshöhe ist mindestens 4,50 m, die für neuzeitlichen Verkehr erforderliche Spurbreite 3,75 m. Die Breite der Schramm-

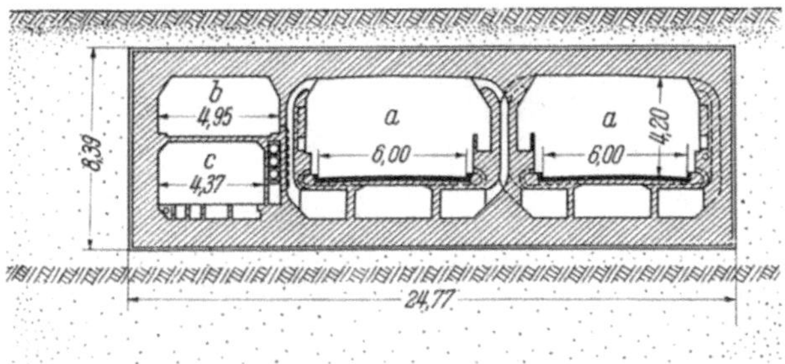

Abb. 455. Querschnitt des Maastunnels in Rotterdam.

a = Kraftwagen,
b = Radfahrer,
c = Fußgänger.

(Quelle: [*424*])

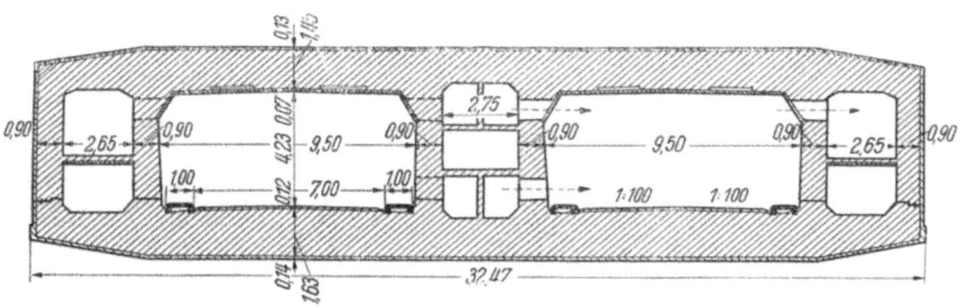

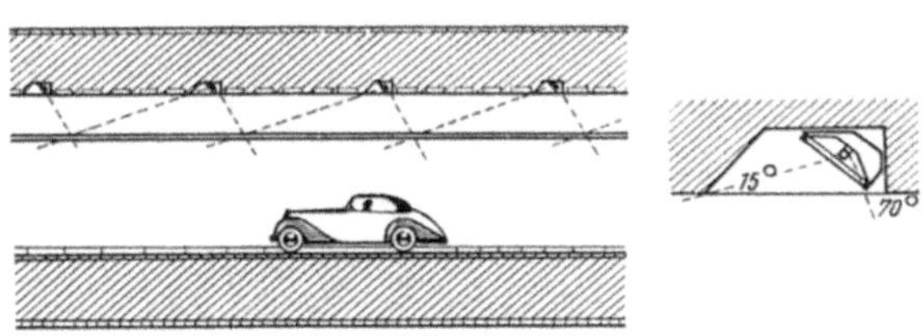

b

Abb. 456 a u. b.

a) Querschnitt des Velsentunnels unter dem Nordseekanal in Holland.

b) Darstellung der Beleuchtung im Längenschnitt.

(Quelle: [*399*])

Abb. 457. Überholungsspur in der Ausfahrtsrampe des Scheldetunnels Antwerpen Werkphoto IMALSO)

borde ist gewöhnlich 0,30 m an Geh- oder Bedienungsstegen und 0,15 bis 0,20 m an der gegenüberliegenden Seite, wenn dort kein Geh- oder Bedienungssteg angeordnet wird. Erfahrungen im Maastunnel (Abb. 455) mit nur 6 m Fahrbahnbreite ergaben ein Bestreben der Lastkraftwagenfahrer, nahe am Spurentrenn-

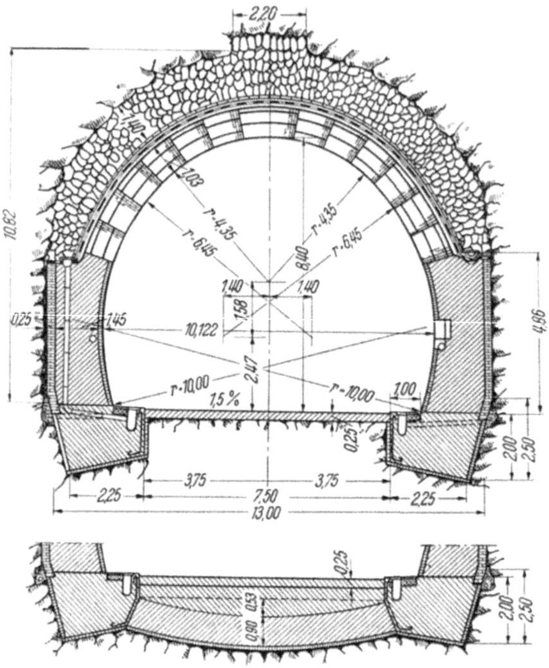

Abb. 458. Querschnitt einer Röhre des Engelberg-Tunnels der Autobahn Karlsruhe – Stuttgart – Heilbronn. Länge östl. Röhre 287 m, Neigung 3,1%, westl. Röhre Länge 318 m, Neigung 1,5%. Oben Tunnelprofil bei gewöhnlichem Bergdruck ohne Sohlgewölbe, unten bei starkem Bergdruck mit Sohlgewölbe. Gewölbe aus Klinkern, Widerlager aus Stampfbeton mit Klinkerverkleidung. Widerlager zum Schutz gegen aggressive Wässer mit Klinkern in Erzzement verkleidet, Gewölberücken mit zwei Lagen Aluminiumblech, in Bitumenklebemasse eingewalzt, 0,1 mm stark, abgedichtet. Entwässerungsrinnen in Höhe der Gewölbekämpfer, die durch senkrechte Steinzeugröhren in Abständen von 8 m entwässert werden. Wasserabführung in Rinnen hinter den Schrammborden. Steinpackung zwischen Gebirgsausbruch und Gewölbekörper. (Quelle: [*401*])

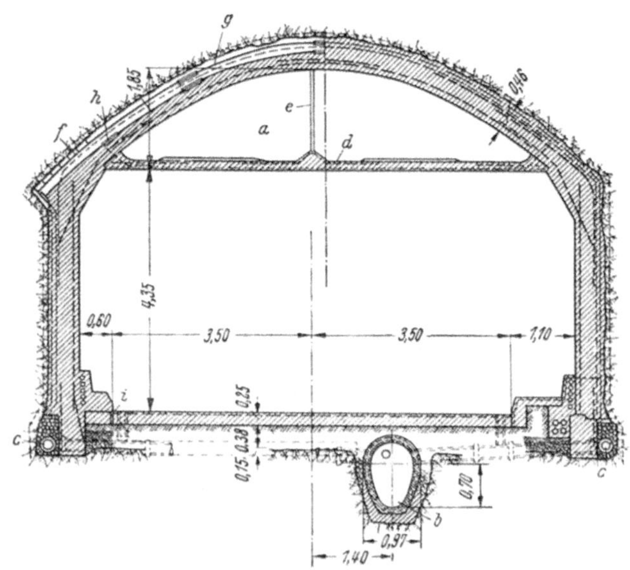

Abb. 459. Tunnelprofil der Autobahn Harrisburg – Pittsburgh mit Halbquerlüftung.

a Lüftungskanal für zugeführte Luft
b Hauptentwässerungskanal
c Entwässerungleitung
d wasserdichte Zwischendecke
e Hängestangen
f Holzauskleidung
g Stahlplatten
h kupferne Fugenbleche
i Kork- und Gummifugen zwischen Fahrbahn und Seitenwänden

(Quelle: [*401*])

strich zu fahren, was häufig zu Unfällen führte. Deshalb hat man beim Velsentunnel (Abb. 456) beiderseitige Gehsteige von 1,00 m Breite angeordnet. Bei Spurbreiten von 3,75 m genügen Bedienungsstegbreiten von 0,60 bis 0,75 m. Zwecks zügigen Verkehrsflusses im Tunnel soll die Anfahrtsfahrbahn ungeschmälert durchgeführt und dem Ausfahrtsverkehr in der Ausfahrtsrampe eine zusätzliche, für Lastkraftwagen gesperrte Überholungsspur geboten werden (Abb. 457).

Autobahntunnel brauchen statt Gehwegen nur einen Bedienungssteg als Notausgang, eine Überholungsspur zwecks schneller Räumungsmöglichkeit bei Unfällen; sie werden als richtungsbefahrene Zwillingstunnel ausgebildet (Abb. 458). Bei ihrem geringeren Verkehr gegenüber städtischen Tunneln

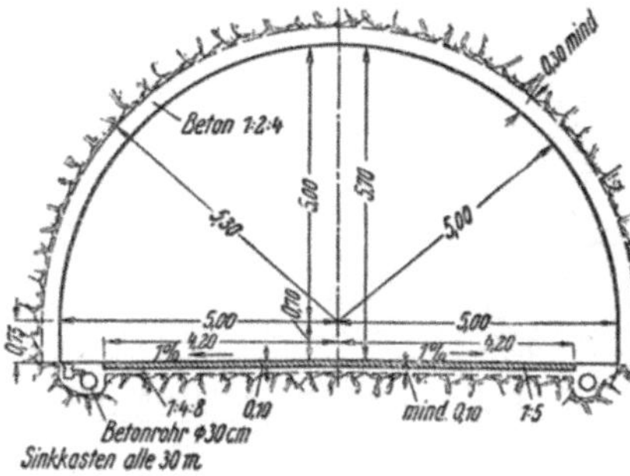

Abb. 460. Olympia Straßentunnel bei Garmisch. (Quelle: [401])

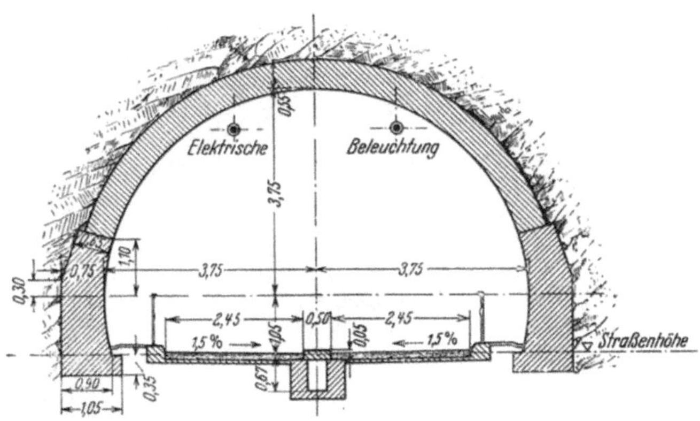

Abb. 461. Hochtor. (Scheitel-)Tunnel im Zuge der Großglockner Hochalpenstraße. (Quelle: [401])

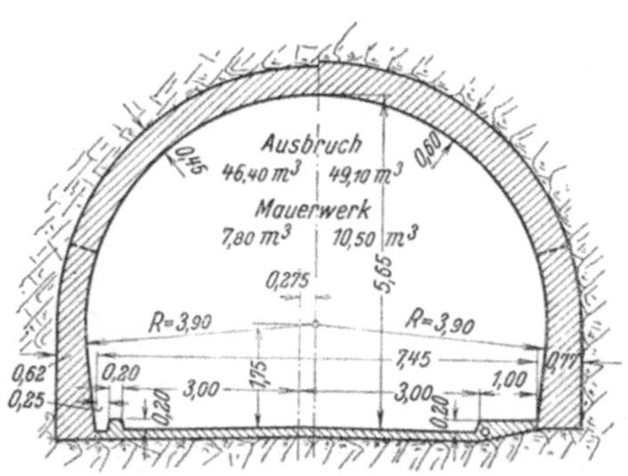

Abb. 462. Tunnelnormalie der Vereinigung Schweizerischer Straßenfachmänner. (Quelle: [401])

genügt auch bei großer Länge vorläufig eine Gegenverkehrsröhre (Abb. 459) mit späterem Nachbau des Zwillings, wie bei der Autobahn Harrisburg—Pittsburgh geschehen. Die Stärke des Gebirgskerns zwischen den Zwillingen soll mindestens gleich der Summe ihrer halben Lichtweiten sein. In Kluftgestein wird das Verhältnis Pfeilerstärke : Tunnelbreite 2 : 1 bis 3 : 1 je nach Lage der Tunnelachse zur Kluftrichtung. Der Bedienungssteg als Notausgang ist erforderlich, weil bei Unfällen die Fahrbahn für die Hilfsdienste frei gehalten werden muß.

Für kurze Gebirgstunnel ohne Lüftung geben der Olympiastraßentunnel bei Garmisch (Abb. 460), der Hochtortunnel im Zuge der Großglocknerstraße (Abb. 461) und die Normalie der Vereinigung Schweizerischer Straßenfachmänner (Abb. 462) Anhaltspunkte. Die Fahrbahnbreiten dieser älteren Tunnel dürften neuzeitlichen Reiseomnibussen kaum mehr voll entsprechen. Wenn wegen der schlechten Sicht mit Eigenbeleuchtung gefahren werden muß, wird bei so enger Spurbreite der Autofahrer unsicher und hält sich von der rechts von

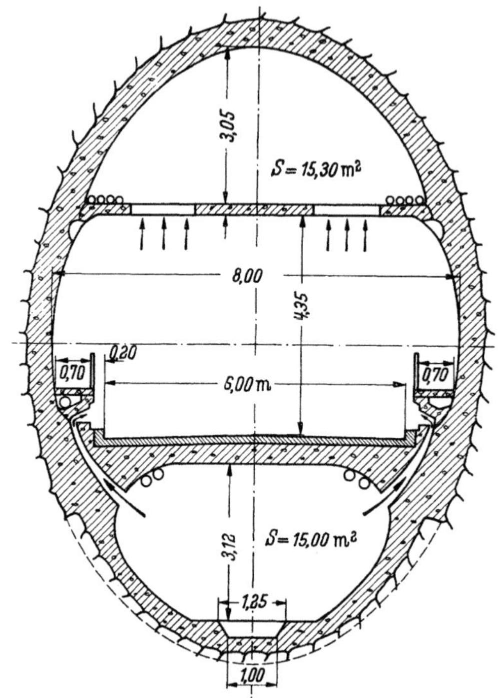

Abb. 463. Montblanc Tunnel. Querschnitt der Mündungsstrecken. Oben: Abluftkanal 15,30 m². Mitte: Verkehrsraum mit 0,70 m breiten Gehsteigen, rechts und links oben Beleuchtung, in der Zwischendecke über dem Verkehrsraum: Abluftschlitze, beiderseits der 6,00 m breiten Fahrbahn: 0,20 m breite Schrammborde, rechts und links von der Fahrbahn sieht man die Einströmkanäle und -öffnungen für die Frischluft, unten: Frischluftkanal 15,00 m². (Quelle: Zeichnung der Verwaltung der Großglockner Hochalpenstraße)

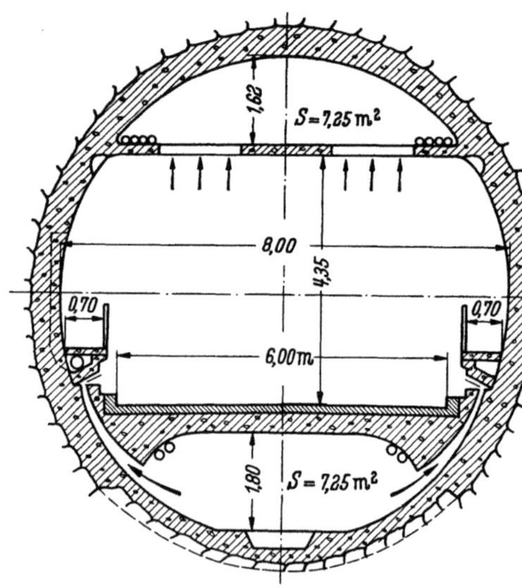

Abb. 464. Montblanc Tunnel. Querschnitt im Tunnelinnern. Aufteilung sinngemäß wie Abb. 463. Frisch- und Abluftkanal je 7,25 m². (Quelle: wie Abb. 463)

ihm liegenden Fahrbahnbegrenzung fern, was die schon beim Maastunnel erwähnten Reaktionen auslöst. Lange Hochgebirgstunnel sind selten, obwohl seit Jahrzehnten große Projekte schweben, von denen der rund 12 km lange Tunnel durch den Montblanc (Abb. 463/464) im Bau ist. Der 2 km lange Banihal-Tunnel (Abb. 465) im Himalayagebiet [*383*] ist ein Sonderfall mit nur

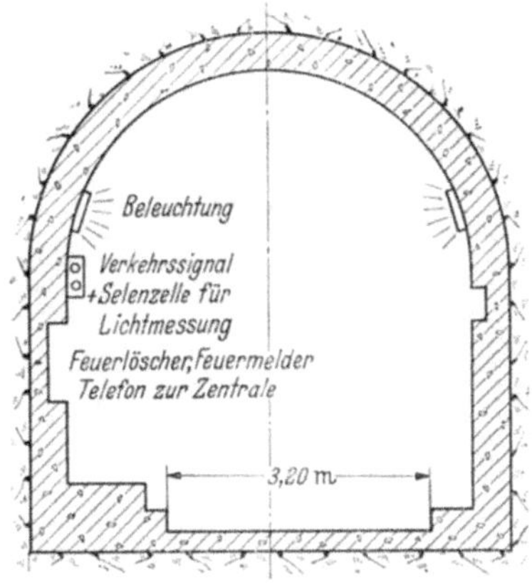

Abb. 465. Querschnitt einer von 2 gleichen Röhren des BANIHAL-Tunnels im Zuge der Himalaya Paßstraße Sinnagrar – Yammu (Indien). (Quelle: [*383*])

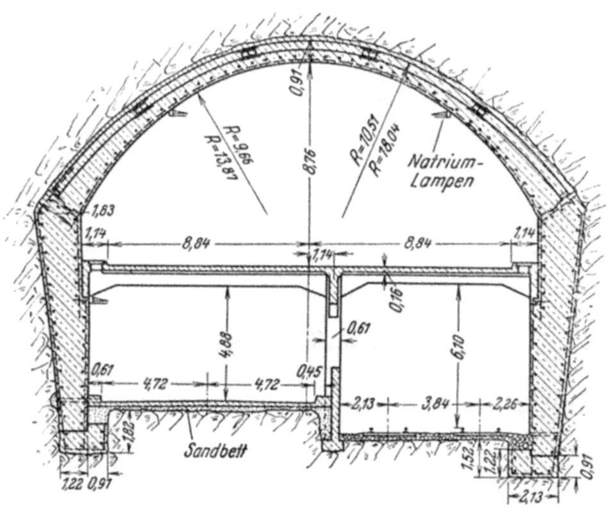

Abb. 466. Querschnitt des Yerba-Buena-Tunnels San Francisco – Oakland für Kraftwagen- und Straßenbahnverkehr. (Quelle: [*401*])

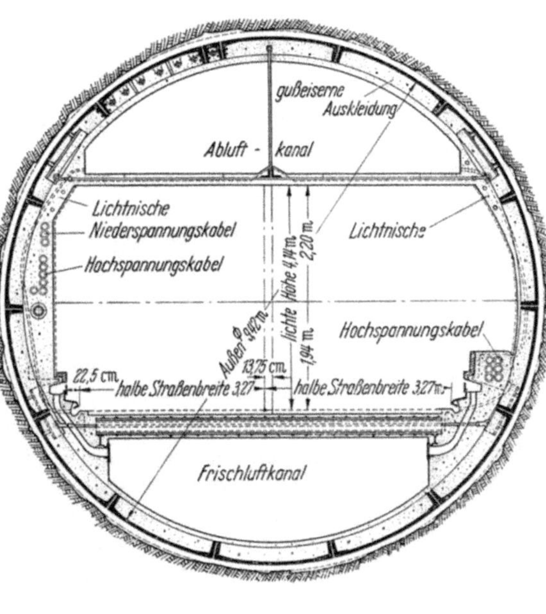

Abb. 467. Querschnitt des Lincoln-Tunnels New York. (Quelle: [*375*])

schwachem Geleitzugverkehr, er ist wegen seiner engen Fahrbahnen für europäische Verkehrsbedürfnisse nicht vorbildlich.

In Basistunneln hügeliger Städte sollten für Straßenbahn- und Kraftwagenverkehr getrennte Tunnelabschnitte vorgesehen werden (Abb. 466), da die

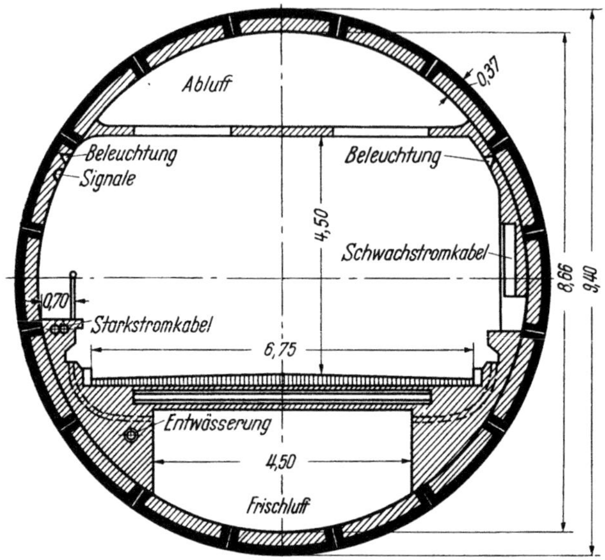

Abb. 468. Querschnitt des Schelde-Tunnels Antwerpen. (Quelle: [373])

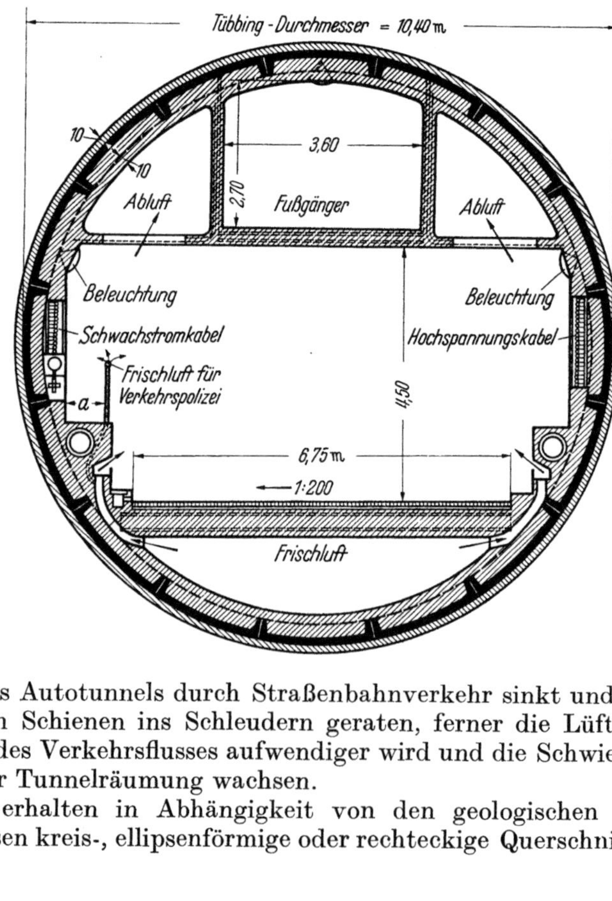

Abb 469. Querbelüfteter Autotunnel mit Fußgängerabschnitt, statt 6,75 m heute besser 7,50 m. (Quelle: [373])

Leistungsfähigkeit eines Autotunnels durch Straßenbahnverkehr sinkt und die Kraftfahrzeuge auf den Schienen ins Schleudern geraten, ferner die Lüftung wegen Verlangsamung des Verkehrsflusses aufwendiger wird und die Schwierigkeiten bei erforderlicher Tunnelräumung wachsen.

Unterwassertunnel erhalten in Abhängigkeit von den geologischen Bedingungen und Bauweisen kreis-, ellipsenförmige oder rechteckige Querschnitte.

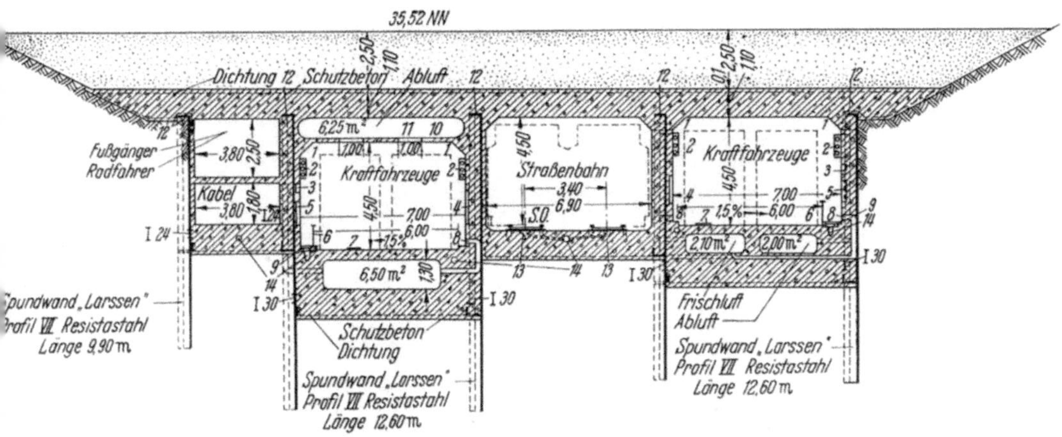

Abb. 470. Mehrzweck-Tunnel in rammbarem Boden. (Quelle: [*407*])

Abb. 471–477. Querschnitte für Unterpflaster-Autostraßen.
(Kress, Bautechn. 31 (1955), 10, S. 338/42, Abb. 2–8. Dort auch Erklärungen)

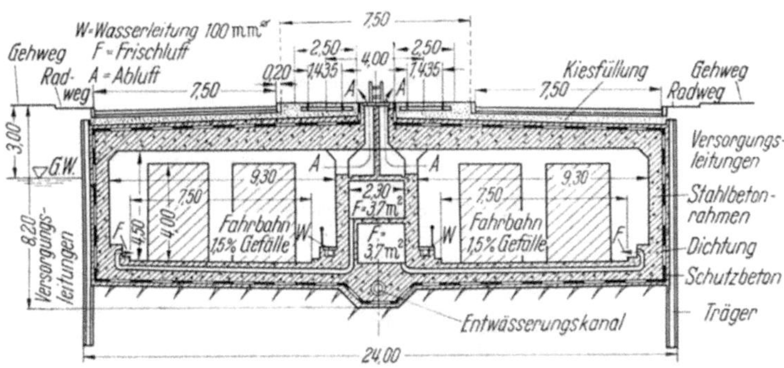

Abb. 471. Regelquerschnitt I

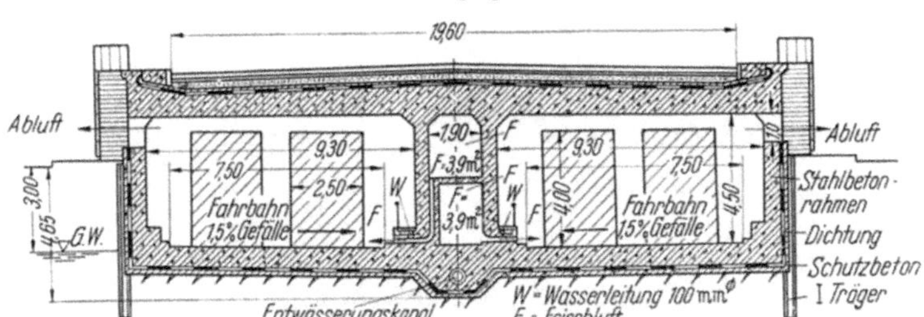

Abb. 472. Regelquerschnitt II

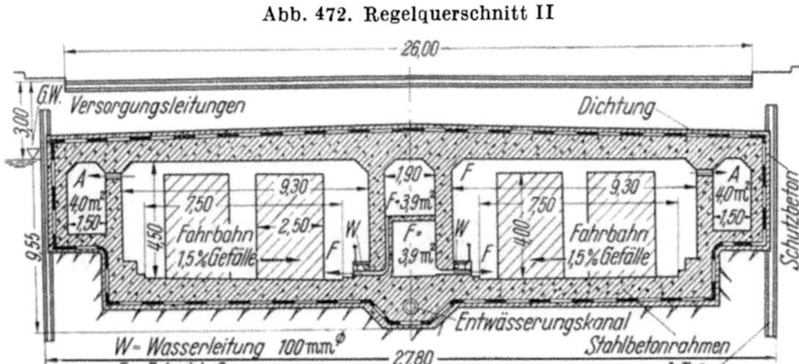

Abb. 473. Regelquerschnitt III

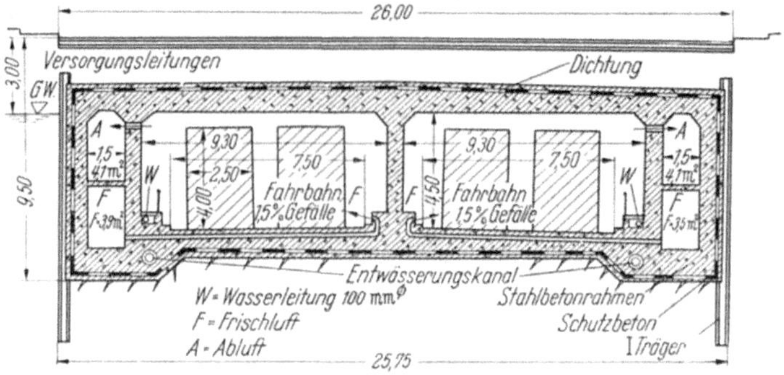

Abb. 474. Regelquerschnitt IV

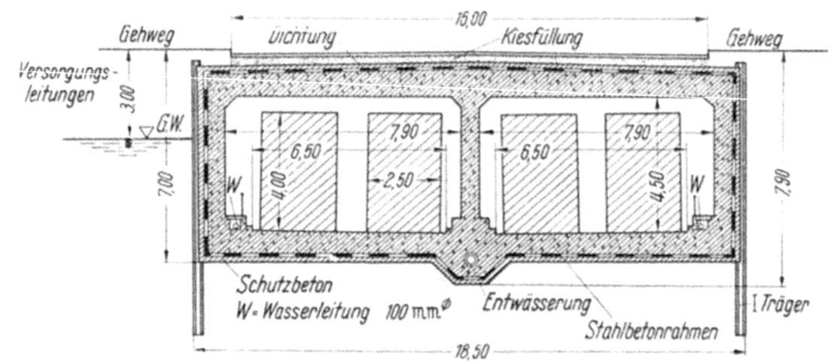

Abb. 475. Regelquerschnitt V

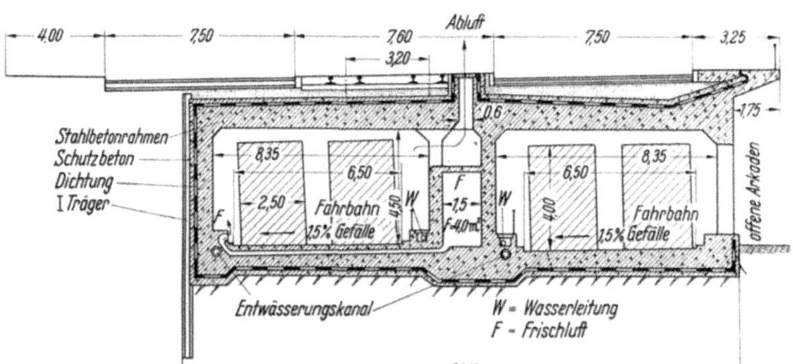

Abb. 476. Regelquerschnitt VI

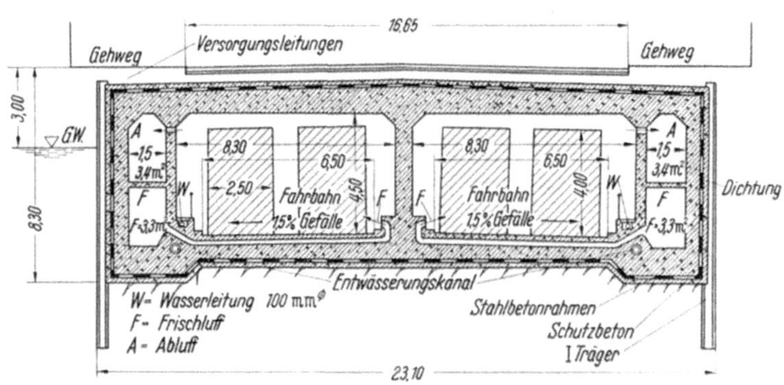

Abb. 477. Regelquerschnitt VII

Wegen der hohen Baukosten kann es hierbei zweckmäßig werden, einen Doppeltunnel im Zeitstufenausbau mit vorläufiger Gegenverkehrsröhre und späterem Nachbau des Zwillings für Übergang zum Richtungsverkehr zu bauen [*373*, *404*, *407*]. Beispiele zeigen der Lincoln-Tunnel, New York (Abb. 467), der Scheldetunnel Antwerpen (Abb. 468). Eine wirtschaftliche Kreiskombination zwischen Auto- und Fußgängertunnel zeigt Abb. 469, jedoch besser mit 7,50 m Fahrbahnbreite. Bei rammbarem Boden kann ein Querschnitt nach Abb. 470 wirtschaftliche Vorteile bieten [*407*].

Unterpflaster-Autostraßen [*402*] erhalten Rechteckquerschnitte nach Abb. 471 bis 477, je nach Grundwasserstand, Lüftungsbedürfnissen, Tiefenlage und Fahrbahnbreite; sie dienen dem kreuzungsfreien inneren Durchgangsverkehr durch Stadtkerne und Verkehrsschwerpunkte.

Der Ausbruchquerschnitt von Straßentunneln wird von der Querschnittsform, den statischen Wandstärken einschließlich Dichtung und Schutzschicht bestimmt, mit seinem Flächeninhalt wachsen die Baukosten.

[*373*, *377*, *378*, *383*, *402*, *403*, *407*] liefern Vergleichswerte.

10.4 Linienführung, Steigungsverhältnisse, Tunnelmündungen [*373*, *374*, *376*, *407*]

Vergleichsentwürfe mit Kostenanschlägen liefern die zweckmäßigste Linienführung nach Maßgabe von Probebohrungen. Alpine Tunnel sollen ein großes Gebiet erschließen, verkehrsgünstige Zu- und Abfahrten haben, ganzjährig befahrbar und möglichst kurz sein. Längere Basistunnel haben höhere Bau- und Lüftungskosten als kürzere Scheiteltunnel, andererseits ist der Brennstoffverbrauch der Kraftfahrzeuge geringer. Städtische Tunnel sollen Kurzverbindungen zwischen Wohn- und Geschäftszentren oder Entlastung von Verkehrsknotenpunkten bieten. Unterwassertunnel unter Seehäfen dürfen die künftige Entwicklung des Hafens nicht behindern, ihre Tiefenlage muß wachsendem Tiefgang der Schiffe Spielraum gewähren.

Die Steigungen der Tunnelstraße beeinflussen die Länge und Leistungsfähigkeit des Tunnels, seine Baukosten, die Lüftung und deren Betriebskosten [*373*, *374*, *376*]. Bei gleichbleibenden Luftgeschwindigkeiten in den Kanälen verursachen je 1% mehr Steigung rund 10% mehr Luftbedarf und rund 1,3fache Stromkosten, je 1% weniger Steigung rund 9% weniger Luftbedarf und rund 0,75fache Stromkosten. Die Beibehaltung gleicher Luftgeschwindigkeiten bedingt bei Mehrsteigung querschnittsgrößere Luftkanäle, also mehr Baukosten. Die Tiefenlage städtischer Tunnel bestimmt ihre Rampensteigungen, zwischen denen die flachen Tunnelstrecken liegen. Das Wasser muß zu einem Tiefpunkt des Tunnels abgeführt und das Regenwasser vor den Portalen abgeleitet werden. Mit Rücksicht auf die Leistungsfähigkeit der Tunnel und die Lüftungskosten sollte die größte Steigung 3,5% sein und nur in zwingenden Fällen ausnahmsweise überschritten werden.

In städtischen Tunneln kann der gleichmäßige Verkehrsfluß durch Querverbindungen vor den Portalen gestört werden, bei Gebirgstunneln dagegen nicht. Daher hängt die Leistungsfähigkeit städtischer Tunnel von den Mündungen und ihren Zu- und Abfahrtsstraßen ab. Die Anlage leistungsfähiger Mündungsplätze mit Trennung des Zu- und Ausfahrtsverkehrs und gleichmäßiger Verteilung ankommender Verkehrswellen in die Tunnelstraße ist ein Hilfsmittel, um einen ungestörten Tunnelverkehr zu erreichen. Solche Mündungsplätze erweisen sich auch bei Gebirgstunneln vorteilhaft. Bei letzteren liegen sie unmittelbar vor den Portalen, bei den städtischen Tunneln am Ende der offenen Rampen. Hilfsdienste aller Art, wie Tankstellen, Reparaturwerkstätten mit

Abschleppdienst, Unfallstation, Parkplätze und Nebenbetriebsgebäude des Tunnels können um solche Mündungsplätze herum zweckmäßig angeordnet werden [*373*, *383*]. Hinter den Mauern der offenen Rampen bieten sich Möglichkeiten zur Anordnung unauffälliger Betriebsgebäude [*407*].

10.5 Tiefenlage von Unterwassertunneln

Die Tiefenlage der Unterwassertunnel richtet sich danach, wie die Gewässersohle beschaffen und wie hoch die Überlagerung über dem Tunnelscheitel ist. Mit der Beschaffenheit des Bodens wechselt seine Wasser- und Luftdurchlässigkeit und damit die Möglichkeit, Druckluftbauweisen anzuwenden. Dichter, homogener Boden, wie Ton, hält große Druckunterschiede aus, läßt kein oder nur wenig Wasser durch und verringert das Risiko von Druckluftausbrüchen. Bei losen, wasserdurchlässigen Bodenarten muß die Überlagerung bei Herstellung unter Druckluft über dem Scheitel mindestens so groß wie der Tunneldurchmesser sein. Wegen der tiefen Lage des Tunnels wachsen dann aber die Länge und die Kosten für Bau und Belüftung. Diese Nachteile können durch eine größere Rampensteigung oder künstliche Anschüttung im Flußlauf während der Bauzeit gemindert werden. Wenn mit Caissons gegründet oder der Tunnel abgesenkt wird — diese Bauweise setzt voraus, daß die Strömung gering ist, die Wasserstände niedrig sind, die Bodenbeschaffenheit günstig ist und Geschiebeführung im Gewässerbett fehlt —, dann fallen die oben genannten Schwierigkeiten fort. Quelle [*377*] liefert Anhaltspunkte für die Planung und Bauausführung.

10.6 Abdichtung

Straßentunnel müssen zuverlässig gegen Feuchtigkeit abgedichtet werden, die von außen eindringen kann. Bei stählernen Tübbingtunneln erfolgt dies mit gleichzeitigem Rostschutz durch Hinterspritzen der Ringe mit Zementmörtel 1 : 1, Anhobeln der Stoßflächen der Segmente zwecks satten Anliegens sowie durch Einstemmen einer Bleidichtung in eine 10 mm breite und 30 mm tiefe Nut an den Stößen der Ringe. Diese Bleistreifen können jederzeit nachgestemmt werden. Bei allen anderen Tunneln wird die Wasserdichtigkeit durch eine mehrlagige äußere Dichtungshaut auf Bitumen- oder Kautschukgrundlage erreicht, die den Tunnel allseitig umschließen muß. Bauteile, welche tiefer als 3,50 m im Wasser liegen, erhalten 4fache, solche zwischen 3,50 m unter und 0,20 m über Wasser 3fache, alle übrigen 2fache Dichtung, wobei die Überlappung der Nähte 1/10 bzw. 1/5 bzw. 1/3 der Breite des vorhergehenden Streifens ist und außerdem gegeneinander versetzt angeordnet wird (DIN 4031). Die Abdichtung ist durch eine äußere Schutzschicht aus Beton oder Ziegeln, bei aggressiven Wässern aus Beton mit säurefestem Spezialzement oder aus säurefesten Klinkern zu schützen. Derartige Abdichtungen sind veranschaulicht durch die Abb. 467 bis 469 für Tübbingtunnel, durch Abb. 455, 456 für vorausbetonierte und dann in einzelnen Tunnelstücken abgesenkte Unterwassertunnel, durch Abb. 470 für einen aus gerammten Stahlspundwänden mit Stahlbetondecke bestehenden Mehrzwecktunnel, durch Abb. 471 bis 477 für Unterpflaster-Autostraßen, durch Abb. 478 für bergmännisch vorgetriebene Tunnel.

Bei Gebirgstunneln, die je nach der Bodenbeschaffenheit in einer der dafür geeigneten, bekannten Tunnelbauweise ausgeführt werden, muß dieAusführung der Abdichtung sorgfältig überlegt werden. Bei den älteren Straßentunneln hat man nach dem Beispiel der Eisenbahntunnel nur das Gewölbe gedichtet und das an den Widerlagern zudringende Sickerwasser in Drainagen gesammelt und abgeleitet. Abgesehen von den sich daraus im Laufe der Zeit an den Widerlagern und Fahrbahnen bildenden Bauschäden, führt die dabei oft auftretende ständige Nässe der Fahrbahn zu Unzuträglichkeiten für den Verkehr. Deshalb sind auch Straßentunnel im Gebirge für neuzeitlichen Kraftwagenverkehr allseitig abzudichten. Das von den Eisenbahntunneln übernommene Verfahren, über dem Gewölbe für den Einbau der Dichtung einen Arbeitsraum auszubrechen, der nach Fertigstellung der Abdichtung sorgfältig ausgeschichtet oder ausgemauert werden muß, ist unbefriedigend, weil dadurch spätere Setzungen des Gebirges und das Auftreten veränderter Wirkungen des Gebirgsdrucks auf den Tunnel nicht mit Sicherheit vermieden werden können. Ein Beispiel dieser Art ist der in Abb. 458 dargestellte Engelbergtunnel der Autobahn Karlsruhe — Heilbronn bei Leonberg. Dieses ältere Verfahren kann durch den heutigen Stand der Technik als überholt angesehen werden. Ein Beispiel für eine neuzeitliche Ausführung einer allseitigen Tunneldichtung bietet der Stuttgarter Wagenburgtunnel (Abb. 478), welcher im Gipskeuper mit sulfathaltigem Wasserandrang liegt. Dieser Tunnel wurde nach der Kernbauweise ausgeführt und die Kalotte in Ringbauweise unter Verwendung der KUNZschen Rüstung in Holz- und Eisenkonstruktion hergestellt. Zunächst wurde ein äußeres Schutzgewölbe als Dichtungsträger ausgeführt, auf dessen gegen das Tunnelinnere gelegenen Innenfläche mit bündigem Anschluß an die Innenfläche der Widerlager die Dichtung aufgebracht wurde. Diese bestand im Anfang der Bauzeit aus Opanolfolien, später ging man wegen beobachteter Hebungserscheinungen des Baugrunds zu der elastischen Guttaternadichtung über. Diese ist eine Spachtelmasse auf der Basis von Naturkautschuk mit Zusätzen von Asbestfüller und Schwerspat.

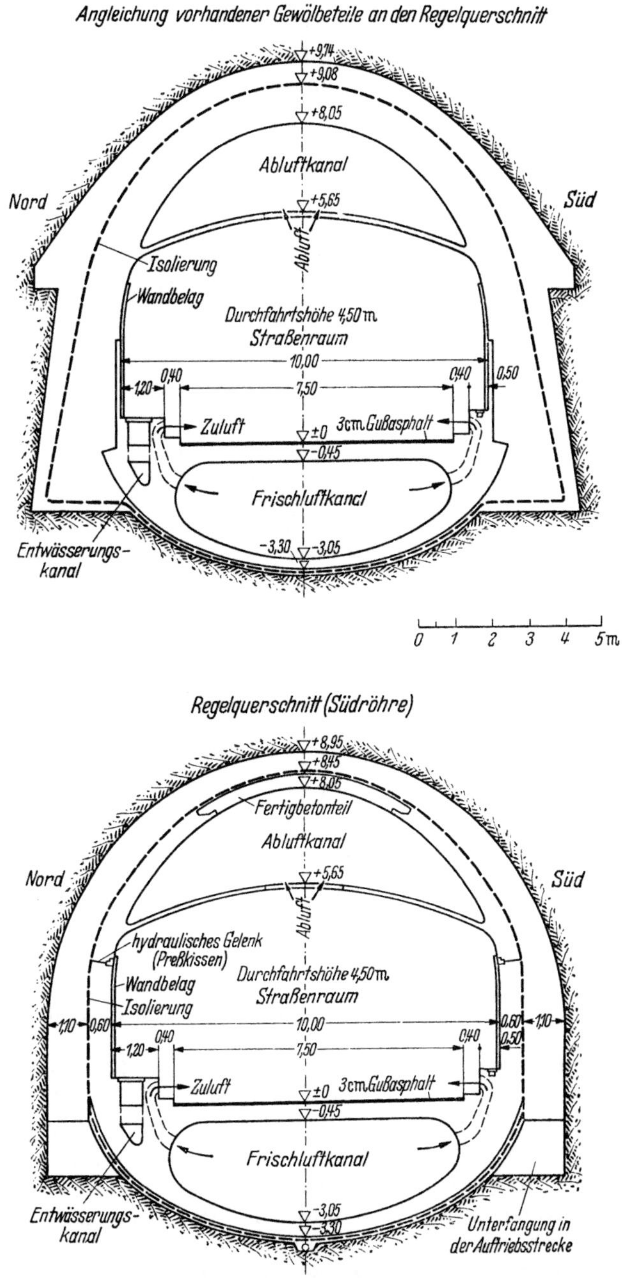

Abb. 478. Querschnitte des Wagenburgtunnels in Stuttgart. (Quelle: [416])

Nach Fertigstellung dieser Arbeiten wurde der innere tragende Tunnelkörper mit statischer Bewehrung eingezogen. Die allseitig um den ganzen Tunnelquerschnitt herumgeführte Abdichtung ist also zwischen dem äußeren, nicht tragenden und dem inneren tragenden Tunnelkörper eingespannt. Selbst wenn im Laufe der Zeit das äußere Schutzgewölbe durch die aggressiven Wässer zerstört wird, bietet es immer noch einen Schutz der Dichtung gegen mechanische Beschädigung, während das innere Gewölbe den vollen Gebirgsdruck allein aufnehmen kann. Alle Dehnungs- und Arbeitsfugen wurden mit einem geriffelten Kupferblech überdeckt, welches ebenfalls mit Guttaterna überspachtelt wurde. Die Auftragung der Isolierung im Scheitelgewölbe erfolgte von einem fahrbahren Stahlrohrgerüst aus. Abb. 479 zeigt die Ausführung dieser Isolierung.

Abb. 479. Ausführung der Abdichtung auf Unterbeton im Frischluftkanal des Wagenburgtunnels, oben Abdichtung des Gewölbes.
(Quelle: [*416*])

10.7 Ausrüstung

10.71 Fahrbahnausbildung

In allen unten offenen Tunnelquerschnitten entspricht die Fahrbahn den üblichen Konstruktionen des Straßenbaus. Wenn der Tunnel nach unten geschlossen ist, besteht die Tragkonstruktion der Fahrbahn entweder aus einer in Längsrichtung des Tunnels gespannten, auf Querträgern ruhenden oder aus einer in Querrichtung des Tunnels gespannten Stahlbetonplatte, deren Stärke der Beanspruchung entspricht. Der Anwendung von Spannbeton-Fahrbahnplatten sind wegen beengter Raumverhältnisse Grenzen gesetzt. Bei vorgefertigten, eingeschwommenen und versenkten Spannbetontunneln kann die Fahrbahn in der Regel erst nach dem Versenken eingebaut werden, damit der Tunnelkörper beim Einschwimmen noch schwimmfähig ist.

Der Fahrbahnbelag muß griffig, bei Schwitzwasser rutschfrei, bei Trockenheit staubfrei und weitgehend geräuschdämpfend sein. Durch Autoreifen polierbare Beläge behindern infolge Lichtspiegelung die Sicht im Tunnel. Auf Sand verlegtes Granitpflaster hat sich bewährt, auch Betonfahrbahnen und Gußasphalt mit angerauhter Fahrfläche sind empfehlenswert. Asphaltbeläge auf Steinpflaster haben sich nicht bewährt, weil sie bei Fahrbahnausbesserungen die Luft im Tunnel verschlechtern, bei sommerlicher Hitze in den Rampen aus den Fugen quellen und die Sicht durch Spiegelung mindern. Dagegen haben sich Asphaltdecken auf Stahlbetonplatten in Amerika im Hollandtunnel, New York, Baltimoretunnel, Lincolntunnel und Hampton Roads Tunnel bewährt, besonders deshalb, weil der Einbau und etwaige Instandsetzungen schnell in den verkehrsarmen Nachtstunden ausgeführt werden können. Eine Probestrecke mit Gummipflaster im Merseytunnel befriedigte nicht wegen Schlüpfrigkeit. Bei Feuchtigkeit faulendes Holzpflaster ist ungeeignet, nutzt sich schnell ab, wird uneben und verursacht lästige Geräusche und Gerüche.

Abb. 480. Innenansicht des Tunnels La Croix Rousse in Lyon. (Werkphoto der Verwaltung)

Die Fahrspuren im Tunnel sollen durch eingelegte helle Markierungsstreifen gekennzeichnet, bei mehrspurigen Gegenverkehrstunneln die Fahrtrichtungen durch eine nur wenig erhöhte elastische Schwelle getrennt werden, die bei Räumung des Tunnels überfahren werden kann (Abb. 480: Tunnel Lyon).

Die Tunnelform bewirkt mehrfache Brechung der Schallwellen und Übersteigerung des Verkehrsgeräusches, wodurch Gesundheitsschäden beim Überwachungspersonal eintreten können. Deshalb hat man in die Wände des Tunnels Lyon besondere Hohlkammersteine zur Schalldämpfung eingebaut.

10.72 Tunnelbeleuchtung

Die Sicht in Straßentunneln muß derjenigen in der Außenwelt entsprechen und in den äußeren Tunnelstrecken gegen die Portale der wechselnden äußeren Helligkeit angepaßt werden können. Zu diesem Zweck ordnet man von jedem Portal 160 m tunneleinwärts steuerbare, allmähliche Beleuchtungsübergänge an, die dem Auge eine stufenweise Anpassung bieten. Auch die übrige Tunnelbeleuchtung muß für im Ganzen und an jeder beliebigen Stelle wechselnde Lichteffekte eingerichtet werden. Man faßt daher die Lichtquellen gruppenweise zusammen und ordnet sie zu $^1/_4$, $^1/_2$, $^3/_4$ und $^4/_4$ schaltbar an. Um die Sehschärfe zu gewährleisten, wählt man monochromatisches Licht, das nur ein einziges Bild wiedergibt und die kleinsten Details klar erkennen läßt, auch Nebel durchdringt und weder blendet noch störende Lichtreflexe erzeugt. Das folgende Schema liefert Anhaltspunkte für den Beleuchtungsentwurf:

Tunnelstrecke ab Portal einwärts	Beleuchtungsstärke	Beleuchtungsart
0 ··· 60 m	1000 lux	Lichtband mit z. B. 12 Parallelreihen von 65 W-Lampen
60 ··· 110 m	250	Lichtband mit z. B. 4 Parallelreihen von 65 W-Lampen
110 ··· 160 m	90	Lichtband mit 2 Parallelreihen von 65 W-Lampen
160 m ··· Tunnelmitte	30	Lichtband mit 1 Reihe von 40 W-Lampen

Die Lichtausbeute der Lampen ist 50 lm pro Watt, ihre mittlere Lebensdauer 5000 Stunden. Nachts wird die Tunnelstraße mit 15 lux ausgeleuchtet. Fußgänger- und Straßenbahntunnel kommen mit Einzelleuchten und 5 lux Beleuchtungsstärke aus.

Die Entwicklung der Übergangsbeleuchtung an den Tunnelenden ist noch im Fluß. In Amerika wird das Tageslicht durch Photozellen gemessen und die Übergangsbeleuchtung entsprechend automatisch geschaltet, im Velsentunnel in Holland hat man die offenen Rampen streckenweise mit einer nach oben rautenförmig geöffneten Decke überspannt, die aus gegenseitig sich durchkreuzenden Stahlbetonträgern besteht (Abb. 481). Die Tunnelbeleuchtung muß jeweils die rechte Seite der Fahrtrichtung besonders scharf kennzeichnen, damit die Fahrer weit rechts fahren und die Überholungsmöglichkeiten frei halten können. Damit die Fahrer nicht geblendet werden, muß das Licht in der Fahrtrichtung einfallen.

Abb. 481. Rautendecke für Übergangsbeleuchtung der Rampen beim Tunnel Velsen. (Photo Dr. Kress)

Die mit 5 lux Beleuchtungsstärke zu bemessende Notbeleuchtung ist so anzuordnen, daß jede 3. Lichtquelle der Hauptbeleuchtung gleichzeitig im Notstromnetz liegt. Die Stromversorgung erfolgt durch einphasigen Wechselstrom in einer von 2 Phasen der vier dreiphasigen Beleuchtungsstromkreise unter Verwendung je einer Notstrombatterie und eines Quecksilberdampf-Umformers für die halbe Tunnellänge. Diese Notstrombatterien bestehen aus vielen Elementen, werden je durch ein an die Schalttafel angeschlossenes Dreiphasen-380 V-Sirbelgerät automatisch aufgeladen und müssen die Notbeleuchtung etwa 10 Stunden aufrecht erhalten können. Die Abb. 482a und b, 483, 484 zeigen die Übergangs-, die Innen- und die im Tunnelscheitel angebrachte Notbeleuchtung des Wagenburgtunnels sowie eine Notstrombatterie.

10.73 Tunnelauskleidung

Die Verkleidung der Tunnelwandungen soll die Beleuchtung unterstützen, daher in heller Farbe gewählt werden, welche die Lichtstrahlen ohne Blendwirkung auf die Fahrbahn wirft. Dazu sind weiß glasierte Fliesen am besten

Abb. 482a. Beleuchtung beim Wagenburgtunnel. Links und rechts außen je 1 Lichtband. Normalbeleuchtung durchlaufend im ganzen Tunnel. Beiderseitige innere gestaffelte Lichtbänder und die rechteckigen Leuchten im Gewölbe sind die Übergangsbeleuchtung der Portalstrecken. Die im Hintergrund im Gewölbescheitel sichtbaren Einzelleuchten (dreiteilig) sind die Notbeleuchtung. Man beachte die Blinkreflexe auf den Fahrzeugen, deren Vermeidung anzustreben wäre! (Photo Stuttgarter Nachrichten.)

Abb. 482b. Notstrombatterie. (Bild: Verwaltung Scheldetunnel)

geeignet, zumal sie dauerhaft, leicht abwaschbar, wenn auch teuer sind und dem Tunnel ein gutes Aussehen verleihen (Abb. 480). Auf senkrechten oder leicht gewölbten Wänden hat sich diese Auskleidung bewährt. An horizontalen Zwischendecken oder Gewölben kam es an verschiedenen Tunneln teils durch

Hitzeentwicklung bei Fahrzeugbränden, teils aber auch durch normale Temperaturunterschiede zum Abfallen. Deshalb werden Zwischendecken oder Gewölbe in Tunneln meist in hellen Farbtönen verputzt. Im Merseytunnel hat man dunkle Wandfliesen und hellen Gewölbeputz verwendet, an dem sich aber

Abb. 483. Normalbeleuchtung des Verkehrsraums im Wagenburgtunnel. (Photo Dr.-Ing. Kress)

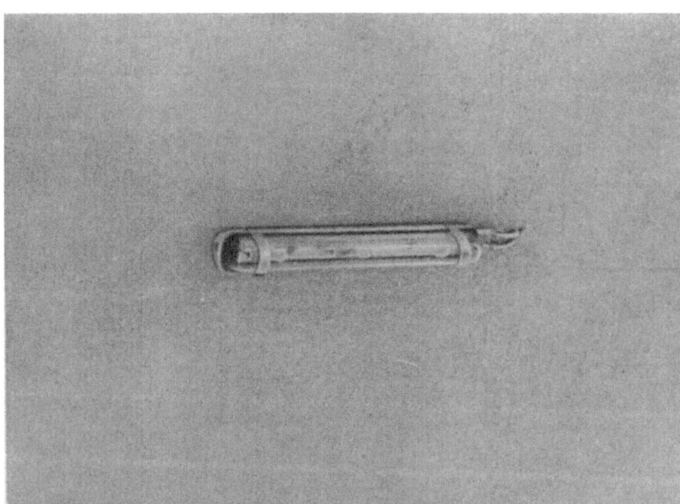

Abb. 484. Notbeleuchtung (je 3 Lichtquellen im Gewölbescheitel des Wagenburgtunnels). (Photo Dr.-Ing. Kress)

Abplätterungen zeigten. Für horizontale Zwischendecken hat man in Amerika hitzebeständige Emailleplatten entwickelt, die sehr teuer sind [*412*]. Die Seitenwände des Wagenburgtunnels sind mit engobierten Spaltklinkern verkleidet, die nicht blenden. Die Zwischendecke wurde fluatiert. Damit hat man gute Lichteffekte erzielt [*416*].

10.74 Lüftung

Das lebenswichtigste Kernstück eines Autotunnels ist seine Lüftung [*372, 373, 374, 376, 377, 403, 405, 407, 406, 408*]. Ein Autotunnel mit mangelhafter Lüftung ist nicht oder nur teilweise betriebsfähig. Die Lüftung der Straßentunnel unterscheidet sich wesentlich von derjenigen der Eisenbahntunnel. Im Eisenbahntunnel entsteht Luftverunreinigung nur durch Lokomotiven, also wenige Einzelfahrzeuge. Der Frischluftbedarf ist mengenmäßig gering. Im Autotunnel findet gleichzeitig auf allen Fahrspuren ein ständig an- und abschwellender, im Gegensatz zum Eisenbahntunnel nach Zeitpunkt und Dauer unberechenbarer Verkehr zahlreicher die Tunnelluft lebensgefährlich vergiftender Einzelfahrzeuge statt, von denen jedes einzelne unterschiedliche Beiträge zur Luftverunreinigung liefert [*373*], die u. a. auch von der individuellen Fahrweise der Autofahrer abhängen. Der Frischluftbedarf eines Autotunnels ist daher um ein Vielfaches größer als derjenige eines Eisenbahntunnels.

Der lebensgefährliche Bestandteil in den Auspuffgasen der Autos ist das farb- und geruchlose, schon ohne Temperaturberücksichtigung weniger als Luft wiegende und daher sofort nach oben steigende Kohlenmonoxyd (CO) [*369, 372, 373, 376, 379, 408*]. Dieselauspuff hat nur etwa $^1/_{10}$ der CO-Menge des Benzinauspuffs, verursacht aber Qualm und Nebel durch mehr als die Luft wiegende Gase, die längere Zeit über der Fahrbahn hängen bleiben. Deshalb verschlechtert Dieselauspuff die Sicht im Tunnel ungefähr 10mal mehr als Benzinauspuff [*379*]. Die Lüftung muß den CO-Gehalt der Tunnelluft auf ein Maß senken, das physiologisch ertragbar ist und gute Sicht im Tunnel gewährleistet. Die physiologische CO-Grenze liegt bei 4 Volumenteilen CO in 10000 Volumenteilen Luft, also bei 0,4‰ oder 0,04% CO. Zur Erreichung guter Sicht muß man bei den üblichen Verkehrsraumquerschnitten von 30 bis 40 m² etwa 8 bis 10mal, bei Verkehrsraumquerschnitten um 100 m² herum etwa 4mal so viel Frischluft zuführen als der physiologischen Grenze entspricht.

Für erste Untersuchungen über die in einem Autotunnel zu installierende künstliche Frischluftversorgung kann man als Mittelwert etwa 1250 m³ Frischluft je Stunde und laufenden Meter Röhre annehmen, womit man eine den üblichen Belastungen gewachsene Lüftungskapazität erhält. 1 Lastkraftwagen stößt im Mittel 68,77 Liter CO/Minute, 1 Personenkraftwagen 37,64 Liter CO/Minute aus [*373*], woraus sich der Mittelwert für 1 Fahrzeug zu ungefähr 60 Liter CO/Minute ableitet [*376*]. Genauere Einzelangaben finden sich in [*373, 374, 376, 379, 394*]. Bei L km Tunnellänge, V km/h mittlerer Fahrgeschwindigkeit, a mittlerer Wagenlänge in m, $t_a = {}^1/_2$ sek. = Reaktionszeit der Fahrer, $p = a + 0{,}278\, V \cdot t_a + 0{,}00867\, V^2$ = mittlerem Wagenabstand (s. a. S. 21, 88) ist die Leistung einer zweispurigen Tunnelröhre $2\,C = 2000\, V/p$ und die jeweilige Tunnelfüllung $z = 2\,C\,L/V = 2000\, L/p$ Wagen. Ist Q' = mittlerer CO-Anfall eines Fahrzeugs in l/min und f ‰ der zulässige CO-Gehalt im Tunnel, so ist, wenn F = Verkehrsraumquerschnitt in m²,

$$\text{CO-Anfall CO} = {}^1/_6 \cdot 0{,}0001\, Q' \cdot z \quad \text{m}^3/\text{sek.},$$
$$\text{Frischluftbedarf } Q = \text{CO} \cdot 1000/f \quad \text{m}^3/\text{sek.},$$
$$\text{der stündliche Luftwechsel } n = 3{,}6\, Q/L \cdot F \text{fach.}$$

Eine genaue Lüftungsberechnung muß nach Belastungsdiagrammen in Abhängigkeit vom anfänglichen und künftigen Verkehrsumfang, der Verkehrszusammensetzung und der wechselnden Fahrgeschwindigkeiten aufgestellt werden. Dabei muß nach Quelle [*392*] der Verkehrsluftzug für die verschiedensten Fälle des rollenden Verkehrs berechnet und der Luftbedarf bei Katastrophenfällen mit blockierten Fahrzeugen, deren Motoren teilweise und unterschiedlich weiterlaufen, nach Quelle [*373, 376, 379*] ermittelt werden. Da in Katastrophenfällen 1 Spur für Hilfsdienste (Polizei, Feuerwehr, Unfallwagen, Abschleppdienst) schnell freigemacht werden muß, ist die zulässige Tunnelfüllung so zu beschränken, daß jederzeit alle im Tunnel befindlichen Fahrzeuge auf den übrigen Spuren eines vielspurigen oder auf einer Spur eines zweispurigen Tunnels aufgestellt werden können. Dies wird erreicht, indem man an den Zufahrtsportalen den geringsten Stoßstangenabstand mit 15 m angibt und die sich daraus ergebende Tunnelfüllung in den Betriebsvorschriften so verankert, daß der Schaltwärter zwangsläufig die Zufahrt sperren muß, wenn diese Tunnelfüllung erreicht ist. Andernfalls müssen im Katastrophenfall Fahrzeuge, welche auf der Aufstellspur keinen Platz finden, rückwärts zum Einfahrtsportal ausfahren, was die Schwierigkeiten steigert.

Aus dem bei langsamem ($V = 10$ km/h) Personenkraftwagen-Verkehr an den Portalen auch im Gegenverkehr entstehenden Luftwechsel läßt sich eine Bau- und Betriebskosten sparende Verkürzungsmöglichkeit der Lüftungslänge berechnen, die sich gleichmäßig auf beide Portale erstreckt. Innerhalb dieser Verkürzungsstrecken bedarf der Straßentunnel keiner künstlichen Lüftung, weil er im Gegenverkehr wie eine Luftpumpe mit einander entgegen laufenden, verschieden großen Kolbenflächen wirkt. Für größere Verkehrsbelastungen mit größeren Geschwindigkeitsstufen kann eine geschickt ausgearbeitete Betriebsvorschrift zu einer Steuerung führen, welche die Betriebskosten senkt, weil sich bei größeren Geschwindigkeiten und größeren Fahrzeugen auch die der künstlichen Lüftung nicht bedürfenden äußeren Portalstrecken vergrößern. Die Aufgabe der Lüftung beruht also darauf, innerhalb der erforderlichen Länge der künstlichen Lüftung eine der örtlichen CO-Erzeugung entsprechende gleichbleibende Luftzufuhr zu sichern und unter den denkbar ungünstigsten Umständen zu gewährleisten. Meteorologische Bedingungen können einerseits das Lüftungsproblem nur zeitweilig erleichtern, aber immer auch zu anderen Zeiten erschweren. Deshalb sollten sie bei jedem Tunnel über lange Zeiträume gemessen und die Gesamtdruckunterschiede zwischen den Portalen mittels Quecksilberbarometer festgestellt werden. Der störende Einfluß des Verkehrs auf die Luftströmung im Gegenverkehrstunnel ist größer als der der atmosphärischen Bedingungen. Bei Verkehrsstockungen, besonders Brand im Tunnel, entfällt der Verkehrsluftzug. Für den Abzug der Qualmgase steht dann nur die Restfläche des Verkehrsraumquerschnitts abzüglich dem besetzten Verkehrsband zur Verfügung, aber es fehlt die bewegende Wirkung des Verkehrsluftzugs, so daß die Qualmgase im Tunnel hängen bleiben und die Sicht verschlechtern, wenn nicht ein künstliches Lüftungssystem installiert ist, das auch bei Brand im Tunnel risikolos weiter betrieben werden kann [*382*]. Für Katastrophenfälle beschränkt sich die Bemessungsgrundlage der Lüftung auf die Gewährleistung der physiologischen CO-Grenze, die installierte Kapazität ist jedoch meist wesentlich größer. Selbst bei der außerordentlich schweren Explosionskatastrophe vom 13. Mai 1949 im Holland-Tunnel New York war die Lüftung so hoher Belastung gewachsen.

Wahl des Lüftungssystems

Für jeden Entwurf eines Straßentunnels ist das zweckmäßige Lüftungssystem zu wählen. Folgende Lösungen sind einzeln, zuweilen auch in Kombinationen, zu untersuchen:

10.741 Längslüftung

Zwischen den Portalen durchströmt ein Längsluftzug den Tunnel. Diese Lösung ist in kurzen, richtungsbetriebenen Tunneln möglich, *wenn* der Verkehrsluftzug ausreichend stark ist und die Luftgeschwindigkeit im Verkehrsraum nicht zu groß wird. Die Anwendung ist daher auf sehr verkehrsarme

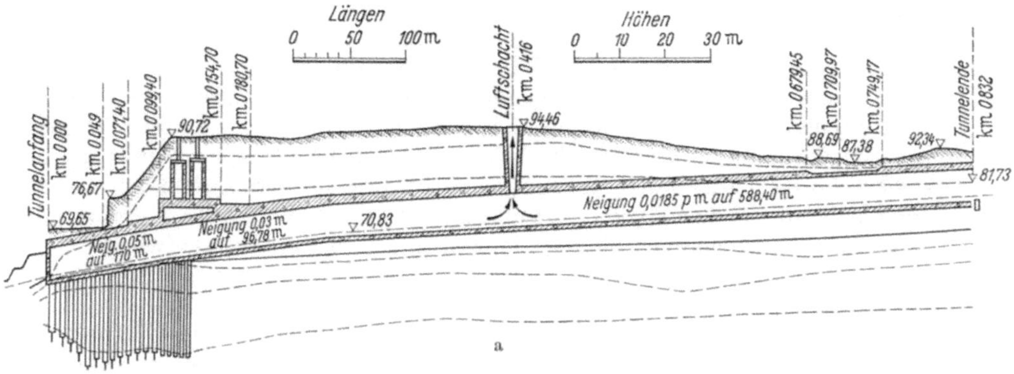

a

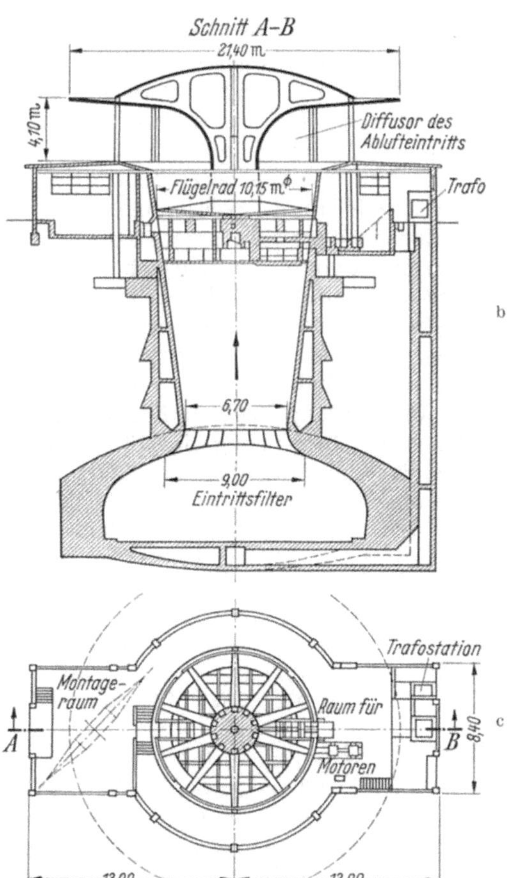

b

c

Abb. 485 a – c. Tunnel St. Cloud (Paris) Dieser Tunnel hat Längslüftung.
a) Längenschnitt, b) Querschnitt durch den Schacht, c) Horizontalschnitt durch den Schacht.
(Quellen: [*397*, *408*])

Tunnel beschränkt. Immer ist aber im längsbelüfteten Tunnel der Längsluftzug aus künstlicher Lüftung im Verkehrsraum für die Verkehrsteilnehmer gesundheitsschädlich und im Brandfalle gefährlich. Entsteht ein Brand im Tunnel, so muß die künstliche Längslüftung sofort abgeschaltet werden, um größeres Unheil zu vermeiden, der Tunnel ist dann im kritischsten Zeitpunkt ohne künstliche Lüftung.

Der 830 m lange Tunnel St. Cloud, Paris [*397*, *408*] (Abb. 485), mit nur 10% Lastkraftwagen-Verkehr hat eine Längslüftung. In der Mitte befindet sich ein Absaugeschacht mit einem Axiallüfter von 10,15 m Laufraddurchmesser auf stehender Welle, der von seitlich aufgestellten Motoren über ein Kegelradgetriebe angetrieben wird. Von den Portalen strömt Frischluft durch den Verkehrsraum gegen den Schacht, wo die Ströme zusammenprallen, Wirbel- und besonders starke Zugerscheinungen erzeugen. Der etwa 90 m² große Verkehrsraumquerschnitt hat 5 Fahrbahnen. Diese Größe erlaubte eine Längslüftung zu wagen, da der Tunnel notfalls an beiden Portalen mühelos geräumt werden kann. Bei starkem Verkehr ist der Zug aus künstlicher Lüftung im Verkehrsraum über 7 m/sek. Fällt der Lüfter aus, so erlaubt der große Querschnitt, den Tunnel vorübergehend mit gedrosselter Tunnelfüllung ohne künstliche Lüftung zu betreiben. Andererseits ist diese Lösung die am wenigsten betriebssichere [*406*], weil sie keine ausreichende CO-Verdünnung an jeder beliebigen Stelle im

Tunnel und keinen einwandfreien Katastrophenbetrieb gewährleistet. Die CO-Konzentration steigt zwischen den Portalen und der Tunnelmitte geradlinig an. Ausreichende CO-Verdünnung in Tunnelmitte setzt Absaugen so großer Luftmengen voraus, daß die nachströmende Frischluft in Tunnelmitte die zulässige CO-Konzentration bewirken kann, obwohl sie auf ihrem Wege dahin schon verunreinigt wird. Es muß also mehr Frischluft zuströmen als zur Reinigung der Wegstrecke bis Tunnelmitte notwendig wäre; diese größere Luftmenge erzeugt auch einen entsprechend größeren Luftzug im Verkehrsraum und erfordert, weil der Gegenverkehr hemmt, einen entsprechend größeren Kraftaufwand.

10.742 Querlüftung

Die überwiegende Mehrzahl bestehender Autotunnel hat Querlüftung. Ihr charakteristisches Merkmal ist, daß Zu- und Abluft in besonderen, vom Verkehrsraum getrennten Kanälen geführt und in diese die großen Luftgeschwindigkeiten verlegt werden. Die Zuluft strömt von unten mit etwa 4 m/sek. Austrittsgeschwindigkeit in den Verkehrsraum ein, durchfließt diesen sehr langsam in Querrichtung von unten nach oben und die Abluft wird oben mit etwa 4 m/sek. Durchtrittsgeschwindigkeit aus dem Verkehrsraum in den Abluftkanal abgesaugt. Die Zuluft gelangt aus ihrem Hauptkanal über kleine Stichkanäle und Einblaseöffnungen in den Verkehrsraum, die Abluft durch entsprechende Absaugeöffnungen in ihren Hauptkanal, was auch durch zwischengeschaltete Stichkanäle erfolgen kann. Lange Stichkanäle verteuern die Betriebskosten. Die Luftströmung in Querrichtung des Verkehrsraums von unten nach oben ist ein kleiner Bruchteil von 1 m/sek. Im Zuluftkanal muß Überdruck gegen den Verkehrsraum, in diesem gegen den Abluftkanal herrschen, deshalb etwa 5% mehr Abluft abgesaugt als Frischluft zugeführt werden. Die Lüftungsöffnungen im Verkehrsraum sind zur Regelung der Druckverhältnisse mit verstellbaren Schiebern versehen. Diese werden im Probebetrieb eingestellt und später nach Bedarf reguliert. Bei Querlüftung wird der geringste Störungseinfluß des Verkehrs auf die künstliche Lüftung erreicht. Nachgewiesenermaßen [*372*, *373*, *379*, *405*] ist die Luftführung von unten nach oben in Querrichtung des Verkehrsraums die zweckmäßige und wirtschaftliche Art, eine umgekehrte Luftführung falsch. Die Abb. 455, 456, 463, 464, 467, 468, 469 und 470 bis 478 zeigen querbelüftete Straßentunnel.

Querlüftung ist die betriebsicherste, zweckmäßigste und wirtschaftlichste Lüftungsart für große Autotunnel, weil sie keinen Längsluftzug aus künstlicher Lüftung im Verkehrsraum erzeugt und die gleichmäßigste sowie wirkungsvollste Luftverteilung gewährleistet [*372*, *373*, *374*, *376*, *382*, *379*, *403*, *408*].

10.743 Halbquerlüftung

Diese wurde beim Mersey Tunnel Liverpool (Abb. 486) angewendet [*373*, *389*, *390*]. Sie besteht darin, daß man die Zwischendecke der Querlüftung über dem Verkehrsraum wegläßt, die Zuluft aus einem besonderen Kanal in den Verkehrsraum wie bei Querlüftung einführt und die Abluft in Längsrichtung des Verkehrsraums zu Schächten und den Portalen strömen läßt. Dieses System ist bei Verkehrsraumquerschnitten von etwa 100 m² möglich, wenn der Längsluftzug im Tunnel erträglich bleibt. Im Bereich der Schächte ist im Tunnelquerschnitt eine Diffusordecke zur Strömungsregulierung einzuziehen. Im übrigen haften der Halbquerlüftung die Mängel einer Längslüftung an.

10.744 Kombinierte Quer- und Längslüftung

Dieses in Abb. 487 dargestellte System beruht auf dem Prinzip, vom Zufahrtsportal bis Tunnelmitte Zuluft vom Verkehr einzudrücken und Abluft oben durch Schächte über einen Sonderkanal abzusaugen, also querzulüften und von

Tunnelmitte bis Ausfahrtsportal Frischluft oben durch Schächte über einen Sonderkanal zuzuführen und Abluft vom Verkehr nach außen zu drücken, also längszulüften. Die Zu- und Abluftkanalquerschnitte im First des Verkehrsraums sind an den Portalen am kleinsten, in Tunnelmitte am größten, dazwischen

Abb. 486. Mersey Tunnel, Liverpool (Halbquerlüftung). (Werkphoto der Verwaltung)

erfolgt allmählicher Übergang. Durch Umstellklappen in den Luftschächten müssen Zu- und Ablüfter auf das jeweilige gegenteilige Kanalnetz umstellbar sein, womit im Brandfall in der von oben nach unten belüfteten Strecke der Luftstrom von unten nach oben umgelenkt wird. Wegen Wegfalls des Zuluftkanals sinken die Baukosten. Das System ist nur in richtungsbetriebenen Zwillingstunneln möglich.

10.745 Schachtlose und Pavillonlüftung (D.B.P.a. Nr. 1005996)

Eine neuartige Variante der Querlüftung, die in jedes andere System eingebaut werden kann, wurde vom Verfasser erstmalig beim Wagenburgtunnel Stuttgart (vgl. Abb. 488, 490···493) entwickelt. Das in Abb. 492 und Abb. 493 schematisch gezeigte System vermeidet große unterirdische Schächte mit umfangreichen oberirdischen Lüftergebäuden, hat wesentlich kürzere und gestrecktere Luftführung mit fast keinen Luftstromabwinkelungen im Vergleich mit anderen Systemen und bringt dadurch beträchtliche Bau- und Betriebskostenersparnisse. Die parallel geschalteten Schraubenlüfter, die gegen Abreißen gesichert sind, hängen mit horizontaler Welle und direkt gekuppelten Antriebsmotoren im Kanalnetz des Tunnels. Die Lüfter sind sicher unterirdisch untergebracht und die großen städtebaulichen Schwierigkeiten der sonst notwendigen massigen oberirdischen Gebäude entfallen. Das System ist für Frischluftansaugung und Abluftabführung an beiden Portalen beim Wagenburgtunnel ausgeführt worden (Pavillonlösung).

Wegen ihrer umwälzenden Bedeutung wird diese Lösung eingehender beschrieben.

Die bei der Lüftung des Wagenburgtunnels eingeführte Neuerung liegt in der Anordnung der Luftführung zwischen Tunnel und Außenwelt. Die klassischen ausländischen Vorbilder haben diese nach Art der Abb. 498. Zu- und Abluft durchströmen dabei zwischen Tunnel und Gelände einen senkrechten Doppelschacht, der mittels eines unterirdischen Verbindungskanals mit entsprechender Unterteilung an ein in die oberirdische Bauflucht gerücktes, turmartiges Lüftergebäude über Erdgleiche angeschlossen ist, in welchem die

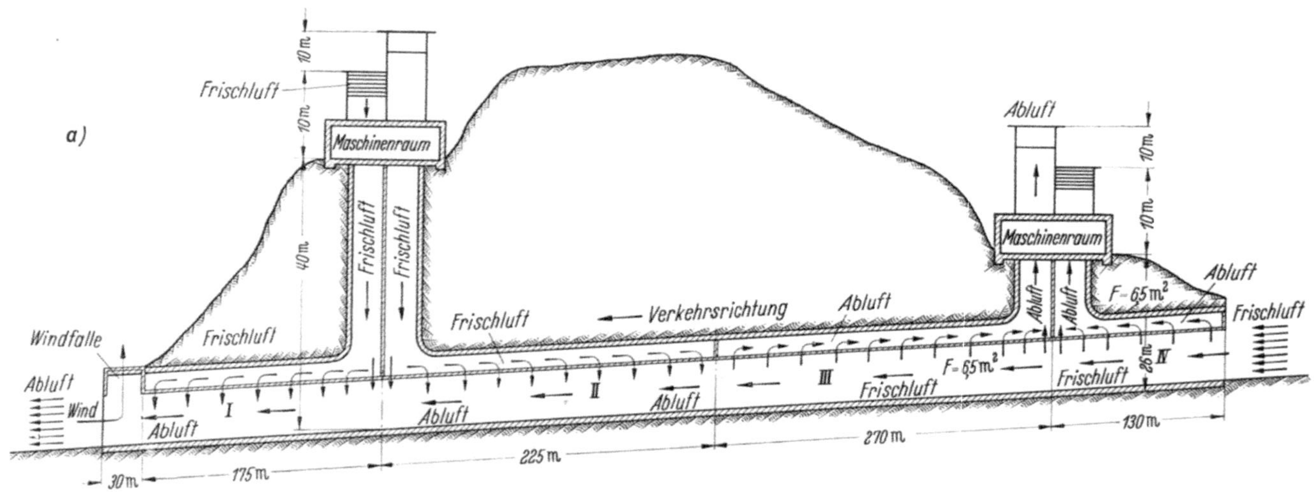

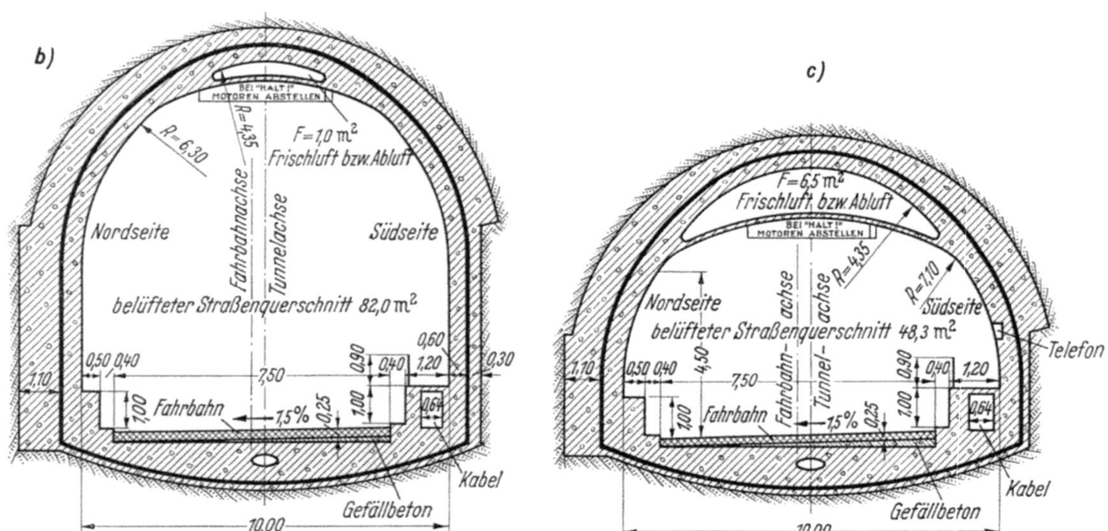

Abb. 487 a–c. Kombinierte Quer- und Längslüftung.

a) System,

b) Querschnitt am Tunnelportal,

c) Querschnitt in Tunnelmitte.

(Quelle: [379])

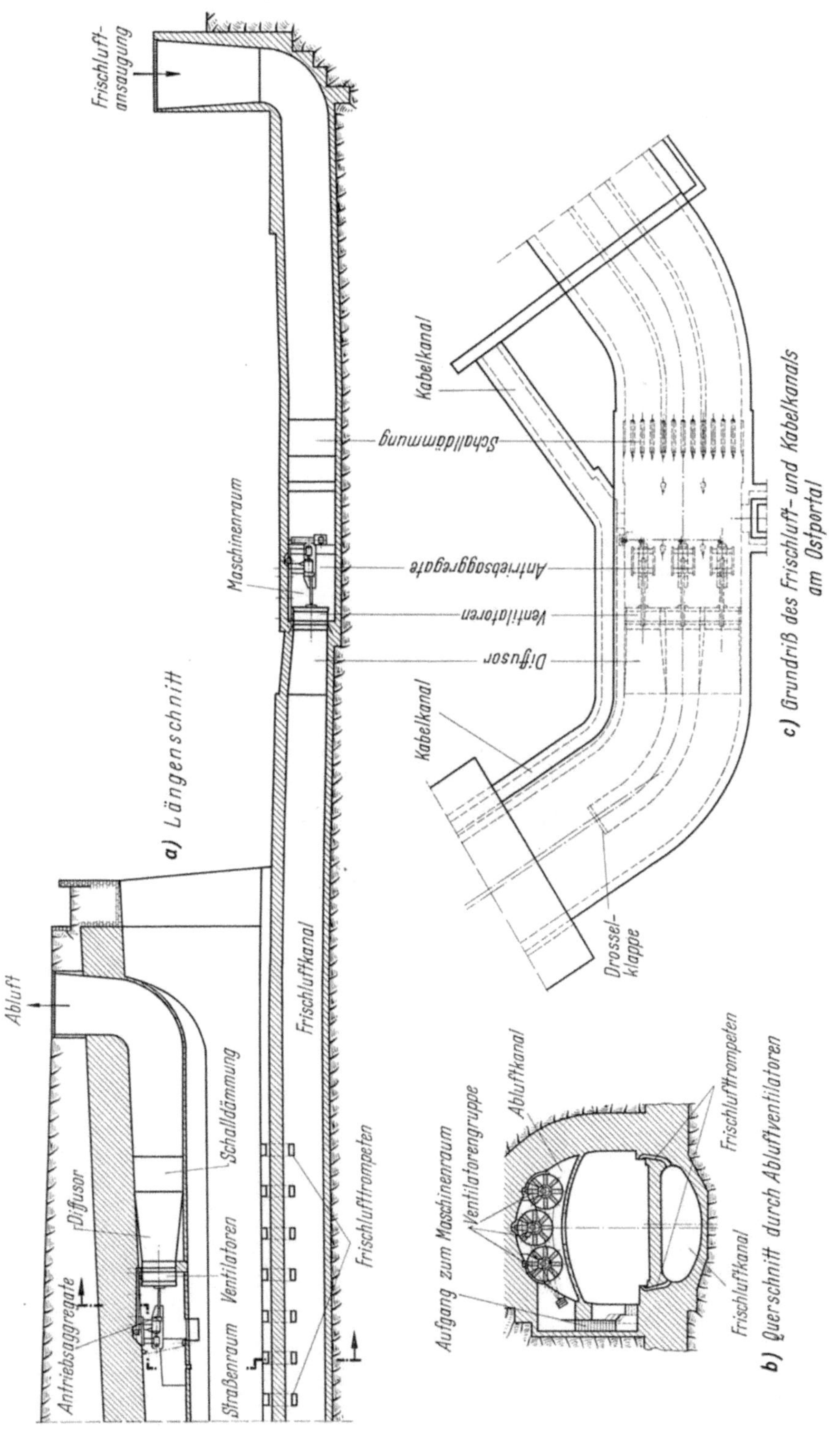

Abb. 488. Lüftung Wagenburgtunnel. Anordnung der Axiallüftergruppen im Längsschnitt, Querschnitt und Grundriß.
(Werkzeichnung Fa. Voith, Heidenheim)

Frischluftkanäle bis zur Ansaughöhe und die Abluftkanäle bis zu der weit darüber liegenden Ausstoßhöhe durchlaufen. In diesem oberirdischen Lüftergebäude sind die Lüfter an ihre Kanäle angeschlossen, ihre Antriebe stehen

Abb. 489. Gesamtquerschnitt des Wagenburgtunnels, unten Frischluftkanal, darüber Fahrbahndecke, darüber Verkehrsraum, darüber Zwischendecke und Abluftkanal. Links im Vordergrund Aufgang zum Abluftraum. (Werkphoto Stadt Stuttgart)

Abb. 490. Eine von zwei unterirdischen Frischluftstationen mit je drei Axiallüftern beim Wagenburgtunnel Stuttgart (Werkphoto Stadt Stuttgart)

seitlich von ihnen, die Antriebskraft wird bei den älteren Tunneln mittels Treibriemens, bei den neueren mittels Kegelradgetriebes übertragen. An jeder Ansauge- und Ausstoßungsstelle ergibt sich eine solche Bauwerkskombination aus Hoch- und Tiefbauten und ihre Anzahl hängt von der Tunnellänge ab,

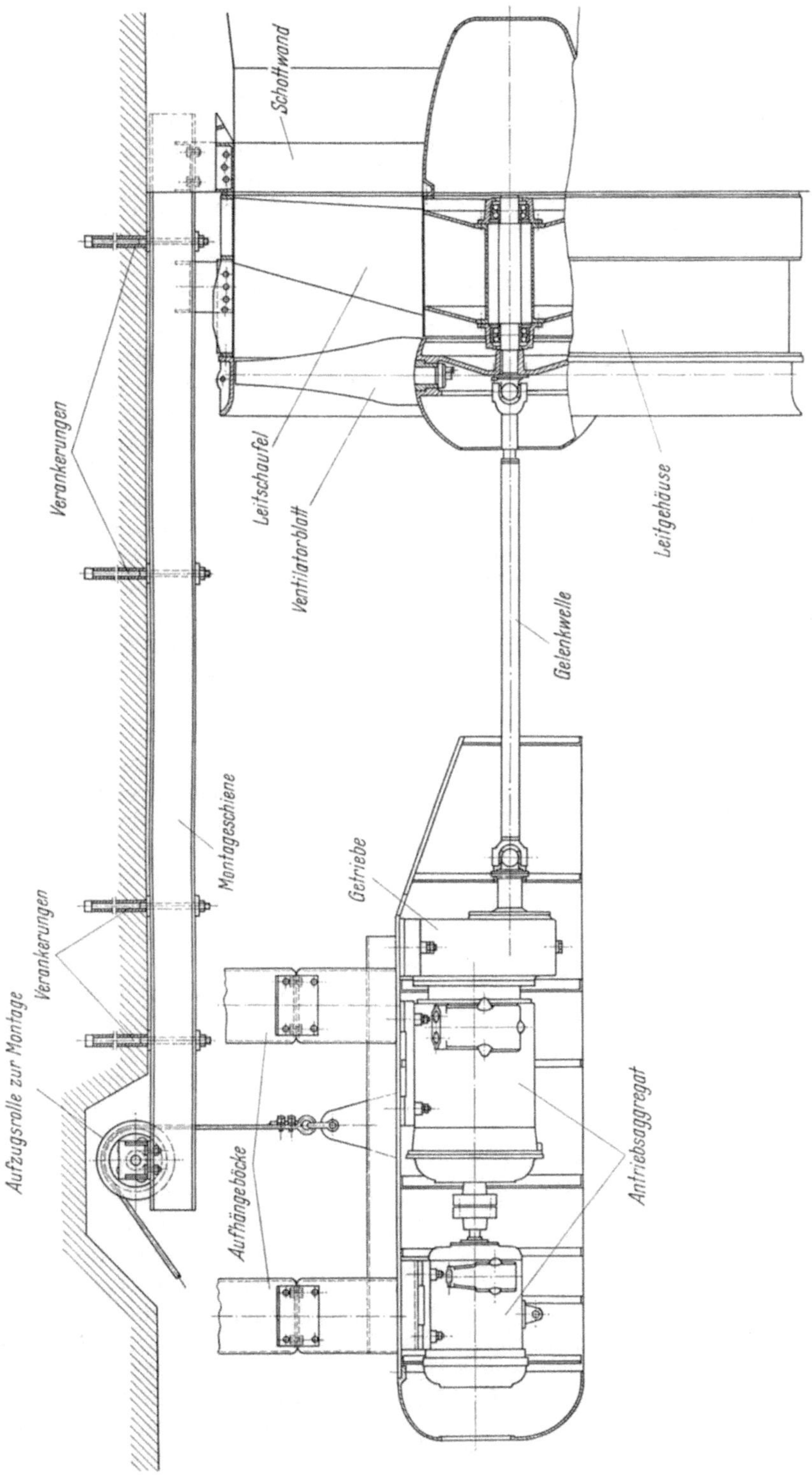

Abb. 491. Längenschnitt durch einen Axiallüfter. (Werkzeichnung Fa. Voith, Heidenheim)

während die Höhe der unterirdischen Schächte von der Tiefenlage des Tunnels bestimmt wird. Die ausländischen Tunnel haben in der Regel zwei bis sechs solcher Kombinationen mit Ausführungen über Erdgleiche von 30 m bis zu 65 m Höhe (Abb. 494 bis 499). Es ist einleuchtend, daß diese Anordnungen einerseits viele Millionen DM Baukosten, die Häufung ihrer zahlreichen Luftstromumlenkungen um je 90 Grad in den Horizontal- und Vertikalebenen (Abb. 494 und 498) sowie ihre langen Luftwege andererseits erheblich die Betriebskosten verteuern. Außerdem sind diese oberirdischen, turmartigen Lüftergebäude zwar sehr imposante (Abb. 494 bis 499), städtebaulich aber auch oft sehr schwierig unterzubringende Bauwerke. Lösungen, die das Landschafts- oder Städtebild verunstalten, wie z. B. die beiden Lüftergebäude des Velsentunnels unter dem Nordseekanal in Holland (Abb. 499) sollten Ausnahmefälle bleiben.

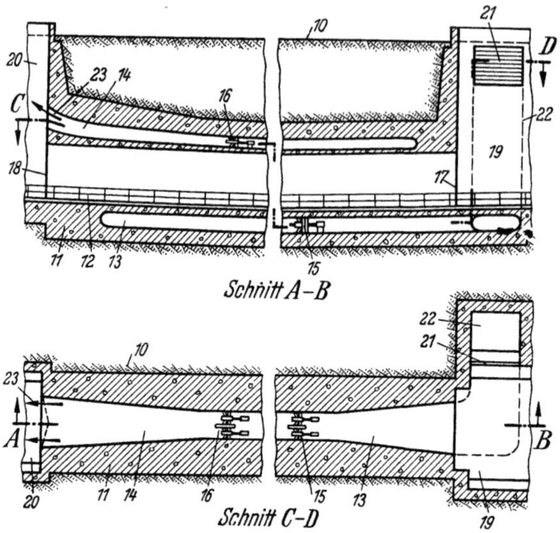

Abb. 492. Schematische Darstellung der schachtlosen Lüftung D.B.P.a. nach Dr.-Ing. Kress. (Quelle: [*408*])
10 Erdreich, *11* Tunnelbauwerk, *12* Verkehrsraum, *13* Frischluftkanal, *14* Abluftkanal, *15* u. *16* Lüfter, *17* rechtes Tunnelportal, *18* linkes Tunnelportal, *19* u. *20* offene Rampen, *21* Frischluftöffnung, *22* Frischluftkammer, *23* Abluftaustritt

Um diese hohen Kosten und städtebaulichen Schwierigkeiten zu vermeiden, ordnete man beim Wagenburgtunnel Stuttgart unter Benutzung der Ideen (Abb. 492 und 493) die Luftführung zwischen Tunnel und Außenwelt nach dem isometrischen Schaubild Abb. 500 an. Die Frischluft wird durch seitlich der Portale gestellte kleine Ansaugepavillone angesaugt, die Abluft durch Aufbrüche der Gewölbedecke an den Portalen unmittelbar ins Freie ausgestoßen. Die Lüfter stehen nicht mehr in oberirdischen Türmen, die beim Wagenburgtunnel etwa in der Größenordnung der Abb. 501 erforderlich gewesen wären, sondern hängen mit liegender Welle und direkt gekuppelten Antriebsmotoren unmittelbar im Kanalnetz des Tunnels (Abb. 488, 490, 491, 502, 507). Während der Ansaugepavillon am Westportal frei auf der Seite des Mündungsplatzes steht (Abb. 503), ist derjenige am Ostportal unsichtbar in das dort befindliche Betriebsgebäude

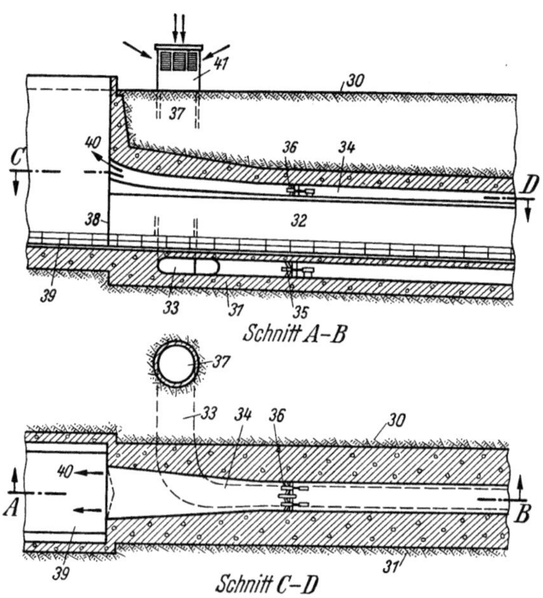

Abb. 493. Schematische Darstellung der Pavillon-Lüftung D.B.P.a. nach Dr.-Ing. Kress. (Quelle: [*408*])
30 Erdreich, *31* Tunnelbauwerk, *32* Verkehrsraum, *33* Frischluftkanal, *34* Abluftkanal, *35* u. *36* Lüfter, *37* Periskopschacht, *38* Tunnelportal, *39* Rampe, *40* Abluftaustritt, *41* Frischluftansaugung

eingebaut (Abb. 504 im Hintergrund). Den Abluftaustritt sieht man in Abb. 503 unmittelbar über dem Portal, in Abb. 504 rechts im Vordergrund über dem Ostportal des Tunnels.

Die schachtlose und Pavillonlüftung führen in Anbetracht ihrer großen Einsparungsmöglichkeiten stets zur wirtschaftlichsten Lösung und haben alle Vorteile der Querlüftung.

10.745.1 Die Lüftungsstationen

Bei jedem Lüftungssystem muß man Frischluft von der Außenwelt heranführen und Abluft in die Außenwelt ausstoßen. Bei allen geschilderten Systemen

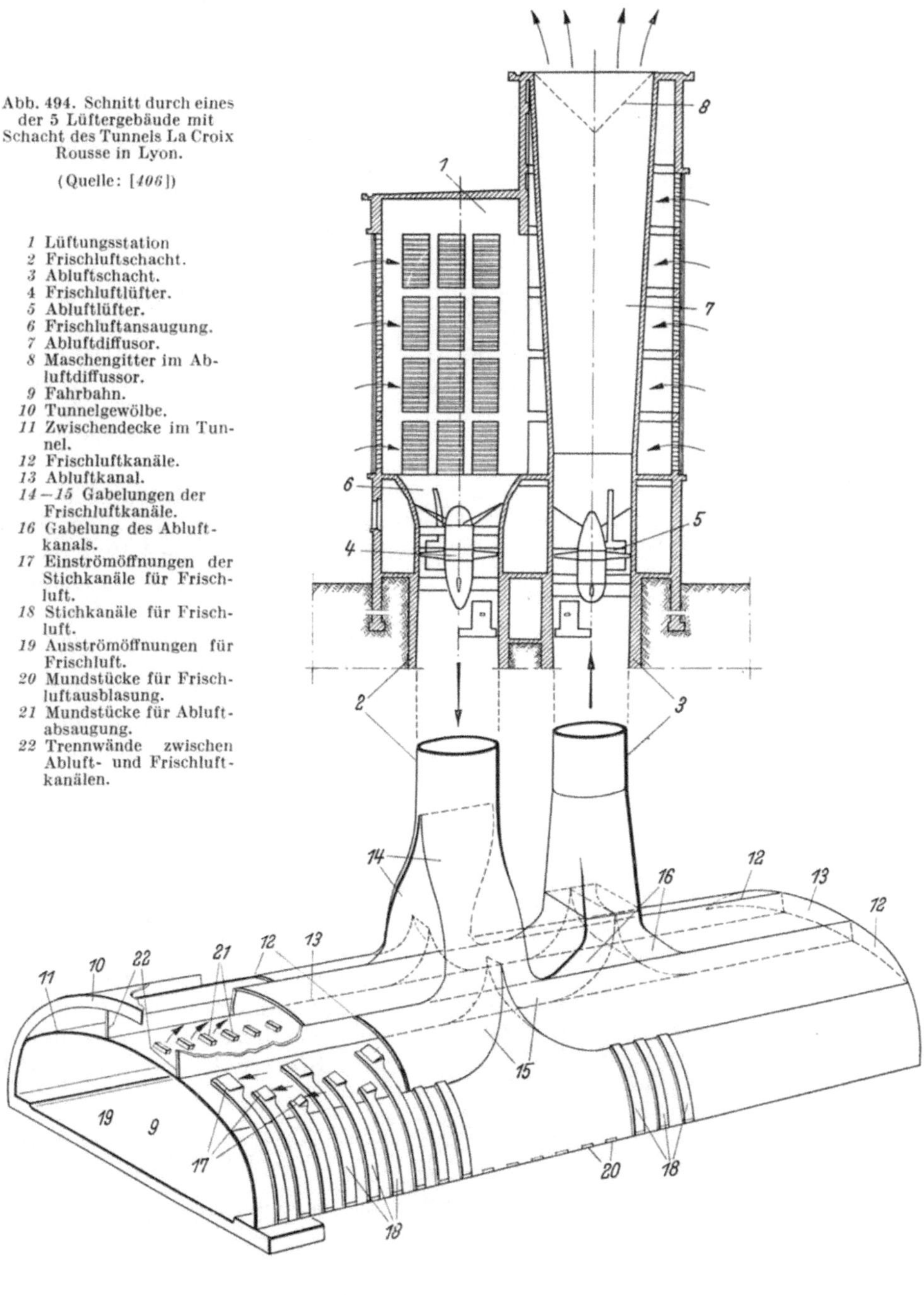

Abb. 494. Schnitt durch eines der 5 Lüftergebäude mit Schacht des Tunnels La Croix Rousse in Lyon.

(Quelle: [*406*])

1 Lüftungsstation
2 Frischluftschacht.
3 Abluftschacht.
4 Frischluftlüfter.
5 Abluftlüfter.
6 Frischluftansaugung.
7 Abluftdiffusor.
8 Maschengitter im Abluftdiffussor.
9 Fahrbahn.
10 Tunnelgewölbe.
11 Zwischendecke im Tunnel.
12 Frischluftkanäle.
13 Abluftkanal.
14–15 Gabelungen der Frischluftkanäle.
16 Gabelung des Abluftkanals.
17 Einströmöffnungen der Stichkanäle für Frischluft.
18 Stichkanäle für Frischluft.
19 Ausströmöffnungen für Frischluft.
20 Mundstücke für Frischluftausblasung.
21 Mundstücke für Abluftabsaugung.
22 Trennwände zwischen Abluft- und Frischluftkanälen.

Abb. 495

Abb. 496

mit Ausnahme der schachtlosen und Pavillonlüftung geschieht dies mittels großer unterirdischer Schächte und umfangreicher oberirdischer Lüftergebäude (Abb. 494, 495, 496 und 497). Den Umfang der unterirdischen Schächte zeigt Abb. 498. Die Nachteile dieser Anordnung, die sich an den gezeigten Tunneln zwischen 2 und 6 Lüftergebäuden wiederholt, sind großer Aufwand an Baukosten und zahlreiche, die Betriebskosten verteuernde Luftstromumlenkungen. In den Lüftergebäuden ist die Zuluftansaugung und Abluftabführung vertikal getrennt angeordnet, woraus sich die große Höhe ergibt. Sie enthalten die maschinelle und elektrische Einrichtung, die zentrale Fernsteuerung und alle erforderlichen Betriebsräume [*373*, *379*]. Die unterirdischen Schächte müssen den gleichen aerodynamischen Bedingungen entsprechen, wie die Luftkanäle des Tunnels.

Bei der schachtlosen und Pavillonlüftung entfallen diese Schächte, weil die Lüfter im Kanalnetz des Tunnels zugänglich hängen, womit auch die mehrfachen Luftstromumlenkungen zum größeren Teil wegfallen und die Luftwege kürzer werden. Die Betriebsräume müssen nicht in oberirdischen Gebäuden untergebracht werden, sondern man kann sie entweder hinter einer Tunnelwand vom Portal tunneleinwärts oder bei offenen Rampen hinter einer Rampenwand im notwendigen, aber wesentlich bescheideneren Umfang anordnen.

Das Kernstück der Lüftung eines Straßentunnels ist die Schaltzentrale, deren Hauptbestandteile das Steuerpult und das Leucht-

Abb. 495. Lüftergebäude des Scheldetunnels Antwerpen (2 Stück) (Photo Dr.-Ing. Kress)

Abb. 496. Lüftergebäude des Mersey-Tunnels in Liverpool (6 Stück) (Photo Dr.-Ing. Kress)

Abb. 497. Lüftergebäude des Maastunnels Rotterdam (2 Stück). (Photo Dr.-Ing. Kress)

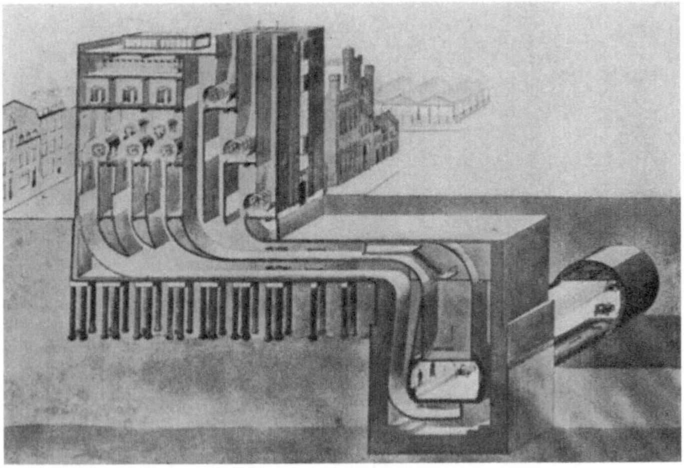

Abb. 498. Scheldetunnel Antwerpen. Isometrischer Schnitt durch ein Lüftergebäude: Klassische Luftführung zwischen Tunnel und Außenwelt mit Schächten, Verbindungskanälen und Lüftergebäuden. Zahlreiche Umlenkungen der Luftströme. (Verwaltungsphoto IMALSO)

Abb. 499. Lüftergebäude des Velsentunnels unter dem Nordsee-Kanal in Holland. (Photo Dr.-Ing. Kress)

bild sind. Auf dem ersteren werden alle Schaltvorgänge für Lüftung und Verkehrssignale des Tunnels ferngesteuert, das letztere vermittelt den Überblick über alle Betriebsvorgänge im Tunnel, die jeweilige Stellung aller Verkehrs-

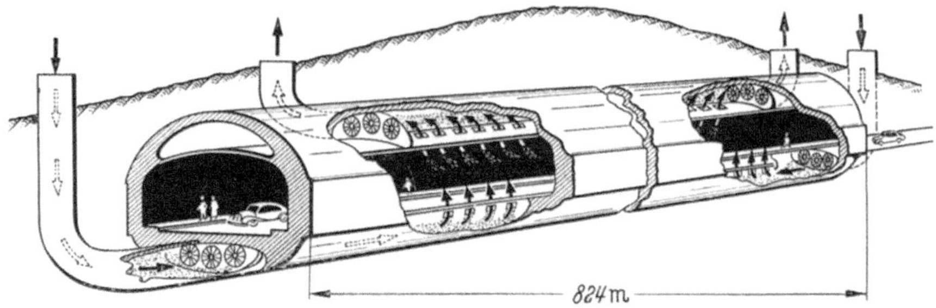

Abb. 500. Isometrisches Schaubild der Lüftung des Wagenburgtunnels in Stuttgart. (Quelle: [*451*])

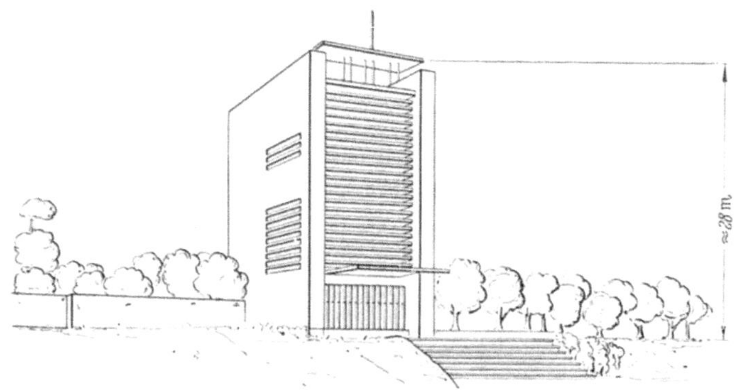

Abb. 501. Typ der beiden projektierten Lüftergebäude des Wagenburgtunnels in Stuttgart (alter Entwurf Dr.-Ing. Kress)

Abb. 502. Einer der beiden Ablüfterräume des Wagenburgtunnels Stuttgart. (Photo Dr.-Ing. Kress)

signale, den jeweiligen Betriebszustand aller elektrischen und mechanischen Betriebseinrichtungen, sowie die jeweilige Tunnelfüllung als fernübertragenen Unterschied der ein- und ausfahrenden Fahrzeuge. Außerdem enthält die Zentrale die Selbstschreiber der CO- und Sichtmessung, sowie ein internes und externes Fernsprechnetz. Die Abb. 505 und 506 zeigen diese Einrichtungen in der Schaltzentrale des Wagenburgtunnels.

10.745.2 Die Hauptluftkanäle

Die Hauptluftkanäle, ihre Abzweigungen und Ausmündungen in den Verkehrsraum müssen gleichbleibende Leistung und Luftverteilung bei beträcht-

Abb. 503. Frischluftpavillon (*F*) und Abluftaustritt (*A*) auf der Westseite des Wagenburgtunnels Stuttgart. (Photo Dr.-Ing. Kress)

Abb. 504. Betriebsgebäude des Wagenburgtunnels Stuttgart mit Ansaugung links hinten und Abluftausstoßung rechts im Vordergrund für die Ostseite des Tunnels. (Photo Dr.-Ing. Kress)

lich schwankendem Betriebsdruck unabhängig von der ständig schwankenden Lüftungsleistung sichern, trotz räumlicher Beengtheit einen möglichst geringen Leistungsverlust gewährleisten, wozu einerseits ausreichende Querschnittsgröße, andererseits möglichst gestreckte Führung und glatte ausgerundete Wandungsflächen erforderlich sind. Das Kanalnetz soll möglichst symmetrisch auf die Lüftungsstationen aufgeteilt werden. Die der klassischen Schachtlüftung eigenen Gabelungen der Luftkanäle an den Schachteinmündungen (Abb. 494 und 498) sind schwierige, kritische Stellen mit großen Leistungsverlusten, die bei schachtloser Lüftung entfallen und bei Pavillonlüftung wesentlich einfacher werden (Abb. 488, 492, 493). Es empfiehlt sich immer, Modellversuche über das gesamte Lüftungssystem, Haupt- und Stichkanäle, Lüftungsöffnungen, Lüfter durchzuführen und die theoretische Berechnung dieser Teile darauf abzu-

Abb. 505. Steuerpult mit Telefonzentrale, Schalttafel der Lüfter und Beleuchtung beim Wagenburgtunnel in Stuttgart
(Photo Dr.-Ing. Kress)

Abb. 506. Fernmeldetafel (Feueralarm links, Verkehrszählung und CO-Kontrolle Mitte, Sichtkontrolle rechts außen) beim Wagenburgtunnel Stuttgart.
(Photo Dr.-Ing. Kress.)

stimmen. Besondere Sorgfalt ist auf die Ausbildung der Diffusoren zu verwenden (Abb. 507).

Bei der *Unterteilung der Lüfter* [*379, 393, 406, 408*] ist die Aufteilung der installierten Lüftungskapazität auf eine Anzahl möglichst gleicher Lüfterleistungen anzustreben. Die Anordnung einer Vielzahl kleinerer Lüfterleistungen ist viel unwirtschaftlicher als die Anordnung weniger großer Lüfter [*379, 406*]. Die Vorhaltung eines einzigen kompletten Reserveaggregates für Lüfter und Motoren im Lager genügt, um allen Reparaturfällen gerecht werden zu können. Die Lüfterflügel sollen von Hand verstellbar sein, um die Lüfter bei wachsendem Verkehr später gesteigerten Leistungen anpassen zu können.

Abb. 507. Blick in die 3 Zuluftdiffussoren einer der beiden Frischluftstationen des Wagenburgtunnels Stuttgart. (Photo Dr.-Ing. Kress)

Abb. 508. Schalldämmung der Lüftergeräusche beim Wagenburgtunnel Stuttgart. (Photo: Stuttgarter Nachrichten)

10.745.3 Die Stromversorgung der Lüftung

Die Stromversorgung der Lüftung eines Straßentunnels muß an mindestens 2 von einander unabhängige Kraftquellen angeschlossen werden, damit bei Ausfall eines Kraftwerks der Tunnel weiter betrieben werden kann.

10.745.4 Der Lüftungsentwurf

Der Lüftungsentwurf hat sich zu befassen mit

der Gestaltung des Tunnelquerschnitts und der Bestimmung seines aerodynamischen Verhaltens,

der Gestaltung aller Haupt- und Stichkanäle, ihrem Anschluß an die Außenwelt,

der Gestaltung der Einblase- und Absaugeöffnungen im Verkehrsraum,

der Gestaltung der Lüftungsstationen mit allen Betriebseinrichtungen, wie Zentrale, Fernsteuerung, CO-Messung im grundsätzlichen Rahmen,

der grundsätzlichen Auslegung der Lüfteraggregate und ihrer Antriebe,

der grundsätzlichen Festlegung aller Signal- und Sicherheitseinrichtungen.

Der Abstand der Lüftungsstationen bestimmt die Fördermengen, ihre erforderlichen Durchflußquerschnitte und die Bemessung der Lüftungskapazitäten je Station.

In hochwertigen Wohngebieten entsteht die Aufgabe, die an die Außenwelt dringenden Lüftergeräusche zu dämpfen, wozu die Beiziehung eines Akustikingenieurs und die Durchführung von Versuchen notwendig werden. Das Kanalnetz des Tunnels muß für den Einbau der Schalldämmung entsprechend ausgebildet werden. Abb. 508 zeigt die beim Wagenburgtunnel Stuttgart an verschiedenen Stellen der Zu- und Abluftkanäle zwischen den Lüftern und der Außenwelt eingebaute Schalldämmung.

Tabelle 49. *Die gebräuchlichsten Siebsysteme mit ihren wichtigsten Daten*

Amerikanischer ASTM-Maschen-Siebsatz		Britischer Standard-Maschen-Siebsatz		Deutsche Siebsätze: Maschensiebe DIN 1171 Ausgabe 1934		Deutsche Siebsätze: Rundlochsieb DIN 1170 Ausgabe 1933		
Maschen je Zoll	lichte Maschenweite mm	Maschen je Zoll	lichte Maschenweite mm	Gewebe Nr.	lichte Maschenweite mm	Lochdurchmesser mm	Entsprechende lichte Maschenweite mm[1]	Umrechnungsfaktor[1]
—	—	—	—	100	0,060			
200	0,074	200	0,076	80	0,075			
—	—	—	—	70	0,090			
				60	0,100			
				50	0,120			
100	0,149	100	0,152	40	0,150			
80	0,177	85	0,178					
70	0,210	72	0,211	30	0,200			
60	0,250	—	—	24	0,250			
50	0,297	—	—	20	0,300			
40	0,420	44	0,353	16	0,400			
		—	—	12	0,500			
30	0,590	30	0,500	10	0,600			
20	0,840	22	0,699	8	0,750			
—	—	18	0,853	6	1,000	1	0,7	0,7
		14	1,204	5	1,200	2	1,5	0,74
				4	1,500			
10	2,000	10	1,676	3	2,000	3	2,3	0,75
		7	2,441			—	—	
		1/8	3,16			5	3,8	0,76
4	4,76					—	—	
1/4''	6,35	3/16''	4,76			7	5,4	0,77
		1/4''	6,35			8	6,2	0,77
		3/8''	9,53			—	—	
1/2''	12,7	1/2''	12,7			10	7,8	0,78
3/4''	19,05	3/4''	19,05			12	9,5	0,79
1''	25,4	1''	25,4			15	12,0	0,80
1 1/4''	31,75	1 1/4''	31,75			—	—	
		1 1/2''	38,10			20	16,4	0,82
		2	50,8			25	20,8	0,83
						30	25,2	0,84
						40	34,0	0,85
						50	43,0	0,86
						60	52,0	0,87
						70	61,0	0,88

[1] Nach ROTHFUCHS.

Merkblatt für Körnungen aus gebrochenem Naturgestein

F. G. Fassung vom Juli 1957

Grundkörnungen für den Straßenbau

einfach gebrochenes Material einfach					mehrfach gebrochenes Material (Edelsplitt)				
Bezeichnung der Körnungen in mm nach Prüfsieben	Prüfsiebe DIN 4188 mm □		Prüfsiebe DIN 1170 mm ∅		Bezeichnung der Körnungen in mm nach Prüfsieben	Prüfsiebe DIN 4188 mm □		Prüfsiebe DIN 1170 mm ∅	
1	2		3		4	5		6	
Brechsand einfach 0/5	—	5	—	7	Edelbrechsand 0/2	—	2	—	3
Splitt einfach 5/12	5	12,5	7	15	Edelsplitt 2/5	2	5	3	7
Splitt einfach 12/25	12,5	25	15	30	Edelsplitt 5/8	5	8	7	10
Schotter einfach 35/55	[35][1]	[55]	40	(65)[1]	Edelsplitt 8/12	8	12,5	10	15
Grobschotter über 55					Edelsplitt 12/25	12,5	25	15	30
Ergänzungskörnungen									
Splitt/Schotter 12/35	12,5	[35]	15	40	Edelbrechsand 0/0,6	—	0,63	—	1
Schotter 25/45	25	[45]	30	50	Edelbrechsand 0,6/2	0,63	2	1	3
Schotter 25/55	25	[55]	30	(65)	Edelsplitt 12/18	12,5	18	15	(22)
Schotter[2] 45/65	[45]	[65]	50	(75)	Edelsplitt 18/25	18	25	(22)	30

Zulässiges Über- und Unterkorn

Die nachstehend angegebenen Anforderungen beziehen sich auf die in der Tabelle genannten Körnungen. Über- und Unterkorn werden mit genormten Prüfsieben bestimmt.

Deckenbau

1. Bei *einfach* gebrochenem Material sollen mindestens 70% der Körnungen innerhalb der Sollkörnung liegen.
2. Für *Edelsplitte* und Brechsande sind folgende Grenzwerte zulässig:

Sollkörnung	Überkorn	Unterkorn
0/0,6	15%[3] bis 2 mm	—
0,6/2	15%[3] bis 5 mm	10%
0/2	15%[3] bis 5 mm	—
2/5	5%	10%
5/8	5%	15%, jedoch nur bis 5% unter 2 mm
8/12	5%	20%, jedoch nur bis 5% unter 5 mm
12/18	5%	20%, jedoch nur bis 5% unter 8 mm
12/25	5%	20%, jedoch nur bis 5% unter 8 mm
18/25	5%	20%, jedoch nur bis 5% unter 12 mm

[1] Zu den Klammern [ ] ( ): Diese Prüfsiebe sind noch nicht genormt.
[2] Nur für mittelharte und weiche Gesteine.
[3] Diese Grenze von 15% läßt sich aus siebtechnischen Gründen bei feuchtem Wetter während der Herstellung in der Regel nicht einhalten. Es muß dann mit einem Überkorn-Anteil bis 25% gerechnet werden.

Schrifttumsverzeichnis

Abkürzungen der Titel einiger Zeitschriften:

ATZ	= Automobiltechnische Zeitschrift,
Forsch. Arb. A. F.	= Forschungsarbeiten aus dem Straßenwesen, Alte Folge,
Forsch. Arb. N. F.	= Forschungsarbeiten aus dem Straßenwesen, Neue Folge,
Str. und Autobahn	= Straße und Autobahn, Kirschbaumverlag, Bielefeld,
Str.-Asphalt und Tfb. Technik	= Straßen-, Asphalt- und Tiefbau-Technik, Köln,
Str. und Tfb.	= Straßen- und Tiefbau, Heidelberg,
Straßentechnik	= Beilage zu Bauplanung – Bautechnik, Berlin
Z.VDI	= Zeitschrift des Vereins Deutscher Ingenieure, Düsseldorf.

[*1*] DUNMAN, R.: The Economic Costs of Motor Vehicle Accidents nach Die Autostraße, Basel 1957, S. 53.

[*2*] SCHLUMS: Zeitschrift für Verkehrswissenschaft 2. Jg., S. 339.

[*3*] BLOSS: Elektrische Kraftbetriebe und Bahnen 1921.

[*4*] SCHÄCHTERLE, K. H.: Motorisierungsprognosen und Verkehrsprognosen. Internationales Archiv für Verkehrswesen 1957, H. 2.

[*5*] VDA, Tatsachen und Zahlen. Ausgabe 1951 bis 1958.

[*6*] Fédération routière internationale, London, Grandes-Routes de Trafic international No. 1 Europe s. E. Neumann Z. VDI, Bd. 96 (1954) S. 904.

[*7*] NEUMANN, E.: Beanspruchung der Straßen durch Achsen von 8 und 10 t. Frankfurt/Main: Verlag Umschau 1958.

[*8*] MARTIN: Druckverteilung in der Berührungsfläche zwischen Reifen und Fahrbahn. Kraftverkehrstechnische Forschungs-Arbeiten, H. 2, Berlin: VDI-Verlag 1936.

[*9*] SCHMIDT, G.: Automobiltechnische Zeitschrift 1938, S. 392.

[*10*] Str. und Autobahn, Bd. 6 (1955) S. 258.

[*11*] PIRATH: Die Raumerschließung durch RAB. Z. f. Verkehrswissenschaft Bd. 15 (1938) S. 183.

[*12*] Die Wirtschaftlichkeit von Autobahnen. Schriftenreihe der „Straße“ Bd. 10, Berlin 1938, s. E. Neumann und K. W. Ostwald, Z. VDI Bd. 96 (1954) S. 908.

[*13*] WEHNER: Neuere Ergebnisse von Griffigkeitsmessungen an Straßendecken. Bautechnik Bd. 33 (1956) S. 383.

[*14*] WEIL: Über Reibungsbeiwerte zwischen Rad und Fahrbahn. Diss. Stuttgart, Mitteilungen der Versuchsanstalt für Straßenbau, Technische Hochschule Stuttgart 1934.

[*15*] GÖLZ: Straßendecke und Kraftwagen. Mitteilungen aus dem Straßenbau-Institut der Technischen Hochschule Darmstadt. Berlin-Charlottenburg: Zementverlag GmbH 1937.

[*16*] DEUSSING: Neuere Messungen zur Ermittlung der Kraftschlußbeiwerte zwischen Reifen und Fahrbahn, Straße und Autobahn Bd. 5 (1954) S. 115.

[*17*] CROCE, K., u. H. SCHMITZ: Kraftschlußbeiwerte als Kennzeichen der Straßengriffigkeit. Z. VDI Bd. 100 (1958) S. 280, s. a. E. Neumann, Z. VDI Bd. 96 (1954) S. 955.

[*18*] GILES and LANDER: The Skid-Resisting Properties of wet Surfaces at High Speeds. The Journal of the Royal Aeronautical Society, Febr. 1956.

[*19*] The non skid properties of road carpets. Veröffentlichungen der Shell-Gesellschaft.

[*20*] SCHINDLER: Die statische und dynamische Fahrbahnreibung und die Mittel zu ihrer Bestimmung. Diss. Zürich.

[*21*] GRIME and GILES: The skid-Resistance Properties of Roads and Tires. The Institution of Mechanical Engineers, London 1955.

[*22*] GAUSS: Kraftschluß des Reifens und seine Messung. ATZ 1955, Bd. 57, No. 10, S. 294.

[*23*] KOHL: Moderner Flughafenbau. Berlin/Göttingen/Heidelberg: Springer 1956.

[*24*] ZIPKES: Die Reibungskennziffer als Kriterium zur Beurteilung von Straßenbelägen. Mitteilungen aus dem Institut für Straßenbau E. T. H. Zürich 1944.

[*25*] Beurteilung der Konstruktion, Rauhigkeit und Verkehrssicherheit von Straßenbelägen unter Verwendung der Reibungskennziffer. Zürich: Gebr. Weemann 1945.

[*26*] KAMM: Kraftwagen und Straße in ihrer Wechselwirkung. Kraftfahrtechnische Tagung. Berlin: VDI-Verlag 1934.

[27] AUBERLEN: Vom Schwung der Fahrt zur Form der Straße, Forsch. Arb. N. F., H. 25, 1956.
[28] BOUTET: Straßenbautechnik der Gegenwart. Zürich: Leemann 1951, S. 54.
[29] Studies in Road Friction I. Road Surface Resistance to Skidding. Road Research No. 1, 1936, Technical Papers. Measurement of the Non-skid Properties of Road Surfaces Bulletin No. 1, 1936.
[30] NEUMANN: Vergleichende Untersuchungen über Messungen. Str. u. Tfb. (1954) S. 385.
[31] BODE: Bremsprüfverfahren. ATZ Bd. 56 (1954) S. 278.
[32] NEUMANN: Die Begriffsbestimmung von Welligkeit und Rauheit und die Verfahren zur Messung dieser Werte. Str. u. Autobahn Bd. 2 (1951) S. 325.
[33] v. WEINGRABER: Über die Rauheit von Straßendecken und ein neues Verfahren zu ihrer Messung. Str. u. Autobahn Bd. 5 (1954) S. 12.
[34] KÖNIGER, W.: Die Entwicklung eines Fernanzeigegerätes für Glatteisgefahr. F. G. Straßenbautagung 1938, S. 85.
[35] SCHMIDT: Fahrwiderstände, HAHN, Fahrwiderstände eines Kraftwagens auf der RAB. Diss. Stuttgart 1942.
KOTHER: Techn. und volkswirtschaftliche Berichte. Wirtschafts- und Verkehrsministerium Nordrhein-Westfalen No. 3 (1950).
[36] Mitteilungen der F. G. 1939, H. 7 (Petersen).
[37] SCHÖNLEBEN-OSTWALD: Straße (1939) S. 263; Straße (1941).
[38] SCHWADERER: Messung und Beobachtung von Straßenprofilen. Str. u. Autobahn Bd. 10 (1959) S. 9.
[39] Str. u. Autobahn Bd. 5 (1954) S. 425, WASHO Road Test I HRB Special Report 18.
[40] MEIER: Straße und Verkehr 1950, H. 3.
[41] ESSERS u. KOTITSCHKE: Str. u. Autobahn Bd. 6 (1955) S. 52.
[42] v. BOMHARD: Verfahren zur Messung der dynamischen Radlast beim Kraftwagen. Diss. München 1956.
[43] WALLACK: ZVDI Bd. 77 (1933) S. 497.
[44] GOSTYNSKI: Straßenbau 1942, H. 17/18.
[45] MÜLLER, W.: Fahrdynamik der Verkehrsmittel. Berlin: Springer 1940.
[46] AUBERLEN: Richtlinien für den Ausbau der Landstraßen, Schriftenreihe der „Straße". Bd. 15. 1939.
[47] COQUAND, R.: Routes, Editions Eyrolles Paris 1956.
[48] Taschenbuch für Bauingenieure. I. Aufl., 1943, S. 508.
[49] GOLTZ, H.: Str. u. Autobahn Bd. 2 (1951) S. 81, s. a. E. Neumann, Verkehrstechnik 1941, S. 55.
[50] BÖHRINGER: Str. u. Autobahn Bd. 4 (1953) S. 343.
[51] AICHHORN, W.: Z. Österr. Ing. u. Arch. Ver. Bd. 96 (1951) S. 17/18.
[52] BEUTIN, Der Oberbau bei Straßenbahnen, Berlin: Erich Schmidt 1957.
[53] NEUMANN: Str. u. Tfb. Bd. 5 (1951) S. 296.
[54] KIRSCHENMANN: Str. u. Autobahn Bd. 8 (1957) H. 1.
[55] Die Anordnung und Ausführung von Fahrbahnmarkierungen auf Bundesfernstraßen (HMB). Str. u. Autobahn Bd. 5 (1954) S. 178.
[56] Hinweise für die Anordnung und Ausführung von senkrechten Leiteinrichtungen (HLB). Str. u. Autobahn Bd. 7 (1956) No. 8.
[57] Richtlinien für die Planung von Radwegen. F. G. Fassung 1952.
[58] RAST: Richtlinien für die Anlage von Stadtstraßen. F. G. 1953.
[59] NEUMANN, E.: Die städtische Siedlungsplanung. Stuttgart: Konrad Wittwer 1954.
[60] HRB Bulletin 72 Directional Channelisation and Determination of Pavements Widths.
[61] Merkblatt zur Anlage von Tankstellen F. G. 1956.
[62] Merkblatt zur Anlage von Omnibushaltestellen F. G.
[63] HALTER: Verkehrstechn. 1932, S. 667, s. a. E. Neumann, Bautechnik Bd. 15 (1937) S. 613.
[64] ÖRLEY: Übergangsbögen in Straßenkrümmungen, Berlin 1937.
[65] SCHÜRBA: Klothoidenabstecktafeln, Berlin 1942.
KASPER, SCHÜRBA, LORENZ: Die Klothoide als Trassierungselement. Bonn: Dümmler 1954.
[66] KRENZ u. OSTERLOH: Klothoiden-Taschenbuch. Wiesbaden: Bauverlag 1956.
[67] Schweizerische Normenvereinigung. Normblatt SNV 40177a.
[68] SCHRAMM, LORENZ, KASPER: Übergangsbögen im Straßenbau. Forsch. Arb. N. F. H. 5, 1949.
[69] SCHRAMM: Bogengestaltung und Bogenabsteckung, Berlin 1949.
[70] PETERSEN: Die Gestaltung der Bogen im Eisenbahngleis, 1920.
[71] HÖFER: Bogentafeln, Berlin 1942.
[72] HUNGER: Beim Trassieren verwendete Kurven und ihre Absteckung. Allg. Vermessungsnachrichten 1956, H. 9.

[73] HELMERT: Der Übergangsbogen für Eisenbahngleise 1872.
[74] Das Winkelbildverfahren. Praktische Anwendung bei der Gestaltung und Absteckung von Verkehrswegen Teil I—III. Herausgegeben vom BVM, Abt. Straßenbau 1953/56.
[75] WINTERHOFF: Die Ausbildung der Straßenkrümmungen nach der Lemniskate. Verkehrstechnik 1933, H. 8.
[76] OSTWALD-BRAUER: Die wirkliche Form des Übergangsbogens. Die Straße 1940, H. 7/8 und 23/24.
[77] DITTRICH: Der stetige Übergangsbogen und ein Maß für den Verwindungsgrad von Verkehrswegen. Str. u. Tfb. Berlin 1950.
[78] SCHEIRINGER: Die biquadratische Parabel als Übergangsbogen im Landstraßenbau bei veränderlicher Fahrgeschwindigkeit. Brücke u. Straße 1958, H. 3.
[79] HANKER: Die Straße 1939, S. 392.
[80] Bauanweisung für Reichsautobahnen. Trassierungsgrundsätze (Baurab TG) 1943.
[81] WEHNER: Str. u. Autobahn Bd. 9 (1958) S. 461.
[82] MELCHIOR: Der Ruck. Z. VDI Bd. 72 (1928) H. 50.
[83] HEERING: Ist die Gerade als Trassierungselement zum Aussterben verurteilt? Str. u. Autobahn Bd. 6 (1955) S. 42.
[84] SCHUNCK, E.: Straße 1941, S. 134.
[85] SCHLUMS: Verwindung um den Innenrand oder um die Achse? Str. u. Autobahn Bd. 9 (1958) S. 479.
[86] REE: Richtlinien für den einheitlichen Entwurf der Landstraßen 1936.
[87] TVE: Technische Vorschriften für die Ausführung von Erdarbeiten im Straßenbau.
[88] NEUMANN, E.: Deutsche Bauzeitung Bd. 45 (1953) S. 193.
[89] NEUMANN, E.: Verkehrstechnik Bd. 20 (1939) S. 235 und Bd. 22 (1942) S. 53.
[90] SCHLUMS: Bautechnik Bd. 21 (1943) S. 78.
[91] NEUMANN, E.: Bautechnik Bd. 21 (1943) S. 130.
[92] MÜLLER, W.: Eisenbahnanlagen und Fahrdynamik. Berlin/Göttingen/Heidelberg: Springer 1953.
[93] MÜLLER, W.: Erdbau, Linienführung, Gestaltung und Erdarbeiten der Verkehrswege. Berlin: W. Ernst & Sohn, 1948.
[94] BUSSIEN, R.: Automobiltechnisches Handbuch. Berlin: Cram, 1953.
[95] GOLDBECK, G.: Die Fahrtmechanik des Kraftfahrzeuges. Stuttgart 1949 (Beiheft der ATZ).
[96] LOWAG, G.: Dynamik des Antriebes von Kraftfahrzeugen mit Verbrennungsmotoren. ATZ 1942, S. 162.
[97] KAMM, W., u. G. SCHMID: Das Versuchs- und Meßwesen auf dem Gebiet des Kraftfahrzeuges. Berlin 1938.
[98] EISELE, E.: Zusatzbremsen für schwere Fahrzeuge. ATZ 1952, S. 31.
[99] EISELE, E.: Beurteilung von Motorbremsen mit Hilfe des Bremskraftdiagrammes. ATZ 1952, S. 27.
[100] LÖHNER, K., u. G. STAHL: Die Schleppleistung von Viertakt-Dieselmotoren bei Talfahrt. ATZ 1956, S. 301.
[101] KOESSLER, P.: Bremserwärmung und Zweistoffbremstrommeln. ATZ 1950, S. 169.
[102] BIELECKE, F. W.: Wärmetechnische Nachrechnung von Kraftfahrzeug-Reibungsbremsen. ATZ 1956, S. 242.
[103] LORENZ, H.: Moderne Trassierung. Brücke und Straße 1953, H. 9.
[104] LORENZ, H.: Neuzeitliche Trassierung von Fernverkehrsstraßen und ihre Hilfsmittel. Z. VDI Bd 96 (1954), S. 911.
[105] MÜLLER, W.: Rechnerische Verfahren zur Ermittlung der Fahrzeiten des Treibstoffverbrauches und der Fahrkosten schwerer Lastkraftwagen. Str. u. Tfb. 1955, S. 697.
[106] VERHASSELT, H.: Rechnerisches Verfahren zur Bestimmung von Fahrzeit und Kraftstoffverbrauch bei Kraftwagenfahrten für Trassierung und Verkehrsuntersuchungen neuer und bestehender Straßen. Diss. Aachen 1954.
[107] Str. u. Verkehr. Bd. 43 (1955) S. 572.
[108] NEUMANN, E.: Str.-Asphalt und Tfb.-Technik 1954, S. 704.
[109] Str. u. Autobahn Bd. 6 (1955) S. 272.
[110] Trassierungsgrundlagen der RAB. Schriftenreihe der „Straße". Bd. 28 (1943).
[111] FEUCHTINGER, M. E.: Str. u. Autobahn Bd. 6 (1955) S. 233.
[112] SCHRAMM: Str. u. Autobahn Bd. 6 (1955) S. 120.
[113] BLASCHKE: Die Ausfahrt an Anschlußstellen, ein aktuelles Problem der Autobahntrassierung. Forsch. Arb. N. F., H. 26, F. G. 1956.
[114] Die Autostraße Basel. Bd. 28 (1959) S. 8.
[115] NEUMANN, E.: Eine Hochstraße durch die Innenstadt von Stuttgart zur Lösung der Verkehrsfrage. Heidelberg 1955.
[116] FEUCHTINGER, M. E.: Bautechnik Bd. 17 (1939) S. 433.
[117] NEUMANN, E. u. M. E. FEUCHTINGER: Bautechnik Bd. 15 (1937) S. 141.
[118] VIII. I. Straßenkongreß, Den Haag, Bericht 55.

[*119*] SCHULTZE-NAUMBURG: Kulturarbeiten, 1922, Bd. 1, S. 27.
[*120*] FREISING: Folgerungen aus der Untersuchung des perspektiven Bildes von Linienelementen der Straße. Diss. Stuttgart.
[*121*] RANKE, NIEBLER: Perspektive im Ingenieurbau, insbesondere im Straßenbau. Wiesbaden 1957.
[*122*] FREISING: Untersuchung über Fluchtbögen, F. G. Forschungsauftrag.
[*123*] Bepflanzung an Straßen. Forsch. Arbeiten F. G. N. F., H. 4. 1949.
[*124*] Roadside Improvement, USA Department of Agriculture.
[*125*] LORENZ, H.: Gestaltungsaufgaben im Straßenbau. Forsch. Arb. F. G. A. F., Bd. 14.
[*126*] Synspunkter för Beplantning af Veje med Traeer, Haekke aller Buske. Bericht No. 14 des dänischen Wegekomitees, Kopenhagen.
[*127*] HIRSCH, W.: Sicherheitspflanzen an den Autobahnen. Str. u. Autobahn Bd. 5 (1954) S. 304.
[*128*] SCHURHAMMER: Behandlung von Felsböschungen. Schriftenreihe der „Straße", Bd. 14.
[*129*] SEIFERT: Im Zeitalter des Lebendigen. Dresden 1941.
[*130*] Highway Research Board, Bulletin Bd. 110 (1955).
[*131*] CROCE, K. u. J. KAISER: Untersuchungen über Schnee und Schneeschutzanlagen an Straßen. Forsch. Arb. N. F., H. 6. F. G. 1950.
[*132*] KRÜDENER u. BECKER: Schriftenreihe der „Straße", H. 9, 1939.
[*133*] KEIL, K.: Der dynamische Tragkörper. Straßentechnik H. 3 (1956) S. 25.
[*134*] KEIL, K.: Baugrund u. Straße, Verlag Str. u. Tfb. Heidelberg 1950.
[*135*] BAST: Anregungen u. Vorschläge zur Verhütung von Frostschäden. Köln 1954.
[*136*] PFEIFFER, H.: Schnellverfahren zur Ermittlung der Frostbeständigkeit von Gesteinen und keramischen Erzeugnissen. Str. u. Autobahn Bd. 7 (1956) S. 203.
[*137*] Neue Richtlinien für die Verhütung von Frostschäden. F. G. 1951.
[*138*] KEIL, K.: Geotechnik. 3. Aufl. der Ingenieurgeologie und Geotechnik Halle/Saale 1957, W. Knapp.
[*139*] KEIL, K.: Der Dammbau. Berlin/Göttingen/Heidelberg: Springer 1954.
[*140*] KEIL, K.: Vorschlag für die Richtlinien zur Verhütung von Frostschäden an Straßen. Wissenschaftl. Ztsch. der Hochschule für Verkehrswesen, Dresden, H. 1 (1956).
[*141*] Merkblätter für bodenphysikalische Prüfverfahren. F. G. 1955.
[*142*] AHRENS, W.: Konsolidierung eines Schlammbodens für den Rheindeich bei Alsum durch senkrecht eingebrachte Pappdräns. Bautechnik Bd 33 (1956) H. 1.
[*143*] NEUMANN, E: Verkehrsbauten im Moor und weichen Untergrund. Str. u. Tfb. (1952) S. 229.
[*144*] USINGER u. GARRAS: Die Wirtschaftlichkeit des Moorsprengverfahrens. Forsch. Arb. A. F. H. 4. F. G. 1937.
[*145*] KEIL, K.: Der Dammbau bei Frost. Bauplanung u. Bautechnik 1954, S. 410.
[*146*] ESSERS, E.: Messungen über die Förderleistungen von Planierraupen. Straße und Untergrund, Forsch. Arb. N. F. 17, F. G. 1955.
[*147*] KÜHN, G.: Der gleislose Erdbau. Berlin/Göttingen/Heidelberg: Springer 1956.
[*148*] PÖSCH, H.: Verdichtungstechnik u. Verdichtungsgeräte im ausländischen Erdbau. Berlin: W. Ernst & Sohn 1953.
[*149*] NEUMANN, E.: Studie über die Wirksamkeit von Geräten für die Bodenverdichtung. Str. u. Tfb. (1951) S. 127.
[*150*] LORENZ, H.: Über die Vorgänge im rolligen Baugrund bei Schwingungsverdichtung. Straße und Untergrund, Forsch. Arb. N. F. 17, F. G. 1955.
[*151*] LINZ, A.: Ein neues System der Schwingungsverdichtung. Str. u. Autobahn Bd. 7 (1956) H. 4.
[*152*] Richtlinien für Schwingungsverdichtung von Untergrund und Unterbau. F. G. 1953.
[*153*] VOSS, E.: Die Bodenverdichtung im Straßenbau. BAST 1956.
[*154*] Registrierende Schlagsonde. Str. u. Autobahn Bd. 5 (1954) S. 58.
[*155*] SIEDECK, P.: Über die Tragfähigkeit des Straßenuntergrundes. Str. u. Autobahn Bd. 2 (1951) S. 118.
[*156*] RUCKLI, R.: Anwendung der Erdbaumechanik im schweizerischen Straßenbau. Str. u. Verkehr H. 9 (1953).
[*157*] PELTIER, R.: Geotechnische Betrachtungen über die Tragfähigkeit des Straßenuntergrundes. Vortrag am 23. 8. 1953 vor dem Intern. Kongreß für Erd- u. Grundbau.
[*158*] HANDT, G.: Frostschäden. Herausgegeben von der Hauptverwaltung Straßenwesen der DDR 1951.
[*159*] KEIL, K.: Baugrund u. Straße. Heidelberg: Verlag Str. u. Tfb. 1950.
[*160*] DÜCKER, A.: Gibt es eine Grenze zwischen frostsicheren und frostempfindlichen Lockergesteinen. Str. u. Autobahn Bd. 7 (1956) S. 78.
[*161*] DÜCKER, A.: Straße und Untergrund, Forsch. Arb. N. F. 17, F. G. 1955.
[*162*] SCHAIBLE, L.: Betonstraße u. Untergrund. Str. u. Tfb. H. 7 (1954).

[163] SCHAIBLE, L.: Frost und Tauschäden an Verkehrswegen und ihre Bekämpfung. Berlin: W. Ernst & Sohn, 1957.
[164] SCHAIBLE, L.: Einflüsse des Untergrundes auf Betondecken. Beton u. Stahlbetonbau (1952) S. 245.
[165] SCHAIBLE, L.: Über Beobachtungen an Frost- u. Tauschäden auf Verkehrswegen, Straße u. Untergrund, Forsch. Arb. N. F. 17, F. G. 1955.
[166] VOSS, R., u. A. KOBOLD: Kohlenasche und Kohlenschlacke als Straßenbaustoff. Str. u. Autobahn Bd. 6 (1955) S. 162.
[167] KEIL, K.: Frostschäden an dem keilförmigen Auslauf der Frostschutzschichten. Str. u. Autobahn Bd. 5 (1954) S. 308.
[168] Frostindikator. Str. u. Autobahn Bd. 5 (1954) S. 58.
[169] Vorläufige Richtlinien zu Bodenuntersuchungen für die städtebauliche Planung. Der Reichsarbeitsminister. Rudolf Müller, Eberswalde 1940.
[170] Schweizerische Normenvereinigung. Tragfähigkeit von Straßen. SNV 40310, 40312, 40315 u. 40317. Bearbeitet u. herausgegeben von der Vereinigung Schweiz. Straßenfachmänner (VSS).
[171] PELTIER, R.: Considération géotechniques sur la postance des sols routiers, of the Third Internat. Conference on Soil Mechanics and Foundation Engineering Vol. III, Zürich 1953. Siehe auch Str. u. Verkehr Bd. 39 (1953) S. 3/5 [157].
[172] Highway Research Report. Design of Flexible Pavements. Research Report 16-B (National Academy of Sciences, January 1954).
[173] Forschungsgesellschaft für das Straßenwesen e. V., Merkblatt für bodenphysikalische Prüfverfahren, Ausgabe 1955.
[174] DAVIS, E. H.: Pavement Design for Roads and Airfields in Road Research. Technical Paper Nr. 20. His Majesty Stationery Office 1953.
[175] Vereinigung Schweizerischer Straßenfachmänner. Probleme des Straßenbaues. Vorträge vom Instruktionskurs in Zürich 1949.
[176] MÜLLER, H.: Das CBR-Verfahren, ein moderner Testversuch zur Bestimmung der Deckenstärke. Str. u. Tfb. 1952/53.
[177] FOX, L.: Computation of Traffic Stresses in a Simple Road Structure. Road Research Technical Paper Nr. 9.
[178] JELINEK, R.: Berechnung der Stärke von Betondecken für Straßen und Flugplätze. Str. u. Autobahn Bd. 4 (1953) S. 1.
[179] PICKET, G. u. G. K. RAY: Influence Charts for Concrete Pavements. Proceedings American Society of Civil Engineers 1950, Vol. 76, No. 12.
[180] WILSON, G., u. G. M. J. WILLIAMS: Pavement Bearing Capacity computed by Layered Systems. Transactions of the American Society of Civil Engineers, Vol. 116, 1951.
[181] AICHHORN, W.: Erfahrungsmäßige Ermittlung der Oberbaudicken von Straßen mit verschiedenen Verkehrslasten.
[182] PARSEN: Factors Influencing the Stress in Concrete Pavement from Applied Loads. Proceedings of the 25th annual meeting of the Highway Research Board, January 1946.
[183] MC.DOWELL: Progress Report on Development and Use of Strength Tests for Subgrade Soils and flexible Base Materials in Proceedings of the 26th annual meeting of the Highway-Research Board, December 1946.
[184] WORLEY, H.: Triaxial Testing Methods usuable in flexible pavement design. Proceedings of the 23th annual meeting of the Highway-Research Board, November 1943.
[185] BRADBURY: Evaluation of wheel-load distribution for the purpose of computing stresses in concrete pavements. Proceedings of the 14th annual meeting of the Highway-Research Board, December 1934.
[186] GOLDBECK: A method of design of non-rigid pavements for highways and airport runways. Proceedings of the 20th annual meeting of the Highway-Research Board, December 1940.
[187] SPANGLER: Preliminary experiments in the distribution of wheel loads through flexible pavements. Proceedings of the 18th annual meeting of HRB, December 1938.
[188] PALMER: The Evaluation of wheel-load bearing capacities of flexible Types of pavement. Proceedings of the 26th annual meeting of the HRB, December 1946.
[189] SPANGLER: The Structural desing of flexible pavements. Proceedings of the 22nd a. m. of the HRB, December 1942.
[190] WESTERGARD: Stresses in concrete pavements computed by theoretical analysis. Public Roads Vol. 7 (1926) No. 2.
[191] WESTERGAARD: Analytical tools for judging results of structural tests of concrete pavements. Public Roads Vol. 14, No. 10 (1933).
[192] Forschungsgesellschaft für das Straßenwesen e. V. Bemessung der Befestigungsstärke von Straßen und Startbahnen. Generalbericht u. Aussprachen (Übersetzung).

Proceedings of the second international conference on Soil mechanics and foundation engineering, Rotterdam 1948.
[193] Heimbüchel: Die Bemessung des Unterbaues von Straßen u. Startbahnen. Str. u. Tfb. (1950) H. 8/9.
[194] Glossop u. Golder: Die Scherfestigkeitsmethode zur Bestimmung der Dicke von Fahrbahndecken. Proceedings of the 2nd International Conference Soil Mechanics and Foundation Engineering.
[195] Procedures for Testing Soils. American Society for Testing Materials, July 1950.
[196] Thickness of flexible pavements. Comitee on flexible pavement design. Highway Research Board Bulletin 8-R, 33rd. Annual Meeting, January 12—15, 1954.
[197] Burmister, D. N.: The Theory of Stresses and diplacements in layered Systems and applications to the design of airport runways. Proceedings of the 23rd Annual Meetings of the Highway Research Board 1943, 23, 126—144, Discussion 144—148.
[198] Burmister, D. N.: The general Theory of Stresses and Displacements in layered Systems III. J. appl. Phys. Bd. 5 (1945), 16, May 296—302.
[199] Neumann, E.: Bautechnik Bd. 18 (1940) H. 29; Bd. 19 (1941) H. 29.
[200] VIII. I. Str. K. Ber. 93 Schweiz.
[201] Highway Research Nr. 108.
[202] HRB Bulletin 109.
[203] PR Vol. 17 (1936).
[204] Vorläufiges Merkblatt für die Bodenverfestigung mit Zement 1956, F. G.
[205] Buchholz: Die Bodenverfestigung mit Zement. Bericht zum Internat. Betonstraßen-Kongreß. Rom 1957; s. a. Bodenverfestigung im Straßenbau. Str. u. Tfb. Bd. 12 (1958) S. 202.
[206] Engineering 1954, August 1954, s. auch Str. u. Autobahn Bd. 8 (1957).
[207] Str. u. Autobahn Bd. 8 (1957) H. 4.
[208] Oberbach: Bodenvermörtelung mit Zement. Str. u. Autobahn Bd. 6 (1955) S. 116.
[209] Str. u. Autobahn Bd. 6 (1955) S. 373.
[210] Reinhold: Die Bodenvermörtelung im Siedlungsstraßenbau. Str. u. Tfb. Nr. 4 (1950) S. 117.
[211] Reinhold: Bau einer Siedlungsstraße nach dem Verfahren der Bodenvermörtelung. Str. u. Autobahn (1951) S. 306.
[212] Reinhold: Bau von Zement-Ton-Betonstraßen. Str. u. Tfb. (1952) H. 7.
[213] Reinhold: Bau von Zement-Ton-Betonstraßen in der Schönausiedlung in Mannheim. Str. u. Autobahn (1954) S. 16.
[214] Reinhold: Mißerfolge der Bodenvermörtelung? Straßen-, Asphalt- und Tiefbau-Technik (1955) H. 2.
[215] Temme: Mikroben als Ursache der Zerstörung einer Bitumenisolierung. Bitumen, Teere, Asphalte, Peche Bd. 6 (1955) S. 161.
[216] Neumann, E.: Bitumen Bd. 6 (1936) S. 121.
[217] Winterkorn: Physiko-Chemical Testing of Soils and Applications of the Results in Practice. HRB Proceedings 1940.
[218] Winterkorn: Mechanism of Water Attack on dry cohasive soils Systems, Soil Science, Vol. 54, No. 4, 1942.
[219] Winterkorn: Theoretical Aspects of Water Accumulation in cohesive Subgrade Soils HRB Proceedings 1946.
[220] Winterkorn: Importance of Volume Relationships in Soil Stabilisation HRB 1949.
[221] Crantz: Str.-, Asphalt- und Tiefbautechnik (1957) S. 383.
[222] Grengg: Str.-, Asphalt- und Tiefbautechnik (1955) S. 683.
[223] Noll: Zur Vervollkommnung des Kleinpflasters.
[224] Zelter: Petrographische Untersuchung über die Eignung von Graniten als Straßenbaumaterial, Halle 1927.
[225] Freytag, W.: Der Bau neuzeitlicher Straßenklinkerdecken. Berlin 1943.
[226] Teller u. Pauls: Concrete Pavement Design, Am. Concrete Inst. 1930.
[227] Str. u. Autobahn Bd. 7 (1956) S. 175.
[228] Milke: Betonstraßen, Straßenbau. Soest: Hans-Christoph Reisner 1957.
[229] Eberle: Weichbeton. Neue Wege im Betonstraßenbau 1950, F. G.
[230] Walz: Über Feststellungen mit Auftausalzen und den Schutz der Betonfahrbahndecken, Entwicklung des Betonstraßenbaues, F. G. 1953, S. 75.
[231] Walz: Der Einfluß luftporenbildender Zusatzmittel auf die Eigenschaften von Beton, Forsch. Arb. F. G. N. F. H. 20. 1956.
[232] Yts Kador på Svenska Betonvägor 1955—1957, Statens Väginstitut Stockholm, Rapport 33.
[233] Pfeiffer: Str. u. Autobahn (1954) S. 154.
[234] Leins: Betonstraßen, Jahrbuch 1956. S. 39.
[235] Wrana: Betonstraßenbau in Wien. Betonstraßenbau H. 7, F. G. (1957) S. 85.

[236] EBERLE: Über Temperatur und Spannung bei Balken und Fahrbahndeckenplatten aus Beton. Zementverband 1938.
[237] WEIL: Zur Frage der Spannungen in Bewehrungen. Beobachtungen an Betonfahrbahndecken. F. G. (1952) S. 32. Richtlinien für Deckenlängen. Forschung u. Praxis im Betonstraßenbau. F. G. (1953) S. 79.
[238] SCHÄFFNER: Hochverschleißfester Straßenbeton. Brücke u. Straße (1957) H. 7/8.
[239] MÜLLER: Die Bemessung der Deckenstärken von Betonstraßen in England. Str. u. Tfb. (1955) S. 371.
[240] SCHÄFER: Betonstraßenbau in Berlin. Betonstraßenbau, Vorträge. F. G. 1954. S. 44.
[241] TZSCHENTKE: Die Rißbildung bei Betonfahrbahndecken. Str. u. Autobahn Bd. 7 (1956) S. 155.
[242] SCHÜTTE: Zur Berechnung von Betonstraßendecken, F. G. 1949.
[243] ERNST: Baustahlgewebe im Betonstraßenbau. Beton- u. Stahlbetonbau Bd. 47 (1952) H. 10.
[244] MÖNNIG: Intern. Betonstraßenkongreß, Rom 1957.
[245] SPARKES: Entwicklung des Betonstraßenbaues im Inland und Ausland. F. G. 1953. H. 4, S. 42.
[246] HERION: G, Die Grenzen der Dehnbarkeit bituminöser Straßenbeläge. Forsch. Arb. N. F. H. 16. F. G. 1955.
[247] WEIL, G.: Zur Frage der Spannungen und Bewehrungen in Betonfahrbahnplatten. Beobachtungen an Betonfahrbahndecken. F. G. 1952. S. 43.
[248] LEINS: Die Verdübelung von Betonfahrbahndecken. Forschung und Praxis im Betonstraßenbau. F. G. (1953) S. 130.
[249] NEUMANN, E.: Handbuch für Eisenbeton. 4. Aufl., Bd. XII, Berlin 1937.
[250] BURGH, VAN DEN, A. I. P.: Betonstraßenbau in Holland. Entwicklung des Betonstraßenbaues im Inland und Ausland 1953. F. G. S. 18.
[251] LEINS: Betonstraßen. Jahrbuch 1956, S. 18.
[252] HAHN: Betonwege erschließen eine Hallig. Str. & Tfb. 1958 S. 345.
[253] FAUNER, W. E.: Maschinen im Bauwesen. Technische Universität Berlin-Charlottenburg.
[254] WALCH: Baumaschinen u. Einrichtungen, Berlin/Göttingen/Heidelberg: Springer 1957.
[255] RATHSMANN: Str. u. Autobahn Bd. 7 (1956) S. 211.
[256] WAHL, E.: Ausführung des Unterbetons bei bituminösen Fahrbahndecken, fugenlos, jedoch mit gesteuerter Rißbildung. Str. u. Autobahn 1956, H. 12.
[257] HERRMANN: Ein Beispiel für die Reparatur beschädigter Betonfahrbahnen auf Autobahnen. Str. u. Autobahn Bd. 9 (1958) S. 137.
[258] SCHNABEL: Die Instandsetzung von Fahrbahndecken auf den BAB mit bituminösen Bauweisen. Str. u. Autobahn Bd. 9 (1958) S. 205.
[259] HRB Bulletin 131 Widening and Resurfacing with Bituminous Concrete 1956.
[260] BAUMEISTER: Die Betondecke als Unterbau für bituminöse Fahrbahndeckenbeläge und Vorschläge zur Vermeidung der Rißbildung. Str. u. Autobahn Bd. 8 (1957) S. 205.
[261] WAHL, E.: Deckenerneuerung der Autobahnen. Str. u. Autobahn Bd. 8 (1957) S. 67.
[262] SEYWALD: Beobachtungen an Betonfahrbahndecken. F. G. 1952, S. 59.
[263] SAURLER: Münchener Deckenhebeverfahren. Beobachtungen an Betonfahrbahndecken. F. G. 1952, S. 60.
[264] WILLIGEROD: Beobachtungen an Betonfahrbahndecken. F. G. 1952, S. 61.
[265] SEYWALD: Forschung und Praxis im Betonstraßenbau. F. G. 1953, S. 107.
[266] WINTERNITZ: Autobahnen aus Betonfertigteilen. Die Bauwirtschaft Bd. 12 (1958) S. 845.
[267] STREIT: Betonstr. (1937) S. 152; LEPE: Betonstr. (1937) S. 183.
[268] PRAHL: Betonstr. (1937) S. 146.
[269] PRAHL: Straßen, Asphalt und Tiefbau Bd. 9 (1958) S. 332.
[270] WIETHOFF: Verwendung von Betonpflaster im Straßenbau. Str. u. Autobahn Bd. 9 (1958) S. 127.
[271] ZWICKY, E.: Die neue Umfahrungsstraße Murg. Str. u. Verkehr Bd. 43 (1957) S. 55.
[272] STÖCKLING, E.: Beseitigung des Niveauüberganges in Wattwil. Str. u. Verkehr Bd. 43 (1957) S. 72.
[273] VDI, Luftfahrtechnik, Bd. 4 (1958) No. 8.
[274] BRR, A fullscale Road Experiment on the Formation of ice and its prevention by electric Heating. Research Note RN 3111, WEIP Okt. 1957.
[275] WAHL, E.: Elektrische Beheizung von Fahrbahndecken und Brücken. Str. u. Autobahn Bd. 9 (1958) S. 415. Beheizungssysteme für Brücken, Straßen und Flugpisten gegen Glatteis und Schnee. Str. u. Tfb. Bd. 12 (1958) S. 661.
[276] LEONHARDT: Spannbeton für die Praxis. Berlin: W. Ernst und Sohn, 1955.
[277] Str. u. Autobahn Bd. 6 (1955) S. 68.
[278] LÜTZE: Forschung und Praxis im Betonstraßenbau. F. G. 1953, S. 119.

[279] Versuche und Erfahrungen im Betonstraßenbau. F. G. H. 6, 1955, Beiträge von WEIL S. 46, FINSTERWALDER S. 55, LEONHARDT S. 61.
[280] ZERNER, W.: Vorgespannte Einfahrbahn des Volkswagenwerkes. Brücke u. Straße 1957, H. 10, Beton- und Stahlbetonbau 1957, H. 7.
[281] PANCHAUD, M. F.: Internationaler Betonstraßenkongreß Rom 1957; Les Pistes Routières en Beton Précontraint.
[282] LARSON STOTT: I. Veröffentlichung des Institutes of Civil Engineers, London 1955.
[283] MAYER, A.: Essais de route en beton précontraint. La Route Juli 1957, S. 124.
[284] MAYER, A.: Internationaler Betonstraßenkongreß Rom 1957. Straßendecken aus vorgespanntem Beton.
[285] LEBELLE, N.: Betondecken auf Autobahnen und Flugplätzen. F. G. 1957, H. 7. Das Verhalten der vorgespannten Fahrbahndecken der Flugplätze Orly und Algier-Maison-Blanche.
[286] DUTRON, R. et P.: Internationaler Betonstraßenkongreß Rom 1957. Le Revêtemant des Routes en beton précontraint.
[287] L'HORTET, R. de: Internationaler Betonstraßenkongreß Rom 1957. Die Spannbeton-Startbahn auf dem Flugplatz Algier-Maison-Blanche.
[288] TOPALOFF: Betondecken auf Autobahnen und Flugplätzen. F. G. 1957, H. 7. Spannbeton-Startbahn auf dem Flugplatz Maison-Blanche, Algier, s. a. Str. u. Autobahn (1956) H. 2.
[289] VOELLMY, A.: Internationaler Betonstraßenkongreß Rom 1957. Beton-Versuchs-Straße Moeriken-Brunegg.
[290] MALLISON, H.: Teer, Pech, Bitumen und Asphalt. Halle: W. Knapp 1944.
[291] MALLISON, H.: 40 Jahre Teerforschung, W. Knapp Verlag, Heidelberg: Straßenbau, Chemie und Technik 1956.
[292] RAUDENBUSCH, H.: Die Kennzeichnung und Ordnung der bituminösen Bindemittel auf Grund ihrer Viskosität. Bitumen, Teere, Asphalte, Peche und verwandte Stoffe 1950, H. 2.
[293] MALLISON, H., u. K. K. HOFMANN: Verfahren zur Bestimmung des Brechpunktes von Steinkohlenteerpech, Bitumen, Teere, Asphalte, Peche und verwandte Stoffe, 1957, H. 5.
[294] Veröffentlichungen des Hauptausschusses der Zentrale für Asphalt- und Teerforschung (Z.fAT) Berlin 1937.
[295] OTTEN und KAMPTNER, Bitumen 10 (1941) S. 105.
[296] Asphalt und Teer, Straßenbautechnik 1931, S. 831.
[297] NÜSSEL u. PIECHOWSKI: Hochschmelzende Bitumen. Bitumen Bd. 9 (1940).
[298] WILHELMI: Über den kolloidalen Aufbau der Asphalte. Mitteilungen der Str.V.A. Stuttgart (1933) H. 7.
[299] OBERBACH u. PAUER: Über die Zusammensetzung von Erdölasphalten. Berlin 1936.
[300] KRENKLER, K., u. R. WAGNER: Über die Struktur der bituminösen Stoffe. Erdöl u. Kohle (1948) S. 280.
[301] BLOKKER: Über einige physikalische Konstanten von Bitumen. Angewandte Chemie Bd. 52 (1939) S. 643.
[302] SUIDA u. KAMPTNER: Asphalt und Teer, Straßenbautechnik 1931, S. 669.
[303] WILHELMI: Beitrag zur Kenntnis der Bitumina aus deutschem Erdöl. Bitumen Bd. 11 (1941) S. 34.
[304] NÜSSEL: Verkehr und Technik (1948) S. 13.
[305] BECKER: Mitteilungen. F. G. 1941, Nr. 4; Bitumen Bd. 10 (1941) S. 9.
[306] SAAL: Bitumen Bd. 3 (1933) S. 101.
[307] NELLENSTEYN: Ztschr. Asphalt und Teer, Straßenbautechnik (1929) S. 506.
[308] MALLISON, H.: Untersuchungen über die Zusammensetzung von Steinkohlenteer und Pech. Ztschr. Teer und Bitumen (1944) S. 63. „40 Jahre Teerforschung" 1956, S. 186.
[309] Journ. Soc. Chem. Ind. 17. April 1936, Asphalt und Teer, Straßenbautechnik (1936) S. 595.
[310] MALLISON, H.: Die neuere Entwicklung der Straßenteere. Ztschr. Bitumen, Teere, Asphalte, Peche und verwandte Stoffe (1954) S. 206.
[311] FRANCK, H. G.: Über die Beziehungen zwischen Viscosität und Zusammensetzung von Straßenteeren. Str. u. Autobahn (1952) S. 218.
[312] FRANCK, H. G.: VfT-Mitteilungen „Straßenbau und Bautenschutz mit Steinkohlenteer" (1953) S. 4.
[313] KRENKLER, K.: Straßenteere mit erhöhter Alterungsbeständigkeit. Str. u. Autobahn Bd. 5 (1954) S. 90.
[314] Neue Fassung des Teil I der DIN 1995. Bituminöse Bindemittel für den Straßenbau (1954) F. G.
[315] MALLISON, H.: Warum sind Teerstraßen rauh? Der Straßenbau 1928, Nr. 9.
[316] Statens Väginstitut Stockholm, Mitteilungen Bd. 60 (1939).

[317] Statens Väginstitut Stockholm, Mitteilungen Bd. 78 (1950).
[318] NEUMANN, E.: Versuche über die Haftfestigkeit unter Wassereinwirkung an Asphaltbeton-Mischungen, Bitumen Bd. 11 (1941) S. 97.
[319] LEE: Zur Kenntnis der Oberflächenteerung. London 1951.
[320] LEE und FUIDGE, British Road Tar Ass. 1950.
[321] CRANTZ u. ZICHNER. Str. u. Autobahn Bd. 1 (1950) S. 21.
Schlämmerauhdecken, Schriftenreihe der Strabag 3.1, S. 31.
[322] CRANTZ: Straßen-, Asphalt- und Tiefbautechnik (1957) S. 381.
[323] WILHELMI: Bituminöser Kiesbeton, neuartige Tragschicht für schwere Schwarzdecken. Str. u. Autobahn Bd. 7 (1956) S. 115.
[324] SCHULZE: Erfahrungen beim Bau von Tragschichten aus bituminösem Kiesbeton und Prüfung ihrer Stabilität. Bitumen Bd. 19 (1957) S. 61.
[325] KUNDE: Mischmakadam als wichtigstes Bauelement im Straßenbau. Str. u. Autobahn Bd. 6 (1955) S. 242.
[326] TEMME: Str. und Autobahn 4 (1953) S. 128, Str. und Tfb. 1956, S. 566.
[327] CSANYI: Probleme und Forschungsarbeiten im bituminösen Straßenbau in USA. F. G. 1953.
[328] ANDREASON: Kolloid-Zeitschrift Bd. 50 (1930).
[329] NEUMANN, E.: Über den Kornaufbau von Schwarzdecken. Bitumen, Teere, Asphalte, Peche Bd. 4 (1953) S. 89.
[330] BARTHOLOMÄI: Mitteilungen der StrVA, Stuttgart, H. 12.
[331] WILHELMI: Mitteilungen der StrVA, Stuttgart, H. 14.
[332] SOMMER: Über das Fließvermögen dünner Bitumenfilme. Str. u. Autobahn Bd. 8 (1957) S. 10.
[333] NEUMANN, E.: Das Impactverfahren zur Herstellung von Bitumenbelägen. Str. u. Autobahn Bd. 4 (1953) S. 8.
[334] NIJBOER, L. W.: Onderzoek naar den wederstand von Bitumenmineralaggregaat mengels tegen plastische Deformatie. Amsterdam 1942 (Diss. Delft) s. a. NEUMANN: Asphalt und Teer (1944) S. 107; Str. u. Tfb. (1948) S. 292.
[335] SIEDECK: Grundsätzliches über den Aufbau von Straßenbefestigungen. Str. u. Tfb. Bd. 13 (1958) S. 195.
[336] DEMPWOLFF: Bemessung von Straßenbefestigungen mit Hilfe der Spannungen. Bitumen Bd. 20 (1958) S. 68.
[337] NIJBOER: Über die Dicke der Befestigungen von Asphaltstraßen mit bituminösem Unterbau. Bitumen Bd. 20 (1958) S. 63.
[338] Unterbauversuchsstrecke Grunbach. Forsch. Arb. N. F. H. 30. 1956.
[339] LÄMMLEIN: Unterbau von schwer belasteten Straßen in flexibler Bauweise. Str. u. Autobahn Bd. 9 (1958) S. 42.
[340] CRANTZ: Über die Fahrversuche auf der Unterbauversuchsstrecke bei Lahr (B36). Str. u. Autobahn Bd. 9 (1958) S. 112.
[341] GERMAN: Warum flexibler Straßenaufbau? Str. u. Verkehr Bd. 44 (1958) S. 351.
[342] HERRMANN: Untersuchungen über bituminöse Straßenbaustoffe. Forsch. Arb. A. F. F. G. 1937, H. 5.
[343] TEMME: Zur Frage der Verwendung von gebrochenem Gesteinsmaterial im Straßenbau. Bitumen, Teere, Asphalte und Peche (1955) S. 263.
[344] LÜER: Teerbeton. Forsch. Arb. N. F., H. 29. F. G. 1956.
[345] A. Survey of some Mixing Plants for Asphalt and Coatet Macadam. Road Research Technical Papers No 27 London.
[346] SCHLUMS: Teer und Bitumen (1944) H. 3/4 und 5/6.
[347] HERRMANN: Angewandte Baustoffkunde, Heidelberg 1958.
[348] HERRMANN: Untersuchungen über bituminöse Baustoffe. Forsch. Arb. A. F. H. 5. F. G., 1937.
[349] KINDSCHER, E., H. WICHT, M. G. ORTHAUS: Blasenbildung in Asphaltbelägen. Forsch. Arb. A. F. Bd. 7. F. G. 1938.
[350] NEUMANN, E.: Wasserdichte Fahrbahnbeläge auf Straßenbrücken. Bautechnik Bd. 21 (1943) S. 207.
[351] NEUMANN, E.: Wasserdichte Fahrbahnbeläge auf Straßenbrücken mit Leichtfahrbahnen. Str. u. Tfb. Bd. 1 (1947) H. 2.
[352] ROLOFF: Erfahrungen mit Leichtfahrbahnen stählerner RAB-Brücken. Bautechnik Bd. 20 (1942) S. 433.
[353] NEUMANN, E.: Erfahrungen mit Asphaltbelägen auf Leichtfahrbahnbrücken. Bitumen Bd. 13 (1951).
[354] KIRSCHMER, O.: Die mechanischen und rheologischen Eigenschaften von Bitumen. Bitumen Bd. 18 (1956) S. 86.
[355] KIRSCHMER, O.: Versuche mit Belägen aus Gußasphalt auf Stahlfahrbahnen. Bitumen Bd. 14 (1952) S. 201.

[356] MÖSSLANG, H.: Der Fahrbahnbelag der Köln—Mühlheimer Hängebrücke. Str. u. Autobahn Bd. 3 (1952) S. 222.
[357] SEEGERS, K. H.: Fahrbahnen von stählernen Straßenbrücken mit Asphaltbelägen. Bitumen Bd. 14 (1952) S. 208.
[358] KIRSCHMER, O.: Gußasphaltbeläge auf Stahlfahrbahnen. Bitumen Bd. 16 (1954) S. 10.
[359] Veröffentlichungen des Hauptausschusses der Z.fAT, Berlin 1937.
[360] SOHLER: Straßenbau (1929) S. 429, (1930) S. 558.
[361] SCHULZ, T.: Über ein neues Schnellverfahren zur Analyse von bituminösem Mischgut. Str. u. Autobahn Bd. 8 (1957) S. 128.
[362] NEUMANN, E.: Die Prüfung der bituminösen Massen, die unter Verwendung von Bitumen hergestellt sind. Bitumen Bd. 9 (1939) S. 1.
[363] NEUMANN, E.: Die Prüfung der bildsamen Massen im Rahmen der Materialprüfung. Bitumen Bd. 11 (1941) S. 19.
[364] NEUMANN, E.: Bitumen 6 (1936) S. 121.
[365] RIEDIG: Maschinen und Geräte zum Verdichten im Straßenbau. Str. und Autobahn 3 (1952) S. 121.
[366] PREISER, S.: Dreiachsige Straßenwalzen, Str. und Autobahn 2 (1951) S. 116.
[367] RIEDIG: Zwei- und Dreiachswalzen bei der Verdichtung im Straßenbau. Str. und Autobahn 3 (1952) S. 349.
[368] KÄLBLE: Kritik an Dreiachswalzen. Str. und Autobahn 2 (1951) S. 336.
[369] Engineering News Record 1927, 11. 11., 1928, 27. 12., 1930, 13. 3.: Holland Tunnel — 1924, 21. 8., 1925, 7. 5.: Liberty Tunnel — 1929, 17. 10. Detroit Tunnel — 1926, 28. 10. Vol. 93, 18; Vol. 97, 18; Vol. 98, 8, 10: GEORGE A. POSEY (Oakland) Tunnel — 1944, 16. 11., S. 82 bis 85: New Ventilating System Designed for Penn-Lincoln Parkway Tunnel (Squirrel Hill Tunnel) — 1921, 7. 4., S. 602: CO-Konzentration.
[370] HARTMANN, F.: Tunnelbau, Handbuch f. Eisenbeton, 4. Aufl. Berlin: Ernst & Sohn, 1937.
[371] KRAVAHT: Lüfter, Lüfterantriebe und ihre Steuerung bei der Belüftung von Fahrzeugtunneln. Heating and Ventilating, 1941, S. 38.
[372] Report of the New York State Bridge and Tunnel Commission 1927: Holland Tunnel.
[373] KRESS, H. H.: Richtlinien f. d. Entwurfsbearbeitung von Autotunneln. Diss. Techn. Hochschule Stuttgart 1936. Omnitypie-Gesellschaft L. Zechnall, Stuttgart.
[374] KRESS, H. H.: Autotunnel als Hilfsmittel großstädtischer Verkehrsentwicklung. Bauingenieur, 1937, S. 212.
[375] KRESS, H. H.: Autotunnel unter dem Hudson in New York (Lincoln Tunnel). Bauingenieur, 1937, S. 761.
[376] KRESS, H. H.: Über die Lüftung langer Autotunnel. Straßenbau, 1937, S. 159/89.
[377] KRESS, H. H.: Überblick über die verschiedenen Bauweisen für Autotunnel unter Gewässern. Straßenbau, 1937, S. 247/68.
[378] KRESS, H. H.: Zur Bemessung der eisernen Auskleidung kreisförmiger Unterwassertunnel. Bautechnik, Bd. 18 (1940), S. 477/86.
[379] KRESS, H. H. : Lüftungsentwurf für den Wagenburgtunnel in Stuttgart. Technisch Wetenschappelijk Tijdschrift (TWT) Antwerpen, 1953, S. 165/75; Bautechnik, Bd. 30 1953, S. 269/73; Schweizerische Bauzeitung (SBZ), 1953, S. 521/42; Bauingenieur, 1953, S. 417/26; Le Génie Civil, Paris, 1954, S. 234/35.
[380] KRESS, H. H.: Der Autotunnel in Lyon. Schweiz. Bztg., 1953, S. 288/90.
[381] KRESS, H. H.: Umsteuerbare Längslüftung für Eisenbahn- und Autotunnel. Zuschrift in Bauing., 1954, H. 10, zum gleichen Artikel von RAAB, BARTH, KLEIN.
[382] KRESS, H. H.: Umsteuerbare Längslüftung für Eisenbahn- und Autotunnel. Technisch Wetenschappelijk Tijdschrift Antwerpen, 1954, S. 260/62. (Erwiderung auf RAAB, BARTH, KLEIN.)
[383] KRESS, H. H.: Verkehrs- u. Lüftungsprobleme von Autotunneln, dargestellt am Banihal Tunnel in Indien. Schweiz. Bauztg., 1955, S. 178/85.
[384] KRESS, H. H.: Unterirdische Krankenhausschutzbauten. I.: Allgemeine Gesichtspunkte zur Planung und Bombensicherheit. II.: Lüftung und Klimaregelung. Z. VDI Bd. 97 (1955), S. 243/48 und 429/34. — Die Installation, Zürich, 1955, S. 128/34 und 149/58.
[385] STOCKHAUSEN: Elbetunnel Hamburg. Z. VDI Bd. 56 (1912), S. 1301ff.
[386] PROETEL: Scheldetunnel Antwerpen. Z. VDI Bd. 77 (1933), S. 133ff.
[387] SINGSTAD: Bau von Unterwassertunneln in den Vereinigten Staaten von Amerika. Z. VDI 1933, S. 265ff.
[388] Detroit Tunnel. Bautechnik, Bd. 8 (1930), S. 702ff.
[389] Mersey Tunnel. Bauingenieur, 1934.
[390] Mersey Tunnel. Bautechnik, Bd. 12 (1934).
[391] Boston Harbour Tunnel. Bautechnik, Bd. 30 (1955), Heft 1.
[392] GETTO: Der Einfluß des Verkehrs auf die Längsströmung der Luft in einem Kraftfahrzeugtunnel. Z. VDI Bd. 93 (1951), S. 141/42.

[393] VISSER: Maschinelle Ausrüstung des Maastunnels. De Ingenieur, 1940, H. 29.
[394] SCHLÜTER: Maastunnel Rotterdam. Schweiz. Bauztg., 1942, S. 195/200.
[395] Maastunnel: Bauingenieur, Bd. 22 (1941), H. 43/44.
[396] HAUWAERT: Les tunnels sous l'Escaut à Anvers. La Technique des Traveaux, Juni, Juli, Sept., Dez. 1932, Jan. 1933, Febr., März 1934.
[397] Le Tunnel de St. Cloud. Annales des Ponts et Chaussées, 1941, VII—VIII, S. 58ff.; Le Génie Civil, 1931, H. 5/6, und 1942, Bd. 119.
[398] DIJK: Gesamtentwurf Maastunnel der Gemeentewerken Rotterdam. Sonderdruck 1933.
[399] EGGINGK, A.: De Tunnels de Velsen. De Ingenieur, 1953, H. 36.
[400] LAMBERT: Die vertikale Auflockerung des Großstadtverkehrs — ein Raum- und Kostenproblem für das schienengebundene Verkehrsmittel. Diss. 1954. Techn. Hochschule Stuttgart. Druck Bundesbahn.
[401] NEUMANN, E.: Der Neuzeitliche Straßenbau. 3. Aufl. Berlin: Springer, 1951.
[402] KRESS, H. H.: Problemstellungen der Unterpflaster-Autostraße. Bautechnik, Bd. 32 (1955), S. 338/42.
[403] KRESS, H. H.: Zum Problem des Rendsburger Tunnels unter dem Nord-Ostsee-Kanal. Tagespost. Schleswig Holsteinische Landeszeitung. Februar 1956.
[404] KRESS, H. H.: Der elastische Zeitstufentunnel. Tagespost Rendsburg vom 13. 1. 1956.
[405] KRESS, H. H.: Gegenwärtiger Stand der deutschen Forschung auf dem Gebiete der Lüftung von Autotunneln. Vorträge 8. 2. 54 Außeninstitut Techn. Hochschule Graz — 17. 2. 54 Techn. Hochschule Stuttgart, Deutsche Ges. f. Bauing. — 17. 3. 54 Baseler Ingenieur- und Architektenverein, Basel.
[406] Le Tunnel sous La Croix Rousse, Lyon. Revue Technica Nr. 167, Dez. 1953.
[407] KRESS, H. H.: Wettbewerbsentwurf für einen Straßentunnel unter dem Rhein in Köln mit kritischen Betrachtungen zur Ausschreibung. Bautechnik, Bd. 33 (1956) S. 161/70.
[408] KRESS, H. H.: Allgemeine Schlußfolgerungen zur Lösung des Lüftungsproblems bei Autotunneln (Auswertung einer Studienreise). Straßen- und Tiefbau, H. 2, 1957, S. 53/63.
[409] JENSEN: Grundgedanken zum Bau eines Fahrzeugtunnels unter dem Nord-Ostsee-Kanal bei Rendsburg. Bautechnik, Bd. 35 (1958), S. 10ff.
[410] KRESS, H. H.: Ein Beitrag zur Lösung des Lüftungsproblems beim Tunnel unter Louisalaan in Brüssel. Technisch Wetenschappelijk Tijdschrift Antwerpen, H. 2, 1957, S. 67/68.
[411] SCHULTZE, K.: Lüftungsentwurf für den Wagenburgtunnel in Stuttgart. Heizung, Lüftung, Haustechnik, VDI, 1954, S. 132/33.
[412] BLASHKE, T. O.: Porcelain-enamel panels introduced for tunnel hung-ceiling construction. Engineering News Rec., 21. 8. 1952, S. 37/38.
[413] PIRATH/WETZEL: Die Verkehrsplanung und die städtebauliche Neugestaltung von Stuttgart. — Denkschrift 1941.
[414] GRUNNER, E. u. G.: Große Autotunnel. Schweiz. Bauztg., Bd. 106, 1935, S. 158 und 167.
[415] ANDREAE, C.: Zur Frage der Lüftung langer Autotunnel. Schweiz. Bauztg., Bd. 113, 1938, S. 225 und 249.
[416] Stadt Stuttgart: Denkschrift Der Wagenburgtunnel, März 58, Stuttgart: Fink.
[417] ANDREAE, C.: Zum Problem der Autostraßentunnel. Schweiz. Bauztg., Bd. 114 1939, S. 1 und 20.
[418] P. JARAY und C. ANDREAE: Zur Frage der Autotunnelbelüftung. Schweiz. Bauztg., Bd. 114, 1939, S. 175 und 235.
[419] ANDREAE, C.: Problèmes du projet et l'établissement de grands souterrains routiers alpins. Zürich: Leemann, 1950.
[420] WIRZ: Die Lüftung der Alpenstraßentunnel. Mitteilungen aus dem Institut für Straßenbau E. T. H. Zürich Bd. 2. Verlag Zürich: Leemann; s. a. Neumann, Z. VDI Bd. 88 (1944), S. 649.
[421] NEUMANN, E.: Be- und Entlüftung von Kraftwagentunneln. Z. VDI, Bd. 81, (1937), S. 415/16.
[422] NEUMANN, E.: Der Straßentunnel und seine Ausrüstung. Bautechnik, Bd. 17, 1939, S. 225/38, S. 257/60.
[423] NEUMANN, E.: Lüftung langer Kraftwagentunnel. Z. VDI, Bd. 84 (1940), S. 239/40.
[424] VAN BRUGGEN, J. P.: Der Maastunnel in Rotterdam. Bautechnik, Bd. 18 (1940). H. 6/7.
[425] VAN BRUGGEN, J. P.: Der Maastunnel zu Rotterdam. Versuche und Untersuchungen. Bautechnik, Bd. 19 (1941) H. 40/41.
[426] LASSEN-NIELSEN, M.: Bau und Absenken der mittleren Abschnitte eines Flußtunnels. Bautechnik, Bd. 21 (1943) H. 13/14.
[427] ANDREAE, C.: Der Bau langer tiefliegender Gebirgstunnel. Berlin: Springer 1926.
[428] FLURY, ZERNIK: Schädliche Gase und Dämpfe. Berlin 1931.

[*429*] HENDERSON-HAGGARD: Noxious gases. Chem. Catal. Comp. New York, 1927.
[*430*] KRESS, H.: Unterwassertunnel mit Grundwasserabsenkung. Z. VDI, Bd. 69 (1925).
[*431*] LUCAS: Der Tunnel. Anlage und Bau. Berlin 1932.
[*432*] KRESS, H. H.: Bauverfahren im Stollen- und Tunnelbau. Mitteilungsblatt der Fachgr. Bauwesen, 1944, S. 1/2.
[*433*] KRESS, H. H.: Stollen- und Tunnelanlagen im Industriebau. Bauindustrie, 1944, S. 315/20.
[*434*] KRESS, H. H.: Die Stollenbauweise Ripplinger-Berg. Bautechnik, Bd. 22, 1944, S. 191/94.
[*435*] OLIVIER, J.: La ventilation des Tunnels Routiers. 1951. Bericht zum Tunnel Lyon (Ponts et Chaussées, Lyon).
[*436*] v. RABCEWICZ, L.: Effect of Modern Constructional Methods on Tunnel Design. Water Power, 1955, S. 452ff.
[*437*] ANDREAE, C.: Zum Problem der Autostraßentunnel. Straße und Verkehr, 1955, S. 71/78.
[*438*] HETZEL, K.: Tunnel- und Stollenbau — Wandlungen und Erfolge. Bauingenieur, 1957, S. 333/44.
[*439*] FEUCHTINGER, M. E.: Hochbrücke oder Tunnel? Str. und Autobahn, Bd. 7 (1956), H. 7/8.
[*440*] MARCINOWSKI, H.: Optimalprobleme bei Axialventilatoren. Heizung, Lüftung. Haustechnik, VDI, 1957, S. 273/85, 295/96.
[*441*] IMALSO: Betriebsvorschriften für die Scheldetunnel. Ausg. 1951, I.M.A.L.S.O., Antwerpen.
[*442*] ANDREAE, C.: Gebirgsdruckerfahrungen und Baumethoden im schweizerischen Tunnelbau. Sonderdruck aus „Internationale Fachtagung für Gebirgsdruckfragen im Bergbau und Tunnelbau. Leoben 1950, S. 33/40.
[*443*] Le Tunnel pour Véhicules de la 179e Rue, à New-York. La Technique des Traveaux, H. 1/2, 1953, S. 57ff.
[*444*] Baltimore Harbor Tunnel. Civil Engineering, 1955, S. 81ff.
[*445*] Hampton Roads Tunnel (Chesepeake Bay). Eng. News Rec., 1955, S. 30ff.
[*446*] KRESS, H. H.: Deutschlands längster Straßentunnel, VDI-Nachrichten, 1958, S. 13/14.
[*447*] KRESS, H. H.: Kostensparende neuartige Lüftung beim Wagenburgtunnel in Stuttgart. Die Installation. Zürich, 1958, S. 25/32.
[*448*] NEUMANN, E.: Der Wagenburgtunnel in Stuttgart. Straßen- und Tiefbau, 1958, S. 378/84.
[*449*] KRESS, H. H.: Die neue Lüftung des Wagenburgtunnels in Stuttgart. Straßen- und Tiefbau, 1958, S. 385/88.
[*450*] KRESS, H. H.: Die neue Lüftung des Wagenburgtunnels in Stuttgart, Schweiz. Bauztg., Zürich, Bd. 76 (1958), S. 521/23.
[*451*] KRESS: H. H.: Die neue Lüftung des Wagenburgtunnels in Stuttgart. Die Bautechnik, Bd. 35 (1958), S. 377/83.
[*452*] KRESS, H. H.: Die Lüftungsanlagen des Wagenburgtunnels in Stuttgart. VDI-Heizung, Lüftung, Haustechnik, Bd. 9 (1958), S. 182/84.
[*453*] KRESS, H. H.: Die Verkehrssicherheit im Wagenburgtunnel Stuttgart. BTÜ Betrieb und Technische Überwachung. 3, H. 7, 1958, S. 189/91.
[*454*] RIJKSWATERSTAAT: De Tunnels Te Velsen. Sonderdruck 24721b—56—2 Rijksvoorlichtingsdienst.
[*455*] KLEIN, H.-J.: Einbau von Lüftungsanlagen im Elbtunnel. Die Bautechnik, Bd. 35 (1958), S. 189/91.
[*456*] SCHULZE/JESKE: Bau eines Straßentunnels in Berlin im Zuge des innerstädtischen Schnellstraßenrings. Die Bautechnik, Bd. 35 (1958), S. 169/77.
[*457*] Europastraße unterquert Nord-Ostseekanal. Vom Bau des Rendsburger Tunnels. VDI-Nachrichten 16 (1959), S. 1.
[*458*] HASELSTEINER: Fahrt frei durch den Deas Island Tunnel. VDI-Nachrichten 16 (1959), S. 8.

Sachverzeichnis

Bei den Wörtern mit dem Anfangsbuchstaben S wird unterteilt nach S, Sch und St.

GPSR Compliance

The European Union's (EU) General Product Safety Regulation (GPSR) is a set of rules that requires consumer products to be safe and our obligations to ensure this.

If you have any concerns about our products, you can contact us on ProductSafety@springernature.com

In case Publisher is established outside the EU, the EU authorized representative is:

Springer Nature Customer Service Center GmbH
Europaplatz 3
69115 Heidelberg, Germany

Batch number: 10621591

Printed by Printforce, the Netherlands